日本生化学会編

英和
和英 生化学用語辞典

第2版

東京化学同人

序

　本書は日本生化学会の活動の一環として編集された生化学に関する英和・和英用語辞典である．初版は1987年に，学会創立60周年記念事業の一つとして出版された．実際の編集作業は，学会から指名を受けた香川靖雄委員長以下の編集委員会が，それに先だって出版された"生化学辞典"に収録された用語を基礎として見出し用語の選定を行ったものであった．

　以来，15年近い時間が経過し，その間に"生化学辞典"は2度にわたる大改訂が行われた．学問の進展に伴いつくられた新しい用語が収録されたことはいうまでもない．逆に，使われなくなった用語は削除されている．同様に，"生化学用語辞典"も改訂の必要が生じてきたことは誰の目にも明らかであった．このような状況を勘案して，平成11年度日本生化学会理事会に本書の改訂をすべきであるむねの進言があり，これを受けて理事会は編集委員会を設置した．編集委員会は直ちに編集作業を開始した．しかし，初版出版以降の学問の進歩を反映して収録すべき新語が多いため，改訂作業は難航し長時日を必要とした．幸い，関連各位の協力のお陰でここに"改訂版"の上梓に至ったものである．

　本書刊行の目的は初版と変わらない．急速な進展を見せる生化学関連諸分野の標準用語を定めることである．特に生化学のようないくつもの学部にまたがる学際性の強い学問領域においては，用語の規格化は教育上も研究上も不可欠である．初版が果たしてきたように，第2版も，大学院の入試にあたって，論文や解説の執筆にあたって，教科書の執筆や翻訳にあたって，あるいはデータベースの検索にあたって幅広く活用していただきたい．

　第2版の用語選定にあたっても，初版と同様に"生化学辞典（第3版）"を基礎としたが，さらに生化学，分子生物学に関する多数の教科書，参考書，文献を参照して，特に新しい用語を加えるよう努力した．その一方で，不要と思われる用語を削除した．最終的には，収録用語は英和・和英各約14,700語に上った．また，初版と同じように重要な用語には簡単な解説を

加えた.本書を標準用語集として用いるにも用語解説が備わっている方が便利であり,また,本書を簡便な"小辞典"としても利用できるように配慮したからである.しかし,執筆時の使用や持ち運びに便利なようなサイズに納めるには解説が2～3行を超えることは許されない.当然,このような"一口解説"は正確さを欠くことがある可能性は否めない.用語の意味が知りたいときは,ぜひ本書と姉妹関係にある"生化学辞典(第3版)"(東京化学同人刊)を参照していただきたい.

最後に,刊行にあたり全面的なご支援をいただいた東京化学同人に感謝したい.本書の刊行は学会の事業とはいえ,編集,出版は同社の全面的な協力なしには不可能であった.特に,小澤美奈子社長,編集部の住田六連氏,井野未央子さんに感謝したい.

2001年9月

編集委員会を代表して

大 島 泰 郎

生化学用語辞典（第2版）編集委員会

編集委員長

大 島 泰 郎　　東京薬科大学生命科学部 教授，理学博士

編 集 委 員

石 浦 章 一　　東京大学大学院総合文化研究科 教授，理学博士

石 川 冬 木　　東京工業大学大学院生命理工学研究科 教授，
　　　　　　　　　　　　　　　　　　　　　　　　　医学博士

脊 山 洋 右　　お茶の水女子大学生活科学部 教授，医学博士

田 之 倉 優　　東京大学大学院農学生命科学研究科 教授，
　　　　　　　　　　　　　　　　　　　　　　　　　理学博士

生化学用語辞典（第1版）編集委員会

編集委員長

香 川 靖 雄

編集委員

石 村　　 巽　　大 島 泰 郎
須 田 立 雄　　脊 山 洋 右

凡　　例

第Ⅰ部　英　　和

1) 語の配列は原則としてアルファベット順とした．
2) 二語以上からなる語は語の区切りを無視して全体を一語として読んで配列した．

　　例：　**allosteric enzyme**　　→　allostericenzyme　　として配列
　　　　　in vitro　　　　　　→　invitro　　　　　　として配列

3) 数字で始まる語，語中に数字を含む語は，原則として数字を無視して配列した．

　　例：　**T4 phage**　→　tphage　　として配列
　　　　　3T3 cell　→　tcell　　　として配列

4) ウムラウト（¨），アクサン（´）などは配列上無視した．
5) 化合物の異性体や結合位置などを表す $D\text{-}$, $L\text{-}$, $N\text{-}$, $O\text{-}$, $S\text{-}$, $o\text{-}$, $m\text{-}$, $p\text{-}$, $\alpha\text{-}$, $\beta\text{-}$, $\gamma\text{-}$ などはこれを無視して配列した．

　　例：　***γ*-aminobutyric acid**　　→　aminobutyricacid　　　　　　として配列
　　　　　***p*-chloromercuribenzoic acid**　→　chloromercuribenzoicacid
　　　　　　　　　　　　　　　　　　　　　　　　　　　　　　　　として配列

6) ギリシャ文字の接頭記号をもつ語のうち，α rays（α 線），β-structure（β 構造）などのようにギリシャ文字を無視しては意味をなさない語については α は A の，β は B の最初に配列した．他のギリシャ文字についても同様の読み換え（下記）に従って配列した．

　　α　β　γ　δ　ε　ζ　η　θ　κ　λ　μ　ν　π　ρ　σ　τ　Φ,ϕ　χ　Ψ,ψ　Ω,ω
　　A　 B　 G　 D　 E　 Z　 E　 T　 K　 L　 M　 N　 P　 R　 S　 T　　P　　 C　　P　　　O

7) 日本語訳を二つ以上あげた場合には，推奨する語を第一位に掲げた．

　　第一位に掲げた語は，原則として"文部省学術用語集"および各学会で用いられている用語（おもなものは下記）に従った．ただし，学会によって異なるもの，慣用と著しく異なるものなどは慣用に従った．

　　　文部省　学術用語集　化　学　編（増訂２版）　　日本化学会
　　　文部省　学術用語集　遺伝学編（増訂版）　　　　日本遺伝学会
　　　文部省　学術用語集　動物学編（増訂版）　　　　日本動物学会
　　　文部省　学術用語集　植物学編（増訂版）　　　　日本植物学会
　　　文部省　学術用語集　薬　学　編　　　　　　　　日本薬学会

医学用語辞典(第2版)　　　　　　　　　　　　日 本 医 学 会
微生物学用語集(第4版)　　　　　　　　　　　日本細菌学会

8) 化合物名の日本語表記は，原則として，日本化学会 標準化専門委員会 化合物命名小委員会による「化合物命名法」に従った．仮名書きの字訳規準も同会の規準(下記)によった．ただし，化合物以外のものは必ずしもこの規準によっていない．

化 合 物 名 の 字 訳 規 準 表

〈子音字〉	字　訳						備　考
	A. 子音字とそれに続く母音字との組合わせ					B. 子音字	
	(母音字)					同じ子音字がつぎに来る時	他の子音字がつぎに来る時，または単語末尾の時	
	a	i, y	u	e	o			
	ア	イ	ウ	エ	オ			子音字と組合わせられていない母音字
b	バ	ビ	ブ	ベ	ボ	促†	ブ	
c	カ	シ	ク	セ	コ	促	ク*	*ch=k; ch, k, qu の前の c は促音; sc は別項
d	ダ	ジ	ズ	デ	ド	促	ド	
f	ファ	フィ	フ	フェ	ホ	*	フ	*ff=f; pf=p
g	ガ	ギ	グ	ゲ	ゴ	促	グ	gh=g
h	ハ	ヒ	フ	ヘ	ホ	—	長†	sh, th は別項; ch=k; gh=g; ph=f; rh, rrh=r
j	ジャ	ジ	ジュ	ジェ	ジョ	—	ジュ	
k	カ	キ	ク	ケ	コ	促	ク	
l	ラ	リ	ル	レ	ロ	*	ル	*ll=l
m	マ	ミ	ム	メ	モ	ン	ム*	*b, f, p, pf, ph の前の m はン
n	ナ	ニ	ヌ	ネ	ノ	ン	ン	
p	パ	ピ	プ	ペ	ポ	促	プ*	*pf=p, ph=f
qu	クア	キ	—	クエ	クオ	—	—	
r	ラ	リ	ル	レ	ロ	*	ル*	*rr, rh, rrh=r
s	サ	シ	ス	セ	ソ	促	ス*	*sc, sh は別項
sc	スカ	シ	スク	セ	スコ	—	スク	
sh	シャ	シ	シュ	シェ	ショ	—	シュ	
t	タ	チ	ツ	テ	ト	促	ト*	*th は別項
th	タ	チ	ツ	テ	ト	—	ト	
v	バ	ビ	ブ	ベ	ボ	—	ブ	
w	ワ	ウィ	ウ	ウェ	ウォ	—	ウ	
x	キサ	キシ	キス	キセ	キソ	—	キス	
y	ヤ	イ	ユ	イエ	ヨ	—	*	*この場合は母音字
z	ザ	ジ	ズ	ゼ	ゾ	促	ズ	

† 「促」は促音化(例：saccharin サッカリン)，「長」は長音化(例：prehnitene プレーニテン)

9) 同じ英語に異なる内容の日本語訳がある場合には，1），2）… でこれを区別した．

　　例：　**albumen**　1) 卵白，2) 胚乳【植物】

10) 用語が限定された範囲内で使用されている場合には，【　】内にその範囲を示した．

　　例：　**annealing**　アニーリング【DNA の】

11) ［　］内は省略してもよいものを示す．

　　例：　[e]icosapentaenoic acid　　［エ］イコサペンタエン酸

12) 〚　〛の使用

　a．常用漢字以外の漢字で読みが難しいもの，常用漢字ではあるが読みが常用漢字音訓以外のもの，および読みがまぎらわしいものには〚　〛内にその読みを付した．

　　例：　萎〚い〛縮　　肉芽〚げ〛腫　　対〚たい〛合

　b．また常用漢字の制約により仮名を用いた語のうち，意味のわかりにくいものに対しては〚　〛内にその漢字を併記した．

　　例：　さい〚鰓〛後体　　やく〚薬〛培養

　c．略号，記号などで慣用的な読みをもつものはこれを〚　〛内に示した．

　　例：　*lac*〚ラック〛オペロン　　CAM〚カム〛植物

13) 同 は記号の後の語が見出し語と同義であることを示す．

14) ⇌ は記号の後の語が見出し語と同義であり，より推奨される用語であることを示す．略号のあとの ⇌ は，⇌ の後ろの正式名が別項目として起きていることを示す．

15) 略 の後に略号を示した．略号の使用の際は定義して用いることが望ましい．

16) 常用漢字以外の漢字使用

　医学用語などをより適切に表すために，常用漢字以外であっても下記のような漢字を使用した．また，仮名文字表記としたが，仮名文字表記だけでは意味がわかりにくい場合には〚　〛の中に該当する漢字を示した．

萎〚い〛	閾〚いき，しきい〛	咽〚いん〛	嘔〚おう〛	
顆〚か〛	窩〚か〛	牙〚が〛	かい〚潰〛	咳〚がい〛
蓋〚がい〛	がい〚骸〛	がく〚顎〛	鎌〚かま〛	灌〚かん〛
鉗〚かん〛	桿〚かん〛	かん〚癎〛	がん〚癌〛	拮〚きつ〛
嗅〚きゅう〛	棘〚きょく〛	きん〚禽〛	腔〚くう，こう〛	
けい〚頸〛	けい〚痙〛	隙〚げき〛	けた〚桁〛	げつ〚齧〛
けん〚鹸〛	けん〚腱〛	勾〚こう〛	亢〚こう〛	膠〚こう〛
肛〚こう〛	胱〚こう〛	虹〚こう〛	こう〚垢〛	こう〚睾〛

痕〚こん〛	こん〚昏〛	さ〚渣〛	窄〚さく〛	さつ〚紮〛
弛〚し〛	餌〚じ〛	しつ〚悉〛	腫〚しゅ〛	絨〚じゅう〛
粥〚しゅく〛	漿〚しょう〛	鞘〚しょう〛	梢〚しょう〛	しょう〚鬆〛
蝕〚しょく〛	疹〚しん〛	腎〚じん〛	じん〚靱〛	須〚す〛
膵〚すい〛	錐〚すい〛	すう〚芻〛	醒〚せい〛	せき〚蹠〛
脊〚せき〛	せん〚閃〛	腺〚せん〛	穿〚せん〛	尖〚せん〛
せん〚癬〛	ぜん〚喘〛	疽〚そ〛	そ〚鼠〛	そう〚瘡〛
そく〚塞〛	汰〚た〛	唾〚だ〛	だ〚楕〛	苔〚たい〛
疸〚たん〛	たん〚耽〛	蝶〚ちょう〛	椎〚つい〛	でき〚溺〛
塡〚てん〛	てん〚癲〛	と〚屠〛	淘〚とう〛	貪〚どん〛
ねん〚稔〛	膿〚のう〛	囊〚のう〛	播〚は〛	は〚爬〛
胚〚はい〛	汎〚はん〛	斑〚はん〛	痺〚ひ〛	ひ〚脾〛
び〚糜〛	ふく〚輻〛	糞〚ふん〛	ふん〚吻〛	餅〚へい〛
へい〚蔽〛	へん〚扁〛	べん〚鞭〛	ほ〚哺〛	疱〚ほう〛
呆〚ほう〛	旁〚ほう〛	膀〚ぼう〛	ぼう〚貌〛	やく〚葯〛
瘍〚よう〛	よう, さなぎ〚蛹〛		菱〚りょう〛	れん〚攣〛
沪〚ろ〛	ろう〚狼〛	わい〚矮〛		

17) 用語の解説について

適当な訳語がないために外来語を字訳しただけの用語は，漢字用語に比べて意味がわかりにくい．これらの用語を中心に簡潔な説明を加えた．今回の改訂では，漢字用語であっても専門的で意味がわかりにくいもの，場合によって使い分けが必要なものなどを中心に解説を補充した．

第 II 部 和 英

1) 見出し語の配列は五十音順とした．長音符号（ー）は無視して配列した．
2) 見出し語中に含まれる数字は，イチ，ニ，サン，ヨン … などと読んで配列した．

    例：**H-2 抗原**   エッチニコウゲン（エッチツーコウゲン　としない）
        T4 ファージ   ティーヨンファージ（ティーフォーファージ　としない）

3) 見出し語につづく数字は 英和の部 におけるその語の記載ページを示す．
  a は左欄，b は右欄を示す．

第Ⅰ部　英　　和

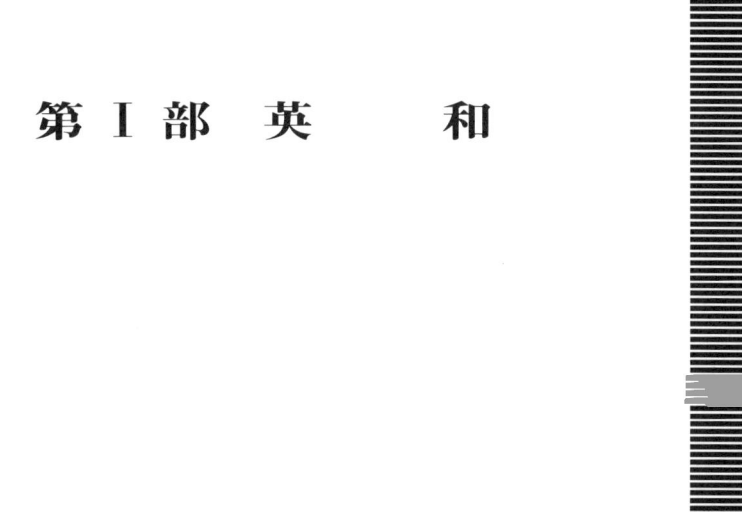

A

α-action　α作用：カテコールアミンのホルモン作用のうちα受容体を介して起こる作用．$α_1$，$α_2$作用の二つがある．

α amanitin　αアマニチン：キノコ毒でRNAポリメラーゼIIおよびIII阻害剤．

$α_1$-antitrypsin　$α_1$-アンチトリプシン　略 $α_1$-AT

$α_1$-AT　⇌ $α_1$-antitrypsin の略．

α-blockade　α遮断：α受容体の阻害．

α decay　α崩壊：ヘリウム原子核を放出する原子の壊変．

α factor　α因子：酵母の有性生殖時の接合型変換機構にかかわる因子．

α-fetoprotein　αフェトプロテイン：胎児性タンパク質の一種．肝がん患者の血清中にも出現する．略 AFP

α-helix　αヘリックス，αらせん：天然のタンパク質ペプチドがとるらせん構造．

α hemolysin　α溶血素　同 α toxin（α溶血毒），α staphylolysin（αスタフィロリシン）

α lactalbumin　αラクトアルブミン

α lipoprotein　αリポタンパク質 ⇌ high-density lipoprotein

α motoneuron　α運動ニューロン：骨格筋線維支配ニューロン．

α oxidation　α酸化：脂肪酸の2位の酸化．同 one carbon degradation（一炭素分解）

α rays　α線，α粒子線

α-receptor　α受容体，αレセプター：アドレナリン受容体のうちイソプロテレノールに低感受性のもの．同 adrenergic α-receptor（アドレナリンα受容体）

α sarcin　αサルシン：八連球菌より分離されたタンパク質性毒素．60Sリボソームを不活性化し，タンパク質合成を阻害する．

α staphylolysin　αスタフィロリシン ⇌ α hemolysin

α toxin　α溶血毒 ⇌ α hemolysin

A ⇌ adenosine の略．

A ⇌ alanine の略．

2-AAF ⇌ 2-acetylaminofluorene の略．

AAV ⇌ adeno-associated virus の略．

A band　A帯：横紋筋横縞の異方性（複屈折性）を示す部分．ミオシン存在部．同 anisotropic band（異方性帯）

ABC family transporter　ABCファミリー輸送体：ABCはATP binding cassette の略．その名が示すようにATPを必要とし，ATP結合サブユニット，基質結合サブユニットなどから成る膜タンパク質複合体．代表的な輸送機構の一つ．

abdominal cavity　腹腔

aberrant　異常[な]，異所[の]

aberrant form　異常型

abetalipoproteinemia　無βリポタンパク質血症

abiogenesis　偶然発生

abiogenic organic material　非生物原有機物【宇宙生物などの】：生物なしに形成された有機物．

abiotic synthesis　非生物合成，無生命合成：生命誕生以前の有機物合成．

ablation　切除，アブレーション

abl gene　abl『エブル』遺伝子：がん遺伝子の一種．産物はチロシンキナーゼ．

abnormal sensation ⇌ paresthesia

ABO blood group ⇌ ABO blood type

ABO blood type　ABO式血液型　同 ABO blood group

abortion　流産

abortive infection　不ねん[稔]感染，不発感染

abscisic acid　アブシシン酸，アブシジン酸：植物ホルモンの一種．成長抑制作用をもつ．

abscissa　横軸，横座標

absolute　絶対[の]，無水[の]，無条件[の]，無制限[の]

absolute configuration　絶対[立体]配置：不斉炭素を含む光学異性体の不斉炭素原子に結合している置換基の配置のこと．

absolute refractory period　絶対不応期：一度神経や筋を興奮させた後いかに強く刺激しても興奮を起こさない時期．

absolute temperature　絶対温度：熱力学的温

度.

absorbance 吸光度：記号 A. 溶液の光吸収の強さを示す量. 同 optical density (OD, 光学密度, 光学濃度)

absorbed dose 吸収線量

absorption 吸収

absorption band 吸収バンド, 吸収帯

absorption coefficient 吸収係数

absorption maximum 吸収極大

absorption minimum 吸収極小

absorption spectrum 吸収スペクトル

abstinence 禁断症状 同withdrawal symptoms

abundant 豊富な, …に富んだ

abzyme 抗体酵素, アブザイム：抗体の特異的認識能を利用した人工酵素. 反応の遷移状態化合物に対するモノクローナル抗体を利用.

Ac → acetyl の略.

acanthocytosis 有棘〔きょく〕赤血球症

ACAT: acyl-CoA-cholesterol acyltransferase の略.

acatalasemia 無カタラーゼ血症 同 acatalasia(無カタラーゼ症)

acatalasia 無カタラーゼ症 → acatalasemia

accelerated 促進的〔な〕

accelerator 1)促進因子, 2)促進体, 3)促進剤, 4)加速器

acceptor 受容体【電子などの】, アクセプター

acceptor control 受容体制御

acceptor site 受容部位：特にプレ mRNA のスプライシング反応において, イントロンの 3′末端とエキソンとの境界をさす.

accessory 付属〔の〕, 補助〔の〕, 副次的〔な〕

accessory cell 1) 補助細胞【免疫反応における】, 2)卵付属細胞, 付属細胞, 3)副室

accessory pigment 補助色素

acclimation 順化

accuracy 正確さ, 精度

ACD solution ACD 液 : acid citrate dextrose solution の略. 抗凝固性血液保存液.

ACE → angiotensin converting enzyme の略.

ACES → N-(2-acetamide)-2-aminoethanesulfonic acid の略.

acetal アセタール

acetaldehyde アセトアルデヒド

N-(2-acetamide)-2-aminoethanesulfonic acid N-(2-アセトアミド)-2-アミノエタンスルホン酸：グッドの緩衝液用試薬. 略 ACES

acetaminophen アセトアミノフェン：解熱鎮痛薬の一種. アニリン誘導体.

acetanilide アセトアニリド

acetate 酢酸イオン, 酢酸塩

acetic acid 酢酸

acetic acid bacterium 酢酸〔細〕菌 同 acetic bacterium

acetic acid fermentation 酢酸発酵

acetic anhydride 無水酢酸

acetic bacterium → acetic acid bacterium

acetoacetic acid アセト酢酸：β-ケト酪酸.

acetoacetyl-CoA アセトアセチル CoA

acetoin アセトイン：アセチルメチルカルビトール, ジメチルケトール.

acetolysis アセトリシス：アセチル化して分解すること.

acetone アセトン 同 propanone(プロパノン)

acetone body アセトン体 → ketone body

acetone-butanol fermentation アセトン-ブタノール発酵：アセトンとブタノールの両者が生成される発酵形式.

acetone-dried preparation アセトン乾燥標品

acetone powder アセトン粉末：生物試料を冷アセトンで脱水, 乾燥粉末としたもの.

acetone precipitation アセトン沈殿

acetonitrile アセトニトリル

acetyl アセチル〔基〕：CH_3CO- 略 Ac

2-acetylaminofluorene 2-アセチルアミノフルオレン：がん原性芳香族アミン. 略 2-AAF

acetylation アセチル化

acetylcholine アセチルコリン：神経伝達物質の一種. 略 ACh

acetylcholine receptor アセチルコリン受容体

acetylcholinergic アセチルコリン作動性〔の〕 → cholinergic

acetylcholinesterase アセチルコリンエステラーゼ：シナプスに存在し, 神経伝達物質アセチルコリンを分解する. 同 specific cholinesterase(特異的コリンエステラーゼ)

acetyl-CoA アセチル CoA：糖質, 脂質, タンパク質の中心的な中間代謝産物. 同 acctyl-coenzyme A(アセチル補酵素 A)

acetyl-coenzyme A アセチル補酵素 A → acetyl-CoA

acetylene アセチレン

N-acetylglucosamine N-アセチルグルコサミン 略 GlcNAc

acetylsalicylic acid アセチルサリチル酸 ⇒ aspirin

acetyltransferase アセチルトランスフェラーゼ, アセチル基転移酵素 同 transacetylase (トランスアセチラーゼ)

acetyl value アセチル価：油脂中のヒドロキシ基量を示す値．アセチル化して測る．

ACh ⇒ acetylcholine の略．

achiral アキラル[な]：分子の構造に対称性があること．

achromatin 不染色質：細胞核内の非染色質．

A-chromosome A 染色体：B-chromosome を参照．

achylia gastrica 胃液欠乏症

aciclovir ⇒ acyclovir

acid 酸

acid-ammonia ligase 酸-アンモニアリガーゼ：ATP などを使ってアミド化を行う酵素． 同 amide synthetase (アミドシンテターゼ)

acid anhydride 酸無水物：酸 2 分子が水 1 分子を失って縮合した化合物．

acid-base catalyst 酸塩基触媒

acid-base equilibrium 酸塩基平衡

acid-base indicator 酸塩基指示薬 同 pH indicator (pH 指示薬), hydrogen ion indicator (水素イオン指示薬), neutralization indicator (中和指示薬)

acid casein 酸カゼイン：乳から pH 4.6 で沈殿するリンタンパク質．おもに α カゼインから成る．

acid catalyst 酸触媒

acid chloride 酸塩化物, 酸クロリド：カルボキシ基の OH を Cl で置換した化合物．塩化アシル．

acid-fast 抗酸性[の], (染色後)酸にあっても色のさめない

acid-fast bacterium 抗酸菌, 抗酸細菌：結核菌など．

acid hydrazide 酸ヒドラジド ⇒ hydrazide

acidic amino acid 酸性アミノ酸：グルタミン酸とアスパラギン酸の総称．

acidic fibroblast growth factor 酸性繊維芽細胞増殖因子：fibroblast growth factor を参照．略 aFGF

acidify 酸性にする

acidity 酸性度：酸の強度．

acidity index 酸性度指数：pK_a 値のこと．

acidophil 好酸性細胞

acidophil[e] 好酸性[の]【細菌など】：1)酸性環境下で好んで微生物が生存すること．2)エオシンなどの酸性色素で組織, 細胞が好染されること．同 acidophilic, acidophilous

acidophilic ⇒ acidophil[e]

acidophilic bacterium 好酸性細菌：acidophil[e] を参照．

acidophilic leukocyte ⇒ eosinophil

acidophilous ⇒ acidophil[e]

acidosis アシドーシス, 酸性症：血液が pH 7.4 以下に偏った状態．

acid phosphatase 酸性ホスファターゼ：酸性に最適 pH をもつホスファターゼ．

acid protease 酸性プロテアーゼ ⇒ aspartic protease

acid value 酸価：油脂中の遊離脂肪酸量を示す値．

acinar cell 腺房細胞：特に膵臓にある膵液分泌細胞．

acinous gland 房状腺

acinus (*pl.* acini) 腺房

aconitase アコニターゼ：*cis*-アコニット酸をクエン酸とイソクエン酸に変換する酵素．クエン酸回路の主要酵素の一つ．活性中心に鉄-硫黄クラスターを含む．

aconitic acid アコニット酸

aconitine アコニチン：トリカブトに含まれる有毒ジテルペンアルカロイド．心臓毒の一種．

aconitum alkaloid トリカブトアルカロイド

ACP ⇒ acyl carrier protein の略．

acquired immune deficiency syndrome 後天性免疫不全症候群：性行為, 輸血などで感染する HIV による T 細胞の疾患．同 AIDS (エイズ)

acquired immunity 獲得免疫, 後天性免疫

acquired resistance 獲得抵抗性

acquired tolerance 獲得寛容, 後天寛容

acquisition 獲得

acridine アクリジン：誘導体に生物活性をもつものが多く, アクリジン色素と総称される．

acridine dye アクリジン色素：DNA 塩基対間に挿入しやすくフレームシフト突然変異を誘起する．抗マラリア剤．殺菌剤．

acridine orange アクリジンオレンジ

acriflavine アクリフラビン：フレームシフト

突然変異原物質. 同 tripaflavin(トリパフラビン)

acrolein test アクロレイン試験:グリセロールの鋭敏な検出反応.脱水産物であるアクロレイン呈色反応と刺激臭による.

acromegaly 末端肥大症,先端巨大症

acrosin アクロシン:ほ乳類の精子の先体に存在するプロテアーゼ.

acrosomal cap 先体帽 → acrosome

acrosome 先体,アクロソーム:精子細胞の先端. 同 acrosomal cap(先体帽)

acrosome reaction 先体反応

acrylamide アクリルアミド:$CH_2=CHCONH_2$. ポリアクリルアミドゲルの原料.

ACTH → adrenocorticotrop[h]ic hormone の略.

actin アクチン:筋肉の主要タンパク質の一種.細い繊維を形成しミオシンと反応して収縮現象を起こす.

actin filament アクチンフィラメント:アクチンによって形成される細い繊維.

actinic 光活性化[の],光化学線[作用][の]

actinidine アクチニジン:マタタビに含まれるモノテルペンアルカロイド.

actinin アクチニン:αとβがある.αアクチニンはアクチンフィラメントの支持にかかわり,βアクチニンはアクチンキャッピングタンパク質.

actin-myosin complex アクチン-ミオシン複合体

actinogelin アクチノゲリン:筋肉以外の細胞に広く分布するFアクチン結合タンパク質で,アクチンを架橋してゲル化を起こすCa^{2+}依存のヘテロ二量体.

Actinomyces アクチノミセス,放線菌:非運動性,非抗酸性のグラム陽性桿菌.

actinomycin D アクチノマイシン D:RNA合成阻害に働く抗生物質.

actin-tropomyosin complex アクチン-トロポミオシン複合体

action current 活動電流:細胞の興奮によるイオン電流.

action potential 活動電位:細胞の興奮による一過性の電位変化.

action spectrum 作用スペクトル:光合成や視覚などの光化学反応速度を波長に対してプロットしたもの.

actithiazic acid アクチチアジン酸:チアゾリドン抗生物質の代表.

activated cross section 放射化断面積:中性子などを照射して放射性核種をつくる核反応の断面積.

activated factor II 活性化II因子 → thrombin

activated sleep 賦活睡眠 → REM sleep

activated sludge process 活性汚泥法:微生物による有機廃棄物処理法.

activation 活性化【触媒や酵素などの】

activation analysis → radioactivation analysis

activation center → active center

activation energy 活性化エネルギー:ある反応の遷移状態に移るために必要なエネルギーのこと.

activation enthalpy 活性化エンタルピー【化学反応の】

activation entropy 活性化エントロピー

activator 活性化物質,活性化因子,活性化剤

active 活性[の],能動的[な]

active anaphylaxis 能動アナフィラキシー

active carbon 活性炭:高い吸着能をもつ炭素. 同 active charcoal

active center 活性中心:酵素活性の発現に中心的な役割を果たす部位. 同 activation center

active charcoal → active carbon

active immunity 能動免疫

active methionine 活性メチオニン → S-adenosylmethionine

active oxygen 活性酸素:酸素の誘導体で細胞毒性がある.スーパーオキシド,過酸化水素,ヒドロキシルラジカル,一重項酸素,オゾンなど.

active permeation 能動透過 → active transport

active site 活性部位:活性中心よりは若干漠然とした部位をさす.調節部位に対する言葉.

active sulfate 活性硫酸 → 3'-phosphoadenylyl sulfate

active transport 能動輸送,活性輸送 同 active permeation(能動透過)

activin アクチビン:TGF-βスーパーファミリーに属する増殖因子の一つ.

activity 1)活性【酵素などの】, 2)活量,活動度:溶媒,溶質の熱力学的実効濃度. 3)活動

性【動物の】
activity coefficient 活量係数:活量を濃度で割った値.
activity staining 活性染色【細胞内酵素の】:酵素の細胞内局在をその酵素の触媒する発色反応により知る方法.
actomyosin アクトミオシン:アクチン-ミオシン複合体ともいう.筋収縮タンパク質複合体.
acute 急性[の]【医学】,鋭形[の]【植物】
acute stage protein 急性期タンパク質:炎症,がんなどで血清中に増加するタンパク質.CRP など.
acyclovir アシクロビル,アシクロビア:プリン塩基誘導体の一つで dGTP と拮抗して DNA ポリメラーゼを阻害する.抗ヘルペス薬. ⇒ aciclovir
acyl-activating enzyme アシル活性化酵素:各種の脂肪酸をその CoA エステルにする酵素の総称.
acylamidase アシルアミダーゼ ⇒ amidase
acylase アシラーゼ ⇒ amidase
acylation アシル化 同 acyl substitution
acyl carrier protein アシルキャリヤータンパク質,脂肪酸基運搬タンパク質 略 ACP
acyl-CoA アシル CoA:脂肪酸の CoA エステル.
acyl enzyme アシル酵素:酵素が基質のアシル基と結合した反応中間体.
acylglycerol アシルグリセロール 同 glyceride(グリセリド)
acyl group アシル基:RCO-
acyl group transfer アシル基転移
acylhydrazine アシルヒドラジン ⇒ hydrazide
acylium ion アシリウムイオン:CH_3-C^+O,ベンゼン核のアセチル化を行う求電子試薬.
acyl phosphate アシルリン酸:アシル基に結合したリン酸.
N-acylsphingosine N-アシルスフィンゴシン ⇒ ceramide
acyl substitution ⇒ acylation
acyltransferase ⇒ transacylase
ADA ⇒ adenosine deaminase の略.
ADA deficiency ADA 欠損症 ⇒ adenosine deaminase deficiency
ADAM: a disintegrin and metalloprotease の略.

adamantinoma エナメル上皮腫
Adamkiewicz reaction アダムキービッツ反応 ⇒ Hopkins-Cole reaction
adaptation 適応,順応,順化
adapter アダプター:1)"翻訳者"の意があり,翻訳過程における tRNA をさす.2)アダプタータンパク質のことをいう. 同 adaptor
adapter hypothesis アダプター仮説:tRNA がアダプターとなって mRNA の情報をペプチド合成の翻訳過程に伝えるという説.
adapter molecule アダプター分子:アダプター仮説における tRNA のこと.
adapter protein アダプタータンパク質:細胞内シグナル伝達経路においてドメイン間相互作用を利用してシグナルを伝達するタンパク質.
adaptive enzyme 適応酵素 ⇒ inducible enzyme
adaptive radiation 適応放散【進化の】
adaptive value 適応値 ⇒ fitness
adaptor ⇒ adapter
addictive drug 嗜癖[しへき]薬物,たんでき〖耽溺〗薬:モルヒネのように習慣性のある薬物で禁断症状を伴うもの.
Addison-Schilder disease アジソン-シルダー病 ⇒ adrenoleukodystrophy
Addison's disease アジソン病:副腎皮質機能不全.
addition 1)付加,2)添加
addition-deletion mutation 付加欠失型[突然]変異
addition mutation 付加[突然]変異
addition reaction 付加反応
adduct 付加物
Ade ⇒ adenine の略.
adenine アデニン:6-アミノプリン.核酸塩基の一つ.ATP,DNA などの成分. 略 Ade
adeno-associated virus アデノ随伴ウイルス 略 AAV 同 adeno-satellite virus(アデノサテライトウイルス)
adenocarcinoma 腺がん:腺上皮細胞に由来するがん腫.
adenohypophysis 腺下垂体:下垂体は腺下垂体と神経下垂体に大別できる.
adenoma 腺腫,アデノーマ
adenomatous polyposis coli 腺腫性結腸ポリポーシス 略 APC
adeno-satellite virus アデノサテライトウイ

ルス → adeno-associated virus

adenosine アデノシン：アデニンを塩基とするリボヌクレオシド．略 Ado, A

adenosine deaminase アデノシンデアミナーゼ　略 ADA

adenosine deaminase deficiency アデノシンデアミナーゼ欠損症：アデノシンデアミナーゼ（ADA）の遺伝性欠損症．常染色体劣性遺伝．重症複合免疫不全症の症状を示す．酵素補充療法のほか，遺伝子治療が行われる．同 ADA deficiency（ADA 欠損症）

adenosine diphosphatase アデノシンジホスファターゼ → apyrase

adenosine 5′-diphosphate アデノシン 5′-二リン酸　略 ADP

adenosine monophosphate アデノシン一リン酸 → adenylic acid

adenosine 5′-monophosphate アデノシン 5′-一リン酸：5′-アデニル酸．略 AMP

adenosine 5′-phosphosulfate アデノシン 5′-ホスホ硫酸 → adenylyl sulfate

adenosine triphosphatase アデノシントリホスファターゼ　同 ATPase（ATP アーゼ），ATP monophosphatase（ATP モノホスファターゼ），triphosphatase（トリホスファターゼ）

adenosine 5′-triphosphate アデノシン 5′-三リン酸：生体エネルギーの通貨に相当する重要なヌクレオチド．生体エネルギー代謝の中心的化合物．加水分解によって高いエネルギーを発する．略 ATP

adenosylcobalamin アデノシルコバラミン：ビタミン B_{12} 補酵素の一つ．

S-adenosylmethionine S-アデノシルメチオニン：メチル基供与体として機能し，供与後 S-アデノシルホモシステインとなる．またアミノプロピル供与体ともなる．略 AdoMet, SAM　同 active methionine（活性メチオニン），methionyl adenosine（メチオニルアデノシン）

adenosylmethylthiopropylamine アデノシルメチルチオプロピルアミン：脱炭酸 S-アデノシルメチオニン．

Adenoviridae アデノウイルス科

adenylate cyclase アデニル酸シクラーゼ：cAMP を ATP から合成する酵素．情報伝達に重要な役割をもつ．同 adenyl cyclase（アデニルシクラーゼ），adenylyl cyclase（アデニリルシクラーゼ）

adenylate kinase アデニル酸キナーゼ：ATP ＋ AMP ⇌ 2 ADP を触媒．同 myokinase（ミオキナーゼ）

adenyl cyclase アデニルシクラーゼ → adenylate cyclase

adenylic acid アデニル酸：アデニンを塩基とするリボヌクレオチド．同 adenosine monophosphate（アデノシン一リン酸）

adenylylation アデニリル化：アデニル酸残基を付与すること．

adenylyl cyclase アデニリルシクラーゼ → adenylate cyclase

adenylyl sulfate アデニリル硫酸　同 adenosine 5′-phosphosulfate（アデノシン 5′-ホスホ硫酸），active sulfate（活性硫酸）

adermin アデルミン → pyridoxine

ADH → alcohol dehydrogenase の略．

ADH → antidiuretic hormone の略．

adherence 粘着

adherens junction 接着結合，アドヘレンスジャンクション：カドヘリンがかかわる細胞間結合の一つ．細胞を取巻いて接着帯（zonula adherens）をなす．

adherent cell → adhesive cell

adhesion 接着

adhesion plaque 付着板：運動性の細胞表面にあって，培養基板に付着させている接合点のこと．

adhesive cell 粘着細胞　同 adherent cell

adiabatic 断熱［の］

adipic acid アジピン酸：炭素数 6 個のジカルボン酸．同 raubasine（ラウバシン）

adipocyte 脂肪細胞　同 fat cell

adipokinetic hormone 脂肪動員ホルモン

adipose tissue 脂肪組織　同 fat tissue

adjacent ［に］隣接した

adjuvant 1）アジュバント【免疫】：抗体産生や細胞免疫強化の増強剤．2）佐剤，補助剤【薬】

adjuvant arthritis アジュバント関節炎：抗原なしにアジュバントだけで起こる関節炎．

adjuvant granuloma アジュバント肉芽［げ］腫：抗原なしにアジュバントだけで起こる肉芽腫．

administration 投与【薬剤などの】

Ado → adenosine の略．

AdoMet → S-adenosylmethionine の略．

adonitol アドニトール → ribitol

adoptive immunity 養子免疫：免疫されていない個体に，免疫された他個体よりそのリンパ系細胞を移入して免疫性を伝達すること．

adoptive tolerance 養子寛容：養子免疫と同様の操作で免疫寛容を伝達すること．

adoptive transfer 養子移入：養子免疫を目的とする免疫細胞の移入．

ADP ⇀ adenosine 5′-diphosphate の略．

ADPase ADP アーゼ ⇀ apyrase

ADP glucose ADP グルコース

ADP-ribosylation ADP リボシル化

ADP-ribosylation factor ADP リボシル化因子 略 ARF

ADP-sugar ADP 糖

adrenal 副腎 同 adrenal body, adrenal gland, suprarenal gland

adrenal androgen 副腎性アンドロゲン

adrenal body ⇀ adrenal

adrenal cortex 副腎皮質

adrenal cortical hormone 副腎皮質ホルモン 同 adrenocortical hormone, adrenal corticoid

adrenal corticoid ⇀ adrenal cortical hormone

adrenalectomy 副腎摘出

adrenal ferredoxin アドレナルフェレドキシン ⇀ adrenodoxin

adrenal gland ⇀ adrenal

adrenaline アドレナリン：神経伝達物質の一つ．同 epinephrine（エピネフリン），epirenamine（エピレナミン）

adrenal medulla 副腎髄質

adrenal sex hormone 副腎性性ホルモン

adrenergic アドレナリン作動性

adrenergic α-receptor アドレナリン α 受容体 ⇀ α-receptor

adrenergic β-receptor アドレナリン β 受容体 ⇀ β-receptor

adrenergic nerve アドレナリン作動性神経：アドレナリンまたはノルアドレナリン分泌神経．

adrenergic synapse アドレナリン作動性シナプス

adrenochrome アドレノクローム：アドレナリンの酸化で生じる赤色色素．

adrenocortical hormone ⇀ adrenal cortical hormone

adrenocorticotrop[h]ic hormone 副腎皮質刺激ホルモン 略 ACTH 同 adrenocorticotrop[h]in（アドレノコルチコトロピン），corticotrop[h]in（コルチコトロピン），adrenotropin（アドレノトロピン）

adrenocorticotrop[h]in アドレノコルチコトロピン ⇀ adrenocorticotrop[h]ic hormone

adrenocorticotropic hormone-β-lipotropin precursor 副腎皮質ホルモン-β リポトロピン前駆体 ⇀ proopiomelanocortin

adrenodoxin アドレノドキシン：鉄-硫黄タンパク質の一種．副腎ステロイドモノオキシゲナーゼ系の成分．同 adrenal ferredoxin（アドレナルフェレドキシン）

adrenogenital syndrome 副腎性器症候群：ステロイド 21-ヒドロキシラーゼ欠損症など副腎性性ホルモンの過剰分泌により性徴異常をきたす疾患の総称．

adrenoleukodystrophy アドレノロイコジストロフィー，副腎白質ジストロフィー 同 Addison-Schilder disease（アジソン-シルダー病）

adrenomimetic アドレナリン様

adrenoreceptor アドレナリン受容体

adrenosterone アドレノステロン：副腎皮質でつくられる男性ホルモンの一種．

adrenotropin アドレノトロピン ⇀ adrenocorticotrop[h]ic hormone

adriamycin アドリアマイシン：核酸合成を阻害する抗がん性抗生物質．

adsorbate 吸着質

adsorbent 吸着剤

adsorption 吸着：固体や液体の界面への分子の結合．

adsorption chromatography 吸着クロマトグラフィー

adsorption isotherm 1) 吸着等温線，2) 吸着等温式

adult T cell leukemia 成人 T 細胞白血病：HTLV-Ⅰ(ATLV) による白血病．略 ATL

adult T cell leukemia virus 成人 T 細胞白血病ウイルス：ヒト白血病を起こすレトロウイルス．略 ATLV 同 HTLV-Ⅰ

advanced 進行した，後生的の，発育の進んだ

adventitial 外膜［の］

adventitious embryo 不定胚：受精卵由来の胚と同様の構造の体細胞由来の胚．

aequorin エクオリン：クラゲ (*Aequorea*) から

得られる発光タンパク質．細胞内 Ca^{2+} 濃度測定に用いる．

aeration 通気

aerator 通気装置

Aerobacter アエロバクター：グラム陰性の通性嫌気性桿菌．

aerobe 好気[性]生物：酸素に依存する生物．同 aerobiont, aerobic organism

aerobic 好気[的][の]，有酸素[性][の]：anaerobic の対語．

aerobic glycolysis 好気[的]解糖

aerobic metabolism 好気[的]代謝

aerobic organism → aerobe

aerobic respiration 好気[的]呼吸

aerobiont → aerobe

Aeromonas アエロモナス

aerosol エーロゾル

A factor A因子：放線菌が生産し，自らのストレプトマイシン生産性，耐性，形態形成などを調節する物質．化学的実体は 2-イソカプリロイル-3-ヒドロキシメチルブチロラクトンである．

affected sib- and relative-pair analysis 罹患同胞対連鎖解析法：同じ疾患にかかっている兄弟姉妹（罹患同胞対）の DNA を用いて，染色体上の遺伝マーカーと連鎖解析し，病気の原因遺伝子を探る方法．

affective psychosis 情動精神病 → manic-depressive illness

afferent 求心性[の]，求心の

afferent nerve 求心[性]神経：末梢から中枢へ情報を与える神経（感覚神経など）．対語は efferent nerve．

affinity 親和力，親和性

affinity chromatography アフィニティークロマトグラフィー：生体高分子の特異的親和性を利用したクロマトグラフィー．

affinity elution 親和溶出：非特異的吸着剤に吸着させたタンパク質混合物から親和性リガンドを含む溶液により目的タンパク質のみを溶出する方法．

affinity label[l]ing アフィニティーラベル，親和[性]標識：特定部位への親和性を利用して標識すること．

affinity of substrate 基質親和性【酵素の】

aFGF → acidic fibroblast growth factor の略．

afibrinogenemia 無フィブリノーゲン血症：先天性，後天性出血性素因の一つ．

A filament Aフィラメント → myosin filament

aflatoxin アフラトキシン：糸状菌 *Aspergillus* が産生する強力な突然変異原物質，発がん物質．

AFM → atomic force microscope または atomic force microscopy の略．

AFP → α-fetoprotein の略．

after-potential 後電位：興奮性細胞の活動電位において，スパイク電位の後，静止電位に戻るまでのゆるやかな電位変化．

agameon 無配偶生殖体

agamic 無配偶子性[の]

agar 寒天

agaran アガラン → agarose

agar gel diffusion method 寒天ゲル拡散法同 gel diffusion method（ゲル内拡散法）

agar medium 寒天培地 同 nutrient agar medium（栄養寒天培地）

agarobiose アガロビオース：寒天の部分酸加水分解で得られる二糖．D-ガラクトースと 3,6-アンヒドロ-L-ガラクトースが $\beta 1 \rightarrow 4$ 結合している．

agaropectin アガロペクチン：寒天の多糖類の一種．

agarophyte 寒天藻

agarose アガロース：寒天の多糖類の主要成分．同 agaran（アガラン）

agarose gel アガロースゲル

agarose gel electrophoresis アガロースゲル電気泳動

agar suspension culture 寒天内浮遊培養法 → soft agar culture

age 1) 年齢, 2) 加齢, 3) 熟成

ag[e]ing 1) 加齢, 老化, エイジング, 2) 熟成

agent 作因

agglutination 凝集

agglutinin 凝集素，アグルチニン

agglutinogen 凝集原

aggregate 凝集体，凝集塊，集合体

aggregation 1) 凝集, 2) 集合【細胞などの】

aggregation pheromone 集合フェロモン

agitate → stir

aglucone アグルコン → aglycon[e]

aglycon[e] アグリコン，非糖部：配糖体の糖以外の成分．同 aglucone（アグルコン）

agmatine アグマチン：アルギニンの脱炭酸生成物．植物，細菌ではプトレシン合成の中

間体.
agonist アゴニスト,作動体,作動薬,作用薬
agranulocytosis 無顆粒球症
agricultural chemistry 農芸化学
Agrobacterium アグロバクテリウム
AICAR: 5-aminoimidazole-4-carboxamide ribonucleotide の略. プリンヌクレオチド新生経路の中間体の一つ.
AIDS エイズ ⇨ acquired immune deficiency syndrome
ajmalicine アジマリシン:インドールアルカロイドの一種. 同 δ-yohimbine(δ-ヨヒンビン), vincaine(ビンカイン)
ajmaline アジマリン:抗不整脈作用をもつインドールアルカロイド.
akaryote 無核細胞
A kinase A キナーゼ ⇨ cyclic AMP-dependent protein kinase
ala(*pl.* alae) 翼
Ala ⇨ alanine の略.
alanine アラニン:2-アミノプロピオン酸. 中性アミノ酸の一種. 略 Ala, A
β-alanine β-アラニン:3-アミノプロピオン酸. 非タンパク質性アミノ酸の一種. CoA の成分などとして存在.
alanyl アラニン化[の], アラニン[の]
alastrin ⇨ variola minor
albinism 白子症, 白皮症
albino 白子, アルビノ
albomycin アルボマイシン:膜に作用する抗生物質.
albumen 1) 卵白, 2) 胚乳【植物】
albumin アルブミン:可溶性タンパク質のうちで,ふつう半飽和硫酸アンモニウムで沈殿せず,飽和硫酸アンモニウムで沈殿するものの総称.
albuminoid アルブミノイド 同 scleroprotein(硬タンパク質)
albumose アルブモース ⇨ proteose
alcaptonuria ⇨ alkaptonuria
Alcian Blue アルシアンブルー:酸性ムコ多糖類染色剤.
alcohol dehydrogenase アルコールデヒドロゲナーゼ, アルコール脱水素酵素 略 ADH
alcohol dependence ⇨ alcoholism
alcohol fermentation アルコール発酵
alcoholism アルコール依存症 同 alcohol dependence

alcoholysis アルコーリシス, 加アルコール分解
aldaric acid アルダル酸 同 glycaric acid (グリカル酸), saccharic acid(糖酸)
aldehyde アルデヒド
aldehyde-lyase アルデヒドリアーゼ ⇨ aldolase
aldimine アルジミン:アルデヒドのシッフ塩基.
alditol アルジトール ⇨ sugar alcohol
aldofuranose アルドフラノース:フラン構造をもつアルドース.
aldohexose アルドヘキソース:アルデヒドをもつヘキソース(グルコースなど).
aldolase アルドラーゼ:アルドール縮合の逆反応を触媒する酵素. 同 aldehyde-lyase(アルデヒドリアーゼ)
aldol condensation アルドール縮合:アルカリ存在下に2分子のアルデヒドが結合して3-ヒドロキシアルデヒド(アルドール)を生じること.
aldonic acid アルドン酸:アルドースのアルデヒド基が酸化されてカルボキシ基となった化合物.
aldopentose アルドペントース
aldopyranose アルドピラノース
aldose アルドース:アルデヒドをもつ単糖類.
aldosidic linkage アルドシド結合
aldosterone アルドステロン:副腎皮質のミネラルコルチコイド. Na^+ を再吸収し, K^+, H^+ を排出させる.
aldosteronism アルドステロン症 ⇨ hyperaldosteronism
aldosulose アルドスロース:オサゾンの分解で得られる 1,2-ジカルボニル糖.
aldotetrose アルドテトロース:アルデヒドをもつテトロース.
aldotriose アルドトリオース:アルデヒドをもつトリオース.
alepric acid アレプリン酸:シクロペンテン環をもつ脂肪酸.
Aleutian disease of mink ⇨ Aleutian mink disease
Aleutian mink disease アリューシャンミンク病:ヒトの全身性エリテマトーデスの疾患モデル. 同 Aleutian disease of mink
alexia ⇨ dyslexia

alexin アレキシン：補体の旧称.
alga(*pl.* algae) 藻類
algin アルギン：アルギン酸のナトリウム塩，乳化剤.
alginic acid アルギン酸：海藻の粘液多糖類．ウロン酸の直鎖重合体.
ali-esterase アリエステラーゼ：カルボキシルエステラーゼの別名.
alignment 整列，アラインメント
alimentary canal 消化管 同 alimentary tract
alimentary tract → alimentary canal
alimentation 栄養法，栄養補給
aliphatic 脂肪族[の]，脂肪性[の]
aliquot 分割量，アリコート，アリコット：割り切れる数，一定分量.
alizarin アリザリン：アカネ根の媒染染料．アントラキノン誘導体.
alkali アルカリ
alkalify アルカリ性にする，アルカリ化する
alkali metal → alkaline metal
alkaline アルカリ性[の]，アルカリ属[の]
alkaline isomerization method アルカリ異性化法
alkaline metal アルカリ金属：Li, Na, K, Rb, Cs, Fr の総称. 同 alkali metal
alkaline phosphatase アルカリ[性]ホスファターゼ：アルカリ性に最適 pH をもつホスファターゼ. 同 alkaline phosphomonoesterase(アルカリ[性]ホスホモノエステラーゼ)
alkaline phosphomonoesterase アルカリ[性]ホスホモノエステラーゼ → alkaline phosphatase
alkaline protease アルカリ[性]プロテアーゼ
alkaliphile → alkaliphilic bacterium
alkaliphilic bacterium 好アルカリ性[細]菌：pH 9～11 のアルカリ性環境で好んで生育する微生物. 同 alkaliphile
alkalize アルカリ性にする
alkaloid アルカロイド，植物塩基：天然の含窒素二次代謝物．通常植物由来のものをいい，生理活性物質が多い.
alkalosis アルカローシス：血液の pH が 7.4 以上に偏る状態.
alkane アルカン 同 paraffin(パラフィン), saturated hydrocarbon(飽和炭化水素)
alkaptonuria アルカプトン尿症：ホモゲンチジン酸 1,2-ジオキシゲナーゼ欠損症．常染色体劣性疾患．尿や結合織の黒変，褐色化を特徴とする. 同 alcaptonuria
alkene アルケン：二重結合1個をもつ不飽和炭化水素の総称. 同 olefin(オレフィン)
alkenyl ether-containing phospholipid アルケニルエーテルリン脂質 → plasmalogen
alkoxy lipid アルコキシ脂質 → ether lipid
alkylate アルキル化する，アルキル基で置換する
alkylating agent アルキル化剤
alkyl ether acylglycerol アルキルエーテルアシルグリセロール 同 glycerylether diester(グリセリルエーテルジエステル)
alkyl glucoside アルキルグルコシド
alkyl group アルキル基：C_nH_{2n+1}-.
allantoic acid アラントイン酸：アラントンの加水分解産物.
allantoin アラントイン：グリオキシルジウレイド．尿酸の酸化生成物.
allantois 尿膜【鳥類，は虫類胚の】
allaxis → metamorphosis
allele 対立遺伝子，アレル，アリール：同一遺伝子座位にある異なる遺伝子型を示す遺伝子.
allele frequency 対立遺伝子頻度 → gene frequency
allelic model 対立遺伝子説
allelism 対立性
allelomorph 対立形質：野生型の形質に対して対立遺伝子によって支配される表現型. 同 allelomorphic character
allelomorphic character → allelomorph
allelopathy 他感作用，アレロパシー：一つの生物の産生する物質が離れて生活する他の生物に影響を与える現象.
allene structure アレン構造：$H_2C=C=CH_2$ を含む構造.
Allen method アレン法：リンの定量法の一種.
allergen アレルゲン：アレルギー反応を起こす抗原.
allergic アレルギー[性][の]，過敏反応の
allergic reaction アレルギー反応：抗原に対する過敏反応.
allergic response アレルギー応答
allergy アレルギー：生体に有害で過敏な抗原抗体反応.

allicine アリシン：ニンニク臭成分.

alliin アリイン：タマネギの催涙成分. 含硫アミノ酸の一種.

allithiamin アリチアミン：ビタミン B_1 の誘導体. 同 thiamin allyldisulfide（チアミンアリルジスルフィド）

alloantibody 同種［異系］抗体，アロ抗体

alloantigen 同種［異系］抗原，アロ抗原：同一種間で異なる抗原，血液型や HLA 抗原がその例.

allocation 分配

allochronic 異時性［の］

allocortex 不等皮質，異皮質

allocyclic 異周期性［の］

allodiploid 異質二倍体 同 amphihaploid

allogamy 他家生殖

allogen[e]ic 同種［異系］間［の］，アロジェニック，異種遺伝子型の：同一種内の個体間において遺伝的差異のある.

allogen[e]ic disease 同種免疫病：同種の相手の組織に対する免疫応答により組織障害をもたらすこと. 血液型不適合などがそれにあたる.

allogen[e]ic effect factor 同種［異系］効果因子

allogen[e]ic homograft 同種［異系］移植

allogen[e]ic immunity 同種［異系］免疫

allogen[e]ic inhibition 同種［異系］細胞阻止

allograft 同種［異系］移植［片］：同種ではあるが遺伝的に異なる系統の個体への移植片.

allograft reaction 同種［異系］移植［片］反応：異系移植を拒絶する反応.

alloiogenesis 混合生殖，アロイオゲネシス

allolactose アロラクトース：ラクトースの異性体の一種.

allomycin アロマイシン → amicetin

allopatric 異所性［の］

allophanic acid アロファン酸 同 N-carboxyurea（N-カルボキシ尿素）

allophenic mouse 異形質マウス：キメラマウスの旧称.

allopolyploid 異質倍数体

allo[poly]ploidy 異質倍数性

allopurinol アロプリノール：キサンチンオキシダーゼ阻害剤で痛風の治療薬.

all or none law 全か無かの法則，しつ【悉】無律："0 または 1"の二つの状態のみがあること. 同 all or nothing principle

all or nothing principle → all or none law

allose アロース：すべての OH 基が同じ配位のヘキソース.

allosteric アロステリック【活性中心外の】，別位の，分子変容の，分子の構造が変わる

allosteric activation アロステリック活性化：アロステリック効果により活性化すること.

allosteric effect アロステリック効果：活性中心以外の特異的部位にリガンドが結合して，高次構造を変え，活性が変化する効果.

allosteric effector アロステリックエフェクター：アロステリック効果を現すリガンド.

allosteric enzyme アロステリック酵素：アロステリック効果により活性が左右される酵素.

allosteric inhibition アロステリック阻害：アロステリック効果により阻害すること.

allosteric inhibitor アロステリック阻害剤 → negative modulator

allosteric modification アロステリック修飾：アロステリック効果により活性や構造が修飾を受けること.

allosteric protein アロステリックタンパク質：アロステリック効果を受けるタンパク質の総称.

allosteric regulation アロステリック制御：アロステリック効果に基づく活性制御.

allosteric site アロステリック部位：基質結合部位とは位置的に異なる結合部位.

allosteric theory アロステリック理論：アロステリック効果が発現する機構を説明する理論.

allosteric transition アロステリック転移：アロステリック効果によりひき起こされる構造の変化.

allosterism アロステリズム：アロステリックタンパク質の制御機能. 同 allostery（アロステリー）

allostery アロステリー → allosterism

allotherm 変温動物

allotype 1) アロタイプ【免疫】：同種の類似タンパク質であって異なった抗原性をもつもの. 2) 別基準標本【分類】

allotypic suppression アロタイプ抑制

alloxan アロキサン：糖尿病を起こす毒物の一種. 同 mesoxalurea（メソキサリル尿素）

alloxan diabetes アロキサン糖尿

alloxanthin アロキサンチン：藻類カロテノイドの一種.

allozygote アロ接合体

allozyme アロザイム：同一遺伝子座の異なる対立遺伝子による酵素群.

allylic rearrangement アリル転位：二重結合と置換基が移動する転移反応.

allysine アリシン：リシンの ε-アミノ基がアルデヒドに置換された修飾アミノ酸.

Alport syndrome アルポート症候群：進行性腎炎と神経系難聴を伴う遺伝病.

alprenolol アルプレノロール：β遮断薬の一種.

ALS → amyotrophic lateral sclerosis の略.

Alsever's solution オルシーバー液, アルセバ液：クエン酸を含む赤血球保存液.

alternative complement pathway → alternative pathway

alternative pathway 第二経路, 副経路, 別経路：古典経路の別経路. 同 alternative complement pathway, properdin pathway（プロペルジン経路）

alternative splicing 選択的スプライシング

altricial 晩熟性［の］ 同 altricious

altricious → altricial

altrose アルトロース

Alu **family** *Alu* ファミリー：7SL RNA を起源とし, ヒトゲノム中に約100万コピー散在する SINE 配列. 約300塩基長のコンセンサス配列中に *Alu* I 制限酵素部位があることから名づけられた.

alumina アルミナ：酸化アルミニウム, 吸着剤.

aluminium アルミニウム：元素記号 Al. 原子番号 13 の軽金属元素. 同 aluminum

aluminum → aluminium

alum precipitate ミョウバン沈降物

ALV → avian leukemia virus の略.

alveolar bone 歯槽骨

alveolar macrophage 肺胞マクロファージ

alveolar pyorrhea 歯槽膿漏症 → periodontal disease

alveolus (*pl.* alveoli) 1)胞, 2)肺胞, 3)歯槽

Alzheimer disease アルツハイマー病：老人斑と神経原線維変化を特徴とする初老期における痴呆.

Alzheimer's neurofibrillary tangle アルツハイマー神経原線維変化：リン酸化されたタウタンパク質によってつくられたねじれたらせん繊維(paired helical filament, PHF)で細胞内にみられる.

amacrine cell アマクリン細胞：介在神経細胞の一種.

Amadori rearrangement アマドリ転位：アルドース-*N*-グルコシドのケトースアミンへの転位. 糖結合ヘモグロビンなどにみられる.

amalgam アマルガム, 水銀合金

amandin アマンジン：アーモンドの種子タンパク質.

amanitine アマニチン → choline

amanullin アマヌリン：アマニチン類似体で, 阻害作用のないもの.

amaurotic idiocy 黒内障性白痴

amber codon アンバーコドン：タンパク質合成終止コドンの一つ. UAG.

amber mutation アンバー［突然］変異：UAG を生じる変異. 生じた終止コドンのために不完全なタンパク質を産生する.

amber suppressor アンバーサプレッサー：UAG コドンをあるアミノ酸コドンとして読み取ることで UAG を生じた変異の作用を抑圧するもの.

ambient 周囲［の］, 環境［の］, 外界［の］

ambient temperature 外界温度

ambiguous 二つ［以上］の意味にとれる, あいまいな

ambiquitous enzymes 両存酵素：可溶型と膜結合型の両方の型をとりうる酵素.

amebiasis アメーバ症

amelanotic melanoma 無色性黒色腫

amelobalst エナメル芽細胞

amelogenesis エナメル質形成

amelogenin アメロゲニン：エナメル質タンパク質.

Ames test エイムス試験：サルモネラ菌による変異物質の検出試験. 同 *Salmonella* mutagenecity test（サルモネラ変異原性試験）

ametabolous development 不変態発生

amethopterin アメトプテリン → methotrexate

amicetin アミセチン：タンパク質合成を阻害する抗生物質. 同 sacromycin（サクロマイシン）, allomycin（アロマイシン）

amidase アミダーゼ：アミド基の C-N 間を

加水分解する酵素．⇄ acylamidase（アシルアミダーゼ），acylase（アシラーゼ）

amidate アミド化する

amide アミド：カルボキシ基とアンモニアまたはアミンのアミノ基から水1分子が除かれて縮合した化合物．$RCONH_2$．

amide synthetase アミドシンテターゼ ⇄ acid-ammonia ligase

amidine-lyase アミジンリアーゼ：アミジノ基の脱離を触媒する酵素の一群．

amidino アミジノ【基】：$-C(=NH)NH_2$ で示される強塩基性の基．

amidinotransferase アミジノトランスフェラーゼ，アミジノ基転移酵素

Amido Black アミドブラック：タンパク質染色剤．⇄ Naphthalene Black（ナフタレンブラック）

amidol アミドール：ジアミノフェノール塩酸塩．還元剤．

amidotransferase アミドトランスフェラーゼ：アミド基（$-CONH_2$）の NH_2 を転移する酵素．

amikacin アミカシン：カナマイシン系の半合成抗生物質．

amiloride アミロライド：H^+ 輸送阻害剤．

amine アミン：アンモニア（NH_3）の H を1，2または3個置換した化合物で，それぞれ第一級，第二級，第三級アミンとよぶ．

aminergic アミン作動性

aminoacetic acid アミノ酢酸 ⇄ glycine

amino acid アミノ酸：同一分子内にアミノ基とカルボキシ基をもつ化合物．タンパク質は20種のアミノ酸から成る．

amino acid-activating enzyme アミノ酸活性化酵素 ⇄ aminoacyl-tRNA synthetase

amino acid activation アミノ酸活性化：アミノアシル tRNA 合成のための活性化反応．

amino acid antagonism アミノ酸拮〚きっ〛抗作用

amino acid imbalance アミノ酸インバランス：食物中のアミノ酸組成の偏り．栄養障害をきたす．

amino acid pool アミノ酸プール：タンパク質に組込まれた形でなく体液組織液，細胞質中に自由に利用しうる形で存在するアミノ酸の量．

amino acid reductase アミノ酸レダクターゼ：α-アミノ酸を還元的に分解して有機酸とアンモニアを生ずる酵素．

amino acid residue アミノ酸残基：ペプチド中の -NH-CHR-CO- の部分．

amino acid score アミノ酸価【タンパク質の】：必須アミノ酸含量で示した栄養価．

amino acid sequence アミノ酸配列：タンパク質の一次構造．

amino acid syn[the]thase アミノ酸合成酵素，アミノ酸シン[テ]ターゼ

aminoacyladenylate アミノアシルアデニル酸

aminoacylase アミノアシラーゼ ⇄ hippuricase

aminoacylation アミノアシル化

aminoacyl site ⇄ A site

aminoacyltransferase アミノアシルトランスフェラーゼ，アミノアシル基転移酵素

aminoacyl-tRNA アミノアシル tRNA

aminoacyl-tRNA binding site アミノアシル tRNA 結合部位 ⇄ A site

aminoacyl-tRNA synthetase アミノアシル tRNA シンテターゼ ⇄ amino acid-activating enzyme（アミノ酸活性化酵素）

aminoadipic acid アミノアジピン酸：リシン代謝中間体．

***o*-aminobenzoic acid** *o*-アミノ安息香酸 ⇄ anthranilic acid

***p*-aminobenzoic acid** *p*-アミノ安息香酸 略 PABA ⇄ vitamin H'（ビタミン H'）

γ-aminobutyrate shunt γ-アミノ酪酸経路

4-aminobutyric acid 4-アミノ酪酸 ⇄ γ-aminobutyric acid

γ-aminobutyric acid γ-アミノ酪酸：神経伝達物質．非タンパク質性アミノ酸の一種．略 GABA ⇄ 4-aminobutyric acid（4-アミノ酪酸）

amino-carbonyl reaction アミノ-カルボニル反応 ⇄ carbonyl-amine reaction（カルボニル-アミン反応）

aminoformic acid アミノギ酸 ⇄ carbamic acid

aminoglycolipid アミノグリコリピド ⇄ globoside

aminoglycoside アミノグリコシド，アミノ配糖体：糖または環状糖アルコールやアミノシクリトールなどの擬糖とアミノ糖との配糖体．

aminoglycoside antibiotic アミノグリコシ

ド系抗生物質
***p*-aminohippuric acid** *p*-アミノ馬尿酸
aminopeptidase アミノペプチダーゼ：ペプチド鎖のアミノ末端からアミノ酸を遊離させる加水分解酵素．
aminopterin アミノプテリン：4-アミノ-4-デオキシ葉酸．抗がん性の核酸合成阻害剤．
***p*-aminosalicylic acid** *p*-アミノサリチル酸：抗結核剤の一つ．略 PAS
aminosugar アミノ糖
amino terminal アミノ末端【タンパク質ペプチド鎖の】 同 amino terminus, N-terminal (=N-terminus)(N 末[端])
amino terminus → amino terminal
aminotransferase アミノトランスフェラーゼ, アミノ基転移酵素 同 transaminase(トランスアミナーゼ)
5-aminovaleric acid 5-アミノ吉草酸：非タンパク質性アミノ酸の一種．
amitosis(*pl.* amitoses) 無糸分裂 同 direct nuclear division(直接核分裂)
amixis アミキシス：減数分裂と受精を欠く生殖サイクル．
Ammon horn アンモン角：大脳の記憶に関する部分．
ammonia アンモニア
ammonia-lyase アンモニアリアーゼ：代表例はアスパルターゼ．
ammonium molybdate モリブデン酸アンモニウム：リン酸定量試薬．
ammonium sulfate 硫酸アンモニウム，硫安：$(NH_4)_2SO_4$．
ammonium sulfate fractionation 硫安分画[法]：硫酸アンモニウムを用いた塩析によりタンパク質を分画すること．
ammonium sulfate precipitation 硫安沈殿：タンパク質を硫酸アンモニウムで沈殿させること．硫安分画の一過程．
ammonotelic animal アンモニア排出動物：窒素代謝終産物がアンモニアである生物．
ammonotelism アンモニア排出：窒素代謝の終産物がアンモニアであること．
amnesia 健忘症
amniocentesis 羊水穿[せん]刺
amnion 羊膜：胎児を包む膜．
amniotic fluid 羊水 同 amniotic liquid
amoeba(*pl.* amoebae) アメーバ：原生動物の一種．

amoebocyte 変形細胞
amorph 無定形態，アモルフ
amorphous 1)無定形[の]，アモルファス, 不定型[の]，2)非結晶[の]
AMP → adenosine 5′-monophosphate の略．
ampere アンペア：記号 A, 電流の単位．SI 基本単位の一種．
amperometry 電流測定[法]
amphetamine アンフェタミン：覚醒薬の一種．同 sympatedrine(シンパテドリン)
amphibian 両生類[の]
amphibolic pathway 両方向性代謝経路，両性代謝経路：合成，分解両面をもつ代謝経路．
amphihaploid → allodiploid
amphikaryon 複核体：受精核のこと．
amphimixis アンフィミクシス：通常の有性生殖のこと．apomixis の対語．
amphipathic 両親媒性[の]：極性溶媒，非極性溶媒の両方に親和性をもつこと．
ampholyte 両性電解質：水溶液中で酸性, 塩基性の両方の性質を示す電解質．同 amphoteric electrolyte
ampholytic surfactant 両性界面活性剤：分子内に酸性基と塩基性基の両方をもつ界面活性剤．
amphoteric 両性[の]
amphoteric compound 両性化合物
amphoteric electrolyte → ampholyte
amphotericin B アンホテリシン B：ポリエン系抗生物質．膜に作用．カンジダ症などの抗真菌剤．
amphoteric ion 両性イオン：一つの分子で酸性基と塩基性基があり，ともにイオン化していること．アミノ酸など．同 dipolar ion (=dipole ion)(双極子イオン), zwitter ion (双性イオン)
amphotropic virus 両種指向性ウイルス，アンホトロピックウイルス：自然宿主以外の他種動物にも感染，増殖するウイルス．
ampicillin アンピシリン：代表的合成ペニシリン製剤の一種．
amplification 増幅【電流，刺激伝達シグナル, 遺伝子などの】
amplification cascade カスケード的増幅：段階的に増幅を繰返すこと．
amplifier T cell アンプリファイア T 細胞, 増殖 T 細胞 同 T amplifier cell(T アンプリファイア細胞)

amygdala へん[扁]桃体：脳の神経核の一つ．

amygdalin アミグダリン：青酸を含むアンズなどの配糖体．⇨ amygdaloside（アミグダロシド）

amygdaloside アミグダロシド ⇌ amygdalin

amylase アミラーゼ：デンプン加水分解酵素．

amylin アミリン：アミロイド形成タンパク質．

amylo-1,6-glucosidase deficiency アミロ-1,6-グルコシダーゼ欠損症：グリコーゲン蓄積症（糖原病）の一種．⇨ Cori disease（コリ病），Forbes disease（フォーブス病），debranching enzyme deficiency（脱分枝酵素欠損症）

amyloid アミロイド：組織に蓄積する繊維状タンパク質で，成分にはAβ，シスタチン，トランスチレチンなどいろいろある．

amyloidosis アミロイドーシス：アミロイドタンパク質の組織沈着による疾患．

amyloid polyneuropathy アミロイドポリニューロパシー：アミロイド蓄積による遺伝性神経疾患．

amyloid precursor protein アミロイド前駆体タンパク質：アルツハイマー病老人斑の主成分であるβタンパク質の前駆体膜タンパク質．略 APP

amylopectin アミロペクチン：分枝鎖デンプン．もち米の成分．

amylopectinosis アミロペクチノーシス：脱分枝酵素欠損によるⅣ型グリコーゲン蓄積症（糖原病）．⇨ Andersen's disease（アンダーセン病），branching enzyme deficiency（糖原分枝酵素欠乏症）

amyloplast アミロプラスト：デンプンを含む白色体．植物細胞小器官の一種．

amylose アミロース：直鎖デンプン．グルコースのα-1,4結合による重合体．

amyotrophic lateral sclerosis 筋萎[い]縮性側索硬化症 略 ALS

amyrin アミリン：マニラ芳香樹脂．

amytal アミタール：1)睡眠剤の一種．2)ミトコンドリア電子伝達系の阻害剤の一種．

anabiosis そ[蘇]生，生き返り

anabolic 同化[性]の，同化作用[の]：対語は catabolic．

anabolic hormone タンパク質同化ホルモン，アナボリックホルモン ⇨ myotropic hormone（ミオトロピックホルモン）

anabolic steroid タンパク質同化ステロイド

anabolism 同化[作用]：生体物質の合成．

anacidity 無酸症

anaerobe 嫌気[性]生物

anaerobic 嫌気[性]の，無酸素[性]の，無気[性]の：aerobic の対語．

anaerobic condition 嫌気[的]条件

anaerobic metabolism 嫌気[的]代謝：無酸素状態での代謝．

anaerobic respiration 嫌気[的]呼吸

anaerobiosis 嫌気[的]生活

analbuminemia 無アルブミン血症

analgesic 鎮痛薬 ⇨ analgetic agent

analgesic peptide 鎮痛性ペプチド ⇌ opioid peptide

analgetic agent ⇌ analgesic

analogous 類似した，相似[の]

analog[ue] 1)類似体，2)相似形質

analogy 相似[性]：外観や機能は似ているが，起源の異なること．

analysis of variance 分散分析【統計用語】

analytical 分析[用]の，解析[の]

analytical ultracentrifuge 分析用超遠心機

analyzer 分析計，アナライザー

anamorph アナモルフ：多型的生活環における不完全世代．無性生殖世代．

anandamide アナンダミド

anaphase 後期【細胞分裂の】

anaphase promoting complex 後期促進複合体：E1(ユビキチン活性化酵素)，E2(ユビキチン結合酵素)，E3(ユビキチンリガーゼ)から成る．デストラクションボックスを認識して，標的タンパク質をユビキチン化する複合体．ユビキチン化されたタンパク質は，プロテアソームによって分解される．略 APC ⇨ cyclosome（サイクロソーム）

anaphylactic reaction アナフィラキシー反応：抗原で感作された個体に，同一抗原を再び与えたときに生じる即時型過敏反応．IgEとマスト細胞が関与する．

anaphylactic shock アナフィラキシーショック：アナフィラキシーのはなはだしい場合．

anaphylatoxin アナフィラトキシン：補体成分 C3a，C5a のこと．

anaphylaxis アナフィラキシー，即時型過敏反応（Ⅰ型）

anaplastic carcinoma 未分化がん

anapleorosis ⇌ anaplerotic reaction

anaplerotic pathway アナプレロティック経路, 補充経路：補充反応となる経路.

anaplerotic reaction アナプレロティック反応, 補充反応：二つ以上の代謝経路に共通な中間体を補充する別反応. 同 anapleorosis

anastomosis 1)ふん[吻]合, 2)合流, 3)網目構造

anatomy 解剖学

anatoxin アナトキシン → toxoid

anchimeric assistance 近接性補助：基質同士を近接させることにより反応速度を増加させること.

anchor つなぎ止める【膜に分子を】, 固定する

anchorage dependency 足場依存性：軟寒天内など接着面のない状態では細胞が増殖しないこと. がん化細胞の特徴の一つ.

anchor loci アンカー遺伝子座：連鎖地図作成の際基準となる遺伝子座.

Andersen disease アンダーセン病 → amylopectinosis

androgamone アンドロガモン：精子の出す接合誘導物質.

androgen アンドロゲン：炭素数19のステロイド. 同 male sex hormone (雄性ホルモン, 男性ホルモン)

androgen-binding protein アンドロゲン結合タンパク質

androgenesis → merogony

andromerogen 雄核卵片発生体

andromerogony 雄核卵片発生

andromonoecy 雌雄同体性雄性

androstanedione アンドロスタンジオン：男子尿中に排泄される男性ホルモンの一種.

androstenedione アンドロステンジオン：男性ホルモンの排泄型.

androsterone アンドロステロン：男性ホルモンの一種.

anemia 貧血

anergy アネルギー：遅延型過敏反応で, 感作抗原に対する皮膚反応が低下している状態.

anesthetic 麻酔薬

aneuploid 異数体[の]：染色体がその種の固有な基本数の正確な倍数になっていないもの. 同 heteroploid

aneuploidy 異数性

ANF: atrial natriuretic factor の略. → atrial natriuretic polypeptide

Angelman syndrome アンジェルマン症候群：母親由来の15q13染色体の微小欠損. 精神遅滞を示す.

angina pectoris 狭心症：心筋が一過性の虚血状態に陥って疼痛を訴える症候群で, 持続は数分以内である.

angioblast 血管芽細胞

angiogenesis 血管新生, 血管形成

angiogenic factor 血管新生促進因子, 血管形成誘導因子

angiokeratoma corporis diffusum び漫性体部被角血管腫 → Fabry disease

angiosperm 被子植物

angiotensin アンギオテンシン, アンジオテンシン：昇圧(血圧)活性をもつ血管緊張ペプチド. 同 hypertensin (ハイパーテンシン)

angiotensinase アンギオテンシナーゼ 同 hypertensinase (ハイパーテンシナーゼ)

angiotensin converting enzyme アンギオテンシン変換酵素, アンジオテンシン転換酵素 略 ACE

angiotensinogen アンギオテンシノーゲン, アンジオテンシノーゲン：血液中のタンパク質でアンギオテンシンの前駆物質. 同 renin substrate (レニン基質)

angle rotor アングルローター：遠心管を固定角で回転するローター.

angstrom オングストローム：記号 Å. 長さの単位. 1 Å = 10^{-10} m.

angustmycin A アングストマイシンA：ヌクレオチド生合成を阻害する抗がん性抗生物質. 同 decoyinine (デコイニン)

angustmycin C アングストマイシンC 同 psicofuranine (プシコフラニン)

anhalonium alkaloid アンハロニウムアルカロイド, サボテンアルカロイド：幻覚剤.

anhidrosis 無汗症

anhistic 非組織性[の]

anhydrosugar アンヒドロ糖, 無水糖

anhydrous hydrazine 無水ヒドラジン

anidius 無形体

1-anilinonaphthalene-8-sulfonic acid 1-アニリノナフタレン-8-スルホン酸：蛍光プローブの一種. 略 ANS

animal cap 動物極キャップ, アニマルキャップ

Animalia 動物界

animal lectin 動物レクチン：動物由来で糖鎖と結合する性質をもつ, 免疫グロブリンや糖関連酵素以外のタンパク質の総称.

animal pole　動物極

animal virus　動物ウイルス：動物細胞を宿主とするウイルス．

anion　陰イオン，アニオン

anion exchanger　陰イオン交換体

anionic detergent　⇒ anionic surfactant

anionic surfactant　陰イオン界面活性剤：水中で陰イオンとなる界面活性剤．　同 anionic detergent

anion radical　アニオンラジカル　⇒ radical anion

anisidine　アニシジン：糖，アミノ酸の検出試薬の一種．　同 methoxyaniline（メトキシアニリン）

anisogamete　⇒ heterogamete

anisogamy　⇒ heterogamy

anisomycin　アニソマイシン：リボソーム大サブユニットと結合することで真核生物のタンパク質生合成を阻害する抗生物質．

anisotropic band　異方性帯　⇒ A band

anisotropism　⇒ anisotropy

anisotropy　異方性，アニソトロピー：物性が測定方向により異なること．　同 anisotropism

anisotropy ratio　異方性比

ankyrin　アンキリン：膜裏打ちタンパク質結合体．赤血球の膜タンパク質でスペクトリンを結合して裏打ち構造をつくる．

ankyrin repeat　アンキリンリピート：アンキリン，p16^{INK4a} など多数のタンパク質にみられる1単位約33アミノ酸の繰返し構造．タンパク質間相互作用に関与する．

annealing　アニーリング【DNAの】，徐冷再対合

annotation　注釈付け，アノテーション，遺伝子機能注釈付け：注釈をつけること．遺伝子の機能を特定すること．

annular lipid　輪状脂質　⇒ boundary lipid

anodic　陽極[の]

anomer　アノマー：糖のカルボニル炭素のヘミアセタール環形成に起因する二つのジアステレオマーを互いにアノマーという．

anomeric carbon atom　アノマー炭素原子：アノマーの原因となる炭素原子．

anomeric effect　アノマー効果

anoxia　無酸素[症]

ANP　⇒ atrial natriuretic polypeptide の略．

ANS　⇒ 1-anilinonaphthalene-8-sulfonic acid の略．

anserine　アンセリン：N-β-アラニル-1-メチル-L-ヒスチジン．筋肉中に多い．

antacid　制酸剤，制酸薬：胃液中の塩酸を中和する薬物．　同 antacidum

antacidum　⇒ antacid

antagonism　拮[きっ]抗作用

antagonist　アンタゴニスト，拮[きっ]抗物質，拮抗薬

anteiso acid　アンテイソ酸：ω末端から3番目の炭素に分枝をもつ脂肪酸．

antenatal diagnosis　⇒ prenatal diagnosis

antenna chlorophyll　アンテナクロロフィル：光合成系中の光受容クロロフィル分子集合体．

Antennapedia gene　アンテナペディア遺伝子：ショウジョウバエのホメオティック遺伝子の一つ．　略 *Antp* gene

antenna pigment　アンテナ色素　⇒ light-harvesting pigment

anterior　前[の]，前側[の]

anterior commissure　前交連

anterior pituitary　下垂体前葉

anterior pituitary hormone　下垂体前葉ホルモン

antero-posterior axis　前後軸　同 craniocaudal axis（= cephalo-caudal axis, rostrocaudal axis）（頭尾軸）

anther culture　やく[葯]培養：やくを培養して一倍体植物を得，これから純系植物（ホモ二倍体）を得る方法．

antheridiol　アンテリジオール：水カビの性ホルモン．

anthocyan　アントシアン：花の青や赤の色素の総称．花青素．

anthocyanidin　アントシアニジン：アントシアンの非糖部フラボノイド色素．

anthocyanin　アントシアニン：アントシアンの中で配糖体となっているもの．

anthoxanthin　アントキサンチン：花の黄色色素の一種．

anthracene　アントラセン

anthracycline　アントラサイクリン

anthranilic acid　アントラニル酸　同 vitamin L$_1$（ビタミン L$_1$），o-aminobenzoic acid（o-アミノ安息香酸）

anthrax bacillus　炭疽[そ]菌，ひ[脾]脱疽菌　同 *Bacillus anthracis*

anthrone-sulfuric acid method　アントロ

ン-硫酸法: 糖定量法.
anthropogenesis 人類発生
anthropoid 類人猿 同 ape
anthropology 人類学
antianaphylaxis 抗アナフィラキシー
antiantibody 抗抗体: 抗体を抗原とする抗体.
antianxiety drug 抗不安薬
antibacterial 抗菌性[の]
antibacterial immunity 抗菌免疫
antibacterial spectrum 抗菌スペクトル: ある薬剤に対する各種生物種の感受性の全体像のこと. 同 antimicrobial spectrum
antiberiberi factor 抗脚気因子 → thiamin
antibiosis 抗生作用
antibiotic 1)抗生物質, 2)抗生作用[の]
antibody 抗体: 抗原刺激でつくられた抗原に特異的に結合するタンパク質.
antibody titer 抗体価
antibody valence 抗体結合価: 抗体1分子が結合しうる抗原決定基の数(IgG, IgA, IgEは2価, IgMは10価). 同 antibody valency
antibody valency → antibody valence
anticancer 抗がん性 同 anticarcinogenic
anticancer agent 抗がん剤, 制がん剤 同 anticancer drug(抗がん薬, 制がん薬)
anticancer drug 抗がん薬 → anticancer agent
anticarcinogenic → anticancer
antichaotropic ion アンチカオトロピックイオン: F^-, SO_4^{2-} などタンパク質の解離を抑制するイオン.
anticholinesterase 抗コリンエステラーゼ薬: 有機リン神経毒など.
anticoagulant 抗凝血物質, 抗凝固物質
anticoagulation 抗凝血, 抗凝固
anticodon アンチコドン: tRNAの中にあるコドン認識のための3塩基配列.
anticodon loop アンチコドンループ: tRNA中のアンチコドンを含むループ状部分.
anticodon stem アンチコドンステム: アンチコドンループをtRNAの他の部分と結合する柄の部分.
anticomplementary 抗補体性
anti conformation アンチコンホメーション【ヌクレオチドの】: ヌクレオチドの糖と塩基が離れるように位置する立体構造. 対語は syn conformation.

anticonvulsant 抗けいれん[痙攣]薬
antidepressant 抗うつ薬 同 psychic energizer(精神賦活薬)
antidiuretic 抗利尿薬
antidiuretic activity 抗利尿作用
antidiuretic hormone 抗利尿ホルモン: vasopressinを参照. 略 ADH
antidote 解毒薬
antidromic → retrograde
antidromic conduction 逆方向性伝達
antiemetic 制吐剤, 鎮吐薬
antiepileptic 抗てんかん[癲癇]薬
antiestrogen 抗エストロゲン: 卵胞ホルモンの拮抗物質.
antifoaming agent 消泡剤
antifolate 葉酸拮抗剤, 抗葉酸剤
antifreeze effect 凍結防止効果
antifreeze protein 不凍[化]タンパク質
antifungal antibiotic 抗真菌性抗生物質
antigen 抗原: 動物に抗体を産生させ抗体と特異的に結合する物質.
antigen analysis 抗原分析
antigen-antibody complex 抗原抗体複合体 同 immune complex(免疫複合体)
antigen-antibody reaction 抗原抗体反応
antigen-binding capacity 抗原結合能
antigen-binding fragment 抗原結合性フラグメント → Fab fragment
antigen-binding receptor 抗原結合性受容体
antigen excess 抗原過剰
antigen gain 抗原性獲得
antigenic 抗原性[の], 抗原[の]
antigenic competition 抗原競合
antigenic deletion 抗原欠失
antigenic determinant 抗原決定基
antigenic drift 抗原ドリフト, 抗原連続変異: 点突然変異による抗原突然変異.
antigenicity 抗原性 → immunogenicity
antigenic mutation 抗原突然変異
antigenic reversion 抗原復帰
antigenic shift 抗原シフト, 抗原不連続変異: 遺伝子組換えによる抗原突然変異.
antigenic specificity 抗原特異性
antigenic variation 抗原変異
antigen presenting cell 抗原提示細胞 略 APC
antigen-recognition site 抗原識別部[位], 抗原認識部[位]

antiglobulin 抗グロブリン: 免疫グロブリンに対する抗体.

antiglobulin consumption test 抗グロブリン消費試験: 抗グロブリン抗体による抗原と結合した不完全抗体の定量法.

antiglobulin test 抗グロブリン試験 ⇌ Coombs' test

antihemophilic factor 抗血友病因子: 血液凝固Ⅷ因子の別名.

antihemophilic globulin 抗血友病グロブリン: 血液凝固Ⅷ因子の別名.

antihistaminic 抗ヒスタミン薬: ヒスタミン受容体H_1, H_2の阻害薬. アレルギー反応を抑制.

antihuman globulin 抗ヒトグロブリン 同 Coombs' serum (クームス血清)

antihypertensive agent ⇌ hypotensive agent

anti-idiotype antibody 抗イディオタイプ抗体: 抗体を産生している個体が産生する, その抗体独自のイディオタイプに対する抗体.

antiinflammatory 抗炎症性

antiinflammatory agent 抗炎症薬 同 antiphlogistic (消炎薬)

anti-inhibitor 抗阻害剤

antilymphocyte globulin 抗リンパ球グロブリン: 抗リンパ球血清から, グロブリン画分を精製したもの.

antilymphocyte serum 抗リンパ球血清

antimere 体ふく[幅]: 対称部分.

antimetabolite 代謝拮[きっ]抗物質, 抗代謝剤 同 metabolic antagonist, metabolic inhibitor (代謝阻害剤)

antimicrobial activity 抗菌活性

antimicrobial spectrum ⇌ antibacterial spectrum

antimold かび防止剤

antimony アンチモン: 元素記号 Sb. 原子番号51の金属元素.

antimorph アンチモルフ, 抑制的対立遺伝子

antimutagen 抗[突然]変異物質

antimutator polymerase アンチミューターターポリメラーゼ: 突然変異率を低下させる DNA ポリメラーゼ.

antimycin A アンチマイシン A: 電子伝達系阻害の抗生物質. A_1, A_3の2種あり.

antimycin A_3 アンチマイシン A_3 ⇌ blastmycin

antinuclear antibody 抗核抗体 同 antinuclear factor (抗核因子)

antinuclear factor 抗核因子 ⇌ antinuclear antibody

antioncogene ⇌ tumor suppressor gene

antioxidant 1) 抗酸化剤【生体内】, 2) 酸化防止剤【食品, 材料】

antipain アンチパイン: 微生物産の SH プロテアーゼインヒビター.

antiparallel 逆平行, アンチパラレル

antiparallel β-structure 逆平行β構造 同 antiparallel pleated sheet (逆平行プリーツシート)

antiparallel pleated sheet 逆平行プリーツシート ⇌ antiparallel β-structure

antipellagra factor 抗ペラグラ因子

antiperspirant 制汗剤

antiphlogistic 消炎薬 ⇌ antiinflammatory agent

antiplasmin 抗プラスミン

antipode 対掌[しょう]体 ⇌ enantiomer

antiport 対向輸送, アンチポート 同 countertransport

antipsychotic 抗精神病薬: 強精神安定薬(メジャートランキライザー)をさす.

antipyretic 解熱薬

antipyretic analgesic 解熱鎮痛薬

antipyrine アンチピリン: 解熱鎮痛薬の一種.

anti-Rh antibody 抗 Rh 抗体

antiscorbutic factor 抗壊血病因子: ビタミン C.

antisense RNA アンチセンス RNA

antiseptic 1) 防腐薬, 2) 防腐[性][の] 同 aseptic

antiserum (*pl.* antisera) 抗血清 同 immune serum (免疫血清)

antisigma factor 抗σ因子

antisterility factor 抗不妊因子

antistreptolysin O test 抗ストレプトリシン O 試験: 溶連菌感染の試験.

antitermination factor 抗転写終結因子

antithrombin Ⅲ アンチトロンビンⅢ 同 antithrombin-heparin cofactor (アンチトロンビン-ヘパリン補因子), heparine cofactor (ヘパリン補因子)

antithrombin-heparin cofactor アンチトロンビン-ヘパリン補因子 ⇌ antithrombin Ⅲ

antithymocyte serum 抗胸腺細胞血清

antitoxin 抗毒素: 外毒素などの毒素に対する

antituberculous agent 抗結核剤 ⇒ tuberculostatic agent

antitumor immunity 抗腫瘍免疫

antitussive agent 鎮咳[がい]薬

antiviral 抗ウイルス性[の]

antivitamin 抗ビタミン剤, アンチビタミン ⇒ vitamin antagonist

antizyme アンチザイム: オルニチンデカルボキシラーゼ(ODC)に結合し, その活性を阻害する調節タンパク質. アンチザイムの発現はポリアミンによって誘導され, 翻訳フレームシフトが必要. ⇒ ODC antizyme(ODCアンチザイム)

***Antp* gene** ⇒ *Antennapedia* gene の略.

antrum(*pl.* antra) 腔[くう], 洞【解剖学】

aorta(*pl.* aortae) 大動脈

aortic 大動脈性

AP-1: activator protein 1(アクチベータータンパク質1)の略. Jun と Fos から成る転写因子複合体.

apamin アパミン: ハチ毒ペプチドの一種.

apatite アパタイト, リン灰石

APC ⇒ adenomatous polyposis coli の略.

APC ⇒ anaphase promoting complex の略.

APC ⇒ antigen presenting cell の略.

APC ubiquitin ligase complex APC ユビキチンリガーゼ複合体

ape ⇒ anthropoid

AP endonuclease AP エンドヌクレアーゼ: 欠落した塩基の5′側あるいは3′側のホスホジエステル結合を加水分解するエンドヌクレアーゼ. ⇒ apurinic/apyrimidinic endonuclease

aphidicolin アフィジコリン: 真核生物のDNA ポリメラーゼ α を阻害する抗生物質. カビ由来の抗ウイルス剤.

aphtha アフタ: 口腔粘膜の炎症時に生ずる直径 1〜3 mm の円形の浅い潰瘍で, 表面に偽膜性白苔がみられ, 痛みを伴う.

aphthous fever ⇒ foot-and-mouth disease

apical cell 頂[端]細胞

apical dominance 頂芽優勢: 頂芽が側芽より早く発育する現象.

apical membrane 頂端側細胞膜: 上皮細胞や内皮細胞の細胞膜のうち, 体外あるいは管腔内に面している部分. 隣接する上皮細胞と面する部分や基底膜側の部分は, 側底側細胞膜とよばれる. 頂端側細胞膜との間に密着結合が存在し, 細胞の極性を形づくる.

apical meristem 頂端分裂組織.

apical organ 頂頂官, 頭頂器官: 軟体動物などの幼生体の前端の構造体.

apical plate 頂板: 頂器官の主要部分.

apical surface 先端面【細胞表層の】, 頂面: 上皮細胞の細胞表面は密着結合を境に先端面と基底面に分かれる.

aplastic anemia 再生不良性貧血: 赤血球, 白血球, 血小板のいずれもが減少する疾患で, 骨髄の低形成に基づく. 先天性のものはファンコニ貧血とよばれる.

Aplysia アメフラシ

apocrine gland アポクリン腺, 離出分泌腺: 分泌物を細胞の一部と一緒に分泌する腺.

apocyte アポサイト ⇒ multinucleate cell

apoenzyme アポ酵素: 補酵素や補因子を除いた酵素タンパク質.

apoferritin アポフェリチン: フェリチンから鉄を除いたタンパク質部分.

apogamy 無配生殖

apohemoglobin アポヘモグロビン ⇒ globin

apolar 無極性

apolipoprotein アポリポタンパク質: リポタンパク質から脂質を除いたもの.

apomixis アポミクシス: 有性生殖以外の生殖形式の総称. 一般には単為生殖のこと. 対語は amphimixis.

apomorphine アポモルフィン: 催吐剤. モルヒネの酸加熱処理で得られる.

apomorphy 子孫形質[状態]

apoprotein アポタンパク質: 1)複合タンパク質において補因子を除去したタンパク質成分. 2)しばしばアポリポタンパク質を略してこういう.

apoptosis アポトーシス: 生理的条件下で細胞自らがひき起こす細胞死. プログラムされた細胞死で, 細胞膜の変性に続いて核の破壊, 断片化が起こる.

aporepressor アポリプレッサー, 主抑制体: 誘導物質を結合していないリプレッサー.

APP ⇒ amyloid precursor protein の略.

apparatus 装置, 器具

a priori 先験的, アプリオリ

A protein A タンパク質: 線状ファージ性繊毛の吸着を行うタンパク質.

aptamer アプタマー: ランダムに合成した

RNA オリゴマー・ライブラリーから選択された，特定のタンパク質や細胞成分と結合するオリゴマーの総称.

APUD cell APUD 細胞: amine precursor uptake and decarboxylation cell の略. アミンとペプチドホルモンの生産・貯蔵を行う神経性外胚葉由来細胞.

apurinic acid アプリン酸: DNA から酸などでプリン塩基が除去された物質.

apurinic/apyrimidinic endonuclease → AP endonuclease

apyrase アピラーゼ: ATP または ADP を基質とし，それぞれから末端リン酸エステルを加水分解する酵素. 同 adenosine diphosphatase (アデノシンジホスファターゼ)，ADPase (ADP アーゼ)，ATP diphosphatase (ATP ジホスファターゼ)

apyrimidinic acid アピリミジン酸: DNA から無水ヒドラジンでピリミジン塩基が除去された物質.

aquacobalamin アクアコバラミン: ビタミン B_{12} 誘導体の一種.

aquaculture 水産養殖

aqueous 水[の]

aqueous phase 水層，水相

aqueous solution 水溶液

Ara → arabinose の略.

araban アラバン → arabinan

Arabidopsis thaliana シロイヌナズナ，アラビドプシス

arabinan アラビナン: アラビノースから成る多糖類. 同 araban (アラバン)

arabinogalactan アラビノガラクタン

arabinose アラビノース: ペントースの一種. 略 Ara

arabinoxylan アラビノキシラン

arabitol アラビトール: ペントースアルコール

arachic acid アラキン酸: 炭素数 20 の直鎖飽和脂肪酸. 同 arachidic acid (アラキジン酸)，[e]icosanoic acid ([エ]イコサン酸)

arachidic acid アラキジン酸 → arachic acid

arachidonate cascade アラキドン酸カスケード: アラキドン酸からプロスタグランジン類を生じる情報伝達の段階的増幅経路.

arachidonic acid アラキドン酸: 炭素数 20 の四不飽和脂肪酸. プロスタグランジンの出発物質. 同 5,8,11,14-[e]icosatetraenoic acid (5,8,11,14-[エ]イコサテトラエン酸)

Arachis hypogaea ピーナッツ, 落花生

arachis oil → peanut oil

arachnodactyly クモ指症

arbitrary 任意の

arbovirus アルボウイルス 同 arthropod-borne virus (節足動物媒介ウイルス)

Archaea (*sing.* Archaeon) アーキア, 古細菌

archaebacterium (*pl.* archaebacteria) 古細菌

Archaeon アーケオン: Archaea の単数形.

archenteron 原腸 同 primitive gut

archenteron roof 原腸蓋

Archibald method アーチボルド法: 超遠心分離法により分子量を求める方法.

archicortex 原皮質, 古皮質 同 archipallium

archipallium → archicortex

arcuate nucleus 弓状核

arcus corneae 角膜輪

Arenaviridae アレナウイルス科: げっ歯類を自然宿主とする RNA ウイルス. ヒトが感染すると出血熱を起こす.

ARF ADP-ribosylation factor の略.

Arf: 低分子 GTP 結合タンパク質の一つで, 細胞内小胞輸送に関与する.

Arg → arginine の略.

arginase アルギナーゼ: 尿素回路中でアルギニンを加水分解して尿素とオルニチンを生ずる酵素.

arginine アルギニン: 塩基性アミノ酸の一種. 略 Arg, R

arginineless mutant アルギニン要求変異株 同 arginine-requiring mutant

argininemia アルギニン血症

arginine phosphate アルギニンリン酸 → phosphoarginine

arginine-requiring mutant → arginineless mutant

arginine-rich histone 高アルギニン型ヒストン

arginine vasopressin アルギニンバソプレッシン 略 AVP

argininosuccinic acid アルギニノコハク酸: 尿素回路中の中間体. 同 argininosuccinic acid (アルギノコハク酸)

argininosuccinic acidemia アルギニノコハク酸血症 同 argininosuccinic aciduria (アル

ギニノコハク酸尿症)
argininosuccinic aciduria　アルギニノコハク酸尿症 → argininosuccinic acidemia
argininosuccinic acid　アルギニノコハク酸 → argininosuccinic acid
Argonz-del Castillo syndrome　アルゴンス・デルカスティリオ症候群：器質的変化を伴わない高プロラクチン血症．
Arlacel A　アラセル A：フロイントアジュバントの成分．乳化剤の一種．
Arlacel series surfactant　Arlacel〔アラセル〕系界面活性剤
arming factor　武装因子
Arnold-Chiari syndrome　アーノルド・キアリ症候群：脳脊髄奇形の一種．
aromatase　アロマターゼ：女性ホルモン合成酵素でステロイド骨格の A 環をベンゼン型に変える．
aromatic　芳香族[の]
aromatic amino acid　芳香族アミノ酸：チロシン，フェニルアラニン，トリプトファンなどの芳香環をもつアミノ酸の総称．
aromatic compound　芳香族化合物
aromatization　芳香[族]化：芳香環を形成する反応．男性ホルモンからの女性ホルモンの形成など．
aromorphosis　アロモルフォシス：飛躍的進化．
arousal reaction　覚醒反応
arrested cell　（増殖）停止細胞
Arrhenius activation energy　アレニウスの活性化エネルギー：アレニウスプロットより実験的に求められる活性化エネルギー．
Arrhenius plot　アレニウスプロット：反応速度と反応温度の関係式の一つ．活性化エネルギー算出法．
arrythmia　不整脈
ARS → autonomously replicating sequence の略．
arsenic　ヒ素：元素記号 As，原子番号 33．ヒ素化合物の多くは毒性をもつ．
arsenic acid　ヒ酸
arsenical　ヒ素剤
arsenious acid　亜ヒ酸
arsenolysis　アルセノリシス，加ヒ酸分解：リン酸エステルの代わりにヒ酸エステルを導入して非酵素的に起こる加水分解．
artefact → artifact
Artemia salina　アルテミアサリーナ：小型の甲殻類の一種．胞胚期から嚢胚期の卵は乾燥して保存ができ，研究材料として用いられる．　同 brine shrimp（ブラインシュリンプ）
arteriole　細動脈
arteriosclerosis　動脈硬化
arteriosclerosis obliterans　閉塞性動脈硬化症　略 ASO
artery　動脈
arthritis　関節炎
arthropod　節足動物
arthropod-borne virus　節足動物媒介ウイルス → arbovirus
arthrospore　分節型胞子
Arthus phenomenon　アルツス現象：循環障害を主体とした補体に依存する抗原抗体反応による組織変化．
Arthus reaction　アルツス反応：アレルギー反応のⅢ型（補体依存型）．
artifact　人為結果，人為産物，人為現象　同 artefact
artificial lipid membrane　脂質人工膜 → artificial membrane
artificially acquired immunity　人工獲得免疫
artificial membrane　人工膜　同 artificial lipid membrane（脂質人工膜）
artificial organ　人工臓器
aryl hydrocarbon hydroxylase　芳香族炭化水素水酸化酵素
asbestos　石綿，アスベスト
asbestosis　石綿症，アスベスト症
ascending　上行性[の]，上昇[の]
ascites　腹水：腹膜腔の体液．
ascorbic acid　アスコルビン酸　同 vitamin C（ビタミン C）
ascospore　子嚢〔のう〕胞子：子嚢から生ずる単相胞子．
ascus　子嚢〔のう〕：増殖に不利な環境下に酵母細胞が形成する硬い殻をかぶった細胞．
aseptic　1) → antiseptic, 2) 無菌[の]，防腐[の]
aseptic condition　無菌状態
asexual reproduction　無性生殖
ash　灰分
asialoganglioside　アシアロガングリオシド：シアル酸残基を失ったガングリオシド（糖脂質）．
asialoglycoprotein　アシアロ糖タンパク質，

アシアログリコプロテイン 圖 desialyzed glycoprotein, desialylated glycoprotein

asialoorosomucoid アシアロオロソムコイド: シアル残基を失ったヒトα酸性糖タンパク質.

A site A部位(リボソームの) 圖 aminoacyl site, aminoacyl-tRNA binding site(アミノアシル tRNA 結合部位)

Asn → asparagine の略.

ASO → arteriosclerosis obliterans の略.

Asp → aspartic acid の略.

asparaginase アスパラギナーゼ: アスパラギンの酸アミド結合を加水分解してアスパラギン酸とアンモニアを形成する酵素. 白血病などに抗腫瘍剤として用いることがある.

asparagine アスパラギン: 2-アミノスクシンアミド酸. 略 Asn, N

asparagine synthetase アスパラギンシンテターゼ: アスパラギン酸をアミド化してアスパラギンにする酵素.

Aspartame アスパルテーム: L-アスパラギン酸と L-フェニルアラニンが結合した人工甘味料. 砂糖の約200倍の甘さをもつ.

aspartase アスパルターゼ: アスパラギン酸アンモニアリアーゼの別名.

aspartate-dependent amination アスパラギン酸依存性アミノ化: プリン合成の一段階.

aspartate-glutamate carrier アスパラギン酸-グルタミン酸交換輸送体: ミトコンドリア膜に存在し, アスパラギン酸, グルタミン酸の交換を行う.

aspartic acid アスパラギン酸: 2-アミノコハク酸. 酸性アミノ酸の一種. 略 Asp, D

aspartic protease アスパラギン酸プロテアーゼ 圖 acid protease(酸性プロテアーゼ), carboxy protease(カルボキシプロテアーゼ)

aspartylglucosamine アスパルチルグルコサミン

aspartyl phosphate アスパルチルリン酸 → phosphoaspartate

aspect 1)見方【問題などの】, 2)状況

Aspergillosis アスペルギルス症

Aspergillus アスペルギルス属, コウジカビ: 不完全菌亜門の一属. 日和見感染症としてヒトに感染する.

asphyxia 1)仮死, 2)窒息

aspirate 吸引する

aspirator アスピレーター, 吸引器

aspirin アスピリン: 鎮痛消炎剤. プロスタグランジン合成阻害による. 圖 acetylsalicylic acid(アセチルサリチル酸)

assay 検定[法], 試験法, 定量[法], アッセイ

assembly 集合, 構築

assembly map 集合地図

assimilatory pigment 同化色素 → photosynthetic pigment

assimilatory quotient 同化率 → photosynthetic quotient

associated ion pair 会合イオン対

association 1)会合: 非共有結合でつくられる化合物集合体. 2) → pairing

association constant 会合定数: 高分子間反応において結合定数に相当するもの.

association cortex 連合野【大脳皮質の】

assortment 組合わせ【遺伝子, 染色体の】

astacin アスタシン: アスタキサンチンの二つの OH がケトンに酸化された色素.

astaxanthin アスタキサンチン: 甲殻類のカロテノイド. 加熱すると赤色色素を生じる.

aster 星状体: 大型細胞分裂時に現れる放射状構造.

asthma ぜん[喘]息

astral 星状体[の]

astroblastoma 星[膠[こう]]芽[細胞]腫

astrocyte → astroglia

astrocytoma 星[膠]細胞腫, アストロサイトーマ: 脳グリア細胞の一つである星状[膠]細胞由来の腫瘍.

astroglia アストログリア, 星状膠[こう]細胞 圖 astrocyte

ASV → avian sarcoma virus の略.

Asx: "aspartic acid または asparagine"の略号.

asymmetric 不斉[せい][の], 非対称性[の]

asymmetric carbon atom 不斉炭素原子: ある炭素の四つの結合の相手の基がすべて異なる場合, この炭素原子のこと.

asymmetric center 不斉中心: 不斉炭素原子のこと.

asymmetry 不斉[性], 無対称

asymptote 漸近線

asynchronism 非同時性

ataraxic 精神安定薬 → tranquil[l]izer

atavism 先祖返り: ある形質が数世代後に再び現れること.

ataxia 運動失調[症]

ataxia telangiectasia 血管拡張性失調症:

ATM遺伝子異常による遺伝性疾患. 同 Louis-Bar syndrome(ルイ・バー症候群)

ATCC: American Type Culture Collection の略.

atheroma アテローム, 粥〖じゅく〗腫: 血管のコレステロール沈着病変.

atherosclerosis アテローム性動脈硬化, 粥〖じゅく〗状動脈硬化

ATL → adult T cell leukemia の略.

ATLV → adult T cell leukemia virus の略.

atmosphere 気圧: 記号 atm. 圧力の単位. 1 atm=760 mmHg=101,325 Pa.

atom 原子

atomic 1)原子[の], 2)原子力[の]

atomic absorption analysis → atomic absorption spectro[photo]metry

atomic absorption spectro[photo]metry 原子吸光分析 同 atomic absorption analysis

atomic energy 原子力

atomic force microscope 原子間力顕微鏡 略 AFM 同 scanning force microscope (SFM)

atomic force microscopy 原子間力顕微鏡法 略 AFM

atomization 1)原子化, 2)微粒化, 3)噴霧

atomizer 噴霧器

atopic dermatitis アトピー性皮膚炎

atopic disease アトピー性疾患

atopic hypersensitivity アトピー性過敏症: Ⅰ型アレルギー. 花粉, 食物などに対してIgE などを生じやすい遺伝性過敏症.

atopic reaction アトピー反応

atopy アトピー: 遺伝性の過敏性疾患.

ATP → adenosine 5′-triphosphte の略.

ATP-ADP carrier ATP-ADP 交換輸送体

ATPase ATP アーゼ → adenosine triphosphatase

ATP diphosphatase ATP ジホスファターゼ → apyrase

ATP-generating system ATP 産生系

ATP monophosphatase ATP モノホスファターゼ → adenosine triphosphatase

ATP-phosphate exchange reaction ATP-リン酸交換反応 同 phosphate-ATP exchange reaction(リン酸-ATP 交換反応)

ATP-pyrophosphate exchange reaction ATP-ピロリン酸交換反応 同 pyrophosphate-ATP exchange reaction(ピロリン酸-ATP交換反応)

ATP-regenerating system ATP 再生系: ADP (または AMP)から ATP を再生する反応系.

ATP synthetase ATP 合成酵素, ATP シンテターゼ

atractylic acid アトラクチル酸: ミトコンドリアの ATP-ADP 交換輸送体阻害剤で細胞内 ATP 合成を阻害する. 硫酸化された配糖体の一種. 同 atractyloside(アトラクチロシド)

atractyloside アトラクチロシド → atractylic acid

atransferrinemia 無トランスフェリン血症

atresia 閉鎖[症]

atrial 心房性

atrial natriuretic factor → atrial natriuretic polypeptide

atrial natriuretic polypeptide 心房性ナトリウム利尿ペプチド: 心臓より分泌され強力なナトリウム利尿作用をもつほか, 脳内に存在し神経ペプチドとして血圧の制御に関与する. 略 ANP 同 atrial natriuretic factor (ANF)

atrioventricular node 房室結節: 洞房結節由来の心臓刺激を心室に伝える. 同 A-V node

atrium(*pl.* atria) 心房

atrophy 萎〖い〗縮, 衰退

atropine アトロピン: *dl*-ヒヨスチアミン. 副交感神経遮断薬でムスカリン性アセチルコリン受容体を阻害. ナス科植物のアルカロイド.

attachment 付着

attachment site 付着部位【プロファージの】

attenuate 減弱させる

attenuated vaccine 弱毒ワクチン

attenuated virus 弱毒ウイルス

attenuation 1)転写減衰, アテニュエーション, 2)弱毒化

attenuator アテニュエーター: 一般に減衰させるもの(減衰器). 転写を減弱(終結)させる遺伝子上の調節部位.

attenuator regulation アテニュエーター調節: 基質濃度に応じて転写を終結させる調節様式(原核生物に限る).

attractant 誘引物質

atypical antibody 非定型抗体 → incomplete antibody

Au antigen Au 抗原 → Australia antigen

audition 聴覚

Auerbach's plexus アウエルバッハ神経叢: 胃・腸壁の縦走筋層と輸送筋層との間に存在する多数の小さな神経節をもつ神経叢.

Auer rod → Auer's body

Auer's body アウエル小体: 白血病性の骨髄芽球, 前骨髄球などの細胞質中にみられるアズール好性の結晶様の小体. 同 Auer rod

auramine O オーラミン O: 黄色蛍光色素の一種.

aureomycin オーレオマイシン → chlortetracycline

auricle 心耳

aurovertin オーロベルチン: F_1-ATP アーゼを阻害する抗生物質.

Australia antigen オーストラリア抗原 同 Au antigen (Au 抗原), HB surface antigen (HBs 抗原, B 型肝炎ウイルス表面抗原)

autacoid オータコイド: 生体内で微量に産生される生理活性物質でホルモンや伝達物質に属さないもの. 同 local hormone (局所ホルモン)

authentic 標準[の], 信頼できる【標準化合物など】, 真正[の]

authentic sample 標準品

autoanalyzer 自動分析器

autoantibody 自己抗体: 自己抗原に対する抗体.

autoantigen 自己抗原 同 self antigen

autobivalent 同質二価染色体

autocatalysis 自己触媒, 自己触媒反応

autoclave 高圧滅菌器, オートクレーブ

autocrine 自己分泌, オートクリン, 自律分泌

autogenous 自原的【遺伝子調節の】

autograft → autotransplant

autografting → autotransplantation

autohemolysin 自己溶血素

autoimmune 自己免疫[性][の]

autoimmune disease 自己免疫疾患

autoimmune thyroiditis 自己免疫性甲状腺炎 → Hashimoto disease

autoimmunity 自己免疫

autolysin 自己溶菌酵素, 自己消化酵素, 自己分解酵素

autolysis 1) 自己分解, 2) 自己消化, 3) 自己溶菌, 4) 自己融解

autonomic drug 自律神経[作用]薬

autonomic ganglion 自律神経節

autonomic nervous system 自律神経系

autonomous 自律性[の], 自律[の]

autonomously replicating sequence 自律複製配列: 酵母の DNA 複製起点を含む領域. 略 ARS

autonomy 自律性

autophagic vacuole 自食作用胞【リソソーム】

autophagy 自食作用, 自己貪食, オートファジー

autophosphorylation 自己リン酸化: プロテインキナーゼが自らの特定の残基をリン酸化し, 自らを賦活化する現象.

autopolyploid 同質倍数体

autopsy 剖検, 死体解剖

autoradiogram オートラジオグラム: オートラジオグラフィーで撮った写真.

autoradiograph オートラジオグラフ: オートラジオグラフィー用装置.

autoradiography オートラジオグラフィー: 試料を感光剤に密着させ放射性同位体の分布位置を記録する測定法. 同 radioautography (ラジオオートグラフィー)

autosensitization 自己感作

autosomal dominant inherited disease 常染色体[性]優性遺伝病

autosomal inheritance 常染色体性遺伝

autosomal recessive inherited disease 常染色体[性]劣性遺伝病

autosome 常染色体, オートソーム

autotransplant 自己移植[片], 自家移植[片] 同 autograft

autotransplantation 自己移植, 自家移植 同 autografting

autotroph 独立栄養体, 独立栄養生物

autotrophic 独立栄養[の]

autotrophism → autotrophy

autotrophy 独立栄養 同 autotrophism

autoxidation 自動酸化

auxanography オキサノグラフィー: (微生物の) 生育に必要な物質を決定する方法.

auxiliary lipid 補助脂質

auxin オーキシン: 代表的な植物成長ホルモン. インドール酢酸とその類縁化合物.

auxochrome 助色団

auxotroph 栄養[素]要求株 同 auxotrophic mutant

auxotrophic mutant → auxotroph

auxotrophic mutation　栄養[素]要求性[突然]変異

auxotrophy　栄養[素]要求性

Avena **curvature test**　アベナ屈曲試験：ムギの芽による植物成長ホルモンの生物検定法．

Avena sativa　マカラスムギ

average burst size　平均放出数　→ burst size

average life time　→ mean life

average molecular weight　平均分子量：不均一な高分子集団の分子量の平均の値．同 mean molecular weight

avian　トリ[の]

avian leukemia virus　トリ白血病ウイルス 略 ALV 同 avian leukosis virus

avian leukosis virus　→ avian leukemia virus

avian sarcoma virus　トリ肉腫ウイルス 略 ASV

avidin　アビジン：卵白に含まれ，ビオチンと特異的に強く結合してこれを阻害するタンパク質．ビオチンの定量や，アビジン-ビオチン結合による標識に利用される．

avidity　アビディティー，結合活性，結合力

avimanganin　アビマンガニン：トリのマンガンタンパク質．

A-V node　→ atrioventricular node

Avogadro constant　アボガドロ定数　→ Avogadro's number

Avogadro's number　アボガドロ数：6.022×10^{23}．1 mol 中の分子の数．同 Avogadro constant（アボガドロ定数）

AVP　→ arginine vasopressin の略．

axenic animal　→ germfree animal

axenic culture　純粋培養　同 pure culture

axerophtol　アクセロフトール　→ retinol

axial bond　アキシアル結合　同 polar bond（軸結合，ポーラー結合）

axial filament　→ axonema

axial ratio　軸比：回転楕円体の長軸と短軸の比．

axis of symmetry　対称軸

axon　軸索【ニューロンの】

axonal flow　軸索流

axonal transport　軸索[内]輸送

axonema　軸糸　同 axoneme, axial filament

axoneme　→ axonema

axon hillock　軸索丘

5-azacytidine　5-アザシチジン：DNA メチル化酵素の阻害剤．ピリミジン系抗生物質の一つ．抗がん作用あり．

5-azacytosine　5-アザシトシン

azafrin　アザフリン：植物のカロテノイド．同 escobezin（エスコベジン）

8-azaguanine　8-アザグアニン：グアニン代謝拮抗阻害剤．抗がん剤．

azaserine　アザセリン：プリン合成を阻害する抗生物質．抗菌，抗真菌，抗原虫，抗腫瘍活性をもつ．

azathiopurine　アザチオプリン　→ Imuran

azelaic acid　アゼライン酸：1,7-ヘプタンジカルボン酸．

azide　アジ化物，アジド：呼吸，電子伝達阻害剤．

azide method　アジド法：ペプチド合成法の一種．

azidothymidine　アジドチミジン：AIDS 治療薬の一つ．HIV 複製阻害．略 AZT

azlactone　アズラクトン　→ oxazolone

azlactone method　アズラクトン法　→ Erlenmeyer method

azo dye　アゾ色素，アゾ染料：アゾ基 (-N=N-) をもつ合成色素．

azo protein　アゾタンパク質：タンパク質にジアゾ化合物を結合させたもの．

azotemia　高窒素血症，窒素血症

Azotobacter　アゾトバクター，窒素固定[細]菌

azotometer　窒素計，アゾトメーター

AZT　→ azidothymidine の略．

azure B　アズール B：青色の塩基性アゾ色素の一種．ギムザ染色に使用．

azurin　アズリン：銅タンパク質の一種．

azygos vein　奇静脈

B

β-action β作用：β受容体からcAMPを介するカテコールアミンの情報伝達作用．心機能を亢進させる $β_1$ 作用と，血管や気管平滑筋を拡張させる $β_2$ 作用がある．

β-barrel βバレル：タンパク質の超二次構造の一つ．逆平行βシート2枚でたる状構造をなす．

β-blockade β遮断：β受容体の阻害．

β-carotene βカロテン，βカロチン：ビタミンAの前駆物質．

β cell ベータ細胞：1）下垂体前葉にあり，ACTH, TSH, ゴナドトロピンなどを分泌する．2）→ pancreatic B cell

β decay β崩壊，β壊変：β線を放出する原子の壊変．

β elimination β脱離　同 1,2-elimination（1,2-脱離）

β emitter β放射体　同 β radioactive substance（β放射性物質）

β granule β顆粒：膵ランゲルハンス島β細胞にありインスリンが濃縮された顆粒．

β-lactam antibiotic β-ラクタム系抗生物質

β lactoglobulin βラクトグロブリン

β lipoprotein βリポタンパク質　→ low-density lipoprotein

$β_2$ microglobulin $β_2$ ミクログロブリン

β oxidation β酸化

β radioactive substance β放射性物質　→ β emitter

β rays β線，β粒子線：高速粒子放射線の一種．

β-receptor β受容体，βレセプター：$β_1$ と $β_2$ がある．β-action も参照．同 adrenergic β-receptor（アドレナリンβ受容体）

β-structure β構造：タンパク質の二次構造の一種．同 pleated sheet（プリーツシート）

β-turn βターン：四つのアミノ酸残基で約180°折返す特異構造．

β-twist βツイスト：β構造のよじれ．

Bacillus 1) バシラス，バチルス，2) 桿〔かん〕菌：従属栄養桿菌．

Bacillus anthracis → anthrax bacillus

Bacillus stearothermophilus バシラス=ステアロテルモフィルス：好気性好熱性細菌の一種．

Bacillus subtilis 枯草菌

bacitracin バシトラシン：細菌細胞壁の合成を阻害する抗生物質．

backcross 戻し交雑，戻し交配

backcross breeding 戻し交雑育種法

background バックグラウンド：背景雑音レベル，自然放射能．

back mutation → reverse mutation

Bacteria バクテリア，真正細菌：単に原核生物の総称として用いるときと，生物分類学上の最上位の分類名の一つであるバクテリア領域をさすときがあるので，注意が必要．

bacteria: bacterium の複数形．

bacterial 細菌〔の〕

bacterial virus 細菌ウイルス　→ phage

bacteriochlorophyll バクテリオクロロフィル：光合成細菌の葉緑素．

bacteriocidal 殺菌性〔の〕

bacteriocin バクテリオシン：殺菌性タンパク質．多くの菌がこれを産生する能力をもち，これはプラスミドに支配されている．

bacteriocinogenic factor バクテリオシン因子

bacteriology 細菌学

bacteriolysin 溶菌素

bacteriolysis 溶菌

bacteriophage バクテリオファージ　→ phage

bacteriopheophytin バクテリオフェオフィチン：バクテリオクロロフィルのMgを除いたもの．

bacteriorhodopsin バクテリオロドプシン：好塩菌の紫膜の光エネルギー変換タンパク質．レチノールを含む H^+ 輸送体．

bacteriostasis 静菌〔作用〕

bacteriostatic 静菌

bacterium (*pl*. bacteria) 細菌

bacteroid バクテロイド，細菌状体

bactoprenol バクトプレノール：細菌に含まれる炭素数55のポリプレノール．同 undecaprenol（ウンデカプレノール）

baculovirus バキュウイルス

BAL: British anti-Lewisite の略. → dimercaprol

balance 1)てんびん〖天秤〗, はかり, 2)平衡

balanced growth 均衡成長

balanced salt solution 平衡塩類[溶]液

balance hypothesis 平衡仮説【集団遺伝学における】

balata バラタ:樹液のゴム状物.

BALB/c mouse BALB/c〖バルブシー〗マウス:広く用いられる繁殖力の強いB系アルビノ近交系マウス.

Balbiani ring バルビアニ環:唾腺多糸染色体中の膨らんだ領域. 活発に転写が行われている. 狭義にはユスリカ唾腺染色体にみられる特徴的なパフをさす.

balsam バルサム:樹脂を溶解した精油, 香料.

bamicetin バミセチン:グラム陽性菌に対する抗生物質の一種.

band sedimentation バンド沈降[法] → zonal centrifugation

band staining バンド染色[法]:染色体の分染法. Qバンド法, Gバンド法, Rバンド法などが代表的. 同 differential staining(分染法)

bank blood 保存血 同 preserved blood

bar バール:圧力の単位. 1 bar = 10^5 Pa = 10^5 N/m²

barbed end 反矢じり端【アクチンの】

barbital バルビタール:鎮静, 催眠薬. 緩衝液物質の一種. 同 veronal(ベロナール)

barbituric acid バルビツール酸:マロン酸と尿素の縮合した化合物. 催眠薬.

Barfoed's reagent バールフェズ試薬:糖の銅還元反応試薬. 弱酸性のため特異性が高い.

barium バリウム:元素記号 Ba. 原子番号 56 の元素.

barometer 気圧計

barophilic 好圧性[の]

baroreceptor 圧受容器

barotaxis 走圧性

Barr body バー小体, バール小体:性クロマチンの一つ. Xクロマチンの不活化によりXX女性の2個のXクロマチンのうち一つが凝縮したもの.

Bartlett method バートレット法:リン定量法の一種.

Bartter syndrome バーター症候群:低カリウム性アルカローシス, レニン分泌過剰, アルドステロン分泌過剰を伴う.

basal 基礎[の], 基本[の], 基底[の]

basal body 基底小体 → kinetosome

basal cell 基底細胞:上皮の最深層にある細胞.

basal ganglion 大脳基底核, 基底核 同 basal nuclei

basal granule 基粒[体] → kinetosome

basal lamina 基底板[層] → basement membrane

basal medium of Eagle → Eagle's basal medium

basal metabolism 基礎代謝:安静, 絶食, 覚醒, 適温時の個体の代謝.

basal nuclei → basal ganglion

basal transcription factor 基本転写因子

base 1)塩基, 2)基剤

base analog[ue] 塩基類似体

base catalyst 塩基触媒

base composition 塩基組成:多くの場合 GC 含量をさす. 同 nucleotide composition(ヌクレオチド組成)

Basedow disease バセドウ病:自己免疫疾患の一つであり, 甲状腺機能亢進症の原因のほとんどを占める. 女性に多い. 同 Graves disease(グレーブス病)

basement lamina 基底板[層] → basement membrane

basement membrane 基底膜:上皮細胞層の直下にあって外側の結合組織を隔て構造を維持するコラーゲン, 多糖類を含む膜. 同 basal lamina(=basement lamina)(基底板[層])

base pair 塩基対:1)水素結合しうる核酸塩基の組. 2)二本鎖核酸の長さを示す単位. 10^3 bp = kbp. 略 bp

base pairing 塩基の対合

base substitution 塩基置換:突然変異の一つ.

basic 1)塩基性[の], 2)基本[の]

basic dye 塩基性色素

basic fibroblast growth factor 塩基性繊維芽細胞増殖因子:fibroblast growth factor を参照. 略 bFGF

basket cell かご細胞 → myoepithelial cell

basolateral membrane 側底側細胞膜:上皮, 内皮細胞など外表面側と基底膜側の極性をもつ細胞について, 密着結合を境に基底膜側にある側面および底面の細胞膜. 対語は apical membrane.

basophil 好塩基球，好塩基性白血球 同 basophilic leukocyte

basophil[e] 好塩基性[の] 同 basophilic

basophilic → basophil[e]

basophilic leukocyte → basophil

batch バッチ，処理単位

batch culture バッチ培養：処理単位に分けて行う培養．対語は continuous culture.

bathochromic effect 深色効果：対語は hypsochromic effect. 同 bathochromism (バソクロミズム)

bathochromic shift 深色移動：吸収極大が長波長側にシフトすること．同 red shift (レッドシフト，赤色移動)

bathochromism バソクロミズム → bathochromic effect

batyl alcohol バチルアルコール：オクタデシルグリセリルエーテル．特に精巣に分布．

Bayol 55 → Bayol F

Bayol F バイオール F：フロイントアジュバントに加える鉱物油．同 Bayol 55

BBB → blood-brain barrier の略．

bcd **gene** → *bicoid* gene の略．

B cell B 細胞：免疫グロブリン産生細胞．同 B lymphocyte (B リンパ球)

B cell growth factor B 細胞増殖因子：IL-4，IL-5 に相当．

BCG: Bacille de Calmette et Guérin (無菌化ウシ型結核菌)の略．

B-chromosome B 染色体：種に特有な数，構造を示す通常の染色体(A 染色体)セットとは別に，数，構造に個体間の多型をみる余分な染色体をもつとき，後者をさす．花をつける植物に多くみられ，構造遺伝子をもたない．

bcl-2 **gene** *bcl-2* 遺伝子：ヒトがん遺伝子の一つ．多数の関連遺伝子とともに *BCL2* ファミリーを形成し，アポトーシスを制御する．

Beckwith-Wiedemann syndrome ベックウィズ-ウィデマン症候群：父親由来の 11p15 染色体領域の過剰による優性遺伝疾患．巨舌，巨人症を伴う．

becquerel ベクレル：記号 Bq. 放射能の単位．$1 Bq = 1 s^{-1} = 1 dps$.

beef cattle 食用ウシ

beeswax みつろう

bee toxin ミツバチ毒，ハチ毒

beet sugar ビート糖 → sucrose

Behçet disease ベーチェット病：ブドウ膜炎と粘膜かい瘍を主徴とする全身性炎症性疾患．

behenic acid ベヘン酸：炭素数 22 の直鎖飽和脂肪酸．同 docosanoic acid (ドコサン酸)

behen oil トモシリソウ種子油：ドーパデカルボキシラーゼ阻害剤．パーキンソン病治療薬．

belladonna alkaloid ベラドンナアルカロイド：ベラドンナの根に含まれるトロパンアルカロイドの総称．

Bence-Jones protein ベンス・ジョーンズタンパク質：骨髄腫患者の血清，尿中に大量に現れるモノクローナル免疫グロブリン L 鎖の単量体または二量体．

benign tumor 良性腫瘍

benserazide ベンセラジド：ドーパデカルボキシラーゼ阻害剤の一種．

benthos 底生生物，ベントス：プランクトン，遊泳生物とともに，水生生物を生態により分類した一群．

benzene hexachloride ベンゼンヘキサクロリド → hexachlorocyclohexane

benzidine ベンジジン：4,4′-ジアミノビフェニル．血液検出用の色素．発がん性がある．

benzodiazepines ベンゾジアゼピン誘導体

benzoic acid 安息香酸

benzopyrene ベンゾピレン：コールタール中に存在するがん原性芳香族炭化水素．発がんイニシエーターの一種．

benzoylation ベンゾイル化

benzylcyanide ベンジルシアン化物

benzyloxycarbonyl ベンジルオキシカルボニル【基】 略 Z

benzyloxycarbonylamino acid ベンジルオキシカルボニルアミノ酸：ペプチド合成に用いられるアミノ酸誘導体．同 Z-amino acid (Z-アミノ酸)

benzylsulfonyl fluoride → PMSF

berberine ベルベリン：整腸薬として用いられるアルカロイドの一種．同 umbellatine (ウンベラチン)

bergamot oil ベルガモット油：ミカン果皮の香油．

beriberi 脚気：ビタミン B_1 欠乏による多発性神経炎．同 hinchazon

Bernard-Soulier disease ベルナール・スーリエ病：血液凝固 VIII 因子受容体欠損により常染色体劣性出血性素因．

Bertrand method ベルトラン法：還元糖の定

量法の一種.

beryllium ベリリウム：元素記号 Be. 原子番号4のアルカリ土類元素.

BES: N,N-bis(2-hydroxyethyl)-2-aminoethanesulfonic acid の略. グッドの緩衝液用試薬.

bestatin ベスタチン：アミノペプチダーゼ B の阻害物質.

betaine ベタイン：一般に，アミノ酸の N-トリアルキル置換体，特にトリメチルグリシンをさす.

betulin ベツリン：シラカバのトリテルペン. 同 betulinol(ベツリノール)，trochol(トロコール)

betulinol ベツリノール → betulin

bFGF → basic fibroblast growth factor の略.

BGP: bone Gla protein の略. → osteocalcin

BHC: benzene hexachloride の略. → hexachlorohexane

Bial reaction ビアル反応：ペントースの呈色反応(緑色). 鉄とオルシノール，濃塩酸による反応.

bias 偏り，バイアス

bicarbonate 重炭酸塩 → hydrogencarbonate

Bicine: N,N-bis(2-hydroxyethyl)glycine の略. グッドの緩衝液用試薬.

bicoid **gene** ビコイド遺伝子：ショウジョウバエの母性前後軸因子の一つで，胚前半部の形態形成を決定する. 略 *bcd* gene

bicuculline ビククリン：γ-アミノ酪酸の拮抗薬.

bicyclobutonium ion ビシクロブトニウムイオン：スクアレン合成の中間体.

bidirectional 双方向の

bidirectional replication 二方向複製

bifunctional reagent 二価性試薬：1分子中に二つの反応基をもつタンパク質などの修飾試薬. 架橋剤として用いる.

bifurcate 1)二又状，2)分岐する

bilateral 両側[の]，左右対称[の]

bilatriene ビラトリエン：メチン橋が3個の胆汁色素(ビリベルジンなど).

bilayer 二重層

bile 胆汁 同 gall

bile acid 胆汁酸

bile alcohol 胆汁アルコール

bile duct 胆管 同 biliary tract

bilene ビレン：メチン端が1個の胆汁色素.

bile pigment 胆汁色素 同 bilirubinoid

bile salt 胆汁酸塩

biliary 胆汁[の] 同 bilious

biliary tract → bile duct

bilineurine ビリノイリン → choline

bilious → biliary

biliprotein ビリタンパク質：紅藻などの色素タンパク質.

bilirubin ビリルビン：胆汁色素の一種.

bilirubin encephalopathy ビリルビン脳症 → nuclear icterus

bilirubinoid → bile pigment

biliverdin ビリベルジン：胆汁色素の一種.

bimodal curve 二項曲線

bimolecular reaction 二分子反応

binary vector バイナリーベクター：二つのベクターにわたって異なる機能を組込んだベクター系.

bindin バインディン：精子の先体に含まれ，卵黄膜との結合に関与するタンパク質. ウニから単離されている.

binding constant 結合定数

binding curve 結合曲線

binding protein 結合タンパク質

binominal distribution 二項分布

bioactive substance → biologically active substance

bioassay バイオアッセイ，生物検定[法] 同 biological assay

bioautography バイオオートグラフィー：クロマトグラフィーの分離物質を生物学的検定法で検出する方法.

biochemical 生化学[的][の]

biochemical evolution 生化学的進化

biochemical oxygen demand 生化学的酸素要求量：水の汚染度を示す指標の一つ. 微生物が酸化しうる有機物の水中含量に比例. 略 BOD 同 biological oxygen demand(生物学的酸素要求量).

biochemistry 生化学

biochip バイオチップ：タンパク質を利用する超微細集積回路.

bioclean room バイオクリーンルーム：微生物汚染を防止した清浄室(厚生労働省基準に従って定める施設).

biocybernetics バイオサイバネティクス，生体制御理論

biocytin ビオシチン：ε-N-ビオチニル-L-

リシンの別名.
biodegradability 生分解性, 生物分解性：生分解とは生物が有機化合物を二酸化炭素と水に分解することであり, 生分解される性質を生分解性という.
bioelectricity 生体電気
bioelectronics 生物電子工学, バイオエレクトロニクス
bioelement 生[体]元素
bioenergetics 生体エネルギー学
bioengineering 生物工学, 生命工学 ⇒ biological engineering
bioethics 生命倫理, バイオエシックス
biofuel cell 生物燃料電池
biogenesis 生物発生[論]
biohazard バイオハザード, 生物災害
bioinformatics 生命情報科学, バイオインフォマティクス：ゲノム科学の進展により生まれた生命科学と情報科学の学際分野. 膨大なゲノムの配列情報から, 特定の遺伝子や遺伝子群について構造や機能を推定したり, 生物進化の機構を推定する.
biological assay ⇒ bioassay
biological clock 生物時計, 生体時計 ⇒ physiological clock（生理時計）
biological containment 生物学的封じ込め
biological engineering ⇒ bioengineering
biological half-life 生物学的半減期
biologically active substance 生理活性物質 ⇒ bioactive substance
biological oxidation 生体酸化, 生物学的酸化
biological oxygen demand 生物学的酸素要求量 ⇒ biochemical oxygen demand
biological response modifier 生物応答修飾物質 [略] BRM
biological rhythm ⇒ biorhythm
biological value 生物価【タンパク質の】
biology 生物学
bioluminescence 生物発光, バイオルミネセンス
bioluminescent 生物発光[の]
biomass バイオマス, 生物量：エネルギー源としての生物産生有機物.
biomembrane 生体膜
biometry 生物測定
biomimetics バイオミメティックス：生物模倣技術.

bionics バイオニクス, 生体工学
biophysics 生物物理学
biopolymer 生体高分子, バイオポリマー
biopsy 生検, 生体組織検査
biopterin ビオプテリン：還元体は芳香族アミノ酸モノオキシゲナーゼの電子供与体.
bioreactor バイオリアクター：生物を利用した反応装置.
biorheology 生物レオロジー, 生物流動学, バイオレオロジー
biorhythm 生体リズム, バイオリズム ⇒ biological rhythm
bios ビオス：酵母中の増殖促進物質.
bios I ビオスⅠ ⇒ inositol
biosensor バイオセンサー, 生物学的検知器
biosphere 生物圏：生態系内の物質, 元素, エネルギー, 生物情報をさし, 循環している. 地球上の生命活動の見られる地域（たとえば, 地表から上下わずかな地域）をさすこともある.
biostatistics 生物統計学
biosynthesis 生合成
biotaxis 細胞間相互作用
biotechnology バイオテクノロジー
biotin ビオチン：ビタミンB群の一つで炭酸固定反応の補酵素となる. ⇒ vitamin H（ビタミンH）, coenzyme R（補酵素R）
biotin enzyme ビオチン酵素
biotin sulfoxide ビオチンスルホキシド
biotron バイオトロン：生物環境調節実験施設.
biphasic 二相性[の], 二相[の] ⇒ diphasic
bipolar 二極[性][の], 双極[性][の]
biradical ビラジカル：異なる2原子に一つずつの2個の不対電子をもつ遊離基. ⇒ diradical（ジラジカル）
birefringence 複屈折 ⇒ double refraction
bishydroxycoumarin ビスヒドロキシクマリン ⇒ dicumarol
bis-MSB：1,4-bis-(o-methylstyryl)benzeneの略.
bisphenol A ビスフェノールA
bisphosphoglycerate ビスホスホグリセリン酸 ⇒ diphosphoglycerate（ジホスホグリセリン酸）
bis-tris ビス-トリス：bis(2-hydroxyethyl)-imino-tris(hydroxymethyl)methaneの略.
bisubstrate reaction 二基質反応
bit ビット：二進法で表した情報量の単位.

biuret reaction ビウレット反応
bivalent 二価[の]
bivalent antibody 二価抗体 ≒ divalent antibody
bixin ビキシン：ベニノキのカロテノイド．食品着色色素．
BK virus BK ウイルス：パポーバウイルス科，ポリオーマウイルス属に属するヒトの DNA ウイルスの一種．
black lipid film → black lipid membrane
black lipid membrane 黒膜：人工リン脂質二重平面膜．≒ black lipid film
black tongue 黒舌病 ≒ canine pellagra（イヌペラグラ症）
bladder 膀胱［ぼうこう］
blast [cell] 1) 芽球，2) 割球：未分化な細胞．
blast formation 1) 芽球化，芽球形成，2) 幼若化【リンパ球の】≒ blastogenesis, gemmation
blasticidin S ブラストサイジン S：タンパク質合成を阻害する抗生物質．細菌のリボソーム 50S サブユニットの 23S rRNA のペプチジルトランスフェラーゼ中心に結合してペプチド転移反応を阻害する．
blastmycin ブラストマイシン：ミトコンドリア電子伝達系をシトクロム b とシトクロム c_1 の間で阻害する呼吸阻害剤．抗カビ作用をもつ．≒ antimycin A_3（アンチマイシン A_3）
blastocele 割腔：卵割の進行につれて割球に囲まれてできる空所のことで，通常，胞胚期のものをいう．
blastocoel 胞胚腔［こう］
blastocyst 1) 胚盤胞，2) 尾胞
blastocytoma → blastoma
blastoderm 1) 胚盤葉，2) 胞胚葉
blastogenesis → blast formation
blastoid 芽球様細胞【一般細胞の】
blastoid transformation リンパ球幼若化［現象］：リンパ球がマイトジェンに応答して形態学的に幼若な細胞に変化し活発に増殖を開始すること．
blastoma 芽種，芽細胞腫 ≒ blastocytoma
blastomere 割球，分割球，卵割球
blastopore 原口
blastula 胞胚
blastulation 胞胚形成：桑実胚に中心腔ができて胞胚となること．
bleaching 漂白，脱色
bleeding 1) 出血，2) 放血

blender ブレンダー，破砕器
blending inheritance 融合遺伝
bleomycin ブレオマイシン：DNA を一本鎖および二本鎖切断する抗生物質．抗がん剤として用いられる．
Bligh-Dyer extraction method ブライ・ダイアー抽出法：脂質抽出法の一種．
block 1) 遮断，2) 阻止，阻害
blocker 遮断薬
blocking antibody 阻止抗体 ≒ enhancing antibody
blocking test 阻止試験
block polymerization ブロック重合
blood 血液
blood-brain barrier 血液脳関門，脳血管関門 略 BBB
blood cell 血液細胞
blood clotting → blood coagulation
blood coagulation 血液凝固 ≒ blood clotting
blood coagulation factor 血液凝固因子
blood coagulation factor III 血液凝固 III 因子 → tissue factor
blood glucose → blood sugar
blood group incompatibility 血液型不適合
blood group substance 血液型物質
blood pigment 血色素，血液色素：ふつうヘモグロビンのこと．
blood sedimentation 血沈：抗凝固剤を加えた血液を細長い管に入れて垂直に立て，一定時間経過後赤血球層の上に分離した血漿層の厚さを測定して血沈値とする．≒ erythrocyte sedimentation rate (ESR, 赤血球沈降速度)
blood sugar 血糖 ≒ blood glucose
blood typing 血液型判定
blood urea nitrogen 血中尿素窒素 略 BUN
Bloom syndrome ブルーム症候群：奇形，血管拡張，高頻度の姉妹染色分体交換を主徴とする常染色体疾患．DNA ヘリカーゼをコードする *Blm* 遺伝子の異常により起こる．
Bloor's reagent ブローア試薬：エタノール・エーテル混合液，脂質抽出用．
blot ブロットする：膜に吸着させる．
blotting ブロッティング
blue copper oxidase 青色銅オキシダーゼ
blue copper protein 青色銅タンパク質

Blue Dextran ブルーデキストラン【商品名】: ゲル沪過用のマーカーとして使う青いデキストラン.

blue diaper syndrome 青いおむつ症候群: 小腸でのトリプトファン吸収異常から起こる. インジカン尿による. 遺伝様式, 原因遺伝子は不明.

blue-green alga ラン藻類 → cyanobacterium

blue light response 青色光応答

Blue Sepharose ブルーセファロース【商品名】

blue shift ブルーシフト → hypsochromic effect

blue value 青価【デンプンの】

blunt end 平滑末端【DNAの】, 平滑断端, ブラントエンド 同 flush end

B lymphocyte Bリンパ球 → B cell

BMP → bone morphogenetic protein の略.

BMT → bone marrow transplantation の略.

boat conformation 舟形配座: 糖など六員環の立体構造で舟形のもの. 対語は chair conformation.

Boc-amino acid Bocアミノ酸: t-ブトキシカルボニルアミノ酸(t-butoxycarbonylamino acid). ペプチド合成に用いられるアミノ酸誘導体.

BOD → biochemical oxygen demand の略.

body axis 体軸

body cavity 体腔〖くう〗

body fat 体脂肪

body fluid 体液

body plan ボディープラン, 体制プラン

body surface area 体表面積

Boeck's sarcoid ベック類肉腫 → sarcoidosis

Bohr effect ボーア効果: ヘモグロビンの酸素解離曲線がH^+上昇(CO_2低下)によって右方にずれること.

boiling point 沸点 略 b.p.

Boivin antigen ボアバン抗原: 腸内細菌の細胞壁抗原の混合物.

Boltzmann constant ボルツマン定数: 気体定数をアボガドロ数で割ったもの.

Boltzmann distribution ボルツマン分布: 状態の確率分布. エネルギー ε をとる確率は $\exp(-\varepsilon/kT)$. kはボルツマン定数. Tは温度.

bolus injection 大量瞬時投与, ボーラス注入

bombesin ボンベシン: ガストリン分泌を高める消化管の分泌するペプチドホルモン.

bombykol ボンビコール: $trans$-10,cis-12-ヘキサデカジエン-1-オール. カイコガの性フェロモン.

bond 結合, 結合する(共有結合をつくる)

bond angle 結合角 同 valency angle(原子価角)

bond energy 結合エネルギー 同 bond enthalpy(結合エンタルピー)

bond enthalpy 結合エンタルピー → bond energy

bone 骨

bone Gla protein 骨Glaタンパク質 → osteocalcin

bone lacuna 骨小腔〖くう〗

bone marrow 骨髄

bone marrow transplantation 骨髄移植 略 BMT

bone morphogenetic → osteogenesis

bone morphogenetic protein 骨形成タンパク質, 骨誘導因子, 骨形成因子: 脱灰骨中に存在し, TGF-βのスーパーファミリーに属するタンパク質で, 骨形成の一連の過程を誘導する. 略 BMP

bone resorption 骨吸収

bongkrekic acid ボンクレキン酸: ATPのミトコンドリア膜の輸送の阻害剤. インドネシアで腐敗ココナッツによる食中毒の原因となった.

boost 上昇させる, 急増させる

booster 追加免疫, ブースター, 二次免疫注射

bootstrap ブートストラップ: 統計量の標本誤差を確率分布の仮定をおかずにノンパラメトリックに評価するための方法で, コンピューターに行わせる.

Bordetella pertussis 百日咳菌

boric acid ホウ酸

borneol ボルネオール, ボルネオショウノウ, 竜脳

boron ホウ素: 元素記号B. 原子番号5の元素.

bottleneck effect 瓶首効果, ボトルネック効果: 集団がある期間きわめて小さくなることで生じる集団遺伝的効果. 遺伝的浮動の作用が強くなりホモ接合体の割合が増えるなどす る. 創始者原理はその一つの例.

bottromycin A_2 ボトロマイシンA_2: 細菌のリボソーム50Sサブユニットに作用し, トランスロケーション反応を阻害してタンパク質合成阻害に働く抗生物質.

botulinum toxin ボツリヌス毒素: 嫌気性菌ボツリヌスのタンパク質性毒素で, ニューロンのアセチルコリン分泌を抑える.

botulism ボツリヌス中毒

Bouchardat's reagent ブーシャルダー試薬: ヨウ素, ヨウ化カリウムによるアルカロイド沈殿試薬.

bouillon ブイヨン: 肉汁培地. 同 broth, meat extract peptone broth（肉エキスブイヨン）, nutrient broth（栄養ブイヨン）

boundary lipid 境界脂質: 生体膜を構成する脂質のうち, 膜タンパク質の周囲に存在し他の膜脂質と異なる状態にある. 同 annular lipid（＝halo lipid）（輪状脂質）

bound water 結合水

bovine ウシ[の]

bovine serum ウシ血清

bovine serum albumin ウシ血清アルブミン

bovine spongiform encephalopathy ウシ海綿状脳症 同 mad cow disease（狂牛病）

Bowman-Birk inhibitor ボーマン・バークインヒビター: ダイズのトリプシンインヒビターの一種.

Bowman's capsule ボーマン嚢[のう], 腎糸球体嚢 同 capsule of Bowman

box titration ボックス力価滴定[法]: 抗原または抗体の力価測定法の一種.

Boyden's chamber ボイデンチェンバー: 白血球走化性試験用容器.

Boyden's test ボイデン試験: 白血球の走化性試験.

bp → base pair の略.

brachiose ブラキオース → isomaltose

bradycardia 徐脈

bradykinin ブラジキニン: カリクレインにより血漿中でつくられる血圧降下, 腸の平滑筋収縮性ペプチドの一種.

Bragg condition ブラッグの条件: 結晶のX線反射による回折条件.

brain 脳 同 encephalon

brain-derived neurotrophic factor 脳由来神経栄養因子: BDNF, NGF 類似の生理作用を示し, 成熟ニューロンの生存維持に役立っているポリペプチド.

brain stem 脳幹

brain wave 脳波: 脳の活動に伴う電気的変化.

branched-chain amino acid 分枝アミノ酸: ロイシン, イソロイシン, バリンなど, 分岐した側鎖をもつアミノ酸の総称.

branched-chain fatty acid 分枝脂肪酸

branched-chain ketonuria 側鎖ケト酸尿症 → maple syrup urine disease

branchia(pl. branchiae) えら

branching 枝分かれ, 分枝

branching enzyme 分枝酵素, 糖原分枝酵素, 枝つくり酵素: α-1,4-グルカン分枝酵素の別名.

branching enzyme deficiency 糖原分枝酵素欠乏症 → amylopectinosis

branch migration 分枝点移動: 2組の二本鎖 DNA が X 字形を形成したとき, 分枝点が移動すること. ホリデイモデルはその例.

branch point 分枝部位: デンプンは α-1,4 結合から成る直鎖状のアミロースと α-1,6 結合の分岐をもつアミロペクチンから成る. アミロペクチン分子における α-1,6 結合で分岐している部位.

brassicasterol ブラジカステロール: アブラナのステロール.

brassinolide ブラシノリド: ステロイド類似の構造をもった花粉の植物ホルモン.

brasylic acid ブラシリン酸, ブラシル酸: ウンデカンジカルボン酸.

Braunitzer's reagent ブラウニッツァー試薬: スルホン酸を含むイソチオシアネート誘導体.

breakage-reunion model 切断再結合モデル: 減数分裂時, 2本の対合した相同染色体がそれぞれ切断され, 交差した後, 再結合されるというモデル.

breathing ゆらぎ【タンパク質, 酵素などの】

breed 品種【育種】: 育種学で, 栽培植物や家畜の有用な形質が他と区別される遺伝的集団. 実学上の用語で, 分類学上の用語ではない. 同 variety

breeding 1) 育種, 2) 飼育, 3) 繁殖

brevin ブレビン: ゲルゾリンと似た血清中の Ca^{2+} 依存タンパク質でアクチンと結合し, これを除去する.

brewing technology 醸造工学

Briggs-Haldane equation ブリッグス・ホールデンの式: 酵素反応速度式の一種.

Brij series surfactant Brij[ブリジ]系界面活性剤: 中性界面活性剤の一種.

Brilliant Blue ブリリアントブルー → Coomassie Brilliant Blue

brine shrimp ブラインシュリンプ ⇌ *Artemia salina*
British anti-Lewisite ⇌ dimercaprol
BRM ⇌ biological response modifier の略.
broad beta disease ⇌ floating beta disease
Brodie's solution ブロディー液：検圧計用の定比重蛍光液.
bromelain ブロメライン：パイナップルなどのシステインプロテアーゼ.
bromelin ブロメリン：パイナップルのプロテアーゼ.
bromine 臭素：元素記号 Br．原子番号 35 の元素.
bromoacetamide ブロモアセトアミド：SH 試薬の一種.
bromoacetic acid ブロモ酢酸：カルボキシメチル化タンパク質をつくる化学修飾剤.
bromocriptine ブロモクリプチン：ドーパミン受容体作動薬．パーキンソン病の治療薬.
5-bromodeoxyuridine 5-ブロモデオキシウリジン
Bromophenol Blue ブロモフェノールブルー：pH 指示薬の一種.
bromosulfophthalein ブロモスルホフタレイン：肝機能検査薬（排泄時間を計る）． 略 BSP
Bromothymol Blue ブロモチモールブルー：pH 指示薬の一種．略 BTB
bronchial asthma 気管支ぜん〚喘〛息
bronchiole 細気管支
bronchus(*pl.* bronchi) 気管支
Brønsted equation ブレンステッドの式：酸塩基触媒活性と解離定数の関係式.
Brønsted plot ブレンステッドプロット：酸塩基触媒反応の関係式のプロット.
broth ⇌ bouillon
brown adipose tissue 褐色脂肪組織：インスリンに反応してエネルギーを消費し，肥満の予防に役立つ． 同 multilocular adipose tissue（多房性脂肪組織），thermogenic tissue（発熱組織）
Brownian movement ブラウン運動：微粒子が周囲の分子の熱運動による衝突で運動すること．拡散やゆらぎの原因.
browning reaction 褐変反応：アミノ酸，ペプチドなどと還元糖の間で反応して色素を形成する反応で食品などの褐色化の原因となる.
brucine ブルシン：強力なけいれん毒.

Brucke's reagent ブルック試薬：ヨウ化水銀を含むタンパク質沈殿剤.
Brunner gland ブルンネル腺：十二指腸のアルカリ性粘液分泌腺.
brush border 刷子縁：小腸と近位尿細管の上皮細胞にある微絨毛膜で吸収用の共輸送体をもつ.
BSP ⇌ bromosulfophthalein の略.
BTB ⇌ Bromothymol Blue の略.
bubble structure バブル構造：DNA 複製起点より複製フォークが両方向に進む際，すでに複製が終了した部分をさすことが多い.
Buchanan-Greenberg pathway ブキャナン・グリンバーグ経路【プリンヌクレオチド合成の】
Büchner funnel ブフナー漏斗：減圧沪過用の多孔漏斗.
budding 出芽
budding yeast 出芽酵母，*Saccharomyces cerevisiae*
Buerger disease バージャー病 ⇌ thromboangiitis abliterans
buffer 緩衝液：pH を一定に保つ作用をもつ溶液．弱酸（または弱塩基）とその塩の混合液.
buffer agent 緩衝剤
buffer capacity 緩衝能：溶液に酸やアルカリを加えたときの pH の変動を少なくする能力． 同 buffer index（緩衝指数），buffer value（緩衝値）
buffer index 緩衝指数 ⇌ buffer capacity
buffering action 緩衝作用
bufferize 緩衝化する
buffer value 緩衝値 ⇌ buffer capacity
buffy coat バフィーコート，軟層：遠心血液で赤血球の上にできる淡黄色の白血球層.
Bufo ヒキガエル，ガマガエル：カエルの属の一つ.
bufotalin ブホタリン：ブホトキシンの加水分解産物の一種.
bufotenine ブホテニン：ガマ毒トリプタミン誘導体.
bufotoxin ブホトキシン：カエル皮腺より分泌されるステロイド心臓毒.
built up film 累積膜【人工膜の】
bulbocapnine ブルボカプニン：イソキノリンアルカロイドの一種.
bulge loop バルジループ：RNA の二次構造上，塩基対が組めずに突出した部分.

bumping 突沸
BUN ⇌ blood urea nitrogen の略.
bunches of grapes ⇌ mini segregant
bungarotoxin ブンガロトキシン：アマガサヘビ毒液中の神経毒タンパク質．アセチルコリン受容体阻害剤．
buoyant density 浮遊密度
Burkitt's lymphoma バーキットリンパ腫：EB ウイルスにより生じるあごの腫瘍を主とする B 細胞リンパ腫．アフリカの小児に好発．
bursa of Fabricius ファブリキウス囊〚のう〛：トリの総排泄腔の近くにあり，B 細胞分化を行う．
bursectomy 囊〚のう〛摘除
burst 1) バースト：ウイルス増殖による細胞の破裂．2) 突発：たとえば好中球の呼吸の突然の増加．
burst size バーストサイズ：1 個の菌から放出される子ファージの数． ⇒ average burst size（平均放出数）
butanedione ブタンジオン：アルギニン残基の特異的修飾試薬．
butanoic acid ブタン酸 ⇌ butyric acid
butanol ブタノール ⇒ butylalcohol（ブチルアルコール）
butanol fermentation ブタノール発酵
butter yellow バターイエロー：p-ジメチルアミノアゾベンゼンの別名．
butylalcohol ブチルアルコール ⇌ butanol
butyric acid 酪酸 ⇒ butanoic acid（ブタン酸）
butyric acid fermentation 酪酸発酵
butyrophilin ブチロフィリン：乳汁中の脂肪顆粒の内膜の酸性糖タンパク質．
byproduct 副産物，副生物
byte バイト：情報量の単位，8 ビット．

C

χ square test χ 二乗検定，χ 自乗検定：確率分布の一つ χ^2 分布に従う検定統計量を用いる検定の総称．
C ⇌ cysteine の略．
C ⇌ cytidine の略．
C1: the first component of complement（補体第 1 成分）の略．
C3: the third component of complement（補体第 3 成分）の略．
Ca^{2+}-activated protease ⇌ Ca^{2+}-dependent protease
CAAT box CAAT ボックス：真核生物プロモーター領域に保存されている転写調節配列．
Ca^{2+}-ATPase Ca^{2+}-ATP アーゼ：筋小胞体に Ca^{2+} を蓄積する ATP アーゼ．
Ca^{2+}/calmodulin-dependent protein kinase II Ca^{2+}/カルモジュリン依存性プロテインキナーゼ II：脳などに存在する Ca^{2+}/カルモジュリン依存性キナーゼ．自己リン酸化部位をもっている． ⇒ CaM kinase II（CaM キナーゼ II）
Ca^{2+} channel ⇌ calcium channel
cachectin カケクチン：悪液質の原因物質で TNF-α（腫瘍壊死因子 α）の歴史的名称．
cachexia 悪液質
cacodylic acid カコジル酸：ジメチルアルシン酸．
CAD: Caspase-activated DNase の略．
cadaver 死がい〚骸〛，遺体
cadaverine カダベリン：ポリアミンの一種．
Ca^{2+}-dependent protease カルシウム依存性プロテアーゼ ⇒ Ca^{2+}-activated protease, calcium protease（カルシウムプロテアーゼ）
Ca^{2+}-dependent protein kinase カルシウム依存性プロテインキナーゼ：セリン-トレオニンキナーゼの一つ．ホスホリラーゼキナーゼ，ミオシン軽鎖キナーゼ，カルモジュリン依存性キナーゼ，プロテインキナーゼ C などを含む．
cadherin カドヘリン：カルシウム依存性細胞接着タンパク質の総称．
cadmium カドミウム：元素記号 Cd．原子番号 48 の亜鉛族元素．亜鉛に似る．
caecal tonsil 腸へん〚扁〛桃
caerulein セルレイン，カエルリン：カエル由来のガストリン様作用の胃酸分泌促進ペプチド．コレシストキニンとも似る． ⇒ cerulein

- **caesium** ⇀ cesium
- **cafestol** カフェストール：コーヒー油中のステロール様物質．
- **caffeic acid** コーヒー酸：3,4-ジヒドロキシケイ皮酸．
- **caffeine** カフェイン：コーヒー，茶の中枢興奮成分．メチルプリンの一種．トリメチルキサンチン．
- **cage effect** かご効果：溶質分子が溶媒分子によってかごのように囲まれているために，溶質分子の起こす反応の速度が溶質単独のときに比べて変化する現象．
- **Cairns type replication** ケアンズ型複製，ケーンズ型複製：複製起点から二方向に進むDNA複製．
- **cake** ケーク，一定の形にした塊．
- **calcification** カルシウム沈着，石灰化：組織への石灰沈着．
- **calcify** 石灰化する
- **calcineurin** カルシニューリン：カルモジュリン依存性プロテインホスファターゼ．
- **calciphorin** カルシホリン：ウシの心臓のミトコンドリア内膜のオリゴペプチドで，カルシウムイオノホア活性をもつ．
- **calcite** 方解石
- **calcitonin** カルシトニン：血清カルシウムを低下させる甲状腺より分泌されるペプチドホルモン．同 thyrocalcitonin（チロカルシトニン）
- **calcium** カルシウム：元素記号 Ca．原子番号20のアルカリ土類金属元素．
- **calcium-activated neutral protease** カルシウム依存性中性プロテアーゼ ⇀ calpain
- **calcium antagonist** カルシウム拮抗薬，カルシウムアンタゴニスト 同 calcium channel blocker（カルシウムチャネル遮断薬）
- **calcium-binding protein** カルシウム結合タンパク質
- **calcium channel** カルシウムチャネル 同 Ca^{2+} channel
- **calcium channel blocker** カルシウムチャネル遮断薬 ⇀ calcium antagonist
- **calcium current** カルシウム電流
- **calcium dependent modulator protein** カルシウム依存性モジュレータータンパク質 ⇀ calmodulin
- **calcium mobilization** カルシウム動員 同 Ca^{2+} mobilization
- **calcium potential** カルシウム電位
- **calcium protease** カルシウムプロテアーゼ ⇀ Ca^{2+}-dependent protease
- **calcium pump** カルシウムポンプ：カルシウムATPアーゼ．
- **caldesmon** カルデスモン：カルモジュリンとアクチンを結合する平滑筋のタンパク質．
- **caldoactive bacterium** ⇀ thermophilic bacterium
- **calf** 仔ウシ
- **calf serum** 仔ウシ血清：生後3カ月以内の仔ウシの血清．
- **calf thymus** 仔ウシ胸腺
- **calibration** 1）校正，較正，2）目盛定め
- **calibration curve** 1）校正曲線，較正曲線，2）⇀ working curve
- **callus** (pl. cali) カルス：分化した植物組織を培養したときにできる脱分化した組織塊．
- **calmodulin** カルモジュリン：カルシウムを結合したものは酵素などに結合してその活性を調節する．同 calcium dependent modulator protein（カルシウム依存性モジュレータータンパク質）
- **calomel electrode** カロメル電極，甘こう電極
- **calorie** カロリー：記号 cal．熱量（エネルギー）の単位．1 cal=4.2 J．同 calory
- **calorimeter** 熱量計
- **calorimetry** 熱量測定
- **calory** ⇀ calorie
- **calpain** カルパイン 同 calcium-activated neutral protease（CANP，カルシウム依存性中性プロテアーゼ）
- **calpastatin** カルパスタチン：カルパイン（プロテアーゼの一種）の阻害タンパク質．
- **calsequestrin** カルセケストリン：筋小胞体のカルシウム結合タンパク質．
- **calvaria** 頭蓋冠：頭蓋骨の天井．
- **Calvin-Benson cycle** カルビン・ベンソン回路 ⇀ reductive pentose phosphate cycle
- **Calvin cycle** カルビン回路 ⇀ reductive pentose phosphate cycle
- **CAM** ⇀ cell adhesion molecule の略．
- **CAM** ⇀ crassulacean acid metabolism の略．
- **cambium layer** 形成層
- **camerostome** 陥凹部
- **Ca^{2+},Mg^{2+}-ATPase** Ca^{2+},Mg^{2+}-ATPアーゼ
- **CaM kinase II** CaM キナーゼ II ⇀ Ca^{2+}/calmodulin-dependent protein kinase II

Ca²⁺ mobilization → calcium mobilization

cAMP → cyclic AMP の略.

Campbell model キャンベルのモデル：溶原ファージの組込み機構モデル.

campesterol カンペステロール

camphor ショウノウ，カンファー

CAM plant CAM〔カム〕植物：夜間炭酸固定で有機酸をつくり，昼間光合成でデンプンに変える植物.

camptothecin カンプトテシン：抗がん剤の一つ．DNA トポイソメラーゼ I 型阻害剤.

Campylobacter カンピロバクター

canaliculus(*pl.* canaliculi) 細管，小管

canaline カナリン：ナタマメのアミノ酸，オルチニンの類似体.

canavanine カナバニン：アルギニン類似体で植物のアミノ酸の一種.

cancellous → spongiform

cancer がん〔癌〕

cancerous cachexia がん〔癌〕性悪液質

cancer suppressor gene → tumor suppressor gene

Candida カンジダ：不完全菌酵母の一属.

cane sugar ショ糖 → sucrose

canine イヌ〔の〕

canine pellagra イヌペラグラ症 → black tongue

cannabinoid カンナビノイド：大麻(cannabis)に含まれる幻覚発現物質の総称.

CANP: calcium-activated neutral protease の略. → calpain

C antigen C 抗原：Rh 式血液型における赤血球抗原の一つ.

CAP: catabolite activator protein の略. → cyclic AMP receptor protein

cap formation → capping

capillary 1) 毛〔細〕管，2) 毛髪状〔の〕，毛細〔の〕 同 capillary tube, capillary vessel

capillary tube → capillary

capillary vessel → capillary

capon unit 鶏冠単位：去勢雄鶏のとさかの成長を指標とする雄性ホルモン物質の単位で，1 単位は純粋なアンドロステロンの 0.1 mg に相当.

capping キャップ形成：ランダムに分布していた細胞膜内のタンパク質が抗体反応や増殖因子の結合などにより移動して細胞の一極に集まること. 同 cap formation

capping enzyme キャッピング酵素：mRNA グアニリルトランスフェラーゼのこと．GTP を基質として mRNA の 5′末端を GpppXp… に変える反応を触媒する. 同 mRNA capping enzyme

capric acid カプリン酸 → decanoic acid

caproic acid カプロン酸 → hexanoic acid

caprylic acid カプリル酸 → octanoic acid

CAPS: cyclohexylaminopropanesulfonic acid の略．グッドの緩衝液用試薬.

capsid キャプシド，カプシド：ウイルス核酸を包むタンパク質から成る外衣.

capsomere キャプソメア：キャプシドの構成単位.

cap structure キャップ構造：7-メチルグアニル酸が mRNA の 5′末端に 5′-5′三リン酸橋を介して結合した構造.

capsular 1) きょう〔莢〕膜〔の〕：グラム陽性菌細胞壁の最外層．2) 包，のう〔嚢〕

capsular polysaccharide きょう膜多糖

capsule 1) きょう膜，2) カプセル

capsule of Bowman → Bowman's capsule

caput 1) 頭，2) 頭花

carbachol カルバコール：アセチルコリンの作用をもつ合成コリンエステルの一つ.

carbamate kinase カルバミン酸キナーゼ → carbamoyl-phosphate synthase

carbamic acid カルバミン酸，カルバミド酸：H₂NCOOH. 同 aminoformic acid(アミノギ酸)

carbamide カルバミド → urea

carbamido → ureido

carbam[o]ylate カルバモイル化する

carbamoyl-phosphate synthase カルバモイルリン酸シンテーゼ：ピリミジン生合成の初段階を触媒する酵素．グルタミンと ATP, CO₂ からカルバモイルリン酸とグルタミン酸を生成する. 同 carbamate kinase(カルバミン酸キナーゼ)

carbamoyltransferase カルバモイルトランスフェラーゼ，カルバモイル基転移酵素 同 transcarbamylase(トランスカルバミラーゼ)

carbanion カルボアニオン，カルバニオン

carbazole-sulfuric acid reaction カルバゾール-硫酸反応 同 sulfuric acid-carbazole reaction(硫酸-カルバゾール反応)

carbenium ion カルベニウムイオン → carbonium ion

carbidopa カルビドーパ:ドーパデカルボキシラーゼ阻害剤.パーキンソン病治療薬.

carbimide カルビミド ⇌ isocyanic acid

carbocation カルボカチオン ⇌ carbonium ion

carbocholine カルボコリン:カルバコールのこと.アセチルコリン様作用物質.

carbodiimide カルボジイミド:RN=C=NR で表される化合物の総称.

carbohydrate 炭水化物 ⇌ sugar

carbomycin カルボマイシン:マクロライド系抗生物質の一種. 同 magnamycin(マグナマイシン)

carbon 炭素:元素記号 C.原子番号 6 の元素.有機物の中心的な元素.

carbon assimilation 炭素固定 ⇌ carbon dioxide fixation

carbonate dehydratase 炭酸デヒドラターゼ,炭酸脱水酵素 同 carbonic anhydrase (カルボニックアンヒドラーゼ)

carbon cycle 炭素循環,炭素サイクル:地球上の生態系における炭素の循環.

carbon dioxide 二酸化炭素

carbon dioxide assimilation 炭酸同化 ⇌ carbon dioxide fixation

carbon dioxide fixation 炭酸固定 同 carboxylation, carbon dioxide assimilation(炭酸同化), carbon assimilation(炭素固定)

carbon-halide lyase 炭素-ハロゲンリアーゼ

carbonic 炭素[の],炭酸[の]

carbonic anhydrase カルボニックアンヒドラーゼ ⇌ carbonate dehydratase

carbonitrile カルボニトリル ⇌ nitrile

carbonium ion カルボニウムイオン 同 carbenium ion(カルベニウムイオン), carbocation(カルボカチオン)

carbon monoxide 一酸化炭素

carbon monoxide bacterium 一酸化炭素[細]菌:一酸化炭素を利用して生息できる細菌. 同 carbon monoxide oxidizing bacterium(一酸化炭素酸化[細]菌)

carbon monoxide oxidizing bacterium 一酸化炭素酸化[細]菌 ⇌ carbon monoxide bacterium

carbon-nitrogen lyase 炭素-窒素リアーゼ

carbon-oxygen lyase 炭素-酸素リアーゼ

carbon reduction cycle 炭素還元回路 ⇌ reductive pentose phosphate cycle

carbon shadowing カーボン蒸着

carbon-sulfur lyase 炭素-硫黄リアーゼ

carbonyl-amine reaction カルボニル-アミン反応 ⇌ amino-carbonyl reaction

carbonylhemoglobin カルボニルヘモグロビン,一酸化炭素ヘモグロビン 略 HbCO

carbonyl phosphate カルボニルリン酸

N-carboxyamino acid anhydride N-カルボキシアミノ酸無水物 略 NCA

$1'$-N-carboxybiotin $1'$-N-カルボキシビオチン:炭酸固定反応の中間体.

γ-carboxyglutamic acid γ-カルボキシグルタミン酸:γ 位に 2 個のカルボキシ基がある.血液凝固因子やオステオカルシンなどにみられる. 略 Gla

carboxy group カルボキシ基:カルボン酸の官能基.-COOH. 同 carboxyl group(カルボキシル基)

carboxykinase カルボキシキナーゼ:XTP からのリン酸化を伴う炭酸固定酵素の総称.

carboxylase カルボキシラーゼ:炭酸固定を触媒する酵素.

carboxylation ⇌ carbon dioxide fixation

carboxyl group カルボキシル基 ⇌ carboxy group

carboxylic acid カルボン酸

carboxy[l] terminal カルボキシ末端【タンパク質ペプチド鎖の】,カルボキシル末端 同 carboxy[l] terminus, C-terminal(=C-terminus) (C 末[端])

carboxy[l] terminus ⇌ carboxy[l] terminal

carboxy-lyase カルボキシリアーゼ:酸化を伴わない脱炭酸酵素.

carboxymethylcellulose カルボキシメチルセルロース 同 CM cellulose(CM セルロース)

S-carboxymethyl derivative S-カルボキシメチル誘導体

carboxypeptidase カルボキシペプチダーゼ:ペプチドのカルボキシ末端よりアミノ酸を遊離するエキソペプチダーゼ.A, B など数種類がある.

carboxy protease カルボキシプロテアーゼ ⇌ aspartic protease

carboxysome カルボキシソーム:シアノバクテリアや光合成細菌などの炭酸固定部位. 同 polyhedral body(多面小体)

N-carboxyurea N-カルボキシ尿素 ⇌ allophanic acid

carciferol カルシフェロール ⇌ vitamin D
carcinoembryonic antigen がん〖癌〗胎児性抗原　略 CEA
carcinogen 発がん〖癌〗物質，発がん要因，がん原性物質
carcinogenesis 発がん〖癌〗 同 oncogenesis
carcinogenic 発がん〖癌〗性[の]，がん原性[の]
carcinoid カルチノイド，がん〖癌〗様体
carcinoid syndrome カルチノイド症候群：カルチノイド腫瘍由来セロトニンによる下痢，気管支，けいれん等の症状．
carcinoma がん〖癌〗腫
carcinoma in situ 上皮がん〖癌〗：基底膜下に浸潤していない初期のがん．略 CIS
cardiac 1)心臓[の]，2)噴門[の]【胃の】，3)強心剤
cardiac asthma 心臓ぜん〖喘〗息：心不全による呼吸不全．
cardiac glycoside 強心配糖体：心臓に作用し，機能を促進する一連のステロイド配糖体．ジギタリスが代表例．
cardiac infarction ⇌ myocardial infarction
cardiac muscle ⇌ myocardium
cardiazole カルジアゾール ⇌ pentetrazol
cardiolipin カルジオリピン：酸性グリセロリン脂質の一種．梅毒血清診断反応(ワッセルマン反応)のハプテン．同 diphosphatidyl glycerol(ジホスファチジルグリセロール)
carinii pneumonia ⇌ Pneumocystis carinii pneumonia
cariogenic う蝕〖しょく〗性[の]
carmine カルミン
Carmine stain カーミン染色：グリコーゲンの染色法．
carnitine カルニチン：4-トリメチルアミノ-3-ヒドロキシ酪酸．ミトコンドリア内膜を通しての長鎖脂肪酸の輸送に必要．
carnitine acyltransferase カルニチンアシルトランスフェラーゼ
carnivorous 肉食性[の]
carnosine カルノシン：ヒスチジンと β-アラニンのジペプチド．骨格筋に含まれる．
carnosinemia カルノシン血症：カルノシン分解酵素の欠損による常染色体劣性遺伝病．知的障害とミオクローヌス(筋の不規則な収縮)を示す．同 carnosinuria(カルノシン尿症)

carnosinuria カルノシン尿症 ⇌ carnosinemia
Carnoy's fixative カルノア固定液：光学顕微鏡で細胞の核や染色体を観察するために用いる染色・固定液の一つ．
carotenoid カロテノイド
carotenoid vesicle カロテノイド小胞：カロテノイドを含む色素胞．
carrageenan カラゲナン ⇌ carrageenin
carrageenin カラゲニン：ガラクトースを主成分とする硫酸多糖類．同 carrageenan(カラゲナン)
Carrel flask キャレル培養瓶，カレル瓶
carrier 1)担体，キャリヤー，2)保因者，キャリヤー
carrier ampholite 両性担体
carrier-free radioisotope 無担体放射性同位体
carrier gas キャリヤーガス：ガスクロマトグラフィーの展開ガス．
carrier-mediated transport 担体輸送：担体と結合して基質を生体膜を通して輸送すること．同 mediated transport(仲介輸送)
carrier protein 担体タンパク質 ⇌ transport protein
Carr-Price reaction カール・プライス反応：ビタミンA-三塩化アンチモン反応．ビタミンAの定量法．
cartilage 軟骨
cartilage-derived factor 軟骨由来因子
carubinose カルビノース ⇌ mannose
caryo-: ⇌ karyo-
caryogamy ⇌ karyogamy
caryotype ⇌ karyotype
cascade カスケード：多段階増幅反応経路．
cascade control カスケード制御：カスケード反応による制御．連鎖的反応による代謝調節．
cascade reaction カスケード反応：連鎖的調節増幅機構(ホルモンの細胞代謝調節など)．連滝のように連鎖し増幅される反応．
casein カゼイン：主要な乳タンパク質．
caspase カスパーゼ，キャスパーゼ：炎症反応やアポトーシスにかかわるシステインプロテアーゼの一種．同 ICE family protease (ICE ファミリープロテアーゼ)
castor oil ひまし油
cast pheromone 階級分化フェロモン

castration 去勢
CAT: chloramphenicol acetyltransferase の略. CAT アッセイはこの酵素遺伝子をレポーター遺伝子として転写活性を測定する方法.
catabolic 異化[の]：対語は anabolic.
catabolism 異化[作用] 同 dissimilation
catabolite カタボライト, 分解産物：異化代謝産物.
catabolite activator protein カタボライト活性化タンパク質 ⇌ cyclic AMP receptor protein
catabolite repression カタボライト抑制, カタボライトリプレッション：異化産物抑制. グルコース効果のように, 培地に加えた炭素源により特定の酵素の合成が抑制される現象.
catalase カタラーゼ：過酸化水素分解酵素.
catalysis 触媒作用
catalyst 触媒 同 catalyzer
catalytic 触媒[の], 触媒[性] 同 catalytical
catalytical ⇌ catalytic
catalytic center 触媒中心【酵素の】
catalytic center activity 触媒中心活性：触媒中心1個当たりの活性.
catalytic cycle 触媒回路：酵素が反応触媒中にいろいろな状態を経て反応完結状態に戻るまでの回路.
catalytic reduction 1)触媒還元, 2)接触還元【不均一系】
catalytic site 触媒部位【酵素の】
catalytic subunit 触媒サブユニット：触媒部位を含むサブユニット(調節サブユニットに対する語).
catalyze 触媒する
catalyzer ⇌ catalyst
cataplexy 脱力発作
cataract 白内障
CAT assay CAT〖キャット〗アッセイ：CAT を参照.
catechin カテキン：樹木の水溶性多価フェノール. 同 catechinic acid(カテキン酸)
catechinic acid カテキン酸 ⇌ catechin
catechol カテコール 同 pyrocatechine(ピロカテキン), 1,2-dihydroxybenzene(1,2-ジヒドロキシベンゼン)
catecholamine カテコールアミン, カテコラミン：アドレナリン, ノルアドレナリン, ドーパミンの総称.
catecholaminergic カテコールアミン作動性

catechu カテキュー：タンニンを主成分とする収れん剤.
catenane カテナン：環状二本鎖 DNA が二つ連なった構造.
cathepsin カテプシン：リソソーム内のプロテアーゼの総称.
catheter カテーテル
cathodic 陰極[の]
cation 陽イオン, カチオン
cation exchanger 陽イオン交換体
cationic detergent ⇌ cationic surfactant
cationic surfactant 陽イオン界面活性剤 同 cationic detergent
cation radical カチオンラジカル ⇌ radical cation
cation transport 陽イオン輸送
cattle ウシ【総称】
caudal 尾部[の], 尾[の]
cavitation キャビテーション, 空洞現象：動いている液体中または固液界面に減圧によって空孔ができる現象.
cavity 腔〖こう〗, 空洞
C3b inactivator C3b イナクチベーター：I 因子の別名.
Cbl ⇌ cobalamin の略.
CCCP: carbonylcyanide-m-chlorophenylhydrazone の略. 強力な脱共役剤.
C cell C 細胞：甲状腺のカルシトニン分泌細胞.
CCMV ⇌ cowpea chlorotic mottle virus の略.
C_4 cycle C_4 回路 ⇌ C_4-dicarboxylic acid cycle
CD ⇌ circular dichroism の略.
C_4-dicarboxylic acid cycle C_4 ジカルボン酸回路：ある種の植物の炭酸固定回路. 同 C_4 cycle(C_4 回路), C_4 pathway(C_4 経路), dicarboxylic acid cycle(ジカルボン酸回路), Hatch-Slack cycle(ハッチ・スラック回路)
CDK ⇌ cyclin-dependent kinase の略.
CDK inhibitor CDK インヒビター：サイクリン依存性キナーゼと結合して, そのキナーゼ活性を阻害するタンパク質群. 略 CKI
cDNA ⇌ complementary DNA の略.
cDNA library cDNA ライブラリー：library を参照.
CDP ⇌ cytidine 5′-diphosphate の略.
CDPglycerol CDP グリセロール
CEA ⇌ carcinoembryonic antigen の略.

celiac syndrome セリアック症候群：小児に多い全栄養素の本態性吸収不良症候群．無グルテン治療食で症状が改善される．同 coeliac syndrome, Gee disease(ギー病), gluten induced enteropathy(グルテン過敏性腸症), intestinal infantilism(小児脂肪便症)

Celite セライト：沪過補助粉末．ケイ藻土製品．

cell 1)細胞，2)電池，3)セル ⇌ cuvette

cell adhesion 細胞接着 同 cell junction(細胞結合)

cell adhesion molecule 細胞接着分子 略 CAM

cell aggregation 細胞集合 同 cell reaggregation(細胞再集合)

cell biology 細胞生物学

cell bound antibody 細胞結合抗体 ⇌ sessile antibody

cell coat 細胞外被，細胞外層

cell contact 細胞接触

cell culture 細胞培養

cell cycle 細胞周期 同 cell division cycle(細胞分裂周期)

cell damage ⇌ cell injury

cell death 細胞死

cell density 細胞密度

cell division 細胞分裂

cell division cycle 細胞分裂周期 ⇌ cell cycle

cell division cycle mutant 細胞周期欠損変異株，*cdc* 変異株

cell electrophoresis 細胞電気泳動

cell fractionation 細胞分画[法]：細胞をその構成成分(核，ミトコンドリア，細胞液など)に分割，分離すること．

cell-free 無細胞[の]

cell-free system 無細胞系：壊れていない細胞を含まない系．たとえばホモジネートなど．

cell fusion 細胞融合

cell generation 細胞世代

cell growth ⇌ cell proliferation

cell hybridization 細胞雑種形成

cell immunity ⇌ cellular immunity

cell injury 細胞傷害：細胞障害とも書く．同 cell damage

cell junction 細胞結合 ⇌ cell adhesion

cell line 細胞株，細胞系[統]

cell lineage 細胞系譜

cell-mediated immunity ⇌ cell[ular] immunity

cell membrane ⇌ cytoplasmic membrane

cell membrane antigen 細胞膜抗原

cell monolayer 細胞単層：一層に並んだ細胞．

cell motility ⇌ cell movement

cell movement 細胞運動 同 cell motility

cell multiplication ⇌ cell proliferation

cell nucleus 細胞核

cellobiose セロビオース：セルロース由来の二糖類．

cellophane セロハン：セルロース膜の一種．透析用．

cell organelle ⇌ organelle

cell population 細胞集団

cell population doubling level ⇌ cell population doubling number

cell population doubling number 細胞集団倍加[回]数：細胞集団として倍加が起こった回数．略 PDL 同 cell population doubling level

cell preservation 細胞保存

cell proliferation 細胞増殖 同 cell growth, cell multiplication

cell reaggregation 細胞再集合 ⇌ cell aggregation

cell recognition 細胞認識：多細胞生物における細胞の自他の識別．あるいは目的とする細胞の識別．

cell reconstruction 細胞再構成

cell sap 細胞液：細胞内の液胞に含まれる液体．

cell sheet 細胞シート：細胞の集合体がつくる板状の構造．

cell sorter セルソーター，細胞分取器

cell sorting 細胞選別，細胞分取

cell strain 細胞株：分離細胞の純培養を継続培養したもので，遺伝的形質が特異なもの．

cell suspension culture 細胞浮遊培養

cell technology 細胞工学

cellular 細胞[の]

cell[ular] immunity 細胞[性]免疫：リンパ球 T 細胞が直接抗原を攻撃する異物撃退の方法． 同 cell-mediated immunity

cellular life span 細胞寿命

cell[ular] segregation 細胞分離

cellular senescence 細胞老化：正常細胞が有限回の細胞分裂の後，増殖を停止すること．

cellulolyic bacterium セルロース分解[細]

菌 🔄 cellulose-decomposing bacterium
cellulose セルロース, 繊維素：グルコースが β-1,4結合した多糖類. 植物の主要な細胞質物質.
cellulose-decomposing bacterium ⇄ cellulolyic bacterium
cell wall 細胞壁
cement 1)［細胞間］接合質, 2)セメント質【菌の】
cement blast セメント芽細胞
central complex 中心複合体 ⇄ ternary complex
central dogma セントラルドグマ, 中心教義：DNA から RNA, RNA からタンパク質がつくられること.
central lymphoid tissue 中枢リンパ系組織
central nervous system 中枢神経系 🔄 CNS
centric fusion 1)動原体融合, 2)中心粒融合
centrifugal 遠心［の］, 遠心性［の］, 遠心的［の］
centrifugal field 遠心力場
centrifugation 遠心, 遠心分離
centrifuge 1)遠心機, 2)遠心分離する
centriole 中心粒, 中心小体：べん毛や繊毛の原基である基底小体, あるいは中心体の中央部にある粒状または円筒状の小体. 微小管の基点として機能する.
centromere セントロメア：染色体上にあって有糸分裂に際し紡錘糸が結合する動原体として機能する領域.
centrosome 中心体：細胞分裂の中心的役割を演じると考えられる細胞小器官. 微小管形成中心の一つ.
cephalic ganglion 頭［部］神経節
cephalin セファリン：ホスファチジルエタノールアミンの旧称.
cephalization 1)頭化, 2)脳形成
cephalo-caudal axis 頭尾軸 ⇄ antero-posterior axis
cephalosporin セファロスポリン：ペニシリン系抗生物質で広い抗菌スペクトルを示す. ペニシリナーゼに抵抗性.
cephalosporinase セファロスポリナーゼ：β-ラクタマーゼのうちセファロスポリン分解活性の高いもの.
cephamycin セファマイシン：β-ラクタマーゼ耐性ペニシリン誘導体.
cephem antibiotic セフェム系抗生物質, セファロスポリン系抗生物質：真菌の生産物として発見されたセファロスポリン C の化学修飾によって得られる抗生物質の総称. 作用機構は細胞壁合成阻害.
ceramidase セラミダーゼ
ceramide セラミド：スフィンゴシン塩基に脂肪酸が酸アミド結合したもの. 🔄 N-acyl-sphingosine（N-アシルスフィンゴシン）
ceramide aminoethylphosphonate セラミドアミノエチルホスホン酸 ⇄ ceramide ciliatin
ceramide ciliatin セラミドシリアチン 🔄 ceramide aminoethylphosphonate（セラミドアミノエチルホスホン酸）
ceramide lactoside セラミドラクトシド ⇄ lactosylceramide
ceramide trihexoside セラミドトリヘキソシド ⇄ trihexosylceramide
ceramide xyloside セラミドキシロシド ⇄ xylosylceramide
ceramidosis セラミドーシス ⇄ Farber's disease
cerasin ケラシン：リグノセリン酸を脂肪酸とするセレブロシド. 🔄 kerasin
cerebellum 小脳
cerebral 大脳［の］, 脳［の］
cerebral cortex 大脳皮質
cerebral gyrus 大脳回
cerebral hemisphere 大脳半球
cerebral medulla 大脳髄質
cerebral neocortex 大脳新皮質
cerebral sulcus 大脳溝
cerebrocuprein セレブロクプレイン：脳の銅タンパク質として分離されたが, 実体はスーパーオキシドジスムターゼ. 🔄 cerebrocuprin
cerebrocuprin ⇄ cerebrocuprein
cerebron セレブロン ⇄ phrenosin
cerebronic acid セレブロン酸：脳のセレブロシドを構成する, 炭素数24個のヒドロキシ脂肪酸.
cerebroside セレブロシド
cerebroside sulfate セレブロシド硫酸エステル ⇄ sulfatide
cerebrospinal fluid 脳脊［せき］髄液
cerebrotendinous xanthomatosis 脳けん［腱］黄色腫症：コレスタノールの脳およびその他の組織中への沈着と血中濃度上昇, 進行

性小脳失調を主徴とする常染色体劣性遺伝病. ステロール 27 位水酸化酵素の欠損による.

cerebrum 大脳

Cerenkov effect チェレンコフ効果: 高速粒子が物質を通過して可視光, 紫外線を放出する現象.

ceroid セロイド: 脂質過酸化物の一種. セロイドリポフスチン症の神経細胞に蓄積する.

ceroid lipofuscinosis セロイドリポフスチン蓄積症, セロイド脂褐素沈着症: 黒内障性白痴とよばれてきた小児変性症のうち, 幼児期以降に発生し, 神経細胞に自己蛍光のあるセロイドあるいはリポフスチンの沈着がみられるものの総称. 同 Jansky-Bielschowsky disease (ヤンスキー・ビルショウスキー病)

cerotic acid セロチン酸: 炭素数 26 の飽和直鎖脂肪酸. ある種の脱髄性疾患で増加する.

cerulein → caerulein

cerulenin セルレニン: 脂肪酸合成を阻害する抗生物質. 脂肪酸生合成における縮合酵素 (3-オキソアシル ACP シンターゼ) の活性を阻害する.

ceruloplasmin セルロプラスミン: フェロオキシダーゼ活性をもつ血清銅タンパク質. ウイルソン病で欠損.

cervical cancer 子宮けい〔頸〕がん 同 cervical carcinoma

cervical carcinoma → cervical cancer

cervical mucin けい〔頸〕管ムチン: 子宮頸管粘膜の糖タンパク質. 排卵期に向かって粘度が増加し, 排卵時に精子受容能を示す. 同 cervical mucus glycoprotein

cervical mucus glycoprotein → cervical mucin

cesium セシウム: 元素記号 Cs. 原子番号 55 の元素. 高比重のアルカリ金属塩として密度勾配遠心に用いる. 同 caesium

cesium chloride density-gradient centrifugation 塩化セシウム密度勾配遠心分離法: 高濃度の塩化セシウム溶液に核酸などの試料をのせて長時間遠心すると, 遠心管の上層と底部の間に連続した密度勾配ができ, 試料が等密度の所にバンドを形成することを利用して試料の密度測定や分離精製すること.

cetanol セタノール: ヘキサデシルアルコールの別名.

cetavlon セタブロン: カチオン性界面活性剤. 酸性多糖, 核酸の分離用試験薬.

cetoleic acid セトレイン酸: 魚油の 1 価不飽和脂肪酸の一種.

cetyl alcohol セチルアルコール: ヘキサデシルアルコール, パルミチルアルコールの別名. 炭素数 16 の直鎖飽和 1 価アルコール.

cevadine セバジン: 骨格筋強縮アルカロイド.

cevine セビン: バイケイソウアルカロイド誘導体.

C factor C 因子 → colicin factor

CFTR → cystic fibrosis transmembrane regulator の略.

CFU → colony forming unit の略.

C gene C 遺伝子: 免疫グロブリンポリペプチド鎖あるいは T 細胞受容体の定常部 (C 領域) をコードする遺伝子.

cGMP → cyclic GMP の略.

CH_{50}: 50 % hemolytic unit of complement の略. 補体量の半溶血単位.

chain termination method チェインターミネーション法 → Sanger method

chair conformation いす形配座

chalcone カルコン: フラボノイド前駆体.

chalone キャロン, カローン: 増殖抑制物質. 細胞分裂を阻害する組織因子.

channel チャネル, チャンネル: → ion channel.

chaotropic ion カオトロピックイオン: 水溶液中の水分子のかご型構造を破壊するように働くイオン.

chaperone シャペロン: タンパク質のフォールディングに関与し, その高次構造や超分子構造, 生体膜の構造形式や修復に作用するタンパク質の総称. 同 molecular chaperone (分子シャペロン)

chaperonin シャペロニンン: シャペロンの一つ. HSP60 ともよび, 大腸菌のものは GroEL ともよぶ.

character 1) 形質, 2) 性質

characteristic 1) 特性, 2) 特徴

characteristic band 特性吸収帯

charas チャラス: インド大麻抽出物. マリファナの幻覚作用をもつ.

charge density 電荷密度

charge-relay system 電荷リレー系

charge separation 電荷分離

charge transfer 電荷移動

charge-transfer complex 電荷移動錯体 同 electron donor acceptor complex

charonin sulfuric acid カロニン硫酸

Charon phage シャロンファージ，カロンファージ：λファージをもとに人工的につくった遺伝子クローニング用ベクター．

chase 追跡する【放射性化合物で代謝を】

ChAT → choline *O*-acetyltransferase の略．

chaulmoogric acid ショールムーグリン酸：脂肪酸の一種．

chavicine チャビシン：ピペリンの幾何異性体．

checkpoint チェックポイント：1)(狭義) DNA損傷が生じたときに，細胞周期進行を一時中断させる機構．例，DNA損傷 (DNA damage) チェックポイント．2)(広義)細胞周期の進行に必要な用件がそろっていないときに，細胞周期進行を一時中断させる機構．例，スピンドル (spindle) チェックポイント．

Chediak-Higashi disease → Chediak-Higashi syndrome

Chediak-Higashi syndrome チェディアック・東症候群：*CHS1*遺伝子の異常により起こる常染色体劣性遺伝病．好中球の機能・形態異常を主徴とし，色素欠乏，易感染性，肝脾腫などを伴う．同 Chediak-Higashi disease

cheesy varnish → vernix caseosa

chela (*pl.* chelae) はさみ

chelate キレート

chelate compound キレート化合物：金属イオンと多座配位子の錯体．

chelating reagent キレート試薬：金属イオンと分子中のOやNの配位結合で錯体を形成する多座配位子．

chelation キレート化：多座配位子が金属イオンと錯体をつくること．

chemical bond 化学結合

chemical carcinogenesis 化学発がん[癌]

chemical coupling hypothesis 化学共役説【酸化的リン酸化の】

chemical equilibrium 化学平衡

chemical evolution 化学進化

chemical formula 化学式

chemical fossil 化学化石：堆積岩中に存在する古生物由来の有機物．

chemically defined medium 既知組成培地：血清や胚抽出物など未知の混合物を含まない培地．

chemical modification 化学修飾

chemical mutagen 化学変異原，化学的[突然]変異誘発物質

chemical mutagenesis 化学的[突然]変異誘発：化学物質による突然変異の誘発．

chemical oxygen demand 化学的酸素要求量：水の汚染度を示す指標の一つ．水中の有機物を酸化するために必要な酸素量を重クロム酸カリウム滴定で測定したもの．略 COD

chemical potential 化学ポテンシャル

chemical score ケミカルスコア，化学価：食餌タンパク質の生物に対する価値を評価する指標の一つ．

chemical shift 化学シフト【核磁気共鳴の】

chemical synthesis 化学合成

chemical taxonomy → chemotaxonomy

chemiluminescence 化学発光

chemiosmotic 化学浸透圧性[の]

chemiosmotic hypothesis 化学浸透圧説【酸化的リン酸化または光リン酸化反応の】：ミッチェル (Mitchell) 説ともいう．

chemoautotroph 化学合成独立栄養生物

chemoceptor → chemoreceptor

chemoheterotroph 化学合成従属栄養生物

chemokine ケモカイン：白血球走化性をもつサイトカイン．

chemolithotroph 化学合成無機栄養生物 → lithotroph

chemolithotrophic 化学合成無機栄養[の]

chemoorganotroph 化学合成有機栄養生物 → organotroph

chemoorganotrophic 化学合成有機栄養[の]

chemoorganotrophy 化学有機栄養

chemoreceptor 化学受容器，化学受容体 同 chemoceptor

chemosensory hair 化学感覚毛【昆虫の】

chemostat 恒成分培養槽，ケモスタット：培養液の成分を自動的に一定に保つ容器．

chemotactic 走化性[の]

chemotactic factor 走化性因子，化学走性因子

chemotactic factor inactivator 走化性因子不活化因子

chemotaxis 走化性，化学走性：化学物質の濃度差が刺激となって細菌や白血球などが遊走すること．

chemotaxonomy 化学分類学 同 chemical taxonomy

chemotherapeutant → chemotherapeutic [agent]

chemotherapeutic [agent] 化学療法剤 ≡ chemotherapeutant

chemotherapy 化学療法：化学物質で病原微生物やがん細胞などに障害を与える治療法.

chemotroph 化学合成生物

chenodeoxycholic acid ケノデオキシコール酸：胆汁酸の一種. 胆石の溶解療法として本剤の服用が行われる.

CHES: cyclohexylaminoethanesulfonic acid の略. グッドの緩衝液用試薬.

chiasma(*pl*. chiasmata) キアズマ：減数分裂の第一分裂前期複来期より中期の間に観察できる対合した相同染色体間の X 字形交差部位.

chick embryo ニワトリ胚

chicken 1) ニワトリ, 2) ヒヨコ

chimaera → chimera

chimera キメラ：遺伝子型の違う, あるいは異なる種に由来する組織が共存する個体. ≡ chimaera

chimera DNA キメラ DNA：2 種の遺伝子を結合した人工の DNA.

chimera gene キメラ遺伝子

chimeric protein キメラタンパク質：2 種類あるいはそれ以上のタンパク質の一部を組換えた, あるいは挿入したタンパク質.

chimylalcohol キミルアルコール：エーテル リン脂質の構成成分.

Chinese hamster チャイニーズハムスター

Chinese hamster ovary cell チャイニーズハムスター卵巣細胞 ≡ CHO cell(CHO 細胞)

chinic acid → quinic acid

chinoform キノホルム：腸内殺菌剤として用いられたが, 神経障害をきたす(→ SMON)ことから使用が中止された. ≡ clioquinol(クリオキノール)

chiral キラル[の], 手掌〖しょう〗性[の]：像と鏡像を重ね合わすことができない構造の性質をいう.

chirality キラリティー, 手掌〖しょう〗性

chitin キチン：β-1,4-ポリ-N-アセチルグルコサミン. 節足動物の主要構造多糖類.

chitosamine キトサミン → glucosamine

chitosan キトサン：キチンの脱アセチル体.

chloramine クロラミン：酸化試薬の一種.

chloramphenicol クロラムフェニコール：タンパク質合成を阻害する抗生物質. 細菌リボソームの 50S サブユニットと選択的に結合し, ペプチド転移反応を阻害する. ≡ chloromycetin(クロロマイセチン)

chlordiazepoxide クロルジアゼポキシド：ベンゾジアゼピン化合物系鎮静剤, 抗けいれん剤. GABA 受容体に作用する.

Chlorella クロレラ：単細胞緑藻の一属.

chloride channel 塩素チャネル ≡ Cl^- channel

chloride potential 塩素電位, 塩素イオン電位

chloride shift 塩素移動, 塩素イオン移動：赤血球膜を介する HCO_3^- と Cl^- の交換. 血液によるおもな CO_2 輸送の仕組み.

chlorin クロリン：ジヒドロポルフィリン. テトラピロール環化合物の一種.

chlorination 1) 塩素化, 2) 塩素処理

chlorine 塩素：元素記号 Cl. 原子番号 17 のハロゲン元素.

chlorine-tolidine reaction 塩素-トリジン反応：ペプチド結合検出反応.

chlorobacterium → green sulfur bacterium

chlorocruoroheme クロロクルオロヘム：クロロクルオリンのヘム. ≡ spirographisheme(スピログラフィスヘム)

chlorogenic acid クロロゲン酸：植物のフェノール化合物の一種. 切口の褐色化の原因.

***p*-chloromercuribenzenesulfonic acid** *p*-クロロメルクリベンゼンスルホン酸：SH 阻害剤.

***p*-chloromercuribenzoic acid** *p*-クロロメルクリ安息香酸：SH 阻害剤. 略 PCMB

chloromycetin クロロマイセチン → chloramphenicol

***p*-chlorophenylalanine** *p*-クロロフェニルアラニン

chlorophyll クロロフィル, 葉緑素：光合成の光受容色素.

chlorophyllase クロロフィラーゼ：葉緑素よりフィトールを切断する酵素.

chlorophyllide クロロフィリド：葉緑素よりフィトールを除去した物質.

chloroplast 葉緑体, クロロプラスト：光合成細胞小器官.

chloroplast DNA 葉緑体 DNA

chloroplatinic acid クロロ白金酸, 塩化白金酸

chlorosome クロロソーム：緑色光合成細菌

の集光色素集合体.

chlorpromazine クロルプロマジン：ドーパミン受容体遮断作用をもった抗精神病薬.

chlortetracycline クロルテトラサイクリン：細菌のタンパク質合成を阻害する広スペクトル性抗生物質. 同 aureomycin(オーレオマイシン)

CHO cell CHO細胞 → Chinese hamster ovary cell

cholamine chloride コラミンクロリド：両性イオン緩衝剤の一種.

cholangiocarcinoma → cholangioma

cholangioma 胆管がん[癌] 同 cholangiocarcinoma

cholangitis 胆管炎

cholanic acid コラン酸：胆汁酸の基本骨格となる C_{24} ステロイド.

cholecalciferol コレカルシフェロール：ビタミン D_3 ともいう.

cholecystokinin コレシストキニン：食物中の脂肪, 脂肪酸の刺激により十二指腸粘膜から分泌されるペプチドホルモン. 胆嚢収縮, 膵液分泌を促進する. 同 pancreozymin(パンクレオザイミン)

choledoch [duct] → common bile duct

choledocholithiasis 総胆管結石症 同 common bile duct calculi

choleic acid コレイン酸：胆汁酸と脂肪酸の(分子)錯体.

cholelithiasis 胆石症

cholera enterotoxin → cholera toxin

choleragen コレラゲン → cholera toxin

choleragenoid コレラゲノイド：コレラ毒素の毒性を失い抗原性のみをもつタンパク質.

cholera toxin コレラ毒素, コレラトキシン：コレラ菌の産生する毒性タンパク質. 小腸粘膜に作用し, アデニル酸シクラーゼの活性化を持続させるために, 大量の電解質, 水が排出され下痢となる. 同 cholera enterotoxin, choleragen(コレラゲン)

cholestane コレスタン：コレステロールのOHと二重結合を除いた基本的 C_{27} ステロイド.

cholestanol コレスタノール 同 dihydrocholesterol(ジヒドロコレステロール)

cholestasis 胆汁うっ滞

cholesteric liquid crystal コレステリック液晶

cholesterol コレステロール：動物のステロイドの基本的物質. C_{27} ステロイド.

cholic acid コール酸：胆汁酸の成分である C_{24} ステロイド.

choline コリン：ビタミンB群の一種. 同 amanitine(アマニチン), bilineurine(ビリノイリン), sinkalin(シンカリン), trimethylethanolamine(トリメチルエタノールアミン)

choline O-acetyltransferase コリンO-アセチルトランスフェラーゼ：アセチルCoAとコリンよりアセチルコリンとCoAを生成する酵素. コリン作動性ニューロンに特異的に発現される. 略 ChAT

choline phosphate コリンリン酸 同 phosphocholine(ホスホコリン), phosphorylcholine(ホスホリルコリン)

choline plasmalogen コリンプラスマローゲン 同 plasmenylcholine(プラスメニルコリン), phosphatidalcholine(ホスファチダルコリン)

cholinergic コリン作動性[の] 同 acetylcholinergic(アセチルコリン作動性[の])

cholinergic fiber コリン作動性繊維 → cholinergic nerve

cholinergic nerve コリン作動性神経 同 cholinergic fiber(コリン作動性繊維)

cholinergic receptor コリン受容体

cholinergic synapse コリン作動性シナプス

cholinesterase inhibitor コリンエステラーゼ阻害剤：抗コリンエステラーゼ薬. アセチルコリン受容体近傍におけるアセチルコリン濃度を増加させ, 受容体の刺激を増強する. 縮瞳, 呼吸困難, けいれんなどをひき起こす.

choline sulfate コリン硫酸：硫酸基貯蔵物質の一種.

cholylglycine コリルグリシン → glycocholic acid

cholyltaurine コリルタウリン → taurocholic acid

chondriosome コンドリオソーム(旧称) → mitochondria

chondrocyte 軟骨細胞

chondroitin コンドロイチン：グリコサミノグリカンの一種.

chondroitinase コンドロイチナーゼ 同 chondroitin sulfate lyase(コンドロイチン硫酸リアーゼ)

chondroitin sulfate コンドロイチン硫酸：代表的な硫酸化ムコ多糖類．軟骨，皮膚に分布．

chondroitin sulfate lyase コンドロイチン硫酸リアーゼ → chondroitinase

chondroma 軟骨腫

chondromucoprotein コンドロムコタンパク質 ＝ proteochondroitin sulfate（プロテオコンドロイチン硫酸）

chondrosamine コンドロサミン → galactosamine

chondrosarcoma 軟骨肉腫

chondrosine コンドロシン：コンドロイチンより得られる二糖類．

chorda [dorsalis] 脊〔せき〕索

chordate 脊〔せき〕索動物

chorioallantoic membrane 漿尿膜

choriogonadotropin コリオゴナドトロピン → chorionic gonadotropin

choriomammotropin コリオマンモトロピン → placental lactogen

chorion 1) 絨〔じゅう〕毛膜，2) 漿膜，3) 卵殻【昆虫の】

chorionic gonadotropin 絨〔じゅう〕毛性性腺刺激ホルモン：妊娠動物の胎盤絨毛で産生される．ヒトのものは，HCGと略され，妊娠診断に使われる．　＝ choriogonadotropin（コリオゴナドトロピン）

chorionic somatomammotropin 絨毛性ソマトマンモトロピン → placental lactogen

chorismic acid コリスミ酸：コリスミン酸ともいう．微生物，植物での芳香環生合成中間体．

Christmas disease クリスマス病：血液凝固IX因子欠乏症．血友病B．

Christmas factor クリスマス因子：血液凝固IX因子の別名．

chromaffin クロム親和性〔の〕，クロマフィン〔の〕：重クロム酸カリウムで褐色に染まる．

chromaffin cell クロム親和性細胞：副腎髄質に存在し，カテコールアミンなどを含むクロム親和性顆粒を分泌する．

chromaffin granule クロム親和性顆粒：副腎髄質や傍神経節にあるクロム親和性細胞の分泌顆粒．カテコールアミン，ドーパミン，β-モノオキシゲナーゼなどを含む．

chromaffin tumor クロム親和性細胞腫 → pheochromocytoma

chromatic agglutination → pyknosis

chromatid 染色分体：S期におけるDNA複製により一つの染色体が2本に複製されたものをそれぞれさす．

chromatin クロマチン，染色質

chromatin fiber クロマチン繊維 ＝ chromatin fibril

chromatin fibril → chromatin fiber

Chromatium クロマティウム：窒素固定光合成細菌．

chromatofocusing クロマトフォーカシング → isoelectric chromatography

chromatogram クロマトグラム：クロマトグラフィーで得られた混合物の溶出曲線．

chromatograph クロマトグラフ【装置】

chromatography クロマトグラフィー：混合成分を固定相への親和性の相違を利用して移動相（液体，気体）を用いて分離する方法．

chromatophore 1) 色素胞：動物の色素細胞．2) クロマトホア：光合成細菌の光合成装置．3) 色素体：植物細胞の色素体．　＝ 3) plastid（プラスチド）

chromium クロム：元素記号 Cr．原子番号24の重金属元素．

chromomere 染色小粒：細胞分裂前期の染色体に数珠玉状に濃く染まってみえる小体．

chromomycin A$_3$ クロモマイシンA$_3$：二本鎖DNAのGpC配列に結合しRNA合成を阻害する抗生物質．　＝ toyomycin（トヨマイシン）

chromonema(*pl.* chromonemata) 染色糸，核糸：光学顕微鏡で識別可能な最も細い染色体の糸状構造．　＝ spireme（らせん糸）

chromophobe 色素嫌性細胞

chromophore 発色団

chromoprotein 色素タンパク質：色素結合しているタンパク質の総称．

chromosomal aberration 染色体異常

chromosome 染色体，クロモソーム

chromosome diminution → chromosome elimination

chromosome elimination 染色体削減，染色体放棄：胚形成過程で，体細胞から一部の染色体が失われる現象．　＝ chromosome diminution

chromosome map 染色体地図

chromosome number 染色体数

chromosome walking 染色体歩行：DNA断片をクローニングする方法の一種．

chromotropic acid-sulfuric acid method クロモトロプ酸-硫酸法：ヘキソース定量法の一種.

chronaxie 時値：筋肉などを刺激する場合，限界電圧の2倍の電流で極小収縮を起こさせるのに要する最小時間.

chronic 慢性［の］，緩性［の］

chronic rejection 慢性拒絶反応【移植片の】

chronic thyroiditis 慢性甲状腺炎 → Hashimoto disease

chrysalis → pupa

chrysanthemin クリサンテミン：キクのシアニジン配糖体.

chylemia 乳び［糜］血：キロミクロン濃度の高い血液.

chylomicron キロミクロン，カイロミクロン：消化管で吸収されたトリアシルグリセロールとコレステロールエステルにアポタンパク質A，アポB48などが合わさってできたリポタンパク質で，血中を経て末梢組織にこれらの脂質を運搬する.

chylus 乳び［糜］：キロミクロンで乳濁したリンパ.

chymase キマーゼ

chymopapain キモパパイン：パパイヤ中のシステインプロテアーゼ.

chymosin キモシン：チーズ製造に使われるプロテアーゼ. 同 rennin（レンニン）

chymostatin キモスタチン：キモトリプシンのインヒビターの一種.

chymotrypsin キモトリプシン：膵臓のプロテアーゼの一種.

chymotrypsinogen キモトリプシノーゲン：キモトリプシンの前駆体.

ciastogen 染色体異常誘発要因

Cibacron Blue シバクロンブルー：クロロトリアジン色素の一種でブルーデキストランの着色やブルーセファロースのリガンドとして用いる.

ciclosporin → cyclosporin A

CICR channel CICRチャネル：CICRは calcium induced calcium release の略. → ryanodine receptor

cilia: ciliumの複数形.

ciliary movement 繊毛運動

ciliate 繊毛虫

ciliatine シリアチン：2-アミノエチルホスホン酸.

cilium(*pl.* cilia) 繊毛，シリア

CI-MS：chemical ionization mass spectrometry の略.

cinchona alkaloid キナアルカロイド，キナノキアルカロイド：抗マラリア剤.

cinnamic acid ケイ皮酸，ニッケイ酸

cinnamon oil ケイ皮油

circadian 概日［の］，概日［性］

circadian rhythm サーカディアンリズム，概日リズム，日周性リズム

circannual rhythm 概年リズム

circular 環状［の］，輪状［の］，丸い，円形［の］

circular dichroism 円二色性，円偏光二色性 略 CD

circular DNA 環状DNA

circulatory system 循環系

circumfusion culture 還流培養

cis-acting element シス配列：転写領域と同一のDNA分子上にあり，転写活性を調節する特定のDNA配列. オペレーター，プロモーター，エンハンサーなど.

cis-dominance シス優性：同一の染色体上にある場合のみ他の遺伝子の発現を支配すること.

cis form シス形：幾何異性体のうち，同じ原子団が二重結合の同じ側に結合している形.

cisterna(*pl.* cisternae) 1) 槽，2) 嚢［のう］，3) 脳槽

cis-trans test シス-トランス検定 → complementation test

cistron シストロン：DNAの機能単位. 相補性試験で変異が相補できない部分をさす. ほぼ1個の構造遺伝子に相当.

citraconic anhydride シトラコン酸無水物：メチルマレイン酸無水物. タンパク質中のアミノ基の特異的修飾試薬.

citramalic acid シトラマル酸：植物の代謝中間物質.

citrase シトラーゼ：クエン酸(*pro*-3S)-リアーゼの別名.

citratase シトラターゼ：クエン酸(*pro*-3S)-リアーゼの別名.

citric acid クエン酸

citric acid cycle クエン酸回路 同 Krebs cycle（クレブス回路），TCA cycle（TCA回路），tricarboxylic acid cycle（トリカルボン酸回路）

citrovorum シトロボラム因子 → L(−)-5-

formyl-5,6,7,8-tetrahydrofolic acid
citrulline シトルリン:尿素回路中の中間体アミノ酸.
citrullinemia シトルリン血症:アルギニノコハク酸シンターゼの機能低下により起こる.常染色体劣性の遺伝性のものと二次性のものがある. 同 citrullinuria(シトルリン尿症)
citrullinuria シトルリン尿症 → citrullinemia
civetone シベトン:ジャコウネコが分泌する香気成分.
CK → creatine kinase の略.
CKI → CDK inhibitor の略.
C kinase → protein kinase C
Claisen condensation クライゼン縮合:2分子のエステルから3-ケトエステルを形成する反応.
clamp 鉗[かん]子,クランプ,把握器,挟み止め
Clara cell クララ細胞[気管支の]
Clarke number クラーク数:地球の深さ16kmまでの岩石,水,大気の元素の百分率.
class 1)綱[分類],2)類[群論]
classical complement pathway → classical pathway
classical hypothesis 古典仮説:突然変異による新しい遺伝子の出現と自然選択による除去のつりあいで集団内の遺伝的変異の程度が決定されるとする説.
classical pathway 古典経路:補体活性化経路の一種. 同 classical complement pathway
classification 分類
class switch クラススイッチ:B細胞の分化に伴い,遺伝子の組換えが起こり,同じ抗原認識能をもつがクラスの異なる抗体分子がつくられるようになること.
class switch recombination クラススイッチ組換え:免疫グロブリン可変(V)領域がはじめμ鎖遺伝子の一部としてあったものがDNA組換えにより,γ,α,ε鎖遺伝子の近傍へつぎつぎと移り,それぞれH鎖の一部として発現されるようになること. 同 S-S recombination(S-S組換え)
clathrin クラスリン:被覆小胞の外部を形成するタンパク質.
Cl⁻ channel → chloride channel
clean bench クリーンベンチ:無菌操作用実験台.
clearance クリアランス:ある物質が腎臓や肝臓から排泄されるとき,単位時間当たり何mlの血液からその物質を完全に浄化できるかを示した値.
clearing factor 清澄化因子 → lipoprotein lipase
clearing factor lipase 清澄因子リパーゼ → lipoprotein lipase
clearing response 透明化反応:アクトミオシンゲルにATPを加えたとき起こる濃度の減少.
clear plaque 透明プラーク:ファージによる溶菌の集落.斑状をなす.
clear plaque mutation 透明プラーク変異
cleavage 1)切断,2)開裂,3)卵割,4)分割
cleavage map 切断地図【DNAの】
Cleland's notation クリーランドの表示法:酵素反応の形式ならびに反応機構の簡略表示法.
Cleland's reagent クリーランド試薬 → dithiothreitol
clinical 臨床[の]
clioquinol クリオキノール → chinoform
cloaca 総排泄腔,総排泄腔
cloacin クロアシン:バクテリオシンの一種.
clofibrate クロフィブレート:VLDLの合成抑制と異化促進によって血漿コレステロールレベルを低下させる薬剤.
clomiphene クロミフェン:エストロゲン阻害薬.排卵促進薬.
clonal ag[e]ing クローン加齢:単一細胞に由来する細胞集団(クローン)が分裂増殖できなくなること.
clonal cell culture クローン細胞培養
clonal selection theory クローン選択説:抗体産生理論.生体ではあらゆる抗原に対応するリンパ球クローンが胎生期にでき,その抗原による選択が行われるという説.
clone 1)クローン:遺伝的に均一な個体,細胞,または遺伝子のこと. 2)クローン化する. 3)クローン動物を作成する:無性的な発生により生じた遺伝的に同一な動物集団.
clone analysis クローン分析
cloned animal クローン動物
cloning クローン化,クローニング:1)特定の遺伝子(またはプラスミド)をもつ細胞のクローンを得ること.遺伝子組換え技術の基本. 2)体細胞核1個から1個体を作出すること.
closed circular DNA 閉環状DNA 同 form

I DNA
closed colony 閉鎖コロニー, クローズドコロニー：5年以上外部と閉鎖されて増殖した動物集団.
Clostridium botulinum ボツリヌス菌：嫌気性桿菌の一種で毒素を産生する.
clostripain クロストリパイン：クロストリジオペプチダーゼ B. *Clostridium histolyticum* の分泌するシステインプロテアーゼ.
clot 血餅〖ぺい〗
clot retraction 血餅〖ぺい〗収縮, 血餅退縮
cloverleaf model クローバー葉モデル：tRNA の構造モデル.
cloverleaf structure クローバー葉構造
clump 凝[集]塊〖細菌や赤血球などの〗
clupanodonic acid クルパノドン酸：炭素数 22 の 5 価不飽和直鎖脂肪酸.
clupeine クルペイン：ニシン精子の DNA 結合性塩基性タンパク質.
cluster クラスター, 集塊：密集した群れ.
clustering クラスタリング【遺伝子の】：多くの発現プロファイルの比較から, これまで知られていなかった遺伝子の機能を予測する方法.
CMC ⇌ critical micelle concentration の略.
CM cellulose CM セルロース ⇌ carboxymethylcellulose
CMP ⇌ cytidine 5′-monophosphate の略.
CMV ⇌ cytomegalovirus の略.
CNS ⇌ central nervous system の略.
CoA ⇌ coenzyme A の略.
CoASH ⇌ coenzyme A の略.
coacervate droplet コアセルベート液滴
coacervation コアセルベーション：高分子化合物溶液が, その濃度の高い液滴を分離生成すること.
coactivator コアクチベーター, 活性化補助因子：遺伝子発現の特異性を決定する特異的転写調節因子と基本転写因子複合体の両者を結びつけ, 転写活性を促進する核タンパク質.
coagulation 1)凝固, 2)凝析, 3)凝結
coated pit 被覆小孔, 被覆ピット：エンドサイトーシスの陥入開始点にクラスリン分子によってつくられる小さな孔.
coated vesicle 被覆小胞：エンドサイトーシスに伴いできる細胞内小顆粒で表面はクラスリンで覆われている.
coat protein コートタンパク質【ファージやウイルスの】, 外被タンパク質：キャプシドを構成するタンパク質.
cobalamin コバラミン：ビタミン B_{12} ともいう. 圖 Cbl
cobalt コバルト：元素記号 Co. 原子番号 27 の金属元素.
cobamide コバミド：ビタミン B_{12} とその関連物質から下方配位子の塩基を除いた物質.
cobamide coenzyme コバミド補酵素 ⇌ vitamin B_{12} coenzyme
cobra venom コブラ毒：運動神経シナプス膜上のニコチン性アセチルコリン受容体を阻害して急性に運動神経伝達を遮断する. 神経毒に加えて各種の酵素などを含む.
coca alkaloid コカアルカロイド：コカ属の葉に含まれるトロパンアルカロイド類. コカインが主. 麻薬, 局所麻酔薬.
cocaine コカイン：コカの葉から抽出. 麻薬, 局所麻酔薬.
cocarboxylase コカルボキシラーゼ ⇌ thiamin diphosphate
cochlea 蝸牛〖内耳の〗
cocktail 反応混液
cocoanut oil ⇌ coconut oil
coconut oil やし油 圓 cocoanut oil, copra oil
cocoon 繭
cocositol ココシトール：*syllo*-イノシトール.
coculine コクリン ⇌ sinomenine
coculture 共存培養, 同時培養
COD ⇌ chemical oxygen demand の略.
code 暗号【遺伝の】, コード
codeine コデイン：アヘンアルカロイドの一つ. 鎮咳剤.
coding region コード領域：DNA 上のタンパク質をコードしている部分.
codon コドン, 遺伝暗号：遺伝子の中で 1 個のアミノ酸を決定する 3 塩基配列.
coelenterate 腔〖こう〗腸動物
coeliac syndrome ⇌ celiac syndrome
coeloblastula 有腔〖くう〗胞胚
coenophorin コエノホリン：ニューロフィシン, バソプレッシン系のプロホルモン. 分解すると ACTH 活性も示す.
coenzyme 補酵素
coenzyme A 補酵素 A：アシル基転移の補酵素. 圖 CoA, CoASH (特に SH 基を示すとき)
coenzyme B_{12} 補酵素 B_{12} ⇌ vitamin B_{12} coenzyme

coenzyme Q　補酵素 Q　⇀ ubiquinone
coenzyme R　補酵素 R　⇀ biotin
coexpression　共発現
cofactor　1)補因子, 補助因子：酵素活性の発現に必要なまたは活性を強める因子(金属など). 2)転写共役因子, コファクター：転写制御に関与する転写調節因子. コアクチベーター, コリプレッサーがある.
coherent　干渉性[の]【光波】, 可干渉性[の]
coherent scattering　干渉性散乱
cohesin　コヘーシン, コヒーシン：S 期で姉妹染色分体が形成された後, M 期後期まで姉妹染色分体間を合着させる複合体.
cohesion　1)粘着, 2)合着【姉妹染色分体間の】：cohesin を参照.
cohesive end　1)付着末端【制限酵素断片の】, 突出末端, 粘着末端, 2)付着末端【ファージの】, 相補末端　㊌1) sticky end
cohort　1)同齢集団, 2)コホート：同じ属性をもつ集団. 同じ外的条件にさらされた集団.
coiled coil　1)コイルドコイル【タンパク質の】, 2)コイルドコイル【DNA の】, 超らせん：二重らせん構造をした DNA や α ヘリックスから成る繊維タンパク質がさらにコイルを巻くこと. たとえば, ヌクレオソームにおけるDNA やケラチンの繊維構造.
CO_2 incubator　CO_2 インキュベーター
cola: colon の複数形.
colcemid　コルセミド：抗がん剤として用いられるコルヒチン系の微小管重合阻害剤. ㊌ demecolcine (デメコルチン)
colchicine　コルヒチン：イヌサフランに含まれるアルカロイド. 微小管重合阻害剤. 痛風治療薬.
cold　非放射性の, 冷たい
cold agglutinin　寒冷凝集素：15 ℃ 以下の低温で細菌や赤血球を凝集させる抗体.
cold antibody　寒冷抗体
cold hardiness　⇀ cryotolerant
cold hemagglutinin　寒冷赤血球凝集素
cold insoluble globulin　寒冷不溶性グロブリン　㊌ plasma-fibronectin (血漿フィブロネクチン)
cold-sensitive mutant　低温感受性[突然]変異体　㊌ cs mutant
Col factor　⇀ colicin factor
colicin　コリシン：大腸菌が産生するバクテリオシン.

colicin factor　コリシン因子　㊌ Col factor, C factor (C 因子)
colipase　コリパーゼ：膵リパーゼの活性化因子.
colitis　大腸炎, 結腸炎　㊌ colon inflammation
colitose　コリトース：グラム陰性菌細胞壁のメチル糖.
collagen　コラーゲン, 膠〔こう〕原質：結合組織の主要タンパク質. 特有なコラーゲン三重らせん構造を示す.
collagenase　コラゲナーゼ：コラーゲンを分解する酵素. 動物性コラゲナーゼと細菌性コラゲナーゼに大別される.
collagen disease　膠〔こう〕原病：血管結合織に系統的に現れる病変をもつ疾患群で, エリテマトーデス, 汎発性強皮症など自己免疫疾患が多い.
collagen fiber　コラーゲン繊維, 膠〔こう〕原繊維
collagen helix　コラーゲンヘリックス：コラーゲンに特有の右巻三重らせん(超らせん)構造. らせん部はグリシンが 3 アミノ酸ごとに出現し, プロリン含量が高い.
collective effective dose equivalent　集団実効線量当量：ある種の線源に由来する実効線量当量と被曝集団の人数との荷重積.
collenchyma　厚角組織
collidine　コリジン：2,4,6-トリメチルピリジン. 塩基性溶媒.
collision theory　衝突説
collodion　コロジオン：ニトロセルロースのアルコール-エーテル混液の溶液.
collodion baby　⇀ congenital ichthyosis
colloid　コロイド：低分子集合体(会合コロイド)または高分子(分子コロイド)の光学顕微鏡では認められない程度(1 μm 以下)の粒子の分散系.
colloidal gold labelling　金コロイド標識
colloidal particle　コロイド粒子：10〜1000 nm の大きさの固体または液体の微粒子.
colloidal solution　コロイド溶液
colominic acid　コロミン酸：シアル酸のホモポリマー.
colon (*pl.* colons, cola)　結腸
colon cancer　結腸がん
colon inflammation　⇀ colitis
colon sigmoideum　⇀ sigmoid colon
colony　コロニー, 集落, 群体, 細胞集落

colony counter コロニー計数器

colony forming activity コロニー形成率 同 plating efficiency

colony forming unit コロニー形成単位,集落形成単位 略 CFU

colony hybridization コロニーハイブリッド形成：特定DNAを含むコロニーを標識DNAで検出し，そのコロニーを得る方法．

colony-stimulating factor コロニー刺激因子 略 CSF

colorimeter 比色計

colorimetric 比色[の]

colostrial antibody 初乳抗体

colostrum 初乳：分娩後初期(数日間)に分泌される乳汁．抗体などを多く含む．

column カラム：物質分離用の吸着剤などを含む円柱．

column chromatography カラムクロマトグラフィー：カラムを固定相としたクロマトグラフィー．

coma こん［昏］睡

combinatrial chemistry コンビナトリアルケミストリー

combustion 燃焼

commensal 1) 共生[の], 2) 共生動物

committed dose equivalent 預託線量当量：内部被曝によってその核種が体内に摂取された後の50年間にわたる線量当量の総和．

common antigen 共通抗原

common bile duct 総胆管 同 choledoch [duct]

common bile duct calculi → choledocholithiasis

common intermediate 共通中間体

communicable disease → infectious disease

compaction コンパクション，胚細胞緊密化

comparative 比較[の]

comparative biochemistry 比較生化学

compatibility 1) 適合性, 2) 和合性

compatible 適合する

compensation 代償，補償

compensatory hyperfunction 代償性機能亢進

competence 1) 受容能, 2) 応答能, 3) 適格性

competent cell コンピテント細胞：外来のDNAを取込んで形質転換できる能力をもった細胞．

competition 競合，競争

competitive 競合的[の], 競争的[の]

competitive antagonist 競合的アンタゴニスト

competitive assay 競合アッセイ：競合的阻害現象を利用した微量測定法．RIA など．

competitive inhibition 競合阻害

competitive inhibitor 競合阻害剤

complement 補体

complementarity 相補性：二つの突然変異が同一の細胞内にあるとき，変異が異なった遺伝子座にあれば相補って野生型の表現型を示すこと．

complementarity of base 相補性【核酸塩基の】，塩基の相補性

complementary 相補[的][の], 補足の

complementary base sequence 相補的塩基配列

complementary DNA 相補的DNA：mRNAと相補塩基配列をもつDNA．略 cDNA

complementary gene 補足遺伝子：二つ以上の非対立遺伝子が共に存在してはじめて形質を表現するとき，それらをいう．

complementary pairing 相補的対［たい］合

complementary strand 相補鎖

complementation 1) 相補[性], 2) 補完

complementation test 相補性検定 同 cis-trans test (シス-トランス検定)

complement consumption test 補体消費試験 → complement fixation test

complement fixation reaction 補体結合反応 → complement fixation test

complement fixation test 補体結合試験 同 complement consumption test(補体消費試験), complement fixation reaction(補体結合反応)

complement fixing antigen 補体結合抗原

complement receptor 補体受容体，補体レセプター

complement system 補体系

complete antigen 完全抗原：単独で生体に対し免疫応答を起こし，その応答産物(抗体など)と反応する抗原．

complete dominance 完全優性

complete Freund's adjuvant 完全フロイントアジュバント：結核菌の死菌を混ぜた油性液で，抗原とエマルションをつくって用いると抗体産生の効率が高まる．

complex 1) 複合体, 2) 錯体

complex carbohydrate 複合糖質 同 glycoconjugate

complex lipid → compound lipid

complexone コンプレクソン → ionophore

compliance コンプライアンス：弾性率の逆数．張力に対する伸展量．

complication 合併症

complon コンプロン：ドメイン構造をもつ巨大タンパク質などでは，単一ペプチド上の二変異が相補し合うことがあり，そのような場合の相補単位をコンプロンという．シストロンを参照．

compost たい肥，コンポスト

compound fertilizer 複合肥料

compound lipid 複合脂質 同 complex lipid, conjugated lipid

compression コンプレッション現象，圧縮：電気泳動解析において本来泳動度の異なるはずのバンドが同じ泳動度を示し区別がつかないこと．

Compton effect コンプトン効果：放射線の相互作用現象（光子の弾性散乱現象）．

Compton scattering コンプトン散乱：物質中の自由電子によって散乱されたX線，γ線のうち入射光より短波長の散乱光．

computerized tomography コンピューター断層装置：身体を透過したX線束を各方向で積算して身体の断面画像を得る装置．略 CT

Con A → concanavalin Aの略．

conalbumin コンアルブミン：オボトランスフェリン．卵白中のタンパク質の一種で鉄と強固に結合する．

conarium 上生体 → pineal body

conc. → concentrated の略．

concanavalin A コンカナバリン A：ナタマメ由来の赤血球凝集素．T細胞の分裂を誘発する．レクチン（糖結合性タンパク質）の一種．略 Con A

concatemer コンカテマー，鎖状体：ファージゲノムのような一まとまりのDNAが重合していること．ファージ複製時に見られる．

concatenation コンカテネーション：DNA断片を連鎖状，連環状に結合すること．

concentrate 濃縮，集中する

concentration 濃度

concentration quenching 濃度消光：蛍光物質の濃度が大きくなるとかえって消光が起こること．

conception factor 受精物質 → gamone

concerted evolution 協調進化：多重遺伝子属に属する遺伝子が同時に並行して同じように変異していく現象．

concerted mechanism 協奏的機構：酸塩基が同調して1段階で反応を行う触媒機構．

concerted reaction 協奏反応

concurrent 併発[の]，協同する

condensation 1)縮合，2)凝縮

condensed film 凝縮膜

condensin コンデンシン：間期染色体がM期に入って凝縮する際に重要な役割を果たすクロマチン結合タンパク質の複合体．

condensing enzyme 縮合酵素

conditional lethal mutant 条件致死[突然]変異体

conditional lethal mutation 条件致死[突然]変異

conditioned medium ならし培地，順化培地：ある種の細胞を培養した後に細胞を除いた培地（培養液）．

conditioned reflex 条件反射 同 conditioned response（条件反応）

conditioned response 条件反応 → conditioned reflex

conditioning 1)順化，2)条件づけ

conditioning stimulus 条件刺激

conduction 伝導

conductivity 伝導率【電解質溶液の】

conduritol コンズリトール：イノシトール由来の不飽和糖．

cone 円錐〘すい〙体，錐体，錐状体：細胞光受容器細胞．

conessine コネッシン：キョウチクトウ科のステロイドアルカロイド．

configuration 1)配置，2)立体配置，形状

confluent 1)集密的[の]，コンフルエント：細胞培養で，細胞が増殖して基質表面を覆い，細胞同士が接し合った状態．2)融合[性][の]，合流する，併合[の]

confocal laser microscope 共焦点レーザー顕微鏡

conformation 1)配座，立体配座，コンホメーション，2)高次構造

conformational isomer 配座異性体 同 conformer

conformer → conformational isomer

congenic strain コンジェニック系統，類遺伝子系統：純系動物中のある遺伝子座のみが別の系統と入れ替わったり，他の遺伝子は共通な系統．

congenital 先天性[の]

congenital hypertyrosinemia 先天性高チロシン血症 → tyrosinosis

congenital ichthyosis 先天性魚りんせん〖鱗癬〗：角化の亢進する先天代謝異常． 同 collodion baby

congenital malformation 先天性奇形

congestion うっ血

conglutination 膠〖こう〗着反応

conglutinin コングルチニン，膠〖こう〗着素

conglutinogen コングルチノーゲン：補体C3b，凝集物形成活性物質．

conglutinogen-activating factor コングルチノーゲン活性化因子：I因子の別名． 略 KAF

conidiao spore → conidium

conidium (pl. conidia) 分生子：菌類の無性的胞子で，菌糸上または分生子柄上に形成される． 同 conidiao spore

coniferin コニフェリン：ユリ科に存在するコニフェリルアルコールの配糖体．

coniferyl alcohol コニフェリルアルコール：ユリ科配糖体の非糖部．フェノール誘導体．

coniine コニイン：ドクニンジンの神経毒．

conium alkaloid コニウムアルカロイド：ドクニンジンアルカロイド．

conjugant 接合[個]体

conjugate 1) 接合体，抱合体，2) 共役する【二重結合が】，3) 抱合する【解毒で】，複合する【物質が】，4) 接合する【原生動物などが】

conjugate acid 共役酸：$A^- + H^+ \rightleftharpoons AH$ において AH は A^- の共役酸．

conjugate base 共役塩基：$A^- + H^+ \rightleftharpoons AH$ において A^- は AH の共役塩基．

conjugated bile acid 抱合胆汁酸

conjugated lipid → compound lipid

conjugated protein 複合タンパク質

conjugation 1) 接合【細胞】，2) 抱合【解毒】，3) 共役，4) → pairing

conjugative plasmid 接合性プラスミド → sex factor

connectin コネクチン：筋肉の弾力性非収縮タンパク質． 同 titin (タイチン)

connective tissue 結合組織

connexin コネキシン：ギャップ結合に存在するタンパク質．

Conn syndrome コン症候群：副腎皮質球状層の腫瘍または過形成によりアルドステロン分泌過多となり，低カリウム血症による筋力低下，高血圧などを呈する． 同 primary hyperaldosteronism (原発性高アルドステロン症)

conotoxin コノトキシン：イモ貝の一種 *Conus geographus* に含まれる神経毒．Ca^{2+} イオノホア活性をもつ．

consanguinity 血族[関係]

consecutive 逐次の【反応】，連続的な

consecutive assay → coupling assay

consecutive reaction 逐次反応 同 successive reaction, step reaction

consensus sequence 共通配列，コンセンサス配列：DNAのプロモーター領域やエキソン，イントロン境界に見いだされる共通な配列．

constant region 定常部，不変部領域【抗体一次構造の】

constitution 1) 体質，2) 構成

constitutional formula 構造式

constitutional isomer 構造異性体

constitutive 恒常的な，構成的な，構成する，本質的な

constitutive enzyme 構成酵素：細胞内でつねに一定量存在する酵素．

constitutive heterochromatin 構成ヘテロクロマチン：生物種に特異的に細胞種によらずつねに存在するヘテロクロマチン．動原体周辺部，テロメアが代表的で繰返し配列から成ることが多い．

constitutive mutation 構成性[突然]変異

constriction 狭窄〖さく〗

consumption coagulopathy 消費性凝固障害 → disseminated intravascular coagulation [syndrome]

contact 接触

contact allergy 接触アレルギー

contact hypersensitivity 接触過敏症

contact inhibition 接触阻止，接触抑制，接触阻害：培養細胞の密度が増加し，細胞間接触の情報により増殖が停止すること．正常細胞の特徴の一つ．

contact phase 接触相

containment level 封じ込めレベル：組換えDNA実験による生物，遺伝子の環境への漏

出を防止する基準.物理的レベルと生物学的レベルがある.

contamination 1)汚染, 2)混入

contig 整列群, コンティグ:重複しつつ連続したクローン化DNAの集合体.

contig map コンティグマップ:端が重なった配列をもつDNAを順次つなぎ合わせて, 染色体全体をもれなくカバーするように整列化したもの.

continuous culture 連続培養

continuous fermentation 連続発酵

contraceptive 避妊薬:卵胞ホルモンと黄体ホルモンの誘導体の混合物による性周期制御による経口剤が多く用いられる.

contracted pupil → miosis

contractile protein 収縮性タンパク質

contractile ring 収縮環

contraction 収縮:筋肉の短縮.

contracture 拘縮:活動電位なしの持続的可逆的な筋収縮.

control 1)調節, 制御, 2)支配, 3)対照

control experiment 対照実験

control group 対照群

conus 円錐[すい]様物

convective 対流[の]

conventional animal 通常飼育動物:微生物感染の管理を特に行わずに飼している動物.

convergence 収束

convergent evolution 収束進化

conversion 1)[遺伝子]変換, 2)転換, 変換【酵素などによる】

convulsion けいれん[痙攣] 同 spasm[us], convulsive seizures

convulsive seizures → convulsion

Conway method コンウェイ法:揮発性成分, 特にアンモニアを定量する微量拡散分析法.

Coomassie Brilliant Blue ク[ー]マシーブリリアントブルー:タンパク質染色用青色色素. 同 Brilliant Blue(ブリリアントブルー)

Coombs' reagent クームス試薬:免疫グロブリンに対する抗体.

Coombs' test クームス試験 同 antiglobulin test(抗グロブリン試験)

Coombs' serum クームス血清 → antihuman globulin

cooperation 1)協力, 協力作用, 2)協同, 共同

cooperative 協同[の], 協同的[の]

cooperative binding 協同的結合:アロステリック酵素において一つのサブユニットに対する基質の結合が他のサブユニットに影響を及ぼすこと.

cooperativity 協同性, 協同作用

coordinate 1)同調的[の], 協調[の], 相関[の], 2)配位する

coordinate bond 配位結合

coordinate enzyme synthesis 同調的酵素合成 同 coordinate induction(協調誘導)

coordinate induction 協調誘導 → coordinate enzyme synthesis

coordinate repression 相関阻害, 協調抑制

coordination chemistry 配位化学

coordination compound 配位化合物

coordination number 配位数

copalyl diphosphate コパリル二リン酸, コパリルピロリン酸:ジテルペノイド合成中間体.

copia コピア:ショウジョウバエDNA中の反復配列, 転位性をもつ.

copolymer コポリマー:2種類以上の単量体から成る重合体.

copolymerization 共重合

copper 銅:元素記号Cu. 原子番号29の金属元素.

copper protein 銅タンパク質

copra コプラ:ココヤシの実のやし油に富む果肉(内胚乳)を乾燥したもの.

copra oil → coconut oil

coprecipitater 共沈剤

coprecipitating antibody 共沈抗体

coproporphyrin コプロポルフィリン:鉛中毒患者などポルフィリン症にみられるポルフィリンの一種.

coproporphyrinogen コプロポルフィリノーゲン:酸化によってコプロポルフィリンを生じる物質.

coprostane コプロスタン:コレステロールの二重結合とOH基を除いた化合物.

coprostanol コプロスタノール:コレステロールの還元産物. 同 coprosterol(コプロステロール)

coprosterol コプロステロール → coprostanol

copy choice 選択模写

CoQ: coenzyme Qの略. → ubiquinone

coralgil コラルジル:強心剤. 冠血管拡張剤の一種. 肝障害の副作用のため使われない.

cord factor コードファクター：結核菌の糖脂質の一種．

cordycepin コルジセピン：ATP類似体．RNA合成を阻害する抗生物質．[α-^{32}P]-コルジセピン 5′-三リン酸は，一本鎖DNAやRNAの 3′末端の標識に利用される．同 3′-deoxyadenosine（3′-デオキシアデノシン）

core enzyme コア酵素：補助的サブユニットを除いた酵素の中核部分．RNAポリメラーゼにおいて，ホロ酵素 $\alpha_2\beta\beta'\sigma$ から σ がなくなったもの．

corepressor コリプレッサー，補助制物質：1）（アポ）リプレッサーと結合してそのDNA結合活性を増強させるタンパク質．2）リプレッサーと結合して，ヒストン脱アセチル酵素などを含む転写抑制複合体をリクルートするタンパク．

core protein コアタンパク質：分子集合の中核となる不溶性タンパク質．

Cori cycle コリ回路：組織→乳酸→肝臓→血糖の回路．

Cori's disease コリ病 ⇌ amylo-1,6-glucosidase deficiency

Cori ester コリエステル ⇌ glucose 1-phosphate

corium 真皮　同 dermis

cornea 角膜

corneal reaction 角膜反応：角膜刺激により起こる反射．

corneal test 角膜テスト：動物の角膜を利用する免疫試験．

corneum 角質層

cornification ⇌ keratinization

cornified layer 角化層

coronal section 冠状縫合切断

coronary artery 冠[状]動脈

corona virus コロナウイルス：動物に感染するRNAウイルス．ヒトの普通感冒の病原体やマウス肝炎ウイルス．

corpus allatum（*pl.* corpora allata）アラタ体：昆虫の内分泌腺．

corpus luteum（*pl.* corpora lutea）黄体

corpus luteum hormone 黄体ホルモン ⇌ gestagen

correlation time 相関時間：分子のゆらぎの速さの目安となるもので，自己相関関数により定義される．

corrin nucleus コリン核【ビタミン B_{12} などの】

corrinoid コリノイド：ビタミン B_{12}．

corrin ring コリン環：ビタミン B_{12} の中核をつくるテトラピロール．

corrosive 1）腐蝕[しょく]性[の]，2）腐蝕剤

cortex 1）皮質，2）表層

cortexolone コルテキソロン ⇌ 11-deoxycortisol

corticoid コルチコイド　同 corticosteroid（コルチコステロイド）

corticoliberin コルチコリベリン ⇌ corticotrop[h]in-releasing hormone

corticosteroid コルチコステロイド ⇌ corticoid

corticosteroid-binding globulin コルチコステロイド結合グロブリン ⇌ transcortin

corticosterone コルチコステロン：副腎皮質ホルモンの一種．

corticotrop[h]in コルチコトロピン ⇌ adrenocorticotrop[h]ic hormone

corticotrop[h]in-releasing hormone 副腎皮質刺激ホルモン放出ホルモン　略 CRH　同 corticoliberin（コルチコリベリン）

cortisol コルチゾール：副腎皮質ホルモンの一種．グルココルチコイド．同 hydrocortisone（ヒドロコルチゾン）

cortisol-binding globulin コルチゾール結合グロブリン ⇌ transcortin

cortisone コルチゾン：副腎皮質ホルモンの一種．

Δ^1-**cortisone** Δ^1-コルチゾン ⇌ prednisone

corydaline コリダリン：鎮痙剤．ケシ科のアルカロイドの一種．

corynantheine コリナンテイン：ヨヒンビンアルカロイド．

Corynebacterium コリネバクテリウム属：グラム陽性長桿菌．ジフテリア菌が含まれる．

corynomycolenic acid コリノミコレン酸

corynomycolic acid コリノミコール酸：分枝鎖ヒドロキシ脂肪酸の一種．

COS cell コス細胞：SV40初期遺伝子を染色体にもつサル腎臓細胞．SV40に組込んだ遺伝子の発現に使用．

cosedimentation 共沈降

cosmic ray 宇宙線：地球外部から地球上に到着する放射線．

cosmid コスミド：λ ファージの付着末端部位（*cos*）をもつプラスミド．40 kb程度の長い

DNAをクローニングできる．DNAを *in vitro* でλファージ粒子にパッケージングすることで，高効率で大腸菌を形質転換できる．

costimulation 共刺激

cost of natural selection 自然選択の費用，代価

Cot analysis コット解析：DNAハイブリダイゼーションの濃度(C_0)，時間(t)による相同性の分析法．

cotransduction 同時導入　同 linked transduction（連鎖形質導入）

cotransfection コトランスフェクション，同時形質移入：細胞を遺伝子導入により形質転換するとき，同時に薬剤耐性遺伝子などのマーカー遺伝子を導入し，目的遺伝子を取込んだ細胞を選択できるようにすること．

cotranslational 翻訳に伴った

cotransmitter 補助伝達物質

cotransport → symport

Cotton effect コットン効果：旋光分散において，その物質の吸収帯の周囲の波長で異常分散を示すこと．

cottonseed oil 綿実油

cotyledon factor 子葉因子，コチレドン因子　同 lettuce cotyledon factor（レタス子葉因子）

cough center 咳中枢

coulomb クーロン：記号C．電気量の単位．1Aの電流が1秒間に運ぶ電気量．

Coulomb force クーロン力：電荷量に作用する力．静電気力．

coulometric 電量測定[の]

coumalin クマリン：ベンゾ-α-ピロン．植物成長抑制物質．

coumarin クマリン：ヒドロキシケイ皮酸のラクトン．植物成分．誘導体が血液凝固阻害剤として用いられる．　同 cumarin

coumermycin A₁ クーママイシンA_1：DNAジャイレース阻害に働く抗生物質．

count 計数

countercurrent 向流：互いに逆方向の流れ．

countercurrent distribution 向流分配

countercurrent immunoelectrophoresis カウンターカレント免疫電気泳動 → crossed immunoelectrophoresis

countercurrent system 向流系：溶質や熱を反対方向の流れの溶液で交換する系．

counter selection 対抗選択：細菌接合の際，遺伝子供与菌（雄菌）を排除すること．雄菌の欠損酵素を利用．

countertransport → antiport

couple 共役する【エネルギー反応などが】

coupled reaction 共役反応

coupled transport 共役輸送：二次性能動輸送のことで，antiport と symport を含む．

coupling 1)共役：電子伝達（酸化還元）のエネルギーをATP合成のエネルギーに変換すること．2)連関

coupling assay 共役活性測定：他の酵素反応に共役させて目的の酵素反応を測る方法．同 consecutive assay

coupling coefficient 連結定数：非可逆熱力学の現象方程式の交差係数のこと．

coupling constant 結合定数【核磁気共鳴の】

coupling factor 共役因子

coupling phenomenon 連結現象，交差現象

coupling site 共役部位，リン酸化部位【呼吸鎖の】

covalent bond 共有結合

covalent catalysis 共有結合触媒：酵素と基質の結合が共有結合である触媒反応．

covalent modification 共有結合[性]修飾

cover slip culture カバーガラス培養

cowpea chlorotic mottle virus ササゲクロロティックモットルウイルス　略CCMV

COX → cyclooxygenase の略．

coxa(*pl.* coxae) 基節

coxsackie virus コクサッキーウイルス：エンテロウイルス科．夏かぜ，心筋炎，麻疹など多彩な症状をヒトに起こす．

cozymase コチマーゼ：補酵素NADの旧称．

C₃ pathway C_3経路 → reductive pentose phosphate cycle

C₄ pathway C_4経路 → C_4-dicarboxylic acid cycle

C peptide Cペプチド：インスリンのA,B鎖の間にあった連結ペプチド．

CPK: creatine phosphokinase の略． → creatine kinase

CPK model CPKモデル：CPKはCorey, Pauling, Koltunの頭文字．タンパク質・核酸などの分子構造の空間実体模型．

C₃ plant C_3植物：還元的ペントースリン酸回路によって3-ホスホグリセリン酸(C_3)を経る光合成を行う植物．イネ，コムギなど．

C₄ plant C_4植物：C_4ジカルボン酸経路で光合成を行う植物．サトウキビ，トウモロコシ

など．
cpm: counts per minute の略．
C protein Cタンパク質：骨格筋の(微量)構造タンパク質．
Crabtree effect クラブトリー効果：細胞の酸素消費がグルコース添加によって抑制される現象．同 reverse Pasteur effect(逆パスツール効果)
cranial 頭側[の]，頭蓋[の]
craniocaudal axis 頭尾軸 → anteroposterior axis
crassulacean acid metabolism ベンケイソウ型有機酸代謝：夜間有機酸形成型炭酸固定．略 CAM
crayfish ザリガニ
CRE → cyclic AMP responsive element の略．
C-reactive protein C反応性タンパク質：炎症などで現れる血清タンパク質．肺炎球菌のC多糖体と反応する β グロブリン．略 CRP
creatine クレアチン：筋肉，脳，血液中に遊離あるいはクレアチンリン酸の形で存在．同 methylglycocyamine(メチルグリコシアミン)
creatine kinase クレアチンキナーゼ 略 CK 同 creatine phoshokinase(CPK, クレアチンホスホキナーゼ), Lohmann enzyme(ローマン酵素)
creatine pathway クレアチン経路：アルギニン代謝，排泄に働く．
creatine phoshokinase クレアチンホスホキナーゼ → creatine kinase
creatine phosphate クレアチンリン酸 → phosphocreatine
creatinine クレアチニン：筋肉のクレアチンより生ずる物質で，一日生産量は筋肉の量に比例してほぼ一定である．血中濃度は腎機能を知る指標となる．同 methylglycocyamidine(メチルグリコシアミジン)
creatinuria クレアチン尿症
CREB → CRE binding protein の略．
CRE binding protein CRE結合タンパク質：cAMPにより発現が促進される遺伝子群の転写制御部位(CRE)に結合する転写因子．略 CREB
crepenynic acid クレペニン酸：三重結合をもつ炭素数18の直鎖脂肪酸．
cresol クレゾール：ヒドロキシメチルベンゼン(o-, m-, p-3種の異性体がある)．消毒薬．

cretinism クレチン症：先天性甲状腺機能低下症．
Creutzfeldt-Jakob disease クロイツフェルト・ヤコブ病：プリオンタンパク質の感染により痴呆，錐体路障害，ミオクローヌスがもたらされる疾患．潜伏期間はきわめて長い．同 Jakob-Creutzfeldt disease, subacute spongiform encephalopathy([亜急性]海綿状脳症)
CRH → corticotrop[h]in-releasing hormone の略．
Crigler-Najjar syndrome クリグラー・ナジャー症候群：先天性非溶血性黄疸で，肝グルクロン酸抱合酵素欠損により，間接ビリルビンが血中に停滞する．
crisis 1)急性発症，2)分利，危機，分かれ目：(疾患の)急変期．
criss-crossed arrangement 交差細胞配列
crista (*pl.* cristae) クリステ：ミトコンドリア内膜のひだ．
critical micellar concentration → critical micelle concentration
critical micelle concentration 臨界ミセル濃度：両親媒性物質の濃度を上げていくと，分子が集合してミセルを形成する最低の濃度．略 CMC 同 critical micellar concentration
critical point 臨界点
cRNA: complementary RNA の略．
Crohn disease クローン病 同 regional ileitis(＝regional enteritis, terminal ileitis)(限局性回腸炎)
cross 1)交雑，2)交雑種
cross bridge 架橋【アクチン-ミオシンなどの】
crossed immunoelectrophoresis 交差免疫電気泳動 同 Laurell crossed immunoelectrophoresis(ローレル交差免疫電気泳動), countercurrent immunoelectrophoresis(カウンターカレント免疫電気泳動)
cross idiotype 交差イディオタイプ
cross immunity 交差免疫
crossing 1)→ mating, 2)→ hybridization
crossing over 交差【DNA, 染色体間の】，交叉，乗換え：相同染色体間の相同なDNA配列の間でDNA組換えが生じたときにできるDNAの交差．交差部のDNA構造をホリデイジャンクションという．
crossing over map 乗換え地図

crosslink 架橋【化学結合による】，橋かけ：タンパク質などの線状高分子中のいくつかの特定の原子間に化学結合を形成させること．
crosslinkage 橋かけ結合，橋かけ構造
crossover point 交差点：代謝経路上の阻害点．
cross polarization 交差分極
cross reaction 交差反応
cross resistance 交差耐性，交差抵抗性：同時に二つ以上の薬剤に対する耐性を獲得すること．
cross section 1)横断切片，2)断面積
cross streak culture 交差画線培養 同 cross streak test(クロスストリーク試験)
cross streak test クロスストリーク試験 → cross streak culture
cross-talk クロストーク：シグナル伝達経路間の連携．
crotalocytin クロタロシチン：ガラガラヘビの毒で，血小板凝集作用をもつタンパク質．
crotonic acid クロトン酸：トランス-3-メチルアクリル酸．β酸化の中間代謝物．
croton oil クロトン油，はず油：発がんプロモーターであるホルボールエステルを含む．発疱剤(皮膚刺激薬)．
crotonoside クロトノシド：イソグアニンを含む植物ハズの成分．
crotoxin クロトキシン：ヘビ毒の一種．ホスホリパーゼ A_2 活性がある．
crown ether クラウンエーテル：大環状ポリエーテルの一種．金属陽イオンなどをその内部に取込んだ安定な化合物をつくる．
crown gall クラウンゴール，冠えい，植物えいりゅう
CRP → C-reactive protein の略．
CRP → cyclic AMP receptor protein の略．
crucible るつぼ：耐熱性加熱容器．
cruciform conformation 十字形コンホメーション
cryobiology 低温生物学 同 low temperature biology
cryofibrinogen クリオフィブリノーゲン：血漿から4℃で析出する繊維素．
cryofibrinogenemia クリオフィブリノーゲン血症：骨髄腫やマクログロブリン血症，免疫複合体病などにみられる．
cryogenic temperature 低温：ふつう氷点以下の低温をさす．
cryoglobulinemia クリオグロブリン血症，低温性グロブリン血症
cryophilic → psychrophilic
cryophilic organism → psychrophile
cryophyton 氷雪藻類 → cryoplankton
cryoplankton 雪上プランクトン 同 cryophyton(氷雪藻類)
cryopreservation 凍結保存
cryoprotectant 凍結保護物質
cryostat クリオスタット，低温維持装置：凍結切片作製機．
cryotolerant 耐寒性[の] 同 cold hardiness
crypsocin クリプソシン：深海性動物の視物質．
cryptic 陰性[の]
cryptogram クリプトグラム：ウイルスの特徴表記法．
cryptopine クリプトピン：イソキノリンアルカロイドの一種．
cryptoxanthin クリプトキサンチン：植物カロテノイドの一種．
crystal lattice 結晶格子
crystallin クリスタリン：眼の水晶体タンパク質．
crystallite → microcrystal
crystallize 結晶化する
crystalloid 晶質，クリスタロイド，仮晶
crystal structure analysis 結晶構造解析
CSF → colony-stimulating factor の略．
CSF → cytostatic factor の略．
cs mutant → cold-sensitive mutant
CT → computerized tomography の略．
CTL: cytotoxic T lymphocyte の略．→ killer T cell
C-terminal C末[端] → carboxy[l] terminal
C-terminus C末[端] → carboxy[l] terminal
C-terminal amino acid residue C末端アミノ酸残基
C-terminal analysis C末端分析：C末端のアミノ酸の同定．
CTP → cytidine 5′-triphosphate の略．
cucoline ククリン → sinomenine
cucurbitacin ククルビタシン：ウリ科植物の苦味成分．ステロイド核を含む．
Culex イエカ属
culmination 最終段階【粘菌の胞子形成の】
culture 培養
cultured cell 培養細胞
culture medium 培地，培養液
cumarin → coumarin

cumulative feedback inhibition 累積性フィードバック阻害 ⇒ cumulative inhibition

cumulative growth curve 累積増殖曲線

cumulative inhibition 累積阻害: 複数の反応終産物の累積によって起こる阻害. 同 cumulative feedback inhibition (累積性フィードバック阻害)

cupreine クプレイン: 抗マラリア性キナアルカロイド.

curare クラーレ: 筋弛緩剤. 南米先住民族が矢毒に用いる植物毒(総称)

curator キュレーター: ゲノムの塩基配列から遺伝子機能の注釈付けをする専門家.

curdling 乳凝, 凝固

curie キュリー: 記号 Ci. 放射能の単位. 1 Ci=37 GBq.

curing 除去

Curtius method カーティウス法: アジド法. ペプチド合成法の一種.

curvature 屈曲, 弯[わん]曲

cuscohygrine クスコヒグリン: コカノキのピロリジンアルカロイド.

Cushing syndrome クッシング症候群: 副腎皮質機能亢進症.

cuticle 1) クチクラ, 2) 角皮

cuticulin layer クチクリン層: 昆虫の表面のリポタンパク質層.

cutin クチン: 植物表面に分泌された脂肪状, ろう状の物質.

cutis 皮膚 同 skin

cuttle [fish] イカ 同 squid

cuvette キュベット 同 cell(セル)

cyanate method シアン酸法, シアネート法: ペプチド末端結合法の一種.

cyanic acid シアン酸

cyanide シアン化物

cyanide-insensitive respiration シアン不感性呼吸: 顆粒白血球などのシアン非感受性呼吸.

cyanide-sensitive factor シアン感受性因子: ステアロイル CoA デサチュラーゼ. ミクロソーム脂肪酸不飽和系の成分.

cyanidin シアニジン: 植物のフラボン様物質非糖部.

cyanobacterium (pl. cyanobacteria) シアノバクテリア, ラン色細菌: かつてはラン藻[類](blue-green alga)とよんでいた.

cyanocobalamin シアノコバラミン: ビタミン B_{12}

cyanogen bromide cleavage 臭化シアン分解: 臭化シアンによるタンパク質, ペプチド中のメチオニル結合の特異化学的切断.

cyanopsin シアノプシン: 錐体の視物質.

cyanuric fluoride フッ化シアヌル

cyasterone シアステロン, サイアステロン: 脱皮ホルモン, エクジソンの一種.

cybernetics サイバネティックス: 自動制御を中心とする情報理論.

cybrid サイブリッド ⇒ cytoplasmic hybrid

cybridization 細胞質雑種形成: cytoplasmic hybrid を参照.

cycasin サイカシン: ソテツのがん原性物質.

cyclic 環状[の], サイクリック, 周期[の]

cyclic adenosine 3′,5′-monophosphate サイクリックアデノシン 3′,5′-一リン酸 ⇒ cyclic AMP

cyclic AMP サイクリック AMP: 細胞の情報伝達の二次メッセンジャーの一種. 略 cAMP 同 cyclic adenosine 3′,5′-monophosphate (サイクリックアデノシン 3′,5′-一リン酸)

cyclic AMP-dependent protein kinase サイクリック AMP 依存性プロテインキナーゼ 同 A kinase (A キナーゼ)

cyclic AMP receptor protein サイクリック AMP 受容タンパク質 略 CRP 同 catabolite activator protein (CAP, カタボライト活性化タンパク質)

cyclic AMP responsive element サイクリック AMP 応答配列 略 CRE

cyclic fatty acid 環状脂肪酸

cyclic GMP サイクリック GMP 略 cGMP 同 cyclic guanosine 3′,5′-monophosphate (サイクリックグアノシン 3′,5′-一リン酸)

cyclic GMP-dependent protein kinase サイクリック GMP 依存性プロテインキナーゼ 同 G kinase (G キナーゼ)

cyclic guanosine 3′,5′-monophosphate サイクリックグアノシン 3′,5′-一リン酸 ⇒ cyclic GMP

cyclic nucleotide 環状ヌクレオチド

cyclic peptide 環状ペプチド

cyclic photosynthetic electron transport 循環的光電子伝達, 環状光電子伝達

cyclic psychosis 周期性精神病 ⇒ manic-depressive illness

cyclin サイクリン: 細胞周期を決定する因子

の一つで，細胞周期とともに増減を繰返している．

cyclin-dependent kinase サイクリン依存性キナーゼ：サイクリンと結合して活性化されるタンパク質リン酸化酵素．細胞周期進行制御に重要な役割を果たす．Cdc2 キナーゼが代表例． 略 CDK

cyclitol シクリトール，環状糖アルコール：イノシトールなどの環状糖．

cyclization 環化，閉環 同 ring formation

cycloaddition 付加環化

cycloamylose シクロアミロース：環状デンプン．

cycloartenol シクロアルテノール：植物ステロイド合成中間体．

cyclodextrin シクロデキストリン：グルコースの環状オリゴ糖類．包接化合物をつくる． 同 Schardinger dextrin (シャルディンガーデキストリン)

cycloglutamic acid シクログルタミン酸：グルタミン酸類似体の一種．

cyclohexane シクロヘキサン：炭素数 6 個の環状飽和炭化水素． 同 hexamethylene (ヘキサメチレン)

cyclohexanedione シクロヘキサンジオン：アルギニン残基修飾試薬．

cycloheximide シクロヘキシミド：真核生物のタンパク質合成系を阻害する抗生物質．

cyclohexitol シクロヘキシトール → inositol

cyclo-ligase シクロリガーゼ：ATP 依存性で C-N 結合を形成しヘテロ環をつくる酵素．

cyclooxygenase シクロオキシゲナーゼ：プロスタグランジンエンドペルオキシドシンターゼの別名． 略 COX

cyclopentanone ring シクロペンタノン環：五員環ケトン，プロスタグランジンの構造に見いだされる．

cyclophenyl シクロフェニル：エストロゲン阻害剤．

cyclophosphamide シクロホスファミド：免疫抑制剤の一種．

D-cycloserine D-シクロセリン：細菌細胞壁の合成阻害に働く抗生物質． 同 oxamycin (オキサマイシン)，orientmycin (オリエントマイシン)，seromycin (セロマイシン)

cyclosome サイクロソーム → anaphase promoting complex

cyclosporin A シクロスポリン A，サイクロスポリン A：*Tolypocladium inflatum* Gams の培養液から発見された 11 アミノ酸から成る環状ペプチドで，構造が類似する A〜I のうち，主成分で最も強い免疫抑制作用を示す． 同 ciclosporin

cyclotron サイクロトロン：粒子加速器の一種．

Cyd → cytidine の略．

cymarin シマリン：ジギタリス系の強心配糖体の一種．

cymarose シマロース：植物強心配糖体の糖部．

CYP：シトクロム P450 分子種をアミノ酸の相同性により分類するときの略記号．

cyprinodont メダカ

Cys → cysteine の略．

cystathionine シスタチオニン：含硫アミノ酸代謝の中間体の一種．

cystathioninemia シスタチオニン血症 → cystathioninuria

cystathioninuria シスタチオニン尿症 同 cystathioninemia (シスタチオニン血症)

cystatin シスタチン：システインプロテアーゼ阻害タンパク質．数種のタンパク質がある．

cysteamine システアミン：2-メルカプトエチルアミン．

cysteic acid システイン酸：3-スルホアラニン．システインの酸化産物．

cysteine システイン：2-アミノ-3-メルカプトプロピオン酸．含硫アミノ酸の一種． 略 Cys, C

cysteine protease システインプロテアーゼ：SH 基を活性中心とするプロテアーゼ． 同 thiol protease (チオールプロテアーゼ)，SH protease (SH プロテアーゼ)

cysteinylglycine システイニルグリシン：動物のアミノ酸輸送に働く γ-グルタミル回路の中間体の一種．

cystic fibrosis 嚢〔のう〕胞性繊維症：CFTR 遺伝子変異により全身の外分泌に異常をきたす遺伝病．

cystic fibrosis transmembrane regulator 嚢〔のう〕胞性繊維症膜貫通調節タンパク質：膵臓の嚢胞性繊維症の原因遺伝子である CFTR 遺伝子の産物で，cAMP 依存性 Cl^- チャネルを形成して Cl^- 分泌を行う． 略 CFTR

cystine シスチン：システインの 2 分子が S-S 結合で結びついたもの．

cystinosis シスチン蓄積症

cystinuria シスチン尿症

Cyt ⇌ 1) cytochrome の略. 2) cytosine の略.
cytidine シチジン：シトシンを塩基とするリボヌクレオシド. 略 Cyd, C
cytidine 5′-diphosphate シチジン 5′-二リン酸 略 CDP
cytidine diphosphate sugar シチジン二リン酸糖：CDP 糖ともいう.
cytidine monophosphate シチジン一リン酸 ⇌ cytidylic acid
cytidine 5′-monophosphate シチジン 5′-一リン酸 略 CMP
cytidine 5′-triphosphate シチジン 5′-三リン酸 略 CTP
cytidylic acid シチジル酸：ピリミジンヌクレオチドの一種. 同 cytidine monophosphate（シチジン一リン酸）
cytisine シチシン：マメ科のアルカロイドの一種.
cytoagglutinin 細胞凝集素
cytoarchitecture 細胞構築[学]
cytochalasin サイトカラシン：動植物のアクチン重合阻害剤. ミクロフィラメントの関与する細胞質分裂や原形質流動を阻害.
cytochemistry 細胞化学
cytochrome シトクロム：細胞の電子伝達ヘムタンパク質. シトクロム a, b, c ほか多数あり. 略 Cyt
cytochrome aa_3 シトクロム aa_3 ⇌ cytochrome c oxidase
cytochrome c oxidase シトクロム c オキシダーゼ：ミトコンドリア呼吸鎖の末端酸化酵素. cytochrome aa_3（シトクロム aa_3）, cytochrome oxidase（シトクロムオキシダーゼ）
cytochrome c peroxidase シトクロム c ペルオキシダーゼ 同 cytochrome peroxidase（シトクロムペルオキシダーゼ）
cytochrome oxidase シトクロムオキシダーゼ ⇌ cytochrome c oxidase
cytochrome P450 シトクロム P450：ステロイド，薬物などのヒドロキシ化を行うモノオキシゲナーゼ系の末端酵素. 略 P450
cytochrome peroxidase シトクロムペルオキシダーゼ ⇌ cytochrome c peroxidase
cytocidal 殺細胞性[の], 細胞致死性[の]
cytocuprein シトクプレイン：血液や組織中の銅タンパク質，ヘモクプレイン（血液），ヘパトクプレイン（肝）などともよばれたが，実体はスーパーオキシドジスムターゼ. 同 hemocuprein（ヘモクプレイン）, hepatocuprein（ヘパトクプレイン）
cytogenetics 細胞遺伝学
cytogenic 細胞発生[の]
cytogenous 細胞形成[の]
cytokine サイトカイン：血球細胞から放出される生理活性タンパク質.
cytokinesis 細胞質分裂
cytokinin サイトカイニン 同 phytokinin（フィトキニン）
cytolipin サイトリピン，シトリピン：糖脂質. サイトリピン H はラクトシルセラミド. サイトリピン K はグロボシド.
cytolipin K サイトリピン K ⇌ globoside
cytological map 細胞学的地図
cytology 細胞学
cytolysin 細胞溶解素 ⇌ cytolytic antibody
cytolytic antibody 細胞溶解抗体 同 cytolysin（細胞溶解素）
Cytomegalovirus サイトメガロウイルス属：ヘルペスウイルス群の一種. 潜伏感染を起こす特徴があり，胎児に感染し，巨細胞性封入体病を起こす. 略 CMV 同 salivary gland virus（唾液腺ウイルス）
cytopathic effect 細胞変性効果 同 cytopathogenic effect
cytopathogenic effect ⇌ cytopathic effect
cytophilic antibody 細胞親和性抗体 同 macrophage cytophilic antibody（マクロファージ親和性抗体）
cytoplasm 細胞質：細胞膜に包まれた内容物の核以外の部分.
cytoplasmic filament 細胞質フィラメント
cytoplasmic hybrid 細胞質雑種：脱核細胞と細胞の融合によって形成された細胞. 同 cybrid（サイブリッド）
cytoplasmic inheritance 細胞質遺伝 同 extrachromosomal inheritance（染色体外遺伝）, extranuclear inheritance（核外遺伝）
cytoplasmic membrane 細胞膜, 細胞質膜 同 cell membrane
cytoplasmic polyhedrosis virus 細胞質多角体病ウイルス
cytoplast 細胞質体：有核細胞から核を除いた部分. 同 cytosome
cyclin 細胞形成
cytosine シトシン：ピリミジン塩基の一種. 略 Cyt

cytosis 膜動輸送, サイトーシス: 形質膜の変形を伴う物質輸送.
cytoskeletal protein 細胞骨格タンパク質
cytoskeleton 細胞骨格, サイトスケルトン
cytosol サイトゾル, 細胞質ゾル, シトゾル
cytosome → cytoplast
cytostatic factor 細胞分裂抑制因子: *mos* gene も参照. 圏 CSF
cytotoxic anaphylaxis 細胞傷害アナフィラキシー
cytotoxic antibody 細胞傷害抗体 圓 cytotoxin(細胞毒素)
cytotoxic index 細胞毒性指数
cytotoxicity 細胞毒性
cytotoxic lymphocyte 細胞傷害性リンパ球
cytotoxic T cell 細胞傷害性T細胞 → killer T cell
cytotoxic test 細胞毒性試験
cytotoxin 細胞毒素 → cytotoxic antibody
cytotropic 向細胞性[の]

D

δ wave δ波: 1/4 秒より長い接続時間の脳波.
D → aspartic acid の略.
D_{37} → inactivation dose の略.
2,4-D → 2,4-dichlorophenoxyacetic acid の略.
DAB → *p*-dimethylaminoazobenzene の略.
dactinomycin ダクチノマイシン: アクチノマイシン D の別名.
dactylogram 指紋
dADP → deoxyadenosine 5′-diphosphate の略.
DAG → diacylglycerol の略.
dalton ドルトン, ダルトン: 記号 Da. 分子や原子の質量の単位. 分子量の単位ではないことに注意. ^{12}C の 1 原子の質量の 12 分の 1. $1 Da = 1.661 \times 10^{-24}$ g.
dAMP → deoxyadenosine 5′-monophosphate の略.
damping syndrome ダンピング症候群: 胃切除後の患者が食後に起こす血管運動性失調を伴った腹部症状.
Dam's reagent ダム試薬: 脂肪酸不飽和度の定量試薬.
danazol ダナゾール: 脳下垂体前葉抑制薬.
Danielli-Davson model ダニエリ・ダブソンのモデル: 生体膜の脂質二重層モデル.
dansyl amino acid ダンシルアミノ酸 圓 DNS-amino acid (DNS-アミノ酸)
dansylation ダンシル化
dansyl chloride ダンシルクロリド: 5-ジメチルアミノナフタレンスルホニルクロリド.
dansyl-Edman method ダンシルエドマン法: ダンシル法とエドマン法を組合わせたアミノ酸配列の微量決定法.
dansyl method ダンシル法: ダンシルクロリドを用いる N 末端微量同定法.
D antigen D抗原: Rh式血液型抗原の一種.
dantrolene ダントロレン: イミダゾリジンジオン誘導体. 筋弛緩物質.
daphniphylline ダフニフィリン: ユズリハアルカロイド. 駆虫薬.
daphniphyllum alkaloid ユズリハアルカロイド
Darapsky method ダラプスキー法: シアン酢酸エステルからの α-アミノ酸合成法.
dark adaptation → scotopic adaptation
dark carbon dioxide fixation → dark CO_2 fixation
dark CO_2 fixation 炭酸暗固定 圓 dark carbon dioxide fixation
dark reaction 暗反応: 光合成のうち光が直接関与しないすべての反応.
dark repair 暗修復【紫外線損傷を受けた DNA の】
dark respiration 暗呼吸
dark reversion 暗反転
Darwinian evolution ダーウィン進化: 自然淘汰を中心とする進化.
Darwinian fitness ダーウィン適応度
Darwinism ダーウィン説, ダーウィニズム: 自然淘汰による進化要因説. 圓 Darwin's theory
Darwin's theory → Darwinism
data base データベース: 情報をまとめたも

ので，含まれる項目をキーワードなどにより検索が可能.

dATP ⇌ deoxyadenosine 5′-triphosphate の略.

daughter cell 娘(嬢)細胞

daunomycin ダウノマイシン：核酸合成を阻害する抗がん性抗生物質. 同 rubidomycin (ルビドマイシン), daunorubicin (ダウノルビシン)

daunorubicin ダウノルビシン ⇌ daunomycin

Davydov splitting ダビドフ分裂：結晶軸方向によるスペクトルの分裂.

db-cAMP ⇌ dibutyryl cyclic AMP の略.

DCCD ⇌ dicyclohexylcarbodiimide の略.

dCDP ⇌ deoxycytidine 5′-diphosphate の略.

DCIP: 2,6-dichlorophenolindophenol の略.

dCMP ⇌ deoxycytidine 5′-monophosphate の略.

dCTP ⇌ deoxycytidine 5′-triphosphate の略.

DDBJ: DNA Data Bank of Japan の略. 国立遺伝学研究所が管理運営している遺伝子の塩基配列のデータベース. EMBL, GenBank とリンクしている

DD mutation DD 変異 ⇌ DNA-delay mutation

DDS ⇌ drug delivery system の略.

DDT: p,p′-dichlorodiphenyltrichloroethane の略.

deacetylation 脱アセチル

deacylation 脱アシル

dead end inhibition ゆきどまり阻害【酵素反応の】

deadenylylation 脱アデニリル

DEAD family DEAD ファミリー：ATP 結合ドメインである Walker の A モチーフおよび B モチーフをもつタンパク質のうち，B モチーフに DEAD (一文字表記) から成る 4 アミノ酸配列をもつ一群のタンパク質ファミリー. 一部は，DNA あるいは RNA ヘリカーゼ活性をもつ.

dead time 不感時間【反応観測の】

DEAE-cellulose DEAE セルロース ⇌ O-(diethylaminoethyl)cellulose

deafness 聴覚障害，ろう

dealkylation 脱アルキル

deamidase デアミダーゼ

deamidation 脱アミド

deaminase 脱アミノ酵素，デアミナーゼ

deamination 脱アミノ

death domain デスドメイン：Fas や TNF (腫瘍壊死因子) 受容体などのアポトーシス誘導にかかわる 1 回膜貫通型細胞膜受容体の細胞質内領域にみられる配列. タンパク質間相互作用を介して，アポトーシス誘導シグナルを伝える.

debranching enzyme 脱分枝酵素，枝切り酵素【グリコーゲンやデンプンの】：グリコーゲンやデンプンの枝分かれ結合である 1,6 結合を加水分解する酵素. デンプンを酵素的に分解してグルコースやフルクトースを生産する酵素工学において重要.

debranching enzyme deficiency 脱分枝酵素欠損症 ⇌ amylo-1,6-glucosidase deficiency

debris 残さ[渣]，デブリ，砕片

debye デバイ：記号 D. 分子の(電気)双極子モーメントの単位.

Debye-Hückel theory デバイ・ヒュッケル理論：強電解質溶液の熱力学的理論.

decalcification 脱灰，脱石灰化【骨などから】同 demineralization

decamethonium デカメトニウム：合成筋弛緩剤.

decanoic acid デカン酸 同 capric acid (カプリン酸)

decantation デカンテーション：上清を静かに注いで移す，または傾けて液を移すこと.

decapitation 断頭

decaprenoxanthin デカプレノキサンチン：細菌カロテノイドの一種.

decarboxylase 脱炭酸酵素，デカルボキシラーゼ

decarboxylation 脱炭酸

decay 1) 減衰【活性種の】，2) 崩壊【原子の】同 2) disintegration (壊変)

decay constant 1) 減衰定数，2) 崩壊定数

decay curve 崩壊曲線

decay scheme 崩壊図

decay series 崩壊系列

dechlorination 脱塩素：有機塩素化合物から塩素をガスとして放出する反応. 環境汚染が問題となっている塩素化合物を代謝する微生物が行う反応.

decidua 脱落膜：分娩のときに胎盤に残るもので，もとは胚盤胞の栄養芽層からできたも

の． 同 deciduous membrane
deciduous membrane → decidua
decoding 解読【暗号の】
decolorize 脱色する 同 decolourize
decolourize → decolorize
decompose 分解する，腐敗する
decontamination 汚染除去
decoy デコイ，囮【おとり】：おとり型拡散医薬．
decoyinine デコイニン → angustmycin A
decussation 交差：神経繊維束（路）が体の左右に交差すること．
dedifferentiation 脱分化：分化した細胞がその特徴を失って未分化な状態に戻ること．
defat 脱脂する
defect 1) 欠損，2) 欠陥
defective interfering particle 欠陥干渉粒子 同 DI particle（DI粒子）
defective lysogen 欠陥溶原菌
defective phage 欠陥ファージ，欠損ファージ：ファージがコードする遺伝子異常のため，単独では宿主細胞で感染性ファージ粒子をつくることができないもの．
defective prophage 欠陥プロファージ
defective virus 欠陥ウイルス，欠損ウイルス：ウイルスがコードする遺伝子異常のため，単独では宿主細胞で感染性ウイルス粒子をつくることができないもの．ヘルパーウイルスの共存によってウイルス粒子を形成できる．レトロウイルスベクターが典型的．
defensin デフェンシン：好中球の抗菌性ペプチド．
defibrination syndrome 脱繊維素症候群 → disseminated intravascular coagulation syndrome
deficiency 1) 欠乏［症］，2) 不全，3) → deletion
deformation 変形：後天的に形態が変化すること．対語は malformation．
deformylase 脱ホルミル酵素，デホルミラーゼ
degassing 脱気
degeneracy 1) 縮重【コドン】，2) 縮退【エネルギー状態】：一つのアミノ酸を決定するコドン，または原子の電子状態が数通りあること．
degenerate 1) 縮重［する］，縮退［する］，2) 変性［する］，退化［する］，3) 退化動物
degeneration 退化，退行変性
degenerative joint disease 退行性骨関節症 → osteoarthritis

deglycosylation 脱グリコシル
degradation 1) 分解，2) 劣化
degranulation 脱顆粒【細胞の】：好塩基球のアナフィラキシー物質放出など．
degree of polymerization 重合度 同 polymerization degree
dehydrase デヒドラーゼ：脱水酵素の旧称．
dehydratase 脱水酵素，デヒドラターゼ
dehydration 1) 脱水，2) 脱水症
dehydroascorbic acid デヒドロアスコルビン酸：酸化型ビタミンC．
Δ^1-**dehydrocortisol** Δ^1-デヒドロコルチゾール → prednisolone
dehydroepiandrosterone デヒドロエピアンドロステロン：性ステロイド代謝中間体．略 DHEA 同 dehydroisoandrosterone（デヒドロイソアンドロステロン）
dehydrogenase 脱水素酵素，デヒドロゲナーゼ
dehydrogenation 脱水素
dehydroisoandrosterone デヒドロイソアンドロステロン → dehydroepiandrosterone
dehydroquinic acid デヒドロキナ酸：芳香環生合成経路の中間体の一種．
3-dehydroshikimic acid 3-デヒドロシキミ酸：芳香環生合成経路の中間体の一種．
deionized water 脱イオン水
delactation 離乳
delamination 葉裂【原腸形成過程での】
De Laval centrifuge ドラバル遠心機
delayed-acting → slow-acting
delayed effect 遅発効果
delayed fluorescence 遅延蛍光
delayed response 遅延反応
delayed-type allergy 遅延型アレルギー：T細胞が関与した細胞性免疫によるアレルギーで，抗原注入後24〜48時間後に反応が最大になる．
delayed-type hypersensitivity 遅延型過敏症
delayed-type reaction 遅延型反応
delayed-type skin reaction 遅延型皮膚反応
deletion 1) 欠失【染色体の】，2) 欠落 同 deficiency
deletion loop 欠失ループ【DNAの】
deletion mapping 欠失地図作製
deletion mutant 欠失［突然］変異体
delipidate 脱脂する
deliquescence 潮解

delphin デルフィン：代表的な花青素配糖体.
delphinidin デルフィニジン：花青素の非糖部の一種.
delphinin デルフィニン：花青素の一種.
deme デーム：地域交配集団.
demecolcine デメコルチン ⇁ colcemid
dementia 痴呆〔ほう〕
dementia präcox 早発痴呆：精神分裂病の歴史的別称. ⇁ schizophrenia
demethylation 脱メチル〔化〕
demineralization ⇁ 1)decalcification, 2)desalting
demyelinating disease 脱髄疾患：有髄神経繊維でミエリンが脱落する疾患.
demyelination 脱髄
denaturant 変性剤 ⊜ denaturing agent
denaturation 変性，高次構造の破壊 ⊜ unfolding
denatured protein 変性タンパク質
denaturing agent ⇁ denaturant
dendrite 樹状突起【ニューロンなどの】
dendritic reticulum cell 樹枝状細網細胞
dendrogram デンドログラム，樹状図
denervation 除神経，脱神経
dengue [fever] デング熱
denitrification 脱窒, 脱硝：硝酸, 亜硝酸, アンモニアなど生体内や環境中の無機窒素化合物を窒素ガスにして生体圏から大気圏に戻す過程. 窒素循環の重要な段階の一つ.
denitrifying bacterium 脱窒〔細〕菌
denominator 分母
de novo〔デノボ〕 新規〔の〕，初めから, 新たに
de novo **pathway** *de novo* 経路, 新生経路：再利用経路の対語.
de novo **synthesis** *de novo* 合成, 新規合成：構成元素から新規に合成すること. 成分を回収して合成する再生合成(サルベージ合成)の対語.
densitometer デンシトメーター, 濃度計：(写真，電気泳動ゲルなどの)濃淡測定装置. ⊜ microphotometer(ミクロホトメーター)
densitometry デンシトメトリー：光学密度計測.
density gradient 密度勾配
density-gradient centrifugation 密度勾配遠心分離〔法〕
density inhibition 密度抑制
dental calculus 歯石

dental caries う蝕〔しょく〕, 虫歯
dental plaque 歯こう〔垢〕, 歯苔〔たい〕
dentate fascia ⇁ dentate gyrus
dentate gyrus 歯状回 ⊜ dentate fascia
dentin[e] 象牙質
dentistry 歯学
deodorization 脱臭
3′-deoxyadenosine 3′-デオキシアデノシン ⇁ cordycepin
deoxyadenosine デオキシアデノシン：アデニンを塩基とするデオキシリボヌクレオシド.
deoxyadenosine 5′-diphosphate デオキシアデノシン 5′-二リン酸 略 dADP
deoxyadenosine monophosphate デオキシアデノシン一リン酸 ⇁ deoxyadenylic acid
deoxyadenosine 5′-monophosphate デオキシアデノシン 5′-一リン酸 略 dAMP
deoxyadenosine 5′-triphosphate デオキシアデノシン 5′-三リン酸：DNA の原料の一つ. 略 dATP
deoxyadenylic acid デオキシアデニル酸 ⊜ deoxyadenosine monophosphate(デオキシアデノシン一リン酸)
deoxycholic acid デオキシコール酸：胆汁酸の一種. 略 DOC
11-deoxycorticosterone 11-デオキシコルチコステロン 略 DOC
11-deoxycortisol 11-デオキシコルチゾール ⊜ cortexolone(コルテキソロン)
deoxycytidine 5′-diphosphate デオキシシチジン 5′-二リン酸 略 dCDP
deoxycytidine monophosphate デオキシシチジン一リン酸 ⇁ deoxycytidylic acid
deoxycytidine 5′-monophosphate デオキシシチジン 5′-一リン酸 略 dCMP
deoxycytidine 5′-triphosphate デオキシシチジン 5′-三リン酸：DNA の原料の一種. 略 dCTP
deoxycytidylic acid デオキシシチジル酸 ⊜ deoxycytidine monophosphate(デオキシシチジン一リン酸)
6-deoxygalactose 6-デオキシガラクトース ⇁ fucose
deoxygenation 脱酸素
deoxyglucose デオキシグルコース
deoxyguanosine 5′-diphosphate デオキシグアノシン 5′-二リン酸 略 dGDP

deoxyguanosine monophosphate デオキシグアノシン一リン酸 ⇌ deoxyguanylic acid

deoxyguanosine 5′-monophosphate デオキシグアノシン 5′-一リン酸 【略】dGMP

deoxyguanosine 5′-triphosphate デオキシグアノシン 5′-三リン酸：DNA の原料の一種．【略】dGTP

deoxyguanylic acid デオキシグアニル酸 【同】deoxyguanosine monophosphate（デオキシグアノシン一リン酸）

deoxyhemoglobin デオキシヘモグロビン：酸素が結合していない（還元型）ヘモグロビン．

deoxyribodipyrimidine photolyase デオキシリボジピリミジンフォトリアーゼ ⇌ photoreactivating enzyme

deoxyribonuclease デオキシリボヌクレアーゼ：DNA 加水分解酵素．【同】DNase（DN アーゼ）

deoxyribonucleic acid デオキシリボ核酸 ⇌ DNA

deoxyribonucleoside デオキシリボヌクレオシド：プリン塩基またはピリミジン塩基と，デオキシリボースから成る化合物．

deoxyribonucleotide デオキシリボヌクレオチド：プリン塩基またはピリミジン塩基と，デオキシリボースとリン酸から成る化合物．

D-2-deoxyribose D-2-デオキシリボース：リボースの2位の O を除いたペントース．

deoxy sugar デオキシ糖：1～数個のヒドロキシ基が水素で置換された糖．

deoxythymidine デオキシチミジン ⇌ thymidine

deoxythymidine 5′-diphosphate デオキシチミジン 5′-二リン酸 【略】dTDP 【同】thymidine 5′-diphosphate（チミジン 5′-二リン酸）

deoxythymidine monophosphate チミジン一リン酸 ⇌ thymidilic acid

deoxythymidine 5′-monophosphate デオキシチミジン 5′-一リン酸 【略】dTMP 【同】thymidine 5′-monophosphate（チミジン 5′-一リン酸）

deoxythymidine 5′-triphosphate デオキシチミジン 5′-三リン酸 【略】dTTP 【同】thymidine 5′-triphosphate（チミジン 5′-三リン酸）

deoxythymidylic acid デオキシチミジル酸 ⇌ thymidylic acid

deoxythymidine monophosphate デオキシチミジル酸 ⇌ thymidylic acid

deoxyuridine 5′-diphosphate デオキシウリジン 5′-二リン酸 【略】dUDP

deoxyuridine monophosphate デオキシウリジン一リン酸 ⇌ deoxyuridylic acid

deoxyuridine 5′-triphosphate デオキシウリジン 5′-三リン酸 【略】dUTP

deoxyuridylic acid デオキシウリジル酸 【同】deoxyuridine monophosphate（デオキシウリジン一リン酸）

depactin デパクチン：ヒトデの卵のタンパク質で F アクチンの解離を促し，アクチンの重合を阻害する．

dependency 依存性

dephosphorylation 脱リン酸

depolarization 1）脱分極：興奮膜の分極の程度を減らすこと．2）減極【電池】

depolarizer 減極剤

depolymerize 脱重合する，解重合する，低分子化する

depot fat 貯蔵脂肪，蓄積脂肪

deprenyl デプレニル：モノアミンオキシダーゼ阻害剤の一つ．抗パーキンソン病薬．

depression 1）抑制，2）うつ状態，うつ病 【同】2）psychosis, melancholia

depression of freezing point 凝固点降下，氷点降下：混合物の固相から液相への融点，あるいは溶液の凝固点（氷点）が純粋溶媒のそれよりも低くなる現象．【同】freezing point depression, depression of melting point（融点降下）

depression of melting point 融点降下 ⇌ depression of freezing point

deproteination ⇌ deproteinization

deproteinization 除タンパク 【同】deproteination

deprotonation 脱プロトン

depside デプシド：フェノール酸の重合体

depsipeptide デプシペプチド：アミノ基をもたない構成分が含まれるペプチド．

depurination 脱プリン：核酸からプリン塩基（A, G）を除去する反応．

depyrimidination 脱ピリミジン：核酸からピリミジン塩基（C, U, T）を除去する反応．

derepression 抑制解除，脱抑制

derivative 1）誘導体，2）導関数

derivative plot 微分プロット

dermal 皮膚の

dermatan sulfate デルマタン硫酸：グリコサミノグリカンの一種.

dermatosparaxis デルマトスパラキシス：ベルギー産の仔ウシに見いだされた先天性皮膚疾患.

dermis ⇌ corium

desalting 脱塩　同 demineralization

desaturase デサチュラーゼ：脂肪酸不飽和化酵素.

desaturation 不飽和化

descending 下行性[の]

desensitization 脱感作：感受性を下げること．同 hyposensitization

desialylate 脱シアル酸する（シアル基を加水分解する）

desialylated glycoprotein ⇌ asialoglycoprotein

desialyzed glycoprotein ⇌ asialoglycoprotein

desiccate 乾燥する

desiccator デシケーター：ガラス製の湿気吸収器.

design 計画する【実験を】，設計する【分子構造を】

desmin デスミン：Z板にあるアクチンを架橋する中間径フィラメントサブユニットタンパク質.

desmolase デスモラーゼ：炭素原子鎖の切断・結合に関与する酵素.

desmosine デスモシン：エラスチン，コラーゲン中に存在する修飾アミノ酸の一種.

desmosomal plaque 接着斑板：接着斑に平行して細胞膜の内側に存在する板様構造.

desmosome 接着斑，デスモソーム：細胞間に存在して細胞同士の結合を強める装置．同 macula adherens

desmosterol デスモステロール：コレステロール生合成前駆体.

desmutagen 脱[突然]変異原物質

desorb 脱着する

desosamine デソサミン：ジメチルアミノ糖.

desthiobiotin デスチオビオチン ⇌ dethiobiotin

destomycin デストマイシン：アミノグリコシド抗生物質．トリの駆虫剤.

destruction box デストラクションボックス：サイクリンなどM期特異的に分解されるタンパク質にみられ，APC（後期促進複合体）によってユビキチン化されるのに必要十分な配列.

desynapsis 不対[たい]合【染色体の】

desynchronization 脱同期

detect 検出する

detergent ⇌ surfactant

deterioration 劣化

determinant 決定基，決定[因]子，決定群

determination 1)定量, 2)決定

dethiobiotin デチオビオチン：Sを失ったビオチン．ビオチンの前駆体．同 desthiobiotin（デスチオビオチン）

detoxication 解毒

deuterium ジュウテリウム，重水素：記号 ^{2}H または D. 質量数2の水素の安定同位体.

deuterium exchange 重水素交換　同 H-D exchange（H-D交換）

deuterium oxide 酸化ジュウテリウム ⇌ heavy water

deuteromycetes 不完全菌類　同 fungi imperfecti

develop 1)展開する【クロマトグラムを】, 2)発生分化する【胚が】, 3)現像する【写真を】

developmental biology 発生生物学

developmental fate 発生運命

dexamethasone デキサメタゾン，デキサメサゾン：合成グルココルチコイドの一種．抗炎症剤.

dexedrine デキセドリン：覚醒アミンの一種．同 dextroamphetamine（デキストロアンフェタミン）

dextral 右[の]，右側[の]，右巻き[の]：対語は sinistral.

dextran デキストラン：α-1,6-グルカンを主体とする粘性多糖類の一種.

dextrin デキストリン：デンプンの低分子化物．グルコースのオリゴ糖類（重合度3～10）.

dextroamphetamine ⇌ dexedrine

dextrorotation 右旋性：偏光を右回りに旋光する性質.

dextrose デキストロース ⇌ glucose

DFP ⇌ diisopropyl fluorophosphate の略.

DG ⇌ diacylglycerol の略.

dGDP ⇌ deoxyguanosine 5′-diphosphate の略.

dGlc: 2-deoxyglucose の略号.

dGMP ⇌ deoxyguanosine 5′-monophosphate の略.

dGTP ⇌ deoxyguanosine 5′-triphosphate の

略.

DHA ⇀ docosahexanoic acid の略.
DHEA ⇀ dehydroepiandrosterone の略.
DHF: 7,8-dihydrofolic acid の略.
DHF ⇀ dihydrofolate の略.
diabetes insipidus 尿崩症
diabetes mellitus 糖尿病, 真正糖尿病
diacylglycerol ジアシルグリセロール 略 DG, DAG 同 diglyceride(ジグリセリド)
diad ⇀ dyad
diagnosis 診断
diagnostic 診断[の], 特徴的[な]
diagonal chromatography 対角線クロマトグラフィー: 二次元クロマトグラフィーの一種. 二次元目を一次元目に対し90°の方向に展開する.
diagonal electrophoresis 対角線電気泳動: 二次元目の泳動を一次元目に対し90°の方向で行う電気泳動.
diakinesis [stage] 移動期, ディアキネシス期, 肥厚期: 第一減数分裂前期を5段階に分けた最後の時期. 対合した相同染色体が赤道面に並ぶ.
dialysis 透析
dialysis equilibrium 透析平衡
dialyze 透析する
diapause 休眠, 休止【発生の】
diaphorase ジアホラーゼ: ジヒドロリポアミドレダクターゼの色素による NADH の酸化活性をこうよんだ.
diapophytoene ジアポフィトエン: デヒドロスクアレンの別名.
diasesamin ジアセサミン: ゴマ油リグナンの異性体.
diastase ジアスターゼ: アミラーゼの俗称.
diaster 両星[状体], 双星[状体]
diastereomer ジアステレオマー: キラルな部分を2個以上もつ鏡像でない異性体.
diastole 拡張期: 心臓が拡張したときで, 血圧が最低値を示す.
diatom ケイ藻
diatom aceous earth ⇀ diatom earth
diatom earth ケイ藻土 同 diatom aceous earth, diatomite, Kieselguhr
diatomite ⇀ diatom earth
diauxie ジオーキシー: 細菌などに2種類の物質を与えて培養したときに見られる二相性の増殖あるいは成長.

diazepam ジアゼパム: 抗不安, 抗けいれん, 鎮静剤.
diazomethane ジアゾメタン: カルボン酸やフェノールのメチル化試薬.
diazonium-1H-tetrazole ジアゾニウム-1H-テトラゾール: チロシン, ヒスチジン残基の修飾試薬.
diazotization ジアゾ化
dibasic aminoaciduria 二塩基性アミノ酸尿症: 先天性リシン尿症.
N^2,N^5-**dibenzoylornithine** N^2,N^5-ジベンゾイルオルニチン ⇀ ornithuric acid
dibutyryl cyclic AMP ジブチリルサイクリック AMP 略 db-cAMP
DIC ⇀ disseminated intravascular coagulation の略.
dicarboxylate carrier ジカルボン酸輸送体
dicarboxylic acid ジカルボン酸
dicarboxylic acid cycle ジカルボン酸回路 ⇀ C_4-dicarboxylic acid cycle
dicaryon ⇀ dikaryon
dichloroindophenol ジクロロインドフェノール ⇀ 2,6-dichlorophenolindophenol
2,6-dichlorophenolindophenol 2,6-ジクロロフェノールインドフェノール: ナトリウム塩はデヒドロゲナーゼの人工的電子受容体として, またアスコルビン酸の定量に利用される. 略 DCIP 同 dichloroindophenol(ジクロロインドフェノール)
dichlorophenyldimethylurea ジクロロフェニルジメチル尿素: 光電子伝達阻害剤. 除草剤.
dichrograph 円二色計 同 ellipsometer
dichroism 二色性: 物質が同一波長の異種の偏光に対しそれぞれ異なる吸光係数を与える現象.
Dick test ディック試験: しょう紅熱の歴史的な免疫学的診断法.
dictaminolide ジクタミノリド ⇀ limonin
dictamnolactone ジクタムノラクトン ⇀ limonin
dictyosome ジクチオソーム ⇀ Golgi body
dicumarol ジクマロール: 血液凝固阻害剤, 抗ビタミン K 物質. 同 bishydroxycoumarin(ビスヒドロキシクマリン)
dicyclohexylcarbodiimide ジシクロヘキシルカルボジイミド: H^+ 輸送阻害剤(F_0 阻害剤), エステル合成試薬. 略 DCCD

dideoxy method ジデオキシ法：DNAポリメラーゼによる修復合成の際，ジデオキシヌクレオシド三リン酸を加えておくと，その部位で反応が停止することを利用して，塩基配列を決定する方法．

dideoxyribonucleoside triphosphate ジデオキシリボヌクレオシド三リン酸

dieldrin ディルドリン：有機塩素系の殺虫剤．

Diels-Alder reaction ディールス・アルダー反応：ジエン合成．

diencephalon 間脳：大脳と中脳の中間にあり，視床は感覚を中継し，視床下部では内分泌ホルモンを統制したり自律神経を制御したりする． 同 interbrain, thalamencephalon（視床脳）

dienophil ジエノフィル：共役ジエンと結合しやすい物質（エチレンなど）．

dietary fiber 食物繊維

O-(diethylaminoethyl)cellulose O-(ジエチルアミノエチル)セルロース：弱塩基性陰イオン交換セルロースの一種． 同 DEAE-cellulose (DEAEセルロース)

diethylpyrocarbonate ジエチルピロカルボネート ⇒ ethoxyformic anhydride

diethylstilbestrol ジエチルスチルベストロール ⇒ stilbestrol

DIF ⇒ differentiation-inducing factor の略．

difference spectrum 差スペクトル：absolute spectrumの対語．二つの試料の同一波長における吸光度の差，あるいは一つの試料の特定波長の吸収と他の試料の吸収スペクトルとの差を測定して得られるスペクトル．

differential 示差[の]，微分[の]，相違[の]，区別[の]

differential centrifugation 分画遠心分離

differential cross section 微分断面積：粒子の散乱の場合，その方向の立体角の中に入っていく粒子の反応エネルギーと角度分布．

differential display ディファレンシャルディスプレイ：任意配列のプライマーを用いてRT-PCRを行ってバンドパターンから遺伝子発現の差をみる手法．

differential equation 微分方程式

differential interference microscope 微分干渉顕微鏡：振幅の等しい二つの偏光を平行して試料を通過させ，偏光干渉法により明暗に変えて光学像とする顕微鏡．

differential refractometer 示差屈折計

differential scanning calorimeter 示差走査熱量計 略 DSC

differential scanning calorimetry 示差走査熱量測定[法] 略 DSC

differential spectrum 微分スペクトル：波長の関数としての吸光度曲線を微分して得られるスペクトル．わずかの差が強調される．

differential staining 分染法 ⇒ band staining

differential thermal analysis 示差熱分析

differentiation 分化：発生時に細胞の形態，機能が特殊化すること．

differentiation-inducing factor 分化誘導因子 略 DIF

differentiation potency 分化能

diffraction 回折

diffusate 透析物（外へ出るもの）

diffuse double layer 拡散二重層：電極と溶液の界面に生ずる電気二重層．

diffusion 拡散

diffusion approximation 拡散近似 ⇒ diffusion model

diffusion coefficient 拡散係数：記号 D. 同 diffusion constant（拡散定数）

diffusion constant 拡散定数 ⇒ diffusion coefficient

diffusion model 拡散モデル 同 diffusion approximation（拡散近似）

diffusion potential 拡散電位：イオン濃度と移動度の差によって二つの電解質溶液間に生じる電位差． 同 liquid junction potential（液間電位[差]）

digalactosyldiacylglycerol ジガラクトシルジアシルグリセロール：葉緑体の糖脂質の一種．

DiGeorge syndrome ディジョージ症候群：胸腺と副甲状腺欠損を示す先天性細胞性免疫不全症候群の一種．

digestion 1)(消化管による)消化，2)(酵素による)消化：生体高分子や栄養素の加水分解．

digestive 1)消化の，2)消化剤

digestive enzyme 消化酵素

digestive gland 消化腺

digestive organ 消化器官

digilanide ジギラニド：強心配糖体の一種． 同 lanatoside（ラナトシド）

digital 計数的の，デジタル，情報を数値で表現した

digitalis ジギタリス：ゴマノハグサ科植物の一種，およびこれに含有される強心作用をもつステロイド配糖体の総称．

digitin ジギチン ⇌ digitonin

digitonin ジギトニン：ジギタリス植物から得られる代表的サポニン．界面活性剤および血中コレステロール試薬として使われる．同 digitin（ジギチン）

digitoxigenin ジギトキシゲニン：ジギトキシンの非糖部．

digitoxin ジギトキシン：ジギタリス強心配糖体の一種．持続性が強い．

digitoxose ジギトキソース：2,6-ジデオキシ-D-リボース．

diglyceride ジグリセリド ⇌ diacylglycerol

digoxin ジゴキシン：広く使用されるジギタリス強心配糖体の一種．

dihedral angle 二面角 ⇌ torsion angle

dihydrocholesterol ジヒドロコレステロール ⇌ cholestanol

dihydrofolate ジヒドロ葉酸 略 DHF

dihydrolipoamide ジヒドロリポアミド 同 dihydrolipoic acid amide（ジヒドロリポ酸アミド）

dihydrolipoamide reductase(NAD⁺) ⇌ lipoyl dehydrogenase

dihydrolipoic acid ジヒドロリポ酸

dihydrolipoic acid amide ジヒドロリポ酸アミド ⇌ dihydrolipoamide

dihydrostreptomycin ジヒドロストレプトマイシン：ストレプトマイシンの還元産物．作用機序はストレプトマイシンと同じ．

1,2-dihydroxybenzene 1,2-ジヒドロキシベンゼン ⇌ catechol

1,25-dihydroxycholecalciferol 1,25-ジヒドロキシコレカルシフェロール：1,25-ジヒドロキシビタミン D_3．活性型ビタミン D．

diisopropyl fluorophosphate ジイソプロピルフルオロリン酸：セリンプロテアーゼの特異的阻害剤．略 DFP 同 diisopropylphosphofluoridate（ジイソプロピルホスホフルオリデート）

diisopropylphosphofluoridate ジイソプロピルホスホフルオリデート ⇌ diisopropyl fluorophosphate

dikaryon 1) 二核体，二核共存体，2) 二核相 同 dicaryon, 2) dicaryophase

L-diketogulonic acid L-ジケトグロン酸：デヒドロアスコルビン酸の加水分解生成物．

diketone ジケトン：分子中に隣合った二つのカルボニル基をもつ化合物．

dilatometer 膨張計

dilatometry ディラトメトリー：体積変化の精密測定．

dilute 希釈した，薄い【濃度の】

dilution effect 希釈効果【放射線作用の】：被照射物質の希釈で効果が変化すること．

dimannosyldiacylglycerol ジマンノシルジアシルグリセロール：グリセロ糖脂質の一種．

dimension 次元，ディメンション

dimer 二量体，ダイマー

dimercaprol ジメルカプロール：重金属中毒の解毒剤．同 British anti-Lewisite（BAL）

dimeric enzyme 二量体酵素，ダイマー酵素

dimethyl sulfoxide ジメチルスルホキシド：極性溶媒の一種．凍結時に細胞保護のために添加する．略 DMSO

dinitrofluorobenzene method ジニトロフルオロベンゼン法 ⇌ Sanger method

dinitrogen monoxide ⇌ dinitrogen oxide

dinitrogen oxide 一酸化二窒素 同 dinitrogen monoxide, nitrous oxide（亜酸化窒素），laughing gas（笑気）

dinitrophenol ジニトロフェノール 略 DNP

2,4-dinitrophenol 2,4-ジニトロフェノール：（ミトコンドリア電子伝達系の）脱共役剤．略 DNP

dinitrophenylamino acid ジニトロフェニルアミノ酸 ⇌ DNP-amino acid

dinitrophenyl method ジニトロフェニル法 ⇌ Sanger method

dioscin ジオスシン：ヤマノイモ科のステロイドサポニン，催吐性毒物．

diosgenin ジオスゲニン：ジオスシンの非糖部．

dioxin ダイオキシン：厳密には 1,4-ジオキシンのことであるが，猛毒物質 2,3,7,8-テトラクロロジベンゾ-p-ジオキシンをさす．さらに広義にはジベンゾ-p-ジオキシンの塩素誘導体のすべて 75 種とジベンゾフランの塩素誘導体のすべて 135 種の総称．発がん性，環境ホルモン作用などがある．

dioxygenase ジオキシゲナーゼ，二原子酸素添加酵素：分子状酸素（O_2）から 2 原子の酸素を基質に取込ませる反応を触媒する酵素の総称．

DI particle DI粒子 ⇒ defective interfering particle

dipeptidase ジペプチダーゼ：ジペプチド加水分解酵素．

diphasic ⇒ biphasic

diphenylamine-acetic acid-sulfuric acid reaction ジフェニルアミン-酢酸-硫酸反応：2-デオキシ糖の検出反応の一種でDNAの定量法．

diphenylamine reaction ジフェニルアミン反応：DNAの定量法，デオキシリボースの呈色反応，デオキシペントースの定量法．同 Dische reaction（ディッシェ反応）

diphenylhydantoin ジフェニルヒダントイン：抗けいれん剤，抗てんかん剤．同 phenytoin（フェニトイン）

diphosphatase ジホスファターゼ

diphosphatidyl glycerol ジホスファチジルグリセロール ⇒ cardiolipin

diphosphoglycerate ジホスホグリセリン酸 ⇒ bisphosphoglycerate

diphosphoglyceromutase ジホスホグリセロムターゼ ⇒ phosphoglyceromutase

diphosphoinositide ジホスホイノシチド ⇒ phosphatidylinositol monophosphate

diphosphopyridine nucleotide ジホスホピリジンヌクレオチド（旧称）⇒ nicotinamide adenine dinucleotide

diphosphoric acid 二リン酸：2分子の無機リン酸から1分子の水が除かれて縮合した物質．略 PP_i 同 pyrophosphoric acid

diphtheria toxin ジフテリア毒素，ジフテリアトキシン：*Corynebacterium diphtheriae* が産生する毒性タンパク質．EF-2をADPリボシル化してタンパク質の合成を阻害する．

diphtheric acid ジフテリン酸：ジフテリア菌に含まれる炭素数35の不飽和分枝脂肪酸．

dipicolinic acid ジピコリン酸：枯草菌胞子中に存在するジカルボン酸．

diplococcus(*pl.* diplococci) 双球菌，ディプロコッカス

Diplococcus pneumoniae 肺炎双球菌：クループ性肺炎の起炎菌．

diploid 1)二倍体[の]，2)複相[体][の]

diploid cell 二倍体細胞

diploid phase 複相 同 diplophase

diploidy 1)二倍性，2)複相性

diplont 1)二倍性，2)複相生物，3)複相体

diplophase ⇒ diploid phase

diplotene [stage] 複糸期，ディプロテン期：第一減数分裂前期を5段階に分けた4番目の時期．相同染色体がキアズマで結合されながら離れようとする．

dipolar ion 双極子イオン ⇒ amphoteric ion

dipole interaction 双極子相互作用

dipole ion 双極子イオン ⇒ amphoteric ion

dipole moment 双極子モーメント

Diptera 双翅目

diradical ジラジカル ⇒ biradical

direct acting mutagen 直接作用変異原物質

direct agglutination 直接凝集反応

direct antiglobulin test 直接抗グロブリン試験 ⇒ direct Coombs' test

direct carcinogen 直接型発がん[癌]物質：生体内で代謝を経ずに直接発がん性をもつ物質．

direct Coombs' test 直接クームス試験 同 direct antiglobulin test（直接抗グロブリン試験）

direct nuclear division 直接核分裂 ⇒ amitosis

direct repeat sequence 直列[型]反復配列

disaccharide 二糖：2分子の単糖がグリコシド結合したオリゴ糖．

disc ⇒ disk

disc elctrophoresis ディスク電気泳動

discharge 1)放電，2)放出，3)発射

Dische reaction ディッシェ反応 ⇒ diphenylamine reaction

discoblastula 盤状胞胚，盤状囊[のう]胚

discontinuous replication 不連続複製【DNAラギング鎖合成における】

disdifferentiation 異分化

disease 病気

disinfectant 消毒薬

disintegration 1)分解，2)壊変，崩壊【放射性物質などの】

disk 1)円板，2)盤 同 disc

dismutase ジスムターゼ，不均化酵素：2個の同一分子から異なる2種の分子を生成する反応を触媒する酵素．

dismutation 不均化 同 disproportionation

disorder 1)無秩序，2)病気，疾患 同 1)randomness

dispensable amino acid 可欠アミノ酸 ⇒ nonessential amino acid

dispersion 1)分散，2)ばらつき

dispersion force 分散力

displacement loop 置換ループ：二本鎖 DNA の一部の塩基対合がほどけ，片方の鎖と相同な塩基配列の一本鎖 DNA 断片が入り込んだときに，追い出された本来の二本鎖の一方と新たにできた二本鎖部分とで形成される環状構造．同 D loop(D ループ)

displacement reaction ⇌ substitution reaction

disposable 使い捨ての(器具など)

disproportionating enzyme 不均化酵素：4-α-グルカノトランスフェラーゼをさしていうことが多い．dismutase も参照．

disproportionation ⇌ dismutation

disseminated 汎発性[の]

disseminated intravascular coagulation [syndrome] 播[は]種性血管内凝固［症候群］汎発性血管内[血液]凝固［症候群］：全身の小血管における血液凝固と繊溶系の亢進により生じる出血傾向．同 consumption coagulopathy(消費性凝固障害)，defibrination syndrome(脱繊維素症候群) 略 DIC

disseminated sclerosis ⇌ multiple sclerosis

Disse space ディッセ腔［くう］：肝実質細胞周辺の空間．

dissimilation ⇌ catabolism

dissimilatory nitrate reduction 異化型硝酸還元

dissipation function 散逸関数

dissipative structure 散逸構造

dissociation 解離

dissociation constant 解離定数

dissociation curve 解離曲線

dissociation factor 解離因子

dissolve 溶解する

distal 1)遠位[の]，2)末端[の]，3)端部[の]

distal region 末端領域

distal tubule 遠位尿細管

distance geometry ディスタンスジオメトリー：NMR を用いて得られた原子間距離情報をもとにタンパク質分子の立体構造を決定するための数学的手法．

distil[l] 蒸留する

distilled water 蒸留水

distribution coefficient 分布係数　同 partition coefficient(分配係数)

disulfide bond ジスルフィド結合　同 S-S bond(S-S 結合)，disulfide bridge(ジスルフィド架橋)

disulfide bridge ジスルフィド架橋　⇌ disulfide bond

disulfide exchange ジスルフィド交換

diterpene ジテルペン：炭素数 20 のテルペン．

dithionous acid 亜ジチオン酸

dithiothreitol ジチオトレイトール：SH 基保護試薬．略 DTT 同 Cleland's reagent(クリーランド試薬)

dithizone ジチゾン：重金属キレート剤，糖尿病誘発物質の一種．

Dittmer-Lester reagent ディットマー・レスター試薬　⇌ Dittmer's reagent

Dittmer's reagent ディットマー試薬　同 Dittmer-Lester reagent(ディットマー・レスター試薬)

diuresis 利尿

diuretic 利尿薬

diuretin ジウレチン：利尿剤，メチルプリン系．

divalent antibody ⇌ bivalent antibody

diverge 分かれる，分岐する

divergent evolution 分岐進化

diversity 多様性

division 1)分裂，2)門【植物分類の】

division ag[e]ing 分裂加齢：有限な細胞分裂回数の後に，分裂能が失われる現象．分裂しなくとも代謝が持続するために加齢すると考える"代謝加齢"の対語．

division potential 分裂能　⇌ proliferation potency

Dixon plot ディクソンプロット：酵素活性の pH 依存性を解析するためのプロット．

djenkolic acid ジェンコール酸：植物中の含硫非タンパク質性アミノ酸の一種．

D/K region D/K 領域：マウス *H-2* 遺伝子複合体上の領域．

D loop D ループ　⇌ displacement loop

DM chromosome DM 染色体　⇌ double minute chromosome

DMSO ⇌ dimethyl sulfoxide の略．

DNA デオキシリボ核酸(deoxyribonucleic acid)の略．遺伝子の本体，デオキシヌクレオチドの多量体．

DNA-binding protein DNA 結合タンパク質：DNA に結合して特異作用を現すタンパク質．

DNA chip DNA チップ：基盤上に多数のオリゴヌクレオチドなどの DNA を高密度に固定

化し，これをプローブと反応させた後，個々のDNAに対する反応性を解析する技術．多数の遺伝子の発現プロフィールの解析，などの応用がある． 同DNA microarray(DNAマイクロアレイ)

DNA damage DNA損傷 同DNA lesion

DNA-delay mutation DNA合成遅滞変異：ファージDNAの合成開始が遅れるT4ファージ遺伝子変異． 同DD mutation(DD変異)

DNA-dependent RNA polymerase DNA依存性RNAポリメラーゼ ⇒ transcriptase

DNA end-joining reaction DNA末端結合反応

DNA gyrase DNAジャイレース ⇒ gyrase

DNA helicase DNAヘリカーゼ，DNA巻戻し酵素：二本鎖DNAを巻戻して，一本鎖DNAに転換する酵素． 同DNA-unwinding enzyme, DNA-unwinding protein(DNA巻戻しタンパク質)

DNA lesion ⇒ DNA damage

DNA ligase DNAリガーゼ：ポリデオキシリボヌクレオチドシンテターゼ

DNA linker DNAリンカー：DNAとDNAを結合するための特異的末端をもつDNA断片． 同linker(リンカー)

DNA microarray DNAマイクロアレイ ⇒ DNA chip

DNA modification enzyme DNA修飾酵素

DNA nucleotidyltransferase DNAヌクレオチジルトランスフェラーゼ ⇒ DNA polymerase

DNA phage DNAファージ：DNAを構成成分とするファージ．

DNA polymerase DNAポリメラーゼ：DNAを鋳型としてDNAを合成する酵素． 同DNA nucleotidyltransferase(DNAヌクレオチジルトランスフェラーゼ)

DNA polymorphism DNA多型：集団内に見られるヌクレオチドレベルでの遺伝子の多様性．遺伝子座のマッピングに用いられる．

DNA recombination DNA組換え：相同組換えと非相同組換えの2種類がある．

DNA relaxing enzyme DNA緩和酵素

DNA repair DNA修復

DNA replication DNA複製

DNase DNアーゼ ⇒ deoxyribonuclease

DNA sequencing DNA塩基配列決定

DNA topoisomerase DNAトポイソメラーゼ：DNAに一時的に切れ目を入れてリンキング数を変える酵素．二本鎖の一方に切れ目を入れるⅠ型と2本とも切るⅡ型がある． 同topoisomerase(トポイソメラーゼ)

DNA topoisomerase Ⅰ DNAトポイソメラーゼⅠ型：環状DNAの一方の鎖に切れ目を入れ，もう一方の鎖を通過させた後，切れ目を閉じる酵素．

DNA topoisomerase Ⅱ DNAトポイソメラーゼⅡ型：環状DNAの二本鎖両方を一時的に切断し，その間を別の二本鎖DNAを通過させ，再び切れ目をつなぎ直す酵素．

DNA transfection DNAトランスフェクション：細胞内DNA遺伝子導入技術．

DNA tumor virus DNA腫瘍ウイルス

DNA-unwinding enzyme ⇒ DNA helicase

DNA-unwinding protein DNA巻戻しタンパク質 ⇒ DNA helicase

DNA vaccine DNAワクチン

DNA virus DNAウイルス

DNFB: 2,4-dinitrofluorobenzene の略．

DNP ⇒ dinitrophenol の略．

DNP ⇒ 2,4-dinitrophenol の略．

DNP-amino acid DNPアミノ酸 同dinitrophenylamino acid(ジニトロフェニルアミノ酸)

DNP-method DNP法 ⇒ Sanger method

DNS-amino acid DNS-アミノ酸 ⇒ dansyl amino acid

DOC ⇒ deoxycholic acid の略．

DOC ⇒ 11-deoxycorticosterone の略．

docking protein ドッキングタンパク質 ⇒ SRP receptor

docosahexaenoic acid ドコサヘキサエン酸：炭素数22の6価不飽和脂肪酸． 略DHA

docosanoic acid ドコサン酸 ⇒ behenic acid

dodecanoic acid ドデカン酸 ⇒ lauric acid

dog fish ホシザメ[属]，ツノザメ[属]

dolichol phosphate ドリコールリン酸：細胞のポリイソプレノールの一種． 同dolichyl phosphate

dolichyl phosphate ⇒ dolichol phosphate

domain ドメイン

domain shuffling ドメインシャッフリング：進化の過程で，異なるドメインを組合わせてより大きな遺伝子に統合すること．

dominance variance 優性分散

dominant 1)優性[の]【遺伝】：ヘテロで発現

する形質のこと. 2)優位[の]【生態】, 3)優先種

dominant hereditary ⇌ dominant inheritance

dominant inheritance 優性遺伝: 対立遺伝子の一方の遺伝子に変異があると形質に現れるもの. 同 dominant hereditary

dominant lethal gene 優性致死遺伝子

dominant negative mutant ドミナントネガティブ変異体, 優性ネガティブ変異体: 正常タンパク質を産生する野生型遺伝子が存在しても, 変異遺伝子を発現させることで正常タンパク質の機能を失わせることができる変異体. 野生型に対して優性(ドミナント)を示すが, 欠損突然変異(ネガティブ)と同じ表現型を示す.

DON: 6-diazo-5-oxo-L-norleucine の略. グルタミン酸構造類似体. 反応阻害剤として用いる.

donaxine ドナキシン ⇌ gramine

Donnan effect ドナン効果: 生体膜や半透膜の一方に高分子電解質が存在すると, 低分子の膜透過性電解質は反対側に濃度が偏り, 膜を介して正負両イオンの電気的な平衡が成立する現象.

Donnan membrane equilibrium ドナンの膜平衡 同 Gibbs-Donnan equilibrium(ギブズ・ドナン膜平衡)

Donnan membrane potential ドナンの膜電位

donor 1)供与体, 2)提供者, ドナー, 3)献血者

donor site 1)供与部位, 2)ドナー部位(スプライシングの)

DOPA, dopa ドーパ: 3,4-ジヒドロキシフェニルアラニン(3,4-dihydroxyphenylalanine)の略.

dopamine ド[ー]パミン: 神経伝達物質の一種. アドレナリン, ノルアドレナリンの前駆体.

dopamine β-hydroxylase ドーパミン β-ヒドロキシラーゼ ⇌ dopamine β-monooxgenase

dopamine β-monooxgenase ドーパミン β-モノオキシゲナーゼ 同 dopamine β-hydroxylase(ドーパミン β-ヒドロキシラーゼ)

dopaminergic ドーパミン作動性: ドーパミンを神経伝達物質とすること.

dopaminergic neuron ドーパミン作動性ニューロン: 中脳黒質より線条体に投射するニューロンが有名. このニューロンの変性とドーパミンの減少によりパーキンソン病が発症する.

dopaquinone ドーパキノン: ドーパの酸化生成物. メラニンの前駆体.

dormancy 休止[状態], 停止【細胞増殖などの】

dormin ドーミン: アブシジン酸の旧称.

dorsal 背側[の], 背[の]

dorsoventral axis 背腹軸

dosage compensation 遺伝子量補償

dose 1)用量, 2)線量【放射線】, 3)投与量

dose effect curve 1)用量効果曲線, 2)線量効果曲線

dose equivalent 線量当量: 吸収線量に各種の放射線の組織に対する異なった危険性を考慮するための係数を乗ずることによって得られた線量.

dose equivalent commitment 線量当量預託: 線量当量率の平均値を無限時間積分した値.

dose reduction factor 線量減効率

dosimeter 線量計

dot blotting ドットブロット法

double antibody technique 二重抗体法, 二抗体法

double blind test 二重盲検法: 偽薬を投与して効果を判定する際に, 投薬の内容を医師にも知らせないで行う方法.

double bond 二重結合

double diffusion test 二重拡散法 ⇌ double immunodiffusion

double helical RNA ⇌ double-strand[ed] RNA

double helix 二重らせん

double immunodiffusion 二重免疫拡散法 同 double diffusion test(二重拡散法)

double layer 二重層

double minute chromosome 二重微小染色体: 染色体上の特定の領域が高度に増幅して分離独立した微小染色体. おもにがん細胞に認められる. 同 DM chromosome(DM染色体)

double reciprocal plot 二重逆数プロット: 酵素活性の基質濃度依存性表示式, K_m, V_{max}を求めるためのプロット. 同 Lineweaver-Burk plot(ラインウィーバー・バークプロット)

double refraction ⇌ birefringence

double refraction of flow ⇌ flow birefringence

double strand break 二本鎖切断：二本鎖 DNA の両鎖ともが切断された結果，DNA が不連続となる状態．最も重篤な DNA 損傷の一つ． 略 DSB

double-strand[ed] RNA 二本鎖 RNA, 二重鎖 RNA 同 double helical RNA

double-strand[ed] RNA-dependent protein kinase 二本鎖 RNA 依存性プロテインキナーゼ：真核生物ポリペプチド鎖開始因子 eIF-2 のサブユニットをリン酸化し，抗ウイルス活性に関与する． 略 PKR

double-strand[ed] RNA virus 二本鎖 RNA ウイルス

doublet code ダブレットコード

doubling dose 倍加線量：放射線の遺伝的効果を示す指標．

doubling time 倍加時間 ⇌ generation time

Down disease ⇌ Down syndrome

down regulation ダウンレギュレーション： 1) ホルモンの過剰による受容体の減少．2) 少なくなるような制御を受けること．

downstream region 下流領域：DNA のある点から 3′ 側の部分．

Down syndrome ダウン症：21 番染色体のトリソミーによる，特異な顔貌，知能障害を特徴とする疾患． 同 Down disease

d.p.c. 交尾後日数：days post-coitus の略．マウスなどの発生過程において時間を表すのに用いられる単位．

DPI: diphosphoinositide の略． ⇌ phosphatidylinositol monophosphate

dpm: disintegration per minute の略．

DPO: 2,5-diphenyloxazole の略．液体シンチレーターにおける蛍光物質．

draft sequence ドラフト配列：ゲノム配列決定で，決定済み領域の割合やエラー率などが終了（フィニッシュ）の基準を満たさないが，一通り配列決定が済んだ段階のもの．

Dragendorff's reagent ドラゲンドルフ試薬：コリンおよびコリン含有化合物の検出試薬．

Drakeol 6VR ドラケオール 6VR：鉱物油の一種．

dRib: deoxyribose の略．

Drosophila ショウジョウバエ 同 fruit fly, vinegar fly

Drude equation ドルーデの式：ある物質の旋光強度と吸収帯の関係式．

drug allergy 薬剤アレルギー ⇌ drug-induced allergy

drug delivery system 薬物送達システム，ドラッグデリバリーシステム：薬物を標的部位に，必要な時に，必要最少量送り込む投与法または製剤法． 略 DDS

drug hypersensitivity 薬剤過敏症 同 drug idiosyncracy（薬剤特異体質）

drug idiosyncracy 薬剤特異体質 ⇌ drug hypersensitivity

drug-induced allergy 薬剤誘発アレルギー 同 drug allergy（薬剤アレルギー）

drug resistance 薬剤耐性，薬剤抵抗性：化学療法剤の通常の濃度で微生物やがん細胞の発育を阻止できないこと．

drug resistance factor 薬剤耐性因子 ⇌ R plasmid

drug resistance gene 薬剤耐性遺伝子

drug tolerance 薬物耐性，薬物不応性：薬物の連用により薬効が低下すること． 同 tolerance to drug

dry chemistry 固相化学分析

dryophantin ドリオファンチン：虫えい（木のこぶ）の中の配糖体．

ds: double strand の略．

DSB ⇌ double strand break の略．

DSC ⇌ differential scanning calorimeter および differential scanning calorimetry の略．

DSS: 2,2-dimethyl-2-silapentane-5-sulfonate sodium salt の略．水溶液の ^{1}H NMR の化学シフトの基準物質．

dTDP ⇌ deoxythymidine 5′-diphosphate の略．

dTDP-sugar dTDP 糖：デオキシチミジン二リン酸糖．

dT ⇌ thymidine の略．

dThd ⇌ thymidine の略．

dTMP ⇌ deoxythymidine 5′-monophosphate の略．

DTNB ⇌ Ellman's reagent の略．

D1 trisomy D1 トリソミー ⇌ Patau syndrome

DTT ⇌ dithiothreitol の略．

dTTP ⇌ deoxythymidine 5′-triphosphate の略．

dual wavelength spectrophotometer 二波長分光光度計

Dubin-Johnson syndrome デュビン・ジョンソン症候群：ビリルビングルクロニドの肝臓からの毛細胆管への排泄障害による先天性黄疸．

ductal carcinoma 腺管がん

dUDP ⇌ deoxyuridine 5′-diphosphate の略．

dulcitol ズルシトール ⇌ galactitol

Dumas method デュマ法：有機物中の窒素を銅で還元して定量する方法．

duplicate 複製する

duplication 1) 重複，2) 複製 同 overlap

dura [mater] 硬膜：脳を包む膜の一つで，脳に近い方から軟膜，クモ膜，硬膜となっている．

dUTP ⇌ deoxyuridine 5′-triphosphate の略．

dwarfism 小人症

dyad 1) 二分子，2) 二分染色体 同 diad

dye ⇌ dye stuff

dye-exclusion test 色素排除試験：細胞の生死識別試験の一種．トリパンブルーがよく用いられる．

dye stuff 色素【染色用の】 同 dye

dynamic equilibrium 動的平衡

dynamic light scattering 動的光散乱 ⇌ quasi-elastic light scattering

dynamic quenching 動的消光：励起状態の蛍光分子が消光物質の分子と衝突して蛍光を失うこと．

dynein ダイニン：べん毛や繊毛の ATP アーゼ．モータータンパク質の一つ．

dynorphin ダイノルフィン：脳の鎮痛ペプチドの一種．

dysbetalipoproteinemia 異常βリポタンパク質血症 ⇌ floating beta disease

dysentery bacillus ⇌ *Shigella*

dysesthesia ⇌ paresthesia

dysglobulinemia 異常グロブリン血症

dyskinesia 運動異常[症]，ジスキネジー

dyslexia 失読[症]，難読症 同 alexia

dysplasia 形成異常[症]，異形成[症]

dystrophia 異栄養[症] ⇌ dystrophy

dystrophin ジストロフィン：筋ジストロフィーの一部で欠損．

dystrophy ジストロフィー：異栄養（栄養失調）というのが語源だが，おもに筋ジストロフィーをさす．同 dystrophia（異栄養[症]）

E

E ⇌ glutamic acid の略．

EAC rosette EAC ロゼット

Eadie-Hofstee plot イーディー・ホフステープロット：酵素反応速度式の一つ．

Eagle's basal medium イーグルの基本培地 同 basal medium of Eagle

Earle's T flask アールのT型培養瓶 ⇌ T flask

early bilirubin 早期ビリルビン ⇌ shunt bilirubin

early development 初期発生 同 early embryogenesis

early embryogenesis ⇌ early development

early gene 初期遺伝子：ウイルス感染の初期に発現する複数の遺伝子．

Ebola virus エボラウイルス：フィロウイルス科に属する．ヒトが感染すると重篤な出血熱を起こす．

ebulliometry 沸点測定法

EBV ⇌ Epstein-Barr virus の略．

EB virus EB ウイルス ⇌ Epstein-Barr virus

EC cell EC 細胞 ⇌ embryonal carcinoma cell

eccentric 偏心性[の]

eccrine エクリン[の]，漏出分泌[の]：分泌細胞膜の形態変化なしに膜輸送を行う．対語は holocrine, apocrine.

eccrine gland エクリン腺，漏出分泌腺

ecdysis (*pl.* ecdyses) 脱皮

ecdysone エクジソン，エクダイソン：昆虫の脱皮ホルモン（ステロイド）．

ecdysteroid エクジステロイド：エクジソンとその類似のステロイドの総称．

ECG ⇌ electrocardiogram の略．

echimidinic acid エキミジニン酸: ムラサキ科アルカロイドのカルボン酸.

echinochrome エキノクロム: 棘皮動物の呼吸色素. ナフトキノン系の赤色色素.

echinomycin エキノマイシン: RNA合成を阻害する抗生物質. 同 quinomycin A(キノマイシン A)

echovirus エコーウイルス: エンテロウイルスの一種. コクサッキーウイルスと同様, 多彩な症状をヒトに起こす.

eclipse period 暗黒期【ファージ増殖の】

eclosion 1)ふ化, 2)羽化

ECM ⇒ extracellular matrix の略.

EC number EC 番号: 国際生化学分子生物学連合の酵素委員会により与えられた enzyme code 番号. 同 enzyme number (酵素番号)

E. coli ⇒ Escherichia coli

ecological niche 生態的地位　同 niche(ニッチ)

ecology 生態学

ecosystem 生態系

ecotropic coefficient 捕食係数: 生態学において捕食者と被食者の間の量的関係を示す係数. 捕食された量を捕食生物の全体の量で割った値.

ecotropic virus 同種指向性ウイルス, エコトロピックウイルス: 本来の宿主以外の生物種の細胞には感染しないウイルス.

ecotype 生態型

ectoblast 1)原外胚葉性[の], 2) ⇒ ectoderm

ectoderm 外胚葉　同 ectoblast

ectoenzyme エクト酵素: 細胞表層にあり, 活性部位を細胞外に向けている酵素.

ectoine エクトイン: 細菌が浸透圧調節のために細胞内に蓄積する無毒化合物(適合溶質).

ectopic 異所性[の] (正常の場所にない)

ectopic hormone 異所性ホルモン

ectopic hormone-producing tumor 異所性ホルモン産生腫瘍

ectoplasm 外質: 皮質原形質.

ectoprotein 外表タンパク質

ED$_{50}$: effective dose 50(半有効量)の略.

edeine エデイン: DNA合成阻害に働く抗生物質. A_1, B_1 などの成分あり.

edema 浮腫, 水腫

edestin エデスチン: 大麻の種子に含まれるグロブリンの一種.

Edman [degradation] method エドマン[分解]法: タンパク質 N 末端決定法の一種. 同 phenyl isothiocyanate method (フェニルイソチオシアネート法), PTC method (PTC法)

EDRF ⇒ endothelium-derived relaxing factor の略.

EDTA ⇒ ethylenediaminetetraacetic acid の略.

Edwards syndrome エドワーズ症候群: ヒト 18 番染色体のトリソミー. 心奇形を伴う.

EEG ⇒ electroencephalogram の略.

EF ⇒ elongation factor の略.

effective charge 実効電荷　同 net charge

effective dose equivalent 実効線量当量: 個々の臓器・組織の線量当量にそれぞれの害の全体に対する確率を表す係数をかけ, その積を合わせることによって得られた値.

effective half-life 実効半減期, 有効半減期: 生体に与えられた放射性同位体の量, または強度が半分に減少するために必要な時間. 排泄などによる生物学的減少と物理学的減少の両方により定まる.

effector 1)エフェクター, 2)作動体, 3)効果器【生】

effector T cell エフェクター T 細胞

efferent nerve 遠心性神経: 中心から末梢へ情報を送る神経(運動や分泌など). 対語は afferent nerve.

efficiency of plating 平板効率, プラーク形成効率　同 plating efficiency

effluent 流出液, 溶出物

efflux 1)外向き[電]流, 2)流出, 発散

EF hand EF ハンド: カルシウム結合タンパク質のカルシウム結合部位の立体構造. 互いに直交する 2 本の α ヘリックスがつくるポケットにカルシウムを結合する.

E2F transcription factor E2F 転写因子: S 期の開始を誘導する転写因子群. Rb タンパク質によって活性が抑制される.

EGF ⇒ epidermal growth factor の略.

egg albumin 卵アルブミン　⇒ ovalbumin

egg membrane lysin 卵膜ライシン: 卵膜溶解物質. 精子先体中に含まれ卵保護層を溶かして卵が受精するのを助ける.

egg yolk lysolecithin 卵黄リゾレシチン

EGTA ⇒ ethylene glycol bis(2-aminoethyl ether) tetraacetic acid の略.

Ehlers-Danlos syndrome エーラース・ダンロス症候群: 結合組織の先天性コラーゲン代謝異常疾患. 皮膚や関節の過伸性, 過動性を示す.

Ehrlich reaction エールリッヒ反応: トリプトファン, シアル酸などの呈色反応.

Ehrlich's ascites carcinoma エールリッヒ腹水がん〔癌〕

Ehrlich's reagent エールリッヒ試薬

EIA ⇀ enzyme immunoassay の略.

[e]icosanoic acid [エ]イコサン酸 ⇀ arachic acid

[e]icosanoid [エ]イコサノイド

[e]icosapentaenoic acid [エ]イコサペンタエン酸: 魚油, 海産藻類に含まれる炭素数20の5価不飽和脂肪酸. 略 EPA

5,8,11,14-[e]icosatetraenoic acid 5,8,11,14-[エ]イコサテトラエン酸 ⇀ arachidonic acid

eIF ⇀ initiation factor の略.

EI-MS ⇀ electron ionization mass spectrometry の略.

einstein アインシュタイン: 光エネルギーの単位.

E-jump method Eジャンプ法 ⇀ electric field jump method

EK system EK系: 大腸菌K12株を用いた組換えDNAの系. 安全度の高い生物学的封じ込め系.

elaidic acid エライジン酸: 炭素数18の直鎖1価不飽和(9位)脂肪酸. オレイン酸のトランス形異性体.

elastase エラスターゼ: エラスチンを分解するプロテアーゼ.

elastatinal エラスタチナール: エラスターゼの特異的阻害剤.

elastic fiber 弾性繊維

elastic scattering 弾性散乱

elastin エラスチン: 弾性繊維タンパク質.

elastoidin エラストイジン: サメのヒレのタンパク質. コラーゲンを含む.

elatericin エラテリシン: ウリ科の苦味物質.

electrical excitation 電気の興奮

electrical silence 電気の静止

electrical synapse 電気シナプス

electric bilayer ⇀ electric double layer

electric double layer 電気二重層 同 electric bilayer

electric field jump method 電場ジャンプ法 同 E-jump method (Eジャンプ法), electric field pulse method (電場パルス法)

electric field pulse method 電場パルス法 ⇀ electric field jump method

electrocardiogram 心電図 略 ECG

electrochemical potential 電気化学ポテンシャル: 膜電位と化学ポテンシャルの和.

electrochromatography 通電クロマトグラフィー

electrode 電極

electrode potential 電極電位 同 single electrode potential (単極電位)

electrodialysis 電気透析

electroencephalogram 脳電図 略 EEG 同 electroencephalography

electroencephalography ⇀ electroencephalogram

electroendoosmosis ⇀ electroosmosis

electrofocusing 等電点分離法 ⇀ isoelectric focusing

electrogenic 起電性[の]

electrogenic ion pump 起電性イオンポンプ 同 electrogenic pump (起電性ポンプ)

electrogenic pump 起電性ポンプ ⇀ electrogenic ion pump

electrokinetic potential 界面動電位 ⇀ zeta-potential

electrolysis 電気分解, 電解

electrolyte 1)電解質, 2)電解液

electrolytic 電解[の], 電解質[の]

electrolytic conductivity 電解伝導度

electromotive 起電性[の], 起電[の]

electromotive force 起電力

electromyogram 筋電図 略 EMG

electron acceptor 電子受容体

electron affinity 電子親和力

electron capture detector 電子捕獲型検出器: ガスクロマトグラフィー用の検出器の一種.

electron carrier 電子伝達体

electron-dense 高電子密度[の]

electron diffraction 電子回折

electron donor 電子供与体

electron donor acceptor complex ⇀ charge-transfer complex

electronegativity 電気陰性度

electron equivalent 電子当量 ⇀ reducing equivalent

electronic conduction 電子伝導

electronic spectrum　電子スペクトル：可視・紫外スペクトルに同じ．
electronic transition　電子[項]遷移
electron ionization mass spectrometry　電子衝撃イオン化法【質量分析の】：電子衝撃によって試料をイオン化して質量分析を行う方法．㊓EI-MS
electron microscope　電子顕微鏡
electron paramagnetic resonance　電子常磁性共鳴　㊓EPR　㊂electron spin resonance (ESR, 電子スピン共鳴)
electron spin resonance　電子スピン共鳴　⇌ electron paramagnetic resonance
electron stain[ing]　電子染色【電顕用試料の】
electron transfer　1) 電子移動，2) ⇌ electron transport
electron transferring flavoprotein　電子伝達フラビンタンパク質
electron transport　電子伝達　㊂ electron transfer
electron transport chain　⇌ electron transport system
electron transport system　電子伝達系　㊂ electron transport chain
electroosmosis　電気浸透　㊂ electroendoosmosis
electrophile　⇌ electrophilic reagent
electrophilic　求電子[性][の]，親電子[性][の]
electrophilic reagent　求電子試薬，親電子試薬　㊂ electrophile
electrophoresis　電気泳動
electrophoretic injection　電気泳動注入　⇌ microiontophoresis
electrophoretic mobility　電気泳動移動度
electrophoretic variant　電気泳動変異：電気泳動法によって検知される変異現象．タンパク質多型などをさす．
electrophysiology　電気生理学
electroplax cell　発電細胞
electroporation　エレクトロポレーション，電気穿孔法：遺伝子導入法の一つ．導入したい DNA と細胞の懸濁液に高電圧をかけ，瞬間的に細胞膜構造が変化している間に DNA を細胞内に導入する方法．
electrospray ionization　エレクトロスプレーイオン法　㊓ ESI
electrostatic　静電気[の]，静電[の]

electrostatic interaction　静電的相互作用：正負の負荷間に働くクーロン力による相互作用．静電結合ともいう．
electrostatic potential　静電ポテンシャル
electrotonic potential　電気緊張性電位
electrotonic spread　電気緊張性伝播[ぱ]
elementary　元素[の]，要素[の]，基本[の]
elementary step　素過程
elevation of boiling point　沸点上昇
eliciter　エリシター
elimination　脱離[反応]
1,2-elimination　1,2-脱離　⇌ β elimination
elinin　エリニン：赤血球リポタンパク質．血液型活性がある．
ELISA〖エライザ，エリサ〗　⇌ enzyme-linked immunosorbent assayの略．
Elkind's recovery　エルカインド回復：放射線による亜致死損傷を受けた細胞の回復過程の一種．
ellipsometer　⇌ dichrograph
Ellman's reagent　エルマン試薬：5,5′-ジチオビス(2-ニトロ安息香酸)．タンパク質中のSH基の定量試薬．㊓ DTNB
Ellsworth-Howard test　エルスワース・ハワード試験：副甲状腺機能検査法の一種．
elongation factor　伸長因子，延長因子：リボソーム上で翻訳途中のペプチド鎖が伸長するのに必要な因子．アミノアシル tRNA をリボソーム上のA部位によび込む因子とペプチジル tRNA を A 部位より P 部位に転移させる因子がある．㊓ EF　㊂ polypeptide chain elongation factor(ポリペプチド鎖伸長因子)
Elson-Morgan reaction　エルソン・モルガン反応：アミノ基が置換されていないアミノ糖定量反応．
eluate　溶出液：クロマトグラフィーで溶出された物質の溶液．
eluent　溶離液：クロマトグラフィーで溶離に用いる液体．
elution　1) 溶出，2) 溶離
elution diagram　溶出曲線
Embden-Meyerhof[-Parnas] pathway　エムデン・マイヤーホフ[・パルナス]経路　⇌ glycolytic pathway
embedding　包埋：顕微鏡用標本を薄い切片にするため，樹脂などに埋込むこと．
EMBL: European Molecular Biology Laboratory(ヨーロッパ分子生物学研究所)の略．

また，EMBL が運営している遺伝子の塩基配列のデータベース名.

embolism そく[塞]栓症
embolus(*pl.* emboli) 栓子，塞栓
embryo 1)胚，2)胎児【ほ乳類の】
embryoblast 胚結節
embryogenesis 胚形成，胚発生 同 embryogeny
embryogeny → embryogenesis
embryology 発生学，胚発生学
embryonal antigen 胎児性抗原
embryonal carcinoma cell 胚性腫瘍細胞，胚性がん腫細胞：奇形がん腫細胞の幹細胞で，多分化能をもち，分化誘導により胚体外内胚葉，心筋，神経細胞などに分化しうる. 同 EC cell(EC 細胞)
embryonic 胎児性[の]，胚芽[の]，幼虫[の]，未発達[の]
embryonic stem cell 胚性幹細胞：胚盤胞内部細胞塊由来の細胞で，将来どのような器官にもなりうる分化全能性をもつ．トランスジェニック動物の作製や分化の研究に用いられる. 同 ES cell(ES 細胞)
embryonin エンブリオニン：ウシ胎仔血清の増殖因子. $α_2$ マクログロブリンがその本体.
Emerson effect エマーソン効果：光合成において 2 色の淡色光を同時に照射したときられる増強効果. 同 enhancement effect(増強効果(光合成の))
emetine エメチン：催吐剤，アメーバ赤痢治療薬. 吐根アルカロイドの一種.
EMG → electromyogram の略.
emission 発光[分光]
emission spectrum 発光スペクトル
emodin エモジン：植物橙黄色素. 同 frangla emodin
empirical formula 実験式
empty-sella syndrome エンプティセラ症候群，空トルコ鞍症候群：外傷や腫瘍などによりトルコ鞍に本来あるべき下垂体が認められない状態.
EMSA: electrophoretic mobility shift assay の略. gel shift assay を参照.
Emulgen series surfactant エマルゲン系界面活性剤
emulsification 乳化：不溶性物質を微粒子として液体中に分散させること.
emulsin エムルシン：配糖体グリコシダーゼ混合物. アーモンドやアンズの仁の粗抽出液.
emulsion エマルション，乳濁液
enamel 1)エナメル質，2)エナメル，ほうろう
enamelin エナメリン：エナメル質タンパク質
enamine エナミン：$α, β$-不飽和アミンの総称. 第二級アミンとアルデヒドまたはケトンの脱水縮合物. 反応試薬. 同 eneamine(エネアミン)
enanthic acid エナント酸：炭素数 7 の飽和直鎖脂肪酸. 同 oenanthic acid, heptanoic acid(ヘプタン酸)
enantiomer 鏡像[異性]体，エナンチオマー：実像と鏡像の関係にある一対の立体異性体のこと. 同 antipode(対掌[しょう]体)
enantiomer excess 鏡像[異性]体過剰率
encephalitis 脳炎
encephalitogenic protein 脳炎惹起性タンパク質，起脳炎タンパク質 同 experimental allergic encephalitogen(実験的アレルギー性脳脊髄炎誘起物質)，myelin basic protein(ミエリン塩基性タンパク質)
encephalization 1)大脳化，2)頭集中【広義】
encephalon → brain
5′-end → five prime end
endarterectomy 動脈内膜切除術
endarteritis 動脈内膜炎
endergonic reaction 吸エルゴン反応
end-group analysis 末端基定量法
endocarditis 心内膜炎
endocrine disrupting chemicals 内分泌攪乱化学物質 同 endocrine disruptors, environmental hormone(環境ホルモン)
endocrine disruptors → endocrine disrupting chemicals
endocrine gland 内分泌腺
endocrine system 内分泌系 同 humoral regulation system(液性調節系)
endocrinology 内分泌学
endocytic 形質膜陥入による，エンドサイトーシスの
endocytosis エンドサイトーシス，飲食作用，飲食運動：内向きの膜動輸送(食作用など物質が形質膜の陥入により内部へ取込まれる過程).
endoderm 内胚葉 同 entoderm
endogenic 内在性[の]
endogenous 1)内因性[の]，2)内在性[の]，3)内生[の]

endogenous nitrogen 内因性窒素量

endoglycosidase エンドグリコシダーゼ：多糖類のグリコシド結合を分子の内部から切断する加水分解酵素．

endolysin エンドリシン → phage lysozyme

endometrium 子宮内膜

endonuclease エンドヌクレアーゼ：ポリヌクレオチド内部の$3',5'$-ホスホジエステルを切断する加水分解酵素．

endoparasitic 体内寄生[の]

endopeptidase エンドペプチダーゼ：タンパク質のペプチド結合を分子の内部から切断する加水分解酵素．

endophyte 内部寄生菌

endoplasmic reticulum 小胞体 略 ER

endorphin エンドルフィン：脳の内因性鎮痛ペプチド（3種ある）．

endosome 1) エンドソーム, 2) 核内体【原生動物の】 同 1) receptosome

endosperm 内[胚]乳：植物種子中の栄養貯蔵庫．

endothelial cell 内皮細胞

endothelin エンドセリン：血管内皮細胞が産生する強力な血管収縮ペプチドで，21残基のアミノ酸から成り，受容体を介して細胞内シグナル伝達系を活性化する．

endothelin converting enzyme エンドセリン変換酵素：エンドセリン前駆体からエンドセリンを切り出す酵素．エンドペプチダーゼの一種である．

endothelium(*pl.* endothelia) 内皮

endothelium-derived relaxing factor [血管]内皮細胞由来平滑筋弛緩因子：内皮由来の一酸化窒素をさす． 略 EDRF

endotoxin 内毒素，エンドトキシン：グラム陰性細菌の外膜のリポ多糖であり，リピドAと糖鎖から成る．

end-plate 終板：筋繊維のシナプス後膜．

end-plate potential 終板電位

end product 最終産物：一連の反応で最終的に生成する物質．

end product inhibition 最終産物阻害：負のフィードバック制御の一つ．代謝系の最終産物が酵素反応を阻害すること． 同 end product repression（最終産物抑制）

end product repression 最終産物抑制 → end product inhibition

eneamine エネアミン → enamine

enediol エンジオール：二重結合の両側のC原子にOHが結合した構造．

energetics エネルギー学

energy エネルギー

energy barrier エネルギー障壁

energy charge エネルギー充足率：エネルギー充足率 = $\frac{1}{2}([ADP]+2[ATP])/([AMP]+[ADP]+[ATP])$

energy level エネルギー準位

energy metabolism エネルギー代謝

energy-rich compound 高エネルギー化合物 同 high-energy compound

energy transfer エネルギー転移

energy yield エネルギー収量

engram エングラム：細胞内記憶痕跡，記憶を蓄える実体．

enhance 増強させる，促進させる

enhancement effect 増強効果（光合成の）→ Emerson effect

enhanceosome エンハンソソーム：複数の転写調節因子とDNAエレメントから成る複合体．

enhancer エンハンサー：真核細胞の転写を促進する塩基配列． 同 enhancer element

enhancer element → enhancer

enhancing antibody 促進抗体，エンハンシング抗体：リンパ球の機能を阻止して移植組織の生着を促進する働きを示す抗体． 同 blocking antibody（阻止抗体）

enidin エニジン：エニンのアグリコン．

enin エニン：ブドウ果皮中のアントシアニンの一種．

enkephalin エンケファリン：5個のアミノ酸から成る脳の鎮痛ペプチド．

enolase エノラーゼ：解糖系酵素の一種．2-ホスホグリセリン酸からホスホエノールピルビン酸と水を生ずる反応を触媒する．

enolate anion エノラートアニオン

enol form エノール形：二重結合の一方のC原子にOHが結合した構造．

enol phosphate エノールリン酸

enrich 1) 濃厚にする【目的の物質を】，2) 栄養価を高める

entactin エンタクチン：基底膜の細胞間基質に存在する非コラーゲン性の硫酸化糖タンパク質．

enteric 腸管[の]

enteric bacterium 腸内[細]菌 同 entero-

bacterium
Enterobacter エンテロバクター
enterobacterial flora ⇒ intestinal bacterial flora
enterobacterium ⇒ enteric bacterium
enterochromaffin cell 腸クロム親和性細胞：腸粘膜のクロム親和性細胞で，セロトニンを合成，分泌して腸管運動をひき起こす．
enterococcus 腸球菌，エンテロコッカス
enterogastrone エンテロガストロン：胃液分泌抑制作用をもつ消化管ホルモンの混合物．
enterohepatic circulation 腸肝循環
enterokinase エンテロキナーゼ ⇒ enteropeptidase
enteropeptidase エンテロペプチダーゼ：十二指腸のトリプシン活性化プロテアーゼ．同 enterokinase（エンテロキナーゼ）
enterotoxin エンテロトキシン，腸管毒：細菌が産生する食中毒物質．
Enterovirus エンテロウイルス属，腸内ウイルス
enthalpy エンタルピー
Entner-Doudoroff pathway エントナー・ドゥドロフ経路：グルコース6-リン酸の脱水素を伴うグルコースの発酵経路．
entoderm ⇒ endoderm
entropy エントロピー：状態量の一つ．乱雑さを示す量．
entry exclusion 侵入排除 同 surface exclusion（表面排除）
enucleated cell 脱核細胞
enucleation 1) 脱核，2) 除核 同 nuclear expulsion
envelope エンベロープ【ウイルスの】：ウイルス粒子を包んでいる被膜（包膜）．二層の脂質より成り，宿主細胞由来．
environmental contamination ⇒ environmental pollution
environmental hormone 環境ホルモン ⇒ endocrine disrupting chemicals
environmental pollution 環境汚染 同 environmental contamination
enzymatic 酵素［の］
enzyme 酵素：生体内で化学反応を触媒するタンパク質．反応ごとに特異的な酵素が存在する．
enzyme deficiency 酵素欠損症：酵素活性がないために起こる病気．

enzyme electrode 酵素電極
enzyme engineering 酵素工学
enzyme immunoassay エンザイムイムノアッセイ，酵素免疫定量［法］ 略 EIA 同 immunoenzyme technique（免疫酵素測定法）
enzyme induction 酵素誘導
enzyme inhibitor 酵素阻害物質，酵素阻害剤
enzyme-inhibitor complex 酵素-阻害剤複合体
enzyme kinetics 酵素反応速度論，酵素反応動力学
enzyme label[l]ed antibody technique 酵素標識抗体法 同 immunoenzymatic technique
enzyme-linked immunosorbent assay 酵素結合免疫吸着検定法：固相化した抗原を酵素標識抗体により検出する方法． 略 ELISA
enzyme model 酵素モデル
enzyme nomenclature 酵素命名法
enzyme number 酵素番号 ⇒ EC number
enzyme polymorphism 酵素多型：遺伝子変異によりアミノ酸配列の異なる同一の酵素が同一種内または個体に存在すること．
enzyme precursor 酵素前駆体：1) ⇒ proenzyme, 2) シグナルペプチドをもつ酵素前駆体．
enzyme-product complex 酵素-生成物複合体，酵素-反応産物複合体
enzyme reaction 酵素反応
enzyme replacement therapy 酵素補充療法
enzyme repression 酵素抑制：酵素の合成が低下すること．酵素誘導の反対．
enzyme sensor 酵素センサー：酵素の基質特異性を利用した選択的な化学物質の計測素子のこと．
enzyme specificity 酵素特異性 同 specificity of enzyme
enzyme-substrate complex 酵素-基質複合体：酵素-基質複合体の形成が酵素作用の第一段階である．
enzyme-substrate-inhibitor complex 酵素-基質-阻害剤複合体
enzymology 酵素学
eosinophil 好酸球：エオシンなどの酸性色素でよく染まる顆粒をもつ白血球．アレルギー性疾患，寄生虫疾患で増加． 同 eosinophilic leukocyte, acidophilic leukocyte

eosinophil[e] 好酸性[の]【白血球】 同 eosinophilic

eosinophilia 好酸球増加症

eosinophilic → eosinophil[e]

eosinophilic leukocyte → eosinophil

eosinophilopoietin エオシノフィロポエチン：好酸球増加因子．

EPA → eicosapentaenoic acid の略．

ependymal spongioblast 上衣海綿芽細胞

ependymoblastoma 上衣芽細胞腫

ependymoma 上衣細胞腫

ephedrine エフェドリン：麻黄のアミン，ぜん息治療薬．

epiboly 被包

epichitosamine エピキトサミン → epiglucosamine

epidermal 表皮性[の]，表皮[の] 同 epidermic

epidermal growth factor 上皮細胞増殖因子，表皮成長因子 略 EGF

epidermal keratinocyte 表皮ケラチン細胞 → keratinocyte

epidermic → epidermal

epidermis 表皮

epidermoid 類表皮

epididymis 精巣上体

epigenesis 後成説：生物の発生過程で構造や機能が新たにつくられながら，発生が進むとする説．生物がミニチュアとして卵の中ですでに完成していると考える"前成説"の対語．

epigenetics エピジェネティクス：遺伝子塩基配列の変化によらず，その存在様式の変化により遺伝子機能が変化する現象．

epiglucosamine エピグルコサミン 同 epichitosamine（エピキトサミン）

epilamellar 基底膜上[の]

epilepsy てんかん〘癲癇〙

epimer エピマー：一つの不斉炭素原子の周りの配位が異なっている二つの光学異性体の一方．

epimerase エピメラーゼ：エピマー間の相互変換を行う異性化酵素．

epimerization エピマー化

epinephrine エピネフリン → adrenaline

epirenamine エピレナミン → adrenaline

episesamin エピセサミン：ゴマ油リグナンの異性体．

episome エピソーム：宿主 DNA と独立にも，また宿主 DNA に組込まれても増殖できる遺伝因子．

epistasis エピスターシス，上位：劣性遺伝子 b の存在下で，優性遺伝子 A とその対立遺伝子 a の表現型の区別がつかないとき，b は A 遺伝子の上位であるという．

epistatic 上位性[の]，上下位性[の]

epistatic variance 上下位性分散，エピスタシス分散

epithelial 上皮性[の]，上皮[の]

epithelial cell 上皮細胞 同 epithelium

epithelium → epithelial cell

epitope エピトープ：抗原決定基

epitype エピタイプ：エピトープの集団．

EPO → erythropoietin の略．

epoxide エポキシド 同 oxirane（オキシラン）

2,3-epoxysqualene 2,3-エポキシスクアレン

EPR → electron paramagnetic resonance の略．

Epstein-Barr virus エプスタイン・バーウイルス：ヘルペスウイルス科の一種．伝染性単核症，バーキットリンパ腫，鼻咽頭がんの原因． 略 EBV 同 EB virus（EB ウイルス）

equator → equatorial plane

equatorial bond エクアトリアル結合

equatorial plane 赤道面 同 equator

equilenin エキレニン：妊娠馬中に見いだされたエストロゲンの一種．

equilibrium 平衡

equilibrium constant 平衡定数

equilibrium density-gradient centrifugation 平衡密度勾配遠心分離[法]

equilibrium dialysis [method] 平衡透析[法]

equilibrium potential 平衡電位

equilin エキリン：女性（卵胞）ホルモンの一種．

equimolar 等モル[の]，等分子[の]

equine ウマ[の]

equivalent 当量

equivalent conductivity 当量電気伝導率，当量導電率

ER → endoplasmic reticulum の略．

erabutoxin エラブトキシン：ヘビ毒の一種．

***erb* gene** *erb* 遺伝子：がん遺伝子の一種．*erbA* 遺伝子産物は甲状腺ホルモン受容体，*erbB* 遺伝子産物はチロシンキナーゼで上皮

細胞増殖因子受容体.
erepsin エレプシン：腸のペプチダーゼの総称.
erg エルグ：エネルギーの単位. 1 dyn の力に抗して 1 cm 物体を動かすエネルギー.
ergastoplasm エルガストプラズム：粗面小胞体のこと.
ergocalciferol エルゴカルシフェロール：ビタミン D_2.
ergocornine エルゴコルニン：麦角アルカロイドの一種.
ergocorninine エルゴコルニニン：麦角アルカロイドの一種.
ergocristine エルゴクリスチン：麦角アルカロイドの一種.
ergometrine エルゴメトリン：麦角アルカロイドの一種. 子宮収縮剤
ergonovine エルゴノビン：麦角アルカロイドの一種.
ergosterol エルゴステロール：ビタミン D_2 の前駆物質. 同 provitamin D_2（プロビタミン D_2）
ergot 麦角：オオムギの子房などに寄生した子囊菌がつくる菌核.
ergot alkaloid 麦角アルカロイド：子宮収縮剤の一種.
ergotamine エルゴタミン：麦角アルカロイドの一種. 交感神経 α 遮断薬.
ergothioneine エルゴチオネイン：天然にある非タンパク質アミノ酸の一種. 同 thioneine（チオネイン）
ergotism 麦角中毒
eriodictyol エリオジクチオール：植物のフラバノンの一種.
ERK: extracellular signal-regulated kinase の略.
Erlenmeyer flask 三角フラスコ
Erlenmeyer method エーレンマイヤー法：アミノ酸合成法の一種. 同 azlactone method（アズラクトン法）
E rosette E ロゼット
error-free repair 誤りのない修復
error-prone PCR 変異導入型 PCR, エラー頻発型 PCR：特別な条件下で PCR を行うことにより，目的の遺伝子に対してランダムに変異を導入すること.
error-prone repair 誤りがちな修復
erucic acid エルカ酸：13-ドコセン酸. なたね油に存在.
erythrin エリトリン：地衣類の芳香族化合物.
erythrina alkaloid エリトリナアルカロイド：マメ科アルカロイド. 筋弛緩作用をもつ.
erythritol エリトリトール：4 価アルコール.
erythroblast 赤芽球
erythroblastosis 赤芽球症
erythro configuration エリトロ配置：隣接する不斉炭素に結合した同じ基がフィッシャー投影法で同じ側にある配位.
erythrocruorin エリトロクルオリン：無脊椎動物の血色素の総称.
erythrocuprein エリトロクプレイン：赤血球銅タンパク質. 実体はスーパーオキシドジスムターゼ. 同 erythrocuprin（エリトロクプリン）
erythrocyte 赤血球 同 red blood cell(RBC), red cell
erythrocyte agglutination → hemagglutination
erythrocyte sedimentation rate 赤血球沈降速度 → blood sedimentation
erythroenzymopathy 赤血球酵素異常症
erythrogenic acid エリトロゲン酸：17 位に二重結合, 9,11 位に三重結合をもつ炭素数 18 の直鎖脂肪酸. 同 isanic acid（イサン酸）
erythroglycan エリトログリカン：赤血球のABO 式血液型多糖類.
erythroid 赤芽球［の］
erythroidine エリトロイジン：マメ科のアルカロイド. 筋弛緩作用.
erythroleukemia 赤白血病
erythromycin エリスロマイシン：細菌リボソーム 50S サブユニットに結合し，タンパク質合成におけるペプチド転移反応を阻害する. A〜D 4 種の成分あり.
erythrophore → xanthophore
erythropoiesis 赤血球形成
erythropoietin エリスロポエチン，エリトロポエチン：腎臓から分泌される造血ホルモン. 赤芽球コロニー形成細胞に作用. 略 EPO
erythrose エリトロース：テトロースの一種. アルドース.
erythrulose エリトロース：テトロースの一種. ケトース.
ES cell ES 細胞 → embryonic stem cell

Escherichia coli 大腸菌【総称】 同 *E. coli*
Escherichia coli **K-12** 大腸菌K12株：研究材料として最も広範に用いられる大腸菌株.
escobezin エスコベジン → azafrin
eserin エゼリン → physostigmine
ESI → electrospray ionization の略.
ESR: electron spin resonance の略. → electron paramagnetic resonance
ESR: erythrocyte sedimentation rate の略. → blood sedimentation
essential 1) 必須[の], 不可欠[の], 本質的な, 基本的な, 2) 本態性の【医学】 → idiopathic
essential amino acid 必須アミノ酸：動物の正常な発育のために外部から摂取する必要のあるアミノ酸. 同 indispensable amino acid (不可欠アミノ酸)
essential element 必須元素
essential fatty acid 必須脂肪酸 同 indispensable fatty acid (不可欠脂肪酸)
essential hypertension 本態性高血圧：原因疾患不明の高血圧.
essential oil 精油
established cell line 樹立細胞系
ester エステル：アルコールと酸の脱水生成物.
esterase エステラーゼ：エステルを酸とアルコールに加水分解する酵素.
esteratic site エステル結合部
esterify エステル化する
ester value エステル価
estradiol エストラジオール：主要な卵胞ホルモンの女性ホルモン(活性型). 同 oestradiol
estriol エストリオール：卵胞ホルモンの一種. 同 oestriol
estrogen エストロゲン, 卵胞ホルモン：雌性動物に発情作用を示す性ホルモン. 同 oestrogen
estrogen receptor エストロゲン受容体：卵胞ホルモン受容体.
estrone エストロン：卵胞(女性)ホルモンの一種. 同 oestrone
estrous cycle 発情周期 同 oestrous cycle
EST sequence EST配列：ESTは expressed sequence tag の略. cDNAの短い断片. 染色体上のコード領域決定に用いられる.
ethacrynic acid エタクリン酸：利尿剤の一種. アリールオキシ酢酸の不飽和ケトン誘導体.
ethambutol エタンブトール：抗結核剤.
ethanol エタノール 同 ethyl alcohol (エチルアルコール)
ethanolamine エタノールアミン
ethanolamine phosphate エタノールアミンリン酸 同 phosphoethanolamine (ホスホエタノールアミン), phosphorylethanolamine (ホスホリルエタノールアミン)
ethanolamine plasmalogen エタノールアミンプラスマローゲン → plasmenylethanolamine
ethanol precipitation エタノール沈殿
ethene エテン → ethylene
ethenoadenosine エテノアデノシン
ether lipid エーテル脂質 同 alkoxy lipid (アルコキシ脂質)
ether phospholipid エーテルリン脂質
ethidium bromide 臭化エチジウム, エチジウムブロミド：DNA検出用の蛍光物質. 変異原性をもつインターカレーターの一種.
ethionine エチオニン：非タンパク質性アミノ酸の一つで含硫アミノ酸の一種. メチオニンのメチル基をエチル基に置換した類似体.
ethosuximide エトスクシミド：抗てんかん薬.
ethoxyformic anhydride エトキシギ酸無水物：タンパク質の化学修飾試薬. 同 diethylpyrocarbonate (ジエチルピロカルボネート)
ethylal エチラール：アセタールの一種.
ethyl alcohol エチルアルコール → ethanol
ethylene エチレン 同 ethene (エテン)
ethylenediaminetetraacetic acid エチレンジアミン四酢酸：キレート剤の一種. 略 EDTA
ethylene glycol エチレングリコール：エタンジオール.
ethylene glycol bis(2-aminoethyl ether) tetraacetic acid エチレングリコールビス(2-アミノエチルエーテル)四酢酸：金属イオンのキレート剤. 特に Ca^{2+} の生理機能の解析に多用される. 略 EGTA
***N*-ethylmaleimide** *N*-エチルマレイミド：タンパク質中のシステイン残基修飾剤. 略 NEM
ethynodiol エチノジオール：経口避妊薬成分. エチニル基をつけた卵胞ホルモン.
etiocholanedione エチオコランジオン：男性

ステロイドの一種.

etioporphyrin エチオポルフィリン：葉緑素ポルフィリンの誘導体.

etoposide エトポシド：抗がん剤の一つ. DNAトポイソメラーゼⅡ型の阻害作用をもつ. VP16ともよばれる.

eubacterium 真正細菌：細菌界は真正細菌と古細菌の二つの生物群に分けられる.

eucaryote ⇒ eukaryote

euchromatin 真正染色質, ユークロマチン：間期の染色質.

eugenics 優生学：個体の形質や能力は遺伝子と環境との相互作用によって決定されるが, 遺伝的な変化によってヒト集団の改良をめざすのが優生学である.

eugenol オイゲノール：チョウジの精油成分. 解熱剤.

Euglena ミドリムシ

euglobulin 真性グロブリン

Eukarya ユーカリア, 真核生物

eukaryote 真核生物 同 eucaryote

europium ユウロピウム：元素記号 Eu. 原子番号63の希土類元素.

euryhaline 広塩性［の］

eutrophication 富栄養化：河川, 湖沼, 海洋の窒素化合物やリン酸の濃度が上昇し, 微生物が異常に繁茂する状況. 悪臭の発生や, 海洋では赤潮などをひき起こす.

Evans Blue エバンスブルー：血管内に保持される色素の一種. 循環血液量の測定に使用されたり, 組織の傷害を調べたりするときに用いる.

evaporate 蒸発させる

evaporation heat ⇒ vaporization heat

evaporator 蒸発器, エバポレーター

even-numbered fatty acid 偶数鎖脂肪酸

evodiamine エボジアミン：鎮痛作用をもつインドールアルカロイドの一種. 漢方薬成分.

evodine エボジン ⇒ limonin

evoked potential 誘発電位

evolution 進化

evolutionary load 進化の荷重 同 substitutional load（置換の荷重）

evolution theory 進化論

ewe 雌ヒツジ

EXAFS〘エグザフス, エキザフス〙：extended X-ray absorption fine structure の略.

excimer エキシマー, 励起二量体：励起状態と基底状態分子の二量体のこと.

excision 切除術

excision repair 除去修復（異常塩基の）

excitability 興奮性：刺激閾値の逆数.

excitation 1）興奮：刺激による生体の一過性の活動状態. 2）励起

excitation-contraction coupling 興奮収縮連関：筋肉の膜電位変化から収縮までの過程.

excitation spectrum 励起スペクトル

excitation transfer 励起移動

excitatory 興奮性［の］

excitatory amino acid neurotransmitter 興奮性アミノ酸系伝達物質 同 exitatory amino acid transmitter

excitatory postsynaptic potential 興奮性シナプス後電位

excitatory synapse 興奮性シナプス

excite 励起する【分子, 原子などを】

excited state 励起状態

exciton 励起子, エキシトン

exclusion limit 排除限界：ゲル沪過クロマトグラフィーにおいて, ゲル粒子内部に入り込めない分子量の限界値.

excretion 排出

exececessive sweating ⇒ hyperhidrosis

exergonic reaction 発エルゴン反応, エネルギー発生反応：自由エネルギーの減少を伴う化学反応. 平衡が生成系に傾いているため自発的に進行する.

exfoliatin エクスフォリアチン：皮膚壊死毒タンパク質.

exitatory amino acid transmitter ⇒ excitatory amino acid neurotransmitter

exobiology 圏外生物学 ⇒ space biology

exocrine gland 外分泌腺

exocytosis エキソサイトーシス, 開口分泌：外向きの膜輸送（タンパク質分泌など分泌顆粒内容の放出）.

exoenzyme 細胞外酵素 同 extracellular enzyme

exogenous 外因性［の］

exon エキソン, エクソン：遺伝子の中で, 最終的な成熟 RNA を構成する配列をコードしている領域. エキソン間の領域はイントロンとよばれ, スプライシングによって成熟 mRNA からは除かれる. 同 structural sequence（構造配列）

exon shuffling エキソンシャッフリング：エ

キソンのかきまぜ.

exon skipping エキソンスキッピング：選択的スプライシングの際，一部のエキソンがイントロンとともに除去されること.

exonuclease エキソヌクレアーゼ：ポリヌクレオチドの一端から3′,5′-ホスホジエステル結合を切断する加水分解酵素.

exopeptidase エキソペプチダーゼ：タンパク質の末端を切断する酵素.

exoribonuclease エキソリボヌクレアーゼ：RNAの3′または5′末端から順次モノヌクレオチドを遊離させるリボヌクレアーゼの総称.

exotoxin 外毒素，エキソトキシン

expanded film 膨張膜

experimental 実験[の]，実験的[の]，経験的な

experimental allergic encephalitogen 実験的アレルギー性脳脊髄炎誘起物質 ⇒ encephalitogenic protein

experimental allergic encephalomyelitis 実験的アレルギー性脳脊[せき]髄炎

experimental animal ⇒ laboratory animal

experimental group 実験群

explant 外植片，外植体：体外培養される器官片または組織片.

explantation 外植，体外培養：体外(*in vitro*)で培養すること.

explant culture 外植片培養，組織片培養

exploratory behavior 探査行動，探索行動

exponential growth phase 指数増殖期 ⇒ logarithmic growth phase

expose 曝露する

exposure dose 照射線量

exposure rate 照射線量率

expression 1)発現, 2)表現

expression cloning 発現クローニング

expression profile 発現プロフィール，発現プロファイル：細胞の全遺伝子発現の，細胞のおかれた状況による差(組織差など)をマイクロアレイなどで表したもの.

expression vector 発現ベクター

expressivity 表現度

extein エクステイン：プロテインスプライシングにより前駆体タンパク質より不要な部分(intein)が取除かれるが，残りの成熟タンパク質を構成する領域.

extensin エクステンシン：植物細胞壁にセルロースと共存する糖タンパク質.

extensive factor 容量因子 ⇒ extensive variable

extensive quantity 示容量 ⇒ extensive variable

extensive variable 示量変数 同 extensive factor(容量因子), extensive quantity(示容量)

external secretion 外分泌

extinction 吸光

extinction coefficient 吸光係数

extirpation 摘出

extracellular 細胞外部[の]，細胞外[の]

extracellular enzyme ⇒ exoenzyme

extracellular matrix 細胞外マトリックス：一般に細胞間物質と同様に使われる. 略 ECM

extrachromosomal genetic element 染色体外遺伝因子 ⇒ plasmid

extrachromosomal inheritance 染色体外遺伝 ⇒ cytoplasmic inheritance

extract 抽出液，抽出物

extraction 抽出

extrafusal fiber 錐[すい]外[筋]繊維

extramedullary hematopoiesis 骨髄外造血，髄外造血

extraneous 外来性[の]

extranuclear gene 核外遺伝子 ⇒ plasmagene

extranuclear inheritance 核外遺伝 ⇒ cytoplasmic inheritance

extrapolation 外挿，補外

extrapyramidal system 錐[すい]体外路系：運動の調節神経路の一種.

extrapyramidal tract 錐[すい]体外路

extreme thermophile 高度好熱菌

extrinsic factor 1)外因性要因, 2)外因子

exudate macrophage 滲出性マクロファージ：起炎物質の投与によって滲出してくるマクロファージ.

exudative diathesis 滲出性体質

ex vivo エキソビボ，エクスビボ：遺伝子治療において，患者から標的細胞を体外に取出し，対象遺伝子を導入した後，その細胞を再び患者の体内に戻す方法.

ezrin エズリン：細胞膜裏打ちタンパク質の一つ.

F

F ⇌ phenylalanine の略.

F$_o$ ⇌ oligomycin sensitivity-conferring factor の略.

Fab fragment Fab フラグメント：抗体分子の抗原結合部位. 同 antigen-binding fragment(抗原結合性フラグメント)

FAB-MS: fast atom bombardment mass spectrometry の略. FAB 法によって試料をイオン化して行う質量分析.

Fabry disease ファブリー病：α-ガラクトシダーゼ A 欠損によるトリヘキソシルセラミドの遺伝的蓄積病. X 染色体遺伝病. 同 angiokeratoma corporis diffusum (び漫性体部被角血管腫), trihexosylceramidosis (トリヘキソシルセラミド蓄積症)

facilitated diffusion 促進拡散, 促通拡散【生理】

facilitated transport 促進輸送

facilitation 促進, 促通

FACS〚ファックス〛 ⇌ fluorescence-activated cell sorter の略.

F actin F アクチン 同 fibrous actin

factor I I 因子【補体系の】

facultative 通性[の], 条件的[の], 任意[の]

facultative anaerobe 通性嫌気[性]生物, 条件的嫌気[性]生物, 任意嫌気[性]生物

facultative anaerobic bacterium 通性嫌気[性][細]菌

facultative autotroph 任意独立栄養生物

facultative heterochromatin 機能性ヘテロクロマチン, 任意性ヘテロクロマチン

facultative infection 通性感染 ⇌ opportunistic infection

facultative methylotroph 任意メチロトローフ

facultative thermophile 通性好熱菌

FAD ⇌ flavin adenine dinucleotide の略.

FADH$_2$: flavin adenine dinucleotide の還元型の略号.

fading 退色

fagarol ファガロール ⇌ sesamin

familial adenomatous polyposis 家族性大腸腺腫症, 家族性大腸ポリポーシス：APC 遺伝子異常による常染色体優性遺伝. 略 FAP

familial amyloid polyneuropathy 家族性アミロイドポリニューロパシー：アミロイド繊維が全身臓器に沈着する常染色体優性遺伝性疾患で, 一部はトランスチレチン(プレアルブミン)の突然変異による. 略 FAP

familial iminoglycinuria 家族性イミノグリシン尿症 同 prolinuria (プロリン尿症)

family 1) 科【分類】, 2) 家族【動物】, 3) 系統群

Fanconi anemia ファンコニ貧血：奇形を伴う先天性貧血. 常染色体劣性遺伝.

Fanconi syndrome ファンコニ症候群：腎尿細管障害を伴う症候群. 同 Debré-de Toni-Fanconi syndrome (ドブレ・ドトニ・ファンコニ症候群)

FAOBMB ⇌ Federation of Asian and Oceanian Biochemists and Molecular Biologists の略.

FAP ⇌ familial adenomatous polyposis の略.

FAP ⇌ familial amyloid polyneuropathy の略.

Farber disease ファーバー病：アシルスフィンゴシンデアミラーゼ欠損によるセラミドの遺伝的蓄積病. 常染色体劣性. 同 ceramidosis (セラミドーシス), lipogranulomatosis (リポグラヌロマトーシス)

far infrared 遠赤外[の]

farnesol ファルネソール：非環式セスキテルペン. ボダイジュの精油.

farnesylation ファルネシル化：ファルネシル基によるタンパク質やペプチドの翻訳後修飾構造. C 末端のシステインを標的とする.

Farr technique ⇌ Farr test

Farr test ファー試験：抗体量算出法の一種. 同 Farr technique

far ultraviolet 遠紫外[の]

Fas antigen Fas 抗原：細胞表面のタンパク質抗原で, アポトーシスを誘導する Fas リガンドの受容体分子.

Fas ligand Fas〚ファス〛リガンド：TNF ファミリーに属するサイトカインで, その受容体 Fas に結合し, アポトーシスを誘導する.

Fast Green FCF ファーストグリーンFCF: タンパク質染料.

fasting 絶食

fasting blood sugar 空腹時血糖値 略FBS

fast muscle 速筋

fast reaction ⇒ rapid reaction

fat 脂肪

fatal 致死[の], 致命的[の]

fat cell ⇒ adipocyte

fate map 運命地図: 胚の各領域の細胞について将来成体のどの組織に分化するかという細胞の運命を書き込んだ地図.

fat mass 体脂肪量: 体重に占める体脂肪の割合. 体脂肪率の一般的な適正範囲は, 男性で15〜20％, 女性で20〜25％である.

F_1-ATPase F_1-ATPアーゼ: ミトコンドリア, 葉緑体, 細菌形質膜のATP合成酵素の触媒部分.

fats and oils ⇒ oils and fats

fat-soluble vitamin 脂溶性ビタミン

fat tissue ⇒ adipose tissue

fatty acid 脂肪酸

fatty acid cyclooxygenase 脂肪酸シクロオキシゲナーゼ: プロスタグランジンエンドペルオキシドシンターゼの別名.

fatty acid hydroperoxide 脂肪酸ヒドロペルオキシド

fatty acid synthase 脂肪酸合成酵素: マロニルCoAとアセチルCoAを出発材料として脂肪酸を合成する酵素複合体.

fatty liver 脂肪肝

FBS ⇒ fasting blood sugar の略.

FBS ⇒ fetal bovine serum の略.

FCCP: carbonylcyanide-p-trifluoromethoxyphenylhydrazone の略. ミトコンドリア電子伝達系の強力な脱共役剤.

Fc fragment Fc フラグメント: 抗体の定常(不変＝constant)部位.

Fc′ fragment Fc′フラグメント: 抗体の断片の一つ.

Fc receptor Fc 受容体, Fc レセプター: 抗体のFcフラグメントと結合する細胞表面受容体.

FCS: fetal calf serum の略. ⇒ fetal bovine serum

FD ⇒ field desorption の略.

Fd fragment Fd フラグメント: 抗体のFabフラグメントの一部.

FD-MS: field desorption mass spectrometry の略. FD法によって試料をイオン化して行う質量分析.

FDNB: 1-fluoro-2,4-dinitrobenzene の略.

Fechner's law フェヒナーの法則 ⇒ Weber-Fechner law

fed-batch culture 流加培養法: 培養基中に基質を添加していく培養法.

Federation of Asian and Oceanian Biochemists and Molecular Biologists アジアオセアニア生化学者分子生物学者連合 略FAOBMB

feedback フィードバック: 結果を原因側に反映して反応を制御すること.

feedback control フィードバック制御: 広義にはある制御系で原因側に結果を反映する制御. 出力信号の一部を入力へ回作用させること.

feedback inhibition フィードバック阻害: 代謝産物による代謝経路のはじめの酵素のアロステリック阻害.

feedback repression フィードバック抑制: 負のフィードバック制御による代謝系や遺伝子発現系の抑制.

feeder layer 支持細胞層【細胞培養の】

feedforward control フィードフォワード制御: 原因側の変化を一方的に結果側の変化に伝える制御. 対語は feedback control.

Fehling's solution フェーリング液: 強アルカリ銅キレート液による還元反応を利用した糖の検出試薬.

feline ネコ[の]

female 雌

female sex hormone 雌性ホルモン, 女性ホルモン

femto フェムト: 10^{-15} を表すSI接頭語.

femtogram フェムトグラム: 記号 fg. 10^{-15} グラム.

Fenn effect フェン効果: 筋肉の仕事量に伴って収縮反応の速度が上昇する効果.

fentanyl フェンタニール: 合成麻薬の一種.

Ferguson plot ファーガソンプロット: 電気泳動移動度の対数と担体ゲル濃度の間のプロット. ゲル濃度から分子量を求める方法.

fermentation 発酵: 有機物質が微生物によって分解される現象(広義). 炭水化物が微生物によって無酸素的に分解されること(狭義).

fermenter 発酵槽

ferralterin フェラルテリン: 葉緑体に存在す

る鉄と硫酸を含む非ヘムタンパク質.
ferredoxin フェレドキシン:光合成や呼吸に関与する鉄-硫黄タンパク質の一種.またはこれに類似の鉄-硫黄タンパク質.
ferrichrome フェリクロム:黒穂菌の鉄キレート物質.
ferric hydroxide 水酸化第二鉄
ferricyanide → hexacyanoferrate(Ⅲ)
ferricytochrome c フェリシトクロム c, 酸化型シトクロム c: 鉄の状態が3価イオンであるシトクロム c.
ferriporphyrin フェリポルフィリン:3価鉄を中心金属とする金属ポルフィリン.
ferriprotoporphyrin フェリプロトポルフィリン:3価鉄をもつ鉄ポルフィリン.
ferritin フェリチン:鉄貯蔵タンパク質.約2000個の3価鉄と結合する.
ferritin antibody technique フェリチン抗体法:フェリチンで標識した抗体を用いて抗原を検出する方法.電子顕微鏡染色法の一種.　同 immunoferritin technique(免疫フェリチン法)
ferrochelatase フェロケラターゼ:プロトポルフィリンに Fe^{2+} を配位させてヘムをつくる酵素.　同 protoheme ferrolyase(プロトヘムフェロリアーゼ)
ferrocytochrome c フェロシトクロム c, 還元型シトクロム c: 鉄の状態が2価イオンであるシトクロム c.
ferro[o]xidase フェロオキシダーゼ:酸化活性をもつ銅タンパク質.動物のものはセルロプラスミン.
ferroporphyrin フェロポルフィリン:2価鉄を中心金属とする金属ポルフィリン.
fertility 1)受精率, 2)繁殖性, 3)妊性, ねん[稔]性, 4)受精能力
fertility factor ねん[稔]性因子
fertility plasmid ねん性プラスミド → sex factor
fertilization 1)受精, 2)配偶子合体
fertilization membrane 受精膜
fertilizer 肥料
***fes* gene** *fes*[フェス]遺伝子:がん遺伝子の一種.産物はチロシンキナーゼ.
fetal 胎児[の], 胎児性の
fetal bovine serum ウシ胎仔血清　略 FBS　同 fetal calf serum(FCS)
fetal calf serum → fetal bovine serum

fetuin フェチュイン, フェツイン:胎児血清のシアロ糖タンパク質.
fetus 胎児
Feulgen reaction フォイルゲン反応:DNA の呈色反応の一種.
$F_0 \cdot F_1$: $F_0 \cdot F_1$ ATP synthase の略.
FFA → free fatty acid の略.
F factor F因子 → F plasmid
F′ factor F′因子 → F′ plasmid
FGF → fibroblast growth factor の略.
fiber 繊維, 繊糸　同 fibre
fibre → fiber
fibril 原繊維, フィブリル
fibrillin フィブリリン:細胞間弾性繊維を構成するタンパク質の一つ.
fibrin フィブリン, 繊維素
fibrinase フィブリナーゼ → plasmin
fibrinogen フィブリノーゲン, 繊維素原:血液凝固Ⅰ因子ともいう.トロンビンでフィブリンを生じる血漿タンパク質.
fibrinogenase フィブリノゲナーゼ → thrombin
fibrinogenolysis フィブリノーゲン分解
fibrinoligase フィブリノリガーゼ:血液凝固 ⅩⅢ因子の別名.
fibrinolysin フィブリノリシン → plasmin
fibrinolysis 繊維素溶解[現象], 繊溶
fibrin stabilizing factor フィブリン安定化因子:血液凝固ⅩⅢ因子の別名.
fibroblast 繊維芽細胞:結合織形成細胞.
fibroblast growth factor 繊維芽細胞増殖因子:酸性繊維芽細胞増殖因子と塩基性繊維芽細胞増殖因子の2種類がある.ともにヘパリン親和性を特徴とし, 中胚葉誘導, 神経分化や血管新生を行う.　略 FGF
fibroin フィブロイン
fibromatosis 線維腫症, 繊維腫症
fibronectin フィブロネクチン:細胞外骨格系の繊維状タンパク質の一種.
fibronexus フィブロネクサス:細胞膜上にあり, フィブロネクチン繊維束とアクチン繊維束の接合点のこと.
fibrosarcoma 線維肉腫, 繊維肉腫
fibrosis 線維症, 繊維症
fibrous 繊維状[の]
fibrous actin → F actin
fibrous long spacing FLS繊維:再構成コラーゲン繊維の一種.

ficaprenol フィカプレノール：植物のイソプレン重合体．炭素数50〜55．

ficin フィシン：イチジクのプロテアーゼ．

Fick's law フィックの法則：拡散が濃度勾配に比例するという法則．

Ficoll フィコール【商品名】：スクロースとエピクロロヒドリンの共重合物．密度勾配作製などに用いる．

field 場

field desorption フィールドデソープション法 略 FD

fifty percent infection dose 半感染量 略 ID_{50} 同 median infection dose

fifty percent lethal dose 1) 半致死量, 2) 半致死線量 略 LD_{50} 同 median lethal dose, lethal dose 50

fifty percent lethal time 半致死時間 略 LD_{50} 同 median lethal time

filaggrin フィラグリン：表皮の角質層より分離された構造タンパク質．中間径フィラメントと特異的に結合する．

filamentous fungus 糸状菌

filamentous phage 繊維状ファージ，線状ファージ

filamin フィラミン：Fアクチン結合タンパク質．

filipin フィリピン：ポリエン系抗生物質の一種．

film badge フィルムバッジ：放射線感光フィルムをバッジに入れた個人被曝管理用測定器．

filopodium(*pl.* filopodia) 糸状仮足，フィロポディア

Filoviridae フィロウイルス科：マールブルグウイルス，エボラウイルスなどを含むフィラメント状ウイルス．

filter 濾過器，フィルター

filter paper 濾紙

filtration 濾過

fimbrin フィンブリン：細胞骨格系タンパク質の一種．

FI-MS: field ionization mass spectrometry の略．FI法によって試料をイオン化する質量分析法．

final concentration 終濃度

fingerprint フィンガープリント：2種類のタンパク質のプロテアーゼ消化物について電気泳動やHPLCなどのパターンの違いからアミノ酸配列上の差異を検出する方法．核酸や糖にも応用される．同 fingerprinting [method]（フィンガープリント法，指紋法）

fingerprinting [method] フィンガープリント法 → fingerprint

finite proliferation 有限増殖 同 limited proliferation

firefly ホタル

first law of thermodynamics 熱力学第一法則

first-order reaction 一次反応

first polar body 第一極体

Fischer projection formula フィッシャーの投影式：光学異性体のD-, L-形を決定する投影法．

FISH → fluorescence *in situ* hybridization の略．

Fiske-Subbarow reagent フィスケ・サバロウ試薬：リン酸定量試薬の一種．

fission yeast 分裂酵母 同 *Schizosaccharomyces pombe*（シゾサッカロミセス＝ポンベ）

FITC → fluorescein isothiocyanate の略．

fitness 適応度 同 adaptive value（適応値）

five prime end 5′末端 同 5′-end

fixation 固定：1) 組織形態観察のための変性操作．2) バイオリアクターのための酵素，細菌の構造体への組込み．

fixation probability 固定確率【集団遺伝学用語】

fixative 固定液 同 fixative solution

fixative solution → fixative

fixed angle 固定角

fixed postmitotic cell 固定性分裂終了細胞

FK506: マクロライド系の免疫抑制剤．同 tacrolimus（タクロリムス）

FK506-binding protein FK506結合タンパク質，ペプチジルプロリル *cis-trans-* イソメラーゼ：FK506やラパマイシンで阻害される．イムノフィリンの一種．

flaccid paralysis 弛[し]緩性麻痺[ひ]

flagella: flagellum の複数形．

flagellar membrane べん[鞭]毛膜

flagellar movement べん[鞭]毛運動

flagellin フラジェリン：べん毛を構成する球状タンパク質．

flagellum(*pl.* flagella) べん[鞭]毛

flame ionization detector 水素炎イオン化検出器

flame photometer 炎光光度計

flame photometric detector 炎光光度検出

器

flame spectrochemical analysis 炎光分光分析, フレーム分光法 同 flame spectrophotometry

flame spectrophotometry → flame spectrochemical analysis

flank 隣接する(遺伝子の上流および下流に)

flanking 側面にある, 隣接する

flanking region フランキング領域 → flanking sequence

flanking sequence フランキング配列：ある遺伝子の5′側または3′側に隣接する配列. 同 flanking region(フランキング領域)

flash evaporator フラッシュエバポレーター

flash photolysis せん[閃]光[光]分解：強力なせん光を照射して物質を分解する光化学的手段.

flash spectrum せん[閃]光スペクトル

flavanone フラバノン：フラボンの還元生成物.

flavin フラビン：7,8-ジメチル-10-アルキルイソアロキサジン核をもつ化合物の総称(ビタミンB_2など).

flavin adenine dinucleotide フラビンアデニンジヌクレオチド 略 FAD

flavin coenzyme フラビン補酵素：FADとFMNをさす.

flavin-containing dehydrogenase → flavin-linked dehydrogenase

flavin enzyme フラビン酵素 同 flavoenzyme, flavin-linked enzyme

flavin-linked dehydrogenase フラビン依存性デヒドロゲナーゼ 同 flavin-containing dehydrogenase

flavin-linked enzyme → flavin enzyme

flavin mononucleotide フラビンモノヌクレオチド 略 FMN 同 riboflavin 5′-phosphate (リボフラビン 5′-リン酸)

flavocytochrome フラボシトクロム：フラビンも含むシトクロム. フラビンとヘム両方を補欠分子としてもつ電子伝達タンパク質.

flavodoxin フラボドキシン：FMNを補欠分子とするフェレドキシンに代わる電子伝達体.

flavoenzyme → flavin enzyme

flavohydroquinone フラボヒドロキノン：二電子還元型フラビン.

flavone フラボン：メトキシ基, ヒドロキシ基をもつフラボノイド.

flavonoid フラボノイド：2個のフェニル基とピラン環を基本とする植物色素.

flavonol フラボノール：フラボンの3位にヒドロキシ基をもつ物質.

flavoprotein フラビンタンパク質：フラビンを補欠分子とするタンパク質.

flavoquinone フラボキノン：酸化型フラビン.

flavoxanthine フラボキサンチン：カロテノイドの一種.

flexible region 可動部

flip-flop mechanism フリップ・フロップ機構, とんぼがえり機構：リン脂質二重膜でその構成脂質分子が膜の反対側に移動すること.

flippase フリッパーゼ：酵母 2 μm プラスミド中の部位特異的な組換え反応を触媒する酵素.

floatation coefficient 浮上係数 同 floatation constant(浮上定数)

floatation constant 浮上定数 → floatation coefficient

floating beta disease 浮上β病 同 broad beta disease, dysbetalipoproteinemia(異常βリポタンパク質血症)

flocculate 凝集させる

flora 植物相, フロラ 同 florae

florae → flora

florigen フロリゲン → flowering hormone

Florisil フロリジル【商品名】：ケイ酸マグネシウム. カラムクロマトグラフィーの固定相に使用される.

flow birefringence 流動複屈折 同 double refraction of flow, streaming birefringence

flow cytometry フローサイトメトリー, 流動細胞計測法

flow dichroism 流動二色性

flowering hormone 開花ホルモン, 花成ホルモン 同 florigen(フロリゲン)

flow method フロー法

flow microfluorometry 流動微小蛍光測定 同 flow-through microfluorometry

flow rate 流量

flow-through microfluorometry → flow microfluorometry

fluctuation 1)ゆらぎ, 2)変動

flufenamic acid フルフェナム酸：非ステロイド性抗炎症剤の一種.

fluff フラフ：脂質抽出時の水-有機溶媒界面の白綿状沈殿.

fluid 1)流体, 2)流動性[の]

fluid mosaic model 流動モザイクモデル：生体膜の基本構造は流動性をもつ脂質二重膜に膜タンパク質がモザイク状に散在しているという学説.

fluorescamine フルオレサミン，フルオレスカミン：アミノ酸，ペプチドの定量に用いられる蛍光試薬.

fluorescein フルオレセイン：蛍光性色素の一種.

fluorescein isothiocyanate フルオレセインイソチオシアネート：タンパク質の蛍光標識試薬．蛍光抗体に用いられる． 略 FITC

fluorescence 蛍光

fluorescence activated cell analyzer ⇒ fluorescence-activated cell sorter

fluorescence-activated cell sorter 蛍光標示式細胞分取器 略 FACS『ファックス』 同 fluorescence activated cell analyzer

fluorescence depolarization 蛍光偏光解消

fluorescence efficiency 蛍光収率 ⇒ fluorescence yield

fluorescence emission spectrum 蛍光発光スペクトル ⇒ fluorescence spectrum

fluorescence *in situ* hybridization 蛍光 *in situ* ハイブリッド形成法，FISH 法：蛍光プローブを用いた *in situ* ハイブリッド形成法． 略 FISH

fluorescence intensity 蛍光強度

fluorescence microscope 蛍光顕微鏡

fluorescence quenching 蛍光消光

fluorescence spectrum 蛍光スペクトル 同 fluorescence emission spectrum（蛍光発光スペクトル）

fluorescence yield 蛍光収量 同 fluorescence efficiency（蛍光収率）

fluorescent antibody technique 蛍光抗体法 同 immunofluorescence technique（免疫蛍光法）

fluorescent calcium indicator カルシウム蛍光指示薬，蛍光性カルシウム指示薬：カルシウムをキレートすると蛍光を出す試薬．Fura-2 など.

fluorescent probe 蛍光プローブ

fluoride フッ化物

fluorimetry 蛍光定量法 同 fluorometry

fluorine フッ素：元素記号 F．原子番号 9 のハロゲン元素.

fluoroacetic acid フルオロ酢酸：植物毒の一種．代謝阻害剤として使う.

fluorocitric acid フルオロクエン酸：クエン酸回路の阻害物質.

fluorocortisone フルオロコルチゾン：副腎皮質糖質ホルモンのフッ素誘導体.

fluorography フルオログラフィー，蛍光光度法：オートラジオグラフィーの低温増感露出法.

fluoroimmunoassay 蛍光イムノアッセイ，蛍光免疫測定[法]：抗原抗体反応を蛍光物質の助けで定量的に追跡し，抗原あるいは抗体を測定する方法.

fluorometry ⇒ fluorimetry

fluoroxalacetic acid フルオロオキサロ酢酸：オキサロ酢酸のフッ素置換体.

fluothane フルオタン ⇒ halothane

fluphenazine フルフェナジン：ドーパミン D_1 受容体の結合物（リガンド）.

flush 流す（気体，液体を）

flush end ⇒ blunt end

flux 流れ

***N*-fMet** ⇒ *N*-formylmethionine の略.

fMLP：*N*-formylmethionylleucylphenylalanine の略.

FMN ⇒ flavin mononucleotide の略.

FMNH：flavin mononucleotide の還元型の略号.

Fmoc method Fmoc 法：ペプチド合成の方法で，N 末端を Fmoc（9-フルオレニルメトキシカルボニル）基で保護して合成する.

FMR antigen FMR 抗原

***FMR-1* gene** *FMR-1* 遺伝子：fragile X mental retardation-1 の略．脆弱 X 症候群の原因遺伝子.

***fms* gene** *fms*『フムス』遺伝子：がん遺伝子の一種．産物はマクロファージコロニー刺激因子（CSF-1）受容体.

foam cell 泡沫細胞：血液中の単球に由来する血管壁内マクロファージが，細胞内に大量の脂肪滴を蓄積してできた細胞.

focal adhesion フォーカルアドヒージョン：インテグリンを接着分子とする細胞-マトリックス接着結合.

focal contact フォーカルコンタクト：培養細胞における細胞-マトリックス接着結合.

focal hemosiderosis 集中性ヘモジデローシス

focus 1）焦点，2）フォーカス，3）病巣，4）細胞増殖巣

focus formation フォーカス形成：悪性形質転換した細胞集団(フォーカス)の形成.

fodrin フォドリン：スペクトリンに似たタンパク質でアクチンの束と束の間を結んでいる.

folate 葉酸塩

Folch partition method フォルチ分配法：脂質分画法の一種. クロロホルム-メタノール-水による分画.

fold フォールド ⇌ motif

folding 折りたたみ【タンパク質の】，フォールディング

folding theory 折りたたみ説

folic acid 葉酸：ビタミンB群に属する抗貧血因子の一種. 同 pteroylglutamic acid (PteGlu, PGA, プテロイルグルタミン酸)

folinic acid フォリン酸 ⇌ L(−)-5-formyl-5,6,7,8-tetrahydrofolic acid

folliberin フォリベリン ⇌ follicle-stimulating hormone-releasing factor

follicle 沪胞：卵胞(ovarian follicle)をさすことが多い.

follicle-stimulating hormone 沪胞刺激ホルモン，卵胞刺激ホルモン 略 FSH 同 follitropin(フォリトロピン)

follicle-stimulating hormone-releasing factor 沪胞刺激ホルモン放出因子 略 FSH-RF 同 folliberin(フォリベリン)

follicular carcinoma 沪胞状がん

follistatin フォリスタチン：アクチビンのアンタゴニスト.

follitropin フォリトロピン ⇌ follicle-stimulating hormone

following substrate 後続基質：2種以上の基質をもつ酵素反応で後から反応する基質. 対語は leading substrate.

food chain 食物連鎖

foot-and-mouth disease 口蹄疫：口蹄疫ウイルスによる家畜の急性伝染病で，粘膜における水疱形成と筋肉の変性がみられる. まれにヒトも感染する. 同 aphthous fever

footpad reaction 足せき【蹠】反応：マウス足せきを用いた遅延型過敏症検出法の一種.

footprinting [method] フットプリント法，足跡法：DNA上のタンパク質結合部位決定法.

Forbes disease フォーブス病 ⇌ amylo-1,6-glucosidase deficiency

forbidden clone 禁止クローン：自己抗原に特異性をもった免疫担当細胞の仮想的群(クローン).

forceps 鉗〖かん〗子，ピンセット

forebrain 前脳 同 prosencephalon

form 1)品種【植物分類】：植物分類学上の用語で変種の下位の階級. 2)型

formaldehyde ホルムアルデヒド：殺菌剤. 組織固定剤. 同 methanal(メタナール)

formalin ホルマリン：ホルムアルデヒド37%水溶液. 殺菌剤.

formation constant 生成定数

formative strand 情報鎖：DNAの二本鎖のうち遺伝情報を担う鎖.

formazan ホルマザン：$H_2NN=CHN=NH$の基本構造をもつ. 結晶しやすくふつう黄〜赤色の化合物をつくる.

form I DNA I型DNA ⇌ closed circular DNA

form II DNA II型DNA ⇌ open circular DNA

formic acid ギ酸：最小の有機酸. 反応性が高い.

formiminotransferase ホルムイミノトランスフェラーゼ

forming face 形成面【ゴルジ体の】

formol titration ホルモル滴定

formonitrile ホルモニトリル ⇌ hydrogen cyanide

formose ホルモース：ホルムアルデヒドの重合で生じた単糖混合物.

formula 処方

formulation 1)製剤，製剤形態, 2)公式化

formula weight 式量

formycin フォルマイシン：ATP類似体. ヌクレオチドやRNA合成を阻害する抗生物質. A, B 2成分あり.

formylase ホルミラーゼ：ふつうホルミルキヌレニンホルムアミダーゼのことをいう.

formylation ホルミル化

formyl group transfer ホルミル基転移

formylkynurenine ホルミルキヌレニン：トリプトファン代謝産物の一種.

N-formylmethionine N-ホルミルメチオニン：原核生物のペプチド合成のN末端を形成する物質. メチオニンのN末端はホルミル化されている. 略 N-fMet

N-formylmethionyl-tRNA N-ホルミルメチオニル tRNA：翻訳開始コドンに対応して翻

訳反応の開始にだけ用いられる tRNA.

L(−)-5-formyl-5,6,7,8-tetrahydrofolic acid L(−)-5-ホルミル-5,6,7,8-テトラヒドロ葉酸：ホルミル基転移反応におけるホルミル基供与体. 同 citrovorum (シトロボラム因子), leucovorin (ロイコボリン), folinic acid (フォリン酸)

formyl transferase ホルミルトランスフェラーゼ, ギ酸転移酵素

fornix 円がい[蓋], 脳弓

Forssman antibody フォルスマン抗体

Forssman antigen フォルスマン抗原：スフィンゴ糖脂質の一種. 異好性抗原. 同 Forssman hapten (フォルスマンハプテン)

Forssman hapten フォルスマンハプテン → Forssman antigen

Forssman shock フォルスマンショック：フォルスマン抗体によるショック.

forward mutation 正[突然]変異, 前進[突然]変異：対語は reverse mutation.

fos gene *fos*〘フォス〙遺伝子：がん遺伝子の一種. 産物である Fos タンパク質は Jun タンパク質と AP1 複合体をつくり転写因子として機能する.

fossil 化石

Fouchet's test フシェー試験：尿中ビリルビン検出法.

founder principle 創始者原理：bottleneck effect を参照.

Fourier synthesis フーリエ合成：結晶構造因子の集合から電子密度分布関数へのフーリエ変換.

Fourier transform フーリエ変換 略 FT

Fourier transform spectrometer フーリエ変換分光器

fowl 家きん[禽]

F pilus(*pl.* F pili) F 線毛：細菌の接合を可能にする F 因子によってコードされる菌体表面に生じる線毛構造. F 線毛は, 雌雄株の個体が接合することを助ける.

F plasmid F プラスミド 同 F factor (F 因子)

F′ plasmid F′ プラスミド 同 F′ factor (F′ 因子)

fps gene *fps*〘フプス〙遺伝子：がん遺伝子の一種. 産物はチロシンプロテインキナーゼ.

fractal structure フラクタル構造：自己相似図形. 全体が部分とその部分がさらに小さな部分と相似な図形.

fractional saturation → saturation fraction

fractionation 1) 分画, 2) 分別

fraction collector フラクションコレクター, 自動分取装置

fradiomycin フラジオマイシン → neomycin

fragile X syndrome 脆〘ぜい〙弱 X 症候群：*FMR-1* 遺伝子の異常により男子に生じる先天性知能障害を主徴とする疾患. トリプレットリピート病の典型.

fragment 断片, フラグメント

fragment condensation 断片縮合, フラグメント縮合：オリゴマー同士を縮合して長い高分子を合成すること.

fragment ion 断片イオン：質量分析において電子線で切断された分子の陽イオン.

fragmin フラグミン：粘菌のアクチン結合タンパク質.

frameshift フレームシフト：(コドンの)枠移動.

frameshift mutagen フレームシフト型[突然]変異原物質

frameshift mutation フレームシフト[突然]変異：コドンの読み枠が移動するような塩基の欠失, または挿入を伴う変異. 同 phase shift mutation

frameshift suppressor フレームシフトサプレッサー：フレームシフト変異の表現型を野生型にする因子.

Franck-Condon principle フランク・コンドン原理：光子の吸収, 放出による遷移時間中は分子内の原子核の位置は不変であるという分子スペクトルの原理.

frangla emodin → emodin

free diffusion 自由拡散：ブラウン運動のみによる拡散.

free energy 自由エネルギー：内部エネルギーの中で仕事に変えられる部分.

free fatty acid 遊離脂肪酸：エステル化されていない脂肪酸. 略 FFA

free radical 遊離基, ラジカル：不対電子をもつ分子または原子.

free ribosome 遊離型リボソーム

free rotation 自由回転

free water 遊離水, 自由水

freeze-dry[ing] → lyophilization

freeze-etching technique 凍結エッチング法, フリーズエッチング法：凍結を利用した電子顕微鏡試料作製法の一つ.

freeze-fracture 凍結割断, フリーズフラクチャー：凍結を利用した電子顕微鏡試料作製法の一つ.

freeze-replica technique 凍結レプリカ法, フリーズレプリカ法

freeze-thaw[ing] ⇒ freezing and thawing method

freezing and thawing method 凍結融解法：タンパク質や核酸を抽出するために, 凍結と融解を繰返して細胞を破壊する方法. 同 freeze-thaw[ing]

freezing point depression ⇒ depression of freezing point

French press フレンチプレス：加圧型細胞破壊装置の一種.

frequency 1)頻度, 2)振動数, 3)周波数, 4)度数

frequency factor 頻度因子：アレニウスの化学反応速度定数式において速度定数に比例する部分.

Freund adjuvant フロイントアジュバント：抗体産生や細胞性免疫を増強する助剤.

friction 摩擦

frictional coefficient 摩擦係数

frictional ratio 摩擦比

Friend leukemia cell フレンド白血病細胞：フレンド白血病ウイルスによって生じた白血病細胞.

Friend leukemia virus フレンド白血病ウイルス：赤芽球症を伴う白血病レトロウイルス.

Froehde's reagent フレーデ試薬：アルカロイド呈色試薬.

frontal 前頭[の]

frontal lobe 前頭葉

frontal plane 額面, 前頭平面

Fru ⇒ fructose の略.

fructan フルクタン：フルクトースから成る多糖類. イヌリンやレバン.

fructosan フルクトサン 同 levulosan(レブロサン)

fructose フルクトース 略 Fru 同 fruit sugar(果糖), levulose(レブロース)

fructose intolerance フルクトース不耐症：肝フルクトース-1-リン酸アルドラーゼの欠損症.

fructoside フルクトシド

fructosuria フルクトース尿症

fruit body 子実体

fruit fly ⇒ *Drosophila*

fruit sugar 果糖 ⇒ fructose

FSH ⇒ follicle-stimulating hormone の略.

FSH-RF ⇒ follicle-stimulating hormone-releasing factor の略.

F^+ **strain** F^+ 菌株

F^- **strain** F^- 菌株

FT ⇒ Fourier transform の略.

F test F検定：F分布を用いた二つの正規分布母集団の分散の差異の検定.

FT-IR：Fourier transform infrared の略.

Fuc ⇒ fucose の略.

fuchsine フクシン：紫色の塩基性色素. 同 magenta(マゼンタ), rosaniline(ローザニリン)

fuchsin[e]-aldehyde reagent フクシン-アルデヒド試薬 ⇒ Schiff's reagent

fuchsin[e]-sulfurous acid reagent フクシン-亜硫酸試薬 ⇒ Schiff's reagent

fucoglycolipid フコ糖脂質 ⇒ fucolipid

fucoidan フコイダン：フコースを含む褐藻の多糖.

fucolipid フコリピド：血液型物質など. 同 fucoglycolipid(フコ糖脂質)

fucose フコース 略 Fuc 同 rhodeose(ロデオース), 6-deoxygalactose(6-デオキシガラクトース)

fucosidosis フコシドーシス：α-フコシダーゼ欠損症.

fucosyl フコシル【基】

fucosylganglioside フコシルガングリオシド：フコースを含むガングリオシド.

fucoxanthine フコキサンチン：褐藻類の褐色色素.

fugu poison フグ毒 ⇒ tetrodotoxin

fullerene フラーレン

fumarase フマラーゼ：フマル酸ヒドラターゼの別名.

fumaric acid フマル酸

functional cloning ファンクショナルクローニング：疾患の原因遺伝子をその機能についての情報から同定する方法.

functional culture 機能培養

functional food 機能性食品

functional group 官能基

fundamental theorem of natural selection 淘汰〘とうた〙の基本定理

fungal toxin 真菌毒, カビ毒

Fungi 菌類：五界分類法上の界の一つ．
fungicide 殺真菌薬，殺カビ薬，防カビ薬
fungicidin フンギシジン ⇒ nystatin
fungi imperfecti ⇒ deuteromycetes
fungisterol フンギステロール
fungus(*pl.* fungi) 真菌
funnel 漏斗
funnel stand ⇒ funnel support
funnel support 漏斗立 同 funnel stand
Fura 2：細胞内遊離カルシウムイオン濃度の測定に用いる蛍光性カルシウムイオン指示薬．
2-furaldehyde 2-フルアルデヒド ⇒ furfural
furan フラン：酸素を含む五員環物質．
furanose フラノース：フラン構造をもつ糖．
furanoside ring フラノシド環：酸素1原子を含む五員環の糖．
furfural フルフラール：糖の脱水で形成されるアルデヒド．同 2-furaldehyde(2-フルアルデヒド)
furylfuramide フリルフラミド：ニトロ系殺菌剤．発がん性がある．
fusaric acid フザリン酸：5-ブチルピコリン酸．ジベレリンによるイネ成長を抑える物質．同 fusarinic acid
fusarinic acid ⇒ fusaric acid
fused cell 融合細胞
fusel oil フーゼル油：アルコール発酵の際，副産物として得られる高級アルコール混合物．
fushi tarazu **gene** フシタラズ遺伝子：ショウジョウバエの副体節を決定するペアルール分節遺伝子の一つ．
fusidic acid フシジン酸：タンパク質合成において EF-G，EF-2 に働く抗生物質．
fusion 1)融合【細胞，遺伝子，タンパク質などの】，2)合着，3)融解
fusion protein 融合タンパク質：二つ以上の異種タンパク質の一部または全部が結合したタンパク質．多くの場合，遺伝子を他の遺伝子と融合させたハイブリッド遺伝子を発現させて得る．
futile cycle 無益回路，空転サイクル：ある物質の生合成と分解が同時に進行してエネルギーが失われること．
fuzzy coat ファジーコート：ある種の細胞表面にみられる微絨毛状の糖衣．

G

γ elimination γ脱離，1,3-脱離
γ globulin γグロブリン
γ GTP：γ-glutamyltranspeptidase の略．
γ motoneuron γ運動ニューロン：筋紡錘支配ニューロン．
γ rays γ線：電離性の電磁波放射線の一種．
G ⇒ glycine の略．
G ⇒ guanosine の略．
G$_D$：disialoganglioside の略．シアル酸2分子をもつガングリオシド．
G$_M$：monosialoganglioside の略．シアル酸1分子をもつガングリオシド．
G$_T$：trisialoganglioside の略．シアル酸3分子をもつガングリオシド．
G$_t$ ⇒ transducin の略．
GABA ⇒ γ-aminobutyric acid の略．
GABA receptor GABA〔ギャバ〕受容体，γ-アミノ酪酸受容体
G actin Gアクチン 同 globular actin
gadoleic acid ガドレイン酸：魚類などに含まれる炭素数20の不飽和脂肪酸．
gain of function mutation 機能獲得変異
Gal ⇒ galactose の略．
galactan ガラクタン
galactaric acid ガラクタル酸 ⇒ mucic acid
galactinol ガラクチノール：イノシトールのガラクトシド．テンサイ糖に存在．
galactitol ガラクチトール：ガラクトースの還元で生じる糖アルコール．同 dulcitol(ズルシトール)
galactocerebroside ガラクトセレブロシド 同 galactosylceramide(ガラクトシルセラミド)
galactonic acid ガラクトン酸：ガラクトースの酸化で得られるカルボン酸．
galactorrhea 乳汁漏出症
galactosaccharic acid ガラクト糖酸 ⇒ mucic acid

galactosamine ガラクトサミン 略 GalN 同 chondrosamine(コンドロサミン)

galactose ガラクトース:ラクトースの成分のヘキソース. 略 Gal

galactosemia ガラクトース血症:先天性ガラクトース代謝障害. ガラクトース-1-リン酸ウリジルトランスフェラーゼ欠損症, ガラクトキナーゼ欠損症など.

galactose operon ガラクトースオペロン 同 gal operon(gal〘ガル〙オペロン)

β-galactosidase β-ガラクトシダーゼ → lactase

galactoside permease ガラクトシドパーミアーゼ → lactose porter

galactosylceramide ガラクトシルセラミド → galactocerebroside

galactosyldiacylglycerol ガラクトシルジアシルグリセロール:葉緑体の糖脂質.

O-galactosylsphingosine O-ガラクトシルスフィンゴシン → psychosine

galactowaldenase ガラクトワルデナーゼ:UDPグルコース4-エピメラーゼの別名.

galacturonic acid ガラクツロン酸 略 GalUA, GalU

galectin ガレクチン

gall 虫こぶ → bile

gall [bladder] 胆嚢〘のう〙 同 vesica fellea

gallic acid 没食子酸:3,4,5-ヒドロキシ安息香酸. タンニンの成分. 生薬の一種.

galline ガリン:ニワトリの精子の塩基性タンパク質.

m-galloylgallic acid m-ガロイル没食子酸 → tannic acid

gall stone 胆石

GalN → galactosamine の略.

GalNAc → N-acetylgalactosamine の略.

gal operon gal オペロン → galactose operon

GalU → galacturonic acid の略.

GalUA → galacturonic acid の略.

galvanic 電流[の]

Galvani potential ガルバニ電位:固相, 液相界面で界面の影響を受けない固相内部の電位.

gamabufotoxin ガマブホトキシン:ブホトキシンの一種. 日本産ヒキガエルの皮腺分泌物に含まれる強心性ステロイド.

gamete 配偶子 同 haploid gamete

gametogenesis 配偶子形成

gammaglobulinemia γグロブリン血症

gamone ガモン, 接合物質 同 conception factor(受精物質)

gancyclovir ガンシクロビル, ガンシクロビア:抗ウイルス性抗生物質, プリン誘導体.

ganglion(*pl.* ganglia) 神経節

ganglionic blocker → ganglionic blocking drug

ganglionic blocking drug 節遮断薬, 神経節遮断薬:自律神経節の伝達を特異的に阻害する薬物で, 交感神経節シナプスも副交感神経節シナプスも同時に遮断される. 同 ganglionic blocker

ganglioside ガングリオシド 同 sialosyl glycolipid(シアル酸含有糖脂質), sialoglycolipid(シアログリコリピド, シアロ糖脂質)

ganglioside G_{M2} ガングリオシド G_{M2} 同 Tay-Sachs ganglioside(テイ・サックスガングリオシド)

gangliosidosis ガングリオシド蓄積症, ガングリオシドーシス

GAP → GTPase activating protein の略.

gap 1)ギャップ期【細胞周期の】:DNA合成準備期 G_1 期と分裂準備期 G_2 期がある. 2)間隙〘げき〙

gap gene ギャップ遺伝子:ショウジョウバエの分節構造を制御する分節遺伝子の一群で欠損により, 体節が欠失する.

gap junction ギャップ結合, ギャップジャンクション, 間隙〘げき〙結合 同 nexus(ネクサス)

Gardner-Holdt tube ガードナー・ホルト管:脂質の黄色着色の比色管.

Gardner method ガードナー法:脂質などの黄褐色の比色法.

Gardner syndrome ガードナー症候群:家族性大腸腺腫症の一亜型.

gargoylism ガーゴイリズム:先天性代謝異常であるムコ多糖症に特徴的な顔貌.

G_1 arrest G_1 期停止

gas chromatogram ガスクロマトグラム:気体を移動相とするクロマトグラフィーによる混合物溶出曲線.

gas chromatograph ガスクロマトグラフ:ガスクロマトグラフィーに使われる装置.

gas chromatography ガスクロマトグラフィー:気体を移動相とするクロマトグラフィー. 略 GC

gas chromatography-mass spectrometry ガスクロマトグラフィー質量分析法:ガスク

ロマトグラフィーで分離した物質をさらに電子衝撃法などで断片イオンとして質量分析を行う方法. 略 GC/MS

gas constant 気体定数

gaseous 気体[の], ガス状[の]

gaseous film 気体膜 同 vapor film

gas flow counter ガスフローカウンター: 電離性のガスを流しながら使用する放射能計数管.

gas liquid chromatography ガス[液体]クロマトグラフィー, 気液クロマトグラフィー: 液体を固定相, 気体を移動相とするクロマトグラフィー. 略 GLC

gas sterilization ガス滅菌

gaster 胃

gastric 胃[の]

gastric catarrh 胃カタル ⇒ gastritis

gastric inhibitory polypeptide 胃抑制ポリペプチド, ガストリック・インヒビトリー・ポリペプチド: グルコース依存性インスリン分泌刺激ペプチド.

gastric juice 胃液 同 stomach juice

gastric motor activity-stimulating polypeptide ⇒ motilin

gastric parietal cell 胃壁細胞

gastricsin ガストリクシン 同 pepsin C(ペプシン C)

gastrin ガストリン: 胃の幽門部で分泌され胃底腺の酸分泌を促す. 消化管ホルモンの一種.

gastrinoma ガストリン産生腫瘍, ガストリノーマ 同 Zollinger-Ellison syndrome(ゾリンジャー・エリソン症候群)

gastrin-releasing peptide ガストリン放出ペプチド

gastritis 胃炎 同 gastric catarrh(胃カタル)

gastroferrin ガストロフェリン: 胃の鉄結合性糖タンパク質.

gastrointestinal hormone 胃腸ホルモン, 消化管ホルモン 同 GI hormone(GI ホルモン)

gastrointestinal tract 胃腸管 同 GI tract

gastrula(*pl.* gastrulae) 原腸胚, 嚢[のう]胚

gastrulation 原腸形成, 原腸胚形成, 嚢[のう]胚形成

gate ゲート: チャネルのイオン関門.

gating 通門: チャネルのゲートを開くこと.

Gatt-Berman method ガット・バーマン法: ヘキソサミンの定量法.

gauche form ゴーシュ形: 回転異性体の一種.

Gaucher cell ゴーシェ細胞: ゴーシェ病の脂質蓄積細胞.

Gaucher disease ゴーシェ病: グルコシルセラミドの分解酵素グルコシルセラミダーゼの遺伝性欠損症. 同 glucosyl ceramidosis(グルコシルセラミドーシス)

gauss ガウス: 記号 G. 磁場の強さ, 磁束密度の単位. ⇒ tesla もみよ.

Gaussian distribution ガウス分布 ⇒ normal distribution

GC ⇒ gas chromatography の略.

GC content GC 含量: DNA 中のグアニンとシトシンの含量. 多いほど熱安定性が高い. 同 GC pair content(GC 対含量)

GC/MS ⇒ gas chromatography-mass spectrometry の略.

GC pair content GC 対含量 ⇒ GC content

G-CSF ⇒ granulocyte colony-stimulating factor の略.

GDP ⇒ guanosine 5′-diphosphate の略.

GDP-binding protein GDP 結合タンパク質

Gee disease ギー病 ⇒ celiac syndrome

GEF ⇒ guanine nucleotide exchange factor の略.

Geiger-Müller counter ガイガー・ミュラー計数管, ガイガー・ミュラーカウンター 同 Geiger-Müller tube, GM counter(=GM tube)(GM 計数管)

Geiger-Müller tube ⇒ Geiger-Müller counter

gel ゲル: 柔らかい弾力性のある半固体物質. 網目状の溶質中に多量の溶媒を含む状態.

gelatin ゼラチン: 変性コラーゲン 同 gelatine

gelatin barbital buffer ゼラチンバルビタール緩衝液 同 gelatin veronal buffer(ゼラチンベロナール緩衝液)

gelatine ⇒ gelatin

gelatin veronal buffer ゼラチンベロナール緩衝液 ⇒ gelatin barbital buffer

gelation ゲル化

gel chromatography ゲルクロマトグラフィー ⇒ gel filtration

gel diffusion method ゲル内拡散法 ⇒ agar gel diffusion method

gel diffusion precipitin reaction ゲル拡散沈降反応

gel electrophoresis ゲル電気泳動

gel filtration ゲル沪過：ゲルの網目構造の大きさによって混合物を分子の大きさに従って分画すること．同 gel chromatography（ゲルクロマトグラフィー），molecular sieve chromatography（分子ふるいクロマトグラフィー）

gelonin ゲロニン：植物（*Gelonium multiflorum*）の種子の塩基性糖タンパク質で，無細胞系でのタンパク質合成を阻害する．

gel retardation assay ⇒ gel shift assay

gel shift assay ゲルシフト法：DNA結合タンパク質を検出する方法．タンパク質と結合したDNAは電気泳動で遅れて泳動されるため，特異的バンドとして検出できる．同 gel retardation assay

gelsolin ゲルゾリン：Fアクチンとアクチン架橋タンパク質のゲルをゾルに変えるタンパク質．

gemini 二価染色体，ゲミニ

gemmation ⇒ blast formation

GenBank 米国の遺伝子データベース．日本の遺伝研のDDBJ，ヨーロッパのEMBLと連携しているので，いずれかに登録すれば，速やかに他のデータベースにも登録される．

gene 遺伝子

gene amplification 遺伝子増幅：同一遺伝子のコピー数が増加すること．

gene analysis 遺伝子分析 ⇒ genetic analysis

gene bank 遺伝子バンク

gene conversion 遺伝子変換

gene disruption 遺伝子破壊 ⇒ gene targeting

gene dosage effect 遺伝子量効果

gene duplication 遺伝子重複

gene expression 遺伝子発現

gene frequency 遺伝子頻度　同 allele frequency（対立遺伝子頻度）

gene fusion 遺伝子融合

gene knockout 遺伝子ノックアウト ⇒ gene targeting

gene library 遺伝子ライブラリー

gene locus 遺伝子座，遺伝子座位

gene manipulation 遺伝子操作

gene ontology 遺伝子オントロジー：遺伝子産物の機能を記述する共通の標準語彙．

gene pool 遺伝子プール

gene 32 protein 遺伝子32タンパク質：T4ファージによりコードされている一本鎖DNA結合タンパク質．

general acid-base catalyst 一般酸塩基触媒

general acid catalyst 一般酸触媒

general base catalyst 一般塩基触媒

generalized gangliosidosis 全身性ガングリオシドーシス ⇒ G_{M1} gangliosidosis

generalized glycogenosis 全身性糖原病：酸性グルコシダーゼ欠損症の別名．

generalized transduction 普遍形質導入：ファージ形質導入のときにどの遺伝子も等しい頻度で導入されること．

general recombination 普遍的組換え：DNAの相同な塩基配列間の交差．

generation 世代

generation number 世代数

generation time 世代時間：個体が誕生してからつぎの世代を生むまでの時間．同 doubling time（倍加時間）

generative 生殖［の］

generator potential 起動電位

gene recombination 遺伝子組換え

gene substitution 遺伝子置換

gene targeting 遺伝子ターゲッティング，ジーンターゲッティング：DNA相同組換え現象を用いて，ゲノム中の特定の遺伝子を破壊あるいは改変する技術．ほ乳類ではマウス胚性幹細胞（ES細胞）などのように高率に相同組換えを起こす細胞種でのみ可能で，ターゲッティングされたES細胞からノックアウトマウスが作成される．同 gene knockout（遺伝子ノックアウト），gene disruption（遺伝子破壊）

gene therapy 遺伝子治療，遺伝子療法

genetic 遺伝［の］

genetic analysis 遺伝分析　同 gene analysis（遺伝子分析）

genetic biochemistry 遺伝生化学

genetic code 遺伝暗号

genetic diagnosis 遺伝子診断

genetic disease ⇒ hereditary disease

genetic distance 遺伝的距離：1）二つの集団あるいは生物種の間に進化の間に生じた遺伝的差違．2）組換え単位によって表した連鎖した遺伝子間の距離．

genetic drift 遺伝的浮動　同 random genetic drift, Wright effect（ライト効果）

genetic engineering 遺伝子工学

genetic fine structure 遺伝子微細構造
genetic information 遺伝情報
genetic load 遺伝[的]荷重
genetic map 遺伝地図 ≡ linkage map(連鎖地図)
genetic marker 遺伝マーカー, 遺伝標識[形質]
genetic polymorphism 遺伝[的]多型
genetic recombination 遺伝的組換え
genetics 遺伝学
genetic symbol 遺伝子記号
genetic variance 遺伝[的]分散
gene transfer 遺伝子導入
gene trapping 遺伝子トラップ法, ジーントラップ法: プロモーター配列をもたないレポーター遺伝子をゲノム中にランダムに挿入する遺伝子検索法. 遺伝子領域内に挿入されたときに限って, 内在するプロモーターより転写が開始されレポーターが発現される.
genin ゲニン: (ステロイドなどの)配糖体の非糖部.
genitalia → genital organ
genital organ 生殖器: 生殖細胞をつくる性腺を主体として, その輸出道と付属腺, ならびに交接器から成り, 形態と構造に著しい雌雄差が認められる. ≡ reproductive organ, genitalia
genome ゲノム: 半数染色体の1組の呼称. その生物に最小限必要な遺伝子群を含む.
genome analysis ゲノム解析
genome library ゲノムライブラリー: libraryを参照.
genome project ゲノム計画: 特定の生物種の全ゲノムの塩基配列決定のこと.
genomic DNA clone ゲノムDNAクローン: 染色体DNA由来のクローン.
genomic imprinting ゲノムインプリンティング, ゲノム刷込み: 父親由来と母親由来のゲノムにメチル基などで区別の印がつけられていること. このため子孫細胞中で両者のゲノムの発現に差ができる.
genomics ゲノミクス: ゲノム科学.
genopathy → hereditary disease
genotype 遺伝子型
gentamicin ゲンタマイシン, ゲンタミシン: アミノグリコシド抗生物質. タンパク質合成系に働く. 多くの成分がある.
gentianin ゲンチアニン: リンドウ科植物の配糖体. 健胃薬.

gentianose ゲンチアノース: 三糖の一種.
gentiobiose ゲンチオビオース: 二糖の一種.
gentisic acid ゲンチジン酸 ≡ hydroquinone carboxylic acid(ヒドロキノンカルボン酸)
genus (pl. genera) 属【分類】
geranic acid ゲラニウム酸: バラ油のゲラニオールの酸化物.
geraniol ゲラニオール: バラ油のモノテルペンアルコール.
geranyl diphosphate ゲラニル二リン酸, ゲラニルピロリン酸: テルペン生合成中間体.
geranylgeranylation ゲラニルゲラニル化: ゲラニルゲラニル基によるタンパク質の翻訳後修飾構造. C末端のシステインを標的とする.
geranylgeranyl diphosphate ゲラニルゲラニル二リン酸, ゲラニルゲラニルピロリン酸: 葉緑素側鎖の中間体.
germ ばい菌 → microorganism
germ cell 生殖細胞 ≡ reproductive cell
germ cell line 生殖[細胞]系列
germ-free animal 無菌動物 ≡ axenic animal
germicide 殺菌薬 ≡ microbicide
germinal 胚[の], 胚種[状]の, 胚胎期の, 初期の
germinal center 胚中心 ≡ secondary nodule (二次小結節)
germinal granule 生殖粒
germinal vesicle 卵核胞, 胚胞
germination 発芽
germine ゲルミン: ベンケイソウアルカロイド. 圧受容体に作用.
germ plasm 生殖質
gestagen ゲスターゲン: プロゲステロン様作用をもつ物質の総称. ≡ progestin(プロゲスチン), progestogen(プロゲストーゲン), corpus luterum hormone(黄体ホルモン)
GFAP → glial fibrillary acidic protein の略.
GFP → green fluorescent protein の略.
G_{M1} gangliosidosis G_{M1} ガングリオシドーシス: β-ガラクトシダーゼの遺伝的欠損によりガングリオシド(G_{M1})が全身に蓄積する疾患. 常染色体劣性. ≡ generalized gangliosidosis(全身性ガングリオシドーシス)
GH → growth hormone の略.
ghost ゴースト, 細胞形がい[骸]
GHRH → growth hormone-releasing hormone の略.

giant axon of *Loligo* 巨大神経軸索(ヤリイカの)

giant cell 巨細胞, 巨大細胞

giant cell carcinoma 巨細胞がん

giant chromosome 巨大染色体:ショウジョウバエ唾腺多系染色体が代表例.

giantism ⇒ gigantism

gibberellic acid ジベレリン酸:代表的なジベレリンの一種.

gibberellin ジベレリン:植物成長ホルモンの一種. 6種以上の類縁体が知られている. イネ苗の常成長促進物質として発見された.

Gibbs adsorption isotherm ギブズの吸着等温式

Gibbs-Donnan equilibrium ギブズ・ドナン膜平衡 ⇒ Donnan membrane equilibrium

Gibbs free energy ギブズの自由エネルギー 同 thermodynamic potential(熱力学ポテンシャル)

Gibbs' reagent ギブズ試薬:チロシンの呈色試薬.

Giemsa staining method ギムザ染色法:血液細胞の染色法.

gigantism 巨人症 同 giantism

GI hormone GIホルモン ⇒ gastrointestinal hormone

Gilbert syndrome ジルベール症候群:非溶血性非抱合型高ビリルビン血症を示す黄疸.

Gilham's reagent ギルハム試薬:ウラシル, チミン, グアニンのアルキル化試薬.

Girard's reagent ジラール試薬:尿やケトステロイド抽出剤.

gitoxigenin ギトキシゲニン:強心ステロイドの非糖部.

gitoxin ギトキシン:強心配糖体の一種.

GI tract ⇒ gastrointestinal tract

G kinase Gキナーゼ ⇒ cyclic GMP-dependent protein kinase

Gla ⇒ γ-carboxyglutamic acid の略.

glacial acetic acid 氷酢酸

glacial phosphoric acid 氷状リン酸 ⇒ metaphosphoric acid

gland 腺

glandular 腺[の], 腺性[の]

glandular cell 腺細胞

glass electrode ガラス電極

glass microelectrode ガラス管微小電極

glass transition ガラス転移:タンパク質のような高分子化合物がある温度(ガラス転移点)を境に, 固体としての性質から液体としての性質へと変化すること.

glaucine グラウシン:イソキノリンアルカロイドの一種.

glaucoma 緑内障:眼圧の上昇による眼疾患.

GLC ⇒ gas liquid chromatography の略.

Glc ⇒ glucose の略.

GlcN ⇒ glucosamine の略.

GlcNAc ⇒ *N*-acetylglucosamine の略.

GlcU ⇒ glucuronic acid の略.

GlcUA ⇒ glucuronic acid の略.

glia cell グリア細胞 同 gliocyte, neuroglia (神経[こう]細胞)

gliadin グリアジン:コムギの主要タンパク質

glial fibrillary acidic protein グリア細胞繊維性酸性タンパク質 略 GFAP

glial filament グリアフィラメント, 膠[こう]フィラメント

glicentin グリセンチン

glioblastoma [神経]膠芽[細胞]腫, グリオブラストーマ:大脳半球白質に発生する悪性腫瘍. アストログリアに由来する.

gliocyte ⇒ glia cell

Glisson's capsule グリソン鞘[しょう]:肝臓内の胆管血管を囲む鞘.

Gln ⇒ glutamine の略.

globin グロビン:ヘモグロビンからヘムを除いたタンパク質部分. 同 apohemoglobin(アポヘモグロビン)

globoid cell グロボイド細胞:クラッベ病でセレブロシドを蓄積する細胞.

globoid cell leukodystrophy グロボイド細胞性ロイコジストロフィー ⇒ Krabbe disease

globoside グロボシド:セラミド, 中性糖, アミノ糖の三者を含む糖脂質. 同 aminoglycolipid(アミノグリコリピド), cytolipin K(サイトリピン K)

globotetraose グロボテトラオース

globular 球状[の], 球形[の]

globular actin ⇒ G actin

globular protein 球状タンパク質

globulin グロブリン:1)単純タンパク質の一群の総称. 可溶性タンパク質のうち硫酸アンモニウムの半飽和で沈殿するタンパク質の総称. 2)血漿に存在するフィブリノーゲンとアルブミン以外のタンパク質の総称.

globus pallidus 淡蒼球 同 pallidum

glomerular basement membrane 糸球体基底膜

glomerular filtrate 糸球体沪液

glomerulonephritis 糸球体腎炎

glomerulus 糸球体: 腎臓の血漿沪過部.

Glu → glutamic acid の略.

glucagon グルカゴン: 膵臓 α 細胞に由来し, 肝グリコーゲン分解を促進して血糖値を上げるホルモン.

glucagonoma グルカゴン産生腫瘍, グルカゴノーマ

glucan グルカン: D-グルコースから成る多糖類の総称.

glucanase グルカナーゼ: グルカンの加水分解酵素.

glucaric acid グルカル酸 同 glucosaccharic acid (グルコ糖酸)

glucitol グルシトール: グルコースの CHO 基の還元生成物. 同 sorbitol (ソルビトール)

glucobrassicin グルコブラシシン: カラシ油の主成分. 含硫のインドール誘導体.

glucocerebrosidase グルコセレブロシダーゼ

glucocerebroside グルコセレブロシド 同 D-glucosylceramide (D-グルコシルセラミド)

glucocorticoid グルココルチコイド, 糖質コルチコイド

glucocorticoid reactive hypertension グルココルチコイド反応性高血圧症

glucocorticoid receptor グルココルチコイド受容体 略 GR

glucocorticoid responsive element グルココルチコイド応答配列 略 GRE

glucocorticosteroid 糖質副腎皮質ステロイド: 糖新生を促進し, 炎症を抑制するホルモン.

glucofuranose グルコフラノース: ヘミアセタール環が五員環 (フラノース環型) のグルコース.

glucogenesis 糖形成, グルコース生成: グルコースがグリコーゲン以外のものから合成されること.

glucogenic amino acid → glycogenic amino acid

glucokinase グルコキナーゼ: グルコースと ATP からグルコース 6-リン酸を生成. ヘキソキナーゼと同じ反応を触媒するがグルコースに特異的な酵素.

glucomethylose グルコメチロース → quinovose

gluconeogenesis 糖新生: 乳酸, アミノ酸などの分子からグルコースが合成されること.

gluconic acid グルコン酸

gluconic acid fermentation グルコン酸発酵

glucono-1,5-lactone グルコノ-1,5-ラクトン: グルコン酸の分子内 1,5-エステル.

glucopyranose グルコピラノース: ヘミアセタール環が六員環 (ピラノース環型) のグルコース.

glucopyranoside グルコピラノシド → glucoside

glucosaccharic acid グルコ糖酸 → glucaric acid

glucosamine グルコサミン: 2-アミノグルコース. 略 GlcN 同 chitosamine (キトサミン)

glucosan グルコサン: アンヒドログルコース.

glucosazone グルコサゾン: グルコースのオサゾン.

glucose グルコース 略 Glc 同 grape sugar (ブドウ糖), dextrose (デキストロース)

glucose effect グルコース効果: グルコースの添加により特定の酵素の合成が低下する現象.

glucose-galactose malabsorption グルコース-ガラクトース吸収不全症

glucose-6-phosphatase deficiency グルコース-6-ホスファターゼ欠損症: グリコーゲン蓄積症 (糖原病) の一つ. 同 von Gierke disease (フォンギールケ病)

glucose 1-phosphate グルコース 1-リン酸 同 Cori ester (コリエステル)

glucose-sensitive operon グルコース感受性オペロン

glucose tolerance test グルコース負荷試験, 耐糖能試験: グルコースを与え血糖上昇度を調べる糖尿病の診断法. 略 GTT

α-glucosidase deficiency α-グルコシダーゼ欠損症: グリコーゲン蓄積症 (糖原病) の一つ 同 Pompe disease (ポンペ病)

glucoside グルコシド: 糖部がグルコースの配糖体. 同 glucopyranoside (グルコピラノ

シド）
glucosiduronic acid グルコシドウロン酸 ⇒ glucuronide
gluco-stat method グルコスタット法
glucosylation グルコシル化，糖修飾
D-glucosylceramide D-グルコシルセラミド ⇒ glucocerebroside
glucosyl ceramidosis グルコシルセラミドーシス ⇒ Gaucher disease
glucosyltransferase グルコシルトランスフェラーゼ
glucuronate pathway グルクロン酸経路：UDPグルコースからペントースを経るグルコース代謝の一分路．同 uronate cycle（ウロン酸回路）
glucuronic acid グルクロン酸：グルコースの6位がカルボン酸となった糖酸化物．略 GlcU, GlcUA
β-glucuronidase β-グルクロニダーゼ
glucuronidation グルクロン酸抱合：グルクロン酸の結合．解毒反応の一種．同 glucuronide conjugation
glucuronide グルクロニド 同 glucosiduronic acid（グルコシドウロン酸）
glucuronide conjugation ⇒ glucuronidation
glucuronolactone グルクロノラクトン：グルクロン酸の分子内ラクトン．
glutamic acid グルタミン酸：2-アミノグルタル酸．酸性アミノ酸の一種．略 Glu, E
L-glutamic acid fermentation L-グルタミン酸発酵
glutamine グルタミン：2-アミノグルタルアミド酸．グルタミン酸のアミド．略 Gln, Q
γ-glutamyl cycle γ-グルタミル回路：動物のアミノ酸輸送に働く回路．
glutaraldehyde グルタルアルデヒド：組織固定剤の一種．
glutaric acid グルタル酸：炭素数5のジカルボン酸．同 n-pyrotartaric acid（n-ピロ酒石酸）
glutathione グルタチオン：γ-L-グルタミル-L-システイニルグリシン．略 GSH
glutathionemia グルタチオン血症：グルタチオン分解の第一段階であるγ-グルタミルトランスペプチダーゼの遺伝的欠損による．同 glutathionuria（グルタチオン尿症）
glutathionuria グルタチオン尿症 ⇒ glutathionemia

glutathionylspermidine グルタチオニルスペルミジン：L-γ-グルタミル-L-システイニルグリシルスペルミジン．
glutelin グルテリン：中性塩溶液に不溶．希酸，希アルカリに可溶な穀類タンパク質．
gluten グルテン：コムギのタンパク質．
gluten induced enteropathy グルテン過敏性腸症 ⇒ celiac syndrome
Glx："glutamic acid または glutamine"の略．
Gly ⇒ glycine の略．
glycal グリカール：単糖の1,2位不飽和誘導体．
glycan グリカン ⇒ polysaccharide
glycaric acid グリカル酸 ⇒ aldaric acid
glycation グリケーション：グルコースがヘモグロビンやアルブミンのバリンにアルジミン，さらにケトアミンとなって結合する反応で，糖尿病で亢進する．
glyceraldehyde グリセルアルデヒド：アルドトリオースの一種．
glyceric acid グリセリン酸：グリセルアルデヒドの酸化物．
glyceride グリセリド ⇒ acylglycerol
glycerin グリセリン ⇒ glycerol
glycerinated muscle ⇒ glycerol muscle
glyceroglycolipid ⇒ glycoglycerolipid
glycerol グリセロール：プロパン1,2,3-トリオール．代表的な3価アルコール，脂肪の構成成分．同 glycerin（グリセリン）
glycerol-extracted muscle ⇒ glycerol muscle
glycerol fermentation グリセロール発酵，グリセリン発酵
glycerolipid グリセロ脂質：グリセロールを含む脂質(脂肪など)．
glycerol muscle グリセリン筋：グリセリン処理した筋肉．膜成分は破壊されているが，収縮ならびにその制御タンパク質は正常に近い状態に保たれている．同 glycerol-extracted muscle, glycerinated muscle
α-glycerophosphate pathway α-グリセロリン酸経路 同 Kennedy pathway（ケネディー経路）
glycerophospholipid グリセロリン脂質
glycerose グリセロース：ジヒドロキシアセトンとグリセルアルデヒドの混合物．
glycerylether diester グリセリルエーテルジエステル ⇒ alkyl ether acylglycerol

glycine グリシン：最も単純なアミノ酸. 略 Gly, G 同 aminoacetic acid（アミノ酢酸）, glycocoll（グリココル）

glycine encephalopathy グリシン脳症 → hyperglycinemia

glycinin グリシニン：ダイズタンパク質の一種.

glycinuria グリシン尿症：家族性イミノグリシン尿症の別名.

glycitol グリシトール → sugar alcohol

glycocalyx 糖衣，グリコカリックス：動物細胞膜の表層に存在する糖質複合体.

glycocholic acid グリココール酸 同 cholylglycine（コリルグリシン）

glycocoll グリココル → glycine

glycoconjugate → complex carbohydrate

glycocyamine グリコシアミン → guanidinoacetic acid

glycogen グリコーゲン：動物の貯蔵多糖類.

glycogenesis グリコーゲン形成：グリコーゲンを合成すること.

glycogen granule グリコーゲン顆粒

glycogenic amino acid 糖原性アミノ酸：炭素骨格がクエン酸回路, 解糖系へ入るアミノ酸の総称. 対語は ketogenic amino acid. 同 glucogenic amino acid

glycogenolysis グリコーゲン分解

glycogenosis → glycogen storage disease

glycogen storage disease 糖原病 同 glycogenosis

glycoglycerolipid グリセロ糖脂質 同 glyceroglycolipid

glycol グリコール：2価アルコール.

glycolaldehyde グリコールアルデヒド

glycolate cycle グリコール酸回路 同 glycolate pathway（グリコール酸経路）

glycolate pathway グリコール酸経路 → glycolate cycle

glycolic acid グリコール酸 同 glycollic acid

glycolipid 糖脂質：水溶性の糖鎖と脂溶性基を合わせもつ物質で, スフィンゴ糖脂質とグリセロ糖脂質群に大別される.

glycollic acid → glycolic acid

glycolylurea グリコリル尿素 → hydantoin

glycolysis 解糖：グルコースが酵素系で2分子の乳酸に分解されること.

glycolytic pathway 解糖系 同 Embden-Meyerhof[-Parnas] pathway（エムデン・マイヤーホフ[・パルナス]経路）

glyconeogenesis グリコーゲン新生：脂肪, タンパク質のような非炭水化物前駆体からグリコーゲンが合成されること.

glycopeptide 糖ペプチド

glycophorin グリコホリン：赤血球膜の主要糖タンパク質.

glycoprotein 糖タンパク質

glycoprotein G 糖タンパク質 G → thrombospondin

glycosaminoglycan グリコサミノグリカン：アミノ糖とウロン酸（または）ガラクトースから成る二糖の繰返しから成る多糖.

glycosan グリコサン：アンヒドロ糖.

glycoseen グリコセエン：2-ヒドロキシグリカール.

glycosidase グリコシダーゼ：グリコシド結合を加水分解する酵素. 同 glycoside hydrolase（グリコシドヒドロラーゼ）

glycosidation グリコシド化

glycoside 配糖体, グリコシド：糖と糖以外の物質（非糖部, アグリコン）のグリコシド結合物.

glycoside hydrolase グリコシドヒドロラーゼ → glycosidase

glycosidic linkage グリコシド結合：グリコシド, 糖のヘミアセタールまたはヘミケタールと糖または糖以外のアルコール, フェノールなどが脱水して生じた結合.

glycosphingolipid グリコスフィンゴリピド → sphingoglycolipid

glycosphingoside → sphingoglycolipid

glycosuria 糖尿

N-glycosylamine N-グリコシラミン

glycosylation 糖鎖形成, グリコシル化

glycosylphosphatidylglycerol グリコシルホスファチジルグリセロール

glycosylphosphatidylinositol グリコシルホスファチジルイノシトール

glycosyltransferase グリコシルトランスフェラーゼ, 糖転移酵素

glycylglycine グリシルグリシン：ジペプチド. 緩衝剤.

glyoxalic acid グリオキサル酸 → glyoxylic acid

glyoxylate cycle グリオキシル酸回路：高等植物と微生物にみられる脂肪酸および酢酸利用代謝経路.

glyoxylic acid グリオキシル酸 圓 glyoxalic acid(グリオキサル酸)

glyoxylic acid reaction グリオキシル酸反応 ⇌ Hopkins-Cole reaction

glyoxysome グリオキシソーム:植物のペルオキシソーム.細胞小器官の一種.

GM counter GM計数管 ⇌ Geiger-Müller counter

GM-CSF ⇌ granulocyte macrophage colony-stimulating factor の略.

Gm factor Gm因子:ヒト IgGγ鎖上にあるアロタイプ抗原性.リウマチ患者が産生する抗 IgG 抗体であるリウマトイド因子の反応性の違いから発見された. 圓 Gm group

Gm group ⇌ Gm factor

GMP ⇌ guanosine 5′-monophosphate の略.

GN animal ⇌ gnotobiote

gnotobiote ノトバイオート:無菌動物に特定の微生物を定着させた動物. 圓 GN animal

GnRH ⇌ gonadotrop[h]in-releasing hormone の略.

goblet cell 杯状細胞,杯細胞:腸上皮の粘液分泌細胞.アビジンの合成・分泌をつかさどる.

goblin ゴブリン:鳥類の赤血球膜に存在するタンパク質で,ホルモンの刺激によりリン酸化を受ける.ほ乳類のアンキリンに相当する.

goiter 甲状腺腫 圓 struma

Goldblatt unit ゴールドブラット単位

golden hamster ゴールデンハムスター ⇌ Syrian hamster

Golgi apparatus ゴルジ装置 ⇌ Golgi body

Golgi body ゴルジ体:細胞小器官の一種.層板構造を中心にもち分泌タンパク質の糖鎖形成,配分を行う. 圓 dictyosome(ジクチオソーム), Golgi apparatus(ゴルジ装置)

Golgi complex ゴルジ複合体

Golgi staining method ゴルジ染色法:銀による神経細胞染色法.

Gomori staining method ゴモリ染色法:ホスファターゼの組織染色法.

gonad 生殖腺,性腺

gonadal dysgenesis 性器発育異常

gonadocrinin ゴナドクリニン

gonadogenesis 生殖腺形成

gonadoliberin ゴナドリベリン ⇌ gonadotrop[h]in-releasing hormone

gonadotrop[h]ic hormone 性腺刺激ホルモン,生殖腺刺激ホルモン:下垂体,胎盤から産生される性腺を刺激するペプチドホルモン. 略 GTH 圓 gonadotrop[h]in(ゴナドトロピン)

gonadotrop[h]in ゴナドトロピン ⇌ gonadotrop[h]ic hormone

gonadotrop[h]in-releasing hormone 性腺刺激ホルモン放出ホルモン,生殖腺刺激ホルモン放出ホルモン 略 GnRH 圓 gonadoliberin(ゴナドリベリン)

gonadotropic substance 性腺刺激物質,生殖腺刺激物質

gonium(*pl.* gonia) 生殖原細胞

Goodpasture syndrome グッドパスチャー症候群:肺出血,腎炎を伴う自己免疫疾患.

Good's buffer グッドの緩衝液:合成両性イオン緩衝剤.水に溶けやすく膜を通りにくい,イオン強度が低く陽イオンとの錯塩形成能が低いなどの特徴がある.

good solvent 良溶媒

gorgonin ゴルゴニン

gorlic acid ゴルリン酸:大風子油のシクロペンテン脂肪酸.

gossypol ゴシポール:綿実油中のセスキテルペン.殺精子作用がある.

gossypose ゴッシポース ⇌ raffinose

GOT: glutamic-oxaloacetic transaminase の略.

gougerotin ゴーゲロチン:タンパク質合成系に働く抗生物質.リボソーム上のペプチド転移反応を阻害する.

gout 通風

G_0 period ⇌ G_0 phase

G_1 period ⇌ G_1 phase

G_2 period ⇌ G_2 phase

G4 phage G4 ファージ

G_0 phase G_0 期:休止期.DNA 合成の前に細胞周期の進行を停止した状態.適当な増殖刺激により細胞周期に戻り DNA 合成を開始する.細胞周期との出入りは,G_1 期のみに起こる. 圓 G_0 period

G_1 phase G_1 期,第一間期:DNA 合成準備期.細胞周期で分裂期(M 期)と DNA 合成期(S 期)の間(ギャップ)の時期. 圓 G_1 period

G₂ phase G₂期, 第二間期: 分裂準備期. DNA合成期(S期)から分裂期(M期)までの間(ギャップ)の時期. 同 G₂ period

GPI-anchor GPIアンカー

G protein Gタンパク質: GTPと結合するタンパク質で細胞内情報伝達のスイッチの役割がある.

G protein-coupled Gタンパク質共役型: 細胞膜受容体のうち, GTP結合タンパク質(Gタンパク質)と共役したものはこのタンパク質の活性化により情報を伝達する.

GPT: glutamic-pyruvic transaminaseの略.

GR ⇀ glucocorticoid receptor の略.

Graafian follicle グラーフ沪胞: 卵巣中の成熟した卵胞.

gradient 勾配

gradient elution 勾配溶出, 勾配溶離: クロマトグラフィーで溶出液の濃度を連続的に変化させる溶出法.

graduated cylinder メスシリンダー: 円筒形計量器.

graft 移植片, 移植体: transplantationを参照.

graft rejection 移植片拒絶[反応]

graft-versus-host disease 移植片対宿主病: ドナーの免疫担当細胞が宿主に拒絶されずに生着し, 逆に宿主の諸臓器を標的とする免疫反応を起こす疾患. 略 GVHD

graft-versus-host reaction 移植片対宿主反応 ⇀ GVH reaction

gram atom グラム原子

gram formula weight グラム式量

gramicidin グラミシジン: 膜透過に働くペプチド抗生物質. イオノホアの一種. Na⁺, H⁺輸送性.

gramine グラミン: 3-ジメチルアミノメチルインドール. 植物アルカロイドの一種. 同 donaxine(ドナキシン)

gram molecule グラム分子

Gram-negative bacterium グラム陰性[細]菌

Gramoxone グラモキソン【商品名】: パラコートの商品名. 除草剤の一種.

Gram-positive bacterium グラム陽性[細]菌: グラム染色で染色される細菌.

Gram stain グラム染色: 細菌表層構造を反映する染色法で細菌分類学上重要.

grana(*sing*. granum) グラナ: 葉緑体内膜の層状構造.

granule 顆粒

granulocyte 顆粒球, 顆粒細胞: 血液細胞の中の好中球, 好酸球, 好塩基球.

granulocyte colony-stimulating factor 顆粒球コロニー刺激因子 略 G-CSF

granulocyte macrophage colony-stimulating factor 顆粒球マクロファージコロニー刺激因子 略 GM-CSF

granuloma 肉芽〖げ〗腫

granulomatous disease 肉芽〖げ〗腫性疾患

granzyme グランザイム

grape sugar ブドウ糖 ⇀ glucose

gratuitous inducer 無償性誘導物質 ⇀ non-metabolizable inducer

Graves disease グレーブス病 ⇀ Basedow disease

gray グレイ: 記号 Gy. 吸収線量の単位. $1\ Gy = 1\ J\cdot kg^{-1}$.

grayanotoxin グラヤノトキシン: ツツジ科植物の神経毒, ナトリウムチャネルを開く.

gray crescent 灰色三日月[環] 同 grey crescent

gray matter 灰白質【脳の】

GRE ⇀ glucocorticoid responsive element の略.

grease グリース: 半固体状の潤滑油.

green fluorescent protein 緑色蛍光タンパク質, グリーン蛍光タンパク質 略 GFP

green sulfur bacterium 緑色硫黄[細]菌 同 chlorobacterium

Grignard's reagent グリニャール試薬: ハロゲン化炭化水素と金属マグネシウムでつくる.

griseofulvin グリセオフルビン: 真菌類に対する抗生物質の一種.

GroEL ⇀ chaperonin

GroES: HSP10ともよび, GroELとともに発現するタンパク質. ATP存在下, GroELと結合する.

ground state 基底状態【分子, 原子の】: 対語は excited state.

ground substance 基質, 礎質 同 matrix

group translocation グループ転送

growing point 成長点

growing point cell 成長点細胞

growing point culture 成長点培養: 種子を経ずに植物の成長点を培養する増殖法(ウイ

ルス感染が少ない).

growth 1)成長, 2)増殖【細胞の, 細菌の】
growth capacity ⇌ proliferation potency
growth curve ⇌ proliferation profile
growth cycle 成長周期
growth factor 1)増殖因子, 2)成長因子
growth hormone 成長ホルモン 略GH 同somatotrop[h]ic hormone(STH), somatotropin(ソマトトロピン)
growth hormone-release-inhibiting hormone 成長ホルモン放出抑制ホルモン ⇌ somatostatin
growth hormone-releasing hormone 成長ホルモン放出ホルモン 略GHRH 同somatoliberin(ソマトリベリン)
growth medium 増殖培地
growth phase 増殖相
growth retardant 成長抑制剤
GSH ⇌ glutathione の略.
GSSG: glutathione disulfide の略.
GST: glutathione S-transferase の略.
GTH ⇌ gonadotrop[h]ic hormone の略.
GTP ⇌ guanosine 5′-triphosphate の略.
GTPase GTPアーゼ: guanosine triphosphatase の略. GTP加水分解酵素.
GTPase activating protein GTPアーゼ活性化タンパク質 略GAP
GTP-binding protein GTP結合タンパク質
GTT ⇌ glucose tolerance test の略.
Gua ⇌ guanine の略.
guanidine グアニジン: 変性剤の一種. 同iminourea(イミノウレア)
guanidine hydrochloride 塩酸グアニジン, グアニジン塩酸
guanidinoacetic acid グアニジノ酢酸 同glycocyamine(グリコシアミン), guanidoacetic acid(グアニド酢酸)
guanidoacetic acid グアニド酢酸 ⇌ guanidinoacetic acid
guanidylate グアニジル化する
guanine グアニン: 核酸を構成するプリン塩基の一種. 略Gua
guanine nucleotide exchange factor グアニンヌクレオチド交換因子: GTP結合タンパク質に結合しているGDPをGTPと交換して活性化する因子. 略GEF
guanosine グアノシン: グアニンとリボースより成るヌクレオシド. 略Guo, G

guanosine 5′-diphosphate グアノシン5′-二リン酸 略GDP
guanosine 5′-diphosphate 3′-diphosphate グアノシン5′-二リン酸3′-二リン酸: 大腸菌に見いだされたグアノシンポリリン酸の一つ. マジックスポットⅡ(MSⅡ)ともよばれた. 略ppGpp 同guanosine tetraphosphate(グアノシンテトラホスフェート)
guanosine monophosphate グアノシン一リン酸 ⇌ guanylic acid
guanosine 5′-monophosphate グアノシン5′-一リン酸 略GMP
guanosine pentaphosphate グアノシンペンタホスフェート ⇌ guanosine 5′-triphosphate 3′-diphosphate
guanosine tetraphosphate グアノシンテトラホスフェート ⇌ guanosine 5′-diphosphate 3′-diphosphate
guanosine 5′-triphosphate グアノシン5′-三リン酸: 情報伝達, タンパク質合成のエネルギー源となるトリヌクレオチド. 略GTP
guanosine 5′-triphosphate 3′-diphosphate グアノシン5′-三リン酸3′-二リン酸: 大腸菌に見いだされたグアノシンポリリン酸の一つ. マジックスポットⅠ(MSⅠ)ともよばれた. 緊縮調節の化学伝達物質. 略pppGpp 同guanosine pentaphosphate(グアノシンペンタホスフェート)
guanylate cyclase グアニル酸シクラーゼ: cGMPの合成酵素. 同guanyl cyclase(グアニルシクラーゼ), guanylyl cyclase(グアニリルシクラーゼ)
guanyl cyclase グアニルシクラーゼ ⇌ guanylate cyclase
guanylic acid グアニル酸 同guanosine monophosphate(グアノシン一リン酸)
guanylyl cyclase グアニリルシクラーゼ ⇌ guanylate cyclase
guaran グアラン: グアの種のガラクトマンナン.
Guillain-Barré syndrome ギラン・バレー症候群: 一過性の麻痺を主徴とする神経疾患.
guinea pig モルモット
gulonic acid グロン酸: グルクロン酸の還元またはグロースの酸化で生じるカルボン酸.
γ-gulonolactone γ-グロノラクトン: アスコルビン酸前駆体.

gulose グロース：ヘキソースの一種.
gum arabic アラビアゴム：粘着剤.
Guo ⇀ guanosine の略.
gustatory 味覚[の]
gut immunity 腸管免疫：腸管粘膜の感染により免疫が腸管を場として成立すること.
gutta-percha グタペルカ：耐腐食性の硬ゴム様物質.
G value G 値：放射線照射による化学変化量を示す値.
GVHD ⇀ graft-versus-host disease の略.
GVHR ⇀ GVH reaction の略.
GVH reaction GVH 反応　**略** GVHR
　同 graft-versus-host reaction（移植片対宿主反応）
gyrase ジャイレース：細菌がもつ DNA トポイソメラーゼⅡ．負の超らせんを導入．
　同 DNA gyrase（DNA ジャイレース）
gyrate 超らせん化する【DNA を】
gyratory culture 旋回培養
gyromagnetic ratio 磁気回転比　**同** magnetogyric ratio

H

H ⇀ histidine の略.
habitat 生育地【植物】，生息場所【動物】
habituation 慣れ：神経活動において，刺激を持続，あるいは反復することにより，感度が低下する現象.
habu venom ハブ毒：沖縄の毒ヘビハブの毒.
hachimycin ハチマイシン ⇀ trichomycin
hadacidin ハダシジン：アデニンヌクレオチドの合成を阻害する抗生物質.
haem ⇀ heme
haema- ⇀ hema-
haematology ⇀ hematology
Haemophilus influenzae インフルエンザ菌
Hageman factor ハーゲマン因子：血液凝固Ⅻ因子の別名．接触凝固の因子.
hair follicle 毛嚢[のう]
hairpin loop ヘアピンループ：DNA の逆方向反復配列に生じるヘアピン状に折返す輪の構造．調節タンパク質結合部位やターミネーターとなる.
Hakomori method 箱守法：糖のメチル化法の一種.
Haldane-Muller principle ホールデン・マラーの原理：有害突然変異と集団適応度の原理.
half cell 半池
half-life 半減期：放射性同位元素や代謝物質が半減するのに要する期間.
half mustard ハーフマスタード　**同** half-sulfur mustard（ハーフサルファーマスタード）
half-sulfur mustard ハーフサルファーマスタード ⇀ half mustard
half value dose 半値線量
half value layer 半価層，半減層：放射線量を半減させるのに要する層の厚さ．**同** half value thickness（半減厚）
half value thickness 半減厚 ⇀ half value layer
half width 半値幅
halide ハロゲン化物：F, Cl, Br, I の化合物.
hallachrome ハラクロム：メラニン生合成の中間体の一つ．環形動物の赤色色素.
hallucinogen 幻覚[発現]物質：刺激なしに感覚を体験させる物質．**同** psychedelic（精神異常発現物質, psychotomimetic, psychotogen）
halogenate ハロゲン化する
halo lipid 輪状脂質 ⇀ boundary lipid
halophile 1）好塩[細]菌, 2）好塩性生物：高濃度の塩類溶液中で増殖する細菌．**同** halophilic bacterium
halophilic 好塩性[の]
halophilic bacterium ⇀ halophile
halophilism 好塩性
halorhodopsin ハロロドプシン：高度好塩性古細菌細胞膜に存在するロドプシン様タンパク質で，光エネルギーを利用して塩素イオンポンプとして働く.
halothane ハロタン，ハロセン：2-ブロモ-2-

クロロ-1,1,1-トリフルオロエタン．広く用いられる吸入全身麻酔薬． 同 fluothane（フルオタン）

Hammett equation ハメットの式：置換基と反応速度の関係式．

Hammett ρ constant ハメットのρ定数：反応と平衡に特有の定数．

Hammett σ constant ハメットのσ定数 → substituent constant

Hand-Schüller-Christian disease ハンド・シュラー・クリスチャン病：好酸球性肉芽腫症．

HANE → hereditary angioneurotic edema の略．

Hanes-Isherwood reagent ヘーンズ・アイシャーウッド試薬：リン脂質の検出試薬．モリブデン酸を含む．

Hanganatziu-Deicher antibody → H-D antibody

hanging drop culture 懸滴培養

Hanks balanced salt solution → Hanks' solution

Hanks' solution ハンクス液：培養用塩類溶液の一種 同 Hanks balanced salt solution

Hansen disease ハンセン病 同 leprosy（らい[癩]）

H antigen H抗原

H-2 antigen H-2抗原：ネズミの組織適合性抗原．

haploid 単相[体]，半数体：二倍体生物では一倍体(monoploid)と同様に用いられる．

haploid gamete → gamete

haploid phase 単相 同 haplophase

haploidy 単相性

haplont 1)単相生物，2)単相体

haplophase → haploid phase

haplotype ハプロタイプ，単相型：一倍体の遺伝子のセット，一方の親の遺伝子構成または一つの染色体上の特定の領域にある遺伝子のセット．

hapten ハプテン，部分抗原：免疫原性(抗体生産)はないが，抗体との特異的結合能のある物質．同 incomplete antigen（不完全抗原）

haptenic group ハプテン基

hapten inhibition test ハプテン阻害テスト

haptoglobin ハプトグロビン：血清α_2グロブリンの一種でヘモグロビンと強い親和性をもち1:1の複合体をつくる．

hardened oil 硬化油：油を水素添加によって飽和化したもの．マーガリンの原料． 同 hydrogenated oil

Harderian gland ハーダー腺：げっ歯類の眼窩にある外分泌腺．

hard X-ray 硬X線：波長の短いX線．

Hardy-Weinberg principle ハーディ・ワインベルグの法則：選択のかからない状態のもとで任意交配集団の遺伝子型頻度は遺伝子頻度の2乗となるという法則．

harmala alkaloid ハルマラアルカロイド：モノアミンオキシダーゼ阻害剤の一種．

harmaline ハルマリン：インドールアルカロイドの一種．呼吸麻痺作用などをもつ．

harmalol ハルマロール：インドールアルカロイドの一種．

harmine ハルミン：インドールアルカロイドの一種．ハマビシ科植物に存在．

harmonic oscillator 調和振動子

Hartnup disease ハートナップ病：腸管上皮と腎尿細管における中性アミノ酸の遺伝的吸収障害．常染色体劣性．ペラグラ様症状．

harvest 回収する，収集する【細胞などを】

Hashimoto disease 橋本病 同 Hashimoto's thyroiditis, autoimmune thyroiditis（自己免疫性甲状腺炎）, lymphocytic thyroiditis（リンパ球性甲状腺炎）, chronic thyroiditis（慢性甲状腺炎）

Hashimoto's thyroiditis → Hashimoto disease

hashish ハシッシュ，ハッシッシ：インド大麻抽出物．幻覚作用をもつ．

Hassall body ハッサル小体：胸腺髄質の約100 μm の小体．

HAT → histone acetyltransferase の略．

Hatch-Slack cycle ハッチ・スラック回路 → C_4-dicarboxylic acid cycle

HAT medium HAT培地，HAT培養液：HAT selectionを参照．

H^+-ATPase H^+-ATPアーゼ：狭義のプロトンポンプをいう．

HAT selection HAT選択：ヒポキサンチン(H)，アミノプテリン(A)，チミジン(T)を含む選択培地で，ヌクレオチド再生経路が有効に働く雑種細胞や形質転換細胞を選択する方法．Aは新生経路阻害剤．H，Tはそれぞれプリン，ピリミジン再生経路の前駆体．

HAV: hepatitis A virus の略．

Haworth method ハース法:メチル化反応の一種.

Haworth projection formula ハース投影式:糖の立体構造表現法. ＝Haworth structural formula(ハース構造式)

Haworth structural formula ハース構造式 → Haworth projection formula

hay fever 枯草熱

Hb → hemoglobin の略.

H band H帯:横紋筋の筋原線維の一部分.A帯中央部のやや明るくみえる部分.

HbCO → carbonylhemoglobin の略.

hb gene → *hunchback* gene の略.

H₁-blocker H_1 遮断薬:ヒスタミンと競合的拮抗をする薬物で,平滑筋を弛緩する抗ヒスタミン作用以外に中枢神経抑制,制吐作用などの効果もある.

H₂-blocker H_2 遮断薬:抗ヒスタミン薬のうち,胃酸分泌亢進に拮抗する作用を示すもので,消化性潰瘍の治療に用いられる.

HbO₂ → oxyhemoglobin の略.

HbS: hemoglobin S の略.

HB surface antigen B型肝炎ウイルス表面抗原 → Australia antigen

HBV: hepatitis B virus の略.

HCC → hepatocellular carcinoma の略.

HCG → human chorionic gonadotropin の略.

H chain H鎖 ＝heavy chain(重鎖)

H chain disease H鎖病

H-D antibody H-D抗体:異種赤血球を凝集する異好性抗体. ＝Hanganatziu-Deicher antibody

H-D exchange H-D交換 → deuterium exchange

HDL → high-density lipoprotein の略.

HDL cholesterol HDLコレステロール → high-density lipoprotein cholesterol

heart 心臓

heart muscle → myocardium

heart rate 心拍数:毎分の脈拍数.

heat denaturation → thermal denaturation

heat inactivation → thermal inactivation

heat increment 熱量増加

heat-labile antibody 熱不安定性抗体

heat of hydration 水和熱

heat of vaporization → vaporization heat

heat production → thermogenesis

heat shock 熱ショック

heat shock protein 熱ショックタンパク質:加熱などストレス刺激に応答して合成されるタンパク質.多くはシャペロンタンパク質. 略 HSP

heat stable enzyme → thermostable enzyme

heat sterilization 乾熱滅菌

heavy atom [isomorphous replacement] method 重原子[同型置換]法:高分子結晶のX線回折の手段.

heavy chain 重鎖 → H chain

heavy hydrogen 重水素

heavy meromyosin ヘビーメロミオシン:ミオシンのプロテアーゼ処理産物のうち二つの頭部を含み,ATPアーゼ活性をもつ部分. ＝H-meromyosin(Hメロミオシン)

heavy metal 重金属

heavy water 重水:通常 D_2O をさす. ＝deuterium oxide(酸化ジュウテリウム,酸化重水素)

***hedgehog* gene** ヘッジホッグ遺伝子:ショウジョウバエのセグメントポラリティー遺伝子の一つ. 略 *hh* gene

Hehner number ヘーネル値:油脂中の水に不溶な成分の割合(%). ＝Hehner value

Hehner value → Hehner number

Heinz body ハインツ小体:変性ヘモグロビンの沈着によって生じた赤血球中の球状小体.種々の疾患や中毒時に出現.

HeLa cell ヒーラ細胞:ヒトの子宮頸がん由来の株細胞.

helenien ヘレニエン

helical らせん[の]

Helicobacter pylori ヘリコバクター=ピロリ:胃潰瘍や胃がんの発生に関係するといわれる.

heliotropine ヘリオトロピン → piperonal

helix(*pl.* helices) ヘリックス,らせん

helix breaker ヘリックス破壊剤:通常はヘリックス形成を阻害するアミノ酸残基をさす(例:プロリン).

helix coil transition ヘリックスコイル転移

helix content らせん含量【タンパク質二次構造の】,ヘリックス含量

helix former ヘリックス形成剤:通常はヘリックスを形成しやすいアミノ酸残基をさす.

helix-loop-helix ヘリックス-ループ-ヘリックス:転写因子が二量体を形成するのに使われる構造.二つの α ヘリックスと,それを

つなぐβターンの領域から成る.

helix-turn-helix ヘリックス・ターン・ヘリックス

Helmholtz free energy ヘルムホルツの自由エネルギー

helper T cell ヘルパーT細胞：B細胞の抗体産生を助けるT細胞の機能的亜群.

helper virus ヘルパーウイルス

hem- → hema-

hema- 血液の 同 hem-, haema-, hemo-

hemadsorption [赤]血球吸着

Hemagglutinating virus of Japan → Sendai virus

hemagglutination [赤]血球凝集[反応] 同 erythrocyte agglutination

hemagglutination inhibition [赤]血球凝集阻止

hemagglutinin [赤]血球凝集素, ヘマグルチニン

hematein ヘマテイン：組織染色剤ヘマトキシリンの酸化物.

hematin ヘマチン：3価のヘム鉄に2個のOH$^-$がポルフィリン面の上下から配位した鉄ポルフィリン錯体.

hematocrit ヘマトクリット：血液中の血球容積(%). 略 Ht 同 volume percent of red cell(赤血球容積比)

hematoheme ヘマトヘム：ヘマトポルフィリンの鉄錯体.

hematology 血液学 同 haematology

hematopoiesis 造血

hematopoietic 造血[の] 同 hemopoietic

hematopoietic organ 造血器[官] 同 myelopoietic organ

hematopoietic stem cell 造血幹細胞, 血液幹細胞

hematopoietic tissue 造血組織

hematoporphyrin ヘマトポルフィリン：プロトポルフィリンの2個のビニル基がヒドロキシエチル基となったもの.

hematoside ヘマトシド：シアル酸を含みアミノ糖を含まないスフィンゴ糖脂質.

hematoside storage disease ヘマトシド蓄積症：G_{M3}ガングリオシドーシス.

hematoxylin ヘマトキシリン：酸性物質を紫色に染める色素. 組織標本用.

hematoxylin-eosin staining ヘマトキシリン-エオシン染色：核を紫色に, 細胞質の塩基性物質を赤く染色する二色染色法. 同 HE staining (HE染色)

heme ヘム：プロトポルフィリンの鉄錯体. 狭義にはこの鉄が2価(Fe^{2+})であるものをさす. 同 haem

heme protein ヘムタンパク質 同 hemoprotein

hemerythrin ヘムエリトリン：非ヘム鉄呼吸色素. ホシムシの血球に存在.

hemiacetal ヘミアセタール：水和したアルデヒド基のモノエーテル.

hemicellulose ヘミセルロース：セルロースと結合して存在するすべての多糖類.

hemidesmosome 半接着斑, ヘミデスモソーム：細胞-マトリックス結合の一つ. 細胞をコラーゲン層やそのほかのタンパク質に接着させる部分.

hemiketal ヘミケタール：水和ケトンの二つのOHの一つのエーテル. IUPACではヘミアセタールとよぶ. 同 hemiketone acetal (ヘミケトンアセタール)

hemiketone acetal ヘミケトンアセタール → hemiketal

hemin ヘミン：3価のヘム鉄に塩化物イオンが配位した鉄ポルフィリン錯体.

hemiterpene ヘミテルペン：炭素数5のテルペン.

hemizygote 半接合体, ヘミ接合体：一倍体生物がもつ遺伝子やXY型性染色体上の遺伝子のように, ある遺伝子が対立遺伝子なしに単量で存在する場合, その個体や細胞を半接合体という. ヘテロ接合体との異同に注意.

hemizygous 半接合[の], ヘミ接合[の]

hemo- → hema-

hemochromatosis ヘモクロマトーシス：組織への鉄の沈着症.

hemochrome ヘモクロム：ヘムの鉄が2価のままピリジンなどのN塩基を配位した錯体.

hemochromogen ヘモクロモーゲン【古語】：ヘモクロムと大体同義.

hemocuprein ヘモクプレイン → cytocuprein

hemocyanin ヘモシアニン, 血青素：節足動物, 軟体動物の呼吸色素タンパク質.

hemocytoblast 血球芽細胞

hemocytometer 血球計数器

hemodialysis 血液透析

hemoglobin ヘモグロビン：血色素ともいう. 脊椎動物の赤血球中にあるヘムタンパク質で

酸素の運搬体. ふつう4個のサブユニット ($\alpha_2\beta_2$) より成る. 略 Hb
hemoglobinopathy 異常ヘモグロビン症
hemoglobin S ヘモグロビンS ⇌ sickle cell hemoglobin
hemolymph 血リンパ
hemolysin 溶血素
hemolysis 溶血: 赤血球の破壊によりヘモグロビンが溶出すること.
hemolytic anemia 溶血性貧血
hemolytic antibody 溶血抗体
hemolytic plaque test 溶血プラーク試験 ⇌ Jerne plaque assay
hemolytic poison 溶血毒素: 赤血球に作用して溶血をひき起こす毒素. 溶血性連鎖球菌のストレプトリシンOやブドウ球菌溶血毒, ヘビ毒, ハチ毒などがある.
hemolytic uremic syndrome 溶血性尿毒症症候群
hemopexin ヘモペキシン: ほ乳類血清中のヘム結合性タンパク質. βグロブリンの一種でヘム輸送体.
hemophilia 血友病, ヘモフィリア: 血液凝固Ⅷ因子(血友病A)あるいはⅨ因子(血友病B)の遺伝的欠損による出血を主徴とする疾患. ともに伴性劣性遺伝.
hemopoietic ⇌ hematopoietic
hemopoietic precursor cell 造血[系]前駆細胞
hemoporphyrin ヘモポルフィリン: ヘマトポルフィリンの還元物.
hemoprotein ⇌ heme protein
hemopyrrole ヘモピロール: ポルフィリン類をヨウ化水素で還元分解して得られるピロール類.
hemosiderin ヘモシデリン: 鉄貯蔵タンパク質の一種.
hemosiderosis ヘモシデローシス: 鉄沈着疾患の一種.
hemovanadium ヘモバナジウム ⇌ vanadochrome
Henderson-Haselbalch equation ヘンダーソン・ハッセルバルヒの式: 緩衝液のpHと弱酸の濃度, 解離定数の関係式.
Henri-Michaelis-Menten equation アンリ・ミカエリス・メンテンの式 ⇌ Michaelis-Menten equation
HEPA filter HEPAフィルター: 無菌空気作成用沪過膜. 同 high efficiency particulate air filter
heparan sulfate ヘパラン硫酸
heparin ヘパリン: 抗血液凝固活性をもつ硫酸多糖類. アンチトロンビンⅢによる凝固因子の阻害を促進する.
heparin cofactor ヘパリン補因子 ⇌ antithrombin Ⅲ
heparinize ヘパリン添加する(凝血を防ぐ)
hepatectomy 肝切除
hepatic 肝臓[の]
hepatic cell ⇌ hepatocyte
[hepatic] cirrhosis ⇌ liver cirrhosis
hepatic lobule 肝小葉 同 lobulus hepatis, liver lobule
hepatic mesenchymal cell ⇌ hepatocyte
hepatitis 肝炎
hepatitis A A型肝炎: ピコルナウイルス科のA型肝炎ウイルスの経口感染による肝臓の炎症で, 急性で慢性化することはなく, 冬季に流行することが多い.
hepatitis B B型肝炎: ヘパドナウイルス科のB型肝炎ウイルスが, 血液を介して非経口的に感染して起こり, 消化器症状ないし感冒様症状をもって発症する.
hepatitis C C型肝炎: フラビウイルス科のC型肝炎ウイルスによる. 従来, 非A非B輸血後肝炎といわれていたものの大部分を占める.
hepatitis virus 肝炎ウイルス
hepatoblastoma 肝芽腫
hepatocarcinoma ⇌ hepatoma
hepatocellular carcinoma 肝[細胞]がん[癌] 略 HCC
hepatocuprein ヘパトクプレイン ⇌ cytocuprein
hepatocyte 肝細胞: 肝臓の細胞のうち, 肝実質細胞をさす. 同 hepatic cell, hepatic mesenchymal cell
hepatocyte growth factor 肝細胞増殖因子 略 HGF 同 scatter factor(SF, 細胞分散因子)
hepatogenic porphyria 肝性ポルフィリン症: 肝でポルフィリン体が過剰に産生される代謝障害.
hepatolenticular degeneration 肝レンズ核変性症 ⇌ Wilson disease
hepatoma 肝がん[癌]: 特に肝実質細胞由来のがん. 同 hepatocarcinoma
HEPES, Hepes: N-2-hydroxyethylpipera-

zine-2-ethanesulfonic acid の略. グッドの緩衝液用試薬.

HEPPS: N-2-hydroxyethylpiperazine-N'-3-propanesulfonic acid の略. グッドの緩衝液用試薬.

heptacosadiene ヘプタコサジエン：ゴキブリのフェロモンとなる炭化水素.

heptadecanoic acid ヘプタデカン酸 → margaric acid

heptanoic acid ヘプタン酸 → enanthic acid

heptanose ヘプタノース → septanose

heptose ヘプトース, 七炭糖

herbicide 除草剤

herbivorous 草食性[の]

herd immunity 集団免疫

hereditary allergy 遺伝性アレルギー

hereditary angioneurotic edema 遺伝性血管神経性浮腫 略 HANE

hereditary disease 遺伝病：突然変異遺伝子の遺伝によって親から子へ伝わる病気. 同 genopathy, genetic disease

heredity → inheritance

heredopathia atactica polyneuritiformis 多発神経炎型遺伝性失調症 → Refsum disease

heritability 1) 遺伝率, 2) 遺伝力

heroin ヘロイン：ジアセチルモルフィン. 強力な麻薬. アヘンアルカロイドのアセチル化物.

herpes simplex virus 単純ヘルペスウイルス, 単純疱疹[ほうしん]ウイルス 略 HSV

Herpesviridae ヘルペスウイルス科：二本鎖 DNA ウイルスの 1 グループ. 単純ヘルペスウイルス, 水痘帯状疱疹ウイルス, サイトメガロウイルス, EB ウイルスの総称.

herpes zoster 帯状ヘルペス, 帯状疱疹

herpes zoster virus 帯状疱疹[ほうしん]ウイルス → varicella zoster virus

Herring body ヘリング小体：下垂体神経部の膠質の塊.

Hers disease エルス病 → liver phosphorylase deficiency

Hershey-Chase experiment ハーシー・チェイスの実験：ファージのタンパク質部分は感染後菌体から離れ DNA 部分のみが菌体に残るという実験. DNA が遺伝子の実体であることを示した古典的実験の一つ.

hertz ヘルツ：記号 Hz. 1 秒当たりの振動数.

hesperetin → hesperitin

hesperidin ヘスペリジン：フラボン系の配糖体.

hesperitin ヘスペリチン：ヘスペリジンの非糖部. 同 hesperetin

HE staining HE 染色 → hematoxylin-eosin staining

HETE: hydroxy[e]icosatetraenoic acid の略. プロスタグランジン関連脂肪酸.

heter[o]- 異種, ヘテロ：他の, 異なったを意味する接頭辞. 対語は homo-.

heteroagglutinin 異種凝集素

heteroantibody 異種抗体：1) 異なる生物種由来の抗原に対して産生される抗体. 2) 本来他の抗原に対して作成された抗体が, 別の抗原に反応する. この抗体を後者の抗原に対する異種抗体という. 同 1) xenoantibody

heteroantigen 異種抗原：異なった種間で認識される抗原決定基またはそれをもつ抗原分子. 同 xenoantigen

heteroauxin ヘテロオーキシン → indoleacetic acid

heterochromatin ヘテロクロマチン, 異質染色質：染色質の中で塩基性色素で強く染まる部分. 高頻度反復配列から成る構成ヘテロクロマチンと, 部位が変化しうる機能性ヘテロクロマチンから成る. ともに遺伝子活性が低い.

heterochromosome 異形染色体

heterocyclic compound 複素環式化合物：炭素以外の原子 (N, O, S など) を含む環状の有機化合物.

heterocyst 異質細胞：シアノバクテリアに形成される窒素固定細胞.

heterocytotropic antibody 異種細胞親和性抗体, ヘテロサイトトロピック抗体

heterodetic cyclic peptide ヘテロデチック環状ペプチド：非ペプチド結合を含む環状ペプチド.

heteroduplex DNA ヘテロ二本鎖 DNA：2 種類の異なる DNA に部分的な相同性があり, その部分が, 二本鎖 DNA となったもの.

heterofermentation ヘテロ発酵 → heterolactic fermentation

heterogamete 異型配偶子：結合しているもう一方の配偶子と大きさや形が異なる配偶子. 同 anisogamete

heterogamety 異型配偶子性：接合する二

つの配偶子の大きさ，形，性質などが異なること．

heterogamy 異型配偶，異型接合 同 anisogamy

heterogene 異型遺伝子

heterogeneous 不均一[の]，異質[の]，異種[の]

heterogeneous catalyst 不均一[系]触媒

heterogeneous nuclear RNA ヘテロ核 RNA：核内に存在する転写直後の mRNA 前駆体（プレ mRNA），あるいは，そのプロセシング途中の中間体の総称． 略 hnRNA

heterogenicity 異型遺伝子性

heterogenote 異型[遺伝子]接合体，ヘテロジェノート

heterogony 1) ヘテロゴニー，2) 不等成長

heterokaryon 異核共存体，ヘテロカリオン：一つの細胞に 2 種以上の異なる核に由来する核が共存する細胞．

heterolactic fermentation ヘテロ乳酸発酵：乳酸に加えてたとえばエタノールあるいはグリセロールなどが同時に生ずる乳酸発酵の一型． 同 heterofermentation（ヘテロ発酵，異種発酵）

heterologous 非相同[の]，異種[の]

heterologous antigen 異種抗原：直接抗体をつくられた抗原ではないが，その抗体と反応する抗原．

heterologous association 異種集合：会合面に対称性がない結合様式．

heterolytic cleavage 異方性分解：非対称的開裂．

heterophile 異好性[の]：抗体が，抗原に用いた細胞や組織とは違う種の細胞，組織と反応すること．

heterophile antibody 異好性抗体：異好性抗原に対してつくられた抗体．

heterophile antibody test 異好性抗体試験 ⇀ Paul-Bunnell test

heterophile antigen 異好性抗原：系統発生的に無関係ないくつかの種に見いだされる抗原．フォルスマン抗原がその例．

heterophile granulocyte 異染性顆粒球

heteroploid ⇀ aneuploid

heteropolymer ヘテロポリマー，異種重合体：対語は homopolymer.

heterosis 雑種強勢，ヘテロシス

heterothallism ヘテロタリズム，性的異種接合性：2 種の異なる接合型の間でしか接合しないこと．対語は homothallism.

heterotopic 異所性[の]

heterotroph 従属栄養生物，従属栄養体

heterotrophism ⇀ heterotrophy

heterotrophy 従属栄養：autotrophy の対語． 同 heterotrophism

heterotropic effect ヘテロトロピック効果：基質以外のリガンド（活性化剤など）によるアロステリック酵素の高次構造変化．

heterotropic enzyme ヘテロトロピック酵素：基質以外のリガンドによって高次構造と活性の変化を示す酵素．

heterotropic graft 異所移植片

heterotropic interaction ヘテロトロピック相互作用：触媒中心以外の部位へのリガンド結合を介するタンパク質内サブユニット間相互作用による高次構造変化．対語は homotropic interaction.

heterozygosity 異型接合性，ヘテロ接合性

heterozygote 異型接合体，ヘテロ接合体：異なる複数の対立遺伝子をもつ細胞や個体．

heterozygous 異型接合，ヘテロ[接合]

hetisine ヘチシン：ジテルペンアルカロイドの一種．

hexachlorocyclohexane ヘキサクロロシクロヘキサン：殺虫剤の一種． 同 benzene hexachloride（BHC，ベンゼンヘキサクロリド）

hexachlorophene ヘキサクロロフェン：抗菌・抗カビ性の脱共役剤．芳香剤．ハロゲン化合物．

hexacyanoferrate(Ⅲ) ヘキサシアノ鉄(Ⅲ)酸塩 同 ferricyanide

hexadecanal ヘキサデカナール ⇀ palmitaldehyde

hexadecanoic acid ヘキサデカン酸 ⇀ palmitic acid

hexamethylene ヘキサメチレン ⇀ cyclohexane

hexanoic acid ヘキサン酸 同 caproic acid（カプロン酸）

hexestrol ヘキセストロール 同 hexoestrol

hexitol ヘキシトール：ヘキソースアルコールの一種．

hexoestrol ⇀ hexestrol

hexokinase ヘキソキナーゼ：ヘキソースを ATP 存在下にヘキソース 6-リン酸にする酵素．解糖系の初発反応を触媒する．

hexon ヘキソン：正二十面体のキャプシドの面の部分を構成するタンパク質．

hexonic acid ヘキソン酸：ヘキソースのアルドン酸．

hexosamine ヘキソサミン：ヘキソースのOHをアミノ基で置換したもの．

hexosan ヘキソサン：1)ヘキソースのアンヒドロ糖．2)ヘキソースの多糖．

hexose ヘキソース，六炭糖：炭素数が6の単糖の総称．

hexose monophosphate shunt ヘキソース一リン酸経路 → pentose phosphate cycle

hexose phosphate ヘキソースリン酸

hexosimine ヘキソシミン：ヘキソースに液体アンモニアを作用させて得られるシッフ塩基．

hexosylamine ヘキソシラミン

hexuronic acid ヘキスロン酸：ヘキソースの6位をCOOHに酸化した酸．

Hfr strain Hfr[菌]株：Hfrはhigh frequency of recombination(高頻度組換え)の略．高頻度接合株．

HFT lysate HFT溶菌液 → high-frequency transducing lysate

H-2 gene complex H-2遺伝子複合体：マウスの主要組織適合遺伝子．

HGF → hepatocyte growth factor の略．

HGPRT → hypoxanthine—guanine phosphoribosyltransferase の略．

***hh* gene** → *hedgehog* gene の略．

H-2 histocompatibility antigen H-2組織適合抗原

hiatus leukemicus 白血病裂孔：骨髄芽球と成熟白血球のみで，中間の成熟段階の細胞がみられない状態．急性骨髄性白血病の血液像．

hibernation 冬眠 同 winter sleep

hierarchy 階層

high-density lipoprotein 高密度リポタンパク質 略 HDL 同 α lipoprotein(αリポタンパク質)

high-density lipoprotein cholesterol 高密度リポタンパク質コレステロール：組織より肝臓に輸送されるコレステロール．同 HDL cholesterol(HDLコレステロール)

high dose tolerance 大量寛容 → high-zone tolerance

high efficiency particulate air filter → HEPA filter

high-energy bond 高エネルギー結合

high-energy compound → energy-rich compound

high-energy phosphate bond 高エネルギーリン酸結合：中性溶液中で加水分解することによって7 kcal/mol以上の自由エネルギーを放出するリン酸結合．

higher fatty acid 高級脂肪酸 同 long-chain fatty acid(長鎖脂肪酸)

higher-order structure 高次構造：タンパク質および核酸の二次および三次構造の総称．四次構造まで含む場合もある．

high frequency recombination 高頻度組換え

high-frequency transducing lysate 高頻度形質導入溶菌液 同 HFT lysate(HFT溶菌液)

high-performance liquid chromatography 高性能液体クロマトグラフィー 略 HPLC 同 high-pressure liquid chromatography(高圧液体クロマトグラフィー)，high-speed liquid chromatography(高速液体クロマトグラフィー)

high-pressure liquid chromatography 高圧液体クロマトグラフィー → high-performance liquid chromatography

high responder 高応答動物【免疫】

high-speed liquid chromatography 高速液体クロマトグラフィー → high-performance liquid chromatography

high-speed sedimentation equilibrium method 高速沈降平衡法 → Yphantis method

high throughput 大量迅速処理[の]【遺伝子配列決定や遺伝子産物解析における】

high-zone paralysis → high-zone tolerance

high-zone tolerance 高域寛容，大量域寛容，高域トレランス：大量の抗原に曝露されて免疫寛容が成立すること．同 high-zone paralysis, high dose tolerance(大量寛容)

Hijmann-van den Bergh reaction ヒーマン・ファンデンベルグ反応 → van den Bergh reaction

Hildebrandt acid ヒルデブラント酸：分枝鎖不飽和ジカルボン酸の一種．

Hill coefficient ヒル係数：アロステリック酵素の協同性の強さを表す係数．同 Hill con-

stant(ヒル定数)
Hill constant ヒル定数 → Hill coefficient
Hill equation ヒルの式：ヒル係数を求める関係式．
Hill plot ヒルプロット：ヒルの式に基づいたプロット．
Hill reaction ヒル反応：光合成初期過程の反応の一つ．
hinchazon → beriberi
hind-brain 後脳　同 rhombencephalon(菱脳)
hindrance 障害
hinge region ヒンジ部，ヒンジ領域，蝶つがい部：特に，免疫グロブリン H 鎖中で，C_H1 と C_H2 ドメインの間の領域．
hiochic acid 火落酸：メバロン酸の旧称．
hippocampus 海馬：大脳辺縁系の一部，記憶をつかさどる．
hippuric acid 馬尿酸：N-ベンゾイルグリシン．草食動物の尿中に多い．
hippuricase ヒップリカーゼ，馬尿酸分解酵素　同 aminoacylase(アミノアシラーゼ)
hirudine ヒルジン：ヒルの生産する血液凝固阻止タンパク質(トロンビン阻害剤)．
His → histidine の略．
His tag His タグ → histidine tag
histamine ヒスタミン：代表的な生理活性アミン．作用は血管拡張，平滑筋収縮など．ヒスチジンの脱炭酸で生ずる．
histamine receptor ヒスタミン受容体
histidinal ヒスチジナール：ヒスチジン生合成系の中間体．
histidine ヒスチジン：2-アミノ-3-イミダゾールプロピオン酸．塩基性アミノ酸の一種．　略 His, H
histidinemia ヒスチジン血症
histidine tag ヒスチジンタグ：タンパク質の末端に His 残基を 6 個連ねると，Ni と強く結合するようになる．これを利用して，タンパク質の分離精製や固定化をする．　同 His tag(His タグ)
histidinol ヒスチジノール：ヒスチジン生合成経路の中間体．
histiocyte 組織球：組織マクロファージ．
histochemistry 組織化学：種々の染色によって組織を染め分ける手法．
histocompatibility 組織適合性：移植片と宿主の間に拒絶反応が起こるかどうかの適合性のこと．
histocompatibility antigen 組織適合性抗原
histocompatibility gene 組織適合性遺伝子
histogenesis 組織形成
histogram 柱状図表
histohematin ヒストヘマチン：シトクロムの旧称．　同 myohematin(ミオヘマチン)
histoincompatibility 組織不適合性
histone ヒストン：真核細胞 DNA と結合しヌクレオソームを構成する塩基性タンパク質．H1, H2A, H2B, H3, H4 の 5 種類ある．
histone acetyltransferase ヒストンアセチルトランスフェラーゼ　略 HAT
histozyme ヒストザイム：アミノアシラーゼの旧称．
hit hypothesis → hit theory
hit theory ヒット説　同 hit hypothesis
HIV → human immunodeficiency virus の略．
HLA → human leukocyte antigen の略．
HLA antigen HLA 抗原：ヒトの主要組織適合抗原系．
HLB → hydrophile-lipophile balance の略．
H-meromyosin H メロミオシン → heavy meromyosin
HMG → human menopausal gonadotropin の略．
HMG-CoA → hydroxymethylglutaryl-CoA の略．
hnRNA → heterogeneous nuclear RNA の略．
Hodgkin disease ホジキン病：悪性リンパ腫の一型．
Hofmeister's series ホフマイスター系列：電解質の塩析の能力の強さの序列．　同 lyotropic series(離液系列)
hog ブタ【食用】
Hogness box ホグネスボックス → TATA box
holandric 限雄性の
holandric inheritance 限雄性遺伝：Y 染色体上にある遺伝子による遺伝のこと．雄から雄へ伝わる．
holarrhena alkaloid ホラレナアルカロイド → kurchi alkaloid
Holliday model ホリデイモデル：一般的な DNA 組換え現象を説明する分子モデル．2 本の DNA の間の鎖交換を特徴とする．
hollow fiber 中空糸，中空繊維
holocrine 全分泌[の]，ホロクリン[の]：腺

細胞自身が分泌されること.

holoenzyme ホロ酵素:補酵素と結合した酵素全体.補酵素のないものをアポ酵素という.

holothurin A ホロツリン A:溶血性,魚毒性をもつステロイド配糖体.

homeobox ホメオボックス:約180塩基対の塩基配列で,ホメオティック遺伝子などの解析など多数の遺伝子の転写調節に関与するシス配列.ホメオドメインをもつ DNA 結合タンパク質が作用する.

homeodomain ホメオドメイン:3個の α ヘリックスをもち,ヘリックス・ターン・ヘリックス構造を特徴とする DNA 結合ドメイン.3番目の α ヘリックスが DNA 主構に入り込んで結合する.

homeostasis ホメオスタシス,恒常性

homeostatic 恒常性維持の

homeotic gene ホメオティック遺伝子:突然変異により体の特定の部位が欠損するのではなく,他の部位の形態的特徴をもつようになる遺伝子.ショウジョウバエのアンテナペディア,バイソラックス遺伝子群が有名.

homing receptor ホーミング受容体:リンパ球がパイエル板やリンパ節など特殊な組織に移動するのにかかわる細胞表面の細胞接着分子.

homo- ホモ:同じを意味する接頭辞.対語は hetero-.

homoaconitic acid ホモアコニット酸:微生物のリシン生合成系の中間体の一つ.

homoallele 同質対立遺伝子

homoamino acid ホモアミノ酸:通常のアミノ酸の同族体の総称.普通のアミノ酸よりメチレン基が1個多い.ホモセリンなど.

homoarginine ホモアルギニン:アルギニンよりメチレン基が1個多いアミノ酸.

homobiotin ホモビオチン:ビオチン側鎖の炭素数が1個多い化合物.

homoblastic 同胚葉性[の],同形発生[の]

homocarnosine ホモカルノシン:脳におけるヒスチジン代謝産物.

homocellular transport ホモ細胞輸送,同質細胞輸送

homochromatography ホモクロマトグラフィー:ポリヌクレオチドを鎖長順に分離するクロマトグラフィー.

homocitrulline ホモシトルリン:L-2-アミノ-6-ウレイドヘキサン酸.非タンパク質アミノ酸の一種.

homocysteine ホモシステイン:2-アミノ-4-チオ酪酸.非タンパク質性含硫アミノ酸の一種.

homocystine ホモシスチン:ホモシステインの S-S 二量体.

homocystinuria ホモシスチン尿症:シスタチオニン β-シンターゼ欠損症.

homocytotropic antibody 同種細胞親和性抗体,ホモサイトトロピック抗体

homodetic cyclic peptide ホモデチック環状ペプチド:ペプチド結合のみから成る環状ペプチド.

homofermentation ホモ発酵 ⇌ homolactic fermentation

homogamete 同型配偶子

homogenate ホモジネート,ホモジェネート:組織の破砕均一化液.

homogeneous 均一[の],同質[の],同種[の]:対語は heterogeneous.

homogenic 同型遺伝子性[の]

homogenize ホモジナイズする,ホモジェナイズする,均一化する

homogenizer ホモジナイザー,ホモジェナイザー:組織の破砕器.

homogenote 同型[遺伝子]接合体,ホモジェノート

homogentisic acid ホモゲンチジン酸:チロシンの中間代謝産物.

homograft 同種移植片 同 homotransplantation

homoisocitric acid ホモイソクエン酸:リシン合成の中間体.

homokaryon 同核共存体,ホモカリオン:同じ種類の細胞に由来する2個以上の核をもつ融合細胞.対語は heterokaryon.

homolactic fermentation ホモ乳酸発酵:乳酸発酵のうちほとんど乳酸だけを生じる型の乳酸発酵.対語は heterolactic fermentation. 同 homofermentation(ホモ発酵,同種発酵)

homologous 相同[の],同族[の]:進化学においては同一起源の器官などをさすが,分子進化学においては配列の類似性をいう.

homologous antigen 同一抗原,対応抗原

homologous chromosome 相同染色体 同 homolog[ue]

homologous gene 相同遺伝子 同 homo-

log[ue]（ホモログ）

homologous protein 相同タンパク質：異種生物や異なる臓器において，ある特定のタンパク質に対応するタンパク質．

homologous recombination 相同[的]組換え

homolog[ue] 1) 同族体，ホモログ，2) ホモログ → homologous gene, 3) → homologous chromosome

homology 相同[性]，ホモロジー

homology region 相同性領域，ホモロジー領域：一次構造の共通部分．

homolytic cleavage 等方性分解 圓 symmetrical fission（対称的開裂）

homomethionine ホモメチオニン：メチオニンよりメチレン基が一つ多い含硫アミノ酸．

homomixture ホモ混合物

homopolymer ホモポリマー，同種重合体：対語は heteropolymer．

homopolysaccharide ホモ多糖

homoproline ホモプロリン → pipecolic acid

homoserine ホモセリン：トレオニン，メチオニンの合成中間体．セリンよりメチレン基が一つ多いヒドロキシアミノ酸．

homothallism ホモタリズム，性的同質接合性：同一細胞の子孫間の接合．対語は heterothallism．

homotransplantation → homograft

homotropic ホモトロピック[な]：対語は heterotropic．

homotropic effect ホモトロピック効果：基質によるアロステリック酵素の同一基質に対する結合性変化．

homotropic enzyme ホモトロピック酵素：基質がエフェクターとして働くアロステリック酵素．

homotropic interaction ホモトロピック相互作用：触媒中心へのリガンドの結合を介するタンパク質内のサブユニット間相互作用による高次構造変化．

homozygosity 同型接合性，ホモ接合性

homozygote 同型接合体，ホモ接合体：ある遺伝子座について同じ対立遺伝子をもつ接合体．

homozygous load ホモ接合荷重

Hoogsteen base pairing フーグスティーン型塩基対：ワトソン・クリック水素結合と異なる塩基対形成様式の一つ．

Hopkins-Cole reaction ホプキンス・コール反応：トリプトファン呈色反応の一種．圓 Adamkiewicz reaction（アダムキービッツ反応），glyoxylic acid reaction（グリオキシル酸反応）

hordenine ホルデニン：チラミンの N-ジメチル誘導体．オオムギに存在．

horizontal transmission 水平伝播：遺伝情報は親から子へ垂直に伝わるのが正常であるが，まれに同種間，または多種の生物へ伝わることがあり，これをさす．

hormonal steroid → steroid hormone

hormone ホルモン：内分泌腺で産生される体液を介する他細胞への情報伝達物質．

hormone action ホルモン作用：ホルモンは体液を介して内分泌腺から標的細胞の受容体に情報を与える．

hormone receptor ホルモン受容体，ホルモンレセプター

hormone release-inhibiting factor ホルモン放出抑制因子 圓 hormone release-inhibiting hormone（ホルモン放出抑制ホルモン）

hormone release-inhibiting hormone ホルモン放出抑制ホルモン → hormone release-inhibiting factor

hormone-releasing factor ホルモン放出因子：通常，視床下部に由来し，下垂体前葉ホルモンの放出を刺激するものをいう．圓 hormone-releasing hormone（ホルモン放出ホルモン），hypothalamic regulatory factor（視床下部性調節因子）

hormone-releasing hormone ホルモン放出ホルモン → hormone-releasing factor

hormone-responsive cell ホルモン感受性細胞

Horner syndrome ホルネル症候群，ホルナー症候群：片側交感神経麻痺による眼瞼下垂，縮瞳，眼球陥没，無汗症．

horny layer 角質層

horseradish 西洋ワサビ

horseradish peroxidase 西洋ワサビペルオキシダーゼ：過酸化水素の分解に伴いアスコルビン酸などを酸化する酵素．その際の発色反応を利用して ELISA などの標識酵素として用いられる．圓 HRP

hospital infection 院内感染 圓 nosomial infection

host 宿主，ホスト：感染や共生において寄生

生物やウイルスの侵入を受ける細胞または生物体.

host cell reactivation 宿主細胞回復

host-controlled modification 宿主依存性修飾 ⇒ host-induced modification

host factor 宿主因子: 特定のウイルスに感染する宿主の種の範囲.

host-induced modification 宿主誘導修飾 同 host-controlled modification(宿主依存性修飾)

host-range 宿主域

host-range mutation 宿主域[突然]変異

host-vector system 宿主-ベクター系

hot 1) 放射性[の], 2) 熱い

hot atom chemistry ホットアトム化学: 核反応過程の結果, 分子から飛び出した高い運動エネルギーをもつ原子の化学. 同 recoil chemistry (反跳化学)

hot spot ホットスポット: DNA塩基配列上特に突然変異を起こしやすい部位.

housefly ⇒ muscid

housekeeping [gene] ハウスキーピング[遺伝子]: 細胞の生存に基本的なタンパク質の遺伝子で, 分化の程度にかかわらずいつでも構成的に発現している遺伝子.

***Hox* gene** ホックス遺伝子: 脊椎動物のホメオティック遺伝子群.

HPETE ⇒ hydroperoxy[e]icosatetraenoic acid の略.

HPLC ⇒ high-performance liquid chromatography の略.

H⁺-pump H⁺ポンプ ⇒ proton pump

HPV ⇒ human papilloma virus の略.

H₁ receptor H₁受容体: ヒスタミン受容体の一つで, Gタンパク質共役型で, ホスホリパーゼCと共役している. 平滑筋, 副腎髄質, 血管内皮, 脳に分布する.

H₂ receptor H₂受容体: ヒスタミン受容体の一つで, Gタンパク質共役型で, アデニル酸シクラーゼと共役している. 胃粘膜壁細胞, 心房などに分布する.

HRP ⇒ horseradish peroxidase の略.

HSP ⇒ heat shock protein の略.

HSV ⇒ herpes simplex virus の略.

Ht ⇒ hematocrit の略.

5-HT 5-hidroxytryptamine の略. ⇒ serotonin

HTLV ⇒ human T cell leukemia virus の略.

HTLV-I ⇒ adult T cell leukemia virus.

H⁺-translocating ATPase H⁺輸送性ATPアーゼ

Hübner-Thomsen-Friedenreich phenomenon ヒューブナー・トムゼン・フリーデンライヒ現象 ⇒ polyagglutination

Hudson rule ハドソン則: アルドン酸よりもそのラクトンの旋光性が増強するという法則. 同 lactone rule(ラクトン則)

HUGO ⇒ Human Genome Organization の略.

human chorionic gonadotropin ヒト絨〚じゅう〛毛性性腺刺激ホルモン 略 HCG, hCG

human echovirus ヒトエコーウイルス

human genome ヒトゲノム

Human Genome Organization ヒトゲノム機構 略 HUGO

human immunodeficiency virus ヒト免疫不全ウイルス: エイズウイルス. 略 HIV

human leukocyte antigen ヒト白血球抗原: ヒトの組織適合性抗原. 略 HLA

human menopausal gonadotropin 閉経婦人尿性腺刺激ホルモン 略 HMG 同 urogonadotropin(ウロゴナドトロピン)

human papilloma virus ヒトパピローマウイルス, ヒト乳頭腫ウイルス 略 HPV

human T cell leukemia virus ヒトT細胞白血病ウイルス 略 HTLV

humidity 湿度

humin フミン: タンパク質と糖の加熱で生じる異色不溶物.

humoral 体液性[の], 液性[の]

humoral antibody 体液性抗体: IgGなど.

humoral immunity 体液性免疫

humoral regulation system 液性調節系 ⇒ endocrine system

humoral transmission 液性伝達

humulene フムレン: 単環性セスキテルペンの一種.

***hunchback* gene** ハンチバック遺伝子: ショウジョウバエのギャップ遺伝子の一つ. 略 *hb* gene

Hunter syndrome ハンター症候群: イズロン酸-2-硫酸スルファターゼ欠損症. ムコ多糖症の一種. X染色体劣性遺伝.

Huntington disease ⇒ Huntington's chorea

Huntington's chorea ハンチントン舞踏病: 四

肢などに舞踏様の不随意運動を起こす遺伝性の脳変性疾患．Huntingtin遺伝子内にCAGの異常繰返しがあり，脳の線条体に変性をきたす．常染色体優性遺伝． 同 Huntington disease

Hurler syndrome ハーラー症候群：L-イズロニダーゼ欠損症．ムコ多糖症の一種．常染色体劣性遺伝．

Hutchinson-Gilford syndrome ハッチンソン・ギルフォード症候群：早期老化症の一種．

HVJ: Hemagglutinating virus of Japanの略． ⇒ Sendai virus

hyaloplasm 透明質：細胞質内の微細粒状物質．

hyaluronate ヒアルロン酸塩：結合組織などに含まれる粘性の高い多糖類．

hyaluronic acid ヒアルロン酸：N-アセチルグルコサミンとグルクロン酸の二糖を単位とする直鎖多糖．

hyaluronidase ヒアルロニダーゼ 同 mucinase(ムチナーゼ)

H-Y antigen H-Y抗原，男性特異抗原：マウス組織片の移植において，雄同士の間で拒絶が起こるが，成熟雄固有の組織抗原のこと．

hybrid 1)ハイブリッド，混成：二つ以上の異質の起源をもつ物質の複合体．2)雑種：二つ以上の異質の起源をもつ個体，細胞．

hybrid antibody ハイブリッド抗体：2種の抗体を人工的に合体させてつくった抗体．

hybrid-arrested translation ハイブリッド阻害翻訳法：ハイブリッド形成による翻訳の阻害．

hybrid cell 雑種細胞

hybrid hemoglobin 混成ヘモグロビン：異なる起源のヘモグロビンサブユニットから成るヘモグロビン．

hybridization 1)ハイブリッド形成，混成，2)雑種形成 同 crossing(交雑)

hybridize 対[たい]合させる【核酸に相補鎖を】，雑種形成する

hybridized orbital 混成軌道

hybridoma ハイブリドーマ，融合雑種腫瘍細胞：モノクローナル抗体生産などに用いる．

hybrid subtraction ハイブリッドサブトラクション ⇒ subtractive hybridization

hydantoin ヒダントイン：不斉的加水分解でアミノ酸合成に用いる． 同 glycolylurea(グリコリル尿素)

hydnocarpic acid 大風子酸，ヒドノカルプス酸：ハンセン氏病治療薬．

hydrargyrum ⇒ mercury

hydrase ヒドラーゼ：ヒドラターゼの旧称．

hydrastine ヒドラスチン：血管収縮作用をもつアルカロイドの一種．

hydratase 加水酵素，ヒドラターゼ

hydrate 1)水和物，2)水和する

hydration entropy 水和エントロピー

hydration sphere 水和層

hydraulic 水力[の]

hydrazide ヒドラジド：ヒドラジンのカルボン酸誘導体のこと． 同 acid hydrazide(酸ヒドラジド)，acylhydrazine(アシルヒドラジン)

hydrazine ヒドラジン

hydrazinolysis ヒドラジン分解：ペプチドのカルボキシ末端の分析法．

hydrazone ヒドラゾン：カルボニル化合物とヒドラジン誘導体との脱水縮合物．

hydride 水素化物

hydride ion 水素化物イオン，ヒドリドイオン：記号H^-．

hydrocarbon 炭化水素

hydrocarbon fermentation 炭化水素発酵：石油を原料とする発酵． 同 petroleum fermentation(石油発酵)

hydrocephaly 水頭症：脳室またはクモ膜下腔が拡大し，髄液が貯留した状態．乳幼児の先天性水頭症では，頭囲拡大，泉門開大などを生じる．

hydrocortisone ヒドロコルチゾン ⇒ cortisol

Δ^1-hydrocortisone Δ^1-ヒドロコルチゾン ⇒ prednisolone

hydrogen 水素：元素記号H．原子番号1の元素．

hydrogen acceptor 水素受容体

hydrogenase ヒドロゲナーゼ

hydrogenated oil ⇒ hardened oil

hydrogenation 水素化，水素添加

hydrogen bacterium 水素[細]菌

hydrogen bond 水素結合

hydrogencarbonate 炭酸水素塩 同 bicarbonate(重炭酸塩)

hydrogen chloride 塩化水素

hydrogen cyanide シアン化水素 同 formonitrile(ホルモニトリル)，prussic acid(青酸)

hydrogen donor 水素供与体

hydrogen electrode 水素電極
hydrogen exponent 水素指数 ⇀ pH
hydrogen ion 水素イオン ⇀ proton
hydrogen ion gradient 水素イオン勾配 ⇀ proton gradient
hydrogen ion indicator 水素イオン指示薬 ⇀ acid-base indicator
hydrogen nucleus 水素原子核 ⇀ proton
hydrogenolysis 水素化分解
hydrogen peroxide 過酸化水素
hydrogen sulfide 硫化水素
hydrogen thiocyanate ⇀ thiocyanic acid
hydrogen transfer 水素転移
hydrolase 加水分解酵素, ヒドロラーゼ
hydro-lyase ヒドロリアーゼ：水の付加または脱離を行う酵素. ヒドラターゼとデヒドラターゼの総称.
hydrolysis 加水分解
hydrolytic 加水分解[の]
hydronium ion ヒドロニウムイオン ⇀ oxonium ion
hydropathy ヒドロパシー, ハイドロパシー：アミノ酸残基の親水性度を数値化したもの. タンパク質の各部分の親水性を計算し, 折りたたみ構造を推定するときに用いられる.
hydroperoxide ヒドロペルオキシド：-OOH をもつ化合物.
hydroperoxy ヒドロペルオキシ[基]：-OOH. 過酸化脂質などに存在.
hydroperoxy[e]icosatetraenoic acid ヒドロペルオキシ[エ]イコサテトラエン酸 略 HPETE
hydroperoxy fatty acid ヒドロペルオキシ脂肪酸：脂肪酸ヒドロペルオキシド.
hydroperoxyl radical ヒドロペルオキシルラジカル
hydrophile-lipophile balance 親水性親油性比【界面活性剤の】 略 HLB
hydrophilic 親水性[の]
hydrophilic amino acid 親水性アミノ酸
hydrophilic colloid 親水性コロイド
hydrophilic group 親水基
hydrophobic 疎水性[の]
hydrophobic amino acid 疎水性アミノ酸
hydrophobic bond 疎水結合
hydrophobic colloid 疎水性コロイド
hydrophobic group 疎水基

hydrophobic interaction 疎水性相互作用
hydrophobicity 疎水性
hydrophobic protein 疎水性タンパク質
hydroquinone ヒドロキノン
hydroquinone carboxylic acid ヒドロキノンカルボン酸 ⇀ gentisic acid
hydrosphere 水圏
hydroxamic acid ヒドロキサム酸：ヒドロキシルアミンの N-アシル体の総称.
hydroxide ion 水酸化物イオン
hydroxo ヒドロキソ[基]
hydroxocobalamin ヒドロキソコバラミン：p-ジヒドロキシベンゼン.
hydroxy acid ヒドロキシ酸：ヒドロキシ基をもつ酸.
hydroxyapatite ヒドロキシアパタイト：水酸化リン酸カルシウム. 吸着剤. 同 hydroxylapatite(ヒドロキシルアパタイト)
hydroxyethylthiamin ヒドロキシエチルチアミン
hydroxyketone ヒドロキシケトン ⇀ ketol
hydroxy[l] ヒドロキシ[基], ヒドロキシル
hydroxylamine ヒドロキシルアミン
hydroxylapatite ヒドロキシルアパタイト ⇀ hydroxyapatite
hydroxylase 水酸化酵素, ヒドロキシラーゼ：一原子酸素添加により基質をヒドロキシ化する酵素.
hydroxylation ヒドロキシ化, 水酸化
hydroxymethylglutaryl-CoA ヒドロキシメチルグルタリル CoA：コレステロール生合成の律速中間体. 略 HMG-CoA
hydroxyproline ヒドロキシプロリン：コラーゲンの重要構成アミノ酸. 略 Hyp
hydroxypyruvic acid ヒドロキシピルビン酸
5-hydroxytryptamine 5-ヒドロキシトリプタミン ⇀ serotonin
hygrine ヒグリン：コカノキのピロリジンアルカロイド.
hygrinic acid ヒグリニン酸：植物界甘味物質スタキドリンの生合成中間体.
hygromycin ヒグロマイシン, ハイグロマイシン：動物の駆虫薬として使われるアミノ配糖体. 抗生物質. ヒグロマイシン耐性遺伝子を薬剤選択マーカーとして用いた遺伝子導入法の選択薬剤として用いられる.
hygroscopic 吸湿性[の], 検湿器の
Hyl: hydroxylysine の略.

hyocholic acid ヒオコール酸:胆汁酸の一種.

hyodeoxycholic acid ヒオデオキシコール酸:胆汁酸の一種.

hyoscine ヒオスチン:l-スコポラミンの別名. 鎮痛, 鎮痙剤.

hyoscyamine ヒオスチアミン:dl-ヒヨスチアミンはアトロピンとよばれる.

Hyp ⇀ hydroxyproline の略.

Hyp ⇀ hypoxanthine の略.

hypalg[es]ia 痛覚鈍麻

hyperacute rejection 超急性拒絶反応

hyperaldosteronism 高アルドステロン症:単にアルドステロン症(aldosteronism)ともいう.

hyperalgesia 痛覚過敏

hyperalphalipoproteinemia 高αリポタンパク質血症

hyperammonemia 高アンモニア血症

hyperbaric oxygen 高圧酸素

hyperbetaalaninemia 高βアラニン血症

hyperbetalipoproteinemia 高βリポタンパク質血症

hyperbilirubinemia 高ビリルビン血症

hyperbolic relationship 双曲線[形]相関

hypercalcemia 高カルシウム血症

hypercapnia 高炭酸症

hypercholesterolemia 高コレステロール血症

hyperchromic 1)濃色[の], 2)過染性の, 3)高色素性の【貧血など】

hyperchromic effect 濃色効果:変性などに伴って吸光度が増加する現象. 核酸の変性はこれを利用して追跡できる. 同 hyperchromism (ハイパークロミズム)

hyperchromism ハイパークロミズム ⇀ hyperchromic effect

hyperchylomicronemia 高キロミクロン血症

hyperconjugation 超共役

hypereosinophilic syndrome 好酸球増多症候群, 高好酸球症候群

hyperesthesia 感覚過敏, 知覚過敏

hyperferremia 鉄過剰症

hyperfine structure 超微細構造:核スピンと電子スピンの相互作用より生ずる ESR スペクトルの構造.

hyperfolic acidemia 高葉酸血症

hyperglobulinemia 高グロブリン血症

hyperglycemia 高血糖

hyperglycinemia 高グリシン血症 同 glycine encephalopathy (グリシン脳症)

hyperhidrosis 多汗症, 発汗過多[症] 同 exescessive sweating

hyper-IgE syndrome 高 IgE 症候群:先天性免疫不全症候群の一種. 同 Job syndrome (ジョブ症候群)

hyperimmune serum 高度免疫血清

hyperkinesia 運動亢進症, 運動過剰, 多動 同 hyperkinesis

hyperkinesis ⇀ hyperkinesia

hyperkinetic syndrome 多動症候群【小児の】

hyperleucine-isoleucinemia 高ロイシン-イソロイシン血症

hyperlipemia 高脂血症 同 hyperlipidemia

hyperlipidemia ⇀ hyperlipemia

hyperlysinemia 高リシン血症

hypermetabolic myopathy ハイパーメタボリックミオパシー ⇀ Luft disease

hypermorph 高次形態[遺伝子], ハイパーモルフ:野生型より強い形質発現を行う対立遺伝子. 対語は hypomorph.

hyperornithinemia 高オルニチン血症

hyperoxaluria 高シュウ酸尿症 同 oxalosis (シュウ酸症)

hyperoxemia 高酸素血症:血液中の酸素の過剰状態.

hyperparathyroidism 副甲状腺機能亢進症:低カルシウム血症を特徴.

hyperphenylalaninemia 高フェニルアラニン血症:血中フェニルアラニン値が異常に上昇するがフェニルケトン尿症には至らない状態. ジヒドロプテリジンレダクターゼ欠損症など.

hyperplasia 過形成

hyperploid 高倍数体

hyperproinsulinemia 高プロインスリン血症

hyperprolactinemia 高プロラクチン血症

hyperprolinemia 高プロリン血症

hyperpyruvic acidemia 高ピルビン酸血症 ⇀ pyruvic acidemia

hypersensitive 知覚過敏な

hypersensitivity 過敏症, 過敏性

hyperserotoninemia 高セロトニン血症

hypertensin ハイパーテンシン ⇀ angiotensin

hypertensinase ハイパーテンシナーゼ ⇀ angiotensinase

hypertension 高血圧, 高血圧症
hyperthermia 超高熱, 高体温症
hyperthermophile 超好熱菌
hyperthyroidism 甲状腺機能亢進症
hypertonia 緊張亢進
hypertonic 高張[の], 高浸透圧[の]
hypertonic solution 高張液
hypertrophy 肥大【筋肉, 臓器の】
hypertyrosinemia 高チロシン血症
hyperuricemia 高尿酸血症
hypervalinemia 高バリン血症
hypervariable region 超可変部, 高度可変領域, 超可変域: 免疫グロブリンのH鎖およびL鎖の可変領域の中でも特に一次構造上の多様性が高い領域. 立体構造上, 抗原結合部位を形成しており, 抗体が認識できる抗原の多様性をもたらす.
hyperventilation syndrome 過換気症候群
hypobetalipoproteinemia 低βリポタンパク質血症
hypoblast 胚盤葉下層
hypocapnia 低炭酸症
hypochromic 淡色[の], 低色素性[の]
hypochromic effect 淡色効果: 吸収強度が減少すること. 核酸やタンパク質が規則的な高次構造をとるときに起こる. 同 hypochromism(ハイポクロミズム)
hypochromism ハイポクロミズム → hypochromic effect
hypoesthesia 感覚鈍麻, 知覚鈍麻, 知覚減退
hypnotic 催眠薬
hypogammaglobulinemia 低γグロブリン血症: 免疫グロブリン欠損症. γグロブリン低下症.
hypoglycemia 低血糖
hypoglycine ヒポグリシン: α-アミノメチレンシクロプロピルプロピオン酸. ある種の果物に含まれる毒物.
hypogonadism 生殖機能不全, 性[腺]機能低下症
hypokinesia 運動低下
hypolipidemia 低脂血症
hypomorph ハイポモルフ, 低次形態: 野生型より機能が低下した形質発現を行う対立遺伝子. 対語は hypermorph.
hypoparathyroidism 副甲状腺機能低下症
hypophosphatasia 低ホスファターゼ症
hypophosphatemic rickets 低リン酸血症性くる病
hypophysectomy 下垂体切除
hypophysial stalk 下垂体柄
hypophysioportal system 下垂体門脈血管系: 視床の毛細血管と下垂体前葉の毛細血管を連結する細静脈系.
hypophysis → pituitary
hypopituitarism 下垂体前葉機能低下症
hyposensitization 減感作 → desensitization
hypotaurine ヒポタウリン: 2-アミノエタンスルフィン酸.
hypotensive agent 血圧降下薬, 降圧薬 同 antihypertensive agent
hypothalamic factor → hypothalamic hormone
hypothalamic hormone 視床下部ホルモン 同 hypothalamic factor
hypothalamic pituitary system → hypothalamo-hypophysial system
hypothalamic regulatory factor 視床下部調節因子 → hormone-releasing factor
hypothalamic sulcus 視床下溝
hypothalamo-hypophysial system 視床下部-下垂体系: 視床下部ホルモンによる下垂体分泌によって体の諸機能を調節する系のこと. 同 hypothalamic pituitary system
hypothalamus 視床下部
hypothermia 低体温
hypothyroidism 甲状腺機能低下症
hypotonic 低張[の], 低浸透圧[の]
hypotonic solution 低張液
hypoxanthine ヒポキサンチン: プリン塩基の酸化物. 略 Hyp
hypoxanthine—guanine phosphoribosyltransferase ヒポキサンチン—グアニンホスホリボシルトランスフェラーゼ: ほ乳動物のプリンヌクレオチドの再利用経路の酵素. レッシュ・ナイハン症候群で欠損. 略 HGPRT
hypoxemia 低酸素血症
hypoxic 低酸素[の]
hypsochrome 浅色団: 物質の光吸収極大を短波長側に移行させる残基.
hypsochromic 浅色[の]
hypsochromic effect 浅色効果: 対語は bathochromic effect. 同 hypsochromism (ヒプソクロミズム)
hypsochromic shift 浅色移動: 吸収極大が短

波長側にシフトすること．タンパク質変性時にみられる． 圓 blue shift(ブルーシフト, 青方移動, 青色移動)

hypsochromism ヒプソクロミズム ⇌ hypsochromic effect

hysteresis 履歴，ヒステリシス

hypusine ハイプシン：N-(4-アミノ-2-ヒドロキシブチル)リシンのこと．真核生物の開始因子の一つ eIF-5A(旧称 eIF-4D)の構成成分．

I

I: 1) ⇌ inosine の略, 2) ⇌ isoleucine の略.

IAA ⇌ indoleacetic acid の略.

IAA ⇌ iodoacetamide の略.

Ia antigen Ia 抗原：I 領域関連抗原.

iatrogenic 医原性：医師による投薬，X 線照射，輸血などの治療行為，内視鏡検査，生検などによって患者にとって好ましくない状態を生じること．

I band I 帯：横紋筋の明るい横縞． 圓 isotropic band(等方[性]帯)

ICAM ⇌ intercellular adhesion molecule の略.

ICE ⇌ interleukin-1 β converting enzyme の略.

ICE family protease ICE ファミリープロテアーゼ ⇌ caspase

I-cell I 細胞 ⇌ inclusion cell

I-cell disease I 細胞病：ムコ多糖症の症状を示すが，ムコ多糖の排泄増加はなく，リソソーム酵素のリン酸化欠損による過剰排泄が原因．封入体細胞(I-cell)がみられる． 圓 inclusion cell disease(封入体細胞病)

ichthyology 魚類学

ichthyosis 魚りんせん〖鱗癬〗：皮膚の角化が過度に起こる状態． 圓 keratodermas

icosahedron 正二十面体

ICSH: interstitial cell-stimulating hormone の略. ⇌ luteinizing hormone

icterus ⇌ jaundice

ID$_{50}$ ⇌ fifty percent infection dose の略.

IDDM ⇌ insulin dependent diabetes mellitus の略.

ideal solution 理想溶液

identification 1)同定, 2)確認

identify 同定する【物質を】

idioblast 異型細胞

idiogram 核型図式

idiopathic 特発性：原因不明の疾患に付す言葉． 圓 essential(本態性)

idiotope イディオトープ，イディオタイプ抗原決定基

idiotype イディオタイプ：免疫グロブリンや T 細胞受容体の超可変部のユニークなアミノ酸配列に基づく抗原決定基． 圓 individually specific antigen(個体異的抗原)

idiotype variation イディオタイプ変異

iditol イジトール：糖アルコールの一種.

IDL ⇌ intermediat density lipoprotein の略.

idose イドース：ヘキソースの一種.

IdoUA ⇌ iduronic acid の略.

IDP ⇌ inosine 5′-diphosphate の略.

IdUA ⇌ iduronic acid の略.

iduronic acid イズロン酸：イドースのウロン酸結合組織多糖類の成分． 圙 IdoUA, IdUA

IF ⇌ initiation factor の略.

IFN ⇌ interferon の略.

Ig ⇌ immunoglobulin の略：IgA, IgD, IgE, IgG, IgM のクラスがある.

IGF ⇌ insulin-like growth factor の略.

ignesin イグネシン：細胞液中の中性プロテアーゼで，ドデシル硫酸により活性化される.

Ig receptor Ig 受容体，Ig レセプター 圓 receptor antibody(レセプター抗体)

Ii blood group Ii 式血液型：赤血球糖脂質を抗原とする血液型の一種． 圓 Ii blood type

Ii blood type ⇌ Ii blood group

I-κB: 転写因子 NF-κB と結合してこれを負に制御する因子.

IL ⇌ interleukin の略.

Ile ⇌ isoleucine の略.

ileum(*pl.* ilea) 回腸

illegitimate recombination 非正統的組換え

⇌ nonhomologous recombination
illuminate 照射する【光を】
illusion 錯覚：感覚刺激対象の誤った知覚.
imaginal bud 成虫芽 ⇌ imaginal disk
imaginal disk 1)成虫盤, 2)成虫原基 同 2)imaginal bud(成虫芽)
imaging 画像診断
Imerslund-Gräsbeck syndrome イメルスルンド・グレスベック症候群 ⇌ Imerslund syndrome
Imerslund syndrome イメルスルンド症候群：家族性ビタミン B_{12} 吸着障害. 同 Imerslund-Gräsbeck syndrome(イメルスルンド・グレスベック症候群)
imidazole イミダゾール
imidazole ring イミダゾール環
imide イミド：1)アンモニアの水素2個を二塩基酸のアシル基で置換した環状化合物. 2)イミノ基を含む化合物の総称.
imine イミン
imino イミノ【基】：＝NH. 2価の置換基. プロリンなどに見いだされる.
imino acid イミノ酸 同 iminocarboxylic acid(イミノカルボン酸)
iminocarboxylic acid イミノカルボン酸 ⇌ imino acid
iminoglycinuria イミノグリシン尿症
iminopeptidase イミノペプチダーゼ ⇌ proline iminopeptidase
iminourea イミノウレア ⇌ guanidine
imipramine イミプラミン：三環系抗うつ剤の一種.
immature 未熟な, まだできあがっていない
immediate [type] allergy 即時型アレルギー：抗体や補体を介する過敏症.
immediate [type] hypersensitivity 即時型過敏症
immediate [type] reaction 即時型反応
immersion 液浸
immobilization 1)固定化【酵素などの】, 2)不動化
immobilize 固定化する【酵素などを膜などに】
immobilized enzyme 固定化酵素 同 insolubilized enzyme(不溶化酵素)
immobilized microorganism 固定化微生物：バイオリアクターに用いる固定化した微生物.
immortalization 不死化【細胞の】

immotile cilia syndrome 繊毛不動症候群：ダイニン遺伝子の欠損により繊毛がビート運動できない.
immune 免疫[の]
immune adherence 免疫粘着
immune adherence hemagglutination 免疫粘着血球凝集 ⇌ immune adherence reaction
immune adherence reaction 免疫粘着反応 同 immune adherence hemagglutination(免疫粘着血球凝集)
immune clearance 免疫クリアランス, 免疫異物排除 同 immune elimination
immune complex 免疫複合体 ⇌ antigen-antibody complex
immune complex disease 免疫複合体病 同 immune deposit disease(免疫グロブリン沈着症)
immune cytolysis 免疫細胞溶解 同 immune cytolytic reaction
immune cytolytic reaction ⇌ immune cytolysis
immune deposit disease 免疫グロブリン沈着症 ⇌ immune complex disease
immune deviation 免疫偏向
immune disease 免疫病
immune elimination ⇌ immune clearance
immune hemolysis 免疫溶血
immune network 免疫ネットワーク
immune precipitate 免疫沈降物
immune response 免疫応答
immune response gene 免疫応答遺伝子 同 Ir gene(Ir 遺伝子)
immune serum 免疫血清 ⇌ antiserum
immune suppression ⇌ immunosuppression
immune suppression gene 免疫抑制遺伝子 同 Is gene(Is 遺伝子)
immune system 免疫系
immune tolerance 免疫寛容：特定の抗原に対する免疫応答の欠如. 同 immunotolerance, immunological tolerance
immunity 1)免疫：宿主が過去に感染した微生物や異物に特異的な抵抗力をもつこと. ウイルス学では溶原菌がそのもつプロファージと同型のファージの感染を免れる現象. 2)免疫性：免疫されている状態.
immunization 免疫化, 免疫処置
immunize 免疫する

immunoadsorbent　免疫吸着剤
immunoaffinity　免疫親和性
immunoassay　イムノアッセイ，免疫定量[法]，免疫検定[法]
immunobiochemistry　免疫生化学
immunoblotting　免疫ブロット[法]：抗原を電気泳動で分離したのち，膜に写し，標識抗体により検出する方法．🔲immunoblot（イムノブロット）
immunochemistry　免疫化学
immunocompetent cell　免疫担当細胞
immunocompetent cell clone　免疫担当細胞クローン
immunoconglutinin　免疫コングルチニン，免疫膠［こう］着素：C3b，C4b 成分に対する自己抗体．
immunocytochemistry　免疫細胞化学
immunodeficiency syndrome　免疫不全症候群　🔲immunological deficiency syndrome
immunodiffusion　免疫拡散法：抗原や抗体のゲル中の拡散を利用して行う沈降反応による分析法．
immunoelectrodiffusion　免疫電気拡散法
immunoelectron microscopy　免疫電子顕微鏡法
immunoelectrophoresis　免疫電気泳動
immunoenzymatic technique　⇒ enzyme label[l]ed antibody technique
immunoenzyme technique　免疫酵素測定法　⇒ enzyme immunoassay
immunoferritin technique　免疫フェリチン法　⇒ ferritin antibody technique
immunofluorescence technique　免疫蛍光法　⇒ fluorescent antibody technique
immunogen　免疫原：免疫反応を起こす物質．抗原もこれに含まれる．
immunogenetics　免疫遺伝学
immunogenicity　免疫原性：抗体を産生させる性質．🔲antigenicity（抗原性）
immunoglobulin　免疫グロブリン，イムノグロブリン：抗原と特異的に結合する血清タンパク質．抗体とその関連タンパク質．略 Ig
immunoglobulin class　免疫グロブリンクラス：Ig の H 鎖で分けた種類群，IgG, IgM, IgA, IgD, IgE の 5 種．
immunoglobulin gene　免疫グロブリン遺伝子：抗体分子の多様性発現遺伝子．
immunoglobulin subclass　免疫グロブリンサブクラス：IgG クラスは IgG1, IgG2, IgG3, IgG4 の 4 サブクラスに，IgA クラスは IgA1, IgA2 の 2 サブクラスに分けられる．
immunoglobulin superfamily　免疫グロブリンスーパーファミリー
immunoglobulin therapy　免疫グロブリン療法
immunohistochemistry　免疫組織化学
immunological competence　免疫適格性，免疫学的能力
immunological deficiency syndrome　⇒ immunodeficiency syndrome
immunological enhancement　免疫エンハンスメント，免疫促進[反応]
immunological homeostasis　免疫学的恒常性
immunological memory　免疫記憶
immunological paralysis　免疫麻痺［ひ］：多量の抗原投与による免疫的寛容性．
immunological surveillance　免疫監視
immunological tolerance　⇒immune tolerance
immunological unresponsiveness　免疫学的不応性，免疫不応答
immunologic disease　免疫疾患　🔲immunopathy
immunology　免疫学
immunopathy　⇒ immunologic disease
immunophilin　イムノフィリン：シクロスポリンAやFK506と結合し，それらの免疫抑制作用をもたらすタンパク質．
immunopotentiation　免疫強化
immunoprecipitation　免疫沈降
immunoreaction　免疫反応
immunostain　抗体で染色する【免疫学的に染色する】
immunosuppressant　⇒ immunosuppressive agent
immunosuppression　免疫抑制　🔲immune suppression
immunosuppressive agent　免疫抑制剤　🔲immunosuppressant
immunotherapy　免疫療法
immunotolerance　⇒ immune tolerance
immunotoxin　イムノトキシン：特定の細胞を傷害するため，モノクローナル抗体に毒素を結合したもの．
IMP　⇒ inosine 5′-monophosphate の略．
implant　インプラント
imprinting　刷込み，インプリンティング

impulse インパルス:伝導性の電位変化.神経の筋肉の活動電位.

Imuran イムラン【商品名】:免疫抑制剤. 同 azathiopurine(アザチオプリン)

inaccessible 潜在[の], 到達しにくい

inactivated vaccine 不活化ワクチン

inactivation 1)不活性化, 2)失活, 3)非動化

inactivation cross section 不活性化断面積

inactivation dose 不活性化線量:37%線量ともいう. 放射線イオンクラスター数と標的粒子数が等しい線量. 略 D_{37}

inactivator of complement 補体不活性化物質

inactive placebo → placebo

inborn 先天性[の]

inbred animal strain 同系動物

inbred mouse 近交系マウス

inbred strain 近交系

inbreed 近親交配させる

inbreeding 1)近親交配, 2)同系交配, 3)同系繁殖, 4)自殖性

inbreeding coefficient 近交係数

incentive 誘因

inclusion body 封入体:1)酵素欠損などにより細胞内に特定の物質が蓄積し, 沈殿など構造体をつくったもの. 2)ウイルス感染細胞内のウイルス粒子の小体. 3)高発現させたタンパク質が宿主細胞中に沈殿してつくる構造体. 4)細胞内の顆粒画分をさすこともある.

inclusion cell 封入体細胞:I-cell disease を参照. 同 I-cell(I 細胞)

inclusion cell disease 封入体細胞病 → I-cell disease

incoherent 非干渉性

incompatibility 1)不適合性【免疫】, 2)不和合性【遺伝】

incompetence 不全

incomplete antibody 不完全抗体:沈降反応や凝集反応を起こさない抗体. 同 atypical antibody(非定型抗体)

incomplete antigen 不完全抗原 → hapten

incomplete Freund's adjuvant 不完全フロイントアジュバント

incomplete virus 不完全ウイルス

incorporate 取込む【標的化合物などを】

incubation 1)インキュベーション, 温置, 保温, 2)培養, 3)ふ卵

incubator 1)恒温器, インキュベーター, 2)ふ卵器

indican インジカン:トリプトファン代謝産物.

indicator 1)指示薬, 2)指標

indicator bacterium 指示[細]菌

indicator [organism] 指標生物

indigenous 自生[の], 固有[の]

indigo インジゴ:天然あいの青紫色色素. 同 indigotin(インジゴチン;特に純粋なもの)

indigo brown インジゴブラウン:天然あいに混在する褐色色素.

indigotin インジゴチン:indigo を参照.

indirect agglutination 間接凝集反応

indirect complement fixation test 間接補体結合試験

indirect Coombs' test 間接クームス試験

indirect fluorescent antibody technique 間接蛍光抗体法 同 indirect immunofluorescence technique(間接免疫蛍光法)

indirect hemagglutination 間接血球凝集 → passive hemagglutination

indirect immunofluorescence technique 間接免疫蛍光法 → indirect fluorescent antibody technique

indirect nuclear division 間接核分裂 → mitosis

indirubin インジルビン:天然あいに混在する紅色色素.

indispensable amino acid 不可欠アミノ酸 → essential amino acid

indispensable fatty acid 不可欠脂肪酸 → essential fatty acid

individually specific antigen 個体特異的抗原 → idiotype

individuation 1)個性化, 2)個体化

indocyanine green インドシアニングリーン

indocybin インドシビン → psilocybin

indole インドール:2,3-ベンゾピロール. トリプトファン側鎖の主要部分.

indoleacetic acid インドール酢酸:天然オーキシンの主成分. 略 IAA 同 heteroauxin(ヘテロオーキシン)

indoleacetoaldoxim インドールアセトアルドキシム:植物成長ホルモンのインドールアセトニトリル生合成の中間体.

indolylacryloylglycine インドリルアクリロイルグリシン:腸内菌の異常により人体内に蓄積するトリプトファン誘導体の一つ.

indolylacryloylglycinuria インドリルアクリ

ロイルグリシン尿症
indomethacin インドメタシン：シクロオキシゲナーゼ阻害剤．抗炎症剤．
indophenol [blue] reaction インドフェノール[ブルー]反応　同 nadi reaction(ナジ反応)
indophenol dye インドフェノール染料
indoxyl インドキシル：3-ヒドロキシインドール．
induce 誘導する【酵素合成などを】
induced-fit 誘導適合【酵素タンパク質コンホメーションの】：基質が酵素分子に結合すると，酵素自身がコンホメーションを変えて触媒機能を発現しやすいように構造変化すること．
induced-fit hypothesis 誘導適合仮説【酵素活性中心の】
induced mutation 誘発[突然]変異
induced repair 誘導的修復　⇒ SOS repair
inducer 1)誘発物質，2)誘導物質，インデューサー，3)誘導原
inducible enzyme 誘導酵素：基質など特定の物質により誘導される酵素．同 adaptive enzyme(適応酵素)
inducible phage 誘発性ファージ
induction 1)誘導，2)誘発
induction of phage ファージの誘発：溶原化しているファージの増殖誘発．
induction phase 誘導期　同 lag phase
inert 不活性[な]
infantile diarrhea virus 幼児下痢症ウイルス
infection 感染：微生物，ウイルスや寄生虫が動植物組織内や微生物細胞内で増殖すること．
infectious disease 伝染病，感染症　同 communicable disease
infectious mononucleosis 伝染性単核球症：エプスタイン・バーウイルス(EBウイルス)がB細胞に感染して起こるリンパ球増多症．
infectious nucleic acid 感染性核酸：それのみ単独で感染能をもつ核酸．たとえばタバコモザイクウイルスのRNA．
inferior cerebellar peduncule 下小脳脚
inferior vena cava 下大静脈：両脚から上行してきた静脈が腹部で合一した太い静脈．大静脈孔で横隔膜を貫いて胸腔に入り，右心房につながる．同 vena cava inferior, postcaval vein
infertility 1)不妊　⇒ sterility, 2)不育[症]：妊娠はするが，流産，早産などで生児を得られない状態．

infinite proliferation 無限増殖：正常体細胞は有限回の細胞分裂しか行えないが，がん細胞や株化した細胞は無限に増殖をすること．同 unlimited proliferation
inflammation 炎症：感染，外傷などに対して疼痛，発赤，腫脹，発熱を伴う組織への防衛反応．
inflammatory 炎症[の]
influent 流入液
influenza virus インフルエンザウイルス：マイナス鎖RNA 8分節から成るウイルス．毎年のようにヒトに流行を起こし，超過死亡の原因となる抗原変異を起こしやすい．
influx 流入：膜を通過する物質の内向き流束．
information 情報
informed consent インフォームドコンセント：医療において，医師から十分に説明を受けたあとでの患者の同意，承認をいう．
informosome インフォルモソーム，情報粒子：真核細胞のmRNAタンパク質複合体．
infra- 下[の]
infradian rhythm 長日周期：24時間より長い周期で起こるリズム．
inframe インフレーム：翻訳開始点からのタンパク質の読み枠が合っていること，およびその状態．
infrared 赤外[の], 赤外線[の]　略 IR
infrared dichroism 赤外二色性：赤外線吸収スペクトルの方向による相違．
infrared ray 赤外線
infrared spectrum 赤外スペクトル
infundibular process 後葉【下垂体の】
infundibular stem 漏斗柄【下垂体の】
infusion 注入[液]
ingestion 摂取，経口摂取
ingression 移入，内殖
inheritance 遺伝　同 heredity
inherited immunity 遺伝性免疫　⇒ innate immunity
inhibin インヒビン
inhibition 阻害，抑制
inhibition constant 阻害定数　同 inhibitor constant
inhibitor 1)阻害剤，インヒビター，2)抑制因子
inhibitor constant ⇒ inhibition constant
inhibitor of complement 補体インヒビター
inhibitor peptide 1)ペプチド[性]インヒビター，2)阻害ペプチド

inhibitor protein 阻害タンパク質 ⇀ proteinous inhibitor

inhibitory neuron 抑制性ニューロン

inhibitory neurotransmitter 抑制性［神経］伝達物質 同 inhibitory transmitter

inhibitory postsynaptic potential 抑制性シナプス後電位

inhibitory synapse 抑制性シナプス

inhibitory transmitter ⇀ inhibitory neurotransmitter

initial 1)初期［の］，初発の，2)始原細胞，原基

initial burst 初期バースト，イニシアルバースト：酵素反応で反応初期に活性中心のモル数だけ急速に基質が分解されること．

initial rate 初速度 同 initial velocity

initial velocity 初速度 同 initial rate

initiated cell 潜在性細胞：発がんイニシエーターの作用を受けてDNAに構造的変化を起こした細胞．これにプロモーターが作用すると発がんする．

initiation 開始，イニシエーション：発がんの引き金ともいうべき，初期の反応をさす．イニシエーションにひき続き，プロモーション期を経て，がんになる．

initiation codon 開始コドン：タンパク質合成の開始を指定する遺伝暗号．AUG．例外的に，GUG, CUGが利用されることもある．

initiation complex 開始複合体

initiation factor 開始因子：mRNA上の開始コドンよりポリペプチドの翻訳が開始されるのに必要な因子．略 IF（原核生物），eIF（真核生物）同 polypeptide chain initiation factor（ポリペプチド鎖開始因子）

initiator イニシエーター，初発因子：1)一般に反応や現象の起動因子．2)発がん過程にかかわる変異原物質．

initiator tRNA 開始tRNA, イニシエーター tRNA：開始コドンを認識し，翻訳開始にかかわるメチオニンtRNA.

injection 1)注入，2)注射，3)噴射，4)射出

in-line mechanism 整列機構

innate immunity 先天性免疫 同 inherited immunity（遺伝性免疫），natural immunity（自然免疫）

inner cell mass 内部細胞塊：ほ乳類胚盤胞の内部を占める細胞群．胚体のあらゆる細胞種の分化全能性をもつ，胚性幹細胞が由来する．

inner membrane particle 内膜粒子【ミトコンドリアなどの】

inner potential 内部電位

innervation 神経支配：ニューロンが筋や腺などの効果器に接合してその活動を支配すること．

Ino ⇀ inosine の略．

inoculation 1)接種：動物や培地に細菌，細胞，ウイルスを植えつけること．2)播［は］種：固形培地に細菌やウイルスをまくこと．

inorganic 無機［の］

inorganic respiration 無機呼吸：分子状酸素の代わりにSO_4^{2-}やNO_2^-などの無機物を最終電子受容体とする電子伝達系を用いてエネルギーを獲得する方式．

inosine イノシン 略 Ino, I

inosine 5'-diphosphate イノシン5'-二リン酸 略 IDP

inosine 5'-monophosphate イノシン5'-一リン酸：うま味物質でもある．略 IMP

inosine phosphorylase イノシンホスホリラーゼ：プリンヌクレオシドホスホリラーゼの別名．

inosine 5'-triphosphate イノシン5'-三リン酸 略 ITP

inosinic acid イノシン酸：イノシン一リン酸ともいう．

inositol イノシトール 同 cyclohexitol（シクロヘキシトール），meat sugar（肉糖），bios I（ビオスⅠ）

inositol bisphosphate イノシトールビスリン酸 略 IP_2

inositol monophosphate イノシトール一リン酸 略 IP

inositol phosphoglyceride イノシトールホスホグリセリド ⇀ phosphatidylinositol

inositol trisphosphate イノシトールトリスリン酸 略 IP_3

inotropic action 変力作用：筋収縮力の変化を起こす作用．

insect hormone 昆虫ホルモン：昆虫が内分泌するホルモンで，エクジステロイドと幼若ホルモン以外はすべて神経ペプチドホルモンである．

insecticide 殺虫剤

insemination 媒精：精子と卵子を同一泹液内に入れること．

insert 挿入断片【DNAの】

insertion 挿入

insertional inactivation 挿入失活:構造遺伝子中に外来DNAを挿入して遺伝子機能を失活させること.

insertion element ⇀ insertion sequence

insertion mechanism 挿入機構【DNAの】

insertion mutation 挿入変異

insertion sequence 挿入配列:原核生物ゲノム,プラスミド,ファージの間を移動する最も小さな転位性遺伝因子. 略 IS 同 insertion element

inside-out vesicle 反転膜小胞,内外反転膜 略 IOV

in silico インシリコ:コンピューターで

in situ インシトゥ,原位置[の]:物質が生体内あるいは試験管内にある位置のまま機能あるいは反応すること.

***in situ* hybridization** *in situ* ハイブリッド形成[法]:標識DNAプローブと組織中,染色体の核酸とでハイブリッド形成させ,標的核酸の組織局在や特定遺伝子の染色体上の位置を決定する方法.

insolubilized enzyme 不溶化酵素 ⇀ immobilized enzyme

instability 不安定性

instantaneous velocity 瞬間速度

instillation 滴下,点滴

insular sclerosis ⇀ multiple sclerosis

insulin インスリン,インシュリン:膵臓B細胞で合成されるペプチドホルモンで,刺激に応じて血中に放出され,グルコースの細胞透過性と代謝を高め,血糖を下げる.

insulin dependent diabetes mellitus インスリン依存性糖尿病:若年発症糖尿病の多くにみられ,インスリン分泌能低下による糖尿病.遺伝的素因とウイルス感染が疑われている. 略 IDDM

insulin-like growth factor インスリン様増殖因子 略 IGF

insulinoma インスリノーマ:インスリンを分泌する腫瘍.

insulin shock インスリンショック:インスリン過剰投与による低血糖と神経症状.

integral absorbed dose 積分吸収線量

integral protein of biomembrane ⇀ membrane intrinsic protein

integrase インテグラーゼ:外来遺伝子の宿主遺伝子への組込み(溶原化)を行う酵素.

integration 1)統合,2)組込み

integrative suppression 組込み抑圧

integrin インテグリン:細胞接着に関与する細胞膜を貫通する受容体ファミリー.

intein インテイン:mRNAにおけるイントロンに似て翻訳後,ポリペプチド鎖の一部が切出される部分をさす.しばしばインテインはヌクレアーゼ活性を示す. extein も参照.

intensive factor 強度因子 ⇀ intensive variable

intensive quantity 示強量 ⇀ intensive variable

intensive variable 示強変数:圧力,電圧など物質の量によらない性質をさす. 同 intensive factor(強度因子), intensive quantity(示強量)

interaction 相互作用

interallelic complementation 対立遺伝子間相補性

inter-α-trypsin inhibitor インター α トリプシンインヒビター:血清中トリプシンインヒビターの一種.

interbrain ⇀ diencephalon

intercalary 挿入[の],介在[の]

intercalating agent インターカレーション剤,インターカレーター

intercalation インターカレーション,挿入:隣接する二つの塩基対面の間に臭化エチジウムのような平たい芳香環をもつ化学物質が挿入されること.

intercellular adhesion 細胞間接着:細胞と細胞が結合しているところで,密着結合,接着帯,接着斑,ギャップ結合などがある. 同 intercellular junction(細胞間結合)

intercellular junction 細胞間結合 ⇀ intercellular adhesion

intercellular matrix 細胞間マトリックス ⇀ intercellular substance

intercellular reaction 細胞間作用

intercellular space 細胞間隙[げき]:細胞と細胞のすき間で,ここを介して物質が輸送される.

intercellular substance 細胞間[物]質:動物細胞の外側にある高分子物質で,コラーゲン,エラスチンなど結合組織に多く認められる.一般に細胞外マトリックスと同義. 同 intercellular matrix(細胞間マトリックス)

interchromosomal recombination 染色体間組換え

interchromosomal translocation 染色体間転座

interfacial potential 界面電位

interfacial tension 界面張力

interference 干渉

interference optical system 干渉光学系

interferon インターフェロン：ウイルス感染によって動物細胞が産生する抗ウイルス作用をもつタンパク質．抗腫瘍作用ももつ．略 IFN

intergenic suppression 遺伝子間サプレッション：ある遺伝子突然変異による異常形質が，別の遺伝子に起こる第二の突然変異により回復すること．

intergenic suppressor 遺伝子間サプレッサー

interkinesis 分裂期間 ⇌ interphase

interleukin インターロイキン：リンパ球から放出される生理活性物質の総称．略 IL

interleukin 2 インターロイキン 2 ⇌ T cell growth factor

interleukin-1β converting enzyme インターロイキン 1β 変換酵素：カスパーゼの一つ．略 ICE

interlocal 遺伝子座間[の]

intermediary metabolism 中間代謝

intermediary metabolite 中間代謝物質 ⇌ metabolic intermediate

intermediate 中間体

intermediate density lipoprotein 中間密度リポタンパク質

intermediate filament 中間[径]フィラメント：真核細胞の細胞骨格を形成するフィラメントのうち，外径が 7〜11 nm のもの．そのタンパク質構成は細胞によって異なっている．

intermediate lobe 中葉【下垂体の】

intermediate lobe hormone 中葉ホルモン

intermedin インターメジン ⇌ melanocyte-stimulating hormone

intermembrane space 膜間腔〚こう〛：ミトコンドリアの内膜と外膜の間の空間．

intermitotic cell 間期細胞

intermolecular force 分子間力

intermolecular interaction 分子間相互作用

internal conversion 内部変換

internal energy 内部エネルギー

internalization インターナリゼーション 同 receptor-mediated endocytosis（受容体依存性エンドサイトーシス）

internalize 取込む【細胞内に】

internal oxidation-reduction 分子内酸化還元：分子内に電子供与基と受容基の両方が存在しその間に起こる酸化還元反応．同 intramolecular oxidation-reduction

internal rotation 分子内回転，内部回転

internal-rotation angle 内部回転角 ⇌ torsion angle

internal-rotation potential barrier 内部回転ポテンシャル壁

internal secretion 内分泌

internal standard 内[部]標準：定量分析において対象試料中の含有量変化の少ない主成分や，それに含まれない別種の成分を一定量添加したものを標準物質とすること．および，その標準物質．

international system of units 国際単位系 ⇌ SI units

International Union of Biochemistry and Molecular Biology 国際生化学分子生物学連合 略 IUBMB

International Union of Pure and Applied Chemistry 国際純正・応用化学連合 略 IUPAC

international unit 国際単位 略 I.U.

interneuron 介在ニューロン：他のニューロンから情報を受け（筋肉や腺でなく）他のニューロンに情報を伝えるニューロン．

interpeduncular fossa 脚間窩〚か〛【視床下部の】

interphase 間期 同 resting phase（静止期，休止期），interkinesis（分裂期間），metabolic stage（代謝期）

interphyletic 移行型[の]

interplant 内植体

interplantation 内植，体内培養

interspersion 散在【遺伝子などの】

interstitial cell 間[質]細胞

interstitial cell-stimulating hormone 間質細胞刺激ホルモン ⇌ luteinizing hormone

interstitial tissue 間質[組織]

interstitum 間質 同 stroma

intersystem crossing 項間交差

intervening sequence 介在配列 ⇌ intron

intestinal 腸[の]

intestinal bacterial flora 腸内細菌叢，腸内細菌フロラ 同 enterobacterial flora

intestinal epithelium cell 腸上皮細胞

intestinal infantilism 小児脂肪便症 ⇌ celiac syndrome

intestinal juice 腸液

intestinal mucosa 腸粘膜

intestine 腸

intestinum tenue ⇌ small intestine

intima(*pl.* intimae) 内膜

intoxication 中毒

intracellular 細胞内[の]

intracellular compartmentation 細胞内区画,細胞内分布

intracellular transport 細胞内輸送

intrachromosomal translocation 染色体内転座

intracisternal A particle イントラシスターナル A 粒子:マウスゲノムに多数存在するレトロトランスポゾンの一つ.

intracisternal space 嚢〖のう〗内領域

intrafusal fiber 錘内繊維 ⇌ intrafusal muscle fiber

intrafusal muscle fiber 錘内筋繊維 〖同〗intrafusal fiber(錘内繊維)

intragenic suppression 遺伝子内サプレッション

intragenic suppressor 遺伝子内サプレッサー:ある遺伝子の変異によって生じた表現型が,同じ遺伝子内に生じた第二の遺伝子変異によって抑圧されるとき,第二の変異を第一の変異の遺伝子内サプレッサーという.

intramolecular 分子内[の]

intramolecular condensation 分子内縮合

intramolecular lyase 分子内リアーゼ

intramolecular oxidation-reduction ⇌ internal oxidation-reduction

intraperitoneal injection 腹腔内注射

intravenous injection 静脈[内]注射

intrinsic 内在[の],本質的な,内因性[の],固有[の]

intrinsic binding constant 固有結合定数 〖同〗microscopic binding constant(微視的結合定数)

intrinsic factor 1)内因性要因,2)内因子:胃底壁細胞より分泌されるビタミン B_{12} 結合性糖タンパク質.

intrinsic viscosity 固有粘度 〖同〗limiting viscosity(極限粘度), limiting viscosity number(極限粘度数)

intron イントロン:真核生物の開始コドンから終止コドンの間の遺伝子でタンパク質として発現されない部分. 〖同〗intervening sequence(IVS, 介在配列)

inulin イヌリン:フルクトースの多糖の一種.

invagination 陥入【膜の】

inverse anaphylaxis 逆アナフィラキシー反応

inversion 1)反転,2)転化【糖】,3)逆位【染色体】

invertase インベルターゼ:β-D-フルクトフラノシダーゼの別名.スクロース転化酵素.

invertebrate 無脊〖せき〗椎動物

inverted microscope 倒立顕微鏡

inverted repeat sequence 逆方向反復配列

invertin インベルチン:β-D-フルクトフラノシダーゼの別名.

invert sugar 転化糖:スクロース加水分解によるグルコースとフルクトースの混合物.

in vitro 生体外[の],試験管内[の],インビトロ

***in vitro* complementation** *in vitro* 相補性,試験管内相補性

***in vitro* continuous protein synthesis** *in vitro* 連続タンパク質合成系:アミノ酸,ATP など低分子基質を連続的に供給してタンパク質の無細胞による合成を行わせる方法.旧来のバッチ法に比べ,長時間反応が進行し,多量の発現産物が得られる.遺伝子発現系に比べ,毒性のあるタンパク質でも多量に得られることや,効率よく ^{13}C 標識が行えることなど利点がある.

***in vitro* packaging** *in vitro* パッケージング, 試験管内パッケージング:試験管内で組換えファージ DNA を完成したファージ粒子にすること.

***in vitro* recombination** *in vitro* 組換え, 試験管内組換え

***in vitro* selection method** *in vitro* セレクション法:実験室内進化を利用してタンパク質や核酸などの改質をはかる方法の一つ.進化における自然選択を人為的に試験管内で行うこと.

in vivo 生体内[の],インビボ

involuntary 不随意[の]

iodimetry ヨウ素酸化滴定

iodination ヨウ素化

iodine ヨウ素:元素記号 I.原子番号 53 のハロゲン属元素.

iodine-125 ヨウ素 125:記号 ^{125}I.放射性核種.ラジオイムノアッセイなどに用いられる.

iodine-131 ヨウ素131：記号 ^{131}I．放射性核種．シンチスキャンなどに用いられる．

iodine value ヨウ素価：脂質の不飽和度の指標．

iodoacetamide ヨードアセトアミド：タンパク質のSH基修飾試薬の一種．圈 IAA

iodoacetic acid ヨード酢酸：タンパク質のSH基修飾試薬の一種．

iodopsin イオドプシン：錐体の色覚視物質．

iodosobenzoic acid ヨードソ安息香酸 ⇌ iodosylbenzoic acid

iodo-starch reaction ヨウ素-デンプン反応：デンプンの呈色反応，青紫色．

iodosylbenzoic acid ヨードシル安息香酸：ヨウ素化試薬の一種．圈 iodosobenzoic acid(ヨードソ安息香酸)

iodothyronine ヨードチロニン

ion イオン：分子(または原子)が電子を失い，あるいは得た粒子．

ion channel イオンチャネル，イオンチャンネル：生体膜を数回貫通するタンパク質から成る受動的なイオン通過路．細胞内外の濃度勾配を使って受動的にイオンを通過させ，その制御は通過孔の開閉による．

ion electrode イオン電極

ion exchange イオン交換：溶液中のイオンが物質中または細胞中の他種のイオンと入換わること．

ion exchange cellulose イオン交換セルロース

ion exchange chromatography イオン交換クロマトグラフィー

ion exchanger イオン交換体

ion exchange resin イオン交換樹脂

ionic イオン[の]

ionic bond イオン結合

ionic conduction イオン伝導

ionic permeability イオン透過性

ionic radius イオン半径

ionic strength イオン強度

ionic surfactant イオン性界面活性剤

ionization 1) イオン化，2) 電離

ionization energy イオン化エネルギー

ionization potential イオン化ポテンシャル

ionizing radiation 電離放射線，電離性放射線

ionomycin イオノマイシン

ionophore イオノホア，イオノフォア：生体膜のイオン透過性を高める抗生物質．イオンの配位化合物．圈 complexone(コンプレクソン)

ion pair イオン対：中性分子の電離で生じた電子と陰イオン．

ion pump イオンポンプ：膜の電気化学ポテンシャル差に抗してイオンを輸送するタンパク質．

ion transport イオン輸送

IOV ⇌ inside-out vesicle の略．

IP ⇌ inositol monophosphate の略．

IP$_2$ ⇌ inositol bisphosphate の略．

IP$_3$ ⇌ inositol trisphosphate の略．

ipecacuanha alkaloid 吐根アルカロイド

I pilus(*pl.* I pili) I線毛

IPTG: isopropyl 1-thio-β-D-galactoside の略．ラクトースオペロンの誘導物質．大腸菌の β-ガラクトシダーゼ遺伝子の高発現の目的で用いられる．

IR ⇌ infrared の略．

IRE ⇌ iron-responsive element の略．

IRES: internal ribosome entry site の略．真核生物 mRNA の途中で直接リボソームが結合し，翻訳を開始する領域．

Ir gene *Ir* 遺伝子 ⇌ immune response gene

irides ⇌ iris

iridine イリジン：ニジマス精子の塩基性タンパク質．

iridomyrmecin イリドミルメシン：アリの抗菌物質．マタタビの成分．

iridophore 虹色素胞

iris 虹彩 圈 irides

iron 鉄：元素記号 Fe．原子番号26の重金属元素．

iron bacterium 鉄細菌，鉄酸化細菌

iron binding capacity 鉄結合能：血清中の鉄の量を鉄結合量という．血清中の鉄はトランスフェリンと結合しているので，その量から鉄を定量することができる．

iron-binding globulin 鉄結合性グロブリン ⇌ transferrin

iron center 鉄中心

iron deficiency anemia 鉄欠乏性貧血

iron-responsive element 鉄応答配列 圈 IRE

iron-sulfur center 鉄-硫黄中心：非ヘム鉄と不安定無機硫黄およびタンパク質のシステイン残基の硫黄とで構成された電子伝達機能をもつ活性中心．

iron-sulfur cluster 鉄-硫黄クラスター
iron-sulfur protein 鉄-硫黄タンパク質：非ヘム鉄と硫黄原子を含むフェレドキシンなどのタンパク質の総称．
irradiation 照射
irradiation equipment 照射装置
irreversible 不可逆[の]
irreversible inhibition 不可逆阻害
irreversible thermodynamics 不可逆系の熱力学 ⇌ nonequilibrium thermodynamics
IRS-1：insulin receptor substrate-1 の略．
IS ⇌ insertion sequence の略．
isanic acid イサン酸 ⇌ erythrogenic acid
isatin イサチン：インドール-2,3-ジオン．
ischemia 虚血，乏血
ischemic 虚血の，乏血の
isethionic acid イセチオン酸：タウリン分解系の中間体．
Is gene *Is* 遺伝子 ⇌ immune suppression gene
Ising model イジングモデル：アロステリック効果の理論モデル．
island 島：blood island（血島）など．Langerhans' island も参照．
island model 島モデル：集団の繁殖で分集団が隔離されて進化が促進されるというモデル．
islet （小）島：膵ランゲルハンス島．
isoacceptor-tRNA アイソアクセプターtRNA，イソ受容 tRNA：同じ生物に存在する同じアミノ酸を結合する数種の tRNA の総称．
iso acid イソ酸：ω末端から2番目の炭素に分枝をもつ脂肪酸．
isoagglutinin 同種凝集素
isoallele 同類対立遺伝子
isoalloxazine ring イソアロキサジン環：リボフラビンの基本骨格をつくる環状構造．
isoamylase イソアミラーゼ：α-1,6-グルコシド結合を加水分解するアミラーゼの一種．
isoantibody 同種抗体：同種抗原に反応する抗体． 同 isophile antibody（好同種抗体）
isoantigen 同種抗原：同種の個体間の相異による抗原．
isobar 1）等圧式，2）等圧線，3）同重体
isobutyric acid イソ酪酸：2-メチルプロピオン酸．
isochorismic acid イソコリスミ酸：2,3-ジヒドロキシ安息香酸生合成の中間体．
isochromosome 同位染色体，同腕染色体

isocitric acid イソクエン酸
allo-isocitric acid *allo*-イソクエン酸
isocortex 等皮質，同皮質
isocratic elution イソクラティック溶離：ゲルクロマトグラフィーにおけるように，始めから終りまで，溶媒の濃度あるいは組成を一定に保って溶離を行う方法．
isocrinal イソクリナル：スキュー配座（ねじれ舟形配座）で基準面の両側に等角にある化学結合．
isocyanic acid イソシアン酸：シアン酸の互変異性体．アミノ基修飾薬． 同 carbimide（カルビミド）
isodesmosine イソデスモシン：エラスチン中の修飾アミノ酸の一種．
isoelectric chromatography 等電点クロマトグラフィー 同 chromatofocusing（クロマトフォーカシング）
isoelectric focusing 等電点電気泳動 同 electrofocusing（等電点分離法）
isoelectric pH 等電 pH ⇌ isoelectric point
isoelectric point 等電点：タンパク質など両性電解質の正負の電荷が等しくなるような pH． 略 p*I* 同 isoelectric pH（等電 pH）
isoelectric precipitation 等電沈殿
isoenzyme イソ酵素 ⇌ isozyme
isoeugenol イソオイゲノール：テルペンの一種．
isoevodiamine イソエボジアミン：エボジアミンの加熱生成物．鎮痛剤．
isoform [protein] アイソフォーム，イソ型タンパク質：アイソザイムと同じように同一個体にあって化学構造を異にするが，機能的に類似したタンパク質のこと．
isogenic アイソジェニック，同質遺伝子的
isoglutamic acid イソグルタミン酸：3-アミノペンタン二酸，3-アミノグルタル酸．L-グルタミン酸の類似体化合物．
isoglutamine イソグルタミン：グルタミン酸の α 位のカルボキシ基がアミド化したもの．
isograft 同系移植[片] 同 syngen[e]ic graft
isoguanosine イソグアノシン：イソグアニンを含むヌクレオシド．
isohemagglutination 同種血球凝集
isoidide イソイジド：イジトールのアンヒドロ誘導体．
isoionic point 等イオン点
isolation medium 分離培地
isolator アイソレーター：分離装置，隔離施設．

isoleucine イソロイシン：2-アミノ-3-メチル-*n*-吉草酸．必須アミノ酸の一種．略 Ile, I

isologous association 同種集合

isolupanine イソルパニン：キノリジンアルカロイドのルパニン異性体．

isolysergic acid イソリゼルギン酸，イソリゼルグ酸

isomaltase イソマルターゼ：オリゴ-1,6-グルコシダーゼの別名．

isomaltose イソマルトース：α 1→6 結合によるグルコースの二糖．同 brachiose（ブラキオース）

isomer 異性体

isomerase 異性化酵素，イソメラーゼ

isomeric 同質異性[の]

isomeric transition 核異性体転移

isomerization 異性化，異性化反応

isometric contraction 等尺性収縮

isonicotinic acid hydrazide イソニコチン酸ヒドラジド：強力な抗結核薬．ニコチンアミド，ピリドキサール，ピリドキサミンの類似体として拮抗的にこれらを阻害する．

isopentenyl diphosphate イソペンテニル二リン酸：コレステロール生合成中間体．

isopeptide bond イソペプチド結合：リシンの ε-アミノ基とグルタミン酸などの酸性アミノ酸側鎖のカルボキシ基が形成するペプチド結合．

isophile antibody 好同種抗体 → isoantibody

isoprene イソプレン：テルペンの基本単位．$CH_2=C(CH_3)CH=CH_2$．

isoprene rule イソプレン則：テルペン類はイソプレンの頭部，尾部が縮合したものという法則．

isoprene unit イソプレン単位：テルペンの生合成の単位．イソペンテニル二リン酸．

isoprenoid イソプレノイド → terpene

isoprenylated protein イソプレニル化タンパク質

isoprenylation イソプレニル化：ファルネシル化とゲラニルゲラニル化の総称．タンパク質のイソプレノイドによる修飾を総称してよぶ．

isopropanol イソプロパノール → isopropyl alcohol

isopropyl alcohol イソプロピルアルコール 同 isopropanol（イソプロパノール）

isopropylnoradrenaline イソプロピルノルアドレナリン → isoproterenol

isoproterenol イソプロテレノール：アドレナリンのイソプロピル誘導体．アドレナリンの β 作用をもつ心刺激剤．同 isopropylnoradrenaline（イソプロピルノルアドレナリン）

isopycnic centrifugation 等密度遠心［分離］法：媒体の密度勾配が時間とともに変化しなくなるまで遠心し，溶質の浮遊密度の測定あるいは溶質の分離精製を行う実験法．

isopycnic point 等密度点

isoquinoline alkaloid イソキノリンアルカロイド

isorauhimbine イソラウヒンビン：インド蛇木のインドールアルカロイドの一種．

isorhamnose イソラムノース → quinovose

isosbestic point 1）等吸収点，2）等濃度点【光吸収の】

isoschizomer アイソシゾマー：異なる菌から得られる制限酵素で認識部位共通のもの．

isosmotic → isotonic

isosteric 立体的等価の：立体的に等価であること．

isotachophoresis 等速電気泳動

isotherm 1）等温式，2）等温線

isotonic 等張［の］，等浸透圧［の］：2 種類の水溶液の浸透圧が互いに等しいこと．同 isosmotic

isotonic contraction 等張力性収縮：張力を一定にした状態での筋収縮．

isotonic solution 等張液，等浸透液

isotope 同位体，同位元素，アイソトープ：陽子数が等しく中性子数の異なる原子．

isotope dilution method 同位体希釈法

isotope effect 同位体効果，アイソトープ効果：同位体の質量差による物性，反応の差．

isotope tracer technique 同位体トレーサー法：同位体で標識した物質による代謝過程，化合物分布などの追跡法．

isotopic 同位体［の］，同位元素［の］，同位［の］

isotopic carrier 同位体担体：同位体の反応や分離に用いられる安定同位体または類似の化学的性質をもった物質で，操作中同じ画分に移動するもの．

isotopic exchange reaction 同位体交換反応

isotropic 等方性［の］

isotropic band 等方[性]帯 → I band

isotropism → isotropy

isotropy 等方性：物理的性質が方向によって変わらないこと．同 isotropism

isotype イソタイプ：同種の個体が共通にもつ抗原で，その抗原構造が違うもののこと．

isovaleric acid イソ吉草酸

isovalthine イソバルチン：非タンパク質アミノ酸の一種で硫黄を含む．

isozyme アイソザイム：同一個体中にあり，化学的には異なるが同じ化学反応を触媒する酵素群のこと．　同 isoenzyme（イソ酵素）

isozymogen イソチモーゲン（アイソザイムの前駆体で，限定分解されるとアイソザイムとなる．

itaconic acid イタコン酸：メチレンコハク酸，可塑剤原料．

ITP ⇌ inosine 5′-triphosphate の略．

I.U. ⇌ international unit の略．

IUBMB ⇌ International Union of Biochemistry and Molecular Biology の略．

IUPAC ⇌ International Union of Pure and Applied Chemistry の略

IVS ⇌ intervening sequence の略．⇌ intron

J

JAK: Janus kinase の略．シグナル伝達に関与する非受容体型チロシンキナーゼ．

Jakob-Creutzfeldt disease ヤコブ・クロイツフェルト病 ⇌ Creutzfeldt-Jakob disease

Jamaica vomiting sickness ジャマイカ嘔〔おう〕吐症：ヒポグリシン中毒．

Jansky-Bielschowsky disease ジャンスキー・ビルショウスキー病 ⇌ ceroid lipofuscinosis

Japanese lacquer 漆：*Rhus verniciflua* から得られる樹脂．

jar fermenter ジャーファーメンター：発酵用培地容器．

jaundice 黄疸〔だん〕 同 icterus

J chain J 鎖：IgA，IgM の基本構造の重合体を形成するポリペプチド鎖．　同 joining chain

jejunum 空腸

jelly fish クラゲ：腔腸動物の一種．

Jerne plaque assay イエルネプラーク検定　同 hemolytic plaque test（溶血プラーク試験）

jervine ジェルビン：ユリ科のステロイドアルカロイド．吐剤．

jimpy mouse ジンピーマウス：ミエリン形成不全マウス．

JNK: c-Jun N-terminal kinase の略．MAP キナーゼスーパーファミリーの一員．

Job syndrome ジョブ症候群 ⇌ hyper-IgE syndrome

joining chain ⇌ J chain

joint 関節，継手

Jones-Mote delayed type allergy ジョーンズ・モート型遅延型アレルギー　同 Jones-Mote hypersensitivity（ジョーンズ・モート型過敏症）

Jones-Mote hypersensitivity ジョーンズ・モート型過敏症 ⇌ Jones-Mote delayed type allergy

Jonston-Ogston effect ジョンストン・オグストン効果：構成物の沈降速度に関する効果．

joule ジュール：記号 J．エネルギーの単位．$1\ \mathrm{J} = 1\ \mathrm{N}\cdot\mathrm{m} = 1.0\ \mathrm{kg}\cdot\mathrm{m}^2\cdot\mathrm{s}^{-2}$．

juglone ユグロン：クルミのナフトキノン．

jugular vein けい〔頸〕静脈

junctional complex 結合部複合体

junk ジャンク

juvabione ジュバビオン：バルサムモミのテルペン．

juvenile 若年性，幼若

juvenile hormone 幼若ホルモン：昆虫変態ホルモンの一種．

juxtacrine ジャクスタクリン

juxtaglomerular cell 傍糸球体細胞：腎臓のレニン分泌細胞．

juxtaglomerular cell tumor 傍糸球体細胞腫 ⇌ Robertson-Kihara syndrome

K

κ-chain κ鎖:抗体を構成するポリペプチド鎖の一種.
κ factor κ因子
K ⇌ lysin の略.
K_m ⇌ Michaelis constant の略.
KAF ⇌ conglutinogen-activating factor の略.
kainic acid カイニン酸:非タンパク質アミノ酸の一種で,グルタミン酸類似の構造をもつ.
kallidin カリジン 同 kinin-10(キニン10)
kallikrein カリクレイン:動物のセリンプロテアーゼの一種で,キニノーゲンの特定部位を切断して活性なキニンを生成する. 同 kininogenin(キニノゲニン), kininogenase(キニノゲナーゼ)
kallikrein-kinin system カリクレイン-キニン系:循環と凝固の調節系の一種.
kanamycin カナマイシン:アミノグリコシド抗結核抗生物質の代表でタンパク質合成(ペプチジル tRNA の転移反応のところ)を阻害. A, B など数種あり.
Kapeller-Adler reaction カペラー・アドラー反応:ヒスチジン,フェニルアラニンの呈色反応.
Kaposi's sarcoma カポジ肉腫:中高年男性の皮膚に出現する単発性ないし多発性の暗赤色の硬結で,赤道直下のアフリカ先住民の間で多発する.AIDS 患者に併発.
Kartagener syndrome カルタゲナー症候群:繊毛運動障害による気管支拡張症と内臓逆位を伴う常染色体劣性遺伝病.
karyogamy 核合体 同 caryogamy
karyogenesis 核発生:核の形成.
karyogonad 生殖核:滴虫類の2種の核のうちの生殖用の核.
karyoid ⇌ nucleoid
karyolymph 核液 ⇌ karyoplasm
karyopyknosis ⇌ pyknosis
karyoplasm 核質 同 nucleoplasm, karyolymph(核液)
karyoplast 核体
karyosphere 核球:染色体集合小体.
karyotype 核型 同 caryotype

karyozoic 核内寄生[性][の]
kasugamine カスガミン:カスガマイシンのアミノ糖.
kasugamycin カスガマイシン:リボソーム30S サブユニットと結合しタンパク質合成の開始を阻害するアミノグリコシド抗生物質.イモチ病防除薬.
kasuganobiosamine カスガノビオサミン:カスガマイシンの基本となる二糖.
kat カット ⇌ katal
katacalcin カタカルシン:血清カルシウムを降下させるホルモンで,21個のアミノ酸より成る.カルシトニンの前駆体から合成される.
katal カタール:酵素活性の単位.1秒間に1 mol の基質を転換する活性量. 同 kat(カット)
Kates method ケイツ法:リン脂質の微量定量法.灰化とモリブデンブルーを使用する.
kaurene カウレン:四環性ジテルペンの一種.
Kawasaki disease 川崎病:小児の紅斑を伴う熱性疾患で冠動脈の障害を残す.
kayser カイザー:波数の単位.1カイザー= 1 cm^{-1}.
kb ⇌ kilobase の略.
kbp ⇌ kilobase pair の略.
Keilin-Hartree preparation ケイリン・ハートレー標品:心筋ホモジネートの可溶部分を洗って除いた呼吸活性をもつ標品.
Kell blood group ケル血液型
Kelvin ケルビン:記号 K. 絶対温度の単位.
Kendall's compound ケンドル化合物:ケンドルが副腎皮質より分離した一群のステロイドホルモン.
Kennedy pathway ケネディー経路 ⇌ α-glycerophosphate pathway
keracyanin ケラシアニン:ルチノースを糖とするシアニジン配糖体.
kerasin ⇌ cerasin
keratanase ケラタナーゼ:エンド-β-ガラクトシダーゼの別名.
keratan sulfate ケラタン硫酸 同 keratosulfate(ケラト硫酸)

keratin ケラチン：皮膚の構造タンパク質.
keratinization 角化，角質化，ケラチン形成 同 cornification
keratinocyte ケラチン細胞，角化細胞，ケラチノサイト 同 epidermal keratinocyte（表皮ケラチン細胞）
keratodermas → ichthyosis
keratosis 角化症
keratsulfate ケラト硫酸 → keratan sulfate
kerma カーマ：放射線量の名称. 同 kinetic energy released per unit mass
kerogen ケロジェン：油田けつ岩中の油原物質.
ketal ケタール：1分子のケトンと2分子のアルコールの脱水生成物.
ketimine ケチミン
keto acid ケト酸 → oxo acid
ketoacidosis ケトアシドーシス：ケト体の蓄積による酸性症.
ketoadipic acid ケトアジピン酸 → oxo-adipic acid
ketocyclazocine ケトサイクラゾシン：オピオイド受容体κ型に結合する薬物.
ketogenesis ケトン体生成
ketogenic ケト原性[の]，（代謝で）ケトン体を生じる
ketogenic amino acid ケト原性アミノ酸：炭素骨格が脂肪代謝経路に合流するアミノ酸の総称. ロイシンなど. 対語は glycogenic amino acid.
α-ketoglutaramic acid α-ケトグルタルアミド酸 → 2-oxoglutaramic acid
α-ketoglutaric acid α-ケトグルタル酸 → 2-oxoglutaric acid
ketohexonic acid ケトヘキソン酸
ketohexose ケトヘキソース：ケト基をもつヘキソース（六炭糖）.
ketol ケトール 同 hydroxyketone（ヒドロキシケトン）
ketone ケトン：カルボニル基が2個の炭素原子と化合した化合物. RCOR′.
ketone body ケトン体：アセト酢酸，β-ヒドロキシ酪酸，アセトンの総称. 同 acetone body（アセトン体）
ketonemia ケトン血症 → ketosis
ketonuria ケトン尿：ケトン体の含量の多い尿.
ketopentose ケトペントース：ケト基をもつペントース（五炭糖）.

ketose ケトース：ケト基をもつ糖.
ketosidic linkage ケトシド結合
ketosis ケトーシス：血中ケトン体濃度が上昇した状態. 糖尿病の増悪，著しい飢餓状態などにおいて脂質代謝亢進したときに見られる. 同 ketonemia（ケトン血症）
ketosteroid ケトステロイド：多くの場合 17-ケトステロイド. 同 oxosteroid（オキソステロイド）
ketotetrose ケトテトロース：ケト基をもつテトロース（四炭糖）.
β-ketothiolase β-ケトチオラーゼ：アセチル CoA アシルトランスフェラーゼの別名.
ketotic hyperglycinemia ケトーシス型高グリシン血症
ketotriose ケトトリオース：ジヒドロキシアセトン
key enzyme 鍵酵素：代謝調節上決め手となる重要な酵素.
kidney 腎臓
Kieselguhr → diatom earth
Kiliani-Fischer synthesis キリアニ・フィッシャー合成 → Kiliani synthesis
Kiliani synthesis キリアニ合成：シアンによる糖の炭素鎖延長法. 同 Kiliani-Fischer synthesis（キリアニ・フィッシャー合成）
killer plasmid キラープラスミド：他の同種微生物を殺すプラスミド.
killer T cell キラーT細胞：異種細胞を破壊するT細胞の一種. 略 CTL（cytotoxic T lymphocyte）同 cytotoxic T cell（細胞傷害性T細胞）
kilobase キロベース：10^3塩基．DNA や RNA など核酸の長さの単位. 略 kb
kilobase pair キロベースペア：10^3塩基対. 核酸（二本鎖）の長さの単位. 略 kbp
kinase キナーゼ，リン酸化酵素：ATP の末端リン酸基を水以外の基質へ転移させる酵素. 同 phosphokinase（ホスホキナーゼ）
kinematic viscosity 動粘性率，動粘度
kinesin キネシン：モータータンパク質の一つ. 微小管上を滑走し小胞などを輸送する.
kinesis 動性
kinetic energy 運動エネルギー
kinetic energy released per unit mass → kerma
kinetic parameter 動力学的パラメーター
kinetics 速度論，反応速度論，キネティク

ス：反応，運動，輸送などの速度を定量的に扱う学問．

kinetin カイネチン，キネチン

kinetochore 動原体：centromere も参照．

kinetogene キネトジーン：べん毛などの基部にある細胞質遺伝子．

kinetogenesis キネトゲネシス：環境からの力学的影響による獲得形質の発達，進化．

kinetosome キネトソーム：繊毛および真核生物べん毛の基部にある円筒状構造物．同 basal body（基底小体），basal granule（基粒[体]）

King-Altman method キング・アルトマンの方法：酵素反応速度式の図式解法の一種．

kingdom 界【分類】

kinin キニン ⇌ plasmakinin

kinin-10 キニン 10 ⇌ kallidin

kininase キニナーゼ：キニン類を加水分解する酵素．

kininogen キニノーゲン：血清中に遊離される降圧作用の強いペプチドであるキニンの前駆体．

kininogenase キニノゲナーゼ ⇌ kallikrein

kininogenin キニノゲニン ⇌ kallikrein

kinky hair disease 捻転毛症候群 ⇌ Menkes syndrome

kirromycin キロマイシン：伸長因子 Tu を阻害する抗生物質．同 mocimycin（モチマイシン）

Kirschner value キルシュナー価

kitasamycin キタサマイシン ⇌ leucomycin

kitol キトール

Kjeldahl method ケルダール法：有機物中の窒素量を測る方法．

Kleinschmidt method クラインシュミット法：DNA，RNA などの鎖状高分子を観察するための電顕試料作製法．

Klenow enzyme クレノウ酵素：大腸菌の DNA ポリメラーゼ I を限定分解したとき生じる分子量約 75,000 の断片．DNA ポリメラーゼ活性をもつが，$5'\rightarrow 3'$ エキソヌクレアーゼ活性をもたない．

Klinefelter syndrome クラインフェルター症候群：X 染色体が過剰な男子．精神発達遅滞，精巣発達不全，女性化乳房を伴う．同 XXY syndrome（XXY 症候群）

KNF model KNF モデル ⇌ Koshland-Némethy-Filmer model

knockin mouse ノックインマウス：マウスの特定の遺伝子を改変した同じ遺伝子で置き換えたマウス．

knock out ⇌ knockout

knockout ノックアウト：knockout mouse を参照．同 knock out

knockout mouse ノックアウトマウス：遺伝子ターゲッティングなどにより特定の遺伝子産物の発現を欠損させたマウス．同 targeted mouse

Knoevenagel condensation クネベナーゲル縮合

Knoop method クヌープ法：1) アミノ酸合成法の一種．2) ヒスチジンの呈色反応．

Kobats retention index system コバッツ保持容量表示法

Koch phenomenon コッホ現象：コッホによって発見された結核菌を用いた細胞性免疫を証明する現象．

Koenigs-Knorr reaction ケーニッヒス・クノール反応：配糖体の化学合成法の一種．

kojic acid コウジ酸

konjac mannan コンニャクマンナン

Kornberg enzyme コーンバーグの酵素：DNA ポリメラーゼ I の別名．

Ko-Royer method コ・ロイヤー法：遊離脂肪酸の抽出定量法．

Koshland-Némethy-Filmer model コシュランド・ネメシー・フィルマーモデル：アロステリック効果を説明する理論の一つ．逐次モデル．同 KNF model（KNF モデル）

Koshland's reagent コシュランド試薬：2-ヒドロキシ-5-ニトロベンジルブロミドの別名．

Kozak's consensus sequence コザックのコンセンサス配列：脊椎動物の開始コドン周囲にあるコンセンサス配列．RNNAUGG（下線が開始コドン，R はプリン，N は任意の塩基）で表記される．

Krabbe disease クラッベ病：ガラクトシルセラミド β ガラクトシダーゼの欠損による常染色体劣性遺伝病．脳変性を主徴．同 globoid cell leukodystrophy（グロボイド細胞性ロイコジストロフィー）

Krafft point クラフト点：ミセル形成物質の溶解度が急激に上昇する温度．

Krebs cycle クレブス回路 ⇌ citric acid cycle

Krebs-Henseleit urea cycle クレブス・ヘン

ゼライト尿素回路 ⇌ urea cycle
K region *K* 領域：マウス主要組織適合性遺伝子複合体 *H-2* の一領域．H-2K 分子をコードする．
Kringle structure クリングル構造：タンパク質分子中の一種のドメインの名．三重のループ構造をもつ．
17-KS: 17-ketosteroid の略．
K system effect K型効果：主として K_m の変化をもたらすようなアロステリック効果．これに対して最大速度（V_{max}）の変化をもたらす場合はV型効果という．
Kufs disease クフス病：成人型脳スフィンゴリピドーシス．
Kupffer cell クッパー細胞：肝臓洞様血管壁に存在する星状大食細胞．
kurchi alkaloid クルチアルカロイド

同 holarrhena alkaloid（ホラレナアルカロイド）
kuru クールー：遅発性海綿状脳症．プリオン病の一つ．ニューギニアで食人を習慣とする民族の間で脳を食することで伝搬した．
kwashiorkor クワシオルコル：タンパク質栄養障害．乳幼児のタンパク質摂取量不足による皮膚炎．浮腫をきたす栄養障害．
kynurenic acid キヌレン酸：4-ヒドロキシキナルジン酸．トリプトファンの代謝産物の一種．
kynurenine キヌレニン：トリプトファン代謝の中間体の一種．
kyotorphin キョートルフィン：ウシ脳より分離されたジペプチド（L-Tyr-L-Arg）で，Met-エンケファリンの分泌を促し，鎮痛作用を示す．

L

λ-chain λ鎖：抗体を構成するL鎖ポリペプチドの一種．
λ group phage ⇌ lambdoid phage
λ operator λオペレーター
λ phage λファージ：大腸菌のDNAファージの一種．
L ≡ leucine の略．
label 1)標識，2)標識する，ラベルする
label[l]ed compound 標識化合物
label[l]ing 標識化
labile factor 不安定因子：特に血液凝固V因子のこと．
labile sulfur 不安定硫黄
laboratory animal 実験動物 同 experimental animal
laboratory chow 飼料【実験動物用の】（俗語）
lac **operator** *lac* オペレーター ⇌ lactose operator
lac **operon** *lac* オペロン ⇌ lactose operon
lac **promoter** *lac* プロモーター ⇌ lactose promoter
lac **repressor** *lac* リプレッサー ⇌ lactose repressor
lacrima 涙
lactam ラクタム：環状アミド．

β-lactam antibiotic β-ラクタム系抗生物質：β-ラクタム環をもつ抗生物質の総称．
β-lactamase β-ラクタマーゼ：β-ラクタム環を加水分解し，β-ラクタム系抗生物質を失活させる酵素．
lactase ラクターゼ 同 β-galactosidase（β-ガラクトシダーゼ）
lactate 1)乳酸塩，2)泌乳する
lactate dehydrogenase 乳酸デヒドロゲナーゼ，乳酸脱水素酵素 略 LDH 同 lactic dehydrogenase
lactation 1)泌乳，2)授乳，3)ほ[哺]乳
同 1) milk secretion
lactation factor 催乳因子 ⇌ vitamin L
lacteal vessel 乳び[糜]管：胸管，腸から大動脈に至るリンパ管の本幹．
lactic acid 乳酸
lactic acid bacterium 乳酸[細]菌
lactic acid fermentation 乳酸発酵
lactic dehydrogenase ⇌ lactate dehydrogenase
lactide ラクチド：乳酸の分子間エステル．
lactim ラクチム：-NHCO-環式化合物（ラクタム）の互変異性体で-N=C(OH)-をもつ．
lactobacillic acid ラクトバチリン酸 ⇌ phy-

tomonic acid
lactobutyrometer 乳脂計
lactoferrin ラクトフェリン ⇒ lactosiderophilin（ラクトシデロフィリン）, lactotransferrin（ラクトトランスフェリン）
lactoflavin ラクトフラビン ⇒ riboflavin
lactogenic hormone 泌乳刺激ホルモン
lactonase ラクトナーゼ：グルコノラクトナーゼの別名．ラクトン環加水分解酵素．
lactone ラクトン：分子内のエステル．
lactone rule ラクトン則 ⇒ Hudson rule
lactoperoxidase ラクトペルオキシダーゼ：乳汁のペルオキシダーゼ
lactose ラクトース ⇒ milk sugar（乳糖）
lactose intolerance ラクトース不耐症，乳糖不耐症
lactose operator ラクトースオペレーター：ラクトースリプレッサーの結合する部位．リプレッサーが結合すると，オペロンの転写は阻止される． ⇒ lac operator（lac〔ラック〕オペレーター）
lactose operon ラクトースオペロン：ラクトースの取込みと分解に関与する一つながりの遺伝子群で，ラクトースリプレッサーとオペレーターによって支配される転写単位． ⇒ lac operon（lac〔ラック〕オペロン）
lactose porter ラクトース輸送体 ⇒ galactoside permease（ガラクトシドパーミアーゼ）
lactose promoter ラクトースプロモーター：RNAポリメラーゼが結合し，ラクトースオペロンの転写を開始する部位．調節遺伝子の一種． ⇒ lac promoter（lac〔ラック〕プロモーター）
lactose repressor ラクトースリプレッサー：ラクトースオペロンの転写を抑制するタンパク質．誘導物質と結合するとオペレーターとの結合性が低下し，オペロン発現が誘導される． ⇒ lac repressor（lac〔ラック〕リプレッサー）
lactosiderophilin ラクトシデロフィリン ⇒ lactoferrin
lactosylceramide ラクトシルセラミド：糖脂質の一種． ⇒ ceramide lactoside（セラミドラクトシド）
lactosylceramidosis ラクトシルセラミド蓄積症
lactotransferrin ラクトトランスフェリン ⇒ lactoferrin
lacuna 小窩〔か〕，骨小腔〔くう〕
***lacZ* gene** *lacZ* 遺伝子
lag 遅滞，ラグ
lagging strand ラギング鎖：DNA複製の際，2本の新生DNA鎖のうちで複製分岐点の進行方向と逆向きに合成される鎖．
lag phase 1) 遅滞期，2) ⇒ induction phase
LAK cell LAK細胞：lymphokine activated killer cell の略．
Lamarckism ラマルク説，ラマルキズム：生物進化の一学説． ⇒ use and disuse theory（用不用説）
lamb 仔ヒツジ
lambdoid phage ラムドイドファージ，λ様ファージ，λ類縁ファージ ⇒ λ group phage
Lambert-Beer law ランベルト・ベールの法則：吸光度が濃度と吸収層の厚さに比例するという法則．
lamella（*pl.* lamellae） 1) ラメラ，2) 層板，3) ひだ【菌類の傘の裏の】
lamellipodium（*pl.* lamellipodia） ラメリポジウム：繊維芽細胞など運動性細胞において進行方向に延びた細い棒状の構造．
lamin ラミン：核膜の核質側を裏打ちするラミナを構成している主要な中間径フィラメント．
lamina ラミナ：核膜と核質の境界にある繊維状構造体でラミンより成る．
laminaran ラミナラン ⇒ laminarin（ラミナリン）
laminaribiose ラミナリビオース
laminarin ラミナリン ⇒ laminaran
lamina terminalis 終板
laminin ラミニン：IV型コラーゲンと細胞を結合させる糖タンパク質．
laminitol ラミニトール：メチル環状糖アルコールの一種．
lampbrush chromosome ランプブラシ染色体：多くの脊椎動物と一部の無脊椎動物の減数分裂期の卵母細胞およびショウジョウバエの精母細胞にみられる巨大染色体．活発に転写されている遺伝子が染色体軸よりループ状に突出してランプブラシ状に見えるので，この名がある．
lamprey ヤツメウナギ
lamprey hemoglobin ヤツメウナギヘモグロビン：単量体で機能．

lamprin ランプリン: ヤツメウナギの軟骨より分離された構造タンパク質. エラスチンに似たアミノ酸組成をもつ.

lanatoside ラナトシド ⇒ digilanide

Landsteiner's rule ランドシュタイナーの法則: 血液型の抗原抗体の法則.

Langerhans' island ランゲルハンス島: 膵臓に散在する内分泌腺細胞の集団. 膵頭部より尾部に多い. インスリン分泌 B 細胞(β細胞), グルカゴン分泌 A 細胞, ソマトスタチン分泌 D 細胞などから成る. 同 Langerhans' islet (= pancreatic island)(膵島)

Langhans' cell ラングハンス細胞: 肉芽腫にみられる多核巨細胞.

Langmuir-Adam surface balance ラングミュア・アダムの表面圧計: 表面圧の測定装置.

Langmuir adsorption isotherm ラングミュアの吸着等温式: 個体表面に単分子層として吸着される物質の量と圧力の関係式.

lanolin ラノリン: 羊毛脂.

lanosterol ラノステロール: コレステロール合成の中間体.

lanthanum ランタン: 元素記号 La. 原子番号 57 の希土類元素.

lanthionine ランチオニン: 非タンパク質性含硫アミノ酸の一種.

LAP ⇒ leucine aminopeptidase の略.

large bowel ⇒ large intestine

large bowel cancer 大腸がん

large cell carcinoma 大細胞がん: 特に肺がんの一種.

large intestine 大腸 同 large bowel

large lymphocyte 大リンパ球 ⇒ lymphoblast

large scale culture ⇒ mass culture

lariat molecule ラリアット分子 ⇒ lariat RNA

lariat RNA ラリアット RNA: mRNA のイントロンのスプライシングにおいてできる RNA 分子のことで, 5′末端が内部のアデニル酸残基の 2′位にリン酸ジエステル結合して, 全体が投げ縄のような形をとることから名づけられた. 同 lariat molecule(ラリアット分子)

larva 幼生, 幼虫: 胚から成体への発生途上に生じる成体とは形態, 生活を著しく異にする幼若型個体.

laser レーザー: light amplification by stimulated emission of radiation の頭文字をとってつくられた言葉. 位相の等しい光波.

laser immunoassay レーザーイムノアッセイ: 抗原抗体反応量をレーザー光散乱で測定する方法.

laser nephelometry レーザー比濁法

Lassa virus ラッサ[熱]ウイルス: 動物 RNA ウイルス. ヒトにも感染してラッサ熱の原因となる.

late gene 後期遺伝子: ファージあるいはウイルスが宿主に感染後, 遅れて発現する遺伝子群.

latency 潜時, 潜在性

latent 潜伏[性][の]

latent period 潜伏期

lateral 側方[の], 側面[の], 側生[の]

lateral bud 側芽

lateral conjugation 隣接細胞間接合

lateral diffusion 側方拡散: 生体膜内の分子の膜に平行な拡散.

lateral flower 側生花

lateral geniculate nucleus 外側膝状核: 視索が視床後部に達してつくる小さな膨らみで, 視神経繊維の大部分がここに終わる.

lateral plate mesoderm 側板中胚葉: 胎生第 3 週の胚子には外胚葉と内胚葉の間に脊索と中胚葉が発生してくるが, この中胚葉は分化して側板となる.

lateral sclerosis 側索硬化症: 脊髄の上位運動ニューロンの変性疾患で, 側索の変化が中心であり, 痙性歩行と膝蓋腱反射, アキレス腱反射の亢進, バビンスキー反射陽性などが現れる.

late receptor potential 晩期受容器電位: 受容器電位の刺激後期の電位変化.

latex 1)乳[濁]液, ラテックス, 2)ゴム乳液粒子

latex fixation ラテックス結合反応

lathyrism ラチリズム: マメ科 *Lathyrus* 属の植物による中毒. 知覚異常を伴う.

Laticauda semifasciata エラブウミヘビ

lattice 格子: 三次元の規則の網目構造.

lattice plane 格子面

lattice theory 格子説

laughing gas 笑気 ⇒ dinitrogen oxide

Laurell crossed immunoelectrophoresis ローレル交差免疫電気泳動 ⇒ crossed immunoelectrophoresis

Laurell rocket test ローレルロケット試験 → rocket immunoelectrophoresis

lauric acid ラウリン酸:炭素数12の直鎖不飽和脂肪酸. 同 dodecanoic acid(ドデカン酸)

LAV: lymphoadenopathy-associated virus の略.

law of dominance 優性の法則

law of independence 独立の法則:遺伝形質がおのおの独立に遺伝するという法則.

law of segregation 分離の法則:生殖細胞が形成されるとき,親の遺伝子が1:1に分離して別々の生殖細胞に入るという法則.

layer 1)層, 2)重層する

layering 重層

LB factor LB因子 → D(+)-pantetheine

LCAT: lecithin-cholesterol acyltransferase の略.

LCAT deficiency LCAT欠損症:血漿中に存在するLCATが遺伝的に欠損している疾患. 末梢組織にコレステロールの貯留が起こる. 同 lecithin-cholesterol acyltransferase deficiency

L cell L細胞:マウス繊維芽細胞をメチルコラントレンでトランスフォームして得られた株細胞.

L chain L鎖:免疫グロブリン,ミオシンなど大小2種のサブユニットでできているタンパク質において,小さい方のサブユニットをさす. 同 light chain(軽鎖)

LC/MS: liquid chromatography mass spectrometry の略.

LD₅₀ → fifty percent lethal dose の略.

LD₅₀ → fifty percent lethal time の略.

LD antigen LD抗原 同 lymphocyte activating determinant

LDH → lactate dehydrogenase の略.

LDL → low-density lipoprotein の略.

leach こす,こして可溶物を除く,滲出する,溶脱する

leaching 浸出

lead 鉛:記号Pb. 原子番号82の金属元素.

lead acetate 酢酸鉛

leader peptide リーダーペプチド:1)転写がアテニュエーションによって調節されているオペロンにおいて,遺伝子のプロモーターからアテニュエーターまでの領域(リーダー部位)によってコードされうる低分子のペプチドをいう. 2)シグナルペプチド.

leader region リーダー部位,先導部位

lead generation リードジェネレーション

leading strand リーディング鎖,先行鎖:DNA複製の際,2本の新生DNA鎖のうちで複製分岐点と同方向(5'→3')に合成される鎖.

leading substrate 先行基質:複数の基質が関与する反応で先に酵素に結合する基質.

leakage 漏出

leaky mutant 漏出[性突然]変異体:突然変異を起こした遺伝子の産物が部分的に活性を残しており,野生型の機能を弱くもっている変異体.

Lea-Rhodes method リー・ローズ法:アミノ基定量法の一種.

learning 学習

leaving group 脱離基

lecanoric acid レカノール酸:地衣類の芳香族化合物

LE cell LE細胞:全身性エリテマトーデスで特徴的に出現する細胞. 破壊された白血球核を正常白血球が貪食している像.

lecithin レシチン:代表的なグリセロリン脂質. 同 phosphatidylcholine(PC, ホスファチジルコリン)

lecithin-cholesterol acyltransferase deficiency → LCAT deficiency

lectin レクチン:植物種子中から得られる赤血球凝集素の一種.

leghemoglobin レグヘモグロビン:マメ科植物の根粒中のヘモグロビン様ヘムタンパク質.

legionellosis → Legionnaire disease

legionnaires' disease レジオネラ症,在郷軍人病:レジオネラ肺炎菌の感染症で,菌が白血球内にて増殖可能であり,免疫不全患者に発病し,院内肺炎としても注目される. 同 legionellosis

legumin レグミン:ダイズのタンパク質の一種.

leguminous bacterium 根粒[細]菌 同 root nodule bacterium

Leigh encephalomyelopathy リー脳症 → Leigh syndrome

Leigh syndrome リー症候群:乳児の亜急性脳炎. 常染色体劣性遺伝. 同 Leigh encephalomyelopathy(リー脳症), subacute necrotizing encephalomyelopathy（亜急性壊死性脳脊髄症）

Leighton tube レイトン［培養］管：組織培養用の一端が平坦な管.

leiotropic 左旋的［の］

leishmania リーシュマニア：鞭毛虫類トリパノソーマ科に属する原生動物．リーシュマニア症の原因となる．

lemon oil レモン油

lens 水晶体，レンズ　⇔ lens crystallina

lens crystallina ⇌ lens

lentigo maligna 黒色がん〖癌〗前駆症

lentinan レンチナン：シイタケから得られる宿主免疫機能の増強を利用する抗腫瘍性多糖．

leprosy らい〖癩〗⇌ Hansen disease

leptin レプチン：脂肪組織より分泌され脂質代謝や摂食行動を制御するホルモン．

leptotene[stage] 細糸期，レプトテン期：第一減数分裂前期を 5 段階に分けた最初の時期．染色体が糸状に見え始めるのを特徴とする．

lergotrile レルゴトリル：ドーパミン受容体作動薬，パーキンソン病治療薬．

Lesch-Nyhan syndrome レッシュ・ナイハン症候群：遺伝性プリンヌクレオチド代謝異常症の一つ．知能障害，自傷行為，高尿酸症を主徴とする．プリン生合成の再利用経路に必要な酵素．ヒポキサンチン—グアニンホスホリボシルトランスフェラーゼ（HGPRT）の遺伝的欠損による．

lethal dose 1）致死量, 2）致死線量【放射線】

lethal dose 50 ⇌ fifty percent lethal dose

lethal equivalent 致死相当量

lethal factor 致死因子 ⇌ lethal gene

lethal gene 致死遺伝子：その遺伝子の存在で個体が死ぬもの．⇔ lethal factor（致死因子）

lethal hybrid 致死雑種

lethal mutation 致死［突然］変異

lethal synthesis 致死合成：バクテリオシン産生菌が自己のバクテリオシン合成で死滅すること．

lettuce cotyledon factor レタス子葉因子 ⇌ cotyledon factor

Leu ⇌ leucine の略．

leucine ロイシン：2-アミノイソカプロン酸．略 Leu, L

leucine aminopeptidase ロイシンアミノペプチダーゼ：アミノペプチダーゼの一種．略 LAP

leucine enkephalin ロイシンエンケファリン

leucine zipper ロイシンジッパー：DNA 結合タンパク質が二量体を形成する際に使われる構造の一つ．αヘリックスに似たコイルドコイル構造をとっており，七つのアミノ酸ごとに繰返すロイシン残基が，ほぼ 2 ピッチごとに同じ方向に現れて，4 回ほどそれが繰返されている．

leuco-：白を意味する接頭語．⇔ leuko-

leucocyte ⇌ leukocyte

leucodopachrome ロイコドーパクロム：ドーパとメラニンの中間代謝物．

leucomycin ロイコマイシン：タンパク質生合成を阻害するマクロライド系抗生物質．⇔ kitasamycin（キタサマイシン）

leucoplast 白色体

leucopterin ロイコプテリン

leucosin ロイコシン：ムギ類のタンパク質の一種．

leucovorin ロイコボリン ⇌ L(−)-5-formyl-5,6,7,8-tetrahydrofolic acid

leukemia 白血病

leukemia inhibitory factor 白血病阻害因子：マウス白血病細胞の増殖を抑制する糖タンパク質として同定されたが，胚性幹細胞の分化抑制作用が重要．略 LIF

leukemia virus 白血病ウイルス ⇔ leukosis virus

leukemic cell 白血病細胞

leuko- ⇌ leuco-

leukoblast 白芽細胞

leukocidin ロイコシジン：黄色ブドウ球菌の毒素．

leukocyte 白血球 ⇔ leucocyte

leukocyte chemotactic factor 白血球走化性因子

leukocyte migration enhancement factor 白血球遊走促進因子

leukocyte migration inhibition factor 白血球遊走阻止因子　略 LIF

leukocytosis 白血球増多症

leukokinin ロイコキニン：1）ロイコキニノーゲンの分解によって生じる血圧降下性ペプチド．2）白血球食作用を増強する IgG．

leukopenia 白血球減少症

leukosis virus ⇌ leukemia virus

leukotaxine ロイコタキシン：白血球遊走因子．

leukotriene ロイコトリエン：エイコサポリエン酸から生じる生理活性物質の一種．白血球遊走，気管支収縮などの作用をもつ．略 LT

leupeptin ロイペプチン：プロテアーゼ阻害剤の一種．

levamisole レバミゾール：合成駆虫薬の一種．

levan レバン：β-2,6-フルクタン．フルクトースの多糖．

levorotation 左旋性：偏光を左へ旋光する現象．

levorotatory 左旋性[の]

levulosan レブロサン ⇌ fructosan

levulose レブロース ⇌ fructose

Lewis acid ルイス酸：ルイスの定義によるH^+の供与化合物．

Lewis base ルイス塩基：ルイスの定義によるH^+の受容化合物．

Lewis blood group ルイス式血液型 同 Lewis blood type

Lewis blood type ⇌ Lewis blood group

Leydig cell ライディッヒ細胞：男性ホルモンを分泌する精巣の細胞．

LFA antigen LFA抗原：リンパ球の細胞表面に存在するインテグリンファミリーに属する機能付随タンパク質．

L factor L因子 ⇌ vitamin L

L1 family sequence L1ファミリー配列：LINE1ファミリー配列ともいい，ほ乳類，植物，昆虫のゲノムに見られる散在型反復配列の一つ．

LFT lysate LFT溶菌液 ⇌ low-frequency transducting lysate

LH ⇌ luteinizing hormone の略．

LHRH ⇌ luteinizing hormone-releasing hormone の略．

libido リビドー：フロイトは神経症症状が，抑圧された心的エネルギー（性的欲動）の発散に由来すると考え．この無意識の性的欲動をリビドーとよんだ．

library ライブラリー：DNA断片にベクターを結合したものの集合で，存在する遺伝子のすべてを含むもの．ゲノムの場合やcDNAの場合がある．

lichenan リケナン：コケの多糖．同 lichenin（リケニン）

lichenic acid 地衣酸：地衣に含まれる有機酸の総称．

lichenin リケニン ⇌ lichenan

lidocaine リドカイン：局所麻酔薬の一種．

Lieberkühn gland リーベルキューン腺：小腸の粘液分泌腺．

Liebermann-Burchard reaction リーベルマン・ブルヒアルト反応：ステロール類の濃酸による呈色反応．

Liebermann reaction リーベルマン反応：1)ニトロソの検出法．2)タンパク質定量法．3)コレステロールの反応．

LIF ⇌ leukemia inhibitory factor の略．

LIF ⇌ leukocyte migration inhibition factor の略．

life cycle 生活環：生活史を，生殖細胞のところで結んで閉じたもの．

life history 生活史：生まれてから死ぬまで，個体が送る生活のすべて．

life science 生命科学，ライフサイエンス

Li-Fraumeni syndrome リー・フラウメニ症候群：p53遺伝子変異による家族性好発がん症候群．

ligament じん[靱]帯：骨と骨を結合する弾力のある帯状構造．

ligand リガンド，配位子：1)タンパク質に特異的に結合する物質．2)錯体の金属に結合している分子，原子，イオン．

ligase リガーゼ，連結酵素，合成酵素：ATPのエネルギーで二つの分子を結合する酵素．

ligate 1)結合する【DNAを互いに】，2)結さつ[紮]する【血管を】

ligation 1)ライゲーション，連結反応，2)結さつ[紮]

light chain 軽鎖 ⇌ L chain

light compensation point 光補償点

light-harvesting pigment 集光性色素 同 antenna pigment（アンテナ色素）

light meromyosin ライトメロミオシン：ミオシンのプロテアーゼ処理により得られた2種のサブフラグメントのうち，尾部に由来するフィラメントの部分． 同 L-meromyosin（Lメロミオシン）

light microscope 光学顕微鏡

light reaction 明反応：光合成反応において，

光量子が色素に吸収されてから非常に短い時間で起こる反応.

light scattering 光散乱:光が物質中を通過するときに,その中の電子がゆすぶられて全方向に光を放射すること.

light scattering photometry 光散乱光度法

lignification 木化

lignify リグニン化する

lignin リグニン:フェノールを含む高分子.セルロースとともに木質繊維の主成分.

lignoceric acid リグノセリン酸 同 tetracosanoic acid (テトラコサン酸)

limbic 辺縁[の]

limbic cortex 辺縁皮質

limbic system 大脳辺縁系:脊椎動物前脳のうち新皮質以外の領域.情動,本能,自律神経機能にかかわる.

limit dextrin 限界デキストリン

limit dextrinase 限界デキストリナーゼ

limit dextrinosis 限界デキストリン症:アミロ-1,6-グルコシダーゼ欠損症の別名.

limited proliferation → finite proliferation

limited proteolysis タンパク質限定[加水]分解:プロテアーゼにより,タンパク質中のある特定の限られた数のペプチド結合のみを分解すること.

limiting amino acid 制限アミノ酸:食品中の必須アミノ酸のうちで,基準アミノ酸組成に比べて最も不足しているアミノ酸.

limiting dilution 限界希釈:細胞集団から遺伝的に均一なコロニーを分離する培養方法の一つ.細胞集団を1培地当たり1個以下になるまで希釈しクローン系を分離する.

limiting factor → rate-limiting factor

limiting medium 制限培地

limiting sedimentation coefficient 極限沈降係数

limiting viscosity 極限粘度 → intrinsic viscosity

limiting viscosity number 極限粘度数 → intrinsic viscosity

limonene リモネン:レモンの精油に含まれるモノテルペン.

limonin リモニン:ミカンの苦味成分. 同 evodine (エボジン), obaculactone (オバクラクトン), dictaminolide (ジクタミノリド), dictamnolactone (ジクタムノラクトン)

Limulus polyphemus カブトガニ

Limulus test カブトガニ[ゲル化]試験,リムルス試験:カブトガニ血球抽出物のゲル化による内毒素定量法. 同 pregel test (プレゲル試験)

lincoln bean oil → soybean oil

lincomycin リンコマイシン:タンパク質合成を阻害する抗生物質.

LINE: long interspersed element の略.長い散在性の反復配列.レトロポゾンの一種.

line 系統

lineage 系統

linear energy transfer 線エネルギー付与

linear regression 直線回帰

line immunoelectrophoresis 直線免疫電気泳動

line spectrum 線スペクトル

Lineweaver-Burk equation ラインウィーバー・バークの式:酵素反応速度の逆数と基質濃度の逆数の直線関係式.

Lineweaver-Burk plot ラインウィーバー・バークプロット → double reciprocal plot

linkage 1)連鎖【遺伝子の】,リンケージ:同一染色体上にある遺伝子群は,独立遺伝の法則で期待されるよりも高い頻度で挙動をともにすること.2遺伝子間については,連鎖の程度でその間の遺伝学的な距離がわかる. 2)連結法, 3)結合

linkage analysis 連鎖解析

linkage disequilibrium 連鎖不平衡:連鎖した二つの遺伝子座の対立遺伝子の組合わせの頻度が,それぞれの頻度の積より大きくなること.

linkage group 連鎖群,関連群

linkage map 連鎖地図 → genetic map

linked transduction 連鎖形質導入 → cotransduction

linker リンカー → DNA linker

linking number リンキング数,からまり数:二本鎖 DNA が互いに何回からまり合っているかを示す数.

link protein リンクタンパク質:軟骨から見いだされた糖タンパク質で,プロテオグリカンとヒアルロン酸に結合し,巨大な分子集合体を形成する.

linoleic acid リノール酸:不可欠の炭素数18の2価不飽和脂肪酸.9,12位にシス二重結合がある. 同 linolic acid

linolenic acid リノレン酸:不可欠の炭素数

18の3価不飽和脂肪酸. α-リノレン酸は9, 12, 15位にγ-リノレン酸は6, 9, 12位にシス二重結合がある.

linolic acid ⇌ linoleic acid

linseed oil あまに油

lipase リパーゼ：脂肪を加水分解して脂肪酸を遊離させる酵素.

lipid 脂質 同 lipide, lipoid, lipin

lipid antigen 脂質抗原

lipid bilayer 脂質二重層, 脂質二分子膜, 二分子膜

lipide ⇌ lipid

lipidic intramembranous particle 膜内脂質粒子

lipid intermediate 脂質中間体, リピド中間体

lipidosis リピドーシス ⇌ lipid storage disease

lipid peroxide 過酸化脂質：脂質の脂肪酸部分が過酸化されてヒドロペルオキシ構造やエンドペルオキシ構造をとったもので, 生物体で組織傷害性を表す. 同 lipoperoxide (脂質過酸化物)

lipid storage disease 脂質蓄積症 同 lipidosis (リピドーシス)

lipin ⇌ lipid

lipoamide リポアミド：リポ酸のアミド.

lipoamino acid リポアミノ酸：アミノ酸と脂質の両者を含む化合物や複合体の総称.

lipocortin リポコルチン：グルココルチコイドが誘導するタンパク質の一種でホスホリパーゼ A_2 阻害作用をもつ.

lipodystrophy リポジストロフィー：皮下脂肪をはじめ体内蓄積脂肪が全身的, 部分的に消失した病態で, 腎炎, グルコース代謝異常などに合併する.

lipofection リポフェクション：リポソームに封入した遺伝子を細胞内に導入する方法で, 操作が簡単で再現性がよい.

lipofuscin リポフスチン：老化細胞内に蓄積する脂質過酸化物.

lipofuscin pigment リポフスチン色素：老化細胞内に蓄積する脂質過酸化物の色素.

lipogenesis 脂質生合成

lipogranulomatosis リポグラヌロマトーシス ⇌ Farber disease

lipoic acid リポ酸：オクタン酸 (C_8) の 6, 8位に SH 基をもつ α-ケト酸デヒドロゲナーゼ複合体の水素受容体. 同 thioctic acid (チオクト酸)

lipoid ⇌ lipid

lipoid-filter theory リポイドフィルター説 同 lipoid-sieve theory (リポイドシーブ説)

lipoid-sieve theory リポイドシーブ説 ⇌ lipoid-filter theory

lipolysis 脂肪分解

lipoperoxide 脂質過酸化物 ⇌ lipid peroxide

lipophilic 親油性[の]

lipophilin リポフィリン：ミエリン膜を構成する主要なプロテオリピドタンパク質. 疎水性アミノ酸が多く, 脂質と複合体を形成している.

lipophorin リポホリン：昆虫の体液中に存在するリポタンパク質. ジアシルグリセロールと複合体をつくり, 脂質の運搬に関与する.

lipopolysaccharide リポ多糖, リポポリサッカリド：グラム陰性菌の外膜の構成成分で, リピドAという脂質と共有結合した糖鎖から成る. 内毒素として作用する. 略 LPS

lipoprotein リポタンパク質：脂質とタンパク質の複合体. 生体膜や血清に存在.

lipoprotein lipase リポタンパク質リパーゼ：リポタンパク質に作用する酵素で, トリアシルグリセロールを分解し, キロミクロンによる白濁を清澄にする因子. 略 LPL 同 clearing factor (清澄化因子), clearing factor lipase (清澄因子リパーゼ)

liposome リポソーム：人工リン脂質小胞.

lipoteichoic acid リポテイコ酸

lipotropic hormone ⇌ lipotropin

lipotropin リポトロピン 略 LPH 同 lipotropic hormone

lipovitellenin リポビテレニン：トリ卵黄のリポタンパク質でリポビテリンより脂質含量が多い.

lipovitellin リポビテリン：トリ卵黄のリポタンパク質の一種.

lipoxin リポキシン

lipoxygenase リポキシゲナーゼ

lipoyl dehydrogenase リポイルデヒドロゲナーゼ 同 dihydrolipoamide reductase (NAD^+)

lipoyllysine リポイルリシン：リポ酸とリシンの ε-アミノ基が酸アミド結合したもの.

liquefaction 液化, 融解

liquefy 液状にする

liquid 液体

liquid chromatography 液体クロマトグラフィー

liquid crystal 液晶

liquid culture 液体培養

liquidize 液化する

liquid junction potential 液間電位[差] ⇌ diffusion potential

liquid medium 液体培地

liquid phase method 液相法

liquid scintillation 液体シンチレーション

liquid scintillation counter 液体シンチレーション計数器: 放射性物質を液体シンチレーターに混入してその発光により放射能を測定する装置.

liquid silver ⇌ mercury

lithium リチウム: 元素記号 Li. 原子番号3のアルカリ金属.

lithium borohydride 水素化ホウ素リチウム

lithocholic acid リトコール酸: 胆汁酸の一種.

lithosphere 岩石圏

lithotroph 無機栄養生物: 無機化合物を酸化して必要なエネルギーを得ている微生物. 同 lithotrophic organism, chemolithotroph (化学合成無機栄養生物)

lithotrophic 無機栄養[の]

lithotrophic organism ⇌ lithotroph

litmus リトマス: pH 指示色素. 酸で赤, アルカリで青となる.

littermate 同腹仔, 同腹子

liver 肝臓

liver cirrhosis 肝硬変 同 [hepatic] cirrhosis

liver lobule ⇌ hepatic lobule

liver oil 肝油

liver phosphorylase deficiency 肝ホスホリラーゼ欠損症: グリコーゲン蓄積症(糖原病)の一つ. 同 Hers disease(エルス病)

LLV: lymphocytic leukemia virus の略.

L-meromyosin L メロミオシン ⇌ light meromyosin

loach ドジョウ

lobelanidine ロベラニジン: ロベリアアルカロイドの一種.

lobelanine ロベラニン: ロベリアアルカロイドの一種.

lobelia alkaloid ロベリアアルカロイド: ロベリア草などに含まれるアルカロイド. 呼吸興奮作用を有する.

lobelin ロベリン: ロベリアアルカロイドの一種.

lobulus hepatis ⇌ hepatic lobule

local anesthetic 局所麻酔薬

local hormone 局所ホルモン ⇌ autacoid

localized centromere 局在動原体

lock and key theory 鍵と鍵穴説: 基質と酵素の特異的関係を鍵と鍵穴にたとえて説明する考え方.

locomotor system ⇌ motor system

locus(*pl.* loci) 遺伝子座

locus control region 遺伝子座調節領域: 遺伝子発現を調節する領域で, 通常はコード領域の前に存在する.

Lod score Lod 得点, ロッドスコア: ヒト家系の観察結果から, 二つのマーカーが連鎖しているかどうかを判定するための値. 連鎖しているという結論が正しい場合の確率の正しくない場合の確率に対する相対値を対数値で示す. Lod は logarithm of odds に由来.

logarithmic growth phase 対数増殖期: 細菌や細胞の増殖が対数関数的, すなわち急激に増加している時期. 同 logarithmic phase (対数期), exponential growth phase(指数増殖期)

logarithmic normal distribution curve 対数正規分布曲線

logarithmic phase 対数期 ⇌ logarithmic growth phase

LOH: loss of heterozygosity(ヘテロ接合性の消失)の略.

Lohmann enzyme ローマン酵素 ⇌ creatine kinase

lone pair 孤立電子対, 非共有電子対

long arm 長腕【染色体の】

long chain base 長鎖塩基

long-chain fatty acid 長鎖脂肪酸 ⇌ higher fatty acid

longevity syndrome 長寿症候群: 遺伝子突然変異あるいは特定の遺伝子多型に伴って, 統計的に平均寿命よりも長い寿命を示すことが知られている状態の総称.

longitudinal relaxation time 縦緩和時間 同 spin-lattice relaxation time(スピン-格子緩和時間)

longitudinal tubule 縦細管【筋小胞体の】

long-lived lymphocyte 長命リンパ球

long-term culture 長期培養
long-term depression 長期抑圧 　略 LTD
long-term memory 長期[持続]記憶
long-term potentiation 長期増強：シナプスの伝達効率の増加が時間を超えて保存されること．記憶と関連．　略 LTP
loop ループ，輪状構造
loop of Henle ヘンレ係蹄：尿細管のU字形構造．　同 nephron loop（ネフロンループ）
lophotoxin ロホトキシン：サンゴより分離された環状ジテルペン．ニコチン性アセチルコリン受容体を不可逆的に不活性化する．
loss of extension of glycolipid sugar chain 糖鎖不全説：糖脂質糖鎖の短縮(不全)が細胞の悪性化に随伴する普遍的な現象であるとする説．
loss of function mutation 機能喪失変異
lot ロット：製品(同一時調製の)，生産工程の単位数量．
Louis-Bar syndrome ルイ・バー症候群 → ataxia telangiectasia
low-density lipoprotein 低密度リポタンパク質 　略 LDL 同 β lipoprotein（β リポタンパク質）
low dose tolerance 小量寛容 → low-zone tolerance
low-energy phosphate bond 低エネルギーリン酸結合：アルコール基のリン酸エステルなど．対語は high-energy phosphate bond．
Lowe syndrome ロー症候群：ホスファチジルイノシトール4,5-ビスリン酸-5-ホスファターゼ遺伝子の遺伝的欠損症で，白内障，知能異常，ビタミンD抵抗性くる病などを示す．X染色体劣性．　同 oculocerebrorenal syndrome（眼脳腎症候群）
low-frequency transducting lysate 低頻度形質導入溶菌液 　同 LFT lysate（LFT 溶菌液）
low-frequency transduction 低頻度形質導入
low melting agarose 低融点アガロース
low responder 低応答系[動物]
low temperature biology → cryobiology
low-zone paralysis → low-zone tolerance
low-zone tolerance 低域寛容，小量域寛容，低域トレランス：少量の抗原を繰返し投与したときに成立する免疫寛容．　同 low-zone paralysis, low dose tolerance（小量寛容）

LPH → lipotropin の略．
LPL → lipopolysaccharide の略．
LPS → lipoprotein lipase の略．
LSD → lysergic acid diethylamide の略．
LT → leukotriene の略．
LT → lymphotoxin の略．
LTD → long-term depression の略．
LTH: luteotropic hormone の略．→ prolactin
LTP → long-term potentiation の略．
LTR: long terminal repeat の略．レトロウイルスのプロウイルス DNA 両端に存在する塩基配列．プロモーター・エンハンサー活性とともにポリA付加シグナル活性をもつ．
lubrication 潤滑
luciferase ルシフェラーゼ：生物発光を触媒する酸素添加酵素．遺伝子発現を定量化するためのレポーター遺伝子として用いられる．
luciferin ルシフェリン：酸化によって発光する生物発光の原因となる低分子化合物．
luciferyl adenylate ルシフェリルアデニル酸：ホタル発光素ルシフェリンの活性型．
luciferyl sulfate ルシフェリル硫酸
Luft disease ルフト病：ミトコンドリアの脱共役による発熱，多食を伴う疾患．　同 hypermetabolic myopathy（ハイパーメタボリックミオパシー）
luliberin ルリベリン → luteinizing hormone-releasing hormone
lumazine ルマジン：天然プテリジン誘導体．
lumen(*pl.* lumina, lumens) 1)内腔[こう]【小胞体の】, 2)ルーメン：記号 lm. 光束の単位．
lumichrome ルミクロム：リボフラビンの酸性光酸化生成物．
lumiflavin ルミフラビン：リボフラビンのアルカリ性光酸化生成物．　同 photoflavin（フォトフラビン）
luminescence ルミネセンス，冷光，発光：物理的および化学的刺激により温度放射とは異なる光を発する現象の総称．
luminescent bacterium 発光[細]菌
luminol ルミノール，アミノフタルヒドラジド：酸化によって発光する．
luminous 発光性[の]
luminous animal 発光動物 　同 photogenic animal
luminous organ 発光器[官] 　同 photogenic organ

lumirhodopsin ルミロドプシン:ロドプシンの光化学反応産物の一種.

lumisome ルミソーム:ルシフェリン-ルシフェラーゼによる生物発光系を含む細胞顆粒.

lung 肺[臓]

lupane ルパン:トリテルペンの一種.シラカンバの白色物質に存在.

lupanine ルパニン:ルピンアルカロイドの一種.

lupin alkaloid ルピンアルカロイド:マメ科の毒性アルカロイド.

lupus erythematosus 紅斑性ろうそう → systemic lupus erythematosus

lupus nephritis ルーブス腎炎,ろうそう〔狼瘡〕性腎炎

Luria-Latarjet experiment ルリア・ラタルジェ実験:放射線感受性を調べる実験法.

lusting 欠如【栄養素の】

lutein ルテイン,葉黄素

lutein cell 黄体細胞

luteinizing hormone 黄体形成ホルモン 略 LH 同 lutropin(ルトロピン), interstitial cell-stimulating hormone(ICSH, 間質細胞刺激ホルモン)

luteinizing hormone-releasing factor 黄体形成ホルモン放出因子 → luteinizing hormone-releasing hormone

luteinizing hormone-releasing hormone 黄体形成ホルモン放出ホルモン:アミノ酸10個より成るペプチドホルモン. 略 LHRH 同 luliberin(ルリベリン), luteinizing hormone-releasing factor(黄体形成ホルモン放出因子)

luteolin ルテオリン:落花生などの黄色色素.

luteotropic hormone 黄体刺激ホルモン → prolactin

luteotropin ルテオトロピン → prolactin

lutropin ルトロピン → luteinizing hormone

LVP → lysine vasopressin の略.

lyase リアーゼ,脱離酵素:基質から加水分解や酸化によらずある基を脱離させる酵素.

lycoctonine リコクトニン:トリカブトアルカロイドの一種.

lycopene リコペン:トマトの赤色のカロテン色素.

lycopodium alkaloid リコポジウムアルカロイド

lycorenine リコレニン:ヒガンバナアルカロイドの一種.

lycoricyanin リコリシアニン:シアニジン配糖体の一種.

lycorine リコリン:ヒガンバナアルカロイドの一種.

lycoris alkaloid ヒガンバナアルカロイド

lying drop culture 置滴培養:カバーガラスの中央上面に細胞または組織片を含む培養液滴を置いて培養する方法.顕微鏡観察に向いている.

Lyme disease ライム病:スピロヘータによる感染性炎症疾患.

lymph リンパ,リンパ液:毛細管から浸出した血漿成分,組織の直接の外液.

lymphatic リンパ管[の]

lymph gland リンパ腺 → lymph node

lymph node リンパ節 同 lymph gland(リンパ腺)

lymphoblast リンパ芽球:末梢リンパ組織内の活性化されたリンパ球. 同 large lymphocyte(大リンパ球)

lymphocyte リンパ球:リンパ系や血液中に存在する運動性のある細胞で,核が大部分を占める.免疫・防御の役割をもつ. 同 lymphoid cell(リンパ系細胞)

lymphocyte activating determinant → LD antigen

lymphocyte antigen → Lyt antigen

lymphocytic thyroiditis リンパ球性甲状腺炎 → Hashimoto disease

lymphogranulomatosis of Schaumann シャウマンリンパ肉芽腫 → sarcoidosis

lymphoid cell リンパ系細胞 → lymphocyte

lymphoid follicle リンパ沪胞:末梢リンパ系器官で網状組織とその間隙を満たす,おもにB細胞から成る小結節状構造物. 同 lymphoid nodule(リンパ結節)

lymphoid nodule リンパ結節 → lymphoid follicle

lymphoid stem cell リンパ[球]系幹細胞

lymphoid tissue リンパ系組織

lymphokine リンホカイン:リンパ球から放出される生物学的活性をもった一連の可溶性因子で,細胞免疫現象を仲haltする.

lymphoma リンパ腫

lymphopoietic organ リンパ生成器官

lymphoreticular tissue リンパ細網組織

lymphosarcoma リンパ肉腫:リンパ腺の悪

性腫瘍.
lymphotic リンパの
lymphotoxin リンホトキシン：リンホカインの一種で細胞傷害性を示す因子. 略 LT 同 tumor necrosis factor β (TNF-β, 腫瘍壊死因子 β)
lyonization ライオニゼーション：ほ乳類の雌雄におけるX染色体の遺伝子量補正のために，雌では二つあるX染色体のうち一方が不活性化されること．
lyophilic 親液性
lyophilization 凍結乾燥 同 freeze-dry[ing]
lyophilizer 凍結乾燥器
lyophobic 疎液性原子団
lyotropic 離液[の], リオトロピックな
lyotropic series 離液系列 → Hofmeister's series
Lys → lysine の略.
lysergic acid リゼルギン酸, リゼルグ酸：麦角アルカロイドの構成成分.
lysergic acid diethylamide リゼルギン酸ジエチルアミド：幻覚剤の一種. 略 LSD
lysin 溶解素, ライシン：精子先端のプロテアーゼ, ヒアルロニダーゼなどの総称.
lysine リシン, リジン：2,6-ジアミノ-n-カプロン酸. 必須の塩基性アミノ酸の一種. 略 Lys, K
lysine fermentation リシン発酵
lysine-rich histone 高リシン型ヒストン
lysine vasopressin リシンバソプレッシン 略 LVP
lysis 溶解：細胞や細菌が抗体や酵素その他の毒素において破壊されること．
lysobisphosphatidate リゾビスホスファチジン酸
lysogenic 溶原性[の], 溶原[の]
lysogenic bacterium 溶原[細]菌
lysogenic conversion 溶原変換
lysogenicity 溶原性 → lysogeny
lysogenic phage → temperate phage
lysogenization 溶原化：ファージDNAが細菌染色体に組込まれること. 誘発により溶菌する.
lysogenize 溶原化する【ファージが細菌に】

lysogeny → lysogenicity
lysolecithin リゾレシチン：レシチンの2位の脂肪酸を除いたリン脂質. 同 lysophosphatidylcholine (リゾホスファチジルコリン)
lysophosphatidic acid リゾホスファチジン酸
lysophosphatidylcholine リゾホスファチジルコリン → lysolecithin
lysophosphatidylethanolamine リゾホスファチジルエタノールアミン
lysophospholipase リゾホスホリパーゼ：レシチナーゼB, リゾレシチナーゼ, ホスホリパーゼBともいう．
lysophospholipid リゾリン脂質
lysosomal リソソーム[の]
lysosomal disease リソソーム病：リソソームに存在する種々の加水分解酵素の遺伝的異常により, 特定物質がリソソーム内で分解されず蓄積する疾患. 同 lysosomal storage disease (リソソーム蓄積症)
lysosomal enzyme リソソーム酵素：リソソームに含まれる酵素の総称.
lysosomal storage disease リソソーム蓄積症 → lysosomal disease
lysosome リソソーム：細胞小器官の一種, 加水分解酵素をもち細胞内外の物質の消化を行う.
lysozyme リゾチーム：細菌細胞壁加水分解酵素で殺菌性をもつ. 同 muramidase (ムラミダーゼ)
lysylendopeptidase リシルエンドペプチダーゼ
Lyt antigen Lyt 抗原 同 lymphocyte antigen
lytic 溶菌[の], 溶解[の]
lytic enzyme 溶菌酵素
lytic infection 溶菌感染
lytic phage 溶菌ファージ → virulent phage
lyxoflavin リキソフラビン：リキソ型糖をもつフラビン.
lyxose リキソース：アルドペントースの一種.
lyxulose リキスロース → xylulose

M

μ-chain μ鎖: 抗体分子H鎖の一つ.
μ phage μファージ 同 Mu phage
M ⇌ methionine の略.
maceration 1) 解離【細胞の】(固まったものをばらばらにする意から), 2) 浸解, 浸軟: 死後の非腐敗性組織分解.
macroamylasemia 巨大アミラーゼ血症
macrocellular 大型細胞性[の]
macrocyclid マクロシクリド: 巨環状抗生物質.
macrofibril マクロフィブリル: ミクロフィブリルの集合体.
macroglobulin マクログロブリン: 分子量のきわめて大きい血清グロブリン. 一応目安として分子量40万以上のものをさす. IgM, $α_2$マクログロブリン, リポタンパク質など.
macroglobulinemia マクログロブリン血症: 通常, 原発性マクログロブリン血症として, ワルデンストレームマクログロブリン血症すなわち, モノクローナル IgM 産生形質細胞の腫瘍性病変をさす.
macroglycolipid マクログリコリピド 同 megaloglycolipid(メガログリコリピド), polyglycosylceramide(ポリグリコシルセラミド)
macrolide antibiotic マクロライド系抗生物質: 大環ラクトンをもつ抗生物質の総称.
macromere 大割球: 不等卵割によって生じる大きな割球.
macromolecule 1) 高分子, 2) 巨大分子
macronucleus 大核: 原生動物繊毛虫類がもつ2種類の核, 生殖核と栄養核のうち, 栄養核をいう. 活発な遺伝子発現を行っているが, 接合時に消失する.
macrophage マクロファージ, 大食細胞: 炎症局所に遊走してくる貪食能を有する大型細胞で, 正常ではリンパ節や胸腺に多く, 異物を貪食しリソソームで消化して排除する.
macrophage-activating factor マクロファージ活性化因子
macrophage-aggregating factor マクロファージ凝集因子
macrophage chemotactic factor マクロファージ走化因子
macrophage colony-stimulating factor マクロファージコロニー刺激因子 略 M-CSF
macrophage cytophilic antibody マクロファージ親和性抗体 ⇌ cytophilic antibody
macrophage migration inhibition factor マクロファージ遊走阻止因子
macroscopic cross section マクロ断面積: 1 cm³ 中に含まれる原子核の断面積の総計.
macula adherens ⇌ desmosome
mad cow disease 狂牛病 ⇌ bovine spongiform encephalopathy
magenta マゼンタ ⇌ fuchsine
magic spot compound マジックスポット化合物: グアノシン 5′-二リン酸 3′-二リン酸(ppGpp)とグアノシン 5′-三リン酸 3′-二リン酸(pppGpp)をさす.
magnamycin マグナマイシン ⇌ carbomycin
magnesium マグネシウム: 元素記号Mg. 原子番号12のアルカリ土類金属元素.
magnetic 磁気[の]
magnetic permeability 透磁率
magnetic quantum number 磁気量子数
magnetic resonance 磁気共鳴
magnetic resonance imaging 磁気共鳴画像: 核磁気共鳴法を用いて人体などの断面の画像を得る診断法. 略 MRI
magnetic stirrer マグネチックスターラー, 磁気かくはん器
magnetic susceptibility 磁化率
magnetogyric ratio ⇌ gyromagnetic ratio
Maillard reaction メイラード反応: アミノ酸と糖を加熱したときに起こる反応.
main chain 主鎖: 高分子物質の骨格構造.
maintenance medium 維持培地【細胞培養の】
maitotoxin マイトトキシン: 小型藻食魚の内臓から発見された分子量が3422もある物質で, すべての細胞系で nM~pM の範囲で細胞外 Ca^{2+} の細胞内への流入を起こす.
maize トウモロコシ 同 *Zea mays*
major anomaly 大奇形: 対語は minor anomaly.

major histocompatibility complex　主要組織適合[性遺伝子]複合体：最も強い拒絶反応をひき起こす膜抗原で，赤血球，リンパ球，組織に発現している．ヒトではHLAとよばれる．　略 MHC

major histocompatibility system　主要組織適合[性]抗原系

malabsorption syndrome　吸収不良症候群

maladaptation　適応不全

maladaptation syndrome　適応不全症候群

Malaprade reaction　マラプラード反応 ⇌ periodate oxidation

malaria　マラリア：肝臓と赤血球に寄生したマラリア原虫(*Plasmodium*)による熱性疾患で，特定のカが媒介する．

malate dehydrogenase　リンゴ酸デヒドロゲナーゼ　同 malic dehydrogenase

malathion　マラチオン：殺虫剤，有機リン系．

MALDI　⇌ matrix-assisted laser desorption ionization の略．

maleic acid　マレイン酸：炭素数4の不飽和ジカルボン酸．

maleic anhydride　無水マレイン酸

male sex hormone　雄性ホルモン ⇌ androgen

male sheep　⇌ ram

male sterility　雄性不稔，雄性不妊

maleylacetoacetic acid　マレイルアセト酢酸

maleylation　マレイル化

maleylpyruvic acid　マレイルピルビン酸

malformation　1) 奇形【先天的形態異常】，2) 形成異常

malic acid　リンゴ酸：炭素数4のヒドロキシジカルボン酸．

malic dehydrogenase　⇌ malate dehydrogenase

malic enzyme　リンゴ酸酵素：リンゴ酸デヒドロゲナーゼ(脱炭酸)の別名．

malignancy　1) 悪性，2) 悪性度　同 grade of malignancy

malignant　1) 悪性腫瘍，2) 悪性の，有害な

malignant alteration　悪性化

malignant hyperthermia　悪性高熱症：吸入麻酔薬の副作用による代謝亢進に伴う高熱，異常な発汗，頻脈，不整脈，酸血症，ミオグロビン尿などの症状．　略 MH

malignant transformation　悪性トランスフォーメーション，悪性[形質]転換　同 neoplastic transformation, tumorigenic transformation([造]腫瘍化)

malignant tumor　悪性腫瘍

malnutrition　栄養失調[症]

malol　マロール ⇌ ursolic acid

malonaldehyde　マロンアルデヒド：過酸化脂質の産物．　同 malondialdehyde(マロンジアルデヒド)

malondialdehyde　マロンジアルデヒド ⇌ malonaldehyde

malonic acid inhibition　マロン酸阻害

malonyl-CoA　マロニルCoA：マロン酸のCoAエステル．長鎖脂肪酸合成の中間体．アセチルCoAのカルボキシ化で生じる．

Malpighian bodies of spleen　⇌ white pulp of spleen

Malpighian corpuscle　マルピギー小体：1) 脾臓髄質の白色領域に相当するリンパ組織．2) 腎小体(糸球体，メサンギウム，ボーマン嚢)の別名．

Malpighian tubule　マルピギー管：昆虫類の排泄器官．ほ乳類の尿細管に相当．

malt　麦芽

maltase　マルターゼ：α-D-グルコシダーゼの別名．

maltobionic acid　マルトビオン酸

maltose　マルトース：α 1→4 結合によるグルコースの二糖．　同 malt sugar(麦芽糖)

malt sugar　麦芽糖 ⇌ maltose

malvalic acid　マルバリン酸

malvidin　マルビジン ⇌ syringidin

malvin　マルビン：花毒素の一種．　同 malvoside(マルボシド)

malvoside　マルボシド ⇌ malvin

mammal　ほ[哺]乳類

mammary　乳房[の]

mammary gland　乳腺

mammillary body　乳頭体

mammotropic hormone　乳腺刺激ホルモン ⇌ prolactin

Man　⇌ mannose の略．

mandelic acid　マンデル酸

Mandelin's reagent　マンデリン試薬：アルカロイド検出試薬の一種．

manganese　マンガン：元素記号 Mn. 原子番号25の金属元素．

manganese-containing enzyme　⇌ manganese enzyme

manganese enzyme マンガン酵素:マンガンを含むか,反応にマンガンを必要とする酵素. 同 manganese requiring enzyme, manganese-containing enzyme

manganese requiring enzyme → manganese enzyme

mania 躁病

manic-depressive illness そう〔躁〕うつ病 同 affective psychosis(情動精神病), cyclic psychosis(周期性精神病)

manifest 顕性[の],明らかな

manifestation 発現【形質の】

ManN → mannosamine の略.

manna マンナ:樹液の一種.

mannan マンナン:マンノースから成る多糖

mannaric acid マンナル酸:マンノースの糖酸.

mannase マンナーゼ:マンナン加水分解酵素.

mannitol マンニトール:マンノースの糖アルコール.

mannomethylose マンノメチロース → rhamnose

mannosamine マンノサミン:ヘキソースのアミノ糖. 略 ManN

mannose マンノース:ヘキソースの一種. 略 Man 同 carubinose(カルビノース), seminose(セミノース)

mannose 6-phosphate マンノース6-リン酸

mannosidosis マンノシドーシス

manometric method → manometry

manometry 検圧法:ガス圧力測定(による代謝測定) 同 manometric method

mantle heater マントルヒーター:各種ガラス器具の大きさ,形に合わせた電熱器.

Mantoux test マントー試験:ツベルクリン皮内反応.

MAO: monoamine oxidase の略.

MAP: microtubule-associated protein の略. 微小管に結合する一群の高分子量結合タンパク質.

map 1) 地図, 2) 位置を決める【遺伝子の地図上で】,記録する【タンパク質分子のペプチド断片の分離パターンを】

map distance 地図距離【遺伝】

MAPK → MAP kinase の略.

MAP kinase MAP〔マップ〕キナーゼ:MAP は mitogen-activated protein の略. シグナル伝達の中枢を担うセリン-トレオニンキナーゼの一つ. 略 MAPK

MAP kinase cascade MAP キナーゼカスケード:細胞外からの増殖シグナルが核に伝達されるときに働く連鎖反応で,中心に MAP キナーゼが存在する.

maple syrup urine disease メープルシロップ尿症,かえで糖尿症:ロイシン,バリン,イソロイシンの酸化的脱炭酸酵素の欠損による神経症状,アシドーシス,特異な尿を伴う先天性疾患. 常染色体劣性遺伝. 同 branched-chain ketonuria(側鎖ケト酸尿症)

mapping 地図作成,マッピング:染色体地図上の位置決定.

MAPs → microtubule-associated proteins の略.

map unit マップ単位,[地]図単位,交差単位:1マップ単位は1センチモルガン.

Marburg virus マールブルグウイルス:フィロウイルス科のウイルスでヒトに出血熱を起こす. サルから分離されたが自然宿主は不明.

Marek disease マレック病:ニワトリのリンパ増殖病.

Marfan syndrome マルファン症候群:フィブリリン(fibrillin)の遺伝的異常による常染色体優性遺伝性疾患. クモ指症(arachnodactyly 長い指),関節の弛緩,解離性大動脈瘤,水晶体転移を特徴とする.

margaric acid マルガリン酸 同 heptadecanoic acid(ヘプタデカン酸)

margarine マーガリン

marihuana マリファナ:大麻の幻覚発現物質.

marker enzyme 指標酵素:成体内分布の標識に用いる酵素.

marker gene 標識遺伝子

markogenin マルコゲニン:ユリのサポニンの非糖部.

Markovnikov rule マルコフニコフの規則:非対称オレフィンにハロゲン化水素が付加するときハロゲンは水素原子の少ない炭素原子に付加しやすいこと.

Maroteaux-Lamy syndrome マロトー・ラミー症候群:デルマタン硫酸が蓄積するムコ多糖症(Ⅳ型). 常染色体劣性遺伝.

marrow sheath 髄鞘 → myelin

Marsh factor マーシュ因子 → relaxing factor

mash すりつぶす
mass action 質量作用
mass culture 1)大量培養,2)集団培養 同 1) large scale culture
mass fragmentography マスフラグメントグラフィー
mass number 質量数:原子の中性子と陽子の合計数.
mass spectrometer 質量分析計
mass spectrometry 質量分析,マススペクトロメトリー
mass spectrum 質量スペクトル,マススペクトル
mast cell マスト細胞,肥満細胞:即時型アレルギー反応(喘息やアトピー性皮膚炎など)を誘起する細胞.細胞表面に IgE 受容体をもち,ヒスタミン含有顆粒が細胞内に存在する.
mastic[he] マスチック → olibanum
Mastigomycotina べん〖鞭〗毛菌〖亜門〗 同 zoosporic fungi(遊走子形成菌類)
mastocytoma 肥満細胞腫
Masugi's nephritis 馬杉腎炎:腎毒性血清腎炎.
matatabiol マタタビオール:マタタビの精油成分.モノテルペンアルコール.
material transfer agreement 試料譲渡同意書 略 MTA
maternal 母親[の],母性[の]
maternal effect 母性効果
maternal-effect gene 母性効果遺伝子:胚発生過程で,母方のゲノムに依存する遺伝子.
maternal mRNA 母性 mRNA:卵に備えられた mRNA.
maternal transmission of immunity 母児免疫移行
mating 1)交配,2)交尾〖動物〗 同 crossing
mating type 接合型,交配型
mating type of yeast → yeast mating type
matrine マトリン:ルピンアルカロイドの一種.
matrix 1)マトリックス〖ミトコンドリア内腔の〗,2)基質,礎質,3)行列 同 2) ground substance, extracellular matrix(細胞外マトリックス)
matrix-assisted laser desorption ionization マトリックス介助レーザーデソープション法 略 MALDI
matrix Gla protein 骨基質 Gla タンパク質 → osteocalcin

matrix metalloprotease マトリックスメタロプロテアーゼ:コラーゲンやフィブロネクチンなどの細胞外マトリックスを分解する酵素.TIMP により阻害される. 略 MMP
matrix vesicle 基質小胞:石灰化組織の基質に出現する小胞.
maturating face 成熟面〖ゴルジ体の〗
maturation 成熟
maturation division 成熟分裂
maturation promoting factor 卵成熟促進因子:metaphase promoting factor を参照. 略 MPF
maturation protein 成熟タンパク質
mature 1)成熟[の],2)成熟させる
Maxam-Gilbert method マクサム・ギルバート法:DNA の塩基配列決定法.塩基特異的に DNA を切断し,生じた部分分解産物を電気泳動で分離し,バンドの相対位置から配列を読み取る.
maxicell マキシ細胞:recA, uvrA 二重変異をもつ大腸菌に紫外線を照射して得られる DNA 崩壊細胞.プラスミド産生タンパク質同定用.
maximum diastolic potential 最大拡張期電位〖心電図の〗
maximum parsimony method 最大節約法:分子進化に基づく系統関係の解析法の一つで,あらゆる可能な系統関係を描き,そのうちの最小の変異で配列の変化が説明できる系統樹を選ぶ方法.
maximum permissible concentration 最大許容濃度:最大許容線量に相当する水中,空気中の放射能濃度.
maximum permissible dose 1)最大許容量,2)最大許容線量〖放射線〗
maximum velocity 最大速度 略 V_{max}
maze learning 迷路学習
Mb → myoglobin の略.
M band M 帯 → M line
MBT → midblastula transition の略.
McArdle disease マッカードル病 → muscle phosphorylase deficiency
McLafferty rearrangement マクラファティ転位:質量分析のとき電子線衝撃によって安定な六員環遷移状態を経る開裂.
MCM mini-chromosome maintenance 遺伝子の略.DNA 複製の制御に重要な役割を果たす.

MCS ⇀ multicloning site の略.

M-CSF ⇀ macrophage colony-stimulating factor

MDM2: p53 タンパク質の分解を促進するタンパク質.

MDR gene ⇀ multiple drug resistance gene の略.

MDV: Marek disease virus(マレック病ウイルス)の略.

Me ⇀ methyl の略.

mean 平均, 平均値

mean generation time 平均世代時間

mean life 平均寿命　同 average life time

mean molecular weight ⇀ average molecular weight

measles virus 麻疹ウイルス, はしかウイルス

meat extract peptone broth 肉エキスブイヨン ⇀ bouillon

meat sugar 肉糖 ⇀ inositol

mechanical oscillator densitometer 振動密度計

mechanochemical coupling hypothesis 機械化学共役説: 酸化的リン酸化反応あるいは光リン酸化反応において酸化還元反応とATP合成反応の共役がタンパク質の構造変化を通じて行われるという仮説.

mecocyanin メコシアニン: シアニジン配糖体の一種.

meconium 胎便: 胎児の腸粘膜上皮, 胆汁, 嚥下した羊水成分の混じったもので, 緑黒色, 生後12時間以内に第1回目がみられ, 2回目で胎便の排出は終わる.

median 中央値

median infection dose ⇀ fifty percent infection dose

median lethal dose ⇀ fifty percent lethal dose

median lethal time ⇀ fifty percent lethal time

mediated transport 仲介輸送 ⇀ carrier-mediated transport

medium(*pl.* media, mediums) 1)培地, 2)媒質, 3)培養液

MEDLINE: 生命科学分野における代表的な文献データベース.

medulla 髄質, 髄層: 臓器などの中心部. 対語は cortex.

medulla oblongata 延髄

medulla spinalis ⇀ spinal cord

megacin メガシン: バクテリオシンの一種.

megakaryocyte 巨核球: 骨髄中に存在し血小板を産生する多倍体細胞.

megaloblast 巨大赤芽球

megaloblastic anemia 巨赤芽球性貧血: ビタミン B_{12} や葉酸欠乏による貧血が代表例.

megaloglycolipid メガログリコリピド ⇀ macroglycolipid

meiosis(*pl.* meioses) 減数分裂　同 reduction division

meiotic mitosis 減数有糸分裂

melancholia ⇀ depression

melanin メラニン: フェノールを含む高分子黒色色素.

melanin granule メラニン顆粒

melanization メラニン沈着

melanochrome メラノクロム

melanocyte メラニン細胞, メラノサイト: 恒温脊椎動物の黒色素胞.

melanocyte-stimulating hormone メラニン細胞刺激ホルモン　略 MSH　同 intermedin(インターメジン), melanotropin(メラノトロピン)

melanocyte-stimulating hormone release-inhibiting hormone メラニン細胞刺激ホルモン放出抑制ホルモン　略 MIH　同 melanostatin(メラノスタチン), melanotropin release-inhibiting hormone(メラノトロピン放出抑制ホルモン)

melanocyte-stimulating hormone-releasing hormone メラニン細胞刺激ホルモン放出ホルモン　略 MRH　同 melanoliberin(メラノリベリン)

melanogenesis メラニン形成, 黒色素形成

melanoidin メラノイジン

melanoliberin メラノリベリン ⇀ melanocyte-stimulating hormone-releasing hormone

melanoma 黒色腫, メラノーマ

melanophore メラニン保有細胞, 黒色素胞: メラニン色素をもつ細胞.

melanophore-stimulating hormone 黒色素胞刺激ホルモン

melanosome メラノソーム: メラニン色素をもつ細胞小器官.

melanostatin メラノスタチン ⇀ melanocyte-stimulating hormone release-inhibiting hormone

melanotropin メラノトロピン ⇌ melanocyte-stimulating hormone

melanotropin release-inhibiting hormone メラノトロピン放出抑制ホルモン ⇌ melanocyte-stimulating hormone release-inhibiting hormone

MELAS: mitochondrial myopathy, encephalopathy, lactic acidosis, and stroke-like episodes の略. ミトコンドリア脳筋症の一つで, 脳卒中様症状をみる.

melatonin メラトニン: 松果体でつくられるトリプトファン由来のアミン. 日周リズム, 性機能調節.

melezitose メレチトース: 三糖の一種.

melibiase メリビアーゼ: α-D-ガラクトシダーゼの別名.

melibiose メリビオース: 6-O-ガラクトピラノシルグルコース. 二糖の一種.

melissic acid メリシン酸: シソ科の解熱物質. 同 triacontanoic acid(トリアコンタン酸)

melissyl alcohol メリシルアルコール

melitose メリトース ⇌ raffinose

melitriose メリトリオース ⇌ raffinose

mellitin メリチン: ハチの針から放出されるペプチド.

melting point 融点 略 m.p.

melting temperature 融解温度: 核酸など生体高分子の高次構造破壊温度(狭義). 固体が液体になるときの温度(広義). 略 T_m.

membrane 膜

membrane-attached ribosome 膜結合型リボソーム 同 membrane-bound ribosome

membrane attack complex 膜侵襲複合体

membrane-bound enzyme 膜結合型酵素

membrane-bound ribosome ⇌ membrane-attached ribosome

membrane capacitance 膜容量

membrane conductance 膜電気伝導度

membrane current 膜電流

membrane depolarization 膜の脱分極: 生体では細胞内液の K^+ 濃度が外液より高いために細胞内が負に帯電している. これを分極という. この分極程度が減少することを脱分極といい, 活動電位発生時に起こる.

membrane equilibrium 膜平衡: 半透膜を隔てて膜を通りうるイオンと通りえないイオンがある場合に, 膜を通りうるイオンの分布が不均一になること.

membrane extrinsic protein 膜表在性タンパク質 同 peripheral protein(周辺タンパク質)

membrane filter メンブランフィルター, 濾過膜

membrane flow 膜流動

membrane fusion 膜融合

membrane intrinsic protein 膜内在性タンパク質 同 integral protein of biomembrane

membrane permeability 膜透過性

membrane potential 膜電位

membrane protein 膜タンパク質

membrane resistance 膜抵抗: 生体膜や人工膜の電気抵抗.

membrane-skeletal protein 細胞膜裏打ちタンパク質, 膜骨格タンパク質

membrane transport 膜輸送, 膜透過

memory 記憶

memory substance 記憶物質

memory trace 記憶痕[こん]跡

MEN ⇌ multiple endocrine neoplasia の略.

menadione メナジオン: 2-メチル-1,4-ナフトキノン. 同 menaphthone(メナフトン), vitamin K_3 (ビタミン K_3)

menaphthone メナフトン ⇌ menadione

menaquinone メナキノン 略 MK 同 vitamin K_2(ビタミン K_2)

Mendelian population メンデル集団: 同一の遺伝子供給源に属する個体集団.

Mendelism メンデル説, メンデリズム

Mendel's law メンデルの法則: 遺伝の法則. 優性, 独立, 分離の3法則から成る.

meniscus-depletion method メニスカスデプリーション法 ⇌ Yphantis method

Menkes syndrome メンケス症候群: 細胞外への銅イオン排出にかかわる MNK タンパク質の遺伝的欠損による伴性劣性遺伝性疾患. 身体, 精神発達異常を示す. 同 kinky hair disease(捻転毛症候群)

menstrual cycle 月経周期

mental disorder ⇌ psychosis

mental retardation 精神遅滞

menthol メントール: 清涼感をもつモノテルペンの一種.

meprobamate メプロバメート: 弱精神安定剤の一種. カルバメート系.

mercaptide メルカプチド: SH 基の水素を金

属で置換した化合物の総称.

2-mercaptoethanol 2-メルカプトエタノール ⇌ thioglycol

mercapto group メルカプト基 ⇌ SH group

mercaptopyruvic acid メルカプトピルビン酸

***p*-mercuribenzoic acid** *p*-メルクリ安息香酸

mercuric 第二水銀[塩][の]

mercury 水銀:元素記号 Hg. 原子番号 80 の重金属元素. 同 liquid silver, quicksilver, hydrargyrum

mericlinal chimera 不完全周縁キメラ

meristem 分裂組織

merodiploid 部分二倍体 ⇌ merozygote

merogamy 部分配偶[性]

merogenote 部分二倍体 ⇌ merozygote

merogony 雄核発生 同 androgenesis

meromyosin メロミオシン:ミオシンからタンパク質分解酵素によって生じる2種のタンパク質.

merozygote 部分接合体,メロザイゴート 同 merodiploid (= merogenote) (部分二倍体)

MERRF: myoclonus epilepsy with ragged-red fibers syndrome の略. ミトコンドリア DNA 変異によるミトコンドリア脳筋症の一つ. 進行性の小脳失調, ミオクローヌス, てんかんを3主徴とする.

MES: 2-(*N*-morpholino)ethanesulfonic acid の略. グッドの緩衝液用試薬.

mesaconic acid メサコン酸:メチルフマル酸.

mescaline メスカリン:アルカロイドの一種. 幻覚剤.

Meselson-Stahl experiment メセルソン・スタールの実験:DNAの半保存的複製を証明した実験.

mesencephalon ⇌ midbrain

mesenchymal cell ⇌ mesenchyme cell

mesenchyme 間充織, 間葉組織

mesenchyme cell 間充織細胞 同 mesenchymal cell

mesh メッシュ, 粒度, ふるい

Me₄Si ⇌ tetramethylsilane の略.

mesic 中湿性[の], 中間子[の]

mesobilirubinogen メソビリルビノーゲン:胆汁色素の代謝産物.

mesobiliverdin メソビリベルジン

mesoblast 中胚葉母細胞, 原中層細胞

meso compound メソ化合物

mesoderm 中胚葉:受精卵が卵割によって原腸胚(囊胚)になったとき,外胚葉と内胚葉の間に位置し,神経組織を除く主として筋骨格,循環系,排泄系,生殖系に分化する.

mesodermal cell 中胚葉細胞

mesoderm induction 中胚葉誘導:発生初期に植物半球からの刺激により動物半球との間に中胚葉が誘導される現象.

mesoheme メソヘム:メソポルフィリンの鉄錯体.

mesomere 1)中割球, 2)中分節

mesonephros 中腎

mesophile 1)中温性[の], 中性[の], 2)中温菌, 常温菌

mesophilic 中温[の]

mesophyll cell 葉肉細胞:C_4植物において,葉の表面にありCO_2をC_4化合物へ固定する反応を行う細胞.

mesoporphyrin メソポルフィリン:プロトポルフィリン側鎖の2個のビニル基が還元されてエチル基になったポルフィリン化合物. 天然には糞中に見いだされる.

mesosome メソソーム:グラム陽性菌の膜状の入り組んだ構造.

mesothelial tumor ⇌ mesothelioma

mesothelioma 中皮腫:胸腔,腹腔の表面を覆う中皮由来の肉腫で,肺や腹腔内臓器の表面を囲むようにびまん性に発育する. 同 mesothelial tumor

mesothelium 1)体腔〔こう〕上皮, 2)中皮

mesoxalurea メソキサリル尿素 ⇌ alloxan

messenger RNA メッセンジャー RNA, 伝令 RNA:翻訳の際アミノ酸配列を指令する RNA. 略 mRNA

mestranol メストラノール:合成エストロゲンの一種.

Met ⇌ methionine の略.

metabolic acidosis 代謝性アシドーシス:糖尿病,著しい飢餓などによりケトン体が増加したり,激しい運動により乳酸が過剰に産生されることで血中[HCO_3^-]が低下し,血液の酸塩基平衡が酸性に偏る状態.

metabolic ag[e]ing 代謝加齢:division ag[e]ing を参照.

metabolic alkalosis 代謝性アルカローシス:嘔吐により胃酸を消耗するなどして血中[HCO_3^-]が増加し,血液の酸塩基平衡がアルカリ性に偏る状態.

metabolic antagonist ⇌ antimetabolite

metabolic control 代謝制御 ⇌ metabolic regulation

metabolic error 代謝異常

metabolic inhibitor 代謝阻害剤 ⇌ antimetabolite

metabolic intermediate 代謝中間体 同 intermediary metabolite（中間代謝物質）

metabolic loop 代謝ループ：代謝経路がループ状に直結し循環している状態.

metabolic pathway 代謝経路

metabolic profiling メタボリックプロファイリング：各種クロマトグラフィーによる代謝異常探索法.

metabolic rate 代謝速度

metabolic regulation 代謝調節 同 metabolic control（代謝制御）

metabolic stage 代謝期 ⇌ interphase

metabolic turnover 代謝回転

metabolism 代謝, 物質交代, 新陳代謝【古語】：生体における化学変化（分布, 輸送も含める）.

metabolite 代謝［産］物, 代謝生成物

metabolize 代謝する

metachromasia 1) メタクロマジー, 異染性, 2) 変色反応

metachromatic granule 異染顆粒：染色色素と異なった色に染まる粒子.

metachromatic leukodystrophy 異染性ロイコジストロフィー 同 Scholz disease（シュルツ病）, sulfatidosis（スルファチドーシス）

metafemale 超雌：性染色体 XXX の個体.

metal-activated enzyme ⇌ metalloenzyme

metal-containing enzyme ⇌ metalloenzyme

metal indicator 金属指示薬

metal ion 金属イオン

metallic bond 金属結合

metallic soap 金属セッケン

metallocarboxypeptidase メタロカルボキシペプチダーゼ, 金属カルボキシペプチダーゼ：金属を含むカルボキシペプチダーゼ.

metalloenzyme 金属酵素：金属を含む酵素あるいは金属が必要な酵素. 同 metal-containing enzyme, metal-activated enzyme

metalloflavoprotein 金属フラビンタンパク質：メタロフラボタンパク質

metallophilic 好金属性［の］

metalloporphyrin 金属ポルフィリン

metalloprotease メタロプロテアーゼ, 金属プロテアーゼ：活性中心に Zn^{2+} など金属イオンをもつプロテアーゼの総称.

metalloprotein 金属タンパク質

metallothionein メタロチオネイン：Zn, Cu などの重金属と結合し, その細胞内濃度を調節するタンパク質. 結合重金属濃度の上昇により遺伝子発現が誘導される.

metallothionein promoter メタロチオネインプロモーター：金属タンパク質であるメタロチオネインのプロモーター領域. 金属によって発現が誘導されるため, 人為的な発現制御に用いられる.

metamorphosis 変態 同 allaxis

metamorphosis hormone 変態ホルモン

metamyelocyte 後骨髄球

metanephrine メタネフリン：アドレナリン代謝物.

metanephros 後腎【発生】

metaperiodic acid メタ過ヨウ素酸

metaphase 中期【細胞分裂の】：細胞分裂期の一段階で前中期と後期の間. すべての染色体が赤道面に並んでから, 姉妹染色分体合着が壊れて, 染色分体が紡錘糸により両極に分離を始めるまで.

metaphase promoting factor M 期促進因子：サイクリン B と cdc2 キナーゼ（分裂酵母）複合体. 細胞周期の G_2→M 期の転移を制御する. 歴史的に卵成熟を誘起する因子として見つかったので, 卵成熟促進因子ともいう. 略 MPF 同 M phase promoting factor

metaphosphoric acid メタリン酸 同 glacial phosphoric acid（氷状リン酸）

metaplasia 化生, 変質形成：分化を遂げた組織や細胞が別の分化を行う現象で, 両生類の虹彩から水晶体が形成される例があるほか, がん化の際にも見られる. 同 metaplasy

metaplasy ⇌ metaplasia

metaprotein メタプロテイン：アルカリ変性したタンパク質.

metarhodopsin メタロドプシン：ロドプシンの露光産物.

metastable 準安定［の］

metastasis 転移【腫瘍細胞の】

Metazoa 後生動物界

metazoan 後生動物, メタゾア：単細胞の原生動物に対する用語で, 多細胞動物をさす.

metencephalon 後脳

methadone メタドン：合成鎮痛剤の一種.

methamphetamine メタンフェタミン：覚醒剤の一種. 同 methedrine(メテドリン), methylbenzedrin(メチルベンゼドリン), philopon(ヒロポン)

methanal メタナール ⇌ formaldehyde

methane メタン：最も単純な炭化水素.

methane bacterium ⇌ methanogen

methane fermentation メタン発酵：メタン細菌はメタンを放出するがこれをいう.

methanogen メタン[細]菌：嫌気的に有機物や CO_2 をメタンに還元して生育する古細菌の総称. 同 methane bacterium

methanol メタノール 同 wood spirit(木精), methyl alcohol(メチルアルコール)

methanolysis メタノリシス，メタノール溶媒分解

metHb ⇌ methemoglobin の略.

methedrine メテドリン ⇌ methamphetamine

methemoglobin メトヘモグロビン：3価鉄ヘモグロビン. 略 metHb

methemoglobinemia メトヘモグロビン血症

methenogenesis メタン形成

methicillin resistance メチシリン耐性

methicillin resistant Staphylococcus aureus メチシリン耐性黄色ブドウ球菌：院内感染の原因菌の一つ. 略 MRSA

methionine メチオニン：2-アミノ-4-メチルチオ酪酸. 必須アミノ酸の一種. 略 Met, M

methionine-activating enzyme メチオニン活性化酵素：メチオニル tRNA シンテターゼまたはメチオニンアデノシルトランスフェラーゼのこと.

methionine enkephalin メチオニンエンケファリン

methionine sulfone メチオニンスルホン：メチオニンの S に O_2 が結合した酸化物.

methionine sulfoxide メチオニンスルホキシド：メチオニンの S に O が結合した酸化物.

methionyl adenosine メチオニルアデノシン ⇌ S-adenosylmethionine

methionyldipeptidase メチオニルジペプチダーゼ

methotrexate メトトレキセート：ジヒドロ葉酸レダクターゼを阻害する葉酸拮抗剤, 白血病治療薬. 同 amethopterin(アメトプテリン), methylaminopterin(メチルアミノプテリン)

methoxyaniline メトキシアニリン ⇌ anisidine

methyl メチル【基】：CH_3- 略 Me

methyl-accepting chemotaxis protein メチル基受容走化性タンパク質

methyl alcohol メチルアルコール ⇌ methanol

methylaminopterin メチルアミノプテリン ⇌ methotrexate

methylase メチラーゼ：メチル化酵素.

N-methyl-D-aspartate N-メチル-D-アスパラギン酸 略 NMDA

N-methyl-D-aspartate receptor N-メチル-D-アスパラギン酸受容体 同 NMDA receptor(NMDA 受容体)

methylation メチル化

methylbenzedrin メチルベンゼドリン ⇌ methamphetamine

methylcholanthrene メチルコラントレン：がん原性芳香族炭化水素の一種.

methylcobalamin メチルコバラミン：メチル B_{12} ともいう. ビタミン B_{12} の一型.

α-methyldihydroxyphenylalanine ⇌ α-methyldopa

α-methyldopa α-メチルドーパ：血圧降下剤, アミノ酸脱炭酸酵素の阻害剤. 同 α-methyldihydroxyphenylalanine

methylene blue メチレンブルー：酸化還元色素の一種.

methylglycocyamidine メチルグリコシアミジン ⇌ creatinine

methylglycocyamine メチルグリコシアミン ⇌ creatine

methyl glycoside メチル配糖体

methylglyoxal メチルグリオキサール

methyl group acceptor メチル基受容体：CH_3 基を受ける物質.

methyl group donor メチル基供与体：S-アデノシルメチオニンが代表.

methyl iodide ヨウ化メチル

methylmalonic acid メチルマロン酸

methylmalonic aciduria メチルマロン酸尿症

methylmalonyl-CoA メチルマロニル CoA：分枝脂肪酸合成の基質.

methylmercury メチル水銀

N-methylnicotinamide N-メチルニコチンアミド：ニコチンアミド代謝産物.

N-methyl-N'-nitro-N-nitrosoguanidine N-メチル-N'-ニトロ-N-ニトロソグアニジン：発がん物質の一種. 略 MNNG

methylose メチロース：末端がメチル基のデオキシ糖.

methylotroph メチロトローフ：C_1[化合物]資化性菌.

methylpentose メチルペントース

methyltransferase メチルトランスフェラーゼ 同 transmethylase(トランスメチラーゼ)

4-methylumbelliferone 4-メチルウンベリフェロン：蛍光物質.

methyl viologen メチルビオローゲン：酸化還元色素の一種.

metMb ⇌ metmyoglobin の略.

metmyoglobin メトミオグロビン 略 metMb

metrocyte 母細胞 同 mother cell

mevalonate pathway メバロン酸経路：テルペンの生合成経路.

mevalonic acid メバロン酸：コレステロール合成の中間体.

mevalonic acid 5-phosphate メバロン酸5-リン酸：テルペン，ステロイド合成中間体. 同 5-phosphomevalonic acid(5-ホスホメバロン酸)

Meyer's reagent マイヤー試薬：アルカロイドの検出試薬.

MG ⇌ monoacylglycerol の略.

MGP ⇌ matrix Gla protein の略. ⇌ osteocalcin

MH ⇌ malignant hyperthermia の略.

MHC ⇌ major histocompatibility complex の略.

micell ミセル：コロイド溶液中の分子集合体粒子.

Michaelis constant ミカエリス定数：酵素反応速度が最大速度の1/2となる基質の濃度. 略 K_m

Michaelis-Menten equation ミカエリス・メンテンの式：酵素反応速度と基質濃度の双曲線関係式. 同 Henri-Michaelis-Menten equation(アンリ・ミカエリス・メンテンの式)

micro- 顕微鏡的[の]，顕微[の]，微[の]

microanalysis 微量分析 同 microchemical analysis

microarray マイクロアレイ：DNA chip を参照.

microbe ⇌ microorganism

microbial protein 微生物タンパク質：単細胞タンパク質.

microbial substitution 菌交代現象：薬剤の投与により微生物の生態系が変化する現象.

microbicide ⇌ germicide

microbioassay 1)微生物学的検定[法]，微生物学的定量[法]，2)微量生物[学的]検定[法]

microbiology 微生物学

microbody ミクロボディ，微小体：ペルオキシソーム.

microcell 1)微量キュベット，2)微小核体，ミクロセル：細胞をコルヒチンで処理し，微小核形成を行わせた後，個々の微小核を含む細胞体を遠心分離したもの.

microchemical analysis ⇌ microanalysis

microcrystal 微結晶 同 crystallite

microcyte 小赤血球

microdialysis マイクロダイアリシス

microdiffusion method 微量核酸法

microdissection 顕微解剖

microdosimetry 微視的線量[測定]

microelectrode 微小電極

microfibril ミクロフィブリル：動物細胞では表皮細胞のケラチン繊維の集まった繊維束，植物細胞の細胞壁ではセルロースの集まった繊維束.

microfilament ミクロフィラメント，微小繊維：細胞内のアクチンフィラメントの束で，細胞形態の維持に働く.

microfossil 微化石：微生物の化石のこと.

microglia [cell] 小膠〖こう〗細胞，ミクログリア

microglobulin ミクログロブリン

microheterogeneity 微小不均一性

microinjection マイクロインジェクション，顕微注射，微量注射，微注入法

microiontophoresis 電気的微小イオン注入 同 electrophoretic injection(電気泳動注入)

micromanipulation 顕微操作

micromere 小割球：卵割の際に動物極に現れる小さい細胞割球.

micronucleate cell 微小核細胞，小核細胞：正常な核以外に小さな核をもつ細胞.

micronucleation 微小核形成

micronucleus 小核：原生動物繊毛虫類がもつ2種類の核のうち，生殖核をさす．遺伝子発現はまったく行わないが，有性生殖に貢献する.

micronutrient 微量栄養素

microorganism 微生物 同 microbe, germ(ばい菌【俗に】)

microphage ミクロファージ，小食細胞

microphotometer ミクロホトメーター → densitometer

microsatellite マイクロサテライト，ミクロサテライト：ゲノム中に散在する縦列反復配列のうち，繰返しが，1〜6塩基対程度の長さのものをさす．$(CA)_n$リピートが典型例．繰返し数に個人差(多型)があるので，よい多型マーカーとなる．minisatellite も参照．

microscope 顕微鏡

microscopic binding constant 微視的結合定数 → intrinsic binding constant

microscopic cross section ミクロ断面積：原子核1個当たりの断面積．

microsomal ミクロソーム[の]

microsome ミクロソーム：細胞分画法において，核，ミコトンドリア，リソソームを除いた上清の$100,000 \times g$ 超遠心沈殿物．小胞体破砕物のほか，ゴルジ体，ミトコンドリア外膜などの膜成分を含む．

microspectrophotometry 顕微分光分析，顕微分光測定法

microtome ミクロトーム：顕微鏡用の組織薄片作製機．

microtomy 切片法

microtubule 微小管

microtubule-associated proteins 微小管結合タンパク質：微小管に結合するタンパク質の総称．略 MAPs

microtubule organizing center 微小管形成中心：微小管重合の核として働く構造で中心体が典型例．略 MTOC

microvessel 微小血管

microvillus(*pl.* microvilli) 微絨〖じゅう〗毛

microwave spectrum マイクロ波スペクトル

midblastula transition 中期胞胚変移：両生類中期胞胚で認められる細胞機能の変化で，細胞周期様式の変化，遺伝子発現の開始などを伴う．略 MBT

midbody 中央体：動物細胞有糸分裂終期に紡錘体の赤道面に形成される構造物．

midbrain 中脳 同 mesencephalon

middle chain triacylglycerol 中鎖トリアシルグリセロール

migration 1) 移動, 2) 移入【遺伝子の】, 3) 遊走

migration index 遊走指数

MIH → melanocyte-stimulating hormone release-inhibiting hormone の略．

mildly deleterious gene 弱有害遺伝子

同 viability polygene(生存力ポリジーン)

milk 1) 乳, 2) 牛乳

milk-clotting enzyme 凝乳酵素：レンニン，キモシンなど．

milking ミルキング：放射平衡の核種において親核種からの娘核種を繰返し取出す操作．

milk protein 乳タンパク質：乳汁に含まれるタンパク質で，カゼインと乳清タンパク質から成る．

milk secretion → lactation

milk sugar 乳糖 → lactose

Millipore filter ミリポアフィルター【商品名】：膜沪過，膜吸着用の人工合成膜．

Milli-Q water 逆浸透水【商品名】

Millon reaction ミロン反応：チロシンの呈色定量反応．

Minamata disease 水俣〖みなまた〗病：慢性メチル水銀中毒による神経疾患．

mineral 1) 無機質, ミネラル, 2) 鉱物

mineral corticoid ミネラルコルチコイド，鉱質コルチコイド：ミネラル特にNa^+, K^+の代謝に関係する副腎皮質ステロイドホルモンおよび同様の作用をもつ合成品の総称．同 mineralocorticoid

mineral corticoid receptor ミネラルコルチコイド受容体

mineralization 1) 鉱質化, 2) 鉱物化：麻酔がかかって自発呼吸のない無痛状態．

mineral nutrient 無機[栄]養素

mineralocorticoid → mineral corticoid

minicell ミニ細胞：DNAをもたない大腸菌の小胞．

minichromosome ミニクロモソーム

minimal deviation hepatoma 最小偏奇肝がん〖癌〗：無限増殖性をもつが，機能，形態は肝実質細胞に近いがん．

minimal medium 最少培地：細菌や細胞の増殖に必要最低限の成分を含んだ培地．

minimum essential medium 最少必須培地

miniplasmid ミニプラスミド

minisatellite ミニサテライト：ゲノム中に存在する縦列反復配列のうち，繰返しが，10〜100塩基対程度の長さのものをさす．繰返し数に個人差(多型)があるので，よい多型マーカーとなる．microsatellite も参照．

mini segregant 微小分離核 同 bunches of grapes

minor anomaly 小奇形

minor base 微量塩基 ⇒ modified base

minor tranquil[l]izer マイナートランキライザー, 弱精神安定薬: 不安除去薬.

miosis 瞳孔収縮 同 contracted pupil

miraclin ミラクリン: ミラクルフルーツの果実に含まれる強力な甘味タンパク質.

misfolded 誤って折りたたまれた, ミスフォールド

mismatched base pair ミスマッチ塩基対, 不適正塩基対

mismatch repair ミスマッチ修復, 不適正塩基対の修復: DNAの複製時に誤って, あるいは変異によりA-T, G-C以外の塩基対が形成されることがあり, これをDNAポリメラーゼが修復する反応.

mispairing 誤対[たい]合

misreading ⇒ reading mistake

missense ミスセンス: 構造遺伝子上に生じた変異により別のアミノ酸に対応するコドンに変化すること. 同義語変異(synonymous mutation)を参照.

missense codon ミスセンスコドン, ミスセンス暗号

missense mutation ミスセンス[突然]変異: あるアミノ酸に対応するコドンが突然変異によって変化して他のアミノ酸に対応したコドンになること.

missense suppressor ミスセンスサプレッサー: ミスセンス変異をもとのアミノ酸(または別のアミノ酸)として読み取り機能を回復させるtRNAなどをさす.

mite ダニ

mitochondria(*sing.* mitochondrion) ミトコンドリア, 糸粒体(旧称): 細胞小器官の一種. ATPの合成など細胞内エネルギー代謝に中心的な場を与える. 同 chondriosome(コンドリオソーム(旧称))

mitochondrial disease ミトコンドリア病

mitochondrial DNA ミトコンドリアDNA

mitochondrial encephalomyopathy ミトコンドリア脳筋症: ミトコンドリアDNA変異などによりミトコンドリア機能が低下して外眼筋麻痺, 網膜色素変性症, 心伝導障害などをもたらす疾患. ミトコンドリア病の一種. 同 mitochondrial myopathy(ミトコンドリアミオパシー)

mitochondrial inner membrane ミトコンドリア内膜: ミトコンドリアの内側の膜. 電子伝達系とATP合成酵素をもつ, 酸化的リン酸化の場.

mitochondrial myopathy ミトコンドリアミオパシー ⇒ mitochondrial encephalomyopathy

mitochondrial outer membrane ミトコンドリア外膜: ミトコンドリアの外側を包む膜構造.

mitochondrion: mitochondriaの単数形.

mitogen マイトジェン: 細胞分裂誘起物質. 特に免疫では抗原非特異的にリンパ球を幼若化し分裂を促進するもの. コンカナバリンAやPWMなど.

mitogenic factor マイトジェン因子, 分裂促進因子: 一般に増殖因子と同義. 免疫ではリンパ球に対して非特異的に分裂促進活性をもつ因子で, IL-2が代表.

mitogillin マイトジリン: 60Sリボソームに含まれる28S RNAを分解し, タンパク質合成を阻害する塩基性ポリペプチド.

mitomycin C マイトマイシンC: DNA合成阻害に働く抗生物質. 抗がん剤の一種.

mitosis(*pl.* mitoses) 有糸分裂 同 mitotic division, indirect nuclear division(間接核分裂)

mitotic apparatus 分裂装置

mitotic coefficient 分裂係数

mitotic crossing over 有糸分裂乗換え

mitotic cycle 分裂周期

mitotic division ⇒ mitosis

mitotic index 分裂指数: 細胞集団中, M期にある細胞の割合.

mitotic phase 分裂期 ⇒ M phase

mitotic recombination 有糸分裂組換え

mitotic spindle ⇒ spindle

mixed acid anhydride 混合酸無水物: 2種の酸の間の無水物のこと.

mixed acid fermentation 混合有機酸発酵

mixed disulfide 混合ジスルフィド

mixed-function oxidase 混合機能オキシダーゼ ⇒ monooxygenase

mixed lymphocyte reaction 混合リンパ球反応

mixoploidy 混倍数性

mixotrophism 混合栄養

MK ⇒ menaquinoneの略.

MLCK ⇒ myosin light chain kinaseの略.

M line M線【筋繊維の】: 顕微鏡的観察上,

横紋筋が示す線状構造. 同 M band (M 帯)

M line protein M 線タンパク質 → M protein

MLV → murine leukemia virus の略.

M macroglobulin M マクログロブリン

MMP → matrix metalloprotease の略.

MMTV → mouse mammary tumor virus の略.

MN blood group MN 式血液型 同 MN blood type

MN blood type → MN blood group

MNNG → N-methyl-N'-nitro-N-nitrosoguanidine の略.

mobile [genetic] element → movable genetic element

mobility 1) 移動度【電気泳動度など】, 2) 運動性

mocimycin モチマイシン → kirromycin

model 1) 模型, 2) モデル

moderate thermophile 中等度好熱菌

modification 1) 修飾, 2) 一時変異

modified base 修飾塩基 同 minor base (= rare base) (微量塩基)

modifier 1) 変更遺伝子, 2) 修飾因子 (アロステリック酵素の) 同 effector (エフェクター), modulator (モジュレーター)

modify 修飾する【分子構造を】

modulator モジュレーター, 活性調節因子, 修飾物質 同 effector (エフェクター), modifier (修飾因子)

modulator protein モジュレータータンパク質 → regulatory protein

module モジュール: タンパク質分子のうち, 構造上, 機能上一つのまとまりをもつ, 20〜50 のアミノ酸より成る小域. ドメインはいくつかのモジュールに分けられる.

moesin モエシン: 細胞膜裏打ちタンパク質の一つ.

Moffitt-Yang equation モフィット・ヤンの式: 旋光分散に関する式.

m.o.i. → multiplicity of infection の略.

moisture 水分

molality 重量モル濃度

molar absorption coefficient モル吸収係数 同 molar extinction coefficient (モル吸光係数)

molar activity of enzyme モル活性 → molecular activity

molar catalytic activity 分子触媒活性 → molecular activity

molar conductivity モル伝導率

molar ellipticity モルだ [楕] 円率 同 molecular ellipticity (分子だ円率)

molar extinction coefficient モル吸光係数 → molar absorption coefficient

molar fraction モル分率

molarity モル濃度, 容量モル濃度

molar rotation モル旋光度 同 molecular rotation (分子旋光度)

molasses 糖みつ

mold カビ 同 mould

mole モル: 記号 mol. 0.012 kg の ^{12}C 中と同数の元素単位 (分子, 原子, イオン) を含む物質の量.

molecular 分子 [の]

molecular activity 分子活性【酵素の】: 酵素 1 分子当たりの活性. 同 molar activity of enzyme (モル活性), molar catalytic activity (分子触媒活性)

molecular association 分子集合

molecular biology 分子生物学

molecular chaperone 分子シャペロン → chaperone

molecular cloning 分子クローニング

molecular cytogenetics 分子細胞遺伝学

molecular design 分子設計

molecular disease 分子病: 遺伝子の異常による生体分子の機能異常に基づく疾患.

molecular dispersion 分子分散

molecular ellipticity 分子だ円率 → molar ellipticity

molecular evolution 分子進化: 中立説に基礎をおいて, タンパク質や核酸など生体高分子の配列相同性の比較から生物種間の系統関係や類縁性を求め, 進化過程の解析を行う学問領域.

molecular formula 分子式

molecular genetics 分子遺伝学

molecular ion 分子イオン

molecular population genetics 分子集団遺伝学

molecular rotation 分子旋光度 → molar rotation

molecular sieve 分子ふるい, モレキュラーシーブ: 分子量の大小によって混合物を分離する物質.

molecular sieve chromatography 分子ふるいクロマトグラフィー → gel filtration

molecular weight 分子量
molecule 分子
Molisch reaction モーリッシュ反応：糖の呈色反応．
Möller-Barlow disease メラー・バーロー病：アスコルビン酸欠失による小児の骨疾患．
molluscan 軟体動物[の]
mollusk 軟体動物
molt-accelerating hormone 脱皮促進ホルモン
molten globule モルテングロビュール：二次構造はコンパクトに構成されているが，三次構造は大きく崩れたタンパク質の状態．変性，または折りたたみの中間状態．
molting hormone 脱皮ホルモン 同 moulting hormone, prothoracic gland hormone（前胸腺ホルモン）
molybdenum モリブデン：元素記号 Mo. 原子番号 42 の金属元素．
molybdenum blue モリブデンブルー：モリブドリン酸還元物，リン酸定量用．
molybdenum-containing enzyme → molybdenum enzyme
molybdenum enzyme モリブデン酵素：モリブデンを含むか活性発現にモリブデンが必要な酵素． 同 molybdenum-containing enzyme
molybdenum-iron-sulfur protein → molybdoferredoxin
molybdenum reagent モリブデン試薬
molybdoferredoxin モリブドフェレドキシン 同 molybdenum-iron-sulfur protein
molybdophosphoric acid モリブドリン酸：モリブデン酸とリン酸の反応によりつくられるが，この反応はリン酸の定量に用いられる． 同 phosphomolybdic acid（リンモリブデン酸）
monactin モナクチン：Na^+, K^+ 透過性イオノホアの一種．
monaster → monoaster
Mönckeberg's arteriosclerosis メンケベルグ動脈硬化：中動脈硬化．
monellin モネリン：甘味タンパク質．
monensin モネンシン：Na^+/H^+ 交換イオノホアの一種．
Monera モネラ界
monkey サル
monoacylglycerol モノアシルグリセロール 略 MG 同 monoglyceride（モノグリセリド）

monoallelic 単一対立遺伝子性[の]
monoamine モノアミン
monoamine synapse モノアミン性シナプス
monoaster 単星[状体] 同 monaster
monobactam モノバクタム：細菌に広く分布する β-ラクタム系（ペニシリン様）抗生物質で β-ラクタマーゼで阻害されない．
monobase substitution → single base substitution
monobasic acid 一塩基酸
monocistronic mRNA モノシストロン性 mRNA：一つのポリペプチドのみコードする mRNA.
monoclonal モノクローナル，単クローン[性] 同 monoclonality
monoclonal antibody モノクローナル抗体，単クローン抗体
monoclonal gammopathy モノクローナル免疫グロブリン増多症
monoclonal immunoglobulinopathy モノクローナルグロブリン病 同 M proteinemia（Mタンパク質血症）
monoclonality → monoclonal
monoclone モノクローン，単クローン
monocyte 単球
monocyte chemotactic factor 単球走化[性]因子
monocytosis 単球増加症
Monod-Wyman-Changeux model モノー・ワイマン・シャンジューモデル：アロステリック効果を説明する理論の一つ． 同 MWC model（MWCモデル）
monoenoic fatty acid モノエン脂肪酸：1価不飽和脂肪酸．
monogenic 1) 一遺伝子的[の], 2) 単性
monogenic inheritance 一遺伝子遺伝
monoglyceride モノグリセリド → monoacylglycerol
monokine モノカイン：単球から放出される生理活性タンパク質．
monolayer 1) 単層, 2) 単分子層, 3) 単分子膜 同 monomolecular film
monolayer culture 単層培養
monomer 単量体，モノマー
monomeric enzyme 単量体酵素：単一ペプチドから成る酵素タンパク質．
monomethylthetin モノメチルテチン：S-メチルチオグリコール酸．

monomolecular 単分子[の]
monomolecular film ⇒ monolayer
monomolecular reaction ⇒ unimolecular reaction
mononuclear cell 単核細胞
mononuclear leukocyte 単核白血球
mononucleotide モノヌクレオチド：ヌクレオシドに1個のリン酸の結合したもの．
monooxygenase モノオキシゲナーゼ，一原子酸素添加酵素：分子状酸素(O_2)から一原子の酸素を基質に取込み他の一原子は水に還元する反応を触媒する酵素の総称． 同 mixed-function oxidase（混合機能オキシダーゼ）
[mono]phosphoinositide ［モノ］ホスホイノシチド ⇒ phosphatidylinositol
monoploid 一倍体：染色体組一そろいから成る細胞または個体．二倍体の半数体(haploid)にあたる．
monoploidy 一倍性
monosaccharide 単糖，単糖類
monosome モノソーム：1個のリボソーム．
monosomy モノソミー，一染色体性
monospecific antiserum 単一特異性抗血清
monoterpene モノテルペン：炭素数10のテルペン．
monotypic 単一タイプ[の]，単型[の]
monovalent antibody 一価抗体 同 univalent antibody
monoxenic animal モノゼニック動物：1種類の既知微生物のみが寄生している動物．
monoxenous 一宿主性[の]
montanoic acid モンタン酸：炭素数28の直鎖飽和脂肪酸．ろうの成分． 同 octacosanoic acid（オクタコサン酸）
Monte Carlo method モンテカルロ法：分子などの統計的な運動を乱数を用いて近似する方法．
moon face 満月様顔ぼう〖貌〗：クッシング症候群の一症状．
MOPS 3-(N-morpholino) propanesulfonic acid の略．グッドの緩衝液用試薬．
Morgan-Elson reaction モルガン・エルソン反応
morgan unit モルガン単位：記号 morgan．遺伝地図単位．1回の減数分裂当たり1回の交差を起こす染色体上の距離の単位．
morin モリン：金属定量用蛍光色素．
morph モルフ，生活型：多形的生活環の世代．
morphine モルヒネ，モルフィン：鎮痛薬．アヘンアルカロイドの主成分．
morphogen モルフォゲン：形態形成にかかわる分子のことで，細胞の位置情報を与える化学物質．
morphogenesis 形態形成
morphogenetic movement 形態形成運動
morpholine モルホリン：テトラヒドロ-p-オキサジンともいう．塩基性溶媒．
morphological 形態[の]
morphological transformation 形態[学的]トランスフォーメーション，形態変換
morphology 形態学
morphon 形態単位
Morquio's syndrome モルキオ症候群：骨および軟骨の形成異常を示す常染色体劣性遺伝性ムコ多糖類代謝障害．
Morris hepatoma モリス肝がん〖癌〗：最小偏奇肝がん．増殖の制御は失われるが，形態も生化学的特徴も肝実質細胞に近いがん．
Morse curve モース曲線
mortar 乳鉢
morula 桑実胚
mosaic モザイク
***mos* gene** *mos*〖モス〗遺伝子：がん遺伝子の一種．産物はセリン-トレオニンキナーゼ活性をもち，卵成熟に関する CSF（細胞分裂抑制因子）と同一．
Mössbauer effect メスバウアー効果：原子核の無反跳のγ線共鳴吸収（または散乱）．
Mössbauer spectrum メスバウアースペクトル：原子核の無反跳共鳴吸収スペクトル．
mother cell ⇒ metrocyte
mother liquor 母液：再結晶の際，沈殿や結晶の生じたもとの液．
motif モチーフ：タンパク質の二次構造が規則的に折りたたまって形成される構造．ヘリックス・ループ・ヘリックス構造など． 同 supersecondary structure of protein（超二次構造）， fold（フォールド）
motilin モチリン：消化管ホルモンの一種．運動促進． 同 gastric motor activity-stimulating polypeptide
motoneuron 運動ニューロン 同 motor neuron
motor area 運動野
motor nerve 運動神経

motor neuron → motoneuron

motor protein モータータンパク質

motor system 運動系 同 locomotor system

mould → mold

moulting hormone → molting hormone

mouse mammary tumor virus マウス乳がん[癌]ウイルス：そのLTR(long terminal repeat)はステロイドに反応して転写を開始する. 略 MMTV

movable genetic element 可動性遺伝因子：DNAのある場所から別の場所へ移動可能なDNA単位. トランスポゾンはその一例. 同 mobile [genetic] element, transposable [genetic] element(転位性遺伝因子)

moving-boundary electrophoresis apparatus 移動界面電気泳動装置 → Tiselius type electrophoretic apparatus

MPF → maturation promoting factor の略.

MPF → metaphase promoting factor の略.

M13 phage M13ファージ：一本鎖DNAと二本鎖DNAの2型をとる大腸菌ファージでDNA構造決定に使われる.

M phase M期 同 mitotic phase(分裂期)

M phase promoting factor → metaphase promoting factor

M protein 1) Mタンパク質【横紋筋繊維の】同 M line protein(M線タンパク質), 2) → myeloma protein

M proteinemia Mタンパク質血症 → monoclonal immunoglobulinopathy

MPTP：N-methyl-4-phenyl-1,2,3,6-tetrahydropyridine の略. パーキンソン様症状をひき起こす物質.

MRI → magnetic resonance imaging の略.

mRNA → messenger RNA の略.

mRNA capping enzyme → capping enzyme

MRSA → methicillin resistant *Staphylococcus aureus* の略.

MS → multiple sclerosis の略.

MSH → melanocyte-stimulating hormone の略.

M system effect M型効果：V_{max} が影響を受けるアロステリック効果.

MTA → material transfer agreement の略.

mtDNA：mitochondrial DNAの略.

MTOC → microtubule organizing center の略.

mtRNA：mitochondrial RNAの略.

mucic acid 粘液酸, ムチン酸 同 galactosaccharic acid(ガラクト糖酸), galactaric acid(ガラクタル酸)

mucin ムチン：粘液の糖タンパク質の旧称.

mucinase ムチナーゼ → hyaluronidase

mucin clot ムチン凝塊

mucin type sugar chain ムチン型糖鎖

mucoid ムコイド：糖タンパク質のこと.

mucolipid ムコリピド, ムコ脂質：アミノ糖を含む糖脂質.

mucolipidosis ムコリピドーシス, ムコリピド蓄積症

muconic acid ムコン酸：ヘキサジエンジカルボン酸.

muconolactone ムコノラクトン

mucopeptide ムコペプチド

mucopolysaccharide ムコ多糖

mucopolysaccharidosis ムコ多糖症

mucoprotein ムコタンパク質：プロテオグリカンの旧称.

Mucor rennin ムコールレンニン：微生物の凝乳酵素. 広く用いられる.

mucosa 粘膜

mucosal immune 粘膜免疫

mucosulfatidosis ムコスルファチドーシス：多種スルファターゼ欠損症.

mucus 粘液 同 slime

Müllerian duct ミュラー管：子宮, 卵管を形成する発生時の器官.

multicellular organism 多細胞生物

multicenter 多中心

multicloning site マルチクローニング部位, マルチクローニングサイト：クローニングが容易に行えるよう組換えられたプラスミドベクターなどで, 汎用性をもたせるために数多くの制限酵素認識配列を1箇所にまとめて配置してある部位. 略 MCS

multicopy 多コピー

multidentate 多座配位[の]

multidrug resistance → multiple drug resistance

multienzyme complex 多酵素複合体, 複合酵素

multienzyme system 多酵素[複合]系

multigene 多重遺伝子

multigene family 多重遺伝子族：多数の重複遺伝子の群れをさす.

multigenic inheritance 多遺伝子遺伝

回 polygenic inheritance (ポリジーン遺伝)

multihit model 多ヒットモデル

multihybrid 多遺伝子雑種 回 polyhybrid

multilamellar liposome 多重膜リポソーム

multilayer 多層, 多分子層, 多分子膜

multilayered growth 多層増殖 ⇒ piled up growth

multilocular adipose tissue 多房性脂肪組織 ⇒ brown adipose tissue

multimeric enzyme 多量体酵素

multimerization 多量体化

multinucleate cell 多核細胞 回 apocyte (アポサイト)

multiple 多発性の, 複合の, 多数の, 集合性の

multiple alleles 複対立遺伝子 回 multiple allelomorphs (複対立形質)

multiple allelomorphs 複対立形質 ⇒ multiple alleles

multiple displacement reaction 多置換反応, 多重置換反応

multiple drug resistance 多剤耐性: ある種の細菌や細胞が二つ以上の化学療法薬に対して耐性を有していること. 回 multidrug resistance

multiple drug resistance factor 多剤耐性因子 ⇒ R plasmid

multiple drug resistance gene 多剤耐性遺伝子: 1) 狭義では ATP 依存薬剤排出を行う P 糖タンパク質をコードする遺伝子. 2) 広義では P 糖タンパク質のほかに薬剤排出を行う一群のタンパク質遺伝子. 回 MDR gene

multiple endocrine neoplasia 多発性内分泌腺腫症: I 型は Werner syndrome で Zollinger-Ellison syndrome (gastrinoma) や WDHA syndrome はこのタイプに含まれる. II 型は Sipple syndrome. 略 MEN 回 multiple endocrine adenomatosis

multiple factor 多因子, 同義因子

multiple genes 同義遺伝子

multiple infection 多重感染

multiple label 多重標識

multiple myeloma 多発性骨髄腫: 抗体産生能をもつ形質細胞の悪性腫瘍. 多発性の骨融解像が特徴. 回 plasmocytoma (形質細胞腫)

multiple pairwise comparison 多重対比較: 二つ以上の組の対比較の間で, その差を検定すること.

multiple sclerosis 多発性硬化症: 多発性の中枢神経脱髄疾患. 略 MS 回 disseminated sclerosis, insular sclerosis

multiplication 増殖【細菌数の】

multiplication rate ⇒ proliferation rate

multiplicity of infection 感染多重度: 感染細胞 1 個当たりに加えた感染粒子(ファージやウイルスなど)の数をいう. 略 m.o.i.

multiplicity reactivation 多重感染再活性化

multiply 1) 繁殖させる, 2) 乗ずる【数学】

multipotency ⇒ pluripotency

multipotent[ial] stem cell 多能性幹細胞 回 pluripotent[ial] stem cell (多分化能性幹細胞)

multitarget model 多標的モデル

multivalent antibody 多価抗体 回 polyvalent antibody, polyvalent serum (多価抗血清)

multivariate analysis 多変量解析

multivesicular body 多胞体

multivoltine 多化性[の]

MuLV ⇒ murine leukemia virus の略.

mumps virus ムンプスウイルス, おたふくかぜウイルス, 流行性耳下腺炎ウイルス: パラミクソウイルス科に属す.

Mu phage ⇒ μ phage

muramic acid ムラミン酸: 細菌細胞壁の糖の一種.

muramidase ムラミダーゼ ⇒ lysozyme

muramyl dipeptide ムラミルジペプチド: N-アセチルムラミル-L-アラニル-D-イソグルタミン. マクロファージの活性化を促し, 免疫系を賦活する作用をもつ.

murein ムレイン: ペプチドグリカンの異称.

muricholic acid ムリコール酸: 胆汁酸の一種.

murine マウス[の]

murine leukemia virus マウス白血病ウイルス 略 MLV, MuLV

muropeptide ムロペプチド: ペプチドグリカンのリゾチーム分解産物.

murrayanine ムラヤニン: インドールアルカロイドの一種.

muscarine ムスカリン: ベニテングダケの毒素. アセチルコリンの類似構造をもち, 副交感神経由来アセチルコリンが平滑筋に対して示す作用と同じ薬理効果を示す.

muscarine action ムスカリン[様]作用: 副交感神経興奮作用. 回 muscarinic action

muscarine receptor ムスカリン受容体 ⇒

muscarinic acetylcholine receptor
muscarinic acetylcholine receptor ムスカリン性アセチルコリン受容体 同 muscarine receptor（ムスカリン受容体）
muscarinic action → muscarine action
muscid イエバエ 同 housefly
muscle 筋肉，筋
muscle cell 筋細胞
muscle contraction 筋収縮
muscle contracture 筋拘縮：筋肉が繊維化し，伸展性を失う疾患で，大部分は乳児期に注射を受けたことにより発生する．
muscle cramp 筋けいれん［痙攣］
muscle fiber 筋繊維，筋肉繊維
muscle model 筋［肉］モデル
muscle phosphorylase deficiency 筋ホスホリラーゼ欠損症：グリコーゲン蓄積症（糖原病）の一つ．常染色体劣性．同 McArdle disease（マッカードル病）
muscle plate 筋板 → myotome
muscle protein 筋タンパク質
muscle relaxant 筋弛緩物質
muscle spindle 筋紡錘
muscone ムスコン：ジャコウジカの香気成分．
muscular 筋肉［の］，筋［の］
muscular dystrophy 筋ジストロフィー：近位骨格筋の進行性萎縮を特徴とする一群の遺伝性疾患．ジストロフィン遺伝子の異常による伴性劣性遺伝のデュシェンヌ型が代表的．
muscular phosphofructokinase deficiency 筋ホスホフルクトキナーゼ欠損症：グリコーゲン蓄積症（糖原病）の一つ．常染色体劣性．同 Tarui disease（垂井病）
mushroom sugar マッシュルーム糖 → trehalose
musk じゃこう：ジャコウジカの香料．
mustard gas マスタードガス → sulfur mustard
mutability ［突然］変異性
mutagen 1）変異原，［突然］変異誘発物質，2）［突然］変異誘発要因
mutagenesis ［突然］変異誘発
mutagenic ［突然］変異原性［の］，［突然］変異誘発
mutan ムタン：α-1,3-1,6-グルカン．虫歯の原因となる多糖類．
mutant ［突然］変異体
mutant cell ［突然］変異細胞

mutarotase ムタロターゼ：アルドースの α 型と β 型の相互変換酵素．
mutarotation 変旋光：光学活性物質を溶媒に溶かしたとき，その比旋光度が経時的に変化し，やがて一定値になる現象．
mutase ムターゼ：分子内基転位反応を触媒する酵素の総称．
mutation 突然変異，変異
mutation fixation ［突然］変異固定
mutation frequency ［突然］変異頻度
mutation rate ［突然］変異率
mutator gene ［突然］変異誘発遺伝子，ミューテーター遺伝子
mutator phenotype ［突然］変異誘発表現型：DNA 複製，修復，チェックポイント機構などにかかわる遺伝子異常により，ゲノム全体の突然変異頻度が増加すること．がんの悪性化の原因となる．
muton ミュートン：DNA の 1 個の塩基．突然変異に着目した遺伝子の最小単位．
mutual exclusion 相互排除
MWC model MWC モデル → Monod-Wyman-Changeux model
myasthenia gravis 重症筋無力症：抗アセチルコリン抗体による自己免疫疾患．
***myb* gene** *myb*〚ミブ〛遺伝子：がん遺伝子の一種．産物は，AACNG モチーフに結合して転写調節を行う DNA 結合タンパク質．
***myc* gene** *myc*〚ミック〛遺伝子：がん遺伝子の一種．産物は DNA 結合タンパク質で，Max とヘテロ二量体をつくり転写調節を行う．
mycobacterial adjuvant ミコバクテリアアジュバント
mycocerosic acid ミコセロシン酸：結核菌の高級分枝鎖脂肪酸群．
mycolic acid ミコール酸：ミコバクテリアに特有の脂肪酸群．
mycolipenic acid ミコリペニン酸：結核菌の不飽和分枝鎖脂肪酸群．
mycomycin マイコマイシン，ミコマイシン：抗菌性ポリエン系抗生物質の一種．
mycoplasma マイコプラズマ，ミコプラズマ：細胞壁を欠き基本小体をもつ微生物．
mycose ミコース → trehalose
mycoside ミコシド
Mycota 菌界
mycotoxicosis マイコトキシン［中毒］症
mycotoxin マイコトキシン

mydriasis 瞳孔散大 ⇒ pupillary dilatation
myelencephalon 髄脳
myelin ミエリン ⇒ myelin-sheath, marrow sheath（髄鞘）
myelinate ミエリン化する【神経線維が】
myelinated nerve fiber 有髄神経線維
myelination ⇒ myelinogenesis
myelin basic protein ミエリン塩基性タンパク質 ⇒ encephalitogenic protein
myelin form ミエリン像 ⇒ myelin figure
myelin membrane ミエリン膜：神経線維を囲む層状の膜．
myelinogenesis ミエリン形成，髄鞘〔しょう〕形成 ⇒ myelination
myelin-sheath ⇒ myelin
myeloarchitecture 髄鞘構築
myeloblast 骨髄芽球
myelocyte 骨髄球
myelocytic leukemia 骨髄性白血病
myeloid 骨髄[の]
myeloid cell series 骨髄細胞系
myeloma 骨髄腫，ミエローマ：おもにモノクローナル免疫グロブリンを産生する形質細胞腫である．
myeloma globulin 骨髄腫グロブリン ⇒ myeloma protein
myeloma protein 骨髄腫タンパク質，ミエローマタンパク質：骨髄腫が産生するモノクローナル免疫グロブリン． ⇒ M protein（Mタンパク質），myeloma globulin（骨髄腫グロブリン）
myeloperoxidase ミエロペルオキシダーゼ：骨髄性白血球のペルオキシダーゼ．
myelopoietic organ ⇒ hematopoietic organ
myoblast 筋芽細胞
myocardial infarction 心筋梗塞 ⇒ myocardial infarct, cardiac infarction
myocardium 心筋 ⇒ heart muscle, cardiac muscle
myocyte ミオサイト：収縮性細胞の一種．筋細胞．
myoepithelial cell 筋上皮細胞：外分泌腺基底部にある収縮性の細胞で，分泌物の排出を保証する． ⇒ basket cell（かご細胞）
myofibril 筋原繊維，ミオフィブリル ⇒ myofilament（筋フィラメント）
myofilament 筋フィラメント ⇒ myofibril
myogen ミオゲン：筋肉の水溶性タンパク質．解糖系，酵素など．
myogenesis 筋形成
myoglobin ミオグロビン 略 Mb
myohematin ミオヘマチン ⇒ histohematin
myokinase ミオキナーゼ ⇒ adenylate kinase
myoneural junction ⇒ neuromuscular junction
myopathy ミオパシー
myosin ミオシン：筋肉の主要タンパク質．ATPアーゼ活性をもち，筋収縮の主役．
myosin ATPase ミオシンATPアーゼ
myosin filament ミオシンフィラメント：ミオシンから成る太いフィラメント． ⇒ A filament（Aフィラメント），thick filament（太いフィラメント）
myosin L chain kinase ミオシンL鎖キナーゼ ⇒ myosin light chain kinase
myosin light chain kinase ミオシン軽鎖キナーゼ：ミオシン軽鎖の特定のセリン残基をリン酸化するキナーゼで，Ca^{2+}依存性である． 略 MLCK ⇒ myosin L chain kinase（ミオシンL鎖キナーゼ）
myotome 筋節【発生の】 ⇒ muscle plate（筋板）
myotonia ミオトニー，筋緊張[症]
myotonic dystrophy 筋緊張性ジストロフィー：ミオトニンキナーゼ遺伝子中の三塩基対反復配列$(CTG)_n$の異常増幅によって起こる．常染色体優性．
myotropic hormone ミオトロピックホルモン ⇒ anabolic hormone
myotube 筋管
myricetin ミリセチン
myricyl alcohol ミリシルアルコール：みつろうの長鎖アルコール．
myristic acid ミリスチン酸 ⇒ tetradecanoic acid（テトラデカン酸）
N-myristoylation N-ミリストイル化
myrosinase ミロシナーゼ ⇒ thioglucosidase
mytilitol ミチリトール：メチル環状糖アルコールの一種．
myxedema 粘液水腫：甲状腺機能低下症．
Myxomycota 粘菌門，変形菌
Myxoviridae ミクソウイルス科：オルトミクソウイルス科の別名．
myxoxanthophyll ミクソキサントフィル：藻類のキサントフィル．

N

N ⇁ asparagine の略.

N: ヌクレオシド一般の略号.

NAD ⇁ nicotinamide adenine dinucleotide の略.

NADH: nicotinamide adenine dinucleotide の還元型の略.

NADH-CoQ reductase [system] NADH-CoQ レダクターゼ[系]

nadi reaction ナジ反応 ⇁ indophenol [blue] reaction

NADP ⇁ nicotinamide adenine dinucleotide phosphate の略.

NAD[P]-dependent dehydrogenase NAD-[P]依存性デヒドロゲナーゼ ⇁ pyridine dehydrogenase

NADPH: nicotinamide adenine dinucleotide phosphate の還元型の略.

NADPH dehydrogenase NADPH デヒドロゲナーゼ

NADPH oxidase system NADPH オキシダーゼ系: スーパーオキシドアニオン(O_2^-)を発生する白血球の酵素系.

nafoxidine ナフォキシジン: エストロゲン阻害剤.

Naja naja インドコブラ

Na$^+$,K$^+$-ATPase Na$^+$,K$^+$-ATP アーゼ: Na$^+$ を細胞外に K$^+$ を細胞内に輸送する ATP 加水分解酵素, Na$^+$ ポンプ.

nalidixic acid ナリジクス酸, ナリジキシン酸: 細菌の DNA ジャイレースの特異的阻害作用をもち, DNA 二重鎖切断, DNA 複製の阻害をもたらす抗生物質.

naloxone ナロキソン: 呼吸興奮薬, オピオイド受容体のアンタゴニスト.

NANA: N-acetylneuraminic acid の略.

Naphthalene Black ナフタレンブラック ⇁ Amido Black

naphthoquinone ナフトキノン: ナフタレン核をもつキノン.

Na$^+$ pump ⇁ sodium pump

narceine ナルセイン: ケシアルカロイドの一種, 鎮痙剤.

narcolepsy ナルコレプシー, 睡眠発作

narcotine ナルコチン: 非麻薬性鎮咳薬. 同 noscapine(ノスカピン)

narcotize 麻酔する

naringenin ナリンゲニン: フラボンの還元物の一種.

naringin ナリンギン: ミカンの苦味物質. フラバノンの一種.

nascent 発生期[の], 未成熟[の], 初期[の], 新生[の]

nascent polypeptide 新生ポリペプチド

nasopharyngeal carcinoma 上咽頭がん[癌]

native 未変性[の], 在来[の], 自生[の], 原住[の]

native tropomyosin 活性トロポミオシン ⇁ tropomyosin-troponin complex

Natori's fiber 名取の[筋]繊維: 形質膜を除去した筋繊維. 同 skinned muscle fiber(除膜筋繊維, スキンドファイバー)

natriuretic ナトリウム排出性の

natural antibody 自然抗体 同 normal antibody(正常抗体)

natural antigen 自然抗原

natural immunity 自然免疫 ⇁ innate immunity

natural killer cell ナチュラルキラー細胞: T 細胞の亜群の一種. がん細胞や異種細胞を破壊. 同 NK cell(NK 細胞)

naturally acquired immunity 自然獲得免疫

natural medium 天然培地

natural resistance 自然抵抗性

natural selection 自然選択, 自然淘汰[とうた]

natural system 自然分類系

natural tolerance ⇁ self-tolerance

NCA ⇁ N-carboxyamino acid anhydride の略.

NCAM ⇁ neural cell adhesion molecule の略.

nDNA: nuclear DNA の略.

NDV ⇁ Newcastle disease virus の略.

nearest-neighbo[u]r base-frequency analysis 隣接塩基頻度分析

necine ネシン: ピロリジンアルカロイドの一

necrobiosis 壊[え]死過程
necrohormone ネクロホルモン ⇌ wound hormone
necrosis 壊[え]死
necrotic lesion 壊死巣
needle biopsy 針生検
NEFA ⇌ nonesterified fatty acid の略.
Nef reaction ネフ反応：ニトロメタンによる糖の炭素鎖延長反応.
negative control 1)負の制御，2)陰性対照 同 1)negative regulation(負の調節)
negative cooperativity 負の協同性
negative feedback 負のフィードバック
negative feedback control 負のフィードバック制御
negative modulator 負のモジュレーター 同 allosteric inhibitor(アロステリック阻害剤)
negative overdominant 負の超優性
negative regulation 負の調節 ⇌ negative control
negative staining ネガティブ染色[法]：電子顕微鏡の試料に重金属溶液を加えて試料にコントラストをつける方法.
negative supercoil 負の超らせん，負のスーパーコイル
nekton ネクトン：遊泳生物.
Nelson-Somogyi method ネルソン・ソモジ法：糖の呈色反応による定量法.
Nelson's syndrome ネルソン症候群：副腎皮質摘出後に起こる脳下垂体腫瘍による症候群.
NEM ⇌ N-ethylmaleimide の略.
nematicide 殺線虫薬，殺線虫剤
nematic liquid crystal ネマチック液晶：分子は一方向にそろっているが残る二方向に規則性のない液晶.向列液晶.
nematode 線虫，ネマトーダ
N-end rule N 末端則：ユビキチン依存性のタンパク質分解経路において，細胞内タンパク質の安定性が N 末端のアミノ酸の種類によって規定されること.
neocarzinostatin ネオカルチノスタチン：ラジカルを生成して強力な DNA 切断活性をもつ抗腫瘍抗生物質.
neocortex 新皮質：最も新しい分化した大脳皮質. 同 neopallium
neo-Darwinism 新ダーウィン説，ネオダーウィニズム
neoendorphin ネオエンドルフィン
neo^r gene ネオマイシン耐性遺伝子
neogenesis ネオジェネシス，器官原基性進化
neo-Lamarckism 新ラマルク説：進化の要因に獲得形質の遺伝を重視する学説.
neomatatabiol ネオマタタビオール：マタタビの成分．モノテルペンアルコールの一種.
neomorph ネオモルフ
neomycin ネオマイシン：タンパク質生合成を阻害するアミノ配糖体抗生物質の一種. neo 遺伝子と薬剤選択マーカーとして用いる遺伝子導入法において選択薬剤として用いられる. 同 fradiomycin(フラジオマイシン)
neonatal 新生児[の]，新生児期[の]
neopallium ⇌ neocortex
neoplasm 新生物：狭義の腫瘍．体細胞に由来する腫瘍細胞の異常増殖を伴うもの.
neoplastic 新生物性[の]
neoplastic transformation ⇌ malignant transformation
neostigmine ネオスチグミン：コリンエステラーゼ阻害剤，コリン作動薬. 同 prostigmin(プロスチグミン)
neotetrazolium blue ネオテトラゾリウムブルー ⇌ neotetrazolium chloride
neotetrazolium chloride ネオテトラゾリウムクロリド：酸化還元試薬の一種. 同 neotetrazolium blue(ネオテトラゾリウムブルー)
nephelometer 比濁計 同 turbidimeter
nephelometry 比濁分析 同 turbidimetry
nephroblastoma 腎芽[細胞]腫 ⇌ Wilms' tumor
nephrocarcinosis 腎石灰沈着症，ネフロカルシノーシス
nephron ネフロン：腎臓の機能単位．糸球体と尿細管より成る.
nephron loop ネフロンループ ⇌ loop of Henle
nephrosis ネフローゼ
nephrotic syndrome ネフローゼ症候群：高度のタンパク尿と低タンパク血症，高コレステロール血症を主徴とする症候群.
Nernst-Plank theorem ネルンスト・プランクの定理 ⇌ third law of thermodynamics
Nernst's heat theorem ネルンストの熱定理 ⇌ third law of thermodynamics

nerol ネロール：植物精油成分．モノテルペン前駆体．
nerve 神経
nerve cell 神経細胞：ニューロン（neuron）ともいう．
nerve ending 神経終末　同 synaptic ending, neuropodia, nerve terminal, terminal button（終末ボタン）
nerve fiber 神経繊維
nerve gas 神経ガス
nerve growth factor 神経成長因子：ニューロトロフィンファミリーの一つで，脊髄後根神経節に対する分化を促進する．略 NGF
nerve impulse 神経インパルス：神経の活動電位．
nerve network → neuron network
nerve terminal → nerve ending
nerve tissue 神経組織
nervon ネルボン：セレブロシドの一種．
nervonic acid ネルボン酸　同 selacholeic acid（セラコレイン酸）
nervous system 神経系
nervus parasympathicus → parasympathetic nervous system
nervus sympathicus → sympathetic nervous system
nervus vagus → vagus nerve
NES → nuclear export signal の略．
Nessler's reagent ネスラー試薬：アンモニアの検出反応．
net 正味[の]
net assimilation 純同化[作用]
net charge → effective charge
net protein utilization 正味タンパク質利用率
netropsin ネトロプシン：放線菌 Streptomyces の産生するオリゴペプチド型の抗生物質．A-T塩基対に結合し，DNAの高次構造を変える．
network thermodynamics 回路網熱力学
Neu → neuraminic acid の略．
NeuAc: N-acetylneuraminic acid の略．
Neubauer-Rhode reaction ノイバウアー・ロード反応：トリプトファン検出反応．
Neuberg ester ノイベルグエステル：フルクトース6-リン酸の別名．
NeuGc: N-glycolylneuraminic acid の略．
NeuNAc: N-acetylneuraminic acid の略．
NeuNGc: N-glycolylneuraminic acid の略．
neural cell adhesion molecule 神経細胞接着分子　略 NCAM
neural circuit 神経回路
neural lobe 神経葉　→ posterior pituitary
neural plate 神経板
neural tube 神経管
neuraminic acid ノイラミン酸　略 Neu
neuraminidase ノイラミニダーゼ　同 sialidase（シアリダーゼ）
neurin ノイリン：コリンからつくられる猛毒物質．
neurite outgrowth factor 神経突起生成因子
neuroblast 神経芽細胞
neuroblastoma 神経芽細胞腫
neuroendocrine 神経内分泌
neuroendocrine system 神経内分泌系
neurofibril 神経原繊維
neurofibrillary tangle 神経原繊維変化：老人脳やアルツハイマー型痴呆脳にみられ，神経細胞体内に嗜銀性封入体が繊維束，糸巻状などさまざまな形態を示す．
neurofibromatosis 1 神経繊維腫症1型：皮膚色素沈着と神経繊維腫を主徴とする常染色体優性遺伝病．ニューロフィブロミンをコードする NF1 遺伝子の突然変異による．略 NF1　同 von Recklinghausen disease（フォン・レックリングハウゼン病）
neurofibromin ニューロフィブロミン
neurofilament ニューロフィラメント，神経フィラメント：神経細胞内の中間径フィラメント．
neuroglia 神経膠[こう]細胞　→ glia cell
neurohormone 神経ホルモン，神経分泌ホルモン
neurohypophysial hormone 神経下垂体ホルモン　→ posterior pituitary hormone
neurohypophysis 神経下垂体
neuroimaging 神経画像処理
neurolemma 神経鞘[しょう]
neuroleptic 神経遮断薬
neuromodulator 神経修飾物質
neuromuscular junction 神経筋接合部　同 myoneural junction, neuromuscular synapse（神経筋シナプス）
neuromuscular synapse 神経筋シナプス　→ neuromuscular junction
neuron ニューロン：神経の機能単位．通

常神経細胞と同義に用いられる.

neuron network 神経回路網 同 nerve network

neuron specific enolase ニューロン特異的エノラーゼ ⇒ 14-3-2 protein

neuropeptide 神経ペプチド

neurophysin ニューロフィシン：視床下部神経細胞でつくられるオキシトシン，バソプレッシンの前駆体ペプチド.

neuropodia ⇒ nerve ending

neuroreceptor 神経性受容体 同 neurotransmitter receptor（神経伝達物質受容体）

neurosecretion 神経分泌

neurosecretory cell 神経分泌細胞

neurosecretory granule 神経分泌顆粒

Neurospora アカパンカビ，ニューロスポラ

neurosporene ノイロスポレン：カロテノイド合成中間体.

neurotensin ニューロテンシン：視床下部のペプチドの一種.

neurotoxin 神経毒

neurotransmission 神経刺激伝達

neurotransmitter 神経伝達物質

neurotransmitter receptor 神経伝達物質受容体 ⇒ neuroreceptor

neurotrophic 神経栄養性

neurotrophic factor 神経栄養因子

neurotropic 向神経性

neurotubule 神経細管

neurula 神経胚

neurulation 1) 神経管形成，2) 神経胚形成

neutral 中性［の］

neutral amino acid 中性アミノ酸

neutral evolution 中立進化：1968年，木村資生が提唱した学説で，アミノ酸配列や塩基配列の変化（置換など）はダーウィン進化でいう"自然選択"がかからず，時間にのみ比例するという説．これに基づくと，配列から逆に分岐時間が求められる．

neutral fat 中性脂肪

neutral ionophore 中性イオノホア

neutralism 中立作用

neutralization 中和

neutralization indicator 中和指示薬 ⇒ acid-base indicator

neutralizing antibody 中和抗体

neutral mutation 中立［突然］変異：自然選択にとって有利でも不利でもない突然変異．

neutral theory 中立説

neutron 中性子

neutropenia 好中球減少症

neutrophil 好中球 同 neutrophil leukocyte

neutrophilia 好中球増多症

neutrophil leukocyte ⇒ neutrophil

newborn 新生児

Newcastle disease virus ニューカッスル病ウイルス 略 NDV

Newman projection formula ニューマン投影式

newton ニュートン：記号 N. 力の単位．1 kg の物体を毎秒1 m加速する力．

Newtonian flow ニュートン流動

New Zealand Black mouse ⇒ NZB mouse

New Zealand White mouse ⇒ NZW mouse

nexin ネキシン：繊毛を構成するタンパク質の一つ．

nexus ネクサス ⇒ gap junction

Nezelof's syndrome ネッツロフ症候群：リンパ球に欠損のある免疫不全症候群．

NF1 ⇒ neurofibromatosis 1 の略.

NF-κB：サイトカイン，LPS などの細胞外刺激で誘導される p50 と p65 から成るヘテロ二量体転写因子．I-κB により負に制御されている． 同 nuclear factor κB.

NGF ⇒ nerve growth factor の略.

NGNA：*N*-glycolylneuraminic acid の略．

niacin ナイアシン ⇒ nicotinic acid

niacinamide ナイアシンアミド ⇒ nicotinamide

niche 1) ニッチ ⇒ ecological niche, 2) ニッシェ，圧痕［こん］

nick ニック，切れ目：二本鎖 DNA 上で1本の鎖だけの切断点．

nickase ニッカーゼ：ニックをつくる酵素．

nickel ニッケル：元素記号 Ni. 原子番号28の金属元素．

nickel-metalloprotein ニッケル金属タンパク質 ⇒ nickeloplasmin

nickeloplasmin ニッケルプラスミン 同 nickel-metalloprotein（ニッケル金属タンパク質）

nick-translate 切断修復で標識する【DNA を】

nick translation ニックトランスレーション：DNA アーゼと DNA ポリメラーゼⅠによる DNA の切断修復標識法.

nicotinamide ニコチンアミド 同 niacinamide(ナイアシンアミド), nicotinic acid amide(ニコチン酸アミド)

nicotinamide adenine dinucleotide ニコチンアミドアデニンジヌクレオチド: 脱水素酵素の主要な補酵素. 異化反応に多く関与する水素受容体. 略 NAD 同 diphosphopyridine nucleotide(DPN, ジホスホピリジンヌクレオチド(旧称))

nicotinamide adenine dinucleotide phosphate ニコチンアミドアデニンジヌクレオチドリン酸: おもに同化反応に関与する酸化還元酵素の補酵素. 略 NADP 同 triphosphopyridine nucleotide(TPN, トリホスホピリジンヌクレオチド(旧称))

nicotinamide mononucleotide ニコチンアミドモノヌクレオチド 略 NMN 同 nicotinamide ribonucleotide(ニコチンアミドリボヌクレオチド(旧称))

nicotinamide ribonucleotide ニコチンアミドリボヌクレオチド(旧称) → nicotinamide mononucleotide

nicotine ニコチン: タバコの主要なアルカロイド.

nicotine action ニコチン作用: アセチルコリンの作用の一つ. 筋収縮や自律神経興奮をもたらす. 同 nicotinic action

nicotinic acetylcholine receptor ニコチン性アセチルコリン受容体: Na^+チャネルをもつ受容体. 同 nicotinic receptor(ニコチン性受容体)

nicotinic acid ニコチン酸: ピリジン-3-カルボン酸. 同 niacin(ナイアシン)

nicotinic acid amide ニコチン酸アミド → nicotinamide

nicotinic action → nicotine action

nicotinic receptor ニコチン性受容体 → nicotinic acetylcholine receptor

NIDDM → non-insulin dependent diabetes mellitusの略.

Niemann-Pick disease ニーマン・ピック病: スフィンゴミエリンリピドーシスともいう. スフィンゴミエリナーゼ欠損症. 常染色体劣性.

***nif* operon** *nif*[ニフ]オペロン → nitrogen-fixing operon

nigericin ナイジェリシン, ニゲリシン: イオノホアとして作用するポリエーテル系抗生物質. K^+/H^+交換性のイオノホア.

night blindness → nyctalopia

NIH shift NIH転位: 芳香族ヒドロキシ化反応に際し起こる水素原子の転位反応.

ninhydrin[e] ニンヒドリン: アミノ酸, ペプチドの呈色反応試薬.

ninhydrin[e] reaction ニンヒドリン反応: アミノ基をもつ化合物とニンヒドリンが反応して赤紫色を呈する反応. 主としてアミノ酸の検出・定量に用いられる.

Nissl body ニッスル小体: 神経細胞中の顆粒.

nitra 硝石植物

nitratase ニトラターゼ: 硝酸レダクターゼの旧称.

nitrate assimilation 硝酸同化: 硝酸塩を窒素源として含窒素有機化合物を合成すること.

nitrate bacterium 硝酸[細]菌

nitrate reductase 硝酸レダクターゼ, 硝酸還元酵素

nitrate reduction 硝酸[塩]還元

nitrate respiration 硝酸呼吸: O_2に代わってNO_3^-を最終電子受容体とする呼吸.

nitric acid 硝酸

nitride 窒化物

nitrification 硝化: アンモニアを硝酸イオンに酸化すること.

nitrifying bacterium 硝化[細]菌: 硝化のエネルギーでCO_2を固定する細菌.

nitrile ニトリル: シアノ基をもつ炭化水素. 同 carbonitrile(カルボニトリル)

nitrite bacterium 亜硝酸[細]菌 同 nitrite-forming bacterium

nitrite-forming bacterium → nitrite bacterium

nitrite metabolism 亜硝酸代謝

nitrite reductase 亜硝酸レダクターゼ, 亜硝酸還元酵素

nitrocellulose membrane ニトロセルロース膜

nitro compound ニトロ化合物

nitrogen 窒素: 元素記号N. 原子番号7の非金属元素.

nitrogenase ニトロゲナーゼ: 窒素を還元してアンモニアを形成する酵素.

nitrogen assimilation 窒素同化: アンモニア, 硝酸などからアミノ酸など含窒素有機化合物をつくること.

nitrogen balance 窒素出納：窒素摂取量−窒素排出量のこと．これが0のとき窒素平衡が成立しているという．

nitrogen cycle 窒素循環，窒素サイクル

nitrogen equilibrium 窒素平衡：生体への窒素の出入りが等しく維持されること．nitrogen balanceも参照．

nitrogen fixation 窒素固定：分子状窒素をアンモニア，硝酸イオンなど生物が利用可能な化合物に変えること．

nitrogen-fixing enzyme 窒素固定酵素：ニトロゲナーゼのこと．

nitrogen-fixing operon 窒素固定オペロン 同 *nif* operon(*nif*〔ニフ〕オペロン)

nitrogen metabolism 窒素代謝

nitrogen monoxide 一酸化窒素，酸化窒素

nitrogen mustard ナイトロジェンマスタード：メチルビス(2-クロロエチル)アミン変異原性物質．

nitromethane ニトロメタン

nitronium ion ニトロニウムイオン

***p*-nitrophenyl ester** *p*-ニトロフェニルエステル

nitroprusside reaction ニトロプルシド反応：含硫アミノ酸の定量反応．

4-nitroquinoline 1-oxide 4-ニトロキノリン 1-オキシド：発がん物質．変異原物質．略 4-NQO

nitrosamine ニトロソアミン

nitrosoguanidine ニトロソグアニジン：変異原性物質．発がん物質の一種．

nitrous acid 亜硝酸

nitrous oxide 亜酸化窒素 → dinitrogen oxide

nitroxylic acid ニトロキシル酸

nitroyl ion ニトロイルイオン 同 nitryl ion(ニトリルイオン)

nitryl ion ニトリルイオン → nitroyl ion

NK cell NK細胞 → natural killer cell

NLS → nuclear localization signal の略．

NMDA → *N*-methyl-D-aspartate の略．

NMDA receptor NMDA受容体 → *N*-methyl-D-aspartate receptor

NMN → nicotinamide mononucleotide の略．

NMR → nuclear magnetic resonance の略．

N,O-acyl rearrangement N,O-アシル転位

nocardic acid ノカルジン酸 → nocardomycolic acid

nocardomycolic acid ノカルドミコール酸 同 nocardic acid(ノカルジン酸)

node of Ranvier ランビエ絞輪：有髄神経繊維の狭窄部．

nodular malignant melanoma 結節型悪性黒色腫

nodular panencephalitis 結節性全脳炎 → subacute sclerosing panencephalitis

nodule 結節

NOE → nuclear Overhauser effect の略．

nonactin ノナクチン：イオノホアとして働くマクロライド系抗生物質の一種．

nonanic acid ノナン酸 → pelargonic acid

nonbonded energy 非結合エネルギー

noncoding region 非翻訳領域，非コード領域

noncompetitive 非競合的[の]

noncompetitive antagonist 非競合的拮〔きっ〕抗薬

noncompetitive inhibition 非競合阻害

nonconjugative plasmid 非接合性プラスミド

noncovalent bond 非共有結合

noncyclic photophosphorylation [電子]非循環的光リン酸化

noncyclic photosynthetic electron transport 非循環的光電子伝達

nondisjunction 非分離[染色体の]

nondividing cell 非分裂細胞 同 postmitotic cell(分裂終了細胞)

nonequilibrium thermodynamics 非平衡熱力学 同 irreversible thermodynamics(不可逆系の熱力学)

nonessential amino acid 非必須アミノ酸：生命現象に必須であるが体内で合成できるので食物として摂取する必要のないアミノ酸．同 dispensable amino acid(可欠アミノ酸)

nonesterified fatty acid 非エステル結合型脂肪酸：血中遊離脂肪酸．略 NEFA

nonheme iron 非ヘム鉄：鉄イオンのタンパク質分子中に存在する状態がヘム以外のこと．

nonheme iron protein 非ヘム鉄タンパク質

nonhistone chromatin protein 非ヒストンクロマチンタンパク質 → nonhistone protein

nonhistone protein 非ヒストンタンパク質 同 nonhistone chromatin protein(非ヒストンクロマチンタンパク質)

nonhomologous DNA recombination 非相同[的]DNA組換え

nonhomologous recombination 非相同[的]組換え 同 illegitimate recombination(非正統的組換え)

noninducible phage 非誘発[性]ファージ

non-insulin dependent インスリン非依存性

non-insulin dependent diabetes mellitus インスリン非依存性糖尿病:成人発症糖尿病の大部分を占めるインスリン感受性低下による糖尿病. 略 NIDDM

nonionic detergent → nonionic surfactant

nonionic surfactant 非イオン性界面活性剤 同 nonionic detergent

nonisotopic carrier 非同位体担体

nonketotic hyperglycinemia 非ケトーシス型高グリシン血症

non-Mendelian inheritance 非メンデル遺伝

nonmetabolizable inducer 非代謝性誘導物質 同 gratuitous inducer(無償性誘導物質)

nonneutralizing antibody 非中和性抗体:ある活性をなくすことができない抗体. 通常は活性部位以外に結合する.

non-Newtonian flow 非ニュートン流動

non-NMDA receptor 非 NMDA 受容体

nonoxidative deamination 非酸化的脱アミノ[反応]

nonpolar 無極性[の], 非極性[の]

nonpolar group 非極性基

nonpolar solvent 無極性溶媒, 非極性溶媒

nonprecipitating antibody 非沈降性抗体

nonprotein nitrogen 非タンパク[質][性]窒素 → residual nitrogen

nonprotein peptide 非タンパク[質][性]ペプチド

nonrandom assortment 選択組合わせ

nonreciprocal recombination 非相互組換え

non-REM sleep ノンレム睡眠 同 slow wave sleep(徐波睡眠)

nonrepetitive sequence 非反復配列 同 unique sequence

nonsense codon ナンセンスコドン → termination codon

nonsense mutation ナンセンス[突然]変異:終止コドン(UAG, UAA, UGA)のいずれかを生じる突然変異. 翻訳は変異点で中止される.

nonsense suppressor ナンセンスサプレッサー:ナンセンス突然変異の表現型を抑制する因子.

nonspecific 非特異的な

nonsteroidal antiinflammatory drug 非ステロイド系抗炎症薬 略 NSAID

nonstochastic effect 非確率的影響:一定放射線量で確実に起こる障害. 紅斑, 脱毛, 白内障など.

nonylic acid ノニル酸 → pelargonic acid

nonylphenol ノニルフェノール

noradrenaline ノルアドレナリン:交感神経末端から分泌される伝達物質. 同 norepinephrine(ノルエピネフリン)

noradrenaline neuron ノルアドレナリンニューロン

norbiotin ノルビオチン:ビオチンの側鎖の炭素数が1個少ない化合物.

norbixin ノルビキシン:ビキシンの加水分解産物. ジカルボン酸カロテノイド.

norepinephrine ノルエピネフリン → noradrenaline

norleucine ノルロイシン:2-アミノ-n-ヘキサン酸. 非天然アミノ酸の一種.

normal 正常[の]

normal antibody 正常抗体 → natural antibody

normal chain 直鎖

normal curve 正規曲線

normal diploid cell 正常二倍体細胞

normal distribution 正規分布 同 Gaussian distribution(ガウス分布)

normal electrode 標準電極

normality 規定度

normalize 標準化する

normal phase chromatography 順相クロマトグラフィー:極性の大きい固定相と極性の小さい移動相を用いて, 混合物の分離を行うクロマトグラフィー.

normal state → standard state

normal type 正常型 → wild type

normetanephrine ノルメタネフリン:3-O-メチルノルアドレナリン, ノルアドレナリン代謝産物.

normochromic 正色素性[の]

normocyte 正常赤血球

Northern blot technique ノーザンブロット法:DNA-RNA 対合を利用して電気泳動した特定の RNA を検出する方法. 同 Northern hybridization

Northern hybridization → Northern blot technique

norvaline ノルバリン：2-アミノ吉草酸．非タンパク質性アミノ酸の一種．

NOS → NO synthase の略．

noscapine ノスカピン → narcotine

nosomial infection → hospital infection

NO synthase NO シンターゼ，NO 合成酵素：アルギニンからNOを合成する酵素．Ca依存性，Ca非依存性など数種ある． 略 NOS 同 NO synthetase

NO synthetase → NO synthase

***Notch* gene** ノッチ遺伝子：産物は，ショウジョウバエの発生過程で隣接細胞間のシグナル伝達を仲介する受容体分子．

novobiocin ノボビオシン：細菌 DNA ジャイレースを特異的に阻害する抗生物質．

NPN: nonprotein nitrogen の略. → residual nitrogen

N protein N タンパク質：λ ファージの抗転写終結タンパク質．

NPV's: nuclear polyhedrosis viruses（核多角体病ウイルス群）の略．

4-NQO → 4-nitroquinoline 1-oxide の略．

nRNA: nuclear RNA の略．

NSAID → nonsteroidal antiinflammatory drug の略．

NSF: *N*-ethylmaleimide-sensitive factor の略．

N-terminal N 末[端] → amino terminal

N-terminal amino acid residue N 末端アミノ酸残基

N-terminal analysis N 末端分析

N-terminus N 末[端] → amino terminal

NTP polymerase NTP ポリメラーゼ，ポリヌクレオチドアデニリルトランスフェラーゼ

Nuc: ヌクレオシド一般の略．

nuclear 1)［細胞］核[の]，2)［原子］核[の]

nuclear division 核分裂【細胞の】

nuclear energy 原子核エネルギー

nuclear envelope 核膜 同 nuclear membrane

nuclear export 核外輸送

nuclear export signal 核外輸送シグナル：タンパク質の核外輸送を規定するアミノ酸配列．ロイシンに富む． 略 NES

nuclear expulsion → enucleation

nuclear factor κB → NF-κB

nuclear fusion 核融合：核反応の一種で，軽い原子核が核反応で融合して重い原子核に変わる現象．

nuclear gene 核内遺伝子，核遺伝子

nuclear icterus 核黄疸【だん】：新生児期に大量の溶血のためビリルビンが脳内に沈着する状態． 同 bilirubin encephalopathy（ビリルビン脳症）

nuclear inclusion [body] 核封入体

nuclear isomer 核異性体

nuclear localization 核移行

nuclear localization signal 核[内]移行シグナル，核局在化シグナル：核内で機能するタンパク質が，細胞質で翻訳された後，核膜孔で選択的に能動輸送されて核内に移行するために必要なタンパク質上のアミノ酸配列．塩基性アミノ酸に富む配列であることが多い． 略 NLS 同 nuclear transport signal

nuclear magnetic resonance 核磁気共鳴 略 NMR

nuclear matrix 核マトリックス

nuclear medicine 核医学：放射性医薬品を使用して診断治療を行う医学．

nuclear membrane → nuclear envelope

nuclear Overhauser effect 核オーバーハウザー効果：核スピンが近距離に存在する場合，一方の共鳴が飽和すると，他方の共鳴吸収が増加する現象． 略 NOE

nuclear phase 核相：核内染色体の半数性（単相）か倍数性（複相）かの区別．

nuclear pore 核膜孔

nuclear reactor 原子炉 同 reactor

nuclear receptor 核内受容体：ステロイドホルモン，甲状腺ホルモン，ビタミンAおよびDなどの脂溶性ホルモンやビタミンは，細胞膜を自由に通過して細胞中にある受容体と結合する．リガンドと結合した受容体は二量体化し，核内で転写因子として機能するので核内受容体とよばれる．

nuclear relaxation 核緩和

nuclear sap 核液

nuclear transplantation 核移植 同 nucleus introduction（核移入）

nuclear transport signal → nuclear localization signal

nuclease ヌクレアーゼ，核酸分解酵素

nucleation 核形成【石灰化などの】

nucleic acid 核酸：ヌクレオチドの多量体．遺伝，タンパク質合成などの情報伝達物質．

nucleic acid fermentation 核酸発酵 同 nucleotide fermentation

nucleocapsid ヌクレオキャプシド
nucleodisome ヌクレオジソーム：デオキシリボヌクレアーゼIでクロマチンを消化した際に生成される断片で，ヌクレオソーム2個より成る．
nucleohistone ヌクレオヒストン：核酸ヒストン複合体．
nucleoid 核様体 ⓢ karyoid
nucleolar chromosome 核小体染色体
nucleolar organizer 核小体形成体
nucleolus 核小体：核におけるリボソームRNA前駆体の合成貯蔵部位．
nucleophile → nucleophilic reagent
nucleophilic 求核[性]の，親核性の
nucleophilic catalyst 求核性触媒
nucleophilicity 求核性
nucleophilic reagent 求核試薬 ⓢ nucleophile
nucleophilic substitution reaction 求核置換反応
nucleoplasm → karyoplasm
nucleoprotamine ヌクレオプロタミン：核酸プロタミン複合体．
nucleoprotein 核タンパク質：核酸とタンパク質の複合タンパク質の総称．
nucleosidase ヌクレオシダーゼ：ヌクレオシドのN-グリコシド結合の加水分解を触媒する酵素の総称．
nucleoside ヌクレオシド：核酸や補酵素の成分であるペントースと塩基の化合物．
nucleoside antibiotic ヌクレオシド系抗生物質：ヌクレオシド誘導性の抗生物質．
nucleoside diphosphate sugar ヌクレオシド二リン酸糖 → sugar nucleotide
nucleosome ヌクレオソーム：真核細胞のDNAがヒストン八量体に約1.8回巻きついてできる構造単位．
nucleotidase ヌクレオチダーゼ：ヌクレオチドを加水分解してヌクレオシドと正リン酸にする酵素．ⓢ nucleotide phosphohydrolase (ヌクレオチドホスホヒドロラーゼ)
nucleotide ヌクレオチド：核酸や補酵素の構成成分となる(塩基-ペントース-リン酸)の構造をもつ化合物．
nucleotide composition ヌクレオチド組成 → base composition
nucleotide fermentation → nucleic acid fermentation

nucleotide pair ヌクレオチド対：アデニン-チミン(ウリジン)，グアニン-シトシンの水素結合による対合．
nucleotide phosphohydrolase ヌクレオチドホスホヒドロラーゼ → nucleotidase
nucleotidyl sugar ヌクレオチド糖 → sugar nucleotide
nucleus (pl. nuclei) 1)核：真核細胞を特徴づける核膜に包まれた小器官でゲノム遺伝子が機能する場を与える．2)原子核
nucleus introduction 核移入 → nuclear transplantation
nucleus olivaris → olivary nucleus
nuclide 核種
nude mouse ヌードマウス：毛と胸腺のないマウスの突然変異種．T細胞を欠くので移植実験などに使用．
null cell ヌル細胞：小リンパ球でT細胞やB細胞のマーカーの検出できない細胞．
nullisomic 零染色体[の]
number-average molecular weight 数平均分子量：分子量が不均一な高分子物質の平均分子量を個々の分子量をもつ高分子の数の割合で平均した数値．
numerator 分子【分数の】
numerical 数[の]
numerical taxonomy 数量分類学
nupharidine ヌファリジン：キノリジジンアルカロイドの一種．
nutrient 栄養素
nutrient agar 栄養寒天
nutrient agar medium 栄養寒天培地 → agar medium
nutrient broth 栄養ブイヨン → bouillon
nutrient-requiring mutant 栄養[素]要求[突然]変異体
nutrition 栄養
nutritional allowance 栄養所要量：ヒトが健康な生活を維持するうえで生理的に必要なエネルギーおよび栄養素の量を1日当たりで示したもの．
nutritional interdependence 栄養学的相互依存性
nutritive salts 栄養塩類
nyctalopia 夜盲[症]，鳥目 ⓢ night blindness
Nylander's reagent ニーランデル試薬：ビスマスの還元(黒沈)を用いた糖の検出試

薬.
nystatin ニスタチン，ナイスタチン：膜障害をひき起こすポリエン系抗生物質． 同 fungicidin（フンギシジン）

NZB mouse NZB マウス 同 New Zealand Black mouse
NZW mouse NZW マウス 同 New Zealand White mouse

O

ω conotoxin ωコノトキシン：貝毒のカルシウムチャネル阻害剤．
ω oxidation ω酸化：脂肪酸の酸化でカルボキシ基とは反対の末端におけるヒドロキシ化とジカルボン酸への酸化から成る．
O157：腸管出血性大腸菌．病原性大腸菌の一種で，その産生するベロ毒素により出血性大腸炎をひき起こす．1996年に指定伝染病に指定された．
OAF ⇒ osteoclast-activating factor の略．
O antigen O抗原：グラム陰性菌の菌体抗原で，リポ多糖鎖によって特異性が決まる．
oat cell carcinoma 燕麦[えんばく]細胞がん
obaculactone オバクラクトン ⇒ limonin
obesity 肥満[症]
objective lens 対物レンズ
obligate 偏性[の]，絶対[の]，強制的な 同 obligatory
obligate aerobe ⇒ strict aerobe
obligate anaerobe ⇒ strict anaerobe
obligate autotroph 絶対独立栄養生物
obligately aerobic bacterium ⇒ strictly aerobic bacterium
obligately anaerobic bacterium ⇒ strictly anaerobic bacterium
obligate methylotroph 絶対メチロトローフ
obligate phototroph 絶対光栄養生物
obligatory ⇒ obligate
obligatory nitrogen loss 不可避窒素損失：無タンパク食摂取で糞，尿，毛などへ排出される窒素量．
obtusilic acid オブツシル酸，トウハク酸：4-デセン酸．
occult 潜在[の]
occult cancer 潜伏がん
ochre codon オーカーコドン：タンパク質合成終止コドンのうち UAA をさす．
ochre mutation オーカー[突然]変異：終止コドン UAA を生じる変異．
ochre suppressor オーカーサプレッサー：オーカーコドンを抑圧するもの．
octacosanoic acid オクタコサン酸 ⇒ montanoic acid
octadecanoyl-CoA オクタデカノイル CoA ⇒ stearoyl-CoA
octane オクタン：炭素数8の炭化水素．
octanoic acid オクタン酸：炭素数8の飽和直鎖脂肪酸． 同 caprylic acid（カプリル酸）
octanol オクタノール：炭素数8のアルコール，清泡剤．
octopamine オクトパミン：タコのアミンで交感神経に働く．
octopine オクトピン：グアニジノ基をもつ非タンパク質性のアミノ酸．植物 Ti プラスミドの導入と関連．
octose オクトース，八炭糖
octulosonic acid オクツロソン酸
octyl glucoside オクチルグルコシド：中性界面活性剤．タンパク質変性が少なく透析可能なので広く使用される．
oculocerebrorenal syndrome 眼脳腎症候群 ⇒ Lowe syndrome
ocytocin オシトシン ⇒ oxytocin
OD：optical density の略． ⇒ absorbance
ODC ⇒ ornithine decarboxylase の略．
ODC antizyme ODC アンチザイム ⇒ antizyme
odd-numbered fatty acid 奇数鎖脂肪酸
odontoblast 象牙芽細胞
odor におい
oenanthic acid ⇒ enanthic acid
oestradiol ⇒ estradiol
oestriol ⇒ estriol
oestrogen ⇒ estrogen
oestrone ⇒ estrone
oestrous cycle ⇒ estrous cycle

O'Farrell method オファーレル法: タンパク質の二次元スラブゲル電気泳動の一種.

Oguchi disease 小口〔おぐち〕病: 先天性夜盲の一種.

17-OHCS: 17α-hydroxycorticosteroid の略.

ohm オーム: 記号 Ω. 電気抵抗の単位. 1 V の電圧によって 1 A の電流を流すような抵抗値を 1 オームという.

oil 油

oil color ⇌ oil soluble dye

oil of vitriol ⇌ sulfuric acid

Oilred O オイルレッド O

oils and fats 油脂 ≡ fats and oils

oil soluble dye 油溶染料 ≡ oil color

okadaic acid オカダ酸: タンパク質脱リン酸酵素の阻害剤.

Okayama-Berg method 岡山・バーグ法: 岡山博人と P. Berg によって開発されたプラスミドをベクターとした cDNA ライブリーの作成方法.

Okazaki fragment 岡崎フラグメント, 岡崎断片: DNA 複製時にラギング鎖に生じる短い核酸の断片.

oleandomycin オレアンドマイシン: タンパク質合成を阻害するマクロライド系抗生物質.

oleanolic acid オレアノール酸

olefin オレフィン ⇌ alkene

oleic acid オレイン酸

olein オレイン ⇌ triolein

oleopalmitostearin オレオパルミトステアリン: オレイン酸, パルミチン酸, ステアリン酸をもつトリアシルグリセロール.

oleoplast オレオプラスト: 油を蓄える緑色植物の細胞小器官.

olfaction 嗅〔きゅう〕覚

olfactory bulb 嗅〔きゅう〕球

olibanum 乳香: ウルシ科の植物の樹脂. 香料, 腸溶剤のコーティング用. ≡ mastic[he]（マスチック）

oligo(A) オリゴ(A) ⇌ oligo adenylic acid

oligo adenylic acid オリゴアデニル酸: アデニル酸の数個の重合体. ≡ oligo(A)（オリゴ(A)）

oligodendroglia オリゴデンドログリア, 希突起膠〔こう〕細胞

oligomer オリゴマー: 構成している成分が少数（2〜数十個）のもの.

oligomeric enzyme オリゴマー酵素: 複数のサブユニットから成る酵素.

oligomeric protein オリゴマータンパク質: サブユニットから成るタンパク質.

oligomycin オリゴマイシン: H^+-ATP アーゼの H^+ チャネル（F_0 部分）に特異的に作用し, H^+ 輸送を阻害する抗生物質. 酸化的リン酸化反応が阻害される.

oligomycin-sensitive ATPase オリゴマイシン感受性 ATP アーゼ: 真核生物の ATP 合成酵素 $F_0 \cdot F_1$.

oligomycin sensitivity-conferring factor オリゴマイシン感受性付与因子: ATP 合成酵素の H^+ 通過路. 略 F_0

oligomycin sensitivity-conferring protein オリゴマイシン感受性付与タンパク質: 真核生物の ATP 合成酵素の F_0 成分の一つ. 略 OSCP

oligonucleotide オリゴヌクレオチド

oligopeptide オリゴペプチド: 二つ以上数十個のアミノ酸から成るペプチド.

oligosaccharide オリゴ糖, 少糖

olivary nucleus オリーブ核: 延髄腹側の頭方で, 錐体の外側にみられる楕円形に隆起した部分にあり, 錐体外路系の中心である. ≡ nucleus olivaris

olive oil オリーブ油

olivomycin A オリボマイシン A: RNA 合成を阻害する抗生物質.

oncogene がん〔癌〕遺伝子, オンコジーン, 腫瘍遺伝子: 突然変異により発がんに貢献する遺伝子. 正常型は proto-oncogene という.

oncogenesis ⇌ carcinogenesis

oncogenic virus がん〔癌〕ウイルス, 腫瘍ウイルス ≡ tumor virus

oncology 腫瘍学

oncomodulin オンコモジュリン: 腫瘍細胞に存在する酸性のカルシウム結合タンパク質.

oncostatin オンコスタチン: 抗がん性ペプチドの一種.

one carbon degradation 一炭素分解 ⇌ α oxidation

one cell-one antibody hypothesis 一細胞一抗体仮説

one gene-one enzyme hypothesis 一遺伝子一酵素〔仮〕説: 一つの遺伝子が一つの酵素の情報を支配するという説.

one-step growth curve 一段増殖曲線

Onsager's reciprocal theorem オンサー

ガーの相反定理: 不可逆熱力学の現象方程式の連結係数の対称性の定理.

ontogenesis ⇒ ontogeny

ontogeny 個体発生 同 ontogenesis

oocyan オオシアン: カモメの卵殻に存在するビリベルジン誘導体. 緑素.

oocyte 卵母細胞

oocyte maturation 卵成熟

oogenesis 卵形成

oogonium(*pl.* oogonia) 1) 卵原細胞, 2) 生卵器

oosphere 卵球

oospore 卵胞子

opal codon オパールコドン: タンパク質合成終止コドンのうち UGA をさす.

opalescence 1) 乳光, 2) タンパク光【物理】

opal glass method オパールガラス法: 混濁試料の分光分析法の一種.

opal mutation オパール[突然]変異: 終止コドン UGA を生じる変異.

opal suppressor オパールサプレッサー: UGA を生じる変異を抑圧するもの.

open circular DNA 開環状 DNA: 環状の DNA で超らせん構造をとっていないもの. 二重らせんのうちのどちらか一方か, それぞれ異なる座位が切断されニックが入っていることが多い. 同 form II DNA(II 型 DNA)

open reading frame オープンリーディングフレーム: 終止コドンが長い間にわたって存在しない DNA 配列上の読み枠. タンパク質をコードしている可能性を示す. 略 ORF

open system 開放系

operator [gene] オペレーター[遺伝子], 作動遺伝子

operon オペロン: 一つの調節遺伝子といくつかの構造遺伝子から成る転写単位.

operon theory オペロン説

ophiobolin オフィオボリン: 植物病原菌のつくるテルペンの一種.

ophthalmic acid オフタルミン酸: グルタチオン類似体.

opiate オピエート: アヘン誘導体.

opioid オピオイド: モルヒネ様麻酔薬.

opioid peptide オピオイドペプチド 同 analgesic peptide(鎮痛性ペプチド)

opioid receptor オピオイド受容体: モルヒネや鎮痛性ペプチドと結合する受容体.

opiomelanocortin オピオメラノコルチン

opisthotonus 後弓反張: けいれんしてのけぞる.

opium alkaloid ケシアルカロイド, アヘンアルカロイド

opportunistic 日和見性[の]

opportunistic infection 日和見感染: 感染防御能の低下時に正常時に病原性のない微生物が感染すること. 同 facultative infection(通性感染)

opsin オプシン: ロドプシンからレチナールを除いたアポタンパク質.

opsonin オプソニン: 食作用亢進因子.

opsonin activity オプソニン作用

opsonin test オプソニン試験

optical 光学[の], 光[の], 視覚[の]

optical activity 光学活性

optical density 光学密度 ⇒ absorbance

optical diffraction 光回折[法]

optical filtering method 光沪過[法]: 電子顕微鏡像を光回折法で回折点の一部だけをマスクの孔で通過させてきれいな結像を得る方法.

optical inactivation 光学不活性化 ⇒ racemization

optical isomer 光学異性体

optical melting profile 光学的融解曲線: DNA の熱変性を吸光度の増加で示した曲線.

optical path length 光路長

optical purity 光学純度: 光学活性体のとき一方の異性体の組成比.

optical rotation 旋光, 旋光性: 偏光を回転させる.

optical rotatory dispersion 旋光分散 略 ORD

optical rotatory power 旋光能

optic chiasm 視交差, 視神経交差

optic nerve 視覚神経

optimal ⇒ optimum

optimize 最適化する【条件を】

optimum 最適[の], 至適[の] 同 optimal

optimum pH 最適 pH, 至適 pH

oral contraceptive 経口避妊薬

oral immunity 経口免疫

ORC ⇒ origin recognition complex の略.

orcinol-sulfuric acid method オルシノール-硫酸法: 中性糖定量法.

ORD ⇒ optical rotatory dispersion の略.

Ord: ortidine の略.

order 目【分類学上の】

ordered binding 定序結合：2種類以上の基質をもつ酵素反応において，それぞれの基質の結合順序が決まっている結合様式．

ordered mechanism ⇒ ordered sequential mechanism

ordered sequential mechanism 定序逐次機構：2種類以上の基質をもつ酵素反応において，基質がすべて結合してから反応産物を生成し，かつ，それぞれの基質の結合順序が決まっている機構．同 ordered mechanism

order parameter オーダーパラメーター【ESRなどの】

ordinate 縦軸，縦座標

ORF ⇒ open reading frame の略．

organ 1)器官，2)臓器

organ culture 器官培養　同 organotypic culture (器官型培養)

organelle オルガネラ，細胞[小]器官　同 cell organelle

organic 器官[の]，臓器[の]，有機[の]，有機物の，炭素化合物の，器質的な

organic acid fermentation 有機酸発酵

organic mercury compound intoxication 有機水銀中毒

organism 生物体

organizer 形成体，オーガナイザー

organogenesis 器官形成

organogenetic 器官形成性[の]

organophosphorus compound 有機リン化合物

organotroph 1)有機栄養生物：有機化合物を酸化してエネルギーを獲得する生物．2)臓器親和性　同 1)chemoorganotroph(化学合成有機栄養生物)

organotrophic 有機栄養[の]

organotypic 器官型[の]

organotypic culture 器官型培養 ⇒ organ culture

organ specific antigen 臓器特異抗原

organ specificity 臓器特異性，器官特異性

orientation 1)配向【分子の】，2)定位，3)方向づけ

orientation effect 配向効果

orientmycin オリエントマイシン ⇒ D-cycloserine

original strain 原株

origin of life 生命の起原

origin of replication ⇒ replication origin

origin of species 種の起原

origin recognition complex 複製起点認識複合体(真核生物の)　略 ORC

***ori* region** *ori* 領域 ⇒ replication origin

Orn ⇒ ornithine の略．

ornithine オルニチン：2,5-ジアミノ-*n*-吉草酸．非タンパク質性アミノ酸の一種．尿素回路などに重要な役割を果たす．略 Orn

ornithine cycle オルニチン回路 ⇒ urea cycle

ornithine decarboxylase オルニチンデカルボキシラーゼ：オルニチンを脱炭酸してプトレッシンをつくる酵素．ポリアミン代謝の鍵となる酵素で短寿命であり細胞周期に伴って存在量が変動する．略 ODC

ornithology 鳥類学

ornithuric acid オルニツル酸：安息香酸の解毒産物(鳥類でみられる)．同 N^2,N^5-dibenzoylornithine(N^2,N^5-ジベンゾイルオルニチン)

Oro: orotate の略．

orosomucoid オロソムコイド：血清糖タンパク質．

orotic acid オロト酸，オロチン酸：ビタミンB_{13}．ピリミジン酸基合成の主要な中間体．

orotic aciduria オロト酸尿症

5′-orotidylic acid 5′-オロチジル酸

orphan receptor オーファン受容体：核内受容体のうちリガンドが同定されていないもので，ヒトゲノム中に300以上存在する．

orsellinic acid オルセリン酸：オルシノールの2-カルボン酸．

orthoboric acid 正ホウ酸，オルトホウ酸

orthochromatic 正染性[の]

orthogenesis 定向進化

orthologue gene オルソログ遺伝子：種間を通して普遍的に存在し，同一祖先に由来し，機能が共通な遺伝子のセット．

Orthomyxoviridae オルトミクソウイルス科：マイナス鎖RNAゲノムをもつ．インフルエンザウイルスを含む科．

orthophosphate 正リン酸塩

orthophosphoric acid 正リン酸，オルトリン酸　略 P_i

orthotopic graft 同所移植片，正所性移植[片]

oryzenin オリゼニン：コメの主要タンパク

質.

osamine オサミン：1-アミノ-1-デオキシケトースの別名.

osazone オサゾン：ジヒドラゾンの総称.

oscillation 振動

oscillation-rotation camera 振動・回転カメラ

oscillator 1)振動子，2)発振器

OSCP ⇌ oligomycin sensitivity-conferring protein の略.

osmium tetraoxide 四酸化オスミウム：組織固定剤.

osmolar モル浸透圧[の]

osmole オスモル：記号 Osm．浸透圧の単位.

osmometer 浸透圧計

osmosis 浸透

osmotic pressure 浸透圧

osmotic shock procedure 浸透圧ショック法

osone オソン：オサゾンを分解した際に生じる 1,2-ジカルボニル化合物.

osseomucoid オセオムコイド，骨ムコイド

ossification ⇌ osteogenesis

osteoarthritis 骨関節炎　同 degenerative joint disease（退行性骨関節症），osteoarthrosis chondromalacia arthrosis（関節軟骨硬化症）

osteoarthrosis chondromalacia arthrosis 関節軟骨硬化症　⇌ osteoarthritis

osteoblast 骨芽細胞，造骨細胞

osteocalcin オステオカルシン：骨に存在する非コラーゲン性タンパク質．3個のγ-カルボキシグルタミン酸（Gla）を含み，Ca^{2+}と結合する．同 bone Gla protein（BGP，骨 Gla タンパク質），matrix Gla protein（MGP，骨基質 Gla タンパク質）

osteoclast 破骨細胞

osteoclast-activating factor 破骨細胞活性化因子　略 OAF

osteoclastic 骨破壊性

osteocyte 骨細胞

osteogenesis 骨形成　同 ossification, bone morphogenetic

osteogenesis imperfecta 骨形成不全症：I型コラーゲン産生異常による常染色体劣性遺伝性疾患．骨脆弱性，難聴，青色強膜を主徴とする.

osteoid 類骨

osteolysis 骨溶解

osteomalacia 骨軟化症：ビタミン D の不足，作用異常により生じる骨の石灰化異常.

osteonectin オステオネクチン：骨に存在する非コラーゲン性タンパク質．コラーゲン，Ca^{2+}，ヒドロキシアパタイトと親和性を示す．リン酸イオンとは結合しない.

osteopenia オステオペニア，骨減少症

osteopetrosis 大理石骨病：全身の骨硬化と管状骨メタフィーシスの造型障害があり，骨折しやすく造血障害，脳神経の狭窄症状が現れる．同 osteopetrotic

osteopetrotic ⇌ osteopetrosis

osteoporosis 骨粗しょう『鬆』症：閉経後の女性やステロイド投与に際して見られる骨量の減少した状態．骨の化学的成分には異常はない.

osteoprogenitor cell 骨原性細胞

osteosarcoma 骨肉腫

ouabain ウワバイン：Na^+, K^+-ATP アーゼの特異阻害剤．ジギタリス系強心配糖体の一種．同 storophantin G（ストロファンチン G）

Ouchterlony [diffusion] method オクタロニー[拡散]法　同 Ouchterlony's test（オクタロニー試験）

Ouchterlony's test オクタロニー試験　⇌ Ouchterlony [diffusion] method

Oudin [diffusion] method ウーダン[拡散]法　同 Oudin technique

Oudin technique ⇌ Oudin [diffusion] method

outbred line 非近交系

outbreeding 1)異系交配，2)他殖性

outer envelope 1)外層膜，2)外包膜【葉緑体の】

outer membrane 外膜

ovalbumin オボアルブミン：卵白の主要タンパク質．同 egg albumin（卵アルブミン）

ovarian 卵巣[の]

ovarian cell 卵巣細胞

ovarian follicle 卵胞

ovarian hormone 卵巣ホルモン

ovarian hypoplasia 卵巣形成不全

ovarian teratoma 卵巣性奇形腫

ovarium ⇌ ovary

ovary 卵巣　同 ovarium

overdominant 超優性

overexpression 過剰発現

overflow オーバーフロー
overflow type aminoaciduria 溢出型アミノ酸尿症
overlap → duplication
overlapping gene オーバーラップ遺伝子，重なり遺伝子：二つの読み枠の一部が重なり合っていること．一般には，先行する読み枠の終止コドンなど数塩基配列が，つぎの開始コドンと重なっている．ϕX174では一方の読み枠のすべてが，もう一つの遺伝子の読み枠の中に入っている．
overwound 巻き方過多の【超らせん】
oviduct 卵管，輸卵管
ovoglobulin オボグロブリン，卵白グロブリン
ovoinhibitor オボインヒビター：卵白のプロテアーゼインヒビター．
ovomucoid オボムコイド：卵白の糖タンパク質でトリプシンインヒビター活性をもつ．
ovotransferrin オボトランスフェリン：卵白の鉄アルブミン，コンアルブミン．
ovulation 排卵
ovulation-inducing agent 排卵誘発剤
ovulation inhibitor 排卵抑制剤
ovule 胚珠【植物の】
ovum(*pl.* ova) 卵，卵子
ox ウシ，雄ウシ
oxalacetic acid オキサロ酢酸 同 oxaloacetic acid
oxalic acid シュウ酸
oxaloacetic acid → oxalacetic acid
oxalosis シュウ酸症 → hyperoxaluria
oxalosuccinic acid オキサロコハク酸
oxamicetin オキサミセチン：アミセチン属の抗がん性抗生物質．
oxamycin オキサマイシン → D-cycloserine
oxazolone オキサゾロン：ペプチド合成に用いられる活性アミノ酸の一種．同 azlactone (アズラクトン)
oxidase 酸化酵素，オキシダーゼ：酸化還元酵素のうち直接酸素分子に電子を渡す酵素の総称．水または過酸化水素を生成．
oxidation 酸化
oxidation potential 酸化電位
oxidation-reduction 酸化還元 同 oxidoreduction, redox
oxidation-reduction indicator 酸化還元指示薬 同 redox indicator(レドックス指示薬)
oxidation-reduction potential 酸化還元電位 同 redox potential(レドックス電位)
oxidative assimilation 酸化的同化
oxidative decarboxylation 酸化的脱炭酸[反応]
oxidative fermentation 酸化発酵
oxidative pentose phosphate cycle 酸化的ペントースリン酸回路
oxidative phosphorylation 酸化的リン酸化
oxidize 酸化する
oxidoreductase 酸化還元酵素，オキシドレダクターゼ
oxidoreduction → oxidation-reduction
oxirane オキシラン → epoxide
oxo オキソ【基】
oxo acid オキソ酸 同 keto acid(ケト酸)
oxoadipic acid オキソアジピン酸 同 keto-adipic acid(ケトアジピン酸)
2-oxoglutaramic acid 2-オキソグルタルアミド酸 同 α-ketoglutaramic acid(α-ケトグルタルアミド酸)
2-oxoglutaric acid 2-オキソグルタル酸 同 α-ketoglutaric acid(α-ケトグルタル酸)
oxoisomerase オキソイソメラーゼ：グルコースリン酸イソメラーゼの別名．
oxolinic acid オキソリン酸：抗菌物質，DNAジャイレース阻害剤．
oxonium ion オキソニウムイオン：H_3O^+, H^+と水のイオン．同 hydronium ion(ヒドロニウムイオン)
oxophenarsine オキソフェナルシン：抗スピロヘータ薬，ヒ素剤．
5-oxoprolinase(ATP-hydrolyzing) 5-オキソプロリナーゼ
oxosteroid オキソステロイド → ketosteroid
oxybiotin オキシビオチン
oxygen 酸素：元素記号O．原子番号8の非金属元素．
oxygenase オキシゲナーゼ，酸素添加酵素：分子状酸素を直接基質に結合させる酵素．
oxygenation 酸素添加，酸素化
oxygen-binding curve 酸素結合曲線
oxygen-carrying protein 酸素運搬タンパク質：ヘモグロビンなどのこと．
oxygen consumption 酸素消費
oxygen debt 酸素負債：運動時に解糖系を用いて一時的にO_2消費を軽減すること．

oxygen demand 酸素要求量：水中の物質を酸化するのに必要な酸素量（COD）と水中の好気性微生物によって消費される酸素量（BOD）．水域の有機物汚染の指標とされる．

oxygen dissociation curve 酸素解離曲線：ヘモグロビンやミオグロビンなどの可逆的酸素結合物質やそれらを含む血液などについて，その酸素結合量と酸素分圧の関係を示す曲線．

oxygen electrode 酸素電極：酸素濃度測定用のポーラログラフ．

oxygen electrode method 酸素電極法：酸素濃度測定法の一種．

oxygen equilibrium curve 酸素平衡曲線

oxygen radical 酸素ラジカル

oxygen saturation function 酸素飽和度関数

oxyhemoglobin オキシヘモグロビン，酸素ヘモグロビン：酸素を結合したヘモグロビン．鉄は2価のまま．略 HbO_2

oxyntic cell ⇌ parietal cell

oxyntomodulin オキシントモジュリン：胃液分泌を阻害する小腸のペプチド．グルカゴンと相同部分をもつ．

oxytetracycline オキシテトラサイクリン：タンパク質合成を阻害する抗生物質．同 terramycin（テラマイシン）

oxythiamin オキシチアミン：抗ビタミン B_1．

oxytocin オキシトシン：下垂体後葉の子宮収縮ホルモン．同 ocytocin（オシトシン）

ozonate オゾン酸化する（オゾニド形成ではない）

ozone オゾン：記号 O_3．酸素の同素体．

ozone layer オゾン層

ozonide オゾニド：二重結合に O_3 が付加した生成物．

ozonolysis オゾン分解

P

Ψ ⇌ pseudouridine の略．

Ψrd ⇌ pseudouridine の略．

P ⇌ proline の略．

P_i ⇌ orthophosphoric acid の略．

P450 ⇌ cytochrome P450 の略．

P700：光合成光化学系 I の光による電荷分離を行うクロロフィル a．

p38：ストレス反応性 MAP キナーゼの一つ．

p53：DNA 損傷時のチェックポイント機能やアポトーシス誘導に中心的な役割を果たす転写因子．がん細胞で最も高率に変異を受けているがん抑制遺伝子．

PABA ⇌ p-aminobenzoic acid の略．

pacemaker ペースメーカー，歩調とり

pacemaker enzyme ペースメーカー酵素 ⇌ rate-limiting enzyme

pachyman パキマン：担子菌の一種のグルカン．

pachymaran パキマラン：菌体の免疫活性化物質．抗腫瘍剤．

pachynema 太糸［ふといと］

pachytene [stage] 太糸［ふといと］期，パキテン期，厚糸期：第一減数分裂前期を5段階に分けた3番目の時期．相同染色体の対合が終了し，凝縮して太くなっている．

packaging パッケージング，ゲノム詰込み：ウイルス粒子への DNA の詰込み．

packing 1) 詰込み【染色体の】，2) パッキング，3) 充填

packing density 充填密度

paclitaxel パクリタキセル ⇌ taxol

pactacin パクタシン ⇌ pactamycin

pactamycin パクタマイシン：タンパク質合成を阻害する抗がん性抗生物質．同 pactacin（パクタシン）

PAF ⇌ platelet-activating factor の略．

PAF receptor PAF 受容体：血小板活性化因子（PAF）の受容体．

PAG：pregnancy-associated α_2 glycoprotein の略．⇌ pregnancy-zone protein

PAGE ⇌ polyacrylamide gel electrophoresis の略．

Paget disease パジェット病：1) 変形性骨炎．2) 乳がんの一種．乳頭，乳輪の湿疹様病変を特徴とする．

pairing 対［たい］合：第一減数分裂前期接合糸期に相同染色体が並列して密着すること．同 association, sindesis, conjugation, synapsis（シナプシス）

pair-rule gene ペアルール遺伝子：ショウジョウバエの分節遺伝子の一群.

Palade granule パレード顆粒：リボソームの旧名.

palaeobiochemistry ⇌ paleobiochemistry

palaeocortex ⇌ paleocortex

paleobiochemistry 古生化学　同 palaeobiochemistry

paleobiology 古生物学

paleocortex 古皮質：嗅球など系統発生的に古い大脳皮質.　同 palaeocortex

palindrome パリンドローム, 回文配列：自己相補的配列. 二本鎖 DNA の対称構造.

pallidum ⇌ globus pallidus

pallium 外とう：大脳表面の皮質と髄質（白質）部.

palmitaldehyde パルミトアルデヒド　同 hexadecanal（ヘキサデカナール）

palmitic acid パルミチン酸：炭素数 16 の飽和脂肪酸.　同 hexadecanoic acid（ヘキサデカン酸）

palmitin パルミチン ⇌ tripalmitin

palmitoleic acid パルミトレイン酸：炭素数 16 の 1 価不飽和脂肪酸.　同 zoomaric acid（ゾーマリン酸）

palmitone パルミトン：ジペンタデシルケトン. ミコバクテリアの脂質.

palmitoylation パルミトイル化：パルミチン酸がタンパク質の特定のシステイン残基にチオエステル結合で結合する翻訳後修飾構造.

palm oil パーム油：やし油の一種.

palm seed oil パーム核油

PAM ⇌ pralidoxime の略.

pancreas 膵〖すい〗臓

pancreatic B cell 膵臓 B 細胞：膵臓 β 細胞ともいう. 膵ランゲルハンス島にあってインスリンを分泌する. Langerhans' island も参照.　同 β cell（ベータ細胞）

pancreatic cell 膵細胞

pancreatic cholera 膵性コレラ ⇌ WDHA syndrome

pancreatic hormone 膵臓ホルモン

pancreatic island 膵島 ⇌ Langerhans' island

pancreatic juice 膵液

pancreatic lipase 膵リパーゼ ⇌ steapsin

pancreatic polypeptide 膵臓ポリペプチド

pancreatin パンクレアチン：膵臓の酵素の混合物. 消化薬.

pancreozymin パンクレオザイミン ⇌ cholecystokinin

panning パンニング法：遺伝子ライブラリーを細胞もしくは細菌表面に発現させ, 目的とする遺伝子を発現しているクローンを抗体などにより同定する方法.

panose パノース：三糖類の一種. グリコーゲンの分解産物.

panspermia 胚種広布説, パンスペルミア：地球上の生物は宇宙の胚種の飛来によって発生したという説.

D(+)-pantetheine D(+)-パンテテイン　同 LB factor（LB 因子, *Lactobacillus bulgaricus* factor）

pantoic acid γ-lactone パントイン酸 γ-ラクトン ⇌ pantolactone

pantolactone パントラクトン　同 pantoic acid γ-lactone（パントイン酸 γ-ラクトン）, pantoyl lactone（パントイルラクトン）

pantothenic acid パントテン酸：ビタミン B 群の一種. 補酵素 A の成分.

pantoyl lactone パントイルラクトン ⇌ pantolactone

papain パパイン：パパイアのプロテアーゼ.

Papanicolaou smear test パパニコロー・スミア試験：子宮頸部上皮を採取染色し頸がんを診断する方法.　同 Pap smear

papaverine パパベリン：鎮痙剤の一種.

paper chromatography 沪紙クロマトグラフィー

paper electrophoresis 沪紙電気泳動

papilla(*pl.* papillae) 乳頭

papilloma 乳頭腫

Papillomavirus パピローマウイルス属, 乳頭腫ウイルス：パポーバウイルス科の DNA ウイルス. ヒトパピローマウイルス（HPV）は, 上皮組織に感染し, いぼや尖圭コンジローマを起こす. また, 発がん性のタイプは子宮頸がんの原因となる.　同 wart virus（いぼウイルス）

Papovaviridae パポーバウイルス科：環状二本鎖 DNA をゲノムとする小型のウイルス.

PAPS：3′-phosphoadenosine 5′-phosphosulfate の略. ⇌ 3′-phosphoadenylyl sulfate

Pap smear ⇌ Papanicolaou smear

parabiosis 並体結合, パラビオーゼ

parabiotic cell culture パラビオーゼ細胞培養

paracasein パラカゼイン：カゼインの限界加水分解産物.

paracrine パラ分泌，パラクリン，傍分泌

paracrystal 準結晶

paradoxical sleep 逆説睡眠 ⇁ REM sleep

paraffin パラフィン ⇁ alkane

paraganglioma パラガングリオーマ：交感神経節由来の腫瘍.

paraganglion 傍神経節：クロム親和性細胞を含んだ小体で，大動脈の周りや交換神経節の近くに認められるが，特に大きなものは副腎髄質である.

paragloboside パラグロボシド

parahippocampal gyrus 海馬傍回：大脳辺縁系の海馬は海馬傍回の上縁にある海馬溝から側脳室下角内に巻込んだような皮質で，脳室の内側壁をつくっている.

parahormone ホルモン類似物質，パラホルモン

parallel β-structure 平行β構造 ≡ parallel pleated sheet（平行プリーツシート）

parallel pleated sheet 平行プリーツシート ⇁ parallel β-structure

paralogue gene パラログ遺伝子：オルソログ遺伝子が変異して機能を異にするようになったが，構造上は元のオルソログ遺伝子と類似性を保っている遺伝子.

paralysis 麻痺〔ひ〕

Paramecium ゾウリムシ：繊毛をもつ原生動物の一種.

paramesonephric duct 傍中腎管：脊椎動物の発生時に現れ，卵管，子宮，精巣垂などになる.

paramethazone パラメタゾン：抗炎症ステロイド．含フッ素グルココルチコイド.

paramyosin パラミオシン：無脊椎動物の筋肉タンパク質.

Paramyxovirus パラミクソウイルス属：パラインフルエンザ，RSウイルス，麻疹ウイルス，ムンプスウイルスの総称.

paraprotein パラプロテイン：異常に増殖する腫瘍性形質細胞のクローンから由来する免疫グロブリン.

paraquat パラコート：1,1′-ジメチル-4,4′-ビピリジウム塩（メチルビオローゲン）のこと．除草剤．フリーラジカルを産生.

parasite 寄生虫

parasympathetic nervous system 副交感神経系 ≡ nervus parasympathicus

parasympathicotonia 副交感神経活動亢進

parathion パラチオン：有機リン農薬，有機リン系殺虫剤．コリンエステラーゼ阻害剤.

parathormone パラトルモン ⇁ parathyroid hormone

parathyroid 副甲状腺，上皮小体 ≡ parathyroid gland

parathyroid gland ⇁ parathyroid

parathyroid hormone 副甲状腺ホルモン：腎臓や腸管からのCa吸収を刺激して，血中Ca濃度を一定にする作用をもつ．略 PTH ≡ parathormone（パラトルモン）

paratose パラトース：3,6-ジデオキシ-D-グルコース.

paratrophic 寄生栄養［の］

paraventricular nucleus 傍室核

parenchyma 1) 柔組織，2) 実質

parent cell 親細胞

parenteral 非経口的［の］

parent strain 親株

paresis パレーシス：軽度の麻痺.

paresthesia 知覚異常，感覚異常［症］ ≡ dysesthesia, abnormal sensation

pargyline パルジリン：アミノオキシダーゼ阻害剤.

parietal cell 旁〔ぼう〕細胞，壁細胞：胃腺の胃酸分泌細胞．≡ oxyntic cell

parietal lobe 頭頂葉

parietal mesoderm 体壁中胚葉

parinaric acid パリナリン酸：4価不飽和脂肪酸の一種.

Parkinsonism パーキンソニズム ⇁ Parkinson syndrome

Parkinson disease パーキンソン病：ドーパミン不足による錐体外路系変性を伴う運動疾患の一種．≡ shaking palsy（振戦麻痺）

Parkinson syndrome パーキンソン症候群：脳の黒質の障害によるドーパミン不足に基づくパーキンソン病様の運動障害．≡ Parkinsonism（パーキンソニズム）

Park-Johnson method パーク・ジョンソン法：還元糖定量法の一種.

paromomycin パロモマイシン：タンパク質合成を阻害するアミノ酸配糖体抗生物質の一種.

parotid 耳下腺

parotin パロチン：耳下腺ホルモン.

parthenogenesis 単為生殖, 単為発生, 処女生殖: 未受精卵が受精なしに個体に発生すること.

parthenogenetic merogony 単為卵片発生

partial molar quantity 部分モル量, 偏分モル量

partial pressure 分圧

partial specific volume 部分比容, 偏比容: 溶液で単位質量の溶質を加えたときの体積の増加量.

particle 粒子

partition 分配

partition chromatography 分配クロマトグラフィー: 対象物質が固定相と移動相にそれぞれの相への溶解度差に基づいて分配されるクロマトグラフィー.

partition coefficient 分配係数 ⇌ distribution coefficient

partition function 分配関数

parvalbumin パルブアルブミン: カルシウム結合タンパク質の一種.

Parvovirus パルボウイルス属: 一本鎖のDNAをもつ動物ウイルス. ヒトに病原性はない.

PAS ⇌ *p*-aminosalicylic acid の略.

pascal パスカル: 記号 Pa. 圧力の単位. 1 m^2 当たり1ニュートンの圧力.

PAS reaction PAS反応 ⇌ periodic acid Schiff reaction

passage 継代

passage number 継代数

passenger protein パッセンジャータンパク質: 本来の血漿タンパク質以外の一時的に血漿に現れる組織由来のタンパク質.

passive 受動[の], 受身[の], 消極的な

passive agglutination 受動凝集

passive anaphylaxis 受動アナフィラキシー

passive cutaneous anaphylaxis reaction 受動皮膚アナフィラキシー反応 同 PCA reaction (PCA反応)

passive hemagglutination 受動血球凝集 同 indirect hemagglutination (間接血球凝集)

passive hemolysis 受動溶血

passive immunity 受動免疫, 受身免疫 同 passive sensitization (受動感作), passive immunization (受動免疫化)

passive immunization 受動免疫化 ⇌ passive immunity

passive sensitization 受動感作 ⇌ passive immunity

passive transport 受動輸送: 溶質の電気化学ポテンシャル差に従う輸送.

PAS staining PAS染色[法] ⇌ periodic acid Schiff staining

Pasteur effect パスツール効果: 酸素の添加により細胞の解糖(発酵)が抑制される現象.

pasteurization 1)低温殺菌, パストゥーリゼーション, 2)火入れ: 清酒の低温殺菌.

Patau syndrome パトー症候群: 13番染色体のトリソミー. 多指症や心奇形を主徴とする. 同 D1 trisomy (D1トリソミー)

patch formation パッチ形成【細胞膜】 同 patching (パッチング)

patching パッチング ⇌ patch formation

pathogen 病原体, 病原

pathogenic 病原性[の]

pathological 病理学の, 病理の, 病状の

pathology 病理学

Patterson function パターソン関数: X線結晶解析において位相問題を解く関数.

Patterson map パターソン図: X線結晶構造解析に用いられる関数の投影図.

paucidisperse 小分散的な

paucimolecular 小分子的な

Paul-Bunnell antibody ⇌ P-B antibody

Paul-Bunnell test ポール・バンネル試験: 伝染性単核球症の古典的診断法. 同 heterophile antibody test (異好性抗体試験)

Pauly reaction パウリ反応: ヒスチジン, チロシンの呈色反応.

Pauly's reagent パウリ試薬: パウリ反応に用いられる試薬.

pausing factor 転写減衰因子

P-B antibody P-B抗体 同 Paul-Bunnell antibody

P blood group P式血液型 同 P blood type

P blood type ⇌ P blood group

pBR322: 遺伝子組換えに用いられる大腸菌プラスミドの一種.

PC: phoshatidylcholine の略. ⇌ lecithin

PCA ⇌ perchloric acid の略.

PCA reaction PCA反応 ⇌ passive cutaneous anaphylaxis reaction

PCB ⇌ polychlorinated biphenyl の略.

PCB intoxication PCB中毒: 絶縁剤として用いられていたポリ塩素化ビフェニルによる

亜急性中毒症.

P-cellulose P セルロース ⇨ phosphocellulose

PcG ⇨ Polycomb group protein の略.

PCMB ⇨ *p*-chloromercuribenzoic acid の略.

PCNA ⇨ proliferating cell nuclear antigen の略.

PCP: pentachlorophenol の略. 脱共役剤の一つ. 除草剤, 殺虫剤として用いられる.

PCP intoxication PCP 中毒

PCR ⇨ polymerase chain reaction の略.

PCR-SSCP: polymerase chain reaction-single strand conformation polymorphism の略.

PDB: Protein Data Bank の略. 米国立 Brookhaven 研究所が創設し, 現在は Rutgars 大学などが管理しているタンパク質の立体構造のデータベース.

^{32}P decay suicide ^{32}P 崩壊死

PDGF ⇨ platelet-derived growth factor の略.

PDL ⇨ cell population doubling number の略.

PE ⇨ phosphatidylethanolamine の略.

peanut oil 落花生油 　同 arachis oil

pectase ペクターゼ ⇨ pectinesterase

pectic acid ペクチン酸: ペリガラクツロン酸コロイド.

pectic substance ペクチン質: ペクチンとその類似物質の混合物.

pectin ペクチン: ポリガラクツロン酸メチルエステル混合物. 果物のゼリー状多糖.

pectinase ペクチナーゼ 　同 polygalacturonase (ポリガラクツロナーゼ)

pectinesterase ペクチンエステラーゼ 　同 pectase (ペクターゼ)

pectinic acid ペクチニン酸: ペクチン質の成分.

pectinose ペクチノース: L-アラビノースの別名. ペントースの一種. 　同 pectin sugar (ペクチン糖)

pectin sugar ペクチン糖 ⇨ pectinose

pectose ペクトース: 不溶性ペクチン質.

pederin ペデリン: 昆虫の皮膚炎毒素の一種.

pedigree culture 系統培養

PEG ⇨ poly(ethylene glycol) の略.

pelargonenin ペラルゴネニン: 花青素の一種. ペラルゴニンよりグルコース1分子を除いたもの.

pelargonic acid ペラルゴン酸: 炭素数9の直鎖不飽和脂肪酸. 　同 nonylic acid (ノニル酸), nonanic acid (ノナン酸)

pelargonidin ペラルゴニジン: 花青素の一種.

pelargonin ペラルゴニン: 花青素の一種.

P element P 因子: ショウジョウバエがもつ 2.9 kb の DNA 型転位因子. 転位に必要なトランスポザーゼをコードし, 生殖細胞でのみ転位しうる. 突然変異誘発や遺伝子の単離に有用.

pellagra ペラグラ: ニコチン酸欠乏症. 皮膚症状, 消化器症状, 精神症状を呈する.

pellet 1) ペレット, 2) 粒剤, 3) 固形飼料

pellicle 1) 外皮, 2) 薄皮, 3) 包皮

pemphigus 天疱瘡〔ぼうそう〕: 激しい水疱形成を特徴とする状態で, 尋常性, 増殖性, 落葉状, 紅斑性天疱瘡がある.

pemphigus alcohol ペンフィグスアルコール: 飽和二価アルコールの一種.

penetrance 浸透度: ある遺伝子型に対して表現型が現れる頻度.

penicillamine ペニシラミン: D 体は抗リウマチ剤. キレート作用に基づく金属塩中毒の解毒薬.

penicillic acid ペニシリン酸: 抗菌性物質の一種. 歴史的に最初に発見された抗生物質.

penicillin ペニシリン: 細菌細胞壁合成を止める β-ラクタム系抗生物質.

penicillin allergy ペニシリンアレルギー: ペニシリンに対する過敏症.

penicillinase ペニシリナーゼ: β-ラクタマーゼの一種. ペニシリンを分解する.

penicillin screening method ペニシリンスクリーニング法 　同 penicillin selection technique

penicillin selection technique ⇨ penicillin screening method

Penicillium ペニシリウム, ペニキリウム, アオカビ

penicillopepsin ペニシロペプシン: *Penicillium* の生産するアスパラギン酸プロテアーゼの一種.

penicillus (*pl.* penicilli) ペニシルス: *Penicillium* 属の分生子柄と分生子形成細胞の間の箒状の分枝構造.

pentaglycine bridge ペンタグリシン架橋: ペプチドグリカンの構成残基の一種.

pentamycin ペンタマイシン：ポリエン系抗生物質の一種．真菌に作用．

pentanoic acid ペンタン酸 ⇌ valeric acid

pentazocine ペンタゾシン：非麻薬性合成鎮痛薬．

pentetrazol ペンテトラゾール：中枢興奮薬の一種．同 cardiazole（カルジアゾール）

pentifylline ペンチフィリン：血管拡張剤．メチル化キサンチンの一種．

pentitol ペンチトール：ペントースを還元して得られるアルコール．

penton ペントン：正十二面体キャプシドの頂点に位置するタンパク質．

penton base ペントンベース：アデノウイルスの頂点キャプソメア．

pentosan ペントサン：ペントースから成る多糖．

pentose ペントース，五炭糖

pentose phosphate ペントースリン酸

pentose phosphate cycle ペントースリン酸回路 同 pentose shunt（ペントース経路），phosphogluconate pathway（ホスホグルコン酸経路），Warburg-Dickens pathway（ワールブルク・ディケンズ経路），hexose monophosphate shunt（ヘキソース一リン酸経路）

pentose shunt ペントース経路 ⇌ pentose phosphate cycle

pentosuria ペントース尿症，五炭糖尿症

peonidin ペオニジン：ペオニンの非糖部．

peonin ペオニン：シャクヤクの花青素．

PEP ⇌ phosphoenolpyruvic acid の略．

peplomer ペプロマー：コロナウイルスの花弁状部分．

peplomycin ペプロマイシン：ブレオマイシン類の制がん性抗生物質．

peppermint oil はっか油

pepsin ペプシン：胃のアスパラギン酸プロテアーゼ．

pepsin C ペプシン C ⇌ gastricsin

pepsinogen ペプシノーゲン：ペプシン前駆体．

pepstanon ペプスタノン：ペプシンなどのカルボキシペプチダーゼ阻害物質．

pepstatin ペプスタチン：放線菌由来のアスパラギン酸プロテアーゼ（ペプシンなど）阻害剤．

peptaibophol ペプタイボホール：14～24 個のアミノ酸より成るペプチドアミドで，α-アミノイソ酪酸を多く含む一群の抗生物質．リン脂質二重膜の透過性を変化させる作用がある．

peptic ulcer 消化性かい[潰]瘍

peptidase ペプチダーゼ，ペプチド[加水]分解酵素

peptide ペプチド：ペプチド結合によるアミノ酸の重合体（重合数 10～100 程度をさす）．

peptide antibiotic ペプチド系抗生物質：ペプチドから成る抗生物質の総称．

peptide bond ペプチド結合：アミノ酸残基を結ぶアミド結合．同 peptide linkage

peptide hormone ペプチドホルモン：ペプチドを化学的本体とするホルモン．

peptide hydrolase ペプチドヒドロラーゼ：ペプチド結合を加水分解する酵素の総称．

peptide linkage ⇌ peptide bond

peptide map ペプチドマップ：効率よく二次元的にペプチドを分離したペプチドの分布図，または分離する方法．

peptide synthesizer ペプチド合成機

peptide synthetase ペプチドシンテターゼ，ペプチド合成酵素

peptidoglycan ペプチドグリカン：原核生物の細胞壁の糖ペプチド．

peptidyl ペプチド[の]

peptidyl site ⇌ P site

peptidyl transfer ペプチジル転移反応

peptidyl transferase ペプチジルトランスフェラーゼ，ペプチジル転移酵素

peptidyl-tRNA ペプチジル tRNA

peptidyl-tRNA binding site ペプチジル tRNA 結合部位 ⇌ P site

peptone ペプトン：タンパク質分解酵素によるカゼインなどの分解産物．細菌培地の成分．

percent protection パーセント防護【放射線】

perception 1）知覚，2）認知

perceptron パーセプトロン，学習する機械

perchloric acid 過塩素酸：除タンパク剤．同 PCA

Percoll パーコール【商品名】：等密度遠心用のコロイド状シリカ．

perforin パーフォリン

performic acid 過ギ酸

perfume 香料

perfusate 灌[かん]流液

perfuse 灌[かん]流する

perfusion 灌[かん]流

perfusion culture 灌[かん]流培養

perhydrocyclopentanophenanthrene ペルヒドロシクロペンタノフェナントレン: ステロイドの基本骨格. 三つの六員環と一つの五員環から成る.

periacrosomal region ペリアクロソーム領域: 精子細胞の細胞質のこと.

periblastula 周縁胞胚

perichondrium 軟骨膜

perienzyme ⇒ periplasmic enzyme

perikaryon 1) 周核体, 2) 核周部

periodate oxidation 過ヨウ素酸酸化 同 Malaprade reaction (マラプラード反応)

periodic acid 過ヨウ素酸

periodic acid Schiff reaction 過ヨウ素酸シッフ反応: シアル酸などの検出反応. 同 PAS reaction (PAS 反応)

periodic acid Schiff staining 過ヨウ素酸シッフ染色[法]: 糖質を検出するための染色(紅色). 同 PAS staining (PAS 染色[法])

periodism 周期性

periodontal disease 歯周病, 歯周疾患 同 periodontosis, alveolar pyorrhea (歯槽膿漏症)

periodontium 歯根膜

periodontosis ⇒ periodontal disease

peripheral 末梢[しょう][の], 周辺[の]

peripheral lymphoid tissue 末梢[しょう]リンパ系組織: 中枢リンパ系組織(胸腺など)に対して, リンパ節, 扁桃腺, 小腸パイエル板, 白脾髄など末梢に存在するリンパ系組織.

peripheral nervous system 末梢[しょう]神経系

peripheral protein 周辺タンパク質 ⇒ membrane extrinsic protein

periplasm 周縁[細胞]質, ペリプラズム

periplasmic enzyme ペリプラズム酵素: グラム陰性菌の内膜と外膜間に存在する酵素. 同 perienzyme

periplasmic space 細胞周辺腔[くう]: 細菌の細胞壁と形質膜の間の空間.

peritoneal 腹膜[の]

peritoneal exudate cell 腹腔[くう]浸出細胞

peritoneal macrophage 腹腔[くう]マクロファージ

perlecan パールカン

permeability 1) 透過性, 2) 透過率

permeability coefficient 透過係数

permeabilize 透過性を上げる【細胞の】

permease パーミアーゼ, 輸送体

permeate 浸透する

permeation 浸透, 透過

permissible dose 1) 許容量, 2) 許容線量

permissive cell 許容細胞: ウイルスやファージなどが増殖可能な細胞.

permissive condition 許容状態

pernicious 悪性[の], 有害な, 致命的な

pernicious anemia 悪性貧血: ビタミン B_{12} 吸収異常により生じた大球性貧血.

perofskoside ペロフスコシド: ナタネ科の配糖体.

peroxidase ペルオキシダーゼ: $H_2O_2 + AH_2 \to A + 2H_2O$ を触媒するヘムを含む脱水素酵素.

peroxide 過酸化物

peroxide value 過酸化物価

peroxidize 過酸化物化する(過酸酸化ではない)

peroxisome ペルオキシソーム: 尿細管や肝臓の細胞内に見られる小顆粒で, カタラーゼや各種のオキシダーゼを含み, H_2O_2 の生産と分解をつかさどる細胞小器官.

perseitol ペルセイトール: セプタノースアルコール.

persuccinic acid 過コハク酸

pertussis adjuvant 百日咳[菌]アジュバント

pertussis toxin 百日咳毒素: 三量体 G タンパク質 α サブユニットを ADP リボシル化する.

pertussis vaccine 百日咳ワクチン

perylene ペリレン: 蛍光性の芳香族炭化水素.

pesticide 殺虫剤

pestle 1) 乳棒, 2) 内筒【ホモジナイザーの】

PET ⇒ positron emission tomography の略.

petal 花弁

pethidine ペチジン: 合成麻薬性鎮痛薬.

petit mal 小発作, プチマール: 小発作型てんかんの一種.

petit mutant プチ[突然]変異株, プチット[突然]変異株: ミトコンドリア DNA の変異により, 呼吸反応ができず発酵だけで生育する出芽酵母変異株. コロニーが小さいことから名づけられた.

petroleum 石油

petroleum fermentation 石油発酵 ⇒ hydrocarbon fermentation

petroselinic acid ペトロセリン酸: cis-6-オクタデセン酸.

Pettenkofer reaction ペッテンコーファー反応: 胆汁酸の呈色反応の一種.

petunidine ペツニジン: 花青素の非糖部.

Peutz-Jeghers syndrome ポイツ・イェガース症候群: *STK11* 遺伝子変異による全消化管の多発性ポリープ症. 常染色体優性.

Peyer patch パイエル板: 回腸にあるリンパ節集団. 腸内細菌に対する生体防御を担う.

PFGE ⇀ pulsed [field] gel electrophoresis の略.

PFU ⇀ plaque-forming unit の略.

PG ⇀ phosphatidylglycerol の略.

PG ⇀ prostaglandin の略.

PGA: phosphoglyceric acid の略.

PGA: pteroylglutamic acid の略. ⇀ folic acid

PGC ⇀ primordial germ cell の略.

PGI$_2$ ⇀ prostaglandin I$_2$ の略.

P-glycoprotein P 糖タンパク質: multi drug resistance gene も参照.

pH: 水素イオン濃度 [H$^+$](正確には活量)の逆数の常用対数. $pH = -\log[H^+]$. 同 hydrogen exponent(水素指数)

PHA ⇀ phytohemagglutinin の略.

phage ファージ: 細菌を宿主とするウイルスの総称. 同 bacteriophage(バクテリオファージ), bacterial virus(細菌ウイルス)

phage conversion ファージ変換

phage display library ファージディスプレイライブラリー

phage exclusion ファージ排除

phage lysin ファージリシン ⇀ phage lysozyme

phage lysozyme ファージリゾチーム 同 endolysin(エンドリシン), phage lysin(ファージリシン)

phage neutralization test ファージ中和テスト

phage receptor ファージ受容体

phage titer ファージ力価

phagocyte 食細胞

phagocytic index 食作用係数

phagocytic vesicle ⇀ phagosome

phagocytosis 食作用, ファゴサイトーシス, 貪食: 細菌などの顆粒状物質を膜状物質を使って取込む過程.

phagolysosome ファゴリソソーム: 二次リソソーム. 食胞とリソソームの融合した小胞.

phagosome 食胞, ファゴソーム 同 phagocytic vesicle

phalloidin ファロイジン: シロテングダケの毒ペプチド. 微小管アクチンと結合してその脱重合を阻害する.

phallotoxin ファロトキシン: ファロイジンの別名.

phanerogams 顕花植物類

pharmacodynamic effect 薬力学的効果

pharmacodynamics 薬力学

pharmacokinetics 薬物動態学

pharmacology 薬理学, 薬品作用学

pharyngeal tonsil 咽頭へん〖扁〗桃

phase 1)位相, 2)相, 3)期, 4)段階

phase angle 位相角

phase boundary potential 相間電位

phase contrast microscope 位相差顕微鏡

phased culture ⇀ synchronous culture

phase diagram 状態図: 二つ以上の相の間の平衡状態を表した図.

Phaseolus vulgaris インゲンマメ

phase rule 相律

phase separation 相分離

phase shift mutation ⇀ frameshift mutation

phase transition 相転移: 温度, 圧力, 外部磁場, 成分比などの変数の変化によって物質が異なる相に移る現象.

PH domain PH ドメイン: プレクストリンに類似したドメインでタンパク質相互作用にかかわる. 同 pleckstrin homology domain(プレクストリン相同ドメイン)

Phe ⇀ phenylalanine の略.

phenacemide フェナセミド: 抗てんかん薬.

phenacetin フェナセチン: 解熱鎮痛薬. アニリン誘導体.

phenazine methosulfate フェナジンメトスルフェート: 酸化還元試薬の一種.

phene 遺伝的表現型

phenobarbital フェノバルビタール: 催眠薬, 中枢性制吐薬.

phenol フェノール, 石炭酸

phenolase フェノラーゼ: モノフェノールモノオキシゲナーゼの別名.

phenolphthalein フェノールフタレイン: pH 指示薬. アルカリ性で深紅色となる.

phenol red フェノールレッド ⇀ phenolsulfonphthalein

phenolsulfonphthalein フェノールスルホンフタレイン 略 PSP 同 phenol red(フェ

ノールレッド)
phenomenon(*pl*. phenomena) 現象
phenotype 表現型：外見からわかる生物の形質のこと.
phenotypic mixing 表現型混合
phenotypic variance 表現型分散
phenoxybenzamine フェノキシベンズアミン：α遮断剤.
phenoxyl radical フェノキシルラジカル
phenylalanine フェニルアラニン：2-アミノ-3-フェニルプロピオン酸. 必須芳香族アミノ酸の一種. 圏 Phe, F
***p*-phenylenediamine** *p*-フェニレンジアミン：酸化還元試薬の一種.
phenylephrine フェニルエフリン：α_1作動薬.
phenylethylene フェニルエチレン ⇌ styrene
phenyl glucoside フェニルグルコシド：フェノールとグルコースのグルコシド結合物.
phenyl glucuronide フェニルグルクロニド：フェノールとグルクロン酸のグルコシド結合物.
phenylglyoxal フェニルグリオキサール：アルギニン残基の化学修飾剤.
phenyl isothiocyanate フェニルイソチオシアネート
phenyl isothiocyanate method フェニルイソチオシアネート法 ⇌ Edman[degradation] method
phenylketonuria フェニルケトン尿症：フェニルアラニン 4-モノオキシゲナーゼ欠損によりフェニルアラニンが血中に蓄積する遺伝性アミノ酸代謝異常症. 圏PKU
phenylosazone フェニルオサゾン：フェニルヒドラジンと糖の反応生成物.
phenylpyruvic acid フェニルピルビン酸：フェニルアラニンの脱アミノ生成物. フェニルケトン尿症の有害成分.
phenytoin フェニトイン ⇌ diphenylhydantoin
pheochromocytoma 褐色細胞腫：副腎髄質や交感神経節細胞にあるクロム親和性細胞に由来するカテコールアミン産生腫瘍. 高血圧症を呈する. 圓 chromaffin tumor(クロム親和性細胞腫)
pheophorbide フェオフォルビド：葉緑素からMgとフィトールを失ったテトラピロール化合物.
pheophytin フェオフィチン：葉緑素の酸処理でそのMgを2Hで置換した生成物.
pheoporphyrin フェオポルフィリン：葉緑素のテトラピロールに第五の環をもつ化合物.
pheromone フェロモン：同種個体間の情報伝達物質. 雌雄誘引物質など.
PHF: paired helical filament の略. Alzheimer's neurofibrillary tangle を参照.
Philadelphia chromosome フィラデルフィア染色体：慢性骨髄性白血病患者に見られる異常染色体.
philopon ヒロポン ⇌ methamphetamine
pH indicator pH 指示薬 ⇌ acid-base indicator
phleomycin フレオマイシン：ブレオマイシンに類似した構造の抗生物質.
phloem 師部：植物の茎にある栄養素の移動部.
phloretin フロレチン：フロリジンの非糖部.
phlorhizin ⇌ phlorizin
phloridzin ⇌ phlorizin
phlorizin フロリジン：リンゴの樹皮に含まれる配糖体. 糖輸送体阻害剤. 圓 phlorhizin, phloridzin
phloroglucin フロログルシン：1,3,5-トリヒドロキシベンゼン. 還元剤. 糖呈色反応試薬. 圓 phloroglucinol(フロログルシノール)
phloroglucinol フロログルシノール ⇌ phloroglucin
pH meter pH メーター，pH 計
phocomelia アザラシ肢症，フォコメリア：サリドマイドを服用した母親より生まれた小児に見られた奇形.
phorbol ホルボール：クロトン油に含まれるシクロプロパベンゾアズレン骨格をもったポリアルコール. そのジエステル(phorbol ester)は, 強い発がんプロモーター活性をもつ.
phorbol myristate acetate ホルボールミリステートアセテート ⇌ 12-*O*-tetradecanoyl-phorbol 13-acetate
phosfon-D ホスホンD：植物成長抑制物質の一種.
phosphagen ホスファゲン，リン酸源：高エネルギーリン酸結合の貯蔵に用いられるホスホクレアチンやホスホアルギニンの総称.
phosphatase ホスファターゼ：リン酸エステルの加水分解酵素.
phosphate acceptor リン酸受容体
phosphate-ATP exchange reaction リン酸-

ATP 交換反応 ⇌ ATP-phosphate exchange reaction

phosphate-bond energy リン酸結合エネルギー

phosphate carrier リン酸輸送体

phosphate donor リン酸供与体

phosphate ester リン酸エステル

phosphate-water exchange reaction リン酸-水交換反応：リン酸の酸素原子と水分子の酸素原子が交換する反応．

phosphatidalcholine ホスファチダルコリン ⇌ choline plasmalogen

phosphatidalethanolamine ホスファチダルエタノールアミン

phosphatidate phosphatase ホスファチジン酸ホスファターゼ

phosphatidic acid ホスファチジン酸

phosphatidylcholine ホスファチジルコリン ⇌ lecithin

phosphatidylethanolamine ホスファチジルエタノールアミン：生体膜の代表的リン脂質．ケファリンは旧称で，不純物も含むもの．略 PE

phosphatidylglycerol ホスファチジルグリセロール：細菌生体膜の主要リン脂質の一種．略 PG

phosphatidylglycoglycerolipid ホスファチジルグリセロ糖脂質

phosphatidylinositol ホスファチジルイノシトール 略 PI 同 inositol phosphoglyceride（イノシトールホスホグリセリド），[mono]-phosphoinositide（[モノ]ホスホイノシチド）

phosphatidylinositol bisphosphate ホスファチジルイノシトールビスリン酸 略 PIP_2 同 triphosphoinositide（TPI，トリホスホイノシチド）

phosphatidylinositol monophosphate ホスファチジルイノシトール一リン酸 略 PIP 同 diphosphoinositide（DPI，ジホスホイノシチド）

phosphatidylserine ホスファチジルセリン 略 PS

phosphatidylthreonine ホスファチジルトレオニン

3′-phosphoadenosine 5′-phosphosulfate 3′-ホスホアデノシン 5′-ホスホ硫酸 ⇌ 3′-phosphoadenylyl sulfate

3′-phosphoadenylyl sulfate 3′-ホスホアデニリル硫酸：硫酸基の供与体となる硫酸化反応の補酵素．同 3′-phosphoadenosine 5′-phosphosulfate（PAPS，3′-ホスホアデノシン 5′-ホスホ硫酸），active sulfate（活性硫酸）

phosphoamidase ホスホアミダーゼ：ホスホアミド結合を加水分解する酵素の総称．

phosphoarginine ホスホアルギニン：無脊椎動物の筋肉中に存在する高エネルギーリン酸化合物の一種． 同 arginine phosphate（アルギニンリン酸）

phosphoaspartate ホスホアスパラギン酸：アミノ酸生合成の出発物質の一種． 同 aspartyl phosphate（アスパルチルリン酸）

phosphocellulose ホスホセルロース：タンパク質分画用の陽イオン交換樹脂．同 P-cellulose（P セルロース）

phosphocholine ホスホコリン ⇌ choline phosphate

phosphocreatine ホスホクレアチン：筋肉などに多い高エネルギーリン酸の貯蔵体．同 creatine phosphate（クレアチンリン酸）

phosphodiesterase ホスホジエステラーゼ：リン酸ジエステル加水分解酵素．

phosphodiester bond リン酸ジエステル結合，ホスホジエステル結合 同 phosphodiester bridge

phosphodiester bridge ⇌ phosphodiester bond

phosphoenolpyruvic acid ホスホエノールピルビン酸 略 PEP

phosphoenzyme リン酸化酵素：リン酸化された酵素．同 phosphorylated enzyme

phosphoethanolamine ホスホエタノールアミン ⇌ ethanolamine phosphate

phosphoglucoisomerase ホスホグルコイソメラーゼ：グルコースリン酸イソメラーゼの別名．

phosphoglucomutase ホスホグルコムターゼ：グルコース 1-リン酸 ⇌ グルコース 6-リン酸の変換を行う異性化酵素．

phosphogluconate pathway ホスホグルコン酸経路 ⇌ pentose phosphate cycle

phosphoglyceromutase ホスホグリセロムターゼ 同 diphosphoglyceromutase（ジホスホグリセロムターゼ）

phosphoglycolic acid ホスホグリコール酸

phosphoguanidine ホスホグアニジン：ホスファゲンの一種．

phosphohexoketolase ホスホヘキソケトラーゼ:フルクトース-6-リン酸ホスホケトラーゼの別名.

phosphohexokinase ホスホヘキソキナーゼ:6-ホスホフルクトキナーゼの別名.

phosphohexomutase ホスホヘキソムターゼ:グルコース-6-リン酸イソメラーゼの別名.

phosphohistidine ホスホヒスチジン:リン酸のつく位置により3種あり.

O-phosphohomoserine O-ホスホホモセリン:トレオニン生合成の中間体.

phosphokinase ホスホキナーゼ ⇀ kinase

phospholamban ホスホランバン:心筋小胞体に存在するCa^{2+}能動輸送の調節タンパク質.

phospholipase ホスホリパーゼ:グリセロリン脂質のエステル結合を加水分解する酵素の総称.切断部位の特異性により,ホスホリパーゼA$_1$,A$_2$,B,C,Dに分けられる.膜リン脂質を介する情報変換酵素として重要.

phospholipase A$_2$-activating protein ホスホリパーゼA$_2$活性化タンパク質 🔲 PLAP

phospholipid リン脂質:生体膜を構成する脂質で,リンを含んでいる.ホスファチジルコリンやスフィンゴミエリンが代表例.

phospholipid base exchange reaction リン脂質塩基交換反応 🔲 transphosphatidylation(ホスファチジル基転移反応)

phospholipid bilayer リン脂質二重層

5-phosphomevalonic acid 5-ホスホメバロン酸 ⇀ mevalonic acid 5-phosphate

phosphomolybdic acid リンモリブデン酸 ⇀ molybdophosphoric acid

phosphomonoesterase ホスホモノエステラーゼ:リン酸モノエステル加水分解酵素.

phosphomutase ホスホムターゼ:分子内リン酸基転移酵素.

phosphonoglycerolipid ホスホノグリセロリピド:グリセロリン脂質のP-O-C結合をP-C結合に代えた脂質.

phosphonolipid ホスホノリピド:C-P結合をもつリン脂質.

phosphonosphingolipid ホスホノスフィンゴリピド:スフィンゴリン脂質のP-O-C結合をP-C結合に代えた脂質.

phosphophorin ホスホホリン:象牙質のリンタンパク質.

phosphoprotein リン酸化タンパク質

phosphoprotein phosphatase ホスホプロテインホスファターゼ:リン酸化タンパク質の脱リン酸(プロテインキナーゼの逆反応)を触媒する酵素. 🔲 protein phosphatase(プロテインホスファターゼ)

phosphoramidon ホスホラミドン:サーモリシンなどのメタロプロテアーゼの阻害剤.

phosphorescence りん光

phosphoriboisomerase ホスホリボイソメラーゼ:リボースリン酸イソメラーゼの別名.

5-phosphoribosyl 1-diphosphate 5-ホスホリボシル 1-二リン酸:プリン生合成の最初の中間体. 🔲 phosphoribosyl pyrophosphate(PRPP,ホスホリボシルピロリン酸)

phosphoric acid リン酸

phosphorolysis 加リン酸分解:分子に正リン酸が加わって分解する反応で,ホスホリラーゼにより触媒される.

phosphorothioate nucleic acid ホスホロチオエート核酸

phosphorus リン:元素記号 P.原子番号15の非金属元素.

phosphorus-32 リン 32:^{32}P,β線放出核種.

phosphorus-33 リン 33:^{33}P,β線放出核種.

phosphorus-oxygen lyase リン-酸素リアーゼ

phosphorus/oxygen ratio ⇀ P/O ratio

phosphoryl ホスホリル【基】

phosphorylase ホスホリラーゼ:グリコーゲンよりグルコース 1-リン酸を生成する酵素.

phosphorylase kinase ホスホリラーゼキナーゼ:ホスホリラーゼをリン酸化し,活性化する酵素.

phosphorylate リン酸化する

phosphorylated enzyme ⇀ phosphoenzyme

phosphorylated intermediate リン酸化中間体

phosphorylation リン酸化

phosphorylation-dephosphorylation cycle リン酸化-脱リン酸回路

phosphorylation potential リン酸化ポテンシャル:リン酸化ポテンシャル=[ATP]/[ADP][P$_i$]

phosphorylation site リン酸化部位

phosphorylcholine ホスホリルコリン ⇀ choline phosphate

phosphorylethanolamine ホスホリルエタノールアミン ⇀ ethanolamine phosphate

phosphosaccharomutase ホスホサッカロムターゼ: グルコースリン酸イソメラーゼの別名.

O-phosphoserine O-ホスホセリン: セリン生合成の中間体.

O-phosphothreonine O-ホスホトレオニン: タンパク質中に存在.

phosphotransferase ホスホトランスフェラーゼ, リン酸基転移酵素 同 transphosphorylase(トランスホスホリラーゼ)

phosphotungstic acid リンタングステン酸 → tungstophosphoric acid

O-phosphotyrosine O-ホスホチロシン: チロシンO-リン酸. チロシンのフェノール性OHのリン酸化物.

phosphovitin ホスホビチン → phosvitin

phosphowolframic acid リンタングステン酸 → tungstophosphoric acid

phosvitin ホスビチン: 卵黄タンパク質の主成分であるリンタンパク質. 同 phosphovitin(ホスホビチン)

photoactivation 光活性化

photoaddition 光付加[反応]

photoaffinity label[l]ing 光親和性標識: タンパク質の化学修飾法の一つ. 特定のアミノ酸に非共有結合的に標識をつけた後, 光照射により反応を行う方法.

photoautotroph 光[合成]独立栄養生物

photobiology 光生物学

photobleaching フォトブリーチング: レーザー光により細胞内の蛍光色素を失活させること.

photochemical action spectrum 光化学作用スペクトル

photochemical reaction 光化学反応

photochemical system → photosystem

photochemistry 光化学

photocycle 光サイクル: ロドプシンのように光を吸収することによって, 状態や構造が変化していって, 最後は元に戻ること.

photodimerization 光二量化[反応]

photoelectric colorimeter 光電比色計

photoelectric photometer 光電光度計

photoelectric spectrophotometer 光電分光光度計

photoelimination 光脱離[反応]

photoflavin フォトフラビン → lumiflavin

photogenic animal → luminous animal

photogenic organ → luminous organ

photoheterotroph 光[合成]従属栄養生物

photoionization detector 光イオン化検出器

photoisomerization 光異性化: 光により異性化する性質.

photolithotroph 光[合成]無機栄養生物

photolithotrophic 光[合成]無機栄養生[の]

photolithotrophy 光[合成]無機栄養

photoluminescence 光ルミネセンス, フォトルミネセンス: 光励起性発光(蛍光, りん光, 共鳴放射を含む).

photomorphogenesis 光形態形成: 光により植物の発芽, 成長などが調節されること.

photomultiplier 光電子増倍管 同 photomultiplier tube

photomultiplier tube → photomultiplier

photon 光子, 光量子

photoorganoautotroph 光[合成]有機独立栄養生物

photoorganotroph 光[合成]有機栄養生物

photoorganotrophic 光[合成]有機栄養生[の]

photoorganotrophy 光[合成]有機栄養

photooxidation 光酸化

photophosphorylation 光リン酸化 同 photosynthetic phosphorylation(光合成的リン酸化)

photoprotein 発光タンパク質: 低分子物質の触媒により発光するタンパク質.

photopsin フォトプシン, 錐〖すい〗体オプシン: 昼間視のオプシン.

photoreactivating enzyme 光回復酵素 同 deoxyribodipyrimidine photolyase(デオキシリボジピリミジンフォトリアーゼ)

photoreactivation 光回復: チミン二量体DNAの可視光による正常DNAへの酵素的回復.

photoreception 光受容

photoreceptor 光受容体, 光レセプター, 光受容器

photoreduction 光還元

photorespiration 光呼吸: 植物の光依存性呼吸すなわち酸素消費と炭酸ガスの発生.

photosensitive 感光性[の], 光感受性[の]

photosensitization 光増感, 光感作

photosynthesis 光合成: 光のエネルギーを利用した二酸化炭素から有機物の合成反応.

photosynthetic bacterium 光合成細菌 同 phototrophic bacterium

photosynthetic carbon reduction cycle 光合成的炭素還元回路 → reductive pentose

phosphate cycle
photosynthetic organism　光合成生物
photosynthetic phosphorylation　光合成的リン酸化　⇀ photophosphorylation
photosynthetic pigment　光合成色素　◎ assimilatory pigment（同化色素）
photosynthetic quotient　光合成商　◎ assimilatory quotient（同化率），photosynthetic ratio（光合成比）
photosynthetic ratio　光合成比　⇀ photosynthetic quotient
photosynthetic reaction center　光合成反応中心：葉緑体中にあって光エネルギーを化学エネルギーに変換する部位．
photosynthetic unit　光合成単位：植物の光化学反応中心1個分の構成要素集合体のこと．
photosystem　光化学系　◎ photochemical system
phototaxis　走光性，光走性
phototransducer　光変換器
phototroph　光栄養生物
phototrophic bacterium　⇀ photosynthetic bacterium
phototropism　1）向光性【動物】，光［ひかり］向性，2）屈光性【植物】，光［ひかり］屈性
phragmoplast　隔膜形成体：植物細胞分裂の終期に生ずる細胞板．
phrenosin　フレノシン：ヒドロキシ脂肪酸を含むセレブロシド．◎ cerebron（セレブロン）
pH-stat　pHスタット：pHを一定に保ちながら酸，アルカリの消費量を測定する装置．
o-**phthalaldehyde**　*o*-フタルアルデヒド：1,2-ジホルミルベンゼン．
phthalocyanine　フタロシアニン：ポルフィリン様の合成含窒素環状化合物．
phthaloylation　フタロイル化：ペプチド合成期のアミノ基保護の一つ．
phthienoic acid　フチエン酸：結核菌の脂質画分から得られた不飽和分枝脂肪酸の一つ．ミコリペニン酸と同様の構造をもつ．
phthiocerol　フチオセロール：結核菌に見いだされた長鎖メトキシグリコールの総称．
phthiocerolone　フチオセロロン：フチオセロールの一成分．
phthiocol　フチオコール：結核菌のビタミンK様キノン．
phthiodiolone　フチオジオロン：フチオセロールの一成分．
phthioic acid　フチオン酸：結核菌の脂質．
pH titration curve　pH滴定曲線
phycobilin　フィコビリン：藻類色素タンパク質の発色団部分．
phycobilisome　フィコビリソーム：藻青素をもつ集合体．
phycocyanin　フィコシアニン：藻類に分布する青色色素タンパク質．
phycocyanobilin　フィコシアノビリン：フィコシアニンの発色団部分．テトラピロール．
phycoerythrin　フィコエリトリン：藻類に分布する紅色色素タンパク質．
phycoerythrobilin　フィコエリトロビリン：フィコエリトリンの発色団部分．
phylloquinone　フィロキノン：ビタミンK_1ともいう．
phylogenesis　⇀ phylogeny
phylogenetic system　系統分類法
phylogenetic tree　系統樹　◎ taxonomic tree
phylogeny　1）系統発生，2）系統学　◎ phylogenesis
phylum(*pl.* phyla)　門【動物分類の】
physical　身体［の］，物質［の］，自然［の］，物理的［の］
physical containment　物理的封じ込め
physical map　物理的地図（遺伝子，DNAの）：遺伝学的手段ではなくDNAの長さを物理的に決定して得られた遺伝子地図．
physicochemical　物理化学［的］［の］
physiological　生理的［な］，正常機能の
physiological clock　生理時計　⇀ biological clock
physiological fuel value　生理的燃焼熱：ヒトにとって有効な食餌中のエネルギー量．
physiological saline　生理［的］食塩水
physiological salt solution　生理的塩類［溶］液
physiology　生理学
physostigmine　フィゾスチグミン：アルカロイドの一種．コリンエステラーゼ阻害剤．◎ eserin（エゼリン）
phytanate　フィタン酸塩
phytanic acid　フィタン酸：3,7,11,15-テトラメチルヘキサデカン酸．葉緑素に由来する分枝脂肪酸．レフサム病で蓄積する．

phytic acid フィチン酸:イノシトールヘキサキスリン酸の別名.

phytoalexin フィトアレキシン:寄生菌の侵入に抗して植物がつくる抗菌物質.

phytochelatin フィトケラチン:植物の重金属キレートペプチド. γ-グルタミルシステインを含む.

phytochrome フィトクロム:光照射により吸収スペクトルを変える植物色素.

phytoecdysone 植物エクジソン:植物のつくる昆虫脱皮ホルモン活性物質.

phytoene フィトエン:トマトのカロテノイド.

phytofluene フィトフルエン:カロテノイド合成中間体.

phytoglycolipid フィトグリコリピド

phytohemagglutinin フィトヘマグルチニン, 植物凝集素:植物由来の細胞凝集活性をもつレクチンの総称. 略 PHA ≡ plant agglutinin

phytohormone 植物ホルモン ≡ plant hormone

phytokinin フィトキニン → cytokinin

phytol フィトール:葉緑素の成分となっている長鎖アルコール.

phytomonic acid フィトモン酸:植物腫りゅう形成物質. ≡ lactobacillic acid (ラクトバチリン酸)

phytoplankton 植物プランクトン

phytosphingosine フィトスフィンゴシン:植物のスフィンゴシン様物質.

phytosterol フィトステロール ≡ plant sterol(植物ステロール)

phytotron フィトトロン:植物環境調節実験装置.

phytyl diphosphate フィチル二リン酸:フィチルピロリン酸. 葉緑素側鎖の合成中間体.

PI phosphatidylinositol の略.

pI isoelectric point の略.

Picibanil ピシバニール【商品名】:抗がん剤. 溶連菌より抽出される免疫賦活剤.

Picornaviridae ピコルナウイルス科:動物ウイルスのうち最も小型の RNA ウイルス. エンテロウイルスとライノウイルスに大別される.

picric acid ピクリン酸:2,4,6-トリニトロフェノールの別名.

picrotoxin ピクロトキシン:中枢神経興奮薬. GABA に拮抗.

PI effect PI 効果 → PI response

piericidin A ピエリシジン A:抗生物質の一種. ミトコンドリア電子伝達系阻害剤.

piezoelectricity 圧電気, ピエゾ電気

pigeon ハト

pigment 色素【細胞の】

pigment cell 色素細胞

pigmentous retinitis 色素性網膜炎 ≡ retinitis pigmentosa

pigment system 色素系

piled up colony 重層コロニー

piled up growth 重層増殖 ≡ multilayered growth(多層増殖)

pill ピル:経口避妊薬. ゲスターゲンとエストロゲンの誘導体の混合物.

pilocarpine ピロカルピン:縮瞳薬の一種.

pilot 試行

pilus(*pl.* pili) 線毛, ピリ:グラム陰性菌の表層にある短い繊維状構造.

pimaric acid ピマール酸:マツの樹脂の成分.

pimaricin ピマリシン:ポリエン系抗生物質の一種. 真菌に作用.

pimelic acid ピメリン酸:炭素数 7 の直鎖ジカルボン酸. ビオチンの原料.

pinacol-pinacolone rearrangement ピナコール-ピナコロン転位:二つの隣接するヒドロキシ基が 1 個のケトンを生じる転位反応. ≡ pinacol rearrangement(ピナコール転位)

pinacol rearrangement ピナコール転位 → pinacol-pinacolone rearrangement

pineal body 松果体:間脳蓋板に存在し, 下等脊椎動物では光受容体として, ほ乳類ではメラトニンなどを放出する内分泌腺として機能する. ≡ conarium(上生体), pineal gland(松果腺)

pineal gland 松果腺 → pineal body

pinealoblastoma 松果体芽細胞腫

pinealocyte 松果体細胞

α-pinene α-ピネン:テレピン油中に存在するモノテルペン.

ping-pong mechanism ピンポン機構:酵素反応機構の一つの型式. 2 種の基質の反応において一方の反応物が他の基質の結合前に酵素から離れる機構.

pinocytic vesicle 飲作用胞 → pinosome

pinocytosis ピノサイトーシス, 飲作用:細

胞が液状物質を取込む過程.

pinosome ピノソーム 同 pinocytic vesicle（飲作用胞）

pinosylvin ピノシルビン：マツの心材の抗カビ性スチルベン化合物.

PIP: phosphatidylinositol monophosphate の略.

PIP$_2$: phosphatidylinositol bisphosphate の略.

pipecolic acid ピペコリン酸：リシン分解系の中間体の一種. 同 homoproline（ホモプロリン）

piperidine ピペリジン：ヘキサヒドロピリジンともいう. 塩基性有機溶媒.

piperine ピペリン：コショウの辛味成分. 香辛料, 殺虫剤.

piperonal ピペロナール 同 heliotropine（ヘリオトロピン）

PIPES: piperazine-N,N'-bis(2-ethanesulfonic acid) の略. グッドの緩衝液用試薬.

pipet[te] 1) ピペット, 2) 定液量を取る（ピペットで）

PI response PI応答：イノシトールリン酸の合成と分解を介する情報伝達過程のことで, 外界刺激が細胞応答をひき起こす仲立ちとなっている. 同 PI effect（PI効果）

Pisum sativum エンドウマメ

PITC: phenylisothiocyanate の略.

pithecoid 類猿[の]

pituicyte 下垂体後葉細胞

pituitary 1) 下垂体, 脳下垂体, 2) 下垂体[の] 同 pituitary body, pituitary gland, hypophysis

pituitary adrenal system 下垂体副腎皮質系：下垂体前葉から分泌される ACTH（副腎皮質刺激ホルモン）により副腎皮質が刺激されグルココルチコイドを分泌すること.

pituitary body → pituitary

pituitary dwarfism → 下垂体性小人症

pituitary gland → pituitary

pituitary-gonadal axis 下垂体-生殖腺系：性腺刺激ホルモンを分泌する下垂体前葉の働き.

pituitary hormone 下垂体ホルモン

pituitary hyperthyroidism 下垂体性甲状腺機能亢進症 同 syndrome of inappropriate secretion of TSH（TSH分泌異常症候群）

P-jump method Pジャンプ法 → pressure-jump method

pK_a 酸性度指数：酸解離定数（K_a）の逆数の常用対数. p$K_a = -\log K_a$. 酸電離指数ともいう.

PKC → protein kinase C の略.

PKR → double-strand[ed] RNA-dependent protein kinase の略.

PKU → phenylketonuria の略.

pK value pK値：電解質の解離定数, あるいは金属イオンやタンパク質との配位子との結合定数を K で表し, p$K = -\log K$ で定義した値.

PL → placental lactogen の略.

PL → product liability の略.

PL → pyridoxal の略.

placebo 偽薬, プラセボ：薬効検定の対照として投与される薬理的活性のない薬剤類似物. 同 inactive placebo

placenta 胎盤

placental barrier 胎盤関門：胎盤において母体血と胎児血は細胞層によって隔てられていて, 物質の通過と方向性に対して選択性をもっている.

placental hormone 胎盤ホルモン

placental lactogen 胎盤性ラクトゲン 略 PL 同 choriomammotropin（コリオマンモトロピン）, chorionic somatomammotropin（絨毛性ソマトマンモトロピン）

plakalbumin プラクアルブミン：オボアルブミンの加水分解生成物.

planarian プラナリア：へん形動物の一種. 再生力が強い.

plancet 小皿, プランチェット【放射能測定用などの】

Planck constant プランク定数：記号 h. 量子力学の基本定数. 6.626×10^{-34} J·s.

plankton プランクトン：水中の浮遊生物.

Plantae 植物界

plant agglutinin → phytohemagglutinin

plant growth retardant 植物成長抑制剤

plant hormone → phytohormone

plant sterol 植物ステロール → phytosterol

plant virus 植物ウイルス

PLAP → phospholipase A$_2$-activating protein の略.

plaque 1) プラーク, 溶菌斑：肉眼で観察できる溶菌の集落. 2) 溶血斑：肉眼で観察できる溶血の集落.

plaque-forming cell 溶血斑形成細胞：溶血斑を形成する抗体産生リンパ球.

plaque-forming unit プラーク形成単位 略 PFU

plaque hybridization プラークハイブリッド形成[法]：溶菌斑中の特異な DNA 検出用の DNA 断片を対合させて検出する方法.

plasma 1) 血漿, 2) プラズマ

plasma cell 形質細胞, プラズマ細胞：抗体産生能をもつ分化成熟した B 細胞.

plasma clot 凝固血漿

plasma clot culture 凝固血漿培養

plasma-fibronectin 血漿フィブロネクチン ⇒ cold insoluble globulin

plasmagene 細胞質遺伝子, プラズマジーン 同 extranuclear gene (核外遺伝子)

plasmakinin プラスマキニン：血漿中の血圧降下作用, 平滑筋収縮作用をもつ活性ペプチド. 同 kinin (キニン)

plasmalemma ⇒ plasma membrane

plasmalemmal undercoat 細胞膜裏打ち構造：細胞膜の内側にある補強のための細胞骨格構造.

plasmalogen プラスマローゲン：不飽和アルコールのエーテル結合をもつグリセロリン脂質. 同 alkenyl ether-containing phospholipid (アルケニルエーテルリン脂質)

plasma membrane 形質膜, 原形質膜 同 plasmalemma

plasmanic acid プラスマニン酸：1-O-アルキル型ホスファチジン酸.

plasmapheresis 血漿交換[法], プラズマフェレシス

plasmenic acid プラスメニン酸：1-アルケニル型ホスファチジン酸.

plasmenylcholine プラスメニルコリン ⇒ choline plasmalogen

plasmenylethanolamine プラスメニルエタノールアミン 同 ethanolamine plasmalogen (エタノールアミンプラスマローゲン)

plasmid プラスミド：細菌の宿主染色体とは独立して存在し, 自ら複製することのできる遺伝子. 組換え DNA 実験のベクターとして利用される. 同 extrachromosomal genetic element (染色体外遺伝因子)

plasmid incompatibility プラスミド不和合性：同一宿主に 2 種のプラスミドが共存できないこと.

plasmid integration プラスミド組込み

plasmin プラスミン：血栓を溶解する血漿中の酵素. 同 fibrinase (フィブリナーゼ), fibrinolysin (フィブリノリシン)

plasminogen プラスミノーゲン：プラスミン前駆体.

plasmoblast 形質芽球

plasmocytoma 形質細胞腫 ⇒ multiple myeloma

plasmodesm[a] (*pl.* plasmodesmata) プラスモデスム ⇒ protoplasmic connection

plasmolysis 原形質分離：植物細胞を高張液に浸すと, 浸透圧の関係で細胞膜が細胞壁から離れる現象.

plasmon プラスモン：核内のゲノムに対し細胞質遺伝子(核外遺伝子)の全体をいう. 葉緑体遺伝子やミトコンドリア遺伝子など. 非メンデル遺伝をする.

plasmosin プラスモシン：細胞質繊維状タンパク質.

plastein プラステイン：タンパク質分解酵素の逆反応で生じるタンパク質.

plasticity 1) 可塑性【遺伝, シナプス】, 2) 柔軟性【発生】, 3) 塑性

plastid プラスチド ⇒ chromatophore

plastocyanin プラストシアニン：葉緑体中銅タンパク質の一種.

plastoquinol プラストキノール：ユビキノールに似た葉緑体の電子伝達性脂質. プラストキノンの還元型.

plastoquinone プラストキノン：植物に存在するキノンの一種で光合成に関与. 略 PQ

plate 1) 平板, プレート, 2) 塗布する【寒天培地に細菌を】

platelet 血小板, 栓球 同 thrombocyte

platelet-activating factor 血小板活性化因子：1-O-アルキル-2-アセチル-sn-グリセロ-3-ホスホコリン. 好塩基球, 好酸球, マクロファージ, マスト細胞などが産生し血小板活性化, 血管透過性亢進などの作用をもたらす. 気管支喘息などにかかわる. 略 PAF

platelet aggregation 血小板凝集

platelet-derived growth factor 血小板由来増殖因子：血小板中に含まれ, 血小板凝固に伴って放出されて繊維芽細胞などの間葉系細胞に作用する. 創傷治癒を促す一方, 過度の作用は動脈硬化を促進する. 略 PDGF

platelet factor 血小板因子

plating efficiency: 1) ⇒ colony forming activity, 2) ⇒ efficiency of plating

plating method 平板分離法【微生物の】
platinum loop 白金耳
pleated sheet プリーツシート ⇒ β-structure
pleckstrin homology domain プレクストリン相同ドメイン ⇒ PH domain
pleiotropic 多面的な,多相遺伝の
pleiotropic effect 多面的効果
pleiotropism 多面発現:一つの遺伝子が多数の形質を支配すること.
pleiotropy 多面作用,プレイオトロピー
pleomorphic 多形[の]
pleomorphic life cycle 多形的生活環,多型性生活環,多態性生活環:菌類の生活環において,有性生殖を営む世代(モルフ)と無性生殖を営む世代というように,複数の形態をとるもの.
pleuropneumonia-like organism ウシ肺疫菌様微生物:*Mycoplasma mycoides*. マイコプラズマ発見の端緒となった病原体. 圏 PPLO
plica ひだ
ploid ⇒ polyploid
ploidy 1)倍数性, 2)倍数関係
plot 描く【グラフに】
PLP ⇒ pyridoxal phosphate の略.
Plummer's disease プランマー病:結節性甲状腺腫による甲状腺機能亢進症.
pluripotency 1)多能性, 2)多分化能 同 multipotency
pluripotent[ial] stem cell 多分化能性幹細胞 ⇒ multipotent[ial] stem cell
PM ⇒ pyridoxamine の略.
PMA: phorbol myristate acetate の略.
PML ⇒ progressive multifocal leucoencephalopathy の略.
PMP ⇒ pyridoxamine phosphate の略.
PMSF: phenylmethanesulfonyl fluoride の略. セリンプロテアーゼ阻害剤. 同 benzylsulfonyl fluoride
PN ⇒ pyridoxine の略.
Pneumocystis carinii **pneumonia** カリニ肺炎:人獣間に不顕性感染している原虫 *Pneumocystis carinii* が宿主の免疫不全に乗じて増殖し発症する重篤な肺炎. AIDS 患者に併発. 同 carinii pneumonia
pneumonia 肺炎
PNP: pyridoxine phosphate の略.

P1 nuclease P1 ヌクレアーゼ,ヌクレアーゼ P₁
podocyte 有足細胞,タコ足細胞:腎臓のネフロンの一部をつくるボーマン嚢内側にあって内部の糸球体に密着する細胞.
pointed end ⇒ pointing end
pointing end 矢じり端 同 pointed end
point mutation 点[突然]変異,ポイントミューテーション
poise ポアズ:記号 P. 粘度の単位.
poison 毒物
Poisson distribution ポアソン分布
pol I ポル I:DNA ポリメラーゼ I の略号.
pol II ポル II:DNA ポリメラーゼ II の略号.
polar body 極体:第一,第二減数分裂に際して生じる細胞質に乏しい娘細胞で,成熟した卵細胞より放出され退化する.
polar bond 軸結合,ポーラー結合 ⇒ axial bond
polar cap 極帽:有糸分裂前期の終わりに核膜の消失に先立って現れ,紡錘体となって染色体が両極に移動する際の場として重要な役割をもつ.
polar effect 極性効果
polar group 極性基
polarimeter 旋光計
polarimetry 旋光分析
polarity 1)極性, 2)方向性
polarizability 分極率
polarization 1)分極【膜の,電池の,分子の】, 2)偏光【光学】 同 2) polarized light
polarized light ⇒ polarization
polarizer 偏光子,偏光器
polarizing current 分極電流
polar lipid 極性脂質
polar molecule 極性分子
polar mutation 極性[突然]変異
polarography ポーラログラフィー:電解分析法の一種. 溶存酸素の測定によく用いられる.
pole 極
Polenske value ポレンスケー価:油脂類の揮発性脂肪酸量の定量法.
poliomyelitis virus ⇒ poliovirus
poliovirus ポリオウイルス:エンテロウイルスの一種. 急性灰白髄炎(ポリオ)の病原体. 同 poliomyelitis virus
pollen 花粉
pollen allergy 花粉アレルギー

pollen culture 花粉培養
pollinosis 花粉症
pollution 汚染,汚濁
poly(A) ポリ(A) ⇒ polyadenylic acid
polyacrylamide gel ポリアクリルアミドゲル:アクリルアミドの重合で得られるゲル.
polyacrylamide gel electrophoresis ポリアクリルアミドゲル電気泳動:ポリアクリルアミド中で高分子物質を電圧で移動させる分析法. 略 PAGE
polyadenylic acid ポリアデニル酸 同 poly(A) (ポリ(A))
poly(ADP-ribose) ポリADPリボース:ADPリボースが α 1→2 グリコシド結合によって重合したもの.NADからニコチン酸アミドが遊離してできる.DNA損傷時,ポリADPリボースポリメラーゼ(PARP)によってヒストンなどの核タンパク質がこの修飾を受ける.
poly(ADP-ribosyl)ation ポリADPリボシル化
polyagglutination 多凝集反応 同 Hübner-Thomsen-Friedenreich phenomenon(ヒューブナー・トムゼン・フリーデンライヒ現象)
polyamine ポリアミン:アミノ基またはアザ基を二つ以上もつ脂肪族化合物.ほ乳動物では,おもにプトレッシン,スペルミジン,スペルミンの3種.
polyamine oxidase ポリアミンオキシダーゼ
polyamino acid ポリアミノ酸 同 poly-(amino acid), polymerized amino acid(重合アミノ酸)
poly(amino acid) ⇒ polyamino acid
polyampholyte 両性高分子電解質
poly A:U ポリA:U:ポリアデニル酸-ポリウリジル酸複合体でアジュバントとして使用される.
polybasic acid 多塩基酸
polybrene ポリブレン:エドマン法によるアミノ酸配列決定法のタンパク質溶剤.
polychlorinated biphenyl ポリ塩素化ビフェニル,多塩素化ビフェニル 略 PCB 同 polychlorobiphenyl(ポリクロロビフェニル)
polychlorobiphenyl ポリクロロビフェニル ⇒ polychlorinated biphenyl
polychromatic 多染性
polycistronic 多シストロン性:細菌の遺伝子にみられる構造で,一つのプロモーターが多くの遺伝子発現を調節する構造.1本のmRNA上に複数の読み枠が転写されている状態.
polycistronic mRNA ポリシストロン性mRNA
polyclonal ポリクローナル,多クローン[性][の]
polyclonal activation ポリクローナル活性化
polyclonal antibody ポリクローナル抗体,多クローン[性]抗体
polyclonal immunoglobulinopathy ポリクローナル免疫グロブリン病:慢性感染症,自己免疫疾患,サルコイドーシスなどで抗体産生組織がポリクローナル免疫グロブリンを過剰産生する状態.
Polycomb group protein ポリコムグループタンパク質:ヘテロクロマチン形成にかかわる一群のクロマチンタンパク質. 略 PcG
polycyclic 多環[の]
polycystic kidney 多[発性]嚢『のう』胞腎:進行性腎機能障害を伴う遺伝性疾患.
polycystic ovary syndrome 多嚢胞性卵巣症候群 ⇒ Stein-Leventhal syndrome
polycythemia 赤血球増加症
polycythemia vera 真性赤血球増加症
polydactyly 多指(趾)症
polydipsia 多飲[症]
polyelectrtolyte 1)多価電解質,2)高分子電解質
polyendocrinopathy 多腺性内分泌障害:複数の内分泌腺に腫瘍性機能亢進症や自己免疫性機能低下症をみる状態.前者は特に多発性内分泌腺腫瘍症候群(MEN, multiple endocrine neoplasia)という.
polyene ポリエン:二重結合を複数もつ炭化水素.
polyene antibiotic ポリエン系抗生物質:分子内に共役二重結合を4~7個含む多員環ラクトン構造をもつ抗生物質で放線菌により産生される.大環状ラクトンを含む抗生物質の総称. 同 polyene macrolide(ポリエンマクロライド)
polyene macrolide ポリエンマクロライド ⇒ polyene antibiotic
polyenoic acid ポリエン酸:複数個の二重結合をもつ酸.
polyether antibiotic ポリエーテル系抗生物質:分子内に二つ以上のエーテル環をもつ抗生物質の総称.イオノホアであることが多い.

polyethylene ポリエチレン：エチレンの重合体．代表的な合成樹脂．

poly(ethylene glycol) ポリエチレングリコール：PEG の後に平均分子量をつけて，PEG400 のように表記することもある．細胞融合に用いる． 國 PEG

poly(ethylene glycol) alkyl ether ポリエチレングリコールアルキルエーテル：非イオン性界面活性剤．商品名 Emulgen 120, Brij など．

poly(ethylene glycol) nonylphenyl ether ポリエチレングリコールノニルフェニルエーテル：非イオン性界面活性剤の一種．

poly(ethylene glycol) p-t-octylphenyl ether ポリエチレングリコール p-t-オクチルフェニルエーテル：Triton 系の非イオン性界面活性剤．

poly(ethylene glycol) sorbitan alkyl ester ポリエチレングリコールソルビタンアルキルエステル：Tween 系の非イオン性界面活性剤．

polyfunctional catalyst 多機能触媒

polygalacturonase ポリガラクツロナーゼ ⇒ pectinase

polygalacturonic acid ポリガラックロン酸：ガラクツロン酸の多量体（ペクチン基本物質）．

polygene ポリジーン，多遺伝子：多数が同義的に補足し合いながらある量的形質の発現に関与する遺伝子群をいう．

polygenic 多遺伝子性[の]

polygenic inheritance ポリジーン遺伝 ⇒ multigenic inheritance

polyglycosylceramide ポリグリコシルセラミド ⇒ macroglycolipid

polyhead ポリヘッド：ファージの変異株にみられる長い頭部．

polyhedral body 多面小体 ⇒ carboxysome

polyhedron (*pl.* polyhedra) 1) 多面体：ウイルスを包み込んで保護するタンパク質の結晶体．2) 多角体【昆虫】

polyhybrid ⇒ multihybrid

polyhydroxy aldehyde ポリヒドロキシアルデヒド：アルドース．

polyhydroxy alkane ポリヒドロキシアルカン

polyhydroxy ketone ポリヒドロキシケトン：ケトース．

poly I : C ポリ I : C：ポリイノシン酸-ポリシチジル酸複合体が免疫アジュバントとして使用される．

polyinhibitor ポリインヒビター：二つ以上の阻害領域をもつプロテアーゼ阻害ペプチド．

polykaryotic 多核[の]

polyketide ポリケチド：β-ケトメチレン鎖から導かれる化合物の総称．

polyketide antibiotic ポリケチド系抗生物質：仮想的中間体ポリケチドを経て生合成されると考えられる抗生物質の総称．

polylysogeny 多重溶原性：細菌細胞が1染色体に対し二つ以上のプロファージをもつ状態．

polymer 1) 重合体，2) 高分子，ポリマー，3) 多量体

polymerase ポリメラーゼ，重合酵素

polymerase chain reaction ポリメラーゼ連鎖反応 國 PCR

polymerization 重合

polymerization degree ⇒ degree of polymerization

polymerized amino acid 重合アミノ酸 ⇒ polyamino acid

polymerized antigen 重合抗原

polymetaphosphate ポリメタリン酸

polymorphic 多型[の]，多形[の]

polymorphism 1) 多型性，多形性，2) 多形[現象]

polymorphonuclear leukocyte 多形核白血球：分化成熟した顆粒白血球．

polymyositis 多発性筋炎

polymyxin ポリミキシン：緑膿菌，グラム陰性菌に対するペプチド抗生物質．多成分あり．細菌細胞外膜のリン脂質と結合し，これを破壊する．

polynemic 多糸性[の]

polyneuropathy 多発性神経炎：多数の末梢神経が四肢末梢より体の左右対称性に障害される末梢神経疾患．

polynucleotide ポリヌクレオチド

polynucleotide kinase ポリヌクレオチドキナーゼ：DNA, RNA の 5′末端をリン酸化する酵素．

polynucleotide phosphorylase ポリヌクレオチドホスホリラーゼ

polyomavirus ポリオーマウイルス

polypeptide ポリペプチド

polypeptide chain elongation ポリペプチド鎖伸長, ポリペプチド鎖延長

polypeptide chain elongation factor ポリペプチド鎖伸長因子 ⇒ elongation factor

polypeptide chain initiation factor ポリペプチド鎖開始因子 ⇒ initiation factor

polypeptide chain release factor ポリペプチド鎖終結因子 ⇒ release factor

polypeptide hormone ポリペプチドホルモン

polyphenol ポリフェノール, 多価フェノール: 芳香族炭化水素の2個以上の水素がヒドロキシ基で置換された化合物.

polyphosphoinositide ポリホスホイノシチド

polyphyletic group 多系統群

polyploid 倍数体, 多倍数体 同 polyplont, polyploid organism, ploid

polyploid cell 倍数細胞

polyploid organism ⇒ polyploid

polyplont ⇒ polyploid

polyprenol ポリプレノール 同 polyprenyl alcohol (ポリプレニルアルコール)

polyprenyl alcohol ポリプレニルアルコール ⇒ polyprenol

polyprenyldiphosphate ポリプレニル二リン酸, ポリプレニルピロリン酸

polyprotein ポリタンパク質: いったん翻訳により生合成されたタンパク質が加水分解を受けていくつかのタンパク質やポリペプチドになる場合, 生合成直後のタンパク質のこと.

polyribosome ポリリボソーム ⇒ polysome

polysaccharide 多糖[類] 同 glycan (グリカン)

polysheath ポリシース: ファージの成熟過程に変異があるために切断が正常に起こらず何単位もの長さに合成されたファージの鞘.

polysome ポリソーム: 数個～数十個のリボソームが1本のmRNAに結合して数珠つなぎになったもの. 同 polyribosome (ポリリボソーム)

polysomic 多染色体[の]

polysomy 多染色体性: 異数性のうち, 染色体組の中にある幾本かの染色体が重複して核中に存在している状態.

polysynaptic reflex 多シナプス反射

polytail ポリテール: ファージの変異株にみられる長い尾管.

polytene chromosome 多糸[性]染色体: 細胞分裂を伴わず染色体の複製が続けて起こり, 多数の染色分体が束状に合わさって存在する巨大染色体. ショウジョウバエの唾線染色体が有名. 同 polytenic chromosome

polytenic chromosome ⇒ polytene chromosome

polyteny 多糸性

polyterpene ポリテルペン: イソプレンの重合体. $(C_5H_8)_n$ で $n>3$ のもの. 天然ゴムなど.

polythetic 多形質的[の]

polytypic 多型[の]

poly(U) ポリ(U) ⇒ polyuridylic acid

polyubiquitination ポリユビキチン化: タンパク質の翻訳後修飾の一つ. タンパク質の安定性を制御する.

polyuria 多尿[症]

polyuridylic acid ポリウリジル酸 同 poly(U) (ポリ(U))

polyvalent antibody ⇒ multivalent antibody

polyvalent serum 多価抗血清 ⇒ multivalent antibody

polyvinyl sulfate ポリビニル硫酸

Pompe's disease ポンペ病 ⇒ α-glucosidase deficiency

Ponceau 3R ポンソー3R: タンパク質染色剤.

pons 橋, 脳橋

pool size プールサイズ: 1) 生体物質(代謝中間体など)が均一に混合している画分内の物質量. 細胞内のプール. 血漿中のプールなど. 2) 遺伝子頻度の差からくる集団中の遺伝子の量.

poor solvent 貧溶媒

POPOP: 1,4-bis-2-(5-phenyloxazolyl)benzene. 液体シンチレーターにおける蛍光物質の第二溶質.

population 個体群, 個体数

population density 1) 集団密度, 2) 個体群密度

population doubling time 集団倍加時間

population genetics 集団遺伝学: ある生物種の集団の遺伝子構成を解析する学問で, 進化における自然選択の数量的な解析を行う.

population structure 集団構造

P/O ratio P/O 比: 酸化的リン酸化における合成 ATP モル数と酸素消費量比. 同 phosphorus/oxygen ratio

porcine ブタ[の]

porin ポーリン：細菌やミトコンドリアの外膜にある大きい孔径のチャネルを形成するタンパク質.

porphin ポルフィン：4個のピロール核が4個のメチン基により結合してできた環状化合物. ポルフィリンの母核.

porphobilinogen ポルホビリノーゲン：2-アミノメチルピロール-3-酢酸-4-プロピオン酸. ポルフィリン, ヘムなどの前駆体.

porphyria ポルフィリン症, ポルフィリア：ポルフィリンの代謝異常のため尿中に多量のポルフィリン体が排出される疾患. 遺伝性, 二次性など複数のタイプがある.

porphyrin ポルフィリン：ピロール環4個をもつ環状化合物. ヘムから鉄を除いた化合物もその一例.

porphyrinogen ポルフィリノーゲン：ポルフィリンの還元型の一種.

porphyropsin ポルフィロプシン, 視紫紅

positional candidate cloning ポジショナルキャンディデートクローニング：ポジショナルクローニングにおいて, 疾患原因遺伝子の染色体上の位置が特定された後, ESTやcDNAをゲノム上にマップした情報を用いて候補遺伝子を探す方法.

positional cloning ポジショナルクローニング：遺伝子疾患や遺伝子異常に原因をもつ疾患の原因遺伝子を, 家系解析や実験動物の交配, あるいは同じ疾患の患者の遺伝子解析により, 表現型と連鎖する遺伝子座を探すことにより同定する方法.

position effect 位置効果：染色体の位置によって遺伝子発現に変化が出ること.

positive 1)正[の], 2)陽性[の]

positive control 1)正の制御, 2)陽性対照 同 1)positive regulation(正の調節)

positive feedback 正のフィードバック

positive modulator 正のモジュレーター

positive regulation 正の調節 ⇒ positive control

positive staining ポジティブ染色[法]

positive supercoil 正の超らせん, 正のスーパーコイル

positron 陽電子, ポジトロン

positron CT ポジトロンCT ⇒ positron emission tomography

positron emission tomography 陽電子放射断層撮影法：陽電子核種を用いた核医学用の断層撮影装置で局所の代謝が体外から測定できる. 略 PET 同 positron CT(ポジトロンCT)

postcaval vein ⇒ inferior vena cava

posterior 後方[の], 後[の]

posterior lobe hormone 後葉ホルモン ⇒ posterior pituitary hormone

posterior pituitary 下垂体後葉 同 neural lobe(神経葉)

posterior pituitary hormone 下垂体後葉ホルモン 同 neurohypophysial hormone(神経下垂体ホルモン), posterior lobe hormone(後葉ホルモン)

postheparin lipolytic activity ヘパリン後脂解活性：ヘパリン添加後の脂質分解活性. ヘパリン感受性リパーゼ活性.

postlabel[l][ing] method ポストラベル法【核酸塩基の配列決定法における】

postmitotic cell 分裂終了細胞 ⇒ nondividing cell

postreplication repair 複製後修復

postsynaptic inhibition シナプス後抑制

postsynaptic membrane シナプス後膜：シナプス下膜ともいうが, シナプス下膜はシナプス後膜のシナプス間隙に面した部分のみをさす場合もある. 同 subsynaptic membrane(シナプス下膜)

postsynaptic potential シナプス後電位 同 synaptic potential(シナプス電位)

postsynaptic thickening シナプス後膜肥厚

posttranscriptional 転写後 同 post-transcriptional

posttranscriptional control 転写後調節 同 posttranscriptional regulation

posttranscriptional modification 転写後修飾 ⇒ posttranscriptional processing

posttranscriptional processing 転写後プロセシング 同 posttranscriptional modification(転写後修飾)

posttranscriptional regulation ⇒ posttranscriptional control

posttranslational 翻訳後 同 post-translational

posttranslational control 翻訳後調節 同 posttranslational regulation

posttranslational regulation ⇒ posttranslational control

posttraumatic stress disorder 心的外傷後ストレス障害 略 PTSD

potassium カリウム：元素記号 K．原子番号19のアルカリ金属元素．細胞内液に多い．

potassium cyanide シアン化カリウム 同 potassium prussiate（青酸カリウム）

potassium ferricyanide フェリシアン化カリウム

potassium ferrocyanide フェロシアン化カリウム

potassium permanganate 過マンガン酸カリウム

potassium prussiate 青酸カリウム → potassium cyanide

potentiation 増強，増強作用

potentiometry 電位差測定

Potter-Elvehjem homogenizer ポッター・エルベージェムホモジナイザー：筒状の容器に回転する内筒を入れて細胞を破砕する装置．

power law べき法則

Poxviridae ポックスウイルス科：光学顕微鏡でも観察可能な大型の DNA ウイルス．さまざまの動物種が固有のポックスウイルスをもつ．ヒトでは伝染性いぼウイルス，痘瘡ウイルス．

PP$_i$ → diphosphoric acid の略．

PPAR : peroxisome proliferator activated receptor の略．

ppGpp → guanosine 5′-diphosphate 3′-diphosphate の略．

PPLO → pleuropneumonia-like organism の略．

PPO : 2,5-diphenyloxazole．液体シンチレーターの助剤．

pppGpp → guanosine 5′-triphosphate 3′-diphosphate の略．

PQ → plastoquinone の略．

PQQ → pyrroloquinoline quinone の略．

practolol プラクトロール：β_1 遮断剤．

pralidoxime プラリドキシム：有機リン農薬解毒剤．コリンエステラーゼ活性化剤．略 PAM［パム］

praseodymium プラセオジム：元素記号 Pr，原子番号59の希土類元素．Ca 輸送阻害剤．

Prausnitz-Küstner reaction プラウスニッツ・キュストナー反応：IgE 検出のための古典的皮膚反応．

prazosin プラゾシン：α_1 遮断剤．

preadipocyte 前脂肪細胞：脂肪細胞の前駆細胞．

prealbumin プレアルブミン → transthyretin

prebetalipoprotein プレ β リポタンパク質 → very low-density lipoprotein

prebiotic 前生物的

precalciferol プレカルシフェロール：プレエルゴカルシフェロールとプレコレカルシフェロールの総称．それぞれビタミン D_2 と D_3 の前駆体．同 previtamin D（プレビタミン D）

precancerous 前がん［癌］［の］

precancerous change 前がん［癌］病変

precession camera プレセッションカメラ：X 線回折カメラの一種．

precipitate 沈殿［物］

precipitation 沈殿［操作］，沈降

precipitation curve 沈降曲線

precipitation inhibition reaction 沈降阻止反応

precipitation reaction 沈降反応 同 precipitin reaction

precipitin 沈降素

precipitin reaction → precipitation reaction

precision 精密さ

precocious puberty ［性］早熟症

precursor 前駆体，前駆物質

precursor cell 前駆細胞 同 progenitor cell（始原細胞）

precursor tRNA tRNA 前駆体

prednisolone プレドニソロン：合成抗炎症ステロイドの一種．同 Δ^1-dehydrocortisol（Δ^1-デヒドロコルチゾール），Δ^1-hydrocortisone（Δ^1-ヒドロコルチゾン），predonine（プレドニン）

prednisone プレドニソン：合成グルココルチコイド．同 Δ^1-cortisone（Δ^1-コルチゾン）

predonine プレドニン → prednisolone

preen gland 尾腺 同 uropygial gland（尾脂腺）

prefolic acid A プレ葉酸 A：L(−)-5-メチル-5,6,7,8-テトラヒドロ葉酸の別名．

preformation theory 前成説：epigenesis を参照．

pregel test プレゲル試験 → Limulus test

pregnancy-associated α_2 glycoprotein 妊娠性 α_2 糖タンパク質 → pregnancy-zone protein

pregnancy-zone protein 妊娠性血漿タンパク質：妊娠時に血中に見いだされるタンパク質の一種．α_2 マクログロブリンと高い相同性がある．⇨ pregnancy-associated α_2 glycoprotein (PAG, 妊娠性 α_2 糖タンパク質)，α_2 pregnoglobulin (α_2 プレグノグロブリン)

pregnanediol プレグナンジオール：プロゲステロン代謝産物．

pregnanetriol プレグナントリオール：17α-ヒドロキシプロゲステロン代謝産物．

pregnant 妊娠[の]

pregnenolone プレグネノロン：ステロイドホルモン前駆体の一種．コレステロールより生ずる炭素数21のステロイド．

α_2 **pregnoglobulin** α_2 プレグノグロブリン ⇨ pregnancy-zone protein

preincubate プレインキュベートする，前保温する，前温置する

prekallikrein プレカリクレイン：カリクレイン前駆体．

prelumirhodopsin プレルミロドプシン ⇨ vasorhodopsin

premature 未熟[の]，成熟前[の]

premature aging 早期老化

premature lysis 未成熟溶菌

prenatal diagnosis 出世前診断 ⇨ antenatal diagnosis

prenatal period 出生前期

prenyltransferase プレニルトランスフェラーゼ：イソプレノイド生合成においてプレニル基とイソペンテニル二リン酸との結合やプレニル基の転移を触媒する酵素の総称．

preoptic nucleus 視束前核

preparation 1) 標本，2) 製法，調製

preparative ultracentrifuge 分取用超遠心機

prephenic acid プレフェン酸：フェニルアラニン合成前駆物質．

prephytoene diphosphate プレフィトエン二リン酸，プレフィトエンピロリン酸

prepriming protein プレプライミングタンパク質：DNA複製においてプライマーゼ作用以前に作用する数種のタンパク質(Dnaなど)の総称．

preproenkephalin プレプロエンケファリン：シグナルペプチドの結合したエンケファリンの前駆体ペプチド．

preprohormone プレプロホルモン：シグナルペプチドを切離する前のプロホルモン．

preproinsulin プレプロインスリン：プロインスリン前駆体．

preprotachykinin プレプロタキキニン：ウシの脳のP物質の前駆体．α, β の2種がある．α はP物質の，β はP物質とK物質(neurokinin)の前駆体である．

preprotein 前タンパク質，プレタンパク質：分泌型のタンパク質などで，小胞体膜を通過するために，N末端側にシグナルペプチドをもつ前駆体タンパク質．

preservation medium 保存培地

preserved blood ⇨ bank blood

pressure-jump method 圧力ジャンプ法 ⇨ P-jump method (Pジャンプ法)

presumptive 予定運命[の]

presumptive myoblast 予定筋芽細胞

presynapsis 前シナプス

presynaptic membrane シナプス前膜

pretazettine プレタゼチン：ヒガンバナアルカロイド前駆体．

pretreat 前処理する

pretyrosine プレチロシン：チロシン生合成の中間生成物．

previtamin D プレビタミンD ⇨ precalciferol

PRH ⇨ prolactin-releasing hormone の略．

Pribnow box プリブナウボックス ⇨ Pribnow sequence

Pribnow sequence プリブナウ配列：原核細胞遺伝子の転写開始点上流約10塩基対上流に存在する 5′-TATPuATG-3′ をコンセンサスとする配列．RNAポリメラーゼの結合部位でありプロモーターとして機能する．⇨ Pribnow box (プリブナウボックス)

pricking method 細胞穿刺法，プリッキング法：細胞内へのマイクロインジェクション法の一種．

primary 1) 一次[性]の，2) 原発性の【疾患が】，3) 始原の

primary active transport 一次能動輸送：ATP加水分解などでイオンの電気化学ポテンシャル差を形成するような輸送．

primary allergen 一次アレルゲン

primary amyloidosis 原発性アミロイドーシス

primary bile acid 一次胆汁酸

primary culture 初代培養

primary dysphagocytosis 原発性食作用異常症

primary fibrinolytic purpura 一次繊溶亢進性紫斑病 ⇒ purpura fibrinolytica

primary hyperaldosteronism 原発性高アルドステロン症 ⇒ Conn syndrome

primary immune response 一次免疫応答

primary immunodeficiency syndrome 原発性免疫不全症候群

primary lysosome 一次リソソーム：食胞などと融合する以前のリソソーム．

primary metabolite 一次代謝産物

primary proteose 一次プロテオース

primary sequence 一次配列

primary structure 一次構造

primary transcript 転写一次産物

primase プライマーゼ：DNA複製の開始に必要なプライマーRNAを合成する．真核生物ではDNAポリメラーゼα複合体に付随．

primate 霊長類

prime 開始する

primed lymphocyte ⇒ sensitized lymphocyte

primer プライマー：反応の開始に必要な構造，物質．

primer effect プライマー効果

primer RNA プライマーRNA：DNAポリメラーゼがDNA合成を開始するのに必要な3′-OH末端を供給する短いRNA断片．プライマーゼにより合成され，岡崎フラグメントの5′末端に存在する．

primetin プリメチン：フラボンの一種．

primidone プリミドン：抗てんかん薬．

priming 初回刺激，プライミング，初回免疫

primitive gut ⇒ archenteron

primitive organic compound 原始有機物：アミノ酸，糖など生体構成分子の基本となる低分子有機物質． 同 primordial biomolecule（始原的生分子）

primordial 始原的[の]，根源的な，初生の

primordial biomolecule 始原的生分子 ⇒ primitive organic compound

primordial germ cell 始原生殖細胞 略 PGC

primordium 原基

primosome プライモソーム：DNA複製開始時にDNA上に集合しプライマーRNA合成を行うタンパク質複合体．プライマーゼと複数のタンパク質とから成る．

prion プリオン：核酸をもたない感染性のタンパク質で，海綿状脳症の原因と考えられている．

prion disease プリオン病：プリオンタンパク質が原因となりひき起こされる感染性海綿状脳症の総称．動物ではヒツジのスクレイピー，ウシの狂牛病，ミンク脳症など．ヒトではクロイツフェルト・ヤコブ病，ゲルストマン・ストロイスラー・シャインカー病，致死性家族性不眠症，クールーが知られる．

pristanic acid プリスタン酸，2,6,10,14-テトラメチルペンタデカン酸：フィタン酸のα酸化生成物．

PRL ⇒ prolactin の略．

Pro ⇒ proline の略．

proaccelerin プロアクセレリン：血液凝固V因子の別名．

proacrosin プロアクロシン：精子のアクロシンの前駆体．

probability 確率

probe プローブ，探査子

probenecid プロベネシド：痛風薬の一種，尿酸排泄促進作用をもつ．

procaine プロカイン：局所麻酔薬．

procalciferol プロカルシフェロール：ビタミンD前駆体．

procapsid プロキャプシド，プロカプシド

procarboxypeptidase プロカルボキシペプチダーゼ：カルボキシペプチダーゼ前駆体．

procaryote ⇒ prokaryote

procaryotic cell ⇒ prokaryotic cell

processing プロセシング：高分子前駆体（タンパク質，mRNAなど）の細胞内での部分切断，修飾．

prochiral center プロキラル中心：プロキラリティーをもつ中心原子．

prochirality プロキラリティー：1回の置換によって不斉を生じること（構造）．

Procion Brilliant Blue プロシオンブリリアントブルー：タンパク質染色剤．

Procion Red プロシオンレッド：クロロトリアジン色素．セファロースと結合させたものはアフィニティークロマトグラフィーの支持体として用いられる．

procollagen プロコラーゲン：コラーゲン前駆体．

proconvertine プロコンベルチン：血液凝固VII因子の別名．

prodigiosin プロジギオシン：霊菌の赤色色素．
product inhibition 生産物阻害，生成物阻害
product liability 製造物責任　略 PL
proelastase プロエラスターゼ：エラスターゼ前駆体．
proenzyme プロ酵素，酵素前駆体　同 enzyme precursor, zymogen(チモーゲン)
profilactin プロフィラクチン：精子中のプロフィリン様タンパク質とGアクチンの複合体．
profilin プロフィリン：Gアクチンと結合し，Gアクチンの重合を防いでいる低分子量タンパク質．
proflavin プロフラビン：2,8-アミノアクリジン．消毒薬の一種．
progenitor cell 始原細胞　→ precursor cell
progenote プロゲノート：仮想上の原始細胞でここから真正細菌，古細菌，真核細胞が分化した．
progeria 早老症
progeroid 早老性
progesterone プロゲステロン：4-プレグネン-3,20-ジオン．黄体ホルモン．
progesterone-binding protein プロゲステロン結合タンパク質
progestin プロゲスチン　→ gestagen
progestogen プロゲストーゲン　→ gestagen
proglucagon プログルカゴン：グルカゴン前駆体．
program[m]ed cell death プログラム細胞死：特定の細胞がプログラムされているかのように決まった時期に死ぬ現象で，形態学的にはアポトーシスである．
progressive multifocal leucoencephalopathy 進行性多巣性白質脳症：スローウイルス感染症の一つと考えられている．　略 PML
progressive muscular dystrophy 進行性筋ジストロフィー
progressive systemic sclerosis 進行性全身性硬化症　→ scleroderma
prohormone プロホルモン：プロセシングを受ける前のペプチドホルモンすなわち前駆体．プレプロホルモンはシグナルペプチドを含む前駆体ホルモン．
proinsulin プロインスリン：インスリン前駆体．

prokaryon 原核
prokaryote 原核生物　同 procaryote
prokaryotic cell 原核細胞　同 procaryotic cell
prokaryotic protist 原核原生生物
prolactin プロラクチン：乳腺，前立腺の発育を促すホルモン．　略 PRL　同 luteotropic hormone(LTH, 黄体刺激ホルモン), luteotropin(ルテオトロピン), mammotropic hormone(乳腺刺激ホルモン，泌乳刺激ホルモン)
prolactinoma プロラクチン産生細胞腫
prolactin release-inhibiting factor プロラクチン放出抑制因子　同 prolactin release-inhibiting hormone(プロラクチン放出抑制ホルモン), prolactostatin(プロラクトスタチン)
prolactin release-inhibiting hormone プロラクチン放出抑制ホルモン　→ prolactin release-inhibiting factor
prolactin-releasing hormone プロラクチン放出ホルモン　略 PRH　同 prolactoliberin(プロラクトリベリン)
prolactoliberin プロラクトリベリン　→ prolactin-releasing hormone
prolactostatin プロラクトスタチン　→ prolactin release-inhibiting factor
prolamin プロラミン：60％ エタノールに可溶の種子タンパク質．
prolidase プロリダーゼ　→ proline dipeptidase
proliferating cell nuclear antigen 増殖細胞核抗原　略 PCNA
proliferation 増殖　同 propagation
proliferation potency 増殖能　同 proliferation potential, growth capacity, division potential(分裂能)
proliferation potential → proliferation potency
proliferation profile 増殖曲線　同 growth curve
proliferation rate 増殖速度　同 multiplication rate
proliferin プロリフェリン：胎盤の成長促進ホルモン．ラクトゲンとは異なるがプロラクチンに似る．
prolinase プロリナーゼ　→ prolyl dipeptidase

proline プロリン：ピロリジン-2-カルボン酸．タンパク質構成アミノ酸（厳密にはイミノ酸）の一種．略 Pro, P

proline aminopeptidase プロリンアミノペプチダーゼ ⇀ proline iminopeptidase

proline dipeptidase プロリンジペプチダーゼ：X↓Pro（ジペプチドのProのN末端側）を切断する酵素．同 prolidase（プロリダーゼ）

proline iminopeptidase プロリンイミノペプチダーゼ：H₂N-Pro↓X（N末端のPro）を切断する酵素．同 proline aminopeptidase（プロリンアミノペプチダーゼ），iminopeptidase（イミノペプチダーゼ）

prolinuria プロリン尿症 ⇀ familial iminoglycinuria

prolonged sensitization 遷延感作

prolyl dipeptidase プロリルジペプチダーゼ：Pro↓X（ジペプチドのProのC末端側）を切る酵素．同 prolinase（プロリナーゼ）

promellitin プロメリチン：メリチンの前駆体．

prometaphase 前中期【細胞周期の】：細胞分裂前期と中期の間を占め，核膜が消失してから染色体が赤道面に並ぶまでの段階をいう．

promethazine プロメタジン：抗ヒスタミン薬の一種．

promote 促進する【遺伝子発現などを】

promoter 1)プロモーター：遺伝子の転写開始点，開始効率を決定する領域．2)[発がん]プロモーター，促進因子：DNA突然変異をもたらすイニシエーターの作用を促進し，自身は変異原としての作用をもたないものをいう．

promutagen 前突然変異原物質，前変異原物質

promyelocyte 前骨髄球

pronase プロナーゼ：*Streptomyces griseus* のプロテアーゼの混合物．

pronephros 前腎

proofreading プルーフリーディング，校正【DNAの複製ミスの】：多くのDNAポリメラーゼがもつ $3' \rightarrow 5'$ エキソヌクレアーゼ活性により，誤って取込まれた塩基を除去する作用．

proopiocortin プロオピオコルチン

proopiomelanocortin プロオピオメラノコルチン：下垂体前葉でつくられるタンパク質で，ACTH，リポトロピン，メラニン細胞刺激ホルモン，βエンドルフィンの共通前駆体となっている．同 adrenocorticotropic hormone-β-lipotropine precursor（副腎皮質ホルモン-βリポトロピン前駆体）

propagation 1)伝播［ば］，2)繁殖，3) ⇀ proliferation

propanediol プロパンジオール：グリセロールの代用物質．

propanil プロパニル：$3',4'$-ジクロロプロピオンアニリド．

propanoic acid プロパン酸 ⇀ propionic acid

propanolol プロパノロール ⇀ propranolol

properdin プロペルジン：補体第三成分（C3）の活性化因子．

properdin pathway プロペルジン経路 ⇀ alternative pathway

prophage プロファージ：菌染色体に組込まれたファージDNA．

prophage induction プロファージの誘発

prophase 前期【細胞周期の】：細胞分裂の最初の段階で，染色体が凝縮を開始してから，核膜が消失し始めるまでをさす．

prophylactic immunization 予防免疫接種

prophylaxis 予防

propionic acid プロピオン酸 同 propanoic acid（プロパン酸）

propionic acid bacterium プロピオン酸[細]菌

propionyl-CoA プロピオニルCoA：奇数鎖脂肪酸やアミノ酸代謝の中間体．

propipet 安全ピペット

proplastid プロプラスチド，原色素体

propranolol プロプラノロール：β受容体阻害剤．同 propanolol（プロパノロール）

prorenin プロレニン：レニン前駆体．

prosencephalon ⇀ forebrain

prostacyclin プロスタサイクリン ⇀ prostaglandin I_2

prostaglandin プロスタグランジン：炭素数20の多価不飽和脂肪酸から合成される五員環をもつ一群の局所ホルモン．オータコイドの一種．五員環部分の構造の違いによりPGA～Jの各群に分けられ，さらに側鎖の二重結合の数により1～3群に分けられる．それぞれ，PGA_1，PGA_2，PGA_3などと略される．

血圧調節，消化管・気管支・子宮の収縮，弛緩など多彩な生理作用を司る．靏PG
prostaglandin endoperoxide プロスタグランジンエンドペルオキシド：9,11-エンドペルオキシドをもつプロスタグランジン．PGH_2, PGG_2 など．
prostaglandin I_2 プロスタグランジンI_2：血小板凝集阻止作用をもつ．靏PGI_2 同prostacyclin（プロスタサイクリン）
prostanoic acid プロスタン酸
prostate [gland] 前立腺
prosthesis 人工器官
prosthetic 1)人工器官の，2)補欠分子の【酵素の】
prosthetic group 補欠分子族，接合団
prostigmin プロスチグミン ⇒ neostigmine
protagon プロタゴン：セレブロシドとリン脂質の混合物．
protaminase プロタミナーゼ：カルボキシペプチダーゼBの別名．
protamine プロタミン：精子DNAに結合している塩基性タンパク質．
protean 1)プロテアン：変性による不溶タンパク質．2)不定形［の］
protease プロテアーゼ：プロテイナーゼとペプチド［加水］分解酵素の総称．同 proteolytic enzyme（タンパク質［加水］分解酵素）
protease inhibitor プロテアーゼインヒビター：プロテアーゼ阻害物質．
proteasome プロテアソーム：高分子プロテアーゼから樽状の巨大複合体を形成し，ユビキチン化されたタンパク質を分解する．
protective antibody 防御抗体
protective colloid 保護コロイド
protective immunity 防御免疫
protein タンパク質，蛋白質【医】，たんぱく質【医】：アミノ酸のペプチド結合による重合体（重合度100以上）．
14-3-2 protein 14-3-2タンパク質：神経細胞特異的に存在し，エノラーゼ活性を有する可溶性酸性タンパク質．同 neuron specific enolase（ニューロン特異的エノラーゼ）
14-3-3 protein 14-3-3タンパク質：ヒトから酵母に至る動植物界に広く分布するタンパク質のファミリー．プロテインキナーゼが関与する細胞内シグナル伝達経路の調節因子として，多様な機能が推定されている．
protein A プロテインA：IgGのFcフラグメントに結合する黄色ブドウ球菌のタンパク質．抗原抗体反応の検出などに用いる．
proteinase プロテイナーゼ：エンドペプチダーゼともいう．タンパク質を基質とし，ペプチド鎖の中ほどからの切断を触媒する酵素．
proteinase K プロテイナーゼK：細菌が生産するセリンプロテアーゼの一つ．DNase, RNaseを不活化するので，核酸の単離精製の際添加される．
protein biosynthesis タンパク質生合成
protein body タンパク粒，プロテインボディー：種子のタンパク質貯蔵構造．
protein chip タンパク質チップ，プロテインチップ：ガラス板などに多数のタンパク質を精密に整列して固定したもの．タンパク質-タンパク質相互作用の大量迅速解析に用いる．
Protein Data Bank ⇒ PDB
protein efficiency ratio タンパク質効率
protein folding フォールディング（タンパク質の），折りたたみ（タンパク質の）
protein-free medium 無タンパク質培地
protein kinase プロテインキナーゼ，タンパク質リン酸化酵素
protein kinase C プロテインキナーゼC 靏PKC 同C kinase（Cキナーゼ）
protein malnutrition タンパク質栄養障害
protein metabolism タンパク質代謝
proteinous inhibitor タンパク質性インヒビター 同 inhibitor protein（阻害タンパク質）
protein phosphatase プロテインホスファターゼ ⇒ phosphoprotein phosphatase
protein polymorphism タンパク質多型
protein score プロテインスコア【栄養】，タンパク質価
protein splicing プロテインスプライシング，タンパク質スプライシング
protein synthesis タンパク質合成
proteinuria タンパク尿［症］
proteochondroitin sulfate プロテオコンドロイチン硫酸 ⇒ chondromucoprotein
proteoglycan プロテオグリカン，ムコ多糖タンパク質：グリコサミノグリカンとタンパク質の複合体．
proteoheparin プロテオヘパリン：マスト細胞中のヘパリンの前駆物質．
proteolipid プロテオリピド：神経髄鞘リポフィリンと脂質の複合体．

proteoliposome プロテオリポソーム:機能性タンパク質を組込んだリン脂質小胞.

proteolysis タンパク質分解, プロテオリシス

proteolytic enzyme タンパク質[加水]分解酵素 ⇀ protease

proteome プロテオーム:プロテインとゲノムを組合わせた造語. 細胞の発生から死滅までの間にゲノムによって発現されるタンパク質全体.

proteomics プロテオミクス:大規模なタンパク質分離・同定技術を使ったプロテオーム研究.

proteoplast プロテオプラスト:タンパク質結晶を含む白色体.

proteose プロテオース:タンパク質の部分加水分解物. 同 albumose(アルブモース)

prothoracic gland 前胸腺

prothoracic gland hormone 前胸腺ホルモン ⇀ molting hormone

prothoracicotropic hormone 前胸腺刺激ホルモン【昆虫の】:かつては脳ホルモンといわれた.

prothrombin プロトロンビン:血液凝固Ⅱ因子の別名.

prothymocyte 前胸腺細胞

protist(*pl.* protista) 原生生物

Protista 原生生物界

protocatechuic acid プロトカテク酸

protochlorophyll プロトクロロフィル:黄化葉中の葉緑素前駆体.

protochlorophyllide プロトクロロフィリド:プロトクロロフィルからフィトールを除いた物質.

Protochordata 原索動物

protocollagen プロトコラーゲン:コラーゲン前駆体.

protofilament プロトフィラメント, 原繊条

protoheme プロトヘム:プロトヘムⅨの通称.

protoheme Ⅸ プロトヘムⅨ:最も代表的なヘム(鉄ポルフィリン錯体)で, ヘモグロビンなど重要なヘムタンパク質の配合族. 狭義にはその2価鉄型(フェロプロトポルフィリンⅨ)をさす.

protoheme ferrolyase プロトヘムフェロリアーゼ ⇀ ferrochelatase

protohemin プロトヘミン:3価鉄型プロトヘムⅨの塩化物.

protomer プロトマー:オリゴマータンパク質の構成サブユニットで構造の等しいもの.

proton 陽子, プロトン:記号H^+. 同 hydrogen nucleus(水素原子核), hydrogen ion(水素イオン)

proton acceptor プロトン受容体

protonate プロトン化する【解離基を】

protonation reaction プロトン付加反応

proton donor プロトン供与体

proton gradient プロトン勾配, 陽子勾配 同 hydrogen ion gradient(水素イオン勾配)

proton jump プロトンジャンプ, 陽子飛躍

proton motive force プロトン駆動力

proton pump プロトンポンプ:広義には電気化学ポテンシャル差に抗するH^+輸送体, 狭義にはH^+輸送性ATPアーゼ. 同 H^+-pump(H^+ポンプ)

proton transfer プロトン移動

proto-oncogene プロトオンコジーン, がん【癌】原遺伝子:正常細胞に存在する遺伝子で, 活性化を受けるとがん遺伝子となり, 細胞をがん化させる.

protopectin プロトペクチン:ペクチン質の1成分.

protopine プロトピン:イソキノリンアルカロイドの一種. 鎮痙剤.

protoplasm 原形質

protoplasmic connection 原形質連絡 同 plasmodesm[a](プラスモデスム)

protoplasmic streaming 原形質流動

protoplast プロトプラスト, 原形質体

protoplast fusion プロトプラスト融合法

protoporphyrin プロトポルフィリン:プロトヘムのポルフィリン部分.

protoporphyrinogen プロトポルフィリノーゲン:ポルフィリノーゲンの一種. プロトポルフィリン生合成系の中間体.

prototroph 原栄養体

prototype 1)原型, 2)始原型

Protozoa 原生動物界

protozoa 原生動物, 原虫

proviral DNA プロウイルスDNA:RNAレトロウイルスの増殖において, 遺伝子RNAの合成の鋳型となり, 染色体中へ組込まれているDNAのこと.

provitamin プロビタミン

provitamin A プロビタミンA:ビタミンAの前駆物質. カロテノイドに属し, β-カロ

テンの生理活性が一番強い.

provitamin D$_2$ プロビタミン D$_2$ ⇁ ergosterol

provitamin D$_3$ プロビタミン D$_3$: 7-デヒドロコレステロールの別名.

proximal 1)近位[の], 2)基部[の], 3)基部方向[の]

proximal region 近位領域: プロモーターに近い部分.

proximal tubule 近位尿細管: 腎ネフロンのうち, 糸球体からヘンレ係蹄下行脚までの部分.

proximity effect 近接効果: 酵素-基質複合体の形成の結果, 基質の反応部位と酵素の触媒基とが近接して反応速度を促進させる効果.

PRPP: phosphoribosyl pyrophosphate の略. ⇁ 5′-phosphoribosyl 1-diphosphate

prunetin プルネチン: イソフラボン誘導体で, ある種の植物に配糖体として存在.

prunol プルノール ⇁ ursolic acid

prussic acid 青酸 ⇁ hydrogen cyanide

PS ⇁ phosphatidylserine の略.

pseudoallele 偽対立遺伝子

pseudoamitosis 偽無糸分裂

pseudochelerythrine プソイドケレリトリン ⇁ sanguinarine

pseudochiasma 偽キアズマ

pseudoelectric circuit 擬電気回路

pseudo-first-order reaction 擬一次反応 同 pseudounimolecular reaction(擬単分子反応)

pseudofructose プソイドフルクトース ⇁ psicose

pseudogene 偽遺伝子: 本来の機能的な遺伝子と相同性があるものの, 終止コドンやフレームシフトが蓄積し, また, イントロンを欠失して機能を失っていると考えられる遺伝子.

pseudoglobulin 偽性グロブリン, プソイドグロブリン, 偽似グロブリン: 50% 飽和の硫安で塩析される血清タンパク質のうち, 蒸留水に溶けるもの.

pseudohemophilia 偽性血友病 ⇁ von Willebrand disease

pseudo-Hurler polydystrophy 偽性ハーラー病ポリジストロフィー

pseudohypoparathyroidism 偽性副甲状腺機能低下症: 副甲状腺ホルモンに対する反応低下のために, 副甲状腺は正常にもかかわらず, 副甲状腺機能低下症と同じ症状を示す疾患.

pseudoknot structure シュードノット構造 ⇁ RNA pseudoknot structure

Pseudomonas シュードモナス, プソイドモナス: シュードモナス属の細菌の総称.

Pseudomonas aeruginosa 緑膿菌 同 *Pseudomonas pyocyaneum*

Pseudomonas pyocyaneum ⇁ *Pseudomonas aeruginosa*

pseudopodium(*pl.* pseudopodia) 仮足, 偽足, 偽柄(ミズゴケ属の)

pseudo-pseudohypoparathyroidism 偽性偽性副甲状腺機能低下症: 偽性副甲状腺機能低下症と同じような臨床症状を示しながら, 外因性副甲状腺ホルモンに反応が正常な病態.

pseudorotation 擬似回転: 立体化学反応の中間体の構造変化の一種.

pseudosubstrate 偽基質 同 quasisubstrate (準基質)

pseudosymmetry 擬対称, 擬似対称

pseudounimolecular reaction 擬単分子反応 ⇁ pseudo-first-order reaction

pseudouridine プソイドウリジン, シュードウリジン: tRNA に見いだされるプリミジン塩基の一種. 略 Ψrd, Ψ

pseudovitamin B$_{12}$ プソイドビタミン B$_{12}$

psicofuranine プシコフラニン ⇁ angustmycin C

psicose プシコース 同 pseudofructose(プソイドフルクトース)

psilocin プシロシン, シロシン: 幻覚発現物質の一種.

psilocybin プシロシビン, シロシビン: 幻覚性物質の一種. 同 indocybin(インドシビン)

P site P 部位(リボソームの) 同 peptidyl site, peptidyl-tRNA binding site(ペプチジル tRNA 結合部位)

PSP ⇁ phenolsulfonphthalein の略.

psychedelic 精神異常発現物質 ⇁ hallucinogen

psychic energizer 精神賦活薬 ⇁ antidepressant

psycholeptic 精神調整薬

psychosine サイコシン 同 *O*-galactosylsphingosine(*O*-ガラクトシルスフィンゴシン)

psychosis 1) 精神病, 精神疾患, 2) ⇒ depression 同 1) mental disorder

psychostimulant 覚醒剤 同 stimulant drug (精神刺激薬)

psychotogen ⇒ hallucinogen

psychotomimetic ⇒ hallucinogen

psychotropic [drug] 向精神薬

psychrophile 好冷生物, 寒冷生物 同 cryophilic organism

psychrophilic 好冷性, 好低温性 同 psychrophily, cryophilic

psychrophilic bacterium 好冷[細]菌

psychrophily ⇒ psychrophilic

PTC: phenylthiocarbamide の略.

PTC method PTC 法 ⇒ Edman [degradation] method

Pte ⇒ pteroic acid の略.

PteGlu: pteroylglutamic acid の略号. ⇒ folic acid

pteridine プテリジン: 葉酸の基本となるヘテロ環化合物.

pteridine-dependent hydroxylase プテリジン依存ヒドロキシラーゼ

pterin プテリン: 2-アミノ-4-ヒドロキシプテリジン.

pterin coenzyme プテリン補酵素

pteroic acid プテロイン酸 略 Pte

pteropterin プテロプテリン

pteroylglutamic acid プテロイルグルタミン酸 ⇒ folic acid

PTH ⇒ parathyroid hormone の略.

PTH: phenylthiohydantoin の略.

PTH-amino acid PTH(フェニルチオヒダントイン)アミノ酸

PTSD ⇒ posttraumatic stress disorder の略.

pUC vector pUC 系ベクター

puff パフ: 多糸染色体上で特に遺伝子発現が活発な領域が部分的に膨らんでいる状態. Balbiani ring も参照.

puffing パフ[形成]

pulegone プレゴン: シソ科植物の香料.

Pulfrich refractometer プルフリッヒ屈折計

pullulan プルラン: 酵母の一種が生産する多糖類.

pullulanase プルラナーゼ: アミロペクチン 6-グルカノヒドロラーゼ. 同 R enzyme (R 酵素)

pulmonary 肺[の]

pulmonary surfactant 肺胞界面活性物質

pulse 1) 脈, 脈拍, 2) パルス, (放射化合物で)短時間(代謝的に)標識する.

pulse-chase experiment パルスチェイス実験, 瞬間標識追跡実験: 標識化合物を短時間細胞に加え, その後経時的に標識を追跡して代謝経路を解明する実験.

pulsed field [gradient] gel electrophoresis パルスフィールド[勾配]ゲル電気泳動: 数十秒間隔で上下, 左右方向に電流を交互に流して 20 kb 以上の DNA を分離する泳動法. 略 PFGE

pulse-label[l][ing] パルスラベル, 瞬間標識

pulse radiolysis パルスラジオリシス, パルス放射線分解[法]

pump ポンプ, 能動輸送体

punicic acid プニカ酸: 9,11,13-オクタデカトリエン酸. ザクロ属(Punica)種子油中に含まれる脂肪酸.

Puo: purine nucleoside 一般の略号.

pupa さなぎ〔蛹〕 同 chrysalis

pupation よう〔蛹〕化

pupillary dilatation ⇒ mydriasis

Pur ⇒ purine の略.

Purdie method パーディ法: メチル化法の一種.

pure clone 純クローン ⇒ single cell clone

pure culture ⇒ axenic culture

pure line 純系

purification 精製

purify 精製する

purine プリン: イミダゾール核がピリミジン核の 4,5 位で縮合した環状化合物. プリン塩基はこの誘導体. 略 Pur

purine alkaloid プリンアルカロイド

purine base プリン塩基

purine biosynthesis プリン生合成

purine nucleotide プリンヌクレオチド: プリン塩基をもつヌクレオチド. プリン塩基-ペントース-リン酸.

purity 純度

Purkinje cell プルキンエ細胞: 小脳の巨大神経細胞.

Purkinje phenomenon プルキンエ現象 ⇒ Purkinje shift

Purkinje shift プルキンエの偏位: 暗順応すると眼の視感度曲線の極大値が黄から青に移る現象. 同 Purkinje phenomenon(プルキン

エ現象）

puromycin ピューロマイシン：アミノアシルtRNA類似体．タンパク質合成を阻害する抗生物質．

purothionin ピューロチオニン：穀物より分離されたシステインを多く含むペプチドで，細菌やカビの DNA，RNA 合成を阻害する．

purple membrane 紫膜：好塩菌膜のバクテリオロドプシンの集合体．

purple nonsulfur bacterium 紅色非硫黄[細]菌

purple sulfur bacterium 紅色硫黄[細]菌

purpura fibrinolytica 繊溶性紫斑病 同 primary fibrinolytic purpura（一次繊溶亢進性紫斑病）

purpurea glycoside プルプレア配糖体：ジギタリスから得られる強心配糖体．

purpurin プルプリン：アカネ根の橙色色素．

purpurogallin プルプロガリン：ナラフシバチの虫えい（木のこぶ）中の赤色色素．

putative 推定[の]

putidaredoxin プチダレドキシン：*Pseudomonas putida* の鉄-硫黄タンパク質．

putrefaction 腐敗

putrescine プトレッシン：1,4-ジアミノブタン．オルニチンより生じるアミン．

PWM lectin PWM レクチン：pokeweed mitogen lectin の略．アメリカヤマゴボウの根茎より得られるレクチン．リンパ球幼若化，赤血球凝集作用をもつ．

pycnometer ピクノメーター 同 specific gravity bottle（比重瓶）

pycnosis ⇒ pyknosis

Pyd：pyrimidine nucleoside の略号．

pyknosis 核濃縮 同 pycnosis, karyopyknosis, chromatic agglutination

pyocin ピオシン：緑膿菌の産生する抗菌性タンパク質複合体．一種の欠陥ファージ．

pyocyanin ピオシアニン：緑膿菌の抗生物質．芳香族色素．

Pyr ⇒ pyrimidine の略．

pyramidal tract 錐[すい]体路：大脳皮質運動野から，脳幹・脊髄を下る遠心性伝導経路．

pyran ピラン：酸素1原子をもつ六員複素環化合物．ベンゼンの C を1個の O で置換したもの．

pyranose ピラノース：ヘキソース（またはペントース）で分子内ヘミアセタール環が六員環を形成するもの．

pyrene ピレン：ベンゼン環が4個縮合した蛍光物質．

pyrethrin ピレトリン：殺虫薬の一種． 同 pyrethroid（ピレトロイド）

pyrethroid ピレトロイド ⇒ pyrethrin

pyretogen ⇒ pyrogen

pyridine ピリジン：窒素1原子をもつ複素六員環化合物．塩基性溶媒．ベンゼンの C の一つを N で置換したもの．

pyridine alkaloid ピリジンアルカロイド：ピリジンを含むアルカロイド．ニコチンなど．

pyridine dehydrogenase ピリジンデヒドロゲナーゼ 同 pyridine nucleotide-linked dehydrogenase（ピリジンヌクレオチド依存性デヒドロゲナーゼ），NAD[P]-dependent dehydrogenase（NAD[P]依存性デヒドロゲナーゼ），pyridine enzyme（ピリジン酵素）

pyridine enzyme ピリジン酵素 ⇒ pyridine dehydrogenase

pyridine nucleotide ピリジンヌクレオチド：NAD，NADP の総称．

pyridine nucleotide-linked dehydrogenase ピリジンヌクレオチド依存性デヒドロゲナーゼ ⇒ pyridine dehydrogenase

pyridoxal ピリドキサール：ビタミン B_6 の一種． 略 PL

pyridoxal enzyme ピリドキサール酵素：ビタミン B_6 酵素ともいう．ピリドキサールリン酸を補酵素とする酵素の総称．

pyridoxal phosphate ピリドキサールリン酸：活性型ビタミン B_6 の一種． 略 PLP

pyridoxamine ピリドキサミン：ビタミン B_6 の一種． 略 PM

pyridoxamine phosphate ピリドキサミンリン酸：活性型ビタミン B_6 の一種． 略 PMP

pyridoxic acid ピリドキシン酸

pyridoxine ピリドキシン：ビタミン B_6 の一種． 略 PN 同 adermin（アデルミン），pyridoxol（ピリドキソール）

pyridoxol ピリドキソール ⇒ pyridoxine

pyrimidine ピリミジン：ベンゼン核の1位と3位の二つの炭素が窒素に置換された環状化合物．ピリミジン塩基はこの誘導体． 略 Pyr

pyrimidine dimer ピリミジン二量体：DNA の紫外線照射で形成される．

pyrimidine nucleotide ピリミジンヌクレオ

チド：ピリミジン塩基を含むヌクレオチド．
pyrithiamin ピリチアミン：ビタミン B_1 の類似物質．
pyrocatechine ピロカテキン ⇌ catechol
pyrogen 発熱物質：発熱原因物質（インターロイキン1など）同 pyretogen
pyrogenic 発熱原性[の]
pyroglutamic acid ピログルタミン酸：5-オキソプロリン．グルタミン酸の分子内脱水縮合物．
pyron ピロン：ピランのオキソ(ケト)化合物．
pyrophosphatase ピロホスファターゼ, ピロリン酸[加水]分解酵素
pyrophosphate-ATP exchange reaction ピロリン酸-ATP 交換反応 ⇌ ATP-pyrophosphate exchange reaction
pyrophosphate bond ピロリン酸結合：2分子のリン酸基の脱水縮合による結合．
pyrophosphate cleavage ピロリン酸分解, ピロリン酸開裂
pyrophosphoric acid ピロリン酸 ⇌ diphosphoric acid（二リン酸）
pyrophosphorylase ピロホスホリラーゼ：ピロリン酸結合を加水分解する酵素．

pyroracemic acid 焦性ブドウ酸 ⇌ pyruvic acid
n-pyrotartaric acid n-ピロ酒石酸 ⇌ glutaric acid
pyroxylin ピロキシリン：ニトロセルロース, コロジオン液の原料．
pyrrenoid ピレノイド：藻類葉緑体中のタンパク質粒子．
pyrrole ピロール：窒素1原子を含む五員環芳香族化合物．
pyrrole ring ピロール環：ピロールの五員環．
pyrrolidine alkaloid ピロリジンアルカロイド
pyrroloquinoline quinone ピロロキノリンキノン：デヒドロゲナーゼの補酵素の一種．略 PQQ
pyruvic acid ピルビン酸：解糖産物． 同 pyroracemic acid（焦性ブドウ酸）
pyruvic acidemia ピルビン酸血症 同 hyperpyruvic acidemia（高ピルビン酸血症）
pyruvoyl group ピルボイル基：ピルビン酸由来の CH_3COCO- 基のこと．

Q

Q: 1) ⇌ glutamine の略, 2) ⇌ ubiquinone の略．
Q band Q バンド：キナクリンで染まる染色体上のバンド．
Q enzyme Q 酵素：α-1,4-グルカン分枝酵素．
Q fever Q 熱：リケッチアによる感染症．
Q nucleoside Q ヌクレオシド ⇌ queuosine
QOL quality of life（生活の質）の略．手術, 薬剤投与などの治療法の選択の際, 寿命・生存率などの量的評価に代わる概念として, 生きがい感, 満足感, 副作用の苦痛などの主観的評価を重視しようとする立場．
Q-staining Q 染色 ⇌ quinacrine staining
Quadrol buffer クアドロール緩衝液
quadrupole 1) 四極子, 2) 四重極【質量分析計】
quaking mouse クエーキングマウス：ミエ

リン形成不全マウスの一種．
qualitative 定性[的][の]
qualitative analysis 定性分析
quantal release 素量的放出：シナプスの伝達物質の放出は小胞の放出によるため, 一定量を単位として行われること．
quantitative 定量[的][の]
quantitative analysis 定量分析
quantitative character 量的形質：長さ, 重さ, 色素量など連続した量で表される形質．
quantitative immunoelectrophoresis 定量免疫電気泳動
quantitative precipitation ⇌ quantitative precipitin reaction
quantitative precipitin reaction 定量沈降反応 同 quantitative precipitation
quantum(*pl.* quanta) 1) 量子, 2) 素量
quantum biology 量子生物学

quantum efficiency 量子効率 ⇌ quantum yield

quantum number 量子数，量子番号

quantum requirement 要求量子数

quantum yield 1)量子収量，2)量子収率 同 2)quantum efficiency(量子効率)

quarantine 検疫

quartet 1)四分子，2)四分体

quartz 石英

quasi-elastic light scattering 準弾性光散乱 同 dynamic light scattering(動的光散乱)

quasimolecular ion 擬分子イオン，準分子イオン：質量分析においてプロトン化分子 $(M+H)^+$ および $(M+H)^+$ をさすが，幅の広い不規則なスペクトルとなる．

quasisubstrate 準基質 ⇌ pseudosubstrate

quaternary 第四[級][の]，四次[の]

quaternary amine 第四級アミン：正式には第四級アンモニウム塩．

quaternary ammonium compound 第四級アンモニウム化合物：一つの窒素原子に四つのアルキルまたはアリール基が結合している化合物(例：コリン)．

quaternary culture 四次培養

quaternary structure 四次構造：タンパク質のサブユニット間の非共有結合によって形成される特定の構造．

quench 消光する【蛍光を】

quencher 1)消光剤，2)失活剤

quenching 1)消光，2)急冷

quercetin クエルセチン：植物界に広く分布する黄色色素．フラボノールの一種．

quercimelin クエルシメリン ⇌ quercitrin

quercitol クエルシトール：イノシトールがO原子1個を失った環状のアルコール．

quercitrin クエルシトリン：クエルセチンのラムノース配糖体． 同 quercimelin(クエルシメリン), quercitroside(クエルシトロシド)

quercitroside クエルシトロシド ⇌ quercitrin

queuine キューイン，Q塩基：グアニンの誘導体で，キューインを含むヌクレオシド(キューオシン)は大腸菌のTyr, His, Asn, AspのtRNAのアンチコドン1文字目に存在する．

queuosine キューオシン：キューイン(queuine)塩基のヌクレオシド． 同 Q nucleoside(Q ヌクレオシド)

quicksilver ⇌ mercury

quiescent 静止状態[の]

Quin 2: 細胞内遊離カルシウムイオン濃度の測定に用いる蛍光性カルシウムイオン指示薬．

quinacrine staining キナクリン染色：染色体のバンド決定法の一種． 同 Q-staining(Q染色)

quinaldic acid キナルジン酸：2-キノリンカルボン酸．トリプトファン分解代謝中間体の一種．

quinaldine pathway キナルジン経路：細菌のトリプトファン分解経路の一つ．

quinic acid キナ酸 同 chinic acid

quinidine キニジン：キニーネの異性体，抗不整脈剤．

quinine キニーネ，キニン：解熱剤，抗マラリア剤．

quinoline キノリン：ナフタレンの一つのCをNで置換した芳香族化合物．塩基性溶媒．

quinolinic acid キノリン酸：2,3-ピリジンジカルボン酸．

quinolone antimicrobials キノロン系抗菌薬

quinol phosphate キノールリン酸：還元型キノンのリン酸エステル．

quinomycin A キノマイシンA ⇌ echinomycin

quinone キノン：ベンゼン環の水素4原子が酸素2原子で置換された化合物．

quinoprotein キノタンパク質

quinovose キノボース 同 isorhamnose(イソラムノース), glucomethylose(グルコメチロース)

quisqualic acid キスカル酸：興奮性アミノ酸系伝達物質の作用増強剤．

R

ρ factor　ρ因子: 大腸菌の転写終結因子.
ρ value　ρ値: 芳香族化合物の反応速度定数の決定因子の一つ.
R → arginine の略.
R: プリンヌクレオシド一般の略号.
Rab　Rab タンパク質: 低分子量 GTP 結合タンパク質の一群で, エンドサイトーシスやエキソサイトーシスなどの細胞内小胞輸送を制御している.
rabies virus　狂犬病ウイルス
Rac　Rac タンパク質: 低分子量 GTP 結合タンパク質の一つで細胞膜ラッフリングなどを制御する.
race　1)品種: 園芸学や作物学上の用語で, 人為的に交配して得た特定の系統. 2)人種: 遺伝的に異なる形質を共有するヒトの群.
racemase　ラセミ化酵素, ラセマーゼ
racemic body　→ racemic modification
racemic mixture　ラセミ混合物: D, L 両光学異性体等量混合物.
racemic modification　ラセミ体　同 racemic body
racemization　ラセミ化　同 optical inactivation (光学不活性化)
rad　ラド: 記号 rad. 吸収線量の単位. 1 rad = 10 mGy.
radial immunodiffusion　放射[状]免疫拡散[法]　同 single radial immunodiffusion (単純放射[状]免疫拡散)
radial spoke　放射状スポーク, ラジアルスポーク: 真核細胞のべん毛中にあり, 周辺の 9 対のダブレット微小管の A 小管と中央の微小管を結んでいる板状の構造体.
radian　ラジアン: 記号 rad. 角度の単位. 1 rad = 57.295°.
radiation　1)放射, 2)放射線: 物質を電離または励起させる電磁波または粒子線.
radiation　放散【進化の】
radiation biology　放射線生物学
radiation carcinogenesis　放射線発がん[癌]
radiation chemistry　放射線化学
radiation damage　放射線障害

radiation dose　[放射]線量
radiation genetics　放射線遺伝学
radiation hazard　放射線の危険性
radiation injury　放射線傷害
radiation mutagenesis　放射線[突然]変異生成
radiation protection　放射線防護
radiation resistant cell　放射線抵抗性細胞
radiation sensitivity　→ radio-sensitivity
radiation sterilization　放射線殺菌
radical　1)基, 2)遊離基, ラジカル
radical anion　ラジカルアニオン: 陰イオンとなっている遊離基.　同 anion radical (アニオンラジカル)
radical cation　ラジカルカチオン: 陽イオンとなっている遊離基.　同 cation radical (カチオンラジカル)
radical scavenger　ラジカルスカベンジャー: 遊離基除去物質 (SH 化合物など).
radioactivation analysis　放射化分析: 試料に中性子を照射して目的の元素を放射性同位体に変えて検出する分析法.　同 activation analysis
radioactive contamination　放射能汚染
radioactive decay　放射性崩壊　同 radioactive degradation, radioactive disintegration (放射壊変)
radioactive degradation　→ radioactive decay
radioactive disintegration　放射壊変　→ radioactive decay
radioactive equilibrium　放射平衡, 放射能平衡: 放射性同位体の生成と崩壊の速度が等しくなること.
radioactive fallout　放射性降下物
radioactive isotope　→ radioisotope
radioactive substance　放射性物質
radioactive tracer　放射性トレーサー
radioactive waste　放射性廃棄物
radioactivity　放射能
radioautography　ラジオオートグラフィー　→ autoradiography
radiochemical analysis　放射化学分析

radiochemistry 放射化学
radiograph ラジオグラフ
radioimmunoassay ラジオイムノアッセイ, 放射線免疫検定[法]: 血清などの中の生理活性物質の定量を, その抗体と標識生理活性物質を加えて行う鋭敏な方法. 抗体に結合する放射能の減少量から物質量を得る. 略 RIA
radioiodinate ^{125}I で標識する
radioisotope 放射性同位体, 放射性同位元素, ラジオアイソトープ 略 RI 同 radioactive isotope
radiolabel[l]ing 放射能標識
radiology 放射線[医]学
radiolysis 放射線分解
radiomimetic chemical 放射線類似作用化学物質: 放射線照射と同じ生物学的効果を示す反応性の高い化合物.
radionuclide 放射性核種
radioprotective substance 放射線防護物質
radioreceptor assay ラジオレセプターアッセイ, 放射受容体検定[法]: 生理活性物質の受容体を抗体の代わりに使用するラジオイムノアッセイの変法.
radio-sensitivity 放射線感受性 同 radiation sensitivity
radiosensitizer 放射線増感剤
radium ラジウム: 元素記号 Ra. 原子番号 88 の放射性金属元素. 天然放射性核種.
radixin ラディキシン: 細胞膜裏打ちタンパク質の一つ.
raffinose ラフィノース 同 melitose(メリトース), melitriose(メリトリオース), gossypose(ゴッシポース)
ram 雄ヒツジ 同 male sheep
Ramachandran plot ラマチャンドランプロット: タンパク質のアミノ酸残基のコンホメーションの範囲を示す図.
Raman effect ラマン効果: 単色光を物質に照射したとき, その物質に特有な波長だけ照射光波長より増減した光が混在する効果.
Raman scattering ラマン散乱: ラマン効果を伴う散乱.
Raman spectrum ラマンスペクトル
Ran Ran タンパク質: 低分子量 GTP 結合タンパク質の一群で, タンパク質の核輸送やさまざまな核内現象に関与する.
Rana: カエルの属名の一つ. アカガエル, トノサマガエルなど.

rancidity 酸敗
random coil ランダムコイル: 高分子内の統計的に乱雑な構造.
random culture 非同調培養
random genetic drift → genetic drift
random mating 任意交配
random mechanism ランダム機構: 2種の基質のいずれもが先行基質として酵素に結合できる酵素反応機構.
randomness → disorder
random primer DNA labeling ランダムプライマー DNA 標識法
random walk 酔歩: 熱力学上のゆらぎによる移動.
Raney nickel ラネーニッケル: 水素化反応の触媒.
rank 階級
Raoult's law ラウールの法則: 希薄溶液の蒸気圧の法則.
rapamycin ラパマイシン: 免疫抑制剤の一つ. FK506 結合タンパク質を阻害.
rape oil → rapeseed oil
rapeseed oil なたね油 同 rape oil
rapid eye movement 急速眼球運動 略 REM
rapid eye movement sleep → REM sleep
rapid flow method ラピッドフロー法
rapid freezing method 迅速凍結法
rapid lysis 早期溶菌
rapid quenching method 迅速停止法
rapid reaction 高速反応 同 fast reaction
RAR → retinoic acid receptor の略.
rare base 微量塩基 → modified base
Ras Ras タンパク質: 低分子量 GTP 結合タンパク質の一群で, 増殖因子受容体の活性化を受けて MAP キナーゼを活性化する.
ras **gene** *ras*『ラス』遺伝子: がん遺伝子の一種, 産物は Ras タンパク質.
RAST: radioallergosorbent test の略. アレルギー患者のアレルゲンの検査法.
rat ラット
rate constant 速度定数 同 reaction rate constant(反応速度定数)
rate-determining enzyme → rate-limiting enzyme
rate-determining step 律速段階【代謝経路あるいは酵素反応の】
rate equation 速度式
rate-limiting enzyme 律速酵素 同 rate-

determining enzyme, pacemaker enzyme (ペースメーカー酵素)

rate-limiting factor 律速因子 ◎ limiting factor

rate parameter 速度パラメーター

Rathke's pouch ラトケ嚢〔のう〕:下垂体憩室.

raubasine ラウバシン → adipic acid

raupine ラウピン → sarpagine

rauwolfia alkaloid ラウオルフィアアルカロイド, インド蛇木アルカロイド:主アルカロイドはレセルピン. 鎮静剤.

Rayleigh scattering レイリー散乱:入射光波長より十分小さい粒子による散乱で, 入射光と散乱光で波長の変化のない場合.

Raynaud syndrome レイノー症候群

RB → retinoblastoma の略.

RB:網膜芽細胞腫(retinoblastoma)で高率に変異を受けているがん抑制遺伝子の一つ. G_1/S 期進行に重要な役割を果たす.

RBC: red blood cell の略. → erythrocyte

RBE → relative biological effectiveness の略.

RC gene RC 遺伝子 → *rel* gene

rDNA → ribosomal RNA gene の略.

reabsorption 再吸収, 逆吸収

reaction 反応

reaction order 反応次数

reaction rate constant 反応速度定数 → rate constant

reactivation 1)回復【活性などの】, 2)再活性化

reactive oxygen species 活性酸素種

reactive site 反応部位

reactor 1)反応器, 2) → nuclear reactor

reading frame 読み枠, リーディングフレーム:核酸上のコドンの読み取りの3種類の位置.

reading frame mutation 読み枠〔突然〕変異:塩基の欠失, 挿入による読み枠の変化による変異.

reading mistake 誤読 ◎ misreading, translational error

read through 読み過ごし, リードスルー, リーディングスルー:翻訳の際, 終止コドンが読み飛ばされて, 本来のタンパク質より長いペプチドが生じる現象.

reagent 試薬

reagin レアギン:アトピー性疾患の原因となる抗体. IgE に属する.

rearrangement 1)再配列, 2)転位

rearrangement reaction 転位反応

recapitulation theory 反復説【発生の】

RecA protein Rec〖レック〗A タンパク質:DNA の組換えに関与するタンパク質.

rec-**assay** *rec*〖レック〗アッセイ:修復欠損株(*rec*⁻)を用いた DNA 損傷物質の検出法.

receptor 1)受容体, レセプター:物質を特異的に結合して細胞に応答を起こす情報伝達タンパク質. 2)受容器【感覚の】

receptor antibody レセプター抗体 → Ig receptor

receptor cell 受容器細胞

receptor-mediated endocytosis 受容体依存性エンドサイトーシス → internalization

receptor potential 受容器電位

receptor protein 受容〔体〕タンパク質

receptosome → endosome

recessed end 陥凹末端【DNAの】

recessive 劣性〔の〕

recessive lethal gene 劣性致死遺伝子

rec **gene** *rec* 遺伝子 → recombination gene

recipient 1)受容体, 受容個体, 2)宿主【移植の】

reciprocal 相互〔の〕, 逆数〔の〕, 相反〔の〕

reciprocal crossing over 相互乗換え

reciprocal plot 逆数プロット

reciprocal recombination 相互組換え

reciprocal translocation 相互転座

reciprocating mechanism 往復機構

rec **minus mutant** → *rec* mutant

rec **mutant** *rec*〔突然〕変異体 ◎ *rec* minus mutant, recombination deficient mutant

recognition 認識

recoil chemistry 反跳化学 → hot atom chemistry

recombinant 組換〔え〕体, 組換〔え〕型

recombinant DNA 組換〔え〕DNA

recombinant DNA experiment 組換え DNA 実験

recombinase リコンビナーゼ:特定部位を認識して遺伝子組換えを起こす酵素.

recombination deficient mutant → *rec* mutant

recombination fraction 組換え率 → recombination value

recombination frequency 組換え頻度 → recombination value

recombination gene 組換え遺伝子 同 *rec* gene (*rec* 遺伝子)

recombination value 組換え価 同 recombination fraction(組換え率), recombination frequency(組換え頻度)

recombine 組換える【遺伝子を】

recon レコン：組換えの最小単位．DNAの1塩基．

reconstitution 再構成

reconstruction 再構築

recovery 1)回復【損失などの】, 2)回収, 回収率

recrystallization 再結晶

rectum 直腸

recurrence 再発

red blood cell ⇌ erythrocyte

red bread mould アカパンカビ：しばしば *Neurospora sitophila* の普通名として用いられる．

red cell ⇌ erythrocyte

red cell ghost 赤血球ゴースト：赤血球膜．

red drop レッドドロップ，赤色低下：光合成の作用スペクトルが 680 nm 以上で急激に低下する現象．

red muscle 赤筋，赤色筋：持続的好気的筋肉．

red nucleus 赤核

redox ⇌ oxidation-reduction

redox buffer 酸化還元緩衝液

redox indicator レドックス指示薬 ⇌ oxidation-reduction indicator

redox potential レドックス電位 ⇌ oxidation-reduction potential

red shift レッドシフト ⇌ bathochromic shift

reduced viscosity 還元粘度：溶質濃度に対する比粘度の割合．

reducing agent 還元剤

reducing equivalent 還元当量 同 electron equivalent(電子当量)

reducing power 還元力

reducing sugar 還元糖：遊離のアルデヒド基またはケトン基をもつ糖で，フェーリング液を還元し，変旋光を示し，ヒドラゾンやオサゾンなどの誘導体をつくる．

reductase 還元酵素, レダクターゼ

reduction 1)還元, 2)減衰, 退行

reduction division ⇌ meiosis

reduction potential 還元電位

reductive 還元的な, 軽減する

reductive carboxylic acid cycle 還元的カルボン酸回路：光合成細菌における炭酸固定回路．同 reductive tricarboxylic acid cycle(還元的トリカルボン酸回路), reversed tricarboxylic acid cycle(逆向的トリカルボン酸回路)

reductive pentose phosphate cycle 還元的ペントースリン酸回路：植物光合成の基本的回路．同 Calvin-Benson cycle(カルビン・ベンソン回路), Calvin cycle(カルビン回路), carbon reduction cycle(炭素還元回路), C_3 pathway(C_3 経路), photosynthetic carbon reduction cycle(光合成的炭素還元回路)

reductive tricarboxylic acid cycle 還元的トリカルボン酸回路 ⇌ reductive carboxylic acid cycle

redundancy 重複性

reference 対照標準, 比較

reference cell culture 対照細胞培養

reference electrode 参照電極

reflex 反射：受容器の興奮が中枢の意識とは無関係に変換されて効果器に出ること．

reflex arc 反射弓：反射の経路．

reflux 還流

refractile 屈折性[の] 同 refractive

refraction 屈折

refractive ⇌ refractile

refractive index 屈折率

refractometer 屈折計

refractoriness 不応性

refractory anemia 不応性貧血 ⇌ sideroblastic anemia

refractory period 不応期

refrigerated centrifuge 冷却遠心機

Refsum disease レフサム病：フィタン酸 2-ヒドロキシラーゼ欠損によりフィタン酸が蓄積する常染色体劣性遺伝病．同 heredopathia atactica polyneuritiformis(多発神経炎型遺伝性失調症)

regenerating liver 再生肝

regeneration 再生【組織・物質などの】

regional enteritis 限局性回腸炎 ⇌ Crohn disease

regional ileitis 限局性回腸炎 ⇌ Crohn disease

regression 1)退行, 2)回帰, 3)退縮【がんの】

regression coefficient 回帰係数

regulate 制御する, 調節する
regulator 制御因子 同 regulatory factor
regulator gene 調節遺伝子, 制御遺伝子 同 regulatory gene
regulatory enzyme 調節酵素
regulatory factor ⇌ regulator
regulatory gene ⇌ regulator gene
regulatory protein 調節タンパク質 同 modulator protein (モジュレータータンパク質)
regulatory sequence 制御配列
regulatory site 調節部位
regulatory subunit 調節サブユニット, 制御サブユニット
regulatory transcription factor ⇌ transcriptional regulatory factor
regulon レギュロン: 染色体上に離れた位置に存在している遺伝子群で, 統一的に制御を受けるもの.
Reichert-Meissl value ライヘルト・マイスル価: 油脂中の揮発性脂肪酸量, 酸敗を示す.
Reichstein's substance ライヒシュタインの物質: 副腎皮質ホルモンの各種ステロイド.
reinforcement 強化
reiterated sequence ⇌ repeated sequence
Reiter syndrome ライター症候群: 結膜炎, 尿道炎, 関節炎を伴う自己免疫疾患.
relapsing febrile nodular nonsuppurative panniculitis 再発性熱性結節性非化膿性脂肪織炎 ⇌ Weber-Christian disease
relative biological effectiveness 生物学的効果比【放射線の】 略 RBE
relative dielectric constant ⇌ relative permittivity
relative molecular mass 相対分子質量
relative permittivity 比誘電率 同 relative dielectric constant
relative refractory period 相対不応期
relax 緩和する【状態を】, 弛〔し〕緩する【筋肉を】
relaxation complex 弛〔し〕緩複合体
relaxation method 弛緩法
relaxation time 緩和時間, 休止時間
relaxed response 緩和応答
relaxin リラキシン: 黄体のペプチドホルモン. 恥骨結合の弛緩作用がある.
relaxing factor 弛〔し〕緩因子 同 Marsh factor (マーシュ因子)
relaxing solution 弛〔し〕緩液

release 放す, 遊離させる, 放出する
release factor 終結因子【タンパク質生合成の】: mRNA上の終止コドンを認識して完成したポリペプチドをリボソームより遊離させる因子. 略 RF 同 termination factor, polypeptide chain release factor (ポリペプチド鎖終結因子, ポリペプチド鎖解離因子)
releaser effect リリーサー効果
rel gene *rel*〔レル〕遺伝子: 1) 大腸菌の緊縮調節遺伝子. 5′-GTPをピロリン酸化する酵素の遺伝子. 2) レトロウイルスの腫瘍遺伝子. 同 1) RC gene (RC 遺伝子)
relic 残存[の], 残存的[の]
REM ⇌ rapid eye movement の略.
rem レム: roentgen equivalent man の略. 線量当量の単位. 1 rem = 10 mSv.
remission 緩解: 重篤な疾患で一時的に症状や検査成績が好転した状態.
REM sleep レム睡眠: 覚醒時の脳波と夢を伴う特殊な睡眠. 同 rapid eye movement sleep, activated sleep (賦活睡眠), paradoxical sleep (逆説睡眠)
renal 腎臓[の], 腎[の]
renal corpuscle 腎小体
renal cortex 腎皮質
renal failure 腎不全
renal hormone 腎臓ホルモン
renal tubule 尿細管, 腎細管, 細尿管 同 uriniferous tubule
renaturation 復元, 再生: 変性した生体高分子の高次構造を復元すること.
renaturation curve 再生曲線
renin レニン: 腎臓の乏血によって分泌される血圧調節にかかわるプロテアーゼ. アンギオテンシンをつくる.
renin-angiotensin axis ⇌ renin-angiotensin system
renin-angiotensin system レニン-アンギオテンシン系 同 renin-angiotensin axis
renin-producing tumor レニン産生腫瘍 ⇌ Robertson-Kihara syndrome
renin substrate レニン基質 ⇌ angiotensinogen
Renkonen method レンコネン法: 脂肪酸エステルのヒドロキサム酸鉄による比色定量法.
rennin レンニン ⇌ chymosin
Renshaw cell レンショウ細胞: 脊椎前角の小型介在ニューロン.

R enzyme　R 酵素 ⇌ pullulanase

Reovirus　レオウイルス属：RNA 腫瘍（RNA tumor）ウイルスの一属．分節化した二本鎖 RNA をゲノムとしてもつウイルス．

rep：roentgen equivalent physical の略．吸収線量の旧単位．1レントゲンが組織に与えるエネルギーを示す．1 rep＝93 erg/g 水または 88 erg/g 空気．

repair　修復

repair enzyme　修復酵素：DNA の損傷を取除く過程に働く酵素の総称．

repeated gene　反復遺伝子

repeated sequence　反復配列，繰返し配列 同 repetitive sequence, reiterated sequence

repellent　忌避物質，忌避剤：負の走化性をひき起こす物質．

repetitive sequence ⇌ repeated sequence

repetitive yield　平均反応収率

replica　レプリカ：表面構造の鋳型を転写する方法（電子顕微鏡試料など）．

replica culture　レプリカ培養：寒天培地表面のコロニーの位置関係を保持したままいくつかの培地にコロニーを複製する方法．ナイロン布にコロニーを転写する． 同 replica plating（レプリカ平板法）

replica method　レプリカ法

replica plating　レプリカ平板法 ⇌ replica culture

replicase　レプリカーゼ：RNA 型ファージがコードする RNA 依存性 RNA 合成酵素．

replicate culture　同型培養，重複培養

replication　複製

replication fork　複製フォーク

replication origin　複製起点，複製開始点 同 origin of replication, *ori* region（*ori* 領域）

replication repair　複製修復

replicative form　複製型 略 RF

replicator　レプリケーター：複製開始部位．複製起点のこと．

replicon　レプリコン，複製子，複製単位：DNA の最小複製機能単位．

replicon theory　レプリコン説：DNA の独立複製単位に関する仮説．

replisome　レプリソーム：DNA 複製を行う機能的複合体．

reporter gene　レポーター遺伝子

reporter reagent　環境指示薬，レポーター試薬

repressible enzyme　抑制［性］酵素

repression　抑制

repressor　リプレッサー，レプレッサー，抑制因子

reproducibility　再現性

reproduction　1）生殖，2）繁殖，3）再生産

reproduction curve　再生産曲線

reproductive　生殖［の］，再生［の］

reproductive cell ⇌ germ cell

reproductive organ ⇌ genital organ

reproductive period　生殖期

reptile　は［爬］虫類動物

requirement of vitamin　ビタミンの所要量

rER ⇌ rough［-surfaced］endoplasmic reticulum の略．

reserpine　レセルピン：インドールアルカロイドの一種．交感神経抑制作用をもち，降圧剤として用いられる．

reserve starch　貯蔵デンプン 同 storage starch

resident macrophage　常在性マクロファージ：腹腔に常に存在するマクロファージ．

residual body　残余小体：未分解の基質が蓄積したファゴリソソームのこと．

residual nitrogen　残余窒素 同 nonprotein nitrogen（NPN，非タンパク［質］［性］窒素）

residual protein　残余タンパク質

residue　1）残基，2）残さ［渣］，3）残分，4）残留分

residue rotation　残基旋光度：残基当たりの旋光度のこと．

resistance　1）抵抗性，2）耐性

resistant cell　耐性細胞

resolution　1）分解能，2）分割【ラセミ体の】，3）分解

resonance　1）共鳴，2）共振

resonance Raman effect　共鳴ラマン効果

resonance Raman spectrum　共鳴ラマンスペクトル

resorcin　レゾルシン ⇌ resorcinol

resorcinol　レゾルシノール：フェノールの一種． 同 resorcin（レゾルシン）

resorcinol reaction　レゾルシノール反応：シアル酸のレゾルシノールによる呈色反応．

respiration　呼吸［作用］

respiratory acidosis　呼吸性アシドーシス：肺の機能低下による換気障害のために血中［H_2CO_3］が増大して生じる血液の酸性状態．

respiratory alkalosis　呼吸性アルカローシ

ス:肺の換気亢進のために血中[H_2CO_3]が低下して生じる血液のアルカリ性状態.

respiratory burst 呼吸バースト:好中球など食細胞が細菌を飲み込んだ後に起こる酸素消費の急増.

respiratory chain 呼吸鎖:細菌膜やミトコンドリア内膜に存在し,NADH,FADH,コハク酸などを分子状酸素により酸化する一連の酵素反応やそれにかかわる酵素,補助因子群をさす.

respiratory coefficient ⇌ respiratory quotient

respiratory control 呼吸調節

respiratory enzyme 呼吸酵素

respiratory inhibitor 呼吸阻害剤

respiratory pigment 呼吸色素

respiratory quotient 呼吸商 略 RQ 同 respiratory coefficient

respirometer 呼吸計

response 応答

resting cell 静止細胞,休止細胞:分裂能力を保持するが一時的に分裂しない状態の細胞.

resting membrane potential 静止膜電位 ⇌ resting potential

resting nucleus 静止核,休止核

resting phase 静止期 ⇌ interphase

resting potential 静止電位:非活性時の形質膜にみられる電位. 同 resting membrane potential(静止膜電位)

restoration 回復【構造などの】

restriction 制限

restriction endonuclease 制限エンドヌクレアーゼ ⇌ restriction enzyme

restriction enzyme 制限酵素:DNAの4~8塩基対の配列を特異的に認識して加水分解するエンドヌクレアーゼ. 同 restriction endonuclease(制限エンドヌクレアーゼ)

restriction enzyme cleavage map ⇌ restriction map

restriction fragment 制限酵素断片

restriction fragment length polymorphism 制限[酵素]断片長多型:わずかな塩基配列の差により制限酵素部位の有無が異なる個体間で起こったときに,制限酵素切断で得られた断片の長さが異なることにより明らかとなる多型. 略 RFLP

restriction map 制限酵素地図 同 restriction enzyme cleavage map

restriction methylase 制限メチラーゼ:原核生物において,外来DNAと区別するために自己DNAをメチル化する酵素.

restriction modification system 制限修飾系:細菌がメチル化DNA感受性の制限酵素をもつことで外来DNAを消化し,自身のDNAは特異的DNAメチル化酵素でメチル化して守る一種の免疫システム.

restriction point 制限点 同 R point(R点)

restrictonin レストリクトニン:コウジカビ属の産生する抗腫瘍性のポリペプチド.60SリボソームのRNAを分解する作用がある.

resuspend 再度懸濁する

retailoring system 補修系

retain 保持する

retardation coefficient 遅延係数

retention 1)保持,2)保持率

retention signal 残留シグナル

retention time 保持時間,滞留時間:クロマトグラフィーにおける物質の溶離に要する時間.

retention volume 保持容量

reticular 網目状[の]

reticular cell ⇌ reticulum cell

reticular fiber 細網繊維

reticular formation 網様体,脳網様体:脳橋から中脳にかけて存在する神経細胞と神経繊維の混在する部分.意識を支配する.

reticulocyte 網状赤血球

reticuloendothelial cell 細網内皮細胞

reticuloendothelial system 細網内皮系,網内系:肝臓,脾臓など広く全身に分布する食作用の強い細胞群.

reticulo rumen 反すう[쒧]胃

reticulum(*pl.* reticula) 1)細網,2)第二胃,はちの巣胃

reticulum cell 細網細胞 同 reticular cell

retina 網膜:眼底の光受容膜.

retinal レチナール:ビタミンAのアルデヒド. 同 retinene(レチネン)

retinene レチネン ⇌ retinal

retinitis pigmentosa ⇌ pigmentous retinitis

retinoblastoma 網膜芽細胞腫,網膜芽腫,レチノブラストーマ:幼児の網膜の悪性腫瘍.がん抑制遺伝子の一つである*RB*遺伝子の異常によって生じる. 略 RB

retinochrome レチノクロム:頭足類の感光色素.

retinoic acid レチノイン酸 同 vitamin A acid(ビタミンA酸)
retinoic acid receptor レチノイン酸受容体 略 RAR
retinoid X receptor レチノイドX受容体: 9-*cis*-レチノイン酸をリガンドとする核内受容体. 略 RXR
retinol レチノール: 脂質性の抗夜盲症ビタミン, イオノン核をもつテルペン. デヒドロレチノールはビタミンA_2. 同 vitamin A_1(ビタミンA_1), axerophtol(アクセロフトール)
retinol-binding protein レチノール結合タンパク質
retrograde 逆行性[の] 同 antidromic
retrogression 退行
retroposon レトロポゾン: ほ乳動物のDNA中に広範囲に分散して存在する反復配列の一種. 配列がRNAに転写された後, 逆転写酵素によってcDNAに合成されたものがゲノムに挿入されて広がる.
retrotransposon レトロトランスポゾン
Retroviridae レトロウイルス科: 逆転写酵素をもつRNAウイルスの一科.
reunion 再結合
reversed tricarboxylic acid cycle 逆向的トリカルボン酸回路 ⇌ reductive carboxylic acid cycle
reverse genetics 逆遺伝学, 逆向き遺伝学: 古典的遺伝学が, 突然変異体をまず得た後に, その責任遺伝子を同定したのに対して, タンパク質のアミノ酸情報や他の遺伝子との相同性から, まず遺伝子配列が明らかにされた後, その表現型を調べる方法.
reverse mutant cell ⇌ revertant
reverse mutation 復帰[突然]変異 同 back mutation, reversion
reverse osmosis 逆浸透
reverse Pasteur effect 逆パスツール効果 ⇌ Crabtree effect
reverse phase chromatography 逆相クロマトグラフィー: 極性の小さい固定相と極性の大きい移動相を用いて混合物の分離を行うクロマトグラフィー.
reverse T_3 リバースT_3: 3,3′,5′-L-トリヨードチロニン.
reverse transcriptase 逆転写酵素, リバーストランスクリプターゼ 同 RNA-dependent DNA polymerase(RNA依存性DNAポリメラーゼ)
reverse transcriptase-PCR 逆転写PCR 略 RT-PCR
reverse transcription 逆転写
reversibility 可逆性
reversible 可逆的[の], 可逆[の]
reversible inhibition 可逆阻害
reversible reaction 可逆反応
reversion ⇌ reverse mutation
revertant 復帰[突然]変異体 同 reverse mutant cell
reverting post mitotic cells 可逆性分裂終了細胞群
Reye sydrome ライエ症候群: 肝変性と急性脳症を伴う小児の疾患.
Reynolds number レイノルズ数: 流体における慣性力と粘性力の比.
RF ⇌ release factor の略.
RF ⇌ replication form の略.
R factor R因子 ⇌ R plasmid
RFC: replication factor C の略.
RFLP ⇌ restriction fragment length polymorphism の略.
rH_2: 酸化還元電位の表現法の一種.
Rha ⇌ rhamnose の略.
Rhabdoviridae ラブドウイルス科: ウイルス粒子が砲弾状の独特の外形を示す. 狂犬病ウイルス, 家畜の水疱性口内炎ウイルスなどがこれに属する.
rhamnetin ラムネチン: メチル化されたクエルセチン.
rhamnitol ラムニトール: ラムノースの糖アルコール.
rhamnolipid ラムノリピド: ラムノースを含む糖脂質.
rhamnose ラムノース: メチル糖の一種. 略 Rha 同 mannomethylose(マンノメチロース)
Rh antigen Rh抗原
Rh blood type ⇌ Rh[esus] blood group system
rheology レオロジー, 流動学, 流変学
Rh[esus] blood group system Rh式血液型 同 Rh blood type
rhesus [monkey] アカゲザル
rheumatoid arthritis 慢性関節リウマチ, リウマチ様関節炎
rheumatoid factor リウマトイド因子, リウ

マチ因子：IgG の Fc 部分に対するヒトの抗体群の総称．おもに慢性関節リウマチ患者の血清中や関節液中にみられる．

Rh incompatibility Rh 不適合

Rhinovirus ライノウイルス属：ピコルナウイルス科の一属で普通感冒の病原体．

rhizobitoxine リゾビトキシン：根粒菌 *Rhizobium japonicum* が生産するシスタチオニン β-リアーゼの阻害剤．

rhizocaline リゾカリン ⇌ root growth hormone

rhizopterin リゾプテリン：10-ホルミルプテロイン酸．

Rho Rho タンパク質：低分子量 GTP 結合タンパク質の一群で，ミクロフィラメントを制御する．

rhodamine 6G reagent ローダミン 6G 試薬

rhodanese ロダネーゼ：チオ硫酸スルファートランスフェラーゼの別名．

rhodan value ロダン価 ⇌ thiocyanogen value

rhodeose ロデオース ⇌ fucose

rhodoflavin ロドフラビン：フラボセミキノンのうち陽イオン型は酸性下に安定で，得られる赤色の結晶をいう．

Rhodopseudomonas ロドシュードモナス：光合成細菌の一種．

rhodopsin ロドプシン：網膜桿体の光受容タンパク質． 同 visual purple（視紅）

Rhodospirillum ロドスピリルム：光合成細菌の一種．

rhodoviolascin ロドビオラシン ⇌ spirilloxanthin

rhodoxanthin ロドキサンチン：深紫色の植物色素．

rhombencephalon 菱脳 ⇌ hind-brain

Rhus verniciflua ウルシ

rhythm リズム：同期性律動．

RI ⇌ radioisotope の略．

RIA ⇌ radioimmunoassay の略．

Rib ⇌ ribose の略．

ribitol リビトール：リボースから形成される糖アルコール． 同 adonitol（アドニトール）

ribocharin リボカリン：核小体などに存在する酸性タンパク質．リボソームの核膜透過前に除去される．

riboflavin リボフラビン 同 vitamin B_2（ビタミン B_2）, vitamin G（ビタミン G）, lacto-flavin（ラクトフラビン）

riboflavin 5′-phosphate リボフラビン 5′-リン酸 ⇌ flavin mononucleotide

ribonuclease リボヌクレアーゼ，RNA 分解酵素：RNA を加水分解するエンドヌクレアーゼ． 同 RNase（RN アーゼ）

ribonucleoprotein リボヌクレオプロテイン，リボ核タンパク質：RNA とタンパク質の複合体の総称． 略 RNP

ribonucleoside リボヌクレオシド：（塩基-リボース）の構造をもつ化合物．

ribonucleoside-triphosphate reductase リボヌクレオシド三リン酸レダクターゼ：デオキシリボヌクレオチド生成酵素．

ribonucleotide リボヌクレオチド：（塩基-リボース-リン酸）の構造をもつ化合物．

ribonucleotide pyrophosphorylase リボヌクレオチドピロホスホリラーゼ：リボヌクレオチドトランスホスホリボシダーゼともいう．

ribonucleotide reductase リボヌクレオチドレダクターゼ

ribophorin リボホリン：粗面小胞体に含まれる機能未知のタンパク質．

riboprobe リボプローブ ⇌ RNA probe

ribose リボース：代表的ペントース．RNA の成分． 略 Rib

ribosomal protein リボソームタンパク質

ribosomal RNA リボソーム RNA 略 rRNA

ribosomal RNA gene リボソーム RNA 遺伝子：rRNA をコードする遺伝子． 略 rDNA 同 rRNA gene

ribosome リボソーム：タンパク質合成の場となる RNA・タンパク質複合体．大小 2 個のサブユニットから成る．

ribostamycin リボスタマイシン：アミノ配糖体抗生物質（カナマイシン，ストレプトマイシンなど）の一種．

ribosylation リボシル化

ribosylthymine 略 T, rThd

ribosyltransferase リボース転移酵素

ribozyme リボザイム：酵素作用を示すリボ核酸．スプライシング反応を自己触媒するグループⅠイントロンが代表．

ribulose リブロース：ケトペントースの一種．

rice dwarf virus イネ萎〔い〕縮ウイルス

ricin リシン：植物毒タンパク質の一種．

ricinoleic acid リシノール酸：12-ヒドロキシ-9-オクタデセン酸．ヒマシ油の主要成

分. 同 ricinolic acid
ricinolic acid → ricinoleic acid
Ricinus communis ヒマ
rickets くる病：ビタミンD欠乏症．
rickettia リケッチア：細菌より小さい(0.3 μm×0.3 μm)偏性細胞内寄生体．
rifampicin リファンピシン：細菌のRNAポリメラーゼに作用してRNA合成開始を阻害する抗生物質．同 rifampin(リファンピン)
rifampin リファンピン → rifampicin
rifamycin リファマイシン：細菌のRNAポリメラーゼに働くグラム陽性菌に対する抗生物質．
rigor 硬直【筋肉の】
rimorphin リモルフィン：オピオイドペプチド関連物質．
Ringer's solution リンガー液：細胞外液に近い塩類溶液．
ring finger motif リングフィンガーモチーフ
ring formation → cyclization
ring sideroblast 輪状鉄芽球：ヘム生合成の障害をもつために鉄が利用できず細胞内に沈着した赤血球．鉄不応性貧血にみられる．
rise time 立上がり時間
rising phase 立上がり期
R loop Rループ：RNA-DNAのハイブリッド形成によってできる環状構造．イントロンの位置を示す．
R mutation R変異：サルモネラ菌などの試験管内培養を繰返す過程で，コロニーの形態が辺縁平滑(スムース型，S型)から辺縁不整(R型)に変化することがあり，それをひき起こす遺伝子突然変異．細胞表層多糖類の産生異常によることが多い．同 rough mutation (ラフ型変異)
RNA：ribonucleic acid(リボ核酸)の略．
RNA-dependent DNA polymerase RNA依存性DNAポリメラーゼ → reverse transcriptase
RNA-dependent RNA polymerase RNA依存性RNAポリメラーゼ → RNA replicase
RNA editing RNA編集，RNAエディティング：真核生物やウイルスで，DNAからmRNAをコピーした後，特定の位置にヌクレオチドを挿入，削除または置換してRNAレベルで配列を変更し，読み枠の修正や開始コドン，終止コドンの形成や消失を行うこと．
RNAi → RNA interference の略．

RNA interference RNA干渉：標的遺伝子上の配列に相当する二本鎖RNAを細胞内に導入してその標的遺伝子の発現を阻害する方法．略 RNAi
RNA ligase RNAリガーゼ
RNA nucleotidyltransferase RNAヌクレオチジルトランスフェラーゼ → RNA polymerase
RNA phage RNAファージ
RNA polymerase RNAポリメラーゼ：RNA合成酵素の総称．一般にはDNA依存性RNAポリメラーゼ(転写酵素)をさす．同 RNA nucleotidyltransferase(RNAヌクレオチジルトランスフェラーゼ)
RNA priming RNAプライミング：DNA合成の開始に，プライマーゼにより合成される短い(約10塩基長)RNAがプライマーとして必要とされること．
RNA probe RNAプローブ 同 riboprobe(リボプローブ)
RNA pseudoknot structure RNAシュードノット構造：ヘアピン構造のループ部分が，ヘアピン構造から離れた前後のヌクレオチド鎖とらせん構造をとっていること．同 pseudoknot structure(シュードノット構造)
RNA puff RNAパフ：唾腺染色体などにみられるパフはRNA合成が盛んな場所であるためRNAパフということがある．
RNA replicase RNAレプリカーゼ，RNA複製酵素 同 RNA-dependent RNA polymerase(RNA依存性RNAポリメラーゼ)
RNase RNアーゼ → ribonuclease
RNA tumor virus RNA腫瘍ウイルス
RNA virus RNAウイルス
RNA world hypothesis RNAワールド仮説：地球上の最初の生命はRNAを遺伝子としても酵素としても使っていたとする仮説．
RNP → ribonucleoprotein の略．
rO_2：酸化還元電位の表現法の一種．
Robertson-Kihara syndrome ロバートソン・木原症候群 同 juxtaglomerular cell tumor(傍糸球体細胞腫)，renin-producing tumor(レニン産生腫瘍)
rocket immunoelectrophoresis ロケット免疫電気泳動 同 Laurell rocket test(ローレルロケット試験)
Rocky Mountain spotted fever ロッキー山斑点熱：ダニが媒介するリケッチアによって

起こる．

rod 1) 桿体 ⇌ rod cell，2) 桿菌

rod cell 桿[状]体細胞　同 rod (桿体)

rodent げっ[齧]歯類：ネズミ，リスなど．

roentgen レントゲン：記号 R．照射線量の単位．1 R=2.58×10^{-4} C/kg．

roller bottle culture 回転瓶培養

rolling circle type replication ローリングサークル型複製

room temperature 室温

root growth hormone 根成長ホルモン　同 rhizocaline (リゾカリン)

root nodule 根粒

root nodule bacterium ⇌ leguminous bacterium

rosaniline ローザニリン ⇌ fuchsine

rose bengal ローズベンガル：光増感剤としても用いられる色素．

Rosenberg-Spencer method ローゼンベルグ・スペンサー法：全硫黄の定量法．

Rosenheim reaction ローゼンハイム反応：共役二重結合をもつステロールの呈色反応．

rosette 1) ロゼット，2) 花紋板

rosette formation ロゼット形成：リンパ球などの周囲に赤血球が集合する花模様形成．抗原反応性細胞の同定などに利用．

ros gene *ros*［ロス］遺伝子：ニワトリ肉腫がん遺伝子．産物はインスリン受容体に似る増殖因子受容体．

Rossmann fold ロスマンフォールド：多くの酵素のヌクレオチド (NAD，ATP など) 結合部に共通に見られる 4 本の β シートの周りを 4 本の α ヘリックスが取巻く超二次構造．

rostrocaudal axis 頭尾軸 ⇌ anteroposterior axis

rotamer ⇌ rotational isomer

rotary diffusion coefficient 回転拡散係数：粒子がブラウン運動で回転する様子を示す係数で高分子の形と関係する．

rotary evaporator ロータリーエバポレーター　同 rotatary [vacuum] evaporator (回転減圧蒸発器)

rotary shaking culture 回転振とう培養，旋回振とう培養

rotatary [vacuum] evaporator 回転減圧蒸発器 ⇌ rotary evaporator

rotational correlation time 回転相関時間

rotational energy level 回転エネルギー準位

rotational isomer 回転異性体　同 rotamer

rotational symmetry 回転対称

rotational viscometer 回転粘度計　同 rotational viscosimeter

rotational viscosimeter ⇌ rotational viscometer

rotation culture 回転培養

rotatory strength 旋光強度

Rotavirus ロタウイルス属：分節構造をとる二本鎖 RNA ウイルス．乳幼児下痢症の病原体．

rotenone ロテノン：ミトコンドリアの電子伝達阻害剤 (NADH-CoQ 間の)．

Rothera's test ロテラ試験：尿中アセトン，アセト酢酸の定性試験．

Rothmund-Thomson syndrome ロスムント・トムソン症候群：DNA ヘリカーゼの一種の遺伝子異常により起こる早老症．常染色体劣性遺伝．

rotor 回転子，ローター：遠心機の回転子．

Rotor syndrome ローター症候群：抱合型高ビリルビン血症．

rough microsome 粗面ミクロソーム

rough mutation ラフ型変異 ⇌ R mutation

rough specific phage ラフ特異性ファージ　同 R-specific phage

rough[-surfaced] endoplasmic reticulum 粗面小胞体：リボソームをもつ小胞体．略 rER

Rous sarcoma ラウス肉腫

Rous sarcoma virus ラウス肉腫ウイルス　略 RSV

routine 常用の，きまりきった

RPA：replication protein A の略．DNA 複製に必要な一本鎖 DNA 結合タンパク質．

R plasmid R プラスミド：抗菌物質に対する耐性を宿主に付与する薬剤耐性遺伝子をもったプラスミド．同 R factor (R 因子)，multiple drug resistance factor (多剤耐性因子)，drug resistance factor (薬剤耐性因子)

rpm：revolutions per minute の略．

R point R 点 ⇌ restriction point

RQ ⇌ respiratory quotient の略．

rRNA ⇌ ribosomal RNA の略．

***RS* notation** *RS* 表示法：化合物の立体構造表示法の一つ．

R-specific phage ⇌ rough specific phage

R state R 状態：relaxed state の略．アロステリック転移における一つの状態．基質や活

性化剤を結合したときに安定な形. 対語はT state.
RSV ⇀ Rous sarcoma virus の略.
rThd ⇀ ribosylthyamine の略.
RT-PCR ⇀ reverse transcriptase-PCR の略.
rubber bulb ゴム球: 手ふいご. 噴霧, 送風, 加圧, 吸引などに用いる.
rubella virus 風疹〚しん〛ウイルス
rubidium ルビジウム: 元素記号 Rb. 原子番号 37 のアルカリ金属元素.
rubidomycin ルビドマイシン ⇀ daunomycin
rubixanthin ルビキサンチン: バラの実などの紅色カロテン.
rubredoxin ルブレドキシン: 細菌に存在する鉄-硫黄タンパク質の一種.
Ruhemann's purple ルーヘマン紫: ニンヒドリンとアミノ酸反応による紫色反応. アミノ酸定量用.
rule of even distribution 平均分布則
rule of random distribution 不規則分布則
rumen ルーメン【反すう動物の】, 第一胃, こぶ胃, 前胃
rumen fermentation ルーメン発酵: 前胃における発酵.
ruminant 反すう〚芻〛動物
runt disease ラント病 ⇀ wasting disease
rusticyanin ルスチシアニン: 硫黄細菌より分離された青色の色素タンパク質で, 銅を含む.
rutamycin ルタマイシン: ATP 合成酵素阻害剤. オリゴマイシンの類似物質.
rutecarpine ルテカルピン: 鎮痛性のインドールアルカロイド.
ruthenium red ルテニウムレッド: カルシウム輸送阻害剤.
rutin ルチン: ミカンのフラボノールの一種. 血管透過性を下げる.
rutinose ルチノース: ルチンに含まれる二糖.
RXR ⇀ retinoid X receptor の略.
R_f value R_f 値: 沪紙クロマトグラフィーにおいて物質の移動距離を溶媒先端の移動距離で割った値.
ryanodine リアノジン: 植物アルカロイドの一つ. リアノジン受容体の開口状態を固定化する.
ryanodine receptor リアノジン受容体: 小胞体膜に存在するカルシウムチャネル.
⦿ CICR channel (CICR チャネル)

S

σ factor σ 因子: 転写開始部位認識因子.
σ value σ 値
S ⇀ serine の略.
sabinic acid サビニン酸: 12-ヒドロキシラウリン酸. ラウリン酸の ω 酸化で生成する.
sabinin oil 杜松油
saccharase サッカラーゼ: β-フルクトフラノシダーゼの別名.
saccharate サッカラート ⇀ sucrose
saccharic acid 糖酸, サッカリン酸: 狭義にはグルカル酸(グルコースのジカルボン酸)をさす. aldaric acid も参照.
saccharide サッカリド, サッカライド: 糖質の総称.
saccharification 糖化【木材などの】
Saccharomyces サッカロミセス属: 出芽酵母の一つ.
saccharopine サッカロピン: リシンと 2-オキソグルタル酸の縮合した化合物.
saccharose サッカロース ⇀ sucrose
sacrifice と〚屠〛殺
sacromycin サクロマイシン ⇀ amicetin
Sakaguchi reaction 坂口反応: アルギニンの検出反応.
Sakaguchi's reagent 坂口試薬: アルギニン検出試薬.
salamander サンショウウオ
salicin サリシン: ヤナギの配糖体. 鎮痛剤.
⦿ salicoside (サリコシド)
salicoside サリコシド ⇀ salicin
salicylate サリチル酸塩
salicylism 中枢症状: アスピリンの副作用中, 中枢神経に対する症状.
saline 塩類[溶]液: physiological saline の意味で用いられることもある.
salinity 塩分

saliva 唾〖だ〗液
saliva parotin A サリバパロチン A: ヒトの唾液腺ホルモン
saliva peroxidase 唾液ペルオキシダーゼ
salivary antibody 唾液抗体: 唾液中に含まれる抗体.
salivary gland 唾液腺
salivary [gland] chromosome 唾[液]腺染色体: 昆虫双翅類の唾液腺間期核にみられる巨大染色体. 多糸染色体の一つ.
salivary gland hormone 唾液腺ホルモン
salivary gland virus 唾液腺ウイルス → cytomegalovirus
Salkowski reaction サルコフスキー反応: コレステロールの呈色反応.
salmine サルミン: サケのプロタミン.
Salmonella サルモネラ: グラム陰性通性嫌気性細菌の一種.
Salmonella **mutagenecity test** サルモネラ変異原性試験 → Ames test
Salmonella typhimurium ネズミチフス菌: ヒト食中毒の原因となる.
salt 塩
saltatory conduction 跳躍伝導
salt bridge 塩橋: 正負の荷電をもつ原子団がクーロン力により結合しイオン対を形成していること.
salting in 塩溶, 塩入
salting out 塩析
salvage pathway 再利用経路, サルベージ経路
salvianin サルビアニン: 花青素の一種.
salyrganic acid サリルガン: SH 阻害性有機水銀剤.
SAM → *S*-adenosylmethionine の略.
samandaridine サマンダリジン: サンショウウオアルカロイドの一種.
samandarine サマンダリン: サンショウウオアルカロイドの一種.
samandinine サマンジニン: サンショウウオアルカロイドの一種.
sample 1) 試料, 2) 標本, 3) 見本
sampling 標本抽出
Sanarelli-Shwartzman phenomenon サナレリ・シュワルツマン現象 → Shwartzman phenomenon
Sandhoff disease サンドホフ病: β-N-アセチルヘキソサミニダーゼ欠損による G_{M2} 蓄積症. 常染色体劣性遺伝.
sandwich enzyme immunoassay サンドイッチ型エンザイムイムノアッセイ
sandwich method サンドイッチ法: 間接蛍光抗体法の一つ. 組織中の抗体の検出のため, 抗体に結合している抗原を標識抗体で検出する方法.
sandwich radioimmunoassay サンドイッチ型ラジオイムノアッセイ
Sanfilippo syndrome サンフィリッポ症候群: ヘパラン硫酸 *N*-スルファターゼ欠損症によるムコ多糖症. ヘパラン硫酸の組織内沈着を示す酵素欠損症の総称.
Sanger method サンガー法: 1) タンパク質の N 末端決定法. 2) ジデオキシ法による DNA の塩基配列決定法. 同 1) DNP-method (DNP 法), dinitrophenyl method (ジニトロフェニル法), dinitrofluorobenzene method (ジニトロフルオロベンゼン法), 2) chain termination method (チェインターミネーション法), plus-minus method (プラスマイナス法)
Sanger's reagent サンガー試薬: 2,4-ジニトロフルオロベンゼン.
sanguinarine サンギナリン 同 pseudo-chelerythrine (プソイドケレリトリン)
7S antibody 7S 抗体: IgG 抗体.
19S antibody 19S 抗体: IgM 抗体.
santonin サントニン: 駆虫薬.
sap 樹液, 体液
SAPK : stress-activated protein kinase の略.
sapogenin サポゲニン: サポニンの非糖部.
saponification けん〖鹸〗化
saponification value けん〖鹸〗化価
saponify けん〖鹸〗化する, エステルを加水分解する
saponin サポニン: 植物の配糖体. ステロイド, テルペンを非糖部とする. ジギトニンなど. 同 saponoside (サポノシド)
saponoside サポノシド → saponin
saralasin サララシン: サルコシンで一部を置換したアンギオテンシン II.
sarcoidosis サルコイドーシス, 類肉腫症: 原因不明の系統的肉芽腫症. 同 Boeck's sarcoid (ベック類肉腫), lymphogranulomatosis of Schaumann (シャウマンリンパ肉芽腫)
sarcolemma 筋繊維鞘〖しょう〗, 筋鞘, 筋繊維膜, サルコレンマ
sarcoma(*pl.* sarcomata) 肉腫: 骨肉腫, リン

パ肉腫など,非上皮性悪性腫瘍.対語は carcinoma.
sarcoma gene 肉腫遺伝子
sarcoma virus 肉腫ウイルス
sarcomere サルコメア,筋節:横紋筋の単位構造.
sarcoplasm(*pl.* sarcoplasma) 筋形質,筋漿
sarcoplasmic reticulum 筋小胞体
sarcosine サルコシン:*N*-メチルグリシン.
sarcosinemia サルコシン血症
sarcosome サルコソーム:筋肉のミトコンドリア.
sarcotubular system 筋細管系
sarin サリン:抗コリンエステラーゼ作用をもつ神経ガス.
sarkomycin サルコマイシン:DNA合成を阻害する抗生物質.抗がん剤の一種.
sarpagine サルパギン:インド蛇木のインドールアルカロイド. 同 raupine(ラウピン)
sarsasapogenin サルササポゲニン:サポニンの非糖部の一種.ステロイド剤の原料.
sarsasaponin サルササポニン:サルサ根のサポニン.
satellite サテライト,衛星,付随体
satellite cell 衛星細胞,外とう細胞
satellite DNA サテライトDNA:DNAをセシウム密度勾配平衡遠心法により分画したとき,主要なバンドのほかに現れる小バンド.特定の繰返し配列に相当する.
satellite virus サテライトウイルス:それ自身欠損性で他種のウイルスをヘルパーとして増殖するもの.アデノ随伴ウイルスが典型例.
satiety center 満腹中枢
saturated 飽和[の]
saturated hydrocarbon 飽和炭化水素 → alkane
saturation 飽和
saturation curve 飽和曲線
saturation density 飽和密度,飽和細胞密[集]度
saturation fraction 飽和分率 同 fractional saturation
Savart plate サバール板:微分干渉顕微鏡の石英板.
saxitoxin サキシトキシン:貝のナトリウムチャネル阻害毒.
scaffold 骨格,足場
scaffold protein スカフォールドタンパク質,骨格タンパク質:染色体の骨格をなすタンパク質構造.
scalar reaction スカラー反応:方向性をもたない反応(ベクトル反応でない反応).
scale 1)はかり,2)スケール
scanning 走査,精査
scanning electron microscope 走査[型]電子顕微鏡 略 SEM
scanning force microscope → atomic force microscope
scanning tunneling microscope 走査[型]トンネル顕微鏡:金属試料とプローブ先端の間のトンネル電流を一定に保ちながら走査する顕微鏡.
Scatchard plot スキャッチャードプロット:受容体とリガンドの間の結合定数および結合部位数を求めるためのプロットの一つ.
scatter 散乱する[光が]
scatter factor 細胞分散因子 → hepatocyte growth factor
scavenger スカベンジャー,捕そく剤:1)ラジカルを反応系から除去する試薬. 2)放射性元素を沈殿させる物質.
scavenger receptor スカベンジャー受容体:おもにマクロファージの細胞膜にあり,変性LDLを認識,取込むことにかかわる受容体.
SCF ubiquitin ligase complex SCFユビキチンリガーゼ複合体:Skp1, Cullin, F-boxタンパク質から成るユビキチンリガーゼ複合体.S期の進行に重要な役割を果たす.
Schardinger dextrin シャルディンガーデキストリン → cyclodextrin
Scheie syndrome シャイエ症候群:L-イズロニダーゼ欠損症の軽症型ムコ多糖症.
Schick test シック試験:ジフテリアの古典的免疫診断法.皮内反応.
Schiff base シッフ塩基:アルデヒドと第一級アミンの縮合物質.
Schiff's reagent シッフ試薬 同 fuchsin[e]-aldehyde reagent(フクシン-アルデヒド試薬), fuchsin[e]-sulfurous acid reagent(フクシン-亜硫酸試薬)
Schilder disease シルダー病:脳,副腎,こう丸に長鎖脂肪酸の蓄積する伴性劣性遺伝性疾患.
schizophrenia 精神分裂病,分裂病 同 dementia präcox(早発痴呆)
schizophyllan シゾフィラン:担子菌の多糖.

抗がん剤.

Schizosaccharomyces pombe シゾサッカロミセス=ポンベ ⇒ fission yeast

schlieren method シュリーレン法: 屈折率の変化を利用して行う光学的観測法.

Schmidt-Thannhauser method シュミット・タンホイザー法: 核酸分別定量法.

Scholz disease シュルツ病 ⇒ metachromatic leukodystrophy

Schotten-Baumann method ショッテン・バウマン法: ベンジルオキシカルボニル化法.

Schultz-Dale test シュルツ・デール試験: 即時型過敏反応のための生物学的試験.

Schulze-Hardy law シュルツ・ハーディ則: コロイド粒子の沈殿には多価イオンほど有効であるという法則.

Schwann cell シュワン細胞: 神経軸索を層状に包む髄鞘膜をつくる細胞.

SCID ⇒ severe combined immunodeficiency disease の略.

scintigraphy シンチグラフィー: 生体内のRI分布像を描出する方法. 放射線せん光を利用した画像法. 同 scintillation scanning(シンチスキャン)

scintillation シンチレーション: 放射線が蛍光体に当たって発するせん光.

scintillation counter シンチレーションカウンター, シンチレーション計数管

scintillation scanning シンチスキャン ⇒ scintigraphy

scintillator シンチレーター: 放射線の照射により強く発光する物質. せん光発生体.

scirrhous carcinoma 硬[性]がん[癌], スキルスがん(胃がんなどの): 予後が悪い.

scleroderma 強皮症 同 progressive systemic sclerosis(進行性全身性硬化症)

scleroglucan スクレログルカン: 酵母, カビの細胞壁の β-1,3-, β-1,6-グルカン.

scleroprotein 硬タンパク質 ⇒ albuminoid

sclerotium 菌核

sclerotome 硬節: 脊椎動物胚の一部分. やがて脊椎や硬膜を形成する.

scopic adaptation ⇒ scotopic adaptation

scopine スコピン: トロパンアルカロイドの一種.

scopolamine スコポラミン: チョウセンアサガオのアルカロイド. 鎮痙剤. 鎮痛剤.

scopoletin スコポレチン: ハシリドコロ根の蛍光物質.

scopolia extract ロートエキス: ハシリドコロ根のエキス. 消化液分泌抑制剤. 鎮痛剤.

scopoline スコポリン: スコポラミンの加水分解産物.

scorpamine スコルパミン: サソリの神経毒.

scorpion サソリ

scorpion venom サソリ毒: 神経毒の一種.

scotoma 暗点

scotophobin スコトホビン: ラット脳ペプチドの一種.

scotopic adaptation 暗順応 同 scopic adaptation, dark adaptation

scotopsin スコトプシン: 桿体オプシン, 薄明視のオプシン.

scrapie スクレイピー: ヒツジの伝播性海綿状脳症. プリオン病の一種.

screening 選抜, スクリーニング

screw axis らせん軸

scurvy 壊血病: ビタミンC欠乏症.

scyllitol シリトール: イノシトール光学異性体の一種.

scymnol シムノール: サメの胆汁アルコール.

SD antigen SD抗原: 血清学的に規定される抗原. 同 serologically defined antigen

SDAT ⇒ senile dementia of Alzheimer's type の略.

SDS ⇒ sodium dodecyl sulfate の略.

SD sequence SD配列 ⇒ Shine-Dalgarno sequence

SDS-PAGE ⇒ SDS-polyacrylamide gel electrophoresis の略.

SDS-polyacrylamide gel electrophoresis SDS-ポリアクリルアミドゲル電気泳動 略 SDS-PAGE

sea urchin ウニ

sebacic acid セバシン酸: 1,8-オクタジカルボン酸.

secologanin セコロガニン: モノテルペンアルカロイドの前駆体.

secondary 第二[級][の], 二次[の], 続発性

secondary active transport 二次能動輸送: イオンの電気化学ポテンシャル差を利用する溶質の能動輸送.

secondary amine 第二級アミン

secondary amyloidosis 続発性アミロイドーシス

secondary antibody 二次抗体, 第二抗体

secondary bile acid 二次胆汁酸
secondary binding site 第二結合部位
secondary culture 二次培養
secondary immune response 二次免疫応答 ⇨ secondary response
secondary ionization 二次イオン化法 [略] SI [同] secondary ionization mass spectrometry (SIMS)
secondary lysosome 二次リソソーム：一次リソソームが食胞などと結合して形成される小器官．細胞内消化を行う．
secondary metabolites 二次代謝産物
secondary nodule 二次小結節 ⇨ germinal center
secondary proteose 二次プロテオース
secondary response 二次応答 [同] secondary immune response（二次免疫応答）
secondary sex character ⇨ secondary sexual character
secondary sexual character 二次性徴 [同] secondary sex character
secondary structure 二次構造：タンパク質のある領域がとる α ヘリックスや β シートなどのような繰返しのある規則構造．
second law of thermodynamics 熱力学第二法則
second messenger セカンドメッセンジャー，二次メッセンジャー，第二メッセンジャー
second messenger theory セカンドメッセンジャー説：ホルモンや神経伝達物質，物理的，化学的刺激による細胞応答がひき起こされるまでのシグナルを伝達する役割をもつ物質をセカンドメッセンジャーとする説．
second-order reaction 二次反応
second polar body 第二極体
secretagogue 分泌促進物質 [同] secretogogue
secretase セクレターゼ：1) 分泌タンパク質の細胞膜透過に際し，シグナルペプチド（= シグナル配列）を切断するペプチダーゼ．2) アルツハイマー病アミロイド前駆体タンパク質を切断するプロテアーゼで，α，β，γ の3種類がある．
secretin セクレチン：十二指腸の消化管ホルモン．胃液分泌を抑制し，膵液分泌を促進．
secretion 分泌
secretion vector 分泌ベクター：タンパク質の大量発現系において，目的タンパク質が培養液上清やペリプラズム領域にくるように作製された発現ベクター．
secretor 分泌型
secretory cell 分泌細胞
secretory granule 分泌顆粒
secretory piece 分泌片
secretory protein 分泌タンパク質
section 切片
secular equilibrium 永続平衡：放射［能］平衡の一形式．
securinine セクリニン：ヒトツバハギのアルカロイド．
sedative drug 鎮静剤，鎮静薬
sediment 1) 沈降物，2) 沈降する
sedimentation 沈降
sedimentation coefficient 沈降係数 [同] sedimentation constant（沈降定数）
sedimentation constant 沈降定数 ⇨ sedimentation coefficient
sedimentation velocity method 沈降速度法
sedoheptulose セドヘプツロース：ヘプトースの一種．そのリン酸エステルはペントースリン酸回路に見いだされる．
seeding 1) 播［は］種，接種，2) 種入れ
seedling 1) 芽生え，2) 実生
seed oil 種子油
seed protein 種子タンパク質
segment 1) 体節 ⇨ somite, 2) 分節【染色体の】, 3) セグメント
segmental aging 部分的老化
segmentation gene 分節遺伝子
segment long spacing fiber SLS 繊維：コラーゲン分子が形成する繊維の一種．
segment polarity gene セグメントポラリティー遺伝子：ショウジョウバエの分節の中での前後軸に沿った構造決定に関与する．
segregate 1) 分裂系，2) 分離する【遺伝で異なる表現型が】，分域する【発生学で】
segregation 分離
Seitz filter ザイツ沪過器：滅菌用沪過器．
seizure 発作，急発作
sekisanine セキサニン ⇨ tazettine
sekisanoline セキサノリン ⇨ tazettine
selacholeic acid セラコレイン酸 ⇨ nervonic acid
selachyl alcohol セラキルアルコール：オクタデセニルグリセリルエーテル．
selected marker ⇨ selective marker

selection 選択
selection intensity 選択強度
selection medium ⇌ selective medium
selection pressure 淘汰圧, 選択圧 圓 selective pressure
selective marker 選択マーカー: 抗生物質耐性遺伝子のことで, 抗生物質存在下でもそれをもつ細胞が生き残ることができる. 圓 selected marker
selective medium 選択培地 圓 selection medium
selective pressure ⇌ selection pressure
selective toxicity 選択毒性
selective value 1)選択価, 2)淘汰〔とうた〕値
selenium セレン: 元素記号 Se. 原子番号 34 の元素.
selenobiotin セレノビオチン: ビオチンの S を Se に置換したものでビオチンと同効果.
selenocysteine セレノシステイン: システインの硫黄原子をセレン原子で置換したもの. 放射線防御作用や抗がん作用を有する.
selenomethionine セレノメチオニン
self and not-self 自己と非自己【免疫で】
self antigen ⇌ autoantigen
self-assembly 自己集合
self-association 自己会合
self-cloning セルフクローニング: 宿主, ベクター, 組換え遺伝子の三者が同一細胞に由来している場合の遺伝子操作(規制の対象外).
self-compatibility 自家和合性
self-incompatibility 自家不和合性: 自家受粉した際に正常な両性花をもつ被子植物は接合体をつくらない現象で, 近親交配を防ぐ機構である.
selfing ⇌ self-pollination
selfish DNA 利己的 DNA
selfish gene 利己的遺伝子
self-pollination 自家受粉 圓 selfing
self-quenching 1)自己消去, 2)自己失活
self-renewal 自己複製
self-splicing セルフスプライシング: プレ mRNA あるいはプレ rRNA のイントロンがリボザイムとして, トランスエステル化反応により自身を触媒として切断され, スプライシングが行われる現象. テトラヒメナプレ rRNA のセルフスプライシング反応が有名.
self-tolerance 自己寛容, 自己トレランス 圓 natural tolerance

Seliwanoff reagent セリワノフ試薬: 糖の呈色反応試薬の一種.
sella turcica ⇌ Turkish saddle
SEM ⇌ scanning electron microscope の略.
semen ⇌ seminal fluid
semicarbazide セミカルバジド: アミノ尿素, カルボニル試薬の一種.
semiconductor 半導体
semiconservative 半保存的, 半保守的
semiconservative replication 半保存的複製
semidominant 半優性[の]
semilog 片対数 圓 semilogarithm
semilogarithm ⇌ semilog
semimicroanalysis 小量分析, 半微量分析
seminal 精液[の], 種子[の], 生殖[の], 胚子状態[の]
seminal fluid 精液 圓 semen, sperm
seminal plasma 精漿
seminal vesicle 1)精嚢〔のう〕【ほ乳類の】, 2)貯精嚢
seminiferous tubule 精細管
seminolipid セミノリピド: 精子のグリセロ糖脂質.
seminose セミノース ⇌ mannose
semipermeability 半透性: 低分子溶質は透過させるが高分子, コロイド粒子は透過させない性質.
semiquinone セミキノン
semisolid medium 半固形培地
Sendai virus センダイウイルス: パラミクソウイルスの一つ. 細胞融合活性が強く, 細胞工学に用いられる. 圓 hemagglutinating virus of Japan (HVJ)
senecio alkaloid セネシオアルカロイド, キオンアルカロイド
senecionine セネシオニン: キク科のピロリジンアルカロイド.
senescence 老化
senescence gene 老化遺伝子
senile 老化した
senile dementia 老年痴呆
senile dementia of Alzheimer's type アルツハイマー型老年性痴呆 圏 SDAT
senile plaque 老人斑: 老人脳やアルツハイマー型痴呆脳にみられ, 灰白質特に大脳皮質の細胞体外にアミロイド β タンパク質が沈着し, 嗜銀性を示す.
sensation 感覚

sensitive 感受性[の]
sensitization 1)感作, 2)増感
sensitized lymphocyte 感作リンパ球 同 primed lymphocyte
sensorimotor area 感覚運動野
sensory 知覚[の]
sensory area 知覚野, 感覚野
sensory nerve 知覚神経, 感覚神経
sensory neuron 感覚ニューロン
Sephadex セファデックス【商品名】: ゲル沪過クロマトグラフィー固定相の一種.
Sepharose セファロース【商品名】: ゲル沪過クロマトグラフィー固定相の一種.
septanose セプタノース 同 heptanose(ヘプタノース)
septanoside セプタノシド: セプタノース配糖体.
septate desmosome 中隔接着斑, 有隔接着斑
septum 1)隔膜, 2)隔壁, 中隔
sequence 1)配列, 2)配列を決める【タンパク質中のアミノ酸, 核酸の残基の】
sequence homology 配列相同性: オルソログまたはホモログタンパク質や核酸の配列に見られる類似性をいう.
sequence identity 配列同一性: オルソログまたはホモログタンパク質や核酸の配列を比較して, 同一配列であることやその割合のこと.
sequencing 配列決定, シークエンシング 同 sequence determination
sequencer シークエンサー, 配列決定装置
sequential 継続的[の], 連続的[な]
sequential induction 逐次誘導, 系列誘導
sequential mechanism 逐次機構
sequestered 隔離された, 取込まれた
sequestered antigen 隔絶抗原, 隔離抗原
sequoyitol セクオイトール: 環状糖アルコールメチルエステルの一種.
Ser → serine の略.
sER → smooth[-surfaced] endoplasmic reticulum の略.
serial 系列の, 一連の
serial dilution 段階希釈
serially passaged culture 連続継代培養
sericin セリシン: 絹糸のタンパク質の一種.
serine セリン: 2-アミノ-3-ヒドロキシプロピオン酸. 中性ヒドロキシアミノ酸の一種. 略 Ser, S
serine carboxypeptidase セリンカルボキシペプチダーゼ: 活性中心にセリン残基をもつカルボキシペプチダーゼ.
serine enzyme セリン酵素
serine pathway セリン経路: C1 化合物の代謝経路の一つ.
serine protease セリンプロテアーゼ: 活性中心にセリンを含有するタンパク質加水分解酵素.
seroconversion セロコンバージョン: 血清中の抗原が消失し, その抗体が出現すること.
serodiagnosis 血清学的診断
serologically defined antigen → SD antigen
serological reaction 血清反応
serology 血清学
seromycin セロマイシン → D-cycloserine
serotherapy 血清療法
serotonergic セロトニン作動性 同 serotoninergic
serotonergic neuron セロトニンニューロン
serotonin セロトニン: トリプトファンからつくられる神経伝達物質. 同 5-hydroxytryptamine(5-HT, 5-ヒドロキシトリプタミン)
serotoninergic → serotonergic
serotype 1)血清型, 2)抗原型: 細菌やウイルスを抗原性の差に基づいて分類した表現型.
Serratia marcescens 霊菌, セラチア=マルセスセンス
Sertoli cell セルトリ細胞: 精巣の精細管を構成する円柱状の細胞で, 管腔内に向けて放射される細突起が網様構造をなし, 精子となる胚細胞の支持と保護にあたる.
serum(*pl.* sera) 血清: 血液から血球とフィブリンを除いた上澄み.
serum-free medium 無血清培地
serum prothrombin conversion accelerator 血清プロトロンビン転化促進因子: 血液凝固VII因子の別名.
serum responsive element 血清応答配列 略 SRE
serum sickness 血清病
sesamin セサミン: ゴマ油中の殺虫助剤. 同 fagarol(ファガロール)
sesquicarene セスキカレン
sesquiterpene セスキテルペン: 炭素数 15 のテルペン.
sessile antibody 定着抗体 同 cell bound antibody(細胞結合抗体), tissue-bound anti-

body(組織定着抗体)

sesterterpene セスタテルペン：炭素数25のテルペン(イソプレン重合体)

sesterterpenoid セスタテルペノイド：セスタテルペン様化合物．

severe combined immunodeficiency disease 重症複合免疫不全症　略SCID

Sewell's immunodiffusion technique シューエル免疫拡散法

sex attractant 性誘引物質

sex chromatin 性クロマチン，性染色質

sex chromosome 性染色体

sex-controlled inheritance 従性遺伝

sex determination 性決定

sex difference 性差

sex factor 性因子【細菌の】　同 conjugative plasmid(接合性プラスミド), fertility plasmid(ねん性プラスミド), transferable plasmid(伝達性プラスミド)

sex hormone 性ホルモン

sex-limited inheritance 限性遺伝：一方の性にのみ表現型が現れる遺伝様式．

sex-linked inheritance 伴性遺伝

sexogen 性ホルモン物質

sex pheromone 性フェロモン

sex pilus(*pl.* sex pili) 性線毛

sex ratio 性比

sex reversal 性転換

sexual behavior 性行動

sexual differentiation 性分化　同 differentiation of sex

sexually transmitted disease → venereal disease

sexual reproduction 有性生殖

Sézary syndrome セザリー症候群：皮膚浸潤による全身性紅斑を特徴とするT細胞性リンパ腫．

SF: scatter factor の略．→ hepatocyte growth factor

SF6847: ミトコンドリア電子伝達系の脱共役剤の一種．

SFM: scanning force microscope の略．→ atomic force microscope

shadowing [technique] シャドウイング法：電子顕微鏡試料に金属の蒸着で影をつける方法．

shake culture 振とう培養　同 shaking culture

shaking culture → shake culture

shaking incubator 振とう培養器

shaking palsy 振戦麻痺　→ Parkinson disease

SH-blocking reagent SH阻害剤

SH domain SHドメイン　→ Src homology domain

shearing of DNA DNAのせん断

sheath 1)外筒，2)葉鞘〔しょう〕

Sheehan syndrome シーハン症候群：分娩時の出血により下垂体が梗塞して母体に生じる下垂体機能低下症．

sheep ヒツジ

SH enzyme SH酵素　同 sulfhydryl enzyme (スルフヒドリル酵素)

SH group SH基　同 sulfhydryl group(スルフヒドリル基), thiol group(チオール基), mercapto group(メルカプト基)

***Shh* gene** → *Sonic hedgehog* gene の略．

shield 1)遮へい〔蔽〕する，2)肥厚板

shift down シフトダウン：成長抑制的な培養条件変更．

shift up シフトアップ：成長促進的な培養条件変更．

Shigella 赤痢菌　同 dysentery bacillus

shikimic acid pathway シキミ酸経路：芳香環生合成の経路．

shikonin シコニン：ムラサキ根のナフトキノン色素．

Shine-Dalgarno sequence シャイン・ダルガーノ配列：翻訳開始点の数塩基5′上流にあるリボソーム結合のためのAGに富む配列．同 SD sequence (SD配列)

shoot apex culture 茎頂培養：茎頂分裂組織を分離して無菌培養すること．茎の成長点培養も実質的に茎頂培養である．同 stem apex culture

short arm 短腕【染色体の】

short chain 短鎖：炭化水素鎖$(CH_2)_n$の短い[物質]．

short reductive carboxylic acid cycle 短縮還元的カルボン酸回路：クエン酸回路の逆回転による炭素固定回路．

short-term culture 短期培養

short-term memory 短期記憶　同 temporal memory(一過性記憶)

shotgun [type] cloning ショットガン[タイプ]クローニング，散弾銃法：ゲノムDNAの

網羅的クローニング法の一つ．DNAをランダムに断片化，クローニング，塩基配列決定し，配列の重なり合いより隣接クローンを同定，最終的に全ゲノム情報を得る．

showdomycin ショードマイシン：抗がん性抗生物質の一種．

SH protease SH プロテアーゼ ⇌ cysteine protease

SH protein SH タンパク質 同 thiol protein (チオールタンパク質)

SH reagent SH 試薬 ⇌ sulfhydryl reagent

shunt 分路，シャント，吻合

shunt bilirubin シャントビリルビン 同 early bilirubin(早期ビリルビン)

shuttle system シャトル系

shuttle vector シャトルベクター：細菌とほ乳類細胞など2種の細胞のどちらでも増殖できるベクター

Shwartzman phenomenon シュワルツマン現象：細菌内毒素の2回目の投与による局所性皮膚反応． 同 Sanarelli-Shwartzman phenomenon(サナレリ・シュワルツマン現象)

Shy: thiohypoxanthine の略号．

SI ⇌ secondary ionization の略．

SIADH ⇌ syndrome of inappropriate secretion of ADH の略．

sialate シアル酸塩

sialic acid シアル酸

sialidase シアリダーゼ ⇌ neuraminidase

sialidosis シアリドーシス：シアル酸代謝異常．

sialoglycolipid シアログリコリピド ⇌ ganglioside

sialoglycoprotein シアロ糖タンパク質

sialosyl glycolipid シアル酸含有糖脂質 ⇌ ganglioside

sialyloligosaccharide シアリルオリゴ糖

sialyltransferase シアリルトランスフェラーゼ

SI base units SI 基本単位：SI 単位系は七つの基本単位から構成される．長さ m, 質量 kg, 時間 s, 電流 A, 温度 K, 光度 cd, 物質量 mol．

sibling 同胞

sibling species 同胞種

sickle cell anemia 鎌状赤血球貧血

sickle cell crisis 鎌状赤血球クリーゼ：鎌状赤血球のため微小血管に塞栓が起こり疼痛をきたす状態．

sickle cell hemoglobin 鎌状赤血球ヘモグロビン 同 hemoglobin S(ヘモグロビン S)

side chain 側鎖

side chain theory 側鎖説：毒素感受性細胞の表面に毒素を特異的に結合する側鎖の存在を仮定する説．

SI derived units SI 組立単位，SI 誘導単位：SI 基本単位を掛け合わせたり割ったりして得られる単位．たとえば，面積の単位 m^2 は長さの基本単位 m を 2 乗したもの．

sideroachrestic anemia 非鉄利用性貧血 ⇌ sideroblastic anemia

sideroblastic anemia 鉄芽球性貧血，担鉄芽球性貧血 同 refractory anemia(不応性貧血), sideroachrestic anemia(非鉄利用性貧血)

siderochrome シデロクロム：微生物が鉄の吸収のために産生するキレート化合物．

sideromycin シデロマイシン：膜障害をひき起こす抗生物質．

siderophilin シデロフィリン ⇌ transferrin

sievert シーベルト：記号 Sv. 線量当量の単位．1 Sv=100 rem.

sigmoid colon S 字結腸 同 colon sigmoideum

sigmoid curve S 字[形]曲線

sigmoid relationship S 字形相関

signal シグナル，信号

signal hypothesis シグナル仮説：タンパク質が細胞小器官に輸送されるのを説明する説で，シグナルペプチドによって規定される．

signal[l]ing ⇌ signal transduction

signal peptide シグナルペプチド：分泌タンパク質や膜内在性タンパク質は脂質二重膜を通過するために，その前駆体では N 末端に 15～30 個の疎水性アミノ酸配列(シグナル配列)があり，この部分をシグナルペプチドという．シグナルペプチドは膜を通過後，酵素により切出される． 同 transit peptide

signal recognition particle シグナル認識粒子：6 種のポリペプチドと 7S RNA より成るリボソームの亜粒子で，分泌性タンパク質のシグナル配列を認識し，合成と分泌を進行させる． 略 SRP

signal recognition particle receptor シグナル認識粒子受容体 ⇌ SRP receptor

signal sequence シグナル配列

signal transduction シグナル伝達，シグナ

ルトランスダクション，情報伝達 圓 signal-[1]ing

signet ring cell 印環細胞

sign-inversion mechanism サイン-インバージョン機構：トポイソメラーゼによるDNA超らせん形成の機構．

silanization → silanizing

silanizing シラン処理，シリル化，シラン化 圓 silanization

silent mutation サイレント突然変異：表現型として現れない突然変異．同義変異や，同性質のアミノ酸に置換された場合など．

silent sound → ultrasonic sound

silent stone 無症状結石

silica シリカ：SiO_2，二酸化ケイ素

silica gel シリカゲル：ケイ酸塩溶液に酸を加えて生じるゲル状の含水ケイ酸，吸着剤．

silicon 1)ケイ素：元素記号Si．原子番号14の元素．岩石の主成分．2)シリコン（半導体）

silicone oil シリコーン油

siliconizing シリコーン処理

silk fibroin 絹フィブロン：絹糸の繊維タンパク質．

silk gland 絹糸腺

silkworm カイコ

silver 銀：元素記号Ag．原子番号47の金属元素．

silver impregnation 鍍〔と〕銀染色

silver staining 銀染色法：タンパク質，核酸の鋭敏な検出法の一種．

simian サル〔の〕

Simmonds syndrome シモンズ症候群

Simonsen phenomenon シモンゼン現象：移植片対宿主反応の一種．

SIMS: secondary ionization mass spectrometryの略. → secondary ionization

simulation シミュレーション，模倣

Sindbis virus シンドビスウイルス：トガウイルス科に属し，カにより媒介されるシンドビス熱の原因となる．

sindesis → pairing

SINE: short interspersed elementの略．短い散在性の反復配列．レトロポゾンの一種．*Alu*配列などが含まれる．

sine wave 正弦波

single base substitution 一塩基置換 圓 monobase substitution

single cell clone 単〔個〕細胞クローン 圓 pure clone（純クローン）

single cell culture 単細胞培養

single channel recording シングルチャネルレコーディング：チャネル分子1個の電気的活性を測定する微小電極法．

single electrode potential 単極電位 → electrode potential

single infection 単感染

single nucleotide polymorphism 一塩基多型，一ヌクレオチド多型：同一生物種間の遺伝子配列の一塩基置換をさし，遺伝子の多様性を代表する現象．多因子性の遺伝形質の解析にはSNPの収集が必要である．略 SNP

single radial immunodiffusion 単純放射〔状〕免疫拡散 → radial immunodiffusion

single strand 一本鎖 略 ss 圓 single stranded

single stranded → single strand

single-strand[ed] DNA 一本鎖DNA，一重鎖DNA

single-strand[ed] DNA-binding protein 一本鎖DNA結合タンパク質：一本鎖DNAに結合し，DNAの複製，組換え，修復に関与するタンパク質．多くの生物種より多数単離されている．

single-strand[ed] DNA phage 一本鎖DNAファージ：M13などDNAヌクレオチド配列決定に使用される．

single-strand[ed] RNA 一本鎖RNA，一重鎖RNA

singlet 1)一重線，2)一重項

singlet oxygen 一重項酸素

sinigrase シニグラーゼ → thioglucosidase

sinigrin シニグリン：カラシの配糖体で，チオ糖（硫黄を含む糖）を構成成分とする．

sinigrinase シニグリナーゼ → thioglucosidase

sinistral 左〔の〕，左側〔の〕，左巻き〔の〕：対語はdextral.

sinkalin シンカリン → choline

sinoatrial node → sinus node

sinomenine シノメニン：オオツヅラフジのアルカロイド．圓 cucoline（クコリン），coculine（コクリン）

sintered 焼結した（ガラスフィルター）

sinus node 洞房結節：心臓の拍動リズムを決定する刺激伝達系は，右心房と大静脈との境界部に存在する特殊心筋細胞が集合した洞

房結節に始まる．同 sinoatrial node

sinusoid 洞様血管，洞様毛細血管，シヌソイド，類洞：肝実質細胞周辺に見られる径の大きな血管構造．

siomycin シオマイシン：タンパク質合成系を阻害するペプチド抗生物質．

Sipple syndrome シップル症候群：褐色細胞腺腫と甲状腺髄様がんを伴う症候群．多発性内分泌腺腫症II型．RET 遺伝子の変異による常染色体優性遺伝病．

sirenin シレニン：精子誘導ホルモン，セスキテルペンの一種．

siroheme シロヘム：亜硫酸レダクターゼのヘム．

***sis* gene** *sis*［シス］遺伝子：がん遺伝子の一種．産物は血小板由来増殖因子．

site 部位，サイト

site-directed 部位特異的 同 site-specific

site-directed mutagenesis 部位特異的［突然］変異誘発

site-specific → site-directed

site-specific mutation 部位特異的［突然］変異

site-specific recombination 部位特異的組換え

sitosterol シトステロール：代表的な植物ステロイド，炭素数29．

sitosterolemia シトステロール血症

SI units SI 国際単位系：科学の諸分野において使用が推奨されている単位系．各単位は厳格に定義され，一貫した体系となっている．同 international system of units（国際単位系）

size exclusion chromatography サイズ排除クロマトグラフィー

Sjögren syndrome シェーグレン症候群：粘膜の乾燥状態を伴う自己免疫疾患の一種．

SK → streptokinase の略．

skatole スカトール：β-メチルインドール．便臭がある．

skein 同 染色質糸

skeletal muscle 骨格筋

skew conformation スキュー配座 同 twist-boat conformation（ねじれ舟形配座）

skim milk 脱脂乳

skin → cutis

skinned muscle fiber 除膜筋繊維 → Natori's fiber

skin reaction 皮膚反応 同 skin test（皮膚試験）

skin reactive factor 皮膚反応性因子 略 SRF

skin sensitizing antibody 皮膚感作抗体

skin test 皮膚試験 → skin reaction

slab gel スラブゲル

slab gel electrophoresis スラブゲル電気泳動

slant culture 斜面培養

Slater factor スレイター因子：ミトコンドリア電子伝達系の成分として Slater により提唱されたもの．本態不明．

slaughterhouse と［屠］殺場

SLE → systemic lupus erythematosus の略．

sleep peptide 睡眠ペプチド

sleep substance 睡眠物質

sliding theory 滑り説：筋収縮はミオシン繊維がアクチン繊維上を移動して起こるという学説．

slime → mucus

slime mold 粘菌

Sloane-Stanley method スローン・スタンレイ法：窒素の微量定量法の一種．

slow-acting 遅効性 同 delayed-acting

slow muscle 遅筋：短縮速度の遅い筋肉．

slow reacting substance 遅反応性物質：アナフィラキシーの遅反応性物質のこと．

slow virus スローウイルス：遅発性ウイルス．

slow virus disease → slow virus infection

slow virus infection スローウイルス感染症 略 SVI 同 slow virus disease

slow wave sleep 徐波睡眠 → non-REM sleep

sluggish substrate 擬基質：反応速度が非常に遅い基質．

slurry スラリー：泥状物．

Sly syndrome スライ症候群：β-グルクロニダーゼ欠損によるムコ多糖症．

small angle scattering 小角散乱

small cell carcinoma 小細胞がん

small G protein 低分子量 G タンパク質：分子量が2〜3万でサブユニット構造をもたない GTP 結合タンパク質．Ras，Rho，Rab，Arf，Ran の5種類に分類される． 同 small GTP-binding protein（低分子量 GTP 結合タンパク質）

small GTP-binding protein 低分子量 GTP 結合タンパク質 → small G protein

small intestine 小腸 同 intestinum tenue

small lymphocyte 小リンパ球

small nuclear ribonucleoprotein 低分子リボ核タンパク質 略 snRNP

small nuclear RNA 核内低分子 RNA：プレ

mRNA のスプライシング反応などに機能する. 圏 snRNA

small nucleolar RNA 核小体内低分子 RNA: rRNA の修飾, 成熟に機能する. 圏 snoRNA

smallpox 痘瘡[とうそう], 天然痘: 痘瘡ウイルスの感染によって全身の皮膚や粘膜に水痘様の発疹が多数現れ高熱を伴う. 種痘により 1980 年に根絶宣言がなされた. 同 variola

smallpox virus 天然痘ウイルス ⇌ variola virus

S1 mapping S1 マッピング: ゲノム DNA 断片と転写 mRNA の間のハイブリッドを形成させた後, 転写されない DNA 領域を S1 ヌクレアーゼで消化することで, 転写開始点やイントロンの位置を明らかにする手法.

smear 1) なすりつけ標本, 塗抹標本【血液の】: 汚染などを調べるためにこすったり, なすりつけてつくる標本. 2) スメア【オートラジオグラムなどの】: 塗抹状の陽性像.

smear preparation 塗抹標本

smectic lamella スメクト膜: 分子が膜面に直角方向に配列している膜(脂質二重層など).

smectic liquid crystal スメクチック液晶: 2 方向のみに規則性のある液晶. 分子の長軸を平行に配列した分子層の積層.

Smith degradation スミス分解: 多糖類の構造決定法.

SM medium SM 培地: SM は sucrose mannitol の略.

SMON ⇌ subacute myelo-optic neuropathy の略.

smooth microsome 滑面ミクロソーム

smooth muscle 平滑筋

smooth muscle relaxant 平滑筋弛[し]緩物質

smooth[-surfaced] endoplasmic reticulum 滑面小胞体 圏 sER

snail カタツムリ

snake venom ヘビ毒

SNAP: soluble NSF attachment protein の略. 小胞輸送に関与するタンパク質.

SNARE: SNAP receptor の略.

Sno: thioinosine の略号.

snoRNA ⇌ small nucleolar RNA の略.

SNP ⇌ single nucleotide polymorphism の略.

SN ratio SN 比: SN は signal to noise の略.

snRNA ⇌ small nuclear RNA の略.

snRNP ⇌ small nuclear ribonucleoprotein の略.

S1 nuclease S1 ヌクレアーゼ: 一本鎖 DNA, RNA を選択的に分解するエンドヌクレアーゼ.

SN value SN 値 ⇌ steroid number

soap セッケン: 脂肪酸のナトリウム塩.

SOD ⇌ superoxide dismutase の略.

sodium ナトリウム: 元素記号 Na. 原子番号 11 のアルカリ金属元素.

sodium azide アジ化ナトリウム

sodium bicarbonate 炭酸水素ナトリウム, 重曹

sodium borohydride 水素化ホウ素ナトリウム: テトラヒドロホウ酸ナトリウム. 還元剤の一種.

sodium dithionite 亜ジチオン酸ナトリウム, 亜二チオン酸ナトリウム: 還元剤の一種.

sodium dodecyl sulfate ドデシル硫酸ナトリウム: タンパク質にきわめて高い親和性をもつ界面活性剤. 圏 SDS 同 sodium lauryl sulfate(ラウリル硫酸ナトリウム)

sodium gate ナトリウムゲート: ナトリウムチャネルの関門.

sodium lauryl sulfate ラウリル硫酸ナトリウム ⇌ sodium dodecyl sulfate

sodium permeability ナトリウム透過性

sodium pump ナトリウムポンプ: 実体は Na^+, K^+-ATPase(Na^+, K^+-ATP アーゼ). 同 Na^+ pump

sodium theory ナトリウム説: 興奮時の膜電位変化が Na^+ 流入によるという学説.

soft agar culture 軟寒天培養 同 agar suspension culture(寒天内浮遊培養法)

soil microorganism 土壌微生物

sol ゾル

solanesol ソラネソール: タバコのポリプレノール. 炭素数 50.

solanidine ソラニジン: ソラニンの非糖部. 同 solatubin(ソラツビン)

solanine ソラニン: ジャガイモの芽の毒性配糖体. 同 solatunine(ソラツニン)

Solanum tuberosum ジャガイモ

solatubin ソラツビン ⇌ solanidine

solatunine ソラツニン ⇌ solanine

solenoid ソレノイド: ヌクレオソームの連なった数珠状の DNA タンパク質複合体がらせん状に巻いてできる筒状の構造体でクロマチンの構成上の単位.

sol-gel trnsformation ゾル-ゲル転換

solid 固体, 固形物

solid culture 固体培養
solidification 凝固
solid medium 固形培地
solid phase method 固相法
solitary carcinogen 単独発がん〖癌〗物質
solitary plasmacytoma 孤立性形質細胞腫
soliton transmission ソリトン伝導：自由電子の移動ではなく π 電子雲の移動を介する伝導様式．
solubility 溶解度
solubilization 可溶化
soluble 可溶性[の]
solute 溶質
solution 溶液
solvation 溶媒和
solvent 1)溶媒, 2)溶剤
solvolysis 加溶媒分解, ソルボリシス
soma (*pl.* somata) 細胞体
somatic 体[の], 体性[の], 体腔〖くう〗[の], 体壁[の], 体細胞[の], 体細胞性[の]
somatic cell 体細胞
somatic cell hybrid 体細胞雑種　回 somatic hybridization
somatic hybridization ⇌ somatic cell hybrid
somatic mitosis 体細胞有糸分裂
somatic mutation 体細胞[突然]変異
somatic recombination 体細胞組換え
somatic reduction 体細胞減数分裂
somatogenic 体細胞起源[の]
somatoliberin ソマトリベリン ⇌ growth hormone-releasing hormone
somatomedin ソマトメジン：インスリン類似のポリペプチドで, 成長ホルモンの骨成長促進作用を仲介する．回 sulfation factor(硫酸化因子)
somatostatin ソマトスタチン：中枢神経などに存在して, 下垂体からの成長ホルモン分泌を抑制するペプチド．回 growth hormone-release-inhibiting hormone(成長ホルモン放出抑制ホルモン)
somatostatinoma ソマトスタチン産生腫瘍
somatotroph 成長ホルモン分泌細胞
somatotrop[h]ic hormone ⇌ growth hormone
somatotropin ソマトトロピン ⇌ growth hormone
somite 体節, 原体節　回 segment
Somogyi unit ソモジ単位：アミラーゼ測定単位．
sonication 音波処理
sonic disintegration 音波破壊
***Sonic hedgehog* gene** ソニックヘッジホッグ遺伝子：ヘッジホッグの相同遺伝子の一つで, 分化を制御する分泌タンパク質を発現する．回 *Shh* gene
sophorose ソホロース：β1→2 結合したグルコースより成る二糖類．
sorbitol ソルビトール ⇌ glucitol
sorbose ソルボース：ケトヘキソースの一種．
sorbose fermentation ソルボース発酵：ビタミン C の原料の発酵による合成法．
Sørensen buffer セーレンセン緩衝液
Soret [absorption] band ソーレー[吸収]帯：ヘムに固有の 400 nm 付近の強い光吸収．
sort 選別する【細胞などを】
sorting 選別, ソーティング
SOS mechanism SOS 機構：大腸菌で, DNA 傷害に応答して RecA タンパク質が活性化され, 一群の遺伝子発現を誘導して細胞機能の変化を導くこと．
SOS repair SOS 修復：SOS 機構により誘導される誤りの多い DNA 修復機構．回 induced repair(誘導的修復)
Southern blot technique サザンブロット法：DNA-DNA 対合により電気泳動した特定の DNA を検出する方法．回 Southern transfer, Southern hybridization
Southern hybridization ⇌ Southern blot technique
Southern transfer ⇌ Southern blot technique
soybean oil 大豆油, ダイズ油　回 lincoln bean oil
soybean trypsin inhibitor ダイズトリプシンインヒビター
space biology 宇宙生物学　回 exobiology(圏外生物学)
space group 空間群：結晶学上の分類．
space lattice [空間]格子：結晶の場合は結晶格子(crystal lattice)ともいい, 結晶の周期性を表す．
spacer スペーサー：DNA 上の遺伝子を連結し, 転写されない部分．
spacing 面間隔
Span series surfactant Span〖スパン〗系界面活性剤

sparsogenin スパルソゲニン ⇀ sparsomycin

sparsomycin スパルソマイシン：ペプチド転移反応を阻害してタンパク質合成系を阻害する抗生物質. 同 sparsogenin(スパルソゲニン)

sparteine スパルテイン：エニシダのアルカロイド，子宮収縮剤.

spasmin スパスミン：繊毛虫収縮性タンパク質.

spasmolytic agent 鎮けい[痙]薬

spasm[us] ⇀ convulsion

spatula へら，スパーテル

spawn 卵[塊]，はらご：魚，軟体動物，甲殻類などの卵塊.

specialized transduction 特殊[形質]導入

species 種

species specific 種特異的

species specificity 種特異性

specific 種[の]，特異的[な]，特効[の]

specific acid catalysis 特殊酸触媒

specific activity 比活性

specific cholinesterase 特異的コリンエステラーゼ ⇀ acetylcholinesterase

specific conductance 比伝導度

specific dynamic action 特異動的作用：摂食後数時間，代謝が安定時のレベル以上に亢進し，エネルギー消費量が増加する現象.

specific dynamic effect 特異動的効果

specific gravity 比重

specific gravity bottle 比重瓶 ⇀ pycnometer

specificity 特異性

specificity determining site 特異性決定部位

specificity site 特異性部位

specific pathogen-free 特定病原体除去，特定病原体感染防止条件：特に指定された微生物および寄生虫のいない条件で，この条件にかなった動物をSPF動物という. 無菌動物に常在細菌叢を定着させてつくる. 略 SPF

specific radioactivity 比放射能

specific rotation 比旋光度

specific viscosity 比粘度

specific volume 1)比容, 2)比体積

specimen 1)標本, 2)試料, 3)試験片

spectinomycin スペクチノマイシン：ペプチド転移反応を阻害してタンパク質合成を阻害するアミノグリコシド抗生物質.

spectral shift スペクトルシフト：分光学的波長移動.

spectrin スペクトリン：赤血球膜裏打ちタンパク質.

spectrochemistry 分光化学

spectrofluorimeter ⇀ spectrofluorometer

spectrofluorometer 蛍光分光光度計 同 spectrofluorimeter

spectrometry 分光測定，スペクトロメトリー

spectrophotofluorometer 分光蛍光光度計

spectrophotometer 分光光度計

spectropolarimeter 分光旋光計

spectroscopy 1)分光学, 2)分光法

spectrum(*pl.* spectra) スペクトル：狭義には波長を連続的に変化したときの吸収強度や発光強度を図示したもの. 広義にはある変数（たとえば温度，磁場，菌株など）を変化したときの応答を図示したもので，質量スペクトル，抗菌スペクトルなどとよぶ.

S peptide Sペプチド：リボヌクレアーゼAのアミノ末端から20番または21番までのペプチド.

S period ⇀ S phase

sperm 1)精子, 2) ⇀ seminal fluid

spermary ⇀ testis

spermatid 精細胞 同 sperm cell

spermatocyte 精母細胞

spermatogenesis 精子形成

spermatogonium(*pl.* spermatogonia) 精原細胞，精祖細胞

spermatozoon(*pl.* spermatozoa) 精子

sperm cell ⇀ spermatid

sperm-egg interaction 精子-卵相互作用

spermidine スペルミジン：ポリアミンの一種.

spermine スペルミン：ポリアミンの一種.

sperm whale マッコウクジラ

SPF ⇀ specific pathogen-free の略.

SPF animal SPF動物

S phase S期 同 S period, synthetic phase

sphenoid bone 蝶形骨

spherocrystal ⇀ spherulite

spheroidine スフェロイジン ⇀ tetrodotoxin

spheroplast スフェロプラスト：細胞壁を除去した細胞.

spherulite 球晶 同 spherocrystal

sphinganine スフィンガニン：ジヒドロスフィンゴシンの別名.

sphingenine スフィンゲニン ⇀ sphingosine

sphingine スフィンギン：2-アミノオクタデ

カン-1-オール.
sphingoglycolipid スフィンゴ糖脂質：スフィンゴシン, 脂肪酸, 糖より成る脂質. 同 glycosphingoside, glycosphingolipid（グリコスフィンゴリピド）
sphingoid スフィンゴイド：炭素数16〜20の長鎖アミノアルコール.
sphingolipid スフィンゴ脂質, スフィンゴリピド：スフィンゴシンをもつ脂質.
sphingolipidosis スフィンゴリピドーシス：遺伝性スフィンゴ糖脂質蓄積症.
sphingomyelin スフィンゴミエリン：セラミドとコリンリン酸の化合物.
sphingomyelinase スフィンゴミエリナーゼ, スフィンゴミエリン分解酵素：スフィンゴミエリンを分解するホスホリパーゼで, 欠損すると遺伝病ニーマン・ピック病となる.
sphingophospholipid スフィンゴリン脂質：スフィンゴミエリンとセラミドシリアチン.
sphingosine スフィンゴシン：炭素数18の長鎖アミノアルコール. 同 sphingenine（スフィンゲニン）
sphingosine base スフィンゴシン塩基
spider toxin クモ毒
spike スパイク【神経活動の電気的変化の】, 棘〖きょく〗波：棘状の電位変化.
spike discharge スパイク放電
spike potential スパイク電位
spin スピン
spina bifida 二分脊椎, 脊椎披裂
spinal cord 脊〖せき〗髄 同 medulla spinalis
spinal fluid 脊髄液
spinal ganglia ⇌ spinal ganglion
spinal ganglion 脊髄神経節 同 spinal ganglia
spinal nerve 脊髄神経
spinal nerve root 脊髄神経根
spinal reflex 脊髄反射
spinasterol スピナステロール：ホウレンソウの C_{29} ステロイド.
spin coupling constant スピン結合定数
spin decoupling スピン脱結合
spindle 紡錘体 同 spindle body, mitotic spindle
spindle body ⇌ spindle
spindle electrical potential 紡錘電位
spindle fiber 紡錘糸
spin down 遠心沈殿する

spine 脊椎
spin label 1)スピン標識, 2)電子スピンで（基を）標識する
spin label[l]ing スピン標識法：スピンの安定なラジカルで生体分子を標識して分子運動を解析する方法.
spin-lattice relaxation time スピン-格子緩和時間 ⇌ longitudinal relaxation time
spinner culture かくはん培養
spinocerebellar 脊髄小脳
spin resonance スピン共鳴
spin-spin interaction スピン-スピン相互作用
spin-spin relaxation time スピン-スピン緩和時間 ⇌ transverse relaxation time
spiramycin スピラマイシン：タンパク質合成を阻害するマクロライド系抗生物質.
spireme らせん糸 ⇌ chromonema
spirilloxanthin スピリロキサンチン 同 rhodoviolascin（ロドビオラシン）
spiroch[a]eta スピロヘータ
spirographisheme スピログラフィスヘム ⇌ chlorocruoroheme
spironolactone スピロノラクトン：アルドステロン拮抗性合成ステロイド.
spiroperidol スピロペリドール：ドーパミン D_2 受容体結合物（リガンド）.
spleen ひ〖脾〗臓
splice ⇌ splicing
splice junction スプライス部位：スプライシングにおけるイントロン, エキソン境界部位. 同 splice site
spliceosome スプライソソーム：プレ mRNA とスプライシングに必要な snRNP などの因子が集合してできた複合体. この中でプレ mRNA のスプライシング反応が進行する.
splice site ⇌ splice junction
splicing スプライシング：真核生物において, プレ mRNA（mRNA 前駆体）からイントロンが除去される反応. 同 splice
spoke head スポークヘッド：放射状スポークの先端にあり中央の微小管との接合部.
sponge ⇌ spongiform
sponge matrix culture スポンジ基質培養
spongiform 海綿状 同 spongy, sponge, cancellous
spongiform encephalopathy 海綿状脳症

spongin スポンギン，海綿質：コラーゲンに似たタンパク質でカイメン中に存在．
spongioblast 海綿芽細胞，[神経]膠芽細胞
spongioblastoma [神経]海綿芽細胞腫
spongocytidine スポンゴシチジン
spongy ⇌ spongiform
spontaneous 自然[の]，自発的，自主[の]
spontaneous allergy 自然アレルギー
spontaneous fission 自発性核分裂
spontaneous mutation 自然[突然]変異
spontaneous transformation 自然トランスフォーメーション，自然形質転換
sporadic 散発性
spore 1) 胞子, 2) 芽胞
spore formation ⇌ sporulation
sporulation 芽胞形成，胞子形成 同 spore formation
spot plate 点滴板，滴板
SPR ⇌ surface plasmon resonance の略.
spray 噴霧
spreading ⇌ transmissibility
spreading factor 拡散因子
S protein S タンパク質：リボヌクレアーゼSのタンパク質部分．
sprue スプルー：脂肪便を伴う腸管吸収不良．
squalane スクアラン：スクアレンの水素添加物．
squalene スクアレン：コレステロール合成の中間体．
squamous [cell] carcinoma 扁平上皮がん
squash preparation 押しつぶし標本
squid ⇌ cuttle [fish]
src **gene** *src*〘サーク〙遺伝子：発がん遺伝子の一種．遺伝子産物はチロシンキナーゼ．
Src homology domain Src ホモロジードメイン，Src 相同ドメイン：チロシンキナーゼ同士を比較して見いだされた構造類似性を示す領域． 同 SH domain (SH ドメイン)
Srd: thiouridine の略.
SRE ⇌ serum responsive element の略.
SRE ⇌ steroid hormone responsive element の略.
SRE ⇌ sterol regulatory element の略.
S_N1 reaction S_N1 反応：求核置換反応1（一次反応型）.
S_N2 reaction S_N2 反応：求核置換反応2（二次反応型）.
S **region** *S* 領域 ⇌ switch region

SRF ⇌ skin reactive factor の略.
SRP ⇌ signal recognition particle の略.
SRP receptor SRP 受容体：小胞体の膜に存在するタンパク質で，シグナル認識粒子と結合し，分泌性タンパク質の合成と膜通過をつかさどる． 同 signal recognition particle receptor（シグナル認識粒子受容体），docking protein（ドッキングタンパク質）
SRS-A: slow reacting substance of anaphylaxis（アナフィラキシーの遅反応性物質）の略．システイン結合型ロイコトリエンの総称で，おもにロイコトリエン C_4, D_4 および E_4.
SRY: sex determining region on the Y の略．
ss ⇌ single strand の略.
S-S bond S-S 結合 ⇌ disulfide bond
SSPE ⇌ subacute sclerosing panencephalitis の略.
Ss protein Ss タンパク質
S-S **recombination** *S-S* 組換え ⇌ class switch recombination
stab culture 穿〘せん〙刺培養
stability 1) 安定性, 2) 安定度
stable factor 安定因子：血液凝固Ⅶ因子の別名．
stable isotope 安定同位体，安定同位元素
stable transformant 安定形質転換細胞
stachydrine スタキドリン：植物中に存在するプロリン誘導体．
stachyose スタキオース：ダイズなどの四糖．
stacking effect スタッキング効果
stacking gel 濃縮用ゲル
stacking of base 塩基のスタッキング，塩基の積み重なり：DNA 鎖上の隣接する塩基が π 電子の共有によって積み重なるように並び安定化すること．
stadium 病期，期
stain 染色剤，染色
stain[ing] 染色
standard deviation 標準偏差
standard electrode 標準電極
standard electrode potential 標準電極電位
standard error 標準誤差
standard free energy of formation 標準生成自由エネルギー
standardization 1) 標定, 2) 標準化
standard oxidation-reduction potential 標準酸化還元電位 同 standard redox poten-

tial(標準レドックス電位)
standard redox potential 標準レドックス電位 ⇀ standard oxidation-reduction potential
standard state 標準状態 同 normal state
staphylococcal enterotoxin ブドウ[状]球菌エンテロトキシン
Staphylococcus aureus スタフィロコッカス=アウレウス，黄色ブドウ球菌
staphylokinase スタフィロキナーゼ：ブドウ状球菌のプロテアーゼ．
starch デンプン：グルコースの多糖．
starch gel electrophoresis デンプンゲル電気泳動
starch granule デンプン粒
starch-iodine complex デンプン-ヨウ素複合体
starvation 飢餓
STAT: signal transducers and activators of transcription の略．増殖因子受容体によりリン酸化，活性化される転写因子．
static 静的，静止[の]
static cell 停止細胞：細胞周期の進行をまったく止められた状態の細胞．
static culture ⇀ stationary culture
static quenching 静的消光
stationary 静置[の]
stationary culture 静置培養 同 static culture
stationary phase 1)定常期，静止相：(分裂，増殖において)個体数の増加がみられなくなる時期．2)固定相【クロマトグラフィーの】
stationary state ⇀ steady state
statistics 統計学
STAT protein STAT〚スタット〛タンパク質：STAT は signal transducers and activators of transcription に由来．
staurosporine スタウロスポリン：プロテインキナーゼ阻害剤．
STD: sexually transmitted disease の略．⇀ venereal disease
steady 定常な，安定した
steady state 定常状態 同 stationary state
steapsin ステアプシン 同 pancreatic lipase (膵リパーゼ)
stearic acid ステアリン酸：炭素数 18 の飽和脂肪酸．
stearin ステアリン ⇀ tristearin
stearoyl-CoA ステアロイル CoA 同 stearyl-CoA(ステアリル CoA), octadecanoyl-CoA(オクタデカノイル CoA)
stearyl alcohol ステアリルアルコール：炭素数 18 の飽和 1 価アルコール．
stearyl-CoA ステアリル CoA ⇀ stearoyl-CoA
Stein-Leventhal syndrome シュタイン・レーベンタール症候群 同 polycystic ovary syndrome(多嚢胞性卵巣症候群)
stellacyanin ステラシアニン：ウルシの銅タンパク質．
stellate cell 星状細胞
STEM: scanning transmission electron microscope の略．
stem 基部，ステム
stem apex culture ⇀ shoot apex culture
stem bromelain ステロブロメライン：パイナップルのプロテアーゼ．
stem cell 幹細胞：再生組織にみられ，自己複製しながら(自己複製能)，子孫細胞の一部はその組織を構成する多種類の細胞に分化することができる(多分化能)細胞．
stenogenous 狭宿主性[の]
stepping stone model 飛石モデル
step reaction ⇀ consecutive reaction
stepwise elongation 逐次延長
stepwise elution 階段溶離，段階溶離：溶離液の濃度を段階的に上昇させる溶出法．
stercobilin ステルコビリン：胆汁色素の一種．
stercobilinogen ステルコビリノーゲン：ビリルビンの還元生成物．
sterculic acid ステルクリン酸：炭素数 19 の環状脂肪酸．
stereoblastula 無腔〚くう〛胞胚
stereochemical specificity 立体化学的特異性 ⇀ stereospecificity
stereochemistry 立体化学
stereoisomer 立体異性体
stereoisomerism 立体異性
stereoselectivity 立体選択性
stereospecificity 立体特異性 同 stereochemical specificity(立体化学的特異性)
steric 立体[化学]の
steric factor 立体因子
steric hindrance 立体障害
sterility 1)無菌，2)不妊[性]，3)不ねん〚稔〛性，4)生殖不能[性]，5)繁殖不能[性]

2)infertility(不妊)

sterilization 1)滅菌, 2)不妊化, 3)不ねん[稔]化, 4)断種

sterilization by filtration 沪過滅菌

steroid ステロイド：シクロペンタフェナントレン核をもつ脂質の総称.

steroid alkaloid ステロイドアルカロイド：ステロイド核をもつアルカロイド. 同 steroidal alkaloid

steroid-binding protein ステロイド結合タンパク質

steroid glycoside ステロイド配糖体：ステロイドをアグリコンとする配糖体.

steroid hormone ステロイドホルモン：グルココルチコイドとミネラルコルチコイドがある. 同 hormonal steroid

steroid hormone responsive element ステロイドホルモン応答配列 略 SRE

steroid nucleus ステロイド核

steroid number ステロイド値：ステロイドの構造とガスクロマトグラフ上の保持時間から系統的に整理した値. 同 SN value(SN値)

steroidogenesis ステロイド産生

steroidogenic ステロイド形成的

sterol ステロール

sterol regulatory element ステロール調節エレメント 略 SRE

STH: somatotrop[h]ic hormoneの略. → growth hormone

Stickland reaction スティックランド反応：アミノ酸の嫌気的発酵代謝反応. *Clostridium* 属に見られる.

sticky 粘着性[の]

sticky end → cohesive end

stigmasterol スチグマステロール：大豆油のステロイド.

stilbene carboxylic acid スチルベンカルボン酸

stilbestrol スチルベストロール：合成女性ホルモン. 同 diethylstilbestrol(ジエチルスチルベストロール)

stimulant drug 精神刺激薬 → psychostimulant

stimulation 刺激[作用]

stimulus(*pl.* stimuli) 刺激：興奮性細胞の活動を変化させる外因.

stir かくはんする 同 agitate

stirrer かくはん機, スターラー

stochastic 確率論的, 推計[学]の 同 stochastically

stochastically → stochastic

stochastic effect 確率的影響

stochastics 推計学

stock 1)株, 2)系統

stock culture 保存株, 保存培養

stock solution 貯蔵液, 保存液, 原液

stoichiometric 化学量論的[な], 定比[の]

stoichiometry 化学量論

stokes ストークス：記号 St. 運動学的粘度の単位. 1 St = 1 cm$^2 \cdot$s^{-1}

Stokes line ストークス線

Stokes radius ストークス半径：摩擦係数を溶媒の粘度×6πで割った値. 溶質を剛体球と仮定したときの半径.

stoma(*pl.* stomata) 気孔, 口

stomach 胃 → ventriculus

stomach juice → gastric juice

stop codon ストップコドン → termination codon

stopped-flow method ストップトフロー法：高速液相反応測定法の一種. 高速で反応液を混合したのち液流を停止して反応を解析する方法. 同 stopped-flow technique

stopped-flow technique → stopped-flow method

stopper 栓

storage disease 蓄積症

storage polysaccharide 貯蔵多糖[類]

storage starch → reserve starch

storophantin G ストロファンチンG → ouabain

strA gene *strA* 遺伝子：ストレプトマイシン耐性遺伝子.

strain 1)株, 2)系統：同一祖先をもち遺伝子型が平衡になった個体群, 3)ひずみ

strand 鎖, ストランド【核酸の】

strandin ストランジン：ガングリオシドなどの脳抽出混合物.

stratification 層別化

streak 画線

streak culture 画線培養

streaming birefringence → flow birefringence

Strecker degradation ストレッカー分解：アミノ酸が CO$_2$ と NH$_3$ を放出して分解する反

応.
Strecker synthesis ストレッカー合成：アミノ酸の化学合成法の一種.
streptamine ストレプタミン：カナマイシン，ネオマイシンなどの構成成分.
streptavidin ストレプトアビジン
streptidine ストレプチジン：ストレプトマイシンの水解物．アミノ環状糖.
Streptococcus 連鎖[状]球菌，ストレプトコッカス
Streptococcus haemolyticus 溶血性連鎖[状]球菌：しょう紅熱，リウマチ熱などの病原菌.
streptokinase ストレプトキナーゼ：β溶連菌から得られるプラスミノーゲン活性化タンパク質. 略 SK
streptolydigin ストレプトリジギン：細菌のRNAポリメラーゼに働く抗生物質.
streptolysin ストレプトリシン：連鎖球菌の溶血素.
Streptomyces ストレプトミセス，ストレプトマイセス：放線菌の一属.
streptomycin ストレプトマイシン：アミノグリコシド系の抗生物質で，タンパク質合成の開始過程を阻害する．結核の化学療法剤.
L-streptose L-ストレプトース
streptothricin ストレプトスリシン：抗生物質の一つ.
streptovaricin ストレプトバリシン：細菌のRNAポリメラーゼを阻害する抗生物質. A～J 数成分の混合物.
streptozocin ストレプトゾシン ⇒ streptozotocin
streptozotocin ストレプトゾトシン：抗生物質の一つ．膵ランゲルハンス島のβ細胞を特異的に破壊することから，実験的に糖尿病を起こさせることに用いられる. 同 streptozocin（ストレプトゾシン）
stress 1) ストレス：生体に加えられた物理的，化学的，心理的有害作用またはそれによって起こる生体のひずみ. 2) 応力
stress fiber ストレスファイバー，緊張繊維：非筋肉細胞中にあるアクチンの集合した繊維束.
striated muscle 横紋筋
strict aerobe 絶対[的]好気性生物，偏性好気性生物 同 obligate aerobe
strict anaerobe 絶対[的]嫌気性生物，偏性嫌気性生物 同 obligate anaerobe
strictly aerobic bacterium 絶対[的]好気性[細]菌，偏性好気性[細]菌 同 obligately aerobic bacterium
strictly anaerobic bacterium 絶対[的]嫌気性[細]菌，偏性嫌気性[細]菌 同 obligately anaerobic bacterium
strictosidine ストリクトシジン：インドールアルカロイドの前駆体.
stringent 厳密[な]，緊縮[型][の]
stringent control 緊縮調節，ストリンジェントコントロール：大腸菌で要求アミノ酸を除去するとRNA合成が低下すること. 同 stringent response（緊縮応答）
stringent factor 緊縮調節因子，ストリンジェントファクター
stringent response 緊縮応答 ⇒ stringent control
stroma ⇒ interstitum
stroma（*pl.* stromata） 1) 基質，間質，支質，2) ストロマ【葉緑体】
stroma cell ストローマ細胞，基質細胞，支質細胞
stromatolite ストロマトライト：シアノバクテリアと細菌の共生社会の遺がいが堆積してつくる独特の層状の石灰岩.
strontium ストロンチウム：元素記号 Sr. 原子番号38のアルカリ土類元素.
strophanthidin ストロファンチジン：ジギタリス系強心剤の一種.
strophanthoside ストロファントシド：ストロファンチンをアグリコンとする強心配糖体の総称.
structural biology 構造生物学：タンパク質や核酸などの立体構造を解明することにより，生命現象を理解しようとする学問分野.
structural gene 構造遺伝子
structural genomics 構造ゲノミクス：ある生物のすべてのタンパク質の立体構造を解明しようとする学問分野.
structural protein 構造タンパク質
structural sequence 構造配列 ⇒ exon
structural variant 構造変異種
structure 構造
struma ⇒ goiter
strychnine ストリキニーネ：ニューロンの興

奮閾値を低下させ，結果としてけいれんを起こす猛毒性アルカロイド．馬銭(マチン)科の植物ホミカの種子(馬銭子という)に含まれる．

strychnos alkaloid マチンシ〔馬銭子〕アルカロイド：ストリキニーネの項参照．

STS: sequence tagged site の略．ユニークな DNA 断片で指定されたゲノム上の位置．

Stuart factor スチュワート因子：血液凝固 X 因子の別名．

Stuart-Prower factor スチュワート・プロワー因子：血液凝固 X 因子の別名．

Student's test スチューデントテスト

styrene スチレン 同 styrol（スチロール），vinyl benzene（ビニルベンゼン），phenylethylene（フェニルエチレン）

styrol スチロール → styrene

subacute inclusion body encephalitis 亜急性封入体脳炎 → subacute sclerosing panencephalitis

subacute myelo-optico-neuropathy 亜急性脊髄視神経障害，スモン：整腸薬のキノホルムによって下痢，腹痛に続いて下肢の知覚異常，歩行障害をきたし，視力障害から失明に至る．1970年に使用禁止になってから新規の発症はない． 略 SMON

subacute necrotizing encephalomyelopathy 亜急性壊死性脳脊髄症 → Leigh syndrome

subacute sclerosing panencephalitis 亜急性硬化性全脳炎：麻疹ウイルスによるスローウイルス感染症． 略 SSPE 同 nodular panencephalitis（結節性全脳炎），subacute inclusion body encephalitis（亜急性封入体脳炎）

subacute spongiform encephalopathy ［亜急性］海綿状脳症 → Creutzfeldt-Jakob disease

subcellular 細胞下［の］，細胞レベル以下の

subclass 1)亜綱，2)サブクラス

subcultivation → subculture

subculture 継代培養，植え継ぎ 同 subcultivation

subcutaneous injection 皮下注射

suberic acid スベリン酸，コルク酸

subgenus 亜属

sublethal damage 亜致死［性］損傷

sublimation 昇華

submarine electrophoresis サブマリン型電気泳動

submaxillary gland → submaxillary salivary gland

submaxillary salivary gland がっ〔顎〕下腺 同 submaxillary gland

submicroscopic 超顕微鏡的［の］：きわめて微小な物体の意．

submitochondria 亜ミトコンドリア

submitochondrial particle 亜ミトコンドリア粒子：ミトコンドリア内膜を破砕したときにできる小胞．

subset サブセット

subsite サブサイト【酵素活性部位の】

subspecies 亜種

substance P サブスタンス P, P物質：脊髄後根の神経伝達ペプチド．

substituent constant 置換基定数 同 Hammett σ constant（ハメットの σ 定数）

substitution 置換

substitutional load 置換の荷重 → evolutionary load

substitutional rate 置換率

substitution reaction 置換反応 同 displacement reaction

substrain 1)亜系，2)亜株

substrate 1)基質【酵素の作用を受ける物質】，2)基体

substrate-binding site 基質結合部位

substrate elution chromatography 基質溶出クロマトグラフィー

substrate inhibition 基質阻害：高濃度の基質によって反応速度が低下すること．

substrate-level phosphorylation 基質準位のリン酸化

substrate-saturation curve 基質飽和曲線

substrate specificity 基質特異性

substratum（pl. substrata） 培養基板【細胞培養における】

subsynaptic membrane シナプス下膜 → postsynaptic membrane

subtilisin ズブチリシン，サチリシン：枯草菌のプロテアーゼ． 同 subtilopeptidase（ズブチロペプチダーゼ）

subtilisin inhibitor ズブチリシンインヒビター

subtilopeptidase ズブチロペプチダーゼ → subtilisin

subtractive Edman method 消去式エドマン法

subtractive hybridization 差引きハイブリッド形成法：遺伝子発現の差を引き算でみる手法．同 hybrid subtraction（ハイブリッドサブトラクション）

subunit サブユニット：非共有結合（およびS-S結合）で集合しているタンパク質の構成単位．

subunit interaction サブユニット相互作用

successive reaction → consecutive reaction

succinate-cytochrome *c* reductase system コハク酸-シトクロム*c*レダクターゼ系：電子伝達複合体 II．

succinate oxidase system コハク酸オキシダーゼ系

succinic acid コハク酸

succinylation スクシニル化

succinylcholine スクシニルコリン

succinyl-CoA スクシニル CoA

sucrase スクラーゼ：スクロース α-D-グルコヒドロラーゼの別名．

sucrose スクロース：グルコースとフルクトースから成る二糖．同 beet sugar（ビート糖，テンサイ糖），cane sugar（ショ糖），saccharose（サッカロース），saccharate（サッカラート）

sucrose density-gradient centrifugation ショ糖密度勾配遠心分離［法］

suction 吸込み

Sudan III スダン III：脂肪染色色素（赤色）．

Sudan Black B スダンブラック B：リポタンパク質染色色素．

sudoriferous gland 汗腺 同 sweat gland

sugar 1）糖，糖質，2）砂糖 同 1）carbohydrate（炭水化物，含水炭素）

sugar alcohol 糖アルコール：単糖のアルデヒドまたはケトンを還元して得た多価アルコール．同 alditol（アルジトール），glycitol（グリシトール）

sugar chain mapping 糖鎖マップ

sugar isomerase 糖イソメラーゼ

sugar nucleotide 糖ヌクレオチド 同 nucleotidyl sugar（ヌクレオチド糖），nucleoside diphosphate sugar（ヌクレオシド二リン酸糖）

sugar phosphate 糖リン酸

sugar transporter 糖輸送体

suicide substrate 自殺基質：酵素基質と類似した構造と潜在的な官能基をもち，酵素に結合して酵素作用を受け活性化されると，その酵素を失活させる基質．

sulfa drug スルファ剤，サルファ剤：細菌感染症の化学療法薬の一種．葉酸の生合成を阻害するスルファニルアミド構造をもつものの総称．

sulfaguanidine スルファグアニジン：スルファ剤の一種．

sulfamerazine スルファメラジン：スルファ剤の一種．

sulfamic acid スルファミン酸：スルホン化剤．

sulfanilamide スルファニルアミド：基本的なスルファ剤の一種．同 sulfonamide（スルホンアミド）

sulfasalazine スルファサラジン

sulfatase スルファターゼ：硫酸エステル加水分解酵素．

sulfate 1）硫酸塩，2）硫酸エステル 同 sulphate

sulfate conjugation 硫酸抱合：生理活性のある物質（アミノ糖，ステロイドなど）のヒドロキシ基またはアミノ基に硫酸基が付加して不活化する解毒機構の一種．

sulfated 硫酸化した

sulfate-reducing bacterium 硫酸［塩］還元［細］菌

sulfate reductase 硫酸レダクターゼ，硫酸還元酵素：硫酸還元の中間体であるアデニリル硫酸を還元し亜硫酸を生ずる酵素．

sulfathiazole スルファチアゾール：スルファ剤の一種．

sulfatide スルファチド 同 cerebroside sulfate（セレブロシド硫酸エステル）

sulfatidosis スルファチドーシス → metachromatic leukodystrophy

sulfation factor 硫酸化因子 → somatomedin

sulfhydryl enzyme スルフヒドリル酵素 → SH enzyme

sulfhydryl group スルフヒドリル基 → SH group

sulfhydryl reagent スルフヒドリル試薬：SH基と反応する試薬で，タンパク質中のシステイン残基の定量や化学修飾に用いられる．同 SH reagent（SH試薬）

sulfide 硫化物，スルフィド

sulfinic acid スルフィン酸：RSO_2H．

***S*-sulfinocysteine** *S*-スルフィノシステイン

sulfinyl スルフィニル【基】: -SO₂H.

sulfisoxazole スルフイソキサゾール: スルファ剤の一種.

sulfite 1) 亜硫酸塩, 2) 亜硫酸エステル

sulfite oxidase 亜硫酸オキシダーゼ

sulfite reductase 亜硫酸レダクターゼ

sulfitolysis 亜硫酸分解

sulfo スルホ【基】: -SO₃H.

sulfocarbamide スルホカルバミド ⇌ thiourea

sulfocysteine スルホシステイン

sulfoglycolipid 硫糖脂質, 硫酸糖脂質

sulfokinase スルホキナーゼ: アリールスルホトランスフェラーゼの別名.

sulfolactaldehyde スルホラクトアルデヒド

sulfolipid スルホリピド, 硫脂質

sulfonamide スルホンアミド ⇌ sulfanilamide

sulfonate 1) スルホン酸塩, 2) スルホン酸エステル

sulfone スルホン: RSO₂R'の一般式で示される硫黄化合物. R, R'はアルキル基またはアリール基.

sulfonic acid スルホン酸: -SO₃H基をもつ化合物の総称.

sulfonolipid スルホノリピド: スルホン酸基をもつ硫脂質.

sulfoprotein 含硫タンパク質

sulfopyruvic acid スルホピルビン酸

sulfourea スルホ尿素 ⇌ thiourea

sulfoxide スルホキシド: RSOR'の一般式で示される硫黄化合物. R, R'はアルキル基またはアリール基.

sulfur 硫黄: 元素記号S. 原子番号16の元素. 同 sulphur

sulfur bacterium 硫黄細菌

sulfur cycle 硫黄循環

sulfur dioxide 二酸化硫黄 同 sulfurous oxide(亜硫酸ガス), sulfurous anhydride(無水亜硫酸)

sulfuric acid 硫酸 同 oil of vitriol

sulfuric acid-carbazole reaction 硫酸-カルバゾール反応 ⇌ carbazole-sulfuric acid reaction

sulfuric acid-thioglycolic acid reaction 硫酸-チオグリコール酸反応 ⇌ thioglycolic acid-sulfuric acid reaction

sulfuric monoester 硫酸モノエステル

sulfur metabolism 硫黄代謝

sulfur mustard サルファーマスタード: 毒ガスの一種. 変異原性. 同 Yperite(イペリット), mustard gas(マスタードガス)

sulfurous anhydride 無水亜硫酸 ⇌ sulfur dioxide

sulfurous oxide 亜硫酸ガス ⇌ sulfur dioxide

sulfurtransferase スルファートランスフェラーゼ, 硫黄トランスフェラーゼ

sulfurylase スルフリラーゼ: 硫酸アデニリルトランスフェラーゼの別名.

Sullivan reaction サリバン反応: システイン, シスチンの呈色反応.

sulphate ⇌ sulfate

sulphur ⇌ sulfur

sulpyrine スルピリン: 解熱鎮痛剤, ピラゾロン誘導体.

sup. supernatant の略.

superantigen スーパー抗原: 抗原特異性とは無関係にT細胞を活性化する物質で, おもに細菌のものがアレルギーなどをひき起こす.

supercoil 超コイル, スーパーコイル, 高次コイル: superhelixを参照. 同 superhelix(超らせん), coiled coil(コイルドコイル)

supercoiled DNA スーパーコイルDNA ⇌ superhelix DNA

supercritical fluid chromatography 超臨界流体クロマトグラフィー

supercritical fluid extraction 超臨界流体抽出[法]

superhelix 超らせん, スーパーヘリックス, 高次らせん: 1) 二重らせん構造をもつDNAがさらにらせん状をとっている構造をさし, 超らせん, 超コイルは区別なく混用されている. 2) 繊維タンパク質にみられるらせん状タンパク質の集合体がつくるらせん構造. 同 supercoil(超コイル), coiled coil(コイルドコイル)

superhelix DNA 超らせんDNA 同 supercoiled DNA(スーパーコイルDNA)

superinfection 重感染, 重複感染, 追いうち感染

superinfection breakdown 重感染切断

superinfection exclusion 重感染排除

superior 上部[の], 上[の]

supermolecular complex 超分子複合体, 超分子集合体

supermolecule 超分子　同 supramolecule
supernatant 上清，上澄み　略 sup.　同 supernatant liquid
supernatant liquid → supernatant
superovulation 過排卵
superoxide anion スーパーオキシドアニオン：O_2^-・のこと．
superoxide anion radical スーパーオキシドアニオンラジカル
superoxide dismutase スーパーオキシドジスムターゼ：スーパーオキシドイオンの不均化酵素．略 SOD
superprecipitation 超沈殿
supersecondary structure 超二次構造：αヘリックスやβシートなどの二次構造単位が集まってできる構造単位．例としてRossmann fold がある．
supersecondary structure of protein 超二次構造　→ motif
supersuppressor [gene] 超抑圧遺伝子，超サプレッサー，スーパーサプレッサー：酵母の種々の遺伝子にわたる変異を抑圧できるサプレッサー遺伝子．
supported ring culture 支持環培養
suppress 抑圧する【遺伝子変異を】，抑制する
suppression 抑圧，サプレッション
suppressor gene サプレッサー遺伝子：他の遺伝子の突然変異を抑圧する遺伝子．mRNA上のコドンの読み方を変えるような変異がtRNA遺伝子にある場合が多い．
suppressor mutation サプレッサー[突然]変異
suppressor oncogene → tumor suppressor gene
suppressor T cell サプレッサーT細胞，抑制性T細胞
suppressor tRNA サプレッサー tRNA：終止コドンをあるアミノ酸に対応するコドンとして読むなど遺伝子変異を抑圧する tRNA．
suprachiasmatic nucleus 視交差上核
supramolecule → supermolecule
supraoptic nucleus 視索上核
suprarenal gland → adrenal
supravital staining 超生体染色：細胞が生きている状態で染色すること．
Sur: thiouracil の略号．
suramin スラミン
surface 1) 表面，2) 界面

surface active agent → surfactant
surface activity 界面活性
surface antigen 表面抗原
surface charge 表面電荷
surface denaturation 表面変性：タンパク質溶液の表面で起こる変性．
surface exclusion 表面排除　→ entry exclusion
surface free energy 表面自由エネルギー
surface immunoglobulin 表面免疫グロブリン
surface marker 表面マーカー
surface plasmon resonance 表面プラズモン共鳴　略 SPR
surface potential 表面電位
surface pressure 表面圧
surface tension 表面張力
surfactant 界面活性剤，サーファクタント：界面の性質を変化させる物質．同 detergent, surface active agent
surinamine スリナミン：N-メチルチロシン．
surrogate 代理[人]，ある役目を果たすもの
surrogate light chain 代替L鎖：L鎖発現のないプレB細胞でμ鎖(H鎖)とともにIgMを構成するタンパク質．
survival curve 生存曲線
survival rate 生存率，生残率　同 viability (生存度)
suspend 懸濁する
suspended cell culture → suspension culture
suspension 懸濁，懸濁液
suspension culture 懸濁培養　同 suspended cell culture
SV40: simian virus 40 (シミアンウイルス 40) の略．ポリオーマウイルス属に属する環状DNAウイルス．マウス細胞を効率よくがん化させる．
Svedberg スベドベリ：記号S．沈降係数の単位．$1 S = 10^{-13}$ 秒．
Svedberg equation スベドベリの式：沈降係数と拡散係数より分子量を求める関係式．
SVI → slow virus infection の略．
sweat gland → sudoriferous gland
sweetening 甘味剤：甘味をつけること．
swelling 1) 膨潤，2) 腫脹〔ちょう〕
swine ブタ【集合的に】
swing bucket スイングバケット：回転時水

平に移動できる遠心管保持装置.

swing rotor スイングローター：遠心管が回転中に水平に移動するようなローターのこと.

SWISS-PROT：タンパク質のアミノ酸配列のデータベースの一つ．ジュネーブ大学とヨーロッパバイオインフォマティクス研究所が共同で構築している.

Swiss type hypogammaglobulinemia スイス型低γグロブリン血症：重症複合免疫不全の一種．伴性劣性遺伝.

switch region スイッチ領域 同 S region (S 領域)

swivelase スウィベラーゼ：二本鎖 DNA の切断により超らせん構造を緩和する酵素. DNA トポイソメラーゼ I が相当する.

symbiont 共生生物，共生者
symbiosis (pl. symbioses) 共生
symbiotic relationship 共生関係
symbiotic theory 共生説：真核細胞が原核細胞同士の細胞内共生から由来するという細胞進化に関する学説.
symmetrical fission 対称的開裂 → homolytic cleavage
symmetric vibration 対称振動
symmetry model 対称性モデル
sympatedrine シンパテドリン → amphetamine
sympathetic nervous system 交感神経系 同 nervus sympathicus
sympathicotonia 交感神経活動亢進
symplast シンプラスト，細胞内腔〖くう〗
symport 共輸送，等方輸送，シンポート：膜を通して一つの物質が輸送されるとき，同時に同一方向に他の物質も輸送される現象. 同 cotransport
synapse シナプス：神経-神経間，神経-筋肉間の接合部.
synapsin シナプシン：シナプス小胞に特有の数種のタンパク質で，リン酸化によって制御されている.
synapsis シナプシス → pairing
synaptic cleft シナプス間隙〖げき〗
synaptic ending → nerve ending
synaptic potential シナプス電位 → postsynaptic potential
synaptic transmission シナプス伝達
synaptic vesicle シナプス小胞：シナプス末端に存在する小胞で，神経伝達物質が貯蔵されていて刺激によって分泌される.

synaptonemal complex シナプトネマ構造，対〖たい〗合複合体，シナプトネマルコンプレックス：第一減数分裂前期，相同染色体の対合部分に見られる電子密度の高い構造.

synaptosome シナプトソーム：シナプス部分を分画したもの.

synchronized 同調[の]，同歩調[の]，同期[の]

synchronized culture → synchronous culture

synchronous culture 同調培養：細胞の分裂周期を一致させる培養法. 同 synchronized culture, phased culture

synchronous division 同調分裂

syn conformation シンコンホメーション：ヌクレオチドの塩基と糖が接近した立体構造. 対語は anti conformation.

syncytiotrophoblast 合胞体栄養細胞【胎盤の】：ヒト絨毛性ゴナドトロピン (hCG) を分泌.

syncytium (pl. syncytia) 融合細胞，シンシチウム

syndrome 症候群

syndrome of inappropriate secretion of ADH ADH 分泌異常症候群 略 SIADH

synegrid シネグリド，助細胞

synergism 相乗作用：2 種の薬剤が相乗的に効果をもつこと 同 synergistic action, synergy

synergist 1) 相乗剤，2) 協力剤
synergistic 相乗[的]
synergistic action → synergism
synergistic effect 相乗効果，協力効果
synergy → synergism
syngen[e]ic 同系間[の]，同系[の]
syngen[e]ic graft → isograft
synkaryon 融合核，シンカリオン
synonymous mutation 同義[語]変異：変異により DNA 上に塩基置換を生じてもコドンの縮退のため（たとえば，多くのコドンの第 3 文字目），アミノ酸の置換を招かないこと. 同 synonymous substitution (同義[語]置換)

synonymous substitution 同義[語]置換 → synonymous mutation

synovial fluid 滑液，関節液

synthase シンターゼ，合成酵素：EC 4 群に

分類されるリアーゼのうち,逆反応の合成方向の反応が重要である場合の推奨名.現在はEC 6群の一部の酵素にシンターゼが用いられるが,この場合のみシンテターゼに置き換えてもよい.

synthesis 合成

synthetase シンテターゼ,合成酵素:かつてはATPの消費を伴う合成反応の酵素名としてシンターゼと厳密に区別して用いられていたが,今は推奨されていない用語.

synthetic 1)合成[の], 2)合成物質

synthetic diet 合成食

synthetic enzyme 人工酵素 同 synzyme

synthetic medium 合成培地

synthetic membrane 合成膜【天然物ではない】

synthetic phase ⇀ S phase

synthetic polyribonucleotide 合成ポリリボヌクレオチド

synthetic theory 総合説【進化論の】

syntrophism 栄養共生 同 syntrophy

syntrophy ⇀ syntrophism

synzyme ⇀ synthetic enzyme

Syrian hamster シリアンハムスター 同 golden hamster(ゴールデンハムスター)

syringidin シリンギジン 同 malvidin(マルビジン)

systematic name 系統名

systemic 系統的[な], 全体性[の], 体組織[の], 全身性[の]

systemic anaphylaxis 全身アナフィラキシー

systemic lupus erythematosus 全身性エリテマトーデス,全身性紅斑性ろうそう〖狼瘡〗:自己免疫性の膠原病の一種. 略 SLE 同 lupus erythematosus(紅斑性ろうそう)

system physiology 体系生理学,システム生理学

T

θ-antigen θ抗原:マウスT細胞表面抗原.

θ solvent θ溶媒:θ温度が室温付近にくる溶媒.

τ ⇀ tau

T ⇀ ribosylthymine の略.

T ⇀ threonine の略.

T_m ⇀ melting temperature の略.

T_3 ⇀ triiodothyronine の略.

T_3: 3,3′,5-triiodothyronine の略.

T_4: 3,3′,5,5′-tetraiodothyronine の略. thyroxineを参照.

TAA ⇀ tumor-associated antigen の略.

tablet 1)タブレット, 2)錠剤

tabun タブン:抗コリンエステラーゼ作用をもつ強力な神経ガス.

tachykinin タキキニン,タヒキニン

tachyphylaxis タキフィラキシー,連成耐性:薬物の連続投与により生ずる耐性.

***tac* promoter** *tac*〖タック〗プロモーター:大腸菌 *trp* プロモーターと *lac* プロモーターから人工的につくられた非常に強い転写活性をもつハイブリッドプロモーター.

tacrolimus タクロリムス ⇀ FK506

tadpole オタマジャクシ

Taft equation タフトの式:脂肪族化合物の反応性に対する置換基効果を表す式.

tagatose タガトース:ヘキソースの一種.

tagging タギング,タグ付け:タグをつけること.

tail 1)尾, 2)尾をひく【クロマトグラムなどで物質が】, 3)末端につなぐ

tailing テーリング

Taka-amylase タカアミラーゼ ⇀ Takadiastase

Takadiastase タカジアスターゼ 同 Taka-amylase(タカアミラーゼ)

Talleioquine reaction タレイオキン反応:キニーネの検出反応.

talose タロース:ヘキソースの一種.

Tamm-Horsfall glycoprotein タム・ホースフォール糖タンパク質:正常尿中にある主要な糖タンパク質.

T amplifier cell Tアンプリファイア細胞 ⇀ amplifier T cell

tandem 縦列[の]

tandem crossed immunoelectrophoresis

双頭交差免疫電気泳動

tandemly repeated sequence タンデムリピート, 縦列反復配列 同 tandem repeat, tandem repetitive sequence

tandem MS spectrum タンデム MS スペクトル

tandem repeat ⇀ tandemly repeated sequence

tandem repetitive sequence ⇀ tandemly repeated sequence

tangential section 接線切面

Tangier disease タンジール病: 家族性高密度リポタンパク質(HDL)欠損症. 常染色体劣性遺伝, オレンジ色の扁桃腫大が特徴.

tanned red cell タンニン酸処理赤血球

tannic acid タンニン酸 同 m-galloylgallic acid(m-ガロイル没食子酸)

tannin タンニン: 植物のフェノール性ヒドロキシ基をもつ複雑な芳香族化合物. なめし剤, 染色剤.

tanning なめし

T antigen T抗原: DNAがんウイルスの初期タンパク質で, 感染細胞のトランスフォーメーションに関するものの総称. 同 tumor antigen(腫瘍抗原)

TAO ⇀ thromboangiitis abliterans の略.

TAPS: N-tris(hydroxymethyl)methyl-3-aminopropanesulfonic acid の略. グッドの緩衝液用試薬.

taraxerol タラクセロール: タンポポのトリテルペン.

tare 風袋

targeted mouse ⇀ knockout mouse

targeting ターゲッティング: 1) 新たに合成されたタンパク質が細胞内の所定位置(小器官や膜)へ移行すること. 2) ⇀ gene targeting (遺伝子ターゲッティング)

target organ 標的器官

target theory 標的説: 放射線の生物作用を細胞内の標的物質とそれを局所的に破壊するイオン集合体の形成数で説明する理論.

taricatoxin タリカトキシン ⇀ tetrodotoxin

tariric acid タリリン酸: 三重結合をもつ炭素数 18 の脂肪酸.

tartaric acid 酒石酸

Tarui disease 垂井病 ⇀ muscular phosphofructokinase deficiency

TAS: 4,4′-{bis[2-chloro-4-diethanolamino-1,3,5-triazyl-(6)]}-diaminostilbene-2,2-disulfonic acid の略. 蛍光プローブの一種.

taste 味覚

taste receptor 味覚受容体

TATA box TATAボックス: 真核生物の RNA ポリメラーゼⅡによって転写される遺伝子で, 転写開始点より約 25 塩基対上流にある TATA を基本とする保存されたモチーフ. 転写開始位置の決定に重要な役割をもつ.
同 Hogness box(ホグネスボックス)

tau タウ: 微小管結合タンパク質の一つ. アルツハイマー病の神経原線維変化の構成成分の一つ. 同 τ

taurine タウリン: 2-アミノエタンスルホン酸. システイン酸の脱炭酸産物. 生物界に広く分布.

taurocholic acid タウロコール酸 同 cholyltaurine(コリルタウリン)

tautomer 互変異性体 同 tautomeric form

tautomerase トートメラーゼ, 互変異性酵素

tautomeric catalysis 互変異性触媒

tautomeric form ⇀ tautomer

tautomerism 互変異性: ある有機化合物が2種の異性体として存在し, それらが急速に変換する現象. 同 tautomerization

tautomerization ⇀ tautomerism

taxinine タキシニン: イチイの成分. 利尿剤.

taxol タキソール: イチイの一種の木皮からとられるアルカロイド. 微小管の脱重合阻害剤. 抗がん作用がある. 同 paclitaxel(パクリタキセル)

taxon 分類群

taxonomic tree ⇀ phylogenetic tree

taxonomy 分類学

Tay-Sachs disease テイ・サックス病: ガングリオシド G_{M2} の蓄積する先天性代謝異常. β-N-アセチルヘキソサミニダーゼ A 欠損による. 常染色体劣性.

Tay-Sachs ganglioside テイ・サックスガングリオシド ⇀ ganglioside G_{M2}

tazettine タゼチン: ヒガンバナアルカロイドの一種. 同 ungernine(ウンゲルニン), sekisanine(セキサニン), sekisanoline(セキサノリン)

TBA reaction TBA 反応 ⇀ thiobarbituric acid reaction

TCA ⇀ trichloroacetic acid の略.

TCA cycle TCA(tricarboxylic acid)回路 ⇀

citric acid cycle

T cell T細胞：細胞性免疫担当細胞．同 T lymphocyte（Tリンパ球）

3T3 cell 3T3［株］細胞：Swissマウス繊維芽細胞の株細胞．がん化実験に広く使用される．

T cell deficiency syndrome T細胞不全症

T cell growth factor T細胞増殖因子 同 interleukin 2（IL-2, インターロイキン2）

T cell receptor T細胞受容体 略 TCR

TCF: 1) ternary complex factorの略．血清応答配列に他の2因子とともに三量体を形成して結合する転写因子．2) T cell factorの略．*Wnt* シグナル伝達経路における転写因子．

TCR → T cell receptorの略．

TD antigen TD抗原 → thymus-dependent antigen

TDP: ribosylthymine 5-diphosphateの略．

TdT: terminal deoxynucleotidyl transferaseの略．→ terminal nucleotidyl transferase

TEAE-cellulose TEAEセルロース：(*O*-triethylaminoethyl) celluloseの略．

teichan テイカン → teichuronic acid

teichoic acid テイコ酸：グラム陽性菌，細胞壁成分．

teichuronic acid テイクロン酸：テイコ酸類似の高分子．同 teichan（テイカン）

telencephalon 終脳

teleomorph テレオモルフ：多型的生活環における完全世代．有性生殖世代．

Tellegen's theorem テレゲンの定理：回路網理論の中心．

tellurium テルル，テルリウム：元素記号Te．原子番号52の非鉄元素．

telomerase テロメラーゼ：テロメアDNAを合成付加する逆転写酵素．

telomere テロメア：染色体の末端構造．

telophase 終期【細胞分裂の】

temperate phage 溶原［性］ファージ，テンペレートファージ：感染細胞を溶菌せず，DNAが菌染色体に組込まれるファージ．同 lysogenic phage

temperature gradient gel electrophoresis 温度勾配ゲル電気泳動：温度変化に伴う，生体高分子の形状変化の過程をゲル電気泳動の移動度の変化としてとらえる解析法．

temperature-jump method 温度ジャンプ法：高速反応測定法の一種．同 T-jump method（Tジャンプ法）

temperature sensitive mutant 温度感受性［突然］変異体 同 ts mutant

temperature sensitivity 温度感受性 略 ts 同 thermosensitivity

template 鋳型

TEMPO: 2,2,6,6-tetramethylpiperidine-*N*-oxideの略．スピン標識剤の一種．

temporal lobe 側頭葉

temporal memory 一過性記憶 → short-term memory

tenascin テネイシン：細胞外マトリックスに存在する糖タンパク質の一つ．

tendon けん［腱］

tense state → T state

tenuazonic acid テヌアゾン酸：タンパク質合成を阻害する抗生物質．

teratocarcinoma 奇形がん［癌］腫，テラトカルシノーマ

teratogen 催奇形剤：妊娠中の母体に使用したときに胎児に奇形をもたらす薬剤で，サリドマイドがその例である．

teratogenicity 催奇形性，催奇性

teratoma 奇形腫，テラトーマ

terbium テルビウム：元素記号Tb．原子番号65の希土類元素．

terminal 末端［の］，終末［の］

terminal analysis 末端分析：タンパク質，核酸，多糖など生体高分子の末端の配列を決めること．

terminal button 終末ボタン → nerve ending

terminal cisterna 終末槽：横紋筋小胞体の一部でT管に接している部分．

terminal deoxynucleotidyl transferase 末端デオキシヌクレオチジルトランスフェラーゼ → terminal nucleotidyl transferase 略 TdT

terminal ileitis 限局性回腸炎 → Crohn disease

terminally differentiated cell 最終分化細胞，終末分化細胞

terminal nucleotidyl transferase ターミナルヌクレオチジルトランスフェラーゼ：一本鎖DNAや3′末端が突出した二本鎖DNAの3′末端ヒドロキシ基にヌクレオチドを付加する酵素．同 terminal deoxynucleotidyl transferase（TdT, 末端デオキシヌクレオチジルトランスフェラーゼ）

terminal redundancy ⇌ terminal repetition

terminal repetition 末端重複：ファージやウイルスの直鎖ゲノムの両末端に同じ配列がみられること. 同 terminal redundancy

terminal web 繊維網：上皮細胞間の帯状細胞間接着面の細胞質側に存在し、細胞を十文字に横切っている繊維束の網状の層.

terminating 終止[の]【因子, コドン】

termination codon 終止コドン：アミノ酸と対応しないコドン. ほとんどの真核生物ではUAA(ochre), UAG(amber), UGAG(opal)の3種. 同 termination signal, stop codon (ストップコドン), nonsense codon (ナンセンスコドン)

termination factor ⇌ release factor

termination signal ⇌ termination codon

terminator ターミネーター, 転写終結区：転写の終結を示す DNA 配列.

ternary complex 三重複合体, 三者複合体：酵素が二つのリガンド (基質, 生成物, 阻害剤) と結合した中間体. 同 central complex (中心複合体)

teropterin テロプテリン：プテロイル-α-グルタミル-γ-ジグルタミン酸.

terpene テルペン：イソプレン重合体の総称. 同 isoprenoid (イソプレノイド), terpenoid (テルペノイド)

terpenoid テルペノイド ⇌ terpene

terphenyl テルフェニル

terpin テルピン

terramycin テラマイシン ⇌ oxytetracycline

tertiary 第三級[の], 三次の

tertiary amine 第三級アミン

tertiary culture 三次培養：培養第三代.

tertiary structure 三次構造：タンパク質のαヘリックスやβシートといった二次構造が不規則部分構造を介してさらに折りたたまれて, 空間的に広い範囲でとっている立体構造.

TES: N-tris(hydroxymethyl)methyl-2-aminoethanesulfonic acid の略. グッドの緩衝液用試薬.

Tesla テスラ：記号 T. 磁束密度の SI 単位. 1 T = 10^4 G.

testicular feminization syndrome 精巣性女性化症候群, こう[睾]丸性女性化症候群：アンドロゲン受容体異常によるアンドロゲン不応症.

testiculus ⇌ testis

testis 精巣, こう[睾]丸 同 spermary, testiculus

testosterone テストステロン：男性ホルモンの代表. 炭素数 19 のステロイド.

test paper 試験紙

test tube culture 試験管培養

[test tube] rack 試験管立

tetanus 1) 破傷風, 2) 強縮【筋肉の】

tetanus toxin 破傷風[菌]毒素, テタヌストキシン：運動神経ニューロンよりの抑制性伝達物質分泌を阻害し, 硬直性けいれんをひき起こす.

tetany テタニー, 強直：低カルシウム血症などによる筋肉のけいれん.

tetracaine テトラカイン：局所麻酔薬の一種.

tetracosanoic acid テトラコサン酸 ⇌ lignoceric acid

tetracycline テトラサイクリン：細菌のタンパク質合成を阻害する抗生物質. 細菌のリボソーム 30S サブユニットに結合して, アミノアシル tRNA の A 部位への結合を阻害.

tetrad 四分子, 四分染色体

tetrad analysis 四分子分析

tetradecanoic acid テトラデカン酸 ⇌ myristic acid

12-O-tetradecanoylphorbol 13-acetate 12-O-テトラデカノイルホルボール 13-アセテート：発がんのプロモーターの一種. プロテインキナーゼ C を活性化させる. 略 TPA 同 phorbol myristate acetate (PMA, ホルボールミリステートアセテート)

tetraethyl pyrophosphate テトラエチルピロリン酸：以前使われていた有機リン系殺虫剤.

tetrahedral intermediate 四面体中間体

tetrahedral symmetry 四面体対称

tetrahydrobiopterin テトラヒドロビオプテリン

tetrahydrocannabinol テトラヒドロカンナビノール：マリファナの有効成分. 略 THC

L(−)-5,6,7,8-tetrahydrofolic acid L(−)-5,6,7,8-テトラヒドロ葉酸 略 THF

tetrahymanol テトラヒマノール：テトラヒメナの特異な脂質.

Tetrahymena テトラヒメナ：原生動物繊毛虫類の一種.

tetramer 四量体

tetrameric enzyme 四量体酵素, テトラマー

酵素
tetramethylsilane テトラメチルシラン：^{1}H NMR の化学シフトの基準物質. 略 TMS, Me$_4$Si
tetraphenylborate テトラフェニルホウ酸：膜透過性アニオンで, 脱共役剤. 略 TPB
tetraploid 四倍体
tetrapyrrole テトラピロール：ピロール環4個が連続した化合物. 同 tetrapyrrole pigment (テトラピロール色素)
tetrapyrrole pigment テトラピロール色素 ⇒ tetrapyrrole
tetrasaccharide 四糖：単糖が4分子グリコシド結合したもので, 遊離のものとしては人乳四糖としてジフコシルラクトースなどが知られている.
tetraterpene テトラテルペン：炭素数40のテルペン. カロテノイド.
tetrathionic acid テトラチオン酸
tetrodotoxin テトロドトキシン：ナトリウムチャネル阻害物質. 同 taricatoxin (タリカトキシン), spheroidine (スフェロイジン), fugu poison (フグ毒)
tetrose テトロース, 四炭糖
T even phage T偶数ファージ
TFA ⇒ trifluoroacetic acid の略.
T flask T型培養瓶 同 Earle's T flask (アールのT型培養瓶)
TG ⇒ triacylglycerol の略.
TGF ⇒ transforming growth factor の略.
T group phage ⇒ T phage
thalamencephalon 視床脳 ⇒ diencephalon
thalamus 視床
thalassemia サラセミア：ヘモグロビンを構成するグロビンタンパク質の一つが遺伝子異常によりつくられないために起こる貧血.
thalidomide サリドマイド：催眠薬. 催奇性があり, アザラシ肢症の原因とされる. 最近は抗がん剤として用いられる.
thallium タリウム：元素記号 Tl. 原子番号81の金属元素.
thaumatin タウマチン：甘味タンパク質.
THC ⇒ tetrahydrocannabinol の略.
thebaine テバイン：ケシのアルカロイド.
theobromine テオブロミン：カカオのメチルプリン. 利尿剤.
theocin テオチン ⇒ theophylline
theophylline テオフィリン：茶のメチルプリンアルカロイド. 利尿作用をもつ. 同 theocin (テオチン)
Theorell-Chance mechanism テオレル・チャンス機構：二基質酵素反応機構の一種.
theory of natural selection 自然選択説, 自然淘汰[とうた]説
thermal 熱[性][の]
thermal conductivity detector 熱伝導度検出器
thermal denaturation 熱変性 同 heat denaturation
thermal inactivation 熱失活：熱処理により不活性化すること. 同 heat inactivation
thermochemistry 熱化学
thermodynamic potential 熱力学ポテンシャル ⇒ Gibbs free energy
thermodynamics 熱力学
thermogenesis 熱発生 同 heat production
thermogenic tissue 発熱組織 ⇒ brown adipose tissue
thermolysin サーモリシン, サーモライシン：好熱菌の (Ca^{2+} 依存性) プロテアーゼ.
thermophile 1)好熱性, 2)好熱生物, 好熱菌
thermophilic 好熱性[の]
thermophilic bacterium 好熱[細]菌, 好温[細]菌, 好熱性[細]菌 同 caldoactive bacterium
thermophily 好熱性
thermosensitivity ⇒ temperature sensitivity
thermostability 耐熱性
thermostable enzyme 熱安定酵素 同 heat stable enzyme, thermotolerant enzyme (耐熱酵素)
thermostat サーモスタット, 恒温装置：温度自動調節装置.
thermotolerant enzyme 耐熱酵素 ⇒ thermostable enzyme
THF ⇒ tetrahydrofolate の略.
THF ⇒ L(−)-5,6,7,8-tetrahydrofolic acid の略.
thiamin チアミン, サイアミン 同 vitamin B$_1$ (ビタミン B$_1$), antiberiberi factor (抗脚気因子)
thiamin allyldisulfide チアミンアリルジスルフィド ⇒ allithiamin
thiamin diphosphate チアミン二リン酸 同 cocarboxylase (コカルボキシラーゼ), thiamin pyrophosphate (TPP, チアミンピロ

リン酸)
thiamin disulfide チアミンジスルフィド
thiamin monophosphate チアミン一リン酸 略 TMP
thiamin pyrophosphate チアミンピロリン酸 ⇌ thiamin diphosphate
thiazolidone antibiotic チアゾリドン抗生物質：アクチチアジン酸骨格をもつ抗生物質の総称．
thiazolium チアゾリウム：チアゾール核2位炭素の脱プロトンされたイオン．
thick filament 太いフィラメント ⇌ myosin filament
thienamycin チエナマイシン：広い抗菌スペクトルをもつペニシリン系抗生物質．β-ラクタマーゼ抵抗性．
thin filament 細いフィラメント：筋肉のアクチンを主成分とする繊維．
thin-layer chromatography 薄層クロマトグラフィー 略 TLC
thiobarbiturate value チオバルビツール酸価
thiobarbituric acid reaction チオバルビツール酸反応 同 TBA reaction (TBA 反応)
thiocarbamide チオカルバミド ⇌ thiourea
thioctic acid チオクト酸 ⇌ lipoic acid
thiocyanic acid チオシアン酸 同 hydrogen thiocyanate
thiocyanogen value チオシアン価 同 rhodan value (ロダン価)
thioester チオエステル：-OH の代わりに -SH に形成されたエステル．
thioglucosidase チオグルコシダーゼ 同 myrosinase (ミロシナーゼ), sinigrase (シニグラーゼ), sinigrinase (シニグリナーゼ)
thioglycol チオグリコール 同 2-mercaptoethanol (2-メルカプトエタノール)
thioglycolic acid-sulfuric acid reaction チオグリコール酸-硫酸反応 同 sulfuric acid-thioglycolic acid reaction (硫酸-チオグリコール酸反応)
thiohemiacetal bond チオヘミアセタール結合
thiol チオール：SH 基をもつ有機化合物．
thiolase チオラーゼ：アセチル CoA アセチルトランスフェラーゼの別名．
thiolesterase チオールエステラーゼ ⇌ thiolester hydrolase

thiolester hydrolase チオールエステルヒドロラーゼ 同 thiolesterase (チオールエステラーゼ)
thiol group チオール基 ⇌ SH group
thiol protease チオールプロテアーゼ ⇌ cysteine protease
thiol protein チオールタンパク質 ⇌ SH protein
thiolysis チオリシス ⇌ thiolytic cleavage
thiolytic cleavage チオール開裂 同 thiolysis (チオリシス)
thioneine チオネイン ⇌ ergothioneine
thiopental チオペンタール：全身麻酔薬．
thioredoxin チオレドキシン：デオキシヌクレオチド生成時の電子伝達タンパク質．
thiostrepton チオストレプトン：ポリペプチド鎖伸長因子 EF-G, EF-Tu の働きを阻害するペプチド系抗生物質の一種．
thiosugar チオ糖
thiosulfonic acid チオスルホン酸
thiosulfuric acid チオ硫酸
thiourea チオ尿素 同 sulfocarbamide (スルホカルバミド), sulfourea (スルホ尿素), thiocarbamide (チオカルバミド)
third law of thermodynamics 熱力学第三法則 同 Nernst-Plank theorem (ネルンスト・プランクの定理), Nernst's heat theorem (ネルンストの熱定理)
third-order reaction 三次反応
third ventricle 第三脳室：間脳正中部に位置する垂直な狭い腔．
thixotropy チキソトロピー，揺変：ゲルが振動でゾルに変わること．
Thomson scattering トムソン散乱：光子の物質との相互作用の現象の一種．
thoracic duct 胸管
thoracic duct canulation 胸管リンパ採取法 ⇌ thoracic duct drainage
thoracic duct drainage 胸管排液[法] 同 thoracic duct canulation (胸管リンパ採取法)
Thorn test ソーン試験：古典的な副腎皮質機能検査．
Thr ⇌ threonine の略．
three-dimensional culture 立体培養，三次元培養
three-dimensional structure 三次元構造，立体構造

three-fold [rotation] axis 3回[回転]軸 同 triad (3回対称軸)
threitol トレイトール：テトロースの一種．
threo configuration トレオ配置
threonine トレオニン，スレオニン：2-アミノ-3-ヒドロキシ酪酸．タンパク質合成にかかわる20のアミノ酸の一つで，ヒトなどでは必須アミノ酸の一つ． 略 Thr, T
threose トレオース
threshold 閾[しきい]，許容限界，閾[いき]
threshold dose 閾線量，限界線量
threshold value 閾値：興奮を起こすのに必要な最少の刺激の大きさ．
thrombanoic acid トロンバン酸
thrombin トロンビン：フィブリノーゲンをフィブリンに変えて血液凝固を起こすエンドペプチダーゼ． 同 activated factor Ⅱ(活性化Ⅱ因子), fibrinogenase(フィブリノゲナーゼ)
thrombin sensitive protein トロンビン感受性タンパク質 → thrombospondin
thromboangiitis abliterans 閉塞性血栓[性]血管炎． 略 TAO 同 Buerger disease(バージャー病)
thrombocyte → platelet
thrombocytopenia 血小板減少症
thromboembolism 血栓塞栓症
thrombomodulin トロンボモジュリン：血管内皮細胞に存在する膜タンパク質で血液凝固反応調節因子．
thrombopoietin トロンボポエチン 略 TPO
thrombosis 血栓症
thrombospondin トロンボスポンジン：ヒト血小板のα顆粒に含まれる糖タンパク質．トロンビンの活性化に伴い分泌され，フィブリノーゲンと結合する． 同 thrombin sensitive protein(トロンビン感受性タンパク質), glycoprotein G(糖タンパク質G)
thrombostenin トロンボステニン：血小板に存在するアクトミオシン様収縮性タンパク質の総称．
thromboxane トロンボキサン：アラキドン酸などから合成される血小板凝集促進脂質．六員環をもつトロンバン酸が基本構造． 略 TX
thromboxane receptor トロンボキサン受容体
thrombus 血栓
Thunberg tube ツンベルグ管：脱気が可能な反応管．
Thy → thymine の略．
Thy-1 antigen Thy-1[サイワン]抗原
thylakoid チラコイド：葉緑体の光合成膜．
thymectomy 胸腺摘除
thymic cortex 胸腺皮質
thymic factor 胸腺因子
thymic hyperplasia 胸腺肥大
thymic medulla 胸腺髄質
thymic selection 胸腺選択
thymidine チミジン：チミンを塩基とするヌクレオシド． 略 dThd, dT 同 deoxythymidine(デオキシチミジン)
thymidine 5′-diphosphate チミジン5′-リン酸 → deoxythymidine 5′-diphosphate
thymidine kinase チミジンキナーゼ
thymidine monophosphate チミジン一リン酸 → thymidylic acid
thymidine 5′-monophosphate チミジン5′-一リン酸 → deoxythymidine 5′-monophosphate
thymidine 5′-triphosphate チミジン5′-三リン酸 → deoxythymidine 5′-triphosphate
thymidylate synthase チミジル酸シンターゼ
thymidylic acid チミジル酸 同 deoxythymidylic acid(デオキシチミジル酸), deoxythymidine monophosphate(デオキシチミジン一リン酸), thymidine monophosphate(チミジン一リン酸)
thymine チミン：ピリミジン塩基の一種．DNAに含まれる． 略 Thy
thymineless death チミン飢餓死
thymineless mutant → thymine-requiring mutant
thymine-requiring mutant チミン要求[突然]変異株 同 thymineless mutant
thymocyte 胸腺細胞 同 thymus cell
thymol チモール：3-メチル-6-イソプロピルフェノール．
thymoma 胸腺腫
thymonuclease チモヌクレアーゼ：デオキシリボヌクレアーゼⅠの別名．
thymonucleic acid → thymus nucleic acid
thymopoietin チモポエチン，サイモポエチン：T細胞の成熟に影響を与える胸腺由来の抑制因子．
thymoquinone チモキノン

thymosin チモシン,サイモシン:胸腺により産生されるポリペプチドホルモンでT細胞マーカーの出現を促す.

thymus(*pl.* thimi) 胸腺 同 thymus gland

thymus cell ⇌ thymocyte

thymus-dependent antigen 胸腺依存[性]抗原 同 TD antigen(TD抗原)

thymus-derived cell 胸腺由来細胞

thymus gland ⇌ thymus

thymus-independent antigen 胸腺非依存[性]抗原 同 TI antigen(TI抗原)

thymus leukemia antigen ⇌ TL antigen

thymus leukemia antigen region ⇌ *Tla* region

thymus nucleic acid 胸腺核酸:DNAの旧称 同 thymonucleic acid

thynnine チニン:マグロ精子の塩基性タンパク質.

thyrocalcitonin チロカルシトニン ⇌ calcitonin

thyroglobulin チログロブリン,サイログロブリン:甲状腺ホルモンの前駆グロブリン.

thyroid 甲状腺

thyroid follicle 甲状腺濾胞

thyroid [gland] 甲状腺

thyroid hormone 甲状腺ホルモン

thyroid-stimulating hormone 甲状腺刺激ホルモン 略 TSH 同 thyrotropic hormone, thyrotropin(チロトロピン)

thyroliberin チロリベリン ⇌ thyrotropin-releasing hormone

thyrotropic hormone ⇌ thyroid-stimulating hormone

thyrotropin チロトロピン ⇌ thyroid-stimulating hormone

thyrotropin-releasing factor 甲状腺刺激ホルモン放出因子 ⇌ thyrotropin-releasing hormone

thyrotropin-releasing hormone 甲状腺刺激ホルモン放出ホルモン 略 TRH 同 thyroliberin(チロリベリン), thyrotropin-releasing factor(甲状腺刺激ホルモン放出因子)

thyroxine チロキシン:3,3′,5,5′-テトラヨードチロニン.甲状腺ホルモン.

TI antigen TI抗原 ⇌ thymus-independent antigen

tight junction 密着結合,タイトジャンクション:隣接細胞とこの部分で密着して閉鎖帯(zonula occludens)をなす.

tight state ⇌ T state

tiglic acid チグリン酸:(*E*)-2-メチル-2-ブテン酸.

time-of-flight mass spectrometer 飛行時間型質量分析計,TOF質量分析計

timosaponin チモサポニン:ユリ科の根のサポニン.

TIMP: tissue inhibitor of metalloprotease の略.

tingible 可染性[の]

Ti plasmid Tiプラスミド:植物の遺伝子ベクターの一種.土壌菌由来.

Tiselius type electrophoretic apparatus チセリウス型電気泳動装置 同 moving-boundary electrophoresis apparatus(移動界面電気泳動装置)

tissue 組織

tissue-bound antibody 組織定着抗体 ⇌ sessile antibody

tissue culture 組織培養

tissue factor 組織因子 同 blood coagulation factor Ⅲ(血液凝固Ⅲ因子), tissue thromboplastin(組織トロンボプラスチン)

tissue hemoglobin 組織ヘモグロビン

tissue mast cell 組織マスト細胞,組織肥満細胞

tissue plasminogen activator 組織プラスミノーゲンアクチベーター

tissue reconstruction 組織再構築

tissue specific antigen 組織特異抗原

tissue specificity 組織特異性

tissue thromboplastin 組織トロンボプラスチン ⇌ tissue factor

titer 1)力価,タイター,2)滴定量 同 titre

titin タイチン ⇌ connectin

titration 滴定

titration curve 滴定曲線

titre ⇌ titer

T-jump method Tジャンプ法 ⇌ temperature-jump method

TL antigen TL抗原 同 thymus leukemia antigen

***Tla* region** *Tla* 領域 同 thymus leukemia antigen region

TLC ⇌ thin-layer chromatography の略.

TLCK ⇌ N^a-tosyl-L-lysyl chloromethyl ketone の略.

TLC/MS: thin-layer chromatography-mass spectrometry の略.

T4 ligase T4 リガーゼ：T4 ファージから得られるポリデオキシヌクレオチド連結酵素. 二本鎖 DNA 末端同士を継ぐ酵素.

T lymphocyte T リンパ球 ⇌ T cell

TM ⇌ tropomyosin の略.

TMP: ribosylthymine 5′-monophosphate の略.

TMP ⇌ thiamin monophosphate の略.

TMPD: N,N,N',N'-tetramethylphenylenediamine の略.

TMS ⇌ tetramethylsilane の略.

TMS ⇌ trimethylsilyl の略.

TMS-amino acid TMS アミノ酸：トリメチルシリルアミノ酸の別名.

TMV ⇌ tobacco mosaic virus の略.

TNBS ⇌ 2,4,6-trinitrobenzenesulfonic acid の略.

TNF ⇌ tumor necrosis factor の略.

TNS: 2-p-toluidinonaphthalene-6-sulfonic acid の略.

TNV ⇌ tobacco necrosis virus の略.

tobacco mosaic virus タバコモザイクウイルス：最初に結晶化に成功した植物 RNA ウイルス. 略 TMV

tobacco necrosis virus タバコネクローシスウイルス：植物 RNA ウイルス. 宿主域は広く伝染性も強い. 略 TNV

tobramycin トブラマイシン：アミノ配糖体抗生物質の一種.

tocopherol トコフェロール 同 vitamin E (ビタミン E)

tocotrienol トコトリエノール

TOF: time-of-flight の略. ⇌ time-of-flight mass spectrometer

Togaviridae トガウイルス科：動物 RNA ウイルスの科の一つ. 日本脳炎ウイルス, デング熱ウイルスなどのアルボウイルスの総称. なお風疹ウイルスもこれに属する.

tolbutamide トルブタミド：経口糖尿病薬の一種.

tolerance induction 寛容誘導

tolerogen 寛容原：免疫寛容を誘導する物質.

Tollens reaction トレンス反応：糖の呈色反応の一種.

tolonium chloride 塩化トロニウム ⇌ toluidine blue O

tolu balsam トルーバルサム：芳香樹脂の一種.

toluene トルエン：有機溶剤. メチルベンゼン, フェニルメタン.

toluenesulfonylation トルエンスルホニル化 ⇌ tosylation

toluidine blue O トルイジンブルー O 同 tolonium chloride (塩化トロニウム)

***p*-tolylsulfonylation** p-トリルスルホニル化 ⇌ tosylation

tomatidine トマチジン：トマトのステロイド.

tomatine トマチン：トマトの抗菌性配糖体.

tomato bushy stunt virus トマトブッシースタントウイルス

tomography 断層撮影法

tonin トニン：セリンプロテアーゼの一種で, アンギオテンシノーゲンから直接アンギオテンシン II を生成させる.

tonofilament トノフィラメント, 張[原]繊維

tonometer 1)液体張力計, 2)眼圧計, 3)蒸気圧計, 4)音振動測定器

tonoplast 液胞膜, トノプラスト

tonsil へん[扁]桃[腺]

tooth (*pl.* teeth) 歯[牙]

tooth germ 歯胚

topoisomerase トポイソメラーゼ ⇌ DNA topoisomerase

topological property トポロジカルな性質

topology トポロジー, 位相幾何学, 位相数学

torpedo シビレエイ

Torr トル：圧力単位の記号. 1 Torr = 1 mmHg = 133.3 Pa.

torsion angle ねじれ角 同 dihedral angle (二面角), internal-rotation angle (内部回転角)

torsion balance ねじりばかり, トーションバランス

torus 円環体

tosylation トシル化 同 toluenesulfonylation (トルエンスルホニル化), p-tolylsulfonylation (p-トリルスルホニル化)

$N^α$-tosyl-L-lysyl chloromethyl ketone $N^α$-トシル-L-リシルクロロメチルケトン：トリプシンなどに対する阻害剤. 略 TLCK

N-tosyl-L-phenylalanyl chloromethyl ketone N-トシル-L-フェニルアラニルクロロメチルケトン：キモトリプシンなどに対する合成阻害剤. 略 TPCK

totipotency 全能性, 分化全能性

totipotent stem cell 全能性幹細胞

toxicity test 毒性試験
toxicology 毒性学，中毒学
toxin 毒素，毒
toxinology 毒素学
toxoflavin トキソフラビン：電子伝達系に作用する抗生物質の一種．
toxohormone トキソホルモン：末期がん患者の悪液質の原因物質．
toxoid トキソイド：毒性を失い免疫原性をもつ毒素．同 anatoxin（アナトキシン）
toyocamycin トヨカマイシン：ATP類似体．プリンヌクレオシド合成を阻害する抗生物質．
toyomycin トヨマイシン ⇒ chromomycin A$_3$
TPA ⇒ 12-*O*-tetradecanoylphorbol 13-acetate の略．
TPA responsive element TPA応答配列　略 TRE
TPB ⇒ tetraphenylborate の略．
TPCK ⇒ *N*-tosyl-L-phenylalanyl chloromethyl ketone の略．
T phage T系ファージ　同 T group phage
T4 phage T4ファージ
TPI：triphosphoinositide の略．⇒ phosphatidylinositol bisphosphate
TPN ⇒ triphosphopyridine nucleotide の略．
TPO ⇒ thrombopoietin の略．
TPP ⇒ thiamin pyrophosphate の略．⇒ thiamin diphosphate
trace 痕［こん］跡，微量
trace element 微量元素【生体内の】
tracer トレーサー，追跡子
trachea 気管
tracking dye 追跡用色素【電気泳動用】
tragacanth gum トラガカントゴム：多糖類の粘滑剤．
trail pheromone 道しるべフェロモン
tranquil[l]izer トランキライザー，精神安定剤　同 ataraxic（精神安定薬）
transacetylase トランスアセチラーゼ ⇒ acetyltransferase
trans-acting トランス作用性
trans activator トランス作用因子，トランス活性化因子：特定のDNA配列（シス配列）に直接もしくは間接に作用して，近傍にある遺伝子の発現を活性化するタンパク質．
transacylase アシル基転移酵素：タンパク質，脂質などの合成に際して，アミド，エステルなどのアシル基部分を受容体部分に転移する反応を触媒する酵素．同 acyltransferase
transamidation アミド基転移
transamidination アミジノ基転移
transaminase トランスアミナーゼ ⇒ aminotransferase
transamination アミノ基転移
transcarbamylase トランスカルバミラーゼ ⇒ carbamoyltransferase
transcarboxylase トランスカルボキシラーゼ
transcellular fluid 細胞透過液
transcellular transport 経細胞輸送　同 transepithelial transport（経上皮輸送）
transcobalamin トランスコバラミン
trans configuration トランス配置
transcortin トランスコルチン 同 corticosteroid-binding globulin（コルチコステロイド結合グロブリン），cortisol-binding globulin（コルチゾール結合グロブリン）
transcriptase 転写酵素，トランスクリプターゼ 同 DNA-dependent RNA polymerase（DNA依存性RNAポリメラーゼ）
transcription 転写：DNA依存的にRNA合成が行われる過程．
transcriptional control 転写調節　同 transcriptional regulation
transcriptional regulation ⇒ transcriptional control
transcriptional regulatory factor 転写調節因子　同 regulatory transcription factor
transcription factor 転写因子：遺伝子の上流に結合して転写を促進するタンパク質の一群．
transcription initiation point 転写開始点　同 transcription start site, transcription initiation site
transcription initiation site ⇒ transcription initiation point
transcription start site ⇒ transcription initiation point
transcription termination factor 転写終結因子
transcriptome トランスクリプトーム：mRNAレベルで遺伝子の発現を解析する研究法のこと．
transcytosis トランスサイトーシス
transdetermination 決定転換
transdifferentiation 分化転換：特定の形質に

分化している細胞が機能の異なる別の細胞に変わること.

transduce [形質]導入する【ファージで】，変換する

transducin トランスデューシン：網膜の桿体の三量体GTP結合タンパク質. 略 G_t

transducing phage [形質]導入ファージ

transduction 形質導入，導入：ファージを介して，遺伝物質が供与菌から受容菌に授与される機構.

trans elimination トランス位脱離

transepithelial transport 経上皮輸送 ⇒ transcellular transport

transesterification エステル転移反応：一つのエステル結合が切れると同時に，その酸あるいはアルコールが他の分子に移されて，また新しいエステル結合をつくる反応.

transfection トランスフェクション，遺伝子導入：細胞内へのDNAの人工的移入.

transfer 1)転移, 2)運搬，伝達

transferable plasmid 伝達性プラスミド ⇒ sex factor

transferase 転移酵素，トランスフェラーゼ

transfer factor 伝達因子，トランスファーファクター

transferrin トランスフェリン：鉄輸送タンパク質. 同 iron-binding globulin(鉄結合性グロブリン), siderophilin(シデロフィリン)

transfer RNA 転移RNA，トランスファーRNA 略 tRNA

trans form トランス形：特定の一組の置換基が二重結合の反対側に結合している幾何異性.

transformant 形質転換体，トランスフォーマント：細胞の場合は ⇒ transformed cell

transformation 1)形質転換，トランスフォーメーション：外来DNAを細胞に取込ませ組換え体をつくること. 2)悪性転換，がん〔癌〕化

transformed cell 形質転換細胞 同 transformant

transforming gene トランスフォーミング遺伝子

transforming growth factor トランスフォーミング増殖因子，腫瘍化増殖因子：TGF-α とTGF-β がある. 略 TGF

transforming principle 形質転換因子

transforming substance 形質転換物質

transformylase トランスホルミラーゼ：ホルミルトランスフェラーゼの別名.

transgene 導入遺伝子

transgenic トランスジェニック，遺伝子組換え，形質転換[した]：受精卵に遺伝子を入れ形質を変えた(動物など). 遺伝子導入とも訳すことがあるが，transfectionとは違うことに注意.

transglutaminase トランスグルタミナーゼ：タンパク質中のグルタミン残基がアルキルアミンに転移する反応を触媒する. アルキルアミンが別のまたは同じタンパク質中のリシン残基のときは架橋反応となる. 血液凝固XIII因子が活性化されるとトランスグルタミナーゼ活性が現れる.

transient 一過性[の], 過渡的[の]

transient equilibrium 過渡平衡

transient expression 一過性発現

transition 1)トランジション, [塩基]転位, 転位：transition mutationも参照. 2)遷移, 3)転移

transitional epithelium (*pl.* transitional epithelia) 移行上皮：尿路内腔を覆う上皮で，内腔が拡張すると扁平となり，内腔が空になると重層円柱上皮のようになるという形態変化をする.

transition dipole moment 遷移双極子モーメント ⇒ transition moment

transition moment 遷移モーメント 同 transition dipole moment(遷移双極子モーメント)

transition mutation トランジション変異，塩基転位変異：ピリミジンが別のピリミジンに，あるいはプリンが別のプリンに置換される変異.

transition state 遷移状態

transition state analog[ue] 遷移状態類似体

transit peptide ⇒ signal peptide

transketolase トランスケトラーゼ

translation 翻訳：mRNAの情報を読み取って，リボソーム上でタンパク質の生合成を行う過程.

translational control 翻訳調節

translational error ⇒ reading mistake

translational frameshift 翻訳フレームシフト

translocase トランスロカーゼ：1)輸送体，担体，透過酵素などともいい，生体膜を越えて特定物質の輸送を担うタンパク質. 2)タンパク質生合成においてペプチドの転位反応(トランスロケーション)に関与する因子.

translocate 移す【分子同士の相対位置などを】
translocation 1)転座【染色体の】, 2)トランスロケーション【タンパク質生成における】
translocon トランスロコン：粗面小胞体膜上の新生タンパク質を取込む輸送体.
transmembrane 膜貫通[型]の
transmembrane control トランスメンブランコントロール：経膜代謝制御.
transmembrane receptor 膜貫通受容体
transmethylase トランスメチラーゼ ⇌ methyltransferase
transmethylation メチル基転移
transmissibility 伝播性 同 spreading
transmission 1)透過【光】, 2)伝播[ば], 伝達, 3)伝染
transmission electron microscope 透過[型]電子顕微鏡
transmissivity ⇌ transmittance
transmittance 透過率, 透過度 同 transmissivity
transmitter 伝達物質 同 transmitter substance
transmitter substance ⇌ transmitter
transmutation 核変素：放射性元素が放射性崩壊により他の元素に変化すること.
transparency 透明度, 透明性
transpeptidase トランスペプチダーゼ, ペプチド転移酵素
transpeptidation ペプチド転移
transphosphatidylation ホスファチジル基転移反応 ⇌ phospholipid base exchange reaction
transphosphorylase トランスホスホリラーゼ ⇌ phosphotransferase
transplantation 移植：graft を参照.
transplantation antigen 移植抗原
transplantation immunity 移植免疫
transport 輸送
transporter 輸送体, トランスポーター：生体膜の特異的物質輸送タンパク質. carrier, pump などの総称.
transport protein 輸送タンパク質 同 carrier protein(担体タンパク質)
transposable [genetic] element 転位[性遺伝]因子 ⇌ movable genetic element
transposase トランスポザーゼ, トランスポゼース：トランスポゾンの両端の逆方向反復配列を認識. これに DNA 切断を入れて転位反応をひき起こす酵素.
transposition 転位
transposon トランスポゾン：転位性遺伝因子の一種. 両端にある逆方向反復配列を用いた DNA 組換えにより転位する.
transsulfurylation 硫酸転移
transthyretin トランスチレチン, トランスサイレチン：アルブミンより陽極側に泳動される血清タンパク質. チロキシン結合タンパク質などを含む画分. 略 TTR 同 prealbumin(プレアルブミン)
transverse relaxation time 横緩和時間 同 spin-spin relaxation time(スピン-スピン緩和時間)
transverse tubule 横行[小]管 ⇌ T tubule
transversion mutation トランスバージョン変異, [塩基]転換変異：プリン塩基とピリミジン塩基が置換される変異.
trap 1)トラップ, 2)捕そくする, 捕集する
trauma トラウマ
traumatin トラウマチン：植物の治癒ホルモン.
TRE ⇌ TPA responsive element の略.
trehalase トレハラーゼ
trehalose トレハロース 同 mushroom sugar(マッシュルーム糖), mycose(ミコース)
tremerogen トレメローゲン：シロキクラゲの性ホルモン. オリゴペプチド. 同種菌体同士の接合管の形成を誘導する.
TRH ⇌ thyrotropin-releasing hormone の略.
triacanthine トリアカンチン：3-イソペンテニルアデニン.
triacontanoic acid トリアコンタン酸 ⇌ melissic acid
triacylglycerol トリアシルグリセロール：グリセロールに3分子の脂肪酸の結合した中性脂肪. 略 TG 同 triglyceride(トリグリセリド)
triad 1)3回対称軸 ⇌ three-fold [rotation] axis, 2)(筋細胞の)三つ組構造, 3)(セリンプロテアーゼの)触媒三つ組残基.
triamcinolone トリアムシノロン：強力な抗炎症ステロイド.
tribe 族, 種族
tributyltin トリブチルスズ
tricarboxylic acid トリカルボン酸：3個のカルボキシ基をもつ有機酸の総称.
tricarboxylic acid cycle トリカルボン酸回路 ⇌ citric acid cycle
trichloroacetic acid トリクロロ酢酸

TCA

2,4,5-trichlorophenoxyacetic acid 2,4,5-トリクロロフェノキシ酢酸

trichomycin トリコマイシン：細胞膜ステロールと結合して膜に障害を与えるポリエン系抗生物質の一種．抗真菌剤として用いられる． 同 hachimycin (ハチマイシン)

Tricine：N-tris(hydroxymethyl)methylglycine の略．グッドの緩衝液用試薬．

trifluoroacetic acid トリフルオロ酢酸 略 TFA

trifluoroacetylation トリフルオロアセチル (TFA)化

triglyceride トリグリセリド ⇒ triacylglycerol

trigonal bipyramid 三方両錐〔すい〕体

trigonelline トリゴネリン：1-メチルニコチン酸．ナイアシン代謝物．

trihexosylceramide トリヘキソシルセラミド 同 ceramide trihexoside (セラミドトリヘキソシド)

trihexosylceramidosis トリヘキソシルセラミド蓄積症 ⇒ Fabry's disease

1,24,25-trihydroxycholecalciferol 1,24,25-トリヒドロキシコレカルシフェロール：1,24,25-トリヒドロキシビタミン D_3

triiodothyronine トリヨードチロニン 略 T_3

triiodothyronine toxicosis トリヨードチロニン中毒症 同 T_3 thyrotoxicosis

trimer 三量体

trimethoprim トリメトプリム：ジヒドロ葉酸レダクターゼを阻害する葉酸拮抗剤．

trimethylethanolamine トリメチルエタノールアミン ⇒ choline

trimethyloxamine トリメチルオキサミン：トリメチルアミンオキシドの別名．

trimethylsilyl トリメチルシリル【基】 略 TMS

trimethylsilylation トリメチルシリル(TMS)化：$Si(CH_3)_3$ 基をつけ疎水性，揮発性を増す．

trimyristin トリミリスチン：ミリスチン酸を脂肪酸とするトリアシルグリセロール．

2,4,6-trinitrobenzenesulfonic acid 2,4,6-トリニトロベンゼンスルホン酸：アミノ基の修飾試薬． 略 TNBS

trinitrophenol トリニトロフェノール：脱共役剤の一種．強力な爆薬．

trinucleotide repeat トリヌクレオチドリピート：3塩基を単位とする縦列反復配列． 同 triplet repeat (トリプレットリピート)

triokinase トリオキナーゼ，三炭糖リン酸化酵素

triolein トリオレイン：オレイン酸3個を構成成分とするトリアシルグリセロール． 同 olein (オレイン), trioleoylglycerol (トリオレオイルグリセロール)

trioleoylglycerol トリオレオイルグリセロール ⇒ triolein

triose トリオース，三炭糖：炭素原子を三つもつ単糖．最も分子量の小さい糖質でグリセルアルデヒドとジヒドロキシアセトンのみ．

tripaflavin トリパフラビン ⇒ acriflavine

tripalmitin トリパルミチン：パルミチン酸3個を構成成分とするトリアシルグリセロール． 同 palmitin (パルミチン), tripalmitoylglycerol (トリパルミトイルグリセロール)

tripalmitoylglycerol トリパルミトイルグリセロール ⇒ tripalmitin

tripartite 三分節系：3成分から成る(複合体など)．

triphosphatase トリホスファターゼ ⇒ adenosine triphosphatase

triphosphoinositide トリホスホイノシチド ⇒ phosphatidylinositol bisphosphate

triphosphopyridine nucleotide トリホスホピリジンヌクレオチド(旧称) ⇒ nicotinamide adenine dinucleotide phosphate

triple helix 三重らせん：1) 3本のポリペプチド鎖が形成するらせん構造．コラーゲンなど． 2) RNA や DNA で，二重らせんに第三のポリヌクレオチドが加わったもの．

triple-strand[ed] helix 三本鎖ヘリックス，三重らせん 同 triplex

triplet 1) トリプレット，2) 三重項，3) 三重線，4) 三つ組

triplet oxygen 三重項酸素

triplet repeat トリプレットリピート ⇒ trinucleotide repeat

triplet repeat disease トリプレットリピート病：CAG, CTG, CCG などのトリヌクレオチドリピートが異常増幅して遺伝子機能を失わせる遺伝病．脆弱 X 症候群など．

triplet state 三重項状態：多電子系の多重項状態の一つでスピン量子数 S が1の状態．

triplex ⇌ triple-strand[ed] helix

triploid 三倍体[の]

Tris トリス：tris(hydroxymethyl)aminomethane の略．代表的な中性領域の緩衝剤用塩基化合物．

trisaccharide 三糖[類]

triskelion トリスケリオン：被覆小胞の主要タンパク質クラスリン単量体と軽鎖タンパク質が会合してできる特異な構造で，さらにこれが多数重合してかご状構造を形成する．

trisomic 三染色体[の]

trisomy トリソミー，三染色体性：正常一対の染色体にさらに1本の染色体が増加する疾患．

tristearin トリステアリン：ステアリン酸3分子を含むトリアシルグリセロール．回 stearin(ステアリン), tristearoylglycerol(トリステアロイルグリセロール)

tristearoylglycerol トリステアロイルグリセロール ⇌ tristearin

triterpene トリテルペン：炭素数30個のテルペンとその誘導体の総称．

triterpenoid saponin トリテルペノイドサポニン：サポニンの非糖部がトリテルペンのもの．

Trithorax group protein トリソラックスグループタンパク質：遺伝子転写活性が活発なユークロマチン形成にかかわる一群のクロマチンタンパク質．略 TrxG

Triticum vulgaris コムギ

tritium トリチウム，三重水素：記号 ^{3}H または T．質量数3の水素の放射性同位体．

tritium label[l]ing トリチウム標識[法]

Triton series surfactant Triton〘トリトン〙系界面活性剤

triturate 粉砕する

tritylation トリチル化：トリフェニルメチル化

tRNA ⇌ transfer RNA の略．

trochol トロコール ⇌ betulin

Trommer's test トロンマー試験：糖の還元反応の一種．

tropacaine トロパカイン ⇌ tropacocaine

tropacocaine トロパコカイン：局所麻酔薬の誘導体．回 tropacaine(トロパカイン)

tropane トロパン：トロパンアルカロイドの母核．

trophectoderm 栄養外胚葉

trophic 栄養性[の]，向性[の]【ホルモン】

trophoblast 栄養芽層，栄養膜

trophospongia 栄養脈管組織

trophozoite 栄養体：原虫の生活環のうち運動性をもち，摂食，成長を行いながら無性生殖を行う時期にある個体．無性生殖としては二分裂が多い．

tropic acid トロパ酸：ナス科の芳香族アルカロイド．

tropical sprue 熱帯性スプルー：感染症や栄養失調による二次的スプルー(脂肪便を伴う腸管吸収不良)．

tropine トロピン：アトロピンの加水分解によって得られる物質で，3α-トレパノール．

tropocollagen トロポコラーゲン：組織から酸などを用いて溶けてくるコラーゲンの最小の単位をさす．

tropolone トロポロン：七員環ケトン．

tropomyosin トロポミオシン：筋肉の細い繊維にアクチン，トロポニンとともに含まれるタンパク質．略 TM

tropomyosin-troponin complex トロポミオシン-トロポニン複合体 回 native tropomyosin(活性トロポミオシン)

troponin トロポニン：アクトミオシンにカルシウム感受性を与える調節タンパク質．

Trp ⇌ tryptophan の略．

***trp* operon** *trp*〘トリプ〙オペロン：トリプトファン合成酵素のオペロン．

true wax 真正ろう

truncated 端を切り取った，短小化した

trunk 体幹

TrxG ⇌ Trithorax group protein の略．

trypan blue トリパンブルー：細胞生死判定に用いられる青色色素．

Trypanosoma トリパノソーマ：べん毛をもつ原生動物の一種．トリパノソーマ症の原因となる．

tryparsamide トリパルサミド：抗トリパノソーマ薬の一種．有機ヒ素剤．毒性が強く，現在は使用されていない．

trypsin トリプシン：膵臓由来のセリンプロテアーゼの一種．アルギニン，リシンのカルボキシ側のペプチド結合を加水分解する．

trypsin inhibitor トリプシンインヒビター：トリプシンを阻害する物質．

trypsinization トリプシン処理

trypsinogen トリプシノーゲン：トリプシン

前駆体.
trypsin peptide トリプシンペプチド：タンパク質がトリプシンで分解されて生じたペプチド. 同 tryptic peptide
tryptamine トリプタミン：インドールエチルアミンの別名.
tryptic peptide → trypsin peptide
trypton トリプトン：タンパク質のトリプシン部分分解物.
tryptophan トリプトファン：必須の芳香族アミノ酸. 略 Trp, W
tryptophanemia トリプトファン血症
TSA → tumor-specific antigen の略.
Tschugajeff reaction ツガエフ反応
TSH → thyroid-stimulating hormone の略.
ts mutant → temperature sensitive mutant
TSTA → tumor-specific transplantation antigen の略.
T state T状態：アロステリック転移における一状態. リガンドなしのときに安定な形. 対語は R state. 同 tight state, tense state
tsutsugamushi disease ツツガムシ病：リケッチアによる感染病.
tsuzuic acid ツズ酸：炭素数14の1価不飽和脂肪酸. 4位に二重結合をもつ.
t test t検定
T/t genetic region T/t 遺伝子領域：マウスの尾に異常を起こす遺伝子領域で胚発生の正常な進行に必要な遺伝子を含む.
T_3 thyrotoxicosis → triiodothyronine toxicosis
TTP: ribosylthymine 5′-triphosphate の略.
TTR → transthyretin の略.
T tubule T管：筋収縮の刺激伝達のための膜管系. 同 transverse tubule（横行[小]管）
tuberactinomycin B ツベラクチノマイシン B → viomycin
tubercidin ツベルシジン：ヌクレオシド構造をもつプリン抗生物質.
tubercule bacillus 結核菌
tuberculin reaction ツベルクリン反応：結核感染診断用遅延型皮膚反応. 同 tuberculin type reaction
tuberculosis 結核
tuberculostatic agent → antituberculous agent
tuberculostearic acid ツベルクロステアリン酸：D-10-メチルオクタデカン酸.

tuberflavin ツベルフラビン：プロフラビンメチオダイト. 消毒剤.
tubocurarine ツボクラリン：筋弛緩剤. 矢毒クラーレの有効成分. アセチルコリン受容体の競合的遮断薬.
tubulin チューブリン：微小管の主要サブユニットタンパク質.
tubulin-tyrosine ligase チューブリン-チロシンリガーゼ
tuftsin タフトシン：多核白血球の走化性を促進するテトラペプチド.
tumor 腫瘍
tumor antigen 腫瘍抗原：1) → T antigen, 2) 細胞のがん化に伴って新たに発現される抗原.
tumor-associated antigen 腫瘍関連抗原 略 TAA
tumor cell 腫瘍細胞
tumorigenesis 腫瘍形成
tumorigenic transformation [造]腫瘍化 → malignant transformation
tumor necrosis factor 腫瘍壊[え]死因子：活性化マクロファージなどが産生するサイトカインの一種で, 種々の固形がんに出血性の壊死を起こすものとして見つかった. 略 TNF
tumor necrosis factor β 腫瘍壊[え]死因子 β → lymphotoxin
tumor-specific antigen 腫瘍特異抗原 略 TSA 同 tumor antigen（腫瘍抗原）
tumor-specific transplantation antigen 腫瘍特異移植抗原 略 TSTA
tumor suppressor gene がん抑制遺伝子 同 antioncogene, cancer suppressor gene, suppressor oncogene
tumor virus → oncogenic virus
TUNEL method TUNEL法：アポトーシスを測定する方法で, 切断された DNA の末端をビオチン標識して可視化するもの.
tungsten タングステン：元素記号 W. 原子番号74の超高融点重金属元素. 同 wolfram（ウォルフラム）
tungstophosphoric acid タングストリン酸 同 phosphotungstic acid (= phosphowolframic acid)（リンタングステン酸）
tunica media 中膜
tunicamine ツニカミン：ツニカマイシン中のアミノ11炭糖.

tunicamycin ツニカマイシン：ヌクレオシド系抗生物質の一種．複合糖質合成を阻害することにより外被糖タンパク質をもつウイルスや微生物の増殖を阻害．

tunneling microscope トンネル顕微鏡

turbidimeter ⇌ nephelometer

turbidimetry ⇌ nephelometry

turbidity 濁度

turbid plaque 濁りプラーク，濁り溶菌斑

turgor 緊張，膨満【皮膚や血管などの】

turicine ツリシン：シソ科甘味物質．ベトニシンの異性体．

Turkish saddle トルコ鞍：頭蓋底の正中で真中よりやや前方に位置する蝶形骨の鞍状のくぼみで，下垂体を入れている．　同 sella turcica

Turner syndrome ターナー症候群：X 染色体が1個欠損したために起こる卵巣形成不全症．　同 XO syndrome (XO 症候群)

turnip yellow mosaic virus カブ黄斑モザイクウイルス

turnover 1)［代謝］回転，2) 回転置換

turnover number 代謝回転数，代謝数

turnover rate 1) 代謝回転速度，2) 回転置換率

turnover time 代謝回転時間：代謝回転速度の逆数．

Tween series surfactant Tween〔トゥイーン〕系界面活性剤

tweezers ピンセット

twist ねじり：超らせんにおいてある一定部分の巻き方の周期性．

twist-boat conformation ねじれ舟形配座 ⇌ skew conformation

twisting number ツイスト数，ねじれ数：超らせん DNA で DNA のねじれ具合を示す数．

two-dimensional electrophoresis 二次元電気泳動

two-dimensional NMR 二次元 NMR

two-fold [rotation] axis 2 回［回転］軸

two-hybrid method ツーハイブリッド法：タンパク質間の相互作用を *in vivo* で検出する方法．

two light reactions 二光反応

TX ⇌ thromboxane の略．

type 1) 型，タイプ，2) 基準，基準標本【植物】

typhus チフス

Tyr ⇌ tyrosine の略．

tyramine チラミン：チロシンに由来するアミン．

tyramine oxidase チラミンオキシダーゼ：アミンオキシダーゼ（フラビン含有）の別名．

tyrocidine チロシジン：膜透過性に働くペプチド系抗生物質．

Tyrode's balanced salt solution ⇌ Tyrode's solution

Tyrode's solution タイロード液，タイロード溶液：細胞培養用の塩類溶液の一種．　同 Tyrode's balanced salt solution

tyrosine チロシン：p-ヒドロキシフェニルアラニン，2-アミノ-3-ヒドロキシフェニルプロピオン酸．中性の芳香族アミノ酸の一種．　略 Tyr, Y

tyrosine kinase チロシンキナーゼ，チロシンリン酸化酵素：ATP の γ-リン酸をタンパク質中のチロシンのヒドロキシ基に転移する酵素．シグナル伝達に関与．

tyrosinosis チロシン症　同 congenital hypertyrosinemia（先天性高チロシン血症）

tyvelose チベロース：3,6-ジデオキシ-D-マンノース．

U

U ⇌ uridine の略．

ubiquinol ユビキノール：還元型ユビキノン．

ubiquinone ユビキノン：ベンゾキノン核をもつ電子伝達物質．　略 Q　同 coenzyme Q (CoQ, 補酵素 Q)

ubiquitin ユビキチン：生物界に普遍的(ubiquitous)に分布している小タンパク質．タンパク質のユビキチン化はタンパク質分解の標識となる．

ubiquitination ユビキチン化：ユビキチン分子が標的タンパク質のリシン残基の ε-アミノ基に付加すること．

UCP ⇌ uncoupling protein の略．

UDP ⇌ uridine 5′-diphosphate の略．

UDPglucose UDPグルコース：多糖類合成の重要中間体.

UDP-sugar UDP糖

ulcer 潰瘍

ultimobranchial body さい〖鰓〗後体

ultracentrifuge 1)超遠心機, 2)超遠心する

ultradian rhythm 長周期リズム, ウルトラディアンリズム

ultrafiltration 限外沪過

ultrahigh voltage electron microscope 超高圧電子顕微鏡

ultramicroanalysis 超微量分析

ultramicrotome ウルトラミクロトーム：超薄切片作製器.

ultrasonication 超音波処理

ultrasonic sound 超音波：可聴域以上の周波数の弾性波. 同 silent sound

ultrastructure 超微細構造

ultrathin section 超薄切片

ultraviolet 紫外［線］[の] 略 UV

ultraviolet cytophotometry 紫外線細胞測光法

ultraviolet irradiation 紫外線照射 同 UV irradiation（UV照射）

ultraviolet mutagenesis 紫外線［突然］変異生成

ultraviolet ray 紫外線：可視光線より短波長の電磁波.

ultraviolet spectrum 紫外スペクトル

umbellatine ウンベラチン → berberine

umbelliferone ウンベリフェロン：蛍光色素の一種.

umbelliferose ウンベリフェロース：植物三糖の一種.

UMP → uridine 5′-monophosphate の略.

unassigned codon 非指定コドン

unbalanced growth 不均衡成長, 不均衡生育：環境の急変によりDNA, RNA, タンパク質の合成の間の均衡がくずれること.

uncoat 外被を除く【ウイルスなどの】

uncoating 脱外被

uncompetitive inhibition 不競合阻害

unconditioned reflex 無条件反射

unconjugated bilirubin 非抱合型ビリルビン

uncoupler 脱共役剤, 除共役剤：膜のH^+透過性を上げて酸化的リン酸化や光リン酸化を阻害する薬物.

uncoupling 脱共役, 共除役：電子伝達で得られたエネルギーをATP合成に共役させるのを阻害すること.

uncoupling protein 脱共役タンパク質：褐色脂肪組織のミトコンドリアに存在するタンパク質で, ATP産生と電子伝達を脱共役させる. 略 UCP

undecaprenol ウンデカプレノール → bactoprenol

undermethylation 低メチル化：DNAなどで塩基のメチル化が完全でないこと.

underwound 巻き方減少の【超らせん】

undifferentiated 未分化[の]

unequal crossing over 不等乗換え 同 unequal crossover

unequal crossover → unequal crossing over

unfertilized egg 未受精卵

unfold ほぐす【タンパク質の高次構造を】, 変性させる

unfolding → denaturation

ungernine ウンゲルニン → tazettine

unicellular 単細胞[の]

unicellular organism 単細胞生物

unilateral inheritance 片側遺伝

unilinear age 単一継代齢：酵母などの分裂加齢の程度を個々の母細胞の分裂回数で表したもの.

unimolecular 単分子[の]

unimolecular reaction 単分子反応 同 monomolecular reaction

unipolar 単極[の], 単極性[の]

uniport 単輸送

unipotency 単能性, 単分化能

unipotent 単能[の], 単分化能[の]

unique sequence → nonrepetitive sequence

unit 単位

unitary quantity ユニタリー量：溶液の化学ポテンシャル.

unit cell 単位胞, 単位格子

unit membrane 単位膜：生体膜の構造で, 電子顕微鏡で見える暗-明-暗の3層構造.

univalent 一価[の]

univalent antibody → monovalent antibody

univalent chromosome 一価染色体

universe 母集団

unlimited proliferation → infinite proliferation

unordered structure 不規則構造

unpaired electron 不対電子

unprimed 準備されていない
unsaponifiable material 不けん[鹼]化物
unsaturated fatty acid 不飽和脂肪酸
unsaturation 不飽和
unwinding 巻戻し, アンワインディング
upstream region 上流領域: DNA のある部分から 5′ 側の部分.
Ura ⇌ uracil の略.
uracil ウラシル: ピリミジンヌクレオチドの一種. RNA に含まれる.　略 Ura
Urd ⇌ uridine の略.
urea 尿素　同 carbamide(カルバミド)
urea adduct 尿素付加物
urea cycle 尿素回路　同 Krebs-Henseleit urea cycle(クレブス・ヘンゼライト尿素回路), ornithine cycle(オルニチン回路)
urea nitrogen 尿素窒素
urea ratio 尿素比
urease ウレアーゼ: 尿素加水分解酵素.
ureido ウレイド【基】: -NHCONH₂ 基のこと.　同 carbamido
uremia 尿毒症
ureogenesis 尿素形成
ureotelic animal 尿素排出動物: 窒素代謝の最終産物が尿素である生物.
ureotelism 尿素排出
urethane ウレタン: カルバミン酸エチルエステル.
uric acid 尿酸
uricase ウリカーゼ: 尿酸オキシダーゼの別名.
uricogenesis 尿酸形成
uricotelic animal 尿酸排出動物: 窒素代謝の最終産物として尿酸を排出する生物.
uricotelism 尿酸排出
uridiferous tubule ⇌ renal tubule
uridine ウリジン: ウラシルを含むヌクレオシド(ウラシル-リボース).　略 Urd, U
uridine 5′-diphosphate ウリジン 5′-二リン酸　略 UDP
uridine monophosphate ウリジン一リン酸 ⇌ uridylic acid
uridine 5′-monophosphate ウリジン 5′-一リン酸　略 UMP
uridine 5′-triphosphate ウリジン 5′-三リン酸　略 UTP
uridylic acid ウリジル酸　同 uridine monophosphate(ウリジン一リン酸)
urine 尿
urobilin ウロビリン: 胆汁色素の一種.
urobilinogen ウロビリノーゲン: 尿中の胆汁色素の一種.
urocanic acid ウロカニン酸: ヒスチジンの代謝産物.
urochrome ウロクロム, 尿色素: 尿の黄色成分.
urochromogen ウロクロモーゲン: 尿色素原.
urogastrone ウロガストロン: 尿中に見いだされたペプチド性の胃酸分泌抑制物質.
urogonadotropin ウロゴナドトロピン ⇌ human menopausal gonadotropin
urokinase ウロキナーゼ: 尿中のプラスミノーゲン活性化因子. 血栓溶解剤.
uromelanin ウロメラニン: ウロクロムの酸化産物.
uronate cycle ウロン酸回路 ⇌ glucuronate pathway
uronic acid ウロン酸: 末端がカルボン酸となった糖誘導体.
uronide ウロニド: ウロン酸を糖とする配糖体.
uropepsin 尿ペプシン
uroporphyrin ウロポルフィリン: ポルフィリンの一種.
uroporphyrinogen ウロポルフィリノーゲン: ポルフィリノーゲンの一種.
uropygial gland 尾脂腺 ⇌ preen gland
urotensin ウロテンシン: 魚類尾部下垂体の神経分泌ホルモン.
ursodeoxycholic acid ウルソデオキシコール酸: 胆汁酸の一種.
ursolic acid ウルソール酸　同 urson(ウルソン), malol(マロール), prunol(プルノール)
urson ウルソン ⇌ ursolic acid
urushiol ウルシオール: ウルシの成分.
use and disuse theory 用不用説 ⇌ Lamarckism
uterine 子宮[の]
uteroverdin ウテロベルジン: イヌの胎盤の胆緑素.
uterus 子宮
UTP ⇌ uridine 5′-triphosphate の略.
UV ⇌ ultraviolet の略.
UV endonuclease UV エンドヌクレアーゼ, 紫外線エンドヌクレアーゼ: ピリミジン二量体 DNA グリコシラーゼ.
UV irradiation UV 照射 ⇌ ultraviolet irradiation

V

V ⇁ valine の略.
V_{max} ⇁ maximum velocity の略.
vaccenic acid バクセン酸：11-オクタデセン酸.
vaccination 予防接種：ワクチンによる能動免疫法.
vaccine ワクチン：免疫をつくるための弱毒化または殺菌した病原体または毒素.
vaccinia virus ワクシニアウイルス，種痘ウイルス
vacuole 液胞，空胞
vacuum 1)真空，2)減圧
vagotonia 迷走神経活動亢進
vagus nerve 迷走神経　同 nervus vagus
Val ⇁ valine の略.
valence 原子価　同 valency
valence electron 価電子
valency ⇁ valence
valency angle 原子価角 ⇁ bond angle
valency hybrid 荷電ハイブリッド
valeric acid 吉草酸　同 pentanoic acid(ペンタン酸)
valid 有効[な]，妥当[な]
validamycin バリダマイシン：農作物病害防除に使われるアミノ配糖体抗生物質.
valine バリン：2-アミノイソ吉草酸．必須の分枝中性アミノ酸の一種．略 Val, V
valinomycin バリノマイシン：膜のイオン透過性を変えるペプチド抗生物質．K^+ に特異的なイオノホア.
vanadic acid バナジン酸：ホスホプロテインホスファターゼの阻害剤.
vanadium バナジウム：元素記号 V．原子番号 23 の金属元素.
vanadochrome バナドクロム：バナジウムを含むポルフィリン化合物．ホヤの色素．同 hemovanadium(ヘモバナジウム)，vanadohemochromogen(バナドヘモクロモーゲン)
vanadohemochromogen バナドヘモクロモーゲン ⇁ vanadochrome
vancomycin バンコマイシン：細菌細胞壁合成を阻害する抗生物質．ペプチドグリカン合成の阻害剤．黄色ブドウ球菌の抗生物質.
van den Bergh reaction ファンデンベルグ反応　同 Hijmann-van den Bergh reaction(ヒーマン・ファンデンベルグ反応)
van den Heuvel model ファンデンホイベルモデル：リン脂質とコレステロールの相互作用のモデル.
van der Waals contact surface ファンデルワールスの接触界面
van der Waals force ファンデルワールス力：中性分子間の引力で，電子雲の偏りに起因する双極子による引力.
van der Waals radius ファンデルワールス半径
vanillic acid バニリン酸
vanillin バニリン：バニラマメの香気成分.
vanillylmandelic acid バニリルマンデル酸：カテコールアミンの代謝産物．同 vanilmandelic acid(バニルマンデル酸)
vanilmandelic acid バニルマンデル酸 ⇁ vanillylmandelic acid
Van Slyke method バンスライク法：アミノ基の測定法.
van't Hoff equation ファントホッフの式：浸透圧と濃度の関係式.
V antigen V 抗原
vapor 蒸気　同 vapour
vapor film ⇁ gaseous film
vaporization heat 蒸発熱，気化熱　同 heat of vaporization, evaporation heat
vaporize 蒸発させる，気化させる
vapour ⇁ vapor
variable 1)変数，2)可変[の]，不定[の]，易変[の]，変異[の]
variable region 可変領域：抗体分子の抗原結合部位．N 末端から 110 残基までの一次構造の可変な部分.
variance 分散
variant 1)変異体，2)変異株，3)変異型，4)変種
variant cell バリアント細胞
variation 変異

varicella virus 水痘ウイルス ⇌ varicella zoster virus

varicella zoster virus 水痘〖とう〗帯状疱疹〖ほうしん〗ウイルス 同 herpes zoster virus（帯状疱疹ウイルス），varicella virus（水痘ウイルス）

varicocele 精索静脈瘤〖りゅう〗

variety 1)変種〖植物〗：少なくとも2～3の形質が標準種と異なる集団をさす植物分類学上の用語．2) ⇌ breed

variola ⇌ smallpox

variola major 大痘瘡〖とうそう〗

variola minor 小痘瘡〖とうそう〗 同 alastrin

variolation 人痘〖とう〗接種

variola virus 痘瘡〖とうそう〗ウイルス 同 smallpox virus（天然痘ウイルス）

vascular bundle 維管束

vascular endothelial [cell] growth factor 血管内皮［細胞］増殖因子 略 VEGF

vascular hemophilia 血管性血友病 ⇌ von Willebrand's disease

vasoactive 血管作動性［の］

vasoactive intestinal polypeptide バソアクティブインテスティナルポリペプチド，血管作動性腸管ポリペプチド 略 VIP

vasoconstriction 血管収縮

vasopressin バソプレッシン：ほ乳類の抗利尿ホルモン．下垂体後葉より分泌． 略 VP

vasorhodopsin バソロドプシン：ロドプシンの感光中間産物． 同 prelumirhodopsin（プレルミロドプシン）

vasotocin バソトシン：鳥類から両生類にまで見いだされる抗利尿ホルモン． 略 VT

VCAM: vascular cell adhesion molecule の略．

VD ⇌ venereal disease の略．

VDRL test VDRL試験：簡便梅毒血清反応の一つ．VDRLはVenereal Disease Research Laboratories（米国性病研究所）の略．

veatchine ベアチン：ジテルペンアルカロイドの一種．

vector 1)ベクター：媒介DNA．プラスミドのようなDNA運搬用媒介体．DNA組換え用．2)媒介動物：病原体を媒介する動物． 同 vehicle，3)ベクトル：方向性をもった量（力など）．

vectorial 保菌生物の，媒介者（体）の

vectorial reaction ベクトル反応：方向性をもった反応，輸送など．

vegetable oil 植物油

vegetal pole 植物極 同 vegetative pole

vegetative 1)増殖型［の］【ファージ】，2)栄養［の］，成長［の］，3)自律神経［の］，4)植物［性］［の］

vegetative intermitotic cells 増殖性分裂細胞群 同 vegetative intermitotics

vegetative intermitotics ⇌ vegetative intermitotic cells

vegetative phage 増殖型ファージ

vegetative pole ⇌ vegetal pole

vegetative propagation 栄養繁殖

vegetative reproduction 栄養生殖

vegetoanimal 動植物共通［の］

VEGF ⇌ vascular endothelial [cell] growth factor の略．

vehicle ⇌ vector

vein 1)静脈，2)葉脈【植物の】，3)翅脈【昆虫の】

velocity 速度【反応の】

velogenic 短潜伏期性［の］

vena cava 大静脈

vena cava inferior 下大静脈 ⇌ inferior vena cava

vena cava superior 上大静脈

venereal disease 性病 略 VD 同 sexually transmitted disease（STD）

venom 毒液

venom phosphodiesterase ヘビ毒ホスホジエステラーゼ

ventral 腹側［の］，腹［の］，内面［の］

ventricle 1)心室，2)脳室

ventriculus ⇌ stomach

veracevine ベラセビン：バイケイソウアルカロイドの一種．

veratramine ベラトラミン：バイケイソウアルカロイドの一種．

veratridine ベラトリジン：バイケイソウアルカロイド．筋強縮剤．

veratrum alkaloid バイケイソウアルカロイド，ベラトラムアルカロイド

Verner-Morrison syndrome ベルナー・モリソン症候群 ⇌ WDHA syndrome

vernix caseosa 胎脂 同 cheesy varnish

veronal ベロナール ⇌ barbital

Vero toxin ベロ毒素：O157のような病原性大腸菌が産生する細胞傷害性外毒素タンパク質でベロ細胞を破壊する．腹痛，吐き気，下

痂を生じる.
vertebrate 1) 脊〘せき〙椎動物, 2) 脊椎動物[の], 有脊椎[の]
vertical rotor 垂直ローター【遠心機の】
very high-density lipoprotein 超高密度リポタンパク質 略 VHDL
very low-density lipoprotein 超低密度リポタンパク質 略 VLDL 同 prebetalipoprotein (プレβリポタンパク質)
vesica fellea ⇌ gall [bladder]
vesicle 小胞, ベシクル, 包嚢〘のう〙
vesicular stomatitis virus 水疱〘ほう〙性口内炎ウイルス
vesicular transport 小胞輸送
Vesiculovirus ベシクロウイルス属: 水疱性口内炎ウイルスの属名.
vestigial (進化の)痕〘こん〙跡を示す, 痕跡の, 名残の, 退化した
***V* gene** *V*遺伝子: 免疫グロブリンの可変部の遺伝子.
VHDL ⇌ very high-density lipoprotein の略.
viability 生存度 ⇌ survival rate
viability polygene 生存力ポリジーン ⇌ mildly deleterious gene
viability test 生死判別試験
viable 生存可能な
viable cell count 生菌数
vibrational energy 振動エネルギー
vibrator 振動器
Vibrio ビブリオ: コレラ菌などの属名.
Vibrio cholerae コレラ菌
viburnitol ビブルニトール: 環状糖アルコールの一種.
Vicia faba ソラマメ
vicinal 近接[の]
villin ビリン: 小腸上皮細胞の微絨毛に存在する Ca^{2+} 感受性アクチン結合タンパク質.
villus 絨〘じゅう〙毛, 絨突起
vimentin ビメンチン: 中間径フィラメントタンパク質の一つ.
vinblastine ビンブラスチン: 微小管形成阻害剤, 抗がん剤の一種.
vincaine ビンカイン ⇌ ajmalicine
vincristine ビンクリスチン: 微小管形成阻害剤の一種.
vinculin ビンキュリン, ビンクリン: 細胞接着斑などの細胞膜裏打ち構造にあり, アクチ

ンと作用するタンパク質.
vindoline ビンドリン: ビンブラスチンなどの前駆体アルカロイド.
vinegar fly ⇌ *Drosophila*
vinyl benzene ビニルベンゼン ⇌ styrene
violanin ビオラニン: 三色スミレの花青素.
violaxanthin ビオラキサンチン: 黄色花のカロテノイド. 同 zeaxanthin diepoxide(ゼアキサンチンジエポキシド)
viomycin バイオマイシン: タンパク質合成を阻害する抗生物質. 同 tuberactinomycin B (ツベラクチノマイシン B)
VIP ⇌ vasoactive intestinal polypeptide の略.
viper 毒ヘビ
viral carcinogenesis ウイルス発がん【癌】
viral DNA ウイルス DNA 同 virus DNA
viral hepatitis ウイルス性肝炎: 肝炎ウイルスによる肝炎で, A型, B型, C型, D型などがある.
virial coefficient ビリアル係数
virilism 多毛症
virilization 男性化
virion ビリオン 同 virus particle(ウイルス粒子)
virogene ウイルス遺伝子[部]
viroid ウイロイド: 分子量 10^5 程度の環状の RNA でコートタンパク質はもたない. ジャガイモやせいも病ウイロイドなど.
virulent 毒性の, 病毒力の強い【細菌】, 有毒の
virulent mutation ビルレント[突然]変異
virulent phage ビルレントファージ, 毒性ファージ: 感染した菌を溶かすファージ. 同 lytic phage(溶菌ファージ)
virus ウイルス: DNA, RNAのいずれか一方のみをもち, 生きた細胞の中でのみ増殖できる感染性の径 1 μm 以下の粒子.
virus DNA ⇌ viral DNA
virus-neutralizing antibody ウイルス中和抗体
virus particle ウイルス粒子 ⇌ virion
visceral 内臓[の]
visceral mesoderm 内臓中胚葉
viscoelasticity 粘弾性
viscometer 粘度計 同 viscosimeter
viscosimeter ⇌ viscometer
viscosity 1)粘性, 2)粘度, 3)粘性率
viscosity-average molecular weight 粘度平均分子量

viscosity formula 粘度式
visibility curve 視感度曲線
visible light 可視光, 可視光線　⇒ visible radiation
visible radiation ⇒ visible light
visible spectrum 可視スペクトル
visna virus ビスナウイルス: 腫瘍原性のないレトロウイルスで, ヒツジのスローウイルス感染の病原体.
visual 視覚[の], 視覚性[の], 視力[の]
visual cell 視細胞
visual center 視覚中枢
visual cycle 視覚サイクル
visual pigment 視色素　⇒ visual substance
visual purple 視紅　⇒ rhodopsin
visual substance 視物質　⇒ visual pigment (視色素, 視覚色素)
vital staining 生体染色
vitamin ビタミン: 生体に不可欠の微量有機栄養素.
vitamin A ビタミンA
vitamin A_1 ビタミンA_1　⇒ retinol
vitamin A acid ビタミンA酸　⇒ retinoic acid
vitamin antagonist ビタミン拮〚きっ〛抗体　⇒ antivitamin (抗ビタミン剤, アンチビタミン)
vitamin B_1 ビタミンB_1　⇒ thiamin
vitamin B_2 ビタミンB_2　⇒ riboflavin
vitamin B_{12} coenzyme ビタミンB_{12}補酵素　⇒ cobamide coenzyme (コバミド補酵素), coenzyme B_{12} (補酵素B_{12})
vitamin B complex ビタミンB複合体
vitamin B_c conjugate ビタミンB_cコンジュゲート: プテロイル-α-グルタミル-γ-ヘキサグルタミン酸.
vitamin B_{12}-dependent enzyme ビタミンB_{12}依存酵素
vitamin C ビタミンC　⇒ ascorbic acid
vitamin D ビタミンD　⇒ carciferol (カルシフェロール)
vitamin deficiency ビタミン欠乏症
vitamin E ビタミンE　⇒ tocopherol
vitamin F ビタミンF: 不可欠脂肪酸.
vitamin G ビタミンG　⇒ riboflavin
vitamin H ビタミンH　⇒ biotin
vitamin H′ ビタミンH′　⇒ p-aminobenzoic acid
vitamin K ビタミンK: トロンビン合成に必要な止血作用をもつキノン類.
vitamin K_2 ビタミンK_2　⇒ menaquinone
vitamin K_3 ビタミンK_3　⇒ menadione
vitamin L ビタミンL　⇒ lactation factor (催乳因子), L factor (L因子)
vitamin L_1 ビタミンL_1　⇒ anthranilic acid
vitamin M ビタミンM: 葉酸の旧称.
vitellenin ビテレニン: 60%の脂肪を含む卵黄リポタンパク質.
vitellin ビテリン: ニワトリ卵黄リポタンパク質のアポタンパク質.
vitelline 卵黄[の], 卵子[の]
vitellogenin ビテロゲニン: 卵黄タンパク質前駆体.
V-J recombination V-J組換え: 抗体合成時の遺伝子組換え.
VLDL ⇒ very low-density lipoprotein の略.
vobasine ボバシン: キョウチクトウ科植物アルカロイド.
Voges-Proskauer reaction フォゲス・プロスカウエル反応: 細菌の同定法で, ジアセチルなどの産生を検出する方法.　⇒ VP test (VP試験)
void volume ボイド容量, 排除体積
volatile 揮発性[の]
volt ボルト: 記号V. 電圧の単位.
voltage clamp 電位固定[法], ボルテージクランプ: 興奮性膜の電位を任意の一定値に保持して膜電流を測定すること.
voltammetry ボルタンメトリー
Volta potential ボルタ電位: 固相液相の界面電位. 二重層電位.
volume percent of red cell 赤血球容積比　⇒ hematocrit
volumetric 容量測定[の]
volumetric flask メスフラスコ
vomicine ボミシン: まちんしアルカロイドの一種.
von Gierke disease フォンギールケ病　⇒ glucose-6-phosphatase deficiency
von Hippel-Lindau disease フォンヒッペル・リンダウ病: 常染色体優性の網膜血管腫, 過誤腫を示す遺伝性母斑症. VHLがん抑制遺伝子の変異による.
von Willebrand factor フォンビルブラント因子: 血液凝固VIII因子高分子量部.
von Willebrand disease フォンビルブラン

ト病：フォンビルブラント因子の遺伝的欠損による出血性疾患. 圓 pseudohemophilia（偽性血友病）, vascular hemophilia（血管性血友病）

VP ⇀ vasopressin の略.

VP test VP 試験 ⇀ Voges-Proskauer reaction

V system effect V 型効果：アロステリック効果のうち K_m 値よりも V_{max} が大きく影響を受ける場合.

VT ⇀ vasotocin の略.

vulcanized oil 加硫油

vulnerable 傷つきやすい, 抵抗力のない

W

W ⇀ tryptophan の略.

Waldenase ワルデナーゼ：4-エピメラーゼの別名.

Walden inversion ワルデン反転

Waldenström macroglobulinemia ワルデンストレームマクログロブリン血症：IgM 産生骨髄腫によるマクログロブリン血症. macroglobulinemia も参照.

Waldenström's macroglobulin ワルデンストレームマクログロブリン：骨髄腫グロブリンのうち IgM クラスのもの.

wandering 遊走

Warburg-Dickens pathway ワールブルク・ディケンズ経路 ⇀ pentose phosphate cycle

Warburg effect ワールブルク効果：光合成に対する酸素の阻害作用.

Warburg manometer ワールブルク検圧計 圓 Warburg respirometer

Warburg respirometer ⇀ Warburg manometer

warfarin ワーファリン, ワルファリン：経口抗血液凝固薬. ビタミン K の構造類似体で凝固因子生合成を阻害する.

Waring blender ワーリングブレンダー：組織や細胞の破壊に使うミキサー.

warm antibody 温暖抗体, 温式抗体

wart virus いぼウイルス ⇀ *Papillomavirus*

Wassermann reaction ワッセルマン反応：梅毒の血清学的診断法.

wasting disease 消耗症 圓 runt disease（ラント病, 萎縮病）

watch glass culture 時計皿培養

water-in-oil emulsion adjuvant 油中水型乳剤アジュバント

water-in-oil-in-water emulsion adjuvant 水中油中水型乳剤アジュバント

water jacket 水ジャケット：水冷用外とう管.

water-soluble vitamin 水溶性ビタミン

Watson-Crick base pairing ワトソン・クリック型塩基対

Watson-Crick model ワトソン・クリックモデル：DNAの二重らせん構造.

watt ワット：記号 W. 仕事率, 工率, 動力および電力の単位.

wavelength 波長

wavenumber 波数

wax ろう, ワックス：長鎖脂肪酸と長鎖第一級アルコールのエステル.

WDHA syndrome WDHA 症候群：水様性下痢（watery diarrhea）, 低カリウム血症（hypokalemia）, 無酸症（achlorhydria）を主徴とする. おもに膵ランゲルハンス島にできる VIP 産生腫瘍による. 圓 pancreatic cholera（膵性コレラ）, Verner-Morrison syndrome（ベルナー・モリソン症候群）

WD-40 repeat WD-40 リピート, WD リピート：トリプトファン-アスパラギン酸（WD）が約 40 アミノ酸ごとに出現する繰返し構造を特徴とするタンパク質ドメイン. タンパク質相互作用にかかわる.

weakness 脱力感

Weber-Christian disease ウェーバー・クリスチャン病 圓 Weber-Christian panniculitis, relapsing febrile nodular nonsuppurative panniculitis（再発性熱性結節性非化膿性脂肪織炎）

Weber-Christian panniculitis ⇀ Weber-Christian disease

Weber-Fechner law ウェーバー・フェヒナー

の法則：感覚の強さは刺激の対数に比例するという法則．同 Weber's law（ウェーバーの法則），Fechner's law（フェヒナーの法則）

Weber's law ウェーバーの法則 → Weber-Fechner law

weighing 秤[ひょう]量

weight-average molecular weight 重量平均分子量

Weissenberg camera ワイセンベルグカメラ：X線回折測定用カメラの一種．

Wermer syndrome ウェルマー症候群：多発性内分泌腺腫I型．下垂体，副甲状腺，膵ランゲルハンス島に腫瘍あるいは過形成をみる．*MEN1* 遺伝子変異による常染色体優性遺伝性疾患．

Werner syndrome ウェルナー症候群：*WRN* 遺伝子の変異による常染色体劣性遺伝性早老症．

Western blot technique ウェスタンブロット法：電気泳動したタンパク質をニトロセルロース膜に移し，標識抗体などで検出する方法．

wet beriberi 湿性脚気

WGA → wheat germ agglutinin の略．

wheat germ コムギ胚芽

wheat germ agglutinin コムギ胚芽凝集素 略 WGA

whey protein 乳清タンパク質：乳汁にレンニンを加えて生じる凝固沈殿を除いた乳清に含まれるタンパク質．

white adipose tissue 白色脂肪組織

white matter 白質：脳内の神経繊維に富んだ部分．

white muscle 白筋，白色筋

white pulp of spleen 白ひ[脾]髄 同 Malpighian bodies of spleen

whole embryo culture 全胚培養，全胎児培養

whole genome shotgun ホールゲノムショットガン，全ゲノムショットガン

Widal reaction ウィダール反応：腸チフス菌に対する細菌凝集反応による古典的診断法．

wild strain 野生株

wild type 野生型 同 normal type（正常型）

Wilhelmy's surface balance ウイルヘルミーの表面圧計：表面圧測定装置．

Wilms' tumor ウィルムス腫瘍：小児の悪性腎臓腫瘍で，上皮性のがんと非上皮性の肉腫の混合腫瘍である．*WT-1* がん抑制遺伝子が関与．同 nephroblastoma（腎芽[細胞]腫）

Wilson disease ウイルソン病：銅結合タンパク質であるセルロプラスミンの血中濃度低下により神経，肝臓などの組織に銅が沈着する常染色体劣性遺伝病．同 hepatolenticular degeneration（肝レンズ核変性症）

Wilzbach method ウイルツバッハ法：^{3}H の反跳を利用した有機化合物の ^{3}H-標識法．

winter sleep → hibernation

Wiskott-Aldrich syndrome ウィスコット・アルドリッチ症候群：伴性劣性遺伝の原発性免疫不全症．湿疹，反復感染，血小板減少を伴う．*WASP* 遺伝子の変異による．

withanolide ウィタノリド：抗がん性植物ステロイド．

withdrawal symptoms → abstinence

Wnt：二つの相同遺伝子ショウジョウバエ *wingless* とマウス *int-1* より．産物は発がんや形態形成にかかわるシグナル分子．

wobble 対合を緩める【コドン第三塩基の】

wobble base pair ゆらぎ塩基対

wobble hypothesis ゆらぎ[仮]説，よろめき[仮]説：tRNA-mRNA 対合によるコドン認識のとき，第三文字の相違にかかわらず認識できるという仮説．

Wohl degradation ボール分解：還元糖炭素鎖短縮法．

Wolffian duct ウォルフ管：脊椎動物発生時の中腎管．男性の精管となる．女性では退化．

Wolfgram protein ウォルフグラムタンパク質：ミエリン膜のタンパク質の一種．同 Wolfgram proteolipid（ウォルフグラムプロテオリピド）

Wolfgram proteolipid ウォルフグラムプロテオリピド → Wolfgram protein

wolfram ウォルフラム → tungsten

Wolman disease ウォールマン病：酸性コレステロールエステル加水分解酵素障害．発達遅延と副腎石灰化をみる．

wood spirit 木精 → methanol

wood sugar 木糖 → xylose

Woodward reagent K ウッドワード試薬K：ペプチド結合形式試薬の一種．

Wood-Werkman reaction ウッド・ワークマン反応：ピルビン酸の炭酸固定反応．

working curve 検量線 同 calibration curve

wortmannin ウォルトマンニン，ワートマニ

ン：ホスファチジルイノシトール 3-キナーゼの阻害剤.
wound hormone 傷ホルモン，傷害ホルモン，癒傷ホルモン 同 necrohormone（ネクロホルモン，壊死ホルモン）
Wright effect ライト効果 ⇌ genetic drift
Wright's reagent ライト試薬：ギムザ染色液に代わる染色液.
writhe よじり：超らせんにおいて，ある一定部分について（巻き数－ねじり）で与えられる数値.
writhing number ライジング数, 巻数：超らせん DNA で DNA 鎖主軸の巻き具合を示す数.
W value W 値：放射線が一対のイオンを生成するのに必要な平均エネルギー.
wybutine ワイブチン：酵母の tRNA^{Phe} に含まれる微量塩基. 略 Y-Wye
wybutosine ワイブトシン：ワイブチンのヌクレオシド.
Wye ⇌ Y base の略.
wyosine ワイオシン：Y 塩基の一種. tRNA の微量塩基.

X

X ⇌ xanthosine の略.
X537A：イオノホアとして働くポリエーテル系抗生物質の一種.
Xan ⇌ xanthine の略.
XANES：X-ray absorption near edge structure の略.
xanthine キサンチン：2,6-プリンジオン. プリン塩基の一種. 略 Xan
xanthine-guanine phosphoribosyltransferase キサンチン－グアニンホスホリボシルトランスフェラーゼ：大腸菌のプリンヌクレオチドの再利用経路の酵素. 略 XGPRT
xanthinuria キサンチン尿症：キサンチンデヒドロゲナーゼの遺伝子異常あるいはモリブデン補因子欠乏による二次的機能低下により起こる.
xanthoma 黄色腫
xanthoma planum へん[扁]平型黄色腫
xanthomatosis 黄色腫症
xanthoma tuberosum 結節型黄色腫
xanthommatine キサントマチン：ショウジョウバエ眼色素.
xanthone キサントン：ジベンゾ-γ-ピロン. 植物黄色色素基本構造の一種.
xanthophore 黄色素胞，キサントホア 同 erythrophore
xanthophyll キサントフィル：酸素を含むカロテノイドの一種.
xanthoprotein reaction キサントプロテイン反応：硝酸によるタンパク質の黄色呈色反応.
xanthopterin キサントプテリン：葉酸前駆体.
xanthosine キサントシン：キサンチンリボヌクレオシド. 略 Xao, X
xanthosine 5'-monophosphate キサントシン 5'--リン酸 略 XMP 同 5'-xanthylic acid (5'-キサンチル酸)
xanthurenic acid キサンツレン酸：トリプトファン代謝産物の一種.
5'-xanthylic acid 5'-キサンチル酸 ⇌ xanthosine 5'-monophosphate
Xao ⇌ xanthosine の略.
X chromatin X クロマチン，X 染色質
X chromosome X 染色体
X chromosome inactivation X 染色体不活化
XCT ⇌ X-ray transmission computed tomography の略.
xenoantibody ⇌ heteroantibody
xenoantigen ⇌ heteroantigen
xenobiotics 生体異物【本来生体にないもの】
xenogen[et]ic 異種間[の], 異種[の]
xenograft 異種移植[片]
Xenopus アフリカツメガエル
xenotropic virus 他種指向性ウイルス，異種指向性ウイルス，ゼノトロピックウイルス
xeroderma pigmentosum 色素性乾皮症：日光紫外線過敏症と精神神経症状の合併する常染色体劣性遺伝性疾患. 多くは DNA 除去修復反応にかかわる遺伝子の異常. 略 XP
xerophilic 好乾性[の]

xerophthalmia 眼球乾燥症

X-gal X-gal：5-ブロモ-4-クロロ-3-インドリル-β-D-ガラクトシド．

XGPRT → xanthine—guanine phosphoribosyltransferase の略．

XMP → xanthosine 5'-monophosphate の略．

XO syndrome XO 症候群 → Turner syndrome

XP → xeroderma pigmentosum の略．

X-ray X 線：電離放射線の一種．

X-ray crystallography X 線結晶構造解析，X 線結晶学

X-ray diffraction X 線回折

X-ray diffractometer X 線回折計

X-ray filter X 線フィルター

X-ray small angle scattering X 線小角散乱

X-ray transmission computed tomography X 線透過型コンピューター断層撮影法

🔲 XCT

XXY syndrome XXY 症候群 → Klinefelter syndrome

Xyl → xylose の略．

xylan キシラン：キシロースの多糖．

xylanase キシラナーゼ：エンド-1,4-β-D-キシラナーゼの別名．

xylitol キシリトール：キシロースの糖アルコール．

xyloglucan キシログルカン：グルコースを主鎖とし，キシロースを側鎖にもつ多糖．

xyloketose キシロケトース

xylose キシロース：ペントースの一種．
🔲 Xyl ⊙ wood sugar（木糖）

xylosylceramide キシロシルセラミド
⊙ ceramide xyloside（セラミドキシロシド）

xylulose キシルロース：ケトペントースの一種．⊙ lyxulose（リキシロース）

Y

Y → tyrosine の略．

Y：ピリジンヌクレオシド一般の略号．

YAC vector YAC ベクター → yeast artificial chromosome vector

Y base Y 塩基：修飾塩基の一つ．1,N^2-イソプロペノ-3-メチルグアニン．🔲 Wye

Y chromosome Y 染色体

yeast 酵母，酵母菌

yeast artificial chromosome vector 酵母人工染色体ベクター：酵母細胞内で複製することができる人工染色体で，30 万から 150 万塩基をクローニングできる．⊙ YAC vector（YAC ベクター）

yeast mating type 酵母接合型 ⊙ mating type of yeast

Yersinia エルシニア，ペスト菌［属］

Yersinia pestis ペスト菌

yield 1)収量，2)収率

ylide イリド：カルボアニオンに正電荷をもつ N, P, S が結合した化合物．

yohimbine ヨヒンビン：催淫性のインドールアルカロイド．

δ-yohimbine δ-ヨヒンビン → ajmalicine

yolk 卵黄

yolk sac 卵黄嚢〖のう〗

Yoshida ascites hepatoma 吉田腹水肝がん〖癌〗 ⊙ Yoshida sarcoma（吉田肉腫）

Yoshida sarcoma 吉田肉腫 → Yoshida ascites hepatoma

Yperite イペリット → sulfur mustard

Yphantis method イファンティス法：分子量測定法の一種．⊙ meniscus-depletion method（メニスカスデプリーション法），high-speed sedimentation equilibrium method（高速沈降平衡法）

yuzurimine ユズリミン：ユズリハのトリテルペンアルカロイド．駆虫剤．

Y-Wye → wybutine の略．

Z

Z ⇀ benzyloxycarbonyl の略.

Z:"グルタミンまたはグルタミン酸"を示す記号.

Z-amino acid Z-アミノ酸 ⇀ benzyloxycarbonylamino acid

Z-average molecular weight Z平均分子量:高分子の平均分子量の一種で沈降平衡から求められる.

Z band Z帯 ⇀ Z disk

Z body Z体:平滑筋のアクチンフィラメント結合体.

Z disk Z板, Z盤, Zディスク:横紋筋の筋原繊維を区切る膜. 同 Z line(Z線), Z membrane(Z膜), Z band(Z帯)

Zea mays ⇀ maize

zeatin ゼアチン:植物ホルモンの一種. プリンヌクレオチド.

zeaxanthin ゼアキサンチン:トウモロコシの黄色のカロテン. 同 zeaxanthol(ゼアキサントール)

zeaxanthin diepoxide ゼアキサンチンジエポキシド ⇀ violaxanthin

zeaxanthol ゼアキサントール ⇀ zeaxanthin

zebra body 層状封入体:ハーラー症候群で細胞内に見られる空胞で,電子顕微鏡で観察すると層状をなした封入体である.

zein ゼイン, ツェイン:トウモロコシタンパク質の一種. トリプトファン, リシン含量が低く栄養不良の要因になる.

zero-point energy 零点エネルギー, ゼロ点エネルギー

zeroth-order reaction 零次反応, ゼロ次反応

zeta potential ゼータ電位 同 electrokinetic potential(界面動電位)

Zieve syndrome ジーブ症候群:慢性アルコール中毒の黄疸, 高脂血症, 溶血性貧血.

Zimmermann reaction チンマーマン反応:オキソステロイドの呈色反応.

zinc 亜鉛:元素記号Zn. 原子番号30の亜鉛族元素.

zinc-containing enzyme ⇀ zinc enzyme

zinc enzyme 亜鉛酵素:亜鉛を含むか, 反応に必要とする酵素. 同 zinc-containing enzyme

zinc finger ジンクフィンガー:DNA結合あるいはタンパク質結合モチーフの一つで, 亜鉛原子の四面体の頂点にシステインまたはヒスチジンが配位した構造をとる. 同 Zn finger(Znフィンガー)

zingerone ジンゲロン:ショウガの辛味成分. 同 zingherone

zingherone ⇀ zingerone

zingiberene ジンギベレン:ショウガのテルペン.

Zinzade's reagent ジンザデ試薬:リン脂質検出用モリブデン試薬.

Zlatkis' reagent ズラキス試薬:鉄と濃酸によるコレステロール呈色試薬.

Z line Z線 ⇀ Z disk

Z membrane Z膜 ⇀ Z disk

Zn finger Znフィンガー ⇀ zinc finger

zoic 動物[の]

Zollinger-Ellison syndrome ゾリンジャー・エリソン症候群 ⇀ gastrinoma

zona fasciculata 束状帯【副腎皮質の】:球状帯と網状帯の間にあり, グルココルチコイドを分泌.

zona glomerulosa 球状帯【副腎皮質の】:副腎皮質の外層でミネラルコルチコイドを分泌する.

zonal 分離帯[の]【密度勾配遠心法の】, 帯状[の]

zonal centrifugation ゾーン遠心分離[法]:沈降係数の異なる溶質が別個の狭い帯領域を形成して沈降する遠心法. 同 band sedimentation(バンド沈降[法])

zonal rotor ゾーナルローター, ゾーン遠心用回転子

zona pellucida 透明帯【卵膜の】

zona reticularis 網状帯【副腎皮質の】

zone electrophoresis ゾーン電気泳動

zonite 横帯

zonula adherens　接着帯
zonula occludens　閉鎖帯 ⇌ tight junction
Zoochlorella　動物寄生クロレラ
zooecdysone　動物エクジソン
zoomaric acid　ゾーマリン酸 ⇌ palmitoleic acid
zooplankton　動物プランクトン
zoospore　遊走子
zoosporic fungi　遊走子形成菌類 ⇌ Mastigomycotina
zoster　帯状疱疹[ほうしん]
zwitter ion　双性イオン ⇌ amphoteric ion
zwitterionic buffer　両性イオン緩衝液
zygonema　接合糸
zygonema [stage] ⇌ zygotene [stage]
zygosome　対合小粒
zygote　1) 接合体【遺伝】, 2) 接合子【発生】
zygotene [stage]　接合糸期, 合糸期, ザイゴテン期: 第一減数分裂前期を5段階に分けた2番目の時期. 相同染色体が対合を開始する. 同 zygonema [stage]
zygotic induction　接合誘発
zygotic lethal　接合体致死
zymase　チマーゼ: グルコースをエタノールと CO_2 に分解する酵母の酵素系.
zymogen　チモーゲン ⇌ proenzyme
zymogen granule　チモーゲン顆粒: チモーゲンを含む細胞内顆粒.
zymogram　ザイモグラム: アイソザイムの量比を示した電気泳動パターン.
Zymolyase　ザイモリアーゼ: *Arthrobacter luteus* 培養上清から得られる酵素混合物. 酵母細胞壁を分解するのでスフェロプラスト調製に用いられる.
zymolytic　酵素分解作用[の]
zymosan　ザイモサン: 酵母細胞壁粉末.
zymosterol　チモステロール: 酵母の C_{27} ステロイド.

第Ⅱ部 和　英

ア

Ii 式血液型　Ii blood group　129b
Ir 遺伝子　*Ir* gene ⇌ 免疫応答遺伝子　immune response gene　130b
I 因子【補体系の】　factor I　92a
Ia 抗原　Ia antigen　129a
Is 遺伝子　*Is* gene ⇌ 免疫抑制遺伝子　immune suppression gene　130b
I 細胞　I-cell ⇌ 封入体細胞　inclusion cell　132b
I 細胞病　I-cell disease　129a
ICE ファミリープロテアーゼ　ICE family protease ⇌ カスパーゼ　caspase　42b
Ig 受容体　Ig receptor　129b
Ig レセプター ⇌ Ig 受容体　Ig receptor　129b
I 線毛　I pilus (*pl.* I pili)　138b
アイソアクセプター tRNA　isoacceptor-tRNA　139a
アイソザイム　isozyme　141a
アイソジェニック　isogenic　139b
アイソシザイマー　isoschizomer　140a
アイソトープ ⇌ 同位体　isotope　140b
アイソトープ効果 ⇌ 同位体効果　isotope effect　140b
アイソフォーム　isoform [protein]　139b
アイソレーター　isolator　139b
I 帯　I band　129a
アインシュタイン　einstein　82a
アウエル小体　Auer's body　27a
アウエルバッハ神経叢　Auerbach's plexus　27a
アエロバクター　*Aerobacter*　10a
アエロモナス　*Aeromonas*　10a
亜鉛　zinc　285a
亜鉛酵素　zinc enzyme　285b
青いおむつ症候群　blue diaper syndrome　35a
アオカビ ⇌ ペニシリウム　*Penicillium*　195b
アカゲザル　rhesus [monkey]　231b
アカパンカビ　*Neurospora*　179a／red bread mould　227a
亜株　substrain　254b

アガラン　agaran ⇌ アガロース　agarose　10b
アガロース　agarose　10b
アガロースゲル　agarose gel　10b
アガロースゲル電気泳動　agarose gel electrophoresis　10b
アガロビオース　agarobiose　10b
アガロペクチン　agaropectin　10b
アーキア　Archaea　23b
アキシアル結合　axial bond　28a
亜急性壊死性脳脊髄症　subacute necrotizing encephalomyelopathy ⇌ リー症候群　Leigh syndrome　148b
[亜急性]海綿状脳症　subacute spongiform encephalopathy ⇌ クロイツフェルト・ヤコブ病　Creutzfeldt-Jakob disease　61b
亜急性硬化性全脳炎　subacute sclerosing panencephalitis　254a
亜急性脊髄視神経障害　subacute myelo-opticoneuropathy　254a
亜急性封入体脳炎　subacute inclusion body encephalitis ⇌ 亜急性硬化性全脳炎　subacute sclerosing panencephalitis　254a
アキラル[な]　achiral　5a
アクアコバラミン　aquacobalamin　23a
悪液質　cachexia　38b
悪性　malignancy　158a
悪性[の]　pernicious　197b
悪性化　malignant alteration　158a
悪性[形質]転換 ⇌ 悪性トランスフォーメーション　malignant transformation　158a
悪性高熱症　malignant hyperthermia　158a
悪性腫瘍　malignant　158a／malignant tumor　158b
悪性転換　transformation　269a
悪性度　malignancy　158a
悪性トランスフォーメーション　malignant transformation　158a
悪性貧血　pernicious anemia　197b
アクセプター ⇌ 受容体【電子などの】　acceptor　4a
アクセロフトール　axerophtol ⇌ レチノール　retinol　231a

アクチチアジン酸　actithiazic acid　6a
アクチニジン　actinidine　6a
アクチニン　actinin　6a
アクチノゲリン　actinogelin　6a
アクチノマイシンD　actinomycin D　6a
アクチノミセス　*Actinomyces*　6a
アクチビン　activin　6b
アクチン　actin　6a
アクチン-トロポミオシン複合体
　　　　　　　　actin-tropomyosin complex　6a
アクチンフィラメント　actin filament　6a
アクチン-ミオシン複合体　actin-myosin
　　　　　　　　　　　　　complex　6a
アクトミオシン　actomyosin　7a
アグマチン　agmatine　10b
アグリコン　aglycon[e]　10b
アクリジン　acridine　5b
アクリジンオレンジ　acridine orange　5b
アクリジン色素　acridine dye　5b
アクリフラビン　acriflavine　5b
アクリルアミド　acrylamide　6a
アグルコン　aglucone ⇌ アグリコン　aglycone
　　　　　　　　　　　　　　　　　　10b
アグルチニン ⇌ 凝集素　agglutinin　10b
アクロシン　acrosin　6a
アクロソーム ⇌ 先体　acrosome　6a
アグロバクテリウム　*Agrobacterium*　11a
アクロレイン試験　acrolein test　6a
亜系　substrain　254a
アーケオン　Archaeon　23b
亜綱　subclass　254a
アゴニスト　agonist　11a
アコニターゼ　aconitase　5b
アコニチン　aconitine　5b
アコニット酸　aconitic acid　5b
8-アザグアニン　8-azaguanine　28b
5-アザシチジン　5-azacytidine　28b
5-アザシトシン　5-azacytosine　28b
アザセリン　azaserine　28b
アザチオプリン　azathiopurine ⇌ イムラン【商
　　　　　　　　　品名】　Imuran　132a
アザフリン　azafrin　28b
アザラシ肢症　phocomelia　199b
亜酸化窒素　nitrous oxide ⇌ 一酸化二窒素
　　　　　　　　　　dinitrogen oxide　74b
アジアオセアニア生化学者分子生物学者連合
　　　　Federation of Asian and Oceanian Bio-
　　　　chemists and Molecular Biologists　93b

アシアロオロソムコイド　asialoorosomucoid
　　　　　　　　　　　　　　　　　　25a
アシアロガングリオシド　asialoganglioside
　　　　　　　　　　　　　　　　　　24b
アシアログリコプロテイン ⇌ アシアロ糖タン
　　　　　　　パク質　asialoglycoprotein　24b
アシアロ糖タンパク質　asialoglycoprotein
　　　　　　　　　　　　　　　　　　24b
アジ化ナトリウム　sodium azide　246b
アジ化物　azide　28b
アシクロビア ⇌ アシクロビル　acyclovir　7a
アシクロビル　acyclovir　7a
アジソン-シルダー病　Addison-Schilder
　　disease ⇌ アドレノロイコジストロフィー
　　　　　　　　adrenoleukodystrophy　9b
アジソン病　Addison disease　7b
亜ジチオン酸　dithionous acid　76b
亜ジチオン酸ナトリウム　sodium dithionite
　　　　　　　　　　　　　　　　　　246b
アジド ⇌ アジ化物　azide　28b
アシドーシス　acidosis　5b
アジドチミジン　azidothymidine　28b
アジド法　azide method　28b
足場　scaffold　237a
足場依存性　anchorage dependency　18a
アジピン酸　adipic acid　8b
アジマリシン　ajmalicine　11a
アジマリン　ajmaline　11a
亜種　subspecies　254a
アジュバント【免疫】　adjuvant　8b
アジュバント関節炎　adjuvant arthritis　8b
アジュバント肉芽【げ】腫　adjuvant granuloma
　　　　　　　　　　　　　　　　　　8b
亜硝酸　nitrous acid　181a
亜硝酸還元酵素 ⇌ 亜硝酸レダクターゼ
　　　　　　　　　nitrite reductase　180b
亜硝酸[細]菌　nitrite bacterium　180b
亜硝酸代謝　nitrite metabolism　180b
亜硝酸レダクターゼ　nitrite reductase
　　　　　　　　　　　　　　　　　　180b
アシラーゼ　acylase ⇌ アミダーゼ　amidase
　　　　　　　　　　　　　　　　　　14b
アシリウムイオン　acylium ion　7a
アシルアミダーゼ　acylamidase ⇌ アミダー
　　　　　　　　　　ゼ　amidase　14b
アシル化　acylation　7a
アシル活性化酵素　acyl-activating enzyme
　　　　　　　　　　　　　　　　　　7a

アシル基　acyl group　7a
アシル基転移　acyl group transfer　7a
アシル基転移酵素　transacylase　268a
アシルキャリヤータンパク質　acyl carrier protein　7a
アシルグリセロール　acylglycerol　7a
アシル酵素　acyl enzyme　7a
アシル CoA　acyl-CoA　7a
N-アシルスフィンゴシン　N-acylsphingosine ⇒ セラミド　ceramide　45b
アシルヒドラジン　acylhydrazine ⇒ ヒドラジド　hydrazide　125b
アシルリン酸　acyl phosphate　7a
アスコルビン酸　ascorbic acid　24b
アスタキサンチン　astaxanthin　25b
アスタシン　astacin　25b
アストログリア　astroglia　25b
アストロサイトーマ ⇒ 星状[膠]細胞腫　astrocytoma　25b
アスパラギナーゼ　asparaginase　25a
アスパラギン　asparagine　25a
アスパラギン酸　aspartic acid　25a
アスパラギン酸依存性アミノ化　aspartate-dependent amination　25a
アスパラギン酸-グルタミン酸交換輸送体　aspartate-glutamate carrier　25a
アスパラギン酸プロテアーゼ　aspartic protease　25a
アスパラギンシンテターゼ　asparagine synthetase　25a
アスパルターゼ　aspartase　25a
アスパルチルグルコサミン　aspartylglucosamine　25a
アスパルチルリン酸　aspartyl phosphate ⇒ ホスホアスパラギン酸　phosphoaspartate　200b
アスパルテーム　Aspartame　25a
アスピリン　aspirin　25b
アスピレーター　aspirator　25a
アスベスト ⇒ 石綿　asbestos　24b
アスベスト症 ⇒ 石綿症　asbestosis　24b
アスペルギルス症　Aspergillosis　25a
アスペルギルス属　Aspergillus　25a
アズラクトン　azlactone ⇒ オキサゾロン　oxazolone　190a
アズラクトン法　azlactone method ⇒ エーレンマイヤー法　Erlenmeyer method　88a
アズリン　azurin　28b

アズール B　azure B　28b
アセタール　acetal　4a
アセチル【基】　acetyl　4b
2-アセチルアミノフルオレン　2-acetylaminofluorene　4b
アセチル化　acetylation　4b
アセチル価　acetyl value　5a
アセチル基転移酵素 ⇒ アセチルトランスフェラーゼ　acetyltransferase　5a
N-アセチルグルコサミン　N-acetylglucosamine　5a
アセチル CoA　acetyl-CoA　4b
アセチルコリン　acetylcholine　4b
アセチルコリンエステラーゼ　acetylcholinesterase　4b
アセチルコリン作動性[の]　acetylcholinergic ⇒ コリン作動性[の]　cholinergic　49b
アセチルコリン受容体　acetylcholine receptor
アセチルサリチル酸　acetylsalicylic acid ⇒ アスピリン　aspirin　25a
アセチルトランスフェラーゼ　acetyltransferase　5a
アセチル補酵素 A　acetyl-coenzyme A ⇒ アセチル CoA　acetyl-CoA　4b
アセチレン　acetylene　5a
アセトアセチル CoA　acetoacetyl-CoA　4b
アセトアニリド　acetanilide　4b
N-(2-アセトアミド)-2-アミノエタンスルホン酸　N-(2-acetamide)-2-aminoethanesulfonic acid　4a
アセトアミノフェン　acetaminophen　4b
アセトアルデヒド　acetaldehyde　4a
アセトイン　acetoin　4b
アセト酢酸　acetoacetic acid　4b
アセトニトリル　acetonitrile　4b
アセトリシス　acetolysis　4b
アセトン　acetone　4b
アセトン乾燥標品　acetone-dried preparation　4b
アセトン体　acetone body ⇒ ケトン体　ketone body　143a
アセトン沈殿　acetone precipitation　4b
アセトン-ブタノール発酵　acetone-butanol fermentation　4b
アセトン粉末　acetone powder　4b
アゼライン酸　azelaic acid　28b
亜属　subgenus　254a

アゾ色素　azo dye　28b
アゾ染料　⇀アゾ色素　azo dye　28b
アゾタンパク質　azo protein　28b
アゾトバクター　*Azotobacter*　28b
アゾトメーター　⇀窒素計　azotometer　28b
アダプター　adapter　7b
アダプター仮説　adapter hypothesis　7b
アダプタータンパク質　adapter protein　7b
アダプター分子　adapter molecule　7b
頭　caput　40b
アダムキービッツ反応　Adamkiewicz reaction　⇀ホプキンス・コール反応　Hopkins-Cole reaction　123b
亜致死[性]損傷　sublethal damage　254a
アーチボルド法　Archibald method　23b
圧痕〚こん〛　⇀ニッシェ　niche　179b
圧縮　⇀コンプレッション現象　compression　56a
圧受容器　baroreceptor　30a
アッセイ　⇀検定[法]　assay　25b
圧電気　piezoelectricity　204b
圧力ジャンプ法　pressure-jump method　213b
アテニュエーション　attenuation　26b
アテニュエーター　attenuator　26b
アテニュエーター調節　attenuator regulation　26b
アデニリル化　adenylylation　8b
アデニリルシクラーゼ　adenylyl cyclase　⇀アデニル酸シクラーゼ　adenylate cyclase　8a
アデニリル硫酸　adenylyl sulfate　8b
アデニル酸　adenylic acid　8b
アデニル酸キナーゼ　adenylate kinase　8b
アデニル酸シクラーゼ　adenylate cyclase　8a
アデニルシクラーゼ　adenyl cyclase　⇀アデニル酸シクラーゼ　adenylate cyclase　8a
アデニン　adenine　7b
アデノウイルス科　*Adenoviridae*　8a
アデノサテライトウイルス　adeno-satellite virus　⇀アデノ随伴ウイルス　adeno-associated virus　7b
アデノシルコバラミン　adenosylcobalamin　8a
S-アデノシルメチオニン　S-adenosylmethionine　8a
アデノシルメチルチオプロピルアミン　adenosylmethylthiopropylamine　8a
アデノシン　adenosine　8a
アデノシン5′-一リン酸　adenosine 5′-monophosphate　8a
アデノシン5′-三リン酸　adenosine 5′-triphosphate　8a
アデノシンジホスファターゼ　adenosine diphosphatase　⇀アピラーゼ　apyrase　23a
アデノシンデアミナーゼ　adenosine deaminase　8a
アデノシンデアミナーゼ欠損症　adenosine deaminase deficiency　8a
アデノシントリホスファターゼ　adenosine triphosphatase　8a
アデノシン5′-二リン酸　adenosine 5′-diphosphate　8a
アデノシン5′-ホスホ硫酸　adenosine 5′-phosphosulfate　⇀アデニリル硫酸　adenylyl sulfate　8b
アデノ随伴ウイルス　adeno-associated virus　7b
アデノーマ　⇀腺腫　adenoma　7b
アデルミン　adermin　⇀ピリドキシン　pyridoxine　221b
アテローム　atheroma　26a
アテローム性動脈硬化　atherosclerosis　26a
アドニトール　adonitol　⇀リビトール　ribitol　232a
アトピー　atopy　26a
アトピー性過敏症　atopic hypersensitivity　26a
アトピー性疾患　atopic disease　26a
アトピー性皮膚炎　atopic dermatitis　26a
アトピー反応　atopic reaction　26a
アドヘレンスジャンクション　⇀接着結合　adherens junction　8b
アトラクチル酸　atractylic acid　26b
アトラクチロシド　atractyloside　⇀アトラクチル酸　atractylic acid　26b
アドリアマイシン　adriamycin　9b
アドレナリン　adrenaline　9a
アドレナリンα受容体　adrenergic α-receptor　⇀α受容体　α-receptor　3a
アドレナリン作動性　adrenergic　9a
アドレナリン作動性シナプス　adrenergic synapse　9a
アドレナリン作動性神経　adrenergic nerve　9a
アドレナリン受容体　adrenoreceptor　9b
アドレナリンβ受容体　adrenergic β-receptor　⇀β受容体　β-receptor　29a

アドレナリン様　adrenomimetic　9b
アドレナルフェレドキシン　adrenal ferredoxin ⇌ アドレノドキシン　adrenodoxin　9b
アドレノクローム　adrenochrome　9a
アドレノコルチコトロピン　adrenocorticotrop[h]in ⇌ 副腎皮質刺激ホルモン　adrenocorticotrop[h]ic hormone　9a
アドレノステロン　adrenosterone　9b
アドレノドキシン　adrenodoxin　9b
アドレノトロピン　adrenotropin ⇌ 副腎皮質刺激ホルモン　adrenocorticotrop[h]ic hormone　9a
アドレノロイコジストロフィー　adrenoleukodystrophy　9b
アトロピン　atropine　26b
アナトキシン　anatoxin ⇌ トキソイド　toxoid　268a
アナフィラキシー　anaphylaxis　17b
アナフィラキシーショック　anaphylactic shock　17b
アナフィラキシー反応　anaphylactic reaction　17b
アナフィラトキシン　anaphylatoxin　17b
アナプレロティック経路　anaplerotic pathway　18a
アナプレロティック反応　anaplerotic reaction　18a
アナボリックホルモン ⇌ タンパク質同化ホルモン　anabolic hormone　17a
アナモルフ　anamorph　17b
アナライザー ⇌ 分析計　analyzer　17b
アナンダミド　anandamide　17b
アニオン ⇌ 陰イオン　anion　19a
アニオンラジカル　anion radical ⇌ ラジカルアニオン　radical anion　224b
アニシジン　anisidine　19a
アニソトロピー ⇌ 異方性　anisotropy　19a
アニソマイシン　anisomycin　19a
亜ニチオン酸ナトリウム ⇌ 亜ジチオン酸ナトリウム　sodium dithionite　246b
アニマルキャップ ⇌ 動物極キャップ　animal cap　18b
1-アニリノナフタレン-8-スルホン酸　1-anilinonaphthalene-8-sulfonic acid　18b
アニーリング【DNAの】　annealing　19a
アネルギー　anergy　18a
アノテーション ⇌ 注釈付け　annotation　19a
アノマー　anomer　19a

アノマー効果　anomeric effect　19a
アノマー炭素原子　anomeric carbon atom　19a
アーノルド・キアリ症候群　Arnold-Chiari syndrome　24a
アパタイト　apatite　22a
アパミン　apamin　22a
亜ヒ酸　arsenious acid　24a
アビジン　avidin　28a
アビディティー　avidity　28a
アビマンガニン　avimanganin　28a
アピラーゼ　apyrase　23a
アピリミジン酸　apyrimidinic acid　23a
アフィジコリン　aphidicolin　22a
アフィニティークロマトグラフィー　affinity chromatography　10a
アフィニティーラベル　affinity label[l]ing　10a
アブザイム ⇌ 抗体酵素　abzyme　4a
アブシシン酸　abscisic acid　3b
アブシジン酸 ⇌ アブシシン酸　abscisic acid　3b
アフタ　aphtha　22a
アプタマー　aptamer　22b
油　oil　186a
アフラトキシン　aflatoxin　10b
アプリオリ ⇌ 先験的　a priori　22b
アフリカツメガエル　Xenopus　283b
アプリン酸　apurinic acid　23a
アブレーション ⇌ 切除　ablation　3b
アベナ屈曲試験　Avena curvature test　28a
アヘンアルカロイド ⇌ ケシアルカロイド　opium alkaloid　187b
アボガドロ数　Avogadro's number　28a
アポクリン腺　apocrine gland　22b
アポ酵素　apoenzyme　22b
アポサイト　apocyte ⇌ 多核細胞　multinucleate cell　173a
アポタンパク質　apoprotein　22b
アポトーシス　apoptosis　22b
アポフェリチン　apoferritin　22b
アポヘモグロビン　apohemoglobin ⇌ グロビン　globin　106b
アポミクシス　apomixis　22b
アポモルフィン　apomorphine　22b
アポリプレッサー　aporepressor　22b
アポリポタンパク質　apolipoprotein　22b
アマクリン細胞　amacrine cell　14b

アマドリ転位 Amadori rearrangement 14b
アマニチン amanitine ⇌ コリン choline 49b
あまに油 linseed oil 152a
アマヌリン amanullin 14b
アマルガム amalgam 14b
アマンジン amandin 14b
アミカシン amikacin 15a
アミキシス amixis 16a
アミグダリン amygdalin 17a
アミグダロシド amygdaloside ⇌ アミグダリン amygdalin 17a
アミジノ【基】 amidino 15a
アミジノ基転移 transamidination 268b
アミジノ基転移酵素 ⇌ アミジノトランスフェラーゼ amidinotransferase 15a
アミジノトランスフェラーゼ amidinotransferase 15a
アミジンリアーゼ amidine-lyase 15a
アミセチン amicetin 14b
アミダーゼ amidase 14b
アミタール amytal 17a
アミド amide 15a
アミド化する amidate 15a
アミド基転移 transamidation 268b
亜ミトコンドリア submitochondria 254b
亜ミトコンドリア粒子 submitochondrial particle 254b
アミドシンテターゼ amide synthetase ⇌ 酸-アンモニアリガーゼ acid-ammonia ligase 5a
アミドトランスフェラーゼ amidotransferase 15a
アミドブラック Amido Black 15a
アミドール amidol 15a
アミノアジピン酸 aminoadipic acid 15b
アミノアシラーゼ aminoacylase ⇌ ヒップリカーゼ hippuricase 121a
アミノアシルアデニル酸 aminoacyladenylate 15b
アミノアシル化 aminoacylation 15b
アミノアシル基転移酵素 ⇌ アミノアシルトランスフェラーゼ aminoacyltransferase 15b
アミノアシル tRNA aminoacyl-tRNA 15b
アミノアシル tRNA 結合部位 aminoacyl-tRNA binding site ⇌ A 部位 A site 25a
アミノアシル tRNA シンテターゼ aminoacyl-tRNA synthetase 15b

アミノアシルトランスフェラーゼ aminoacyltransferase 15b
o-アミノ安息香酸 o-aminobenzoic acid ⇌ アントラニル酸 anthranilic acid 19b
p-アミノ安息香酸 p-aminobenzoic acid 15b
アミノ-カルボニル反応 amino-carbonyl reaction 15b
アミノギ酸 aminoformic acid ⇌ カルバミン酸 carbamic acid 40b
5-アミノ吉草酸 5-aminovaleric acid 16a
アミノ基転移 transamination 268b
アミノ基転移酵素 ⇌ アミノトランスフェラーゼ aminotransferase 16a
アミノグリコシド aminoglycoside 15b
アミノグリコシド系抗生物質 aminoglycoside antibiotic 15b
アミノグリコリピド aminoglycolipid ⇌ グロボシド globoside 106b
アミノ酢酸 aminoacetic acid ⇌ グリシン glycine 109a
p-アミノサリチル酸 p-aminosalicylic acid 16a
アミノ酸 amino acid 15a
アミノ酸インバランス amino acid imbalance 15a
アミノ酸価【タンパク質の】 amino acid score 15b
アミノ酸活性化 amino acid activation 15a
アミノ酸活性化酵素 amino acid-activating enzyme ⇌ アミノアシル tRNA シンテターゼ aminoacyl-tRNA synthetase 15b
アミノ酸拮[きっ]抗作用 amino acid antagonism 15a
アミノ酸合成酵素 amino acid syn[the]thase 15b
アミノ酸残基 amino acid residue 15b
アミノ酸シン[テ]ターゼ ⇌ アミノ酸合成酵素 amino acid syn[the]thase 15b
アミノ酸配列 amino acid sequence 15b
アミノ酸プール amino acid pool 15a
アミノ酸レダクターゼ amino acid reductase 15a
アミノ糖 aminosugar 16a
アミノトランスフェラーゼ aminotransferase 16a
アミノ配糖体 ⇌ アミノグリコシド aminoglycoside 15b
p-アミノ馬尿酸 p-aminohippuric acid 16a

アミノフタルヒドラジド ⇌ ルミノール luminol 154b
アミノプテリン aminopterin 16a
アミノペプチダーゼ aminopeptidase 16a
アミノ末端【タンパク質ペプチド鎖の】 amino terminal 16a
γ-アミノ酪酸 γ-aminobutyric acid 15b
γ-アミノ酪酸経路 γ-aminobutyrate shunt 15b
γ-アミノ酪酸受容体 ⇌ GABA[ギャバ]受容体 GABA receptor 101a
網目構造【神経・血管の】 anastomosis 18a
アミラーゼ amylase 17a
アミリン amylin 17a
アミリン amyrin 17a
アミロイド amyloid 17a
アミロイドーシス amyloidosis 17a
アミロイド前駆体タンパク質 amyloid precursor protein 17a
アミロイドポリニューロパシー amyloid polyneuropathy 17a
アミロ-1,6-グルコシダーゼ欠損症 amylo-1,6-glucosidase deficiency 17a
アミロース amylose 17a
アミロプラスト amyloplast 17a
アミロペクチノーシス amylopectinosis 17a
アミロペクチン amylopectin 17a
アミロライド amiloride 15a
アミン amine 15a
アミン作動性 aminergic 15a
アメトプテリン amethopterin ⇌ メトトレキセート methotrexate 165a
アメーバ amoeba (pl. amoebae) 16a
アメーバ症 amebiasis 14b
アメフラシ Aplysia 22b
アメロゲニン amelogenin 14b
アモルフ ⇌ 無定形態 amorph 16b
アモルファス ⇌ 無定形[の] amorphous 16b
誤って折りたたまれた misfolded 168a
誤りがちな修復 error-prone repair 88a
誤りのない修復 error-free repair 88a
アラインメント ⇌ 整列 alignment 12a
アラキジン酸 arachidic acid ⇌ アラキン酸 arachic acid 23a
アラキドン酸 arachidonic acid 23a
アラキドン酸カスケード arachidonate cascade 23a
アラキン酸 arachic acid 23a

アラセル A Arlacel A 24a
Arlacel[アラセル]系界面活性剤 Arlacel series surfactant 24a
アラタ体 corpus allatum (pl. corpora allata) 59b
アラニン alanine 11a
β-アラニン β-alanine 11a
アラニン化[の] alanyl 11a
アラバン araban ⇌ アラビナン arabinan 23a
アラビアゴム gum arabic 113a
アラビドプシス ⇌ シロイヌナズナ *Arabidopsis thaliana* 23a
アラビトール arabitol 23a
アラビナン arabinan 23a
アラビノガラクタン arabinogalactan 23a
アラビノキシラン arabinoxylan 23a
アラビノース arabinose 23a
アラントイン allantoin 12b
アラントイン酸 allantoic acid 12b
アリイン alliin 13a
アリエステラーゼ ali-esterase 12a
アリコット ⇌ 分割量 aliquot 12a
アリコート ⇌ 分割量 aliquot 12a
アリザリン alizarin 12a
アリシン allicine 13a
アリシン allysine 14a
アリチアミン allithiamin 13a
亜硫酸エステル sulfite 256a
亜硫酸塩 sulfite 256a
亜硫酸オキシダーゼ sulfite oxidase 256a
亜硫酸ガス sulfurous oxide ⇌ 二酸化硫黄 sulfur dioxide 256a
亜硫酸分解 sulfitolysis 256a
亜硫酸レダクターゼ sulfite reductase 256a
アリューシャンミンク病 Aleutian mink disease 11b
アリール ⇌ 対立遺伝子 allele 12b
アリル転位 allylic rearrangement 14a
R 因子 R factor ⇌ R プラスミド R plasmid 234b
RS 表示法 *RS* notation 234b
Rh 抗原 Rh antigen 231b
Rh 式血液型 Rh[esus] blood group system 231b
Rh 不適合 Rh incompatibility 232a
RN アーゼ RNase ⇌ リボヌクレアーゼ ribonuclease 232b

RNA依存性RNAポリメラーゼ RNA-dependent RNA polymerase ⇌ RNAレプリカーゼ RNA replicase 233b

RNA依存性DNAポリメラーゼ RNA-dependent DNA polymerase ⇌ 逆転写酵素 reverse transcriptase 231a

RNAウイルス RNA virus 233b

RNAエディティング ⇌ RNA編集 RNA editing 233a

RNA干渉 RNA interference 233b

RNAシュードノット構造 RNA pseudoknot structure 233b

RNA腫瘍ウイルス RNA tumor virus 233b

RNAヌクレオチジルトランスフェラーゼ RNA nucleotidyltransferase ⇌ RNAポリメラーゼ RNA polymerase 233b

RNAパフ RNA puff 233b

RNAファージ RNA phage 233b

RNA複製酵素 ⇌ RNAレプリカーゼ RNA replicase 233b

RNAプライミング RNA priming 233b

RNAプローブ RNA probe 233b

RNA分解酵素 ⇌ リボヌクレアーゼ ribonuclease 232b

RNA編集 RNA editing 233a

RNAポリメラーゼ RNA polymerase 233b

RNAリガーゼ RNA ligase 233b

RNAレプリカーゼ RNA replicase 233b

RNAワールド仮説 RNA world hypothesis 233b

アルカプトン尿症 alkaptonuria 12a

アルカリ alkali 12a

アルカリ異性化法 alkaline isomerization method 12a

アルカリ金属 alkaline metal 12a

アルカリ性にする alkalify 12a／alkalize 12a

アルカリ性[の] alkaline 12a

アルカリ[性]プロテアーゼ alkaline protease 12a

アルカリ[性]ホスファターゼ alkaline phosphatase 12a

アルカリ[性]ホスホモノエステラーゼ alkaline phosphomonoesterase ⇌ アルカリ[性]ホスファターゼ alkaline phosphatase 12a

アルカロイド alkaloid 12a

アルカローシス alkalosis 12a

アルカン alkane 12a

アルギナーゼ arginase 23b

アルギニノコハク酸 argininosuccinic acid 23b

アルギニノコハク酸血症 argininosuccinic acidemia 23b

アルギニノコハク酸尿症 argininosuccinic aciduria ⇌ アルギニノコハク酸血症 argininosuccinic acidemia 24a

アルギニン arginine 23b

アルギニン血症 argininemia 23b

アルギニンバソプレッシン arginine vasopressin 23b

アルギニン要求変異株 arginineless mutant 23b

アルギニンリン酸 arginine phosphate ⇌ ホスホアルギニン phosphoarginine 200b

アルギノコハク酸 arginosuccinic acid ⇌ アルギニノコハク酸 argininosuccinic acid 23b

アルキルエーテルアシルグリセロール alkyl ether acylglycerol 12b

アルキル化剤 alkylating agent 12b

アルキル化する alkylate 12b

アルキル基 alkyl group 12b

アルキルグルコシド alkyl glucoside 12b

アルギン algin 12a

アルギン酸 alginic acid 12a

アルケニルエーテルリン脂質 alkenyl ether-containing phospholipid ⇌ プラスマローゲン plasmalogen 206a

アルケン alkene 12b

R酵素 R enzyme ⇌ プルラナーゼ pullulanase 220a

アルコキシ脂質 alkoxy lipid ⇌ エーテル脂質 ether lipid 89b

アルコーリシス alcoholysis 11b

アルコール依存症 alcoholism 11a

アルコール脱水素酵素 ⇌ アルコールデヒドロゲナーゼ alcohol dehydrogenase 11a

アルコールデヒドロゲナーゼ alcohol dehydrogenase 11a

アルコール発酵 alcohol fermentation 11a

アルゴンス・デルカスティリオ症候群 Argonz-del Castillo syndrome 24a

アルシアンブルー Alcian Blue 11a

RC遺伝子 RC gene ⇌ rel[レル]遺伝子 rel gene 228b

アルジトール alditol ⇌ 糖アルコール sugar alcohol 255a	α 受容体 α-receptor 3a
アルジミン aldimine 11b	α スタフィロリシン α staphylolysin ⇌ α 溶血素 α hemolysin 3a
R 状態 R state 234b	α 線 α rays 3a
アルセノリシス arsenolysis 24a	α フェトプロテイン α-fetoprotein 3a
アルセバ液 ⇌ オルシーバー液 Alsever's solution 14a	α ヘリックス α-helix 3a
アルダル酸 aldaric acid 11b	α 崩壊 α decay 3a
R_f 値 R_f value 235b	*Alu* ファミリー *Alu* family 14a
アルツス現象 Arthus phenomenon 24b	α 溶血素 α hemolysin 3a
アルツス反応 Arthus reaction 24b	α 溶血毒 α toxin ⇌ α 溶血素 α hemolysin 3a
アルツハイマー型老年性痴呆 senile dementia of Alzheimer's type 240b	α ラクトアルブミン α lactalbumin 3a
アルツハイマー神経原繊維変化 Alzheimer's neurofibrillary tangle 14a	α らせん ⇌ α ヘリックス α-helix 3a
アルツハイマー病 Alzheimer disease 14a	α リポタンパク質 α lipoprotein ⇌ 高密度リポタンパク質 high-density lipoprotein 120a
アルデヒド aldehyde 11b	α 粒子線 ⇌ α 線 α rays 3a
アルデヒドリアーゼ aldehyde-lyase ⇌ アルドラーゼ aldolase 11b	α レセプター ⇌ α 受容体 α-receptor 3a
アルテミア゠サリーナ *Artemia salina* 24a	アルブミノイド albuminoid 11b
	アルブミン albumin 11a
R 点 R point ⇌ 制限点 restriction point 230b	アルブモース albumose ⇌ プロテオース proteose 218a
アルドシド結合 aldosidic linkage 11b	R プラスミド R plasmid 234b
アルドース aldose 11b	アルプレノロール alprenolol 14a
アルドステロン aldosterone 11b	R 変異 R mutation 233a
アルドステロン症 aldosteronism 11b	アルボウイルス arbovirus 23b
アルドスロース aldosulose 11b	アルポート症候群 Alport syndrome 14a
アルドテトロース aldotetrose 11b	アルボマイシン albomycin 11b
アルドトリオース aldotriose 11b	アルミナ alumina 14a
アルドピラノース aldopyranose 11b	アルミニウム aluminium 14a
アルドフラノース aldofuranose 11b	R ループ R loop 233a
アルドヘキソース aldohexose 11b	アレキシン alexin 12a
アルドペントース aldopentose 11b	アレナウイルス科 *Arenaviridae* 23b
アルドラーゼ aldolase 11b	アレニウスの活性化エネルギー Arrhenius activation energy 24a
アルドール縮合 aldol condensation 11b	アレニウスプロット Arrhenius plot 24a
アルトロース altrose 14a	アレプリン酸 alepric acid 11b
アルドン酸 aldonic acid 11b	アレル ⇌ 対立遺伝子 allele 12b
アールの T 型培養瓶 Earle's T flask ⇌ T 型培養瓶 T flask 263a	アレルギー allergy 12b
アルビノ ⇌ 白化 albino 11a	アレルギー応答 allergic response 12b
α アマニチン α amanitin 3a	アレルギー[性][の] allergic 12b
α_1-アンチトリプシン α_1-antitrypsin 3a	アレルギー反応 allergic reaction 12b
α 因子 α factor 3a	アレルゲン allergen 12b
α 運動ニューロン α motoneuron 3a	アレロパシー ⇌ 他感作用 allelopathy 12b
α 作用 α-action 3a	アレン構造 allene structure 12b
α サルシン α sarcin 3a	アレン法 Allen method 12b
α 酸化 α oxidation 3a	アロイオゲネシス ⇌ 混合生殖 alloiogenesis 13a
α 遮断 α-blockade 3a	

アロキサン　alloxan　13b
アロキサンチン　alloxanthin　14a
アロキサン糖尿　alloxan diabetes　13b
アロ抗原 ⇌ 同種[異系]抗原　alloantigen　13a
アロ抗体 ⇌ 同種[異系]抗体　alloantibody　13a
アロザイム　allozyme　14a
アロジェニック ⇌ 同種[異系]間[の]　allogen[e]ic　13a
アロース　allose　13b
アロステリー　allostery ⇌ アロステリズム　allosterism　13b
アロステリズム　allosterism　13b
アロステリック【活性中心外の】　allosteric　13b
アロステリックエフェクター　allosteric effector　13b
アロステリック活性化　allosteric activation　13b
アロステリック効果　allosteric effect　13b
アロステリック酵素　allosteric enzyme　13b
アロステリック修飾　allosteric modification　13b
アロステリック制御　allosteric regulation　13b
アロステリック阻害　allosteric inhibition　13b
アロステリック阻害剤　allosteric inhibitor ⇌ 負のモジュレーター　negative modulator　177a
アロステリックタンパク質　allosteric protein　13b
アロステリック転移　allosteric transition　13b
アロステリック部位　allosteric site　13b
アロステリック理論　allosteric theory　13b
アロ接合体　allozygote　14a
アロタイプ【免疫】　allotype　13b
アロタイプ抑制　allotypic suppression　13b
アロファン酸　allophanic acid　13a
アロプリノール　allopurinol　13a
アロマイシン　allomycin ⇌ アミセチン　amicetin　14b
アロマターゼ　aromatase　24a
アロモルフォシス　aromorphosis　24a
アロラクトース　allolactose　13a
アンカー遺伝子座　anchor loci　18a
アンギオテンシナーゼ　angiotensinase　18b
アンギオテンシノーゲン　angiotensinogen　18b
アンギオテンシン　angiotensin　18b

アンギオテンシン変換酵素　angiotensin converting enzyme　18b
アンキリン　ankyrin　19a
アンキリンリピート　ankyrin repeat　19a
アングストマイシンA　angustmycin A　18b
アングストマイシンC　angustmycin C　18b
アングルローター　angle rotor　18b
暗号【遺伝の】　code　53b
暗呼吸　dark respiration　66b
暗黒期【ファージ増殖の】　eclipse period　81a
アンジェルマン症候群　Angelman syndrome　18a
アンジオテンシノーゲン ⇌ アンギオテンシノーゲン　angiotensinogen　18b
アンジオテンシン ⇌ アンギオテンシン　angiotensin　18b
アンジオテンシン転換酵素 ⇌ アンギオテンシン変換酵素　angiotensin converting enzyme　18b
暗修復【紫外線損傷を受けたDNAの】　dark repair　66b
暗順応　scotopic adaptation　238b
アンセリン　anserine　19b
安全ピペット　propipet　216b
安息香酸　benzoic acid　31b
アンタゴニスト　antagonist　19b
アンダーセン病　Andersen disease ⇌ アミロペクチノーシス　amylopectinosis　17a
アンチカオトロピックイオン　antichaotropic ion　20a
アンチコドン　anticodon　20a
アンチコドンステム　anticodon stem　20a
アンチコドンループ　anticodon loop　20a
アンチコンホメーション【ヌクレオチドの】　anti conformation　20a
アンチザイム　antizyme　22a
アンチセンスRNA　antisense RNA　21b
アンチトロンビンⅢ　antithrombin Ⅲ　21b
アンチトロンビン-ヘパリン補因子　antithrombin-heparin cofactor ⇌ アンチトロンビンⅢ　antithrombin Ⅲ　21b
アンチパイン　antipain　21b
アンチパラレル ⇌ 逆平行　antiparallel　21b
アンチビタミン　antivitamin ⇌ ビタミン拮[きっ]抗体　vitamin antagonist　280a
アンチピリン　antipyrine　21b
アンチポート ⇌ 対向輸送　antiport　21b
アンチマイシンA　antimycin A　21a

アンチマイシン A_3　antimycin A_3 ⇀ ブラストマイシン　blastmycin　34a
アンチミューテーターポリメラーゼ　antimutator polymerase　21a
アンチモルフ　antimorph　21a
アンチモン　antimony　21a
安定因子　stable factor　250b
安定形質転換細胞　stable transformant　250b
安定性　stability　250b
アンテイソ酸　anteiso acid　19b
安定度　stability　250b
安定同位元素 ⇀ 安定同位体　stable isotope　250b
安定同位体　stable isotope　250b
アンテナクロロフィル　antenna chlorophyll　19b
アンテナ色素　antenna pigment ⇀ 集光性色素　light-harvesting pigment　150b
アンテナペディア遺伝子　*Antennapedia* gene　19b
アンテリジオール　antheridiol　19b
暗点　scotoma　238b
アントキサンチン　anthoxanthin　19b
アントシアニジン　anthocyanidin　19b
アントシアニン　anthocyanin　19b
アントシアン　anthocyan　19b
アントラサイクリン　anthracycline　19b
アントラセン　anthracene　19b
アントラニル酸　anthranilic acid　19b
アンドロガモン　androgamone　18a
アンドロゲン　androgen　18a
アンドロゲン結合タンパク質　androgen-binding protein　18a
アンドロスタンジオン　androstanedione　18a

アンドロステロン　androsterone　18a
アンドロステンジオン　androstenedione　18a
アントロン-硫酸法　anthrone-sulfuric acid method　19b
アンバーコドン　amber codon　14b
アンバーサプレッサー　amber suppressor　14b
アンバー[突然]変異　amber mutation　14b
アンハロニウムアルカロイド　anhalonium alkaloid　18b
暗反転　dark reversion　66b
暗反応　dark reaction　66b
アンピシリン　ampicillin　16b
アンヒドロ糖　anhydrosugar　18b
アンフィミクシス　amphimixis　16b
アンフェタミン　amphetamine　16b
アンプリファイア T 細胞　amplifier T cell　16b
アンペア　ampere　16b
アンホテリシン B　amphotericin B　16b
アンホトロピックウイルス ⇀ 両種指向性ウイルス　amphotropic virus　16b
アンモニア　ammonia　16a
アンモニア排出　ammonotelism　16a
アンモニア排出動物　ammonotelic animal　16a
アンモニアリアーゼ　ammonia-lyase　16a
アンモン角　Ammon horn　16a
アンリ・ミカエリス・メンテンの式　Henri-Michaelis-Menten equation ⇀ ミカエリス・メンテンの式　Michaelis-Menten equation　166a
アンワインディング ⇀ 巻戻し　unwinding　276a

イ

胃　gaster　103a／stomach　252b
胃[の]　gastric　103a
異栄養[症]　dystrophia ⇀ ジストロフィー　dystrophy　80b
イエカ属　*Culex*　62b
胃液　gastric juice　103a
胃液欠乏症　achylia gastrica　5a
EAC ロゼット　EAC rosette　80a

ES 細胞　ES cell ⇀ 胚性幹細胞　embryonic stem cell　83b
EST 配列　EST sequence　89a
イエバエ　muscid　174a
EF ハンド　EF hand　81b
イエルネプラーク検定　Jerne plaque assay　141a
胃炎　gastritis　103a

硫黄　sulfur　256a
硫黄細菌　sulfur bacterium　256a
硫黄循環　sulfur cycle　256a
硫黄代謝　sulfur metabolism　256b
硫黄トランスフェラーゼ ⇌ スルファートランスフェラーゼ　sulfurtransferase　256b
イオドプシン　iodopsin　138a
イオノフォア ⇌ イオノホア　ionophore　138a
イオノホア　ionophore　138a
イオノマイシン　ionomycin　138a
イオン　ion　138a
　イオン[の]　ionic　138a
イオン化　ionization　138a
イオン化エネルギー　ionization energy　138a
イオン化ポテンシャル　ionization potential　138a
イオン強度　ionic strength　138a
イオン結合　ionic bond　138a
イオン交換　ion exchange　138a
イオン交換クロマトグラフィー　ion exchange chromatography　138a
イオン交換樹脂　ion exchange resin　138a
イオン交換セルロース　ion exchange cellulose　138a
イオン交換体　ion exchanger　138a
イオン性界面活性剤　ionic surfactant　138a
イオンチャネル　ion channel　138a
イオンチャンネル ⇌ イオンチャネル　ion channel　138a
イオン対　ion pair　138b
イオン電極　ion electrode　138a
イオン伝導　ionic conduction　138a
イオン透過性　ionic permeability　138a
イオン半径　ionic radius　138a
イオンポンプ　ion pump　138b
イオン輸送　ion transport　138b
異化型硝酸還元　dissimilatory nitrate reduction　76a
異核共存体　heterokaryon　119a
異化[作用]　catabolism　43a
鋳型　template　261b
胃カタル　gastric catarrh ⇌ 胃炎　gastritis　103a
異化[の]　catabolic　43a
維管束　vascular bundle　278a
閾[いき]　threshold　265a

育種　breeding　36b
イグネシン　ignesin　129b
イーグルの基本培地　Eagle's basal medium　80a
異型遺伝子　heterogene　119a
異型遺伝子性　heterogenicity　119a
異型[遺伝子]接合体　heterogenote　119a
異系交配　outbreeding　189b
異型細胞　idioblast　129a
異形成マウス　allophenic mouse　13a
異形成[症] ⇌ 形成異常[症]　dysplasia　80b
異型接合 ⇌ 異型配偶　heterogamy　119a
　異型接合[の]　heterozygous　119b
異型接合性　heterozygosity　119b
異型接合体　heterozygote　119b
異形染色体　heterochromosome　118b
異型配偶　heterogamy　119a
異型配偶子　heterogamete　118b
異型配偶子性　heterogamety　118b
EK系　EK system　82a
医原性　iatrogenic　129a
移行型[の]　interphyletic　136b
移行上皮　transitional epithelium (pl. transitional epithelia)　269b
異好性抗原　heterophile antigen　119a
異好性抗体　heterophile antibody　119a
異好性抗体試験　heterophile antibody test ⇌ ポール・バンネル試験　Paul-Bunnell test　194b
異好性[の]　heterophile　119a
イコサ- ⇌ エイコサ-をみよ．
イサチン　isatin　139a
イサン酸　isanic acid ⇌ エリトロゲン酸　erythrogenic acid　88b
EC細胞　EC cell ⇌ 胚性腫瘍細胞　embryonal carcinoma cell　83b
異時性[の]　allochronic　13a
異質細胞　heterocyst　118b
異質染色質 ⇌ ヘテロクロマチン　heterochromatin　118b
異質二倍体　allodiploid　13a
異質[の] ⇌ 不均一[の]　heterogeneous　119a
異質倍数性　allo[poly]ploidy　13a
異質倍数体　allopolyploid　13a
イジトール　iditol　129b
維持培地【細胞培養の】　maintenance medium　157b

EC番号　EC number　80b
Eジャンプ法　E-jump method ⇌ 電場ジャンプ法　electric field jump method　82a
異種　heter[o]-　118b
　異種[の]⇌不均一[の]　heterogeneous　119a／⇌非相同[の]　heterologous　119a／⇌異種間[の]　xenogen[et]ic　283b
異種移植[片]　xenograft　283b
異周期性[の]　allocyclic　13a
異種間[の]　xenogen[et]ic　283b
異種凝集素　heteroagglutinin　118b
萎[い]縮　atrophy　26b
萎[い]縮病　runt disease ⇌ 消耗症　wasting disease　281a
異種抗原　heteroantigen　118b／heterologous antigen　119a
異種抗体　heteroantibody　118b
異種細胞親和性抗体　heterocytotropic antibody　118b
異種指向性ウイルス ⇌ 他種指向性ウイルス　xenotropic virus　283b
異種集合　heterologous association　119a
異種重合体 ⇌ ヘテロポリマー　heteropolymer　119a
異種発酵　heterofermentation ⇌ ヘテロ乳酸発酵　heterolactic fermentation　119a
異所移植片　heterotropic graft　119b
異常型　aberrant form　3b
異常グロブリン血症　dysglobulinemia　80b
異常βリポタンパク質血症　dysbetalipoproteinemia ⇌ 浮上β病　floating beta disease　96b
異常ヘモグロビン症　hemoglobinopathy　117a
移植　transplantation　270a
移植抗原　transplantation antigen　270a
移植体 ⇌ 移植片　graft　111a
移植片　graft　111a
移植片拒絶[反応]　graft rejection　111a
移植片対宿主反応　graft-versus-host reaction ⇌ GVH反応　GVH reaction　113b
移植片対宿主病　graft-versus-host disease　111a
移植免疫　transplantation immunity　270a
異所性[の]　allopatric　13a／ectopic　81a／heterotopic　119b
異所性ホルモン　ectopic hormone　81a
異所性ホルモン産生腫瘍　ectopic hormone-producing tumor　81a

石綿　asbestos　24b
石綿症　asbestosis　24b
イジングモデル　Ising model　139a
異数性　aneuploidy　18a
異数体[の]　aneuploid　18a
いす形配座　chair conformation　46b
イズロン酸　iduronic acid　129a
異性化　isomerization　140a
異性化酵素　isomerase　140a
異性体　isomer　140a
イセチオン酸　isethionic acid　139a
異染顆粒　metachromatic granule　164a
異染性 ⇌ メタクロマジー　metachromasia　164a
異染性顆粒球　heterophile granulocyte　119a
異染性ロイコジストロフィー　metachromatic leukodystrophy　164a
イソアミラーゼ　isoamylase　139a
イソアロキサジン環　isoalloxazine ring　139a
イソイジド　isoidide　139b
位相　phase　198b
位相角　phase angle　198b
位相幾何学 ⇌ トポロジー　topology　267b
位相差顕微鏡　phase contrast microscope　198b
位相数学 ⇌ トポロジー　topology　267b
イソエボジアミン　isoevodiamine　139b
イソオイゲノール　isoeugenol　139b
イソ型タンパク質 ⇌ アイソフォーム　isoform [protein]　139b
イソ吉草酸　isovaleric acid　141a
イソキノリンアルカロイド　isoquinoline alkaloid　140b
イソグアノシン　isoguanosine　139b
イソクエン酸　isocitric acid　139b
allo-イソクエン酸　allo-isocitric acid　139b
イソクラティック溶離　isocratic elution　139b
イソクリナル　isocrinal　139b
イソグルタミン　isoglutamine　139b
イソグルタミン酸　isoglutamic acid　139b
イソ酵素　isoenzyme ⇌ アイソザイム　isozyme　141b
イソコリスミ酸　isochorismic acid　139a
イソ酸　iso acid　139a
イソシアン酸　isocyanic acid　139b
イソ受容tRNA ⇌ アイソアクセプターtRNA　isoacceptor-tRNA　139a

イソタイプ isotype 141a
イソチモーゲン isozymogen 141a
イソデスモシン isodesmosine 139b
イソニコチン酸ヒドラジド isonicotinic acid hydrazide 140a
イソバルチン isovalthine 141a
イソプレニル化 isoprenylation 140a
イソプレニル化タンパク質 isoprenylated protein 140a
イソプレノイド isoprenoid ⇒ テルペン terpene 262a
イソプレン isoprene 140a
イソプレン則 isoprene rule 140a
イソプレン単位 isoprene unit 140a
イソプロテレノール isoproterenol 140b
イソプロパノール isopropanol ⇒ イソプロピルアルコール isopropyl alcohol 140a
イソプロピルアルコール isopropyl alcohol 140a
イソプロピルノルアドレナリン isopropylnoradrenaline ⇒ イソプロテレノール isoproterenol 140b
イソペプチド結合 isopeptide bond 140a
イソペンテニル二リン酸 isopentenyl diphosphate 140a
イソマルターゼ isomaltase 140a
イソマルトース isomaltose 140a
イソメラーゼ ⇒ 異性化酵素 isomerase 140a
イソラウヒンビン isorauhimbine 140b
イソ酪酸 isobutyric acid 139a
イソラムノース isorhamnose ⇒ キノボース quinovose 223b
イソリゼルギン酸 isolysergic acid 140a
イソリゼルグ酸 ⇒ イソリゼルギン酸 isolysergic acid 140a
イソルパニン isolupanine 140a
イソロイシン isoleucine 140a
依存性 dependency 70b
遺体 ⇒ 死がい〚骸〛 cadaver 38b
イタコン酸 itaconic acid 141b
一遺伝子一酵素[仮]説 one gene-one enzyme hypothesis 186b
一遺伝子遺伝 monogenic inheritance 170b
一遺伝子的[の] monogenic 170b
一塩基酸 monobasic acid 170b
一塩基多型 single nucleotide polymorphism 244b
一塩基置換 single base substitution 244a
I型DNA form I DNA ⇒ 閉環状DNA closed circular DNA 52b
一原子酸素添加酵素 ⇒ モノオキシゲナーゼ monooxygenase 171a
位置効果 position effect 211a
一細胞一抗体仮説 one cell-one antibody hypothesis 186b
一次アレルゲン primary allergen 213b
一次構造 primary structure 214a
一次[性]の primary 213b
一次線溶亢進性紫斑病 primary fibrinolytic purpura ⇒ 線溶性紫斑病 purpura fibrinolytica 221a
一次代謝産物 primary metabolite 214a
一次胆汁酸 primary bile acid 213b
一次能動輸送 primary active transport 213b
一次配列 primary sequence 214a
一次反応 first-order reaction 95b
一次プロテオース primary proteose 214a
一時変異 modification 169a
一次免疫応答 primary immune response 214a
一重項 singlet 244b
一重項酸素 singlet oxygen 244b
一重鎖RNA ⇒ 一本鎖RNA single-strand[ed] RNA 244b
一重鎖DNA ⇒ 一本鎖DNA single-strand[ed] DNA 244b
一重線 singlet 244b
一宿主性[の] monoxenous 171a
一次リソソーム primary lysosome 214a
一染色体性 ⇒ モノソミー monosomy 171a
一段増殖曲線 one-step growth curve 186b
一炭素分解 one carbon degradation ⇒ α酸化 α oxidation 3a
1,2-脱離 1,2-elimination ⇒ β脱離 β elimination 29a
一ヌクレオチド多型 ⇒ 一塩基多型 single nucleotide polymorphism 244b
一倍性 monoploidy 171a
一倍体 monoploid 171a
胃腸管 gastrointestinal tract 103a
胃腸ホルモン gastrointestinal hormone 103a
一価抗体 monovalent antibody 171a
一過性記憶 temporal memory ⇒ 短期記憶

short-term memory 242b
一過性[の] transient 269b
一過性発現 transient expression 269b
一価染色体 univalent chromosome 275b
一価[の] univalent 275b
一酸化炭素 carbon monoxide 41a
一酸化炭素[細]菌 carbon monoxide bacterium 41a
一酸化炭素酸化[細]菌 carbon monoxide oxidizing bacterium ⇒ 一酸化炭素[細]菌 carbon monoxide bacterium 41a
一酸化炭素ヘモグロビン ⇒ カルボニルヘモグロビン carbonylhemoglobin 41b
一酸化窒素 nitrogen monoxide 181a
一酸化二窒素 dinitrogen oxide 74b
溢出型アミノ酸尿症 overflow type aminoaciduria 190a
一般塩基触媒 general base catalyst 104b
一般酸塩基触媒 general acid-base catalyst 104b
一般酸触媒 general acid catalyst 104b
一本鎖 single strand 244b
一本鎖RNA single-strand[ed] RNA 244b
一本鎖DNA single-strand[ed] DNA 244b
一本鎖DNA結合タンパク質 single-strand[ed] DNA-binding protein 244b
一本鎖DNAファージ single-strand[ed] DNA phage 244b
イディオタイプ idiotype 129b
イディオタイプ抗原決定基 ⇒ イディオトープ idiotope 129b
イディオタイプ変異 idiotype variation 129b
イディオトープ idiotope 129b
イーディー・ホフステープロット Eadie-Hofstee plot 80a
遺伝 inheritance 133b
遺伝[の] genetic 104b
遺伝暗号 genetic code 104b／⇒ コドン codon 53b
遺伝学 genetics 105a
遺伝子 gene 104a
遺伝子オントロジー gene ontology 104a
遺伝子型 genotype 105a
遺伝子間サプレッサー intergenic suppressor 136a
遺伝子間サプレッション intergenic suppression 136a
遺伝子記号 genetic symbol 105a

イテンセイ 303

遺伝子機能注釈付け ⇒ 注釈付け annotation 19a
遺伝子組換え gene recombination 104b／⇒ トランスジェニック transgenic 269b
遺伝子工学 genetic engineering 104b
遺伝子座 gene locus 104a／locus (pl. loci) 153b
遺伝子座位 ⇒ 遺伝子座 gene locus 104a
遺伝子座間[の] interlocal 136a
遺伝子座調節領域 locus control region 153b
遺伝子32タンパク質 gene 32 protein 104a
遺伝子重複 gene duplication 104a
遺伝子診断 genetic diagnosis 104b
遺伝子操作 gene manipulation 104a
遺伝子増幅 gene amplification 104a
遺伝子ターゲッティング gene targeting 104b
遺伝子置換 gene substitution 104b
遺伝子治療 gene therapy 104b
遺伝子導入 gene transfer 105a／⇒ トランスフェクション transfection 269a
遺伝子トラップ法 gene trapping 105a
遺伝子内サプレッサー intragenic suppressor 137a
遺伝子内サプレッション intragenic suppression 137a
遺伝子ノックアウト gene knockout ⇒ 遺伝子ターゲッティング gene targeting 104b
遺伝子破壊 gene disruption ⇒ 遺伝子ターゲッティング gene targeting 104b
遺伝子発現 gene expression 104a
遺伝子バンク gene bank 104a
遺伝子微細構造 genetic fine structure 105a
遺伝子頻度 gene frequency 104a
遺伝子プール gene pool 104a
遺伝子分析 gene analysis ⇒ 遺伝分析 genetic analysis 104b
遺伝子変換 conversion 58a／gene conversion 104a
遺伝子融合 gene fusion 104a
遺伝情報 genetic information 105a
遺伝子ライブラリー gene library 104a
遺伝子量効果 gene dosage effect 104a
遺伝子療法 ⇒ 遺伝子治療 gene therapy 104b
遺伝子量補償 dosage compensation 78b
遺伝性アレルギー hereditary allergy 118a
遺伝生化学 genetic biochemistry 104b

遺伝性血管神経性浮腫　hereditary angioneurotic edema　118a
遺伝性免疫　inherited immunity ⇌ 先天性免疫　innate immunity　134a
遺伝地図　genetic map　105a
遺伝[的]荷重　genetic load　105a
遺伝的距離　genetic distance　104b
遺伝的組換え　genetic recombination　105a
遺伝[的]多型　genetic polymorphism　105a
遺伝の表現型　phene　198b
遺伝の浮動　genetic drift　104b
遺伝[的]分散　genetic variance　105a
遺伝病　hereditary disease　118a
遺伝標識[形質] ⇌ 遺伝マーカー　genetic marker　105a
遺伝分析　genetic analysis　104b
遺伝マーカー　genetic marker　105a
遺伝率　heritability　118a
遺伝力　heritability　118a
移動　migration　167a
移動界面電気泳動装置　moving-boundary electrophoresis apparatus ⇌ チセリウス型電気泳動装置　Tiselius type electrophoretic apparatus　266b
移動期　diakinesis [stage]　72a
移動度【電気泳動度など】　mobility　169a
イドース　idose　129b
E2F転写因子　E2F transcription factor　81b
イニシアルバースト ⇌ 初期バースト　initial burst　134a
イニシエーション ⇌ 開始　initiation　134a
イニシエーター　initiator　134a
イニシエーター tRNA ⇌ 開始 tRNA　initiator tRNA　134a
移入　ingression　133b
移入【遺伝子の】　migration　167a
イヌ[の]　canine　40a
イヌペラグラ症　canine pellagra ⇌ 黒舌病　black tongue　34a
イヌリン　inulin　137b
イネ萎[い]縮ウイルス　rice dwarf virus　232b
イノシトール　inositol　134b
イノシトール－リン酸　inositol monophosphate　134b
イノシトールトリスリン酸　inositol trisphosphate　134b
イノシトールビスリン酸　inositol bisphosphate　134b
イノシトールホスホグリセリド　inositol phosphoglyceride ⇌ ホスファチジルイノシトール　phosphatidylinositol　200a
イノシン　inosine　134b
イノシン 5′－一リン酸　inosine 5′-monophosphate　134b
イノシン酸　inosinic acid　134b
イノシン 5′-三リン酸　inosine 5′-triphosphate　134b
イノシン 5′-二リン酸　inosine 5′-diphosphate　134b
イノシンホスホリラーゼ　inosine phosphorylase　134b
EBウイルス　EB virus ⇌ エプスタイン・バーウイルス　Epstein-Barr virus　87b
異皮質 ⇌ 不等皮質　allocortex　13a
イファンティス法　Yphantis method　284b
異分化　disdifferentiation　75b
胃壁細胞　gastric parietal cell　103a
イペリット　Yperite ⇌ サルファーマスタード　sulfur mustard　256b
いぼウイルス　wart virus ⇌ パピローマウイルス属　*Papillomavirus*　192b
異方性　anisotropy　19a
異方性帯　anisotropic band ⇌ A帯　A band　3b
異方性比　anisotropy ratio　19a
異方性分解　heterolytic cleavage　119a
イミダゾール　imidazole　130a
イミダゾール環　imidazole ring　130a
イミド　imide　130a
イミノ【基】　imino　130a
イミノウレア　iminourea ⇌ グアニジン　guanidine　112a
イミノカルボン酸　iminocarboxylic acid ⇌ イミノ酸　imino acid　130a
イミノグリシン尿症　iminoglycinuria　130a
イミノ酸　imino acid　130a
イミノペプチダーゼ　iminopeptidase ⇌ プロリンイミノペプチダーゼ　proline iminopeptidase　216b
イミプラミン　imipramine　130a
イミン　imine　130a
イムノアッセイ　immunoassay　131a
イムノグロブリン ⇌ 免疫グロブリン　immunoglobulin　131a
イムノトキシン　immunotoxin　131b

イムノフィリン immunophilin 131b
イムノブロット immunoblot ⇒ 免疫ブロット[法] immunoblotting 131a
イムラン【商品名】 Imuran 132a
イメルスルンド・グレスベック症候群 Imerslund-Gräsbeck syndrome ⇒ イメルスルンド症候群 Imerslund syndrome 130a
イメルスルンド症候群 Imerslund syndrome 130a
胃抑制ポリペプチド gastric inhibitory polypeptide 103a
イリジン iridine 138b
イリド ylide 284a
イリドミルメシン iridomyrmecin 138b
Eロゼット E rosette 88a
陰イオン anion 19a
陰イオン界面活性剤 anionic surfactant 19a
陰イオン交換体 anion exchanger 19a
印環細胞 signet ring cell 244a
インキュベーション incubation 132a
インキュベーター incubator 132a
陰極[の] cathodic 43b
インゲンマメ Phaseolus vulgaris 198b
飲作用 ⇒ ピノサイトーシス pinocytosis 204b
飲作用胞 pinocytic vesicle ⇒ ピノソーム pinosome 205a
インジカン indican 132b
インジゴ indigo 132b
インジゴチン indigotin 132b
インジゴブラウン indigo brown 132b
インシトゥ in situ 135a
in situ ハイブリッド形成[法] in situ hybridization 135a
インシュリン ⇒ インスリン insulin 135a
飲食運動 ⇒ エンドサイトーシス endocytosis 84b
飲食作用 ⇒ エンドサイトーシス endocytosis 84b
インシリコ in silico 135a
インジルビン indirubin 132b
インスリノーマ insulinoma 135a
インスリン insulin 135a
インスリン依存性糖尿病 insulin dependent diabetes mellitus 135a
インスリンショック insulin shock 135a
インスリン非依存性 non-insulin dependent 182a

インスリン非依存性糖尿病 non-insulin dependent diabetes mellitus 182a
インスリン様増殖因子 insulin-like growth factor 135a
陰性対照 negative control 177a
陰性[の] cryptic 62b
インターαトリプシンインヒビター inter-α-trypsin inhibitor 135b
インターカレーション intercalation 135b
インターカレーション剤 intercalating agent 135b
インターカレーター intercalating agent 135b
インターナリゼーション internalization 136a
インターフェロン interferon 136a
インターメジン intermedin ⇒ メラニン細胞刺激ホルモン melanocyte-stimulating hormone 161b
インターロイキン interleukin 136a
インターロイキン1β変換酵素 interleukin-1β converting enzyme 136a
インターロイキン2 interleukin 2 ⇒ T細胞増殖因子 T cell growth factor 261a
インテイン intein 135b
インテグラーゼ integrase 135a
インテグリン integrin 135b
インデューサー ⇒ 誘導物質 inducer 133a
咽頭へん[扁]桃 pharyngeal tonsil 198b
インドキシル indoxyl 133a
インドコブラ *Naja naja* 176a
インドシアニングリーン indocyanine green 132b
インドシビン indocybin ⇒ プシロシビン psilocybin 219b
インド蛇木アルカロイド ⇒ ラウオルフィアアルカロイド rauwolfia alkaloid 226a
インドフェノール染料 indophenol dye 133a
インドフェノール[ブルー]反応 indophenol [blue] reaction 133a
インドメタシン indomethacin 133a
イントラシスターナルA粒子 intracisternal A particle 137a
インドリルアクリロイルグリシン indolyl-acryloylglycine 132b
インドリルアクリロイルグリシン尿症 indolyl-acryloylglycinuria 132b
インドール indole 132b

インドールアセトアルドキシム　indoleacetoaldoxim　132b
インドール酢酸　indoleacetic acid　132b
イントロン　intron　137a
院内感染　hospital infection　123b
インパルス　impulse　132a
インビトロ ⇌ 生体外[の]　*in vitro*　137b
in vitro 組換え　*in vitro* recombination　137b
in vitro セレクション法　*in vitro* selection method　137b
in vitro 相補性　*in vitro* complementation　137b
in vitro パッケージング　*in vitro* packaging　137b
in vitro 連続タンパク質合成系　*in vitro* continuous protein synthesis　137b

インヒビター ⇌ 阻害剤　inhibitor　133b
インヒビン　inhibin　133b
インビボ ⇌ 生体内[の]　*in vivo*　137b
インフォームドコンセント　informed consent　133b
インフォルモソーム　informosome　133b
インプラント　implant　131b
インプリンティング ⇌ 刷込み　imprinting　131b
インフルエンザウイルス　influenza virus　133b
インフルエンザ菌　*Haemophilus influenzae*　113a
インフレーム　inframe　133b
インベルターゼ　invertase　137b
インベルチン　invertin　137b

ウ

ウィスコット・アルドリッチ症候群　Wiskott-Aldrich syndrome　282b
ウィタノリド　withanolide　282b
ウィダール反応　Widal reaction　282a
ウイルス　virus　279b
ウイルス遺伝子[部]　virogene　279b
ウイルス性肝炎　viral hepatitis　279b
ウイルス中和抗体　virus-neutralizing antibody　279b
ウイルス DNA　viral DNA　279b
ウイルス発がん【癌】　viral carcinogenesis　279b
ウイルス粒子　virus particle ⇌ ビリオン　virion　279b
ウイルソン病　Wilson disease　282b
ウイルツバッハ法　Wilzbach method　282b
ウイルヘルミーの表面圧計　Wilhelmy's surface balance　282a
ウィルムス腫瘍　Wilms' tumor　282a
ウイロイド　viroid　279b
ウェスタンブロット法　Western blot technique　282a
植え継ぎ ⇌ 継代培養　subculture　254a
上[の]　superior　256b
ウェーバー・クリスチャン病　Weber-Christian disease　281b

ウェーバーの法則　Weber's law ⇌ ウェーバー・フェヒナーの法則　Weber-Fechner law　281b
ウェーバー・フェヒナーの法則　Weber-Fechner law　281b
ウェルナー症候群　Werner syndrome　282a
ウェルマー症候群　Wermer syndrome　282a
ウォルトマンニン　wortmannin　283a
ウォルフ管　Wolffian duct　282b
ウォルフグラムタンパク質　Wolfgram protein　282b
ウォルフグラムプロテオリピド　Wolfgram proteolipid ⇌ ウォルフグラムタンパク質　Wolfgram protein　282b
ウォルフラム　wolfram ⇌ タングステン　tungsten　273b
ウォールマン病　Wolman disease　282b
羽化　eclosion　81a
受身免疫 ⇌ 受動免疫　passive immunity　194a
ウシ　【総称】　cattle　43b／ox　190a
　ウシ[の]　bovine　36a
ウシ海綿状脳症　bovine spongiform encephalopathy　36a
ウシ血清　bovine serum　36a
ウシ血清アルブミン　bovine serum albumin　36a

ウシ胎仔血清　fetal bovine serum　94a
ウシ肺疫菌様微生物　pleuropneumonia-like organism　207a
う蝕［しょく］　dental caries　69b
う蝕［しょく］性［の］　cariogenic　42a
右旋性　dextrorotation　71b
ウーダン［拡散］法　Oudin［diffusion］method　189b
宇宙生物学　space biology　247b
宇宙線　cosmic ray　59b
うっ血　congestion　57a
うつ状態　depression　70b
移す【分子同士の相対位置などを】　translocate　269b
ウッド・ワークマン反応　Wood-Werkman reaction　282b
ウッドワード試薬K　Woodward reagent K　282b
うつ病　depression　70b
ウテロベルジン　uteroverdin　276b
ウニ　sea urchin　238b
ウマ［の］　equine　87b
ウラシル　uracil　276a
ウリカーゼ　uricase　276a
ウリジル酸　uridylic acid　276a
ウリジン　uridine　276a
ウリジン―リン酸　uridine monophosphate ⇌ ウリジル酸　uridylic acid　276a
ウリジン5′―一リン酸　uridine 5′-monophosphate　276a
ウリジン5′―三リン酸　uridine 5′-triphosphate　276a
ウリジン5′―ニリン酸　uridine 5′-diphosphate　276a
ウルシ［漆］　Japanese lacquer　141a
ウルシ　*Rhus verniciflua*　232a
ウルシオール　urushiol　276b
ウルソデオキシコール酸　ursodeoxycholic acid　276b
ウルソール酸　ursolic acid　276b
ウルソン　urson ⇌ ウルソール酸　ursolic acid　276b
ウルトラディアンリズム ⇌ 長周期リズム　ultradian rhythm　275a
ウルトラミクロトーム　ultramicrotome　275a

ウレアーゼ　urease　276a
ウレイド【基】　ureido　276a
ウレタン　urethane　276a
ウロガストロン　urogastrone　276b
ウロカニン酸　urocanic acid　276b
ウロキナーゼ　urokinase　276b
ウロクロム　urochrome　276b
ウロクロモーゲン　urochromogen　276b
ウロゴナドトロピン　urogonadotropin ⇌ 閉経婦人尿性腺刺激ホルモン　human menopausal gonadotropin　124b
ウロテンシン　urotensin　276b
ウロニド　uronide　276b
ウロビリノーゲン　urobilinogen　276b
ウロビリン　urobilin　276b
ウロポルフィリノーゲン　uroporphyrinogen　276b
ウロポルフィリン　uroporphyrin　276b
ウロメラニン　uromelanin　276b
ウロン酸　uronic acid　276b
ウロン酸回路　uronate cycle ⇌ グルクロン酸経路　glucuronate pathway　108a
上澄み ⇌ 上清　supernatant　257a
ウワバイン　ouabain　189b
ウンゲルニン　ungernine ⇌ タゼチン　tazettine　260b
ウンデカプレノール　undecaprenol ⇌ バクトプレノール　bactoprenol　29b
運動異常［症］　dyskinesia　80b
運動エネルギー　kinetic energy　143b
運動過剰 ⇌ 運動亢進症　hyperkinesia　127b
運動系　motor system　172a
運動亢進症　hyperkinesia　127b
運動失調［症］　ataxia　25b
運動神経　motor nerve　171b
運動性　mobility　169a
運動低下　hypokinesia　128a
運動ニューロン　motoneuron　171b
運動野　motor area　171b
運搬　transfer　269a
ウンベラチン　umbellatine ⇌ ベルベリン　berberine　31b
ウンベリフェロース　umbelliferose　275a
ウンベリフェロン　umbelliferone　275a
運命地図　fate map　93a

エ

5,8,11,14-[エ]イコサテトラエン酸　5,8,11,14-[e]icosatetraenoic acid ⇌ アラキドン酸 arachidonic acid　23a
[エ]イコサノイド　[e]icosanoid　82a
[エ]イコサペンタエン酸　[e]icosapentaenoic acid　82a
[エ]イコサン酸　[e]icosanoic acid ⇌ アラキン酸 arachic acid　23a
エイジング ⇌ 加齢　ag[e]ing　10b
エイズ　AIDS ⇌ 後天性免疫不全症候群 acquired immune deficiency syndrome　5b
衛星 ⇌ サテライト　satellite　237a
衛星細胞　satellite cell　237a
永続平衡　secular equilibrium　239b
エイムス試験　Ames test　14b
栄養　nutrition　184b
　栄養[の]　vegetative　278b
栄養塩類　nutritive salts　184b
栄養外胚葉　trophectoderm　272a
栄養学的相互依存性　nutritional interdependence　184b
栄養芽層　trophoblast　272b
栄養寒天　nutrient agar　184b
栄養寒天培地　nutrient agar medium ⇌ 寒天培地 agar medium　10b
栄養共生　syntrophism　259b
栄養失調[症]　malnutrition　158b
栄養所要量　nutritional allowance　184b
栄養生殖　vegetative reproduction　278b
栄養性[の]　trophic　272b
栄養素　nutrient　184b
栄養[素]要求株　auxotroph　27b
栄養[素]要求性　auxotrophy　28a
栄養[素]要求性[突然]変異　auxotrophic mutation　28a
栄養[素]要求[突然]変異体　nutrient-requiring mutant　184b
栄養体　trophozoite　272b
栄養繁殖　vegetative propagation　278b
栄養ブイヨン　nutrient broth ⇌ ブイヨン bouillon　36a
栄養法　alimentation　12a

栄養補給　alimentation　12a
栄養膜 ⇌ 栄養芽層　trophoblast　272b
栄養脈管組織　trophospongia　272b
A因子　A factor　10a
エオシノフィロポエチン　eosinophilopoietin　87a
A型肝炎　hepatitis A　117b
液化　liquefaction　152b
液化する　liquidize　153a
液間電位[差]　liquid junction potential ⇌ 拡散電位 diffusion potential　73b
EXAFS[エキザフス]　90a
エキシトン ⇌ 励起子　exciton　90b
エキシマー　excimer　90a
液晶　liquid crystal　153a
液浸　immersion　130a
液性調節系　humoral regulation system ⇌ 内分泌系 endocrine system　84b
液性伝達　humoral transmission　124b
液性[の] ⇌ 体液性[の]　humoral　124b
液相法　liquid phase method　153a
エキソサイトーシス　exocytosis　90b
エキソトキシン ⇌ 外毒素　exotoxin　91a
エキソヌクレアーゼ　exonuclease　91a
エキソビボ　ex vivo　91b
エキソペプチダーゼ　exopeptidase　91a
エキソリボヌクレアーゼ　exoribonuclease　91a
エキソン　exon　90b
エキソンシャッフリング　exon shuffling　90b
エキソンスキッピング　exon skipping　91a
液体　liquid　152b
液体クロマトグラフィー　liquid chromatography　153a
液体シンチレーション　liquid scintillation　153a
液体シンチレーション計数器　liquid scintillation counter　153a
液体張力計　tonometer　267b
液体培地　liquid medium　153a
液体培養　liquid culture　153a

Aキナーゼ A kinase ⇌ サイクリックAMP依存性プロテインキナーゼ　cyclic AMP-dependent protein kinase　63b
エキノクロム　echinochrome　81a
エキノマイシン　echinomycin　81a
液胞　vacuole　277a
液胞膜　tonoplast　267b
エキミジニン酸　echimidinic acid　81a
エキリン　equilin　87b
エキレニン　equilenin　87b
エクアトリアル結合　equatorial bond　87b
エクオリン　aequorin　9b
EXAFS［エグザフス］　90a
エクジステロイド　ecdysteroid　80b
エクジソン　ecdysone　80b
エクステイン　extein　91a
エクステンシン　extensin　91a
エクスビボ ⇌ エキソビボ　ex vivo　91b
エクスフォリアチン　exfoliatin　90b
エクソン ⇌ エキソン　exon　90b
エクダイソン ⇌ エクジソン　ecdysone　80b
エクトイン　ectoine　81a
エクト酵素　ectoenzyme　81a
エクリン腺　eccrine gland　80b
エコーウイルス　echovirus　81a
エコトロピックウイルス ⇌ 同種指向性ウイルス　ecotropic virus　81a
壊［え］死　necrosis　177a
壊死過程　necrobiosis　177a
壊死巣　necrotic lesion　177a
ACD液　ACD solution　4a
壊死ホルモン　necrohormone ⇌ 傷ホルモン　wound hormone　282b
SI基本単位　SI base units　243a
SI組立単位　SI derived units　243b
SI国際単位系　SI units　245a
SI誘導単位 ⇌ SI組立単位　SI derived units　243b
SRP受容体　SRP receptor　250b
S1ヌクレアーゼ　S1 nuclease　246b
S1マッピング　S1 mapping　246a
S-S組換え　S-S recombination ⇌ クラススイッチ組換え　class switch recombination　52a
S-S結合　S-S bond ⇌ ジスルフィド結合　disulfide bond　76a
Ssタンパク質　Ss protein　250b
SH基　SH group　242b

SH酵素　SH enzyme　242b
SH試薬　SH reagent ⇌ スルフヒドリル試薬　sulfhydryl reagent　255b
SH阻害剤　SH-blocking reagent　242b
SHタンパク質　SH protein　243a
SHドメイン　SH domain ⇌ Srcホモロジードメイン　Src homology domain　250a
SHプロテアーゼ　SH protease ⇌ システインプロテアーゼ　cysteine protease　64b
S_N1反応　S_N1 reaction　250a
SN値　SN value ⇌ ステロイド値　steroid number　252a
S_N2反応　S_N2 reaction　250a
SN比　SN ratio　246a
SM培地　SM medium　246a
SLS繊維　segment long spacing fiber　239b
SOS機構　SOS mechanism　247b
SOS修復　SOS repair　247b
S期　S phase　248b
エスコベジン　escobezin ⇌ アザフリン　azafrin　28b
SCFユビキチンリガーゼ複合体　SCF ubiquitin ligase complex　237b
S字［形］曲線　sigmoid curve　243b
S字形相関　sigmoid relationship　243b
S字結腸　sigmoid colon　243b
Sタンパク質　S protein　250a
$strA$遺伝子　$strA$ gene　252a
SDS-ポリアクリルアミドゲル電気泳動　SDS-polyacrylamide gel electrophoresis　238b
SD抗原　SD antigen　238b
SD配列　SD sequence ⇌ シャイン・ダルガーノ配列　Shine-Dalgarno sequence　242b
エステラーゼ　esterase　89a
エステル　ester　89a
エステル価　ester value　89a
エステル化する　esterify　89a
エステル結合部　esteratic site　89a
エステル転移反応　transesterification　269a
エストラジオール　estradiol　89a
エストリオール　estriol　89a
エストロゲン　estrogen　89a
エストロゲン受容体　estrogen receptor　89a
エストロン　estrone　89a
SPF動物　SPF animal　248b
Sペプチド　S peptide　248b

S領域　S region → スイッチ領域　switch region　258a
エズリン　ezrin　91b
エゼリン　eserin → フィゾスチグミン　physostigmine　203b
A染色体　A-chromosome　5a
A帯　A band　3b
枝切り酵素【グリコーゲンやデンプンの】 → 脱分枝酵素　debranching enzyme　67b
エタクリン酸　ethacrynic acid　89a
枝つくり酵素 → 分枝酵素　branching enzyme　36b
エタノール　ethanol　89b
エタノールアミン　ethanolamine　89b
エタノールアミンプラスマローゲン　ethanolamineplasmalogen → プラスメニルエタノールアミン　plasmenylethanolamine　206a
エタノールアミンリン酸　ethanolamine phosphate　89b
エタノール沈殿　ethanol precipitation　89b
枝分かれ　branching　36b
Aタンパク質　A protein　23a
エタンブトール　ethambutol　89b
エチオコランジオン　etiocholanedione　89b
エチオニン　ethionine　89b
エチオポルフィリン　etioporphyrin　90a
エチジウムブロミド → 臭化エチジウム　ethidium bromide　89b
エチノジオール　ethynodiol　89b
エチラール　ethylal　89b
エチルアルコール　ethyl alcohol → エタノール　ethanol　89b
N-エチルマレイミド　N-ethylmaleimide　89b
エチレン　ethylene　89b
エチレングリコール　ethylene glycol　89b
エチレングリコールビス(2-アミノエチルエーテル)四酢酸　ethylene glycol bis(2-aminoethyl ether) tetraacetic acid　89b
エチレンジアミン四酢酸　ethylenediaminetetraacetic acid　89b
XXY症候群　XXY syndrome → クラインフェルター症候群　Klinefelter syndrome　144a
XO症候群　XO syndrome → ターナー症候群　Turner syndrome　284a
X-gal　X-gal　283b
Xクロマチン　X chromatin　283b
X線　X-ray　284a
X線回折　X-ray diffraction　284a

X線回折計　X-ray diffractometer　284a
X線結晶学 → X線結晶構造解析　X-ray crystallography　284a
X線結晶構造解析　X-ray crystallography　284a
X線小角散乱　X-ray small angle scattering　284a
X染色質 → Xクロマチン　X chromatin　283b
X染色体　X chromosome　283b
X染色体不活性化　X chromosome inactivation　283b
X線透過型コンピューター断層撮影法　X-ray transmission computed tomography　284a
X線フィルター　X-ray filter　284a
HE染色　HE staining → ヘマトキシリン-エオシン染色　hematoxylin-eosin staining　116b
H_1遮断薬　H_1-blocker　115a
H_1受容体　H_1 receptor　124a
HEPAフィルター　HEPA filter　117a
Hfr[菌]株　Hfr strain　120a
HFT溶菌液　HFT lysate → 高頻度形質導入溶菌液　high-frequency transducting lysate　120b
HLA抗原　HLA antigen　121b
H抗原　H antigen　114a
H鎖　H chain　115a
H鎖病　H chain disease　115a
H帯　H band　115a
HDLコレステロール　HDL cholesterol → 高密度リポタンパク質コレステロール　high-density lipoprotein cholesterol　120a
H-D交換　H-D exchange → 重水素交換　deuterium exchange　71b
H-D抗体　H-D antibody　115a
H-2遺伝子複合体　H-2 gene complex　120a
H-2抗原　H-2 antigen　114a
H_2遮断薬　H_2-blocker　115a
H_2受容体　H_2 receptor　124a
H-2組織適合抗原　H-2 histocompatibility antigen　120a
HBs抗原　HB surface antigen → オーストラリア抗原　Australia antigen　27a
H^+-ATPアーゼ　H^+-ATPase　114b
H^+ポンプ　H^+-pump → プロトンポンプ　proton pump　218b

エネルキシ 311

H⁺輸送性ATPアーゼ　H⁺-translocating ATPase　124c
Hメロミオシン　H-meromyosin ⇌ ヘビーメロミオシン　heavy meromyosin　115b
H-Y抗原　H-Y antigen　125a
ADA欠損症　ADA deficiency ⇌ アデノシンデアミナーゼ欠損症　adenosine deaminase deficiency　8a
ADH分泌異常症候群　syndrome of inappropriate secretion of ADH　258c
ATPアーゼ　ATPase ⇌ アデノシントリホスファターゼ　adenosine triphosphatase　8a
ADPアーゼ　ADPase ⇌ アピラーゼ　apyrase　23a
ATP-ADP交換輸送体　ATP-ADP carrier　26a
ADPグルコース　ADP glucose　9a
ATP合成酵素　ATP synthetase　26b
ATP再生系　ATP-regenerating system　26b
ATP産生系　ATP-generating system　26a
ATPジホスファターゼ　ATP diphosphatase ⇌ アピラーゼ　apyrase　23a
ATPシンテターゼ ⇌ ATP合成酵素　ATP synthetase　26b
ADP糖　ADP-sugar　9a
ATP-ピロリン酸交換反応　ATP-pyrophosphate exchange reaction　26a
ATPモノホスファターゼ　ATP monophosphatase ⇌ アデノシントリホスファターゼ　adenosine triphosphatase　8a
ADPリボシル化　ADP-ribosylation　9a
ADPリボシル化因子　ADP-ribosylation factor　9a
ATP-リン酸交換反応　ATP-phosphate exchange reaction　26a
エデイン　edeine　81a
エデスチン　edestin　81a
エテノアデノシン　ethenoadenosine　89b
エーテル脂質　ether lipid　89b
エーテルリン脂質　ether phospholipid　89b
エテン　ethene ⇌ エチレン　ethylene　89b
エトキシギ酸無水物　ethoxyformic anhydride　89b
エトスクシミド　ethosuximide　89b
エトポシド　etoposide　90a
エドマン[分解]法　Edman [degradation] method　81b
エドワーズ症候群　Edwards syndrome　81b

エナミン　enamine　84b
エナメリン　enamelin　84b
エナメル　enamel　84b
エナメル芽細胞　amelobalst　14b
エナメル質　enamel　84b
エナメル質形成　amelogenesis　14b
エナメル上皮腫　adamantinoma　7b
エナンチオマー ⇌ 鏡像[異性]体　enantiomer　84b
エナント酸　enanthic acid　84b
エニジン　enidin　85b
エニン　enin　85b
NIH転位　NIH shift　180b
NADH-CoQレダクターゼ[系]　NADH-CoQ reductase [system]　176a
NAD[P]依存性デヒドロゲナーゼ　NAD[P]-dependent dehydrogenase ⇌ ピリジンデヒドロゲナーゼ　pyridine dehydrogenase　221b
NADPHオキシダーゼ系　NADPH oxidase system　176a
NADPHデヒドロゲナーゼ　NADPH dehydrogenase　176a
NMDA受容体　NMDA receptor ⇌ N-メチル-D-アスパラギン酸受容体　N-methyl-D-aspartate receptor　165b
N,O-アシル転位　N,O-acyl rearrangement　181a
NO合成酵素 ⇌ NOシンターゼ　NO synthase　183a
NOシンターゼ　NO synthase　183a
NK細胞　NK cell ⇌ ナチュラルキラー細胞　natural killer cell　176b
NZWマウス　NZW mouse　185b
NZBマウス　NZB mouse　185b
Nタンパク質　N protein　183a
NTPポリメラーゼ　NTP polymerase　183a
N末[端]　N-terminal ⇌ アミノ末端【タンパク質ペプチド鎖の】　amino terminal　16a
N末端アミノ酸残基　N-terminal amino acid residue　183a
N末端則　N-end rule　177a
N末端分析　N-terminal analysis　183a
エネアミン　eneamine ⇌ エナミン　enamine　84a
エネルギー　energy　85b
エネルギー学　energetics　85b
エネルギー充足率　energy charge　85b

エネルギー収量	energy yield 85b	エフェクター	effector 81b
エネルギー準位	energy level 85b	エフェクターT細胞	effector T cell 81b
エネルギー障壁	energy barrier 85b	エフェドリン	ephedrine 87a
エネルギー代謝	energy metabolism 85b	Fabフラグメント	Fab fragment 92a
エネルギー転移	energy transfer 85b	*FMR-1*遺伝子	*FMR-1* gene 97b

エネルギー発生性反応 ⇌ 発エルゴン反応 exergonic reaction 90b
FMR抗原 FMR antigen 97b
エノラーゼ enolase 85b
Fmoc法 Fmoc method 97b
エノラートアニオン enolate anion 85b
FLS繊維 fibrous long spacing 94b
エノール形 enol form 85b
F^+菌株 F^+ strain 100b
エノールリン酸 enol phosphate 85b
F^-菌株 F^- strain 100b
エバポレーター ⇌ 蒸発器 evaporator 90a
FK506結合タンパク質 FK506-binding protein 95a
エバンスブルー Evans Blue 90a
APエンドヌクレアーゼ AP endonuclease 22a
F検定 F test 100b
ABO式血液型 ABO blood type 3b
Fc受容体 Fc receptor 93a
エピキトサミン epichitosamine ⇌ エピグルコサミン epiglucosamine 87a
Fcフラグメント Fc fragment 93a
Fc'フラグメント Fc' fragment 93a
エピグルコサミン epiglucosamine 87a
Fcレセプター ⇌ Fc受容体 Fc receptor 93a
エピジェネティクス epigenetics 87a
ABCファミリー輸送体 ABC family transporter 3b
エプスタイン・バーウイルス Epstein-Barr virus 87b
APCユビキチンリガーゼ複合体 APC ubiquitin ligase complex 22a
F線毛 F pilus (*pl.* F pili) 99a
Fdフラグメント Fd fragment 93a
エピスターシス epistasis 87b
Fプラスミド F plasmid 99a
エピスタシス分散 ⇌ 上下位性分散 epistatic variance 87a
F'プラスミド F' plasmid 99a
abl〖エブル〗遺伝子 *abl* gene 3b
エピセサミン episesamin 87a
2,3-エポキシスクアレン 2,3-epoxysqualene 87b
エピソーム episome 87a
エピタイプ epitype 87b
エポキシド epoxide 87b
エピトープ epitope 87b
エボジアミン evodiamine 90a
エピネフリン epinephrine ⇌ アドレナリン adrenaline 9a
エボジン evodine ⇌ リモニン limonin 151a
エピマー epimer 87a
エボラウイルス Ebola virus 80a
エピマー化 epimerization 87a
エマーソン効果 Emerson effect 84a
エピメラーゼ epimerase 87a
エマルゲン系界面活性剤 Emulgen series surfactant 84a
APUD細胞 APUD cell 23a
エピレナミン epirenamine ⇌ アドレナリン adrenaline 9a
エマルション emulsion 84b
MN式血液型 MN blood group 169a
Fアクチン F actin 92a
M型効果 M system effect 172a
A部位(リボソームの) A site 25a
M期 M phase 172a
F_1-ATPアーゼ F_1-ATPase 93a
M期促進因子 metaphase promoting factor 164b
Aフィラメント A filament ⇌ ミオシンフィラメント myosin filament 175b
M13ファージ M13 phage 172a
F因子 F factor ⇌ Fプラスミド F plasmid 99a
M線〖筋繊維の〗 M line 168b
M線タンパク質 M line protein ⇌ Mタンパク質〖横紋筋繊維の〗 M protein 172a
F'因子 F' factor ⇌ F'プラスミド F' plasmid 99a
M帯 M band ⇌ M線〖筋繊維の〗 M line 168b
MWCモデル MWC model ⇌ モノー・ワイマ

ン・シャンジューモデル　Monod-Wyman-Changeux model　170b
Mタンパク質　【横紋筋繊維の】　M protein　172a／M protein ⇌ 骨髄腫タンパク質　myeloma protein　175a
Mタンパク質血症　M proteinemia ⇌ モノクローナルグロブリン病　monoclonal immunoglobulinopathy　170b
エムデン・マイヤーホフ[・パルナス]経路　Embden-Meyerhof[-Parnas] pathway ⇌ 解糖系　glycolytic pathway　109a
Mマクログロブリン　M macroglobulin　169a
エムルシン　emulsin　84a
エメチン　emetine　84a
エモジン　emodin　84a
Au抗原　Au antigen ⇌ オーストラリア抗原　Australia antigen　27a
えら　branchia(*pl.* branchiae)　36b
ELISA[エライザ]　83b
エライジン酸　elaidic acid　82a
エラスターゼ　elastase　82a
エラスタチナール　elastatinal　82a
エーラース・ダンロス症候群　Ehlers-Danlos syndrome　82a
エラスチン　elastin　82a
エラストイジン　elastoidin　82a
エラテリシン　elatericin　82a
エラー頻発型PCR ⇌ 変異導入型PCR　error-prone PCR　88a
エラブウミヘビ　*Laticauda semifasciata*　147b
エラブトキシン　erabutoxin　87b
エリオジクチオール　eriodictyol　88a
ELISA[エリサ]　83b
エリシター　eliciter　83b
エリスロポエチン　erythropoietin　88b
エリスロマイシン　erythromycin　88b
エリトリトール　erythritol　88b
エリトリナアルカロイド　erythrina alkaloid　88b
エリトリン　erythrin　88b
エリトルロース　erythrulose　88b
エリトロイジン　erythroidine　88b
エリトロクプリン　erythrocuprin ⇌ エリトロクプレイン　erythrocuprein　88b
エリトロクプレイン　erythrocuprein　88b
エリトログリカン　erythroglycan　88b
エリトロクルオリン　erythrocruorin　88b

エリトロゲン酸　erythrogenic acid　88b
エリトロース　erythrose　88b
エリトロ配置　erythro configuration　88b
エリトロポエチン ⇌ エリスロポエチン　erythropoietin　88b
エリニン　elinin　83b
LE細胞　LE cell　148b
L1ファミリー配列　L1 family sequence　150b
L因子　L factor ⇌ ビタミンL　vitamin L　280b
LAK細胞　LAK cell　146b
LFA抗原　LFA antigen　150a
LFT溶菌液　LFT lysate ⇌ 低頻度形質導入溶菌液　low-frequency transducing lysate　154a
エルカインド回復　Elkind's recovery　83b
エルカ酸　erucic acid　88a
エルガストプラズム　ergastoplasm　88a
エルグ　erg　88a
エルゴカルシフェロール　ergocalciferol　88a
エルゴクリスチン　ergocristine　88a
エルゴコルニニン　ergocorninine　88a
エルゴコルニン　ergocornine　88a
エルゴステロール　ergosterol　88a
エルゴタミン　ergotamine　88a
エルゴチオネイン　ergothioneine　88a
エルゴノビン　ergonovine　88a
エルゴメトリン　ergometrine　88a
L鎖　L chain　148a
L細胞　L cell　148a
LCAT欠損症　LCAT deficiency　148a
エルシニア　*Yersinia*　284a
エルス病　Hers disease ⇌ 肝ホスホリラーゼ欠損症　liver phosphorylase deficiency　153a
エルスワース・ハワード試験　Ellsworth-Howard test　83b
エルソン・モルガン反応　Elson-Morgan reaction　83b
LD抗原　LD antigen　148a
LB因子　LB factor ⇌ D(+)-パンテテイン　D(+)-pantetheine　192b
エルマン試薬　Ellman's reagent　83b
Lメロミオシン　L-meromyosin ⇌ ライトメロミオシン　light meromyosin　150b
エールリッヒ試薬　Ehrlich's reagent　82a
エールリッヒ反応　Ehrlich reaction　82a

エールリッヒ腹水がん[癌]　Ehrlich's ascites carcinoma　82a
Lyt抗原　Lyt antigen　156b
エレクトロスプレーイオン法　electrospray ionization　83a
エレクトロポレーション　electroporation　83a
エレプシン　erepsin　88a
エーレンマイヤー法　Erlenmeyer method　88a
エーロゾル　aerosol　10a
塩　salt　236a
遠位尿細管　distal tubule　76a
円がい[蓋]　fornix　99a
塩化水素　hydrogen chloride　125b
塩化セシウム密度勾配遠心分離法　cesium chloride density-gradient centrifugation　46a
塩化トロニウム　tolonium chloride ⇌ トルイジンブルーO　toluidine blue O　267a
塩化白金酸 ⇌ クロロ白金酸　chloroplatinic acid　48b
円環体　torus　267b
塩基　base　30b
塩基触媒　base catalyst　30b
塩基性色素　basic dye　30b
塩基性繊維芽細胞増殖因子　basic fibroblast growth factor　30b
塩基性[の]　basic　30b
塩基組成　base composition　30b
塩基置換　base substitution　30b
塩基対　base pair　30b
[塩基]転位 ⇌ トランジション　transition　269b
[塩基]転位変異 ⇌ トランジション変異　transition mutation　269b
[塩基]転換変異 ⇌ トランスバージョン変異　transversion mutation　270b
塩基のスタッキング　stacking of base　250b
塩基の相補性 ⇌ 相補性【核酸塩基の】　complementarity of base　55b
塩基の対合　base pairing　30b
塩基の積み重なり ⇌ 塩基のスタッキング　stacking of base　250b
塩橋　salt bridge　236a
塩基類似体　base analog[ue]　30b
エングラム　engram　85b
エンケファリン　enkephalin　85b
炎光光度計　flame photometer　95b

炎光光度検出器　flame photometric detector　95b
炎光分光分析　flame spectrochemical analysis　96a
エンザイムイムノアッセイ　enzyme immunoassay　86b
塩酸グアニジン　guanidine hydrochloride　112a
エンジオール　enediol　85b
遠紫外[の]　far ultraviolet　92b
炎症　inflammation　133b
遠心　centrifugation　45a
　遠心[の]　centrifugal　45a
遠心機　centrifuge　45a
遠心性神経　efferent nerve　81b
遠心沈殿する　spin down　249a
遠心分離　centrifugation　45a
遠心分離機　centrifuge　45a
遠心力場　centrifugal field　45a
延髄　medulla oblongata　161a
円錐[すい]体　cone　56b
円錐[すい]様物　conus　58a
塩析　salting out　236a
遠赤外[の]　far infrared　92b
塩素　chlorine　48b
塩素イオン移動 ⇌ 塩素移動　chloride shift　48b
塩素イオン電位 ⇌ 塩素電位　chloride potential　48b
塩素移動　chloride shift　48b
塩素化　chlorination　48b
塩素処理　chlorination　48b
塩素チャネル　chloride channel　48b
塩素電位　chloride potential　48b
エンタクチン　entactin　85b
エンタルピー　enthalpy　86a
延長因子 ⇌ 伸長因子　elongation factor　83b
エンテロウイルス属　Enterovirus　86a
エンテロガストロン　enterogastrone　86a
エンテロキナーゼ　enterokinase ⇌ エンテロペプチダーゼ　enteropeptidase　86a
エンテロコッカス ⇌ 腸球菌　enterococcus　86a
エンテロトキシン　enterotoxin　86a
エンテロバクター　Enterobacter　86a
エンテロペプチダーゼ　enteropeptidase　86a
エンドウマメ　Pisum sativum　205a
エンドグリコシダーゼ　endoglycosidase　85a

エンドサイトーシス endocytosis 84b
　エンドサイトーシスの endocytic 84b
エンドセリン endothelin 85a
エンドセリン変換酵素 endothelin converting enzyme 85a
エンドソーム endosome 85a
エンドトキシン ⇌ 内毒素 endotoxin 85a
エントナー・ドゥドロフ経路 Entner-Doudoroff pathway 86a
エンドヌクレアーゼ endonuclease 85a
エンドペプチダーゼ endopeptidase 85a
エンドリシン endolysin ⇌ ファージリゾチーム phage lysozyme 198a
エンドルフィン endorphin 85a
エントロピー entropy 86a
円二色計 dichrograph 72b
円二色性 circular dichroism 51b

塩入 ⇌ 塩溶 salting in 236a
燕麦〖えんばく〗細胞がん[癌] oat cell carcinoma 185a
円板 disk 75b
エンハンサー enhancer 85b
エンハンシング抗体 ⇌ 促進抗体 enhancing antibody 85b
エンハンソソーム enhanceosome 85b
エンプティセラ症候群 empty-sella syndrome 84a
エンブリオニン embryonin 84a
塩分 salinity 235b
エンベロープ【ウイルスの】 envelope 86a
円偏光二色性 ⇌ 円二色性 circular dichroism 51b
塩溶 salting in 236a
塩類[溶]液 saline 235b

オ

尾 tail 259b
追いうち感染 ⇌ 重感染 superinfection 256b
オイゲノール eugenol 90a
O157 185a
オイルレッドO Oilred O 186a
横行[小]管 transverse tubule ⇌ T管 T tubule 273a
雄ウシ ox 190a
黄色素胞 xanthophore 283a
黄色腫 xanthoma 283a
黄色腫症 xanthomatosis 283a
黄色ブドウ球菌 ⇌ スタフィロコッカス=アウレウス Staphylococcus aureus 251a
黄体 corpus luteum (pl. corpora lutea) 59a
横帯 zonite 285b
黄体形成ホルモン luteinizing hormone 155a
黄体形成ホルモン放出因子 luteinizing hormone-releasing factor ⇌ 黄体形成ホルモン放出ホルモン luteinizing hormone-releasing hormone 155a
黄体形成ホルモン放出ホルモン luteinizing hormone-releasing hormone 155a
黄体細胞 lutein cell 155a
黄体刺激ホルモン luteotropic hormone ⇌ プロラクチン prolactin 215b

黄体ホルモン corpus luteum hormone ⇌ ゲスターゲン gestagen 105b
黄疸〖だん〗 jaundice 141a
横断切片 cross section 62a
応答 response 230a
応答能 competence 55a
往復機構 reciprocating mechanism 226b
横紋筋 striated muscle 253a
応力 stress 253a
大型細胞性[の] macrocellular 157a
オオシアン oocyan 187a
オーカーコドン ochre codon 185a
岡崎断片 ⇌ 岡崎フラグメント Okazaki fragment 186a
岡崎フラグメント Okazaki fragment 186a
オーカーサプレッサー ochre suppressor 185b
オカダ酸 okadaic acid 186a
オーカー[突然]変異 ochre mutation 185a
オーガナイザー ⇌ 形成体 organizer 188a
岡山・バーグ法 Okayama-Berg method 186a
オキサゾロン oxazolone 190a
オキサノグラフィー auxanography 27b
オキサマイシン oxamycin ⇌ D-シクロセリン D-cycloserine 64a

オキサミセチン　oxamicetin　190a
オキサロコハク酸　oxalosuccinic acid　190a
オキサロ酢酸　oxalacetic acid　190a
オキシゲナーゼ　oxygenase　190b
オキシダーゼ　⇒酸化酵素　oxidase　190a
オキシチアミン　oxythiamin　191b
オキシテトラサイクリン　oxytetracycline　191b
オキシトシン　oxytocin　191b
オキシドレダクターゼ　⇒酸化還元酵素　oxidoreductase　190b
オキシビオチン　oxybiotin　190b
オキシヘモグロビン　oxyhemoglobin　191a
オキシラン　oxirane　⇒エポキシド　epoxide　87b
オーキシン　auxin　27b
オキシントモジュリン　oxyntomodulin　191b
オキソ【基】　oxo　190b
オキソアジピン酸　oxoadipic acid　190a
オキソイソメラーゼ　oxoisomerase　190b
2-オキソグルタルアミド酸　2-oxoglutaramic acid　190b
2-オキソグルタル酸　2-oxoglutaric acid　190b
オキソ酸　oxo acid　190b
オキソステロイド　oxosteroid　⇒ケトステロイド　ketosteroid　143b
オキソニウムイオン　oxonium ion　190b
オキソフェナルシン　oxophenarsine　190b
5-オキソプロリナーゼ　5-oxoprolinase (ATP-hydrolyzing)　190b
オキソリン酸　oxolinic acid　190b
オクタコサン酸　octacosanoic acid　⇒モンタン酸　montanoic acid　171a
オクタデカノイル CoA　octadecanoyl-CoA　⇒ステアロイル CoA　stearoyl-CoA　251a
オクタノール　octanol　185b
オクタロニー[拡散]法　Ouchterlony [diffusion] method　189b
オクタロニー試験　Ouchterlony's test　⇒オクタロニー[拡散]法　Ouchterlony [diffusion] method　189b
オクタン　octane　185b
オクタン酸　octanoic acid　185b
小口[おぐち]病　Oguchi disease　186a
オクチルグルコシド　octyl glucoside　185b
オクツロソン酸　octulosonic acid　185b
オクトース　octose　185b

オクトパミン　octopamine　185b
オクトピン　octopine　185b
O抗原　O antigen　185a
オサゾン　osazone　189a
オサミン　osamine　189a
押しつぶし標本　squash preparation　250a
オシトシン　ocytocin　⇒オキシトシン　oxytocin　191b
オステオカルシン　osteocalcin　189a
オステオネクチン　osteonectin　189b
オステオペニア　osteopenia　189b
オーストラリア抗原　Australia antigen　27a
オスモル　osmole　189b
オセオムコイド　osseomucoid　189a
汚染　contamination　58a／pollution　208a
汚染除去　decontamination　68a
オゾニド　ozonide　191b
オゾン　osone　189a
オゾン　ozone　191b
オゾン層　ozone layer　191b
オゾン分解　ozonolysis　191b
オータコイド　autacoid　27a
オーダーパラメーター【ESRなどの】　order parameter　188b
おたふくかぜウイルス　⇒ムンプスウイルス　mumps virus　173b
オタマジャクシ　tadpole　259b
ODCアンチザイム　ODC antizyme　⇒アンチザイム　antizyme　22a
オートクリン　⇒自己分泌　autocrine　27a
オートクレーブ　⇒高圧滅菌器　autoclave　27a
音振動測定器　tonometer　267b
オートソーム　⇒常染色体　autosome　27b
オートファジー　⇒自食作用　autophagy　27b
オートラジオグラフ　autoradiograph　27b
オートラジオグラフィー　autoradiography　27b
オートラジオグラム　autoradiogram　27b
囮[おとり]　⇒デコイ　decoy　68a
オバクラクトン　obaculactone　⇒リモニン　limonin　151a
オーバーフロー　overflow　190a
オーバーラップ遺伝子　overlapping gene　190a
オパールガラス法　opal glass method　187a
オパールコドン　opal codon　187a
オパールサプレッサー　opal suppressor　187a

オパール[突然]変異　opal mutation　187a
オピエート　opiate　187a
オピオイド　opioid　187a
オピオイド受容体　opioid receptor　187a
オピオイドペプチド　opioid peptide　187a
オピオメラノコルチン　opiomelanocortin　187a
雄ヒツジ　ram　225a
オファーレル法　O'Farrell method　186a
オーファン受容体　orphan receptor　188b
オフィオボリン　ophiobolin　187a
オプシン　opsin　187b
オプソニン　opsonin　187b
オプソニン作用　opsonin activity　187b
オプソニン試験　opsonin test　187b
オフタルミン酸　ophthalmic acid　187a
オブツシル酸　obtusilic acid　185a
オープンリーディングフレーム　open reading frame　187a
オペレーター[遺伝子]　operator [gene]　187a
オペロン　operon　187a
オペロン説　operon theory　187a
オボアルブミン　ovalbumin　189b
オボインヒビター　ovoinhibitor　190a
オボグロブリン　ovoglobulin　190a
オボトランスフェリン　ovotransferrin　190a
オボムコイド　ovomucoid　190a
オーム　ohm　186a
ωコノトキシン　ω conotoxin　185a
ω酸化　ω oxidation　185a
親株　parent strain　193b
親細胞　parent cell　193b
オーラミン O　auramine O　27a
オリエントマイシン　orientmycin ⇌ D-シクロセリン　D-cycloserine　64a
オリゴアデニル酸　oligoadenylic acid　186a
オリゴ(A)　oligo(A) ⇌ オリゴアデニル酸　oligoadenylic acid　186a
オリゴデンドログリア　oligodendroglia　186a
オリゴ糖　oligosaccharide　186b
オリゴヌクレオチド　oligonucleotide　186b
オリゴペプチド　oligopeptide　186b
オリゴマー　oligomer　186a
オリゴマイシン　oligomycin　186b
オリゴマイシン感受性 ATP アーゼ　oligomycin-sensitive ATPase　186b
オリゴマイシン感受性付与因子　oligomycin sensitivity-conferring factor　186b
オリゴマイシン感受性付与タンパク質　oligomycin sensitivity-conferring protein　186b
オリゴマー酵素　oligomeric enzyme　186a
オリゴマータンパク質　oligomeric protein　186b
オリゼニン　oryzenin　188b
折りたたみ【タンパク質の】　folding　98a／protein folding　217b
折りたたみ説　folding theory　98a
オリーブ核　olivary nucleus　186b
オリーブ油　olive oil　186b
オリボマイシン A　olivomycin A　186b
ori 領域　*ori* region ⇌ 複製起点　replication origin　229a
オルガネラ　organelle　188a
オルシノール-硫酸法　orcinol-sulfuric acid method　187b
オルシーバー液　Alsever's solution　14a
オルセリン酸　orsellinic acid　188b
オルソログ遺伝子　orthologue gene　188b
オルトホウ酸 ⇌ 正ホウ酸　orthoboric acid　188b
オルトミクソウイルス科　*Orthomyxoviridae*　188b
オルトリン酸 ⇌ 正リン酸　orthophosphoric acid　188b
オルニチン　ornithine　188b
オルニチン回路　ornithine cycle ⇌ 尿素回路　urea cycle　276a
オルニチンデカルボキシラーゼ　ornithine decarboxylase　188b
オルニツル酸　ornithuric acid　188b
オレアノール酸　oleanolic acid　186a
オレアンドマイシン　oleandomycin　186a
オレイン　olein ⇌ トリオレイン　triolein　271b
オレイン酸　oleic acid　186a
オレオパルミトステアリン　oleopalmitostearin　186a
オレオプラスト　oleoplast　186a
オーレオマイシン　aureomycin ⇌ クロルテトラサイクリン　chlortetracycline　49a
オレフィン　olefin ⇌ アルケン　alkene　12b
オロソムコイド　orosomucoid　188b
5′-オロチジル酸　5′-orotidylic acid　188b
オロチン酸 ⇌ オロト酸　orotic acid　188b
オロト酸　orotic acid　188b

オロト酸尿症　orotic aciduria　188b
オーロベルチン　auroverin　27a
オングストローム　angstrom　18b
オンコジーン ⇌ がん[癌]遺伝子　oncogene　186b
オンコスタチン　oncostatin　186b
オンコモジュリン　oncomodulin　186b
オンサーガーの相反定理　Onsager's reciprocal theorem　186b
温式抗体 ⇌ 温暖抗体　warm antibody　281a
温暖抗体　warm antibody　281a

温置 ⇌ インキュベーション　incubation　132a
温度感受性　temperature sensitivity　261b
温度感受性[突然]変異体　temperature sensitive mutant　261b
温度勾配ゲル電気泳動　temperature gradient gel electrophoresis　261b
温度ジャンプ法　temperature-jump method　261a
音波処理　sonication　247b
音波破壊　sonic disintegration　247b

カ

科【分類】　family　92b
加アルコール分解 ⇌ アルコーリシス　alcoholysis　11b
界【分類】　kingdom　144a
外因子　extrinsic factor　91b
外因性[の]　exogenous　90b
外因性要因　extrinsic factor　91b
外界温度　ambient temperature　14b
開花ホルモン　flowering hormone　96b
ガイガー・ミュラー計数管　Geiger-Müller counter　103b
開環状DNA　open circular DNA　187a
回帰　regression　227b
回帰係数　regression coefficient　227b
階級　rank　225b
階級分化フェロモン　cast pheromone　42b
壊血病　scurvy　238b
カイコ　silkworm　244a
会合　association　25b
会合イオン対　associated ion pair　25b
会合定数　association constant　25b
開口分泌 ⇌ エキソサイトーシス　exocytosis　90b
カイザー　kayser　142b
介在ニューロン　interneuron　136b
介在[の]　intercalary　135b
介在配列　intervening sequence ⇌ イントロン　intron　137a
開始　initiation　134a
開始因子　initiation factor　134a

開始コドン　initiation codon　134a
χ自乗検定 ⇌ χ二乗検定　χ square test　38a
開始する　prime　214a
外質　ectoplasm　81a
概日[性]　circadian　51b
概日[の]　circadian　51b
概日リズム ⇌ サーカディアンリズム　circadian rhythm　51b
開始tRNA　initiator tRNA　134a
開始複合体　initiation complex　134a
回収　recovery　227b
解重合する ⇌ 脱重合する　depolymerize　70b
回収する　harvest　114b
回収率　recovery　227a
外植　explantation　91a
外植体 ⇌ 外植片　explant　91a
外植片　explant　91a
外植片培養　explant culture　91a
回折　diffraction　73b
階層　hierarchy　120a
外挿　extrapolation　91b
外層膜　outer envelope　189b
外側膝状核　lateral geniculate nucleus　147b
階段溶離　stepwise elution　251b
回腸　ileum (pl. ilea)　129b
回転異性体　rotational isomer　234b
回転エネルギー準位　rotational energy level　234a
回転拡散係数　rotary diffusion coefficient　234a

回転減圧蒸発器 rotatary [vacuum] evaporator ⇌ ロータリーエバポレーター rotary evaporator 234a
回転子 rotor 234b
回転振とう培養 rotary shaking culture 234a
回転相関時間 rotational correlation time 234a
回転対称 rotational symmetry 234b
回転置換 turnover 274a
回転置換率 turnover rate 274a
回転粘度計 rotational viscometer 234b
回転培養 rotation culture 234b
回転瓶培養 roller bottle culture 234a
解糖 glycolysis 109a
外とう pallium 192a
外筒 sheath 242b
解糖系 glycolytic pathway 109a
外とう細胞 ⇌ 衛星細胞 satellite cell 237a
解読【暗号の】 decoding 68a
外毒素 exotoxin 91a
χ二乗検定 χ square test 38a
カイニン酸 kainic acid 142a
カイネチン kinetin 144a
概年リズム circannual rhythm 51b
海馬 hippocampus 121a
外胚葉 ectoderm 81a
灰白質【脳の】 gray matter 111b
海馬傍回 parahippocampal gyrus 193a
外皮 pellicle 195a
外被タンパク質 ⇌ コートタンパク質【ファージやウイルスの】 coat protein 53a
外表タンパク質 ectoprotein 81a
回復【活性などの】 reactivation 226a
回復【構造などの】 restoration 230a
回復【損失などの】 recovery 227a
灰分 ash 24b
回文配列 ⇌ パリンドローム palindrome 192a
外分泌 external secretion 91b
外分泌腺 exocrine gland 90b
壊変 disintegration 75b／⇌ 崩壊【原子の】 decay 67b
解剖学 anatomy 18a
開放系 open system 187a
外包膜【葉緑体の】 outer envelope 189b
外膜 outer membrane 189b
外膜[の] adventitial 9b

界面 surface 257a
海綿芽細胞 spongioblast 250a
海綿芽細胞腫 ⇌ 神経海綿芽細胞腫をみよ.
界面活性 surface activity 257b
界面活性剤 surfactant 257b
海綿質 ⇌ スポンギン spongin 250a
海綿状 spongiform 249b
海綿状脳症 spongiform encephalopathy 249b／subacute spongiform encephalopathy ⇌ クロイツフェルト・ヤコブ病 Creutzfeldt-Jakob disease 61b／⇌ 亜急性海綿状脳症もみよ.
界面張力 interfacial tension 136a
界面電位 interfacial potential 136a
界面動電位 electrokinetic potential ⇌ ゼータ電位 zeta potential 285a
潰瘍 ulcer 275a
外来性[の] extraneous 91b
解離 dissociation 76a
解離【細胞の】 maceration 157a
解離因子 dissociation factor 76a
解離曲線 dissociation curve 76a
解離定数 dissociation constant 76a
開裂 cleavage 52b
カイロミクロン ⇌ キロミクロン chylomicron 51a
回路網熱力学 network thermodynamics 178a
ガウス gauss 103b
ガウス分布 Gaussian distribution ⇌ 正規分布 normal distribution 182b
カウレン kaurene 142b
カウンターカレント免疫電気泳動 countercurrent immunoelectrophoresis ⇌ 交差免疫電気泳動 crossed immunoelectrophoresis 61b
かえで糖尿症 ⇌ メープルシロップ尿症 maple syrup urine disease 159b
カエルリン ⇌ セルレイン caerulein 38b
過塩素酸 perchloric acid 196a
カオトロピックイオン chaotropic ion 46b
化学価 ⇌ ケミカルスコア chemical score 47b
化学化石 chemical fossil 47a
化学感覚毛【昆虫の】 chemosensory hair 47b
化学共役説【酸化的リン酸化の】 chemical coupling hypothesis 47a
化学結合 chemical bond 47a

化学合成　chemical synthesis　47b
化学合成従属栄養生物　chemoheterotroph　47b
化学合成生物　chemotroph　48a
化学合成独立栄養生物　chemoautotroph　47b
化学合成無機栄養生物　chemolithotroph ⇌ 無機栄養生物　lithotroph　153b
化学合成無機栄養［の］　chemolithotrophic　47b
化学合成有機栄養生物　chemoorganotroph ⇌ 有機栄養生物　organotroph　188a
化学合成有機栄養［の］　chemoorganotrophic　47b
化学式　chemical formula　47a
化学シフト【核磁気共鳴の】　chemical shift　47b
化学修飾　chemical modification　47a
化学受容器　chemoreceptor　47b
化学受容体 ⇌ 化学受容器　chemoreceptor　47b
化学進化　chemical evolution　47a
化学浸透圧性［の］　chemiosmotic　47b
化学浸透圧説【酸化的リン酸化または光リン酸化反応の】　chemiosmotic hypothesis　47b
化学走性 ⇌ 走化性　chemotaxis　47b
化学走性因子 ⇌ 走化性因子　chemotactic factor　47b
化学的酸素要求量　chemical oxygen demand　47b
化学的［突然］変異誘発　chemical mutagenesis　47b
化学的［突然］変異誘発物質 ⇌ 化学変異原　chemical mutagen　47a
化学発がん［癌］　chemical carcinogenesis　47a
化学発光　chemiluminescence　47b
化学分類学　chemotaxonomy　47b
化学平衡　chemical equilibrium　47a
化学変異原　chemical mutagen　47a
化学ポテンシャル　chemical potential　47b
化学有機栄養　chemoorganotrophy　47b
化学療法　chemotherapy　48a
化学療法剤　chemotherapeutic［agent］　48a
化学量論　stoichiometry　252b
化学量論的［な］　stoichiometric　252b
過換気症候群　hyperventilation syndrome　128a
可干渉性［の］ ⇌ 干渉性［の］【光波】　coherent　54a

鍵酵素　key enzyme　143b
過ギ酸　performic acid　196b
鍵と鍵穴説　lock and key theory　153b
可逆性　reversibility　231b
可逆性分裂終了細胞群　reverting post mitotic cells　231b
可逆阻害　reversible inhibition　231b
可逆的［の］　reversible　231b
可逆［の］　reversible　231b
可逆反応　reversible reaction　231b
蝸牛【内耳の】　cochlea　53b
芽球　blast［cell］　34a
芽球化　blast formation　34a
芽球形成 ⇌ 芽球化　blast formation　34a
芽球様細胞【一般細胞の】　blastoid　34a
架橋【アクチン-ミオシンなどの】　cross bridge　61b
架橋【化学結合による】　crosslink　62a
家きん［禽］　fowl　99a
核　nucleus (pl. nuclei)　184b
核［の］　nuclear　183a
核医学　nuclear medicine　183b
核移行　nuclear localization　183b
核移行シグナル ⇌ 核内移行シグナルをみよ．
核移植　nuclear transplantation　183b
核異性体　nuclear isomer　183b
核異性体転移　isomeric transition　140a
核遺伝子 ⇌ 核内遺伝子　nuclear gene　183b
核移入　nucleus introduction ⇌ 核移植　nuclear transplantation　183b
核液　nuclear sap　183b／karyolymph ⇌ 核質　karyoplasm　142b
核黄疸［だん］　nuclear icterus　183b
核オーバーハウザー効果　nuclear Overhauser effect　183b
角化　keratinization　143a
核外遺伝　extranuclear inheritance ⇌ 細胞質遺伝　cytoplasmic inheritance　65b
核外遺伝子　extranuclear gene ⇌ 細胞質遺伝子　plasmagene　206a
核外輸送　nuclear export　183b
核外輸送シグナル　nuclear export signal　183a
角化細胞 ⇌ ケラチン細胞　keratinocyte　143a
角化症　keratosis　143a
角化層　cornified layer　59a
核型　karyotype　142a

核型図式　idiogram　129a
核合体　karyogamy　142a
核緩和　nuclear relaxation　183b
核球　karyosphere　142a
核局在化シグナル ⇒ 核[内]移行シグナル
　　　　nuclear localization signal　183b
核形成【石灰化などの】　nucleation　183b
拡散　diffusion　73b
核酸　nucleic acid　183b
拡散因子　spreading factor　250a
拡散近似　diffusion approximation ⇒ 拡散モ
　　　　デル　diffusion model　73b
拡散係数　diffusion coefficient　73b
拡散定数　diffusion constant ⇒ 拡散係数
　　　　diffusion coefficient　73b
拡散電位　diffusion potential　73b
拡散二重層　diffuse double layer　73b
核酸発酵　nucleic acid fermentation　183b
核酸分解素 ⇒ ヌクレアーゼ　nuclease
　　　　183b
拡散モデル　diffusion model　73b
核糸 ⇒ 染色糸　chromonema　50b
核磁気共鳴　nuclear magnetic resonance
　　　　183b
核質　karyoplasm　142a
角質化 ⇒ 角化　keratinization　143a
角質層　corneum　59a／horny layer　123b
核種　nuclide　184a
学習　learning　148b
核周部　perikaryon　197a
核小体　nucleolus　184a
核小体形成体　nucleolar organizer　184a
核小体染色体　nucleolar chromosome　184a
核小体内低分子RNA　small nucleolar RNA
　　　　246a
較正 ⇒ 校正　calibration　39b
較正曲線　calibration curve　39b
覚醒剤　psychostimulant　220a
覚醒反応　arousal reaction　24a
隔絶抗原　sequestered antigen　241a
画線　streak　252b
画線培養　streak culture　252b
核相　nuclear phase　183b
核体　karyoplast　142a
核タンパク質　nucleoprotein　184a
拡張期　diastole　72a
獲得　acquisition　5b
獲得寛容　acquired tolerance　5b

獲得抵抗性　acquired resistance　5b
獲得免疫　acquired immunity　5b
核[内]移行シグナル　nuclear localization
　　　　signal　183b
核内遺伝子　nuclear gene　183b
核内寄生[性][の]　karyozoic　142a
核内受容体　nuclear receptor　183b
核内体【原生動物の】　endosome　85a
核内低分子RNA　small nuclear RNA　245b
確認　identification　129a
核濃縮　pyknosis　221a
核発生　karyogenesis　142a
かくはん機　stirrer　252b
かくはんする　stir　252a
かくはん培養　spinner culture　249b
角皮　cuticle　63a
核封入体　nuclear inclusion [body]　183b
核分裂【細胞の】　nuclear division　183a
隔壁　septum　241a
核変素　transmutation　270a
角膜　cornea　59a
核膜　nuclear envelope　183b
隔膜　septum　241a
隔膜形成体　phragmoplast　203a
核膜孔　nuclear pore　183b
角膜テスト　corneal test　59a
角膜反応　corneal reaction　59a
角膜弧　arcus corneae　23b
核マトリックス　nuclear matrix　183b
額面　frontal plane　100a
核融合　nuclear fusion　183a
核様体　nucleoid　184a
隔離抗原 ⇒ 隔絶抗原　sequestered antigen
　　　　241a
隔離された　sequestered　241a
確率　probability　214b
確率的影響　stochastic effect　252b
確率論的　stochastic　252b
過形成　hyperplasia　127b
カケクチン　cachectin　38a
可欠アミノ酸　dispensable amino acid ⇒ 非
　　　　必須アミノ酸　nonessential amino acid
　　　　181b
ガーゴイリズム　gargoylism　102b
下行性[の]　descending　71a
かご効果　cage effect　39a
かご細胞　basket cell ⇒ 筋上皮細胞
　　　　myoepithelial cell　175a

カコジル酸　cacodylic acid　38b
過コハク酸　persuccinic acid　197b
芽細胞腫 ⇌ 芽種　blastoma　34a
重なり遺伝子 ⇌ オーバーラップ遺伝子
　　　　　　　　　　overlapping gene　190a
過酸化脂質　lipid peroxide　152a
過酸化水素　hydrogen peroxide　126a
過酸化物　peroxide　197b
過酸化物価　peroxide value　197b
過酸化物化する　peroxidize　197b
仮死　asphyxia　25a
可視光　visible light　280a
可視光線 ⇌ 可視光　visible light　280a
可視スペクトル　visible spectrum　280a
芽種　blastoma　34a
仮晶 ⇌ 晶質　crystalloid　62b
下小脳脚　inferior cerebellar peduncule　133a
過剰発現　overexpression　189b
加水酵素　hydratase　125b
下垂体　pituitary　205a
　下垂体[の]　pituitary　205a
下垂体後葉　posterior pituitary　211b
下垂体後葉細胞　pituicyte　205a
下垂体後葉ホルモン　posterior pituitary
　　　　　　　　　　　　hormone　211b
下垂体性甲状腺機能亢進症　pituitary
　　　　　　　　　hyperthyroidism　205a
下垂体性小人症　pituitary dwarfism　205a
下垂体-生殖腺系　pituitary-gonadal axis
　　　　　　　　　　　　　　　205a
下垂体切除　hypophysectomy　128b
下垂体前葉　anterior pituitary　19b
下垂体前葉機能低下症　hypopituitarism ⇌ シ
　モンズ症候群　Simmonds syndrome
　　　　　　　　　　　　　　　244a
下垂体前葉ホルモン　anterior pituitary
　　　　　　　　　　　　hormone　19b
下垂体副腎皮質系　pituitary adrenal system
　　　　　　　　　　　　　　　205a
下垂体柄　hypophysial stalk　128b
下垂体ホルモン　pituitary hormone　205a
下垂体門脈血管系　hypophysioportal system
　　　　　　　　　　　　　　　128b
加水分解　hydrolysis　126a
　加水分解[の]　hydrolytic　126a
加水分解酵素　hydrolase　126a
ガス[液体]クロマトグラフィー　gas liquid
　　　　　　　　chromatography　103a

カスガノビオサミン　kasuganobiosamine
　　　　　　　　　　　　　　　142b
カスガマイシン　kasugamycin　142b
カスガミン　kasugamine　142b
ガスクロマトグラフ　gas chromatograph
　　　　　　　　　　　　　　　102b
ガスクロマトグラフィー　gas chromatogra-
　　　　　　　　　　　phy　102b
ガスクロマトグラフィー質量分析法　gas
　chromatography-mass spectrometry　102b
ガスクロマトグラム　gas chromatogram
　　　　　　　　　　　　　　　102b
カスケード　cascade　42b
カスケード制御　cascade control　42b
カスケード的増幅　amplification cascade　16b
カスケード反応　cascade reaction　42b
ガストリクシン　gastricsin　103a
ガストリック・インヒビトリー・ポリペプチド
　⇌ 胃抑制ポリペプチド　gastric inhibitory
　　　　　　　　polypeptide　103a
ガストリノーマ ⇌ ガストリン産生腫瘍
　　　　　　　　gastrinoma　103a
ガストリン　gastrin　103a
ガストリン産生腫瘍　gastrinoma　103a
ガストリン放出ペプチド　gastrin-releasing
　　　　　　　　　　peptide　103a
ガストロフェリン　gastroferrin　103a
カスパーゼ　caspase　42b
ガスフローカウンター　gas flow counter
　　　　　　　　　　　　　　　103a
ガス滅菌　gas sterilization　103a
化生　metaplasia　164b
花成ホルモン ⇌ 開花ホルモン　flowering
　　　　　　　　　　hormone　96b
カゼイン　casein　42b
化石　fossil　99a
可染性[の]　tingible　266b
過染性の　hyperchromic　127a
画像診断　imaging　130a
仮足　pseudopodium (*pl.* pseudopodia)　219b
家族[動物]　family　92b
加速器　accelerator　4a
家族性アミロイドポリニューロパシー
　　　　　familial amyloid polyneuropathy　92b
家族性イミノグリシン尿症　familial
　　　　　　　　iminoglycinuria　92b
家族性大腸腺腫症　familial adenomatous
　　　　　　　　polyposis　92a

家族性大腸ポリポーシス ⇌ 家族性大腸腺腫症 familial adenomatous polyposis 92a
可塑性【遺伝，シナプス】 plasticity 206b
型 form 98b／type 274b
下大静脈 inferior vena cava 133a／vena cava inferior 278b
カタカルシン katacalcin 142b
片側遺伝 unilateral inheritance 275b
片対数 semilog 240b
カタツムリ snail 246a
カダベリン cadaverine 38b
カタボライト catabolite 43a
カタボライト活性化タンパク質 catabolite activator protein ⇌ サイクリック AMP 受容タンパク質 cyclic AMP receptor protein 63b
カタボライト抑制 catabolite repression 43a
カタボライトリプレッション ⇌ カタボライト抑制 catabolite repression 43a
偏り bias 32a
カタラーゼ catalase 43a
カタール katal 142b
カチオン ⇌ 陽イオン cation 43b
カチオンラジカル cation radical ⇌ ラジカルカチオン radical cation 224b
滑液 synovial fluid 258b
がっ[顎]下腺 submaxillary salivary gland 254b
割球 blast [cell] 34a／blastomere 34a
割腔 blastocele 34a
脚気 beriberi 31b
褐色細胞腫 pheochromocytoma 199a
褐色脂肪組織 brown adipose tissue 37a
活性【酵素などの】 activity 6b
活性汚泥法 activated sludge process 6b
活性化【触媒や酵素などの】 activation 6b
活性化因子 ⇌ 活性化物質 activator 6b
活性化エネルギー activation energy 6b
活性化エンタルピー activation enthalpy 6b
活性化エントロピー activation entropy 6b
活性化剤 ⇌ 活性化物質 activator 6b
活性化II因子 activated factor II ⇌ トロンビン thrombin 265a
活性化物質 activator 6b
活性化補助因子 ⇌ コアクチベーター coactivator 53a
活性酸素 active oxygen 6b
活性酸素種 reactive oxygen species 226a
活性染色【細胞内酵素の】 activity staining 7a
活性炭 active carbon 6b
活性中心 active center 6b
活性調節因子 ⇌ モジュレーター modulator 169a
活性トロポミオシン native tropomyosin ⇌ トロポミオシン-トロポニン複合体 tropomyosin-troponin complex 272b
活性部位 active site 6b
活性メチオニン active methionine ⇌ S-アデノシルメチオニン S-adenosylmethionine 8a
活性輸送 ⇌ 能動輸送 active transport 6b
活性硫酸 active sulfate ⇌ アデニリル硫酸 adenylyl sulfate 8b／⇌ 3′-ホスホアデニリル硫酸 3′-phosphoadenylyl sulfate 200a
合着 fusion 101b
合着【姉妹染色分体間の】 cohesion 54a
カット kat ⇌ カタール katal 142b
活動性【動物の】 activity 6b
活動電位 action potential 6a
活動電流 action current 6a
活動度 ⇌ 活量 activity 6b
ガット・バーマン法 Gatt-Berman method 103a
κ 因子 κ factor 142a
κ 鎖 κ-chain 142a
合併症 complication 56a
褐変反応 browning reaction 37a
滑面小胞体 smooth[-surfaced] endoplasmic reticulum 246a
滑面ミクロソーム smooth microsome 246a
活量 activity 6b
活量係数 activity coefficient 7a
カーティウス法 Curtius method 63a
カテキュー catechu 43b
カテキン catechin 43a
カテキン酸 catechinic acid ⇌ カテキン catechin 43a
カテコラミン ⇌ カテコールアミン catecholamine 43a
カテコール catechol 43a
カテコールアミン catecholamine 43a
カテコールアミン作動性 catecholaminergic 43a
カテーテル catheter 43b
カテナン catenane 43b
カテプシン cathepsin 43b

価電子　valence electron　277a
荷電ハイブリッド　valency hybrid　277a
果糖　fruit sugar ⇒ フルクトース　fructose　100a
可動性遺伝因子　movable genetic element　172a
可動部　flexible region　96b
過渡的[の] ⇒ 一過性[の]　transient　269b
ガードナー症候群　Gardner syndrome　102a
ガードナー法　Gardner method　102b
ガードナー・ホルト管　Gardner-Holdt tube　102b
過渡平衡　transient equilibrium　269b
カドヘリン　cadherin　38b
カドミウム　cadmium　38b
ガドレイン酸　gadoleic acid　101b
カナバニン　canavanine　40a
カナマイシン　kanamycin　142a
カナリン　canaline　40a
過排卵　superovulation　257a
カバーガラス培養　cover slip culture　60b
カビ　mold　169b
加ヒ酸分解 ⇒ アルセノリシス　arsenolysis　24a
カビ毒 ⇒ 真菌毒　fungal toxin　100b
かび防止剤　antimold　21a
過敏症　hypersensitivity　127b
過敏性　hypersensitivity　127b
過敏反応の ⇒ アレルギー[性][の]　allergic　12b
株　stock　252b／strain　252b
カフェイン　caffeine　39a
カフェストール　cafestol　39a
カブ黄斑モザイクウイルス　turnip yellow mosaic virus　274a
カプシド ⇒ キャプシド　capsid　40b
CAPS[カプス]　40b
カプセル　capsule　40b
カブトガニ　Limulus polyphemus　151a
カブトガニ[ゲル化]試験　Limulus test　151a
カプリル酸　caprylic acid ⇒ オクタン酸　octanoic acid　185b
カプリン酸　capric acid ⇒ デカン酸　decanoic acid　67b
カプロン酸　caproic acid ⇒ ヘキサン酸　hexanoic acid　119b
花粉　pollen　207b
花粉アレルギー　pollen allergy　207b
花粉症　pollinosis　208a
花粉培養　pollen culture　208a
カペラー・アドラー反応　Kapeller-Adler reaction　142a
花弁　petal　197b
可変領域　variable region　277b
芽胞　spore　250a
芽胞形成　sporulation　250a
カポジ肉腫　Kaposi's sarcoma　142a
カーボン蒸着　carbon shadowing　41b
カーマ　kerma　143a
ガマガエル ⇒ ヒキガエル　Bufo　37b
鎌状赤血球クリーゼ　sickle cell crisis　243a
鎌状赤血球貧血　sickle cell anemia　243a
鎌状赤血球ヘモグロビン　sickle cell hemoglobin　243b
ガマブホトキシン　gamabufotoxin　102a
過マンガン酸カリウム　potassium permanganate　212a
カーミン染色　Carmine stain　42a
CaMキナーゼⅡ　CaM kinase Ⅱ ⇒ Ca^{2+}/カルモジュリン依存性プロテインキナーゼⅡ　Ca^{2+}/calmodulin-dependent protein kinase Ⅱ　38a
CAM[カム]植物　CAM plant　40a
ガモン　gamone　102b
花紋板　rosette　234a
可溶化　solubilization　247a
可溶性[の]　soluble　247a
過ヨウ素酸　periodic acid　197a
過ヨウ素酸酸化　periodate oxidation　197a
過ヨウ素酸シッフ染色[法]　periodic acid Schiff staining　197a
過ヨウ素酸シッフ反応　periodic acid Schiff reaction　197a
加溶媒分解　solvolysis　247a
ガラクタル酸　galactaric acid ⇒ 粘液酸　mucic acid　172b
ガラクタン　galactan　101b
ガラクチトール　galactitol　101b
ガラクチノール　galactinol　101b
ガラクツロン酸　galacturonic acid　102a
ガラクトサミン　galactosamine　102a
β-ガラクトシダーゼ　β-galactosidase ⇒ ラクターゼ　lactase　145b
ガラクトシドパーミアーゼ　galactoside permease ⇒ ラクトース輸送体　lactose porter　146a

ガラクトシルジアシルグリセロール galactosyldiacylglycerol 102a
O-ガラクトシルスフィンゴシン O-galactosylsphingosine ⇌ サイコシン psychosine 219b
ガラクトシルセラミド galactosylceramide ⇌ ガラクトセレブロシド galactocerebroside 101b
ガラクトース galactose 102a
ガラクトースオペロン galactose operon 102a
ガラクトース血症 galactosemia 102a
ガラクトセレブロシド galactocerebroside 101b
ガラクト糖酸 galactosaccharic acid ⇌ 粘液酸 mucic acid 172b
ガラクトワルデナーゼ galactowaldenase 102a
ガラクトン酸 galactonic acid 101b
カラゲナン carrageenan ⇌ カラゲニン carrageenin 42a
カラゲニン carrageenin 42b
ガラス管微小電極 glass microelectrode 106a
ガラス転移 glass transition 106a
ガラス電極 glass electrode 106a
からまり数 ⇌ リンキング数 linking number 151b
カラム column 55a
カラムクロマトグラフィー column chromatography 55a
カリウム potassium 212a
カリクレイン kallikrein 142a
カリクレイン-キニン系 kallikrein-kinin system 142a
カリジン kallidin 142a
カリニ肺炎 Pneumocystis carinii pneumonia 207a
顆粒 granule 111b
顆粒球 granulocyte 111b
顆粒球コロニー刺激因子 granulocyte colony-stimulating factor 111b
顆粒球マクロファージコロニー刺激因子 granulocyte macrophage colony-stimulating factor 111b
顆粒細胞 ⇌ 顆粒球 granulocyte 111b
加硫油 vulcanized oil 281b
下流領域 downstream region 79a
ガリン galline 102a

加リン酸分解 phosphorolysis 201b
gal〔ガル〕オペロン gal operon ⇌ ガラクトースオペロン galactose operon 102a
カルコン chalcone 46b
カルジアゾール cardiazole ⇌ ペンテトラゾール pentetrazol 196b
カルシウム calcium 39a
カルシウムアンタゴニスト ⇌ カルシウム拮抗薬 calcium antagonist 39a
カルシウム依存性中性プロテアーゼ calcium-activated neutral protease ⇌ カルパイン calpain 39b
カルシウム依存性プロテアーゼ Ca^{2+}-dependent protease 38b
カルシウム依存性プロテインキナーゼ Ca^{2+}-dependent protein kinase 38b
カルシウム依存性モジュレータータンパク質 calcium dependent modulator protein ⇌ カルモジュリン calmodulin 39b
Ca^{2+}-ATP アーゼ Ca^{2+}-ATPase 38a
Ca^{2+}/カルモジュリン依存性プロテインキナーゼ II Ca^{2+}/calmodulin-dependent protein kinase II 38a
カルシウム拮抗薬 calcium antagonist 39a
カルシウム蛍光指示薬 fluorescent calcium indicator 97a
カルシウム結合タンパク質 calcium-binding protein 39a
カルシウムチャネル calcium channel 39a
カルシウムチャネル遮断薬 calcium channel blocker ⇌ カルシウム拮抗薬 calcium antagonist 39a
カルシウム沈着 calcification 39a
カルシウム電位 calcium potential 39b
カルシウム電流 calcium current 39a
カルシウム動員 calcium mobilization 39a
カルシウムプロテアーゼ calcium protease ⇌ カルシウム依存性プロテアーゼ Ca^{2+}-dependent protease 38b
カルシウムポンプ calcium pump 39b
Ca^{2+},Mg^{2+}-ATP アーゼ Ca^{2+},Mg^{2+}-ATPase 39b
カルジオリピン cardiolipin 42a
カルシトニン calcitonin 39a
カルシニューリン calcineurin 39a
カルシフェロール carciferol ⇌ ビタミンD vitamin D 280a
カルシホリン calciphorin 39a

カルス callus (*pl.* cali) 39b
カルセケストリン calsequestrin 39b
カルタゲナー症候群 Kartagener syndrome 142a
カルチノイド carcinoid 42a
カルチノイド症候群 carcinoid syndrome 42a
カルデスモン caldesmon 39b
カルニチン carnitine 42a
カルニチンアシルトランスフェラーゼ carnitine acyltransferase 42a
カルノア固定液 Carnoy's fixative 42b
カルノシン carnosine 42a
カルノシン血症 carnosinemia 42a
カルノシン尿症 carnosinuria ⇌ カルノシン血症 carnosinemia 42a
カルパイン calpain 39b
カルバコール carbachol 40b
カルパスタチン calpastatin 39b
カルバゾール-硫酸反応 carbazole-sulfuric acid reaction 40b
カルバニオン ⇌ カルボアニオン carbanion 40b
ガルバニ電位 Galvani potential 102a
カルバミド carbamide ⇌ 尿素 urea 276a
カルバミド酸 ⇌ カルバミン酸 carbamic acid 40b
カルバミン酸 carbamic acid 40b
カルバミン酸キナーゼ carbamate kinase ⇌ カルバモイルリン酸シンターゼ carbamoyl-phosphate synthase 40b
カルバモイル化する carbam[o]ylate 40b
カルバモイル基転移酵素 ⇌ カルバモイルトランスフェラーゼ carbamoyltransferase 40b
カルバモイルトランスフェラーゼ carbamoyl-transferase 40b
カルバモイルリン酸シンターゼ carbamoyl-phosphate synthase 40b
カルビドーパ carbidopa 41a
カルビノース carubinose ⇌ マンノース mannose 159a
カルビミド carbimide ⇌ イソシアン酸 isocyanic acid 139b
カルビン回路 Calvin cycle ⇌ 還元的ペントースリン酸回路 reductive pentose phosphate cycle 227b
カルビン・ベンソン回路 Calvin-Benson cycle ⇌ 還元的ペントースリン酸回路 reductive pentose phosphate cycle 227b

カール・プライス反応 Carr-Price reaction 42a
カルベニウムイオン carbenium ion ⇌ カルボニウムイオン carbonium ion 41a
カルボアニオン carbanion 40b
カルボカチオン carbocation ⇌ カルボニウムイオン carbonium ion 41a
N-カルボキシアミノ酸無水物 *N*-carboxy-amino acid anhydride 41a
カルボキシ基 carboxy group 41b
カルボキシキナーゼ carboxykinase 41b
γ-カルボキシグルタミン酸 γ-carboxyglutamic acid 41b
カルボキシソーム carboxysome 41b
N-カルボキシ尿素 *N*-carboxyurea ⇌ アロファン酸 allophanic acid 13a
1′-*N*-カルボキシビオチン 1′-*N*-carboxybiotin 41b
カルボキシプロテアーゼ carboxy protease ⇌ アスパラギン酸プロテアーゼ aspartic protease 25a
カルボキシペプチダーゼ carboxypeptidase 41b
カルボキシ末端【タンパク質ペプチド鎖の】 carboxy terminal 41b
カルボキシメチルセルロース carboxymethyl-cellulose 41b
S-カルボキシメチル誘導体 *S*-carboxymethyl derivative 41b
カルボキシラーゼ carboxylase 41b
カルボキシリアーゼ carboxy-lyase 41b
カルボキシル基 carboxyl group ⇌ カルボキシ基 carboxy group 41b
カルボキシル末端 carboxyl terminal ⇌ カルボキシ末端 carboxy terminal 41b
カルボコリン carbocholine 41a
カルボジイミド carbodiimide 41a
カルボニウムイオン carbonium ion 41a
カルボニックアンヒドラーゼ carbonic anhydrase ⇌ 炭酸デヒドラターゼ carbonate dehydratase 41a
カルボニトリル carbonitrile ⇌ ニトリル nitrile 180b
カルボニル-アミン反応 carbonyl-amine reaction ⇌ アミノ-カルボニル反応 amino-carbonyl reaction 15b
カルボニルヘモグロビン carbonylhemoglobin 41b

カルボニルリン酸　carbonyl phosphate　41b
カルボマイシン　carbomycin　41a
カルボン酸　carboxylic acid　41b
カルミン　carmine　42a
カルモジュリン　calmodulin　39b
加齢　age 10b／ag[e]ing 10b
ガレクチン　galectin　102a
カレル瓶 ⇌ キャレル培養瓶　Carrel flask 42b
m-ガロイル没食子酸　m-galloylgallic acid ⇌ タンニン酸　tannic acid　260a
カロテノイド　carotenoid　42b
カロテノイド小胞　carotenoid vesicle　42b
カロニン硫酸　charonin sulfuric acid　47a
カロメル電極　calomel electrode　39b
カロリー　calorie　39b
カローン ⇌ キャロン　chalone　46b
カロンファージ ⇌ シャロンファージ　Charon phage　47a
川崎病　Kawasaki disease　142b
がん〖癌〗　cancer　40a
眼圧計　tonometer　267b
がん〖癌〗遺伝子　oncogene　186b
がん〖癌〗ウイルス　oncogenic virus　186b
冠えい ⇌ クラウンゴール　crown gall　62a
肝炎　hepatitis　117b
肝炎ウイルス　hepatitis virus　117b
陥凹部　camerostome　39b
陥凹末端【DNAの】　recessed end　226b
環化　cyclization　64a
がん〖癌〗化 ⇌ 形質転換　transformation　269a
緩解　remission　228b
感覚　sensation　240b
感覚異常[症] ⇌ 知覚異常　paresthesia　193b
感覚運動野　sensorimotor area　241a
感覚過敏　hyperesthesia　127a
感覚神経 ⇌ 知覚神経　sensory nerve　241a
感覚ニューロン　sensory neuron　241a
感覚鈍麻　hypoesthesia　128a
感覚野 ⇌ 知覚野　sensory area　241a
肝芽腫　hepatoblastoma　117b
肝がん〖癌〗　hepatoma　117b／⇌ 肝細胞がんもみよ.
間期　interphase　136b
間期細胞　intermitotic cell　136a
眼球乾燥症　xerophthalmia　284a
環境汚染　environmental pollution　86a
環境指示薬　reporter reagent　229a

環境ホルモン　environmental hormone ⇌ 内分泌攪乱化学物質　endocrine disrupting chemicals　84b
桿〖かん〗菌　Bacillus 29a／rod 234a
ガングリオシド　ganglioside　102b
ガングリオシド G_{M2}　ganglioside G_{M2}　102b
ガングリオシドーシス ⇌ ガングリオシド蓄積症　gangliosidosis　102b
ガングリオシド蓄積症　gangliosidosis　102b
間隙〖げき〗　gap　102b
間隙〖げき〗結合 ⇌ ギャップ結合　gap junction　102b
還元　reduction　227a
がん〖癌〗原遺伝子 ⇌ プロトオンコジーン　proto-oncogene　218b
還元型シトクロム c ⇌ フェロシトクロム c　ferrocytochrome c　94a
還元酵素　reductase　227a
還元剤　reducing agent　227a
がん原性[の] ⇌ 発がん〖癌〗性[の]　carcinogenic　42a
がん原性物質 ⇌ 発がん〖癌〗物質　carcinogen　42a
還元的カルボン酸回路　reductive carboxylic acid cycle　227b
還元的トリカルボン酸回路　reductive tricarboxylic acid cycle ⇌ 還元的カルボン酸回路　reductive carboxylic acid cycle　227b
還元的な　reductive　227b
還元的ペントースリン酸回路　reductive pentose phosphate cycle　227b
還元電位　reduction potential　227a
還元糖　reducing sugar　227a
還元当量　reducing equivalent　227a
還元粘度　reduced viscosity　227a
還元力　reducing power　227a
感光性[の]　photosensitive　202b
甘こう電極 ⇌ カロメル電極　calomel electrode　39b
肝硬変　liver cirrhosis　153a
感作　sensitization　241a
肝細胞　hepatocyte　117b
間細胞 ⇌ 間質細胞もみよ.
幹細胞　stem cell　251b
肝[細胞]がん〖癌〗　hepatocellular carcinoma　117b
肝細胞増殖因子　hepatocyte growth factor　117b

感作リンパ球 sensitized lymphocyte 241a
鉗[かん]子 clamp 52a／forceps 98b
ガンシクロビア ⇌ ガンシクロビル gancyclovir 102b
ガンシクロビル gancyclovir 102b
カンジダ Candida 40a
間質 interstitum 136b／⇌ 基質 stroma 253b
間[質]細胞 interstitial cell 136b
間質細胞刺激ホルモン interstitial cell-stimulating hormone ⇌ 黄体形成ホルモン luteinizing hormone 155a
間質[組織] interstitial tissue 136b
がん[癌]腫 carcinoma 42a
間充織 mesenchyme 163a
間充織細胞 mesenchyme cell 163a
感受性[の] sensitive 241a
干渉 interference 136a
緩衝液 buffer 37b
緩衝化する bufferize 37b
干渉光学系 interference optical system 136a
環状光電子伝達 ⇌ 循環的光電子伝達 cyclic photosynthetic electron transport 63b
緩衝剤 buffer agent 37b
緩衝作用 buffering action 37b
緩衝指数 buffer index ⇌ 緩衝能 buffer capacity 37b
環状脂肪酸 cyclic fatty acid 63b
干渉性散乱 coherent scattering 54a
干渉性[の][光波] coherent 54a
桿[状]体細胞 rod cell 234a
緩衝値 buffer value ⇌ 緩衝能 buffer capacity 37b
環状DNA circular DNA 51b
環状糖アルコール ⇌ シクリトール cyclitol 64a
冠[状]動脈 coronary artery 59a
環状ヌクレオチド cyclic nucleotide 63b
環状[の] cyclic 63b
緩衝能 buffer capacity 37b
環状ペプチド cyclic peptide 63b
冠状縫合切断 coronal section 59a
肝小葉 hepatic lobule 117b
含水炭素 carbohydrate ⇌ 糖 sugar 255a
がん[癌]性悪液質 cancerous cachexia 40a
緩性[の] chronic 51a
肝性ポルフィリン症 hepatogenic porphyria 117b

岩石圏 lithosphere 153a
関節 joint 141b
関節液 ⇌ 滑液 synovial fluid 258b
関節炎 arthritis 24b
間接核分裂 indirect nuclear division ⇌ 有糸分裂 mitosis 168b
間接凝集反応 indirect agglutination 132b
間接クームス試験 indirect Coombs' test 132b
間接蛍光抗体法 indirect fluorescent antibody technique 132b
間接血球凝集 indirect hemagglutination ⇌ 受動血球凝集 passive hemagglutination 194a
肝切除 hepatectomy 117b
関節軟骨硬化症 osteoarthrosis chondromalacia arthrosis ⇌ 骨関節炎 osteoarthritis 189a
間接補体結合試験 indirect complement fixation test 132b
間接免疫蛍光法 indirect immunofluorescence technique ⇌ 間接蛍光抗体法 indirect fluorescent antibody technique 132b
汗腺 sudoriferous gland 255a
感染 infection 133a
完全抗原 complete antigen 55b
感染症 ⇌ 伝染病 infectious disease 133a
感染性核酸 infectious nucleic acid 133a
感染多重度 multiplicity of infection 173b
完全フロイントアジュバント complete Freund's adjuvant 55b
完全優性 complete dominance 55b
肝臓 liver 153a
肝臓[の] hepatic 117b
乾燥する desiccate 71a
桿体 rod ⇌ 桿[状]体細胞 rod cell 234a
がん[癌]胎児性抗原 carcinoembryonic antigen 42a
寒天 agar 10b
寒天ゲル拡散法 agar gel diffusion method 10b
寒天内浮遊培養法 agar suspension culture ⇌ 軟寒天培養 soft agar culture 246b
寒天培地 agar medium 10b
寒天藻 agarophyte 10b
冠動脈 ⇌ 冠状動脈をみよ．
カンナビノイド cannabinoid 40a

陥入【膜の】 invagination 137b
乾熱滅菌 heat sterilization 115b
間脳 diencephalon 73a
官能基 functional group 100b
眼脳腎症候群 oculocerebrorenal syndrome ⇒ ロー症候群 Lowe syndrome 154a
カンピロバクター Campylobacter 40a
カンファー ⇒ ショウノウ camphor 40a
カンプトテシン camptothecin 40a
カンペステロール campesterol 40a
肝ホスホリラーゼ欠損症 liver phosphorylase deficiency 153a
γ運動ニューロン γ motoneuron 101a
γグロブリン γ globulin 101a
γグロブリン血症 gammaglobulinemia 102a
γ線 γ rays 101a
γ脱離 γ elimination 101a
甘味剤 sweetening 257b
肝油 liver oil 153a
寛容原 tolerogen 267a
間葉組織 ⇒ 間充織 mesenchyme 163a
がん〖癌〗様体 ⇒ カルチノイド carcinoid 42a

寛容誘導 tolerance induction 267a
がん抑制遺伝子 tumor suppressor gene 273b
灌〖かん〗流 perfusion 196b
還流 reflux 227b
灌流液 perfusate 196b
灌流する perfuse 196b
含硫タンパク質 sulfoprotein 256a
還流培養 circumfusion culture 51b
灌〖かん〗流培養 perfusion culture 196b
寒冷凝集素 cold agglutinin 54a
寒冷抗体 cold antibody 54a
寒冷生物 ⇒ 好冷生物 psychrophile 220a
寒冷赤血球凝集素 cold hemagglutinin 54a
寒冷不溶性グロブリン cold insoluble globulin 54a
関連群 ⇒ 連鎖群 linkage group 151b
肝レンズ核変性症 hepatolenticular degeneration ⇒ ウイルソン病 Wilson disease 282b
緩和応答 relaxed response 228a
緩和時間 relaxation time 228a
緩和する【状態を】 relax 228a

キ

基 radical 224b
期 phase 198b
キアズマ chiasma (*pl.* chiasmata) 48a
気圧 atmosphere 26a
気圧計 barometer 30a
擬一次反応 pseudo-first-order reaction 219a
偽遺伝子 pseudogene 219a
気液クロマトグラフィー ⇒ ガス［液体］クロマトグラフィー gas liquid chromatography 103a
記憶 memory 162b
記憶痕〖こん〗跡 memory trace 162b
記憶物質 memory substance 162b
キオンアルカロイド ⇒ セネシオアルカロイド senecio alkaloid 240b
飢餓 starvation 251a
機械化学共役説 mechanochemical coupling hypothesis 161a
気化させる ⇒ 蒸発させる vaporize 277b

気化熱 ⇒ 蒸発熱 vaporization heat 277b
気管 trachea 268a
器官 organ 188a
器官型［の］ organotypic 188a
器官型培養 organotypic culture ⇒ 器官培養 organ culture 188a
器官形成 organogenesis 188a
器官形成性［の］ organogenetic 188a
器官原基性進化 ⇒ ネオゲネシス neogenesis 177b
気管支 bronchus (*pl.* bronchi) 37a
気管支ぜん〖喘〗息 bronchial asthma 37a
器官特異性 ⇒ 臓器特異性 organ specificity 188a
器官培養 organ culture 188a
偽キアズマ pseudochiasma 219a
偽基質 pseudosubstrate 219b
擬基質 sluggish substrate 245b
器具 apparatus 22b

奇形【先天的形態異常】 malformation 158a
奇形がん〖癌〗腫 teratocarcinoma 261b
奇形腫 teratoma 261b
気孔 stoma (*pl.* stomata) 252b
基剤 base 30b
ギ酸 formic acid 98b
5′-キサンチル酸 5′-xanthylic acid ⇌ キサントシン 5′-―リン酸 xanthosine 5′-monophosphate 283b
キサンチン xanthine 283a
キサンチン―グアニンホスホリボシルトランスフェラーゼ xanthine―guanine phosphoribosyltransferase 283a
キサンチン尿症 xanthinuria 283a
キサンツレン酸 xanthurenic acid 283b
ギ酸転移酵素 ⇌ ホルミルトランスフェラーゼ formyl transferase 99a
キサントシン xanthosine 283b
キサントシン 5′-―リン酸 xanthosine 5′-monophosphate 283b
キサントフィル xanthophyll 283a
キサントプテリン xanthopterin 283b
キサントプロテイン反応 xanthoprotein reaction 283b
キサントホア ⇌ 黄色素胞 xanthophore 283a
キサントマチン xanthommatine 283a
キサントン xanthone 283a
擬似回転 pseudorotation 219b
擬似グロブリン ⇌ 偽性グロブリン pseudoglobulin 219a
擬似対称 ⇌ 擬対称 pseudosymmetry 219b
基質 ground substance 111b／matrix 160a／stroma (*pl.* stromata) 253b
基質【酵素の作用を受ける物質】 substrate 254b
基質結合部位 substrate-binding site 254b
基質細胞 ⇌ ストローマ細胞 stromal cell 253b
基質準位のリン酸化 substrate-level phosphorylation 254b
基質小胞 matrix vesicle 160b
基質親和性【酵素の】 affinity of substrate 10a
基質阻害 substrate inhibition 254b
基質特異性 substrate specificity 254b
基質飽和曲線 substrate-saturation curve 254b
基質溶出クロマトグラフィー substrate elution chromatography 254b

希釈効果【放射線作用の】 dilution effect 74b
希釈した dilute 74b
基準 type 274b
基準標本【植物】 type 274b
奇静脈 azygos vein 28b
キシラナーゼ xylanase 284b
キシラン xylan 284b
キシリトール xylitol 284b
キシルロース xylulose 284b
キシログルカン xyloglucan 284b
キシロケトース xyloketose 284b
キシロシルセラミド xylosylceramide 284b
キシロース xylose 284b
奇数鎖脂肪酸 odd-numbered fatty acid 185b
キスカル酸 quisqualic acid 224a
傷ホルモン wound hormone 282b
寄生栄養［の］ paratrophic 193b
偽性偽性副甲状腺機能低下症 pseudo-pseudohypoparathyroidism 219b
偽性グロブリン pseudoglobulin 219a
偽性血友病 pseudohemophilia ⇌ フォンビルブラント病 von Willebrand disease 280b
寄生虫 parasite 193a
偽性ハーラー病ポリジストロフィー pseudo-Hurler polydystrophy 219a
偽性副甲状腺機能低下症 pseudohypoparathyroidism 219a
基節 coxa (*pl.* coxae) 60b
偽足 ⇌ 仮足 pseudopodium 219b
基礎代謝 basal metabolism 30b
基体 substrate 254b
擬対称 pseudosymmetry 219b
気体定数 gas constant 103a
気体［の］ gaseous 103a
気体膜 gaseous film 103a
偽対立遺伝子 pseudoallele 219a
キタサマイシン kitasamycin ⇌ ロイコマイシン leucomycin 149b
擬単分子反応 pseudounimolecular reaction ⇌ 擬一次反応 pseudo-first-order reaction 219a
既知組成培地 chemically defined medium 47a
キチン chitin 48a
拮〖きっ〗抗作用 antagonism 19b
拮抗物質 ⇌ アンタゴニスト antagonist 19b
拮〖きっ〗抗薬 ⇌ アンタゴニスト antagonist 19b

吉草酸　valeric acid　277a
基底核　⇌ 大脳基底核　basal ganglion　30b
基底細胞　basal cell　30b
基底小体　basal body ⇌ キネトソーム　kinetosome　144a
基底状態【分子,原子の】　ground state　111b
規定度　normality　182b
基底板［層］　basal lamina ⇌ 基底膜　basement membrane　30b
基底膜　basement membrane　30b
基底膜上［の］　epilamellar　87a
擬電気回路　pseudoelectric circuit　219a
起電性イオンポンプ　electrogenic ion pump　82b
起電性［の］　electrogenic　82b／electromotive　82b
起電性ポンプ　electrogenic pump ⇌ 起電性イオンポンプ　electrogenic ion pump　82b
起電力　electromotive force　82b
起動電位　generator potential　104b
ギトキシゲニン　gitoxigenin　106a
ギトキシン　gitoxin　106a
キトサミン　chitosamine ⇌ グルコサミン　glucosamine　107b
キトサン　chitosan　48a
希突起膠［こう］細胞 ⇌ オリゴデンドログリア　oligodendroglia　186a
キトール　kitol　144a
キナアルカロイド　cinchona alkaloid　51b
キナクリン染色　quinacrine staining　223b
キナ酸　quinic acid　223b
キナーゼ　kinase　143b
キナノキアルカロイド ⇌ キナアルカロイド　cinchona alkaloid　51b
キナルジン経路　quinaldine pathway　223b
キナルジン酸　quinaldic acid　223b
キニジン　quinidine　223b
キニナーゼ　kininase　144a
キニーネ　quinine　223b
キニノゲナーゼ　kininogenase ⇌ カリクレイン　kallikrein　142a
キニノゲニン　kininogenin ⇌ カリクレイン　kallikrein　142a
キニノーゲン　kininogen　144a
キニン　kinin ⇌ プラスマキニン　plasmakinin　206a
キニン ⇌ キニーネ　quinine　223b

キニン 10　kinin-10 ⇌ カリジン　kallidin　142a
絹フィブロン　silk fibroin　244a
キヌレニン　kynurenine　145b
キヌレン酸　kynurenic acid　145b
キネシン　kinesin　143b
キネチン ⇌ カイネチン　kinetin　144a
キネティクス ⇌ 速度論　kinetics　143b
キネトゲネシス　kinetogenesis　144a
キネトジーン　kinetogene　144a
キネトソーム　kinetosome　144a
起脳炎タンパク質 ⇌ 脳炎惹起性タンパク質　encephalitogenic protein　84b
機能獲得変異　gain of function　101b
機能性食品　functional food　100b
機能性ヘテロクロマチン　facultative heterochromatin　92a
機能喪失変異　loss of function mutation　154a
機能培養　functional culture　100b
キノタンパク質　quinoprotein　223b
キノボース　quinovose　223b
キノホルム　chinoform　48a
キノマイシン A　quinomycin A ⇌ エキノマイシン　echinomycin　81a
キノリン　quinoline　223b
キノリン酸　quinolinic acid　223b
キノールリン酸　quinol phosphate　223b
キノロン系抗菌薬　quinolone antimicrobials　223b
キノン　quinone　223b
揮発性［の］　volatile　280b
忌避剤 ⇌ 忌避物質　repellent　229a
忌避物質　repellent　229a
ギー病　Gee disease ⇌ セリアック症候群　celiac syndrome　44a
基部　stem　251b
ギブズ試薬　Gibbs' reagent　106a
ギブズ・ドナン膜平衡　Gibbs-Donnan equilibrium ⇌ ドナンの膜平衡　Donnan membrane equilibrium　78a
ギブズの吸着等温式　Gibbs adsorption isotherm　106a
ギブズの自由エネルギー　Gibbs free energy　106a
擬分子イオン　quasimolecular ion　223a
気分障害 ⇌ そう［躁］うつ病　manic-depressive illness　159a

偽柄【ミズゴケ属の】⇌ 仮足　pseudopodium　219b
基本転写因子　basal transcription factor　30b
キマーゼ　chymase　51a
キミルアルコール　chimylalcohol　48a
ギムザ染色法　Giemsa staining method　106a
偽無糸分裂　pseudoamitosis　219a
キメラ　chimera　48a
キメラ遺伝子　chimera gene　48a
キメラタンパク質　chimeric protein　48a
キメラDNA　chimera DNA　48a
キモシン　chymosin　51a
キモスタチン　chymostatin　51a
キモトリプシノーゲン　chymotrypsinogen　51a
キモトリプシン　chymotrypsin　51a
キモパパイン　chymopapain　51a
偽薬　placebo　205b
逆アナフィラキシー反応　inverse anaphylaxis　137b
逆位【染色体】　inversion　137b
逆遺伝学　reverse genetics　231a
脚間窩〖か〗【視床下部の】　interpeduncular fossa　136b
逆吸収 ⇌ 再吸収　reabsorption　226a
逆行性[の]　retrograde　231a
逆向的トリカルボン酸回路　reversed tricarboxylic acid cycle ⇌ 還元的カルボン酸回路　reductive carboxylic acid cycle　227b
逆浸透　reverse osmosis　231a
逆浸透水【商品名】　Milli-Q water　167b
逆数プロット　reciprocal plot　226b
逆説睡眠　paradoxical sleep ⇌ レム睡眠　REM sleep　228b
逆相クロマトグラフィー　reverse phase chromatography　231a
逆転写　reverse transcription　231b
逆転写酵素　reverse transcriptase　231a
逆転写PCR　reverse transcriptase-PCR　231b
逆パスツール効果　reverse Pasteur effect ⇌ クラブトリー効果　Crabtree effect　61a
逆平行　antiparallel　21b
逆平行プリーツシート　antiparallel pleated sheet ⇌ 逆平行β構造　antiparallel β-structure　21b
逆平行β構造　antiparallel β-structure　21b
逆方向性伝達　antidromic conduction　20b

逆方向反復配列　inverted repeat sequence　137b
逆向き遺伝学 ⇌ 逆遺伝学　reverse genetics　231a
キャスパーゼ ⇌ カスパーゼ　caspase　42a
CAT〖キャット〗アッセイ　CAT assay　43a
キャッピング酵素　capping enzyme　40b
ギャップ遺伝子　gap gene　102b
ギャップ期【細胞周期の】　gap　102b
キャップ形成　capping　40a
ギャップ結合　gap junction　102b
キャップ構造　cap structure　40b
ギャップジャンクション ⇌ ギャップ結合　gap junction　102b
GABA〖ギャバ〗受容体　GABA receptor　101a
キャビテーション　cavitation　43b
キャプシド　capsid　40b
キャプソメア　capsomere　40b
キャリヤー ⇌ 担体　carrier　42b／⇌ 保因者　carrier　42b
キャリヤーガス　carrier gas　42b
キャレル培養瓶　Carrel flask　42b
キャロン　chalone　46b
キャンベルのモデル　Campbell model　40a
キューイン　queuine　223a
吸引器 ⇌ アスピレーター　aspirator　25a
吸引する　aspirate　25a
吸エルゴン反応　endergonic reaction　84b
嗅〖きゅう〗覚　olfaction　186a
求核試薬　nucleophilic reagent　184a
求核性　nucleophilicity　184a
求核性触媒　nucleophilic catalyst　184a
求核置換反応　nucleophilic substitution reaction　184a
嗅〖きゅう〗球　olfactory bulb　186a
吸光　extinction　91b
吸光係数　extinction coefficient　91b
吸光度　absorbance　4a
休止【発生の】　diapause　72a
休止核 ⇌ 静止核　resting nucleus　230a
休止期　resting phase ⇌ 間期　interphase　128b
休止細胞 ⇌ 静止細胞　resting cell　230a
休止時間　relaxation time　228a
休止[状態]　dormancy　78b
吸収　absorption　4a
吸収極小　absorption minimum　4a
吸収極大　absorption maximum　4a

吸収係数 absorption coefficient 4a	胸管リンパ採取法 thoracic duct canulation ⇒ 胸管排液[法] thoracic duct drainage 264b
吸収スペクトル absorption spectrum 4a	
吸収線量 absorbed dose 4a	
吸収帯 ⇒ 吸収バンド absorption band 4a	狂牛病 mad cow disease ⇒ ウシ海綿状脳症 bovine spongiform encephalopathy 36a
吸収バンド absorption band 4a	
吸収不良症候群 malabsorption syndrome 158a	凝結 coagulation 53a
	狂犬病ウイルス rabies virus 224a
球晶 spherulite 248b	凝固 coagulation 53a
弓状核 arcuate nucleus 23b	凝固 solidification 247a／⇒ 乳凝 curdling 63a
球状帯【副腎皮質の】 zona glomerulosa 285b	
	競合 competition 55a
球状タンパク質 globular protein 106b	競合アッセイ competitive assay 55b
求心[性]神経 afferent nerve 10a	競合阻害 competitive inhibition 55b
求心性[の] afferent 10a	競合阻害剤 competitive inhibitor 55b
急性期タンパク質 acute stage protein 7a	競合的アンタゴニスト competitive antagonist 55b
急性発症 crisis 61b	
急速眼球運動 rapid eye movement 225b	凝固血漿 plasma clot 206a
吸着 adsorption 9b	凝固血漿培養 plasma clot culture 206a
吸着クロマトグラフィー adsorption chromatography 9b	凝固点降下 depression of freezing point 70b
	狭窄[さく] constriction 57b
吸着剤 adsorbent 9b	共刺激 costimulation 60a
吸着質 adsorbate 9b	凝集 agglutination 10b／aggregation 10b
吸着等温式 adsorption isotherm 9b	凝集塊 ⇒ 凝集体 aggregate 10b
吸着等温線 adsorption isotherm 9b	凝[集]塊【細菌や赤血球などの】 clump 53a
求電子試薬 electrophilic reagent 83a	凝集原 agglutinogen 10b
求電子[性][の] electrophilic 83a	共重合 copolymerization 58b
急発作 seizure 239b	凝集させる flocculate 96b
休眠 dormancy 78a	凝集素 agglutinin 10b
休眠【発生の】 diapause 72a	凝集体 aggregate 10b
休眠[状態] dormancy 78a	強縮【筋肉の】 tetanus 262b
急冷 quenching 223a	凝縮 condensation 56b
Q塩基 ⇒ キューイン queuine 223a	狭宿主性[の] stenogenous 251b
キューオシン queuosine 223b	凝縮膜 condensed film 56b
Q酵素 Q enzyme 222a	共焦点レーザー顕微鏡 confocal laser microscope 56b
Q染色 Q-staining ⇒ キナクリン染色 quinacrine staining 223b	
	共振 resonance 229b
Qヌクレオシド Q nucleoside ⇒ キューオシン queuosine 223b	強心剤 cardiac 42a
	狭心症 angina pectoris 18b
Q熱 Q fever 222a	強心配糖体 cardiac glycoside 42a
Qバンド Q band 222a	共生 symbiosis (pl. symbioses) 258a
キュベット cuvette 63a	共生[の] commensal 55a
キュリー curie 63a	共生関係 symbiotic relationship 258a
キュレーター curator 63a	共生者 ⇒ 共生生物 symbiont 258a
橋 pons 210b	共生生物 symbiont 258a
強化 reinforcement 228a	共生説 symbiotic theory 258a
境界脂質 boundary lipid 36a	共生動物 commensal 55a
胸管 thoracic duct 264b	凝析 coagulation 53a
胸管排液[法] thoracic duct drainage 264b	胸腺 thymus (pl. thimi) 266a

胸腺依存[性]抗原　thymus-dependent antigen 266a
胸腺因子　thymic factor 265b
胸腺核酸　thymus nucleic acid 266a
胸腺細胞　thymocyte 265b
胸腺腫　thymoma 265b
胸腺髄質　thymic medulla 265b
胸腺選択　thymic selection 265b
胸腺摘除　thymectomy 265b
胸腺非依存[性]抗原　thymus-independent antigen 266a
胸腺皮質　thymic cortex 265b
胸腺肥大　thymic hyperplasia 265b
胸腺由来細胞　thymus-derived cell 266a
競争 ⇌ 競合　competition 55a
鏡像[異性]体　enantiomer 84b
鏡像[異性]体過剰率　enantiomer excess 84b
協奏の機構　concerted mechanism 56b
協奏反応　concerted reaction 56b
共存培養　coculture 53b
協調進化　concerted evolution 56b
協調[の]　coordinate 58b
協調誘導　coordinate induction ⇌ 同調的酵素合成　coordinate enzyme synthesis 58b
協調抑制 ⇌ 相関阻害　coordinate repression 58b
共沈降　cosedimentation 59b
共沈抗体　coprecipitating antibody 58b
共沈剤　coprecipitater 58b
共通抗原　common antigen 55a
共通中間体　common intermediate 55a
共通配列　consensus sequence 57b
強度因子　intensive factor ⇌ 示強変数　intensive variable 135b
協同　cooperation 58a
　協同[の]　cooperative 58a
協同作用　cooperativity 58b
協同性　cooperativity 58b
協同的結合　cooperative binding 58b
協同的[の]　cooperative 58a
凝乳酵素　milk-clotting enzyme 167b
共発現　coexpression 54a
強皮症　scleroderma 238a
きょう膜　capsule 40b
きょう膜多糖　capsular polysaccharide 40b
共鳴　resonance 229b
共鳴ラマン効果　resonance Raman effect 229b

共鳴ラマンスペクトル　resonance Raman spectrum 229b
共役　conjugation 57a／coupling 60b
共役因子　coupling factor 60b
共役塩基　conjugate base 57a
共役活性測定　coupling assay 60b
共役酸　conjugate acid 57a
共役する【二重結合が】　conjugate 57a
共役する【エネルギー反応などが】　couple 60b
共役反応　coupled reaction 60b
共役部位　coupling site 60b
共有結合　covalent bond 60b
共有結合触媒　covalent catalysis 60b
共有結合[性]修飾　covalent modification 60b
共輸送　symport 258a
供与体　donor 78a
供与部位　donor site 78a
協力　cooperation 58a
協力効果　synergistic effect 258a
協力剤　synergist 258b
協力作用　cooperation 58a
行列　matrix 160a
巨核球　megakaryocyte 161b
極　pole 207b
極限沈降係数　limiting sedimentation coefficient 151a
極限粘度　limiting viscosity ⇌ 固有粘度　intrinsic viscosity 137a
極限粘度数　limiting viscosity number ⇌ 固有粘度　intrinsic viscosity 137a
局在動原体　localized centromere 153b
局所ホルモン　local hormone ⇌ オータコイド　autacoid 27a
局所麻酔薬　local anesthetic 153b
極性　polarity 207b
極性海綿芽細胞腫　spongioblastoma polare 250a
極性基　polar group 207b
極性効果　polar effect 207b
極性脂質　polar lipid 207b
極性[突然]変異　polar mutation 207b
極性分子　polar molecule 207b
極体　polar body 207b
棘[きょく]波 ⇌ スパイク【神経活動の電気的変化の】　spike 249a
極帽　polar cap 207b
虚血　ischemia 139a
虚血の　ischemic 139a

| 巨細胞 giant cell 106a
| 巨細胞がん giant cell carcinoma 106a
| 巨人症 gigantism 106a
| 去勢 castration 43a
| 巨赤芽球性貧血 megaloblastic anemia 161b
| 巨大アミラーゼ血症 macroamylasemia 157a
| 巨大細胞 ⇌ 巨細胞 giant cell 106a
| 巨大神経軸索【ヤリイカの】 giant axon of Loligo 106a
| 巨大赤芽球 megaloblast 161b
| 巨大染色体 giant chromosome 106a
| 巨大分子 macromolecule 157a
| キョートルフィン kyotorphin 145b
| 許容限界 ⇌ 閾[しきい] threshold 265a
| 許容細胞 permissive cell 197b
| 許容状態 permissive condition 197b
| 許容線量 permissible dose 197b
| 許容量 permissible dose 197b
| 魚りんせん[癬] ichthyosis 129a
| 魚類学 ichthyology 129a
| キラーT細胞 killer T cell 143b
| キラープラスミド killer plasmid 143b
| キラリティー chirality 48a
| キラル[の] chiral 48a
| ギラン・バレー症候群 Guillain-Barré syndrome 112b
| キリアニ合成 Kiliani synthesis 143b
| キリアニ・フィッシャー合成 Kiliani-Fischer synthesis ⇌ キリアニ合成 Kiliani synthesis 143b
| 基粒[体] basal granule ⇌ キネトソーム kinetosome 144a
| キルシュナー価 Kirschner value 144a
| ギルハム試薬 Gilham's reagent 106a
| キレート chelate 47a
| キレート化 chelation 47a
| キレート化合物 chelate compound 47a
| キレート試薬 chelating reagent 47a
| 切れ目 ⇌ ニック nick 179b
| キロベース kilobase 143b
| キロベースペア kilobase pair 143b
| キロマイシン kirromycin 144a
| キロミクロン chylomicron 51a
| 筋 ⇌ 筋肉 muscle 174a
| 銀 silver 244a
| 筋萎[い]縮性側索硬化症 amyotrophic lateral sclerosis 17a
| 均一[の] homogeneous 122b

近位尿細管 proximal tubule 219a
近位領域 proximal region 219a
菌界 Mycota 174b
菌核 sclerotium 238a
筋芽細胞 myoblast 175a
筋管 myotube 175b
筋緊張[症] ⇌ ミオトニー myotonia 175b
筋緊張性ジストロフィー myotonic dystrophy 175b
キング・アルトマンの方法 King-Altman method 144a
筋形質 sarcoplasm (pl. sarcoplasma) 237a
筋形成 myogenesis 175b
筋けいれん[痙攣] muscle cramp 174a
筋原線維 myofibril 175a
近交系 inbred strain 132a
近交系数 inbreeding coefficient 132a
近交系マウス inbred mouse 132a
筋拘縮 muscle contracture 174a
均衡成長 balanced growth 30a
菌交代現象 microbial substitution 166a
金コロイド標識 colloidal gold labelling 54b
筋細管系 sarcotubular system 237a
筋細胞 muscle cell 174a
筋弛緩物質 muscle relaxant 174a
禁止クローン forbidden clone 98b
筋ジストロフィー muscular dystrophy 174a
筋収縮 muscle contraction 174a
緊縮応答 stringent response ⇌ 緊縮調節 stringent control 253b
緊縮[型][の] stringent 253b
緊縮調節 stringent control 253b
緊縮調節因子 stringent factor 253b
筋鞘[しょう] ⇌ 筋繊維鞘 sarcolemma 236b
筋漿[しょう] ⇌ 筋形質 sarcoplasm 237a
筋上皮細胞 myoepithelial cell 175a
筋小胞体 sarcoplasmic reticulum 237a
近親交配 inbreeding 132a
近親交配させる inbreed 132a
筋節 ⇌ サルコメア sarcomere 237a
筋節【発生の】 myotome 175b
近接効果 proximity effect 219a
近接性補助 anchimeric assistance 18a
近接[の] vicinal 279a
筋繊維 muscle fiber 174a
筋繊維鞘[しょう] sarcolemma 236b
筋繊維膜 ⇌ 筋繊維鞘 sarcolemma 236b
銀染色法 silver staining 244a

金属イオン metal ion 164a
金属カルボキシペプチダーゼ ⇌ メタロカルボキシペプチダーゼ metallocarboxypeptidase 164a
金属結合 metallic bond 164a
金属酵素 metalloenzyme 164a
金属指示薬 metal indicator 164a
金属セッケン metallic soap 164a
金属タンパク質 metalloprotein 164b
金属フラビンタンパク質 metalloflavoprotein 164a
金属プロテアーゼ ⇌ メタロプロテアーゼ metalloprotease 164a
金属ポルフィリン metalloporphyrin 164a
禁断症状 abstinence 4a
筋タンパク質 muscle protein 174a
緊張 turgor 274a
緊張亢進 hypertonia 128a

緊張繊維 ⇌ ストレスファイバー stress fiber 253a
筋電図 electromyogram 82b
筋肉 muscle 174a
　筋肉[の] muscular 174a
筋肉繊維 ⇌ 筋繊維 muscle fiber 174a
筋[肉]モデル muscle model 174a
筋板 muscle plate ⇌ 筋節【発生の】 myotome 175b
筋フィラメント myofilament ⇌ 筋原繊維 myofibril 175a
筋紡錘 muscle spindle 174a
筋ホスホフルクトキナーゼ欠損症 muscular phosphofructokinase deficiency 174a
筋ホスホリラーゼ欠損症 muscle phosphorylase deficiency 174a
菌類 Fungi 101a

ク

クアドロール緩衝液 Quadrol buffer 222a
グアニジノ酢酸 guanidinoacetic acid 112a
グアニジル化する guanidylate 112a
グアニジン guanidine 112a
グアニジン塩酸 ⇌ 塩酸グアニジン guanidine hydrochloride 112a
グアニド酢酸 guanidoacetic acid ⇌ グアニジノ酢酸 guanidinoacetic acid 112a
グアニリルシクラーゼ guanylyl cyclase ⇌ グアニル酸シクラーゼ guanylate cyclase 112b
グアニル酸 guanylic acid 112b
グアニル酸シクラーゼ guanylate cyclase 112b
グアニルシクラーゼ guanyl cyclase ⇌ グアニル酸シクラーゼ guanylate cyclase 112b
グアニン guanine 112a
グアニンヌクレオチド交換因子 guanine nucleotide exchange factor 112a
グアノシン guanosine 112a
グアノシン一リン酸 guanosine monophosphate ⇌ グアニル酸 guanylic acid 112b
グアノシン 5′-一リン酸 guanosine 5′-monophosphate 112b

グアノシン 5′-三リン酸 guanosine 5′-triphosphate 112b
グアノシン 5′-三リン酸 3′-二リン酸 guanosine 5′-triphosphate 3′-diphosphate 112b
グアノシンテトラホスフェート guanosine tetraphosphate ⇌ グアノシン 5′-二リン酸 3′-二リン酸 guanosine 5′-diphosphate 3′-diphosphate 112b
グアノシン 5′-二リン酸 guanosine 5′-diphosphate 112b
グアノシン 5′-二リン酸 3′-二リン酸 guanosine 5′-diphosphate 3′-diphosphate 112b
グアノシンペンタホスフェート guanosine pentaphosphate ⇌ グアノシン 5′-三リン酸 3′-二リン酸 guanosine 5′-triphosphate 3′-diphosphate 112b
グアラン guaran 112b
空間群 space group 247b
[空間]格子 space lattice 247b
偶数鎖脂肪酸 even-numbered fatty acid 90a
偶然発生 abiogenesis 3b
空腸 jejunum 141a
空転サイクル ⇌ 無益回路 futile cycle 101a
空洞 cavity 43b

空洞現象 ⇌ キャビテーション cavitation 43b
空トルコ鞍症候群 ⇌ エンプティセラ症候群 empty-sella syndrome 84a
空腹時血糖値 fasting blood sugar 93a
空胞 ⇌ 液胞 vacuole 277a
クエーキングマウス quaking mouse 222a
クエルシトリン quercitrin 223a
クエルシトール quercitol 223a
クエルシトロシド quercitroside ⇌ クエルシトリン quercitrin 223a
クエルシメリン quercimelin ⇌ クエルシトリン quercitrin 223a
クエルセチン quercetin 223a
クエン酸 citric acid 51b
クエン酸回路 citric acid cycle 51b
ククルビタシン cucurbitacin 62b
クスコヒグリン cuscohygrine 63a
グタペルカ gutta-percha 113a
口 stoma (*pl.* stomata) 252b
クチクラ cuticle 63a
クチクリン層 cuticulin layer 63a
クチン cutin 63a
屈曲 curvature 63a
屈光性【植物】 phototropism 203a
クッシング症候群 Cushing syndrome 63a
屈折 refraction 227b
屈折計 refractometer 227b
屈折性[の] refractile 227b
屈折率 refractive index 227b
グッドの緩衝液 Good's buffer 110b
グッドパスチャー症候群 Goodpasture syndrome 110b
クッパー細胞 Kupffer cell 145a
クヌープ法 Knoop method 144b
クネベナーゲル縮合 Knoevenagel condensation 144b
クフス病 Kufs disease 145a
クプレイン cupreine 63a
ク[ー]マシーブリリアントブルー Coomassie Brilliant Blue 58a
クーママイシン A_1 coumermycin A_1 60a
クマリン coumalin 60a
クマリン coumarin 60a
組合わせ【遺伝子,染色体の】 assortment 25b
組換え遺伝子 recombination gene 227a
組換え価 recombination value 227a
組換え型 ⇌ 組換え体 recombinant 226b

組換え体 recombinant 226b
組換え DNA recombinant DNA 226b
組換え DNA 実験 recombinant DNA experiment 226b
組換え頻度 recombination frequency ⇌ 組換え価 recombination value 227a
組換え率 recombination fraction ⇌ 組換え価 recombination value 227a
組換える【遺伝子を】 recombine 227a
組込み integration 135a
組込み抑圧 integrative suppression 135b
クームス血清 Coombs' serum ⇌ 抗ヒトグロブリン antihuman globulin 21a
クームス試験 Coombs' test 58a
クームス試薬 Coombs' reagent 58a
クモ毒 spider toxin 249a
クモ指症 arachnodactyly 23b
クライゼン縮合 Claisen condensation 52a
クラインシュミット法 Kleinschmidt method 144a
クラインフェルター症候群 Klinefelter syndrome 144a
グラウシン glaucine 106b
クラウンエーテル crown ether 62a
クラウンゴール crown gall 62a
クラーク数 Clarke number 52a
クラゲ jelly fish 141a
クラススイッチ class switch 52a
クラススイッチ組換え class switch recombination 52a
クラスター cluster 53a
クラスタリング【遺伝子の】 clustering 53a
クラスリン clathrin 52a
クラッベ病 Krabbe disease 144b
グラナ grana (*sing.* granum) 111a
クラフト点 Krafft point 144b
クラブトリー効果 Crabtree effect 61a
グラーフ沪胞 Graafian follicle 111a
グラミシジン gramicidin 111a
グラミン gramine 111a
グラム陰性[細]菌 Gram-negative bacterium 111a
グラム原子 gram atom 111a
グラム式量 gram formula weight 111a
グラム染色 Gram stain 111a
グラム分子 gram molecule 111a
グラム陽性[細]菌 Gram-positive bacterium 111a

グラモキソン【商品名】 Gramoxone 111a
グラヤノトキシン grayanotoxin 111b
クララ細胞【気管支の】 Clara cell 52a
クラーレ curare 63a
グランザイム granzyme 111a
クランプ ⇒ 鉗[かん]子 clamp 52a
グリア細胞 glia cell 106b
グリア細胞繊維性酸性タンパク質 glial fibrillary acidic protein 106b
グリアジン gliadin 106b
グリアフィラメント glial filament 106b
クリアランス clearance 52b
グリオキサル酸 glyoxalic acid ⇒ グリオキシル酸 glyoxylic acid 110a
グリオキシソーム glyoxysome 110a
グリオキシル酸 glyoxylic acid 110a
グリオキシル酸回路 glyoxylate cycle 109b
グリオキシル酸反応 glyoxylic acid reaction ⇒ ホプキンス・コール反応 Hopkins-Cole reaction 123b
クリオキノール clioquinol ⇒ キノホルム chinoform 48a
クリオグロブリン血症 cryoglobulinemia 62a
クリオスタット cryostat 62b
クリオフィブリノーゲン cryofibrinogen 62a
クリオフィブリノーゲン血症 cryofibrinogenemia 62a
グリオブラストーマ ⇒ グリア芽細胞腫 glioblastoma 106b
繰返し配列 ⇒ 反復配列 repeated sequence 229a
グリカール glycal 108b
グリカル酸 glycaric acid ⇒ アルダル酸 aldaric acid 11b
グリカン glycan ⇒ 多糖[類] polysaccharide 210a
クリグラー・ナジャー症候群 Crigler-Najjar syndrome 61b
グリケーション glycation 108b
グリコカリックス ⇒ 糖衣 glycocalyx 109a
グリコーゲン glycogen 109a
グリコーゲン顆粒 glycogen granule 109a
グリコーゲン形成 glycogenesis 109a
グリコーゲン新生 glyconeogenesis 109b
グリコーゲン分解 glycogenolysis 109a
グリココル glycocoll ⇒ グリシン glycine 109a
グリココール酸 glycocholic acid 109a

グリコサミノグリカン glycosaminoglycan 109b
グリコサン glycosan 109b
グリコシアミン glycocyamine ⇒ グアニジノ酢酸 guanidinoacetic acid 112a
グリコシダーゼ glycosidase 109b
グリコシド ⇒ 配糖体 glycoside 109b
グリコシド化 glycosidation 109b
グリコシド結合 glycosidic linkage 109b
グリコシドヒドロラーゼ glycoside hydrolase ⇒ グリコシダーゼ glycosidase 109b
N-グリコシラミン N-glycosylamine 109b
グリコシル化 ⇒ 糖鎖形成 glycosylation 109b
グリコシルトランスフェラーゼ glycosyltransferase 109b
グリコシルホスファチジルイノシトール glycosylphosphatidylinositol 109b
グリコシルホスファチジルグリセロール glycosylphosphatidylglycerol 109b
グリコスフィンゴリピド glycosphingolipid ⇒ スフィンゴ糖脂質 sphingoglycolipid 249a
グリコセエン glycoseen 109b
グリコホリン glycophorin 109b
グリコリル尿素 glycolylurea ⇒ ヒダントイン hydantoin 125a
グリコール glycol 109a
グリコールアルデヒド glycolaldehyde 109a
グリコール酸 glycolic acid 109a
グリコール酸回路 glycolate cycle 109a
クリサンテミン chrysanthemin 51a
グリシトール glycitol ⇒ 糖アルコール sugar alcohol 255a
グリシニン glycinin 109a
グリシルグリシン glycylglycine 109b
グリシン glycine 109a
グリシン尿症 glycinuria 109a
グリシン脳症 glycine encephalopathy ⇒ 高グリシン血症 hyperglycinemia 127a
グリース grease 111b
クリスタリン crystallin 62b
クリスタロイド ⇒ 晶質 crystalloid 62b
クリステ crista (*pl.* cristae) 61b
クリスマス因子 Christmas factor 50a
クリスマス病 Christmas disease 50a
グリセオフルビン griseofulvin 111b

グリセリド glyceride ⇌ アシルグリセロール acylglycerol 7a
グリセリルエーテルジエステル glycerylether diester ⇌ アルキルエーテルアシルグリセロール alkyl ether acylglycerol 12b
グリセリン glycerin ⇌ グリセロール glycerol 108b
グリセリン筋 glycerol muscle 108b
グリセリン酸 glyceric acid 108b
グリセリン発酵 ⇌ グリセロール発酵 glycerol fermentation 108b
グリセルアルデヒド glyceraldehyde 108b
グリセロ脂質 glycerolipid 108b
グリセロース glycerose 108b
グリセロ糖脂質 glycoglycerolipid 109a
α-グリセロリン酸経路 α-glycerophosphate pathway 108b
グリセロリン脂質 glycerophospholipid 108b
グリセロール glycerol 108b
グリセロール発酵 glycerol fermentation 108b
グリセンチン glicentin 106b
グリソン鞘[しょう] Glisson's capsule 106b
グリニャール試薬 Grignard's reagent 111b
クリプソシン crypsocin 62b
クリプトキサンチン cryptoxanthin 62b
クリプトグラム cryptogram 62b
クリプトピン cryptopine 62b
クリーランド試薬 Cleland's reagent ⇌ ジチオトレイトール dithiothreitol 76b
クリーランドの表示法 Cleland's notation 52b
クリングル構造 Kringle structure 145a
グリーン蛍光タンパク質 ⇌ 緑色蛍光タンパク質 green fluorescent protein 111b
クリーンベンチ clean bench 52a
クールー kuru 145b
グルカゴノーマ ⇌ グルカゴン産生腫瘍 glucagonoma 107a
グルカゴン glucagon 107a
グルカゴン産生腫瘍 glucagonoma 107a
グルカナーゼ glucanase 107a
グルカル酸 glucaric acid 107a
グルカン glucan 107a
β-グルクロニダーゼ β-glucuronidase 108a
グルクロニド glucuronide 108a
グルクロノラクトン glucuronolactone 108a
グルクロン酸 glucuronic acid 108a

グルクロン酸経路 glucuronate pathway 108a
グルクロン酸抱合 glucuronidation 108a
グルコキナーゼ glucokinase 107a
グルココルチコイド glucocorticoid 107a
グルココルチコイド応答配列 glucocorticoid responsive element 107a
グルココルチコイド受容体 glucocorticoid receptor 107a
グルココルチコイド反応性高血圧症 glucocorticoid reactive hypertension 107a
グルコサゾン glucosazone 107b
グルコサミン glucosamine 107b
グルコサン glucosan 107b
α-グルコシダーゼ欠損症 α-glucosidase deficiency 107b
グルコシド glucoside 107b
グルコシドウロン酸 glucosiduronic acid ⇌ グルクロニド glucuronide 108a
グルコシル化 glucosylation 108a
D-グルコシルセラミド D-glucosylceramide ⇌ グルコセレブロシド glucocerebroside 107a
グルコシルセラミドーシス glucosyl ceramidosis ⇌ ゴーシェ病 Gaucher disease 103b
グルコシルトランスフェラーゼ glucosyltransferase 108a
グルコース glucose 107b
グルコース-ガラクトース吸収不全症 glucose-galactose malabsorption 107b
グルコース感受性オペロン glucose-sensitive operon 107b
グルコース効果 glucose effect 107b
グルコース生成 ⇌ 糖形成 glucogenesis 107a
グルコスタット法 gluco-stat method 108a
グルコース負荷試験 glucose tolerance test 107b
グルコース-6-ホスファターゼ欠損症 glucose-6-phosphatase deficiency 107b
グルコース 1-リン酸 glucose 1-phosphate 107b
グルコセレブロシダーゼ glucocerebrosidase 107a
グルコセレブロシド glucocerebroside 107a
グルコ糖酸 glucosaccharic acid ⇌ グルカル酸 glucaric acid 107a
グルコノ-1,5-ラクトン glucono-1,5-lactone 107b

グルコピラノシド glucopyranoside ⇌ グルコシド glucoside 107b
グルコピラノース glucopyranose 107b
グルコブラシシン glucobrassicin 107a
グルコフラノース glucofuranose 107a
グルコメチロース glucmethylose ⇌ キノボース quinovose 223b
グルコン酸 gluconic acid 107b
グルコン酸発酵 gluconic acid fermentation 107b
グルシトール glucitol 107a
グルタチオニルスペルミジン glutathionylspermidine 108b
グルタチオン glutathione 108a
グルタチオン血症 glutathionemia 108a
グルタチオン尿症 glutathionuria ⇌ グルタチオン血症 glutathionemia 108a
γ-グルタミル回路 γ-glutamyl cycle 108a
グルタミン glutamine 108a
グルタミン酸 glutamic acid 108a
L-グルタミン酸発酵 L-glutamic acid fermentation 108a
グルタルアルデヒド glutaraldehyde 108a
グルタル酸 glutaric acid 108a
クルチアルカロイド kurchi alkaloid 145a
グルテリン glutelin 108b
グルテン gluten 108b
グルテン過敏性腸症 gluten induced enteropathy ⇌ セリアック症候群 celiac syndrome 44a
クルパノドン酸 clupanodonic acid 53a
くる病 rickets 233a
グループ転送 group translocation 111b
クルペイン clupeine 53a
クレアチニン creatinine 61a
クレアチン creatine 61a
クレアチンキナーゼ creatine kinase 61a
クレアチン経路 creatine pathway 61a
クレアチン尿症 creatinuria 61a
クレアチンホスホキナーゼ creatine phoshokinase ⇌ クレアチンキナーゼ creatine kinase 61a
クレアチンリン酸 creatine phosphate ⇌ ホスホクレアチン phosphocreatine 200b
グレイ gray 111b
クレゾール cresol 61a
クレチン症 cretinism 61b
クレノウ酵素 Klenow enzyme 144a

クレブス回路 Krebs cycle ⇌ クエン酸回路 citric acid cycle 51b
グレーブス病 Graves disease ⇌ バセドウ病 Basedow disease 30b
クレブス・ヘンゼライト尿素回路 Krebs-Henseleit urea cycle ⇌ 尿素回路 urea cycle 276b
クレペニン酸 crepenynic acid 61a
クロアシン cloacin 52b
クロイツフェルト・ヤコブ病 Creutzfeldt-Jakob disease 61b
グロース gulose 113a
クロスストリーク試験 cross streak test ⇌ 交差画線培養 cross streak culture 62a
クロストーク cross-talk 62a
クローズドコロニー ⇌ 閉鎖コロニー closed colony 53a
クロストリパイン clostripain 53a
クロタロシチン crotalocytin 62a
クロトキシン crotoxin 62a
クロトノシド crotonoside 62a
クロトン酸 crotonic acid 62a
クロトン油 croton oil 62a
クローニング ⇌ クローン化 cloning 52b
γ-グロノラクトン γ-gulonolactone 112b
クローバー葉構造 cloverleaf structure 53a
クローバー葉モデル cloverleaf model 53a
グロビン globin 106b
クロフィブレート clofibrate 52b
グロブリン globulin 106b
グロボイド細胞 globoid cell 106b
グロボイド細胞性ロイコジストロフィー globoid cell leukodystrophy ⇌ クラッベ病 Krabbe disease 144b
グロボシド globoside 106b
グロボテトラオース globotetraose 106b
クロマチン chromatin 50b
クロマチン繊維 chromatin fiber 50b
クロマティウム Chromatium 50b
クロマトグラフ【装置】 chromatograph 50b
クロマトグラフィー chromatography 50b
クロマトグラム chromatogram 50b
クロマトフォーカシング chromatofocusing ⇌ 等電点クロマトグラフィー isoelectric chromatography 139b
クロマトホア chromatophore 50b
クロマフィン[の] ⇌ クロム親和性[の] chromaffin 50a

クロミフェン clomiphene 52b
クロム chromium 50b
クロム親和性顆粒 chromaffin granule 50a
クロム親和性細胞 chromaffin cell 50a
クロム親和性細胞腫 chromaffin tumor ⇌ 褐色細胞腫 pheochromocytoma 199a
クロム親和性[の] chromaffin 50a
クロモソーム ⇌ 染色体 chromosome 50b
クロモトロプ酸-硫酸法 chromotropic acid-sulfuric acid method 51a
クロモマイシン A_3 chromomycin A_3 50b
クロラミン chloramine 48a
クロラムフェニコール chloramphenicol 48a
クロリン chlorin 48b
クロルジアゼポキシド chlordiazepoxide 48b
クロルテトラサイクリン chlortetracycline 49a
クロルプロマジン chlorpromazine 49a
クロレラ Chlorella 48b
クロロクルオロヘム chlorocruoroheme 48b
クロロゲン酸 chlorogenic acid 48b
クロロソーム chlorosome 48b
クロロ白金酸 chloroplatinic acid 48b
クロロフィラーゼ chlorophyllase 48b
クロロフィリド chlorophyllide 48b
クロロフィル chlorophyll 48b
p-クロロフェニルアラニン p-chlorophenylalanine 48b
クロロプラスト ⇌ 葉緑体 chloroplast 48b
クロロマイセチン chloromycetin ⇌ クロラムフェニコール chloramphenicol 48a
p-クロロメルクリ安息香酸 p-chloromercuribenzoic acid 48b
p-クロロメルクリベンゼンスルホン酸 p-chloromercuribenzenesulfonic acid 48b
クローン clone 52b
クーロン coulomb 60a
クローン化 cloning 52b
クローン加齢 clonal ag[e]ing 52b
クローン細胞培養 clonal cell culture 52b
グロン酸 gulonic acid 112b
クローン選択説 clonal selection theory 52b
クローン動物 cloned animal 52b
クローン病 Crohn disease 61b
クローン分析 clone analysis 52b
クーロン力 Coulomb force 60a
クワシオルコル kwashiorkor 145b
群体 ⇌ コロニー colony 54b

ケ

ケアンズ型複製 Cairns type replication 39a
計画する【実験を】 design 71a
鶏冠単位 capon unit 40a
けい[頸]管ムチン cervical mucin 46a
蛍光 fluorescence 97a
蛍光イムノアッセイ fluoroimmunoassay 97b
蛍光 in situ ハイブリッド形成法 fluorescence in situ hybridization 97a
蛍光強度 fluorescence intensity 97a
蛍光顕微鏡 fluorescence microscope 97a
蛍光抗体法 fluorescent antibody technique 97a
蛍光光度法 ⇌ フルオログラフィー fluorography 97b
蛍光収率 fluorescence efficiency ⇌ 蛍光収量 fluorescence yield 97a
蛍光収量 fluorescence yield 97a
蛍光消光 fluorescence quenching 97a
蛍光スペクトル fluorescence spectrum 97a
蛍光性カルシウム指示薬 ⇌ カルシウム蛍光指示薬 fluorescent calcium indicator 97a
経口摂取 ingestion 133b
蛍光定量法 fluorimetry 97a
蛍光発光スペクトル fluorescence emission spectrum ⇌ 蛍光スペクトル fluorescence spectrum 97a
経口避妊薬 oral contraceptive 187b
蛍光標示式細胞分取器 fluorescence-activated cell sorter 97a
蛍光プローブ fluorescent probe 97a
蛍光分光光度計 spectrofluorometer 248b
蛍光偏光解消 fluorescence depolarization 97a

経口免疫　oral immunity　187b
蛍光免疫測定［法］⇌蛍光イムノアッセイ　fluoroimmunoassay　97b
軽鎖　light chain ⇌ L鎖　L chain　148a
経細胞輸送　transcellular transport　268b
形質　character　46b
形質芽球　plasmoblast　206b
形質細胞　plasma cell　206a
形質細胞腫　plasmocytoma ⇌ 多発性骨髄腫　multiple myeloma　173a
形質転換　transformation　269a
　形質転換［した］⇌ トランスジェニック　transgenic　269b
形質転換因子　transforming principle　269a
形質転換細胞　transformed cell　269a
形質転換体　transformant　269a
形質転換物質　transforming substance　269a
［形質］導入　transduction　269a
［形質］導入する【ファージで】　transduce　269a
［形質］導入ファージ　transducing phage　269a
形質膜　plasma membrane　206a
形質膜陥入による　endocytic　84b
経上皮輸送　transepithelial transport ⇌ 経細胞輸送　transcellular transport　268b
けい［頸］静脈　jugular vein　141b
計数　count　60a
計数的の　digital　73b
形成異常［症］　dysplasia　80b
形成層　cambium layer　39b
形成体　organizer　188a
形成面【ゴルジ体の】　forming face　98b
ケイ素　silicon　244a
ケイ藻　diatom　72a
ケイ藻土　diatom earth　72a
継代　passage　194a
形態学　morphology　171b
形態［学的］トランスフォーメーション　morphological transformation　171b
形態形成　morphogenesis　171b
形態形成運動　morphogenetic movement　171b
継代数　passage number　194a
形態単位　morphon　171b
継代培養　subculture　254a
形態変換 ⇌ 形態［学的］トランスフォーメーション　morphological transformation　171b

茎頂培養　shoot apex culture　242b
ケイツ法　Kates method　142b
系統　line　151b／lineage　151b／stock　252b／strain　252b
系統学　phylogeny　203b
系統群　family　92b
系統樹　phylogenetic tree　203b
系統的［な］　systemic　259b
系統培養　pedigree culture　195a
系統発生　phylogeny　203b
系統分類法　phylogenetic system　203b
系統名　systematic name　259b
ケイ皮酸　cinnamic acid　51b
ケイ皮油　cinnamon oil　51b
ケイリン・ハートレー標品　Keilin-Hartree preparation　142b
系列誘導 ⇌ 逐次誘導　sequential induction　241a
けいれん［痙攣］　convulsion　58a
KNFモデル　KNF model ⇌ コシュランド・ネメシー・フィルマーモデル　Koshland-Némethy-Filmer model　144b
K型効果　K system effect　145a
ケーク　cake　39a
ケシアルカロイド　opium alkaloid　187b
ゲスターゲン　gestagen　105b
ケタール　ketal　143a
ケチミン　ketimine　143a
血圧降下薬　hypotensive agent　128b
血液　blood　34b
　血液の　hema-　116a
血液学　hematology　116a
血液型判定　blood typing　34b
血液型物質　blood group substance　34b
血液型不適合　blood group incompatibility　34b
血液幹細胞 ⇌ 造血幹細胞　hematopoietic stem cell　116a
血液凝固　blood coagulation　34b
血液凝固因子　blood coagulation factor　34b
血液凝固Ⅲ因子　blood coagulation factor Ⅲ ⇌ 組織因子　tissue factor　266b
血液細胞　blood cell　34b
血液色素 ⇌ 血色素　blood pigment　34b
血液透析　hemodialysis　116b
血液脳関門　blood-brain barrier　34b
結核　tuberculosis　273a
結核菌　tubercle bacillus　273a

欠陥　defect　68a
欠陥ウイルス　defective virus　68a
血管拡張性失調症　ataxia telangiectasia　25b
血管芽細胞　angioblast　18b
欠陥干渉粒子　defective interfering particle　68a
血管形成 ⇌ 血管新生　angiogenesis　18b
血管形成誘導因子 ⇌ 血管新生促進因子　angiogenic factor　18b
血管作動性腸管ポリペプチド ⇌ バソアクティブインテスティナルポリペプチド　vasoactive intestinal polypeptide　278a
血管作動性［の］　vasoactive　278a
血管収縮　vasoconstriction　278a
血管新生　angiogenesis　18b
血管新生促進因子　angiogenic factor　18b
血管性血友病　vascular hemophilia ⇌ フォンビルブラント病　von Willebrand disease　280b
血管内皮［細胞］増殖因子　vascular endothelial ［cell］ growth factor　278a
［血管］内皮由来平滑筋弛緩因子　endothelium-derived relaxing factor　85a
欠陥ファージ　defective phage　68a
欠陥プロファージ　defective prophage　68a
欠陥溶原菌　defective lysogen　68a
血球 ⇌ 赤血球もみよ.
血球芽細胞　hemocytoblast　116b
血球凝集　hemagglutination　116a
血球計数器　hemocytometer　116b
月経周期　menstrual cycle　162b
結合　bond　35b／linkage　151b
結合エネルギー　bond energy　35b
結合エンタルピー　bond enthalpy ⇌ 結合エネルギー　bond energy　35b
結合角　bond angle　35b
結合活性 ⇌ アビディティー　avidity　28a
結合曲線　binding curve　32b
結合水　bound water　36a
結合する【DNAを互いに】　ligate　150b
結合組織　connective tissue　57a
結合タンパク質　binding protein　32b
結合定数　binding constant　32b
結合定数【核磁気共鳴の】　coupling constant　60b
結合部複合体　junctional complex　141b
結合力 ⇌ アビディティー　avidity　28a
結さつ［紮］　ligation　150b

結さつする【血管を】　ligate　150b
血色素　blood pigment　34b
欠失【染色体の】　deletion　68b
欠失地図作製　deletion mapping　68b
欠失［突然］変異体　deletion mutant　68b
欠失ループ【DNAの】　deletion loop　68b
欠如【栄養素の】　lusting　155a
血漿　plasma　206a
結晶化する　crystallize　62b
血漿交換［法］　plasmapheresis　206a
結晶格子　crystal lattice　62b
結晶構造解析　crystal structure analysis　62b
血小板　platelet　206b
血小板因子　platelet factor　206b
血小板活性化因子　platelet-activating factor　206b
血小板凝集　platelet aggregation　206b
血小板減少症　thrombocytopenia　265a
血小板由来増殖因子　platelet-derived growth factor　206b
血漿フィブロネクチン　plasma-fibronectin ⇌ 寒冷不溶性グロブリン　cold insoluble globulin　54b
げっ［齧］歯類　rodent　234a
血清　serum (pl. sera)　241b
血清応答配列　serum responsive element　241b
血清学　serology　241b
血清学的診断　serodiagnosis　241b
血清型　serotype　241b
血青素 ⇌ ヘモシアニン　hemocyanin　116b
血清反応　serological reaction　241b
血清病　serum sickness　241b
血清プロトロンビン転化促進因子　serum prothrombin conversion accelerator　241b
血清療法　serotherapy　241b
結節　nodule　181b
結節型悪性黒色腫　nodular malignant melanoma　181b
結節型黄色腫　xanthoma tuberosum　283a
結節性全脳炎　nodular panencephalitis ⇌ 亜急性硬化性全脳炎　subacute sclerosing panencephalitis　254a
血栓　thrombus　265a
血栓症　thrombosis　265a
血栓塞栓症　thromboembolism　265a
血族［関係］　consanguinity　57b

欠損　defect　68a
欠損ウイルス　⇒ 欠陥ウイルス　defective virus　68a
欠損ファージ　⇒ 欠陥ファージ　defective phage　68a
血中尿素窒素　blood urea nitrogen　34b
結腸　colon (*pl.* colons, cola)　54b
結腸炎　⇒ 大腸炎　colitis　54b
結腸がん　colon cancer　54b
血沈　blood sedimentation　34b
決定　determination　71b
決定基　determinant　71b
決定転換　transdetermination　268b
血糖　blood sugar　34b
血餅[ぺい]　clot　53a
血餅収縮　clot retraction　53a
血餅退縮　⇒ 血餅収縮　clot retraction　53a
欠乏[症]　deficiency　68a
血友病　hemophilia　117a
欠落　deletion　68b
血リンパ　hemolymph　117a
ゲート　gate　103a
ケトアシドーシス　ketoacidosis　143a
ケトアジピン酸　ketoadipic acid　⇒ オキソアジピン酸　oxoadipic acid　190b
解毒　detoxication　71b
解毒薬　antidote　20b
α-ケトグルタルアミド酸　α-ketoglutaramic acid　⇒ 2-オキソグルタルアミド酸　2-oxoglutaramic acid　190b
α-ケトグルタル酸　α-ketoglutaric acid　⇒ 2-オキソグルタル酸　2-oxoglutaric acid　190b
ケト原性アミノ酸　ketogenic amino acid　143a
ケト原性[の]　ketogenic　143a
ケトサイクラゾシン　ketocyclazocine　143a
ケト酸　keto acid　⇒ オキソ酸　oxo acid　190b
ケトーシス　ketosis　143b
ケトーシス型高グリシン血症　ketotic hyperglycinemia　143b
ケトシド結合　ketosidic linkage　143b
ケトース　ketose　143b
ケトステロイド　ketosteroid　143b
β-ケトチオラーゼ　β-ketothiolase　143b
ケトテトロース　ketotetrose　143b

ケトトリオース　ketotriose　143b
ケトヘキソース　ketohexose　143a
ケトヘキソン酸　ketohexonic acid　143a
ケトペントース　ketopentose　143a
ケトール　ketol　143a
ケトン　ketone　143a
ケトン血症　ketonemia　⇒ ケトーシス　ketosis　143a
ケトン体　ketone body　143a
ケトン体生成　ketogenesis　143a
ケトン尿　ketonuria　143a
ケーニッヒス・クノール反応　Koenigs-Knorr reaction　144b
ゲニン　genin　105a
解熱鎮痛薬　antipyretic analgesic　21b
解熱薬　antipyretic　21b
ケネディー経路　Kennedy pathway　⇒ α-グリセロリン酸経路　α-glycerophosphate pathway　108b
ケノデオキシコール酸　chenodeoxycholic acid　48a
ゲノミクス　genomics　105a
ゲノム　genome　105a
ゲノムインプリンティング　genomic imprinting　105a
ゲノム解析　genome analysis　105a
ゲノム計画　genome project　105a
ゲノム刷込み　⇒ ゲノムインプリンティング　genomic imprinting　105a
ゲノム詰込み　⇒ パッケージング　packaging　191b
ゲノム DNA クローン　genomic DNA clone　105a
ゲノムライブラリー　genome library　105a
ケミカルスコア　chemical score　47b
ゲミニ　⇒ 二価染色体　gemini　104a
ケモカイン　chemokine　47b
ケモスタット　⇒ 恒成分培養槽　chemostat　47b
ケラシアニン　keracyanin　142b
ケラシン　cerasin　45b
ケラタナーゼ　keratanase　142b
ケラタン硫酸　keratan sulfate　142b
ケラチノサイト　⇒ ケラチン細胞　keratinocyte　143a
ケラチン　keratin　143a
ケラチン細胞　keratinocyte　143a
ケラチン形成　⇒ 角化　keratinization　143a

ケラト硫酸 keratosulfate ⇌ ケラタン硫酸 keratan sulfate 142b
ゲラニウム酸 geranic acid 105b
ゲラニオール geraniol 105b
ゲラニルゲラニル化 geranylgeranylation 105b
ゲラニルゲラニル二リン酸 geranylgeranyl diphosphate 105b
ゲラニルゲラニルピロリン酸 ⇌ ゲラニルゲラニル二リン酸 geranylgeranyl diphosphate 105b
ゲラニル二リン酸 geranyl diphosphate 105b
ゲラニルピロリン酸 ⇌ ゲラニル二リン酸 geranyl diphosphate 105b
K領域 *K* region 145a
ゲル gel 103b
ゲル化 gelation 103b
ゲル拡散沈降反応 gel diffusion precipitin reaction 103b
ゲルクロマトグラフィー gel chromatography ⇌ ゲル沪過 gel filtration 103b
ケル血液型 Kell blood group 142b
ゲルシフト法 gel shift assay 104a
ゲルゾリン gelsolin 104a
ケルダール法 Kjeldahl method 144a
ゲル電気泳動 gel electrophoresis 103b
ゲル内拡散法 gel diffusion method ⇌ 寒天ゲル拡散法 agar gel diffusion method 10b
ケルビン Kelvin 142b
ゲルミン germine 105b
ゲル沪過 gel filtration 104a
ケロジェン kerogen 143a
ゲロニン gelonin 104a
けん[腱] tendon 261b
減圧 vacuum 277a
検圧法 manometry 159a
原位置[の] ⇌ インシトゥ *in situ* 135a
原栄養体 prototroph 218b
原液 ⇌ 貯蔵液 stock solution 252b
けん[鹸]化 saponification 236b
限界希釈 limiting dilution 151a
圏外生物学 exobiology ⇌ 宇宙生物学 space biology 247b
限界線量 ⇌ 閾線量 threshold dose 265a
限界デキストリナーゼ limit dextrinase 151a

限界デキストリン limit dextrin 151a
限界デキストリン症 limit dextrinosis 151a
原外胚葉性[の] ectoblast 81a
限外沪過 ultrafiltration 275a
けん[鹸]化価 saponification value 236b
原核 prokaryon 215b
原核原生生物 prokaryotic protist 215b
原核細胞 prokaryotic cell 215b
原核生物 prokaryote 215b
幻覚[発]現物質 hallucinogen 113b
顕花植物類 phanerogams 198b
けん[鹸]化する saponify 236b
原株 original strain 188a
原基 primordium 214a
嫌気[性]生物 anaerobe 17b
嫌気[性][の] anaerobic 17b
嫌気[的]呼吸 anaerobic respiration 17b
嫌気[的]条件 anaerobic condition 17b
嫌気[的]生活 anaerobiosis 17b
嫌気[的]代謝 anaerobic metabolism 17b
減極【電池】 depolarization 70b
減極剤 depolarizer 70b
限局性回腸炎 regional ileitis ⇌ クローン病 Crohn disease 61b
原型 prototype 218b
原形質 protoplasm 218b
原形質体 ⇌ プロトプラスト protoplast 218b
原形質分離 plasmolysis 206b
原形質膜 ⇌ 形質膜 plasma membrane 206b
原形質流動 protoplasmic streaming 218b
原形質連絡 protoplasmic connection 218b
献血者 donor 78a
原口 blastopore 34a
原索動物 Protochordata 218a
原子 atom 26a
 原子[の] atomic 26a
原子化 atomization 26a
原子価 valence 277a
原子価角 valency angle ⇌ 結合角 bond angle 35b
[原子]核 nucleus 184b
 [原子]核[の] nuclear 183a
原子核エネルギー nuclear energy 183a
原子間力顕微鏡 atomic force microscope 26a
原子間力顕微鏡法 atomic force microscopy 26a

原色素体 ⇌ プロプラスチド　proplastid 216b
原子吸光分析　atomic absorption spectro[photo]metry　26a
絹糸腺　silk gland　244a
減弱させる　attenuate　26b
原始有機物　primitive organic compound 214a
検出する　detect　71b
現象　phenomenon (*pl.* phenomena)　199a
原子力　atomic energy　26a
　原子力[の]　atomic　26a
原子炉　nuclear reactor　183b
減衰【活性種の】　decay　67b
減衰定数　decay constant　67b
減数分裂　meiosis (*pl.* meioses)　161b
減数有糸分裂　meiotic mitosis　161b
ケーンズ型複製 ⇌ ケアンズ型複製　Cairns type replication　39a
限性遺伝　sex-limited inheritance　242a
原生生物　protist (*pl.* protista)　218a
原生生物界　Protista　218a
原生動物　protozoa　218b
原生動物界　Protozoa　218a
顕性[の]　manifest　159a
原繊維　fibril　94b
原繊条 ⇌ プロトフィラメント　protofilament 218a
現像する【写真を】　develop　71b
元素[の]　elementary　83b
原体節 ⇌ 体節　somite　247a
懸濁　suspension　257b
懸濁液　suspension　257b
懸濁する　suspend　257b
懸濁培養　suspension culture　257b
ゲンタマイシン　gentamicin　105a
ゲンタミシン ⇌ ゲンタマイシン　gentamicin 105a
ゲンチアニン　gentianin　105a

ゲンチアノース　gentianose　105b
ゲンチオビオース　gentiobiose　105b
ゲンチジン酸　gentisic acid　105b
原虫 ⇌ 原生動物　protozoa　218b
原中層細胞 ⇌ 中胚葉母細胞　mesoblast 163a
原腸　archenteron　23b
原腸がい[蓋]　archenteron roof　23b
原腸形成　gastrulation　103a
原腸胚　gastrula (*pl.* gastrulae)　103a
原腸胚形成 ⇌ 原腸形成　gastrulation　103a
検定[法]　assay　25b
懸滴培養　hanging drop culture　114a
ケンドル化合物　Kendall's compound　143a
原発性アミロイドーシス　primary amyloidosis　213b
原発性高アルドステロン症　primary hyperaldosteronism ⇌ コン症候群　Conn syndrome 57b
原発性食作用異常症　primary dysphagocytosis　214a
原発性[の]【疾患が】　primary　213b
原発性免疫不全症候群　primary immunodeficiency syndrome　214a
顕微解剖　microdissection　166b
顕微鏡　microscope　167a
原皮質　archicortex　23b
顕微操作　micromanipulation　166b
顕微注射 ⇌ マイクロインジェクション microinjection　166b
顕微分光測定法 ⇌ 顕微分光分析 microspectrophotometry　167a
顕微分光分析　microspectrophotometry 167a
健忘症　amnesia　16a
厳密[な]　stringent　253b
限雄性遺伝　holandric inheritance　121b
限雄性[の]　holandric　121b
検量線　working curve　283a

コ

コアクチベーター　coactivator　53a
コア酵素　core enzyme　59a
コアセルベーション　coacervation　53a
コアセルベート液滴　coacervate droplet　53a
コアタンパク質　core protein　59a
コイルドコイル　coiled coil　54a／supercoil　256b／ ⇒ 超らせん　superhelix　256b
光-　⇒ 光〔ひかり〕の項もみよ．
腔〔こう，くう〕　antrum (*pl.* antra)　22a／cavity　43a
綱【分類】　class　52a
高IgE症候群　hyper-IgE syndrome　127b
高圧酸素　hyperbaric oxygen　127a
好圧性[の]　barophilic　30a
高圧減菌器　autoclave　27a
降圧薬　⇒ 血圧降下薬　hypotensive agent　128b
抗アナフィラキシー　antianaphylaxis　20a
抗Rh抗体　anti-Rh antibody　21b
好アルカリ性[細]菌　alkaliphilic bacterium　12a
高アルギニン型ヒストン　arginine-rich histone　23b
高アルドステロン症　hyperaldosteronism　127a
高αリポタンパク質血症　hyperalphalipoproteinemia　127a
高アンモニア血症　hyperammonemia　127a
高域寛容　high-zone tolerance　120b
高域トレランス　⇒ 高域寛容　high-zone tolerance　120b
抗イディオタイプ抗体　anti-idiotype antibody　21a
抗ウイルス性[の]　antiviral　22a
抗うつ薬　antidepressant　20b
抗エストロゲン　antiestrogen　20b
硬X線　hard X-ray　114b
高エネルギー化合物　energy-rich compound　85b
高エネルギー結合　high-energy bond　120b
高エネルギーリン酸結合　high-energy phosphate bond　120b

好塩基球　basophil　31a
好塩基性[の]　basophil[e]　31a
好塩基性白血球　⇒ 好塩基球　basophil　31a
好塩[細]菌　halophile　113b
抗炎症性　antiinflammatory　21a
抗炎症薬　antiinflammatory agent　21a
好塩性　halophilism　113b
好塩性[の]　halophilic　113b
好塩性生物　halophile　113b
広塩性[の]　euryhaline　90a
高応答動物【免疫】　high responder　120b
高オルニチン血症　hyperornithinemia　127b
恒温器　incubator　132a
好温[細]菌　⇒ 好熱[細]菌　thermophilic bacterium　263b
恒温装置　⇒ サーモスタット　thermostat　263b
抗壊血病因子　antiscorbutic factor　21b
光化学　photochemistry　202a
光化学系　photosystem　203a
光化学作用スペクトル　photochemical action spectrum　202a
光化学線[作用][の]　⇒ 光活性化[の]　actinic　6a
光化学反応　photochemical reaction　202a
効果器【生理】　effector　81b
光学異性体　optical isomer　187b
抗核因子　antinuclear factor　⇒ 抗核抗体　antinuclear antibody　21a
光学活性　optical activity　187b
光学顕微鏡　light microscope　150b
抗核抗体　antinuclear antibody　21a
光学純度　optical purity　187b
厚角組織　collenchyma　54a
光学的融解曲線　optical melting profile　187b
光学[の]　optical　187b
光学濃度　optical density　⇒ 吸光度　absorbance　4a
光学不活性化　optical inactivation　⇒ ラセミ化　racemization　224a
光学密度　optical density　⇒ 吸光度　absorbance　4a

膠[こう]芽細胞 ⇁ 神経膠芽細胞をみよ.
膠[こう]芽細胞腫 ⇁ 神経膠芽細胞腫をみよ.
抗脚気因子 antiberiberi factor ⇁ チアミン thiamin 263b
光活性化 photoactivation 202a
　光活性化[の] actinic 6a
硬化油 hardened oil 114b
高カルシウム血症 hypercalcemia 127a
硬がん[癌] ⇁ 硬性がんをみよ.
こう[睾]丸 ⇁ 精巣 testis 262b
光還元 photoreduction 202b
項間交差 intersystem crossing 136b
光感作 ⇁ 光増感 photosensitization 202b
抗がん剤 anticancer agent 20a
光感受性[の] ⇁ 感光性[の] photosensitive 202b
交感神経活動亢進 sympathicotonia 258a
交感神経系 sympathetic nervous system 258a
抗がん性 anticancer 20a
こう[睾]丸性女性化症候群 ⇁ 精巣性女性化症候群 testicular feminization syndrome 262a
好乾性[の] xerophilic 283b
抗がん薬 anticancer drug ⇁ 抗がん剤 anticancer agent 20a
後期【細胞分裂の】 anaphase 17b
後期遺伝子 late gene 147b
好気[性]生物 aerobe 10a
後期促進複合体 anaphase promoting complex 17b
好気[的]解糖 aerobic glycolysis 10a
好気[的]呼吸 aerobic respiration 10a
好気[的]代謝 aerobic metabolism 10a
好気[的][の] aerobic 10a
高級脂肪酸 higher fatty acid 120b
後弓反張 opisthotonus 187b
抗凝血 anticoagulation 20a
抗凝血物質 anticoagulant 20a
抗凝固 anticoagulation 20a
抗凝固物質 anticoagulant 20a
抗胸腺細胞血清 antithymocyte serum 21b
高キロミクロン血症 hyperchylomicronemia 127a
抗菌活性 antimicrobial activity 21a
抗菌スペクトル antibacterial spectrum 20a
抗菌性[の] antibacterial 20a
好金属性[の] metallophilic 164a

抗菌免疫 antibacterial immunity 20a
高グリシン血症 hyperglycinemia 127b
抗グロブリン antiglobulin 21a
高グロブリン血症 hyperglobulinemia 127a
抗グロブリン試験 antiglobulin test ⇁ クームス試験 Coombs' test 58a
抗グロブリン消費試験 antiglobulin consumption test 21a
抗けいれん[痙攣]薬 anticonvulsant 20b
高血圧 hypertension 128a
高血圧症 hypertension 128a
抗結核剤 antituberculous agent 22a
抗血清 antiserum (pl. antisera) 21b
高血糖 hyperglycemia 127a
抗血友病因子 antihemophilic factor 21a
抗血友病グロブリン antihemophilic globulin 21a
抗原 antigen 20b
抗原過剰 antigen excess 20b
抗原型 serotype 241b
抗原競合 antigenic competition 20b
抗原結合性受容体 antigen-binding receptor 20b
抗原結合性フラグメント antigen-binding fragment ⇁ Fab フラグメント Fab fragment 92a
抗原結合能 antigen-binding capacity 20b
抗原欠失 antigenic deletion 20b
抗原決定基 antigenic determinant 20b
抗原抗体反応 antigen-antibody reaction 20b
抗原抗体複合体 antigen-antibody complex 20b
抗原識別部[位] antigen-recognition site 20b
膠[こう]原質 ⇁ コラーゲン collagen 54b
抗原シフト antigenic shift 20b
抗原性 antigenicity ⇁ 免疫原性 immunogenicity 131b
　抗原性[の] antigenic 20b
抗原性獲得 antigen gain 20b
膠[こう]原繊維 ⇁ コラーゲン繊維 collagen fiber 54b
抗原提示細胞 antigen presenting cell 20b
抗原特異性 antigenic specificity 20b
抗原突然変異 antigenic mutation 20b
抗原ドリフト antigenic drift 20b
抗原認識部[位] ⇁ 抗原識別部[位] antigen-recognition site 20b
膠[こう]原病 collagen disease 54b

抗原復帰　antigenic reversion　20 b
抗原不連続変異 → 抗原シフト　antigenic shift　20 b
抗原分析　antigen analysis　20 b
抗原変異　antigenic variation　20 b
抗原連続変異 → 抗原ドリフト　antigenic drift　20 b
高好酸球症候群　hypereosinophilic syndrome　127 b
向光性【動物】　phototropism　203 a
光合成　photosynthesis　202 b
光合成細菌　photosynthetic bacterium　202 b
光合成色素　photosynthetic pigment　203 a
光［合成］従属栄養生物　photoheterotroph　202 b
光合成商　photosynthetic quotient　203 a
光合成生物　photosynthetic organism　203 a
光合成単位　photosynthetic unit　203 a
光合成的炭素還元回路　photosynthetic carbon reduction cycle → 還元的ペントースリン酸回路　reductive pentose phosphate cycle　227 b
光合成的リン酸化　photosynthetic phosphorylation → 光リン酸化　photophosphorylation　202 b
光［合成］独立栄養生物　photoautotroph　202 a
光合成反応中心　photosynthetic reaction center　203 a
光合成比　photosynthetic ratio → 光合成商　photosynthetic quotient　203 a
光［合成］無機栄養　photolithotrophy　202 b
　光［合成］無機栄養［の］　photolithotrophic　202 b
光［合成］無機栄養生物　photolithotroph　202 b
光［合成］有機栄養　photoorganotrophy　202 b
　光［合成］有機栄養［の］　photoorganotrophic　202 b
光［合成］有機栄養生物　photoorganotroph　202 b
光［合成］有機独立栄養生物　photoorganoautotroph　202 b
抗体　antiantibody　20 a
光呼吸　photorespiration　202 b
後骨髄球　metamyelocyte　164 b
抗コリンエステラーゼ薬　anticholinesterase　20 a
高コレステロール血症　hypercholesterolemia　127 a

交叉 → 交差【DNA, 染色体間の】　crossing over　61 b
交差　decussation　68 a
交差【DNA, 染色体間の】　crossing over　61 b
虹彩　iris　138 b
光サイクル　photocycle　202 a
交差イディオタイプ　cross idiotype　61 b
向細胞性［の］　cytotropic　66 b
交差画線培養　cross streak culture　62 a
交差現象　coupling phenomenon　60 b
交差細胞配列　criss-crossed arrangement　61 b
交差耐性 → 交差抵抗性　cross resistance　62 a
交差単位 → マップ単位　map unit　159 b
交雑　cross　61 b／crossing → ハイブリッド形成　hybridization　125 a
交雑種　cross　61 b
交差抵抗性　cross resistance　62 a
交差点　crossover point　62 a
交差反応　cross reaction　62 a
交差分極　cross polarization　62 a
交差免疫　cross immunity　61 b
交差免疫電気泳動　crossed immunoelectrophoresis　61 b
光酸化　photooxidation　202 b
抗酸化剤【生体内】　antioxidant　21 b
好酸球　eosinophil　86 b
好酸球増加症　eosinophilia　87 a
好酸球増多症候群　hypereosinophilic syndrome　127 b
抗酸菌　acid-fast bacterium　5 a
抗酸細菌 → 抗酸菌　acid-fast bacterium　5 a
好酸性細菌　acidophilic bacterium　5 b
好酸性細胞　acidophil　5 b
抗酸性［の］　acid-fast　5 a
好酸性［の］【細菌など】　acidophil[e]　5 b
好酸性［の］【白血球】　eosinophil[e]　87 a
高酸素血症　hyperoxemia　127 b
光散乱　light scattering　151 a
光散乱光度法　light scattering photometry　151 a
仔ウシ　calf　39 b
光子　photon　202 b
格子　lattice　147 b／→ 空間格子　space lattice　247 b
コウジカビ → アスペルギルス属　*Aspergillus*　25 a

厚糸期 ⇒ 太糸［ふといと］期　pachytene [stage]　191a
合糸期 ⇒ 接合糸期　zygotene [stage]　286a
公式化　formulation　98b
高色素性の【貧血など】　hyperchromic　127a
虹色素胞　iridophore　138b
仔ウシ胸腺　calf thymus　39b
抗σ因子　antisigma factor　21b
高次形態［遺伝子］　hypermorph　127b
高脂血症　hyperlipemia　127b
仔ウシ血清　calf serum　39b
高次コイル ⇒ 超コイル　supercoil　256b
高次構造　conformation　56b／higher-order structure　120b
コウジ酸　kojic acid　144b
格子説　lattice theory　147b
鉱質化　mineralization　167b
鉱質コルチコイド ⇒ ミネラルコルチコイド mineral corticoid　167b
格子面　lattice plane　147b
高シュウ酸尿症　hyperoxaluria　127b
拘縮　contracture　58a
抗腫瘍免疫　antitumor immunity　22a
恒常性 ⇒ ホメオスタシス　homeostasis　122a
甲状腺　thyroid [gland]　266a
甲状腺機能亢進症　hyperthyroidism　128a
甲状腺機能低下症　hypothyroidism　128b
甲状腺刺激ホルモン　thyroid-stimulating hormone　266a
甲状腺刺激ホルモン放出因子　thyrotropin-releasing factor ⇒ 甲状腺刺激ホルモン放出ホルモン　thyrotropin-releasing hormone　266a
甲状腺刺激ホルモン放出ホルモン　thyrotropin-releasing hormone　266a
甲状腺腫　goiter　110a
甲状腺ホルモン　thyroid hormone　266a
甲状腺沪胞　thyroid follicle　266a
紅色硫黄［細］菌　purple sulfur bacterium　221a
紅色非硫黄［細］菌　purple nonsulfur bacterium　221b
高次らせん ⇒ 超らせん　superhelix　256b
後腎【発生】　metanephros　164b
抗真菌性抗生物質　antifungal antibiotic　20b
向神経性　neurotropic　179a
抗ストレプトリシンO試験　antistreptolysin O test　21b

校正　calibration　39b
校正【DNAの複製ミスの】 ⇒ プルーフリーディング　proofreading　216a
構成　constitution　57b
合成　synthesis　259a
　合成［の］　synthetic　259a
硬［性］がん【癌】　scirrhous carcinoma　238a
校正曲線　calibration curve　39b
構成酵素　constitutive enzyme　57b
合成酵素 ⇒ シンターゼ　synthase　258b／⇒ シンテターゼ　synthetase　259a／⇒ リガーゼ　ligase　150b
抗生作用　antibiosis　20a
　抗生作用［の］　antibiotic　20a
合成食　synthetic diet　259a
抗精神病薬　antipsychotic　21b
向精神薬　psychotropic [drug]　220a
構成性［突然］変異　constitutive mutation　57b
後成説　epigenesis　87a
後生動物　metazoan　164b
向性［の］【ホルモン】 ⇒ 栄養性［の］　trophic　272b
高性能液体クロマトグラフィー high-performance liquid chromatography　120b
合成培地　synthetic medium　259a
抗生物質　antibiotic　20a
合成物質　synthetic　259a
後生動物界　Metazoa　164b
恒成分培養槽　chemostat　47b
構成ヘテロクロマチン　constitutive heterochromatin　57b
合成ポリリボヌクレオチド　synthetic polyribonucleotide　259a
合成膜【天然物ではない】　synthetic membrane　259a
硬節　sclerotome　238a
高セロトニン血症　hyperserotoninemia　127b
酵素　enzyme　86a
構造　structure　253b
構造異性体　constitutional isomer　57b
構造遺伝子　structural gene　253b
光増感　photosensitization　202b
構造ゲノミクス　structural genomics　253b
構造式　constitutional formula　57b
光走性 ⇒ 走光性　phototaxis　203a
構造生物学　structural biology　253b
構造タンパク質　structural protein　253b

構造配列　structural sequence ⇌ エキソン
　　　　　exon　90b
構造変異種　structural variant　253b
抗阻害剤　anti-inhibitor　21a
酵素学　enzymology　86b
酵素-基質-阻害剤複合体　enzyme-substrate-inhibitor complex　86b
酵素-基質複合体　enzyme-substrate complex　86b
後続基質　following substrate　98a
高速沈降平衡法　high-speed sedimentation equilibrium method ⇌ イファンティス法　Yphantis method　284b
高速反応　rapid reaction　225b
酵素結合免疫吸着検定法　enzyme-linked immunosorbent assay　86b
酵素欠損症　enzyme deficiency　86a
酵素工学　enzyme engineering　86b
酵素-生成物複合体　enzyme-product complex　86b
酵素前駆体　enzyme precursor　86b／プロ酵素　proenzyme　215a
酵素センサー　enzyme sensor　86b
酵素阻害剤 ⇌ 酵素阻害物質　enzyme inhibitor　86b
酵素-阻害剤複合体　enzyme-inhibitor complex　86b
酵素阻害物質　enzyme inhibitor　86b
酵素多型　enzyme polymorphism　86b
酵素電極　enzyme electrode　86b
酵素特異性　enzyme specificity　86b
酵素番号　enzyme number ⇌ EC 番号　EC number　80b
酵素反応　enzyme reaction　86b
酵素-反応産物複合体 ⇌ 酵素-生成物複合体　enzyme-product complex　86b
酵素反応速度論　enzyme kinetics　86b
酵素反応動力学 ⇌ 酵素反応速度論　enzyme kinetics　86b
酵素標識抗体法　enzyme label[l]ed antibody technique　86b
酵素分解作用[の]　zymolytic　286b
酵素補充療法　enzyme replacement therapy　86b
酵素命名法　enzyme nomenclature　86b
酵素免疫定量[法] ⇌ エンザイムイムノアッセイ　enzyme immunoassay　86b
酵素モデル　enzyme model　86b

酵素誘導　enzyme induction　86b
酵素抑制　enzyme repression　86b
抗体　antibody　20a
高体温症　hyperthermia　128a
抗体価　antibody titer　20a
抗体結合価　antibody valence　20a
抗体酵素　abzyme　4a
抗代謝剤 ⇌ 代謝拮[きつ]抗物質　antimetabolite　21a
光脱離[反応]　photoelimination　202a
高炭酸症　hypercapnia　127a
硬タンパク質　scleroprotein ⇌ アルブミノイド　albuminoid　11a
構築　assembly　25b
高窒素血症　azotemia　28b
合着　fusion　101b
合着【姉妹染色分体間の】　cohesion　54a
膠[こう]着素 ⇌ コングルチニン　conglutinin　57a
膠着反応　conglutination　57a
好中球　neutrophil　179b
好中球減少症　neutropenia　179b
好中球増多症　neutrophilia　179b
高張液　hypertonic solution　128a
腔[こう]腸動物　coelenterate　53b
高張[の]　hypertonic　128a
硬直【筋肉の】　rigor　233a
強直 ⇌ テタニー　tetany　262a
高チロシン血症　hypertyrosinemia　128a
口蹄疫　foot-and-mouth disease　98a
好低温性 ⇌ 好冷性　psychrophilic　220a
後電位　after-potential　10b
抗てんかん[癲癇]薬　antiepileptic　20b
光電光度計　photoelectric photometer　202a
光電子増倍管　photomultiplier　202b
高電子密度[の]　electron-dense　82b
抗転写終結因子　antitermination factor　21b
後天性免疫 ⇌ 獲得免疫　acquired immunity　5b
後天性免疫不全症候群　acquired immune deficiency syndrome　5b
後天的寛容 ⇌ 獲得寛容　acquired tolerance　5b
光電比色計　photoelectric colorimeter　202a
光電分光光度計　photoelectric spectrophotometer　202a
好同種抗体　isophile antibody ⇌ 同種抗体　isoantibody　139a

高度可変領域 → 超可変部　hypervariable region　128a
抗毒素　antitoxin　21b
高度好熱菌　extreme thermophile　91b
抗[突然]変異物質　antimutagen　21a
高度免疫血清　hyperimmune serum　127b
高尿酸血症　hyperuricemia　128a
光二量化[反応]　photodimerization　202a
好熱菌　thermophile　263b
好熱[細]菌　thermophilic bacterium　263b
好熱性　thermophily　263b
　好熱性[の]　thermophile　263b/thermophilic　263b
好熱性[細]菌 → 好熱[細]菌　thermophilic bacterium　263b
好熱生物　thermophile　263b
後脳　hind-brain　121a／metencephalon　164b
交配　mating　160a
勾配　gradient　111a
交配型 → 接合型　mating type　160a
高倍数体　hyperploid　127b
勾配溶出　gradient elution　111a
勾配溶離　gradient elution　111a
高バリン血症　hypervalinemia　128a
紅斑性ろうそう[狼瘡]　lupus erythematosus → 全身性エリテマトーデス　systemic lupus erythematosus　259b
交尾[動物]　mating　160a
交尾後日数　d.p.c.　79a
抗ヒスタミン薬　antihistaminic　21a
抗ビタミン剤　antivitamin → ビタミン拮[きっ]抗体　vitamin antagonist　280a
抗ヒトグロブリン　antihuman globulin　21a
高ビリルビン血症　hyperbilirubinemia　127a
高ピルビン酸血症　hyperpyruvic acidemia → ピルビン酸血症　pyruvic acidemia　222a
高頻度組換え　high frequency recombination　120b
高頻度形質導入溶菌液　high-frequency transducing lysate　120b
抗不安薬　antianxiety drug　20a
膠[こう]フィラメント → グリアフィラメント　glial filament　106b
高フェニルアラニン血症　hyperphenylalaninemia　127b
光付加[反応]　photoaddition　202a
鉱物　mineral　167b

鉱物化　mineralization　167b
抗不妊因子　antisterility factor　21b
抗プラスミン　antiplasmin　21b
高プロインスリン血症　hyperproinsulinemia　127b
高プロラクチン血症　hyperprolactinemia　127b
高プロリン血症　hyperprolinemia　127b
興奮　excitation　90b
高分子　macromolecule　157a／polymer　209b
高分子電解質　polyelectrtolyte　208b
興奮収縮連関　excitation-contraction coupling　90b
興奮性　excitability　90b
　興奮性[の]　excitatory　90b
興奮性アミノ酸系伝達物質　excitatory amino acid neurotransmitter　90b
興奮性シナプス　excitatory synapse　90b
興奮性シナプス後電位　excitatory postsynaptic potential　90b
高βアラニン血症　hyperbetaalaninemia　127a
高βリポタンパク質血症　hyperbetalipoproteinemia　127a
抗ペラグラ因子　antipellagra factor　21b
酵母　yeast　284a
合胞体栄養細胞【胎盤の】　syncytiotrophoblast　258b
後方[の]　posterior　211b
光補償点　light compensation point　150b
酵母人工染色体ベクター　yeast artificial chromosome vector　284a
酵母接合型　yeast mating type　284a
抗補体性　anticomplementary　20a
硬膜　dura [mater]　80a
高密度リポタンパク質　high-density lipoprotein　120a
高密度リポタンパク質コレステロール　high-density lipoprotein cholesterol　120a
後葉[下垂体の]　infundibular process　133b
高葉酸血症　hyperfolic acidemia　127a
抗葉酸剤 → 葉酸拮抗剤　antifolate　20b
後葉ホルモン　posterior lobe hormone → 下垂体後葉ホルモン　posterior pituitary hormone　211b
高リシン型ヒストン　lysine-rich histone　156a
高リシン血症　hyperlysinemia　127b

抗利尿作用　antidiuretic activity　20b	黒色素胞　⇌ メラニン保有細胞　melanophore　161b
抗利尿ホルモン　antidiuretic hormone　20b	黒色素胞刺激ホルモン　melanophore-stimulating hormone　161b
抗利尿薬　antidiuretic　20b	黒色がん〚癌〛前駆症　lentigo maligna　149a
向流　countercurrent　60a	黒色腫　melanoma　161b
合流　anastomosis　18a	黒舌病　black tongue　34a
向流系　countercurrent system　60a	黒内障性白痴　amaurotic idiocy　14b
向流分配　countercurrent distribution　60a	黒膜　black lipid membrane　34a
香料　perfume　196b	固形飼料　pellet　195b
光量子　⇌ 光子　photon　202b	固形培地　solid medium　247a
光リン酸化　photophosphorylation　202b	固形物　⇌ 固体　solid　246b
抗リンパ球グロブリン　antilymphocyte globulin　21a	ゴーゲロチン　gougerotin　110b
抗リンパ球血清　antilymphocyte serum　21a	ココシトール　cocositol　53b
好冷〚細〛菌　psychrophilic bacterium　220a	古細菌　archaebacterium (*pl.* archaebacteria)　23b／⇌ アーキア　Archaea　23b
好冷性　psychrophilic　220a	コザックのコンセンサス配列　Kozak's consensus sequence　144b
好冷生物　psychrophile　220a	
高ロイシン-イソロイシン血症　hyperleucine-isoleucinemia　127b	小皿　plancet　205b
光路長　optical path length　187b	ゴーシェ細胞　Gaucher cell　103b
コエノホリン　coenophorin　53b	ゴーシェ病　Gaucher disease　103b
コカアルカロイド　coca alkaloid　53b	ゴシポール　gossypol　110b
コカイン　cocaine　53b	ゴーシュ形　gauche form　103b
コカルボキシラーゼ　cocarboxylase ⇌ チアミンニリン酸　thiamin diphosphate　263b	コシュランド試薬　Koshland's reagent　144b
呼吸計　respirometer　230a	コシュランド・ネメシー・フィルマーモデル　Koshland-Némethy-Filmer model　144b
呼吸酵素　respiratory enzyme　230a	コス細胞　COS cell　59b
呼吸鎖　respiratory chain　230a	ゴースト　ghost　105b
呼吸〚作用〛　respiration　229b	コスミド　cosmid　59b
呼吸色素　respiratory pigment　230a	個性化　individuation　132b
呼吸商　respiratory quotient　230a	古生化学　paleobiochemistry　192a
呼吸性アシドーシス　respiratory acidosis　229b	古生物学　paleobiology　192a
呼吸性アルカローシス　respiratory alkalosis　229b	固相化学分析　dry chemistry　79b
呼吸阻害剤　respiratory inhibitor　230a	枯草菌　*Bacillus subtilis*　29b
呼吸調節　respiratory control　230a	枯草熱　hay fever　115a
呼吸バースト　respiratory burst　230a	固相法　solid phase method　247a
国際純正・応用化学連合　International Union of Pure and Applied Chemistry　136b	固体　solid　246b
国際生化学分子生物学連合　International Union of Biochemistry and Molecular Biology　136b	個体化　individuation　132b
	個体群　population　210b
	個体群密度　population density　210b
国際単位　international unit　136b	誤対〚たい〛合　mispairing　168a
国際単位系　international system of units ⇌ SI国際単位系　SI units　245a	個体数　⇌ 個体群　population　210b
	固体培養　solid culture　247a
コクサッキーウイルス　coxsackie virus　60b	個体発生　ontogeny　187a
黒色素形成　⇌ メラニン形成　melanogenesis　161b	5′末端　five prime end　95b
	五炭糖　⇌ ペントース　pentose　196a
	五炭糖尿症　⇌ ペントース尿症　pentosuria　196a

コチマーゼ　cozymase　60b
コチレドン因子　⇌ 子葉因子　cotyledon factor　60a
骨格　scaffold　237a
骨格筋　skeletal muscle　245a
骨格タンパク質　⇌ スカフォールドタンパク質　scaffold protein　237a
骨芽細胞　osteoblast　189a
骨関節炎　osteoarthritis　189a
骨基質 Gla タンパク質　matrix Gla protein　⇌ オステオカルシン　osteocalcin　189a
骨吸収　bone resorption　35b
骨 Gla タンパク質　bone Gla protein　⇌ オステオカルシン　osteocalcin　189a
骨形成　osteogenesis　189a
骨形成因子　⇌ 骨形成タンパク質　bone morphogenetic protein　35b
骨形成タンパク質　bone morphogenetic protein　35b
骨形成不全症　osteogenesis imperfecta　189a
骨減少症　⇌ オステオペニア　osteopenia　189b
骨原性細胞　osteoprogenitor cell　189b
骨細胞　osteocyte　189a
ゴッシポース　gossypose　⇌ ラフィノース　raffinose　225a
骨小腔〔くう〕　bone lacuna　35b／⇌ 小窩〔か〕　lacuna　146b
骨髄　bone marrow　35b
骨髄〔の〕　myeloid　175a
骨髄移植　bone marrow transplantation　35b
骨髄外造血　extramedullary hematopoiesis　91b
骨髄芽球　myeloblast　175a
骨髄球　myelocyte　175a
骨髄細胞系　myeloid cell series　175a
骨髄腫　myeloma　175a
骨髄腫グロブリン　myeloma globulin　⇌ 骨髄腫タンパク質　myeloma protein　175a
骨髄腫タンパク質　myeloma protein　175a
骨髄性白血病　myelocytic leukemia　175a
骨粗しょう〔鬆〕症　osteoporosis　189b
コット解析　Cot analysis　60a
コットン効果　Cotton effect　60a
骨軟化症　osteomalacia　189b
骨肉腫　osteosarcoma　189b
骨破壊性　osteoclastic　189a
コッホ現象　Koch phenomenon　144b

骨ムコイド　⇌ オセオムコイド　osseomucoid　189a
骨誘導因子　⇌ 骨形成タンパク質　bone morphogenetic protein　35b
骨溶解　osteolysis　189b
固定　fixation　95b
固定液　fixative　95b
固定化【酵素などの】　immobilization　130a
固定角　fixed angle　95b
固定確率【集団遺伝学用語】　fixation probability　95b
固定化酵素　immobilized enzyme　130a
固定化する【酵素などを膜などに】　immobilize　130a
固定化微生物　immobilized microorganism　130a
固定性分裂終了細胞　fixed postmitotic cell　95b
固定相【クロマトグラフィーの】　stationary phase　251a
コデイン　codeine　53b
古典仮説　classical hypothesis　52a
古典経路　classical pathway　52a
コード　⇌ 暗号【遺伝の】　code　53b
誤読　reading mistake　226a
個特異的抗原　individually specific antigen　⇌ イディオタイプ　idiotype　129b
コートタンパク質【ファージやウイルスの】　coat protein　53a
コードファクター　cord factor　59a
コトランスフェクション　cotransfection　60a
コード領域　coding region　53b
コドン　codon　53b
ゴナドクリニン　gonadocrinin　110a
ゴナドトロピン　gonadotrop[h]in　⇌ 性腺刺激ホルモン　gonadotrop[h]ic hormone　110b
ゴナドリベリン　gonadoliberin　⇌ 性腺刺激ホルモン放出ホルモン　gonadotrop[h]in-releasing hormone　110b
コニイン　coniine　57a
コニウムアルカロイド　conium alkaloid　57a
コニフェリルアルコール　coniferyl alcohol　57a
コニフェリン　coniferin　57a
コネキシン　connexin　57a
コネクチン　connectin　57a
コネッシン　conessine　56b

コノトキシン　conotoxin　57b
コハク酸　succinic acid　255a
コハク酸オキシダーゼ系　succinate oxidase system　255a
コハク酸-シトクロム c レダクターゼ系　succinate-cytochrome c reductase system　255a
コバッツ保持容量表示法　Kobats retention index system　144b
コバミド　cobamide　53b
コバミド補酵素　cobamide coenzyme ⇌ ビタミン B_{12} 補酵素　vitamin B_{12} coenzyme　280a
コバラミン　cobalamin　53b
コパリルニリン酸　copalyl diphosphate　58b
コパリルピロリン酸 ⇌ コパリルニリン酸　copalyl diphosphate　58b
コバルト　cobalt　53b
コピア　copia　58b
コーヒー酸　caffeic acid　39a
古皮質　paleocortex　192a／⇌ 原皮質　archicortex　23b
コヒーシン ⇌ コヘーシン　cohesin　54a
仔ヒツジ　lamb　146b
小人症　dwarfism　80a
コファクター　cofactor　54a
こぶ胃 ⇌ ルーメン【反すう動物の】 rumen　235a
コプラ　copra　58b
コブラ毒　cobra venom　53b
ゴブリン　goblin　110a
コプロスタノール　coprostanol　58b
コプロスタン　coprostane　58b
コプロステロール　coprosterol ⇌ コプロスタノール　coprostanol　58b
コプロポルフィリノーゲン　coproporphyrinogen　58b
コプロポルフィリン　coproporphyrin　58b
コヘーシン　cohesin　54a
互変異性　tautomerism　260b
互変異性酵素 ⇌ トートメラーゼ　tautomerase　260b
互変異性触媒　tautomeric catalysis　260b
互変異性体　tautomer　260b
コホート　cohort　54a
コポリマー　copolymer　58b
コムギ　Triticum vulgaris　272a
コムギ胚芽　wheat germ　282a

コムギ胚芽凝集素　wheat germ agglutinin　282a
ゴム球　rubber bulb　235a
ゴム乳液粒子　latex　147b
ゴモリ染色法　Gomori staining method　110a
固有結合定数　intrinsic binding constant　137a
固有粘度　intrinsic viscosity　137a
コラゲナーゼ　collagenase　54b
コラーゲン　collagen　54b
コラーゲン繊維　collagen fiber　54b
コラーゲンヘリックス　collagen helix　54b
コラミンクロリド　cholamine chloride　49a
コラルジル　coralgil　58b
コラン酸　cholanic acid　49a
コリエステル　Cori ester ⇌ グルコース 1-リン酸　glucose 1-phosphate　107b
コリオゴナドトロピン　choriogonadotropin ⇌ 絨〔じゅう〕毛性性腺刺激ホルモン　chorionic gonadotropin　50a
コリオマンモトロピン　choriomammotropin ⇌ 胎盤性ラクトゲン　placental lactogen　205b
コリ回路　Cori cycle　59a
コリシン　colicin　54a
コリジン　collidine　54b
コリシン因子　colicin factor　54a
コリスミ酸　chorismic acid　50a
コリダリン　corydaline　59b
孤立性形質細胞腫　solitary plasmacytoma　247a
孤立電子対　lone pair　153b
コリトース　colitose　54b
コリナンテイン　corynantheine　59b
コリネバクテリウム属　Corynebacterium　59b
コリノイド　corrinoid　59b
コリノミコール酸　corynomycolic acid　59b
コリノミコレン酸　corynomycolenic acid　59b
コリパーゼ　colipase　54b
コリ病　Cori disease ⇌ アミロ-1,6-グルコシダーゼ欠損症　amylo-1,6-glucosidase deficiency　17a
コリプレッサー　corepressor　59a
コリルグリシン　cholylglycine ⇌ グリココール酸　glycocholic acid　109a
コリルタウリン　cholyltaurine ⇌ タウロコール酸　taurocholic acid　260b
コリン　choline　49b

コリン *O*-アセチルトランスフェラーゼ choline *O*-acetyltransferase 49b
コリンエステラーゼ阻害剤 cholinesterase inhibitor 49b
コリン核【ビタミン B₁₂ などの】 corrin nucleus 59a
コリン環 corrin ring 59b
コリン作動性シナプス cholinergic synapse 49b
コリン作動性神経 cholinergic nerve 49b
コリン作動性繊維 cholinergic fiber ⇒ コリン作動性神経 cholinergic nerve 49b
コリン作動性[の] cholinergic 49b
コリン受容体 cholinergic receptor 49b
コリンプラスマローゲン choline plasmalogen 49b
コリン硫酸 choline sulfate 49b
コリンリン酸 choline phosphate 49b
コルク酸 ⇒ スベリン酸 suberic acid 254a
ゴルゴニン gorgonin 110b
コール酸 cholic acid 49b
コルジセピン cordycepin 59a
ゴルジ染色法 Golgi staining method 110a
ゴルジ装置 Golgi apparatus ⇒ ゴルジ体 Golgi body 110a
ゴルジ体 Golgi body 110a
ゴルジ複合体 Golgi complex 110a
コルセミド colcemid 54a
コルチコイド corticoid 59b
コルチコステロイド corticosteroid ⇒ コルチコイド corticoid 59b
コルチコステロイド結合グロブリン corticosteroid-binding globulin ⇒ トランスコルチン transcortin 268b
コルチコステロン corticosterone 59b
コルチコトロピン corticotrop[h]in ⇒ 副腎皮質刺激ホルモン adrenocorticotrop[h]ic hormone 9a
コルチコリベリン corticoliberin ⇒ 副腎皮質刺激ホルモン放出ホルモン corticotrop[h]in-releasing hormone 59b
コルチゾール cortisol 59b
コルチゾール結合グロブリン cortisol-binding globulin ⇒ トランスコルチン transcortin 268b
コルチゾン cortisone 59b
Δ¹-コルチゾン Δ¹-cortisone ⇒ プレドニゾン prednisone 212b

コルテキソロン cortexolone ⇒ 11-デオキシコルチゾール 11-deoxycortisol 69b
ゴールデンハムスター golden hamster ⇒ シリアンハムスター Syrian hamster 259b
ゴールドブラット単位 Goldblatt unit 110a
コルヒチン colchicine 54a
ゴルリン酸 gorlic acid 110b
コレイン酸 choleic acid 49a
コレカルシフェロール cholecalciferol 49a
コレシストキニン cholecystokinin 49a
コレスタノール cholestanol 49a
コレスタン cholestane 49a
コレステリック液晶 cholesteric liquid crystal 49a
コレステロール cholesterol 49a
コレラ菌 *Vibrio cholerae* 279a
コレラゲノイド choleragenoid 49a
コレラゲン choleragen ⇒ コレラ毒素 cholera toxin 49a
コレラトキシン ⇒ コレラ毒素 cholera toxin 49a
コレラ毒素 cholera toxin 49a
コロイド colloid 54b
コロイド溶液 colloidal solution 54b
コロイド粒子 colloidal particle 54b
コー・ロイヤー法 Ko-Royer method 144b
コロジオン collodion 54b
コロナウイルス corona virus 59a
コロニー colony 54b
コロニー計数器 colony counter 55a
コロニー形成単位 colony forming unit 55a
コロニー形成率 colony forming activity 55a
コロニー刺激因子 colony-stimulating factor 55a
コロニーハイブリッド形成 colony hybridization 55a
コロミン酸 colominic acid 54b
コンアルブミン conalbumin 56a
コンウェイ法 Conway method 58a
コンカテネーション concatenation 56a
コンカテマー concatemer 56a
コンカナバリン A concanavalin A 56a
コングルチニン conglutinin 57a
コングルチノーゲン conglutinogen 57a
コングルチノーゲン活性化因子 conglutinogen-activating factor 57a
混合栄養 mixotrophism 168b

混合機能オキシダーゼ mixed-function oxidase ⇌ モノオキシゲナーゼ monooxygenase 171a
混合酸無水物 mixed acid anhydride 168b
混合ジスルフィド mixed disulfide 168b
混合生殖 alloiogenesis 13a
混合有機酸発酵 mixed acid fermentation 168b
混合リンパ球反応 mixed lymphocyte reaction 168b
コンジェニック系統 congenic strain 57a
コン症候群 Conn syndrome 57b
こん[昏]睡 coma 55a
コンズリトール conduritol 56b
混成 ⇌ ハイブリッド hybrid 125a／⇌ ハイブリッド形成 hybridization 125a
混成軌道 hybridized orbital 125a
混成ヘモグロビン hybrid hemoglobin 125a
痕[こん]跡 trace 268a
コンセンサス配列 ⇌ 共通配列 consensus sequence 57b
昆虫ホルモン insect hormone 134b
コンティグ ⇌ 整列群 contig 58a
コンティグマップ contig map 58a
コンデンシン condensin 56b
コンドリオソーム【旧称】 chondriosome ⇌ ミトコンドリア mitochondria 168a
コンドロイチナーゼ chondroitinase 49b
コンドロイチン chondroitin 49b
コンドロイチン硫酸 chondroitin sulfate 50a

コンドロイチン硫酸リアーゼ chondroitin sulfate lyase ⇌ コンドロイチナーゼ chondroitinase 49b
コンドロサミン chondrosamine ⇌ ガラクトサミン galactosamine 102a
コンドロシン chondrosine 50a
コンドロムコタンパク質 chondromucoprotein 50a
コンニャクマンナン konjac mannan 144b
混入 contamination 58a
混倍数性 mixoploidy 168b
コンパクション compaction 55a
コーンバーグの酵素 Kornberg enzyme 144b
コンピテント細胞 competent cell 55a
コンビナトリアルケミストリー combinatrial chemistry 55a
コンピューター断層装置 computerized tomography 56a
コンプトン効果 Compton effect 56a
コンプトン散乱 Compton scattering 56a
コンプライアンス compliance 56a
コンフルエント ⇌ 集密的[の] confluent 56b
コンプレクソン complexone ⇌ イオノホア ionophore 138a
コンプレッション現象 compression 56a
コンプロン complon 56a
コンポスト ⇌ たい肥 compost 56a
コンホメーション ⇌ 配座 conformation 56b
根粒 root nodule 234a
根粒[細]菌 leguminous bacterium 148b

サ

鎖 strand 252b
サイアステロン ⇌ シアステロン cyasterone 63b
サイアミン ⇌ チアミン thiamin 263b
サイカシン cycasin 63b
再活性化 reactivation 226a
細管 canaliculus(*pl.* canaliculi) 40a
細気管支 bronchiole 37a
催奇形剤 teratogen 261b
催奇形性 teratogenicity 261b
催奇性 ⇌ 催奇形性 teratogenicity 261b
再吸収 reabsorption 226a
細菌 bacterium(*pl.* bacteria) 29b
　細菌[の] bacterial 29b
細菌ウイルス bacterial virus ⇌ ファージ phage 198a
細菌学 bacteriology 29b
細菌状体 ⇌ バクテロイド bacteroid 29b
サイクリック ⇌ 環状[の] cyclic 63b
サイクリックアデノシン 3′,5′-−リン酸 cyclic adenosine 3′,5′-monophosphate ⇌ サイクリック AMP cyclic AMP 63b
サイクリック AMP cyclic AMP 63b
サイクリック AMP 依存性プロテインキナーゼ cyclic AMP-dependent protein kinase 63b
サイクリック AMP 応答配列 cyclic AMP responsive element 63b
サイクリック AMP 受容タンパク質 cyclic AMP receptor protein 63b
サイクリックグアノシン 3′,5′-−リン酸 cyclic guanosine 3′,5′-monophosphate ⇌ サイクリック GMP cyclic GMP 63b
サイクリック GMP cyclic GMP 63b
サイクリック GMP 依存性プロテインキナーゼ cyclic GMP-dependent protein kinase 63b
サイクリン cyclin 63b
サイクリン依存性キナーゼ cyclin-dependent kinase 64a
サイクロソーム cyclosome ⇌ 後期促進複合体 anaphase promoting complex 17b
サイクロトロン cyclotron 64b

サイクロスポリン A ⇌ シクロスポリン A cyclosporin A 64a
再結合 reunion 231a
再結晶 recrystallization 227a
再現性 reproducibility 229b
在郷軍人病 ⇌ レジオネラ症 legionnaires' disease 148b
再構成 reconstitution 227a
さい[鰓]後体 ultimobranchial body 275a
再構築 reconstruction 227a
サイコシン psychosine 219b
ザイゴテン期 ⇌ 接合糸期 zygotene [stage] 286a
最終産物 end product 85a
最終産物阻害 end product inhibition 85a
最終産物抑制 end product repression ⇌ 最終産物阻害 end product inhibition 85a
最終分化細胞 terminally differentiated cell 261b
最少培地 minimal medium 167b
最少必須培地 minimum essential medium 167b
最小偏奇肝がん[癌] minimal deviation hepatoma 167b
サイズ排除クロマトグラフィー size exclusion chromatography 245a
再生【組織・物質などの】 regeneration 227b
再生 ⇌ 復元 renaturation 228b
再生肝 regenerating liver 227b
再生曲線 renaturation curve 228b
再生産 reproduction 229b
再生産曲線 reproduction curve 229b
再生不良性貧血 aplastic anemia 22b
最大拡張期電位【心電図の】 maximum diastolic potential 160b
最大許容線量【放射線】 maximum permissible dose 160b
最大許容濃度 maximum permissible concentration 160b
最大許容量 maximum permissible dose 160b
最大節約法 maximum parsimony method 160b

最大速度　maximum velocity　160b
ザイツ濾過器　Seitz filter　239b
最適化する【条件を】　optimize　187b
最適[の]　optimum　187b
最適pH　optimum pH　187b
サイト ⇒部位　site　245a
細動脈　arteriole　24b
サイトカイニン　cytokinin　65b
サイトカイン　cytokine　65b
サイトカラシン　cytochalasin　65a
サイトーシス　cytosis　66a
サイトスケルトン ⇒細胞骨格　cytoskeleton　66a
サイトゾル　cytosol　66a
サイトメガロウイルス属　Cytomegalovirus　65b
サイトリピン　cytolipin　65b
サイトリピンK　cytolipin K ⇒グロボシド　globoside　106b
催乳因子　lactation factor ⇒ビタミンL　vitamin L　280a
細尿管 ⇒尿細管　renal tubule　228b
再配列　rearrangement　226b
再発　recurrence　227a
再発性熱性結節性非化膿性脂肪織炎　relapsing febrile nonsuppurative nodular panniculitis ⇒ウェーバー・クリスチャン病　Weber-Christian disease　281b
サイバネティックス　cybernetics　63b
サイブリッド　cybrid ⇒細胞質雑種　cytoplasmic hybrid　65b
砕片　debris　67b
細胞　cell　44a
　細胞[の]　cellular　44b
細胞遺伝学　cytogenetics　65b
細胞運動　cell movement　44b
細胞液　cell sap　44b
細胞外酵素　exoenzyme　90b
細胞外層 ⇒細胞外被　cell coat　44a
細胞外[の] ⇒細胞外部[の]　extracellular　91b
細胞外被　cell coat　44a
細胞外部[の]　extracellular　91b
細胞外マトリックス　extracellular matrix　91b ／matrix　160a
細胞化学　cytochemistry　65a
細胞核　cell nucleus　44b
　[細胞]核[の]　nuclear　183a

細胞学　cytology　65b
細胞学的地図　cytological map　65b
細胞下[の]　subcellular　254a
細胞株　cell line　44a／cell strain　44b
細胞間隙〖げき〗　intercellular space　135b
細胞間結合　intercellular junction ⇒細胞間接着　intercellular adhesion　135b
細胞間作用　intercellular reaction　135b
[細胞間]接合質　cement　45a
細胞間接着　intercellular adhesion　135b
細胞間相互作用　biotaxis　33b
細胞間[物]質　intercellular substance　135b
細胞間マトリックス　intercellular matrix ⇒細胞間[物]質　intercellular substance　135b
細胞器官 ⇒細胞小器官をみよ.
細胞凝集素　cytoagglutinin　65a
細胞形がい〖骸〗 ⇒ゴースト　ghost　105b
細胞形成　cytopoiesis　66a
　細胞形成[の]　cytogenous　65b
細胞系[統] ⇒細胞株　cell line　44a
細胞系譜　cell lineage　44a
細胞結合　cell junction ⇒細胞接着　cell adhesion　44a
細胞結合抗体　cell bound antibody ⇒定着抗体　sessile antibody　241b
細胞工学　cell technology　44b
細胞構築[学]　cytoarchitecture　65a
細胞骨格　cytoskeleton　66a
細胞骨格タンパク質　cytoskeletal protein　66a
細胞再構成　cell reconstruction　44b
細胞再集合　cell reaggregation ⇒細胞集合　cell aggregation　44a
細胞雑種形成　cell hybridization　44a
細胞死　cell death　44a
細胞質　cytoplasm　65b
細胞質遺伝　cytoplasmic inheritance　65b
細胞質遺伝子　plasmagene　206a
細胞質雑種　cytoplasmic hybrid　65b
細胞質雑種形成　cybridization　63b
細胞質ゾル ⇒サイトゾル　cytosol　66a
細胞質体　cytoplast　65b
細胞質多角体病ウイルス　cytoplasmic polyhedrosis virus　65b
細胞質フィラメント　cytoplasmic filament　65b
細胞質分裂　cytokinesis　65b
細胞質膜 ⇒細胞膜　cytoplasmic membrane　65b

細胞シート cell sheet 44b
細胞周期 cell cycle 44a
細胞周期欠損変異株 cell division cycle mutant 44a
細胞集合 cell aggregation 44a
細胞集団 cell population 44b
細胞集団倍加[回]数 cell population doubling number 44b
細胞周辺腔〖こう〗 periplasmic space 197a
細胞集落 ⇌ コロニー colony 54b
細胞寿命 cellular life span 44b
細胞傷害 cell injury 44a
細胞傷害アナフィラキシー cytotoxic anaphylaxis 66a
細胞傷害抗体 cytotoxic antibody 66b
細胞傷害性 T 細胞 cytotoxic T cell ⇌ キラー T 細胞 killer T cell 143b
細胞傷害性リンパ球 cytotoxic lymphocyte 66b
細胞[小]器官 ⇌ オルガネラ organelle 188a
細胞親和性抗体 cytophilic antibody 65b
細胞生物学 cell biology 44a
細胞[性]免疫 cell[ular] immunity 44b
細胞世代 cell generation 44a
細胞接触 cell contact 44a
細胞接着 cell adhesion 44a
細胞接着分子 cell adhesion molecule 44a
細胞穿刺法 pricking method 213b
細胞選別 cell sorting 44b
細胞増殖 cell proliferation 44b
細胞増殖巣 focus 97b
細胞体 soma (pl. somata) 247a
細胞単層 cell monolayer 44b
細胞致死性[の] cytocidal 65a
細胞電気泳動 cell electrophoresis 44a
細胞透過液 transcellular fluid 268b
細胞毒性 cytotoxicity 66b
細胞毒性試験 cytotoxic test 66b
細胞毒性指数 cytotoxic index 66b
細胞毒素 cytotoxin ⇌ 細胞傷害抗体 cytotoxic antibody 66b
細胞内区画 intracellular compartmentation 137a
細胞内腔〖こう〗 ⇌ シンプラスト symplast 258a
細胞内[の] intracellular 137a
細胞内分布 ⇌ 細胞内区画 intracellular compartmentation 137a

細胞内輸送 intracellular transport 137a
細胞認識 cell recognition 44b
細胞培養 cell culture 44a
細胞発生[の] cytogenic 65b
細胞浮遊培養 cell suspension culture 44b
細胞分画[法] cell fractionation 44a
細胞分散因子 scatter factor ⇌ 肝細胞増殖因子 hepatocyte growth factor 117b
細胞分取 ⇌ 細胞選別 cell sorting 44b
細胞分離 cell[ular] segregation 44b
細胞分裂 cell division 44a
細胞分裂周期 cell division cycle ⇌ 細胞周期 cell cycle 44a
細胞分裂抑制因子 cytostatic factor 66a
細胞壁 cell wall 45a
細胞変性効果 cytopathic effect 65b
細胞保存 cell preservation 44b
細胞膜 cytoplasmic membrane 65b
細胞膜裏打ち構造 plasmalemmal undercoat 206a
細胞膜裏打ちタンパク質 membrane-skeletal protein 162b
細胞膜抗原 cell membrane antigen 44b
細胞密度 cell density 44a
細胞免疫 ⇌ 細胞性免疫をみよ．
細胞融合 cell fusion 44a
細胞溶解抗体 cytolytic antibody 65b
細胞溶解素 cytolysin ⇌ 細胞溶解抗体 cytolytic antibody 65b
細胞老化 cellular senescence 44b
催眠薬 hypnotic 128a
細網 reticulum (pl. reticula) 230b
細網細胞 reticulum cell 230b
細網繊維 reticular fiber 230b
細網内皮系 reticuloendothelial system 230b
細網内皮細胞 reticuloendothelial cell 230b
ザイモグラム zymogram 286b
ザイモサン zymosan 286b
サイモシン ⇌ チモシン thymosin 266a
サイモポエチン ⇌ チモポエチン thymopoietin 265b
ザイモリアーゼ Zymolyase 286b
再利用経路 salvage pathway 236a
サイレント突然変異 silent mutation 244a
サイログロブリン ⇌ チログロブリン thyroglobulin 266a
Thy-1〖サイワン〗抗原 Thy-1 antigen 265b
作因 agent 10b

サイン-インバージョン機構　sign-inversion mechanism　244a
坂口試薬　Sakaguchi's reagent　235b
坂口反応　Sakaguchi reaction　235b
杯細胞　⇒杯状細胞　goblet cell　110a
サーカディアンリズム　circadian rhythm　51b
サキシトキシン　saxitoxin　237a
src〚サーク〛遺伝子　*src* gene　250a
酢酸　acetic acid　4b
酢酸イオン　acetate　4b
酢酸塩　acetate　4b
酢酸[細]菌　acetic acid bacterium　4b
酢酸鉛　lead acetate　148a
酢酸発酵　acetic acid fermentation　4b
索状層　zona fasciculata　285b
Src 相同ドメイン　⇒Src ホモロジードメイン　Src homology domain　250a
錯体　complex　55b
Src ホモロジードメイン　Src homology domain　250a
サクロマイシン　sacromycin　⇒アミセチン　amicetin　14b
佐剤　adjuvant　8b
ササゲクロロティックモットルウイルス　cowpea chlorotic mottle virus　60b
サザンブロット法　Southern blot technique　247a
差引きハイブリッド形成法　subtractive hybridization　254b
鎖状体　⇒コンカテマー　concatemer　56a
差スペクトル　difference spectrum　73a
左旋性　levorotation　150a
左旋的[の]　leiotropic　149a
サソリ　scorpion　238b
サソリ毒　scorpion venom　238b
サチリシン　⇒ズブチリシン　subtilisin　254b
錯覚　illusion　130a
殺カビ薬　⇒殺真菌薬　fungicide　101a
サッカライド　⇒サッカリド　saccharide　235a
サッカラーゼ　saccharase　235a
サッカラート　saccharate　⇒スクロース　sucrose　255a
サッカリド　saccharide　235a
サッカリン酸　⇒糖酸　saccharic acid　235a
サッカロース　saccharose　⇒スクロース　sucrose　255a
サッカロピン　saccharopine　235a

サッカロミセス　*Saccharomyces*　235a
殺菌性[の]　bacteriocidal　29b
殺菌薬　germicide　105b
殺細胞性[の]　cytocidal　65a
刷子縁　brush border　37b
雑種　hybrid　125a
雑種強勢　heterosis　119a
雑種形成　hybridization　125a
雑種細胞　hybrid cell　125a
殺真菌薬　fungicide　101a
殺線虫薬　nematicide　177a
殺虫剤　insecticide　134b／pesticide　197b
サテライト　satellite　237a
サテライトウイルス　satellite virus　237a
サテライト DNA　satellite DNA　237a
砂糖　sugar　255a
作動遺伝子　⇒オペレーター[遺伝子]　operator [gene]　187a
作動体　effector　81b／⇒アゴニスト　agonist　11a
作動薬　⇒アゴニスト　agonist　11a
さなぎ〚蛹〛　pupa　220b
サナレリ・シュワルツマン現象　Sanarelli-Shwartzman phenomenon　⇒シュワルツマン現象　Shwartzman phenomenon　243a
サバール板　Savart plate　237a
サビニン酸　sabinic acid　235a
サーファクタント　⇒界面活性剤　surfactant　257b
サブクラス　subclass　254a
サブサイト【酵素活性部位の】　subsite　254b
サブスタンス P　substance P　254b
サブセット　subset　254b
サブマリン型電気泳動　submarine electrophoresis　254a
サブユニット　subunit　255a
サブユニット相互作用　subunit interaction　255a
サプレッサー遺伝子　suppressor gene　257a
サプレッサー tRNA　suppressor tRNA　257a
サプレッサー T 細胞　suppressor T cell　257a
サプレッサー[突然]変異　suppressor mutation　257a
サプレッション　⇒抑圧　suppression　257a
サポゲニン　sapogenin　236b
サボテンアルカロイド　⇒アンハロニウムアルカロイド　anhalonium alkaloid　18b
サポニン　saponin　236b

サポノシド　saponoside ⇌ サポニン　saponin　236b
サマンジニン　samandinine　236a
サマンダリジン　samandaridine　236a
サマンダリン　samandarine　236a
サーモスタット　thermostat　263b
サーモライシン ⇌ サーモリシン　thermolysin　263b
サーモリシン　thermolysin　263b
左右相称[の] ⇌ 両側[の]　bilateral　32a
作用スペクトル　action spectrum　6a
作用薬 ⇌ アゴニスト　agonist　11a
サラセミア　thalassemia　263a
ササラシン　saralasin　236b
ザリガニ　crayfish　61a
サリシン　salicin　235b
サリチル酸塩　salicylate　235b
サリドマイド　thalidomide　263a
サリババロチンA　saliva parotin A　236a
サリバン反応　Sullivan reaction　256b
サリルガン　salyrganic acid　236a
サリン　sarin　237a
サル　monkey　170a
　サル[の]　simian　244a
サルコイドーシス　sarcoidosis　236b
サルコシン　sarcosine　237a
サルコシン血症　sarcosinemia　237a
サルコソーム　sarcosome　237a
サルコフスキー反応　Salkowski reaction　236a
サルコマイシン　sarkomycin　237a
サルコメア　sarcomere　237a
サルコレンマ ⇌ 筋繊維鞘[しょう]　sarcolemma　236b
サルササポゲニン　sarsasapogenin　237a
サルササポニン　sarsasaponin　237a
サルパギン　sarpagine　237a
サルビアニン　salvianin　236a
サルファ剤 ⇌ スルファ剤　sulfa drug　255b
サルファーマスタード　sulfur mustard　256b
サルベージ経路 ⇌ 再利用経路　salvage pathway　236a
サルミン　salmine　236a
サルモネラ　Salmonella　236a
サルモネラ変異原性試験　Salmonella mutagenecity test ⇌ エイムス試験　Ames test　14b
酸　acid　5a

酸-アンモニアリガーゼ　acid-ammonia ligase　5a
散逸関数　dissipation function　76a
散逸構造　dissipative structure　76a
酸塩化物　acid chloride　5a
酸塩基指示薬　acid-base indicator　5a
酸塩基触媒　acid-base catalyst　5a
酸塩基平衡　acid-base equilibrium　5a
酸化　oxidation　190a
酸価　acid value　5b
3回[回転]軸　three-fold [rotation] axis　265a
3回対称軸　triad ⇌ 3回[回転]軸　three-fold [rotation] axis　265a
酸化型シトクロムc ⇌ フェリシトクロムc　ferricytochrome c　94a
酸化還元　oxidation-reduction　190a
酸化還元緩衝液　redox buffer　227a
酸化還元酵素　oxidoreductase　190b
酸化還元指示薬　oxidation-reduction indicator　190a
酸化還元電位　oxidation-reduction potential　190b
三角フラスコ　Erlenmeyer flask　88a
酸化酵素　oxidase　190a
サンガー試薬　Sanger's reagent　236b
酸化重水素　deuterium oxide ⇌ 重水　heavy water　115a
酸化ジュウテリウム　deuterium oxide ⇌ 重水　heavy water　115b
酸化する　oxidize　190b
酸カゼイン　acid casein　5a
酸化窒素 ⇌ 一酸化窒素　nitrogen monoxide　181a
酸化的脱炭酸[反応]　oxidative decarboxylation　190b
酸化的同化　oxidative assimilation　190b
酸化的ペントースリン酸回路　oxidative pentose phosphate cycle　190b
酸化的リン酸化　oxidative phosphorylation　190b
酸化電位　oxidation potential　190a
酸化発酵　oxidative fermentation　190b
サンガー法　Sanger method　236b
酸化防止剤【食品】　antioxidant　21b
残基　residue　229b
残基旋光度　residue rotation　229b
サンギナリン　sanguinarine　236b
酸クロリド ⇌ 酸塩化物　acid chloride　5a

残さ[渣] debris 67b／residue 229b
散在【遺伝子などの】 interspersion 136b
三次元構造 three-dimensional structure 264b
三次元培養 ⇌ 立体培養 three-dimensional culture 264b
三次構造 tertiary structure 262a
三次[の] ⇌ 第三級[の] tertiary 262a
三次培養 tertiary culture 262a
三次反応 third-order reaction 264b
三者複合体 ⇌ 三重複合体 ternary complex 262a
三重項 triplet 271b
三重項酸素 triplet oxygen 271b
三重項状態 triplet state 271b
三重水素 ⇌ トリチウム tritium 272a
三重線 triplet 271b
三重複合体 ternary complex 262a
三重らせん triple helix 271b／⇌ 三本鎖ヘリックス triple-strand[ed] helix 271b
サンショウウオ salamander 235b
参照電極 reference electrode 227b
酸触媒 acid catalyst 5a
酸性アミノ酸 acidic amino acid 5a
酸性症 ⇌ アシドーシス acidosis 5b
酸性繊維芽細胞増殖因子 acidic fibroblast growth factor 5a
酸性度 acidity 5b
酸性度指数 acidity index 5b
酸性にする acidify 5a
酸性プロテアーゼ acid protease ⇌ アスパラギン酸プロテアーゼ aspartic protease 25a
酸性ホスファターゼ acid phosphatase 5b
三染色体性 ⇌ トリソミー trisomy 272a
三染色体[の] trisomic 272a
酸素 oxygen 190b
酸素運搬タンパク質 oxygen-carrying protein 190b
酸素化 ⇌ 酸素添加 oxygenation 190b
酸素解離曲線 oxygen dissociation curve 191a
酸素結合曲線 oxygen-binding curve 190b
酸素消費 oxygen consumption 190b
酸素添加 oxygenation 190b
酸素添加酵素 ⇌ オキシゲナーゼ oxygenase 190b

酸素電極 oxygen electrode 191a
酸素電極法 oxygen electrode method 191a
酸素負債 oxygen debt 190b
酸素平衡曲線 oxygen equilibrium curve 191a
酸素ヘモグロビン ⇌ オキシヘモグロビン oxyhemoglobin 191a
酸素飽和度関数 oxygen saturation function 191a
酸素要求量 oxygen demand 191a
酸素ラジカル oxygen radical 191a
残存[の] relic 228b
散弾銃法 ⇌ ショットガンタイプクローニング shotgun type cloning 242b
三炭糖 ⇌ トリオース triose 271b
三炭糖リン酸化酵素 ⇌ トリオキナーゼ triokinase 271b
3T3[株]細胞 3T3 cell 261a
サンドイッチ型エンザイムイムノアッセイ sandwich enzyme immunoassay 236b
サンドイッチ型ラジオイムノアッセイ sandwich radioimmunoassay 236b
サンドイッチ法 sandwich method 236b
三糖[類] trisaccharide 272a
サントニン santonin 236b
サンドホフ病 Sandhoff disease 236a
酸敗 rancidity 225b
三倍体[の] triploid 272a
散発性 sporadic 250a
酸ヒドラジド acid hydrazide ⇌ ヒドラジド hydrazide 125b
サンフィリッポ症候群 Sanfilippo syndrome 236b
残分 residue 229b
三分節系 tripartite 271b
三方両錐[すい]体 trigonal bipyramid 271a
三本鎖ヘリックス triple-strand[ed] helix 271b
酸無水物 acid anhydride 5a
残余小体 residual body 229b
残余タンパク質 residual protein 229b
残余窒素 residual nitrogen 229b
散乱する【光が】 scatter 237b
残留シグナル retention signal 230b
残留分 residue 229b
三量体 trimer 271a

シ

CICR チャネル　CICR channel ⇒ リアノジン受容体　ryanodine receptor　235b
GI ホルモン　GI hormone ⇒ 胃腸ホルモン　gastrointestinal hormone　103a
G アクチン　G actin　101a
ジアシルグリセロール　diacylglycerol　72a
ジアスターゼ　diastase　72a
ジアステレオマー　diastereomer　72a
シアステロン　cyasterone　63b
ジアセサミン　diasesamin　72a
ジアゼパム　diazepam　72b
ジアゾ化　diazotization　72b
ジアゾニウム-1H-テトラゾール　diazonium-1H-tetrazole　72b
ジアゾメタン　diazomethane　72b
シアニジン　cyanidin　63a
シアネート法 ⇒ シアン酸法　cyanate method　63a
シアノコバラミン　cyanocobalamin　63a
シアノバクテリア　cyanobacterium (*pl.* cyanobacteria)　63a
シアノプシン　cyanopsin　63b
ジアポフィトエン　diapophytoene　72a
ジアホラーゼ　diaphorase　72a
シアリダーゼ　sialidase ⇒ ノイラミニダーゼ　neuraminidase　178b
シアリドーシス　sialidosis　243a
シアリルオリゴ糖　sialyloligosaccharide　243a
シアリルトランスフェラーゼ　sialyltransferase　243a
CRE 結合タンパク質　CRE binding protein　61a
シアル酸　sialic acid　243a
シアル酸塩　sialate　243a
シアル酸含有糖脂質　sialosyl glycolipid ⇒ ガングリオシド　ganglioside　102b
シアログリコリピド　sialoglycolipid ⇒ ガングリオシド　ganglioside　102b
シアロ糖脂質　sialoglycolipid ⇒ ガングリオシド　ganglioside　102b
シアロ糖タンパク質　sialoglycoprotein　243a
シアン化カリウム　potassium cyanide　212a
シアン化水素　hydrogen cyanide　125b
シアン化物　cyanide　63a
シアン感受性因子　cyanide-sensitive factor　63a
シアン酸　cyanic acid　63a
シアン酸法　cyanate method　63a
シアン不感性呼吸　cyanide-insensitive respiration　63a
飼育　breeding　36b
ジイソプロピルフルオロリン酸　diisopropyl fluorophosphate　74a
ジイソプロピルホスホフルオリデート　diisopropylphosphofluoridate ⇒ ジイソプロピルフルオロリン酸　diisopropyl fluorophosphate　74a
G_1 期　G_1 phase　110b
G_1 期停止　G_1 arrest　102b
C 遺伝子　*C* gene　46b
C 因子　C factor ⇒ コリシン因子　colicin factor　54a
ジウレチン　diuretin　76b
CAAT ボックス　CAAT box　38a
シェーグレン症候群　Sjögren syndrome　245a
J 鎖　J chain　141a
O-(ジエチルアミノエチル)セルロース　*O*-(diethylaminoethyl)cellulose　73a
ジエチルスチルベストロール　diethylstilbestrol ⇒ スチルベストロール　stilbestrol　252a
ジエチルピロカルボネート　diethylpyrocarbonate ⇒ エトキシギ酸無水物　ethoxyformic anhydride　89b
CHO 細胞　CHO cell　49a
ジエノフィル　dienophil　73a
G_{M1} ガングリオシドーシス　G_{M1} gangliosidosis　105b
Gm 因子　Gm factor　110a
GM 計数管　GM counter ⇒ ガイガー・ミュラー計数管　Geiger-Müller counter　103b
CM セルロース　CM cellulose ⇒ カルボキシメチルセルロース　carboxymethylcellulose　41b

ジェルビン jervine 141a
ジェンコール酸 djenkolic acid 76b
CO_2 インキュベーター CO_2 incubator 54a
シオマイシン siomycin 245a
ジオーキシー diauxie 72a
ジオキシゲナーゼ dioxygenase 74b
ジオスゲニン diosgenin 74b
ジオスシン dioscin 74b
歯【牙】 tooth (pl. teeth) 267b
死がい【骸】 cadaver 38b
自家移植 ⇌ 自己移植　autotransplantation 27b
自家移植［片］ ⇌ 自己移植［片］　autotransplant 27b
紫外スペクトル ultraviolet spectrum 275a
紫外線 ultraviolet ray 275a
　紫外［線］［の］ ultraviolet 275a
紫外線エンドヌクレアーゼ ⇌ UV エンドヌクレアーゼ　UV endonuclease 276a
紫外線細胞測光法 ultraviolet cytophotometry 275a
紫外線照射 ultraviolet irradiation 275a
紫外線［突然］変異生成 ultraviolet mutagenesis 275a
歯学 dentistry 69b
視覚サイクル visual cycle 280a
視覚色素 visual pigment ⇌ 視物質 visual substance 280a
視覚神経 optic nerve 187b
視覚中枢 visual center 280a
自家受粉 self-pollination 240a
耳下腺 parotid 193b
C 型肝炎 hepatitis C 117b
自家不和合性 self-incompatibility 240a
ジガラクトシルジアシルグリセロール digalactosyldiacylglycerol 73b
磁化率 magnetic susceptibility 157b
ジカルボン酸 dicarboxylic acid
ジカルボン酸回路 dicarboxylic acid cycle ⇌ C_4 ジカルボン酸回路　C_4-dicarboxylic acid cycle 43b
ジカルボン酸輸送体 dicarboxylate carrier 72b
自家和合性 self-compatibility 240a
弛【し】緩因子 relaxing factor 228a
弛緩液 relaxing solution 228a
弛緩する【筋肉を】 ⇌ 緩和する【状態を】 relax 228a

弛【し】緩性麻痺【ひ】 flaccid paralysis 95b
視感度曲線 visibility curve 280a
弛【し】緩複合体 relaxation complex 228a
弛緩法 relaxation method 228a
閾【しきい】 threshold 265a
閾線量 threshold dose 265a
閾値 threshold value 265a
磁気回転比 gyromagnetic ratio 113b
磁気かくはん器 ⇌ マグネチックスターラー magnetic stirrer 157b
磁気共鳴 magnetic resonance 157b
磁気共鳴画像 magnetic resonance imaging 157b
色素【細胞の】 pigment 204b
色素【染色用の】 dye stuff 80a
色素系 pigment system 204b
色素嫌性細胞 chromophobe 50b
色素細胞 pigment cell 204b
色素性乾皮症 xeroderma pigmentosum 283b
色素性網膜炎 pigment retinitis 204b
色素タンパク質 chromoprotein 50b
色素排除試験 dye-exclusion test 80a
色素胞 chromatophore 50b
ジギタリス digitalis 74a
ジギチン digitin ⇌ ジギトニン digitonin 74a
ジギトキシゲニン digitoxigenin 74a
ジギトキシン digitoxin 74a
ジギトキソース digitoxose 74a
ジギトニン digitonin 74a
C キナーゼ C kinase ⇌ プロテインキナーゼ C　protein kinase C 217b
G キナーゼ G kinase ⇌ サイクリック GMP 依存性プロテインキナーゼ　cyclic GMP-dependent protein kinase 63b
磁気［の］ magnetic 157b
シキミ酸経路 shikimic acid pathway 242b
子宮 uterus 276b
　子宮［の］ uterine 276b
子宮けい【頸】がん cervical cancer 46a
糸球体 glomerulus 107a
糸球体基底膜 glomerular basement membrane 107a
糸球体腎炎 glomerulonephritis 107a
糸球体沪液 glomerular filtrate 107a
子宮内膜 endometrium 85a
示強変数 intensive variable 135b

示強量　intensive quantity ⇒ 示強変数　intensive variable　135b
四極子　quadrupole　222a
ジギラニド　digilanide　73b
式量　formula weight　98b
磁気量子数　magnetic quantum number　157b
シークエンサー　sequencer　241a
シークエンシング ⇒ 配列決定　sequencing　241a
軸結合　polar bond ⇒ アキシアル結合　axial bond　28a
軸索〖ニューロンの〗　axon　28b
軸索丘　axon hillock　28b
軸索[内]輸送　axonal transport　28b
軸索流　axonal flow　28b
軸糸　axonema　28b
ジクタミノリド　dictaminolide ⇒ リモニン　limonin　151a
ジクタムノラクトン　dictamnolactone ⇒ リモニン　limonin　151a
ジクチオソーム　dictyosome ⇒ ゴルジ体　Golgi body　110a
シグナル　signal　243b
シグナル仮説　signal hypothesis　243b
シグナル伝達　signal transduction　243b
シグナルトランスダクション ⇒ シグナル伝達　signal transduction　243b
シグナル認識粒子　signal recognition particle　243b
シグナル認識粒子受容体　signal recognition particle receptor ⇒ SRP受容体　SRP receptor　250b
シグナル配列　signal sequence　243b
シグナルペプチド　signal peptide　243b
軸比　axial ratio　28a
σ因子　σ factor　235a
σ値　σ value　235a
ジクマロール　dicumarol　72b
ジグリセリド　diglyceride ⇒ ジアシルグリセロール　diacylglycerol　72a
シクリトール　cyclitol　64a
シクロアミロース　cycloamylose　64a
シクロアルテノール　cycloartenol　64a
シクロオキシゲナーゼ　cyclooxygenase　64a
シクログルタミン酸　cycloglutamic acid　64a
シクロスポリンA　cyclosporin A　64a
D-シクロセリン　D-cycloserine　64a
シクロデキストリン　cyclodextrin　64a
シクロフェニル　cyclophenyl　64a
シクロヘキサン　cyclohexane　64a
シクロヘキサンジオン　cyclohexanedione　64a
シクロヘキシトール　cyclohexitol ⇒ イノシトール　inositol　134b
シクロヘキシミド　cycloheximide　64a
シクロペンタノン環　cyclopentanone ring　64a
シクロホスファミド　cyclophosphamide　64a
シクロリガーゼ　cyclo-ligase　64a
ジクロロインドフェノール　dichloroindophenol ⇒ 2,6-ジクロロフェノールインドフェノール　2,6-dichlorophenolindophenol　72b
ジクロロフェニルジメチル尿素　dichlorophenyldimethylurea　72b
2,6-ジクロロフェノールインドフェノール　2,6-dichlorophenolindophenol　72b
刺激　stimulus(pl. stimuli)　252a
刺激[作用]　stimulation　252a
L-ジケトグロン酸　L-diketogulonic acid　74a
ジケトン　diketone　74b
次元　dimension　74b
始原の　primary　213b
始原型　prototype　218b
試験管立　[test tube] rack　262b
試験管内組換え ⇒ in vitro 組換え　in vitro recombination　137b
試験管内相補性 ⇒ in vitro 相補性　in vitro complementation　137b
試験管内[の]　in vitro　137b
試験管内パッケージング ⇒ in vitro パッケージング　in vitro packaging　137b
試験管培養　test tube culture　262b
始原細胞　progenitor cell ⇒ 前駆細胞　precursor cell　212b
試験紙　test paper　262b
始原生殖細胞　primordial germ cell　214a
自原的〖遺伝子調節の〗　autogenous　27a
始原的生分子　primordial biomolecule ⇒ 原始有機物　primitive organic compound　214a
始原的[の]　primordial　214a
試験片　specimen　248a
試験法 ⇒ 検定[法]　assay　25b
自己移植　autotransplantation　27b
自己移植[片]　autotransplant　27b
歯こう〖垢〗　dental plaque　69b
試行　pilot　204b

シシヨウカ 367

視紅 visual purple ⇌ ロドプシン rhodopsin 232a
C抗原 C antigen 40a
視交差 optic chiasm 187b
視交差上核 suprachiasmatic nucleus 257a
自己会合 self-association 240a
自己感作 autosensitization 27b
自己寛容 self-tolerance 240a
ジゴキシン digoxin 74a
自己抗原 autoantigen 27a
自己抗体 autoantibody 27a
自己失活 self-quenching 240a
自己集合 self-assembly 240a
自己消化 autolysis 27a
自己消化酵素 ⇌ 自己溶菌酵素 autolysin 27a
自己消光 self-quenching 240a
自己触媒 autocatalysis 27a
自己触媒反応 ⇌ 自己触媒 autocatalysis 27a
自己と非自己【免疫で】 self and not-self 240a
自己トレランス ⇌ 自己寛容 self-tolerance 240a
自己貪食 ⇌ 自食作用 autophagy 27b
シコニン shikonin 242b
自己複製 self-renewal 240a
自己分解 autolysis 27a
自己分解酵素 ⇌ 自己溶菌酵素 autolysin 27a
自己分泌 autocrine 27a
自己免疫 autoimmunity 27a
  自己免疫[性][の] autoimmune 27a
自己免疫疾患 autoimmune disease 27a
自己免疫性甲状腺炎 autoimmune thyroiditis ⇌ 橋本病 Hashimoto disease 114b
自己融解 autolysis 27a
自己溶菌 autolysis 27a
自己溶菌酵素 autolysin 27a
自己溶血素 autohemolysin 27a
自己リン酸化 autophosphorylation 27b
歯根膜 periodontium 197a
C細胞 C cell 43b
視細胞 visual cell 280a
視索上核 supraoptic nucleus 257a
示差屈折計 differential refractometer 73a
示差走査熱量計 differential scanning calorimeter 73b
示差走査熱量測定[法] differential scanning calorimetry 73b
自殺基質 suicide substrate 255a

示差熱分析 differential thermal analysis 73b
四酸化オスミウム osmium tetraoxide 189a
C_3経路 C_3 pathway ⇌ 還元的ペントース リン酸回路 reductive pentose phosphate cycle 227b
C_3植物 C_3 plant 60b
C3bイナクチベーター C3b inactivator 43b
支持環培養 supported ring culture 257a
GC含量 GC content 103b
視色素 visual pigment ⇌ 視物質 visual substance 280a
ジシクロヘキシルカルボジイミド dicyclohexylcarbodiimide 72b
視紫紅 ⇌ ポルフィロプシン porphyropsin 211a
指示[細]菌 indicator bacterium 132b
支持細胞層【細胞培養の】 feeder layer 93b
支質 ⇌ 基質 stroma 253b
脂質 lipid
GC対含量 GC pair content ⇌ GC含量 GC content 103b
脂質過酸化物 lipoperoxide ⇌ 過酸化脂質 lipid peroxide 152a
脂質抗原 lipid antigen 152a
支質細胞 ⇌ ストローマ細胞 stromal cell 253b
脂質人工膜 artificial lipid membrane ⇌ 人工膜 artificial membrane 24b
脂質生合成 lipogenesis 152a
子実体 fruit body 100a
脂質蓄積症 lipid storage disease 152a
脂質中間体 lipid intermediate 152a
脂質動員ホルモン adipokinetic hormone 8b
脂質二重層 lipid bilayer 152a
脂質二分子膜 ⇌ 脂質二重層 lipid bilayer 152a
指示薬 indicator 132b
四重極【質量分析計】 quadrupole 222a
歯周疾患 ⇌ 歯周病 periodontal disease 197a
歯周病 periodontal disease 197a
視床 thalamus 263a
歯状回 dentate gyrus 69b
視床下溝 hypothalamic sulcus 128b
糸状仮足 filopodium (pl. filopodia) 95a
視床下部 hypothalamus 128b
視床下部-下垂体系 hypothalamo-hypophysial system 128b

視床下部性調節因子　hypothalamic regulatory factor ⇌ ホルモン放出因子　hormone-releasing factor　123b
視床下部ホルモン　hypothalamic hormone　128b
糸状菌　filamentous fungus　95a
視床脳　thalamencephalon ⇌ 間脳　diencephalon　73a
自食作用　autophagy　27b
自食作用胞【リソソーム】　autophagic vacuole　27b
自殖性　inbreeding　132a
視神経交叉 ⇌ 視交叉　optic chiasm　187b
sis〔シス〕遺伝子　*sis* gene　245a
指数増殖期　exponential growth phase ⇌ 対数増殖期　logarithmic growth phase　153b
シス形　cis form　51b
ジスキネジー ⇌ 運動異常[症]　dyskinesia　80b
シスタチオニン　cystathionine　64b
シスタチオニン血症　cystathioninemia ⇌ シスタチオニン尿症　cystathioninuria　64b
シスタチオニン尿症　cystathioninuria　64b
シスタチン　cystatin　64b
シスチン　cystine　64b
シスチン蓄積症　cystinosis　64b
シスチン尿症　cystinuria　64b
システアミン　cysteamine　64b
システイニルグリシン　cysteinylglycine　64b
システイン　cysteine　64b
システイン酸　cysteic acid　64b
システインプロテアーゼ　cysteine protease　64b
システム生理学 ⇌ 体系生理学　system physiology　259b
シス-トランス検定　cis-trans test ⇌ 相補性検定　complementation test　55b
ジストロフィー　dystrophy　80b
ジストロフィン　dystrophin　80b
シストロン　cistron　51b
シス配列　cis-acting element　51b
ジスムターゼ　dismutase　75b
シス優性　cis-dominance　51b
ジスルフィド架橋　disulfide bridge ⇌ ジスルフィド結合　disulfide bond　76a
ジスルフィド結合　disulfide bond　76a
ジスルフィド交換　disulfide exchange　76b
自生[の]　indigenous　132b

雌性ホルモン　female sex hormone　93b
歯石　dental calculus　69a
G_0 期　G_0 phase　110b
自然アレルギー　spontaneous allergy　250a
自然獲得免疫　naturally acquired immunity　176b
自然形質転換 ⇌ 自然トランスフォーメーション　spontaneous transformation　250a
自然抗原　natural antigen　176b
自然抗体　natural antibody　176b
自然選択　natural selection　176b
自然選択説　theory of natural selection　263b
自然選択の費用　cost of natural selection　60a
自然抵抗性　natural resistance　176b
自然淘汰〔とうた〕 ⇌ 自然選択　natural selection　176b
自然淘汰〔とうた〕説 ⇌ 自然選択説　theory of natural selection　263b
自然[突然]変異　spontaneous mutation　250a
自然トランスフォーメーション　spontaneous transformation　250a
自然分類系　natural system　176b
自然免疫　natural immunity ⇌ 先天性免疫　innate immunity　134a
歯槽　alveolus　14a
歯槽骨　alveolar bone　14a
歯槽膿漏症　alveolar pyorrhea ⇌ 歯周病　periodontal disease　197a
視束前核　preoptic nucleus　213a
シゾサッカロミセス=ポンベ　*Schizosaccharomyces pombe* ⇌ 分裂酵母　fission yeast　95b
シゾフィラン　schizophyllan　237b
子孫形質[状態]　apomorphy　22b
歯苔〔たい〕 ⇌ 歯こう〔垢〕　dental plaque　69b
死体解剖 ⇌ 剖検　autopsy　27b
θ 抗原　θ-antigen　259a
θ 溶媒　θ solvent　259a
C タンパク質　C protein　61a
G タンパク質　G protein　111a
G タンパク質共役型　G protein-coupled　111a
時値　chronaxie　51a
G 値　G value　113a
ジチオトレイトール　dithiothreitol　76b
シチジル酸　cytidylic acid　65a
シチシン　cytisine　65a

日本語	English	ページ
シチジン	cytidine	65a
シチジン一リン酸	cytidine monophosphate ⇌ シチジル酸 cytidylic acid	65a
シチジン 5′-一リン酸	cytidine 5′-monophosphate	65a
シチジン 5′-三リン酸	cytidine 5′-triphosphate	65a
シチジン 5′-二リン酸	cytidine 5′-diphosphate	65a
シチジン二リン酸糖	cytidine diphosphate sugar	65a
ジチゾン	dithizone	76b
室温	room temperature	234a
失活	inactivation	132a
失活剤	quencher	223a
シック試験	Schick test	237b
実験群	experimental group	91a
実験式	empirical formula	84a
実験的アレルギー性脳脊[せき]髄炎	experimental allergic encephalomyelitis	91a
実験的アレルギー性脳脊髄炎誘起物質	experimental allergic encephalitogen ⇌ 脳炎惹起性タンパク質 encephalitogenic protein	84b
実験動物	laboratory animal	145a
実効線量当量	effective dose equivalent	81b
実効電荷	effective charge	81b
実効半減期	effective half-life	81b
実質	parenchyma	193b
湿性脚気	wet beriberi	282a
湿度	humidity	124b
失読[症]	dyslexia	80b
シッフ塩基	Schiff base	237b
シッフ試薬	Schiff's reagent	237b
シップル症候群	Sipple syndrome	245a
しつ[悉]無律 ⇌ 全か無かの法則	all or none law	13a
質量作用	mass action	160a
質量数	mass number	160a
質量スペクトル	mass spectrum	160a
質量分析	mass spectrometry	160a
質量分析計	mass spectrometer	160a
cDNA ライブラリー	cDNA library	43b
CDK インヒビター	CDK inhibitor	43b
cdc 変異株 ⇌ 細胞周期欠損変異株	cell division cycle mutant	44a
GTP アーゼ	GTPase	112a
GTP アーゼ活性化タンパク質	GTPase activating protein	112a
CDP グリセロール	CDPglycerol	43b
GTP 結合タンパク質	GTP-binding protein	112a
GDP 結合タンパク質	GDP-binding protein	103b
ジデオキシ法	dideoxy method	73a
ジデオキシリボヌクレオシド三リン酸	dideoxyribonucleoside triphosphate	72b
至適[の] ⇌ 最適[の]	optimum	187b
至適 pH ⇌ 最適 pH	optimum pH	187b
ジテルペン	diterpene	76b
シデロクロム	siderochrome	243b
シデロフィリン	siderophilin ⇌ トランスフェリン transferrin	269a
シデロマイシン	sideromycin	243b
自動酸化	autoxidation	27b
自動分取装置 ⇌ フラクションコレクター	fraction collector	99b
自動分析器	autoanalyzer	27a
シトクプレイン	cytocuprein	65a
シトクロム	cytochrome	65a
シトクロム aa_3	cytochrome aa_3 ⇌ シトクロム c オキシダーゼ cytochrome c oxidase	65a
シトクロムオキシダーゼ	cytochrome oxidase ⇌ シトクロム c オキシダーゼ cytochrome c oxidase	65a
シトクロム c オキシダーゼ	cytochrome c oxidase	65a
シトクロム c ペルオキシダーゼ	cytochrome c peroxidase	65a
シトクロム P450	cytochrome P450	65a
シトクロムペルオキシダーゼ	cytochrome peroxidase ⇌ シトクロム c ペルオキシダーゼ cytochrome c peroxidase	65a
シトシン	cytosine	65b
シトステロール	sitosterol	245a
シトステロール血症	sitosterolemia	245a
シトゾル ⇌ サイトゾル	cytosol	66a
シトラコン酸無水物	citraconic anhydride	51b
シトラーゼ	citrase	51b
シトラターゼ	citratase	51b
シトラマル酸	citramalic acid	51b
シトリピン ⇌ サイトリピン	cytolipin	65b
シトルリン	citrulline	52a

シトルリン血症　citrullinemia　52a
シトルリン尿症　citrullinuria ⇌ シトルリン血症　citrullinemia　52a
シトロボラム因子　citrovorum ⇌ L(−)-5-ホルミル-5,6,7,8-テトラヒドロ葉酸　L(−)-5-formyl-5,6,7,8-tetrahydrofolic acid　99a
シナプシス　synapsis ⇌ 対[たい]合　pairing　191b
シナプシン　synapsin　258b
シナプス　synapse　258a
シナプス下膜　subsynaptic membrane ⇌ シナプス後膜　postsynaptic membrane　211b
シナプス間隙[げき]　synaptic cleft　258a
シナプス後電位　postsynaptic potential　211b
シナプス後膜　postsynaptic membrane　211b
シナプス後膜肥厚　postsynaptic thickening　211b
シナプス後抑制　postsynaptic inhibition　211b
シナプス小胞　synaptic vesicle　258a
シナプス前膜　presynaptic membrane　213b
シナプス電位　synaptic potential ⇌ シナプス後電位　postsynaptic potential　211b
シナプス伝達　synaptic transmission　258a
シナプトソーム　synaptosome　258b
シナプトネマ構造　synaptonemal complex　258b
シナプトネマルコンプレックス ⇌ シナプトネマ構造　synaptonemal complex　258b
G_2 期　G_2 phase　111a
シニグラーゼ　sinigrase ⇌ チオグルコシダーゼ　thioglucosidase　264a
シニグリナーゼ　sinigrinase ⇌ チオグルコシダーゼ　thioglucosidase　264a
シニグリン　sinigrin　244b
ジニトロフェニルアミノ酸　dinitrophenylamino acid ⇌ DNPアミノ酸　DNP-amino acid　77b
ジニトロフェニル法　dinitrophenyl method ⇌ サンガー法　Sanger method　236b
ジニトロフェノール　dinitrophenol　74b
2,4-ジニトロフェノール　2,4-dinitrophenol　74b
ジニトロフルオロベンゼン法　dinitrofluorobenzene method ⇌ サンガー法　Sanger method　236b
シヌソイド ⇌ 洞様血管　sinusoid　245a
シネグリド　synegrid　258b
子囊[のう]　ascus　24b

子囊胞子　ascospore　24b
シノメニン　sinomenine　244b
歯胚　tooth germ　267b
シバクロンブルー　Cibacron Blue　51a
自発性核分裂　spontaneous fission　250a
シーハン症候群　Sheehan syndrome　242b
C反応性タンパク質　C-reactive protein　61a
GPIアンカー　GPI-anchor　111a
CPKモデル　CPK model　60b
ジピコリン酸　dipicolinic acid　75a
1,25-ジヒドロキシコレカルシフェロール　1,25-dihydroxycholecalciferol　74a
1,2-ジヒドロキシベンゼン ⇌ カテコール　catechol　43a
ジヒドロコレステロール　dihydrocholesterol ⇌ コレスタノール　cholestanol　49a
ジヒドロストレプトマイシン　dihydrostreptomycin　74a
ジヒドロ葉酸　dihydrofolate　74a
ジヒドロリポアミド　dihydrolipoamide　74a
ジヒドロリポ酸　dihydrolipoic acid　74a
ジヒドロリポ酸アミド　dihydrolipoic acid amide ⇌ ジヒドロリポアミド　dihydrolipoamide　74a
指標　indicator　132b
指標酵素　marker enzyme　159b
指標生物　indicator [organism]　132b
シビレエイ　torpedo　267b
師部　phloem　199b
GVH反応　GVH reaction　113b
ジフェニルアミン-酢酸-硫酸反応　diphenylamine-acetic acid-sulfuric acid reaction　75a
ジフェニルアミン反応　diphenylamine reaction　75a
ジフェニルヒダントイン　diphenylhydantoin　75a
ジーブ症候群　Zieve syndrome　285a
ジブチリルサイクリックAMP　dibutyryl cyclic AMP　72b
視物質　visual substance　280a
ジフテリアトキシン ⇌ ジフテリア毒素　diphtheria toxin　75a
ジフテリア毒素　diphtheria toxin　75a
ジフテリン酸　diphtheric acid　75a
シフトアップ　shift up　242b
シフトダウン　shift down　242b
四分子　quartet　223a／tetrad　262b

日本語	English	ページ
四分子分析	tetrad analysis	262b
四分染色体 ⇌ 四分子	tetrad	262b
四分体 ⇌ 四分子	quartet	223a
嗜癖[しへき]薬物	addictive drug	7b
シベトン	civetone	52a
ジペプチダーゼ	dipeptidase	75a
Cペプチド	C peptide	60b
シーベルト	sievert	243b
ジベレリン	gibberellin	106a
ジベレリン酸	gibberellic acid	106a
N^2,N^5-ジベンゾイルオルニチン	N^2,N^5-dibenzoylornithine ⇌ オルニツル酸 ornithuric acid	188b
脂肪	fat	93a
脂肪肝	fatty liver	93a
脂肪細胞	adipocyte	8b
脂肪酸	fatty acid	93a
脂肪酸基運搬タンパク質 ⇌ アシルキャリヤータンパク質	acyl carrier protein	7a
脂肪酸合成酵素	fatty acid synthase	93a
脂肪酸シクロオキシゲナーゼ	fatty acid cyclooxygenase	93a
脂肪酸ヒドロペルオキシド	fatty acid hydroperoxide	93a
脂肪性[の]	aliphatic	12a
脂肪族[の]	aliphatic	12a
脂肪組織	adipose tissue	8b
脂肪分解	lipolysis	152b
ジホスファターゼ	diphosphatase	75a
ジホスファチジルグリセロール	diphosphatidyl glycerol ⇌ カルジオリピン cardiolipin	42a
ジホスホイノシチド	diphosphoinositide ⇌ ホスファチジルイノシトール—リン酸 phosphatidylinositol monophosphate	200a
ジホスホグリセリン酸	diphosphoglycerate ⇌ ビスホスホグリセリン酸 bisphosphoglycerate	33b
ジホスホグリセロムターゼ	diphosphoglyceromutase ⇌ ホスホグリセロムターゼ phosphoglyceromutase	200b
ジホスホピリジンヌクレオチド【旧称】	diphosphopyridine nucleotide ⇌ ニコチンアミドアデニンジヌクレオチド nicotinamide adenine dinucleotide	180a
紫膜	purple membrane	221a
C末[端]	C-terminal ⇌ カルボキシ末端【タンパク質ペプチド鎖の】 carboxy[l] terminal	41b
C末端アミノ酸残基	C-terminal amino acid residue	62b
C末端分析	C-terminal analysis	62b
島モデル	island model	139a
シマリン	cymarin	64b
シマロース	cymarose	64b
ジマンノシルジアシルグリセロール	dimannosyldiacylglycerol	74b
翅脈【昆虫の】	vein	278b
シミュレーション	simulation	244a
シムノール	scymnol	238b
ジメチルスルホキシド	dimethyl sulfoxide	74b
ジメルカプロール	dimercaprol	74b
四面体対称	tetrahedral symmetry	262b
四面体中間体	tetrahedral intermediate	262b
指紋	dactylogram	66a
シモンズ症候群	Simmonds syndrome	244a
シモンゼン現象	Simonsen phenomenon	244a
指紋法	fingerprinting [method] ⇌ フィンガープリント fingerprint	95a
シャイエ症候群	Scheie syndrome	237b
ジャイレース	gyrase	113b
シャイン・ダルガーノ配列	Shine-Dalgarno sequence	242b
シャウマンリンパ肉芽腫	lymphogranulomatosis of Schaumann ⇌ サルコイドーシス sarcoidosis	236b
ジャガイモ	*Solanum tuberosum*	246b
試薬	reagent	226a
ジャクスタクリン	juxtacrine	141b
弱精神安定薬 ⇌ マイナートランキライザー	minor tranquil[l]izer	168a
弱毒ウイルス	attenuated virus	26b
弱毒化	attenuation	26b
弱毒ワクチン	attenuated vaccine	26b
若年性	juvenile	141b
弱有害遺伝子	mildly deleterious gene	167a
じゃこう	musk	174a
射出	injection	134a
遮断	block	34b
遮断薬	blocker	34b
シャドウイング法	shadowing [technique]	242a
シャトル系	shuttle system	243a
シャトルベクター	shuttle vector	243a
ジャーファーメンター	jar fermenter	141a

遮へい〖蔽〗する shield 242b
シャペロニン chaperonin 46b
シャペロン chaperone 46b
ジャマイカ嘔〖おう〗吐症 Jamaica vomiting sickness 141a
斜面培養 slant cluture 245b
シャルディンガーデキストリン Schardinger dextrin ⇌ シクロデキストリン cyclodextrin 64a
シャロンファージ Charon phage 47a
ジャンク junk 141b
ジャンスキー・ビルショウスキー病 Jansky-Bielschowsky disease ⇌ セロイドリポフスチン蓄積症 ceroid lipofuscinosis 46a
シャント ⇌ 分路 shunt 243a
シャントビリルビン shunt bilirubin 243a
種 species 248a
自由エネルギー free energy 99b
周縁[細胞]質 periplasm 197a
周縁胞胚 periblastula 197a
集塊 ⇌ クラスター cluster 53a
自由回転 free rotation 99b
臭化エチジウム ethidium bromide 89b
自由拡散 free diffusion 99b
周核体 perikaryon 197a
臭化シアン分解 cyanogen bromide cleavage 63b
重感染 superinfection 256b
重感染切断 superinfection breakdown 256b
重感染排除 superinfection exclusion 256b
終期【細胞分裂の】 telophase 261a
周期性 periodism 197a
周期性精神病 cyclic psychosis ⇌ そう〖躁〗うつ病 manic-depressive illness 159a
周期[の] cyclic 63b
19S抗体 19S antibody 236b
重金属 heavy metal 115b
終結因子【タンパク質生合成の】 release factor 228b
重原子[同型置換]法 heavy atom [isomorphous replacement] method 115b
集合 assembly 25b
集合【細胞などの】 aggregation 10b
重合 polymerization 209b
重合アミノ酸 polymerized amino acid ⇌ ポリアミノ酸 polyamino acid 208a
重合抗原 polymerized antigen 209b

重合酵素 ⇌ ポリメラーゼ polymerase 209b
集光性色素 light-harvesting pigment 150b
集合体 aggregate 10b
重合体 polymer 209b
集合地図 assembly map 25b
重合度 degree of polymerization 68b
集合フェロモン aggregation pheromone 10b
重鎖 heavy chain ⇌ H鎖 H chain 115a
縦細管【筋小胞体の】 longitudinal tubule 153b
シュウ酸 oxalic acid 190a
シュウ酸症 oxalosis ⇌ 高シュウ酸尿症 hyperoxaluria 127b
十字形コンホメーション cruciform conformation 62b
終止コドン termination codon 262a
終止[の]【因子，コドン】 terminating 262a
収集する【細胞などを】 ⇌ 回収する harvest 114b
収縮 contraction 58a
収縮環 contractile ring 58a
収縮性タンパク質 contractile protein 58a
重症筋無力症 myasthenia gravis 174b
重症複合免疫不全症 severe combined immunodeficiency disease 242a
修飾 modification 169a
修飾因子【アロステリック酵素の】 modifier 169a
修飾塩基 modified base 169a
修飾する【分子構造を】 modify 169a
修飾物質 ⇌ モジュレーター modulator 169a
重水 heavy water 115b
自由水 ⇌ 遊離水 free water 99b
重水素 heavy hydrogen 115b／⇌ ジュウテリウム deuterium 71b
重水素交換 deuterium exchange 71b
従性遺伝 sex-controlled inheritance 242a
臭素 bromine 37a
重層 layering 148a
重曹 ⇌ 炭酸水素ナトリウム sodium bicarbonate 246b
重層コロニー piled up colony 204b
重層増殖 piled up growth 204b
収束 convergence 58a
従属栄養 heterotrophy 119b
従属栄養生物 heterotroph 119b
従属栄養体 ⇌ 従属栄養生物 heterotroph 119b

収束進化　convergent evolution　58a
柔組織　parenchyma　193b
集団遺伝学　population genetics　210b
集団構造　population structure　210b
重炭酸塩　bicarbonate ⇒ 炭酸水素塩　hydrogencarbonate　125b
集団実効線量当量　collective effective dose equivalent　54b
集団倍加時間　population doubling time　210b
集団培養　mass culture　160a
集団密度　population density　210b
集団免疫　herd immunity　118a
集中する　concentrate　56a
集中性ヘモシデローシス　focal hemosiderosis　97a
ジュウテリウム　deuterium　71b
充填　packing　191b
充填密度　packing density　191b
雌雄同体性雄性　andromonoecy　18a
絨〔じゅう〕突起 ⇒ 絨毛　villus　279a
柔軟性【発生】　plasticity　206b
終脳　telencephalon　261a
終濃度　final concentration　95a
周波数　frequency　100a
終板　end-plate　85a／lamina terminalis　146b
終板電位　end-plate potential　85a
修復　repair　229a
重複　duplication　80a
修復酵素　repair enzyme　229a
重複性　redundancy　227b
周辺タンパク質　peripheral protein ⇒ 膜表在性タンパク質　membrane extrinsic protein　162b
終末槽　terminal cisterna　261b
終末〔の〕　terminal　261b
終末分化細胞 ⇒ 最終分化細胞　terminally differentiated cell　261b
終末ボタン　terminal button ⇒ 神経終末　nerve ending　178a
集密的〔の〕　confluent　56b
絨〔じゅう〕毛　villus　279a
絨毛性性腺刺激ホルモン　chorionic gonadotropin　50a
絨毛性ソマトマンモトロピン　chorionic somatomammotropin ⇒ 胎盤性ラクトゲン　placental lactogen　205b

絨毛膜　chorion　50a
14-3-3 タンパク質　14-3-3 protein　217a
14-3-2 タンパク質　14-3-2 protein　217a
集落 ⇒ コロニー　colony　54b
集落形成単位 ⇒ コロニー形成単位　colony forming unit　55a
収率　yield　284a
収量　yield　284b
重量平均分子量　weight-average molecular weight　282a
重量モル濃度　molality　169a
縦列〔の〕　tandem　259b
縦列反復配列 ⇒ タンデムリピート　tandemly repeated sequence　260a
樹液　sap　236b
シューエル免疫拡散法　Sewell's immunodiffusion technique　242a
縮合　condensation　56b
縮合酵素　condensing enzyme　56b
宿主　host　123b
宿主【移植の】　recipient　226b
粥〔じゅく〕腫 ⇒ アテローム　atheroma　26a
宿主域　host-range　124a
宿主域〔突然〕変異　host-range mutation　124a
宿主依存性修飾　host-controlled modification ⇒ 宿主誘導修飾　host-induced modification　124a
宿主因子　host factor　124a
縮重【コドン】　degeneracy　68a
縮重〔する〕　degenerate　68a
宿主細胞回復　host cell reactivation　124a
宿主-ベクター系　host-vector system　124a
宿主誘導修飾　host-induced modification　124a
粥〔じゅく〕状動脈硬化 ⇒ アテローム性動脈硬化　atherosclerosis　26a
熟成　age　10b／ag[e]ing　10b
縮退【エネルギー状態】　degeneracy　68a
縮退〔する〕　degenerate　68a
主鎖　main chain　157b
樹枝状細網細胞　dendritic reticulum cell　69a
種子タンパク質　seed protein　239b
種子油　seed oil　239b
樹状図 ⇒ デンドログラム　dendrogram　69a
手掌〔しょう〕性 ⇒ キラリティー　chirality　48a
手掌性〔の〕 ⇒ キラル〔の〕　chiral　48a
樹状突起【ニューロンなどの】　dendrite　69a

受精　fertilization　94a
受精能力　fertility　94a
受精物質　conception factor ⇌ ガモン　gamone　102b
受精膜　fertilization membrane　94a
受精率　fertility　94a
酒石酸　tartaric acid　260a
種族 ⇌ 族　tribe　270a
シュタイン・レーベンタール症候群　Stein-Leventhal syndrome　251b
腫脹〔ちょう〕　swelling　257b
出芽　budding　37b
出芽酵母　budding yeast　37b
出血　bleeding　34a
出生前期　prenatal period　213a
出世前診断　prenatal diagnosis　213a
受動アナフィラキシー　passive anaphylaxis　194a
種痘ウイルス ⇌ ワクシニアウイルス　vaccinia virus　277a
受動感作　passive sensitization ⇌ 受動免疫　passive immunity　194a
受動凝集　passive agglutination　194a
受動血球凝集　passive hemagglutination　194a
受動〔の〕　passive　194a
受動皮膚アナフィラキシー反応　passive cutaneous anaphylaxis reaction　194a
受動免疫　passive immunity　194a
受動免疫化　passive immunization ⇌ 受動免疫　passive immunity　194a
受動輸送　passive transport　194b
受動溶血　passive hemolysis　194a
シュードウリジン ⇌ プソイドウリジン　pseudouridine　219b
種特異性　species specificity　248a
種特異的　species specific　248a
シュードノット構造　pseudoknot structure ⇌ RNAシュードノット構造　RNA pseudoknot structure　233b
シュードモナス　Pseudomonas　219b
授乳　lactation　145b
種の起原　origin of species　188b
ジュバビオン　juvabione　141b
シュミット・タンホイザー法　Schmidt-Thannhauser method　238a
腫瘍　tumor　273b
腫瘍遺伝子 ⇌ がん〔癌〕遺伝子　oncogene　186b

腫瘍ウイルス ⇌ がん〔癌〕ウイルス　oncogenic virus　186b
腫瘍壊死因子　tumor necrosis factor　273b
腫瘍壊死因子β　tumor necrosis factor β ⇌ リンホトキシン　lymphotoxin　156a
腫瘍化 ⇌ 造腫瘍化をみよ．
腫瘍学　oncology　186b
腫瘍化増殖因子 ⇌ トランスフォーミング増殖因子　transforming growth factor　269a
腫瘍関連抗原　tumor-associated antigen　273b
受容器【感覚の】　receptor　226b
受容器細胞　receptor cell　226b
受容器電位　receptor potential　226b
腫瘍形成　tumorigenesis　273b
腫瘍抗原　tumor antigen　273a／⇌ T抗原　T antigen　260b／⇌ 腫瘍特異抗原　tumor-specific antigen　273b
受容個体 ⇌ 受容体　recipient　226b
腫瘍細胞　tumor cell　273b
主要組織適合〔性遺伝子〕複合体　major histocompatibility complex　158a
主要組織適合〔性〕抗原系　major histocompatibility system　158a
受容体　receptor　226b／recipient　226b
受容体【電子などの】　acceptor　4a
受容体依存性エンドサイトーシス　receptor-mediated endocytosis ⇌ インターナリゼーション　internalization　136a
受容体制御　acceptor control　4a
受容〔体〕タンパク質　receptor protein　226b
腫瘍特異移植抗原　tumor-specific transplantation antigen　273b
腫瘍特異抗原　tumor-specific antigen　273b
受容能　competence　55a
受容部位　acceptor site　4a
主抑制体 ⇌ アポリプレッサー　aporepressor　22b
樹立細胞系　established cell line　89a
シュリーレン法　schlieren method　238a
ジュール　joule　141b
シュルツ・デール試験　Schultz-Dale test　238a
シュルツ・ハーディ則　Schulze-Hardy law　238a
シュルツ病　Scholz disease ⇌ 異染性ロイコジストロフィー　metachromatic leukodystrophy　164a

シュワルツマン現象	Shwartzman phenomenon 243a
シュワン細胞	Schwann cell 238a
準安定[の]	metastable 164b
順化	acclimation 4a／conditioning 56b／⇀ 適応 adaptation 7b
潤滑	lubrication 154b
順化培地	⇀ ならし培地 conditioned medium 56b
循環系	circulatory system 51b
瞬間速度	instantaneous velocity 135a
循環的光電子伝達	cyclic photosynthetic electron transport 63b
瞬間標識	⇀ パルスラベル pulse-label[l][ing] 220b
瞬間標識追跡実験	⇀ パルスチェイス実験 pulse-chase experiment 220b
準基質	quasisubstrate ⇀ 偽基質 pseudosubstrate 219b
純クローン	pure clone ⇀ 単[個]細胞クローン single[cell]clone 244a
純系	pure line 220b
準結晶	paracrystal 193a
純粋培養	axenic culture 28a
順相クロマトグラフィー	normal phase chromatography 182b
準弾性光散乱	quasi-elastic light scattering 223a
純度	purity 220b
純同化[作用]	net assimilation 178a
順応	adaptation 7b
準分子イオン	⇀ 擬分子イオン quasimolecular ion 223a
上位	⇀ エピスターシス epistasis 87b
上衣海綿芽細胞	ependymal spongioblast 87b
上衣芽細胞腫	ependymoblatoma 87a
上衣細胞腫	ependymoma 87a
上位性[の]	epistatic 87b
子葉因子	cotyledon factor 60a
上咽頭がん[癌]	nasopharyngeal carcinoma 176b
消炎薬	antiphlogistic ⇀ 抗炎症薬 antiinflammatory agent 21a
常温菌	mesophile 163b
小窩[か]	lacuna 146b
昇華	sublimation 254a
障害	hindrance 121a
消化	digestion 73b
硝化	nitrification 180b
上下位性[の]	⇀ 上位性[の] epistatic 87b
上下位性分散	epistatic variance 87b
傷害ホルモン	⇀ 傷ホルモン wound hormone 282b
消化管	alimentary canal 12a
消化管ホルモン	⇀ 胃腸ホルモン gastrointestinal hormone 103a
消化器官	digestive organ 73b
小核	micronucleus 166b
小核細胞	⇀ 微小核細胞 micronucleate cell 166b
小角散乱	small angle scattering 245b
消化酵素	digestive enzyme 73b
消化剤	digestive 73b
硝化[細]菌	nitrifying bacterium 180b
消化性かい[潰]瘍	peptic ulcer 196b
消化腺	digestive gland 73b
松果腺	pineal gland ⇀ 松果体 pineal body 204b
松果体	pineal body 204b
松果体芽細胞腫	pinealoblastoma 204b
松果体細胞	pinealocyte 204b
小割球	micromere 166b
小管	⇀ 細管 canaliculus 40a
笑気	laughing gas ⇀ 一酸化二窒素 dinitrogen oxide 74b
蒸気	vapor 277b
蒸気圧計	tonometer 267b
小奇形	minor anomaly 167b
消去式エドマン法	subtractive Edman method 254b
焼結した	sintered 244b
条件刺激	conditioning stimulus 56b
条件致死[突然]変異	conditional lethal mutation 56b
条件致死[突然]変異体	conditional lethal mutant 56b
条件づけ	conditioning 56b
条件的嫌気[性]生物	⇀ 通性嫌気[性]生物 facultative anaerobe 92a
条件反射	conditioned reflex 56b
条件反応	conditioned response ⇀ 条件反射 conditioned reflex 56b
消光	quenching 223a
症候群	syndrome 258b
消光剤	quencher 223a
小膠[こう]細胞	microglia [cell] 166b

消光する【蛍光を】 quench 223a
錠剤 tablet 259a
常在性マクロファージ resident macrophage 229b
娘(嬢)細胞 daughter cell 67a
小細胞がん[癌] small cell carcinoma 245b
硝酸 nitric acid 180b
硝酸[塩]還元 nitrate reduction 180b
硝酸還元酵素 ⇒ 硝酸レダクターゼ nitrate reductase 180b
硝酸呼吸 nitrate respiration 180b
硝酸[細]菌 nitrate bacterium 180b
硝酸同化 nitrate assimilation 180b
硝酸レダクターゼ nitrate reductase 180b
晶質 crystalloid 62b
照射 irradiation 139a
照射する【光を】 illuminate 130a
照射線量 exposure dose 91a
照射線量率 exposure rate 91a
照射装置 irradiation equipment 139a
ショウジョウバエ Drosophila 79a
小食細胞 ⇒ ミクロファージ microphage 166b
上清 supernatant 257a
上生体 conarium ⇒ 松果体 pineal body 204b
脂溶性ビタミン fat-soluble vitamin 93a
焦性ブドウ酸 pyroracemic acid ⇒ ピルビン酸 pyruvic acid 222b
硝石植物 nitra 180b
小赤血球 microcyte 166b
常染色体 autosome 27b
常染色体性遺伝 autosomal inheritance 27b
常染色体[性]優性遺伝病 autosomal dominant inherited disease 27b
常染色体[性]劣性遺伝病 autosomal recessive inherited disease 27b
醸造工学 brewing technology 36b
上大静脈 vena cava superior 278b
状態図 phase diagram 198b
小腸 small intestine 245b
焦点 focus 97b
少糖 ⇒ オリゴ糖 oligosaccharide 186b
情動精神病 affective psychosis ⇒ そう[躁]うつ病 manic-depressive illness 159a
小痘瘡[とうそう] variola minor 278a
消毒薬 disinfectant 75b
衝突説 collision theory 54b

小児脂肪便症 intestinal infantilism ⇒ セリアック症候群 celiac syndrome 44a
漿尿膜 chorioallantoic membrane 50a
ショウノウ camphor 40a
小脳 cerebellum 45b
蒸発器 evaporator 90a
蒸発させる evaporate 90a／vaporize 277b
蒸発熱 vaporization heat 277b
上皮がん[癌] carcinoma in situ 42a
上皮細胞 epithelial cell 87b
上皮細胞増殖因子 epidermal growth factor 87a
上皮小体 ⇒ 副甲状腺 parathyroid 193b
消費性凝固障害 consumption coagulopathy ⇒ 播種性血管内凝固[症候群] disseminated intravascular coagulation [syndrome] 76b
上皮性[の] epithelial 87b
上部[の] superior 256b
小分散的な paucidisperse 194b
小分子的な paucimolecular 194b
小胞 vesicle 279a
情報 information 133b
情報鎖 formative strand 98b
消泡剤 antifoaming agent 20b
小胞体 endoplasmic reticulum 85a
情報伝達 ⇒ シグナル伝達 signal transduction 243b
小胞輸送 vesicular transport 279a
情報粒子 informosome 133b
小発作 petit mal 197b
漿膜 chorion 50a
正味タンパク質利用率 net protein utilization 178a
静脈 vein 278b
静脈[内]注射 intravenous injection 137a
消耗症 wasting disease 281a
蒸留水 distilled water 76a
蒸留する distil[l] 76a
上流領域 upstream region 276a
示容量 extensive quantity ⇒ 示量変数 extensive variable 91a
小量域寛容 ⇒ 低域寛容 low-zone tolerance 154a
小量寛容 low dose tolerance ⇒ 低域寛容 low-zone tolerance 154a
小量分析 semimicroanalysis 240b
小リンパ球 small lymphocyte 245b
初回刺激 priming 214a

初回免疫 ⇌ 初回刺激　priming　214a
除核　enucleation　86a
初期遺伝子　early gene　80a
初期[の]　initial　134a
初期バースト　initial burst　134a
初期発生　early development　80a
除去　curing　63a
除共役 ⇌ 脱共役　uncoupling　275a
除共役剤 ⇌ 脱共役剤　uncoupler　275a
除去修復　excision repair　90b
食細胞　phagocyte　198a
食作用　phagocytosis　198a
食作用係数　phagocytic index　198a
触媒　catalyst　43a
　触媒[の]　catalytic　43a
触媒回路　catalytic cycle　43a
触媒還元　catalytic reduction　43a
触媒サブユニット　catalytic subunit　43a
触媒作用　catalysis　43a
触媒する　catalyze　43a
触媒中心【酵素の】　catalytic center　43a
触媒中心活性　catalytic center activity　43a
触媒部位【酵素の】　catalytic site　43a
植物ウイルス　plant virus　205b
植物えいりゅう ⇌ クラウンゴール　crown gall　62a
植物エクジソン　phytoecdysone　204a
植物塩基 ⇌ アルカロイド　alkaloid　12a
植物界　Plantae　205b
植物凝集素 ⇌ フィトヘマグルチニン　phytohemagglutinin　204a
植物極　vegetal pole　278b
植物ステロール　plant sterol ⇌ フィトステロール　phytosterol　204a
植物成長抑制剤　plant growth retardant　205b
植物[性][の]　vegetative　278b
植物相　flora　96b
植物プランクトン　phytoplankton　204a
植物ホルモン　phytohormone　204a
植物油　vegetable oil　278b
食胞　phagosome　198a
食物繊維　dietary fiber　73a
食物連鎖　food chain　98b
食用ウシ　beef cattle　31a
助細胞 ⇌ シネグリド　synegrid　258b
助色団　auxochrome　27b
処女生殖 ⇌ 単為生殖　parthenogenesis　194a

除神経　denervation　69a
女性ホルモン ⇌ 雌性ホルモン　female sex hormone　93b
除草剤　herbicide　118a
初速度　initial rate　134a
初代培養　primary culture　213b
除タンパク　deproteinization　70b
ショッテン・バウマン法　Schotten-Baumann method　238a
ショットガン[タイプ]クローニング　shotgun type cloning　242b
ショ糖　cane sugar ⇌ スクロース　sucrose　255a
ショ糖密度勾配遠心分離[法]　sucrose density-gradient centrifugation　255a
ショードマイシン　showdomycin　243a
初乳　colostrum　55a
初乳抗体　colostrial antibody　55a
徐波睡眠　slow wave sleep ⇌ ノンレム睡眠　non-REM sleep　182a
初発因子 ⇌ イニシエーター　initiator　134a
初発[の]　initial　134a
ジョブ症候群　Job syndrome ⇌ 高IgE症候群　hyper-IgE syndrome　127b
ショープ乳頭腫ウイルス　Shope papilloma virus　242b
処方　formula　98b
除膜筋原繊維　skinned muscle fiber ⇌ 名取の[筋]繊維　Natori's fiber　176b
徐脈　bradycardia　36a
処理単位 ⇌ バッチ　batch　31a
ショールムーグリン酸　chaulmoogric acid　47a
徐冷再対合 ⇌ アニーリング【DNAの】　annealing　19a
C_4回路　C_4 cycle ⇌ C_4ジカルボン酸回路　C_4-dicarboxylic acid cycle　43b
C_4経路　C_4 pathway ⇌ C_4ジカルボン酸回路　C_4-dicarboxylic acid cycle　43b
C_4ジカルボン酸回路　C_4-dicarboxylic acid cycle　43b
C_4植物　C_4 plant　60b
ジョンストン・オグストン効果　Jonston-Ogston effect　141b
ジョーンズ・モート型過敏症　Jones-Mote hypersensitivity ⇌ ジョーンズ・モート型遅延型アレルギー　Jones-Mote delayed type allergy　141b

ジョーンズ・モート型遅延型アレルギー　Jones-Mote delayed type allergy　141b
G4 ファージ　G4 phage　110b
ジラジカル　diradical ⇌ ビラジカル　biradical　33b
ジラール試薬　Girard's reagent　106a
シラン化 ⇌ シラン処理　silanizing　244a
シラン処理　silanizing　244a
シリア ⇌ 繊毛　cilium　51b
シリアチン　ciliatine　51a
シリアンハムスター　Syrian hamster　259b
シリカ　silica　244a
シリカゲル　silica gel　244a
シリコン【半導体】　silicon　244a
シリコーン処理　siliconizing　244a
シリコーン油　silicone oil　244a
自律神経系　autonomic nervous system　27b
自律神経[作用]薬　autonomic drug　27a
自律神経節　autonomic ganglion　27b
自律神経[の]　vegetative　278b
自律性　autonomy　27b
　自律性[の]　autonomous　27b
自律複製配列　autonomously replicating sequence　27b
自律分泌 ⇌ 自己分泌　autocrine　27a
シリトール　scyllitol　238b
糸粒体[旧称] ⇌ ミトコンドリア　mitochondria　168a
飼料【実験動物用の】【俗語】　laboratory chow　145b
試料　sample　236a／specimen　248a
試料譲渡同意書　material transfer agreement　160a
示量変数　extensive variable　91b
シリル化　silanizing　244a
シリンギジン　syringidin　259b
シルダー病　Schilder disease　237b
ジルベール症候群　Gilbert syndrome　106a
シレニン　sirenin　245a
シロイヌナズナ　*Arabidopsis thaliana*　23a
白子　albino　11a
白子症　albinism　11a
シロシビン ⇌ プシロシビン　psilocybin　219b
シロシン ⇌ プシロシン　psilocin　219b
シロヘム　siroheme　245a
人為結果　artifact　24b
人為現象　artifact　24b

人為産物　artifact　24b
親液性　lyophilic　156a
進化　evolution　90a
浸解　maceration　157a
真核生物　eukaryote　90a／⇌ ユーカリア　Eukarya　90a
腎芽[細胞]腫　nephroblastoma ⇌ ウィルムス腫瘍　Wilms tumor　282a
進化の荷重　evolutionary load　90a
シンカリオン ⇌ 融合核　synkaryon　258b
シンカリン　sinkalin ⇌ コリン　choline　49b
進化論　evolution theory　90a
新規合成 ⇌ *de novo* 合成　*de novo* synthesis　69a
新規[の]　*de novo*　69a
ジンギベレン　zingiberene　285b
心筋　myocardium　175a
真菌　fungus (*pl.* fungi)　101a
心筋梗塞　myocardial infarction　175a
真菌毒　fungal toxin　100b
真空　vacuum　277a
ジンクフィンガー　zinc finger　285b／Zn finger　285b
シングルチャネルレコーディング　single channel recording　244b
神経　nerve　178a
神経インパルス　nerve impulse　178a
神経栄養因子　neurotrophic factor　179a
神経栄養性　neurotrophic　179a
[神経]海綿芽細胞腫　spongioblastoma　250a
神経回路　neural circuit　178b
神経回路網　neuron network　179a
神経芽細胞　neuroblast　178b
神経芽細胞腫　neuroblastoma　178b
神経ガス　nerve gas　178a
神経下垂体　neurohypophysis　178b
神経下垂体ホルモン　neurohypophysial hormone ⇌ 下垂体後葉ホルモン　posterior pituitary hormone　211b
神経画像処理　neuroimaging　178b
神経管　neural tube　178b
神経管形成　neurulation　179a
神経筋シナプス　neuromuscular synapse ⇌ 神経筋接合部　neuromuscular junction　178b
神経筋接合部　neuromuscular junction　178b
神経系　nervous system　178a
神経原繊維　neurofibril　178b

神経原繊維変化 neurofibrillary tangle 178b	人工獲得免疫 artificially acquired immunity 24b
[神経]膠〖こう〗芽細胞 ⇌ 海綿芽細胞 spongioblast 250a	人工器官 prosthesis 217a
[神経]膠〖こう〗芽[細胞]腫 glioblastoma 106a	人工器官の prosthetic 217a
神経膠細胞 neuroglia ⇌ グリア細胞 glia cell 106b	人工酵素 synthetic enzyme 259a
神経細管 neurotubule 179a	進行性筋ジストロフィー progressive muscular dystrophy 215a
神経細胞 nerve cell 178a	進行性全身性硬化症 progressive systemic sclerosis ⇌ 強皮症 scleroderma 238a
神経細胞接着分子 neural cell adhesion molecule 178b	進行性多巣性白質脳症 progressive multifocal leucoencephalopathy 215a
神経刺激伝達 neurotransmission 179a	人工臓器 artificial organ 24b
神経支配 innervation 134b	人工膜 artificial membrane 24b
神経遮断薬 neuroleptic 178b	シンコンホメーション syn conformation 258b
神経修飾物質 neuromodulator 178b	腎細管 ⇌ 尿細管 renal tubule 228b
神経終末 nerve ending 178a	ジンザデ試薬 Zinzade's reagent 285b
神経鞘〖しょう〗 neurolemma 178b	心耳 auricle 27a
神経性受容体 neuroreceptor 179a	腎糸球体嚢 ⇌ ボーマン嚢〖のう〗 Bowman's capsule 36a
神経成長因子 nerve growth factor 178a	シンシチウム ⇌ 融合細胞 syncytium 258b
神経節 ganglion (pl. ganglia) 102a	心室 ventricle 278b
神経節遮断薬 ⇌ 節遮断薬 ganglionic blocking drug 102b	人種 race 224a
神経繊維 nerve fiber 178a	浸出 leaching 148a
神経繊維腫症1型 neurofibromatosis 1 178b	滲出性体質 exudative diathesis 91b
神経組織 nerve tissue 178a	滲出性マクロファージ exudate macrophage 91b
神経伝達物質 neurotransmitter 179a	腎小体 renal corpuscle 228b
神経伝達物質受容体 neurotransmitter receptor ⇌ 神経性受容体 neuroreceptor 179a	深色移動 bathochromic shift 31a
	深色効果 bathochromic effect 31a
神経毒 neurotoxin 179a	親水基 hydrophilic group 126a
神経突起生成因子 neurite outgrowth factor 178b	親水性アミノ酸 hydrophilic amino acid 126a
神経内分泌 neuroendocrine 178b	親水性コロイド hydrophilic colloid 126a
神経内分泌系 neuroendocrine system 178b	親水性親油性比【界面活性剤の】 hydrophile-lipophile balance 126a
神経胚 neurula 179a	
神経胚形成 neurulation 179a	親水性[の] hydrophilic 126a
神経板 neural plate 178b	真性グロブリン euglobulin 90a
神経フィラメント ⇌ ニューロフィラメント neurofilament 178b	新生経路 ⇌ de novo 経路 de novo pathway 69a
神経分泌 neurosecretion 179a	真正細菌 eubacterium 90a / ⇌ バクテリア Bacteria 29b
神経分泌顆粒 neurosecretory granule 179a	
神経分泌細胞 neurosecretory cell 179a	新生児 newborn 179b
神経分泌ホルモン ⇌ 神経ホルモン neurohormone 178b	新生児[の] neonatal 177b
	真性赤血球増加症 polycythemia vera 208b
神経ペプチド neuropeptide 179a	真正染色質 euchromatin 90a
神経ホルモン neurohormone 178b	
神経葉 neural lobe ⇌ 下垂体後葉 posterior pituitary 211b	真正糖尿病 ⇌ 糖尿病 diabetes mellitus 72a
ジンゲロン zingerone 285b	

新生物　neoplasm　177b
新生物性[の]　neoplastic　177b
新生ポリペプチド　nascent polypeptide　176b
腎石灰沈着症　nephrocarcinosis　177b
振戦麻痺[ひ]　shaking palsy ⇌ パーキンソン病　Parkinson disease　193b
心臓　heart　115a
　心臓[の]　cardiac　42a
腎臓　kidney　143b
　腎臓[の]　renal　228b
心臓ぜん[喘]息　cardiac asthma　42a
腎臓ホルモン　renal hormone　228b
迅速停止法　rapid quenching method　225b
迅速凍結法　rapid freezing method　225b
じん[靱]帯　ligament　150b
人体寄生生物　human parasite　124b
新ダーウィン説　neo-Darwinism　177a
ジーンターゲッティング ⇌ 遺伝子ターゲッティング　gene targeting　104b
シンターゼ　synthase　258b
診断　diagnosis　72a
　診断[の]　diagnostic　72a
シンチグラフィー　scintigraphy　238a
シンチスキャン　scintillation scanning ⇌ シンチグラフィー　scintigraphy　238a
伸長因子　elongation factor　83b
シンチレーション　scintillation　238a
シンチレーションカウンター　scintillation counter　238a
シンチレーション計数管 ⇌ シンチレーションカウンター　scintillation counter　238a
シンチレーター　scintillator　238a
新陳代謝[古語] ⇌ 代謝　metabolism　164a
心的外傷後ストレス障害　posttraumatic stress disorder　212a
シンテターゼ　synthetase　259a
親電子試薬 ⇌ 求電子試薬　electrophilic reagent　83a
親電子[性][の] ⇌ 求電子[性][の]　electrophilic　83a
心電図　electrocardiogram　82b
浸透　osmosis　189a／permeation　197b
振動　oscillation　189a
浸透圧　osmotic pressure　189a

浸透圧計　osmometer　189a
浸透圧ショック法　osmotic shock procedure　189a
振動エネルギー　vibrational energy　279a
振動・回転カメラ　oscillation-rotation camera　189a
振動器　vibrator　279a
振動子　oscillator　189a
振動数　frequency　100a
人痘[とう]接種　variolation　278a
浸透度　penetrance　195b
振とう培養　shake culture　242a
振とう培養器　shaking incubator　242b
振動密度計　mechanical oscillator densitometer　161a
シンドビスウイルス　Sindbis virus　244a
ジーントラップ法 ⇌ 遺伝子トラップ法　gene trapping　105a
心内膜炎　endocarditis　84b
浸軟　maceration　157a
侵入排除　entry exclusion　86a
心拍数　heart rate　115a
シンパテドリン　sympatedrine ⇌ アンフェタミン　amphetamine　16b
真皮　corium　59a
新皮質　neocortex　177a
腎皮質　renal cortex　228b
ジンピーマウス　jimpy mouse　141a
腎不全　renal failure　228b
シンプラスト　symplast　258a
心房　atrium (pl. atria)　26b
心房性　atrial　26b
心房性ナトリウム利尿ペプチド　atrial natriuretic polypeptide　26b
シンポート ⇌ 共輸送　symport　258a
親油性[の]　lipophilic　152b
新ラマルク説　neo-Lamarckism　177b
人類学　anthropology　20a
人類発生　anthropogenesis　20a
親和性　affinity　10a
親和[性]標識 ⇌ アフィニティーラベル　affinity label[l]ing　10a
親和溶出　affinity elution　10a
親和力　affinity　10a

ス

膵〖すい〗 ⇌ 膵臓　pancreas　192a
膵液　pancreatic juice　192a
錐〖すい〗外[筋]繊維　extrafusal fiber　91b
髄外造血 ⇌ 骨髄外造血　extramedullary hematopoiesis　91b
水銀　mercury　163a
水銀合金 ⇌ アマルガム　amalgam　14b
推計学　stochastics　252b
　推計[学]の　stochastic　252b
水圏　hydrosphere　126b
吸込み　suction　255a
膵細胞　pancreatic cell　192a
水酸化 ⇌ ヒドロキシ化　hydroxylation　126b
水酸化酵素　hydroxylase　126b
水酸化第二鉄　ferric hydroxide　94a
水酸化物イオン　hydroxide ion　126b
水産養殖　aquaculture　23a
髄質　medulla　161a
水腫 ⇌ 浮腫　edema　81a
髄鞘〖しょう〗　marrow sheath ⇌ ミエリン　myelin　175a
髄鞘形成 ⇌ ミエリン形成　myelinogenesis　175a
髄鞘構築　myeloarchitecture　175a
水晶体　lens　149a
錐状体 ⇌ 円錐〖すい〗体　cone　56b
スイス型低γグロブリン血症　Swiss type hypogammaglobulinemia　258a
膵性コレラ　pancreatic cholera ⇌ WDHA症候群　WDHA syndrome　281b
水素　hydrogen　125b
水素イオン　hydrogen ion ⇌ 陽子　proton　218b
水素イオン勾配　hydrogen ion gradient ⇌ プロトン勾配　proton gradient　218b
水素イオン指示薬　hydrogen ion indicator ⇌ 酸塩基指示薬　acid-base indicator　5a
水相 ⇌ 水層　aqueous phase　23a
水層　aqueous phase　23a
膵〖すい〗臓　pancreas　192a
髄層 ⇌ 髄質　medulla　161a
膵臓B細胞　pancreatic B cell　192a

膵臓ポリペプチド　pancreatic polypeptide　192a
膵臓ホルモン　pancreatic hormone　192a
水素炎イオン化検出器　flame ionization detector　95b
水素化　hydrogenation　125b
水素化物　hydride　125b
水素化物イオン　hydride ion　125b
水素化分解　hydrogenolysis　126a
水素化ホウ素ナトリウム　sodium borohydride　246b
水素化ホウ素リチウム　lithium borohydride　153a
水素供与体　hydrogen donor　125b
水素結合　hydrogen bond　125b
水素原子核　hydrogen nucleus ⇌ 陽子　proton　218b
水素[細]菌　hydrogen bacterium　125b
水素指数　hydrogen exponent ⇌ pH　198a
水素受容体　hydrogen acceptor　125b
水素転移　hydrogen transfer　126a
水素添加 ⇌ 水素化　hydrogenation　125b
水素電極　hydrogen electrode　126a
衰退　atrophy　26b
錐〖すい〗体 ⇌ 円錐体　cone　56b
錐体オプシン ⇌ フォトプシン　photopsin　202a
錐体外路　extrapyramidal tract　91b
錐体外路系　extrapyramidal system　91b
錐体路　pyramidal tract　221a
水中油中水型乳剤アジュバント　water-in-oil-in-water emulsion adjuvant　281a
垂直ローター【遠心機の】　vertical rotor　279a
スイッチ領域　switch region　258a
推定[の]　putative　221a
膵島　pancreatic island ⇌ ランゲルハンス島　Langerhans' island　147a
水痘〖とう〗ウイルス　varicella virus ⇌ 水痘帯状疱疹ウイルス　varicella zoster virus　278a
水頭症　hydrocephaly　125b

水痘〖とう〗帯状疱疹〖ほうしん〗ウイルス varicella zoster virus 278a
錘内筋繊維 intrafusal muscle fiber 137a
錘内繊維 intrafusal fiber ⇌ 錘内筋繊維 intrafusal muscle fiber 137a
髄脳 myelencephalon 175a
水分 moisture 169a
水平伝播 horizontal transmission 123b
酔歩 random walk 225b
水疱〖ほう〗性口内炎ウイルス vesicular stomatitis virus 279a
睡眠物質 sleep substance 245b
睡眠ペプチド sleep peptide 245b
睡眠発作 ⇌ ナルコレプシー narcolepsy 176b
水溶液 aqueous solution 23a
水溶性ビタミン water-soluble vitamin 281b
膵リパーゼ pancreatic lipase ⇌ ステアプシン steapsin 251a
水力[の] hydraulic 125b
水和エントロピー hydration entropy 125b
水和する hydrate 125b
水和層 hydration sphere 125b
水和熱 heat of hydration 115a
水和物 hydrate 125b
スイングバケット swing bucket 257b
スイングローター swing rotor 258a
スウィベラーゼ swivelase 258a
数平均分子量 number-average molecular weight 184b
数量分類学 numerical taxonomy 184b
スカトール skatole 245a
スカフォールドタンパク質 scaffold protein 237a
スカベンジャー scavenger 237b
スカベンジャー受容体 scavenger receptor 237b
スカラー反応 scalar reaction 237b
スキャッチャードプロット Scatchard plot 237b
スキュー配座 skew conformation 245a
スキルスがん〖癌〗 ⇌ 硬[性]がん scirrhous carcinoma 238a
スキンドファイバー skinned muscle fiber ⇌ 名取の[筋]繊維 Natori's fiber 176b
スクアラン squalane 250a
スクアレン squalene 250a
スクシニル化 succinylation 255a

スクシニル CoA succinyl-CoA 255a
スクシニルコリン succinylcholine 255a
スクラーゼ sucrase 255a
スクリーニング ⇌ 選抜 screening 238b
スクレイピー scrapie 238b
スクレログルカン scleroglucan 238a
スクロース sucrose 255a
スケール scale 237b
スコトプシン scotopsin 238b
スコトホビン scotophobin 238b
スコピン scopine 238a
スコポラミン scopolamine 238a
スコポリン scopoline 238b
スコポレチン scopoletin 238a
スコルパミン scorpamine 238b
スタウロスポリン staurosporine 251a
スタキオース stachyose 250b
スタキドリン stachydrine 250b
スタッキング ⇌ 塩基のスタッキングをみよ.
スタッキング効果 stacking effect 250b
STAT〖スタット〗タンパク質 STAT protein 251a
スタフィロキナーゼ staphylokinase 251a
スタフィロコッカス=アウレウス Staphylococcus aureus 251a
スターラー ⇌ かくはん機 stirrer 252b
図単位 ⇌ マップ単位 map unit 159b
スダンⅢ Sudan Ⅲ 255a
スダンブラック B Sudan Black B 255a
スチグマステロール stigmasterol 252a
スチューデントテスト Student's test 254a
スチュワート因子 Stuart factor 254a
スチュワート・プロワー因子 Stuart-Prower factor 254a
スチルベストロール stilbestrol 252a
スチルベンカルボン酸 stilbene carboxylic acid 252a
スチレン styrene 254a
スチロール styrol ⇌ スチレン styrene 254a
ステアプシン steapsin 251a
ステアリルアルコール stearyl alcohol 251b
ステアリル CoA stearyl-CoA ⇌ ステアロイル CoA stearoyl-CoA 251a
ステアリン stearin ⇌ トリステアリン tristearin 272a
ステアリン酸 stearic acid 251a
ステアロイル CoA stearoyl-CoA 251a

スティックランド反応　Stickland reaction 252a
ステム ⇌ 基部　stem 251b
ステラシアニン　stellacyanin 251b
ステルクリン酸　sterculic acid 251b
ステルコビリノーゲン　stercobilinogen 251b
ステルコビリン　stercobilin 251b
ステロイド　steroid 252a
ステロイドアルカロイド　steroid alkaloid 252a
ステロイド核　steroid nucleus 252a
ステロイド形成的　steroidogenic 252a
ステロイド結合タンパク質　steroid-binding protein 252a
ステロイド産生　steroidogenesis 252a
ステロイド値　steroid number 252a
ステロイド配糖体　steroid glycoside 252a
ステロイドホルモン　steroid hormone 252a
ステロイドホルモン応答配列　steroid hormone responsive element 252a
ステブロメライン　stem bromelain 251b
ステロール　sterol 252a
ステロール調節エレメント　sterol regulatory element 252a
ストークス　stokes 252b
ストークス線　Stokes line 252b
ストークス半径　Stokes radius 252b
ストップコドン　stop codon ⇌ 終止コドン termination codon 262a
ストップトフロー法　stopped-flow method 252b
ストランジン　strandin 252b
ストランド【核酸の】 ⇌ 鎖　strand 252b
ストリキニーネ　strychnine 253b
ストリクトシジン　strictosidine 253b
ストリンジェントコントロール ⇌ 緊縮調節 stringent control 253b
ストリンジェントファクター ⇌ 緊縮調節因子 stringent factor 253b
ストレス　stress 253a
ストレスファイバー　stress fiber 253a
ストレッカー合成　Strecker synthesis 253a
ストレッカー分解　Strecker degradation 252b
ストレプタミン　streptamine 253a
ストレプチジン　streptidine 253a
ストレプトアビジン　streptavidin 253a
ストレプトキナーゼ　streptokinase 253a
ストレプトコッカス ⇌ 連鎖[状]球菌 Streptococcus 253a
L-ストレプトース　L-streptose 253a
ストレプトスリシン　streptothricin 253a
ストレプトゾシン　streptozocin ⇌ ストレプトゾトシン　streptozotocin 253a
ストレプトゾトシン　streptozotocin 253a
ストレプトバリシン　streptovaricin 253a
ストレプトマイシン　streptomycin 253a
ストレプトマイセス ⇌ ストレプトミセス Streptomyces 253a
ストレプトミセス　Streptomyces 253a
ストレプトリジギン　streptolydigin 253a
ストレプトリシン　streptolysin 253a
ストロファンチジン　strophanthidin 253b
ストロファンチン G　storophantin G ⇌ ウワバイン　ouabain 189b
ストロファントシド　strophanthoside 253b
ストロマ【葉緑体】　stroma (pl. stromata) 253b
ストローマ細胞　stromal cell 253b
ストロマトライト　stromatolite 253b
ストロンチウム　strontium 253b
スパイク【神経活動の電気的変化の】　spike 249a
スパイク電位　spike potential 249a
スパイク放電　spike discharge 249a
スーパーオキシドアニオン　superoxide anion 257a
スーパーオキシドアニオンラジカル superoxide anion radical 257a
スーパーオキシドジスムターゼ　superoxide dismutase 257a
スーパーコイル ⇌ 超コイル　supercoil 256b
スーパー抗原　superantigen 256b
スーパーサプレッサー ⇌ 超抑圧遺伝子 supersuppressor [gene] 257a
スパスミン　spasmin 248a
スパーテル ⇌ へら　spatula 248a
スーパーヘリックス ⇌ 超らせん　superhelix 256b
スパルソゲニン　sparsogenin ⇌ スパルソマイシン　sparsomycin 248a
スパルソマイシン　sparsomycin 248a
スパルテイン　sparteine 248a
Span[スパン]系界面活性剤　Span series surfactant 247b
スピナステロール　spinasterol 249a

スピラマイシン　spiramycin　249b
スピリロキサンチン　spirilloxanthin　249b
スピログラフィスヘム　spirographisheme ⇌ クロロクルオロヘム　chlorocruoroheme　48b
スピロノラクトン　spironolactone　249b
スピロヘータ　spiroch[a]eta　249b
スピロペリドール　spiroperidol　249b
スピン　spin　249a
スピン共鳴　spin resonance　249b
スピン結合定数　spin coupling constant　249a
スピン-格子緩和時間　spin-lattice relaxation time ⇌ 縦緩和時間　longitudinal relaxation time　153b
スピン-スピン緩和時間　spin-spin relaxation time ⇌ 横緩和時間　transverse relaxation time　270b
スピン-スピン相互作用　spin-spin interaction　249b
スピン脱結合　spin decoupling　249a
スピン標識　spin label　249b
スピン標識法　spin label[l]ing　249b
スフィンガニン　sphinganine　248b
スフィンギン　sphingine　248b
スフィンゲニン　sphingenine ⇌ スフィンゴシン　sphingosine　249a
スフィンゴイド　sphingoid　249a
スフィンゴ脂質　sphingolipid　249a
スフィンゴシン　sphingosine　249a
スフィンゴシン塩基　sphingosine base　249a
スフィンゴ糖脂質　sphingoglycolipid　249a
スフィンゴミエリナーゼ　sphingomyelinase　249a
スフィンゴミエリン　sphingomyelin　249a
スフィンゴミエリン分解酵素 ⇌ スフィンゴミエリナーゼ　sphingomyelinase　249a
スフィンゴリピドーシス　sphingolipidosis　249a
スフィンゴリン脂質　sphingophospholipid　249a
スフェロイジン　spheroidine ⇌ テトロドトキシン　tetrodotoxin　263a
スフェロプラスト　spheroplast　248b
ズブチリシン　subtilisin　254b
ズブチリシンインヒビター　subtilisin inhibitor　255a
ズブチロペプチダーゼ　subtilopeptidase ⇌ ズブチリシン　subtilisin　254b

スプライシング　splicing　249b
スプライス部位　splice junction　249b
スプライソソーム　spliceosome　249b
スプルー　sprue　250a
スペクチノマイシン　spectinomycin　248a
スペクトリン　spectrin　248b
スペクトル　spectrum (pl. spectra)　248b
スペクトルシフト　spectral shift　248b
スペクトロメトリー ⇌ 分光測定　spectrometry　248b
スペーサー　spacer　247b
スベドベリ　Svedberg　257b
スベドベリの式　Svedberg equation　257b
滑り説　sliding theory　245b
スベリン酸　suberic acid　254a
スペルミジン　spermidine　248b
スペルミン　spermine　248b
スポークヘッド　spoke head　249b
スポンギン　spongin　250a
スポンゴシチジン　spongocytidine　250a
スポンジ基質培養　sponge matrix culture　249b
スミス分解　Smith degradation　246a
スメア【オートラジオグラムなどの】　smear　246a
スメクチック液晶　smectic liquid crystal　246a
スメクト膜　smectic lamella　246a
スモン ⇌ 亜急性脊髄視神経障害　subacute myelo-optico-neuropathy　254a
スライ症候群　Sly syndrome　245b
ズラキス試薬　Zlatkis' reagent　285b
スラブゲル　slab gel　245b
スラブゲル電気泳動　slab gel electrophoresis　245b
スラミン　suramin　257a
スラリー　slurry　245b
刷込み　imprinting　131b
スリナミン　surinamine　257b
ズルシトール　dulcitol ⇌ ガラクチトール　galactitol　101b
スルピリン　sulpyrine　256b
スルファグアニジン　sulfaguanidine　255b
スルファ剤　sulfa drug　255b
スルファサラジン　sulfasalazine　255b
スルファターゼ　sulfatase　255b
スルファチアゾール　sulfathiazole　255b
スルファチド　sulfatide　255b

スルファチドーシス sulfatidosis ⇌ 異染性ロイコジストロフィー metachromatic leukodystrophy 164a
スルファートランスフェラーゼ sulfurtransferase 256b
スルファニルアミド sulfanilamide 255b
スルファミン酸 sulfamic acid 255b
スルファメラジン sulfamerazine 255b
スルフイソキサゾール sulfisoxazole 256a
スルフィド ⇌ 硫化物 sulfide 255b
スルフィニル【基】 sulfinyl 256a
S-スルフィノシステイン S-sulfinocysteine 255b
スルフィン酸 sulfinic acid 255b
スルフヒドリル基 sulfhydryl group ⇌ SH 基 SH group 242b
スルフヒドリル酵素 sulfhydryl enzyme ⇌ SH 酵素 SH enzyme 242b
スルフヒドリル試薬 sulfhydryl reagent 255b
スルフリラーゼ sulfurylase 256b
スルホ【基】 sulfo 256a
スルホカルバミド sulfocarbamide ⇌ チオ尿素 thiourea 264b

スルホキシド sulfoxide 256a
スルホキナーゼ sulfokinase 256a
スルホシステイン sulfocysteine 256a
スルホ尿素 sulfourea ⇌ チオ尿素 thiourea 264b
スルホノリピド sulfonolipid 256a
スルホピルビン酸 sulfopyruvic acid 256a
スルホラクトアルデヒド sulfolactaldehyde 256a
スルホリピド sulfolipid 256a
スルホン sulfone 256a
スルホンアミド sulfonamide ⇌ スルファニルアミド sulfanilamide 255b
スルホン酸 sulfonic acid 256a
スルホン酸エステル sulfonate 256a
スルホン酸塩 sulfonate 256a
スレイター因子 Slater factor 245b
スレオニン ⇌ トレオニン threonine 265a
スローウイルス slow virus 245b
スローウイルス感染症 slow virus infection 245b
スローン・スタンレイ法 Sloane-Stanley method 245b

セ

ゼアキサンチン zeaxanthin 285a
ゼアキサンチンジエポキシド zeaxanthin diepoxide ⇌ ビオラキサンチン violaxanthin 279b
ゼアキサントール zeaxanthol ⇌ ゼアキサンチン zeaxanthin 285a
ゼアチン zeatin 285a
生育地【植物】 habitat 113a
性因子【細菌の】 sex factor 242a
精液 seminal fluid 240b
青価【デンプンの】 blue value 35a
生化学 biochemistry 32b
　生化学[的][の] biochemical 32b
生化学的酸素要求量 biochemical oxygen demand 32b
生化学的進化 biochemical evolution 32b
正確さ accuracy 4a
生活型 morph 171a
生活環 life cycle 150b

生活史 life history 150b
制汗剤 antiperspirant 21b
制がん剤 ⇌ 抗がん剤 anticancer agent 20a
制がん薬 anticancer drug ⇌ 抗がん剤 anticancer agent 20a
正規曲線 normal curve 182b
性器発育異常 gonadal dysgenesis 110a
正規分布 normal distribution 182b
制御 control 58a
制御遺伝子 ⇌ 調節遺伝子 regulator gene 228a
制御因子 regulator 228a
制御サブユニット ⇌ 調節サブユニット regulatory subunit 228a
制御する regulate 228a
制御配列 regulatory sequence 228a
静菌[作用] bacteriostasis 29b
生菌数 viable cell count 279a
静菌的 bacteriostatic 29b

性クロマチン sex chromatin 242a
性決定 sex determination 242a
生検 biopsy 33b
制限 restriction 230a
制限アミノ酸 limiting amino acid 151a
制限エンドヌクレアーゼ restriction endonuclease → 制限酵素 restriction enzyme 230a
制限酵素 restriction enzyme 230a
制限酵素切断地図 restriction enzyme cleavage map → 制限酵素地図 restriction map 230b
制限酵素断片 restriction fragment 230a
制限[酵素]断片長多型 restriction fragment length polymorphism 230a
制限酵素地図 restriction map 230a
精原細胞 spermatogonium (pl. spermatogonia) 248b
制限修飾系 restriction modification system 230b
生元素 → 生[体]元素をみよ.
制限点 restriction point 230b
正弦波 sine wave 244a
制限培地 limiting medium 151a
制限メチラーゼ restriction methylase 230b
星[膠〖こう〗]芽[細胞]腫 astroblastoma 25b
生合成 biosynthesis 33b
性行動 sexual behavior 242a
精査 → 走査 scanning 237b
性差 sex difference 242a
製剤 formulation 98b
精細管 seminiferous tubule 240b
製剤形態 formulation 98b
精細胞 spermatid 248b
精索静脈瘤〖りゅう〗 varicocele 278a
青酸 prussic acid → シアン化水素 hydrogen cyanide 125b
青酸カリウム potassium prussiate → シアン化カリウム potassium cyanide 212a
制酸剤 antacid 19b
生産物阻害 product inhibition 215a
制酸薬 → 制酸剤 antacid 19b
生残率 → 生存率 survival rate 257b
精子 sperm 248b／spermatozoon (pl. spermatozoa) 248b
静止核 resting nucleus 230a
静止期 resting phase → 間期 interphase 136b

正色素性[の] normochromic 182b
精子形成 spermatogenesis 248b
静止細胞 resting cell 230a
静止状態[の] quiescent 223b
静止相 → 定常期 stationary phase 251a
性質 character 46b
静止電位 resting potential 230a
静止[の] → 静的 static 251a
生死判別試験 viability test 279a
静止膜電位 resting membrane potential → 静止電位 resting potential 230a
脆〖ぜい〗弱X症候群 fragile X syndrome 99b
成熟 maturation 160b
成熟[の] mature 160b
成熟タンパク質 maturation protein 160b
成熟分裂 maturation division 160b
成熟面【ゴルジ体の】 maturating face 160b
精漿 seminal plasma 240b
正常型 normal type → 野生型 wild type 282a
正常機能の physiological 203b
星状膠〖こう〗細胞 → アストログリア astroglia 25b
星状[膠]細胞腫 astrocytoma 25b
正常抗体 normal antibody → 自然抗体 natural antibody 176b
星状細胞 stellate cell 251b
正常赤血球 normocyte 182b
星状体 aster 25b
星状体[の] astral 25b
正常二倍体細胞 normal diploid cell 182b
正常[の] normal 182b
生殖 reproduction 229b
生殖[の] generative 104b
青色移動 blue shift → 浅色移動 hypsochromic shift 128b
生殖核 karyogonad 142a
生殖器 genital organ 105a
生殖期 reproductive period 229b
生殖機能不全 hypogonadism 128a
生殖原細胞 gonium (pl. gonia) 110b
青色光応答 blue light response 35a
生殖細胞 germ cell 105b
生殖[細胞]系列 germ cell line 105b
生殖質 germ plasm 105b
生殖腺 gonad 110a
生殖腺形成 gonadogenesis 110a

生殖腺刺激物質 ⇌ 性腺刺激物質 gonadotropic substance 110b
生殖腺刺激ホルモン ⇌ 性腺刺激ホルモン gonadotrop[h]ic hormone 110b
生殖腺刺激ホルモン放出ホルモン ⇌ 性腺刺激ホルモン放出ホルモン gonadotrop[h]inreleasing hormone 110b
青色銅オキシダーゼ blue copper oxidase 34b
青色銅タンパク質 blue copper protein 34b
生殖不能[性] sterility 251b
生殖粒 germinal granule 105b
正所性移植[片] ⇌ 同所移植片 orthotopic graft 188b
精子-卵相互作用 sperm-egg interaction 248b
精神安定薬 ataraxic ⇌ トランキライザー tranquil[l]izer 268a
精神異常発現物質 psychedelic ⇌ 幻覚発現物質 hallucinogen 113b
精神刺激薬 stimulant drug ⇌ 覚醒剤 psychostimulant 220a
精神疾患 ⇌ 精神病 psychosis 220a
精神遅滞 mental retardation 162b
精神調整薬 psycholeptic 219b
成人T細胞白血病 adult T cell leukemia 9b
成人T細胞白血病ウイルス adult T cell leukemia virus 9b
精神病 psychosis 220a
精神賦活薬 psychic energizer ⇌ 抗うつ薬 antidepressant 20b
精神分裂病 schizophrenia 237b
精製 purification 220b
精製する purify 220b
生成定数 formation constant 98b
生成物阻害 ⇌ 生産物阻害 product inhibition 215a
性腺 ⇌ 生殖腺 gonad 110a
性[腺]機能低下症 ⇌ 生殖機能不全 hypogonadism 128a
性腺刺激物質 gonadotropic substance 110b
性腺刺激ホルモン gonadotrop[h]ic hormone 110b
性腺刺激ホルモン放出ホルモン gonadotrop[h]inreleasing hormone 110b
性染色質 ⇌ 性クロマチン sex chromatin 242a
性染色体 sex chromosome 242a

正染性[の] orthochromatic 188b
性線毛 sex pilus (*pl.* sex pili) 242a
精巣 testis 262b
[性]早熟症 precocious puberty 212b
精巣上体 epididymis 87a
精巣性女性化症候群 testicular feminization syndrome 262a
製造物責任 product liability 215a
生息場所【動物】 habitat 113a
精祖細胞 ⇌ 精原細胞 spermatogonium 248b
生存曲線 survival curve 257b
生存度 viability ⇌ 生存率 survival rate 257b
生存率 survival rate 257b
生存力ポリジーン viability polygene ⇌ 弱有害遺伝子 mildly deleterious gene 167a
生体異物【本来生体にないもの】 xenobiotics 283b
生体エネルギー学 bioenergetics 33a
生体外[の] *in vitro* 137b
生態学 ecology 81a
生態型 ecotype 81a
生態系 ecosystem 81a
生[体]元素 bioelement 33a
生体工学 ⇌ バイオニクス bionics 33b
生体高分子 biopolymer 33b
生体酸化 biological oxidation 33a
生体制御理論 ⇌ バイオサイバネティクス biocybernetics 32b
生体染色 vital staining 280a
生体組織検査 ⇌ 生検 biopsy 33b
生態的地位 ecological niche 81a
生体電気 bioelectricity 33a
生体時計 ⇌ 生物時計 biological clock 33a
生体内[の] *in vivo* 137b
生体膜 biomembrane 33a
生体リズム biorhythm 33b
静置[の] stationary 251a
静置培養 stationary culture 251a
成虫芽 imaginal bud ⇌ 成虫原基 imaginal disk 130a
成虫原基 imaginal disk 130a
成虫盤 imaginal disk 130a
成長 growth 112a
 成長[の] vegetative 278b
成長因子 growth factor 112a

清澄因子リパーゼ　clearing factor lipase → リポタンパク質リパーゼ　lipoprotein lipase 152b

清澄化因子　clearing factor → リポタンパク質リパーゼ　lipoprotein lipase 152b

成長周期　growth cycle 112a

成長点　growing point 111b

成長点細胞　growing point cell 111b

成長点培養　growing point culture 111b

成長ホルモン　growth hormone 112a

成長ホルモン分泌細胞　somatotroph 247a

成長ホルモン放出ホルモン　growth hormone-releasing hormone 112a

成長ホルモン放出抑制ホルモン　growth hormone-release-inhibiting hormone → ソマトスタチン　somatostatin 247a

成長抑制剤　growth retardant 112a

静的　static 251a

性的異質接合性 → ヘテロタリズム　heterothallism 119a

静的消光　static quenching 251a

性的同質接合性 → ホモタリズム　homothallism 123a

性転換　sex reversal 242a

静電的相互作用　electrostatic interaction 83b

静電ポテンシャル　electrostatic potential 83b

精度 → 正確さ　accuracy 4a

制吐剤　antiemetic 20b

正［突然］変異　forward mutation 99a

正二十面体　icosahedron 129a

正［の］　positive 211a

精嚢［のう］［ほ乳類の］　seminal vesicle 240b

正の制御　positive control 211a

正の調節　positive regulation → 正の制御　positive control 211a

正の超らせん　positive supercoil 211a

正のフィードバック　positive feedback 211a

正のモジュレーター　positive modulator 211a

性比　sex ratio 242a

性病　venereal disease 278b

性フェロモン　sex pheromone 242a

生物応答修飾物質　biological response modifier 33a

生物価【タンパク質の】　biological value 33a

生物学　biology 33a

生物学的検知器 → バイオセンサー　biosensor 33b

生物学的効果比【放射線の】　relative biological effectiveness 228a

生物学的酸化 → 生体酸化　biological oxidation 33a

生物学的酸素要求量　biological oxygen demand → 生化学的酸素要求量　biochemical oxygen demand 32b

生物学的半減期　biological half-ife 33a

生物学的封じ込め　biological containment 33a

生物圏　biosphere 33b

生物検定［法］ → バイオアッセイ　bioassay 32b

生物工学　bioengineering 33a

生物災害 → バイオハザード　biohazard 33a

生物測定　biometry 33b

生物体　organism 188a

生物電子工学　bioelectronics 33a

生物統計学　biostatistics 33b

生物時計　biological clock 33a

生物燃料電池　biofuel cell 33a

生物発光　bioluminescence 33a

生物発光［の］　bioluminescent 33a

生物発生［論］　biogenesis 33a

生物物理学　biophysics 33b

生物分解性 → 生分解性　biodegradability 33a

生物流動学 → 生物レオロジー　biorheology 33b

生物量 → バイオマス　biomass 33a

生物レオロジー　biorheology 33b

性分化　sexual differentiation 242a

生分解性　biodegradability 33a

製法　preparation 213a

青方移動　blue shift → 浅色移動　hypsochromic shift 128b

正ホウ酸　orthoboric acid 188b

精母細胞　spermatocyte 248b

性ホルモン　sex hormone 242a

性ホルモン物質　sexogen 242a

精密さ　precision 212b

生命科学　life science 150b

生命工学 → 生物工学　bioengineering 33a

生命情報科学　bioinformatics 33a

生命の起原　origin of life 188a

生命倫理　bioethics 33a

精油　essential oil 89a

性誘引物質　sex attractant 242a

西洋ワサビ　horseradish　123b
西洋ワサビペルオキシダーゼ　horseradish peroxidase　123b
生卵器　oogonium　187a
生理学　physiology　203b
生理活性物質　biologically active substance　33a
生理的塩類[溶]液　physiological salt solution　203b
生理[的]食塩水　physiological saline　203b
生理的[な]　physiological　203b
生理的燃焼熱　physiological fuel value　203b
生理時計　physiological clock ⇌ 生物時計 biological clock　33a
正リン酸　orthophosphoric acid　188b
正リン酸塩　orthophosphate　188b
整列　alignment　12a
整列機構　in-line mechanism　134a
整列群　contig　58a
ゼイン　zein　285a
セカンドメッセンジャー　second messenger　239a
セカンドメッセンジャー説　second messenger theory　239a
石英　quartz　223a
赤外スペクトル　infrared spectrum　133b
赤外線　infrared ray　133b
　赤外[線][の]　infrared　133b
赤外二色性　infrared dichroism　133b
赤芽球　erythroblast　88b
　赤芽球[の]　erythroid　88b
赤芽球症　erythroblastosis　88b
赤核　red nucleus　227a
赤筋　red muscle　227a
脊[せき]索　chorda [dorsalis]　50a
脊索動物　chordate　50a
セキサニン　sekisanine ⇌ タゼチン tazettine　260b
セキサノリン　sekisanoline ⇌ タゼチン tazettine　260b
赤色移動　red shift ⇌ 深色移動 bathochromic shift　31a
赤色筋 ⇌ 赤筋　red muscle　227a
赤色低下 ⇌ レッドドロップ　red drop　227a
脊[せき]髄　spinal cord　249a
脊髄液　spinal fluid　249a
脊髄小脳　spinocerebellar　249b
脊髄神経　spinal nerve　249a

脊髄神経根　spinal nerve root　249a
脊髄神経節　spinal ganglion　249a
脊髄反射　spinal reflex　249a
石炭酸 ⇌ フェノール　phenol　198b
咳中枢　cough center　60a
脊[せき]椎　spine　249b
脊椎動物　vertebrate　279a
脊椎披[ひ]裂　spina bifida　249a
赤道面　equatorial plane　87b
赤白血病細胞　erythroleukemia cell　88b
積分吸収線量　integral absorbed dose　135a
石油　petroleum　197b
石油発酵　petroleum fermentation ⇌ 炭化水素発酵 hydrocarbon fermentation　125b
赤痢菌　Shigella　242a
セクオイトール　sequoyitol　241a
セグメント ⇌ 分節【染色体の】　segment　239b
セグメントポラリティー遺伝子　segment polarity gene　239b
セクリニン　securinine　239b
セクレターゼ　secretase　239a
セクレチン　secretin　239a
セコロガニン　secologanin　238b
セサミン　sesamin　241a
セザリー症候群　Sézary syndrome　242a
セシウム　cesium　46a
セスキカレン　sesquicarene　241b
セスキテルペン　sesquiterpene　241b
セスタテルペノイド　sesterterpenoid　242a
セスタテルペン　sesterterpene　242a
世代　generation　104b
世代時間　generation time　104b
世代数　generation number　104b
ゼータ電位　zeta potential　285a
セタノール　cetanol　46a
セタブロン　cetavlon　46a
セチルアルコール　cetyl alcohol　46b
石灰化 ⇌ カルシウム沈着　calcification　39a
石灰化する　calcify　39a
設計する【分子構造を】⇌ 計画する【実験を】 design　71a
赤血球　erythrocyte　88b
[赤]血球吸着　hemadsorption　116a
[赤]血球凝集素　hemagglutinin　116a
[赤]血球凝集阻止　hemagglutination inhibition　116a
[赤]血球凝集[反応]　hemagglutination　116a

赤血球形成 erythropoiesis 88b
赤血球酵素異常症 erythroenzymopathy 88b
赤血球ゴースト red cell ghost 227a
赤血球増加症 polycythemia 208b
赤血球沈降速度 erythrocyte sedimentation rate ⇌ 血沈 blood sedimentation 34b
赤血球容積比 volume percent of red cell ⇌ ヘマトクリット hematocrit 116a
セッケン soap 246b
接合【細胞】 conjugation 57a
接合型 mating type 160a
接合[個]体 conjugant 57a
接合糸 zygonema 286a
接合子【発生】 zygote 286a
接合糸期 zygotene [stage] 286a
接合質 ⇌ 細胞間接合質をみよ.
接合する【原生動物などが】 conjugate 57a
接合性プラスミド conjugative plasmid ⇌ 性因子【細菌の】 sex factor 242a
接合体 conjugate 57a
接合体【遺伝】 zygote 286a
接合体致死 zygotic lethal 286b
接合団 ⇌ 補欠分子族 prosthetic group 217a
接合物質 ⇌ ガモン gamone 102b
接合誘発 zygotic induction 286b
節遮断薬 ganglionic blocking drug 102b
摂取 ingestion 133b
接種 inoculation 134b／seeding 239b
切除 ablation 3b
雪上プランクトン cryoplankton 62b
接触 contact 57b
絶食 fasting 93a
接触アレルギー contact allergy 57b
接触過敏症 contact hypersensitivity 57b
接触還元【不均一系】 catalytic reduction 43a
接触相 contact phase 57b
接触阻害 ⇌ 接触阻止 contact inhibition 57b
接触阻止 contact inhibition 57b
接触抑制 ⇌ 接触阻止 contact inhibition 57b
切除術 excision 90b
接線切面 tangential section 260a
節足動物 arthropod 24b
節足動物媒介ウイルス arthropod-borne virus ⇌ アルボウイルス arbovirus 23b
絶対温度 absolute temperature 3b
絶対[的]嫌気性[細]菌 strictly anaerobic bacterium 253b
絶対[的]嫌気性生物 strict anaerobe 253a
絶対[的]好気性[細]菌 strictly aerobic bacterium 253b
絶対[的]好気性生物 strict aerobe 253b
絶対独立栄養生物 obligate autotroph 185a
絶対[の] absolute 3b
絶対光栄養生物 obligate phototroph 185a
絶対不応期 absolute refractory period 3b
絶対メチロトローフ obligate methylotroph 185a
絶対[立体]配置 absolute configuration 3b
切断 cleavage 52b
切断再結合モデル breakage-reunion model 36b
切断修復で標識する【DNAを】 nick-translate 179b
切断地図【DNAの】 cleavage map 52b
接着 adhesion 8b
接着結合 adherens junction 8b
接着帯 zonula adherens 286a
接着斑 desmosome 71a
接着斑板 desmosomal plaque 71a
Z-アミノ酸 Z-amino acid ⇌ ベンジルオキシカルボニルアミノ酸 benzyloxycarbonylamino acid 31b
Z線 Z line ⇌ Z板 Z disk 285a
Z体 Z body 285a
Z帯 Z band ⇌ Z板 Z disk 285a
Zディスク ⇌ Z板 Z disk 285a
Z板 Z disk 285a
Z盤 ⇌ Z板 Z disk 285a
Z平均分子量 Z-average molecular weight 285a
Z膜 Z membrane ⇌ Z板 Z disk 285a
切片 section 239b
切片法 microtomy 167a
セドヘプツロース sedoheptulose 239b
セトレイン酸 cetoleic acid 46b
セネシオアルカロイド senecio alkaloid 240b
セネシオニン senecionine 240b
ゼノトロピックウイルス ⇌ 他種指向性ウイルス xenotropic virus 283b
セバジン cevadine 46b
セバシン酸 sebacic acid 238b
セビン cevine 46b
セファデックス【商品名】 Sephadex 241a
セファマイシン cephamycin 45a
セファリン cephalin 45a

セファロース【商品名】 Sepharose 241a
セファロスポリナーゼ cephalosporinase 45a
セファロスポリン cephalosporin 45a
セファロスポリン系抗生物質 ⇌ セフェム系抗生物質 cephem antibiotic 45a
セフェム系抗生物質 cephem antibiotic 45a
セプタノシド septanoside 241a
セプタノース septanose 241a
セミカルバジド semicarbazide 240b
セミキノン semiquinone 240b
セミノース seminose ⇌ マンノース mannose 159a
セミノリピド seminolipid 240b
セメント芽細胞 cement blast 45a
セメント質【歯の】 cement 45a
セライト Celite 44a
セラキルアルコール selachyl alcohol 239b
セラコレイン酸 selacholeic acid ⇌ ネルボン酸 nervonic acid 178a
セラチア=マルセスセンス ⇌ 霊菌 Serratia marcescens 241b
ゼラチン gelatin 103b
ゼラチンバルビタール緩衝液 gelatin barbital buffer 103b
ゼラチンベロナール緩衝液 gelatin veronal buffer ⇌ ゼラチンバルビタール緩衝液 gelatin barbital buffer 103b
セラミダーゼ ceramidase 45b
セラミド ceramide 45b
セラミドアミノエチルホスホン酸 ceramide aminoethylphosphonate ⇌ セラミドシリアチン ceramide ciliatin 45b
セラミドキシロシド ceramide xyloside ⇌ キシロシルセラミド xylosylceramide 284b
セラミドーシス ceramidosis ⇌ ファーバー病 Farber disease 92b
セラミドシリアチン ceramide ciliatin 45b
セラミドトリヘキソシド ceramide trihexoside ⇌ トリヘキソシルセラミド trihexosylceramide 271a
セラミドラクトシド ceramide lactoside ⇌ ラクトシルセラミド lactosylceramide 146a
セリアック症候群 celiac syndrome 44a
セリシン sericin 241a
セリワノフ試薬 Seliwanoff reagent 240b
セリン serine 241a
セリンカルボキシペプチダーゼ serine carboxypeptidase 241a

セリン経路 serine pathway 241b
セリン酵素 serine enzyme 241b
セリンプロテアーゼ serine protease 241b
セル cell ⇌ キュベット cuvette 63a
セルトリ細胞 Sertoli cell 241b
セルフクローニング self-cloning 240a
セルフスプライシング self-splicing 240a
セルレイン caerulein 38b
セルレニン cerulenin 46a
セルロース cellulose 45a
セルロース分解[細]菌 cellulolyic bacterium 44b
セルロプラスミン ceruloplasmin 46a
セレノシステイン selenocysteine 240a
セレノビオチン selenobiotin 240a
セレノメチオニン selenomethionine 240a
セレブロクプリン cerebrocuprin ⇌ セレブロクプレイン cerebrocuprein 45b
セレブロクプレイン cerebrocuprein 45b
セレブロシド cerebroside 45b
セレブロシド硫酸エステル cerebroside sulfate ⇌ スルファチド sulfatide 255b
セレブロン cerebron ⇌ フレノシン phrenosin 203a
セレブロン酸 cerebronic acid 45b
セレン selenium 240a
セーレンセン緩衝液 Sørensen buffer 247b
セロイド ceroid 46a
セロイド脂褐素沈着症 ⇌ セロイドリポフスチン蓄積症 ceroid lipofuscinosis 46a
セロイドリポフスチン蓄積症 ceroid lipofuscinosis 46a
セロコンバージョン seroconversion 241b
ゼロ次反応 ⇌ 零次反応 zeroth-order reaction 285a
セロチン酸 cerotic acid 46a
ゼロ点エネルギー ⇌ 零点エネルギー zero-point energy 285a
セロトニン serotonin 241b
セロトニン作動性 serotonergic 241b
セロトニンニューロン serotonergic neuron 241b
セロハン cellophane 44b
セロビオース cellobiose 44b
セロマイシン seromycin ⇌ D-シクロセリン D-cycloserine 64a
腺 gland 106a
腺[の] glandular 106a

栓　stopper　252b
繊維　fiber　94b
遷移　transition　269b
前胃　⇌ ルーメン【反すう動物の】　rumen　235a
繊維芽細胞　fibroblast　94b
繊維芽細胞増殖因子　fibroblast growth factor　94b
線維腫症　fibromatosis　94b
線維症　fibrosis　94b
遷移状態　transition state　269b
遷移状態類似体　transition state analog[ue]　269b
繊維状[の]　fibrous　94b
繊維状ファージ　filamentous phage　95a
繊維素　⇌ セルロース　cellulose　45a／⇌ フィブリン　fibrin　94b
遷移双極子モーメント　transition dipole moment　⇌ 遷移モーメント　transition moment　269b
繊維素原　⇌ フィブリノーゲン　fibrinogen　94b
繊維素溶解[現象]　線維素溶解[現象]ともも書く．fibrinolysis　94b
線維肉腫　fibrosarcoma　94b
繊維網　terminal web　262a
遷移モーメント　transition moment　269b
線エネルギー付与　linear energy transfer　151b
遷延感作　prolonged sensitization　216a
旋回振とう培養　⇌ 回転振とう培養　rotary shaking culture　234a
旋回培養　gyratory culture　113b
腺下垂体　adenohypophysis　7b
全か無かの法則　all or none law　13a
腺がん　adenocarcinoma　7b
腺管がん　ductal carcinoma　80a
前がん[癌][の]　precancerous　212b
前がん[癌]病変　precancerous change　212b
前期【細胞周期の】　prophase　216b
栓球　⇌ 血小板　platelet　206b
前胸腺　prothoracic gland　218a
前胸腺細胞　prothymocyte　218a
前胸腺刺激ホルモン【昆虫の】　prothoracicotropic hormone　218a
前胸腺ホルモン　prothoracic gland hormone　⇌ 脱皮ホルモン　molting hormone　170a

漸近線　asymptote　25b
前駆細胞　precursor cell　212b
前駆体　precursor　212b
前駆物質　⇌ 前駆体　precursor　212b
全ゲノムショットガン　⇌ ホールゲノムショットガン　whole genome shotgun　282a
先験的　a priori　22b
旋光　optical rotation　187b
先行基質　leading substrate　148b
旋光強度　rotatory strength　234b
旋光計　polarimeter　207b
せん[閃]光[光]分解　flash photolysis　96a
先行鎖　⇌ リーディング鎖　leading strand　148b
せん[閃]光スペクトル　flash spectrum　96a
旋光性　⇌ 旋光　optical rotation　187b
旋光能　optical rotatory power　187b
旋光分散　optical rotatory dispersion　187b
旋光分析　polarimetry　207b
前交連　anterior commissure　19b
前後軸　antero-posterior axis　19b
前骨髄球　promyelocyte　216a
潜在性　⇌ 潜時　latency　147b
潜在性細胞　initiated cell　134a
潜在[の]　inaccessible　132a／occult　185a
腺細胞　glandular cell　106a
栓子　embolus (pl. emboli)　84a
潜時　latency　147b
前シナプス　presynapsis　213b
穿[せん]刺培養　stab culture　250b
前脂肪細胞　preadipocyte　212b
腺腫　adenoma　7b
腺腫性結腸ポリポーシス　adenomatous polyposis coli　7b
線状ファージ　⇌ 繊維状ファージ　filamentous phage　95a
染色　stain[ing]　250b
浅色移動　hypsochromic shift　128b
浅色効果　hypsochromic effect　128b
染色剤　stain　250b
染色糸　chromonema (pl. chromonemata)　50b
染色質　⇌ クロマチン　chromatin　50b
染色質糸　skein　245a
染色小粒　chromomere　50b
染色体　chromosome　50b
染色体異常　chromosomal aberration　50b
染色体異常誘発要因　ciastogen　51a

染色体外遺伝　extrachromosomal inheritance ⇌ 細胞質遺伝　cytoplasmic inheritance 65b
染色体外遺伝因子　extrachromosomal genetic element ⇌ プラスミド　plasmid 206a
染色体間組換え　intrachromosomal recombination 135b
染色体間転座　interchromosomal translocation 136a
染色体削減　chromosome elimination 50b
染色体数　chromosome number 50b
染色体地図　chromosome map 50b
染色体内転座　intrachromosomal translocation 137a
染色体放棄 ⇌ 染色体削減　chromosome elimination 50b
染色体歩行　chromosome walking 50b
浅色団　hypsochrome 128b
浅色[の]　hypsochromic 128b
染色分体　chromatid 50b
前処理する　pretreat 213b
前腎　pronephros 216a
全身アナフィラキシー　systemic anaphylaxis 259b
全身性エリテマトーデス　systemic lupus erythematosus 259b
全身性ガングリオシドーシス　generalized gangliosidosis ⇌ G_{M1} ガングリオシドーシス　G_{M1} gangliosidosis 105b
全身性紅斑性ろうそう〖狼瘡〗 ⇌ 全身性エリテマトーデス　systemic lupus erythematosus 259b
全身性糖原病　generalized glycogenosis 104b
前進[突然]変異 ⇌ 正[突然]変異　forward mutation 99a
線スペクトル　line spectrum 151b
前成説　preformation theory 212b
前生物的　prebiotic 212b
先祖返り　atavism 25b
ぜん〖喘〗息　asthma 25b
先体　acrosome 6a
センダイウイルス　Sendai virus 240b
全胎児培養 ⇌ 全胚培養　whole embryo culture 282a
先体反応　acrosome reaction 6a
先体帽　acrosomal cap ⇌ 先体　acrosome 6a
選択　selection 240a

選択圧 ⇌ 淘汰圧　selection pressure 240a
選択価　selective value 240a
選択強度　selection intensity 240a
選択組合わせ　nonrandom assortment 182a
選択的スプライシング　alternative splicing 14a
選択毒性　selective toxicity 240a
選択培地　selective medium 240a
選択マーカー　selective marker 240a
選択模写　copy choice 58b
先端巨大症 ⇌ 末端肥大症　acromegaly 6a
前タンパク質　preprotein 213b
先端面【細胞表層の】　apical surface 22b
線虫　nematode 177a
前中期【細胞周期の】　prometaphase 216a
先天性奇形　congenital malformation 57a
先天性魚りんせん〖鱗癬〗　congenital ichthyosis 57a
先天性高チロシン血症　congenital hypertyrosinemia ⇌ チロシン症　tyrosinosis 274b
先天性[の]　congenital 57a／inborn 132a
先天性免疫　innate immunity 134a
前頭[の]　frontal 100a
先導部位 ⇌ リーダー部位　leader region 148b
前頭平面 ⇌ 額面　frontal plane 100a
前頭葉　frontal lobe 100a
前突然変異原物質　promutagen 216a
セントラルドグマ　central dogma 45a
セントロメア　centromere 45a
前脳　forebrain 98b
全能性　totipotency 267b
全能性幹細胞　totipotent stem cell 267b
全胚培養　whole embryo culture 282a
選抜　screening 238b
潜伏がん〖癌〗　occult cancer 185a
潜伏期　latent period 147b
潜伏[性][の]　latent 147b
全分泌[の]　holocrine 121b
選別　sorting 247b
前変異原物質 ⇌ 前突然変異原物質　promutagen 216a
腺房　acinus (pl. acini) 5b
腺房細胞　acinar cell 5b
前保温する ⇌ プレインキュベートする　preincubate 213a
線毛　pilus (pl. pili) 204b

繊毛　cilium (*pl.* cilia)　51 b
繊毛運動　ciliary movement　51 a
繊毛虫　ciliate　51 a
繊毛不動症候群　immotile cilia syndrome
　　　　　　　　　　　　　　　　130 b
繊溶 → 繊維素溶解[現象]　fibrinolysis　94 b
繊溶性紫斑病　purpura fibrinolytica　221 a
前立腺　prostate [gland]　217 a

線量【放射線】　dose　78 b／→ 放射線量もみよ．
線量計　dosimeter　78 b
線量減効率　dose reduction factor　78 b
線量効果曲線　dose effect curve　78 b
線量当量　dose equivalent　78 b
線量当量預託　dose equivalent commitment
　　　　　　　　　　　　　　　　78 b

ソ

相　phase　198 b
層　layer　148 a
槽　cisterna (*pl.* cisternae)　51 b
走圧性　barotaxis　30 a
そう〖躁〗うつ病　manic-depressive illness
　　　　　　　　　　　　　　　　159 a
走化性　chemotaxis　47 b
　走化性[の]　chemotactic　47 b
走化性因子　chemotactic factor　47 b
走化性因子不活化因子　chemotactic factor
　　　　　　　　　　　inactivator　47 b
増感　sensitization　241 a
相関時間　correlation time　59 a
相関阻害　coordinate repression　58 b
相間電位　phase boundary potential　198 b
相関[の]　coordinate　58 b
臓器　organ　188 a
臓器親和性　organotroph　188 a
臓器特異抗原　organ specific antigen　188 a
臓器特異性　organ specificity　188 a
早期ビリルビン　early bilirubin → シャント
　　ビリルビン　shunt bilirubin　243 a
双球菌　diplococcus (*pl.* diplococci)　75 a
早期溶菌　rapid lysis　225 b
増強効果（光合成の）　enhancement effect →
　　エマーソン効果　Emerson effect　84 a
増強させる　enhance　85 b
双極子イオン　dipolar ion → 両性イオン
　　　　　　　　amphoteric ion　16 b
双極子相互作用　dipole interaction　75 b
双極子モーメント　dipole moment　75 b
双極[性][の]　→ 二極[性][の]　bipolar　33 b
双曲線[形]相関　hyperbolic relationship　127 a
早期老化　premature aging　213 a

象牙芽細胞　odontoblast　185 b
象牙質　dentin[e]　69 b
造血　hematopoiesis　116 a
　造血[の]　hematopoietic　116 a
造血幹細胞　hematopoietic stem cell　116 a
造血器[官]　hematopoietic organ　116 a
造血[系]前駆細胞　hemopoietic precursor cell
　　　　　　　　　　　　　　　　117 a
造血組織　hematopoietic tissue　116 a
走光性　phototaxis　203 a
総合説【進化論の】　synthetic theory　259 b
相同組換え　reciprocal recombination　226 b
相互作用　interaction　135 b
造骨細胞 → 骨芽細胞　osteoblast　189 a
相互転座　reciprocal translocation　226 b
相互乗換え　reciprocal crossing over　226 b
相互排除　mutual exclusion　174 b
走査　scanning　237 b
走査[型]電子顕微鏡　scanning electron
　　　　　　　　　microscope　237 b
走査[型]トンネル顕微鏡　scanning tunneling
　　　　　　　　　microscope　237 b
相似形質　analog[ue]　17 b
創始者原理　founder principle　99 a
相似[性]　analogy　17 b
桑実胚　morula　171 b
双翅目　Diptera　75 b
早熟症　precocious puberty　212 b
[造]腫瘍化　tumorigenic transformation →
　　悪性トランスフォーメーション　malignant
　　　　　　　　transformation　158 a
相乗効果　synergistic effect　258 b
相乗剤　synergist　258 b
相乗作用　synergism　258 b

相乗[的] synergistic 258b
層状封入体 zebra body 285a
増殖 proliferation 215b
増殖【細菌数の】 multiplication 173b
増殖【細胞の】 growth 112a
増殖因子 growth factor 112a
増殖型[の]【ファージ】 vegetative 278b
増殖型ファージ vegetative phage 278b
増殖曲線 proliferation profile 215b
増殖細胞核抗原 proliferating cell nuclear antigen 215b
草食性[の] herbivorous 118a
増殖性分裂細胞群 vegetative intermitotic cells 278b
増殖相 growth phase 112a
増殖速度 proliferation rate 215b
増殖T細胞 ⇌ アンプリファイアT細胞 amplifier T cell 16b
増殖能 proliferation potency 215b
増殖培地 growth medium 112a
双性イオン dipole ion ⇌ 両性イオン amphoteric ion 16b
双星[状体] ⇌ 両星[状体] diaster 72a
相対不応期 relative refractory period 228a
相対分子質量 relative molecular mass 228a
総胆管 common bile duct 55a
総胆管結石症 choledocholithiasis 49a
装置 apparatus 22b
相転移 phase transition 198b
相同遺伝子 homologous gene 122b
双頭交差免疫電気泳動 tandem crossed immunoelectrophoresis 259b
相同[性] homology 123a
相同性領域 homology region 123a
相同染色体 homologous chromosome 122b
相同タンパク質 homologous protein 123a
相同[的]組換え homologous recombination 123a
相同[の] homologous 112b
挿入 insertion 134b
挿入【スタッキングした塩基の間への】 ⇌ インターカレーション intercalation 135b
挿入[の] intercalary 135b
挿入機構【DNAの】 insertion mechanism 135a
挿入失活 insertional inactivation 135a
挿入断片【DNAの】 insert 134b
挿入配列 insertion sequence 135a
挿入変異 insertion mutation 135a

総排出腔 ⇌ 総排泄腔 cloaca 52b
総排泄腔 cloaca 52b
早発痴呆 dementia präcox ⇌ 精神分裂病 schizophrenia 237b
層板 lamella (pl. lamellae) 146b
そう[躁]病 mania 159a
増幅【電流,刺激伝達シグナル,遺伝子などの】 amplification 16b
相分離 phase separation 198b
層別化 stratification 252b
双方向的 bidirectional 32a
相補鎖 complementary strand 55b
相補性【核酸塩基の】 complementarity [of base] 55b
相補[性]【遺伝子の】 complementation 55b
相補性検定 complementation test 55b
相補的塩基配列 complementary base sequence 55b
相補的対〖たい〗合 complementary pairing 55b
相補的DNA complementary DNA 55b
相補末端 cohesive end 54a
相律 phase rule 198b
ゾウリムシ Paramecium 193a
藻類 alga (pl. algae) 12a
早老症 progeria 215a
早老性 progeroid 215a
疎液性原子団 lyophobic 156a
阻害 block 34b／inhibition 133b
阻害剤 inhibitor 133b
阻害タンパク質 inhibitor protein ⇌ タンパク質性インヒビター proteinous inhibitor 217b
阻害定数 inhibition constant 133b
阻害ペプチド inhibitor peptide 133b
素過程 elementary step 83b
族 tribe 270b
属【分類】 genus (pl. genera) 105b
側芽 lateral bud 147b
速筋 fast muscle 93b
側鎖 side chain 243b
側索硬化症 lateral sclerosis 147b
側鎖ケト酸尿症 branched-chain ketonuria ⇌ メープルシロップ尿症 maple syrup urine disease 159b
側鎖説 side chain theory 243b
即時型アレルギー immediate [type] allergy 130a

即時型過敏症　immediate [type] hypersensitivity　130a
即時型過敏反応（I型）⇀アナフィラキシー　anaphylaxis　17b
即時型反応　immediate [type] reaction　130a
束状帯【副腎皮質の】　zona fasciculata　285b
促進　facilitation　92a
促進因子　accelerator　4a／promoter　216a
促進拡散　facilitated diffusion　92a
促進抗体　enhancing antibody　85b
促進剤　accelerator　4a
促進させる　⇀増強させる　enhance　85b
促進する【遺伝子発現などを】　promote　216a
促進体　accelerator　4a
促進的［な］　accelerated　4a
促進輸送　facilitated transport　92a
側生花　lateral flower　147b
側生[の]　lateral　147b
足せき[蹠]反応　footpad reaction　98a
足跡法　⇀フットプリント法　footprinting [method]　98a
そく[塞]栓　⇀栓子　embolus　84a
そく[塞]栓症　embolism　84a
促通　⇀促進　facilitation　92a
促通拡散【生理】　⇀促進拡散　facilitated diffusion　92a
側底側細胞膜　basolateral membrane　30b
速度　velocity　278b
側頭葉　temporal lobe　261b
速度式　rate equation　225b
速度定数　rate constant　225b
速度パラメーター　rate parameter　226a
速度論　kinetics　143b
続発性アミロイドーシス　secondary amyloidosis　238b
側板中胚葉　lateral plate mesoderm　147b
側方拡散　lateral diffusion　147b
側方[の]　lateral　147b
側面[の]　lateral　147b
阻止　block　34b
組織　tissue　266b
組織因子　tissue factor　266b
組織化学　histochemistry　121a
組織球　histiocyte　121a
組織形成　histogenesis　121b
組織再構築　tissue reconstruction　266b
組織定着抗体　tissue-bound antibody　⇀定着抗体　sessile antibody　241b

組織適合性　histocompatibility　121a
組織適合性遺伝子　histocompatibility gene　121a
組織適合性抗原　histocompatibility antigen　121a
組織特異抗原　tissue specific antigen　266b
組織特異性　tissue specificity　266b
組織トロンボプラスチン　tissue thromboplastin　⇀組織因子　tissue factor　266b
組織培養　tissue culture　266a
組織肥満細胞　⇀組織マスト細胞　tissue mast cell　266b
組織不適合性　histoincompatibility　121b
組織プラスミノーゲンアクチベーター　tissue plasminogen activator　266b
組織ヘモグロビン　tissue hemoglobin　266b
組織片培養　⇀外植片培養　explant culture　91a
組織マスト細胞　tissue mast cell　266b
阻止抗体　blocking antibody　⇀促進抗体　enhancing antibody　85b
阻止試験　blocking test　34b
礎質　matrix　160a／⇀基質　ground substance　111b
疎水基　hydrophobic group　126a
疎水結合　hydrophobic bond　126a
疎水性　hydrophobicity　126b
疎水性[の]　hydrophobic　126a
疎水性アミノ酸　hydrophobic amino acid　126a
疎水性コロイド　hydrophobic colloid　126a
疎水性相互作用　hydrophobic interaction　126b
疎水性タンパク質　hydrophobic protein　126b
そ[蘇]生　anabiosis　17a
塑性　plasticity　206b
外向き[電]流　efflux　81b
ゾーナルローター　zonal rotor　285b
ソニックヘッジホッグ遺伝子　*Sonic hedgehog* gene　247b
ソホロース　sophorose　247b
ソマトスタチン　somatostatin　247a
ソマトスタチン産生腫瘍　somatostatinoma　247a
ソマトトロピン　somatotropin　⇀成長ホルモン　growth hormone　112a
ソマトメジン　somatomedin　247a

ソマトリベリン　somatoliberin ⇌ 成長ホルモン放出ホルモン　growth hormone-releasing hormone　112a
ゾーマリン酸　zoomaric acid ⇌ パルミトレイン酸　palmitoleic acid　192a
粗面小胞体　rough[-surfaced] endoplasmic reticulum　234b
粗面ミクロソーム　rough microsome　234b
ソモジ単位　Somogyi unit　247a
ソラツニン　solatunine ⇌ ソラニン　solanine　246b
ソラツビン　solatubin ⇌ ソラニジン　solanidine　246b
ソラニジン　solanidine　246b
ソラニン　solanine　246b
ソラネソール　solanesol　246b
ソラマメ　*Vicia faba*　279a
ソリトン伝導　soliton transmission　247a
素量　quantum(*pl.* quanta)　222b
素量的放出　quantal release　222b

ゾリンジャー・エリソン症候群　Zollinger-Ellison syndrome ⇌ ガストリン産生腫瘍　gastrinoma　103a
ゾル　sol　246b
ゾル-ゲル転換　sol-gel trnsformation　246b
ソルビトール　sorbitol ⇌ グルシトール　glucitol　107a
ソルボース　sorbose　247b
ソルボース発酵　sorbose fermentation　247b
ソルボリシス　⇌ 加溶媒分解　solvolysis　247a
ソーレー[吸収]帯　Soret [absorption] band　247b
ソレノイド　solenoid　246b
ゾーン遠心分離[法]　zonal centrifugation　285b
ゾーン遠心用回転子 ⇌ ゾーナルローター　zonal rotor　285b
ソーン試験　Thorn test　264b
ゾーン電気泳動　zone electrophoresis　285b

タ

第一胃 ⇌ ルーメン【反すう動物の】 rumen 235a
第一間期 ⇌ G_1期 G_1 phase 110b
第一極体 first polar body 95b
体液 body fluid 35a／⇌ 樹液 sap 236b
体液性抗体 humoral antibody 124b
体液性[の] humoral 124b
体液性免疫 humoral immunity 124b
対応抗原 homologous antigen 122b
ダイオキシン dioxin 74b
退化 degeneration 68a
体外培養 explantation 91a
大核 macronucleus 157a
対角線クロマトグラフィー diagonal chromatography 72a
対角線電気泳動 diagonal electrophoresis 72a
退化[する] degenerate 68a
大割球 macromere 157a
退化動物 degenerate 68a
体幹 trunk 272a
耐寒性[の] cryotolerant 62b
大奇形 major anomaly 157b
体腔〖くう, こう〗 body cavity 35a
体腔上皮 mesothelium 163b
体系生理学 system physiology 259b
退行 reduction 227a／regression 227b／retrogression 231a
対〖たい〗合 pairing 191b
対〖たい〗合させる【核酸に相補鎖を】 hybridize 125a
対合小粒 zygosome 286a
退行性骨関節症 degenerative joint disease ⇌ 骨関節炎 osteoarthritis 189a
対抗選択 counter selection 60a
対〖たい〗合複合体 ⇌ シナプトネマ構造 synaptonemal complex 258b
退行変性 ⇌ 退化 degeneration 68a
対向輸送 antiport 21b
体細胞 somatic cell 247a
大細胞がん〖癌〗 large cell carcinoma 147a
体細胞起源[の] somatogenic 247a

体細胞組換え somatic recombination 247a
体細胞減数分裂 somatic reduction 247a
体細胞雑種 somatic cell hybrid 247a
体細胞[突然]変異 somatic mutation 247a
体細胞有糸分裂 somatic mitosis 247a
第三級アミン tertiary amine 262a
第三級[の] tertiary 262a
第三脳室 third ventricle 264b
太糸 pachyneme 191a
胎脂 vernix caseosa 278b
胎児 fetus 94b
　胎児[の] fetal 94a
胎児 【ほ乳類の】 embryo 84a
体軸 body axis 35a
胎児性抗原 embryonal antigen 84a
胎児性[の] embryonic 84a
体質 constitution 57b
体脂肪 body fat 35a
体脂肪量 fat mass 93a
代謝 metabolism 164a
代謝異常 metabolic error 164a
[代謝]回転 metabolic turnover 164a／turnover 274a
代謝回転時間 turnover time 274a
代謝回転数 turnover number 274a
代謝回転速度 turnover rate 274a
代謝加齢 metabolic ag[e]ing 163b
代謝期 metabolic stage ⇌ 間期 interphase 136b
代謝拮〖きっ〗抗物質 antimetabolite 21a
代謝経路 metabolic pathway 164a
代謝[産]物 metabolite 164a
代謝数 ⇌ 代謝回転数 turnover number 274a
代謝する metabolize 164a
代謝性アシドーシス metabolic acidosis 163b
代謝性アルカローシス metabolic alkalosis 163b
代謝制御 metabolic control ⇌ 代謝調節 metabolic regulation 164a
代謝生成物 ⇌ 代謝[産]物 metabolite 164a

代謝阻害剤　metabolic inhibitor ⇌ 代謝拮[きっ]抗物質　antimetabolite　21a
代謝速度　metabolic rate　164a
代謝中間体　metabolic intermediate　164a
代謝調節　metabolic regulation　164a
代謝ループ　metabolic loop　164a
退縮[がんの]　regression　227b
対照　control　58a
代償　compensation　55a
対照群　control group　58a
対照細胞培養　reference cell culture　227b
対称軸　axis of symmetry　28a
対照実験　control experiment　58a
対称振動　symmetric vibration　258a
代償性機能亢進　compensatory hyperfunction　55a
対称性モデル　symmetry model　258a
対掌[しょう]体　antipode ⇌ 鏡像[異性]体　enantiomer　84b
対称的開裂　symmetrical fission ⇌ 等方性分解　homolytic cleavage　123a
対照標準　reference　227b
帯状ヘルペス　herpes zoster　118a
帯状疱疹[ほうしん]　zoster　286a／⇌ 帯状ヘルペス　herpes zoster　118a
帯状疱疹[ほうしん]ウイルス　herpes zoster virus ⇌ 水痘[とう]帯状疱疹ウイルス　varicella zoster virus　278a
大静脈　vena cava　278b
退色　fading　92a
大食細胞 ⇌ マクロファージ　macrophage　157a
対数期　logarithmic phase ⇌ 対数増殖期　logarithmic growth phase　153b
対数正規分布曲線　logarithmic normal distribution curve　153b
対数増殖期　logarithmic growth phase　153b
ダイズトリプシンインヒビター　soybean trypsin inhibitor　247b
大豆油　soybean oil　247b
耐性　resistance　229b
耐性細胞　resistant cell　229b
体制プラン ⇌ ボディープラン　body plan　35a
体節　segment　239b／somite　247a
タイター ⇌ 力価　titer　266b
代替L鎖　surrogate light chain　257b
大腸　large intestine　147a

大腸炎　colitis　54b
大腸がん　large bowel cancer　147a
大腸菌【総称】　Escherichia coli　89a
大腸菌K12株　Escherichia coli K-12　89a
タイチン　titin ⇌ コネクチン　connectin　57a
多遺伝子 ⇌ ポリジーン　polygene　209a
多遺伝子遺伝　multigenic inheritance　172b
多遺伝子雑種　multihybrid　173a
多遺伝子性[の]　polygenic　209a
大痘瘡[とうそう]　variola major　278a
耐糖能試験 ⇌ グルコース負荷試験　glucose tolerance test　107b
大動脈　aorta (pl. aortae)　22a
大動脈性　aortic　22a
タイトジャンクション ⇌ 密着結合　tight junction　266a
体内寄生[の]　endoparasitic　85a
体内培養 ⇌ 内植　interplantation　136b
第二胃　reticulum　230b
第二間期 ⇌ G_2期　G_2 phase　111a
第二級アミン　secondary amine　238b
第二極体　second polar body　239a
第二経路　alternative pathway　14a
第二結合部位　secondary binding site　239a
第二抗体 ⇌ 二次抗体　secondary antibody　238b
第二水銀[塩][の]　mercuric　163a
第二メッセンジャー ⇌ セカンドメッセンジャー　second messenger　239a
ダイニン　dynein　80b
耐熱酵素　thermotolerant enzyme ⇌ 熱安定酵素　thermostable enzyme　263b
耐熱性　thermostability　263b
大脳　cerebrum　46a
大脳[の]　cerebral　45b
大脳化　encephalization　84b
大脳回　cerebral gyrus　45b
大脳基底核　basal ganglion　30b
大脳溝　cerebral sulcus　45b
大脳新皮質　cerebral neocortex　45b
大脳髄質　cerebral medulla　45b
大脳半球　cerebral hemisphere　45b
大脳皮質　cerebral cortex　45b
大脳辺縁系　limbic system　151a
ダイノルフィン　dynorphin　80b
胎盤　placenta　205b
胎盤関門　placental barrier　205b

胎盤性ラクトゲン placental lactogen 205b
胎盤ホルモン placental hormone 205b
たい肥 compost 56a
体表面積 body surface area 35a
タイプ ⇌ 型 type 274b
大風子酸 hydnocarpic acid 125a
体ふく[幅] antimere 21a
対物レンズ objective lens 185a
体壁中胚葉 parietal mesoderm 193b
胎便 meconium 161a
ダイマー ⇌ 二量体 dimer 74b
ダイマー酵素 ⇌ 二量体酵素 dimeric enzyme 74b
第四級アミン quaternary amine 223a
第四級アンモニウム化合物 quaternary ammonium compound 223a
第四[級][の] quaternary 223a
大理石骨病 osteopetrosis 189b
対立遺伝子 allele 12b
対立遺伝子間相補性 interallelic complementation 135b
対立遺伝子説 allelic model 12b
対立遺伝子頻度 allele frequency ⇌ 遺伝子頻度 gene frequency 104a
対立形質 allelomorph 12b
対立性 allelism 12b
滞留時間 ⇌ 保持時間 retention time 230b
対流[の] convective 58a
大量域寛容 ⇌ 高域寛容 high-zone tolerance 120b
大量寛容 high dose tolerance ⇌ 高域寛容 high-zone tolerance 120b
大量瞬時投与 bolus injection 35a
大量培養 mass culture 160a
大リンパ球 large lymphocyte ⇌ リンパ芽球 lymphoblast 155b
タイロード液 Tyrode's solution 274b
タイロード溶液 ⇌ タイロード液 Tyrode's solution 274b
多因子 multiple factor 173a
多飲[症] polydipsia 208b
タウ tau 260b
ダーウィニズム ⇌ ダーウィン説 Darwinism 66b
ダーウィン進化 Darwinian evolution 66b
ダーウィン説 Darwinism 66b
ダーウィン適応度 Darwinian fitness 66b
ダウノマイシン daunomycin 67a

ダウノルビシン daunorubicin ⇌ ダウノマイシン daunomycin 67a
タウマチン thaumatin 263a
タウリン taurine 260b
タウロコール酸 taurocholic acid 260b
ダウン症 Down syndrome 79a
ダウンレギュレーション down regulation 79a
唾[だ]液 saliva 236a
唾液抗体 salivary antibody 236a
唾液腺 salivary gland 236a
唾液腺ウイルス salivary gland virus ⇌ サイトメガロウイルス属 Cytomegalovirus 65b
唾[液]腺染色体 salivary [gland] chromosome 236a
唾液腺ホルモン salivary gland hormone 236a
唾液ペルオキシダーゼ saliva peroxidase 236a
多塩基酸 polybasic acid 208a
多塩素化ビフェニル ⇌ ポリ塩素化ビフェニル polychlorinated biphenyl 208a
タカアミラーゼ Taka-amylase ⇌ タカジアスターゼ Takadiastase 259b
多核細胞 multinucleate cell 173a
多角体[昆虫] polyhedron (pl. polyhedra) 209a
多核[の] polykaryotic 209b
多価抗血清 polyvalent serum ⇌ 多価抗体 multivalent antibody 173b
多価抗体 multivalent antibody 173b
タカジアスターゼ Takadiastase 259b
他家生殖 allogamy 13a
多化性[の] multivoltine 173b
多価電解質 polyelectrtolyte 208b
タガトース tagatose 259b
多価フェノール ⇌ ポリフェノール polyphenol 210a
他感作用 allelopathy 12b
多汗症 hyperhidrosis 127b
多環[の] polycyclic 208b
タキキニン tachykinin 259a
タキシニン taxinine 260b
タキソール taxol 260b
多機能触媒 polyfunctional catalyst 209a
タキフィラキシー tachyphylaxis 259a
多凝集反応 polyagglutination 208a
タギング tagging 259b
ダクチノマイシン dactinomycin 66a

タグ付け ⇀ タギング tagging 259b
濁度 turbidity 274a
タクロリムス tacrolimus ⇀ FK506 95b
多クローン[性]抗体 ⇀ ポリクローナル抗体 polyclonal antibody 208b
多クローン[性][の] ⇀ ポリクローナル polyclonal 208b
多形核白血球 polymorphonuclear leukocyte 209b
多形[現象] polymorphism 209b
多形質的[の] polythetic 210b
多形性 polymorphism 209b
多型性 polymorphism 209b
多型性生活環 ⇀ 多形的生活環 pleomorphic life cycle 207a
多形的生活環 pleomorphic life cycle 207a
多系統群 polyphyletic group 210a
多形[の] pleomorphic 207a／polymorphic 209b
多型[の] polymorphic 209b／polytypic 210b
ターゲッティング targeting 260a
タコ足細胞 ⇀ 有足細胞 podocyte 207b
多酵素[複合]系 multienzyme system 172b
多酵素複合体 multienzyme complex 172b
多コピー multicopy 172b
多剤耐性 multiple drug resistance 173a
多剤耐性遺伝子 multiple drug resistance gene 173a
多剤耐性因子 multiple drug resistance factor ⇀ Rプラスミド R plasmid 234b
多細胞生物 multicellular organism 172b
多座配位[の] multidentate 172b
多指(趾)症 polydactyly 208b
多シストロン性 polycistronic 208a
多糸性 polyteny 210b
多糸性[の] polynemic 209b
多糸[性]染色体 polytene chromosome 210b
多シナプス反射 polysynaptic reflex 210a
多重遺伝子 multigene 172b
多重遺伝子族 multigene family 172b
多重感染 multiple infection 173a
多重感染再活性化 multiplicity reactivation 173b
多重置換反応 ⇀ 多置換反応 multiple displacement reaction 173a
多重対比較 multiple pairwise comparison 173a

多重標識 multiple label 173a
多重膜リポソーム multilamellar liposome 173a
多重溶原性 polylysogeny 209b
他種指向性ウイルス xenotropic virus 283b
他殖性 outbreeding 189b
タゼチン tazettine 260b
多染色体性 polysomy 210a
多染性 polychromatic 208a
多腺性内分泌障害 polyendocrinopathy 208b
多層 multilayer 173a
多層増殖 multilayered growth ⇀ 重層増殖 piled up growth 204b
多態性生活環 ⇀ 多形的生活環 pleomorphic life cycle 207a
TATA〖ターター〗ボックス TATA box 260b
立上がり期 rising phase 233a
立上がり時間 rise time 233a
多置換反応 multiple displacement reaction 173a
多中心 multicenter 172b
脱アシル deacylation 67a
脱アセチル deacetylation 67a
脱アデニリル deadenylylation 67a
脱アミド deamidation 67a
脱アミノ deamination 67b
脱アミノ酵素 deaminase 67b
脱アルキル dealkylation 67a
脱イオン水 deionized water 68b
脱塩 desalting 71a
脱塩素 dechlorination 67b
脱灰 decalcification 67b
脱外被 uncoating 275a
脱核 enucleation 86a
脱核細胞 enucleated cell 86a
脱顆粒【細胞の】 degranulation 68b
脱感作 desensitization 71a
脱気 degassing 68a
脱共役 uncoupling 275a
脱共役剤 uncoupler 275a
脱共役タンパク質 uncoupling protein 275b
tac〖タック〗プロモーター tac promoter 259a
脱グリコシル deglycosylation 68b
脱酸素 deoxygenation 69b
脱シアル酸する desialylate 71a
脱脂する defat 68a／delipidate 68b
脱脂乳 skim milk 245a
脱臭 deodorization 69b

脱重合する　depolymerize　70b
脱硝　⇒ 脱室　denitrification　69a
脱色　⇒ 漂白　bleaching　34a
脱色する　decolorize　68a
脱神経　⇒ 除神経　denervation　69a
脱水　dehydration　68b
脱髄　demyelination　69a
脱水酵素　dehydratase　68b
脱髄疾患　demyelinating disease　69a
脱水症　dehydration　68b
脱水素　dehydrogenation　68b
脱水素酵素　dehydrogenase　68b
脱石灰化【骨などから】　⇒ 脱灰　decalcification　67b
脱繊維素症候群　defibrination syndrome　⇒ 播種性血管内凝固［症候群］　disseminated intravascular coagulation［syndrome］　76a
脱炭酸　decarboxylation　67b
脱炭酸酵素　decarboxylase　67b
脱室　denitrification　69a
脱室［細］菌　denitrifying bacterium　69a
脱着する　desorb　71a
脱同期　desynchronization　71b
脱［突然］変異原物質　desmutagen　71a
脱皮　ecdysis(pl. ecdyses)　80b
脱皮促進ホルモン　molt-accelerating hormone　170a
脱皮ホルモン　molting hormone　170a
脱ピリミジン　depyrimidination　70b
脱プリン　depurination　70b
脱プロトン　deprotonation　70b
脱分化　dedifferentiation　68a
脱分極　depolarization　70b
脱分枝酵素　debranching enzyme　67b
脱分枝酵素欠損症　debranching enzyme deficiency　⇒ アミロ-1,6-グルコシダーゼ欠損症　amylo-1,6-glucosidase deficiency　17a
脱ホルミル酵素　deformylase　68b
脱メチル［化］　demethylation　69a
脱抑制　⇒ 抑制解除　derepression　70b
脱落膜　decidua　67b
脱離基　leaving group　148b
脱離酵素　⇒ リアーゼ　lyase　155a
脱離［反応］　elimination　83b
脱力感　weakness　281b
脱力発作　cataplexy　43a
脱リン酸　dephosphorylation　70b
縦緩和時間　longitudial relaxation time　153b

縦座標　⇒ 縦軸　ordinate　188a
縦軸　ordinate　188a
多動　⇒ 運動亢進症　hyperkinesia　127b
多動症候群【小児の】　hyperkinetic syndrome　127b
多糖［類］　polysaccharide　210a
ターナー症候群　Turner syndrome　274a
ダナゾール　danazol　66a
ダニ　mite　168a
ダニエリ・ダブソンのモデル　Danielli-Davson model　66a
多尿［症］　polyuria　210b
種入れ　seeding　239b
多能性　pluripotency　207a
多能性幹細胞　multipotent[ial] stem cell　173b
多嚢胞性卵巣症候群　polycystic ovary syndrome　⇒ シュタイン・レーベンタール症候群　Stein-Leventhal syndrome　251b
多倍数体　⇒ 倍数体　polyploid　210a
タバコネクローシスウイルス　tobacco necrosis virus　267b
タバコモザイクウイルス　tobacco mosaic virus　267a
多発神経炎型遺伝性失調症　heredopathia atactica polyneuritiformis　⇒ レフサム病　Refsum disease　227b
多発性筋炎　polymyositis　209b
多発性硬化症　multiple sclerosis　173a
多発性骨髄腫　multiple myeloma　173a
多発性神経炎　polyneuropathy　209b
多発性内分泌腺腫症　multiple endocrine neoplasia　173a
多発性［の］　multiple　173a
多［発性］囊［のう］胞腎　polycystic kidney　208b
タヒキニン　⇒ タキキニン　tachykinin　259a
多ヒットモデル　multihit model　173a
ダビドフ分裂　Davydov splitting　67a
多標的モデル　multitarget model　173b
TAPS〔タプス〕　260a
タフトシン　tuftsin　273b
タフトの式　Taft equation　259b
ダフニフィリン　daphniphylline　66b
W 値　W value　283b
WDHA 症候群　WDHA syndrome　281b
WD リピート　⇒ WD-40 リピート　WD-40 repeat　281b
WD-40 リピート　WD-40 repeat　281b

タブレット　tablet　259a
ダブレットコード　doublet code　79a
タブン　tabun　259a
多分化能　pluripotency　207a
多分化能性幹細胞　pluripotent[ial] stem cell ⇌ 多能性幹細胞　multipotent[ial] stem cell　173a
多分子層 ⇌ 多層　multilayer　173a
多分子膜 ⇌ 多層　multilayer　173a
多変量解析　multivariate analysis　173b
多房性脂肪組織　multilocular adipose tissue ⇌ 褐色脂肪組織　brown adipose tissue　37a
多胞体　multivesicular body　173b
ターミナルヌクレオチジルトランスフェラーゼ　terminal nucleotidyl transferase　261b
ターミネーター　terminator　262a
ダム試薬　Dam's reagent　66a
タム・ホースフォール糖タンパク質　Tamm-Horsfall glycoprotein　259b
多面作用　pleiotropy　207a
多面小体　polyhedral body ⇌ カルボキシソーム　carboxysome　41b
多面体　polyhedron (*pl.* polyhedra)　209a
多面的効果　pleiotropic effect　207a
多面発現　pleiotropism　207a
多毛症　virilism　279b
多様性　diversity　76b
タラクセロール　taraxerol　260a
ダラプスキー法　Darapsky method　66b
タリウム　thallium　263a
タリカトキシン　taricatoxin ⇌ テトロドトキシン　tetrodotoxin　263a
多量体　polymer　209b
多量体化　multimerization　173a
多量体酵素　multimeric enzyme　173a
タリリン酸　tariric acid　260a
垂井病　Tarui disease ⇌ 筋ホスホフルクトキナーゼ欠損症　muscular phosphofructo-kinase deficiency　174a
ダルトン ⇌ ドルトン　dalton　66a
タレイオキン反応　Talleioquine reaction　259b
タロース　talose　259b
単位　unit　275b
単位格子 ⇌ 単位胞　unit cell　275b
単為生殖　parthenogenesis　194a
単一継代齢　unilinear age　275b

単一タイプ[の]　monotypic　171a
単一対立遺伝子性[の]　monoallelic　170b
単一特異性抗血清　monospecific antiserum　171a
単為発生 ⇌ 単為生殖　parthenogenesis　194a
単位胞　unit cell　275b
単位膜　unit membrane　275b
単為卵片発生　parthenogenetic merogony　194a
段階　phase　198b
段階希釈　serial dilution　241a
段階溶離 ⇌ 階段溶離　stepwise elution　251b
単核細胞　mononuclear cell　171a
単核白血球　mononuclear leukocyte　171a
炭化水素　hydrocarbon　125b
炭化水素発酵　hydrocarbon fermentation　125b
胆管　bile duct　32a
胆管炎　cholangitis　49a
胆管がん[癌]　cholangioma　49a
単感染　single infection　244b
短期記憶　short-term memory　242b
短期培養　short-term culture　242b
単球　monocyte　170b
単球増加症　monocytosis　170b
単球走化[性]因子　monocyte chemotactic factor　170b
単極性[の] ⇌ 単極[の]　unipolar　275b
単極電位　single electrode potential ⇌ 電極電位　electrode potential　82b
単極[の]　unipolar　275b
タングステン　tungsten　273b
タングストリン酸　tungstophosphoric acid　273b
単クローン ⇌ モノクローン　monoclone　170b
単クローン抗体 ⇌ モノクローナル抗体　monoclonal antibody　170b
単クローン性　monoclonal　170b
単クローン[性][の] ⇌ モノクローナル　monoclonal　170b
単型[の] ⇌ 単一タイプ[の]　monotypic　171a
単[個]細胞クローン　single cell clone　244a
短鎖　short chain　242b
単細胞生物　unicellular organism　275b
単細胞[の]　unicellular　275b
単細胞培養　single cell culture　244b

探索行動 ⇒ 探査行動　exploratory behavior 91a
探査行動　exploratory behavior　91a
探査子 ⇒ プローブ　probe　214b
炭酸暗固定　dark CO_2 fixation　66b
炭酸固定　carbon dioxide fixation　41a
炭酸水素塩　hydrogencarbonate　125b
炭酸水素ナトリウム　sodium bicarbonate 246b
炭酸脱水酵素 ⇒ 炭酸デヒドラターゼ　carbonate dehydratase　41a
炭酸デヒドラターゼ　carbonate dehydratase　41a
炭酸同化　carbon dioxide assimilation ⇒ 炭酸固定　carbon dioxide fixation　41a
断種　sterilization　252a
胆汁　bile　32a
　胆汁［の］　biliary　32b
胆汁アルコール　bile alcohol　32a
胆汁うっ滞　cholestasis　49a
胆汁酸　bile acid　32a
胆汁酸塩　bile salt　32b
胆汁色素　bile pigment　32b
短縮還元的カルボン酸回路　short reductive carboxylic acid cycle　242b
単純ヘルペスウイルス　herpes simplex virus　118a
単純放射［状］免疫拡散　single radial immunodiffusion ⇒ 放射［状］免疫拡散［法］　radial immunodiffusion　224a
単純疱疹〚ほうしん〛ウイルス ⇒ 単純ヘルペスウイルス　herpes simplex virus　118a
淡色効果　hypochromic effect　128a
ダンシルアミノ酸　dansyl amino acid　66a
ダンシルエドマン法　dansyl-Edman method　66a
ダンシル化　dansylation　66a
ダンシルクロリド　dansyl chloride　66a
タンジール病　Tangier disease　260a
ダンシル法　dansyl method　66b
炭水化物　carbohydrate ⇒ 糖　sugar　255a
単性　monogenic　170b
男性化　virilization　279b
弾性散乱　elastic scattering　82a
単星［状体］　monoaster　170b
弾性繊維　elastic fiber　82a
男性ホルモン　male sex hormone ⇒ アンドロゲン　androgen　18a

胆石　gall stone　102a
胆石症　cholelithiasis　49a
短潜伏期性［の］　velogenic　278b
炭素　carbon　41a
　炭素［の］　carbonic　41a
炭素-硫黄リアーゼ　carbon-sulfur lyase　41b
単相　haploid phase　114a
単層　monolayer　170b
淡蒼球　globus pallidus　107a
単相型 ⇒ ハプロタイプ　haplotype　114a
断層撮影法　tomography　267b
単相性　haploidy　114a
単相生物　haplont　114a
単相［体］　haploid　114a／haplont　114a
単層培養　monolayer culture　170b
炭素還元回路　carbon reduction cycle ⇒ 還元的ペントースリン酸回路　reductive pentose phosphate cycle　227b
炭疽〚そ〛菌　anthrax bacillus　19b
炭素固定　carbon assimilation ⇒ 炭酸固定　carbon dioxide fixation　41a
炭素サイクル ⇒ 炭素循環　carbon cycle　41a
炭素-酸素リアーゼ　carbon-oxygen lyase　41a
炭素循環　carbon cycle　41a
炭素-窒素リアーゼ　carbon-nitrogen lyase　41a
炭素-ハロゲンリアーゼ　carbon-halide lyase　41a
担体　carrier　42b
担体タンパク質　carrier protein ⇒ 輸送タンパク質　transport protein　270a
担体輸送　carrier-mediated transport　42b
たんでき〚耽溺〛薬 ⇒ 嗜癖〚しへき〛薬物　addictive drug　7b
担鉄芽球性貧血 ⇒ 鉄芽球性貧血　sideroblastic anemia　243b
タンデム MS スペクトル　tandem MS spectrum　260a
タンデムリピート　tandemly repeated sequence　260a
単糖　monosaccharide　171a
断頭　decapitation　67b
単発がん〚癌〛物質　solitary carcinogen　247a
ダントロレン　dantrolene　66b
タンニン　tannin　260a
タンニン酸　tannic acid　260a

タンニン酸処理赤血球　tanned red cell 260a
断熱[の]　adiabatic 8b
胆嚢〖のう〗　gall [bladder] 102a
単能性　unipotency 275b
単能[の]　unipotent 275b
タンパク光【物理】　opalescence 187a
タンパク質　protein 217a
タンパク質栄養障害　protein malnutrition 217b
タンパク質価 ⇌ プロテインスコア【栄養】 protein score 217b
タンパク質[加水]分解酵素　proteolytic enzyme ⇌ プロテアーゼ protease 217a
タンパク質限定[加水]分解　limited proteolysis 151a
タンパク質合成　protein synthesis 217b
タンパク質効率　protein efficiency ratio 217b
タンパク質スプライシング ⇌ プロテインスプライシング　protein splicing 217b
タンパク質性インヒビター　proteinous inhibitor 217b
タンパク質生合成　protein biosynthesis 217b
タンパク質代謝　protein metabolism 217b
タンパク質多型　protein polymorphism 217b
タンパク質チップ　protein chip 217b
タンパク質同化ステロイド　anabolic steroid 17b
タンパク質同化ホルモン　anabolic hormone 17a
タンパク質分解　proteolysis 218a
タンパク質リン酸化酵素 ⇌ プロテインキナーゼ　protein kinase 217b
タンパク尿[症]　proteinuria 217b
タンパク粒　protein body 217b
ダンピング症候群　damping syndrome 66a
単分化能 ⇌ 単能性　unipotency 275b
　単分化能[の] ⇌ 単能[の]　unipotent 275b
単分子層　monolayer 170b
単分子[の]　monomolecular 171a／unimolecular 275b
単分子反応　unimolecular reaction 275b
単分子膜　monolayer 170b
断片　fragment 99b
断片イオン　fragment ion 99b
断片縮合　fragment condensation 99b
断面積　cross section 62a
単輸送　uniport 275b
単量体　monomer 170b
単量体酵素　monomeric enzyme 170b
短腕【染色体の】　short arm 242b

チ

チアゾリウム　thiazolium 264a
チアゾリドン抗生物質　thiazolidone antibiotic 264a
チアミン　thiamin 263b
チアミンアリルジスルフィド　thiamin allyldisulfide ⇌ アリチアミン allithiamin 13a
チアミン一リン酸　thiamin monophosphate 264a
チアミンジスルフィド　thiamin disulfide 264a
チアミン二リン酸　thiamin diphosphate 263b
チアミンピロリン酸　thiamin pyrophosphate ⇌ チアミン二リン酸　thiamin diphosphate 263b
地衣酸　lichenic acid 150b

チエンケイ　405

チェインターミネーション法　chain termination method ⇌ サンガー法 Sanger method 236b
CHES〖チェス〗 48a
チェックポイント　checkpoint 47a
チェディアック・東症候群　Chediak-Higashi syndrome 47a
チエナマイシン　thienamycin 264a
チェレンコフ効果　Cerenkov effect 46a
遅延型アレルギー　delayed-type allergy 68b
遅延型過敏症　delayed-type hypersensitivity 68b
遅延型反応　delayed-type reaction 68b
遅延型皮膚反応　delayed-type skin reaction 68b
遅延蛍光　delayed fluorescence 68b

遅延係数 retardation coefficient 230b
遅延反応 delayed response 68b
チオエステル thioester 264a
チオカルバミド thiocarbamide ⇌ チオ尿素 thiourea 264a
チオクト酸 thioctic acid ⇌ リポ酸 lipoic acid 152a
チオグリコール thioglycol 264a
チオグリコール酸-硫酸反応 thioglycolic acid-sulfuric acid reaction 264a
チオグルコシダーゼ thioglucosidase 264a
チオシアン価 thiocyanogen value 264a
チオシアン酸 thiocyanic acid 264a
チオストレプトン thiostrepton 264b
チオスルホン酸 thiosulfonic acid 264b
チオ糖 thiosugar 264b
チオ尿素 thiourea 264b
チオネイン thioneine ⇌ エルゴチオネイン ergothioneine 88a
チオバルビツール酸価 thiobarbiturate value 264a
チオバルビツール酸反応 thiobarbituric acid reaction 260b
チオヘミアセタール結合 thiohemiacetal bond 264a
チオペンタール thiopental 264b
チオラーゼ thiolase 264a
チオリシス thiolysis ⇌ チオール開裂 thiolytic cleavage 264b
チオ硫酸 thiosulfuric acid 264b
チオール thiol 264a
チオールエステラーゼ thiolesterase ⇌ チオールエステルヒドロラーゼ thiolester hydrolase 264b
チオールエステルヒドロラーゼ thiolester hydrolase 264b
チオール開裂 thiolytic cleavage 264b
[チオール基] thiol group ⇌ SH基 SH group 242b
チオールタンパク質 thiol protein ⇌ SHタンパク質 SH protein 243a
チオールプロテアーゼ thiol protease ⇌ システインプロテアーゼ cysteine protease 64b
チオレドキシン thioredoxin 264b
知覚 perception 196b
知覚[の] sensory 241a
知覚異常 paresthesia 193b
知覚過敏 ⇌ 感覚過敏 hyperesthesia 127a
知覚過敏な hypersensitive 127b
知覚減退 ⇌ 感覚鈍麻 hypoesthesia 128a
知覚神経 sensory nerve 241a
知覚鈍麻 ⇌ 感覚鈍麻 hypoesthesia 128a
知覚野 sensory area 241a
置換 substitution 254a
置換基定数 substituent constant 254b
置換の荷重 substitutional load ⇌ 進化の荷重 evolutionary load 90a
置換反応 substitution reaction 254b
置換率 substitutional rate 254b
置換ループ displacement loop 76a
チキソトロピー thixotropy 264b
遅筋 slow muscle 245b
逐次延長 stepwise elongation 251b
逐次機構 sequential mechanism 241a
逐次の【反応】 consecutive 57b
逐次反応 consecutive reaction 57b
逐次誘導 sequential induction 241a
蓄積脂肪 ⇌ 貯蔵脂肪 depot fat 70b
蓄積症 storage disease 252b
チグリン酸 tiglic acid 266b
遅効性 slow-acting 245b
致死遺伝子 lethal gene 149a
致死因子 lethal factor ⇌ 致死遺伝子 lethal gene 149a
致死合成 lethal synthesis 149a
致死雑種 lethal hybrid 149a
致死線量【放射線】 lethal dose 149a
致死相当量 lethal equivalent 149a
致死[突然]変異 lethal mutation 149a
致死[の] fatal 93a
致死量 lethal dose 149a
地図 map 159a
地図距離【遺伝】 map distance 159a
地図作成 mapping 159b
[地]図単位 ⇌ マップ単位 map unit 159b
チセリウス型電気泳動装置 Tiselius type electrophoretic apparatus 266b
遅滞 lag 146b
遅滞期 lag phase 146b
乳 milk 167b
窒化物 nitride 180b
窒素 nitrogen 180b
窒息 asphyxia 25a
窒素計 azotometer 28b
窒素血症 ⇌ 高窒素血症 azotemia 28b

窒素固定　nitrogen fixation　181a
窒素固定オペロン　nitrogen-fixing operon　181a
窒素固定酵素　nitrogen-fixing enzyme　181a
窒素固定[細]菌　⇌ アゾトバクター　*Azotobacter*　28b
窒素サイクル　⇌ 窒素循環　nitrogen cycle　181a
窒素循環　nitrogen cycle　181a
窒素出納　nitrogen balance　181a
窒素代謝　nitrogen metabolism　181a
窒素同化　nitrogen assimilation　180b
窒素平衡　nitrogen equilibrium　181a
置滴培養　lying drop culture　155b
チニン　thynnine　266a
遅発効果　delayed effect　68b
遅反応性物質　slow reacting substance　245b
チフス　typhus　274b
チベロース　tyvelose　274b
痴呆[ほう]　dementia　69a
チマーゼ　zymase　286b
チミジル酸　thymidylic acid　265b
チミジル酸シンターゼ　thymidylate synthase　265b
チミジン　thymidine　265b
チミジン一リン酸　thymidine monophosphate ⇌ チミジル酸　thymidylic acid　265b
チミジン 5′-一リン酸　thymidine 5′-monophosphate ⇌ デオキシチミジン 5′-一リン酸　deoxythymidine 5′-monophosphate　70a
チミジンキナーゼ　thymidine kinase　265b
チミジン 5′-三リン酸　thymidine 5′-triphosphate ⇌ デオキシチミジン 5′-三リン酸　deoxythymidine 5′-triphosphate　70a
チミジン 5′-二リン酸　thymidine 5′-diphosphate ⇌ デオキシチミジン 5′-二リン酸　deoxythymidine 5′-diphosphate　70a
チミン　thymine　265b
チミン飢餓死　thymineless death　265b
チミン要求[突然]変異株　thymine-requiring mutant　265b
チモキノン　thymoquinone　265b
チモーゲン　zymogen ⇌ プロ酵素　proenzyme　215a
チモーゲン顆粒　zymogen granule　286b
チモサポニン　timosaponin　266b
チモシン　thymosin　266a
チモステロール　zymosterol　286b
チモヌクレアーゼ　thymonuclease　265b
チモポエチン　thymopoietin　265b
チモール　thymol　265b
チャイニーズハムスター　Chinese hamster　48a
チャイニーズハムスター卵巣細胞　Chinese hamster ovary cell　48a
チャネル　channel　46b
チャビシン　chavicine　47a
チャラス　charas　46b
チャンネル　⇌ チャネル　channel　46b
中央体　midbody　167a
中央値　median　161a
中温菌　mesophile　163b
中温性[の]　mesophile　163b
仲介輸送　mediated transport ⇌ 担体輸送　carrier-mediated transport　42b
中隔接着斑　septate desmosome　241a
中割球　mesomere　163b
中間[径]フィラメント　intermediate filament　136a
中間体　intermediate　136a
中間代謝　intermediary metabolism　136a
中間代謝物質　intermediary metabolite ⇌ 代謝中間体　metabolic intermediate　164a
中間密度リポタンパク質　intermediate density lipoprotein　136a
中期【細胞分裂の】　metaphase　164b
中期胞胚変移　midblastula transition　167a
中空糸　hollow fiber　121b
中空繊維　⇌ 中空糸　hollow fiber　121b
中鎖トリアシルグリセロール　middle chain triacylglycerol　167a
中湿性[の]　mesic　163b
注射　injection　134a
注釈付け　annotation　19a
抽出　extraction　91b
抽出液　extract　91b
抽出物　extract　91b
柱状図表　histogram　121b
中腎　mesonephros　163b
中心教義　⇌ セントラルドグマ　central dogma　45a
中心小体　⇌ 中心粒　centriole　45a
中心体　centrosome　45a
中心複合体　central complex ⇌ 三重複合体　ternary complex　262a
中心粒　centriole　45a

中心粒融合　centric fusion　45a
中枢症状　salicylism　235b
中枢神経系　central nervous system　45a
中枢リンパ系組織　central lymphoid tissue　45a
中性アミノ酸　neutral amino acid　179a
中性イオノホア　neutral ionophore　179a
中性子　neutron　179b
中性脂肪　neutral fat　179a
中性[の]　neutral　179a
中等度好熱菌　moderate thermophile　169a
中毒　intoxication　137a
中毒学 ⇒ 毒性学　toxicology　268a
注入　injection　134a
注入[液]　infusion　133b
中脳　midbrain　167a
中胚葉　mesoderm　163a
中胚葉細胞　mesodermal cell　163b
中胚葉母細胞　mesoblast　163a
中胚葉誘導　mesoderm induction　163b
中皮　mesothelium　163b
中皮腫　mesothelioma　163b
中分節　mesomere　163b
中膜　tunica media　273b
中葉【下垂体の】　intermediate lobe　136a
中葉ホルモン　intermediate lobe hormone　136a
中立作用　neutralism　179a
中立進化　neutral evolution　179a
中立説　neutral theory　179b
中立[突然]変異　neutral mutation　179a
中和　neutralization　179a
中和抗体　neutralizing antibody　179a
中和指示薬　neutralization indicator ⇒ 酸塩基指示薬　acid-base indicator　5a
チューブリン　tubulin　273b
チューブリン-チロシンリガーゼ　tubulin-tyrosine ligase　273b
腸　intestine　137a
　腸[の]　intestinal　136b
腸液　intestinal juice　137a
超遠心機　ultracentrifuge　275a
超遠心する　ultracentrifuge　275a
超音波　ultrasonic sound　275a
超音波処理　ultrasonication　275a
潮解　deliquescence　68b
聴覚　audition　27a
聴覚障害　deafness　67a

超可変部　hypervariable region　128a
超可変領域 ⇒ 超可変部　hypervariable region　128a
頂芽優勢　apical dominance　22a
腸肝循環　enterohepatic circulation　86a
腸管毒 ⇒ エンテロトキシン　enterotoxin　86a
腸管免疫　gut immunity　113a
頂器官　apical organ　22b
長期[持続]記憶　long-term memory　154a
長期増強　long-term potentiation　154a
長期培養　long-term culture　154a
腸球菌　enterococcus　86a
超急性拒絶反応　hyperacute rejection　127a
超共役　hyperconjugation　127a
長期抑圧　long-term depression　154a
腸クロム親和性細胞　enterochromaffin cell　86a
蝶形骨　sphenoid bone　248b
張[原]繊維 ⇒ トノフィラメント　tonofilament　267b
超顕微鏡的[の]　submicroscopic　254b
超コイル　supercoil　256b ／ ⇒ 超らせん　superhelix　256b
超高圧電子顕微鏡　ultrahigh voltage electron microscope　275a
超高熱　hyperthermia　128a
超好熱菌　hyperthermophile　128a
超高密度リポタンパク質　very high-density lipoprotein　279a
長鎖塩基　long chain base　153b
長鎖脂肪酸　long-chain fatty acid ⇒ 高級脂肪酸　higher fatty acid　120b
超サプレッサー ⇒ 超抑圧遺伝子　supersuppressor [gene]　257a
超雌　metafemale　164a
長日周期　infradian rhythm　133b
長周期リズム　ultradian rhythm　275a
長寿症候群　longevity syndrome　153b
腸上皮細胞　intestinal epithelial cell　136b
調整 ⇒ 製法　preparation　213a
超生体染色　supravital staining　257a
調節　control　58a
調節遺伝子　regulator gene　228a
調節酵素　regulatory enzyme　228a
調節サブユニット　regulatory subunit　228a
調節する ⇒ 制御する　regulate　228a
調節タンパク質　regulatory protein　228a

調節部位　regulatory site　228a
頂[端]細胞　apical cell　22a
頂端側細胞膜　apical membrane　22a
頂端分裂組織　apical meristem　22b
頂端面 ⇀ 先端面【細胞表層の】　apical surface　22b
超沈殿　superprecipitation　257a
蝶つがい部 ⇀ ヒンジ部　hinge region　121a
超低密度リポタンパク質　very low-density lipoprotein　279a
腸内ウイルス ⇀ エンテロウイルス属　Enterovirus　86a
腸内[細]菌　enteric bacterium　85b
腸内細菌叢　intestinal bacterial flora　136b
腸内細菌フロラ ⇀ 腸内細菌叢　intestinal bacterial flora　136b
超二次構造　supersecondary structure　257a／⇀ モチーフ　motif　171b
腸粘膜　intestinal mucosa　137b
超薄切片　ultrathin section　275a
頂板　apical plate　22b
超微細構造　hyperfine structure　127b／ultrastructure　275a
超微量分析　ultramicroanalysis　275a
重複感染 ⇀ 重感染　superinfection　256b
重複培養 ⇀ 同型培養　replicate culture　229a
超分子　supermolecule　257a
超分子集合体 ⇀ 超分子複合体　supermolecular complex　256b
超分子複合体　supramolecular complex　256b
腸へん[扁]桃　caecal tonsil　38b
長命リンパ球　long-lived lymphocyte　153b
跳躍伝導　saltatory conduction　236a
超優性　overdominant　189b
超抑圧遺伝子　supersuppressor [gene]　257a
超らせん　coiled coil　54a／superhelix　256b／⇀ 超コイル　supercoil　256b
超らせん化する【DNAを】　gyrate　113b
超臨界流体クロマトグラフィー　supercritical fluid chromatography　256b
超臨界流体抽出[法]　supercritical fluid extraction　256b
鳥類学　ornithology　188b
調和振動子　harmonic oscillator　114b
長腕【染色体の】　long arm　153b
直鎖　normal chain　182b
直接核分裂　direct nuclear division ⇀ 無糸分裂　amitosis　16a

直接型発がん[癌]物質　direct carcinogen　75b
直接凝集反応　direct agglutination　75b
直接クームス試験　direct Coombs' test　75b
直接抗グロブリン試験　direct antiglobulin test ⇀ 直接クームス試験　direct Coombs' test　75b
直接作用変異原物質　direct acting mutagen　75b
直線回帰　linear regression　151b
直線免疫電気泳動　line immunoelectrophoresis　151b
直腸　rectum　227a
直列[型]反復配列　direct repeat sequence　75b
貯精嚢　seminal vesicle　240a
貯蔵液　stock solution　252b
貯蔵脂肪　depot fat　70b
貯蔵多糖[類]　storage polysaccharide　252b
貯蔵デンプン　reserve starch　229b
チラコイド　thylakoid　265b
チラミン　tyramine　274b
チラミンオキシダーゼ　tyramine oxidase　274b
チロカルシトニン　thyrocalcitonin ⇀ カルシトニン　calcitonin　39a
チロキシン　thyroxine　266a
チログロブリン　thyroglobulin　266a
チロシジン　tyrocidine　274b
チロシン　tyrosine　274b
チロシンキナーゼ　tyrosine kinase　274b
チロシン症　tyrosinosis　274b
チロシンリン酸化酵素 ⇀ チロシンキナーゼ　tyrosine kinase　274b
チロトロピン　thyrotropin ⇀ 甲状腺刺激ホルモン　thyroid-stimulating hormone　266a
チロリベリン　thyroliberin ⇀ 甲状腺刺激ホルモン放出ホルモン　thyrotropin-releasing hormone　266a
鎮咳[がい]薬　antitussive agent　22a
鎮けい[痙]薬　spasmolytic agent　248a
沈降　precipitation　212b／sedimentation　239b
沈降曲線　precipitation curve　212b
沈降係数　sedimentation coefficient　239b
沈降する　sediment　239b
沈降素　precipitin　212b

沈降速度法　sedimentation velocity method　239b
沈降阻止反応　precipitation inhibition reaction　212b
沈降定数　sedimentation constant ⇌ 沈降係数　sedimentation coefficient　239b
沈降反応　precipitation reaction　212b
沈降物　sediment　239b
鎮静剤　sedative drug　239b

鎮静薬 ⇌ 鎮静剤　sedative drug　239b
鎮痛性ペプチド　analgesic peptide ⇌ オピオイドペプチド　opioid peptide　187a
鎮痛薬　analgesic　17b
沈殿[操作]　precipitation　212b
沈殿[物]　precipitate　212b
鎮吐薬 ⇌ 制吐剤　antiemetic　20b
チンマーマン反応　Zimmermann reaction　285a

ツ

追加免疫　booster　35b
ツイスト数　twisting number　274a
追跡子 ⇌ トレーサー　tracer　268a
追跡する【放射性化合物で代謝を】　chase　47a
追跡用色素【電気泳動用】　tracking dye　268a
痛覚過敏　hyperalgesia　127a
痛覚鈍麻　hypalg[es]ia　127a
通気　aeration　10a
通気装置　aerator　10a
通常飼育動物　conventional animal　58a
通性感染　facultative infection ⇌ 日和見感染　opportunistic infection　187b
通性嫌気[性][細]菌　facultative anaerobic bacterium　92a
通性嫌気[性]生物　facultative anaerobe　92a
通性好熱菌　facultative thermophile　92a
通電クロマトグラフィー　electrochromatography　82b
通風　gout　110b
通門　gating　103a

使い捨ての　disposable　76a
ツガエフ反応　Tschugajeff reaction　273a
ツズ酸　tsuzuic acid　273a
ツツガムシ病　tsutsugamushi disease　273a
ツニカマイシン　tunicamycin　274a
ツニカミン　tunicamine　273b
ツノザメ[属] ⇌ ホシザメ[属]　dog fish　77b
ツーハイブリッド法　two-hybrid method　274b
ツベラクチノマイシン B　tuberactinomycin B ⇌ バイオマイシン　viomycin　279b
ツベルクリン反応　tuberculin reaction　273a
ツベルクロステアリン酸　tuberculostearic acid　273a
ツベルシジン　tubercidin　273a
ツベルフラビン　tuberflavin　273b
ツボクラリン　tubocurarine　273b
詰込み【染色体の】　packing　191b
ツリシン　turicine　274a
ツンベルグ管　Thunberg tube　265a

テ

デアミダーゼ　deamidase　67a
デアミナーゼ ⇌ 脱アミノ酵素　deaminase　67b
TI 抗原　TI antigen ⇌ 胸腺非依存[性]抗原　thymus-independent antigen　266a
Ti プラスミド　Ti plasmid　266b
DI 粒子　DI particle ⇌ 欠陥干渉粒子　defective interfering particle　68a
ディアキネシス期 ⇌ 移動期　diakinesis [stage]　72a
tRNA 前駆体　precursor tRNA　212b
T アンプリファイア細胞　T amplifier cell ⇌ アンプリファイア T 細胞　amplifier T cell　16b

定位　orientation　188a
TEAE セルロース　TEAE-cellulose　261a
DEAE セルロース　DEAE-cellulose ⇌ O-(ジエチルアミノエチル)セルロース　O-(diethylaminoethyl)cellulose　73a
低域寛容　low-zone tolerance　154a
低域トランス ⇌ 低域寛容　low-zone tolerance　154a
TSH 分泌異常症候群　syndrome of inappropriate secretion of TSH ⇌ 下垂体性甲状腺機能亢進症　pituitary hyperthyroidism　205a
TATA ボックス　TATA box　260b
DN アーゼ　DNase ⇌ デオキシリボヌクレアーゼ　deoxyribonuclease　70a
DNA 依存性 RNA ポリメラーゼ　DNA-dependent RNA polymerase ⇌ 転写酵素　transcriptase　268b
DNA ウイルス　DNA virus　77b
DNA 塩基配列決定　DNA sequencing　77a
DNA 緩和酵素　DNA relaxing enzyme　77a
DNA 組換え　DNA recombination　77a
DNA 結合タンパク質　DNA-binding protein　76b
DNA 合成遅滞変異　DNA-delay mutation　77a
DNA ジャイレース　DNA gyrase ⇌ ジャイレース　gyrase　113a
DNA 修飾酵素　DNA modification enzyme　77a
DNA 修復　DNA repair　77a
DNA 腫瘍ウイルス　DNA tumor virus　77b
DNS-アミノ酸　DNS-amino acid ⇌ ダンシルアミノ酸　dansyl amino acid　66a
DNA 損傷　DNA damage　77a
DNA 多型　DNA polymorphism　77a
DNA チップ　DNA chip　76b
DNA トポイソメラーゼ　DNA topoisomerase　77a
DNA トポイソメラーゼ I 型　DNA topoisomerase I　77b
DNA トポイソメラーゼ II 型　DNA topoisomerase II　77b
DNA トランスフェクション　DNA transfection　77b
DNA ヌクレオチジルトランスフェラーゼ　DNA nucleotidyltransferase ⇌ DNA ポリメラーゼ　DNA polymerase　77a
DNA のせん断　shearing of DNA　242b
DNA ファージ　DNA phage　77a
DNA 複製　DNA replication　77a
DNA ヘリカーゼ　DNA helicase　77a
DNA ポリメラーゼ　DNA polymerase　77a
DNA マイクロアレイ　DNA microarray ⇌ DNA チップ　DNA chip　76b
DNA 巻戻し酵素 ⇌ DNA ヘリカーゼ　DNA helicase　77a
DNA 巻戻しタンパク質　DNA-unwinding protein ⇌ DNA ヘリカーゼ　DNA helicase　77a
DNA 末端結合反応　DNA end-joining reaction　77a
DNA リガーゼ　DNA ligase　77a
DNA リンカー　DNA linker　77a
DNA ワクチン　DNA vaccine　77b
DNP アミノ酸　DNP-amino acid　77b
DNP 法　DNP-method ⇌ サンガー法　Sanger method　236b
低エネルギーリン酸結合　low-energy phosphate bond　154a
TMS アミノ酸　TMS-amino acid　267a
DM 染色体　DM chromosome ⇌ 二重微小染色体　double minute chromosome　78b
Tla 領域　Tla region　266b
TL 抗原　TL antigen　266b
低応答系[動物]　low responder　154a
TOF 質量分析計 ⇌ 飛行時間型質量分析計　time-of-flight mass spectrometer　266b
低温　cryogenic temperature　62b
低温維持装置 ⇌ クリオスタット　cryostat　62b
低温感受性[突然]変異体　cold-sensitive mutant　54a
低温殺菌　pasteurization　194b
低温性グロブリン血症 ⇌ クリオグロブリン血症　cryoglobulinemia　62a
低温生物学　cryobiology　62a
T 型培養瓶　T flask　263a
テイカン　teichan ⇌ テイクロン酸　teichuronic acid　261a
T 管　T tubule　273a
低γグロブリン血症　hypogammaglobulinemia　128a
提供者　donor　78a
T 偶数ファージ　T even phage　263a
ディクソンプロット　Dixon plot　76b

テイクロン酸 teichuronic acid 261a
T系ファージ T phage 268a
低血糖 hypoglycemia 128a
D/K 領域 D/K region 76b
t 検定 t test 273a
T抗原 T antigen 260a
D抗原 D antigen 66b
定向進化 orthogenesis 188b
抵抗性 resistance 229b
テイコ酸 teichoic acid 261a
T細胞 T cell 261a
T細胞受容体 T cell receptor 261a
T細胞増殖因子 T cell growth factor 261a
T細胞不全症 T cell deficiency syndrome 261a
テイ・サックスガングリオシド Tay-Sachs ganglioside ⇌ ガングリオシド G_{M2} ganglioside G_{M2} 102b
テイ・サックス病 Tay-Sachs disease 260b
低酸素[の] hypoxic 128b
停止【細胞増殖などの】 dormancy 78b
TCA回路 TCA cycle ⇌ クエン酸回路 citric acid cycle 51b
低次形態 ⇌ ハイポモルフ hypomorph 128a
低脂血症 hypolipidemia 128a
停止細胞【増殖の】 arrested cell 24a／static cell 251a
Tジャンプ法 T-jump method ⇌ 温度ジャンプ法 temperature-jump method 261a
定常期 stationary phase 251a
定常状態 steady state 251a
T状態 T state 273a
定常部 constant region 57b
定序結合 ordered binding 188a
ディジョージ症候群 DiGeorge syndrome 73b
定序逐次機構 ordered sequential mechanism 188a
ディスク電気泳動 disc elctrophoresis 75b
ディスタンスジオメトリー distance geometry 76a
底生生物 benthos 31b
定性[的][の] qualitative 222b
定性分析 qualitative analysis 222b
低体温 hypothermia 128b
低炭酸症 hypocapnia 128a
低張液 hypotonic solution 128b
低張[の] hypotonic 128b

ディック試験 Dick test 72b
ディッシェ反応 Dische reaction ⇌ ジフェニルアミン反応 diphenylamine reaction 75a
ディッセ腔〖くう〗 Disse space 76a
ディットマー試薬 Dittmer's reagent 76b
ディットマー・レスター試薬 Dittmer-Lester reagent ⇌ ディットマー試薬 Dittmer's reagent 76b
T/t 遺伝子領域 T/t genetic region 273a
TD抗原 TD antigen ⇌ 胸腺依存[性]抗原 thymus-dependent antigen 266a
dTDP糖 dTDP-sugar 79b
DD変異 DD mutation ⇌ DNA合成遅滞変異 DNA-delay mutation 76b
TPA応答配列 TPA responsive element 268a
TBA反応 TBA reaction ⇌ チオバルビツール酸反応 thiobarbituric acid reaction 264a
定比[の] ⇌ 化学量論的[な] stoichiometric 252a
低頻度形質導入 low-frequency transduction 154a
低頻度形質導入溶菌液 low-frequency transducing lysate 154a
ディファレンシャルディスプレイ differential display 73a
ディプロコッカス ⇌ 双球菌 diplococcus 75a
ディプロテン期 ⇌ 複糸期 diplotene [stage] 75b
低分子化する ⇌ 脱重合する depolymerize 70b
低分子リボ核タンパク質 small nuclear ribonucleoprotein 245b
低分子量Gタンパク質 small G protein 245b
低分子量GTP結合タンパク質 small GTP-binding protein ⇌ 低分子量Gタンパク質 small G protein 245b
低βリポタンパク質血症 hypobetalipoproteinemia 128a
低ホスファターゼ症 hypophosphatasia 128a
低密度リポタンパク質 low-density lipoprotein 154a
低メチル化 undermethylation 275b
ディメンション ⇌ 次元 dimension 74b
低融点アガロース low melting agarose 154a
TUNEL法 TUNEL method 273b
T4ファージ T4 phage 268a

T4リガーゼ　T4 ligase　267a
ディラトメトリー　dilatometry　74b
定量　determination　71a
定量沈降反応　quantitative precipitin reaction　222b
定量[的][の]　quantitative　222b
定量分析　quantitative analysis　222b
定量[法]　assay　25b
定量免疫電気泳動　quantitative immunoelectrophoresis　222b
低リン酸血症性くる病　hypophosphatemic rickets　128a
Tリンパ球　T lymphocyte ⇌ T細胞　T cell　261a
ディールス・アルダー反応　Diels-Alder reaction　73a
ディルドリン　dieldrin　73a
Dループ　D loop ⇌ 置換ループ　displacement loop　76a
デオキシアデニル酸　deoxyadenylic acid　69b
デオキシアデノシン　deoxyadenosine　69b
3'-デオキシアデノシン　3'-deoxyadenosine ⇌ コルジセピン　cordycepin　59a
デオキシアデノシン一リン酸　deoxyadenosine monophosphate ⇌ デオキシアデニル酸　deoxyadenylic acid　69b
デオキシアデノシン5'-一リン酸　deoxyadenosine 5'-monophosphate　69b
デオキシアデノシン5'-三リン酸　deoxyadenosine 5'-triphosphate　69b
デオキシアデノシン5'-二リン酸　deoxyadenosine 5'-diphosphate　69b
デオキシウリジル酸　deoxyuridylic acid　70b
デオキシウリジン一リン酸　deoxyuridine monophosphate ⇌ デオキシウリジル酸　deoxyuridylic acid　70b
デオキシウリジン5'-三リン酸　deoxyuridine 5'-triphosphate　70b
デオキシウリジン5'-二リン酸　deoxyuridine 5'-diphosphate　70b
6-デオキシガラクトース　6-deoxygalactose ⇌ フコース　fucose　100b
デオキシグアニル酸　deoxyguanylic acid　70a
デオキシグアノシン一リン酸　deoxyguanosine monophosphate ⇌ デオキシグアニル酸　deoxyguanylic acid　70a
デオキシグアノシン5'-一リン酸　deoxyguanosine 5'-monophosphate　70a
デオキシグアノシン5'-三リン酸　deoxyguanosine 5'-triphosphate　70a
デオキシグアノシン5'-二リン酸　deoxyguanosine 5'-diphosphate　69b
デオキシグルコース　deoxyglucose　69b
デオキシコール酸　deoxycholic acid　69b
11-デオキシコルチコステロン　11-deoxycorticosterone　69b
11-デオキシコルチゾール　11-deoxycortisol　69b
デオキシシチジル酸　deoxycytidylic acid　69b
デオキシシチジン一リン酸　deoxycytidine monophosphate ⇌ デオキシシチジル酸　deoxycytidylic acid　69b
デオキシシチジン5'-一リン酸　deoxycytidine 5'-monophosphate　69b
デオキシシチジン5'-三リン酸　deoxycytidine 5'-triphosphate　69b
デオキシシチジン5'-二リン酸　deoxycytidine 5'-diphosphate　69b
デオキシチミジル酸　deoxythymidylic acid ⇌ チミジル酸　thymidylic acid　265b
デオキシチミジン　deoxythymidine ⇌ チミジン　thymidine　265b
デオキシチミジン一リン酸　deoxythymidine monophosphate ⇌ チミジル酸　thymidylic acid　265b
デオキシチミジン5'-一リン酸　deoxythymidine 5'-monophosphate　70a
デオキシチミジン5'-三リン酸　deoxythymidine 5'-triphosphate　70a
デオキシチミジン5'-二リン酸　deoxythymidine 5'-diphosphate　70a
デオキシ糖　deoxy sugar　70a
デオキシヘモグロビン　deoxyhemoglobin　70a
デオキシリボ核酸　deoxyribonucleic acid　70a
デオキシリボジピリミジンフォトリアーゼ　deoxyribodipyrimidine photolyase ⇌ 光回復酵素　photoreactivating enzyme　202b
D-2-デオキシリボース　D-2-deoxyribose　70a
デオキシリボヌクレアーゼ　deoxyribonuclease　70a
デオキシリボヌクレオシド　deoxyribonucleoside　70a
デオキシリボヌクレオチド　deoxyribonucleotide　70a

テオチン theocin ⇌ テオフィリン theophylline 263a
テオフィリン theophylline 263a
テオブロミン theobromine 263a
テオレル・チャンス機構 Theorell-Chance mechanism 263b
デカプレノキサンチン decaprenoxanthin 67b
デカメトニウム decamethonium 67b
デカルボキシラーゼ ⇌ 脱炭酸酵素 decarboxylase 67b
デカン酸 decanoic acid 67b
デカンテーション decantation 67b
適応 adaptation 7b
適応酵素 adaptive enzyme ⇌ 誘導酵素 inducible enzyme 133a
適応値 adaptive value ⇌ 適応度 fitness 95b
適応度 fitness 95b
適応不全 maladaptation 158a
適応不全症候群 maladaptation syndrome 158a
適応放散【進化の】 adaptive radiation 7b
滴下 instillation 135a
適格性 competence 55a
適合する compatible 55a
適合性 compatibility 55a
デキサメサゾン ⇌ デキサメタゾン dexamethasone 71b
デキサメタゾン dexamethasone 71b
摘出 extirpation 91b
デキストラン dextran 71b
デキストリン dextrin 71b
デキストロアンフェタミン dextroamphetamine ⇌ デキセドリン dexedrine 71b
デキストロース dextrose ⇌ グルコース glucose 107b
デキセドリン dexedrine 71b
滴定 titration 266b
滴定曲線 titration curve 266b
滴定量 titer 266b
滴板 ⇌ 点滴板 spot plate 250a
デコイ decoy 68a
デコイニン decoyinine ⇌ アングストマイシンA angustmycin A 18b
デサチュラーゼ desaturase 71a
デシケーター desiccator 71a
TES〖テス〗 262a

デスチオビオチン desthiobiotin ⇌ デチオビオチン dethiobiotin 71b
テストステロン testosterone 262b
デストマイシン destomycin 71a
デスドメイン death domain 67b
デストラクションボックス destruction box 71a
デスミン desmin 71a
デスモシン desmosine 71a
デスモステロール desmosterol 71a
デスモソーム ⇌ 接着斑 desmosome 71a
デスモラーゼ desmolase 71a
デソサミン desosamine 71a
テスラ Tesla 262a
テタニー tetany 262b
テタヌストキシン ⇌ 破傷風[菌]毒素 tetanus toxin 262b
データベース data base 66b
デチオビオチン dethiobiotin 71b
鉄 iron 138b
鉄-硫黄クラスター iron-sulfur cluster 139a
鉄-硫黄タンパク質 iron-sulfur protein 139a
鉄-硫黄中心 iron-sulfur center 138b
鉄応答配列 iron-responsive element 138b
鉄芽球性貧血 sideroblastic anemia 243b
鉄過剰症 hyperferremia 127a
鉄結合性グロブリン iron-binding globulin ⇌ トランスフェリン transferrin 269a
鉄結合能 iron binding capacity 138b
鉄欠乏性貧血 iron deficiency anemia 138b
鉄細菌 iron bacterium 138b
鉄酸化細菌 ⇌ 鉄細菌 iron bacterium 138b
鉄中心 iron center 138b
DEADファミリー DEAD family 67a
テトラエチルピロリン酸 tetraethyl pyrophosphate 262b
テトラカイン tetracaine 262b
テトラコサン酸 tetracosanoic acid ⇌ リグノセリン酸 lignoceric acid 151a
テトラサイクリン tetracycline 262b
テトラチオン酸 tetrathionic acid 263a
12-O-テトラデカノイルホルボール13-アセテート 12-O-tetradecanoylphorbol 13-acetate 262b
テトラデカン酸 tetradecanoic acid ⇌ ミリスチン酸 myristic acid 175b
テトラテルペン tetraterpene 263a

テトラヒドロカンナビノール　tetrahydrocannabinol　262b

テトラヒドロビオプテリン　tetrahydrobiopterin　262b

テトラヒドロ葉酸　tetrahydrofolate　262b

L(−)-5,6,7,8-テトラヒドロ葉酸　L(−)-5,6,7,8-tetrahydrofolic acid　262b

テトラヒマノール　tetrahymanol　262b

テトラヒメナ　*Tetrahymena*　262b

テトラピロール　tetrapyrrole　263a

テトラピロール色素　tetrapyrrole pigment ⇌ テトラピロール　tetrapyrrole　263a

テトラフェニルホウ酸　tetraphenylborate　263a

テトラマー酵素 ⇌ 四量体酵素　tetrameric enzyme　262b

テトラメチルシラン　tetramethylsilane　263a

2,6,10,14-テトラメチルペンタデカン酸 ⇌ プリスタン酸　pristanic acid　214b

テトロース　tetrose　263a

テトロドトキシン　tetrodotoxin　263a

テヌアゾン酸　tenuazonic acid　261b

テネイシン　tenascin　261b

de novo 経路　*de novo* pathway　69a

de novo 合成　*de novo* synthesis　69a

デバイ　debye　67b

デバイ・ヒュッケル理論　Debye-Hückel theory　67b

テバイン　thebaine　263a

デパクチン　depactin　70b

デヒドラーゼ　dehydrase　68b

デヒドラターゼ ⇌ 脱水酵素　dehydratase　68b

デヒドロアスコルビン酸　dehydroascorbic acid　68b

デヒドロイソアンドロステロン　dehydroisoandrosterone ⇌ デヒドロエピアンドロステロン　dehydroepiandrosterone　68b

デヒドロエピアンドロステロン　dehydroepiandrosterone　68b

デヒドロキナ酸　dehydroquinic acid　68b

デヒドロゲナーゼ ⇌ 脱水素酵素　dehydrogenase　68b

Δ¹-デヒドロコルチゾール　Δ¹-dehydrocortisol ⇌ プレドニソロン　prednisolone　212b

3-デヒドロシキミ酸　3-dehydroshikimic acid　68b

デフェンシン　defensin　68a

デプシド　depside　70b

デプシペプチド　depsipeptide　70b

デブリ ⇌ 残さ[渣]　debris　67b

デプレニル　deprenyl　70b

デホルミラーゼ ⇌ 脱ホルミル酵素　deformylase　68a

デーム　deme　69a

デメコルチン　demecolcine ⇌ コルセミド　colcemid　54a

デュビン・ジョンソン症候群　Dubin-Johnson syndrome　80a

デュマ法　Dumas method　80a

テラトカルシノーマ ⇌ 奇形がん[癌]腫　teratocarcinoma　261b

テラトーマ ⇌ 奇形腫　teratoma　261b

テラマイシン　terramycin ⇌ オキシテトラサイクリン　oxytetracycline　191b

テーリング　tailing　259b

δ波　δ wave　66b

テルビウム　terbium　261b

テルピン　terpin　262a

デルフィニジン　delphinidin　69a

デルフィニン　delphinin　69a

デルフィン　delphin　69a

テルフェニル　terphenyl　262a

テルペノイド　terpenoid ⇌ テルペン　terpene　262a

テルペン　terpene　262a

デルマタン硫酸　dermatan sulfate　71a

デルマトスパラキシス　dermatosparaxis　71a

テルル　tellurium　261a

テレオモルフ　teleomorph　261a

テレゲンの定理　Tellegen's theorem　261a

テロプテリン　teropterin　262a

テロメア　telomere　261a

テロメラーゼ　telomerase　261a

転位　rearrangement　226b／transition　269b／transposition　270b ⇌ 塩基転位もみよ．

転移【腫瘍細胞の】　metastasis　164b

転移　transfer　269a／transition　269b

転移RNA　transfer RNA　269a

転移酵素　transferase　269a

電位固定[法]　voltage clamp　280b

電位差測定　potentiometry　212a

転位性遺伝因子　transposable [genetic] element ⇌ 可動性遺伝因子　movable genetic element　172a

転位反応　rearrangement reaction　226b
転位変異　→ 塩基転位変異をみよ.
添加　addition　7b
転化【糖】　inversion　137b
電解　→ 電気分解　electrolysis　82b
電解液　electrolyte　82b
電解質　electrolyte　82b
展開する【クロマトグラムを】　develop　71b
電解伝導度　electrolytic conductivity　82b
電荷移動　charge transfer　46b
電荷移動錯体　charge-transfer complex　46b
転化糖　invert sugar　137b
電荷分離　charge separation　46b
電荷密度　charge density　46b
電荷リレー系　charge-relay system　46b
転換　conversion　58a
てんかん【癲癇】　epilepsy　87a
転換変異　→ 塩基転換変異をみよ.
電気陰性度　electronegativity　82b
電気泳動　electrophoresis　83a
電気泳動移動度　electrophoretic mobility　83a
電気泳動注入　electrophoretic injection　→ 電気的微小イオン注入　microiontophoresis　166b
電気泳動変異　electrophoretic variant　83a
電気化学ポテンシャル　electrochemical potential　82b
電気緊張性電位　electrotonic potential　83b
電気緊張性伝播【ば】　electrotonic spread　83b
電気シナプス　electrical synapse　82a
電気浸透　electroosmosis　83a
電気生理学　electrophysiology　83a
電気穿孔法　→ エレクトロポレーション　electroporation　83a
電気の興奮　electrical excitation　82a
電気の静止　electrical silence　82a
電気的微小イオン注入　microiontophoresis　166b
電気透析　electrodialysis　82b
電気二重層　electric double layer　82a
電気分解　electrolysis　82b
電極　electrode　82b
電極電位　electrode potential　82b
デング熱　dengue [fever]　69a
転座【染色体の】　translocation　270a
テンサイ糖　beet sugar　→ スクロース　sucrose　255a
電子移動　electron transfer　83a

電子回折　electron diffraction　82b
電子供与体　electron donor　82b
電子顕微鏡　electron microscope　83a
電子[項]遷移　electronic transition　83a
電子受容体　electron acceptor　82b
電子衝撃イオン化法【質量分析の】　electron ionization mass spectrometry　83a
電子常磁性共鳴　electron paramagnetic resonance　83a
電子親和力　electron affinity　82b
電子スピン共鳴　electron spin resonance　→ 電子常磁性共鳴　electron paramagnetic resonance　83a
電子スペクトル　electronic spectrum　83a
電子染色【電顕用試料の】　electron stain[ing]　83a
電子伝達　electron transport　83a
電子伝達系　electron transport system　83a
電子伝達体　electron carrier　82b
電子伝達フラビンタンパク質　electron transferring flavoprotein　83a
電子伝導　electronic conduction　82b
電子当量　electron equivalent　→ 還元当量　reducing equivalent　227a
デンシトメーター　densitometer　69a
デンシトメトリー　densitometry　69a
[電子]非循環的光リン酸化　noncyclic photophosphorylation　181b
電子捕獲型検出器　electron capture detector　82b
転写　transcription　268b
転写一次産物　primary transcript　214a
転写因子　transcription factor　268b
転写開始点　transcription initiation point　268b
転写共役因子　cofactor　54a
転写減衰　attenuation　26b
転写減衰因子　pausing factor　194b
転写後　posttranscriptional　211b
転写酵素　transcriptase　268b
転写後修飾　posttranscriptional modification　→ 転写後プロセシング　posttranscriptional processing　211b
転写後調節　posttranscriptional control　211b
転写後プロセシング　posttranscriptional processing　211b
転写終結因子　transcription termination factor　268b

転写終結区 ⇀ ターミネーター　terminator 262a
転写調節　transcriptional control　268b
転写調節因子　transcriptional regulatory factor　268b
伝染　transmission　270a
伝染性単核球症　infectious mononucleosis 133a
伝染病　infectious disease　133a
伝達 ⇀ 運搬　transfer　269a／⇀ 伝播〖ぱ〗 transmission　270a
伝達因子　transfer factor　269a
伝達性プラスミド　transferable plasmid ⇀ 性因子〖細菌の〗　sex factor　242a
伝達物質　transmitter　270a
電池　cell　44a
点滴　instillation　135a
点滴板　spot plate　250a
伝導　conduction　56b
伝導率【電解質溶液の】　conductivity　56b
点〖突然〗変異　point mutation　207b
デンドログラム　dendrogram　69a
天然痘 ⇀ 痘瘡〖とうそう〗　smallpox　246a
天然痘ウイルス　smallpox virus ⇀ 痘瘡〖とうそう〗ウイルス　variola virus　278a
天然培地　natural medium　176b

伝播〖ぱ〗　propagation　216b／transmission 270a
電場ジャンプ法　electric field jump method 82a
伝播性　transmissibility　270a
電場パルス法　electric field pulse method ⇀ 電場ジャンプ法　electric field jump method 82a
てんびん〖天秤〗　balance　30a
デンプン　starch　251a
デンプンゲル電気泳動　starch gel electrophoresis　251a
デンプン-ヨウ素複合体　starch-iodine complex　251a
デンプン粒　starch granule　251a
テンペレートファージ ⇀ 溶原〖性〗ファージ temperate phage　261a
天疱瘡〖ほうそう〗　pemphigus　195b
電離　ionization　138a
電離性放射線 ⇀ 電離放射線　ionizing radiation　138a
電離放射線　ionizing radiation　138a
電流測定［法］　amperometry　16b
電量測定［の］　coulometric　60a
伝令 RNA ⇀ メッセンジャー RNA messenger RNA　163b

ト

島　island　139a／islet　139a
糖　sugar　255a
洞〖解剖学〗 ⇀ 腔〖くう〗　antrum　22a
銅　copper　58b
等圧式　isobar　139a
等圧線　isobar　139a
糖アルコール　sugar alcohol　255a
糖衣　glycocalyx　109a
等イオン点　isoionic point　139b
同位元素 ⇀ 同位体　isotope　140b
同位染色体　isochromosome　139a
糖イソメラーゼ　sugar isomerase　255a
同位体　isotope　140b
同位体希釈法　isotope dilution method 140b
同位体効果　isotope effect　140b

同位体交換反応　isotopic exchange reaction 140b
同位体担体　isotopic carrier　140b
同位体トレーサー法　isotope tracer technique 140b
同一抗原　homologous antigen　122b
Tween〖トゥイーン〗系界面活性剤　Tween series surfactant　274a
等温式　isotherm　140b
等温線　isotherm　140b
透過 ⇀ 浸透　permeation　197b
透過〖光〗　transmission　270a
頭化　cephalization　45a
頭花　caput　40b
糖化【木材などの】　saccharification　235a
頭蓋〖がい〗冠　calvaria　39b

透過[型]電子顕微鏡　transmission electron microscope　270a
同核共存体　homokaryon　122b
透過係数　permeability coefficient　197a
同化[作用]　anabolism　17b
　同化作用[の] ⇒ 同化[性][の]　anabolic　17a
同化色素　assimilatory pigment ⇒ 光合成色素　photosynthetic pigment　203a
透過性　permeability　197a
同化[性][の]　anabolic　17a
透過度 ⇒ 透過率　transmittance　270a
透過率　permeability　197a／transmittance　270a
同化率　assimilatory quotient ⇒ 光合成商　photosynthetic quotient　203a
導関数　derivative　70b
同義遺伝子　multiple genes　173a
同義因子 ⇒ 多因子　multiple factor　173a
同義[語]置換　synonymous substitution ⇒ 同義[語]変異　synonymous mutation　258b
同義[語]変異　synonymous mutation　258b
等吸収点　isosbestic point　140b
同系移植[片]　isograft　139b
同型遺伝子性[の]　homogenic　122b
同型[遺伝子]接合体　homogenote　122b
統計学　statistics　251a
同系間[の]　syngen[e]ic　258b
同系交配　inbreeding　132a
糖形成　glucogenesis　107a
同型接合性　homozygosity　123a
同型接合体　homozygote　123a
同系動物　inbred animal strain　132a
同型配偶子　homogamete　122b
同型培養　replicate culture　229a
同形発生[の] ⇒ 同胚葉性[の]　homoblastic　122a
同系繁殖　inbreeding　132a
凍結エッチング法　freeze-etching technique　99b
凍結割断　freeze-fracture　100a
凍結乾燥　lyophilization　156a
凍結乾燥器　lyophilizer　156a
凍結防止効果　antifreeze effect　20b
凍結保護物質　cryoprotectant　62b
凍結保存　cryopreservation　62b
凍結融解　freeze-thaw[ing]　100a
凍結融解法　freezing and thawing method　100a

凍結レプリカ法　freeze-replica technique　100a
糖原性アミノ酸　glycogenic amino acid　109a
動原体　kinetochore　144a
動原体融合　centric fusion　45a
糖原病　glycogen storage disease　109a
糖原分枝酵素 ⇒ 分枝酵素　branching enzyme　36b
糖原分枝酵素欠乏症　branching enzyme deficiency ⇒ アミロペクチノーシス　amylopectinosis　17a
統合　integration　135a
瞳孔散大　mydriasis　175a
瞳孔収縮　miosis　168a
糖鎖形成　glycosylation　109b
糖鎖不全説　loss of extension of glycolipid sugar chain　154a
糖鎖マップ　sugar chain mapping　255a
糖酸　saccharic acid　235a／⇒ アルダル酸　aldaric acid　11b
同時形質移入 ⇒ コトランスフェクション　cotransfection　60b
糖脂質　glycolipid　109a
糖質 ⇒ 糖　sugar　255a
同質異性[の]　isomeric　140a
同質遺伝子的 ⇒ アイソジェニック　isogenic　139b
糖質コルチコイド ⇒ グルココルチコイド　glucocorticoid　107a
同質細胞輸送 ⇒ ホモ細胞輸送　homocellular transport　122a
同質対立遺伝子　homoallele　122a
同質二価染色体　autobivalent　27a
同質倍数体　autopolyploid　27b
糖質副腎皮質ステロイド　glucocorticosteroid　107a
同時導入　cotransduction　60a
同時培養 ⇒ 共存培養　coculture　53b
等尺性収縮　isometric contraction　140a
同種[異系]移植　allogen[e]ic homograft　13a
同種[異系]移植[片]　allograft　13a
同種[異系]移植[片]反応　allograft reaction　13a
同種[異系]間[の]　allogen[e]ic　13a
同種[異系]効果因子　allogen[e]ic effect factor　13a
同種[異系]抗原　alloantigen　13a
同種[異系]抗体　alloantibody　13a

同種[異系]細胞阻止　allogen[e]ic inhibition　13a
同種[異系]免疫　allogen[e]ic immunity　13a
同種移植片　homograft　122b
糖修飾　→ グルコシル化　glucosylation　108a
同重体　isobar　139a
頭集中【広義】　encephalization　84b
同種凝集素　isoagglutinin　139a
同種血球凝集　isohemagglutination　139b
同種抗原　isoantigen　139a
同種抗体　isoantibody　139a
同種細胞親和性抗体　homocytotropic antibody　122b
同種指向性ウイルス　ecotropic virus　81a
同種集合　isologous association　140a
同種重合体　→ ホモポリマー　homopolymer　123a
同種発酵　homofermentation　→ ホモ乳酸発酵　homolactic fermentation　122b
同種免疫病　allogen[e]ic disease　13a
同所移植片　orthotopic graft　188b
動植物共通[の]　vegetoanimal　278b
透磁率　magnetic permeability　157b
糖新生　gluconeogenesis　107b
等浸透圧[の]　→ 等張[の]　isotonic　140b
等浸透液　→ 等張液　isotonic solution　140b
動性　kinesis　143b
透析　dialysis　72a
透析する　dialyze　72a
透析物　diffusate　73b
透析平衡　dialysis equilibrium　72a
痘瘡〖とうそう〗　smallpox　246a
痘瘡ウイルス　variola virus　278a
同族体　homolog[ue]　123a
等速電気泳動　isotachophoresis　140b
同族[の]　→ 相同[の]　homologous　112b
淘汰〖とうた〗圧　selection pressure　240a
淘汰値　selective value　240a
到達しにくい　→ 潜在[の]　inaccessible　132a
淘汰の基本定理　fundamental theorem of natural selection　100b
糖タンパク質　glycoprotein　109b
銅タンパク質　copper protein　58b
糖タンパク質G　glycoprotein G　→ トロンボスポンジン　thrombospondin　265a
等張液　isotonic solution　140b
頭頂器官　→ 頂器官　apical organ　22b

同調的酵素合成　coordinate enzyme synthesis　58b
同調的[の]　coordinate　58b
等張[の]　isotonic　140b
同調[の]　synchronized　258b
同調培養　synchronous culture　258b
同調分裂　synchronous division　258b
頭頂葉　parietal lobe　193b
等張力性収縮　isotonic contraction　140b
同定　identification　129a
同定する【物質を】　identify　129a
動的光散乱　dynamic light scattering　→ 準弾性光散乱　quasi-elastic light scattering　223a
動的消光　dynamic quenching　80a
動的平衡　dynamic equilibrium　80b
糖転移酵素　→ グリコシルトランスフェラーゼ　glycosyltransferase　109b
等電沈殿　isoelectric precipitation　139b
等電点　isoelectric point　139b
等電点クロマトグラフィー　isoelectric chromatography　139b
等電点電気泳動　isoelectric focusing　139b
等電点分離法　electrofocusing　→ 等電点電気泳動　isoelectric focusing　139b
等電pH　isoelectric pH　→ 等電点　isoelectric point　139b
導入　→ 形質導入をみよ．
導入遺伝子　transgene　269b
導入する【ファージで】　transduce　268b
導入ファージ　transducing phage　268b
糖尿　glycosuria　109b
糖尿病　diabetes mellitus　72a
糖ヌクレオチド　sugar nucleotide　255a
動粘性率　kinematic viscosity　143b
動粘度　→ 動粘性率　kinematic viscosity　143b
等濃度点【光吸収の】　isosbestic point　140b
同胚葉性[の]　homoblastic　122a
トウハク酸　→ オブツシル酸　obtusilic acid　185a
頭尾軸　craniocaudal axis　→ 前後軸　anteroposterior axis　19b
同腹子　→ 同腹仔　littermate　153a
同腹仔　littermate　153a
頭[部]神経節　cephalic ganglion　45a
動物ウイルス　animal virus　19a
動物エクジソン　zooecdysone　286a

動物界　Animalia　18b
動物寄生クロレラ　Zoochlorella　286a
動物極　animal pole　19a
動物極キャップ　animal cap　18b
動物［の］　zoic　285b
動物プランクトン　zooplankton　286a
動物レクチン　animal lectin　18b
等分子［の］　⇌ 等モル［の］　equimolar　87b
糖ペプチド　glycopeptide　109b
同胞　sibling　243a
洞房結節　sinus node　244b
同胞種　sibling species　243a
等方性　isotropy　140b
　等方性［の］　isotropic　140b
等方［性］帯　isotropic band　⇌ I帯　I band　129a
等方性分解　homolytic cleavage　123a
等方輸送　⇌ 共輸送　symport　258a
糖みつ　molasses　169b
等密度遠心［分離］法　isopycnic centrifugation　140b
等密度点　isopycnic point　140b
動脈　artery　24b
動脈硬化　arteriosclerosis　24b
動脈内膜炎　endarteritis　84b
動脈内膜切除術　endarterectomy　84b
冬眠　hibernation　120a
透明化反応　clearing response　52b
透明質　hyaloplasm　125a
透明性　transparency　270a
透明帯【卵膜の】　zona pellucida　285b
透明度　transparency　270a
透明プラーク　clear plaque　52b
透明プラーク変異　clear plaque mutation　52b
等モル［の］　equimolar　87b
トウモロコシ　maize　157b
糖輸送体　sugar transporter　255a
投与【薬剤などの】　administration　8b
洞様血管　sinusoid　245a
洞様毛細血管　⇌ 洞様血管　sinusoid　245a
投与量　dose　78b
動力学的パラメーター　kinetic parameter　143b
倒立顕微鏡　inverted microscope　137b
当量　equivalent　87b
当量電気伝導率　equivalent conductivity　87b
当量導電率　⇌ 当量電気伝導率　equivalent conductivity　87b

糖リン酸　sugar phosphate　255a
同類対立遺伝子　isoallele　139a
同齢集団　cohort　54a
同腕染色体　isochromosome　139a
トガウイルス科　Togaviridae　267a
トキソイド　toxoid　268a
トキソフラビン　toxoflavin　268a
トキソホルモン　toxohormone　268a
鍍［と］銀染色　silver impregnation　244a
毒　⇌ 毒素　toxin　268a
特異性　specificity　248a
特異性決定部位　specificity determining site　248a
特異性部位　specificity site　248a
特異的コリンエステラーゼ　specific cholinesterase　⇌ アセチルコリンエステラーゼ　acetylcholinesterase　4b
特異動的効果　specific dynamic effect　248a
特異動的作用　specific dynamic action　248a
毒液　venom　278b
特殊［形質］導入　specialized transduction　248a
特殊酸触媒　specific acid catalysis　248a
特性　characteristic　46b
毒性学　toxicology　268a
特性吸収帯　characteristic band　46b
毒性試験　toxicity test　268a
毒性ファージ　⇌ ビルレントファージ　virulent phage　279b
毒素　toxin　268a
毒素学　toxinology　268a
特徴　characteristic　46b
特徴的［な］　diagnostic　72a
特定病原体感染防止条件　⇌ 特定病原体除去　specific pathogen-free　248a
特定病原体除去　specific pathogen-free　248a
特発性　idiopathic　129b
毒物　poison　207b
毒ヘビ　viper　279b
独立栄養　autotrophy　27b
　独立栄養［の］　autotrophic　27b
独立栄養生物　⇌ 独立栄養体　autotroph　27b
独立栄養体　autotroph　27b
独立の法則　law of independence　148a
時計皿培養　watch glass culture　281a
ドコサヘキサエン酸　docosahexaenoic acid　77b

ドコサン酸 docosanoic acid ⇌ ベヘン酸 behenic acid 31a
トコトリエノール tocotrienol 267a
トコフェロール tocopherol 267a
吐根アルカロイド ipecacuanha alkaloid 138b
と[屠]殺 sacrifice 235b
と[屠]殺場 slaughterhouse 245b
ドジョウ loach 153a
土壌微生物 soil microorganism 246b
杜松油 sabinin oil 235a
トーションバランス ⇌ ねじりばかり torsion balance 267b
トシル化 tosylation 267b
N-トシル-L-フェニルアラニルクロロメチルケトン N-tosyl-L-phenylalanyl chloromethyl ketone 267b
N^{α}-トシル-L-リシルクロロメチルケトン N^{α}-tosyl-L-lysyl chloromethyl ketone 267b
度数 frequency 100a
ドッキングタンパク質 docking protein ⇌ SRP受容体 SRP receptor 250b
突出末端 ⇌ 付着末端【制限酵素断片の】 cohesive end 54a
[突然]変異 mutation 174b／variation 277b
[突然]変異型 variant 277b／variety 277b
[突然]変異株 variant 277b／variety 277b
[突然]変異原性[の] mutagenic 174a
[突然]変異固定 mutation fixation 174b
[突然]変異細胞 mutant cell 174b
[突然]変異性 mutability 174a
[突然]変異体 mutant 174a／variant 277b
[突然]変異頻度 mutation frequency 174b
[突然]変異誘発 mutagenesis 174a／mutagenic 174a
[突然]変異誘発遺伝子 mutator gene 174b
[突然]変異誘発表現型 mutator phenotype 174b
[突然]変異誘発物質 ⇌ 変異原 mutagen 174a
[突然]変異誘発要因 mutagen 174a
[突然]変異率 mutation rate 174b
ドットブロット法 dot blotting 78b
突発 burst 38a
突沸 bumping 38a
ドデカン酸 dodecanoic acid ⇌ ラウリン酸 lauric acid 148a
ドデシル硫酸ナトリウム sodium dodecyl sulfate 246b

トートメラーゼ tautomerase 260b
ドナー donor 78a
ドナキシン donaxine ⇌ グラミン gramine 111a
ドナー部位【スプライシングの】 donor site 78a
ドナン効果 Donnan effect 78a
ドナンの膜電位 Donnan membrane potential 78a
ドナンの膜平衡 Donnan membrane equilibrium 78a
トニン tonin 267b
トノフィラメント tonofilament 267b
トノプラスト ⇌ 液胞膜 tonoplast 267b
ドーパ DOPA, dopa 78a
ドーパキノン dopaquinone 78b
ド[ー]パミン dopamine 78a
ドーパミン作動性 dopaminergic 78a
ドーパミン作動性ニューロン dopaminergic neuron 78a
ドーパミン β-ヒドロキシラーゼ dopamine β-hydroxylase ⇌ ドーパミン β-モノオキシゲナーゼ dopamine β-monooxygenase 78a
ドーパミン β-モノオキシゲナーゼ dopamine β-monooxygenase 78a
飛石モデル stepping stone model 251b
トブラマイシン tobramycin 267a
ドブレ・ドトニ・ファンコニ症候群 Debré-de Toni-Fanconi syndrome ⇌ ファンコニ症候群 Fanconi syndrome 92b
トポイソメラーゼ topoisomerase ⇌ DNAトポイソメラーゼ DNA topoisomerase 77a
トポロジー topology 267b
トポロジカルな性質 topological property 267b
トマチジン tomatidine 267b
トマチン tomatine 267b
塗抹標本 smear preparation 246a／ ⇌ なすりつけ標本 smear 246a
トマトブッシースタントウイルス tomato bushy stunt virus 267b
ドミナントネガティブ変異体 dominant negative mutant 78a
ドーミン dormin 78b
トムソン散乱 Thomson scattering 264b
ドメイン domain 77b
ドメインシャッフリング domain shuffling 77b

トモシリソウ種子油　behen oil　31b
トヨカマイシン　toyocamycin　268a
トヨマイシン　toyomycin ⇒ クロモマイシン A_3　chromomycin A_3　50b
トラウマ　trauma　270b
トラウマチン　traumatin　270b
トラガカントゴム　tragacanth gum　268a
ドラケオール 6VR　Drakeol 6VR　79a
ドラゲンドルフ試薬　Dragendorff's reagent　79a
ドラッグデリバリーシステム ⇒ 薬物送達システム　drug delivery system　79a
トラップ　trap　270b
ドラバル遠心機　De Laval centrifuge　68b
ドラフト配列　draft sequence　79a
トランキライザー　tranquil[l]izer　268a
トランジション　transition　269b
トランジション変異　transition mutation　269b
トランスアセチラーゼ　transacetylase ⇒ アセチルトランスフェラーゼ　acetyltransferase　5a
トランスアミナーゼ　transaminase ⇒ アミノトランスフェラーゼ　aminotransferase　16a
トランス位脱離　trans elimination　269a
トランス形　trans form　269a
トランス活性化因子 ⇒ トランス作用因子　trans activator　268a
トランスカルバミラーゼ　transcarbamylase ⇒ カルバモイルトランスフェラーゼ　carbamoyltransferase　40b
トランスカルボキシラーゼ　transcarboxylase　268b
トランスクリプターゼ ⇒ 転写酵素　transcriptase　268b
トランスクリプトーム　transcriptome　268b
トランスグルタミナーゼ　transglutaminase　269a
トランスケトラーゼ　transketolase　269b
トランスコバラミン　transcobalamin　268b
トランスコルチン　transcortin　268b
トランスサイトーシス　transcytosis　268b
トランスサイレチン ⇒ トランスチレチン　transthyretin　270b
トランス作用因子　trans activator　268a
トランス作用性　trans-acting　268a
トランスジェニック　transgenic　269b
トランスチレチン　transthyretin　269b
トランスデューシン　transducin　269a
トランス配置　trans configuration　268b
トランスバージョン変異　transversion mutation　270b
トランスファー RNA ⇒ 転移 RNA　transfer RNA　269a
トランスファーファクター ⇒ 伝達因子　transfer factor　269a
トランスフェクション　transfection　269a
トランスフェラーゼ ⇒ 転移酵素　transferase　269a
トランスフェリン　transferrin　269a
トランスフォーマント ⇒ 形質転換体　transformant　269a
トランスフォーミング遺伝子　transforming gene　269a
トランスフォーミング増殖因子　transforming growth factor　269a
トランスフォーメーション ⇒ 悪性転換　transformation　269a
トランスペプチダーゼ　transpeptidase　270a
トランスポザーゼ　transposase　270a
トランスホスホリラーゼ　transphosphorylase ⇒ ホスホトランスフェラーゼ　phosphotransferase　202a
トランスポゼース ⇒ トランスポザーゼ　transposase　270a
トランスポゾン　transposon　270b
トランスポーター ⇒ 輸送体　transporter　270a
トランスホルミラーゼ　transformylase　269a
トランスメチラーゼ　transmethylase ⇒ メチルトランスフェラーゼ　methyltransferase　166a
トランスメンブランコントロール　transmembrane control　270a
トランスロカーゼ　translocase　269b
トランスロケーション【タンパク質生合成における】　translocation　269b
トランスロコン　translocon　270a
トリアカンチン　triacanthine　270b
トリアコンタン酸　triacontanoic acid ⇒ メリシン酸　melissic acid　162a
トリアシルグリセロール　triacylglycerol　270b
トリアムシノロン　triamcinolone　270b
トリオキナーゼ　triokinase　271b
トリオース　triose　271b

ドリオファンチン dryophantin 79b
トリオレイン triolein 271b
トリオレオイルグリセロール trioleoylglycerol ⇌ トリオレイン triolein 271b
トリカブトアルカロイド aconitum alkaloid 5b
トリカルボン酸 tricarboxylic acid 270b
トリカルボン酸回路 tricarboxylic acid cycle ⇌ クエン酸回路 citric acid cycle 51b
トリグリセリド triglyceride ⇌ トリアシルグリセロール triacylglycerol 270b
トリクロロ酢酸 trichloroacetic acid 270b
2,4,5-トリクロロフェノキシ酢酸 2,4,5-trichlorophenoxyacetic acid 271a
トリゴネリン trigonelline 271a
トリコマイシン trichomycin 271a
取込まれた ⇌ 隔離された sequestered 241a
取込む【細胞内に】 internalize 136b
ドリコールリン酸 dolichol phosphate 77b
トリス Tris 272a
トリスケリオン triskelion 272a
トリステアリン tristearin 272a
トリステアロイルグリセロール tristearoylglycerol ⇌ トリステアリン tristearin 272a
トリソミー trisomy 272a
トリソラックスグループタンパク質 Trithorax group protein 272a
トリチウム tritium 272a
トリチウム標識[法] tritium label[l]ing 272a
トリチル化 tritylation 272a
トリテルペノイドサポニン triterpenoid saponin 272a
トリテルペン triterpene 272a
Triton【トリトン】系界面活性剤 Triton series surfactant 272a
トリ肉腫ウイルス avian sarcoma virus 28a
トリニトロフェノール trinitrophenol 271a
2,4,6-トリニトロベンゼンスルホン酸 2,4,6-trinitrobenzenesulfonic acid 271a
トリヌクレオチドリピート trinucleotide repeat 271b
トリ[の] avian 28a
トリ白血病ウイルス avian leukemia virus 28a
トリパノソーマ Trypanosoma 272b
トリパフラビン tripaflavin ⇌ アクリフラビン acriflavine 6a

トリパルサミド tryparsamide 272b
トリパルミチン tripalmitin 271b
トリパルミトイルグリセロール tripalmitoylglycerol ⇌ トリパルミチン tripalmitin 271b
トリパンブルー trypan blue 272b
1,24,25-トリヒドロキシコレカルシフェロール 1,24,25-trihydroxycholecalciferol 271a
trp【トリプ】オペロン *trp* operon 272b
トリプシノーゲン trypsinogen 272b
トリプシン trypsin 272b
トリプシンインヒビター trypsin inhibitor 272b
トリプシン処理 trypsinization 272b
トリプシンペプチド trypsin peptide 273a
トリプタミン tryptamine 273a
トリブチルスズ化合物 tributyltin compound 270b
トリプトファン tryptophan 273a
トリプトファン血症 tryptophanemia 273a
トリプトン trypton 273a
トリフルオロアセチル化 trifluoroacetylation 271a
トリフルオロ酢酸 trifluoroacetic acid 271a
トリプレット triplet 271b
トリプレットリピート triplet repeat ⇌ トリヌクレオチドリピート trinucleotide repeat 271b
トリプレットリピート病 triplet repeat disease 271b
トリヘキソシルセラミド trihexosylceramide 271a
トリヘキソシルセラミド蓄積症 trihexosylceramidosis ⇌ ファブリー病 Fabry disease 92a
トリホスファターゼ triphosphatase ⇌ アデノシントリホスファターゼ adenosine triphosphatase 8a
トリホスホイノシチド triphosphoinositide ⇌ ホスファチジルイノシトールビスリン酸 phosphatidylinositol bisphosphate 200a
トリホスホピリジンヌクレオチド【旧称】 triphosphopyridine nucleotide ⇌ ニコチンアミドアデニンジヌクレオチドリン酸 nicotinamide adenine dinucleotide phosphate 180a
トリミリスチン trimyristin 271a
鳥目 ⇌ 夜盲[症] nyctalopia 184b

トリメチルエタノールアミン trimethyletha-nolamine ⇌ コリン choline 49b	トロコール trochol ⇌ ベツリン betulin 32a
トリメチルオキサミン trimethyloxamine 271a	トロパカイン tropacaine ⇌ トロパコカイン tropacocaine 272a
トリメチルシリル化 trimethylsilylation 271a	トロパコカイン tropacocaine 272a
トリメトプリム trimethoprim 271a	トロパ酸 tropic acid 272b
トリヨードチロニン triiodothyronine 271a	トロパン tropane 272a
トリヨードチロニン中毒症 triiodothyronine toxicosis 271a	トロピン tropine 272b
p-トリルスルホニル化 p-tolylsulfonylation ⇌ トシル化 tosylation 267b	トロポコラーゲン tropocollagen 272b
トル Torr 267b	トロポニン troponin 272b
トルイジンブルーO toluidine blue O 267b	トロポミオシン tropomyosin 272b
トルエン toluene 267b	トロポミオシン-トロポニン複合体 tropomyo-sin-troponin complex 272b
トルエンスルホニル化 toluenesulfonylation ⇌ トシル化 tosylation 267b	トロポロン tropolone 272b
トルコ鞍 Turkish saddle 274a	トロンバン酸 thrombanoic acid 265a
ドルーデの式 Drude equation 79b	トロンビン thrombin 265a
ドルトン dalton 66a	トロンビン感受性タンパク質 thrombin sensi-tive protein ⇌ トロンボスポンジン thrombospondin 265a
トルーバルサム tolu balsam 267a	トロンボキサン thromboxane 265a
トルブタミド tolbutamide 267a	トロンボキサン受容体 thromboxane receptor 265a
トレイトール threitol 265a	トロンボステニン thrombostenin 265a
トレオース threose 265a	トロンボスポンジン thrombospondin 265a
トレオニン threonine 265a	トロンボポエチン thrombopoietin 265a
トレオ配置 threo configuration 265a	トロンボモジュリン thrombomodulin 265a
トレーサー tracer 268a	トロンマー試験 Trommer's test 272a
トレハラーゼ trehalase 270b	貪食 ⇌ 食作用 phagocytosis 198a
トレハロース trehalose 270b	トンネル顕微鏡 tunneling microscope 274a
トレメローゲン tremerogen 270b	とんぼがえり機構 ⇌ フリップ・フロップ機構 flip-flop mechanism 96b
トレンス反応 Tollens reaction 267a	

ナ

ナイアシン niacin ⇌ ニコチン酸 nicotinic acid 180a	内在[の] intrinsic 137a
ナイアシンアミド niacinamide ⇌ ニコチンアミド nicotinamide 179b	ナイジェリシン nigericin 180a
	内植 interplantation 136b
内因子 intrinsic factor 137a	内殖 ⇌ 移入 ingression 133b
内因性窒素量 endogenous nitrogen 85a	内植体 interplant 136b
内因性要因 intrinsic factor 137a	ナイスタチン ⇌ ニスタチン nystatin 185a
内外反転膜 ⇌ 反転膜小胞 inside-out vesicle 135a	内臓中胚葉 visceral mesoderm 279b
内腔〚こう〛【小胞体の】 lumen (pl. lumina, lumens) 154b	内臓[の] visceral 279b
	内筒【ホモジナイザーの】 pestle 197b
内在性[の] endogenic 84b	内毒素 endotoxin 85a
	ナイトロジェンマスタード nitrogen mustard 181a

内[胚]乳　endosperm　85a
内胚葉　endoderm　84b
内皮　endothelium(*pl.* endothelia)　85a
内皮細胞　endothelial cell　85a
内皮由来平滑筋弛緩因子　→[血管]内皮由来平滑筋弛緩因子　endothelium-derived relaxing factor　85a
内部エネルギー　internal energy　136b
内部回転　→分子内回転　internal rotation　136b
内部回転角　internal-rotation angle　→ねじれ角　torsion angle　267b
内部回転ポテンシャル壁　internal-rotation potential barrier　136b
内部寄生菌　endophyte　85a
内部細胞塊　inner cell mass　134a
内部電位　inner potential　134a
内[部]標準　internal standard　136b
内部変換　internal conversion　136b
内分泌攪乱化学物質　endocrine disrupting chemicals　84b
内分泌　internal secretion　136b
内分泌学　endocrinology　84b
内分泌系　endocrine system　84b
内分泌腺　endocrine gland　84b
内膜　intima(*pl.* intimae)　137a
内膜粒子【ミトコンドリアなどの】　inner membrane particle　134a
流れ　flux　97b
ナジ反応　nadi reaction　→インドフェノール[ブルー]反応　indophenol [blue] reaction　133a
なすりつけ標本　smear　246a
なたね油　rapeseed oil　225b
ナチュラルキラー細胞　natural killer cell　176b
ナトリウム　sodium　246b
Na$^+$,K$^+$-ATPアーゼ　Na$^+$,K$^+$-ATPase　176a
ナトリウムゲート　sodium gate　246b
ナトリウム説　sodium theory　246b
ナトリウム透過性　sodium permeability　246b
ナトリウム排出性の　natriuretic　176b
ナトリウムポンプ　sodium pump　246b
名取の[筋]繊維　Natori's fiber　176b
7S抗体　7S antibody　236b
七炭糖　→ヘプトース　heptose　118a
ナフォキシジン　nafoxidine　176a
ナフタレンブラック　Naphthalene Black　→アミドブラック　Amido Black　15a
ナフトキノン　naphthoquinone　176a
鉛　lead　148a
涙　lacrima　145a
なめし　tanning　260a
ならし培地　conditioned medium　56b
ナリジキシン酸　→ナリジクス酸　nalidixic acid　176a
ナリジクス酸　nalidixic acid　176a
ナリンギン　naringin　176b
ナリンゲニン　naringenin　176b
ナルコチン　narcotine　176b
ナルコレプシー　narcolepsy　176b
ナルセイン　narceine　176a
慣れ　habituation　113a
ナロキソン　naloxone　176a
軟寒天培養　soft agar culture　246b
軟骨　cartilage　42b
軟骨細胞　chondrocyte　49b
軟骨腫　chondroma　50a
軟骨肉腫　chondrosarcoma　50a
軟骨膜　perichondrium　197a
軟骨由来抗腫瘍因子　cartilage-derived antitumor factor　42b
ナンセンスコドン　nonsense codon　→終止コドン　termination codon　262a
ナンセンスサプレッサー　nonsense suppressor　182a
ナンセンス[突然]変異　nonsense mutation　182a
軟層　→バフィーコート　buffy coat　37b
軟体動物　mollusk　170a
軟体動物[の]　molluscan　170a
難読症　→失読[症]　dyslexia　80b

ニ

二塩基性アミノ酸尿症　dibasic aminoaciduria　72b
におい　odor　185b
2回[回転]軸　two-fold [rotation] axis　274b
二核共存体　⇌ 二核体　dikaryon　74a
二核相　dikaryon　74a
二核体　dikaryon　74a
二価抗体　bivalent antibody　34a
二価性試薬　bifunctional reagent　32a
二価染色体　gemini　104a
II型DNA　form II DNA　⇌ 開環状DNA　open circular DNA　187a
二価[の]　bivalent　34a
二基質反応　bisubstrate reaction　33b
二極[性][の]　bipolar　33b
肉エキスブイヨン　meat extract peptone broth　⇌ ブイヨン　bouillon　36a
肉芽[げ]腫　granuloma　111b
肉芽[げ]腫性疾患　granulomatous disease　111b
肉腫　sarcoma (*pl.* sarcomata)　236b
肉腫遺伝子　sarcoma gene　237a
肉腫ウイルス　sarcoma virus　237a
肉食性[の]　carnivorous　42a
肉糖　meat sugar　⇌ イノシトール　inositol　134b
ニゲリシン　⇌ ナイジェリシン　nigericin　180a
二原子酸素添加酵素　⇌ ジオキシゲナーゼ　dioxygenase　74b
二抗体法　⇌ 二重抗体法　double antibody technique　78b
二光反応　two light reactions　274b
二項分布　binominal distribution　32b
ニコチン　nicotine　180a
ニコチン作用　nicotine action　180a
ニコチンアミド　nicotinamide　179b
ニコチンアミドアデニンジヌクレオチド　nicotinamide adenine dinucleotide　180a
ニコチンアミドアデニンジヌクレオチドリン酸　nicotinamide adenine dinucleotide phosphate　180a
ニコチンアミドモノヌクレオチド　nicotinamide mononucleotide　180a
ニコチンアミドリボヌクレオチド【旧称】nicotinamide ribonucleotide　⇌ ニコチンアミドモノヌクレオチド　nicotinamide mononucleotide　180a
ニコチン酸　nicotinic acid　180a
ニコチン酸アミド　nicotinic acid amide　⇌ ニコチンアミド　nicotinamide　179b
ニコチン性アセチルコリン受容体　nicotinic acetylcholine receptor　180a
ニコチン性受容体　nicotinic receptor　⇌ ニコチン性アセチルコリン受容体　nicotinic acetylcholine receptor　180a
濁りプラーク　turbid plaque　274a
濁り溶菌斑　⇌ 濁りプラーク　turbid plaque　274a
二酸化硫黄　sulfur dioxide　256a
二酸化炭素　carbon dioxide　41a
二次イオン化法　secondary ionization　239a
二次応答　secondary response　239a
二次元NMR　two-dimensional NMR　274b
二次元電気泳動　two-dimensional electrophoresis　274b
二次構造　secondary structure　239a
二次抗体　secondary antibody　238b
二次小結節　secondary nodule　⇌ 胚中心　germinal center　105b
二次性徴　secondary sexual character　239a
二次代謝産物　secondary metabolites　239a
二次胆汁酸　secondary bile acid　239a
二次能動輸送　secondary active transport　238b
二次培養　secondary culture　239a
二次反応　second-order reaction　239a
二次プロテオース　secondary proteose　239a
二次メッセンジャー　⇌ セカンドメッセンジャー　second messenger　239a
二次免疫応答　secondary immune response　⇌ 二次応答　secondary response　239a
二次免疫注射　⇌ 追加免疫　booster　35b

二重拡散法　double diffusion test ⇌ 二重免疫拡散法　double immunodiffusion　78b
二重逆数プロット　double reciprocal plot　78b
二重結合　double bond　78b
二重抗体法　double antibody technique　78b
二重鎖 RNA ⇌ 二本鎖 RNA　double-strand[ed] RNA　79a
二重層　bilayer　32a／double layer　78b
二重微小染色体　double minute chromosome　78b
二重免疫拡散法　double immunodiffusion　78b
二重盲検法　double blind test　78b
二重らせん　double helix　78b
二色性　dichroism　72b
二次リソソーム　secondary lysosome　239a
ニスタチン　nystatin　185a
二相性[の]　biphasic　33b
日内リズム　infradian rhythm　133b
二項曲線　bimodal curve　32b
ニッカーゼ　nickase　179b
ニック　nick　179b
ニックトランスレーション　nick translation　179b
ニッケイ酸 ⇌ ケイ皮酸　cinnamic acid　51b
ニッケル　nickel　179b
ニッケル金属タンパク質　nickel-metalloprotein ⇌ ニッケルプラスミン　nickeloplasmin　179b
ニッケルプラスミン　nickeloplasmin　179b
日周性リズム ⇌ サーカディアンリズム　circadian rhythm　51b
ニッシェ　niche　179b
ニッスル小体　Nissl body　180b
ニッチ　niche ⇌ 生態的地位　ecological niche　81a
二糖　disaccharide　75b
ニトラターゼ　nitratase　180b
ニトリル　nitrile　180b
ニトリルイオン　nitryl ion ⇌ ニトロイルイオン　nitroyl ion　181a
ニトロイルイオン　nitroyl ion　181a
ニトロ化合物　nitro compound　180b
ニトロキシル酸　nitroxylic acid　181a
4-ニトロキノリン 1-オキシド　4-nitroquinoline 1-oxide　181a
ニトロゲナーゼ　nitrogenase　180b

ニトロセルロース膜　nitrocellulose membrane　180b
ニトロソアミン　nitrosamine　181a
ニトロソグアニジン　nitrosoguanidine　181a
ニトロニウムイオン　nitronium ion　181a
p-ニトロフェニルエステル　p-nitrophenyl ester　181a
ニトロプルシド反応　nitroprusside reaction　181a
ニトロメタン　nitromethane　181a
二倍性　diploidy　75a／diplont　75a
二倍体細胞　diploid cell　75a
二倍体[の]　diploid　75a
二波長分光光度計　dual wavelength spectrophotometer　80a
nif[ニフ]オペロン　nif operon ⇌ 窒素固定オペロン　nitrogen-fixing operon　181a
二分子　dyad　80a
二分子反応　bimolecular reaction　32b
二分子膜 ⇌ 脂質二重層　lipid bilayer　152a
二分染色体　dyad　80a
二方向複製　bidirectional replication　32a
二本鎖 RNA　double-strand[ed] RNA　79a
二本鎖 RNA 依存性プロテインキナーゼ　double-strand[ed] RNA-dependent protein kinase　79a
二本鎖 RNA ウイルス　double-strand[ed] RNA virus　79a
二本鎖切断　double strand break　79a
ニーマン・ピック病　Niemann-Pick disease　180a
二面角　dihedral angle ⇌ ねじれ角　torsion angle　267b
乳化　emulsification　84a
乳凝　curdling　63a
乳光　opalescence　187a
乳香　olibanum　186a
乳酸　lactic acid　145b
乳酸塩　lactate　145b
乳酸[細]菌　lactic acid bacterium　145b
乳酸脱水素酵素 ⇌ 乳酸デヒドロゲナーゼ　lactate dehydrogenase　145b
乳酸デヒドロゲナーゼ　lactate dehydrogenase　145b
乳酸発酵　lactic acid fermentation　145b
乳脂計　lactobutyrometer　146a
乳汁漏出症　galactorrhea　101b
乳清タンパク質　whey protein　282a

乳腺　mammary gland　158b
乳腺刺激ホルモン　mammotropic hormone ⇌ プロラクチン　prolactin　215b
乳[濁]液　latex　147b／⇌ エマルション　emulsion　84b
乳タンパク質　milk protein　167b
乳糖　milk sugar ⇌ ラクトース　lactose　146a
乳頭　papilla (pl. papillae)　192b
乳頭腫　papilloma　192b
乳頭腫ウイルス ⇌ パピローマウイルス属　*Papillomavirus*　192b
乳頭体　mammillary body　158b
乳糖不耐症 ⇌ ラクトース不耐症　lactose intolerance　146a
乳鉢　mortar　171b
乳び[糜]　chylus　51a
乳び[糜]管　lacteal vessel　145b
乳び[糜]血　chylemia　51a
乳棒　pestle　197b
乳房[の]　mammary　158b
ニューカッスル病ウイルス　Newcastle disease virus　179b
ニュー体　nu body　183a
ニュートン　newton　179b
ニュートン流動　Newtonian flow　179b
ニューマン投影式　Newman projection formula　179b
ニューロスポラ ⇌ アカパンカビ　*Neurospora*　179a
ニューロテンシン　neurotensin　179a
ニューロフィシン　neurophysin　179a
ニューロフィブロミン　neurofibromin　178b
ニューロフィラメント　neurofilament　178b
ニューロン　neuron　178b
ニューロン特異的エノラーゼ　neuron specific enolase ⇌ 14-3-2 タンパク質　14-3-2 protein　217a
尿　urine　276b
尿細管　renal tubule　228b
尿酸　uric acid　276a
尿酸形成　uricogenesis　276a

尿酸排出　uricotelism　276a
尿酸排出動物　uricotelic animal　276a
尿色素 ⇌ ウロクロム　urochrome　276b
尿素　urea　276a
尿素回路　urea cycle　276a
尿素形成　ureogenesis　276a
尿素窒素　urea nitrogen　276a
尿素排出　ureotelism　276a
尿素排出動物　ureotelic animal　276a
尿素比　urea ratio　276a
尿素付加物　urea adduct　276a
尿毒症　uremia　276a
尿ペプシン　uropepsin　276b
尿崩症　diabetes insipidus　72a
尿膜【鳥類，は虫類胚の】　allantois　12b
ニーランデル試薬　Nylander's reagent　184b
二量体　dimer　74b
二量体酵素　dimeric enzyme　74b
二リン酸　diphosphoric acid　75a
ニワトリ　chicken　48a
ニワトリ胚　chick embryo　48a
任意嫌気[性]生物 ⇌ 通性嫌気[性]生物　facultative anaerobe　92a
任意交配　random mating　225b
任意性ヘテロクロマチン ⇌ 機能性ヘテロクロマチン　facultative heterochromatin　92a
任意独立栄養生物　facultative autotroph　92a
任意の　arbitrary　23b
任意メチロトローフ　facultative methylotroph　92a
認識　recognition　226b
妊娠性 α_2 糖タンパク質　pregnancy-associated α_2 glycoprotein ⇌ 妊娠性血漿タンパク質　pregnancy-zone protein　213a
妊娠性血漿タンパク質　pregnancy-zone protein　213a
妊娠[の]　pregnant　213a
妊性　fertility　94a
認知　perception　196b
ニンヒドリン　ninhydrin[e]　180b
ニンヒドリン反応　ninhydrin[e] reaction　180b

ヌ

ヌクレアーゼ nuclease 183b
ヌクレオキャプシド nucleocapsid 184a
ヌクレオジソーム nucleodisome 184a
ヌクレオシダーゼ nucleosidase 184a
ヌクレオシド nucleoside 184a
ヌクレオシド系抗生物質 nucleoside antibiotic 184a
ヌクレオシドニリン酸糖 nucleoside diphosphate sugar ⇌ 糖ヌクレオチド sugar nucleotide 255a
ヌクレオソーム nucleosome 184a
ヌクレオチダーゼ nucleotidase 184a
ヌクレオチド nucleotide 184a
ヌクレオチド組成 nucleotide composition ⇌ 塩基組成 base composition 30b
ヌクレオチド対 nucleotide pair 184b
ヌクレオチド糖 nucleotidyl sugar ⇌ 糖ヌクレオチド sugar nucleotide 255a
ヌクレオチドホスホヒドロラーゼ nucleotide phosphohydrolase ⇌ ヌクレオチダーゼ nucleotidase 184a
ヌクレオヒストン nucleohistone 184a
ヌクレオプロタミン nucleoprotamine 184a
ヌードマウス nude mouse 184b
ヌファリジン nupharidine 184b
ヌル細胞 null cell 184b

ネ

ネオエンドルフィン neoendorphin 177b
ネオカルチノスタチン neocarzinostatin 177a
ネオゲネシス neogenesis 177b
ネオスチグミン neostigmine 177b
ネオダーウィニズム ⇌ 新ダーウィン説 neo-Darwinism 177a
ネオテトラゾリウムクロリド neotetrazolium chloride 177b
ネオテトラゾリウムブルー neotetrazolium blue ⇌ ネオテトラゾリウムクロリド neotetrazolium chloride 177b
ネオマイシン neomycin 177b
ネオマイシン耐性遺伝子 neo^r gene 177b
ネオマタタビオール neomatatabiol 177b
ネオモルフ neomorph 177b
ネガティブ染色[法] negative staining 177a
ネキシン nexin 179b
ネクサス nexus ⇌ ギャップ結合 gap junction 102b
ネクトン nekton 177a
ネクロホルモン necrohormone ⇌ 傷ホルモン wound hormone 282b
ネコ[の] feline 93b
ねじり twist 274a
ねじりばかり torsion balance 267b
ねじれ角 torsion angle 267b
ねじれ数 ⇌ ツイスト数 twisting number 274a
ねじれ舟形配座 twist-boat conformation ⇌ スキュー配座 skew conformation 245a
ネシン necine 176b
ネズミチフス菌 *Salmonella typhimurium* 236a
ネスラー試薬 Nessler's reagent 178a
根成長ホルモン root growth hormone 234a
熱安定酵素 thermostable enzyme 263b
熱化学 thermochemistry 263b
熱失活 thermal inactivation 263b
熱ショック heat shock 115a
熱ショックタンパク質 heat shock protein 115b
熱帯性スプルー tropical sprue 272b
ネッツロフ症候群 Nezelof's syndrome 179b
熱伝導度検出器 thermal conductivity detector 263b
熱発生 thermogenesis 263b

熱不安定性抗体	heat-labile antibody	115a
熱変性	thermal denaturation	263b
熱力学	thermodynamics	263b

熱力学第一法則 first law of thermodynamics 95b
熱力学第三法則 third law of thermodynamics 264b
熱力学第二法則 second law of thermodynamics 239a
熱力学ポテンシャル thermodynamic potential ⇌ ギブズの自由エネルギー Gibbs free energy 106a
熱量計 calorimeter 39b
熱量増加 heat increment 115a
熱量測定 calorimetry 39b
ネトロプシン netropsin 178a
ネフ反応 Nef reaction 177a
ネフロカルシノーシス ⇌ 腎石灰沈着症 nephrocarcinosis 177b
ネフローゼ nephrosis 177b
ネフローゼ症候群 nephrotic syndrome 177b
ネフロン nephron 177b
ネフロンループ nephron loop ⇌ ヘンレ係蹄 loop of Henle 154a
ネマチック液晶 nematic liquid crystal 177a
ネマトーダ ⇌ 線虫 nematode 177a
ネルソン症候群 Nelson syndrome 177a
ネルソン・ソモジ法 Nelson-Somogyi method 177a
ネルボン nervon 178a
ネルボン酸 nervonic acid 178a
ネルンストの熱定理 Nernst's heat theorem ⇌ 熱力学第三法則 third law of thermodynamics 264b
ネルンスト・プランクの定理 Nernst-Plank theorem ⇌ 熱力学第三法則 third law of thermodynamics 264b
ネロール nerol 178a
粘液 mucus 172b
粘液酸 mucic acid 172b
粘液水腫 myxedema 175b
粘菌 slime mold 245b
粘菌門 Myxomycota 175b
燃焼 combustion 55a
粘性 viscosity 279b
ねん〔稔〕性 fertility 94a
ねん〔稔〕性因子 fertility factor 94a
ねん性プラスミド fertility plasmid ⇌ 性因子【細菌の】 sex factor 242a
粘性率 viscosity 279b
粘弾性 viscoelasticity 279b
粘着 adherence 8b／cohesion 54a
粘着細胞 adhesive cell 8b
粘着性[の] sticky 252a
粘着末端 ⇌ 付着末端【制限酵素断片の】 cohesive end 54a
捻転毛症候群 kinky hair disease ⇌ メンケス症候群 Menkes syndrome 162b
粘度 viscosity 279b
粘度計 viscometer 279b
粘度式 viscosity formula 280a
粘度平均分子量 viscosity-average molecular weight 279b
粘膜 mucosa 172b
粘膜免疫 mucosal immune 172b
年齢 age 10b

ノ

ノイバウアー・ロード反応 Neubauer-Rhode reaction 178a
ノイベルグエステル Neuberg ester 178a
ノイラミニダーゼ neuraminidase 178b
ノイラミン酸 neuraminic acid 178b
ノイリン neurin 178b
ノイロスポレン neurosporene 179a
脳 brain 36a
 脳[の] ⇌ 大脳[の] cerebral 45b
嚢〖のう〗 cisterna (*pl.* cisternae) 51b
脳炎 encephalitis 84b
脳炎惹起性タンパク質 encephalitogenic protein 84b
脳下垂体 ⇌ 下垂体 pituitary 205a
脳幹 brain stem 36a
脳弓 ⇌ 円がい【蓋】 fornix 99a
脳橋 ⇌ 橋 pons 210b
農芸化学 agricultural chemistry 11a

脳形成　cephalization　45a	ノカルジン酸　nocardic acid → ノカルドミコール酸　nocardomycolic acid　181b
脳血液関門 → 血液脳関門　blood-brain barrier　34b	ノカルドミコール酸　nocardomycolic acid　181b
脳けん[腱]黄色腫症　cerebrotendinous xanthomatosis　45b	ノーザンブロット法　Northern blot technique　182b
脳室　ventricle　278b	ノスカピン　noscapine → ナルコチン narcotine　176b
濃縮　concentrate　56a	ノックアウト　knock out　144b
濃縮用ゲル　stacking gel　250b	ノックアウトマウス　knockout mouse　144b
濃色効果　hyperchromic effect　127a	
濃色[の]　hyperchromic　127a	ノックインマウス　knockin mouse　144b
脳脊[せき]髄液　cerebrospinal fluid　45b	ノッチ遺伝子　*Notch* gene　183a
脳槽　cisterna (*pl.* cisternae)　51b	ノトバイオート　gnotobiote　110a
嚢[のう]摘除　bursectomy　38a	ノナクチン　nonactin　181b
脳電図　electroencephalogram　82b	ノナン酸　nonanic acid → ペラルゴン酸 pelargonic acid　195b
濃度　concentration　56a	
能動アナフィラキシー　active anaphylaxis　6b	ノニル酸　nonylic acid → ペラルゴン酸 pelargonic acid　195b
能動透過　active permeation → 能動輸送 active transport　6b	ノニルフェノール　nonylphenol　182b
能動免疫　active immunity　6b	ノボビオシン　novobiocin　183a
能動輸送　active transport　6b	乗換え → 交差【DNA, 染色体間の】　crossing over　61b
能動輸送体 → ポンプ　pump　220b	
濃度計 → デンシトメーター　densitometer　69a	乗換え地図　crossing over map　61b
濃度消光　concentration quenching　56a	ノルアドレナリン　noradrenaline　182b
嚢[のう]内領域　intracisternal space　137a	ノルアドレナリンニューロン　noradrenaline neuron　182b
脳波　brain wave　36a	ノルエピネフリン　norepinephrine → ノルアドレナリン　noradrenaline　182b
嚢[のう]胚 → 原腸胚　gastrula　103a	
嚢胚形成 → 原腸形成　gastrulation　103a	ノルバリン　norvaline　183a
嚢[のう]胞性繊維症　cystic fibrosis　64b	ノルビオチン　norbiotin　182b
嚢胞性繊維症膜貫通調節タンパク質　cystic fibrosis transmembrane regulator　64b	ノルビキシン　norbixin　182b
	ノルメタネフリン　normetanephrine　182b
脳網様体 → 網様体　reticular formation　230b	ノルロイシン　norleucine　182b
脳由来神経栄養因子　brain-derived neurotrophic factor　36a	ノンレム睡眠　non-REM sleep　182a

ハ

場 field 95a
把握器 ⇌ 鉗[かん]子 clamp 52a
胚 embryo 84a
　胚[の] germinal 105b
肺 lung 155a
　肺[の] pulmonary 220a
配位化学 coordination chemistry 58b
配位化合物 coordination compound 58b
配位結合 coordinate bond 58b
配位子 ligand 150b
配位数 coordination number 58b
配位する coordinate 58b
灰色三日月[環] gray crescent 111b
パイエル板 Peyer patch 198a
肺炎 pneumonia 207a
肺炎双球菌 *Diplococcus pneumoniae* 75a
バイオアッセイ bioassay 32b
バイオインフォマティクス ⇌ 生命情報科学 bioinformatics 33b
バイオエシックス ⇌ 生命倫理 bioethics 33a
バイオエレクトロニクス ⇌ 生物電子工学 bioelectronics 33a
バイオオートグラフィー bioautography 32b
バイオクリーンルーム bioclean room 32b
バイオサイバネティクス biocybernetics 32b
バイオセンサー biosensor 33b
バイオチップ biochip 32b
バイオテクノロジー biotechnology 33b
バイオトロン biotron 33b
バイオニクス bionics 33b
バイオハザード biohazard 33a
バイオポリマー ⇌ 生体高分子 biopolymer 33b
バイオマイシン viomycin 279b
バイオマス biomass 33a
バイオミメティックス biomimetics 33a
バイオリアクター bioreactor 33b
バイオリズム ⇌ 生体リズム biorhythm 33b
バイオールF Bayol F 31a
バイオルミネセンス ⇌ 生物発光 biolumines-cence 33a

バイオレオロジー ⇌ 生物レオロジー biorheology 33b
媒介者(体)の ⇌ 保菌生物の vectorial 278a
媒介動物 vector 278a
倍加時間 doubling time ⇌ 世代時間 generation time 104b
倍加線量 doubling dose 79a
ばい菌 germ ⇌ 微生物 microorganism 166a
配偶子 gamete 102a
配偶子合体 fertilization 94a
配偶子形成 gametogenesis 102a
ハイグロマイシン ⇌ ヒグロマイシン hygromycin 126b
胚形成 embryogenesis 84a
バイケイソウアルカロイド veratrum alkaloid 278b
胚結節 embryoblast 84a
配向【分子の】 orientation 188a
配向効果 orientation effect 188a
配座 conformation 56b
配座異性体 conformational isomer 56b
胚細胞緊密化 compaction 55a
媒質 medium (*pl.* media, mediums) 161a
胚珠【植物の】 ovule 190a
胚種広布説 panspermia 192b
排出 excretion 90b
杯状細胞 goblet cell 110a
排除限界 exclusion limit 90b
排除体積 ⇌ ボイド容量 void volume 280b
倍数関係 ploidy 207b
倍数細胞 polyploid cell 210a
倍数性 ploidy 207a
倍数体 polyploid 210a
媒精 insemination 134b
胚性幹細胞 embryonic stem cell 84a
胚性がん腫細胞 ⇌ 胚性腫瘍細胞 embryonal carcinoma cell 84a
胚性腫瘍細胞 embryonal carcinoma cell 84a
肺[臓] lung 155a

| 配置 configuration 56b
| 培地 culture medium 62b／medium 161a
| 胚中心 germinal center 105b
| バイト byte 38b
| 配糖体 glycoside 109b
| ハイドロパシー ⇌ ヒドロパシー hydropathy 126a
| バイナリーベクター binary vector 32b
| 胚乳【植物】 albumen 11a
| ハイパークロミズム hyperchromism ⇌ 濃色効果 hyperchromic effect 127a
| 胚発生 ⇌ 胚形成 embryogenesis 84a
| 胚発生学 ⇌ 発生学 embryology 84a
| ハイパーテンシナーゼ hypertensinase ⇌ アンギオテンシナーゼ angiotensinase 18b
| ハイパーテンシン hypertensin ⇌ アンギオテンシン angiotensin 18b
| ハイパーメタボリックミオパシー hypermetabolic myopathy ⇌ ルフト病 Luft disease 154b
| ハイパーモルフ ⇌ 高次形態［遺伝子］ hypermorph 127b
| 胚盤胞 blastocyst 34a
| 胚盤葉 blastoderm 34a
| 胚盤葉下層 hypoblast 128a
| 背腹軸 dorsoventral axis 78b
| ハイプシン hypusine 129b
| ハイブリッド hybrid 125a
| ハイブリッド形成 hybridization 125a
| ハイブリッド抗体 hybrid antibody 125a
| ハイブリッドサブトラクション hybrid subtraction ⇌ 差引きハイブリッド形成法 subtractive hybridization 254b
| ハイブリッド阻害翻訳法 hybrid-arrested translation 125a
| ハイブリドーマ hybridoma 125b
| 胚胞 ⇌ 卵核胞 germinal vesicle 105b
| 肺胞 alveolus (pl. alveoli) 14a
| 肺胞界面活性物質 pulmonary surfactant 220b
| 肺胞マクロファージ alveolar macrophage 14a
| ハイポクロミズム hypochromism ⇌ 淡色効果 hypochromic effect 128a
| ハイポモルフ hypomorph 128a
| 培養 culture 62b／incubation 132a
| 培養液 medium (pl. media, mediums) 161a／⇌ 培地 culture medium 62b

培養基板【細胞培養における】 substratum (pl. substrata) 254b
培養細胞 cultured cell 62b
排卵 ovulation 190a
排卵誘発剤 ovulation-inducing agent 190a
排卵抑制剤 ovulation inhibitor 190a
配列 sequence 241a
配列決定 sequencing 241a
配列決定装置 ⇌ シークエンサー sequencer 241a
配列相同性 sequence homology 241a
配列同一性 sequence identity 241a
ハインツ小体 Heinz body 115b
バインディン bindin 32b
ハウスキーピング［遺伝子］ housekeeping [gene] 124a
パウリ試薬 Pauly's reagent 194b
パウリ反応 Pauly reaction 194b
はかり balance 30a／scale 237b
バーキットリンパ腫 Burkitt's lymphoma 38a
パキテン期 ⇌ 太糸〘ふといと〙期 pachytene [stage] 191a
パキマラン pachymaran 191a
パキマン pachyman 191a
バキュロウイルス baculovirus 29b
パーキンソニズム Parkinsonism ⇌ パーキンソン症候群 Parkinson syndrome 193b
パーキンソン症候群 Parkinson syndrome 193b
パーキンソン病 Parkinson disease 193b
麦芽 malt 158b
白芽細胞 leukoblast 149b
麦芽糖 malt sugar ⇌ マルトース maltose 158b
白筋 white muscle 282a
白質 white matter 282a
白色筋 ⇌ 白筋 white muscle 282a
白色脂肪組織 white adipose tissue 282a
白色体 leucoplast 149b
パーク・ジョンソン法 Park-Johnson method 193b
バクセン酸 vaccenic acid 277a
薄層クロマトグラフィー thin-layer chromatography 264a
パクタシン pactacin ⇌ パクタマイシン pactamycin 191b
パクタマイシン pactamycin 191b

バクテリア　Bacteria　29b
バクテリオクロロフィル　bacteriochlorophyll　29b
バクテリオシン　bacteriocin　29b
バクテリオシン因子　bacteriocinogenic factor　29b
バクテリオファージ　bacteriophage → ファージ　phage　198a
バクテリオフェオフィチン　bacteriopheophytin　29b
バクテリオロドプシン　bacteriorhodopsin　29b
バクテロイド　bacteroid　29b
バクトプレノール　bactoprenol　29b
白内障　cataract　43a
薄皮　pellicle　195b
白皮症　albinism　11a
白ひ〚脾〛髄　white pulp of spleen　282a
パクリタキセル　paclitaxel → タキソール　taxol　260b
曝露する　expose　91a
ハーゲマン因子　Hageman factor　113a
破骨細胞　osteoclast　189a
破骨細胞活性化因子　osteoclast-activating factor　189a
箱守法　Hakomori method　113a
パーコール【商品名】　Percoll　196b
破砕器 → ブレンダー　blender　34a
はさみ　chela (pl. chelae)　47a
挟み止め → 鉗〚かん〛子　clamp　52a
パジェット病　Paget disease　191b
はしかウイルス → 麻疹ウイルス　measles virus　161a
橋かけ → 架橋【化学結合による】　crosslink　62a
橋かけ結合　crosslinkage　62a
橋かけ構造　crosslinkage　62a
ハーシー・チェイスの実験　Hershey-Chase experiment　118a
ハシッシュ　hashish　114b
バシトラシン　bacitracin　29b
橋本病　Hashimoto disease　114b
バージャー病　Buerger disease → 閉塞性血栓〚性〛血管炎　thromboangiitis abliterans　265a
播〚は〛種　inoculation　134b／seeding　239b
播〚は〛種性血管内凝固〚症候群〛　disseminated intravascular coagultion [syndrome]　76a

バー小体　Barr body　30a
破傷風　tetanus　262b
破傷風〚菌〛毒素　tetanus toxin　262b
バシラス　Bacillus　29a
バシラス=ステアロテルモフィルス　Bacillus stearothermophilus　29a
波数　wavenumber　281b
パスカル　pascal　194a
ハース構造式　Haworth structural formula → ハース投影式　Haworth projection formula　115a
PAS〚パス〛染色〚法〛　PAS staining → 過ヨウ素酸シッフ染色〚法〛　periodic acid Schiff staining　197a
パスツール効果　Pasteur effect　194b
バースト　burst　38a
ハース投影式　Haworth projection formula　115a
パストゥーリゼーション → 低温殺菌　pasteurization　194b
バーストサイズ　burst size　38a
PAS反応　PAS reaction → 過ヨウ素酸シッフ反応　periodic acid Schiff reaction　197a
ハース法　Haworth method　115a
はず油 → クロトン油　croton oil　62a
バセドウ病　Basedow disease　30b
パーセプトロン　perceptron　196b
パーセント防護【放射線】　percent protection　196b
バソアクティブインテスティナルポリペプチド　vasoactive intestinal polypeptide　278a
バソクロミズム　bathochromism → 深色効果　bathochromic effect　31a
バソトシン　vasotocin　278a
バソプレッシン　vasopressin　278a
バソロドプシン　vasorhodopsin　278a
バターイエロー　butter yellow　38b
ハダシジン　hadacidin　113a
バーター症候群　Bartter syndrome　30a
ハーダー腺　Harderian gland　114b
パターソン関数　Patterson function　194b
パターソン図　Patterson map　194b
八炭糖 → オクトース　octose　185b
ハチ毒 → ミツバチ毒　bee toxin　31a
はちの巣胃　reticulum (pl. reticula)　230b
ハチマイシン　hachymicin → トリコマイシン　trichomycin　271a
は〚爬〛虫類動物　reptile　229b

波長　wavelength　281b
バチルアルコール　batyl alcohol　31a
バチルス　*Bacillus*　29a
発エルゴン反応　exergonic reaction　90b
発芽　germination　105b
麦角　ergot　88a
麦角アルカロイド　ergot alkaloid　88a
麦角中毒　ergotism　88a
はっか油　peppermint oil　196a
発がん[癌]　carcinogenesis　42a
発汗過多[症]　⇌ 多汗症　hyperhidrosis　127b
発がん[癌]性[の]　carcinogenic　42a
発がん[癌]物質　carcinogen　42a
[発がん]プロモーター　promoter　216a
発がん要因　carcinogen　42a
パッキング　packing　191b
白金耳　platinum loop　207a
バックグラウンド　background　29b
パッケージング　packaging　191b
白血球　leukocyte　149b
白血球減少症　leukopenia　150a
白血球走化性因子　leukocyte chemotactic factor　150a
白血球増多症　leukocytosis　149b
白血球遊走促進因子　leukocyte migration enhancement factor　149b
白血球遊走阻止因子　leukocyte migration inhibition factor　149b
白血病　leukemia　149b
白血病ウイルス　leukemia virus　149b
白血病細胞　leukemic cell　149b
白血病阻害因子　leukemia inhibitory factor　149b
白血病裂孔　hiatus leukemicus　120a
発現　expression　91a／manifestation　159a
発現クローニング　expression cloning　91a
発現プロファイル　⇌ 発現プロフィール　expression profile　91a
発現プロフィール　expression profile　91a
発現ベクター　expression vector　91a
発酵　fermentation　93b
発光　⇌ ルミネセンス　luminescence　154b
発光【分光】　emission　84a
発光器[官]　luminous organ　154b
発光[細]菌　luminescent bacterium　154b
発光スペクトル　emission spectrum　84a
発光性[の]　luminous　154b
発酵槽　fermenter　93b

発光タンパク質　photoprotein　202b
発光動物　luminous animal　154b
ハッサル小体　Hassall body　114b
発散　efflux　81b
ハッシッシ　⇌ ハシッシュ　hashish　114b
発射　discharge　75b
発情周期　estrous cycle　89a
発色団　chromophore　50b
発振器　oscillator　189a
発生運命　developmental fate　71b
発生学　embryology　84a
発生期[の]　nascent　176b
発生生物学　developmental biology　71b
発生分化する【胚が】　develop　71b
パッセンジャータンパク質　passenger protein　194a
バッチ　batch　31a
パッチ形成【細胞膜】　patch formation　194b
ハッチ・スラック回路　Hatch-Slack cycle　⇌ C_4ジカルボン酸回路　C_4-dicarboxylic acid cycle　43b
バッチ培養　batch culture　31a
パッチング　patching　⇌ パッチ形成【細胞膜】　patch formation　194b
ハッチンソン・ギルフォード症候群　Hutchinson-Gilford syndrome　125a
発電細胞　electroplax cell　83a
HAT選択　HAT selection　114b
HAT培地　HAT medium　114b
発熱原性[の]　pyrogenic　222a
発熱組織　thermogenic tissue　⇌ 褐色脂肪組織　brown adipose tissue　37a
発熱物質　pyrogen　222a
パーディ法　Purdie method　220b
ハーディ・ワインベルグの法則　Hardy-Weinberg principle　114b
ハト　pigeon　204b
パトー症候群　Patau syndrome　194b
ハドソン則　Hudson rule　124b
ハートナップ病　Hartnup disease　114b
バートレット法　Bartlett method　30a
バナジウム　vanadium　277a
バナジン酸　vanadic acid　277a
バナドクロム　vanadochrome　277a
バナドヘモクロモーゲン　vanadohemochromogen　⇌ バナドクロム　vanadochrome　277a
馬尿酸　hippuric acid　121a

馬尿酸分解酵素 ⇌ ヒップリカーゼ hippuricase 121a
バニリルマンデル酸 vanillylmandelic acid 277b
バニリン vanillin 277b
バニリン酸 vanillic acid 277b
バニルマンデル酸 vanilmandelic acid ⇌ バニリルマンデル酸 vanillylmandelic acid 277b
パノース panose 192b
パパイン papain 192b
母親[の] maternal 160a
パパニコロー・スミア試験 Papanicolaou smear test 192b
パパベリン papaverine 192b
パピローマウイルス属 *Papillomavirus* 192b
パフ puff 220a
バフィーコート buffy coat 37b
パーフォリン perforin 196b
パフ[形成] puffing 220a
ハーフサルファーマスタード half-sulfur mustard ⇌ ハーフマスタード half mustard 113a
PAF[パフ]受容体 PAF receptor 191b
ハプテン hapten 114a
ハプテン基 haptenic group 114a
ハプテン阻害テスト hapten inhibition test 114a
ハブ毒 habu venom 113a
ハプトグロビン haptoglobin 114a
ハーフマスタード half mustard 113a
バブル構造 bubble structure 37b
ハプロタイプ haplotype 114a
パポーバウイルス科 *Papovaviridae* 192b
パーミアーゼ permease 197b
バミセチン bamicetin 30a
PAM[パム] 212a
パーム核油 palm seed oil 192a
パーム油 palm oil 192a
ハメットの式 Hammett equation 114a
ハメットのσ定数 Hammett σ constant ⇌ 置換基定数 substituent constant 254b
ハメットのρ定数 Hammett ρ constant 114a
パラカゼイン paracasein 193a
パラガングリオーマ paraganglioma 193a
パラクリン ⇌ パラ分泌 paracrine 193a
パラグロボシド paraglobside 193a
ハラクロム hallachrome 113b
はらご ⇌ 卵[塊] spawn 248a

パラコート paraquat 193a
ハーラー症候群 Hurler syndrome 125a
バラタ balata 30a
パラチオン parathion 193b
ばらつき dispersion 75b
パラトース paratose 193b
パラトルモン parathormone ⇌ 副甲状腺ホルモン parathyroid hormone 193b
パラビオーゼ ⇌ 並体結合 parabiosis 192b
パラビオーゼ細胞培養 parabiotic cell culture 192b
パラフィン paraffin ⇌ アルカン alkane 12a
パラプロテイン paraprotein 193a
パラ分泌 paracrine 193a
パラホルモン ⇌ ホルモン類似物質 parahormone 193a
パラミオシン paramyosin 193a
パラミクソウイルス属 *Paramyxovirus* 193a
パラメタゾン paramethazone 193a
パラログ遺伝子 paralogue gene 193a
バリアント細胞 variant cell 277b
バリウム barium 30a
針生検 needle biopsy 177a
バリダマイシン validamycin 277a
パリナリン酸 parinaric acid 193b
バリノマイシン valinomycin 277a
バリン valine 277a
パリンドローム palindrome 192a
バール bar 30a
パールカン perlecan 197a
バルサム balsam 30a
バール小体 ⇌ バー小体 Barr body 30a
パルジリン pargyline 193b
バルジループ bulge loop 37b
パルス pulse 220b
パルスチェイス実験 pulse-chase experiment 220b
パルスフィールド[勾配]ゲル電気泳動 pulsed field [gradient] gel electrophoresis 220b
パルス放射線分解[法] ⇌ パルスラジオリシス pulse radiolysis 220b
パルスラジオリシス pulse radiolysis 220b
パルスラベル pulse-label[l][ing] 220b
バルビアニ環 Balbiani ring 30a
バルビタール barbital 30a
バルビツール酸 barbituric acid 30a
パルブアルブミン parvalbumin 194a

バールフェズ試薬　Barfoed's reagent　30a
BALB/c〚バルブシー〛**マウス**　BALB/c mouse　30a
パルボウイルス属　*Parvovirus*　194a
ハルマラアルカロイド　harmala alkaloid　114b
ハルマリン　harmaline　114b
ハルマロール　harmalol　114b
パルミチン　palmitin ⇌ トリパルミチン　tripalmitin　271b
パルミチン酸　palmitic acid　192a
パルミトアルデヒド　palmitaldehyde　192a
パルミトイル化　palmitoylation　192a
パルミトレイン酸　palmitoleic acid　192a
パルミトン　palmitone　192a
ハルミン　harmine　114b
パレーシス　paresis　193b
パレード顆粒　Palade granule　192a
ハロゲン化する　halogenate　113b
ハロゲン化物　halide　113b
ハロセン ⇌ ハロタン　halothane　113b
ハロタン　halothane　113b
パロチン　parotin　193b
パロモマイシン　paromomycin　193b
ハロロドプシン　halorhodopsin　113b
盤　disk　75b
半価層　half value layer　113b
半感染量　fifty percent infection dose　95a
晩期受容器電位　late receptor potential　147b
ハンクス液　Hanks' solution　114a
パンクレアチン　pancreatin　192a
パンクレオザイミン　pancreozymin ⇌ コレシストキニン　cholecystokinin　49a
半減期　half-life　113a
半減厚　half value thickness ⇌ 半価層　half value layer　113b
半減層 ⇌ 半価層　half value layer　113b
半固形培地　semisolid medium　240b
バンコマイシン　vancomycin　277a
反射　reflex　227b
反射弓　reflex arc　227b
盤状囊〚のう〛胚 ⇌ 盤状胞胚　discoblastula　75b
盤状胞胚　discoblastula　75b
繁殖　breeding　36b／propagation　216b／reproduction　229b
繁殖性　fertility　94a
繁殖不能[性]　sterility　251b

反すう〚芻〛胃　reticulo rumen　230b
半数体　haploid　114a
反すう〚芻〛動物　ruminant　235b
パンスペルミア ⇌ 胚種広布説　panspermia　192b
バンスライク法　Van Slyke method　277b
伴性遺伝　sex-linked inheritance　242a
半接合体　hemizygote　116b
半接合[の]　hemizygous　116b
半接着斑　hemidesmosome　116b
ハンセン病　Hansen disease　114a
ハンター症候群　Hunter syndrome　124b
半致死時間　fifty percent lethal time　95a
半致死線量　fifty percent lethal dose　95a
半致死量　fifty percent lethal dose　95a
半値線量　half value dose　113b
ハンチバック遺伝子　*hunchback* gene　124b
半値幅　half width　113b
反跳化学　recoil chemistry ⇌ ホットアトム化学　hot atom chemistry　124a
ハンチントン舞踏病　Huntington's chorea　124b
D(+)-パンテテイン　D(+)-panteteine　192b
反転　inversion　137b
半電池　half cell　113a
反転膜小胞　inside-out vesicle　135a
パントイルラクトン　pantoyl lactone ⇌ パントラクトン　pantolactone　192b
パントイン酸γ-ラクトン　pantoic acid γ-lactone ⇌ パントラクトン　pantolactone　192b
半透性　semipermeability　240b
半導体　semiconductor　240b
ハンド・シュラー・クリスチャン病　Hand-Schüller-Christian disease　114a
バンド染色[法]　band staining　30a
バンド沈降[法]　band sedimentation ⇌ ゾーン遠心分離[法]　zonal centrifugation　285b
パントテン酸　pantothenic acid　192b
パントラクトン　pantolactone　192b
パンニング法　panning　192b
反応　reaction　226a
反応器　reactor　226a
反応混液　cocktail　53b
反応次数　reaction order　226a
反応速度定数　reaction rate constant ⇌ 速度定数　rate constant　225b
反応速度論 ⇌ 速度論　kinetics　143b

反応部位　reactive site　226a
汎発性血管内[血液]凝固[症候群]　→ 播種性血管内凝固[症候群]　disseminated intravascular coagultion [syndrome]　76a
汎発性[の]　disseminated　76a
半微量分析　→ 小量分析　semimicroanalysis　240b
反復遺伝子　repeated gene　229a
反復説【発生の】　recapitulation theory　226b
反復配列　repeated sequence　229a
半保守的　→ 半保存的　semiconservative　240b
半保存的　semiconservative　240b
半保存的複製　semiconservative replication　240b
反矢じり端【アクチンの】　barbed end　30a
半優性[の]　semidominant　240b

ヒ

PI 応答　PI response　205a
PI 効果　PI effect　→ PI 応答　PI response　204b
ビアル反応　Bial reaction　32a
ヒアルロニダーゼ　hyaluronidase　125a
ヒアルロン酸　hyaluronic acid　125a
ヒアルロン酸塩　hyaluronate　125a
非イオン性界面活性剤　nonionic surfactant　182a
P1 ヌクレアーゼ　P1 nuclease　207b
火入れ　pasteurization　194b
P 因子　P element　195b
ビウレット反応　biuret reaction　34a
非エステル結合型脂肪酸　nonesterified fatty acid　181a
ピエゾ電気　→ 圧電気　piezoelectricity　204b
pH 計　pH meter　199b
pH 指示薬　pH indicator　→ 酸塩基指示薬　acid-base indicator　5a
pH スタット　pH-stat　203a
pH 滴定曲線　pH titration curve　203b
PH ドメイン　PH domain　198b
pH メーター　pH meter　199b
非 NMDA 受容体　non-NMDA receptor　182a
ピエリシジン A　piericidin A　204b
ヒオコール酸　hyocholic acid　127a
ピオシアニン　pyocyanin　221a
Boc アミノ酸　Boc-amino acid　35a
ビオシチン　biocytin　32b
ピオシン　pyocin　221a
ビオス　bios　33b
ビオス I　bios I　→ イノシトール　inositol　134b
火落酸　hiochic acid　121a

ビオチン　biotin　33b
ビオチン酵素　biotin enzyme　33b
ビオチンスルホキシド　biotin sulfoxide　33b
ヒオデオキシコール酸　hyodeoxycholic acid　127a
P/O 比　P/O ratio　210b
ビオプテリン　biopterin　33b
ビオラキサンチン　violaxanthin　279b
ビオラニン　violanin　279b
比較　reference　227b
　比較[の]　comparative　55a
比較生化学　comparative biochemistry　55a
非確率的影響　nonstochastic effect　182b
微化石　microfossil [cell]　166b
B 型肝炎　hepatitis B　117b
B 型肝炎ウイルス表面抗原　HB surface antigen　→ オーストラリア抗原　Australia antigen　27a
皮下注射　subcutaneous injection　254a
比活性　specific activity　248a
光-　→ 光【こう】の項もみよ.
光イオン化検出器　photoionization detector　202b
光異性化　photoisomerization　202b
光栄養生物　phototroph　203a
光回折[法]　optical diffraction　187b
光回復　photoreactivation　202b
光回復酵素　photoreactivating enzyme　202b
光屈性　→ 向光性　phototropism　203a
光形態形成　photomorphogenesis　202b
光向性　→ 向光性　phototropism　203a
光受容　photoreception　202b

光受容器 photoreceptor 202b
光受容体 photoreceptor 202b
光親和性標識 photoaffinity label[l]ing 202a
光生物学 photobiology 202a
光変換器 phototransducer 203a
光ルミネセンス photoluminescence 202b
光レセプター ⇒ 光受容体 photoreceptor 202b
光沪過[法] optical filtering method 187b
非干渉性 incoherent 132a
ヒガンバナアルカロイド lycoris alkaloid 155b
ヒキガエル *Bufo* 37b
ビキシン bixin 34a
非競合阻害 noncompetitive inhibition 181b
非競合的拮[きっ]抗薬 noncompetitive antagonist 181b
非競合的[の] noncompetitive 181b
非共有結合 noncovalent bond 181b
非共有電子対 ⇒ 孤立電子対 lone pair 153b
非極性基 nonpolar group 182a
非極性[の] ⇒ 無極性[の] nonpolar 182a
非極性溶媒 ⇒ 無極性溶媒 nonpolar solvent 182a
非近交系 outbred line 189b
ビククリン bicuculline 32a
ピクノメーター pycnometer 221a
ヒグリニン酸 hygrinic acid 126b
ヒグリン hygrine 126b
ピクリン酸 picric acid 204a
ピクロトキシン picrotoxin 204a
ヒグロマイシン hygromycin 126b
非経口的[の] parenteral 193b
BKウイルス BK virus 34a
p*K*値 p*K* value 205b
非結合エネルギー nonbonded energy 181b
微結晶 microcrystal 166b
非結晶[の] amorphous 16b
非ケトーシス型高グリシン血症 nonketotic hyperglycinemia 182a
ビコイド遺伝子 *bicoid* gene 32a
肥厚期 ⇒ 移動期 diakinesis [stage] 72a
飛行時間型質量分析計 time-of-flight mass spectrometer 266a
肥厚板 shield 242b
非コード領域 ⇒ 非翻訳領域 noncoding region 181b
ピコルナウイルス科 *Picornaviridae* 204a

B細胞 B cell 31a
B細胞増殖因子 B cell growth factor 31a
ヒ酸 arsenic acid 24a
非酸化的脱アミノ[反応] nonoxidative deamination 182a
^{32}P崩壊死 ^{32}P decay suicide 195a
PCA反応 PCA reaction ⇒ 受動皮膚アナフィラキシー反応 passive cutaneous anaphylaxis reaction 194a
*bcl-2*遺伝子 *bcl-2* gene 31a
P式血液型 P blood group 194b
ビシクロブトニウムイオン bicyclobutonium ion 32a
被子植物 angiosperm 18b
尾脂腺 uropygial gland ⇒ 尾腺 preen gland 212b
皮質 cortex 59b
非指定コドン unassigned codon 275a
微視的結合定数 microscopic binding constant ⇒ 固有結合定数 intrinsic binding constant 137a
微視的線量[測定] microdosimetry 166b
ピシバニール【商品名】 Picibanil 204a
PCB中毒 PCB intoxication 194b
PCP中毒 PCP intoxication 195a
Pジャンプ法 P-jump method ⇒ 圧力ジャンプ法 pressure-jump method 213b
比重 specific gravity 248a
比重瓶 specific gravity bottle ⇒ ピクノメーター pycnometer 221a
微絨[じゅう]毛 microvillus (*pl.* microvilli) 167a
非循環的光電子伝達 noncyclic photosynthetic electron transport 181b
非循環的光リン酸化 noncyclic photophosphorylation 181b
微小核形成 micronucleation 166b
微小核細胞 micronucleate cell 166b
微小核体 microcell 166b
微小管 microtubule 167a
微小管形成中心 microtubule organizing center 167a
微小管結合タンパク質 microtubule-associated proteins 167a
微小血管 microvessel 167a
微小繊維 ⇒ ミクロフィラメント microfilament 166b
微小体 ⇒ ミクロボディ microbody 166b

微小電極　microelectrode　166b
微小不均一性　microheterogeneity　166b
微小分離核　mini segregant　167b
比色計　colorimeter　55a
比色[の]　colorimetric　55a
Bicine《ビシン》　32a
His タグ　His tag ⇌ histidine tag　121a
ヒスタミン　histamine　121a
ヒスタミン受容体　histamine receptor　121a
ヒスチジナール　histidinal　121a
ヒスチジノール　histidinol　121a
ヒスチジン　histidine　121a
ヒスチジン血症　histidinemia　121a
ヒスチジンタグ　histidine tag　121a
ヒステリシス ⇌ 履歴　hysteresis　129b
非ステロイド系抗炎症薬　nonsteroidal antiinflammatory drug　182b
ヒストザイム　histozyme　121b
ヒストヘマチン　histohematin　121b
ビス-トリス　bis-tris　33b
ヒストン　histone　121b
ヒストンアセチルトランスフェラーゼ
　　　　histone acetyltransferase　121b
ビスナウイルス　visna virus　280a
ビスヒドロキシクマリン　bishydroxycoumarin
　　　　⇌ ジクマロール　dicumarol　72b
ビスフェノール A　bisphenol A　33b
ビスホスホグリセリン酸　bisphosphoglycerate　33b
ひずみ　strain　252b
非正統的組換え　illegitimate recombination
　　　　⇌ 非相同[的]組換え　nonhomologous recombination　182a
微生物　microorganism　166b
微生物学　microbiology　166b
微生物学的検定[法]　microbioassay　166b
非生物原有機物【宇宙生物などの】　abiogenic organic material　3b
非生物合成　abiotic synthesis　3b
微生物タンパク質　microbial protein　166a
非接合性プラスミド　nonconjugative plasmid　181b
P セルロース　P-cellulose ⇌ ホスホセルロース　phosphocellulose　200b
尾腺　preen gland　212b
比旋光度　specific rotation　248a
B 染色体　B-chromosome　31a
ヒ素　arsenic　24a

ひ《脾》臓　spleen　249b
非相互組換え　nonreciprocal recombination　182a
非相同[的]組換え　nonhomologous recombination　182a
非相同[的]DNA 組換え　nonhomologous DNA recombination　181b
非相同[の]　heterologous　119a
ヒ素剤　arsenical　24a
非組織性[の]　anhistic　18b
ひだ　plica　207a
ひだ【菌類の傘の裏の】　lamella (*pl.* lamellae)　146b
肥大【筋肉, 臓器の】　hypertrophy　128a
非代謝性誘導物質　nonmetabolizable inducer　182a
非対称性[の] ⇌ 不斉[せい][の]　asymmetric　25b
比体積　specific volume　248a
比濁計　nephelometer　177b
比濁分析　nephelometry　177b
ひ《脾》脱疽《そ》菌 ⇌ 炭疽菌　anthrax bacillus　19a
PWM レクチン　PWM lectin　221a
ビタミン　vitamin　280a
ビタミン E　vitamin E ⇌ トコフェロール　tocopherol　267a
ビタミン A　vitamin A　280a
ビタミン A_1　vitamin A_1 ⇌ レチノール　retinol　231a
ビタミン A 酸　vitamin A acid ⇌ レチノイン酸　retinoic acid　231a
ビタミン H　vitamin H ⇌ ビオチン　biotin　33b
ビタミン H′　vitamin H′ ⇌ p-アミノ安息香酸　p-aminobenzoic acid　15b
ビタミン F　vitamin F　280a
ビタミン M　vitamin M　280b
ビタミン L　vitamin L　280b
ビタミン L_1　vitamin L_1 ⇌ アントラニル酸　anthranilic acid　19b
ビタミン拮《きっ》抗体　vitamin antagonist　280a
ビタミン K　vitamin K　280b
ビタミン K_2　vitamin K_2 ⇌ メナキノン　menaquinone　162b
ビタミン K_3　vitamin K_3 ⇌ メナジオン　menadione　162b

ビタミン欠乏症　vitamin deficiency　280a
ビタミンC　vitamin C ⇌ アスコルビン酸
　　　　　ascorbic acid　24b
ビタミンG　vitamin G ⇌ リボフラビン
　　　　　riboflavin　232a
ビタミンD　vitamin D　280a
ビタミンの所要量　requirement of vitamin
　　　　　229b
ビタミンB_1　vitamin B_1 ⇌ チアミン　thiamin
　　　　　263b
ビタミンB_2　vitamin B_2 ⇌ リボフラビン
　　　　　riboflavin　232a
ビタミンB_{12}依存酵素　vitamin B_{12}-dependent
　　　　　enzyme　280a
ビタミンB_cコンジュゲート　vitamin B_c
　　　　　conjugate　280a
ビタミンB複合体　vitamin B complex　280a
ビタミンB_{12}補酵素　vitamin B_{12} coenzyme
　　　　　280a
左　sinistral　244b
ヒダントイン　hydantoin　125a
非タンパク[質][性]窒素　nonprotein nitrogen
　⇌ 残余窒素　residual nitrogen　229b
非タンパク[質][性]ペプチド　nonprotein
　　　　　peptide　182a
微注入法 ⇌ マイクロインジェクション
　　　　　microinjection　166b
非中和性抗体　nonneutralizing antibody　182a
非沈降性抗体　nonprecipitating antibody
　　　　　182a
ヒツジ　sheep　242b
必須アミノ酸　essential amino acid　89a
必須元素　essential element　89a
必須脂肪酸　essential fatty acid　89a
ビット　bit　33b
ヒット説　hit theory　121b
泌乳　lactation　145b
泌乳刺激ホルモン　lactogenic hormone　146a
／mammotropic hormone ⇌ プロラクチン
　　　　　prolactin　215b
ヒップリカーゼ　hippuricase　121a
PTHアミノ酸　PTH-amino acid　220a
非定型抗体　atypical antibody ⇌ 不完全抗体
　　　　　incomplete antibody　132a
PTC法　PTC method ⇌ エドマン[分解]法
　　　　　Edman [degradation] method　81b
非鉄利用性貧血　sideroachrestic anemia ⇌
　　鉄芽球性貧血　sideroblastic anemia　243b

ビテリン　vitellin　280b
ビテレニン　vitellenin　280b
ビテロゲニン　vitellogenin　280b
比伝導度　specific conductance　248a
非同位体担体　nonisotopic carrier　182a
非動化　inactivation　132a
非同時性　asynchronism　25b
P糖タンパク質　P-glycoprotein　198a
非同調培養　random culture　225b
非糖部 ⇌ アグリコン　aglycon[e]　10b
ヒトエコーウイルス　human echovirus　124b
非特異的な　nonspecific　182a
ヒトゲノム　human genome　124b
ヒトゲノム機構　Human Genome Organization　124b
ヒト絨[じゅう]毛性性腺刺激ホルモン　human
　　　　　chorionic gonadotropin　124b
ヒトT細胞白血病ウイルス　human T cell
　　　　　leukemia virus　124b
ビート糖　beet sugar ⇌ スクロース　sucrose
　　　　　255b
ヒト乳頭腫ウイルス ⇌ ヒトパピローマウイル
　ス　human papilloma virus　124b
ヒドノカルプス酸 ⇌ 大風子酸　hydnocarpic
　　　　　acid　125a
ヒト白血球抗原　human leukocyte antigen
　　　　　124b
ヒトパピローマウイルス　human papilloma
　　　　　virus　124b
ヒト免疫不全ウイルス　human immunodeficiency virus　124b
ヒドラジド　hydrazide　125b
ヒドラジン　hydrazine　125b
ヒドラジン分解　hydrazinolysis　125b
ヒドラスチン　hydrastine　125b
ヒドラーゼ　hydrase　125b
ヒドラゾン　hydrazone　125b
ヒドラターゼ ⇌ 加水酵素　hydratase　125b
ヒドリドイオン ⇌ 水素化物イオン　hydride
　　　　　ion　125b
ヒドロキサム酸　hydroxamic acid　126b
ヒドロキシ【基】　hydroxy[l]　126b
ヒドロキシアパタイト　hydroxyapatite　126b
ヒドロキシエチルチアミン　hydroxyethylthiamin　126b
ヒドロキシ化　hydroxylation　126b
ヒドロキシケトン　hydroxyketone ⇌ ケトール　ketol　143a

ヒドロキシ酸　hydroxy acid　126b
5-ヒドロキシトリプタミン　5-hydroxytryptamine ⇌ セロトニン　serotonin　241b
ヒドロキシピルビン酸　hydroxypyruvic acid　126b
ヒドロキシプロリン　hydroxyproline　126b
ヒドロキシメチルグルタリル CoA　hydroxymethylglutaryl-CoA　126b
ヒドロキシラーゼ ⇌ 水酸化酵素　hydroxylase　126b
ヒドロキシル【基】⇌ ヒドロキシ【基】 hydroxy[l]　126b
ヒドロキシルアパタイト　hydroxylapatite ⇌ ヒドロキシアパタイト　hydroxyapatite　126b
ヒドロキシルアミン　hydroxylamine　126b
ヒドロキシ【基】　hydroxo　126b
ヒドロキソコバラミン　hydroxocobalamin　126b
ヒドロキノン　hydroquinone　126b
ヒドロキノンカルボン酸　hydroquinone carboxylic acid ⇌ ゲンチジン酸　gentisic acid　105b
ヒドロゲナーゼ　hydrogenase　125b
ヒドロコルチゾン　hydrocortisone ⇌ コルチゾール　cortisol　59b
Δ^1-ヒドロコルチゾン　Δ^1-hydrocortisone ⇌ プレドニソロン　prednisolone　212b
ヒドロニウムイオン　hydronium ion ⇌ オキソニウムイオン　oxonium ion　190b
ヒドロパシー　hydropathy　126a
ヒドロペルオキシ【基】　hydroperoxy　126a
ヒドロペルオキシ[エ]イコサテトラエン酸　hydroperoxy[e]icosatetraenoic acid　126a
ヒドロペルオキシ脂肪酸　hydroperoxy fatty acid　126a
ヒドロペルオキシド　hydroperoxide　126a
ヒドロペルオキシルラジカル　hydroperoxyl radical　126a
ヒドロラーゼ ⇌ 加水分解酵素　hydrolase　126a
ヒドロリアーゼ　hydro-lyase　126a
ピナコール転位　pinacol rearrangement ⇌ ピナコール-ピナコロン転位　pinacol-pinacolone rearrangement　204b
ピナコール-ピナコロン転位　pinacol-pinacolone rearrangement　204b
ピーナッツ　*Arachis hypogaea*　23b

非ニュートン流動　non-Newtonian flow　182a
ビニルベンゼン　vinyl benzene ⇌ スチレン　styrene　254a
避妊薬　contraceptive　58a
α-ピネン　α-pinene　204b
比粘度　specific viscosity　248a
ピノサイトーシス　pinocytosis　204b
ピノシルビン　pinosylvin　205a
ピノソーム　pinosome　205a
非反復配列　nonrepetitive sequence　182a
P-B 抗体　P-B antibody　194b
非ヒストンクロマチンタンパク質　nonhistone chromatin protein ⇌ 非ヒストンタンパク質　nonhistone protein　181b
非ヒストンタンパク質　nonhistone protein　181b
非必須アミノ酸　nonessential amino acid　181b
皮膚　cutis　63a
　皮膚[の]　dermal　70b
P 部位【リボソームの】　P site　219b
皮膚感作抗体　skin sensitizing antibody　245a
被覆小孔　coated pit　53a
被覆小胞　coated vesicle　53a
被覆ピット ⇌ 被覆小孔　coated pit　53a
皮膚試験　skin test ⇌ 皮膚反応　skin reaction　245a
ヒプソクロミズム　hypsochromism ⇌ 浅色効果　hypsochromic effect　128b
P 物質 ⇌ サブスタンス P　substance P　254b
皮膚反応　skin reaction　245a
皮膚反応性因子　skin reactive factor　245a
ビブリオ　*Vibrio*　279a
ビブルニトール　viburnitol　279a
微分干渉顕微鏡　differential interference microscope　73b
微分スペクトル　differential spectrum　73b
微分断面積　differential cross section　73a
微分プロット　derivative plot　70b
微分方程式　differential equation　73a
非分離【染色体の】　nondisjunction　181b
非分裂細胞　nondividing cell　181b
非平衡熱力学　nonequilibrium thermodynamics　181b
ピペコリン酸　pipecolic acid　205a
ピペット　pipet[te]　205a
非ヘム鉄　nonheme iron　181b

非ヘム鉄タンパク質　nonheme iron protein 181b
ピペリジン　piperidine 205a
ピペリン　piperine 205a
ピペロナール　piperonal 205a
被包　epiboly 87a
尾胞　blastocyst 34a
非抱合型ビリルビン　unconjugated bilirubin 275a
非放射性の　cold 54a
比放射能　specific radioactivity 248a
ヒポキサンチン　hypoxanthine 128b
ヒポキサンチン—グアニンホスホリボシルトランスフェラーゼ　hypoxanthine—guanine phosphoribosyltransferase 128b
ヒポグリシン　hypoglycine 128a
ヒポタウリン　hypotaurine 128b
非翻訳領域　noncoding region 181b
ヒマ　*Ricinus communis* 233a
ひまし油　castor oil 42b
ピマリシン　pimaricin 204b
ピマール酸　pimaric acid 204b
肥満細胞　⇌ マスト細胞　mast cell 160a
肥満細胞腫　mastocytoma 160a
肥満[症]　obesity 185a
び漫性体部被角血管腫　angiokeratoma corporis diffusum ⇌ ファブリー病　Fabry disease 92a
ヒーマン・ファンデンベルグ反応　Hijmann-van den Bergh reaction ⇌ ファンデンベルグ反応　van den Bergh reaction 277b
ピメリン酸　pimelic acid 204b
ビメンチン　vimentin 279a
非メンデル遺伝　non-Mendelian inheritance 182a
百日咳菌　*Bordetella pertussis* 35b
百日咳[菌]アジュバント　pertussis adjuvant 197b
百日咳毒素　pertussis toxin 197b
百日咳ワクチン　pertussis vaccine 197b
比誘電率　relative permittivity 228a
非誘発[性]ファージ　noninducible phage 182a
pUC系ベクター　pUC vector 220a
ヒューブナー・トムゼン・フリーデンライヒ現象　Hübner-Thomsen-Friedenreich phenomenon ⇌ 多凝集反応　polyagglutination 208a
ピューロチオニン　purothionin 221a

ピューロマイシン　puromycin 221a
比容　specific volume 248a
病気　disease 75b
病期　stadium 250b
表現　expression 91a
病原 ⇌ 病原体　pathogen 194b
表現型　phenotype 199a
表現型混合　phenotypic mixing 199a
表現型分散　phenotypic variance 199a
病原性[の]　pathogenic 194b
病原体　pathogen 194b
表現度　expressivity 91a
氷酢酸　glacial acetic acid 106a
標識　label 145a
標識遺伝子　marker gene 159b
標識化　label[l]ing 250b
標識化合物　label[l]ed compound 145a
標準化　standardization 250b
標準化する　normalize 182b
標準誤差　standard error 250b
標準酸化還元電位　standard oxidation-reduction potential 250b
標準状態　standard state 251a
標準生成自由エネルギー　standard free energy of formation 250b
標準電極　normal electrode 182b／standard electrode 250b
標準電極電位　standard electrode potential 250b
標準品　authentic sample 27a
標準偏差　standard deviation 250b
標準レドックス電位　standard redox potential ⇌ 標準酸化還元電位　standard oxidation-reduction potential 250b
氷状リン酸　glacial phosphoric acid ⇌ メタリン酸　metaphosphoric acid 164b
氷雪藻類　cryophyton ⇌ 雪上プランクトン　cryoplankton 62b
表層　cortex 59b
病巣　focus 97b
標定　standardization 250b
標的器官　target organ 260a
標的説　target theory 260a
氷点降下 ⇌ 凝固点降下　depression of freezing point 70b
漂白　bleaching 34a
表皮　epidermis 87a

表皮ケラチン細胞 epidermal keratinocyte ⇌ ケラチン細胞 keratinocyte 143a
表皮成長因子 ⇌ 上皮細胞増殖因子 epidermal growth factor 87a
表皮性[の] epidermal 87a
標本 preparation 213a／specimen 248a
標本抽出 sampling 236a
表面 surface 257a
表面圧 surface pressure 257b
表面抗原 surface antigen 257b
表面自由エネルギー surface free energy 257b
表面張力 surface tension 257b
表面電位 surface potential 257b
表面電荷 surface charge 257b
表面排除 surface exclusion ⇌ 侵入排除 entry exclusion 86a
表面プラズモン共鳴 surface plasmon resonance 257b
表面変性 surface denaturation 257b
表面マーカー surface marker 257b
表面免疫グロブリン surface immunoglobulin 257b
病理学 pathology 194b
秤〖ひょう〗量 weighing 282a
ヒヨコ chicken 48a
ヒヨスチアミン hyoscyamine 127a
ヒヨスチン hyoscine 127a
日和見感染 opportunistic infection 187b
日和見性[の] opportunistic 187b
ヒーラ細胞 HeLa cell 115b
ビラジカル biradical 33b
ビラトリエン bilatriene 32a
ピラノース pyranose 221a
ピラン pyran 221a
ピリ ⇌ 線毛 pilus 204b
ビリアル係数 virial coefficient 279b
ビリオン virion 279b
ピリジン pyridine 221b
ピリジンアルカロイド pyridine alkaloid 221b
ピリジン酵素 pyridine enzyme ⇌ ピリジンデヒドロゲナーゼ pyridine dehydrogenase 221b
ピリジンデヒドロゲナーゼ pyridine dehydrogenase 221b
ピリジンヌクレオチド pyridine nucleotide 221b

ピリジンヌクレオチド依存性デヒドロゲナーゼ pyridine nucleotide-linked dehydrogenase ⇌ ピリジンデヒドロゲナーゼ pyridine dehydrogenase 221b
ビリタンパク質 biliprotein 32b
ピリチアミン pyrithiamin 222a
ピリドキサミン pyridoxamine 221b
ピリドキサミンリン酸 pyridoxamine phosphate 221b
ピリドキサール pyridoxal 221b
ピリドキサール酵素 pyridoxal enzyme 221b
ピリドキサールリン酸 pyridoxal phosphate 221b
ピリドキシン pyridoxine 221b
ピリドキシン酸 pyridoxic acid 221b
ピリドキソール pyridoxol ⇌ ピリドキシン pyridoxine 221b
ビリノイリン bilineurine ⇌ コリン choline 49b
ビリベルジン biliverdin 32b
ピリミジン pyrimidine 221b
ピリミジン二量体 pyrimidine dimer 221b
ピリミジンヌクレオチド pyrimidine nucleotide 221b
微粒化 atomization 26a
肥料 fertilizer 94a
微量 ⇌ 痕〖こん〗跡 trace 268a
微量栄養素 micronutrient 166b
微量塩基 minor base ⇌ 修飾塩基 modified base 169a
微量核酸法 microdiffusion method 166b
微量キュベット microcell 166b
微量元素【生体内の】 trace element 268a
微量生物[学的]検定[法] microbioassay 166b
微量注射 ⇌ マイクロインジェクション microinjection 166b
微量分析 microanalysis 166a
ビリルビン bilirubin 32b
ビリルビン脳症 bilirubin encephalopathy ⇌ 核黄疸〖だん〗 nuclear icterus 183b
ビリン villin 279a
Bリンパ球 B lymphocyte ⇌ B細胞 B cell 31a
ピル pill 204b
ヒル係数 Hill coefficient 120b
ヒルジン hirudine 121a
ヒル定数 Hill constant ⇌ ヒル係数 Hill coefficient 120b

ヒルデブラント酸 Hildebrandt acid 120b
ヒルの式 Hill equation 121a
ヒル反応 Hill reaction 121a
ピルビン酸 pyruvic acid 222b
ピルビン酸血症 pyruvic acidemia 222b
ヒルプロット Hill plot 121a
ピルボイル基 pyruvoyl group 222a
ビルレント[突然]変異 virulent mutation 279b
ビルレントファージ virulent phage 279b
ピレトリン pyrethrin 221b
ピレトロイド pyrethroid ⇌ ピレトリン pyrethrin 221b
ピレノイド pyrrenoid 222b
ビレン bilene 32a
ピレン pyrene 221b
ピロカテキン pyrocatechine ⇌ カテコール catechol 43a
ピロカルピン pilocarpine 204b
ピロキシリン pyroxylin 222b
ピログルタミン酸 pyroglutamic acid 221a
n-ピロ酒石酸 n-pyrotartaric acid ⇌ グルタル酸 glutaric acid 108a
ピロホスファターゼ pyrophosphatase 222a
ピロホスホリラーゼ pyrophosphorylase 222a
ヒロポン philopon ⇌ メタンフェタミン methamphetamine 165a
ピロリジンアルカロイド pyrrolidine alkaloid 222b
ピロリン酸 pyrophosphoric acid ⇌ 二リン酸 diphosphoric acid 75a
ピロリン酸-ATP 交換反応 pyrophosphate-ATP exchange reaction ⇌ ATP-ピロリン酸交換反応 ATP-pyrophosphate exchange reaction 26a
ピロリン酸開裂 ⇌ ピロリン酸分解 pyrophosphate cleavage 222a
ピロリン酸[加水]分解酵素 ⇌ ピロホスファターゼ pyrophosphatase 222a
ピロリン酸結合 pyrophosphate bond 222a
ピロリン酸分解 pyrophosphate cleavage 222a
ピロール pyrrole 222b
ピロール環 pyrrole ring 222b
ピロロキノリンキノン pyrroloquinoline quinone 222b
ピロン pyron 222a
ビンカイン vincaine ⇌ アジマリシン ajmalicine 11a
ビンキュリン vinculin 279a
瓶首効果 bottleneck effect 35b
ビンクリスチン vincristine 279a
ビンクリン ⇌ ビンキュリン vinculin 279a
貧血 anemia 18a
ヒンジ部 hinge region 121a
品種 race 224a
品種【育種】 breed 36b
品種【植物分類】 form 98b
ヒンジ領域 ⇌ ヒンジ部 hinge region 121a
ピンセット tweezers 274a／⇌ 鉗[かん]子 forceps 98b
頻度 frequency 100a
頻度因子 frequency factor 100a
ビンドリン vindoline 279b
ビンブラスチン vinblastine 279a
ピンポン機構 ping-pong mechanism 204b
貧溶媒 poor solvent 210b

フ

ファーガソンプロット Ferguson plot 93b
ファガロール fagarol ⇌ セサミン sesamin 241b
ファゴサイトーシス ⇌ 食作用 phagocytosis 198a
ファゴソーム ⇌ 食胞 phagosome 198a
ファゴリソソーム phagolysosome 198a
ファージ phage 198a
ファー試験 Farr test 92b
ファジーコート fuzzy coat 101b
ファージ受容体 phage receptor 198a
ファージディスプレイライブラリー phage display library 198a
ファージ中和テスト phage neutralization test 198a
ファージ排除 phage exclusion 198a

ファージ変換　phage conversion　198a
ファージ力価　phage titer　198a
ファージリシン　phage lysin → ファージリゾチーム　phage lysozyme　198a
ファージリゾチーム　phage lysozyme　198a
Fas抗原　Fas antigen　92b
ファーストグリーンFCF　Fast Green FCF　93a
Fas〖ファス〗**リガンド**　Fas ligand　92b
FACS〖ファックス〗　97a
ファーバー病　Farber disease　92b
ファブリキウス嚢〖のう〗　bursa of Fabricius　38a
ファブリー病　Fabry disease　92a
ファルネシル化　farnesylation　92b
ファルネソール　farnesol　92b
ファロイジン　phalloidin　198b
ファロトキシン　phallotoxin　198b
ファンクショナルクローニング　functional cloning　100a
ファンコニ症候群　Fanconi syndrome　92b
ファンコニ貧血　Fanconi anemia　92b
不安定硫黄　labile sulfur　145a
不安定因子　labile factor　145a
不安定性　instability　135a
ファンデルワールスの接触界面　van der Waals contact surface　277b
ファンデルワールス半径　van der Waals radius　277b
ファンデルワールス力　van der Waals force　277b
ファンデンベルグ反応　van den Bergh reaction　277b
ファンデンホイベルモデル　van den Heuvel model　277b
ファントホッフの式　van't Hoff equation　277b
部位　site　245a
V遺伝子　V gene　279a
V型効果　V system effect　281b
フィカプレノール　ficaprenol　95a
不育[症]　infertility　133a
V抗原　V antigen　277b
フィコエリトリン　phycoerythrin　203b
フィコエリトロビリン　phycoerythrobilin　203b
フィコシアニン　phycocyanin　203b
フィコシアノビリン　phycocyanobilin　203b

フィコビリソーム　phycobilisome　203b
フィコビリン　phycobilin　203b
フィコール【商品名】　Ficoll　95a
V-J組換え　V-J recombination　280b
フィシン　ficin　95a
フィスケ・サバロウ試薬　Fiske-Subbarow reagent　95b
フィゾスチグミン　physostigmine　203b
フィタン酸　phytanic acid　203b
フィタン酸塩　phytanate　203b
フィチルニリン酸　phytyl diphosphate　204a
フィチン酸　phytic acid　204a
フィックの法則　Fick's law　95a
フィッシャーの投影式　Fischer projection formula　95b
FISH法 → 蛍光 in situ ハイブリッド形成法 fluorescence in situ hybridization　97a
VDRL試験　VDRL test　278a
フィトアレキシン　phytoalexin　204a
フィトエン　phytoene　204a
フィトキニン　phytokinin → サイトカイニン cytokinin　65b
部位特異的　site-directed　245a
部位特異的組換え　site-specific recombination　245a
部位特異的[突然]変異　site-specific mutation　245a
部位特異的[突然]変異誘発　site-directed mutagenesis　245a
フィトグリコリピド　phytoglycolipid　204a
フィトクロム　phytochrome　204a
フィトケラチン　phytochelatin　204a
フィトステロール　phytosterol　204a
フィトスフィンゴシン　phytosphingosine　204a
フィトトロン　phytotron　204a
フィードバック　feedback　93b
フィードバック制御　feedback control　93b
フィードバック阻害　feedback inhibition　93b
フィードバック抑制　feedback repression　93b
フィードフォワード制御　feedforward control　93b
フィトフルエン　phytofluene　204a
フィトヘマグルチニン　phytohemagglutinin　204a
フィトモン酸　phytomonic acid　204a
フィトール　phytol　204a

VP試験 VP test ⇌ フォゲス・プロスカウエル反応 Voges-Proskauer reaction 280b
フィブリナーゼ fibrinase ⇌ プラスミン plasmin 206a
フィブリノゲナーゼ fibrinogenase ⇌ トロンビン thrombin 265a
フィブリノーゲン fibrinogen 94b
フィブリノーゲン分解 fibrinogenolysis 94b
フィブリノリガーゼ fibrinoligase 94b
フィブリノリシン fibrinolysin ⇌ プラスミン plasmin 206a
フィブリリン fibrillin 94b
フィブリル ⇌ 原繊維 fibril 94b
フィブリン fibrin 94b
フィブリン安定化因子 fibrin stabilizing factor 94b
フィブロイン fibroin 94b
フィブロネクサス fibronexus 94b
フィブロネクチン fibronectin 94b
ブイヨン bouillon 36a
フィラグリン filaggrin 95a
フィラデルフィア染色体 Philadelphia chromosome 199b
フィラミン filamin 95a
フィリピン filipin 95a
フィルター ⇌ 沪過器 filter 95a
フィールドデソープション法 field desorption 95a
フィルムバッジ film badge 95a
フィロウイルス科 Filoviridae 95a
フィロポディア ⇌ 糸状仮足 filopodium 95a
フィンガープリント fingerprint 95a
フィンガープリント法 fingerprinting [method] ⇌ フィンガープリント fingerprint 95a
フィンブリン fimbrin 95a
封じ込めレベル containment level 57b
風疹〘しん〙ウイルス rubella virus 235a
風袋 tare 260a
封入体 inclusion body 132a
封入体細胞 inclusion cell 132a
封入体細胞病 inclusion cell disease ⇌ I細胞病 I-cell disease 129a
富栄養化 eutrophication 90a
フェオフィチン pheophytin 199a
フェオフォルビド pheophorbide 199a
フェオポルフィリン pheoporphyrin 199b
fes〘フェス〙遺伝子 fes gene 94a

フェチュイン fetuin 94b
フェツイン ⇌ フェチュイン fetuin 94b
フェナジンメトスルフェート phenazine methosulfate 198b
フェナセチン phenacetin 198b
フェナセミド phenacemide 198b
フェニトイン phenytoin ⇌ ジフェニルヒダントイン diphenylhydantoin 75a
フェニルアラニン phenylalanine 199a
フェニルイソチオシアネート phenyl isothiocyanate 199a
フェニルイソチオシアネート法 phenyl isothiocyanate method ⇌ エドマン[分解]法 Edman [degradation] method 81b
フェニルエチレン phenylethylene ⇌ スチレン styrene 254a
フェニルエフリン phenylephrine 199a
フェニルオサゾン phenylosazone 199a
フェニルグリオキサール phenylglyoxal 199a
フェニルグルクロニド phenyl glucuronide 199a
フェニルグルコシド phenyl glucoside 199a
フェニルケトン尿症 phenylketonuria 199a
フェニルピルビン酸 phenylpyruvic acid 199a
p-フェニレンジアミン p-phenylenediamine 199a
フェノキシベンズアミン phenoxybenzamine 199a
フェノキシルラジカル phenoxyl radical 199a
フェノバルビタール phenobarbital 198b
フェノラーゼ phenolase 198b
フェノール phenol 198b
フェノールスルホンフタレイン phenolsulfonphthalein 198b
フェノールフタレイン phenolphthalein 198b
フェノールレッド phenol red ⇌ フェノールスルホンフタレイン phenolsulfonphthalein 198b
フェヒナーの法則 Fechner's law ⇌ ウェーバー・フェヒナーの法則 Weber-Fechner law 281b
フェムト femto 93b
フェムトグラム femtogram 93b
フェラルテリン ferralterin 93b
フェリクロム ferrichrome 94a

フェリシアン化カリウム　potassium ferricyanide　212a
フェリシトクロム c　ferricytochrome c　94a
フェリチン　ferritin　94a
フェリチン抗体法　ferritin antibody technique　94a
フェリプロトポルフィリン　ferriprotoporphyrin　94a
フェリポルフィリン　ferriporphyrin　94a
フェーリング液　Fehling's solution　94a
フェレドキシン　ferredoxin　94a
フェロオキシダーゼ　ferro[o]xidase　94a
フェロケラターゼ　ferrochelatase　94a
フェロシアン化カリウム　potassium ferrocyanide　212a
フェロシトクロム c　ferrocytochrome c　94a
フェロポルフィリン　ferroporphyrin　94a
フェロモン　pheromone　199b
フェン効果　Fenn effect　93b
フェンタニール　fentanyl　93b
フォイルゲン反応　Feulgen reaction　94b
不応期　refractory period　227b
不応性　refractoriness　227b
不応性貧血　refractory anemia ⇌ 鉄芽球性貧血　sideroblastic anemia　243b
フォーブス病　Forbes disease ⇌ アミロ-1,6-グルコシダーゼ欠損症　amylo-1,6-glucosidase deficiency　17a
フォーカス　focus　97b
フォーカス形成　focus formation　98a
フォーカルアドヒージョン　focal adhesion　97b
フォーカルコンタクト　focal contact　97b
フォゲス・プロスカウエル反応　Voges-Proskauer reaction　280b
フォコメリア ⇌ アザラシ肢症　phocomelia　199b
fos〔フォス〕遺伝子　fos gene　99a
フォトプシン　photopsin　202b
フォトフラビン　photoflavin ⇌ ルミフラビン　lumiflavin　154b
フォトブリーチング　photobleaching　202a
フォドリン　fodrin　98a
フォトルミネセンス ⇌ 光ルミネセンス　photoluminescence　202b
フォリスタチン　follistatin　98a
フォリトロピン　follitropin ⇌ 沪胞刺激ホルモン　follicle-stimulating hormone　98a
フォリベリン　folliberin ⇌ 沪胞刺激ホルモン放出因子　follicle-stimulating hormone-releasing factor　98a
フォリン酸　folinic acid ⇌ L(−)-5-ホルミル-5,6,7,8-テトラヒドロ葉酸　L(−)-5-formyl-5,6,7,8-tetrahydrofolic acid　99a
フォルスマン抗原　Forssman antigen　99a
フォルスマン抗体　Forssman antibody　99a
フォルスマンショック　Forssman shock　99a
フォルスマンハプテン ⇌ フォルスマン抗原　Forssman antigen　99a
フォルチ分配法　Folch partition method　98a
フォールディング ⇌ 折りたたみ〔タンパク質の〕　folding　98a／protein folding　217b
フォールド　fold ⇌ モチーフ　motif　171b
フォルマイシン　formycin　98b
フォンギールケ病　von Gierke disease ⇌ グルコース-6-ホスファターゼ欠損症　glucose-6-phosphatase deficiency　107b
フォンヒッペル・リンダウ病　von Hippel-Lindau disease　280b
フォンビルブラント因子　von Willebrand factor　280b
フォンビルブラント病　von Willebrand disease　280b
フォン・レックリングハウゼン病　von Recklinghausen disease ⇌ 神経繊維腫症 1 型　neurofibromatosis 1　178b
ふ化　eclosion　81a
付加　addition　7b
付加環化　cycloaddition　64a
不可逆系の熱力学　irreversible thermodynamics ⇌ 非平衡熱力学　nonequilibrium thermodynamics　181a
不可逆阻害　irreversible inhibition　139a
不可逆[の]　irreversible　139a
不可欠アミノ酸　indispensable amino acid ⇌ 必須アミノ酸　essential amino acid　89a
付加欠失型[突然]変異　addition-deletion mutation　7b
不可欠脂肪酸　indispensable fatty acid ⇌ 必須脂肪酸　essential fatty acid　89a
不活化ワクチン　inactivated vaccine　132a
賦活睡眠　activated sleep ⇌ レム睡眠　REM sleep　228b
不活性[な]　inert　133a
不活性化　inactivation　132a
不活性化線量　inactivation dose　132a

不活性化断面積　inactivation cross section 132a
付加[突然]変異　addition mutation　7b
付加反応　addition reaction　7b
不可避窒素損失　obligatory nitrogen loss 185a
付加物　adduct　7b
不感時間【反応観測の】　dead time　67a
不完全ウイルス　incomplete virus　132a
不完全菌類　deuteromycetes　71b
不完全抗原　incomplete antigen ⇌ ハプテン hapten　114a
不完全抗体　incomplete antibody　132a
不完全周縁キメラ　mericlinal chimera　163a
不完全フロイントアジュバント　incomplete Freund's adjuvant　132a
不規則構造　unordered structure　275b
不規則分布則　rule of random distribution 235a
ブキャナン・グリンバーグ経路【プリンヌクレオチド合成の】　Buchanan-Greenberg pathway 37b
不競合阻害　uncompetitive inhibition　275a
不均一[系]触媒　heterogeneous catalyst 119a
不均一[の]　heterogeneous　119a
不均化　dismutation　75b
不均化酵素　disproportionating enzyme　76a/ ⇌ ジスムターゼ dismutase　75b
不均衡生育 ⇌ 不均衡成長　unbalanced growth 275a
不均衡成長　unbalanced growth　275a
複核体　amphikaryon　16b
腹腔(動物学では"ふくこう"というが医学では"ふくくう"という)　abdominal cavity　3a
腹腔〔くう〕浸出細胞　peritoneal exudate cell 197a
複屈折　birefringence　33b
副経路 ⇌ 第二経路　alternative pathway　14a
復元　renaturation　228b
副交感神経活動亢進　parasympathicotonia 193b
副交感神経系　parasympathetic nervous system　193a
複合酵素 ⇌ 多酵素複合体　multienzyme complex　172b
複合脂質　compound lipid　56a
副甲状腺　parathyroid　193b

副甲状腺機能亢進症　hyperparathyroidism 127b
副甲状腺機能低下症　hypoparathyroidism 128a
副甲状腺ホルモン　parathyroid hormone 193b
複合する【物質が】　conjugate　57a
複合体　complex　55b
複合タンパク質　conjugated protein　57a
複合糖質　complex carbohydrate　56a
腹腔〔こう, くう〕内注射　intraperitoneal injection　137a
複合肥料　compound fertilizer　56a
腹腔〔こう, くう〕マクロファージ　peritoneal macrophage　197a
副産物　byproduct　38b
複糸期　diplotene [stage]　75b
副室　accessory cell　4a
フクシン　fuchsine　100b
副腎　adrenal　9a
フクシン-亜硫酸試薬　fuchsin[e]-sulfurous acid reagent ⇌ シッフ試薬　Schiff's reagent 237b
フクシン-アルデヒド試薬　fuchsin[e]-aldehyde reagent ⇌ シッフ試薬　Schiff's reagent　237b
副腎髄質　adrenal medulla　9a
副腎性アンドロゲン　adrenal androgen　9a
副腎性器症候群　adrenogenital syndrome　9b
副腎性性ホルモン　adrenal sex hormone　9a
副腎摘出　adrenalectomy　9a
副腎白質ジストロフィー ⇌ アドレノロイコジストロフィー　adrenoleukodystrophy　9b
副腎皮質　adrenal cortex　9a
副腎皮質刺激ホルモン　adrenocortico-trop[h]ic hormone　9a
副腎皮質刺激ホルモン放出ホルモン　corticotrop[h]in-releasing hormone　59b
副腎皮質ホルモン　adrenal cortical hormone 9a
副腎皮質ホルモン-βリポトロピン前駆体　adrenocorticotropic hormone-β-lipotropine precursor ⇌ プロオピオメラノコルチン proopiomelanocortin　216a
腹水　ascites　24b
フーグスティーン型塩基対　Hoogsteen base pairing　123a
複製　duplication　80a/replication　229a

複製開始点 → 複製起点　replication origin 229a
複製型　replicative form 229a
複製起点　replication origin 229a
複製起点認識複合体　origin recognition complex 188b
複製後修復　postreplication repair 211b
複製子 → レプリコン　replicon 229a
複製修復　replication repair 229a
複製フォーク　replication fork 229a
副生物　byproduct 38b
複相　diploid phase 75a
複相性　diploidy 75a
複相生物　diplont 75a
複相体　diplont 75a
　複相[体][の]　diploid 75a
複素環式化合物　heterocyclic compound 118b
複対立遺伝子　multiple alleles 173a
複対立形質　multiple allelomorphs → 複対立遺伝子　multiple alleles 173a
フグ毒　fugu poison → テトロドトキシン　tetrodotoxin 263a
腹膜[の]　peritoneal 197a
不けん[鹸]化物　unsaponifiable material 276a
フコイダン　fucoidan 100b
フコキサンチン　fucoxanthine 100b
フコシドーシス　fucosidosis 100b
フコシル[基]　fucosyl 100b
フコシルガングリオシド　fucosylganglioside 100b
フコース　fucose 100b
フコ糖脂質　fucoglycolipid → フコリピド　fucolipid 100b
フコリピド　fucolipid 100b
フザリン酸　fusaric acid 101a
フシェー試験　Fouchet's test 99a
不死化[細胞の]　immortalization 130a
プシコース　psicose 219b
プシコフラニン　psicofuranine → アングストマイシン C　angustmycin C 18b
フシジン酸　fusidic acid 101a
フシタラズ遺伝子　*fushi tarazu* gene 101b
ブーシャルダー試薬　Bouchardat's reagent 36a
浮腫　edema 81a
浮上係数　floatation coefficient 96b
浮上定数　floatation constant → 浮上係数　floatation coefficient 96b

浮上 β 病　floating beta disease 96b
腐蝕剤　corrosive 59b
腐蝕[しょく]性[の]　corrosive 59b
プシロシビン　psilocybin 219b
プシロシン　psilocin 219b
不随意[の]　involuntary 137b
付随体 → サテライト　satellite 237a
ブースター → 追加免疫　booster 35b
不斉[性]　asymmetry 25b
不斉炭素原子　asymmetric carbon atom 25b
不斉中心　asymmetric center 25b
不斉[せい][の]　asymmetric 25b
不整脈　arrythmia 24a
フーゼル油　fusel oil 101b
不全　deficiency 68a／incompetence 132a
不染色質　achromatin 5a
プソイドウリジン　pseudouridine 219b
プソイドグロブリン → 偽性グロブリン　pseudoglobulin 219b
プソイドケレリトリン　pseudochelerythrine → サンギナリン　sanguinarine 236b
プソイドビタミン B_{12}　pseudovitamin B_{12} 219b
プソイドフルクトース　pseudofructose → プシコース　psicose 219b
プソイドモナス → シュードモナス　*Pseudomonas* 219b
武装因子　arming factor 24a
付属細胞　accessory cell 4a
ブタ[食用][hog] 121b／[集合的に] swine 257b
ブタ[の]　porcine 211a
不対[たい]合[染色体の]　desynapsis 71b
ブタノール　butanol 38b
ブタノール発酵　butanol fermentation 38b
二又状　bifurcate 32a
o-フタルアルデヒド　o-phthalaldehyde 203a
フタロイル化　phthaloylation 203a
フタロシアニン　phthalocyanine 203a
ブタン酸　butanoic acid → 酪酸　butyric acid 38b
ブタンジオン　butanedione 38b
フチエン酸　phthienoic acid 203a
フチオコール　phthiocol 203a
フチオジオロン　phthiodiolone 203b
フチオセロール　phthiocerol 203a
フチオセロロン　phthiocerolone 203a
フチオン酸　phthioic acid 203b

プチダレドキシン　putidaredoxin　221a
プチット[突然]変異体　⇒ プチ[突然]変異株
　　　　　petit mutant　197b
プチ[突然]変異株　petit mutant　197b
プチマール ⇒ 小発作　petit mal　197b
付着　attachment　26a
付着板　adhesion plaque　8b
付着部位【プロファージの】　attachment site
　　　　　26b
付着末端　cohesive end　54a
ブチルアルコール　butylalcohol ⇒ ブタノー
　　　　　ル　butanol　38b
ブチロフィリン　butyrophilin　38b
不対電子　unpaired electron　275b
フッ化シアヌル　cyanuric fluoride　63b
フッ化物　fluoride　97a
復帰[突然]変異　reverse mutation　231a
復帰[突然]変異体　revertant　231a
物質交代 ⇒ 代謝　metabolism　164a
フッ素　fluorine　97a
沸点　boiling point　35a
沸点上昇　elevation of boiling point　83b
沸点測定法　ebulliometry　80b
フットプリント法　footprinting [method]　98a
物理化学[的][の]　physicochemical　203b
物理的地図【遺伝子，DNAの】　physical map
　　　　　203b
物理的封じ込め　physical containment　203b
不定型[の] ⇒ 無定形[の]　amorphous　16b
不定胚　adventitious embryo　9b
不適合性【免疫】　incompatibility　132a
不適正塩基対 ⇒ ミスマッチ塩基対
　　　　　mismatched base pair　168a
不適正塩基対の修復 ⇒ ミスマッチ修復
　　　　　mismatch repair　168a
プテリジン　pteridine　220a
プテリジン依存ヒドロキシラーゼ　pteridine-
　　　　　dependent hydroxylase　220a
プテリン　pterin　220a
プテリン補酵素　pterin coenzyme　220a
プテロイルグルタミン酸　pteroylglutamic acid
　　　　　⇒ 葉酸　folic acid　98a
プテロイン酸　pteroic acid　220a
プテロプテリン　pteropterin　220a
太糸[ふといと]　pachynema　191a
太糸[ふといと]期　pachytene [stage]　191a
太いフィラメント　thick filament ⇒ ミオシン
　　　　　フィラメント　myosin filament　175b

不動化　immobilization　130a
不凍[化]タンパク質　antifreeze protein　20b
ブドウ[状]球菌エンテロトキシン　staphylo-
　　　　　coccal enterotoxin　251a
不等成長　heterogony　119a
ブドウ糖　grape sugar ⇒ グルコース　glucose
　　　　　107b
不等乗換え　unequal crossing over　275b
不等皮質　allocortex　13a
ブートストラップ　bootstrap　35b
プトレッシン　putrescine　221a
舟形配座　boat conformation　35a
プニカ酸　punicic acid　220b
不妊　infertility ⇒ sterility　251b
不妊化　sterilization　251b
不妊[性]　sterility　251b
不ねん[稔]化　sterilization　251b
不ねん感染　abortive infection　3b
不ねん性　sterility　251b
負の協同性　negative cooperativity　177a
負のスーパーコイル ⇒ 負の超らせん　negative
　　　　　supercoil　177a
負の制御　negative control　177a
負の調節　negative regulation ⇒ 負の制御
　　　　　negative control　177a
負の超優性　negative overdominant　177a
負の超らせん　negative supercoil　177a
負のフィードバック　negative feedback　177a
負のフィードバック制御　negative feedback
　　　　　control　177a
負のモジュレーター　negative modulator
　　　　　177a
腐敗　putrefaction　221a
腐敗する ⇒ 分解する　decompose　68a
不発感染 ⇒ 不ねん[稔]感染　abortive
　　　　　infection　3b
fps[フプス]遺伝子　*fps* gene　99a
ブフナー漏斗　Büchner funnel　37b
部分抗原 ⇒ ハプテン　hapten　114a
部分接合体　merozygote　163a
部分的老化　segmental aging　239b
部分二倍体　merodiploid ⇒ 部分接合体
　　　　　merozygote　163a
部分配偶[性]　merogamy　163a
部分比容　partial specific volume　194a
部分モル量　partial molar quantity　194a
普遍形質導入　generalized transduction　104b
不変態発生　ametabolous development　14b

普遍的組換え general recombination 104b
不変部領域【抗体一次構造の】⇒ 定常部 constant region 57b
不飽和 unsaturation 276a
不飽和化 desaturation 71a
不飽和脂肪酸 unsaturated fatty acid 276a
ブホタリン bufotalin 37b
ブホテニン bufotenine 37b
ブホトキシン bufotoxin 37b
フマラーゼ fumarase 100b
フマル酸 fumaric acid 100b
フミン humin 124b
fms［フムス］遺伝子 *fms* gene 97b
フムレン humulene 124b
浮遊密度 buoyant density 38a
不溶化酵素 insolubilized enzyme ⇒ 固定化酵素 immobilized enzyme 130a
ブライ・ダイアー抽出法 Bligh-Dyer extraction method 34b
プライマー primer 214a
プライマー RNA primer RNA 214a
プライマー効果 primer effect 214a
プライマーゼ primase 214a
プライミング ⇒ 初回刺激 priming 214a
プライモソーム primosome 214a
ブラインシュリンプ brine shrimp ⇒ アルテミア＝サリーナ *Artemia salina* 24b
プラウスニッツ・キュストナー反応 Prausnitz-Küstner reaction 212a
ブラウニッツァー試薬 Braunitzer's reagent 36b
ブラウン運動 Brownian movement 37a
ブラキオース brachiose ⇒ イソマルトース isomaltose 140a
プラーク plaque 205b
プラクアルブミン plakalbumin 205b
プラーク形成効率 ⇒ 平板効率 efficiency of plating 81b
プラーク形成単位 plaque-forming unit 206a
フラクションコレクター fraction collector 99b
フラクタル構造 fractal structure 99a
プラクトロール practolol 212a
プラークハイブリッド形成［法］ plaque hybridization 206a
フラグミン fragmin 99b
フラグメント ⇒ 断片 fragment 99b

フラグメント縮合 ⇒ 断片縮合 fragment condensation 99b
フラジェリン flagellin 95b
フラジオマイシン fradiomycin ⇒ ネオマイシン neomycin 177b
ブラジカステロール brassicasterol 36b
ブラジキニン bradykinin 36a
ブラシノリド brassinolide 36b
ブラシリン酸 brasylic acid 36b
ブラシル酸 ⇒ ブラシリン酸 brasylic acid 36b
プラスチド plastid ⇒ 色素体 chromatophore 50b
プラステイン plastein 206b
プラストキノール plastoquinol 206b
プラストキノン plastoquinone 206b
ブラストサイジン S blasticidin S 34a
プラストシアニン plastocyanin 206b
ブラストマイシン blastmycin 34a
プラズマ plasma 206a
プラスマイナス法 plus-minus method ⇒ サンガー法 Sanger method 236b
プラズマキニン plasmakinin 206a
プラズマ細胞 ⇒ 形質細胞 plasma cell 206a
プラズマジーン ⇒ 細胞質遺伝子 plasmagene 206a
プラズマニン酸 plasmanic acid 206a
プラズマフェレシス ⇒ 血漿交換［法］ plasmapheresis 206a
プラズマローゲン plasmalogen 206a
プラスミド plasmid 206a
プラスミド組込み plasmid integration 206a
プラスミド不和合性 plasmid incompatibility 206a
プラスミノーゲン plasminogen 206b
プラスミン plasmin 206a
プラスメニルエタノールアミン plasmenylethanolamine 206a
プラスメニン酸 plasmenic acid 206a
プラスモシン plasmosin 206b
プラスモデスム plasmodesm[a] (*pl.* plasmodesmata) ⇒ 原形質連絡 protoplasmic connection 218b
プラスモン plasmon 206b
プラセオジム praseodymium 212a
プラセボ ⇒ 偽薬 placebo 205b
プラゾシン prazosin 212b
ブラッグの条件 Bragg condition 36a

フラッシュエバポレーター flash evaporator 96a
フラッフ fluff 96b
プラナリア planarian 205b
フラノシド環 furanoside ring 101a
フラノース furanose 101a
フラバノン flavanone 96a
フラビン flavin 96a
フラビンアデニンジヌクレオチド flavin adenine dinucleotide 96a
フラビン依存性デヒドロゲナーゼ flavin-linked dehydrogenase 96a
フラビン酵素 flavin enzyme 96a
フラビンタンパク質 flavoprotein 96b
フラビン補酵素 flavin coenzyme 96a
フラビンモノヌクレオチド flavin mononucleotide 96a
フラボキサンチン flavoxanthine 96b
フラボキノン flavoquinone 96b
フラボシトクロム flavocytochrome 96a
フラボドキシン flavodoxin 96a
フラボノイド flavonoid 96b
フラボノール flavonol 96b
フラボヒドロキノン flavohydroquinone 96a
フラボン flavone 96a
プラリドキシム pralidoxime 212a
フラーレン fullerene 100b
フラン furan 101a
ふ卵 incubation 132a
ふ卵器 incubator 132a
フランキング配列 flanking sequence 96a
フランキング領域 flanking region ⇌ フランキング配列 flanking sequence 96a
フランク・コンドン原理 Franck-Condon principle 99b
プランク定数 Planck constant 205b
プランクトン plankton 205b
プランチェット【放射能測定用などの】 ⇌ 小皿 plancet 205b
ブラントエンド ⇌ 平滑末端【DNAの】 blunt end 35a
プランマー病 Plummer disease 207a
フーリエ合成 Fourier synthesis 99a
フーリエ変換 Fourier transform 99a
フーリエ変換分光器 Fourier transform spectrometer 99a
プリオン prion 214b
プリオン病 prion disease 214b

Brij〔ブリジ〕系界面活性剤 Brij series surfactant 36b
フリーズエッチング法 ⇌ 凍結エッチング法 freeze-etching technique 99b
プリスタン酸 pristanic acid 214b
フリーズフラクチャー ⇌ 凍結割断 freeze-fracture 100a
フリーズレプリカ法 ⇌ 凍結レプリカ法 freeze-replica technique 100a
プリッキング法 ⇌ 細胞穿刺法 pricking method 213b
ブリッグス・ホールデンの式 Briggs-Haldane equation 36b
プリーツシート pleated sheet ⇌ β構造 β-structure 29a
フリッパーゼ flippase 96b
フリップ・フロップ機構 flip-flop mechanism 96b
プリブナウ配列 Pribnow sequence 213b
プリブナウボックス Pribnow box ⇌ プリブナウ配列 Pribnow sequence 213b
プリミドン primidone 214a
プリメチン primetin 214a
ブリリアントブルー Brilliant Blue ⇌ ク[ー]マシーブリリアントブルー Coomassie Brilliant Blue 58a
フリルフラミド furylfuramide 101a
プリン purine 220b
プリンアルカロイド purine alkaloid 220b
プリン塩基 purine base 220b
プリン生合成 purine biosynthesis 220b
プリンヌクレオチド purine nucleotide 220b
2-フルアルデヒド 2-furaldehyde ⇌ フルフラール furfural 101a
ふるい ⇌ メッシュ mesh 163a
フルオタン fluothane ⇌ ハロタン halothane 113b
フルオレサミン fluorescamine 97a
フルオレスカミン ⇌ フルオレサミン fluorescamine 97a
フルオレセイン fluorescein 97a
フルオレセインイソチオシアネート fluorescein isothiocyanate 97a
フルオロオキサロ酢酸 fluoroxalacetic acid 97b
フルオロクエン酸 fluorocitric acid 97b
フルオログラフィー fluorography 97b

フルオロコルチゾン fluorocortisone 97b
フルオロ酢酸 fluoroacetic acid 97a
プルキンエ現象 Purkinje phenomenon ⇌ プルキンエの偏位 Purkinje shift 220b
プルキンエ細胞 Purkinje cell 220b
プルキンエの偏位 Purkinje shift 220b
フルクタン fructan 100a
フルクトサン fructosan 100a
フルクトシド fructoside 100a
フルクトース fructose 100a
フルクトース尿症 fructosuria 100a
フルクトース不耐症 fructose intolerance 100a
プールサイズ pool size 210b
ブルーシフト blue shift ⇌ 浅色移動 hypsochromic shift 128b
ブルシン brucine 37b
ブルーセファロース【商品名】 Blue Sepharose 35a
ブルック試薬 Brucke's reagent 37b
ブルーデキストラン【商品名】 Blue Dextran 35b
プルネチン prunetin 219a
プルノール prunol ⇌ ウルソール酸 ursolic acid 276b
フルフェナジン fluphenazine 97b
フルフェナム酸 flufenamic acid 96b
フルフラール furfural 101a
プルフリッヒ屈折計 Pulfrich refractometer 220a
プルーフリーディング proofreading 216a
プルプリン purpurin 221a
プルプレア配糖体 purpurea glycoside 221a
プルプロガリン purpurogallin 221a
ブルボカプニン bulbocapnine 37b
ブルーム症候群 Bloom syndrome 34b
プルラナーゼ pullulanase 220a
プルラン pullulan 220a
ブルンネル腺 Brunner gland 37b
プレアルブミン prealbumin ⇌ トランスチレチン transthyretin 270b
プレイオトロピー ⇌ 多面作用 pleiotropy 207a
プレインキュベートする preincubate 213a
フレオマイシン phleomycin 199b
ブレオマイシン bleomycin 34a
プレカリクレイン prekallikrein 213a
プレカルシフェロール precalciferol 212b

プレクストリン相同ドメイン pleckstrin homology domain ⇌ PH ドメイン PH domain 198b
プレグナンジオール pregnanediol 213a
プレグナントリオール pregnanetriol 213a
プレグネノロン pregnenolone 213a
α_2 プレグノグロブリン α_2 pregnoglobulin ⇌ 妊娠性血漿タンパク質 pregnancy-zone protein 213a
プレゲル試験 pregel test ⇌ カブトガニ［ゲル化］試験 Limulus test 151b
プレゴン pulegone 220a
プレセッションカメラ precession camera 212b
プレタゼチン pretazettine 213b
プレタンパク質 ⇌ 前タンパク質 preprotein 213b
プレチロシン pretyrosine 213b
フレーデ試薬 Froehde's reagent 100a
プレート ⇌ 平板 plate 206b
プレドニソロン prednisolone 212b
プレドニソン prednisone 212b
プレドニン predonine ⇌ プレドニソロン prednisolone 212b
プレニルトランスフェラーゼ prenyltransferase 213a
フレノシン phrenosin 203a
プレビタミン D previtamin D ⇌ プレカルシフェロール precalciferol 212b
ブレビン brevin 36b
プレフィトエンニリン酸 prephytoene diphosphate 213a
プレフェン酸 prephenic acid 213a
プレプライミングタンパク質 prepriming protein 213a
プレプロインスリン preproinsulin 213b
プレプロエンケファリン preproenkephalin 213a
プレプロタキキニン preprotachykinin 213b
プレプロホルモン preprohormone 213a
プレ β リポタンパク質 prebetalipoprotein ⇌ 超低密度リポタンパク質 very low-density lipoprotein 279b
フレームシフト frameshift 99b
フレームシフト型［突然］変異原物質 frameshift mutagen 99b
フレームシフトサプレッサー frameshift suppressor 99b

日本語	English	ページ
フレームシフト[突然]変異	frameshift mutation	99b
フレーム分光法 ⇌ 炎光分光分析	flame spectrochemical analysis	96a
プレ葉酸 A	prefolic acid A	212b
プレルミロドプシン ⇌ バソロドプシン	prelumirhodopsin vasorhodopsin	278a
ブレンステッドの式	Brønsted equation	37a
ブレンステッドプロット	Brønsted plot	37a
不連続複製【DNAラギング鎖合成における】	discontinuous replication	75b
ブレンダー	blender	34a
フレンチプレス	French press	100a
フレンド白血病ウイルス	Friend leukemia virus	100a
フレンド白血病細胞	Friend leukemia cell	100a
プロアクセレリン	proaccelerin	214b
プロアクロシン	proacrosin	214b
ブローア試薬	Bloor's reagent	34b
プロインスリン	proinsulin	215a
フロイントアジュバント	Freund adjuvant	100a
プロウイルス DNA	proviral DNA	218b
プロエラスターゼ	proelastase	215a
プロオピオコルチン	proopiocortin	216a
プロオピオメラノコルチン	proopiomelanocortin	216a
プロカイン	procaine	214b
プロカプシド ⇌ プロキャプシド	procapsid	214b
プロカルシフェロール	procalciferol	214b
プロカルボキシペプチダーゼ	procarboxypeptidase	214b
プロキャプシド	procapsid	214b
プロキラリティー	prochirality	214b
プロキラル中心	prochiral center	214b
プログラム細胞死	program[m]ed cell death	215a
プログルカゴン	proglucagon	215a
プロゲスチン ⇌ ゲスターゲン	progestin gestagen	105b
プロゲステロン	progesterone	215a
プロゲステロン結合タンパク質	progesterone-binding protein	215a
プロゲストゲン ⇌ ゲスターゲン	progestogen gestagen	105b
プロゲノート	progenote	215a
プロ酵素	proenzyme	215a
プロコラーゲン	procollagen	214b
プロコンベルチン	proconvertine	214b
フローサイトメトリー	flow cytometry	96b
プロシオンブリリアントブルー	Procion Brilliant Blue	214b
プロシオンレッド	Procion Red	214b
プロジギオシン	prodigiosin	215a
プロスタグランジン	prostaglandin	216b
プロスタグランジン I_2	prostaglandin I_2	217a
プロスタグランジンエンドペルオキシド	prostaglandin endoperoxide	217a
プロスタサイクリン ⇌ プロスタグランジン I_2	prostacyclin prostaglandin I_2	217a
プロスタン酸	prostanoic acid	217a
プロスチグミン ⇌ ネオスチグミン	prostigmin neostigmine	177b
プロセシング	processing	214b
プロタゴン	protagon	217a
プロタミナーゼ	protaminase	217a
プロタミン	protamine	217a
ブロック重合	block polymerization	34b
ブロッティング	blotting	34b
ブロットする	blot	34b
プロテアーゼ	protease	217a
プロテアーゼインヒビター	protease inhibitor	217a
プロテアソーム	proteasome	217a
プロテアン	protean	217a
ブロディー液	Brodie's solution	37a
プロテイナーゼ	proteinase	217b
プロテイナーゼ K	proteinase K	217b
プロテイン A	protein A	217a
プロテインキナーゼ	protein kinase	217b
プロテインキナーゼ C	protein kinase C	217b
プロテインスコア【栄養】	protein score	217b
プロテインスプライシング	protein splicing	217b
プロテインチップ ⇌ タンパク質チップ	protein chip	217b
プロテインホスファターゼ ⇌ ホスホプロテインホスファターゼ	protein phosphatase phosphoprotein phosphatase	201a
プロテインボディー ⇌ タンパク粒	protein body	217b
プロテオグリカン	proteoglycan	217b

プロテオコンドロイチン硫酸　proteochondroitin sulfate ⇌ コンドロムコタンパク質　chondromucoprotein　50a
プロテオース　proteose　218a
プロテオプラスト　proteoplast　218a
プロテオヘパリン　proteoheparin　217b
プロテオミクス　proteomics　218a
プロテオーム　proteome　218a
プロテオリシス ⇌ タンパク質分解　proteolysis　218a
プロテオリピド　proteolipid　217b
プロテオリポソーム　proteoliposome　218a
プロトオンコジーン　proto-oncogene　218b
プロトカテク酸　protocatechuic acid　218a
プロトクロロフィリド　protochlorophyllide　218a
プロトクロロフィル　protochlorophyll　218a
プロトコラーゲン　protocollagen　218a
プロトピン　protopine　218b
プロトフィラメント　protofilament　218a
プロトプラスト　protoplast　218b
プロトプラスト融合法　protoplast fusion　218b
プロトペクチン　protopectin　218b
プロトヘミン　protohemin　218a
プロトヘム　protoheme　218a
プロトヘム IX　protoheme IX　218a
プロトヘムフェロリアーゼ　protoheme ferrolyase ⇌ フェロケラターゼ　ferrochelatase　94a
プロトポルフィリノーゲン　protoporphyrinogen　218b
プロトポルフィリン　protoporphyrin　218b
プロトマー　protomer　218b
プロトロンビン　prothrombin　218a
プロトン　proton　218b
プロトン移動　proton transfer　218b
プロトン化する【解離基を】　protonate　218b
プロトン供与体　proton donor　218b
プロトン駆動力　proton motive force　218b
プロトン勾配　proton gradient　218b
プロトンジャンプ　proton jump　218b
プロトン受容体　proton acceptor　218b
プロトン付加反応　protonation reaction　218b
プロトンポンプ　proton pump　218b
プロナーゼ　pronase　216a
プロパニル　propanil　216b
プロパノロール　propanolol ⇌ プロプラノロール　propranolol　216b

プロパノン　propanone ⇌ アセトン　acetone　4b
プロパン酸　propanoic acid ⇌ プロピオン酸　propionic acid　216b
プロパンジオール　propanediol　216b
プロピオニル CoA　propionyl-CoA　216b
プロピオン酸　propionic acid　216b
プロピオン酸[細]菌　propionic acid bacterium　216b
プロビタミン　provitamin　218b
プロビタミン A　provitamin A　218b
プロビタミン D_2　provitamin D_2 ⇌ エルゴステロール　ergosterol　88a
プロビタミン D_3　provitamin D_3　219a
プローブ　probe　214b
プロファージ　prophage　216b
プロファージの誘発　prophage induction　216b
プロフィラクチン　profilactin　215a
プロフィリン　profilin　215a
プロプラスチド　proplastid　216b
プロプラノロール　propranolol　216b
プロフラビン　proflavin　215a
プロベネシド　probenecid　214b
プロペルジン　properdin　216b
プロペルジン経路　properdin pathway ⇌ 第二経路　alternative pathway　14a
フロー法　flow method　96b
プロホルモン　prohormone　215a
プロメタジン　promethazine　216a
ブロメライン　bromelain　37a
プロメリチン　promellitin　216a
ブロメリン　bromelin　37a
ブロモアセトアミド　bromoacetamide　37a
ブロモクリプチン　bromocriptine　37a
ブロモ酢酸　bromoacetic acid　37a
ブロモスルホフタレイン　bromosulfophthalein　37a
プロモーター　promoter　216a
ブロモチモールブルー　Bromothymol Blue　37a
5-ブロモデオキシウリジン　5-bromodeoxyuridine　37a
ブロモフェノールブルー　Bromophenol Blue　37a
フロラ ⇌ 植物相　flora　96b
プロラクチン　prolactin　215b
プロラクチン産生細胞腫　prolactinoma　215b

プロラクチン放出ホルモン　prolactin-releasing hormone　215b
プロラクチン放出抑制因子　prolactin release-inhibiting factor　215b
プロラクチン放出抑制ホルモン　prolactin release-inhibiting hormone ⇌ プロラクチン放出抑制因子　prolactin release-inhibiting factor　215b
プロラクトスタチン　prolactostatin ⇌ プロラクチン放出抑制因子　prolactin release-inhibiting factor　215b
プロラクトリベリン　prolactoliberin ⇌ プロラクチン放出ホルモン　prolactin-releasing hormone　215b
プロラミン　prolamin　215b
フロリゲン　florigen ⇌ 開花ホルモン　flowering hormone　96b
フロリジル【商品名】　Florisil　96b
フロリジン　phlorizin　199b
プロリダーゼ　prolidase ⇌ プロリンジペプチダーゼ　proline dipeptidase　216a
プロリナーゼ　prolinase ⇌ プロリルジペプチダーゼ　prolyl dipeptidase　216a
プロリフェリン　proliferin　215b
プロリルジペプチダーゼ　prolyl dipeptidase　216a
プロリン　proline　216a
プロリンアミノペプチダーゼ　proline aminopeptidase ⇌ プロリンイミノペプチダーゼ　proline iminopeptidase　216a
プロリンイミノペプチダーゼ　proline iminopeptidase　216a
プロリンジペプチダーゼ　proline dipeptidase　216a
プロリン尿症　prolinuria ⇌ 家族性イミノグリシン尿症　familial iminoglycinuria　92b
フロレチン　phloretin　199b
プロレニン　prorenin　216a
フロログルシノール　phloroglucinol ⇌ フロログルシン　phloroglucin　199b
フロログルシン　phloroglucin　199b
不和合性【遺伝】　incompatibility　132a
分圧　partial pressure　194a
分域する【発生学で】　segregate　239b
分化　differentiation　73b
分解　degradation　68b／disintegration　75b／resolution　229b
分解産物 ⇌ カタボライト　catabolite　43a

分解する　decompose　68a
分解能　resolution　229b
分画　fractionation　99b
分画遠心分離　differential centrifugation　73a
分化全能性 ⇌ 全能性　totipotency　267b
分割　cleavage　52b
分割【ラセミ体の】　resolution　229b
分割球 ⇌ 割球　blastomere　34a
分割量　aliquot　12a
分化転換　transdifferentiation　268b
分化能　differentiation potency　73b
分化誘導因子　differentiation-inducing factor　73b
ブンガロトキシン　bungarotoxin　38a
フンギシジン　fungicidin ⇌ ニスタチン　nystatin　185a
分岐進化　divergent evolution　76b
フンギステロール　fungisterol　101a
分極【膜の,電池の,分子の】　polarization　207b
分極電流　polarizing current　207b
分極率　polarizability　207b
ふん【吻】合　anastomosis　18a／⇌ 分路　shunt　243a
分光化学　spectrochemistry　248b
分光学　spectroscopy　248b
分光蛍光光度計　spectrophotofluorometer　248b
分光光度計　spectrophotometer　248b
分光旋光計　spectropolarimeter　248b
分光測定　spectrometry　248b
分光法　spectroscopy　248b
粉砕する　triturate　272a
分散　dispersion　75b／variance　277b
分散分析【統計用語】　analysis of variance　17b
分散力　dispersion force　76a
分子　molecule　170a
　分子［の］　molecular　169b
分子【分数の】　numerator　184b
分枝 ⇌ 枝分かれ　branching　36b
分枝アミノ酸　branched-chain amino acid　36a
分子イオン　molecular ion　169b
分子遺伝学　molecular genetics　169b
分子活性【酵素の】　molecular activity　169b
分子間相互作用　intermolecular interaction　136b
分子間力　intermolecular force　136a
分子クローニング　molecular cloning　169b

分枝酵素　branching enzyme　36b
分子細胞遺伝学　molecular cytogenetics　169b
分子式　molecular formula　169b
分枝脂肪酸　branched-chain fatty acid　36b
分子シャペロン　molecular chaperone ⇌ シャペロン　chaperone　46b
分子集合　molecular association　169b
分子集団遺伝学　molecular population genetics　169b
分子触媒活性　molar catalytic activity ⇌ 分子活性【酵素の】　molecular activity　169b
分子進化　molecular evolution　169b
分子生物学　molecular biology　169b
分子設計　molecular design　169b
分子旋光度　molecular rotation ⇌ モル旋光度　molar rotation　169b
分子だ〖楕〗円率　molecular ellipticity ⇌ モルだ円率　molar ellipticity　169b
分枝点移動　branch migration　36b
分子内回転　internal rotation　136b
分子内酸化還元　internal oxidation-reduction　136b
分子内縮合　intramolecular condensation　137a
分子内[の]　intramolecular　137a
分子内リアーゼ　intramolecular lyase　137a
分子病　molecular disease　169b
分枝部位　branch point　36b
分子ふるい　molecular sieve　169b
分子ふるいクロマトグラフィー　molecular sieve chromatography ⇌ ゲル沪過　gel filtration　103b
分子分散　molecular dispersion　169b
噴射　injection　134a
分取用超遠心機　preparative ultracentrifuge　213a
分子量　molecular weight　170a
分生子　conidium (pl. conidia)　57a
分析計　analyzer　17b
分析用超遠心機　analytical ultracentrifuge　17b
分節【染色体の】　segment　239b
分節遺伝子　segmentation gene　239b
分節型胞子　arthrospore　24b
分染法　differential staining ⇌ バンド染色[法]　band staining　30a
分配　allocation　13a／partition　194a
分配関数　partition function　194a

分配クロマトグラフィー　partition chromatography　194a
分配係数　partition coefficient ⇌ 分布係数　distribution coefficient　76a
分泌　secretion　239a
分泌型　secretor　239b
分泌顆粒　secretory granule　239b
分泌細胞　secretory cell　239b
分泌促進物質　secretagogue　239a
分泌タンパク質　secretory protein　239b
分泌ベクター　secretion vector　239a
分泌片　secretory piece　239b
分布係数　distribution coefficient　76a
分別　fractionation　99b
分母　denominator　69a
噴霧　atomization　26a／spray　250a
噴霧器　atomizer　26a
噴門[の]【胃の】　cardiac　42a
分離　segregation　239b
分離する【遺伝で異なる表現型が】　segregate　239b
分離帯[の]【密度勾配遠心法の】　zonal　285b
分離の法則　law of segregation　148a
分離培地　isolation medium　139b
分類　classification　52a
分類学　taxonomy　260b
分類群　taxon　260b
分裂　division　76b
分裂加齢　division ag[e]ing　76b
分裂間期　interkinesis ⇌ 間期　interphase　136b
分裂期　mitotic phase ⇌ M期　M phase　172a
分裂系　segregate　239b
分裂係数　mitotic coefficient　168b
分裂酵母　fission yeast　95b
分裂指数　mitotic index　168b
分裂周期　mitotic cycle　168b
分裂終了細胞　postmitotic cell ⇌ 非分裂細胞　nondividing cell　181b
分裂能　division potential ⇌ 増殖能　proliferation potency　215a
分裂装置　mitotic apparatus　168b
分裂促進因子　⇌ マイトジェン因子　mitogenic factor　168b
分裂組織　meristem　163a
分裂病　⇌ 精神分裂病　schizophrenia　237b
分路　shunt　243a

へ

ベアチン veatchine 278a
ヘアピンループ hairpin loop 113a
ペアルール遺伝子 pair-rule gene 192a
平滑筋 smooth muscle 246a
平滑筋弛[し]緩物質 smooth muscle relaxant 246a
平滑断端 ⇌ 平滑末端【DNAの】 blunt end 35a
平滑末端【DNAの】 blunt end 35a
閉環 cyclization 64a
閉環状DNA closed circular DNA 53a
平均 mean 161a
平均寿命 mean life 161a
平均世代時間 mean generation time 161a
平均値 mean 161a
平均反応収率 repetitive yield 229a
平均分子量 average molecular weight 28a
平均分布則 rule of even distribution 235a
平均放出数 average burst size ⇌ バーストサイズ burst size 38a
閉経婦人尿性腺刺激ホルモン human menopausal gonadotropin 124b
平衡 balance 30a
平衡 equilibrium 87b
平衡塩類[溶]液 balanced salt solution 30a
平衡仮説【集団遺伝学における】 balance hypothesis 30a
平衡定数 equilibrium constant 87b
平衡電位 equilibrium potential 87b
平衡透析[法] equilibrium dialysis [method] 87b
平行プリーツシート parallel pleated sheet ⇌ 平行β構造 parallel β-structure 193a
平行β構造 parallel β-structure 193a
平衡密度勾配遠心分離[法] equilibrium density-gradient centrifugation 87b
閉鎖コロニー closed colony 53a
閉鎖[症] atresia 26b
閉塞性動脈硬化症 atrerioscleroris obliterans 24b
閉鎖帯 zonula occludens ⇌ 密着結合 tight junction 266a

並体結合 parabiosis 192b
平板 plate 206b
平板効率 efficiency of plating 81b
平板分離法【微生物の】 plating method 206b
ペオニジン peonidin 196a
ペオニン peonin 196a
壁細胞 ⇌ 旁[ぼう]細胞 parietal cell 193b
ヘキサクロロシクロヘキサン hexachlorocyclohexane 119b
ヘキサクロロフェン hexachlorophene 119b
ヘキサシアノ鉄(Ⅲ)酸塩 hexacyanoferrate(Ⅲ) 119b
ヘキサデカナール hexadecanal ⇌ パルミトアルデヒド palmitaldehyde 192a
ヘキサデカン酸 hexadecanoic acid ⇌ パルミチン酸 palmitic acid 192a
ヘキサメチレン hexamethylene ⇌ シクロヘキサン cyclohexane 64a
ヘキサン酸 hexanoic acid 119b
ヘキシトール hexitol 119b
ヘキスロン酸 hexuronic acid 120a
ヘキセストロール hexestrol 119b
ヘキソキナーゼ hexokinase 119b
ヘキソサミン hexosamine 120a
ヘキソサン hexosan 120a
ヘキソシミン hexosimine 120a
ヘキソシラミン hexosylamine 120a
ヘキソース hexose 120a
ヘキソースーリン酸経路 hexose monophosphate shunt ⇌ ペントースリン酸回路 pentose phosphate cycle 196a
ヘキソースリン酸 hexose phosphate 120a
ヘキソン hexon 120a
ヘキソン酸 hexonic acid 120a
べき法則 power law 212a
ベクター vector 278a
ペクターゼ pectase ⇌ ペクチンエステラーゼ pectinesterase 195a
ペクチナーゼ pectinase 195a
ペクチニン酸 pectinic acid 195a
ペクチノース pectinose 195a
ペクチン pectin 195a

ペクチンエステラーゼ　pectinesterase　195a
ペクチン酸　pectic acid　195a
ペクチン質　pectic substance　195a
ペクチン糖　pectin sugar ⇌ ペクチノース　pectinose　195a
ペクトース　pectose　195a
ベクトル　vector　278a
ベクトル反応　vectorial reaction　278a
ベクレル　becquerel　31a
ベシクル ⇌ 小胞　vesicle　279a
ベシクロウイルス属　Vesiculovirus　279a
BES［ベス］　31b
ベスタチン　bestatin　32a
ペスト菌　Yersinia pestis　284a
ヘスペリジン　hesperidin　118b
ヘスペリチン　hesperitin　118b
ペースメーカー　pacemaker　191a
ペースメーカー酵素　pacemaker enzyme ⇌ 律速酵素　rate-limiting enzyme　225b
ベタイン　betaine　32a
β壊変 ⇌ β崩壊　β decay　29a
β顆粒　β granule　29a
βカロチン ⇌ βカロテン　β-carotene　29a
βカロテン　β-carotene　29a
β構造　β-structure　29a
ベータ細胞　β cell　29a／⇌ 膵臓B細胞　pancreatic B cell　192a
β作用　β-action　29a
β酸化　β oxidation　29a
β遮断　β-blockade　29a
β受容体　β-receptor　29a
β線　β rays　29a
β脱離　β elimination　29a
βターン　β-turn　29a
βツイスト　β-twist　29a
βバレル　β-barrel　29a
β崩壊　β decay　29a
β放射性物質　β radioactive substance ⇌ β放射体　β emitter　29a
β放射体　β emitter　29a
$β_2$ ミクログロブリン　$β_2$ microglobulin　29a
β-ラクタム系抗生物質　β-lactam antibiotic　29a
βラクトグロブリン　β lactoglobulin　29a
βリポタンパク質　β lipoprotein ⇌ 低密度リポタンパク質　low-density lipoprotein　154a
β粒子線 ⇌ β線　β rays　29a
βレセプター ⇌ β受容体　β-receptor　29a

ベーチェット病　Behçet disease　31a
ヘチシン　hetisine　119b
ペチジン　pethidine　197b
別基準標本【分類】　allotype　13b
ベックウィズ・ウィーデマン症候群　Beckwith-Wiedemann syndrome　31a
ベック類肉腫　Boeck's sarcoid ⇌ サルコイドーシス　sarcoidosis　236b
別経路 ⇌ 第二経路　alternative pathway　14a
ヘッジホッグ遺伝子　hedgehog gene　115b
ペッテンコーファー反応　Pettenkofer reaction　198a
ペツニジン　petunidine　198a
ベツリノール　betulinol ⇌ ベツリン　betulin　32a
ベツリン　betulin　32a
ペデリン　pederin　195a
ヘテロ　heter[o]-　118b
ヘテロオーキシン　heteroauxin ⇌ インドール酢酸　indoleacetic acid　132a
ヘテロ核RNA　heterogeneous nuclear RNA　119b
ヘテロカリオン ⇌ 異核共存体　heterokaryon　119a
ヘテロクロマチン　heterochromatin　118b
ヘテロゴニー　heterogony　119a
ヘテロサイトトロピック抗体 ⇌ 異種細胞親和性抗体　heterocytotropic antibody　118b
ヘテロジェノート ⇌ 異型［遺伝子］接合体　heterogenote　119a
ヘテロシス ⇌ 雑種強勢　heterosis　119a
ヘテロ［接合］⇌ 異型接合　heterozygous　119b
ヘテロ接合性 ⇌ 異型接合性　heterozygosity　119b
ヘテロ接合体 ⇌ 異型接合体　heterozygote　119b
ヘテロタリズム　heterothallism　119a
ヘテロデチック環状ペプチド　heterodetic cyclic peptide　118b
ヘテロトロピック効果　heterotropic effect　119b
ヘテロトロピック酵素　heterotropic enzyme　119b
ヘテロトロピック相互作用　heterotropic interaction　119b
ヘテロ二本鎖DNA　heteroduplex DNA　118b

ヘテロ乳酸発酵　heterolactic fermentation　119a
ヘテロ発酵　heterofermentation ⇌ ヘテロ乳酸発酵　heterolactic fermentation　119a
ヘテロポリマー　heteropolymer　119a
ペトロセリン酸　petroselinic acid　197b
ペニキリウム ⇌ ペニシリウム　Penicillium　195b
ペニシラミン　penicillamine　195b
ペニシリウム　Penicillium　195b
ペニシリナーゼ　penicillinase　195b
ペニシリン　penicillin　195b
ペニシリンアレルギー　penicillin allergy　195b
ペニシリン酸　penicillic acid　195b
ペニシリンスクリーニング法　penicillin screening method　195b
ペニシルス　penicillus (*pl*. penicilli)　195b
ペニシロペプシン　penicillopepsin　195b
ヘーネル値　Hehner number　115b
ヘパトクプレイン　hepatocuprein ⇌ シトクプレイン　cytocuprein　65a
ヘパラン硫酸　heparan sulfate　117b
ヘパリン　heparin　117b
ヘパリン後脂解活性　postheparin lipolytic activity　211b
ヘパリン補因子　heparine cofactor ⇌ アンチトロンビンⅢ　antithrombin Ⅲ　21b
ヘビ毒　snake venom　246a
ヘビ毒ホスホジエステラーゼ　venom phosphodiesterase　278b
ヘビーメロミオシン　heavy meromyosin　115b
ペプシノーゲン　pepsinogen　196a
ペプシン　pepsin　196a
ペプシンC　pepsin C ⇌ ガストリシン　gastricsin　103a
ペプスタチン　pepstatin　196a
ペプスタノン　pepstanon　196a
ペプタイボホール　peptaibophol　196b
ヘプタコサジエン　heptacosadiene　118a
ヘプタデカン酸　heptadecanoic acid ⇌ マルガリン酸　margaric acid　159b
ヘプタノース　heptanose ⇌ セプタノース　septanose　241a
ヘプタン酸　heptanoic acid ⇌ エナント酸　enanthic acid　84b
ペプチジル tRNA　peptidyl-tRNA　196b
ペプチジル tRNA 結合部位　peptidyl-tRNA binding site ⇌ P 部位［リボソームの］　P site　219b
ペプチジル転移酵素 ⇌ ペプチジルトランスフェラーゼ　peptidyl transferase　196b
ペプチジル転移反応　peptidyl transfer　196b
ペプチジルトランスフェラーゼ　peptidyl transferase　196b
ペプチジルプロリル *cis*-*trans*-イソメラーゼ ⇌ FK506 結合タンパク質　FK506-binding protein　95b
ペプチダーゼ　peptidase　196b
ペプチド　peptide　196b
ペプチド［の］　peptidyl　196b
ペプチド［加水］分解酵素 ⇌ ペプチダーゼ　peptidase　196b
ペプチドグリカン　peptidoglycan　196b
ペプチド系抗生物質　peptide antibiotic　196b
ペプチド結合　peptide bond　196b
ペプチド合成機　peptide synthesizer　196b
ペプチド合成酵素 ⇌ ペプチドシンテターゼ　peptide synthetase　196b
ペプチドシンテターゼ　peptide synthetase　196b
ペプチド［性］インヒビター　inhibitor peptide　133b
ペプチド転移　transpeptidation　270a
ペプチド転移酵素 ⇌ トランスペプチダーゼ　transpeptidase　270a
ペプチドヒドロラーゼ　peptide hydrolase　196b
ペプチドホルモン　peptide hormone　196b
ペプチドマップ　peptide map　196b
ヘプトース　heptose　118a
ペプトン　peptone　196b
ペプロマー　peplomer　196a
ペプロマイシン　peplomycin　196a
HEPES〔ヘペス〕　117b
ベヘン酸　behenic acid　31b
ヘマグルチニン ⇌［赤］血球凝集素　hemagglutinin　116a
ヘマチン　hematin　116a
ヘマテイン　hematein　116a
ヘマトキシリン　hematoxylin　116a
ヘマトキシリン-エオシン染色　hematoxylin-eosin staining　116a
ヘマトクリット　hematocrit　116a
ヘマトシド　hematoside　116a

ヘマトシド蓄積症　hematoside storage disease　116a
ヘマトヘム　hematoheme　116a
ヘマトポルフィリン　hematoporphyrin　116a
ヘミアセタール　hemiacetal　116b
ヘミケタール　hemiketal　116b
ヘミケトンアセタール　hemiketone acetal ⇒ ヘミケタール　hemiketal　116b
ヘミ接合体 ⇒ 半接合体　hemizygote　116b
ヘミ接合［の］⇒ 半接合［の］　hemizygous　116b
ヘミセルロース　hemicellulose　116b
ヘミデスモソーム ⇒ 半接着斑　hemidesmosome　116b
ヘミテルペン　hemiterpene　116b
ヘミン　hemin　116b
ヘム　heme　116b
ヘムエリトリン　hemerythrin　116b
ヘムタンパク質　heme protein　116b
ヘモクプレイン　hemocuprein ⇒ シトクプレイン　cytocuprein　65a
ヘモグロビン　hemoglobin　116b
ヘモグロビンS　hemoglobin S ⇒ 鎌状赤血球ヘモグロビン　sickle cell hemoglobin　243b
ヘモクロマトーシス　hemochromatosis　116b
ヘモクロム　hemochrome　116b
ヘモクロモーゲン【古語】　hemochromogen　116b
ヘモシアニン　hemocyanin　116b
ヘモシデリン　hemosiderin　117a
ヘモシデローシス　hemosiderosis　117a
ヘモバナジウム　hemovanadium ⇒ バナドクロム　vanadochrome　277a
ヘモピロール　hemopyrrole　117a
ヘモフィリア ⇒ 血友病　hemophilia　117a
ヘモペキシン　hemopexin　117a
ヘモポルフィリン　hemoporphyrin　117a
へら　spatula　248a
ペラグラ　pellagra　195b
ベラセビン　veracevine　278b
ベラトラミン　veratramine　278b
ベラトラムアルカロイド ⇒ バイケイソウアルカロイド　veratrum alkaloid　278b
ベラトリジン　veratridine　278b
ベラドンナアルカロイド　belladonna alkaloid　31b
ペラルゴニジン　pelargonidin　195b
ペラルゴニン　pelargonin　195b
ペラルゴネニン　pelargonenin　195a
ペラルゴン酸　pelargonic acid　195b
ペリアクロソーム領域　periacrosomal region　197a
ヘリオトロピン　heliotropine ⇒ ピペロナール　piperonal　205a
ヘリコバクター=ピロリ　*Helicobacter pylori*　115a
ヘリックス　helix (*pl.* helices)　115b
ヘリックス含量 ⇒ らせん含量【タンパク質二次構造の】　helix content　115b
ヘリックス形成剤　helix former　115b
ヘリックスコイル転移　helix coil transition　115b
ヘリックス・ターン・ヘリックス　helix-turn-helix　116a
ヘリックス破壊剤　helix breaker　115b
ヘリックス・ループ・ヘリックス　helix-loop-helix　115b
ペリプラズム ⇒ 周縁［細胞］質　periplasm　197a
ペリプラズム酵素　periplasmic enzyme　197a
ベリリウム　beryllium　32a
ペリレン　perylene　197b
ヘリング小体　Herring body　118a
ペルオキシソーム　peroxisome　197b
ペルオキシダーゼ　peroxidase　197b
ベルガモット油　bergamot oil　31b
ペルセイトール　perseitol　197b
ヘルツ　hertz　118a
ベルトラン法　Bertrand method　31b
ベルナー・モリソン症候群　Verner-Morrison syndrome ⇒ WDHA症候群　WDHA syndrome　281b
ベルナール・スーリエ病　Bernald-Soulier disease　31b
ヘルパーウイルス　helper virus　116a
ヘルパーT細胞　helper T cell　116a
ペルヒドロシクロペンタノフェナントレン　perhydrocyclopentanophenanthrene　197b
ヘルペスウイルス科　*Herpesviridae*　118a
ベルベリン　berberine　31b
ヘルムホルツの自由エネルギー　Helmholtz free energy　116a
ペレット　pellet　195b
ヘレニエン　helenien　115b
ヘロイン　heroin　118a
ベロ毒素　Vero toxin　278b

ベロナール　veronal ⇌ バルビタール　barbital 30a
ペロフスコシド　perofskoside　197b
変異 ⇌ 突然変異をみよ
変異原　mutagen　174a
変異導入型PCR　error-prone PCR　88a
辺縁皮質　limbic cortex　151a
変温動物　allotherm　13b
変換　conversion　58a
変換する ⇌ [形質]導入する【ファージで】 transduce　269a
変形　deformation　68a
変形菌 ⇌ 粘菌門　Myxomycota　175b
変形細胞　amoebocyte　16b
ベンケイソウ型有機酸代謝　crassulacean acid metabolism　61a
偏光【光学】　polarization　207b
変更遺伝子　modifier　169a
偏光器 ⇌ 偏光子　polarizer　207b
偏光子　polarizer　207b
ベンジジン　benzidine　31b
変質形成 ⇌ 化生　metaplasia　164b
変種　variant　277b
変種【植物】　variety　278a
変色反応　metachromasia　164a
ベンジルオキシカルボニル[基]　benzyloxycarbonyl　31b
ベンジルオキシカルボニルアミノ酸 benzyloxycarbonylamino acid　31b
ベンジルシアン化物　benzylcyanide　31b
偏心性[の]　eccentric　80b
ヘーンズ・アイシャーウッド試薬　Hanes-Isherwood reagent　114a
変数　variable　277b
ベンス・ジョーンズタンパク質　Bence-Jones protein　31b
変性　denaturation　69a
変性[する]　degenerate　68a
偏性嫌気性[細]菌 ⇌ 絶対[的]嫌気性[細]菌 strictly anaerobic bacterium　253b
偏性嫌気性生物 ⇌ 絶対[的]嫌気性生物 strict anaerobe　253b
偏性好気性[細]菌 ⇌ 絶対[的]好気性[細]菌 strictly aerobic bacterium　253b
偏性好気性生物 ⇌ 絶対[的]好気性生物 strict aerobe　253a
変性剤　denaturant　69a
変性タンパク質　denatured protein　69a

偏性[の]　obligate　185a
ベンセラジド　benserazide　31b
変旋光　mutarotation　174b
ベンゼンヘキサクロリド　benzene hexachloride ⇌ ヘキサクロロシクロヘキサン hexachlorocyclohexane　119b
ベンゾイル化　benzoylation　31b
ベンゾジアゼピン誘導体　benzodiazepines 31b
ベンゾピレン　benzopyrene　31b
変態　metamorphosis　164b
変態ホルモン　metamorphosis hormone 164b
ペンタグリシン架橋　pentaglycine bridge 195b
ペンタゾシン　pentazocine　196a
ヘンダーソン・ハッセルバルヒの式　Henderson-Haselbalch equation　117a
ペンタマイシン　pentamycin　196a
ペンタン酸　pentanoic acid ⇌ 吉草酸　valeric acid　277a
ペンチトール　pentitol　196a
ペンチフィリン　pentifylline　196a
ペンテトラゾール　pentetrazol　196a
変動　fluctuation　96b
へん[扁]桃[腺]　tonsil　267b
ペントサン　pentosan　196a
ベントス ⇌ 底生生物　benthos　31b
ペントース　pentose　196a
ペントース経路　pentose shunt ⇌ ペントースリン酸回路　pentose phosphate cycle 196a
ペントース尿症　pentosuria　196a
ペントースリン酸　pentose phosphate　196a
ペントースリン酸回路　pentose phosphate cycle　196a
ペントン　penton　196a
ペントンベース　penton base　196a
偏比容 ⇌ 部分比容　partial specific volume 194a
ペンフィグスアルコール　pemphigus alcohol 195b
偏分モル量 ⇌ 部分モル量　partial molar quantity　194a
へん[扁]平型黄色腫　xanthoma planum 283a
扁平上皮がん　squamous [cell] carcinoma 250a

べん〖鞭〗毛　flagellum (*pl.* flagella)　95b
べん毛運動　flagellar movement　95b
べん毛菌〖亜門〗　Mastigomycotina　160a
べん毛膜　flagellar membrane　95b
変力作用　inotropic action　134b
ヘンレ係蹄　loop of Henle　154a

ホ

ボーア効果　Bohr effect　35a
ポアズ　poise　207b
ポアソン分布　Poisson distribution　207b
ボアバン抗原　Boivin antigen　35a
ポイツ・イェガース症候群　Peutz-Jeghers syndrome　198a
ボイデン試験　Boyden's test　36a
ボイデンチェンバー　Boyden's chamber　36a
ボイド容量　void volume　280b
補因子　cofactor　54a
保因者　carrier　42b
ポイントミューテーション ⇒ 点[突然]変異　point mutation　207b
胞　alveolus (*pl.* alveoli)　14a
崩壊〖原子の〗　decay　67b／disintegration　75b
崩壊曲線　decay curve　67b
崩壊系列　decay series　67b
崩壊図　decay scheme　67b
方解石　calcite　39a
崩壊定数　decay constant　67b
防カビ薬 ⇒ 殺真菌薬　fungicide　101a
防御抗体　protective antibody　217a
防御免疫　protective immunity　217a
放血　bleeding　34a
乏血 ⇒ 虚血　ischemia　139a
乏血の ⇒ 虚血の　ischemic　139a
剖検　autopsy　27b
抱合〖解毒〗　conjugation　57a
膀胱〖ぼうこう〗　bladder　34a
抱合する〖解毒で〗　conjugate　57a
方向性　polarity　207b
芳香族アミノ酸　aromatic amino acid　24a
芳香〖族〗化　aromatization　24a
芳香族化合物　aromatic compound　24a
芳香族炭化水素水酸化酵素　aryl hydrocarbon hydroxylase　24b
芳香族〖の〗　aromatic　24a
抱合体　conjugate　57a

抱合胆汁酸　conjugated bile acid　57a
方向づけ　orientation　188a
旁〖ぼう〗細胞　parietal cell　193b
ホウ酸　boric acid　35b
放散〖進化の〗　radiation　224a
胞子　spore　250a
傍糸球体細胞　juxtaglomerular cell　141b
傍糸球体細胞腫　juxtaglomerular cell tumor ⇒ ロバートソン・木原症候群　Robertson-Kihara syndrome　233b
胞子形成 ⇒ 芽胞形成　sporulation　250a
傍室核　paraventricular nucleus　193b
房室結節　atrioventricular node　26b
放射　radiation　224a
放射壊変　radioactive disintegration ⇒ 放射性崩壊　radioactive decay　224a
放射化学　radiochemistry　225a
放射化学分析　radiochemical analysis　224b
放射化断面積　activated cross section　6b
放射化分析　radioactivation analysis　224b
放射受容体検定〖法〗 ⇒ ラジオレセプターアッセイ　radioreceptor assay　225a
放射状スポーク　radial spoke　224a
放射[状]免疫拡散[法]　radial immunodiffusion　224a
放射性核種　radionuclide　225a
放射性降下物　radioactive fallout　224b
放射性同位元素 ⇒ 放射性同位体　radioisotope　225a
放射性同位体　radioisotope　225a
放射性トレーサー　radioactive tracer　224b
放射性〖の〗　hot　124a
放射性廃棄物　radioactive waste　224b
放射性物質　radioactive substance　224b
放射性崩壊　radioactive decay　224b
放射線　radiation　224a
放射線[医]学　radiology　225a
放射線遺伝学　radiation genetics　224b
放射線化学　radiation chemistry　224a

放射線感受性　radio-sensitivity　225a
放射線殺菌　radiation sterilization　224b
放射線障害　radiation damage　224a
放射線傷害　radiation injury　224b
放射線生物学　radiation biology　224a
放射線増感剤　radiosensitizer　225a
放射線抵抗性細胞　radiation resistant cell　224b
放射線[突然]変異生成　radiation mutagenesis　224b
放射線の危険性　radiation hazard　224b
放射線発がん[癌]　radiation carcinogenesis　224a
放射線分解　radiolysis　225a
放射線防護　radiation protection　224b
放射線防護物質　radioprotective substance　225a
放射線免疫検定[法] ⇒ ラジオイムノアッセイ　radioimmunoassay　225a
[放射]線量　radiation dose　224b
放射線類似作用化学物質　radiomimetic chemical　225a
放射能　radioactivity　224b
放射能汚染　radioactive contamination　224b
放射能標識　radiolabel[l]ing　225a
放射能平衡 ⇒ 放射平衡　radioactive equilibrium　224b
放射平衡　radioactive equilibrium　224b
放出　discharge　75b
膨潤　swelling　257b
房状腺　acinous gland　5b
傍神経節　paraganglion　193a
紡錘糸　spindle fiber　249a
紡錘体　spindle　249a
紡錘電位　spindle electrical potential　249a
放線菌 ⇒ アクチノミセス　*Actinomyces*　6a
ホウ素　boron　35b
傍中腎管　paramesonephric duct　193a
膨張計　dilatometer　74b
膨張膜　expanded film　91a
放電　discharge　75b
包囊[のう] ⇒ 小胞　vesicle　279a
胞胚　blastula　34a
胞胚形成　blastulation　34a
胞胚腔[こう]　blastocoel　34a
胞胚葉　blastoderm　34a
包皮　pellicle　195b
膨腹部　gaster　103a

防腐[性][の]　antiseptic　21b
防腐[の] ⇒ 無菌[の]　aseptic　24b
防腐薬　antiseptic　21b
傍分泌 ⇒ パラ分泌　paracrine　193a
包埋　embedding　83b
泡沫細胞　foam cell　97b
膨満[皮膚や血管などの] ⇒ 緊張　turgor　274a
ほうろう ⇒ エナメル　enamel　84b
飽和　saturation　237a
　飽和[の]　saturated　237a
飽和曲線　saturation curve　237a
飽和細胞密[集]度 ⇒ 飽和密度　saturation density　237a
飽和炭化水素　saturated hydrocarbon ⇒ アルカン　alkane　12a
飽和分率　saturation fraction　237a
飽和密度　saturation density　237a
母液　mother liquor　171b
保温 ⇒ インキュベーション　incubation　132a
補完　complementation　55b
保菌生物の　vectorial　278a
ホグネスボックス　Hogness box ⇒ TATAボックス　TATA box　260b
補欠分子族　prosthetic group　217a
補欠分子の【酵素の】　prosthetic　217a
補酵素　coenzyme　53b
補酵素R　coenzyme R ⇒ ビオチン　biotin　33b
補酵素A　coenzyme A　53b
補酵素Q　coenzyme Q ⇒ ユビキノン　ubiquinone　274a
補酵素B_{12}　coenzyme B_{12} ⇒ ビタミンB_{12}補酵素　vitamin B_{12} coenzyme　280a
保護コロイド　protective colloid　217a
母細胞　metrocyte　166a
保持　retention　230b
ホジキン病　Hodgkin disease　121b
ホシザメ[属]　dog fish　77b
保持時間　retention time　230b
ポジショナルキャンディデートクローニング　positional candidate cloning　211a
ポジショナルクローニング　positional cloning　211a
保持する　retain　230b
ポジティブ染色[法]　positive staining　211a
ポジトロン ⇒ 陽電子　positron　211a
ポジトロンCT　positron CT ⇒ 陽電子放射断

層撮影法　positron emission tomography　211a
母児免疫移行　maternal transmission of immunity　160a
補修系　retailoring system　230b
補充経路　⇌ アナプレロティック経路　anaplerotic pathway　18a
母集団　universe　275b
補充反応　⇌ アナプレロティック反応　anaplerotic reaction　18a
補助因子　⇌ 補因子　cofactor　54a
補償　⇌ 代償　compensation　55a
保持容量　retention volume　230b
捕食係数　ecotropic coefficient　81a
補助剤【薬】　⇌ 佐剤　adjuvant　8b
補助細胞【免疫反応における】　accessory cell　4a
補助色素　accessory pigment　4a
補助脂質　auxiliary lipid　27b
補助伝達物質　cotransmitter　60a
保持率　retention　230b
ホスト　⇌ 宿主　host　123b
ポストラベル法【核酸塩基の配列決定法における】　postlabel[l][ing] method　211b
ホスビチン　phosvitin　202a
ホスファゲン　phosphagen　199b
ホスファターゼ　phosphatase　199b
ホスファチジルイノシトール　phosphatidyl-inositol　200a
ホスファチジルイノシトールーリン酸　phosphatidylinositol monophosphate　200a
ホスファチジルイノシトールビスリン酸　phosphatidylinositol bisphosphate　200a
ホスファチジルエタノールアミン　phosphatidylethanolamine　200a
ホスファチジル基転移反応　transphos-phatidylation　⇌ リン脂質塩基交換反応　phospholipid base exchange reaction　201a
ホスファチジルグリセロ糖脂質　phosphatidyl-glycoglycerolipid　200a
ホスファチジルグリセロール　phosphatidyl-glycerol　200a
ホスファチジルコリン　phosphatidylcholine　⇌ レシチン　lecithin　148b
ホスファチジルセリン　phosphatidylserine　200a
ホスファチジルトレオニン　phosphatidylthreonine　200a

ホスファチジン酸　phosphatidic acid　200a
ホスファチジン酸ホスファターゼ　phosphatidate phosphatase　200a
ホスファチダルエタノールアミン　phosphatidalethanolamine　200a
ホスホアスパラギン酸　phosphoaspartate　200b
3′-ホスホアデニリル硫酸　3′-phosphoadenylyl sulfate
3′-ホスホアデノシン 5′-ホスホ硫酸　phosphoadenosine 5′-phosphosulfate　⇌ 3′-ホスホアデニリル硫酸　3′-phosphoadenylyl sulfate　200a
ホスホアミダーゼ　phosphoamidase　200b
ホスホアルギニン　phosphoarginine　200b
ホスホイノシチド　phosphoinositide　⇌ ホスファチジルイノシトール　phosphatidylinositol　200a
ホスホエタノールアミン　phosphoethanolamine　⇌ エタノールアミンリン酸　ethanolamine phosphate　89b
ホスホエノールピルビン酸　phosphoenol-pyruvic acid　200b
ホスホキナーゼ　phosphokinase　⇌ キナーゼ　kinase　143b
ホスホグアニジン　phosphoguanidine　200b
ホスホグリコール酸　phosphoglycolic acid　200b
ホスホグリセロムターゼ　phosphoglycero-mutase　200b
ホスホグルコイソメラーゼ　phosphogluco-isomerase　200b
ホスホグルコムターゼ　phosphoglucomutase　200b
ホスホグルコン酸経路　phosphogluconate pathway　⇌ ペントースリン酸回路　pentose phosphate cycle　196a
ホスホクレアチン　phosphocreatine　200b
ホスホコリン　phosphocholine　⇌ コリンリン酸　choline phosphate　49b
ホスホサッカロムターゼ　phosphosaccharomutase　202a
ホスホジエステラーゼ　phosphodiesterase　200b
ホスホジエステル結合　⇌ リン酸ジエステル結合　phosphodiester bond　200b
O-ホスホセリン　*O*-phosphoserine　202a
ホスホセルロース　phosphocellulose　200b

***O*-ホスホチロシン** *O*-phosphotyrosine 202a
ホスホトランスフェラーゼ phosphotransferase 202a
***O*-ホスホトレオニン** *O*-phosphothreonine 202a
ホスホノグリセロリピド phosphonoglycerolipid 201a
ホスホノスフィンゴリピド phosphonosphingolipid 201a
ホスホノリピド phosphonolipid 201a
ホスホヒスチジン phosphohistidine 201a
ホスホビチン phosphovitin ⇌ ホスビチン phosvitin 202a
ホスホプロテインホスファターゼ phosphoprotein phosphatase 201b
ホスホヘキソキナーゼ phosphohexokinase 201a
ホスホヘキソケトラーゼ phosphohexoketolase 200a
ホスホヘキソムターゼ phosphohexomutase 201a
***O*-ホスホホモセリン** *O*-phosphohomoserine 201a
ホスホホリン phosphophorin 201a
ホスホムターゼ phosphomutase 201a
5-ホスホメバロン酸 5-phosphomevalonic acid ⇌ メバロン酸 5-リン酸 mevalonic acid 5-phosphate 166a
ホスホモノエステラーゼ phosphomonoesterase 201a
ホスホラミドン phosphoramidon 201b
ホスホランバン phospholamban 201a
ホスホリパーゼ phospholipase 201a
ホスホリパーゼ A_2 活性化タンパク質 phospholipase A_2-activating protein 201a
ホスホリボイソメラーゼ phosphoriboisomerase 201b
5-ホスホリボシル 1-ニリン酸 5-phosphoribosyl 1-diphosphate 201b
ホスホリボシルピロリン酸 phosphoribosyl pyrophosphate ⇌ 5-ホスホリボシル 1-ニリン酸 5-phosphoribosyl 1-diphosphate 201b
ホスホリラーゼ phosphorylase 201b
ホスホリラーゼキナーゼ phosphorylase kinase 201b
ホスホリル【基】 phosphoryl 201b

ホスホリルエタノールアミン phosphorylethanolamine ⇌ エタノールアミンリン酸 ethanolamine phosphate 89b
ホスホリルコリン phosphorylcholine ⇌ コリンリン酸 choline phosphate 49b
ホスホロチオエート核酸 phosphorothioate nucleic acid 201b
ホスホン D phosfon-D 199b
母性 mRNA maternal mRNA 160a
母性効果 maternal effect 160a
母性効果遺伝子 maternal-effect gene 160a
母性[の] ⇌ 母親[の] maternal 160a
細糸 ⇌ 繊維 fiber 94b
細糸期 leptotene [stage] 149a
細いフィラメント thin filament 264a
補足遺伝子 complementary gene 55b
捕そく剤 ⇌ スカベンジャー scavenger 237b
保存液 ⇌ 貯蔵液 stock solution 252b
保存株 stock culture 252b
保存血 bank blood 30a
保存培地 preservation medium 213b
保存培養 stock culture 252b
補体 complement 55b
補体インヒビター inhibitor of complement 133b
補体系 complement system 55b
補体結合抗原 complement fixing antigen 55b
補体結合試験 complement fixation test 55b
補体結合反応 complement fixation reaction ⇌ 補体結合試験 complement fixation test 55b
補体受容体 complement receptor 55b
補体消費試験 complement consumption test ⇌ 補体結合試験 complement fixation test 55b
補体不活性化物質 inactivator of complement 132a
補体レセプター ⇌ 補体受容体 complement receptor 55b
ホタル firefly 95b
歩調とり ⇌ ペースメーカー pacemaker 191a
ホックス遺伝子 *Hox* gene 124a
ポックスウイルス科 *Poxviridae* 212a
ボックス力価滴定[法] box titration 36a
発作 seizure 239b
没食子酸 gallic acid 102a

ポッター・エルベージェムホモジナイザー
　　　　Potter-Elvehjem homogenizer　212a
ホットアトム化学　hot atom chemistry
　　　　124a
ホットスポット　hot spot　124a
ボツリヌス菌　*Clostridium botulinum*　53a
ボツリヌス中毒　botulism　36a
ボツリヌス毒素　botulinum toxin　36a
ボディープラン　body plan　35a
ボトルネック効果 → 瓶首効果　bottleneck effect　35b
ボトロマイシン A_2　bottromycin A_2　35b
ほ〚哺〛乳　lactation　145b
ほ〚哺〛乳類　mammal　158b
骨　bone　35b
ボバシン　vobasine　280b
ホプキンス・コール反応　Hopkins-Cole reaction　123b
ホフマイスター系列　Hofmeister's series　121b
ボーマン嚢〚のう〛　Bowman's capsule　36a
ボーマン・バークインヒビター
　　　　Bowman-Birk inhibitor　36a
ボミシン　vomicine　280b
ホーミング受容体　homing receptor　122a
ホメオスタシス　homeostasis　122a
ホメオティック遺伝子　homeotic gene　122a
ホメオドメイン　homeodomain　122a
ホメオボックス　homeobox　122a
ホモ　homo-　122a
ホモアコニット酸　homoaconitic acid　122a
ホモアミノ酸　homoamino acid　122a
ホモアルギニン　homoarginine　122a
ホモイソクエン酸　homoisocitric acid　122b
ホモカリオン → 同核共存体　homokaryon　122b
ホモカルノシン　homocarnosine　122a
ホモクロマトグラフィー　homochromatography　122a
ホモゲンチジン酸　homogentisic acid　122b
ホモ混合物　homomixture　123a
ホモサイトトロピック抗体 → 同種細胞親和性抗体　homocytotropic antibody　122b
ホモ細胞輸送　homocellular transport　122a
ホモジェナイザー → ホモジナイザー
　　　　homogenizer　122b
ホモジェネート → ホモジネート　homogenate　122b

ホモジェノート → 同型［遺伝子］接合体
　　　　homogenote　122b
ホモシスチン　homocystine　122b
ホモシスチン尿症　homocystinuria　122b
ホモシステイン　homocysteine　122b
ホモシトルリン　homocitrulline　122a
ホモジナイザー　homogenizer　122b
ホモジナイズする　homogenize　122b
ホモジネート　homogenate　122b
ホモ接合荷重　homozygous load　123a
ホモ接合性 → 同型接合性　homozygosity　123a
ホモ接合体 → 同型接合体　homozygote　123a
ホモセリン　homoserine　123a
ホモ多糖　homopolysaccharide　123a
ホモタリズム　homothallism　123a
ホモデチック環状ペプチド　homodetic cyclic peptide　122b
ホモトロピック効果　homotropic effect　123a
ホモトロピック酵素　homotropic enzyme　123a
ホモトロピック相互作用　homotropic interaction　123a
ホモトロピック［な］　homotropic　123a
ホモ乳酸発酵　homolactic fermentation　122b
ホモ発酵　homofermentation → ホモ乳酸発酵　homolactic fermentation　122b
ホモビオチン　homobiotin　122a
ホモプロリン　homoproline → ピペコリン酸　pipecolic acid　205b
ホモポリマー　homopolymer
ホモメチオニン　homomethionine　123a
ホモログ　homolog[ue] → 相同遺伝子　homologous gene　123a
ホモログ【化合物の】→ 同族体　homolog[ue]　122b
ホモロジー → 相同［性］　homology　123a
ホモロジー領域 → 相同性領域　homology region　123a
補抑制物質 → コリプレッサー　corepressor　59a
ポーラー結合　polar bond → アキシアル結合　axial bond　28a
ボーラス注射 → 大量瞬時投与　bolus injection　35a
ホラレナアルカロイド　holarrhena alkaloid → クルチアルカロイド　kurchi alkaloid　145b

ポーラログラフィー　polarography　207b
ポリⅠ:C　poly Ⅰ:C　209b
ポリアクリルアミドゲル　polyacrylamide gel 208a
ポリアクリルアミドゲル電気泳動
　　polyacrylamide gel electrophoresis　208a
ポリアデニル酸　polyadenylic acid　208a
ポリアミノ酸　polyamino acid　208a
ポリアミン　polyamine　208a
ポリアミンオキシダーゼ　polyamine oxidase 208a
ポリインヒビター　polyinhibitor　209b
ポリウリジル酸　polyuridylic acid　210b
ポリ(A)　poly(A) ⇌ ポリアデニル酸
　　polyadenylic acid　208a
ポリエチレン　polyethylene　209a
ポリエチレングリコール　poly(ethylene glycol) 209a
ポリエチレングリコールアルキルエーテル
　　poly(ethylene glycol) alkyl ether　209a
ポリエチレングリコール*p-t*-オクチルフェニルエーテル　poly(ethylene glycol) *p-t*-octyl-phenyl ether　209a
ポリエチレングリコールソルビタンアルキルエステル　poly(ethylene glycol) sorbitan alkyl ester　209a
ポリエチレングリコールノニルフェニルエーテル　poly(ethylene glycol) nonylphenyl ether　209a
ポリADPリボシル化　poly(ADP-ribosyl)ation 208a
ポリADPリボース　poly(ADP-ribose)　208a
ポリエーテル系抗生物質　polyether antibiotic 208b
ポリA:U　poly A:U　208a
ポリエン　polyene　208b
ポリエン系抗生物質　polyene antibiotic 208b
ポリエン酸　polyenoic acid　208b
ポリ塩素化ビフェニル　polychlorinated biphenyl　208a
ポリエンマクロライド　polyene macrolide ⇌ ポリエン系抗生物質　polyene antibiotic 208b
ポリオウイルス　poliovirus　207b
ポリオーマウイルス　Polyomavirus　209b
ポリガラクツロナーゼ　polygalacturonase ⇌ ペクチナーゼ　pectinase　195a

ポリガラツクウロン酸　polygalacturonic acid 209a
ポリグリコシルセラミド
　　polyglycosylceramide ⇌ マクログリコリピド　macroglycolipid　157a
ポリクローナル　polyclonal　208b
ポリクローナル活性化　polyclonal activation 208b
ポリクローナル抗体　polyclonal antibody 208b
ポリクローナル免疫グロブリン病　polyclonal immunoglobulinopathy　208b
ポリクロロビフェニル　polychlorobiphenyl ⇌ ポリ塩素化ビフェニル　polychlorinated biphenyl　208a
ポリケチド　polyketide　209b
ポリケチド系抗生物質　polyketide antibiotic 209b
ポリコムグループタンパク質　Polycomb group protein　208b
ポリシース　polysheath　210a
ポリシストロン性mRNA　polycistronic mRNA 208b
ポリジーン　polygene　209a
ポリジーン遺伝　polygenic inheritance ⇌ 多遺伝子遺伝　multigenic inheritance　172b
ポリソーム　polysome　210a
ポリタンパク質　polyprotein　210a
ホリデイモデル　Holliday model　121b
ポリテール　polytail　210a
ポリテルペン　polyterpene　210b
ポリヌクレオチド　polynucleotide　209b
ポリヌクレオチドアデニリルトランスフェラーゼ ⇌ NTPポリメラーゼ　NTP polymerase 183a
ポリヌクレオチドキナーゼ　polynucleotide kinase　209b
ポリヌクレオチドホスホリラーゼ　polynucleotide phosphorylase　209b
ポリヒドロキシアルカン　polyhydroxy alkane 209a
ポリヒドロキシアルデヒド　polyhydroxy aldehyde　209a
ポリヒドロキシケトン　polyhydroxy ketone 209a
ポリビニル硫酸　polyvinyl sulfate　210b
ポリフェノール　polyphenol　210a
ポリプレニルアルコール　polyprenyl alcohol

⇀ ポリプレノール　polyprenol　210a
ポリプレニル二リン酸　polyprenyldiphosphate　210a
ポリプレノール　polyprenol　210a
ポリブレン　polybrene　208a
ポリヘッド　polyhead　209a
ポリペプチド　polypeptide　209b
ポリペプチド鎖延長 ⇀ ポリペプチド鎖伸長　polypeptide chain elongation　210a
ポリペプチド鎖開始因子　polypeptide chain initiation factor ⇀ 開始因子　initiation factor　134a
ポリペプチド鎖解離因子　polypeptide chain release factor ⇀ 終結因子　release factor　228b
ポリペプチド鎖終結因子　polypeptide chain release factor ⇀ 終結因子【タンパク質生合成の】　release factor　228b
ポリペプチド鎖伸長　polypeptide chain elongation　210a
ポリペプチド鎖伸長因子　polypeptide chain elongation factor ⇀ 伸長因子　elongation factor　83b
ポリペプチドホルモン　polypeptide hormone　210a
ポリホスホイノシチド　polyphosphoinositide　210a
ポリマー ⇀ 高分子　polymer　209b
ポリミキシン　polymyxin　209b
ポリメタリン酸　polymetaphosphate　209b
ポリメラーゼ　polymerase　209b
ポリメラーゼ連鎖反応　polymerase chain reaction　209b
ポリ(U)　poly(U) ⇀ ポリウリジル酸　polyuridylic acid　210a
ポリユビキチン化　polyubiquitination　210b
ポリリボソーム　polyribosome ⇀ ポリソーム　polysome　210a
ポーリン　porin　211a
ポルⅠ　polⅠ　207b
ホールゲノムショットガン　whole genome shotgun　282a
ボルタ電位　Volta potential　280b
ボルタンメトリー　voltammetry　280b
ボルツマン定数　Boltzmann constant　35a
ボルツマン分布　Boltzmann distribution　35a
ボルテージクランプ ⇀ 電位固定[法]　voltage clamp　280b
ホルデニン　hordenine　123b
ホールデン・マラーの原理　Haldane-Muller principle　113a
ボルト　volt　280b
ホルナー症候群 ⇀ ホルネル症候群　Horner syndrome　123b
ポルⅡ　polⅡ　207b
ボルネオショウノウ ⇀ ボルネオール　borneol　35b
ボルネオール　borneol　35b
ホルネル症候群　Horner syndrome　123b
ポール・バンネル試験　Paul-Bunnell test　194b
ポルフィリア ⇀ ポルフィリン症　porphyria　211a
ポルフィリノーゲン　porphyrinogen　211a
ポルフィリン　porphyrin　211a
ポルフィリン症　porphyria　211a
ポルフィロプシン　porphyropsin　211a
ポルフィン　porphin　211a
ボール分解　Wohl degradation　282b
ポルホビリノーゲン　porphobilinogen　211a
ホルボール　phorbol　199b
ホルボールミリステートアセテート　phorbol myristate acetate ⇀ 12-O-テトラデカノイルホルボール13-アセテート　12-O-tetradecanoylphorbol 13-acetate　262b
ホルマザン　formazan　98b
ホルマリン　formalin　98b
ホルミラーゼ　formylase　98b
ホルミル化　formylation　98b
ホルミル基転移　formyl group transfer　98b
ホルミルキヌレニン　formylkynurenine　98b
L(−)-5-ホルミル-5,6,7,8-テトラヒドロ葉酸　L(−)-5-formyl-5,6,7,8-tetrahydrofolic acid　99a
ホルミルトランスフェラーゼ　formyl transferase　99a
N-ホルミルメチオニル tRNA　N-formylmethionyl-tRNA　98b
N-ホルミルメチオニン　N-formylmethionine　98b
ホルムアルデヒド　formaldehyde　98b
ホルムイミノトランスフェラーゼ　formiminotransferase　98b
ホルモース　formose　98b

ホルモニトリル　formonitrile ⇌ シアン化水素　hydrogen cyanide　125b
ホルモル滴定　formol titration　98b
ホルモン　hormone　123b
ホルモン感受性細胞　hormone-responsive cell　123b
ホルモン作用　hormone action　123b
ホルモン受容体　hormone receptor　123b
ホルモン放出因子　hormone-releasing factor　123b
ホルモン放出ホルモン　hormone-releasing hormone ⇌ ホルモン放出因子　hormone-releasing factor　123b
ホルモン放出抑制因子　hormone release-inhibiting factor　123b
ホルモン放出抑制ホルモン　hormone release-inhibiting hormone ⇌ ホルモン放出抑制因子　hormone release-inhibiting factor　123b
ホルモン類似物質　parahormone　193a
ホルモンレセプター ⇌ ホルモン受容体　hormone receptor　123b

ポレンスケー価　Polenske value　207b
ホロクリン[の] ⇌ 全分泌[の]　holocrine　121b
ホロ酵素　holoenzyme　122a
ホロツリンA　holothurin A　122a
ボンクレキン酸　bongkrekic acid　35b
ポンソー3R　Ponceau 3R　210b
本態性　essential ⇌ 特発性　idiopathic　129b
本態性高血圧　essential hypertension　89a
ボンビコール　bombykol　35b
ポンプ　pump　220b
ボンベシン　bombesin　35b
ポンペ病　Pompe disease ⇌ α-グルコシダーゼ欠損症　α-glucosidase deficiency　107b
翻訳　translation　269b
翻訳後　posttranslational　211b
翻訳後調節　posttranslational control　211b
翻訳調節　translational control　269b
翻訳フレームシフト　translational frameshift　269b

マ

マイクロアレイ　microarray　166a
マイクロインジェクション　microinjection　166b
マイクロサテライト　microsatellite　167a
マイクロダイアリシス　microdialysis　166b
マイクロ波スペクトル　microwave spectrum　167a
マイコトキシン　mycotoxin　174b
マイコトキシン[中毒]症　mycotoxicosis　174b
マイコプラズマ　mycoplasma　174b
マイコマイシン　mycomycin　174b
マイトジェン　mitogen　168b
マイトジェン因子　mitogenic factor　168b
マイトジリン　mitogillin　168b
マイトトキシン　maitotoxin　157b
マイトマイシンC　mitomycin C　168b
マイナートランキライザー　minor tranquil[l]izer　168a
マイヤー試薬　Meyer's reagent　166a
マウス乳がん[癌]ウイルス　mouse mammary tumor virus　172a

マウス[の]　murine　173b
マウス白血病ウイルス　murine leukemia virus　173b
マカラスムギ　Avena sativa　28a
マーガリン　margarine　159b
マキシ細胞　maxicell　160b
巻数 ⇌ ライジング数　writhing number　282b
巻戻し　unwinding　276a
膜　membrane　162a
膜間腔[こう]　intermembrane space　136a
膜貫通[型]の　transmembrane　270a
膜貫通受容体　transmembrane receptor　270a
膜結合型リボソーム　membrane-attached ribosome　162a
膜結合酵素　membrane-bound enzyme　162a
膜骨格タンパク質 ⇌ 細胞膜裏打ちタンパク質　membrane-skeletal protein　162b
マクサム・ギルバート法　Maxam-Gilbert method　160b
膜侵襲複合体　membrane attack complex　162a

膜タンパク質　membrane protein　162b
膜抵抗　membrane resistance　162b
膜電位　membrane potential　162b
膜電気伝導度　membrane conductance　162a
膜電流　membrane current　162a
膜透過　⇀ 膜輸送　membrane transport　162b
膜透過性　membrane permeability　162b
膜動輸送　cytosis　66a
膜内在性タンパク質　membrane intrinsic protein　162b
膜内脂質粒子　lipidic intramembranous particle　152a
マグナマイシン　magnamycin ⇀ カルボマイシン　carbomycin　41a
マグネシウム　magnesium　157b
マグネチックスターラー　magnetic stirrer　157b
膜の脱分極　membrane depolarization　162a
膜表在性タンパク質　membrane extrinsic protein　162b
膜平衡　membrane equilibrium　162a
膜融合　membrane fusion　162b
膜輸送　membrane transport　162b
膜容量　membrane capacitance　162a
マクラファティ転位　McLafferty rearrangement　160b
膜流動　membrane flow　162b
マクログリコリピド　macroglycolipid　157a
マクログロブリン　macroglobulin　157a
マクログロブリン血症　macroglobulinemia　157a
マクロシクリド　macrocyclid　157a
マクロ断面積　macroscopic cross section　157b
マクロファージ　macrophage　157a
マクロファージ活性化因子　macrophage-activating factor　157a
マクロファージ凝集因子　macrophage-aggregating factor　157a
マクロファージコロニー刺激因子　macrophage colony-stimulating factor　157b
マクロファージ親和性抗体　macrophage cytophilic antibody ⇀ 細胞親和性抗体　cytophilic antibody　65b
マクロファージ走化因子　macrophage chemotactic factor　157a
マクロファージ遊走阻止因子　macrophage migration inhibition factor　157b
マクロフィブリル　macrofibril　157a
マクロライド系抗生物質　macrolide antibiotic　157a
摩擦　friction　100a
摩擦係数　frictional coefficient　100a
摩擦比　frictional ratio　100a
マジックスポット化合物　magic spot compound　157b
マーシュ因子　Marsh factor ⇀ 弛〔し〕緩因子　relaxing factor　228a
麻疹ウイルス　measles virus　161a
麻酔する　narcotize　176b
麻酔薬　anesthetic　18a
馬杉腎炎　Masugi's nephritis　160a
マススペクトル ⇀ 質量スペクトル　mass spectrum　160a
マススペクトロメトリー ⇀ 質量分析　mass spectrometry　160a
マスタードガス　mustard gas ⇀ サルファーマスタード　sulfur mustard　256b
マスチック　mastic[he] ⇀ 乳香　olibanum　186a
マスト細胞　mast cell　160a
マスフラグメントグラフィー　mass fragmentography　160a
マゼンタ　magenta ⇀ フクシン　fuchsine　100b
マタタビオール　matatabiol　160a
マチンシ〔馬銭子〕アルカロイド　strychnos alkaloid　254a
マッカードル病　McArdle disease ⇀ 筋ホスホリラーゼ欠損症　muscle phosphorylase deficiency　174a
マッコウクジラ　sperm whale　248b
マッシュルーム糖　mushroom sugar ⇀ トレハロース　trehalose　270b
末梢〔しょう〕神経系　peripheral nervous system　197a
末梢〔しょう〕リンパ系組織　peripheral lymphoid tissue　197a
末端基定量法　end-group analysis　84b
末端重複　terminal repetition　262a
末端デオキシヌクレオチジルトランスフェラーゼ　terminal deoxynucleotidyl transferase ⇀ ターミナルヌクレオチジルトランスフェラーゼ　terminal nucleotidyl transferase　261b
末端［の］　terminal　261b

末端肥大症　acromegaly　6a
末端分析　terminal analysis　261b
末端領域　distal region　76a
マッピング　→ 地図作成　mapping　159b
MAP〖マップ〗キナーゼ　MAP kinase　159a
MAP キナーゼカスケード　MAP kinase cascade　159b
マップ単位　map unit　159b
MAP〖マップ〗-2　159a
マトリックス【ミトコンドリア内腔の】　matrix　160a
マトリックス介助レーザーデソープション法　matrix-assisted laser desorption ionization　160a
マトリックスメタロプロテアーゼ　matrix metalloprotease　160b
マトリン　matrine　160a
麻痺〖ひ〗　paralysis　193a
繭　cocoon　53b
マラチオン　malathion　158a
マラプラード反応　Malaprade reaction　→ 過ヨウ素酸酸化　periodate oxidation　197a
マラリア　malaria　158a
マリファナ　marihuana　159b
マルガリン酸　margaric acid　159b
マルコゲニン　markogenin　159b
マルコフニコフの規則　Markovnikov rule　159b
マルターゼ　maltase　158b
マルチクローニングサイト　→ マルチクローニング部位　multicloning site　172b
マルチクローニング部位　multicloning site　172b
マルトース　maltose　158b
マルトビオン酸　maltobionic acid　158b
マルバリン酸　malvalic acid　158b
マルピギー管　Malpighian tubule　158b
マルピギー小体　Malpighian corpuscle　158b
マルビジン　malvidin　→ シリンギジン　syringidin　259b
マルビン　malvin　158b
マルファン症候群　Marfan syndrome　159b
マールブルグウイルス　Marburg virus　159b

マルボシド　malvoside　→ マルビン　malvin　158b
マレイルアセト酢酸　maleylacetoacetic acid　158a
マレイル化　maleylation　158a
マレイルピルビン酸　maleylpyruvic acid　158a
マレイン酸　maleic acid　158a
マレック病　Marek disease　159b
マロトー・ラミー症候群　Maroteaux-Lamy syndrome　159b
マロニル CoA　malonyl-CoA　158b
マロール　malol　→ ウルソール酸　ursolic acid　276b
マロンアルデヒド　malonaldehyde　158b
マロン酸阻害　malonic acid inhibition　158b
マロンジアルデヒド　malondialdehyde　→ マロンアルデヒド　malonaldehyde　158b
マンガン　manganese　158b
マンガン酵素　manganese enzyme　159a
満月様顔ぼう〖貌〗　moon face　171a
慢性関節リウマチ　rheumatoid arthritis　231b
慢性拒絶反応【移植片の】　chronic rejection　51a
慢性甲状腺炎　chronic thyroiditis　→ 橋本病　Hashimoto disease　114b
慢性〖の〗　chronic　51a
マンデリン試薬　Mandelin's reagent　158b
マンデル酸　mandelic acid　158b
マントー試験　Mantoux test　159a
マントルヒーター　mantle heater　159a
マンナ　manna　159a
マンナーゼ　mannase　159a
マンナル酸　mannaric acid　159a
マンナン　mannan　159a
マンニトール　mannitol　159a
マンノサミン　mannosamine　159a
マンノシドーシス　mannosidosis　159a
マンノース　mannose　159a
マンノース 6-リン酸　mannose 6-phosphate　159a
マンノメチロース　mannomethylose　→ ラムノース　rhamnose　231b
満腹中枢　satiety center　237a

ミ

ミエリン　myelin　175a
ミエリン塩基性タンパク質　myelin basic protein ⇌ 脳炎惹起性タンパク質　encephalitogenic protein　84b
ミエリン化する【神経繊維が】　myelinate　175a
ミエリン形成　myelinogenesis　175a
ミエリン像　myelin form　175a
ミエリン膜　myelin membrane　175a
ミエロペルオキシダーゼ　myeloperoxidase　175a
ミエローマ ⇌ 骨髄腫　myeloma　175a
ミエローマタンパク質 ⇌ 骨髄腫タンパク質　myeloma protein　175a
ミオキナーゼ　myokinase ⇌ アデニル酸キナーゼ　adenylate kinase　8b
ミオグロビン　myoglobin　175b
ミオゲン　myogen　175a
ミオサイト　myocyte　175a
ミオシン　myosin　175b
ミオシンATPアーゼ　myosin ATPase　175b
ミオシンL鎖キナーゼ　myosin L chain kinase ⇌ ミオシン軽鎖キナーゼ　myosin light chain kinase　175b
ミオシン軽鎖キナーゼ　myosin light chain kinase　175b
ミオシンフィラメント　myosin filament　175b
ミオトニー　myotonia　175b
ミオトロピックホルモン　myotropic hormone ⇌ タンパク質同化ホルモン　anabolic hormone　17a
ミオパシー　myopathy　175b
ミオフィブリル ⇌ 筋原繊維　myofibril　175a
ミオヘマチン　myohematin ⇌ ヒストヘマチン　histohematin　121b
ミカエリス定数　Michaelis constant　166a
ミカエリス・メンテンの式　Michaelis-Menten equation　166a
味覚　taste　260b
　味覚[の]　gustatory　113a
味覚受容体　taste receptor　260b
右側[の] ⇌ 右[の]　dextral　71b
右[の]　dextral　71b
右巻き[の] ⇌ 右[の]　dextral　71b
ミクソウイルス科　*Myxoviridae*　175b
ミクソキサントフィル　myxoxanthophyll　175b
ミクログリア ⇌ 小膠〔こう〕細胞　microglia [cell]　166b
ミクログロブリン　microglobulin　166b
ミクロサテライト ⇌ 微量キュベット　microcell　166b／⇌ マイクロサテライト　microsatellite　167a
ミクロセル ⇌ 微小核体　microcell　166a
ミクロソーム　microsome　167a
ミクロ断面積　microscopic cross section　167a
ミクロトーム　microtome　167a
ミクロファージ　microphage　166b
ミクロフィブリル　microfibril　166b
ミクロフィラメント　microfilament　166b
ミクロボディ　microbody　166b
ミクロホトメーター　microphotometer ⇌ デンシトメーター　densitometer　69a
ミコシド　mycoside　174b
ミコース　mycose ⇌ トレハロース　trehalose　270b
ミコセロシン酸　mycocerosic acid　174b
ミコバクテリアアジュバント　mycobacterial adjuvant　174b
ミコプラズマ ⇌ マイコプラズマ　mycoplasma　174b
ミコマイシン ⇌ マイコマイシン　mycomycin　174b
ミコリペニン酸　mycolipenic acid　174b
ミコール酸　mycolic acid　174b
未熟[の]　premature　213a
未受精卵　unfertilized egg　275b
実生　seedling　239b
水ジャケット　water jacket　281b
水[の]　aqueous　23a
ミスセンス　missense　168a
ミスセンス暗号 ⇌ ミスセンスコドン　missense codon　168a
ミスセンスコドン　missense codon　168a

ミセンスサプレッサー　missense suppressor　168a
ミセンス[突然]変異　missense mutation　168a
ミスフォールド ⇀ 誤って折りたたまれた misfolded　168a
ミスマッチ塩基対　mismatched base pair　168a
ミスマッチ修復　mismatch repair　168a
未成熟溶菌　premature lysis　213a
ミセル　micell　166a
道しるべフェロモン　trail pheromone　268a
ミチリトール　mytilitol　175b
myc[ミック]遺伝子　*myc* gene　174b
三つ組　triplet　271b
密着結合　tight junction　266a
密度勾配　density gradient　69a
密度勾配遠心分離[法]　density-gradient centrifugation　69a
密度抑制　density inhibition　69a
ミツバチ毒　bee toxin　31a
みつろう　beeswax　31a
ミトコンドリア　mitochondria (*sing.* mitochondrion)　168a
ミトコンドリア外膜　mitochondrial outer membrane　168b
ミトコンドリアDNA　mitochondrial DNA　168a
ミトコンドリア内膜　mitochondrial inner membrane　168a
ミトコンドリア脳筋症　mitochondrial encephalomyopathy　168a
ミトコンドリア病　mitochondrial disease　168a
ミトコンドリアミオパシー　mitochondrial myopathy ⇀ ミトコンドリア脳筋症

mitochondrial encephalomyopathy　168a
ミドリムシ　*Euglena*　90a
水俣[みなまた]病　Minamata disease　167b
ミニクロモソーム　minichromosome　167b
ミニ細胞　minicell　167b
ミニサテライト　minisatellite　167b
ミニプラスミド　miniplasmid　167b
ミネラル ⇀ 無機質　mineral　167b
ミネラルコルチコイド　mineral corticoid　167b
ミネラルコルチコイド受容体　mineral corticoid receptor　167b
myb[ミブ]遺伝子　*myb* gene　174b
未分化がん　anaplastic carcinoma　17b
未分化[の]　undifferentiated　275b
未変性[の]　native　176b
脈　pulse　220a
脈拍 ⇀ 脈　pulse　220b
μ鎖　μ-chain　157a
ミューテーター遺伝子 ⇀ [突然]変異誘発遺伝子　mutator gene　174b
ミュートン　muton　174b
μファージ　μ phage　157a
ミュラー管　Müllerian duct　172b
ミョウバン沈降物　alum precipitate　14a
ミラクリン　miraclin　168a
ミリシルアルコール　myricyl alcohol　175b
ミリスチン酸　myristic acid　175b
N-ミリストイル化　*N*-myristoylation　175b
ミリセチン　myricetin　175b
ミリポアフィルター【商品名】　Millipore filter　167b
ミルキング　milking　167b
ミロシナーゼ　myrosinase ⇀ チオグルコシダーゼ　thioglucosidase　264a
ミロン反応　Millon reaction　167b

ム

無アルブミン血症　analbuminemia　17b
無益回路　futile cycle　101b
無核細胞　akaryote　11a
無カタラーゼ血症　acatalasemia　4a
無カタラーゼ症　acatalasia ⇀ 無カタラーゼ血症　acatalasemia　4a
無顆粒球症　agranulocytosis　11a
無汗症　anhidrosis　18b
無機栄養生物　lithotroph　153a
無機[栄]養素　mineral nutrient　167b
無機栄養[の]　lithotrophic　153a
無機呼吸　inorganic respiration　134b

無機質　mineral　167b
無気[性][の]　⇌　嫌気[性][の]　anaerobic
　　　　　　　　　　　　　　　　　　　17b
無機[の]　inorganic　134b
無極性　apolar　22b
　無極性[の]　nonpolar　182a
無極性溶媒　nonpolar solvent　182a
無菌　sterility　251b
　無菌[の]　aseptic　24b
無菌状態　aseptic condition　24b
無菌動物　germ-free animal　105b
無形体　anidius　18b
無血清培地　serum-free medium　241b
無限増殖　infinite proliferation　133b
ムコイド　mucoid　172b
無腔〖こう〗胞胚　stereoblastula　251b
ムコ脂質　⇌　ムコリピド　mucolipid　172b
ムコスルファチドーシス　mucosulfatidosis
　　　　　　　　　　　　　　　　　　　172b
ムコ多糖　mucopolysaccharide　172b
ムコ多糖症　mucopolysaccharidosis　172b
ムコ多糖タンパク質　⇌　プロテオグリカン
　　　　　　　　　　　　　proteoglycan　217b
ムコタンパク質　mucoprotein　172b
ムコノラクトン　muconolactone　172b
ムコペプチド　mucopeptide　172b
ムコリピド　mucolipid　172b
ムコリピドーシス　mucolipidosis　172b
ムコリピド蓄積症　⇌　ムコリピドーシス
　　　　　　　　　　　　　mucolipidosis　172b
ムコールレンニン　Mucor rennin　172b
ムコン酸　muconic acid　172b
無細胞系　cell-free system　44a
無細胞[の]　cell-free　44a
無酸症　anacidity　17b
無酸素[症]　anoxia　19a
無酸素[性][の]　⇌　嫌気[性][の]　anaerobic
　　　　　　　　　　　　　　　　　　　17b
虫歯　⇌　う蝕〖しょく〗　dental caries　69b
無糸分裂　amitosis (pl. amitoses)　16a
無条件反射　unconditioned reflex　275a
無症状結石　silent stone　244a
無償性誘導物質　gratuitous inducer　⇌　非代謝
　性誘導物質　nonmetabolizable inducer
　　　　　　　　　　　　　　　　　　　182a
無色性黒色腫　amelanotic melanoma　14b
無水亜硫酸　sulfurous anhydride　⇌　二酸化硫
　　　　　　黄　sulfur dioxide　256a

無水酢酸　acetic anhydride　4b
無水糖　⇌　アンヒドロ糖　anhydrosugar　18b
無水ヒドラジン　anhydrous hydrazine　18b
無水マレイン酸　maleic anhydride　158a
ムスカリン　muscarine　173b
ムスカリン受容体　muscarine receptor　⇌　ム
　スカリン性アセチルコリン受容体
　　　　　muscarinic acetylcholine receptor　174a
ムスカリン性アセチルコリン受容体
　　　　　muscarinic acetylcholine receptor　174a
ムスカリン[様]作用　muscarine action　173b
ムスコン　muscone　174a
娘細胞　daughter cell　67a
無性生殖　asexual reproduction　24b
無生命合成　⇌　非生物合成　abiotic synthesis
　　　　　　　　　　　　　　　　　　　3b
無脊〖せき〗椎動物　invertebrate　137b
無対称　asymmetry　25b
ムターゼ　mutase　174b
ムタロターゼ　mutarotase　174b
ムタン　mutan　174a
無担体放射性同位体　carrier-free radioisotope
　　　　　　　　　　　　　　　　　　　42b
無タンパク質培地　protein-free medium
　　　　　　　　　　　　　　　　　　　217b
無秩序　disorder　75b
ムチナーゼ　mucinase　⇌　ヒアルロニダーゼ
　　　　　　　　　　　hyaluronidase　125a
ムチン　mucin　172b
ムチン型糖鎖　mucin type sugar chain
　　　　　　　　　　　　　　　　　　　172b
ムチン凝塊　mucin clot　172b
ムチン酸　⇌　粘液酸　mucic acid　172b
無定形態　amorph　16b
無定形[の]　amorphous　16b
無トランスフェリン血症　atransferrinemia
　　　　　　　　　　　　　　　　　　　26a
無配偶子性[の]　agamic　10b
無配偶生殖体　agameon　10b
無配生殖　apogamy　22b
無フィブリノーゲン血症　afibrinogenemia
　　　　　　　　　　　　　　　　　　　10a
無βリポタンパク質血症
　　　　　　　　abetalipoproteinemia　3b
ムラミダーゼ　muramidase　⇌　リゾチーム
　　　　　　　　　　　lysozyme　156b
ムラミルジペプチド　muramyl dipeptide
　　　　　　　　　　　　　　　　　　　173b

ムラミン酸 muramic acid 173b
ムラヤニン murrayanine 173b
ムリコール酸 muricholic acid 173b

ムレイン murein 173b
ムロペプチド muropeptide 173b
ムンプスウイルス mumps virus 173b

メ

迷走神経 vagus nerve 277a
迷走神経活動亢進 vagotonia 277a
明反応 light reaction 150b
メイラード反応 Maillard reaction 157b
迷路学習 maze learning 160b
メガシン megacin 161b
メガログリコリピド megaloglycolipid ⇀ マクログリコリピド macroglycolipid 157a
メコシアニン mecocyanin 161a
メサコン酸 mesaconic acid 163a
雌 female 93b
メスカリン mescaline 163a
メスシリンダー graduated cylinder 111a
メストラノール mestranol 163b
メスバウアー効果 Mössbauer effect 171b
メスバウアースペクトル Mössbauer spectrum 171b
メスフラスコ volumetric flask 280b
メセルソン・スタールの実験 Meselson-Stahl experiment 163a
メソ化合物 meso compound 163a
メソキサリル尿素 mesoxalurea ⇀ アロキサン alloxan 13b
メソソーム mesosome 163b
メソビリベルジン mesobiliverdin 163a
メソビリルビノーゲン mesobilirubinogen 163a
メソヘム mesoheme 163b
メソポルフィリン mesoporphyrin 163b
メダカ cyprinodont 64b
メタ過ヨウ素酸 metaperiodic acid 164b
メタクロマジー metachromasia 164a
メタゾア ⇀ 後生動物 metazoan 164b
メタドン methadone 164b
メタナール methanal ⇀ ホルムアルデヒド formaldehyde 98b
メタネフリン metanephrine 164b
メタノリシス methanolysis 165a
メタノール methanol 165a

メタノール溶媒分解 ⇀ メタノリシス methanolysis 165a
メタプロテイン metaprotein 164b
メタボリックプロファイリング metabolic profiling 164a
メタリン酸 metaphosphoric acid 164b
メタロカルボキシペプチダーゼ metallocarboxypeptidase 164a
メタロチオネイン metallothionein 164b
メタロチオネインプロモーター metallothionein promoter 164b
メタロドプシン metarhodopsin 164b
メタロプロテアーゼ metalloprotease 164a
メタン methane 165a
メタン形成 methenogenesis 165a
メタン[細]菌 methanogen 165a
メタン発酵 methane fermentation 165a
メタンフェタミン methamphetamine 165a
メチオニルアデノシン methionyl adenosine ⇀ S-アデノシルメチオニン S-adenosylmethionine 8a
メチオニルジペプチダーゼ methionyldipeptidase 165a
メチオニン methionine 165a
メチオニンエンケファリン methionine enkephalin 165a
メチオニン活性化酵素 methionine-activating enzyme 165a
メチオニンスルホキシド methionine sulfoxide 165a
メチオニンスルホン methionine sulfone 165a
メチシリン耐性 methicillin resistance 165a
メチシリン耐性黄色ブドウ球菌 methicillin resistant *Staphylococcus aureus* 165a
メチラーゼ methylase 165b
メチル【基】 methyl 165b
N-メチル-D-アスパラギン酸 N-methyl-D-aspartate 165b

N-メチル-D-アスパラギン酸受容体
　　N-methyl-D-aspartate receptor　165b
メチルアミノプテリン　methylaminopterin ⇌ メトトレキセート methotrexate　165a
メチルアルコール　methyl alcohol ⇌ メタノール methanol　165a
4-メチルウンベリフェロン
　　4-methylumbelliferone　166a
メチル化　methylation　165b
メチル基供与体　methyl group donor　165b
メチル基受容走化性タンパク質　methyl-accepting chemotaxis protein　165b
メチル基受容体　methyl group acceptor　165b
メチル基転移　transmethylation　270a
メチルグリオキサール　methylglyoxal　165b
メチルグリコシアミジン
　methylglycocyamidine ⇌ クレアチニン creatinine　61a
メチルグリコシアミン　methylglycocyamine ⇌ クレアチン creatine　61a
メチルコバラミン　methylcobalamin　165b
メチルコラントレン　methylcholanthrene　165b
メチル水銀　methylmercury　165b
α-メチルドーパ　α-methyldopa　165b
メチルトランスフェラーゼ　methyltransferase　166a
N-メチルニコチンアミド
　　N-methylnicotinamide　165b
N-メチル-N'-ニトロ-N-ニトロソグアニジン
　N-methyl-N'-nitro-N-nitrosoguanidine　165b
メチル配糖体　methyl glycoside　165b
メチルビオローゲン　methyl viologen　166a
メチルベンゼドリン　methylbenzedrin ⇌ メタンフェタミン methamphetamine　165a
メチルペントース　methylpentose　166a
メチルマロニル CoA　methylmalonyl-CoA　165b
メチルマロン酸　methylmalonic acid　165b
メチルマロン酸尿症　methylmalonic aciduria　165b
メチレンブルー　methylene blue　165b
メチロース　methylose　166a
メチロトローフ　methylotroph　166a
滅菌　sterilization　252a
メッシュ　mesh　163a

メッセンジャー RNA　messenger RNA　163b
メテドリン　methedrine ⇌ メタンフェタミン methamphetamine　165a
メトキシアニリン　methoxyaniline ⇌ アニシジン anisidine　19a
メトトレキセート　methotrexate　165a
メトヘモグロビン　methemoglobin　165a
メトヘモグロビン血症　methemoglobinemia　165a
メトミオグロビン　metmyoglobin　166a
メナキノン　menaquinone　162b
メナジオン　menadione　162b
メナフトン　menaphthone ⇌ メナジオン menadione　162b
メニスカスデプリーション法
　meniscus-depletion method ⇌ イファンティス法 Yphantis method　284b
芽生え　seedling　239b
メバロン酸　mevalonic acid　166a
メバロン酸経路　mevalonate pathway　166a
メバロン酸 5-リン酸　mevalonic acid 5-phosphate　166a
雌ヒツジ　ewe　90a
メープルシロップ尿症　maple syrup urine disease　159b
メプロバメート　meprobamate　162b
目盛定め　calibration　39b
メラトニン　melatonin　162a
メラニン　melanin　161b
メラニン顆粒　melanin granule　161b
メラニン形成　melanogenesis　161b
メラニン細胞　melanocyte　161b
メラニン細胞刺激ホルモン
　　melanocyte-stimulating hormone　161b
メラニン細胞刺激ホルモン放出ホルモン
　melanocyte-stimulating hormone-releasing hormone　161b
メラニン細胞刺激ホルモン放出抑制ホルモン
　melanocyte-stimulating hormone release-inhibiting hormone　161b
メラニン沈着　melanization　161b
メラニン保有細胞　melanophore　161b
メラノイジン　melanoidin　161b
メラノクロム　melanochrome　161b
メラノスタチン　melanostatin ⇌ メラニン細胞刺激ホルモン放出抑制ホルモン melanocyte-stimulating hormone release-inhibiting hormone　161b

メンエキサ　479

メラノソーム　melanosome　161b
メラノトロピン　melanotropin ⇌ メラニン細胞刺激ホルモン　melanocyte-stimulating hormone　161b
メラノトロピン放出抑制ホルモン　melanotropin release-inhibiting hormone ⇌ メラニン細胞刺激ホルモン放出抑制ホルモン　melanocyte-stimulating hormone release-inhibiting hormone　161b
メラノーマ ⇌ 黒色腫　melanoma　161b
メラノリベリン　melanoliberin ⇌ メラニン細胞刺激ホルモン放出ホルモン　melanocyte-stimulating hormone-releasing hormone　161b
メラー・バーロー病　Möller-Barlow disease　170a
メリシルアルコール　melissyl alcohol　162a
メリシン酸　melissic acid　162a
メリチン　mellitin　162a
メリトース　melitose ⇌ ラフィノース　raffinose　225a
メリトリオース　melitriose ⇌ ラフィノース　raffinose　225a
メリビアーゼ　melibiase　162a
メリビオース　melibiose　162a
メルカプチド　mercaptide　162b
2-メルカプトエタノール　2-mercaptoethanol ⇌ チオグリコール　thioglycol　264a
メルカプト基　mercapto group ⇌ SH基　SH group　242b
メルカプトピルビン酸　mercaptopyruvic acid　163a
p-メルクリ安息香酸　p-mercuribenzoic acid　163a
メレチトース　melezitose　162a
メロザイゴート ⇌ 部分接合体　merozygote　163a
メロミオシン　meromyosin　163a
免疫　immunity　130b
　免疫[の]　immune　130b
免疫遺伝学　immunogenetics　131a
免疫異物排除 ⇌ 免疫クリアランス　immune clearance　130b
免疫エンハンスメント　immunological enhancement　131b
免疫応答　immune response　130b
免疫応答遺伝子　immune response gene　130b

免疫化　immunization　130b
免疫化学　immunochemistry　131a
免疫学　immunology　131b
免疫拡散法　immunodiffusion　131a
免疫学的恒常性　immunological homeostasis　131b
免疫学的能力 ⇌ 免疫適格性　immunological competence　131b
免疫学的不応性　immunological unresponsiveness　131b
免疫監視　immunological surveillance　131b
免疫寛容　immune tolerance　130b
免疫記憶　immunological memory　131b
免疫吸着剤　immunoadsorbent　131a
免疫強化　immunopotentiation　131b
免疫クリアランス　immune clearance　130b
免疫グロブリン　immunoglobulin　131a
免疫グロブリン遺伝子　immunoglobulin gene　131a
免疫グロブリンクラス　immunoglobulin class　131a
免疫グロブリンサブクラス　immunoglobulin subclass　131a
免疫グロブリンスーパーファミリー　immunoglobulin superfamily　131b
免疫グロブリン沈着症　immune deposit disease ⇌ 免疫複合体病　immune complex disease　130b
免疫グロブリン療法　immunoglobulin therapy　131b
免疫系　immune system　130b
免疫蛍光法　immunofluorescence technique ⇌ 蛍光抗体法　fluorescent antibody technique　97a
免疫血清　immune serum ⇌ 抗血清　antiserum　21b
免疫原　immunogen　131a
免疫原性　immunogenicity　131a
免疫検定[法] ⇌ イムノアッセイ　immunoassay　131a
免疫酵素測定法　immunoenzyme technique ⇌ エンザイムイムノアッセイ　enzyme immunoassay　86b
免疫膠[こう]着素 ⇌ 免疫コングルチニン　immunoconglutinin　131a
免疫コングルチニン　immunoconglutinin　131a
免疫細胞化学　immunocytochemistry　131a

免疫細胞溶解　immune cytolysis　130b
免疫疾患　immunologic disease　131b
免疫処置　immunization　130b
免疫親和性　immunoaffinity　131a
免疫する　immunize　130b
免疫性　immunity　130b
免疫生化学　immunobiochemistry　131a
免疫促進[反応]　⇌　免疫エンハンスメント　immunological enhancement　131b
免疫組織化学　immunohistochemistry　131b
免疫担当細胞　immunocompetent cell　131a
免疫担当細胞クローン　immunocompetent cell clone　131a
免疫沈降　immunoprecipitation　131b
免疫沈降物　immune precipitate　130b
免疫定量[法]　⇌　イムノアッセイ　immunoassay　131a
免疫適格性　immunological competence　131b
免疫電気泳動　immunoelectrophoresis　131a
免疫電気拡散法　immunoelectrodiffusion　131a
免疫電子顕微鏡法　immunoelectron microscopy　131a
免疫ネットワーク　immune network　130b
免疫粘着　immune adherence　130b
免疫粘着血球凝集　immune adherence hemagglutination　⇌　免疫粘着反応　immune adherence reaction　130b
免疫粘着反応　immune adherence reaction　130b
免疫反応　immunoreaction　131b
免疫病　immune disease　130b

免疫フェリチン法　immunoferritin technique　⇌　フェリチン抗体法　ferritin antibody technique　94a
免疫不応答　⇌　免疫学的不応性　immunological unresponsiveness　131b
免疫複合体　immune complex　⇌　抗原抗体複合体　antigen-antibody complex　20b
免疫複合体病　immune complex disease　130b
免疫不全症候群　immunodeficiency syndrome　131a
免疫ブロット[法]　immunoblotting　131a
免疫偏向　immune deviation　130b
免疫麻痺[ひ]　immunological paralysis　131b
免疫溶血　immune hemolysis　130b
免疫抑制　immunosuppression　131b
免疫抑制遺伝子　immune suppression gene　130b
免疫抑制剤　immunosuppressive agent　131b
免疫療法　immunotherapy　131b
面間隔　spacing　247b
メンケス症候群　Menkes syndrome　162b
メンケベルグ動脈硬化　Mönckeberg's arteriosclerosis　170a
綿実油　cottonseed oil　60a
メンデリズム　⇌　メンデル説　Mendelism　162b
メンデル集団　Mendelian population　162b
メンデル説　Mendelism　162b
メンデルの法則　Mendel's law　162b
メントール　menthol　162b
メンブランフィルター　membrane filter　162b

モ

毛[細]管　capillary　40a
網状赤血球　reticulocyte　230b
網状帯[副腎皮質の]　zona reticularis　285b
網内系　⇌　細網内皮系　reticuloendothelial system　230b
毛囊[のう]　hair follicle　113a
網膜　retina　230b
網膜芽細胞腫　retinoblastoma　230b
網膜芽腫　⇌　網膜芽細胞腫　retinoblastoma　230b

網様体　reticular formation　230b
モエシン　moesin　169a
目[分類学上の]　order　188a
木化　lignification　151a
木精　wood spirit　⇌　メタノール　methanol　165a
木糖　wood sugar　⇌　キシロース　xylose　284b
模型　model　169a
モザイク　mosaic　171b

モジュール　module　169a
モジュレーター　modulator　169a
モジュレータータンパク質　modulator protein
　　⇌ 調節タンパク質　regulatory protein
　　　　　　　　　　　　　　　　228a
mos〚モス〛遺伝子　*mos* gene　171b
モース曲線　Morse curve　171b
モータータンパク質　motor protein　172a
モチーフ　motif　171b
モチマイシン　mocimycin ⇌ キロマイシン
　　　　　　　　　　kirromycin　144a
モチリン　motilin　171b
モデル　model　169a
戻し交雑　backcross　29b
戻し交雑育種法　backcross breeding　29b
戻し交配 ⇌ 戻し交雑　backcross　29b
モナクチン　monactin　170a
モネラ界　Monera　170a
モネリン　monellin　170a
モネンシン　monensin　170a
モノアシルグリセロール　monoacylglycerol
　　　　　　　　　　　　　　　　170a
モノアミン　monoamine　170b
モノアミン性シナプス　monoamine synapse
　　　　　　　　　　　　　　　　170b
モノエン脂肪酸　monoenoic fatty acid
　　　　　　　　　　　　　　　　170b
モノオキシゲナーゼ　monooxygenase　171a
モノカイン　monokine　170b
モノグリセリド　monoglyceride ⇌ モノアシ
　　ルグリセロール　monoacylglycerol　170a
モノクローナル　monoclonal　170b
モノクローナル ⇌ 単クローン性　monoclonal
　　　　　　　　　　　　　　　　170b
モノクローナルグロブリン病　monoclonal
　　　　　immunoglobulinopathy　170b
モノクローナル抗体　monoclonal antibody
　　　　　　　　　　　　　　　　170b
モノクローナル免疫グロブリン増多症
　　　　　monoclonal gammopathy　170b
モノクローン　monoclone　170b
モノシストロン性 mRNA　monocistronic
　　　　　　　　　　　mRNA　170b
モノゼニック動物　monoxenic animal　171a
モノソミー　monosomy　171a
モノソーム　monosome　171a
モノテルペン　monoterpene　171a
モノヌクレオチド　mononucleotide　171a

モノバクタム　monobactam　170b
〚モノ〛ホスホイノシチド　[mono]phospho-
　　inositide ⇌ ホスファチジルイノシトール
　　　　　　　phosphatidylinositol　200a
モノマー ⇌ 単量体　monomer　170b
モノメチルテチン　monomethylthetin　170b
モノー・ワイマン・シャンジューモデル　Monod-
　　　　Wyman-Changeux model　170b
モフィット・ヤンの式　Moffitt-Yang equation
　　　　　　　　　　　　　　　　169a
模倣 ⇌ シミュレーション　simulation　244a
モリス肝がん〚癌〛　Morris hepatoma　171b
モルだ〚楕〛円率　molar ellipticity　169b
モーリッシュ反応　Molisch reaction　170a
モリブデン　molybdenum　170a
モリブデン酵素　molybdenum enzyme　170a
モリブデン酸アンモニウム　ammonium
　　　　　　　　　molybdate　16a
モリブデン試薬　molybdenum reagent
　　　　　　　　　　　　　　　　170a
モリブデンブルー　molybdenum blue　170a
モリブドフェレドキシン　molybdoferredoxin
　　　　　　　　　　　　　　　　170a
モリブドリン酸　molybdophosphoric acid
　　　　　　　　　　　　　　　　170a
モリン　morin　171a
モル　mole　169b
モル活性　molar activity of enzyme ⇌ 分子活
　　性【酵素の】　molecular activity　169b
モルガン・エルソン反応　Morgan-Elson
　　　　　　　　　reaction　171a
モルガン単位　morgan unit　171a
モルキオ症候群　Morquio syndrome　171b
モル吸光係数　molar extinction coefficient ⇌
　　モル吸収係数　molar absorption coefficient
　　　　　　　　　　　　　　　　169a
モル吸収係数　molar absorption coefficient
　　　　　　　　　　　　　　　　169a
モル浸透圧[の]　osmolar　189a
モル旋光度　molar rotation　169b
モルテングロビュール　molten globule　170a
モル伝導率　molar conductivity　169b
モル濃度　molarity　169b
モルヒネ　morphine　171b
モルフ　morph　171a
モルフィン ⇌ モルヒネ　morphine　171b
モルフォゲン　morphogen　171b
モル分率　molar fraction　169b

モルホリン　morpholine　171b	門【植物分類の】　division　76b
モルモット　guinea pig　112b	門【動物分類の】　phylum (*pl.* phyla)　203b
モレキュラーシーブ → 分子ふるい	モンタン酸　montanoic acid　171a
molecular sieve　169b	モンテカルロ法　Monte Carlo method　171a

ヤ

薬剤アレルギー　drug allergy → 薬剤誘発アレルギー　drug-induced allergy　79b
薬剤過敏症　drug hypersensitivity　79b
薬剤耐性　drug resistance　79b
薬剤耐性遺伝子　drug resistance gene　79b
薬剤耐性因子　drug resistance factor → Rプラスミド　R plasmid　234b
薬剤抵抗性 → 薬剤耐性　drug resistance　79b
薬剤特異体質　drug idiosyncrasy → 薬剤過敏症　drug hypersensitivity　79b
薬剤誘発アレルギー　drug-induced allergy　79b
やく[薬]培養　anther culture　19b
薬品作用学 → 薬理学　pharmacology　198b
薬物送達システム　drug delivery system　79b
薬物耐性　drug tolerance　79b
薬物動態学　pharmacokinetics　198b

薬物不応性 → 薬物耐性　drug tolerance　79b
薬理学　pharmacology　198b
薬力学　pharmacodynamics　198b
薬力学的効果　pharmacodynamic effect　198b
ヤコブ・クロイツフェルト病　Jakob-Creutzfeldt disease → クロイツフェルト・ヤコブ病　Creutzfeldt-Jakob disease　61b
やし油　coconut oil　53b
矢じり端　pointing end　207b
野生型　wild type　282a
野生株　wild strain　282a
YACベクター　YAC vector → 酵母人工染色体ベクター　yeast artificial chromosome vector　284a
ヤツメウナギ　lamprey　146b
ヤツメウナギヘモグロビン　lamprey hemoglobin　146b
夜盲[症]　nyctalopia　184b

ユ

優位[の]【生態】　dominant　77b
誘因　incentive　132a
誘引物質　attractant　26b
融解　fusion　101b / → 液化　liquefaction　152b
融解温度　melting temperature　162a
有隔接着斑 → 中隔接着斑　septate desmosome　241a
雄核発生　merogony　163a
雄核卵片発生　andromerogony　18a
雄核卵片発生体　andromerogen　18a
有機栄養生物　organotroph　188a
有機栄養[の]　organotrophic　188a
有機酸発酵　organic acid fermentation　188a

有機水銀中毒　organic mercury compound intoxication　188a
有棘[きょく]赤血球症　acanthoctosis　4a
有機リン化合物　organophosphorus compound　188a
有限増殖　finite proliferation　95b
融合【細胞，遺伝子，タンパク質などの】　fusion　101b
融合遺伝　blending inheritance　34a
融合核　synkaryon　258b
融合細胞　fused cell　101b / syncytium (*pl.* syncytia)　258b
融合雑種腫瘍細胞 → ハイブリドーマ　hybridoma　125b

融合タンパク質　fusion protein　101b
有効半減期　→ 実効半減期　effective half-life
　　　　　　　　　　　　　　　　　　　　　　81b
有腔〖こう〗胞胚　coeloblastula　53b
有酸素[性][の]　→ 好気[的][の]　aerobic　10a
有糸分裂　mitosis(*pl.* mitoses)　168b
有糸分裂組換え　mitotic recombination　168b
有糸分裂乗換え　mitotic crossing over　168b
有髄神経繊維　myelinated nerve fiber　175a
優性遺伝　dominant inheritance　78a
優生学　eugenics　90a
有性生殖　sexual reproduction　242a
優性致死遺伝子　dominant lethal gene　78a
優性ネガティブ変異体　→ ドミナントネガティブ変異体　dominant negative mutant　78a
優性[の]【遺伝】　dominant　77b
優性の法則　law of dominance　148a
雄性不妊　→ 雄性不稔　male sterility　158a
雄性不ねん〖稔〗　male sterility　158a
優性分散　dominance variance　77b
雄性ホルモン　male sex hormone　→ アンドロゲン　androgen　18a
優先種　dominant　77b
遊走　migration　167a／wandering　281a
遊走子　zoospore　286a
遊走子形成菌類　zoosporic fungi　→ べん〖鞭〗毛菌[亜門]　Mastigomycotina　160a
遊走指数　migration index　167a
有足細胞　podocyte　207b
融点　melting point　162b
融点降下　depression of melting point　→ 凝固点降下　depression of freezing point
　　　　　　　　　　　　　　　　　　　　　　70b
誘導　induction　133a
誘導期　induction phase　133a
誘導原　inducer　133a
誘導酵素　inducible enzyme　133a
誘導する【酵素合成などを】　induce　133a
誘導体　derivative　70b
誘導適合【酵素タンパク質コンホメーションの】
　　　　　　　　　　　　　　　induced-fit　133a
誘導適合仮説【酵素活性中心の】　induced-fit hypothesis　133a
誘導的修復　induced repair　→ SOS 修復
　　　　　　　　　　　　　　SOS repair　247b
誘導物質　inducer　133a

誘発　induction　133a
誘発性ファージ　inducible phage　133a
誘発電位　evoked potential　90a
誘発[突然]変異　induced mutation　133a
誘発物質　inducer　133a
遊離型リボソーム　free ribosome　99b
遊離基　free radical　99b／radical　224b
遊離脂肪酸　free fatty acid　99b
遊離水　free water　99b
ユウロピウム　europium　90a
ユーカリア　Eukarya　90a
ゆきどまり阻害【酵素反応の】　dead end inhibition　67a
ユークロマチン　→ 真正染色質　euchromatin　90a
ユグロン　juglone　141b
油脂　oils and fats　186a
癒傷ホルモン　→ 傷ホルモン　wound hormone　282b
ユズリハアルカロイド　daphniphyllum alkaloid　66b
ユズリミン　yuzurimine　284b
輸送　transport　270a
輸送体　transporter　270a／→ パーミアーゼ　permease　197b
輸送タンパク質　transport protein　270a
油中水型乳剤アジュバント　water-in-oil emulsion adjuvant　281a
UDP グルコース　UDPglucose　275a
UDP 糖　UDP-sugar　275a
ユニタリー量　unitary quantity　275b
ユビキチン　ubiquitin　274a
ユビキチン化　ubiquitination　274b
ユビキノール　ubiquinol　274a
ユビキノン　ubiquinone　274a
UV エンドヌクレアーゼ　UV endonuclease　276b
UV 照射　UV irradiation　→ 紫外線照射　ultraviolet irradiation　275a
油溶染料　oil soluble dye　186a
ゆらぎ　fluctuation　96b
ゆらぎ【タンパク質,酵素などの】　breathing　36b
ゆらぎ塩基対　wobble base pair　282b
ゆらぎ[仮]説　wobble hypothesis　282b
輸卵管　→ 卵管　oviduct　190a

ヨ

陽イオン cation 43b
陽イオン界面活性剤 cationic surfactant 43b
陽イオン交換体 cation exchanger 43b
陽イオン輸送 cation transport 43b
溶液 solution 247a
葉黄素 ⇌ ルテイン lutein 155a
よう〖蛹〗化 pupation 220b
溶解 lysis 156a
　溶解[の] ⇌ 溶菌[の] lytic 156b
溶解する dissolve 76a
溶解素 lysin 156a
溶解度 solubility 247a
ヨウ化メチル methyl iodide 165b
要求量子数 quantum requirement 222b
陽極[の] anodic 19a
溶菌 bacteriolysis 29b
　溶菌[の] lytic 156b
溶菌感染 lytic infection 156b
溶菌酵素 lytic enzyme 156b
溶菌素 bacteriolysin 29b
溶菌斑 ⇌ プラーク plaque 205b
溶菌ファージ lytic phage ⇌ ビルレントファージ virulent phage 279b
溶血 hemolysis 117a
溶血抗体 hemolytic antibody 117a
溶血性尿毒症症候群 hemolytic uremic syndrome 117a
溶血性貧血 hemolytic anemia 117a
溶血性連鎖[状]球菌 Streptococcus haemolyticus 253a
溶血素 hemolysin 117a
溶血毒素 hemolytic poison 117a
溶血斑 plaque 205b
溶血斑形成細胞 plaque-forming cell 205b
溶血プラーク試験 hemolytic plaque test ⇌ イエルネプラーク検定 Jerne plaque assay 141a
溶原化 lysogenization 156a
溶原化する〖ファージが細菌に〗 lysogenize 156a
溶原[細]菌 lysogenic bacterium 156a

溶原性 lysogenicity 156a
　溶原性[の] lysogenic 156a
溶原[性]ファージ temperate phage 261a
溶原変換 lysogenic conversion 156a
溶剤 solvent 247a
葉酸 folic acid 98a
葉酸塩 folate 98a
葉酸拮抗剤 antifolate 20b
陽子 proton 218b
養子移入 adoptive transfer 9a
養子寛容 adoptive tolerance 9a
幼児下痢症ウイルス infantile diarrhea virus 133a
陽子勾配 ⇌ プロトン勾配 proton gradient 218b
溶質 solute 247a
陽子飛躍 ⇌ プロトンジャンプ proton jump 218b
養子免疫 adoptive immunity 9a
幼若 juvenile 141b
幼若化〖リンパ球の〗 blast formation 34a
幼若ホルモン juvenile hormone 141b
溶出 elution 83b
溶出液 eluate 83b
溶出曲線 elution diagram 83b
溶出物 ⇌ 流出液 effluent 81b
葉鞘〖しょう〗 sheath 242b
羊水 amniotic fluid 16a
羊水穿〖せん〗刺 amniocentesis 16a
幼生 larva 147a
陽性対照 positive control 211a
陽性[の] positive 211a
ヨウ素 iodine 137b
ヨウ素化 iodination 137b
ヨウ素価 iodine value 138a
ヨウ素酸化滴定 iodimetry 137b
ヨウ素-デンプン反応 iodo-starch reaction 138a
ヨウ素131 iodine-131 138a
ヨウ素125 iodine-125 137b
幼虫 larva 147a
陽電子 positron 211a

陽電子放射断層撮影法　positron emission tomography　211a	antimorph　21a
葉肉細胞　mesophyll cell　163b	横緩和時間　transverse relaxation time　270b
溶媒　solvent　247a	横座標 ⇨ 横軸　abscissa　3b
溶媒和　solvation　247a	横軸　abscissa　3b
用不用説　use and disuse theory ⇨ ラマルク説　Lamarckism　146b	四次構造　quaternary structure　223a
	吉田肉腫　Yoshida sarcoma ⇨ 吉田腹水肝がん[癌]　Yoshida ascites hepatoma　284b
揺変 ⇨ チキソトロピー　thixotropy　264b	吉田腹水肝がん[癌]　Yoshida ascites hepatoma　284b
羊膜　amnion　16a	
葉脈【植物の】　vein　278b	四次[の] ⇨ 第四[級][の]　quaternary　223a
溶離　elution　83b	四次培養　quaternary culture　223a
溶離液　eluent　83b	よじり　writhe　283a
用量　dose　78b	預託線量当量　committed dose equivalent　55a
容量因子　extensive factor ⇨ 示量変数　extensive variable　91b	予定運命[の]　presumptive　213b
用量効果曲線　dose effect curve　78b	予定筋芽細胞　presumptive myoblast　213b
容量測定[の]　volumetric　280b	ヨードアセトアミド　iodoacetamide　138a
容量モル濃度 ⇨ モル濃度　molarity　169b	ヨード酢酸　iodoacetic acid　138a
葉緑素 ⇨ クロロフィル　chlorophyll　48b	ヨードシル安息香酸　iodosylbenzoic acid　138a
葉緑体　chloroplast　48b	ヨードソ安息香酸　iodosobenzoic acid ⇨ ヨードシル安息香酸　iodosylbenzoic acid　138a
葉緑体 DNA　chloroplast DNA　48b	
葉裂【原腸形成過程での】　delamination　68b	ヨードチロニン　iodothyronine　138a
翼　ala (pl. alae)　11a	ヨヒンビン　yohimbine　284b
抑圧　suppression　257a	δ-ヨヒンビン　δ-yohimbine ⇨ アジマリシン　ajmalicine　11a
抑圧する【遺伝子変異を】　suppress　257a	
抑制　depression　70b／repression　229b／⇨ 阻害　inhibition　133b	予防　prophylaxis　216b
	予防接種　vaccination　277a
抑制する　suppress　257a	予防免疫接種　prophylactic immunization　216b
抑制因子　inhibitor　133b／⇨ リプレッサー　repressor　229b	
	読み過ごし　read through　226a
抑制解除　derepression　70b	読み枠　reading frame　226a
抑制[性]酵素　repressible enzyme　229b	読み枠[突然]変異　reading frame mutation　226a
抑制性シナプス　inhibitory synapse　134a	
抑制性シナプス後電位　inhibitory postsynaptic potential　134a	よろめき[仮]説 ⇨ ゆらぎ[仮]説　wobble hypothesis　282b
抑制性[神経]伝達物質　inhibitory neurotransmitter　134a	四炭糖 ⇨ テトロース　tetrose　263a
	四糖　tetrasaccharide　263a
抑制性 T 細胞 ⇨ サプレッサー T 細胞　suppressor T cell　257a	四倍体　tetraploid　263a
	四量体　tetramer　262b
抑制性ニューロン　inhibitory neuron　134a	四量体酵素　tetrameric enzyme　262b
抑制的対立遺伝子 ⇨ アンチモルフ	

ラ

らい〔癩〕 leprosy ⇌ ハンセン病 Hansen disease 114a
ライエ症候群 Reye sydrome 231b
ライオニゼーション lyonization 156a
ライゲーション ligation 150b
ライシン ⇌ 溶解素 lysin 156a
ライジング数 writhing number 283b
ライター症候群 Reiter syndrome 228a
ライディッヒ細胞 Leydig cell 150a
ライト効果 Wright effect ⇌ 遺伝的浮動 genetic drift 104b
ライト試薬 Wright's reagent 283b
ライトメロミオシン light meromyosin 150b
ライノウイルス属 Rhinovirus 232a
ライヒシュタインの物質 Reichstein's substance 228a
ライフサイエンス ⇌ 生命科学 life science 150b
ライブラリー library 150a
ライヘルト・マイスル価 Reichert-Meissl value 228a
ライム病 Lyme disease 155b
ラインウィーバー・バークの式 Lineweaver-Burk equation 151b
ラインウィーバー・バークプロット Lineweaver-Burk plot ⇌ 二重逆数プロット double reciprocal plot 78b
ラウオルフィアアルカロイド rauwolfia alkaloid 226a
ラウス肉腫 Rous sarcoma 234b
ラウス肉腫ウイルス Rous sarcoma virus 234b
ラウバシン raubasine ⇌ アジピン酸 adipic acid 8b
ラウピン raupine ⇌ サルパギン sarpagine 237a
ラウリル硫酸ナトリウム sodium lauryl sulfate ⇌ ドデシル硫酸ナトリウム sodium dodecyl sulfate 246b
ラウリン酸 lauric acid 148a
ラウールの法則 Raoult's law 225b
ラギング鎖 lagging strand 146b

ラグ ⇌ 遅滞 lag 146b
酪酸 butyric acid 38b
酪酸発酵 butyric acid fermentation 38b
ラクターゼ lactase 145a
β-ラクタマーゼ β-lactamase 145b
ラクタム lactam 145a
β-ラクタム系抗生物質 β-lactam antibiotic 145b
ラクチド lactide 145b
ラクチム lactim 145b
ラクトシデロフィリン lactosiderophilin ⇌ ラクトフェリン lactoferrin 146a
ラクトシルセラミド lactosylceramide 146a
ラクトシルセラミド蓄積症 lactosylceramidosis 146a
ラクトース lactose 146a
ラクトースオペレーター lactose operator 146a
ラクトースオペロン lactose operon 146a
ラクトース不耐症 lactose intolerance 146a
ラクトースプロモーター lactose promoter 146a
ラクトース輸送体 lactose porter 146a
ラクトースリプレッサー lactose repressor 146a
ラクトトランスフェリン lactotransferrin ⇌ ラクトフェリン lactoferrin 146a
ラクトナーゼ lactonase 146a
ラクトバチリン酸 lactobacillic acid ⇌ フィトモン酸 phytomonic acid 204a
ラクトフェリン lactoferrin 146a
ラクトフラビン lactoflavin ⇌ リボフラビン riboflavin 232a
ラクトペルオキシダーゼ lactoperoxidase 146a
ラクトン lactone 146a
ラクトン則 lactone rule ⇌ ハドソン則 Hudson rule 124b
ラジアルスポーク ⇌ 放射状スポーク radial spoke 224a
ラジアン radian 224a
ラジウム radium 225a

ラジオアイソトープ ⇌ 放射性同位体 radioisotope 225a
ラジオイムノアッセイ radioimmunoassay 225a
ラジオオートグラフィー radioautography ⇌ オートラジオグラフィー autoradiography 27b
ラジオグラフ radiograph 225a
ラジオレセプターアッセイ radioreceptor assay 225a
ラジカル ⇌ 遊離基 free radical 99b / radical 224b
ラジカルアニオン radical anion 224b
ラジカルカチオン radical cation 224b
ラジカルスカベンジャー radical scavenger 224b
ras〔ラス〕遺伝子 *ras* gene 225b
Ras タンパク質 Ras 225b
ラセマーゼ ⇌ ラセミ化酵素 racemase 224a
ラセミ化 racemization 224a
ラセミ化酵素 racemase 224a
ラセミ混合物 racemic mixture 224a
ラセミ体 racemic modification 224a
らせん ⇌ ヘリックス helix 115b
　らせん[の] helical 115b
らせん含量【タンパク質二次構造の】 helix content 115b
らせん糸 spireme ⇌ 染色糸 chromonema 50b
らせん軸 screw axis 238b
ラチリズム lathyrism 147b
落花生 ⇌ ピーナッツ *Arachis hypogaea* 23b
落花生油 peanut oil 195a
lac〔ラック〕オペレーター *lac* operator ⇌ ラクトースオペレーター lactose operator 146a
lac オペロン *lac* operon ⇌ ラクトースオペロン lactose operon 146a
lacZ 遺伝子 *lacZ* gene 146b
Rac タンパク質 Rac 224a
lac プロモーター *lac* promoter ⇌ ラクトースプロモーター lactose promoter 146a
lac リプレッサー *lac* repressor ⇌ ラクトースリプレッサー lactose repressor 146a
ラッサ[熱]ウイルス Lassa virus 147b
ラット rat 225b
ラテックス latex 147b
ラテックス結合反応 latex fixation 147b

ラド rad 224a
ラトケ嚢[のう] Rathke's pouch 226a
ラナトシド lanatoside ⇌ ジギラニド digilanide 73b
ラネーニッケル Raney nickel 225b
ラノステロール lanosterol 147a
ラノリン lanolin 147a
ラパマイシン rapamycin 225b
ラピッドフロー法 rapid flow method 225b
ラフィノース raffinose 225a
ラフ型変異 rough mutation ⇌ R 変異 R mutation 233a
Rab タンパク質 Rab 224a
ラブドウイルス科 *Rhabdoviridae* 231b
ラフ特異性ファージ rough specific phage 234b
ラマチャンドランプロット Ramachandran plot 225a
ラマルキズム ⇌ ラマルク説 Lamarckism 146b
ラマルク説 Lamarckism 146b
ラマン効果 Raman effect 225a
ラマン散乱 Raman scattering 225a
ラマンスペクトル Raman spectrum 225a
ラミナ lamina 146b
ラミナラン laminaran 146b
ラミナリビオース laminaribiose 146b
ラミナリン laminarin ⇌ ラミナラン laminaran 146b
ラミニトール laminitol 146b
ラミニン laminin 146b
ラミン lamin 146b
λオペレーター λ operator 145a
λ鎖 λ-chain 145a
λファージ λ phage 145a
λ様ファージ ⇌ ラムドイドファージ lambdoid phage 146b
λ類縁ファージ ⇌ ラムドイドファージ lambdoid phage 146b
ラムドイドファージ lambdoid phage 146b
ラムニトール rhamnitol 231b
ラムネチン rhamnetin 231b
ラムノース rhamnose 231b
ラムノリピド rhamnolipid 231b
ラメラ lamella (*pl.* lamellae) 146b
ラメリポジウム lamellipodium (*pl.* lamelipodia) 146b
ラリアット RNA lariat RNA 147a

ラリアット分子　lariat molecule ⇀ ラリアットRNA　lariat RNA　147a
卵　ovum (*pl.* ova)　190a
卵アルブミン　egg albumin ⇀ オボアルブミン　ovalbumin　189b
卵黄　yolk　284b
　卵黄[の]　vitelline　280b
卵黄嚢[のう]　yolk sac　284b
卵黄リゾレシチン　egg yolk lysolecithin　81b
卵[塊]　spawn　248a
卵殻【昆虫の】　chorion　50a
卵核胞　germinal vesicle　105b
卵割　cleavage　52b
卵割球 ⇀ 割球　blastomere　34a
卵管　oviduct　190a
卵球　oosphere　187a
ラングハンス細胞　Langhan's cell　147a
ラングミュア・アダムの表面圧計　Langmuir-Adam surface balance　147a
ラングミュアの吸着等温式　Langmuir adsorption isotherm　147a
卵形成　oogenesis　187a
ランゲルハンス島　Langerhans' island　147a
卵原細胞　oogonium (*pl.* oogonia)　187a
卵子 ⇀ 卵　ovum　190a
　卵子[の]　vitelline　280b
ラン色細菌 ⇀ シアノバクテリア　cyanobacterium　63a
卵成熟　oocyte maturation　187a
卵成熟促進因子　maturation promoting factor　160b
卵巣　ovary　189b
　卵巣[の]　ovarian　189b
卵巣形成不全症　ovarian hypoplasia　189b
卵巣細胞　ovarian cell　189b
卵巣性奇形腫　ovarian teratoma　189b
卵巣ホルモン　ovarian hormone　189b
ラン藻類　blue-green alga ⇀ シアノバクテリア　cyanobacterium　63a
ランダム機構　random mechanism　225b
ランダムコイル　random coil　225b
ランダムプライマーDNA標識法　random primer DNA labeling　225b
ランタン　lanthanum　147a
Ranタンパク質　Ran　225a
ランチオニン　lanthionine　147a
ランドシュタイナーの法則　Landsteiner's rule　147a
ラント病　runt disease ⇀ 消耗症　wasting disease　281a
卵白　albumen　11a
卵白グロブリン ⇀ オボグロブリン　ovoglobulin　190a
ランビエ絞輪　node of Ranvier　181b
卵付属細胞　accessory cell　4a
ランプブラシ染色体　lampbrush chromosome　146b
ランプリン　lamprin　147a
ランベルト・ベールの法則　Lambert-Beer law　146b
卵胞　ovarian follicle　189b
卵胞子　oospore　187a
卵胞刺激ホルモン ⇀ 濾胞刺激ホルモン　follicle-stimulating hormone　98a
卵胞ホルモン ⇀ エストロゲン　estrogen　89a
卵母細胞　oocyte　187a
卵膜ライシン　egg membrane lysin　81b

リ

リアーゼ　lyase　155a
リアノジン　ryanodine　235b
リアノジン受容体　ryanodine receptor　235b
リウマチ因子 ⇀ リウマトイド因子　rheumatoid factor　231b
リウマチ様関節炎 ⇀ 慢性関節リウマチ　rheumatoid arthritis　231b
リウマトイド因子　rheumatoid factor　231b
離液系列　lyotropic series ⇀ ホフマイスター系列　Hofmeister's series　121b
リガーゼ　ligase　150b
リガンド　ligand　150b
罹患同胞対連鎖解析法　affected sib- and relative-pair analysis　10a
力価　titer　266b

リキシロース　lyxulose ⇌ キシルロース xylulose　284b
リキソース　lyxose　156b
リキソフラビン　lyxoflavin　156b
リグニン　lignin　151a
リグノセリン酸　lignoceric acid　151a
リケッチア　rickettia　233a
リケナン　lichenan　150b
リケニン　lichenin ⇌ リケナン　lichenan　150b
リコクトニン　lycoctonine　155a
利己的遺伝子　selfish gene　240a
利己的DNA　selfish DNA　240a
リコペン　lycopene　155a
リコポジウムアルカロイド　lycopodium alkaloid　155a
リコリシアニン　lycoricyanin　155b
リコリン　lycorine　155b
リコレニン　lycorenine　155a
リコンビナーゼ　recombinase　226b
リシノール酸　ricinoleic acid　232b
離出分泌腺 ⇌ アポクリン腺　apocrine gland　22b
リーシュマニア　leishmania　149a
リー症候群　Leigh syndrome　148b
リシルエンドペプチダーゼ　lysylendopeptidase　156b
リシン　lysine　156a
リシン　ricin　232b
リジン ⇌ リシン　lysine　156a
リシンバソプレッシン　lysine vasopressin　156a
リシン発酵　lysine fermentation　156a
リズム　rhythm　232a
リゼルギン酸　lysergic acid　156a
リゼルギン酸ジエチルアミド　lysergic acid diethylamide　156a
リゼルグ酸 ⇌ リゼルギン酸　lysergic acid　156a
理想溶液　ideal solution　129a
リゾカリン　rhizocaline ⇌ 根成長ホルモン　root growth hormone　234a
リソソーム　lysosome　156b
　リソソーム[の]　lysosomal　156b
リソソーム酵素　lysosomal enzyme　156b
リソソーム蓄積症　lysosomal storage disease ⇌ リソソーム病　lysosomal disease　156b
リソソーム病　lysosomal disease　156b
リゾチーム　lysozyme　156b
リゾビスホスファチジン酸　lysobisphosphatidate　156a
リゾビトキシン　rhizobitoxine　232a
リゾプテリン　rhizopterin　232a
リゾホスファチジルエタノールアミン　lysophosphatidylethanolamine　156b
リゾホスファチジルコリン　lysophosphatidylcholine ⇌ リゾレシチン　lysolecithin　156b
リゾホスファチジン酸　lysophosphatidic acid　156b
リゾホスホリパーゼ　lysophospholipase　156b
リゾリン脂質　lysophospholipid　156b
リゾレシチン　lysolecithin　156b
リーダー部位　leader region　148b
リーダーペプチド　leader peptide　148a
リチウム　lithium　153a
律速因子　rate-limiting factor　226a
律速酵素　rate-limiting enzyme　225b
律速段階【代謝経路あるいは酵素反応の】　rate-determining step　225b
立体異性　stereoisomerism　251b
立体異性体　stereoisomer　251b
立体因子　steric factor　251b
立体化学　stereochemistry　251b
　立体[化学]の　steric　251b
立体化学的特異性　stereochemical specificity ⇌ 立体特異性　stereospecificity　251b
立体構造 ⇌ 三次元構造　three-dimensional structure　264b
立体障害　steric hindrance　251b
立体選択性　stereoselectivity　251b
立体的等価の　isosteric　140b
立体特異性　stereospecificity　251b
立体配座　conformation　56b
立体配置　configuration　56b
立体培養　three-dimensional culture　264b
リーディング鎖　leading strand　148b
リーディングスルー ⇌ 読み過ごし　read through　226a
リーディングフレーム ⇌ 読み枠　reading frame　226a
リドカイン　lidocaine　150b
リトコール酸　lithocholic acid　153a
リードジェネレーション　lead generation　148b
リードスルー ⇌ 読み過ごし　read through　226a

リトマス　litmus　153a
離乳　delactation　68b
利尿　diuresis　76b
利尿薬　diuretic　76b
リー脳症　Leigh encephalomyelopathy → リー症候群　Leigh syndrome　148b
リノール酸　linoleic acid　151b
リノレン酸　linolenic acid　151b
リバース T_3　reverse T_3　231a
リバーストランスクリプターゼ → 逆転写酵素 reverse transcriptase　231a
リパーゼ　lipase　152a
リビドー　libido　150a
リピドーシス　lipidosis → 脂質蓄積症　lipid storage disease　152a
リピド中間体 → 脂質中間体　lipid intermediate　152a
リビトール　ribitol　232a
リファマイシン　rifamycin　233a
リファンピシン　rifampicin　233a
リファンピン　rifampin → リファンピシン rifampicin　233a
リー・フラウメニ症候群　Li-Fraumeni syndrome　150b
リプレッサー　repressor　229b
リブロース　ribulose　232b
リーベルキューン腺　Lieberkühn gland　150b
リーベルマン反応　Liebermann reaction　150b
リーベルマン・ブルヒアルト反応　Liebermann-Burchard reaction　150b
リポアミド　lipoamide　152a
リポアミノ酸　lipoamino acid　152a
リポイドシーブ説　lipoid-sieve theory → リポイドフィルター説　lipoid-filter theory　152b
リポイドフィルター説　lipoid-filter theory　152b
リポイルデヒドロゲナーゼ　lipoyl dehydrogenase　152b
リポイルリシン　lipoyllysine　152b
リボ核タンパク質 → リボヌクレオプロテイン ribonucleoprotein　232b
リボカリン　ribocharin　232a
リポキシゲナーゼ　lipoxygenase　152b
リポキシン　lipoxin　152b
リポグラヌロマトーシス　lipogranulomatosis → ファーバー病　Farber disease　92b

リポコルチン　lipocortin　152a
リボザイム　ribozyme　232b
リポ酸　lipoic acid　152a
リポジストロフィー　lipodystrophy　152a
リボシル化　ribosylation　232b
リボース　ribose　232b
リボスタマイシン　ribostamycin　232b
リボース転移酵素　ribosyltransferase　232b
リボソーム　ribosome　232b
リボソーム　liposome　152b
リボソーム RNA　ribosomal RNA　232b
リボソーム RNA 遺伝子　ribosomal RNA gene　232b
リボソームタンパク質　ribosomal protein　232b
リポ多糖　lipopolysaccharide　152b
リポタンパク質　lipoprotein　152b
リポタンパク質リパーゼ　lipoprotein lipase　152b
リポテイコ酸　lipoteichoic acid　152b
リポトロピン　lipotropin　152b
リボヌクレアーゼ　ribonuclease　232b
リボヌクレオシド　ribonucleoside　232b
リボヌクレオシド三リン酸レダクターゼ　ribonucleoside-triphosphate reductase　232b
リボヌクレオチド　ribonucleotide　232b
リボヌクレオチドピロホスホリラーゼ　ribonucleotide pyrophosphorylase　232b
リボヌクレオチドレダクターゼ　ribonucleotide reductase　232b
リボヌクレオプロテイン　ribonucleoprotein　232b
リポビテリン　lipovitellin　152b
リポビテレニン　lipovitellenin　152b
リポフィリン　lipophilin　152b
リポフェクション　lipofection　152a
リポフスチン　lipofuscin　152a
リポフスチン色素　lipofuscin pigment　152a
リボフラビン　riboflavin　232a
リボフラビン 5′-リン酸　riboflavin 5′-phosphate → フラビンモノヌクレオチド　flavin mononucleotide　96a
リボプローブ　riboprobe → RNA プローブ　RNA probe　233b
リポポリサッカリド → リポ多糖　lipopolysaccharide　152b
リボホリン　ribophorin　232b
リポホリン　lipophorin　152b

リムルス試験 ⇌ カブトガニ[ゲル化]試験
　　　　　　　Limulus test　151b
リモニン　limonin　151a
リモネン　limonene　151a
リモルフィン　rimorphin　233a
硫安 ⇌ 硫酸アンモニウム　ammonium sulfate　16a
硫安沈殿　ammonium sulfate precipitation　16a
硫安分画[法]　ammonium sulfate fractionation　16a
硫化水素　hydrogen sulfide　126a
流加培養法　fed-batch culture　93b
硫化物　sulfide　255b
流行性耳下腺炎ウイルス ⇌ ムンプスウイルス　mumps virus　173b
粒剤　pellet　195b
硫酸　sulfuric acid　256a
流産　abortion　3b
硫酸アンモニウム　ammonium sulfate　16a
硫酸エステル　sulfate　255b
硫酸塩　sulfate　255b
硫酸[塩]還元[細]菌　sulfate-reducing bacterium　255b
硫酸化因子　sulfation factor ⇌ ソマトメジン　somatomedin　247a
硫酸-カルバゾール反応　sulfuric acid-carbazole reaction ⇌ カルバゾール-硫酸反応　carbazole-sulfuric acid reaction　40b
硫酸還元酵素 ⇌ 硫酸レダクターゼ　sulfate reductase　255b
硫酸-チオグリコール酸反応　sulfuric acid-thioglycolic acid reaction ⇌ チオグリコール酸-硫酸反応　thioglycolic acid-sulfuric acid reaction　264a
硫酸転移　transsulfurylation　270b
硫酸糖脂質 ⇌ 硫糖脂質　sulfoglycolipid　256a
硫酸抱合　sulfate conjugation　255b
硫酸モノエステル　sulfuric monoester　256a
硫酸レダクターゼ　sulfate reductase　255b
粒子　particle　194a
硫脂質 ⇌ スルホリピド　sulfolipid　256a
流出　efflux　81b
流出液　effluent　81b
流体　fluid　96b
粒度 ⇌ メッシュ　mesh　163a
流動学 ⇌ レオロジー　rheology　231b

流動細胞計測法 ⇌ フローサイトメトリー　flow cytometry　96b
硫糖脂質　sulfoglycolipid　256a
流動性[の]　fluid　96b
流動二色性　flow dichroism　96b
流動微小蛍光測定　flow microfluorometry　96b
流動複屈折　flow birefringence　96b
流動モザイクモデル　fluid mosaic model　97a
流入　influx　133b
流入液　influent　133b
竜脳 ⇌ ボルネオール　borneol　35b
流変学 ⇌ レオロジー　rheology　231b
流量　flow rate　96b
両側[の]　bilateral　32a
量子　quantum (pl. quanta)　222b
量子効率　quantum efficiency ⇌ 量子収率　quantum yield　223a
量子収率　quantum yield　223a
量子収量　quantum yield　223a
量子数　quantum number　223a
量子生物学　quantum biology　222b
量子番号 ⇌ 量子数　quantum number　223a
両種指向性ウイルス　amphotropic virus　16b
両親媒性[の]　amphipathic　16b
両性イオン　amphoteric ion　16b
両性イオン緩衝液　zwitterionic buffer　286a
両性界面活性剤　ampholytic surfactant　16b
両性化合物　amphoteric compound　16b
両性高分子電解質　polyampholyte　208a
良性腫瘍　benign tumor　31b
両星[状体]　diaster　72a
両性代謝経路 ⇌ 両方向性代謝経路　amphibolic pathway　16b
両性担体　carrier ampholite　42b
両性電解質　ampholyte　16b
両性[の]　amphoteric　16b
両生類[の]　amphibian　16b
両存酵素　ambiquitous enzymes　14b
量的形質　quantitative character　222b
菱脳　rhombencephalon ⇌ 後脳　hind-brain　121a
両方向性代謝経路　amphibolic pathway　16b
良溶媒　good solvent　110b
緑色硫黄[細]菌　green sulfur bacterium　111b
緑色蛍光タンパク質　green fluorescent protein　111b

緑内障　glaucoma　106b
緑膿菌　*Pseudomonas aeruginosa*　219b
リラキシン　relaxin　228a
リリーサー効果　releaser effect　228b
履歴　hysteresis　129b
リー・ローズ法　Lea-Rhodes method　148b
リン　phosphorus　201b
リンカー　linker ⇌ DNAリンカー　DNA linker　77a
リン灰石 ⇌ アパタイト　apatite　22a
臨界点　critical point　61b
臨界ミセル濃度　critical micelle concentration　61b
リンガー液　Ringer's solution　233a
リンキング数　linking number　151b
リンクタンパク質　link protein　151b
リングフィンガーモチーフ　ring finger motif　233a
リンケージ ⇌ 連鎖【遺伝子の】　linkage　151b
りん光　phosphorescence　201b
リンゴ酸　malic acid　158a
リンゴ酸酵素　malic enzyme　158a
リンゴ酸デヒドロゲナーゼ　malate dehydrogenase　158a
リンコマイシン　lincomycin　151b
リン酸　phosphoric acid　201b
リン酸エステル　phosphate ester　200a
リン酸-ATP交換反応　phosphate-ATP exchange reaction ⇌ ATP-リン酸交換反応　ATP-phosphate exchange reaction　26a
リン酸化　phosphorylation　201b
リン酸化酵素　phosphoenzyme　200b／⇌ キナーゼ　kinase　143b
リン酸化する　phosphorylate　201b
リン酸化-脱リン酸回路　phosphorylation-dephosphorylation cycle　201b
リン酸化タンパク質　phosphoprotein　201b
リン酸化中間体　phosphorylated intermediate　201b
リン酸化部位　phosphorylation site　201b
リン酸化部位【呼吸鎖の】⇌ 共役部位　coupling site　60b
リン酸化ポテンシャル　phosphorylation potential　201b
リン酸基転移酵素 ⇌ ホスホトランスフェラーゼ　phosphotransferase　202a
リン酸供与体　phosphate donor　200a

リン酸結合エネルギー　phosphate-bond energy　200a
リン酸源 ⇌ ホスファゲン　phosphagen　199b
リン酸ジエステル結合　phosphodiester bond　200b
リン33　phosphorus-33　201b
リン32　phosphorus-32　201b
リン酸受容体　phosphate acceptor　199b
リン-酸素リアーゼ　phosphorus-oxygen lyase　201b
リン酸-水交換反応　phosphate-water exchange reaction　200a
リン酸輸送体　phosphate carrier　200a
リン脂質　phospholipid　201a
リン脂質塩基交換反応　phospholipid base exchange reaction　201a
リン脂質二重層　phospholipid bilayer　201a
輪状構造 ⇌ ループ　loop　154a
輪状脂質　annular lipid ⇌ 境界脂質　boundary lipid　36a
輪状鉄芽球　ring sideroblast　233a
臨床[の]　clinical　52b
隣接塩基頻度分析　nearest-neighbo[u]r base-frequency analysis　176b
隣接細胞間接合　lateral conjugation　147b
隣接する【遺伝子の上流および下流に】　flank　96a／flanking　96a
リンタングステン酸　phosphotungstic acid ⇌ タングストリン酸　tungstophosphoric acid　273b
リンパ　lymph　155b
　リンパの　lymphotic　156a
リンパ液 ⇌ リンパ　lymph　155b
リンパ芽球　lymphoblast　155b
リンパ管[の]　lymphatic　155b
リンパ球　lymphocyte　155b
リンパ[球]系幹細胞　lymphoid stem cell　155b
リンパ球性甲状腺炎　lymphocytic thyroiditis ⇌ 橋本病　Hashimoto disease　114b
リンパ球幼若化[現象]　blastoid transformation　34a
リンパ系細胞　lymphoid cell ⇌ リンパ球　lymphocyte　155b
リンパ系組織　lymphoid tissue　155b
リンパ結節　lymphoid nodule ⇌ リンパ沪胞　lymphoid follicle　155b
リンパ細網組織　lymphoreticular tissue　155b

リンパ腫　lymphoma　155b
リンパ生成器官　lymphopoietic organ　155b
リンパ節　lymph node　155b
リンパ腺　lymph gland ⇌ リンパ節 lymph node　155b
リンパ肉腫　lymphosarcoma　155b

リンパ濾胞　lymphoid follicle　155b
リンホカイン　lymphokine　155b
リンホトキシン　lymphotoxin　156a
リンモリブデン酸　phosphomolybdic acid ⇌ モリブドリン酸　molybdophosphoric acid　170a

ル

類【群論】　class　52a
類遺伝子系系統 ⇌ コンジェニック系統　congenic strain　57a
類猿[の]　pithecoid　205a
類骨　osteoid　189a
類似体　analog[ue]　17b
類人猿　anthropoid　20a
ルイス塩基　Lewis base　150a
ルイス酸　Lewis acid　150a
ルイス式血液型　Lewis blood group　150a
累積性フィードバック阻害　cumulative feedback inhibition ⇌ 累積阻害　cumulative inhibition　63a
累積増殖曲線　cumulative growth curve　63a
累積阻害　cumulative inhibition　63a
累積膜【人工膜の】　built up film　37b
類洞 ⇌ 洞様血管　sinusoid　245a
類肉腫症 ⇌ サルコイドーシス　sarcoidosis　236b
ルイ・バー症候群　Louis-Bar syndrome ⇌ 血管拡張性失調症　ataxia telangiectasia　25b
類表皮　epidermoid　87a
ルシフェラーゼ　luciferase　154b
ルシフェリルアデニル酸　luciferyl adenylate　154b
ルシフェリル硫酸　luciferyl sulfate　154b
ルシフェリン　luciferin　154b
ルスチシアニン　rusticyanin　235b
ルタマイシン　rutamycin　235b
ルチノース　rutinose　235b
ルチン　rutin　235b
るつぼ　crucible　62a
ルテイン　lutein　155a

ルテオトロピン　luteotropin ⇌ プロラクチン　prolactin　215b
ルテオリン　luteolin　155a
ルテカルピン　rutecarpine　235b
ルテニウムレッド　ruthenium red　235b
ルトロピン　lutropin ⇌ 黄体形成ホルモン　luteinizing hormone　155a
ルパニン　lupanine　155a
ルパン　lupane　155a
ルビキサンチン　rubixanthin　235a
ルビジウム　rubidium　235a
ルビドマイシン　rubidomycin ⇌ ダウノマイシン　daunomycin　67a
ルピンアルカロイド　lupin alkaloid　155a
ループ　loop　154a
ループス腎炎　lupus nephritis　155a
ルフト病　Luft disease　154b
ルブレドキシン　rubredoxin　235b
ルーヘマン紫　Ruhemann's purple　235a
ルマジン　lumazine　154b
ルミクロム　lumichrome　154b
ルミソーム　lumisome　155a
ルミネセンス　luminescence　154b
ルミノール　luminol　154b
ルミフラビン　lumiflavin　154b
ルミロドプシン　lumirhodopsin　155a
ルーメン　lumen　154b
ルーメン【反すう動物の】　rumen　235a
ルーメン発酵　rumen fermentation　235a
ルリア・ラタルジェ実験　Luria-Latarjet experiment　155a
ルリベリン　luliberin ⇌ 黄体形成ホルモン放出ホルモン　luteinizing hormone-releasing hormone　155a

レ

レアギン reagin 226a
励起 excitation 90b
励起移動 excitation transfer 90b
励起子 exciton 90b
励起状態 excited state 90b
励起スペクトル excitation spectrum 90b
励起する【分子，原子などを】 excite 90b
励起二量体 ⇒ エキシマー excimer 90a
冷却遠心機 refrigerated centrifuge 227b
霊菌 *Serratia marcescens* 241b
冷光 ⇒ ルミネセンス luminescence 154b
零次反応 zeroth-order reaction 285a
霊長類 primate 214a
零点エネルギー zero-point energy 285a
レイトン[培養]管 Leighton tube 149a
レイノー症候群 Reynaud syndrome 226a
レイノルズ数 Reynolds number 231b
レイリー散乱 Rayleigh scattering 226a
レオウイルス属 *Reovirus* 229a
レオロジー rheology 231b
レカノール酸 lecanoric acid 148b
レギュロン regulon 228a
レクチン lectin 148b
レグヘモグロビン leghemoglobin 148b
レグミン legumin 148b
レコン recon 227a
レーザー laser 147a
レーザーイムノアッセイ laser immunoassay 147b
レーザー比濁法 laser nephelometry 147b
レジオネラ症 legionnaires' disease 148b
レシチン lecithin 148b
レストリクトニン restrictonin 230b
レセプター ⇒ 受容体 receptor 226b
レセプター抗体 receptor antibody ⇒ Ig受容体 Ig receptor 129b
レセルピン reserpine 229b
レゾルシノール resorcinol 229b
レゾルシノール反応 resorcinol reaction 229b
レゾルシン resorcin ⇒ レゾルシノール resorcinol 229b

レダクターゼ ⇒ 還元酵素 reductase 227a
レタス子葉因子 lettuce cotyledon factor ⇒ 子葉因子 cotyledon factor 60a
レチナール retinal 230b
レチネン retinene ⇒ レチナール retinal 230b
レチノイドX受容体 retinoid X receptor 231a
レチノイン酸 retinoic acid 231a
レチノイン酸受容体 retinoic acid receptor 231a
レチノクロム retinochrome 230b
レチノブラストーマ ⇒ 網膜芽細胞腫 retinoblastoma 230b
レチノール retinol 231a
レチノール結合タンパク質 retinol-binding protein 231a
劣化 deterioration 71a
劣化【材料の】 degradation 68b
rec[レック]アッセイ *rec*-assay 226b
rec 遺伝子 *rec* gene ⇒ 組換え遺伝子 recombination gene 227a
RecAタンパク質 RecA protein 226b
rec[突然]変異体 *rec* mutant 226b
レッシュ・ナイハン症候群 Lesch-Nyhan syndrome 149a
劣性致死遺伝子 recessive lethal gene 226b
劣性[の] recessive 226b
レッドシフト red shift ⇒ 深色移動 bathochromic shift 31a
レッドドロップ red drop 227a
レドックス指示薬 redox indicator ⇒ 酸化還元指示薬 oxidation-reduction indicator 190a
レドックス電位 redox potential ⇒ 酸化還元電位 oxidation-reduction potential 190b
レトロウイルス科 *Retroviridae* 231a
レトロトランスポゾン retrotransposon 231a
レトロポゾン retroposon 231a
レニン renin 228b
レニン-アンギオテンシン系 renin-angiotensin system 228b

レニン基質　renin substrate ⇌ アンギオテンシノーゲン　angiotensinogen　18b	レモン油　lemon oil　149a
レニン産生腫瘍　renin-producing tumor ⇌ ロバートソン・木原症候群　Robertson-Kihara syndrome　233b	*rel*〚レル〛遺伝子　*rel* gene　228b
	ルルゴトリル　lergotrile　149a
	連関　coupling　60b
レバミゾール　levamisole　150a	連結現象　coupling phenomenon　60b
レバン　levan　150a	連結酵素 ⇌ リガーゼ　ligase　150b
レフサム病　Refsum disease　227b	連結定数　coupling coefficient　60b
レプチン　leptin　149a	連結反応 ⇌ ライゲーション　ligation　150a
レプトテン期 ⇌ 細糸期　leptotene [stage]　149a	連結法　linkage　151b
	連合野【大脳皮質の】　association cortex　25b
レプリカ　replica　229a	レンコネン法　Renkonen method　228b
レプリカーゼ　replicase　229a	連鎖【遺伝子の】　linkage　151b
レプリカ培養　replica culture　229a	連鎖解析　linkage analysis　151b
レプリカ平板法　replica plating ⇌ レプリカ培養　replica culture　229a	連鎖群　linkage group　151b
	連鎖形質導入　linked transduction ⇌ 同時導入　cotransduction　60a
レプリカ法　replica method　229a	連鎖[状]球菌　*Streptococcus*　253a
レプリケーター　replicator　229a	連鎖地図　linkage map ⇌ 遺伝地図　genetic map　105a
レプリコン　replicon　229a	
レプリコン説　replicon theory　229a	連鎖不平衡　linkage disequilibrium　151b
レプリソーム　replisome　229a	レンショウ細胞　Renshaw cell　228b
レプレッサー ⇌ リプレッサー　repressor　229b	レンズ ⇌ 水晶体　lens　149a
	連成耐性 ⇌ タキフィラキシー　tachyphylaxis　259a
レブロサン　levulosan ⇌ フルクトサン　fructosan　100a	
	連続継代培養　serially passaged culture　241a
レブロース　levulose ⇌ フルクトース　fructose　100a	連続的な ⇌ 逐次の【反応】　consecutive　57b
	連続培養　continuous culture　58a
レポーター遺伝子　reporter gene　229a	連続発酵　continuous fermentation　58a
レポーター試薬 ⇌ 環境指示薬　reporter reagent　229a	レンチナン　lentinan　149a
	レントゲン　roentgen　234a
レム　rem　228b	レンニン　rennin ⇌ キモシン　chymosin　51a
レム睡眠　REM sleep　228b	

ロ

ロイコキニン　leukokinin　149b	ロイコマイシン　leucomycin　149a
ロイコシジン　leukocidin　149b	ロイシン　leucine　149b
ロイコシン　leucosin　149b	ロイシンアミノペプチダーゼ　leucine aminopeptidase　149b
ロイコタキシン　leukotaxine　150a	
ロイコドーパクローム　leucodopachrome　149b	ロイシンエンケファリン　leucine enkephalin　149b
ロイコトリエン　leukotriene　150a	
ロイコプテリン　leucopterin　149b	ロイシンジッパー　leucine zipper　149b
ロイコボリン　leucovorin ⇌ L(−)-5-ホルミル-5,6,7,8-テトラヒドロ葉酸　L(−)-5-formyl-5,6,7,8-tetrahydrofolic acid　99a	ロイペプチン　leupeptin　150a
	ρ因子　ρ factor　224a
	ろう ⇌ 聴覚障害　deafness　67a

ろう　wax　281b
老化　senescence　240b／⇄加齢　ag[e]ing　10b
老化遺伝子　senescence gene　240b
老化した　senile　240b
漏出　leakage　148b
漏出[性突然]変異体　leaky mutant　148b
漏出分泌腺　⇄エクリン腺　eccrine gland　80b
老人斑　senile plaque　240b
ろうそう〖狼瘡〗性腎炎　⇄ループス腎炎　lupus nephritis　155a
漏斗　funnel　101a
漏斗立　funnel support　101a
漏斗柄【下垂体の】　infundibular stem　133b
老年痴呆　senile dementia　240b
沪過　filtration　95a
沪過器　filter　95a
沪過膜　⇄メンブランフィルター　membrane filter　162b
沪過滅菌　sterilization by filtration　252a
六炭糖　⇄ヘキソース　hexose　120a
ロケット免疫電気泳動　rocket immunoelectrophoresis　233b
ローザニリン　rosaniline　⇄フクシン　fuchsine　100b
沪紙　filter paper　95a
沪紙クロマトグラフィー　paper chromatography　192b
沪紙電気泳動　paper electrophoresis　192b
ロー症候群　Lowe syndrome　154a
ros〖ロス〗遺伝子　*ros* gene　234a
ローズベンガル　rose bengal　234a
ロスマンフォールド　Rossmann fold　234a
ロスムント・トムソン症候群　Rothmund-Thomson syndrome　234b
ロゼット　rosette　234a
ロゼット形成　rosette formation　234a
ローゼンハイム反応　Rosenheim reaction　234a
ローゼンベルグ・スペンサー法　Rosenberg-Spencer method　234a
ローター　⇄回転子　rotor　234b
ロタウイルス属　*Rotavirus*　234b
ローター症候群　Rotor syndrome　234b
ロダネーゼ　rhodanese　232a
ローダミン6G試薬　rhodamine 6G reagent　232a
ロータリーエバポレーター　rotary evaporator　234a
ロダン価　rhodan value　⇄チオシアン価　thiocyanogen value　264a
Rho タンパク質　Rho　232a
ρ値　ρ value　232a
ロッキー山斑点熱　Rocky Mountain spotted fever　233b
ロット　lot　154a
ロッドスコア　⇄Lod得点　Lod score　153b
Lod得点　Lod score　153b
ロデオース　rhodeose　⇄フコース　fucose　100b
ロテノン　rotenone　234b
ロテラ試験　Rothera's test　234b
ロートエキス　scopolia extract　238b
ロドキサンチン　rhodoxanthin　232a
ロドシュードモナス　*Rhodopseudomonas*　232a
ロドスピリルム　*Rhodospirillum*　232a
ロドビオラシン　rhodoviolascin　⇄スピリロキサンチン　spirilloxanthin　249a
ロドプシン　rhodopsin　232a
ロドフラビン　rhodoflavin　232a
ロバートソン・木原症候群　Robertson-Kihara syndrome　233b
ロベラニジン　lobelanidine　153a
ロベラニン　lobelanine　153a
ロベリアアルカロイド　lobelia alkaloid　153a
ロベリン　lobelin　153b
沪胞　follicle　98a
沪胞刺激ホルモン　follicle-stimulating hormone　98a
沪胞刺激ホルモン放出因子　follicle-stimulating hormone-releasing factor　98a
沪胞状がん　follicular carcinoma　98a
ロホトキシン　lophotoxin　154a
ローマン酵素　Lohmann enzyme　⇄クレアチンキナーゼ　creatine kinase　61a
ローリングサークル型複製　rolling circle type replication　234a
ローレル交差免疫電気泳動　Laurell crossed immunoelectrophoresis　⇄交差免疫電気泳動　crossed immunoelectrophoresis　61b
ローレルロケット試験　Laurell rocket test　⇄ロケット免疫電気泳動　rocket immunoelectrophoresis　233b

ワ

Y塩基　Y base　284a
ワイオシン　wyosine　283b
Y染色体　Y chromosome　284a
ワイセンベルグカメラ　Weissenberg camera　282a
ワイブチン　wybutine　283b
ワイブトシン　wybutosine　283b
ワクシニアウイルス　vaccinia virus　277a
ワクチン　vaccine　277a
和合性　compatibility　55a
ワックス ⇌ ろう　wax　281b
ワッセルマン反応　Wassermann reaction　281a
ワット　watt　281b
ワトソン・クリック型塩基対　Watson-Crick base pairing　281b
ワトソン・クリックモデル　Watson-Crick model　281b

ワートマニン ⇌ ウォルトマンニン　wortmannin　283a
ワーファリン　warfarin　281a
ワーリングブレンダー　Waring blender　281a
ワルデナーゼ　Waldenase　281a
ワルデンストレームマクログロブリン　Waldenström's macroglobulin　281a
ワルデンストレームマクログロブリン血症　Waldenström macroglobulinemia　281a
ワルデン反転　Walden inversion　281a
ワルファリン ⇌ ワーファリン　warfarin　281a
ワールブルク検圧計　Warburg manometer　281a
ワールブルク効果　Warburg effect　281a
ワールブルク・ディケンズ経路　Warburg-Dickens pathway ⇌ ペントースリン酸回路　pentose phosphate cycle　196a

付　　　録

I. アミノ酸の記号

アミノ酸		記号	
		三文字	一文字
alanine	アラニン	Ala	A
allohydroxylysine	アロヒドロキシリシン	aHyl	
alloisoleucine	アロイソロイシン	aIle	
amino acid residue	アミノ酸残基	AA	
2-aminoadipic acid	2-アミノアジピン酸	Aad	
3-aminoadipic acid	3-アミノアジピン酸	βAad	
2-aminobutyric acid	2-アミノ酪酸	Abu	
6-aminohexanoic acid	6-アミノヘキサン酸	εAhx	
3-aminopropionic acid	3-アミノプロピオン酸	βAla	
arginine	アルギニン	Arg	R
asparagine	アスパラギン	Asn	N
aspartic acid	アスパラギン酸	Asp	D
aspartic acid or asparagine	Asp か Asn か不明の際使用	Asx	B
4-carboxyglutamic acid	4-カルボキシグルタミン酸	Gla	
cysteine	システイン	Cys	C
2,4-diaminobutyric acid	2,4-ジアミノ酪酸	A_2bu	
2,2-diaminopimelic acid	2,2-ジアミノピメリン酸	A_2pm	
glutamic acid	グルタミン酸	Glu	E
glutamine	グルタミン	Gln	Q
glutamic acid or glutamine	Glu か Gln か不明の際使用	Glx	Z
glycine	グリシン	Gly	G
half-cystine	半シスチン	Cys|	
histidine	ヒスチジン	His	H
homocysteine	ホモシステイン	Hcy	
homoserine	ホモセリン	Hse	
hydroxylysine	ヒドロキシリシン	Hyl	
hydroxyproline	ヒドロキシプロリン	Hyp	
isoleucine	イソロイシン	Ile	I
leucine	ロイシン	Leu	L
lysine	リシン	Lys	K
methionine	メチオニン	Met	M
norleucine	ノルロイシン	Nle	
norvaline	ノルバリン	Nva	
ornithine	オルニチン	Orn	
phenylalanine	フェニルアラニン	Phe	F
proline	プロリン	Pro	P
5-pyrrolidone-2-carboxylic acid	5-ピロリドン-2-カルボン酸	<Glu	
sarcosine	サルコシン	Sar	
selenomethionine	セレノメチオニン	SeMet	
serine	セリン	Ser	S
threonine	トレオニン	Thr	T
tryptophan	トリプトファン	Trp	W
tyrosine	チロシン	Tyr	Y
valine	バリン	Val	V

II. プリン塩基とピリミジン塩基の記号

塩　　基		記　　号
adenine	アデニン	Ade
base	塩基	Base
cytosine	シトシン	Cyt
guanine	グアニン	Gua
hypoxanthine	ヒポキサンチン	Hyp
6-mercaptopurine	6-メルカプトプリン	Shy
orotate	オロト酸	Oro
purine	プリン	Pur
pyrimidine	ピリミジン	Pyr
thiouracil	チオウラシル	Sur
thymine	チミン	Thy
uracil	ウラシル	Ura
xanthine	キサンチン	Xan

III. ヌクレオシドの記号

ヌ　ク　レ　オ　シ　ド		記　号	
		三文字	一文字
adenosine	アデノシン	Ado	A
bromouridine	ブロモウリジン	BrUrd	B
cytidine	シチジン	Cyd	C
dihydrouridine	ジヒドロウリジン		D または hU
guanosine	グアノシン	Guo	G
inosine	イノシン	Ino	I
6-thioinosine	6-チオイノシン	Sno	M または sI
nucleoside	ヌクレオシド	Nuc	N
orotidine	オロチジン	Ord	O
pseudouridine	プソイドウリジン	Ψrd	Ψ または Q[†1]
purine nucleoside	プリンヌクレオシド	Puo	R
pyrimidine nucleoside	ピリミジンヌクレオシド	Pyd	Y
ribosylnicotinamide	リボシルニコチンアミド	Nir	
ribosylthymine	リボシルチミン	Thd	T
thiouridine	チオウリジン	Srd	S または sU
thymidine	チミジン	dThd	dT
uridine	ウリジン	Urd	U
xanthosine	キサントシン	Xao	X
phosphoric residue	リン酸残基	-P	p または -[†2]

[†1] コンピューターではQをΨの代わりに使用できる．

[†2] (中間の)3′-5′結合をしているリン酸ジエステルは，その配列順序がわかっているときはハイフンで表す．

IV. SI 接頭語

倍数	接頭語		記号	倍数	接頭語		記号
10^{-1}	デシ	deci	d	10	デカ	deca	da
10^{-2}	センチ	centi	c	10^2	ヘクト	hecto	h
10^{-3}	ミリ	milli	m	10^3	キロ	kilo	k
10^{-6}	マイクロ	micro	μ	10^6	メガ	mega	M
10^{-9}	ナノ	nano	n	10^9	ギガ	giga	G
10^{-12}	ピコ	pico	p	10^{12}	テラ	tera	T
10^{-15}	フェムト	femto	f	10^{15}	ペタ	peta	P
10^{-18}	アト	atto	a	10^{18}	エクサ	exa	E
10^{-21}	ゼプト	zepto	z	10^{21}	ゼタ	zetta	Z
10^{-24}	ヨクト	yocto	y	10^{24}	ヨタ	yotta	Y

V. 基礎物理定数の値

物理量		記号	数値	単位
真空の透磁率*	permeability of vacuum	μ_0	$4\pi \times 10^{-7}$	$N\ A^{-2}$
真空中の光速度*	speed of light in vacuum	c_0	299 792 458	$m\ s^{-1}$
真空の誘電率*	permittivity of vacuum	ε_0	$8.854\ 187\ 816 \times 10^{-12}$	$F\ m^{-1}$
電気素量	elementary charge	e	$1.602\ 177\ 33(49) \times 10^{-19}$	C
プランク定数	Planck constant	h	$6.626\ 0755(40) \times 10^{-34}$	J s
アボガドロ定数	Avogadro constant	L, N_A	$6.022\ 1367(36) \times 10^{23}$	mol^{-1}
電子の静止質量	rest mass of electron	m_e	$9.109\ 3897(54) \times 10^{-31}$	kg
陽子の静止質量	rest mass of proton	m_p	$1.672\ 6231(10) \times 10^{-27}$	kg
ファラデー定数	Faraday constant	F	$9.648\ 5309(29) \times 10^4$	$C\ mol^{-1}$
ハートリーエネルギー	Hartree energy	E_h	$4.359\ 7482(26) \times 10^{-18}$	J
ボーア半径	Bohr radius	a_0	$5.291\ 772\ 49(24) \times 10^{-11}$	m
ボーア磁子	Bohr magneton	μ_B	$9.274\ 0154(31) \times 10^{-24}$	$J\ T^{-1}$
核磁子	nuclear magneton	μ_N	$5.050\ 7866(17) \times 10^{-27}$	$J\ T^{-1}$
リュードベリ定数	Rydberg constant	R_∞	$10\ 973\ 731.534(13)$	m^{-1}
気体定数	gas constant	R	$8.314\ 510(70)$	$J\ K^{-1}\ mol^{-1}$
ボルツマン定数	Boltzmann constant	k, k_B	$1.380\ 658(12) \times 10^{-23}$	$J\ K^{-1}$
重力定数	gravitational constant	G	$6.672\ 59(85) \times 10^{-11}$	$m^3\ kg^{-1}\ s^{-2}$
自由落下の標準加速度*	standard acceleration due to gravity	g_n	$9.806\ 65$	$m\ s^{-2}$
水の三重点*	triple point of water	$T_{tp}(H_2O)$	273.16	K
セルシウス温度目盛のゼロ点*	zero of Celsius scale	$T(0℃)$	273.15	K
理想気体(1 bar, 273.15 K)のモル体積	molar volume of ideal gas (at 1 bar and 273.15 K)	V_0	$22.711\ 08(19)$	$L\ mol^{-1}$

* 定義された正確な値.

VI. 元素の周期表

1 (1A)	2 (2A)	3 (3A)	4 (4A)	5 (5A)	6 (6A)	7 (7A)	8 (8)	9 (8)	10 (8)	11 (1B)	12 (2B)	13 (3B)	14 (4B)	15 (5B)	16 (6B)	17 (7B)	18 (0)
1.008 ^{1}H 水素																	4.003 ^{2}He ヘリウム
6.941[1] ^{3}Li リチウム	9.012 ^{4}Be ベリリウム											10.81 ^{5}B ホウ素	12.01 ^{6}C 炭素	14.01 ^{7}N 窒素	16.00 ^{8}O 酸素	19.00 ^{9}F フッ素	20.18 ^{10}Ne ネオン
22.99 ^{11}Na ナトリウム	24.31 ^{12}Mg マグネシウム											26.98 ^{13}Al アルミニウム	28.09 ^{14}Si ケイ素	30.97 ^{15}P リン	32.07 ^{16}S 硫黄	35.45 ^{17}Cl 塩素	39.95 ^{18}Ar アルゴン
39.10 ^{19}K カリウム	40.08 ^{20}Ca カルシウム	44.96 ^{21}Sc スカンジウム	47.87 ^{22}Ti チタン	50.94 ^{23}V バナジウム	52.00 ^{24}Cr クロム	54.94 ^{25}Mn マンガン	55.85 ^{26}Fe 鉄	58.93 ^{27}Co コバルト	58.69 ^{28}Ni ニッケル	63.55 ^{29}Cu 銅	65.39[1] ^{30}Zn 亜鉛	69.72 ^{31}Ga ガリウム	72.64 ^{32}Ge ゲルマニウム	74.92 ^{33}As ヒ素	78.96[2] ^{34}Se セレン	79.90 ^{35}Br 臭素	83.80 ^{36}Kr クリプトン
85.47 ^{37}Rb ルビジウム	87.62 ^{38}Sr ストロンチウム	88.91 ^{39}Y イットリウム	91.22 ^{40}Zr ジルコニウム	92.91 ^{41}Nb ニオブ	95.94 ^{42}Mo モリブデン	(99) ^{43}Tc テクネチウム	101.1 ^{44}Ru ルテニウム	102.9 ^{45}Rh ロジウム	106.4 ^{46}Pd パラジウム	107.9 ^{47}Ag 銀	112.4 ^{48}Cd カドミウム	114.8 ^{49}In インジウム	118.7 ^{50}Sn スズ	121.8 ^{51}Sb アンチモン	127.6 ^{52}Te テルル	126.9 ^{53}I ヨウ素	131.3 ^{54}Xe キセノン
132.9 ^{55}Cs セシウム	137.3 ^{56}Ba バリウム	57〜71 ランタノイド	178.5 ^{72}Hf ハフニウム	180.9 ^{73}Ta タンタル	183.8 ^{74}W タングステン	186.2 ^{75}Re レニウム	190.2 ^{76}Os オスミウム	192.2 ^{77}Ir イリジウム	195.1 ^{78}Pt 白金	197.0 ^{79}Au 金	200.6 ^{80}Hg 水銀	204.4 ^{81}Tl タリウム	207.2 ^{82}Pb 鉛	209.0 ^{83}Bi ビスマス	(210) ^{84}Po ポロニウム	(210) ^{85}At アスタチン	(222) ^{86}Rn ラドン
(223) ^{87}Fr フランシウム	(226) ^{88}Ra ラジウム	89〜103 アクチノイド	(261) ^{104}Rf ラザホージウム	(262) ^{105}Db ドブニウム	(263) ^{106}Sg シーボーギウム	(264) ^{107}Bh ボーリウム	(265) ^{108}Hs ハッシウム	(268) ^{109}Mt マイトネリウム	(269) ^{110}Uun ウンウンニリウム	(272) ^{111}Uuu ウンウンウニウム	(277) ^{112}Uub ウンウンビウム		(289) ^{114}Uuq ウンウンクアジウム		(289) ^{116}Uuh ウンウンヘキシウム		(293) ^{118}Uuo ウンウンオクチウム

ランタノイド	138.9 ^{57}La ランタン	140.1 ^{58}Ce セリウム	140.9 ^{59}Pr プラセオジム	144.2 ^{60}Nd ネオジム	(145) ^{61}Pm プロメチウム	150.4 ^{62}Sm サマリウム	152.0 ^{63}Eu ユウロピウム	157.3 ^{64}Gd ガドリニウム	158.9 ^{65}Tb テルビウム	162.5 ^{66}Dy ジスプロシウム	164.9 ^{67}Ho ホルミウム	167.3 ^{68}Er エルビウム	168.9 ^{69}Tm ツリウム	173.0 ^{70}Yb イッテルビウム	175.0 ^{71}Lu ルテチウム
アクチノイド	(227) ^{89}Ac アクチニウム	232.0 ^{90}Th トリウム	231.0 ^{91}Pa プロトアクチニウム	238.0 ^{92}U ウラン	(237) ^{93}Np ネプツニウム	(239) ^{94}Pu プルトニウム	(243) ^{95}Am アメリシウム	(247) ^{96}Cm キュリウム	(247) ^{97}Bk バークリウム	(252) ^{98}Cf カリホルニウム	(252) ^{99}Es アインスタイニウム	(257) ^{100}Fm フェルミウム	(258) ^{101}Md メンデレビウム	(259) ^{102}No ノーベリウム	(262) ^{103}Lr ローレンシウム

原子量 1.008 → ^{1}H ← 元素記号 水素 ← 元素名 / 原子番号

本表の原子量は(^{12}Cの相対原子質量=12)の信頼度は、有効数字の4桁目で±1以内であるが、†1を付したものは±2以内、†2を付したものは±3以内である。安定同位体がなく、特有の天然同位体組成を示さない元素については、その元素のよく知られた放射性同位体の中から1種を選んでその質量数を( )内に示した。

第1版 第1刷 1987年10月 1 日 発行
第2版 第1刷 2001年10月24日 発行

英和和英 生化学用語辞典（第2版）

© 2001

編　　集	社団法人 日本生化学会
発 行 者	小　澤　美 奈 子
発　　行	株式会社 東京化学同人

東京都文京区千石3丁目36-7(〒112-0011)
電話 03-3946-5311・FAX 03-3946-5316
URL： http://www.tkd-pbl.com/

印　刷　ショウワドウ・イープレス(株)
製　本　株式会社 松　岳　社

Printed in Japan　ISBN4-8079-0549-X